惠 州 市

老鹰兜　　　　　　　　　　　淡水河　　　　　十二栋　　铁炉嶂
山顶
红花顶
防火岭　　　　　　　　　松子坑水库　　　　　　　　　　罗网角　纯洲
岭　　龙　　　　　　　　　　　　　　　　　　　　　黄猫洲　　亚洲
岗区 ◎　龙　　　　　　　　　　坪　　　石头河水库　　　　　　沙鱼洲
　　　河　岗　坪山新区管委会 ◎ 半岭托　　　　　　　　　　　　　　大
龙岗植物园　火烧山　　　河　田心山　　笔架山　　　　　　　喜洲　亚
打鼓岭　　　　　　　　　岗　红花岭　火烧天　　　　　　蛇山顶　湾
山风景区　　马峦山风景区　　　区　　　　　径心水库　坝光　　排牙山
园山　梅沙尖　三洲田　大岭古　犁壁山　钓神山　　禾木岭
　莲塘峰　　　　　　　　　　　未木岭
区　小梅沙　溪冲　　　　　　　　　　　锣鼓山郊野公园
田　大梅沙　　　　　　　　　　金沙湾
同山公园　　　　　　　　　　　　　　　南澳　　　　　七娘山　大燕顶
盐　　　　　　　　　　　　　　　　　　　　香车水库　七娘山风景区
◎盐田区　　　　大　　　　　　　　　　　扒狗岭　　　东涌
头角　　　　　　　　　　鹏　　　　　　　　　　西涌
山岭　　政　　区　　　　湾　　　　　　　　　　　　大三门岛
　　　　　　　担柴山
马鞍山　　　　　辅蛇尖　　南　　　　海

深圳市在珠江三角洲的位置图

深圳市在中国的位置图

谨以此书献给
深圳经济特区成立三十周年

编研及出版资助单位

深圳市城市管理局
深圳市科技工贸和信息化委员会
深圳市仙湖植物园
深圳市野生动植物保护管理处

深圳植物志

王文采 题

FLORA OF SHENZHEN

第 2 卷
VOLUME 2

中国林业出版社
China Forestry Publishing House

《深圳植物志》编辑委员会

名誉主编　王文采
主　　编　李沛琼
副 主 编　陈　涛　　张寿洲　　张　力
　　　　　邢福武　　李秉滔　　李　楠

图书在版编目（CIP）数据

深圳植物志. 第2卷／深圳市仙湖植物园. —北京：中国林业出版社，
2010.9
　ISBN 978-7-5038-5884-0

Ⅰ. ①深… Ⅱ. ①深… Ⅲ. ①植物志－深圳市 Ⅳ. ①Q948.526.53

中国版本图书馆CIP数据核字(2010)第148549号

深圳植物志　　第2卷
出　　版　中国林业出版社
　　　　　（100009 北京市西城区德内大街刘海胡同7号）
责任编辑　刘先银
Email　　Liuxianyin@263.net
美编设计　李新芬
经　　销　全国新华书店
制　　版　北京美光制版有限公司
印　　刷　北京华联印刷有限公司
版　　次　2010年9月第1版
印　　次　2010年9月第1次
印　　张　42.5
彩　　插　120页
开　　本　889mm×1194mm　1/16
字　　数　1377.6千字
定　　价　299.00元

前　言

　　"植物志"是一个国家或地区植物资源的信息库。我国是世界上植物资源最丰富的国家之一。经过四代人的努力，300多位植物学家通力合作，于上个世纪末，完成了具有80卷126册的《中国植物志》巨著。与此同时，各省、市、自治区，在全面调查本地植物资源的基础上，陆续编研并出版了各自的地方植物志。从上个世纪50年代末至今，单华南地区，就先后出版了《广州植物志》、《海南植物志》、《广东植物志》、《广西植物志》、《澳门植物志》、《Flora of Hong Kong》等。这些植物志全面反映了该地区植物资源的蕴藏概况，为资源合理开发和可持续利用以及物种多样性保护等方面提供了重要的基础资料。

　　深圳地处南亚热带，地形地貌复杂多样，气候温暖湿润，东部和东南部的主要山峰，海拔均在600m以上（深圳最高峰梧桐山主峰海拔高943m），这些山地终年云雾缭绕，河流纵横其间，为亚热带沟谷雨林、常绿阔叶林、各类灌木和草本植物提供了十分有利的生存空间。长达二百多公里的海岸线又为红树林和滨海植物提供了最佳的生长场所。所以，深圳地区的植物资源十分丰富，迫切要求植物学工作者全面地调查深圳地区的植物资源。同时，由于深圳的经济发展迅速，基本建设规模巨大，对自然环境和植被资源造成较大影响，保护环境和保护生物多样性已迫在眉睫。因此，编写一套反映深圳植物多样性的《深圳植物志》是摆在植物科学研究人员面前的一项重要而迫切的任务。

　　自1980年深圳特区成立以来，历届市委、市政府和城管局领导均对这项工作十分重视，给予资金、人力和物力上的大力支持。

　　早在1983年，特区成立之初，就邀请广东省林业厅、华南农业大学与深圳园林系统的专业人员共同组成调查组，对深圳特区内的土壤和植物资源等项目进行了为期3个月的调查，采集到植物标本1,000多份。

　　1988年5月，仙湖植物园对外开放之初，时任园领导的陈潭清主任就提出，要开展深圳地区植物资源的考察和标本采集工作，建立标本馆，为编研《深圳植物志》做准备。为此，从1988年下半年开始至1993年，仙湖植物园的科技人员在陈潭清主任的主持下，成立考察组，先后多次到梧桐山、梅沙尖、盐田、三洲田和内伶仃岛等地考察，采集到植物标本约10,000份，并建立了仙湖植物园标本馆。

　　1996年—1998年，仙湖植物园与中国科学院植物研究所以及梧桐山风景区联合组成了"深圳考察队"，对梧桐山及邻近地区进行了为期三年的考察和标本采集，共采集植物标本近30,000份。

　　1998年—2003年，受广东省林业厅的委托，仙湖植物园与中科院华南植物园合作，对深圳地区的国家重点保护植物资源进行考察，在此次考察中采集到植物标本近7,000份。

　　2004年，在仙湖植物园李勇主任的主持下，《深圳植物志》的编研正式向深圳市城管局和深圳市科技局申请立项，并获得批准。为充实植物标本的收藏数量，仙湖植物园再度与中科院植物研究所合作，到深圳地区各主要山地、丘陵、海岛和湿地进行全面的考察与采集，共采集到植物标本30,000余份。与历次采集比较，这次采集到的标本数量最多，种类最丰富。

　　除了上述几次较大规模的考察采集外，仙湖植物园的科技人员还组织了《深圳植物志》采集队、"仙湖·华农学生采集队"以及各种形式的采集小组进行植物标本的采集，从未间断。多年的植物资源考察发现了若干新种和较多的分布新纪录。

　　综上所述，20多年来，仙湖植物园共采集深圳地区的植物标本近70,000份。这批珍贵的植物标本，为《深圳植物志》的编研奠定了基础。

　　2005年，《深圳植物志》编委会在李勇主任的主持下正式成立，编研工作随之开展。

　　2006年，仙湖植物园聘请中科院华南植物园的专家，对馆藏的标本进行了全面的鉴定，为《深圳植物志》

的编研作前期准备。随后，编写并出版了《深圳野生植物名录》一书，供编研工作参考。

与此同时，编委会讨论并确定了《深圳植物志》的读者对象，一致认为，除植物分类学专业的科研人员外，更重要的是涵盖大专院校师生、中等学校师生、中医药工作者、环境保护和生物多样性保护工作者、园林部门的负责人、设计人员、造林工作者、绿化工程人员、苗圃经营者、园林绿化和造林工人以及植物爱好者等。在此前提下，我们吸取《中国植物志》和已出版的各省区地方植物志的成功经验，扬长避短，在资深和有丰富经验的植物分类学家的参与下，制定了《深圳植物志》的编写规格，主要的内容如下：

一、《深圳植物志》收录的种类包括：

（一）在深圳地区有分布并已采集到标本的野生植物；

（二）在深圳地区已归化的外来植物；

（三）在深圳地区有悠久栽培历史的植物（古树名木、外来植物或本地植物）；

（四）在深圳地区被普遍栽培的园林植物和其它经济植物。

二、形态描述力求准确，正确应用植物分类学专业术语是关键，以《图解植物学辞典》（科学出版社，2001，詹姆斯·吉·哈里斯等著，王宇飞等译，王文采审校）以及《中国高等植物图鉴》第一册附的"植物分类学上常用术语解释"为依据。对于常用的专业术语，均在每一册植物志之后附图解，对于不常用的而又不易理解的少数术语则在该术语之后均用深入浅出的文字加以解释，以帮助读者理解。在形态描述中，作者在认真鉴定标本的基础上，以深圳地区植物标本为依据，客观准确地描述该种植物的形态特征和变异幅度。

三、编入植物志的每一种植物均附有一幅科学性和艺术性相结合的形态图，大部分均附有比例尺，使形态图更具科学性（有小部分早期绘的图未加比例尺），读者在利用植物志鉴定标本时，能图文对照，鉴定植物可更加准确，亦可避免因为特征图较少，单凭形态描述来鉴定植物容易产生误差的问题。

四、凡被收进《深圳植物志》中的种类，尽可能地附上在野外拍摄的原色照片。使读者除看到一种植物的特征图外，还能看到该种植物在自然界生长的原来面貌，本卷有73%的种类附有原色照片，其中约有30%的种类附有不同物候期的照片。每张照片除附有编号、名称、学名外，还附有该植物的描述在正文中的页码，方便读者查阅。

五、分种检索表均采用人为检索表，选择种与种之间最为明显的区别特征列入其中，使读者在运用检索表鉴定植物标本时，能更为有效。

六、收入《深圳植物志》的种类，如遇有同一种植物所用汉语名称和学名与华南地区已出版的植物志所用的汉语名称和学名不一致时或发现有错误鉴定的情况时，均在文献引证栏内加以引证，以避免读者误解。

七、每一种植物除有汉语名称（含别名）、学名外，还附有英文名，以便于交流。

八、对各种植物的主要用途，特别是有毒植物，均有简明的阐述。

九、《深圳植物志》系列丛书共5卷，其中《深圳苔藓植物志》1卷，维管植物（蕨类植物、裸子植物和被子植物）4卷，共收录植物2800多种。本卷是维管植物的第2卷，含65科298属，690种和25变种。

十、《深圳植物志》维管植物采用的系统排列如下：蕨类植物采用的是秦仁昌系统（1978），裸子植物采用的是Kubitzki系统（1990），被子植物采用的是Croquist系统（1988）。

《深圳植物志》的编研工作，除仙湖植物园的科研人员外，还邀请了中国科学院植物研究所、中国科学院华南植物园、华南农业大学、中山大学以及深圳市城市管理局下属单位的专业技术人员共32位专家参与。

《深圳植物志》承蒙中国科学院院士、著名的植物分类学家王文采先生题写书名，在编研的过程中，王文采院士更是给予全面的指导，对所有的文稿，均逐字逐句的审阅并修改，使《深圳植物志》的科学水平有很大的提高，编研人员普遍感到受益匪浅，特向王文采院士表示最衷心的感谢。

在《深圳植物志》编研过程中，承蒙中国科学院华南植物园李泽贤和陈炳辉两位先生协助鉴定深圳地区植物标本和野外拍摄的植物原色照片；王国栋、曾治华、闫斌、陈珍传、邢福武、张寿洲、李沛琼、王晖等同志提供植物原色照片；王晖和曾君婷两位同志协助编著者做了大量的编辑工作；祝慧娟同志提供参考文献和图书资料。在此，对他（她）们表示感谢。

《深圳植物志》编辑委员会

2009 年 11 月 20 日

序 一

从 20 世纪 70 年代起，我国掀起了一个编写地方植物志的热潮。到本世纪初，全国大部分省区都编写并出版了自己的植物志。这些地方植物志对本地区的植物资源合理开发和利用、生物多样性保护、植物学科研和教学乃至与植物有关的生产部门提供了重要的基础资料。

深圳是一个经济高速发展的地区，规模宏大的基础建设必然对植物资源和环境以及生物多样性保护等造成一定的影响，迫切需要一套具有较高科学水平和应用价值、能够全面反映该地区植物资源现状的植物志。我高兴地获悉，早在 1988 年，深圳市仙湖植物园就提出编写《深圳植物志》的计划，并着手开始了深圳地区本底植物资源调查和标本采集等一系列的准备工作，经过 20 年的努力，采集植物标本 70,000 余份，为植物志的编写奠定了坚实的基础。

2005 年，《深圳植物志》编研工作正式启动。全书共分 5 卷，收录高等植物 2,800 余种，自 2010 年起陆续出版。我看过《深圳植物志》的编写规格，并为该志书审稿，了解到该志书具备以下的特点：

1. 有严格规范的编写规格；

2.《深圳植物志》植物种类的收录，除深圳地区野生植物外，还注意收集普遍栽培的优良园林绿化植物种类或品种，较详细介绍其生物学特性，供园林工作者和林业工作者进行选用；

3. 对已出版的一些的地方植物志，特别是华南地区的植物志中的相关种类做了进一步的订正，这项工作均在其文献引证栏内体现；

4.《深圳植物志》中的每一种植物，除列有汉语名称和学名外，还列出了具有本地特色的名称以及英文名，这对扩大交流将起到积极的作用；

5. 但凡收录的每一种植物，均附有采集地点、采集人和采集号的引证，以方便读者查阅标本；

6. 扩大读者范围，也就是不仅只限于科研和教学人员，而是扩大到从事城市和住宅区的园林绿化、植树造林、植物引种驯化、苗圃经营等方面工作的领导干部、设计人员、管理人员和工作人员等。为适应这些读者的需要，《深圳植物志》无论在内容和形式方面，都有一定程度的创新，体现了《深圳植物志》为读者服务的诚意：

（1）收录的每一种植物都附有一幅科学性与艺术性相结合的精美的形态图。就目前已出版的地方植物志书来看，由于绘图工作量较大等客观原因，所附的形态图都不多。全部种类均附有形态图，是《深圳植物志》的一个亮点；此外，75% 的种类附有在野外拍摄的彩色照片，这对读者识别植物十分有利，是这本志书具有较高实用价值的体现；

（2）由于高等植物营养器官和生殖器官构造的多样性，数百年来，植物学家给出了很多复杂的专业术语，植物形态描述需要正确运用这些术语。为帮助读者理解这些术语，《深圳植物志》一方面将常见的术语用图解的形式附于书末，另一方面，对于一些读者不易理解的或某个科属特有的术语，在该术语出现之处深入浅出的文字加以解释，为方便读者，即使同一术语在不同地方反复出现，亦反复给予解释，注意普及植物学知识，这是《深圳植物志》在形态描述方面的一个突出优点；

（3）《深圳植物志》对每一幅形态图所做的图注写得详细、准确，图上画出的根、茎、叶、花序和果实属于哪种类型以及花的构造等都用分类学术语表达，目的是帮助读者在通过形态图识别植物的同时，还能够通过图和图注理解其中术语的含义。

综上所述，《深圳植物志》的出版，除可作为植物学领域的科研和教学的基础资料以及生产部门的工作人员必备的参考书以外，必然能够唤起更多的人参与到保护生物多样性的行列中来，是对深圳经济、科学和文化等方面的建设有重要意义的一部著作。

王文采

中国科学院植物研究所研究员
中国科学院院士
2009 年 12 月

序 二

深圳市地处祖国南疆，位于北回归线以南，东经 113°46′～114°37′，北纬 22°27′～22°52′。东临大亚湾和大鹏湾，西濒珠江口的伶仃洋，与中山市和珠海市相望，南至深圳河与香港毗邻，北与东莞市和惠州市接壤。全市总面积 1952.84 平方公里。

深圳市属亚热带海洋性气候，依山傍海，气候温暖宜人，年平均气温为 22.3℃，最高气温为 38.7℃，最低气温为 0.2℃。一年四季绿草如茵，树木葱笼，鲜花盛开，景色秀丽。每年 4-9 月为雨季，年降雨量 1924.7 毫米，雨量充足。日照时间长，平均年日照时数为 2060 小时。这种良好的气候和地理环境，为植物的生长提供了得天独厚的条件。

深圳作为我国改革开放的窗口，经过 30 年的艰苦创业，不仅保持了经济的高速增长，而且对自然生态环境的保护高度重视，营造了经济发展与环境保护并驾齐驱的境界，深圳因此而获得国家唯一的生态园林城市示范市的殊荣。

深圳市城市管理局作为全市园林和林业的主管部门，一贯重视和支持植物资源调查和物种保护以及相关的研究工作。组织有关的科技人员进行了全市的古树名木和园林植物的调查，每年拨出专款由指定单位对古树名木进行管理和维护，同时，还先后多次组织和开展了深圳市野生植物资源的普查工作，采集了数万份植物标本。经过二十多年的调查，基本摸清了深圳市植物资源分布状况。为巩固和深化研究成果，深圳市仙湖植物园以本园的科技人员为主力，同时邀请了 50 多名本市园林和林业方面的专业技术人员以及全国部分相关研究机构和大学的专家学者参与，从 2005 年开始进行《深圳植物志》的编研工作。

几度春秋寒暑，几多困难艰辛。《深圳植物志》饱含了广大编研人员的心血、汗水和智慧，在我即将离任工作了 10 年的城管局局长岗位之际，《深圳植物志》第 2 卷的编研工作终于完成，即将印刷出版，我由此倍感欣慰。在此，我代表深圳市城市管理局，向参加《深圳植物志》编研工作的各位专家、学者和广大专业技术人员表示衷心地感谢！并要特别感谢中国科学院院士、中国科学院植物研究所研究员王文采先生，他在百忙之中抽出时间，担任《深圳植物志》荣誉主编，提供专业指导，并对全书内容进行审校，为《深圳植物志》高质量、高水平的出版付出了大量的心血。

《深圳植物志》的出版，既反映了深圳植物学研究的水平，也体现了政府对植物资源调查和生物多样性保护工作的重视。该志的出版，将为深圳自然资源保护和可持续利用提供理论依据，对园林和林业发展规划及开展相关的生产实践活动具有重要的指导意义，同时，也将进一步促进深圳生物多样性保护和研究工作的开展，其意义是深远的。

吴子俊

深圳市人大常委会经济工作委员会主任
（原深圳市城市管理局局长）
2010 年 6 月

目 录

98. 杜英科 ELAEOCARPACEAE

1. 猴欢喜属 Sloanea L.

2. 杜英属 Elaeocarpus L.

99. 椴树科 TILIACEAE

1. 刺蒴麻属 Triumfetta L.

2. 黄麻属 Corchorus L.

3. 文定果属 Muntingia L.

4. 破布叶属 Microcos L.

5. 扁担杆属 Grewia L.

100. 梧桐科 STERCULIACEAE

1. 银叶树属 **Heritiera** Aiton

2. 苹婆属 **Sterculia** L.

3. 梧桐属 **Firmiana** Marsili

4. 梭罗树属 **Reevesia** Lindl.

5. 山芝麻属 **Helicteres** L.

6. 马松子属 **Melochia** L.

7. 蛇婆子属 **Waltheria** L.

8. 刺果藤属 **Byttneria** Loefl.

9. 翅子树属 **Pterospermum** Schreb.

10. 昂天莲属 **Ambroma** L. F.

101. 木棉科　BOMBACACEAE

1. 瓜栗属　Pachira Aubl.

2. 木棉属　Bombax L.

3. 丝木棉属　Chorisia Kunth

4. 吉贝属　Ceiba Mill.

102. 锦葵科　MALVACEAE

1. 悬铃花属　Malvaviscus Fabr.

2. 梵天花属　Urena L.

3. 蜀葵属　Alcea L.

4. 赛葵属　Malvastrum A. Gray

5. 苘麻属　Abutilon Mill.

6. 黄花稔属　Sida L.

7. 桐棉属 **Thespesia** Solander ex Correa

8. 秋葵属 **Abelmoschus** Medik.

9. 木槿属 **Hibiscus** L.

105. 猪笼草科 NEPENTHACEAE

猪笼草属 **Nepenthes** L.

106. 茅膏菜科 DROSERACEAE

茅膏菜属 **Drosera** L.

107. 大风子科 FLACOURTIACEAE

1. 箣柊属 **Scolopia** Schreb.

2. 柞木属 **Xylosma** G. Forst.

3. 天料木属 **Homalium** Jacq.

4. 脚骨脆属 **Casearia** Jacq.

109. 红木科 BIXACEAE

红木属 **Bixa** L.

115. 堇菜科 VIOLACEAE

堇菜属 Viola L.

116. 柽柳科 TAMARICACEAE

柽柳属 **Tamarix** L.

122. 西番莲科 PASSIFLORACEAE

西番莲属 **Passiflora** L.

124. 番木瓜科 CARICACEAE

番木瓜属 Carica L.

127. 葫芦科 CUCURBITACEAE

1. 绞股蓝属 Gynostemma Blume

2. 赤瓟属 Thladiantha Bunge

3. 老鼠拉冬瓜属 Zehneria Endl.

4. 茅瓜属 Solena Lour.

5. 南瓜属 Cucurbita L.

6. 栝楼属 Trichosanthes L.

7. 金瓜属 Gymnopetalum Arn.

8. 葫芦属 Lagenaria Ser.

9. 苦瓜属 Momordica L.

129. 秋海棠科 BEGONIACEAE

秋海棠属 **Begonia** L.

133. 白花菜科 CAPPARIDACEAE

1. 白花菜属 **Cleome** L.

2. 槌果藤属（山柑属）**Capparis** L.

135. 辣木科 MORINGACEAE

辣木属 Moringa Rheede ex Adans.

144. 杜鹃花科 ERICACEAE

1. 越橘属 Vaccinium L.

2. 杜鹃花属 Rhododendron L.

3. 吊钟花属 Enkianthus Lour.

148. 山榄科 SAPOTACEAE

1. 肉实树属 Sarcosperma J. D. Hook.

2. 铁线子属 Manilkara Adans.

3. 香榄属 Mimusopus L.

154. 紫金牛科 MYRSINACEAE

1. 蜡烛果属 Aegiceras Gaertn.

2. 杜茎山属 Maesa Forssk.

3. 酸藤子属 Embelia N. L. Burm.

4. 紫金牛属 Ardisia Sw.

5. 铁仔属 Myrsine L.

155. 报春花科 PRIMULACEAE

珍珠菜属 Lysimachia L.

157. 牛栓藤科 CONNARACEAE

红叶藤属 Rourea Aubl.

162. 海桐花科 PITTOSPORACEAE

海桐花属 Pittosporum Banks ex Gaertn.

164. 绣球花科 HYDRANGEACEAE

1. 冠盖藤属 Pileostegia J. D. Hook. & Thoms.

2. 常山属 Dichroa Lour.

3. 绣球属 Hydrangea L.

166. 鼠刺科 GROSSULARIACEAE

鼠刺属 Itea L.

171. 景天科 CRASSULACEAE

1. 青锁龙属 Crassula L.

173. 虎耳草科 SAXIFRAGACEAE

1. 虎耳草属 Saxifraga L.

2. 梅花草属 Parnassia L.

174. 蔷薇科 ROSACEAE

1. 绣线菊属 Spiraea L.

2. 石楠属 Photinia Lindl.

3. 枇杷属 Eriobotrya Lindl.

12. 臀果木属 Pygeum Gaertn.

13. 桃属 Amygdalus L.

14. 杏属 Armeniaca Scop.

15. 李属 Prunus L.

16. 樱属 Cerasus Mill.

17. 桂樱属 Laurocerasus Duhamel ex Duh.

180. 含羞草科 MIMOACEAE

1. 海红豆属 Adenanthera L.

2. 榼藤属 Entada Adans.

3. 含羞草属 Mimosa L.

14. 狸尾豆属 **Uraria** Desv.

15. 葫芦属 **Tadehagi** H. Ohashi

16. 舞草属 **Codariocalyx** Hassk.

17. 山蚂蝗属 **Desmodium** Desv.

18. 笔花豆属 **Stylosanthes** Sw.

19. 合萌属 **Aeschynomene** L.

20. 坡油甘属 **Smithia** Ait.

21. 丁癸草属 **Zornia** J. F. Gmel.

22. 猪屎豆属 **Crotalaria** L.

184. 山龙眼科 PROTEACEAE

1. 银桦属 Grevillea R. Br.

2. 山龙眼属 Helicia Lour.

186. 小二仙草科 HALORAGACEAE

小二仙草属 Gonocarpus Thunb.

188. 海桑科 SONNERATIACEAE

1. 海桑属 Sonneratia L. f.

2. 八宝树属 Duabanga Buch.-Ham.

189. 千屈菜科 LYTHRACEAE

1. 水苋菜属 Ammannia L.

2. 节节菜属 Rotala L.

3. 萼距花属 Cuphea Adans. ex P. Br.

194. 桃金娘科 MYRTACEAE

1. 岗松属 Baeckea L.

2. 红千层属 Callistemon R. Br.

3. 白千层属 Melaleuca L.

4. 桉属 Eucalyptus L'Herit.

5. 桃金娘属 Rhodomyrtus (DC.) Reich.

6. 水翁属 Cleistocalyx Blume

7. 蒲桃属 Syzygium Gaertn.

8. 肖蒲桃属 Acmena DC.

3. 假卫矛属 Microtropis Wall. ex Meisn.

220. 翅子藤科 HIPPOCRATEACEAE

翅子藤属 Loeseneriella A. C. Sm.

223. 冬青科 AQUIFOLIACEAE

冬青属 Ilex L.

224. 茶茱萸科 ICACINACEAE

定心藤属 Mappianthus Hand.-Mazz.

229. 黄杨科 BUXACEAE

黄杨属 Buxus L.

231. 小盘木科 (攀打科) PANDACEAE

小盘木属 Microdesmis J. D. Hook. ex Hook.

232. 大戟科 EUPHORBIACEAE

1. 秋枫属 Bischofia Blume

2. 蓖麻属 Ricinus L.

3. 木薯属 Manihot Mill.

4. 麻风树属 Jatropha L.

5. 土蜜树属 Bridelia Willd.

6. 闭花木属 Cleistanthus J. D. Hook. ex Planch.

7. 算盘子属 Glochidion J. R. Forst. & G. Forst.

8. 白饭树属 **Flueggea** Willd.

9. 叶下珠属 **Phyllanthus** L.

10. 守宫木属 **Sauropus** Blume

11. 黑面神属 **Breynia** J. R. Forst. & G. Forst.

12. 核果木属 **Drypetes** Vahl

13. 五月茶属 **Antidesma** L.

14. 棒柄花属 **Cleidion** Blume

15. 铁苋菜属 **Acalypha** L.

16. 野桐属 **Mallotus** Lour.

17. 血桐属 **Macaranga** Thouars

18. 蝴蝶果属 **Cleidiocarpon** Airy Shaw

19. 山麻杆属 **Alchornea** Sw.

20. 银柴属 **Aporosa** Blume

21. 白桐树属 **Claoxylon** A. Juss.

234. 火筒树科 LEEACEAE

火筒树属 Leea D. Royen ex L.

98. 杜英科 ELAEOCARPACEAE

廖文波　罗　连

常绿或半落叶乔木，稀为灌木。单叶，互生或对生；托叶宿存或早落；叶柄明显；叶片具羽状脉。花单生或排成总状花序、伞房花序或圆锥花序，有时簇生；苞片宿存或早落；花两性或杂性；萼片4或5，分离或基部合生，镊合状或覆瓦状排列；花瓣4或5，辐射对称，镊合状或覆瓦状排列，先端撕裂、浅裂或全缘，有时无花瓣；花盘环状或分裂成腺体；雄蕊8至多数，花丝分离，生于花盘上或花盘外侧，花药2室，顶孔开裂或从顶部向下纵裂，顶端常呈喙状或芒刺状，有时有毛丛；子房上位，2至多室，每室有胚珠2至多颗，中轴胎座；花柱合生或分离。果为核果或蒴果，有时果皮外面有针刺。种子椭圆体形，有丰富胚乳，胚扁平。

12属，约550种，分布于东西两半球的热带和亚热带地区，但未见于非洲。我国产2属，53种。深圳有2属，10种。

1. 花单生或数朵簇生；果为蒴果，表面多针刺 ·· 1. **猴欢喜属 Sloanea**
1. 花排成总状花序；果为核果，表面光滑、有毛或有疣状突起·········· 2. **杜英属 Elaeocarpus**

1. 猴欢喜属 Sloanea L.

乔木或灌木。单叶互生或在枝顶簇生，具柄；托叶早落；叶片边缘全缘或有锯齿，具羽状脉。花单生或数朵簇生于叶腋，具长梗，通常两性；萼片4或5，卵形，基部稍合生；花瓣4或5，很少无花瓣，倒卵形，覆瓦状排列，边缘全缘，先端有齿或浅裂；花盘宽而厚；雄蕊多数，着生于花盘上，花丝甚短，花药从顶端向下纵裂，药隔延伸呈喙状；子房3-7室，每室有数颗胚珠，表面有沟并被柔毛，花柱分离或合生。蒴果球形或卵球形，表面有针刺，室背开裂为3-7瓣，外果皮厚，木质，内果皮薄，革质，干后通常与外果皮分离。种子1至数颗，垂生，中部以下为假种皮所包，胚乳丰富，肉质，子叶扁平。

约120种，主要分布于热带和亚热带地区。我国产14种。深圳有1种。

猴欢喜 Chinese Sloanea　　　　图1　彩片1

Sloanea sinensis（Hance）Hemsl. in Hook. Icon. Pl. 27：sub pl. 2628. 1900.

Echinocarpus sinensis Hance in J. Bot. **22**：103. 1884.

Sloanea parvifolia Chun & How in Acta Phytotax. Sin. **7**：14, pl. 5. 1958；海南植物志 **2**：65. 1965.

乔木，高可达20m。芽及幼叶密被白色绢状毛，枝条无毛，散生皮孔。叶生于当年生枝上；叶柄长1-3.5cm，粗约0.8mm，无毛；叶片长圆形、狭长圆形、狭椭圆形或倒披针形，稀近圆形或披针形，厚纸质，长6-12cm，宽2-5cm，两面无毛，基部楔形，稀圆形，边缘全缘或上部有疏钝齿，先端渐尖，侧脉每边5-7条。花数朵簇生于当年生枝顶；花梗长3-6cm，密被灰白色长柔毛；萼片4，宽卵形，长7-8mm，两面均被茸毛，先端圆；花瓣4，白色，与萼片近等长，两面均被茸毛，先端有6-7条长短不等的裂片；花盘宿存，直

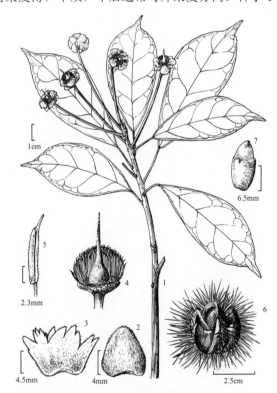

图1　猴欢喜 Sloanea sinensis
1. 分枝的上段、叶及花；2. 萼片；3. 花瓣；4. 除去花萼和花冠，示花盘、雄蕊和雌蕊；5. 雄蕊；6. 蒴果；7. 种子，示中部以下有假种皮。（崔丁汉绘）

径约 6mm；雄蕊多数，与花瓣近等长，花丝宽短，长约 1mm，与花药均密被茸毛，药隔在花药顶端延伸成喙；子房近卵球形，5-6 室，与花柱的下部均密被绢状毛，花柱 5-6，合生，长 4-5mm。果梗粗壮，长 2.4-2.8cm，粗 2-3mm，先端疏被长柔毛；蒴果球形，直径 2-4cm，外果皮密生 1-1.5cm 长的针刺，成熟时裂为 3-7 瓣，内果皮紫红色。种子长圆体形，长 1-1.3cm，成熟时黑色，有光泽，中部以下为黄色的假种皮所包。花期：8-10月，果期：翌年 5-7 月。

产地：东涌、七娘山（仙湖、华农学生采集队 012463）、南澳、梅沙尖（深圳考察队 613）、仙湖植物园（王定跃 156）。生于山地林中或水旁，海拔 100-800m。

分布：浙江、江西、福建、台湾、广东、香港、海南、广西、湖南和贵州。缅甸、泰国、柬埔寨、越南和老挝。

2. 杜英属 Elaeocarpus L.

乔木，稀为灌木；老枝上有多数叶痕和果序脱落后留下的疤痕。叶互生或螺旋状排列；托叶条形，稀为叶状，早落，很少宿存；叶柄长，两端均膨大；叶片边缘全缘或有锯齿，具羽状脉。总状花序腋生；苞片宿存或早落；花两性或杂性；萼片 4 或 5，分离，镊合状排列，外面通常被柔毛；花瓣 4 或 5，白色，分离，先端撕裂状，很少全缘或浅裂；花盘有 5-10 个呈腺体状的浅裂或深裂，少为多裂或不裂而呈环状，宿存；雄蕊 8 至多数，花丝甚短，花药 2 室，顶端缝裂，药室顶端有刺或无刺，有的具毛丛或腺体；子房上位，2-5 室，每室有 2-12 颗胚珠，花柱合生成线形或钻形。果为核果，1 室，少有 5 室，表面光滑、有毛或有疣状突起，内果皮骨质（核），表面有沟隙和 2-5 条直的纵沟。种子每室 1 颗，胚乳肉质，胚直或弯。

约 360 种，主要分布于东半球的热带地区。我国产 39 种。深圳有 9 种。

据文献记载（刑福武等，深圳植物物种多样性编目 P.159. 2002），绢毛杜英 *Elaeocarpus nitentifolius* Merr. & Chun 在深圳梧桐山有分布，但未见标本，故未收录。

1. 核果大，长 3cm 以上。
  2. 苞片宿存；叶片狭倒披针形或狭长圆形，长 6-15cm，宽 1.5-3cm，下面疏被短柔毛 ·············
    ··· 1. 水石榕 E. hainanensis
  2. 苞片早落；叶片非上述形状，长 10-25cm，宽 5-8cm，两面无毛或仅下面沿中脉疏被长柔毛。
    3. 枝条幼时密被褐色绢状毛；叶片倒卵状披针形或倒披针形，仅下面沿中脉疏被长柔毛，中部以下渐收窄至基部呈圆形，先端急尖、骤尖或钝；核果椭圆体形，表面密被淡褐色茸毛 ·············
    ··· 2. 毛果杜英 E. rugosus
    3. 枝条无毛；叶片椭圆形或长圆形，两面无毛，下面散生黑色腺点，基部宽楔形，先端渐尖；核果橄榄形，表面无毛，密生黄色的疣状突起 ························· 3. 斯里兰卡杜英 E. serratus
1. 核果较小，长不超过 3cm。
  4. 叶片下面有黑色小腺点；花杂性（具两性花和雄花）；花瓣先端全缘或浅裂。
    5. 枝条无毛；叶片革质，上面有光泽；萼片和花瓣均 5 枚；两性花具雄蕊 15 枚，雄花具雄蕊 9-14 枚·············
    ··· 4. 日本杜英 E. japonicus
    5. 枝条在幼时密被绢状毛；叶片纸质，上面无光泽；萼片和花瓣均 4 枚；两性花和雄花均具雄蕊 6-9 枚
    ··· 5. 华杜英 E. chinensis
  4. 叶片下面无腺点；花两性；花瓣先端撕裂状。
    6. 叶柄纤细，长 1.5-4cm；花瓣两面均密被绢状毛；花盘 10 裂；花药顶端有长约 1mm、外弯的刺 ·········
    ··· 6. 显脉杜英 E. dubius
    6. 叶柄较粗壮，长不超过 1.5cm；花瓣外面无毛；花盘 5 深裂，每裂再 2 浅裂；花药顶端无刺。
      7. 叶柄甚短，最长的不超过 5mm；花药顶端有毛丛 ········· 7. 秃瓣杜英 E. glabripetalus
      7. 叶柄明显，长 0.5-1.5cm；花药顶端无毛丛。
        8. 幼枝无毛；花盘分裂为 5 个彼此分离的圆球形腺体；雄蕊约 15 枚 ·············· 8. 山杜英 E. sylvestris
        8. 幼枝密被绢状毛；花盘 5 浅裂；雄蕊 20-30 枚 ····················· 9. 杜英 E. decipiens

1. 水石榕 Hainan Elaeocarpus　　图2　彩片2 3

Elaeocarpus hainanensis Oliv. in Hook. Icon. Pl. **25**: pl. 2462. 1896.

小乔木，高4-5m；嫩枝无毛或疏被白色的绢状毛。叶聚生于枝顶；叶柄长0.5-2cm，下面被绢状毛；叶片狭倒披针形或狭长圆形，纸质，长6-15cm，宽1.5-3cm，下面疏被白色短柔毛，上面近无毛或沿中脉疏被毛，基部楔形并下延，边缘有疏钝齿，先端急尖，侧脉每边14-16条。总状花序生于当年生枝叶腋，长5-10cm，下垂，具2-6朵花；花序梗长1.5-4cm，与花序轴、苞片的两面和花梗均被绢状毛；苞片叶状，宿存，卵形或椭圆形，长0.8-1.8cm，宽0.5-1cm，基部圆或有短耳，边缘有疏浅齿，具中脉、侧脉及网脉；花梗长2-4cm；花两性；萼片5，条状披针形，长1.5-2cm，外面密被短柔毛，内面边缘密被茸毛；花瓣5，白色，与萼片近等长，外面密被短柔毛，内面中部以下密被绢状毛，中部以下收窄，先端撕裂状；花盘多裂，密被茸毛；雄蕊多数，长及花瓣的3/4，密被微柔毛，花丝长3-3.5mm，基部膨大，花药顶端具直伸的刺，刺长6-7mm；子房无毛，2室，每室有2胚珠，花柱长约1cm，中部以下被微柔毛。核果纺锤形，长3-4cm，中央宽1-1.2cm，表面无毛，内果皮骨质，有不规则的沟隙和倒生的扁刺，并有2条直的纵沟。花期：5-7月，果期：7-11月。

产地：仙湖植物园（王定跃等90717），本市各公园和绿地普遍栽培。多植于水旁或湿处。我国南方常见栽培。

分布：广东、海南、广西南部和云南东南部。缅甸、泰国和越南。

用途：为优良的庭园观赏树。

图2　水石榕 Elaeocarpus hainanensis
1. 分枝的一段、叶及总状花序；2. 叶及核果；3. 萼片；4. 花瓣；5. 雄蕊；6. 除去花萼和花冠，示花盘和雌蕊；7. 子房的横切面。（余汉平绘）

2. 毛果杜英 长芒杜英 尖叶杜英 Rugose Elaeocarpus　　图3　彩片4

Elaeocarpus rugosus Roxb. Fl. Ind. **2**: 596. 1832.

Elaeocarpus apiculatus auct. non Mast.: 广东植物志 **1**: 115. 1987; 澳门植物志 **1**: 201. 2005.

乔木，高可达30m；树皮灰色；小枝粗壮，直径0.8-1.2cm，幼时密被褐色绢状毛，后变无毛。叶聚生于枝顶；叶柄长1.5-3cm，密被长柔毛；叶片倒卵状披针形或倒披针形，近革质，长15-25cm，宽5-7.5cm，除下面中脉被长柔毛外，其余近无毛，中部以下渐收窄至基部呈圆形，边缘有疏的细钝齿或全缘，先端急尖、骤尖或钝，侧脉每边12-18条。总状花序腋生，下垂，长7-12cm，有花5-14朵；花序梗长2-2.5cm，

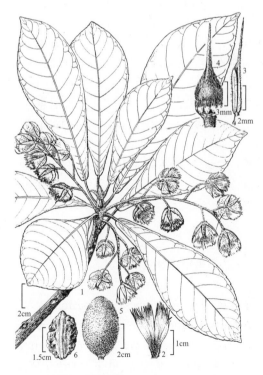

图3　毛果杜英 Elaeocarpus rugosus
1. 分枝的一段、叶及总状花序；2. 花瓣；3. 雄蕊；4. 除去花萼和花冠，示花盘和雌蕊；5. 核果；6核。（崔丁汉绘）

与花序轴、花梗、花萼均密被褐色茸毛；花梗长 1.5-2cm；花两性；萼片 5，条状披针形，长 1.2-1.3cm，宽 1.5-2mm；花瓣 5，白色，长 1.3-1.4cm，两面均密被绢状毛，中部以下收窄，先端撕裂状；花盘 10 浅裂，密被绢状毛；雄蕊多数（45-50 枚），长约 1cm，花丝长约 2.5mm，基部膨大，与花药的外面均密被短柔毛，顶端有直伸的刺，刺长 3-4mm；子房 2 室，每室有多个胚珠，与花柱下部均密被绢状毛，花柱长 8-9mm。核果椭圆体形，长 3.5-4cm，直径 2-2.5cm，绿色，表面密被淡褐色茸毛，内果皮骨质，有 2 纵脊，表面有不规则的突起和沟隙。花期：4-5 月，果期：6-11 月。

产地：仙湖植物园（王国栋 022490）、莲塘（李沛琼 3141）、东门北路（李沛琼 3135），本市各地园林和公共绿地普遍栽培。

分布：原产于海南和云南南部以及印度、缅甸、泰国和马来西亚。我国南方常见栽培。

用途：为优良的庭园观赏树和行道树。

3. 斯里兰卡杜英 Ceylon Elaeocarpus

图 4　彩片 5

Elaeocarpus serratus L. Sp. Pl. **1**: 515. 1753.

常绿乔木，高达 10m；当年生枝绿色，老枝灰黑色，无毛。叶生于当年生枝上；叶柄长 2.3-5cm，无毛；叶片椭圆形或长圆形，纸质至薄革质，长 10-18cm，宽 5-8cm，两面无毛，下面散生黑色腺点，上面亮绿色，基部宽楔形，边缘具疏钝齿，先端渐尖，侧脉每边 8-10 条。总状花序生于当年生枝叶腋或二年生枝已落叶的叶腋处，有 10 多朵至 30 多朵花；花序梗、花序轴和花梗均无毛或被短柔毛；花两性；萼片 5，三角形，长 4-5mm，边缘稍向内卷，内面有一纵棱，两面无毛；花瓣与花萼互生，白色，长 5-6mm，上部撕裂状；花盘 5 深裂，每裂片再 2 浅裂，无毛；雄蕊多数，花药顶端有短刺；子房密被白色绢状毛，3 室。核果椭榄形，长 3.5-4cm，直径 1.5-2cm，绿色，表面无毛，密生黄色的疣状突起，内果皮骨质，有很浅的不规则沟隙和 3 条直的纵沟。花期：4-8 月，果期：6 月至翌年 1 月。

产地：东湖公园（王勇进 4089）、园林科研所（李沛琼 2433）、深圳大学（杨勇奇 0005135），本市各公园时有栽培。

分布：原产澳大利亚、印度和斯里兰卡。热带地区常有栽培。

用途：为良好的园林观赏树。

图 4　斯里兰卡杜英 Elaeocarpus serratus
1. 分枝的上段、叶及果序；2. 总状花序；3. 花。（崔丁汉绘）

4. 日本杜英 胆八树 Japanese Elaeocarpus

图 5　彩片 6

Elaeocarpus japonicus Siebold & Zucc. in Abh. Math. -Phys. Cl. Königl. Bayer. Akad. Wiss. **4**（2）: 165. 1845.

Elaeocarpus japonicus var. *euphlebius* Merr. in Lingnan. Sci. J. **5**: 123. 1927; 海南植物志 **2**: 68. 1965.

乔木，高 4-10m；枝条无毛。叶生于当年生枝上；叶柄长 1.5-5cm，无毛；叶片椭圆形、披针形或狭长圆形，革质，长 6-12cm，宽 2-5cm，幼嫩时两面疏被白色绢状毛，成长叶无毛，下面有黑色小腺点，上面有光泽，基部宽楔形或近圆形，边缘有疏钝齿，先端渐尖或急尖，侧脉每边 6-8 条。总状花序生于当年生枝叶腋或二年生枝已落叶的叶腋处，长 5-6cm，有数朵至 10 数朵花；花序梗长 0.7-1cm，与花序轴和花梗均被微柔毛；花梗长 4-5mm；花杂性（两性花和雄花）；两性花：萼片 5，卵状披针形，长约 4mm，两面均被短柔毛；花瓣 5，白色，长圆形，与萼片近等长，两面均被短柔毛，基部微收窄，先端近全缘或浅裂；花盘 5 深裂，每裂片再有 1 浅裂，被绢状毛；雄蕊 15 枚，长约 3mm，花丝甚短，长不及 1mm，花药密被短柔毛，先端无刺；子房密被绢状毛，3 室，每室 2 胚珠，花柱长约 3mm，下部被绢状毛；雄花：萼片和花瓣均 5 或 6，形状与两性花的相似；雄蕊 9-14；退化子房很小或无。核果椭圆体形，长 1-1.3cm，直径 5-8mm，表面光滑，无毛，内果皮有不规则的沟隙和 3 条直的纵沟。花期：4-5 月，果期：7-8 月。

产地：七娘山（邢福武等 12350，IBSC）、排牙山（王国栋等 7087）、葵涌（张寿洲等 3448）。生于山地林中或林边，海拔 550-700m。

分布：安徽、江苏、浙江、台湾、江西、湖北、湖南、广东、香港、广西、贵州、四川和云南。越南和日本。

5. 华杜英 Chinese Elaeocarpus　　图 6　彩片 7

Elaeocarpus chinensis（Gardn. & Champ.）J. D. Hook. ex Benth. Fl. Hongk 43. 1861.

Friesia chinensis Gardn. & Champ. in J. Bot. Kew Gard. Misc. **1**: 243. 1849.

常绿乔木，高 3-7m；枝条仅在幼嫩时密被绢状毛，后变无毛。叶聚生于当年生枝上；叶柄长 1-3.5cm，幼时被绢状毛；叶片倒披针形、倒卵状披针形或椭圆形，纸质，长 6-12cm，宽 2-4cm，幼时上面疏被绢状毛，成长叶两面无毛，下面有褐色小腺点，基部宽楔形或近圆形，边缘有疏钝齿，先端渐尖至尾状，侧脉每边 5-7 条。总状花序生于当年生枝的叶腋或二年生枝已落叶的叶腋处，下垂，长 3-4cm，有数朵至 10 数朵花；花梗长 5-7mm，疏被短柔毛；花杂性（两性花和雄花）；两性花：萼片 4，披针形，长 4-5mm，外面疏被微柔毛，内面两侧被绵毛；花瓣 4，长圆形，与萼片近等长，外面及边缘被绢状毛，内面下部中间亦被绢状毛，基部略收窄，先端 4-5 浅裂；花盘 8 浅裂，边缘浅波状，与子房和花柱的下部均密被绢状毛；雄蕊 6-9 枚，长 3-4mm，花丝长约 1mm，密被短柔毛，花药顶端无刺；子房 2 室，每室 2 胚珠；雄花：花萼、花瓣、花盘和雄蕊均与两性花同，退化子房甚小或不存在。核果椭圆体形，长 1-1.3cm，直径 0.9-1cm，表面无毛，

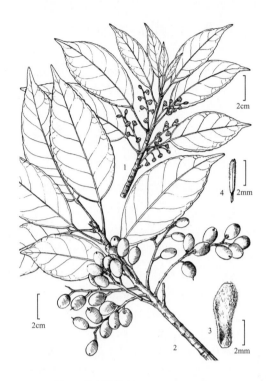

图 5　日本杜英 Elaeocarpus japonicus
1. 分枝的上段、叶及总状花序；2. 叶及果序；3. 花瓣；
4. 雄蕊。（崔丁汉绘）

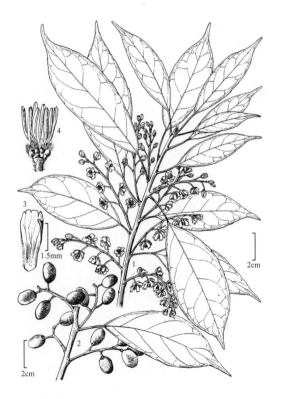

图 6　华杜英 Elaeocarpus chinensis
1. 分枝的上段、叶及总状花序；2. 果序；3. 花瓣；4. 雄花，
除去花萼和花冠，示花盘、雄蕊及退化子房。（崔丁汉绘）

内果皮骨质,有不规则的浅沟隙和 2 条直的纵沟。花期:4-6 月,果期:7-10 月。

产地:南澳(张寿洲等 4194)、马峦山(张寿洲等 1507)、三洲田(王国栋等 6490)。本市各地均有分布,生于山地林中和林缘,海拔 100-450m。

分布:浙江、福建、江西、广东、香港、广西、贵州和云南。越南和老挝。

6. 显脉杜英 拟杜英 高山望 Mock Elaeocarpus

图 7

Elaeocarpus dubius A. DC. in Bull. Herb. Boissier. Ser. 2,**3**:366. 1903.

常绿乔木,高 10-25m;枝条仅在幼时疏被银白色短柔毛。叶生于当年生枝上;叶柄纤细,长 1.5-4cm,无毛;叶片披针形或狭长圆形,纸质,长 5-9cm,宽 1.5-3cm,两面无毛、无腺点,基部楔形至宽楔形,边缘有疏钝齿,先端渐尖至尾状,侧脉每边 8-10 条。总状花序生于当年生枝的叶腋或二年生枝已落叶的叶腋处,长 3-6cm,有 6-10 朵花;花序梗长 1.2-1.8cm,与花序轴和花梗均疏被银白色的微柔毛;花梗长 0.8-1.5cm;花两性;萼片 5,条状披针形,长 7-8mm,宽约 1mm,有明显的龙骨状突起,外面疏被银白色的微柔毛,内面无毛;花瓣 5,与萼片互生,白色,长圆形,与萼片近等长,两面均密被绢状毛,上部 1/3 处撕裂状;花盘 10 裂,密被微柔毛;雄蕊 20-30 枚,着生于花盘上,长约 5mm,花丝长约 1mm,被微柔毛,花药顶端有外弯的刺,刺长约 1mm;子房 3 或 4 室,密被银白色微柔毛,花柱长 5-7mm,下部亦被微柔毛。核果椭圆体形,长 1-1.3cm,直径 6-8mm,外果皮光滑、无毛,内果皮骨质,三棱形,表面有不规则的浅沟及 3-4 条纵棱。花期:4-5 月,果期:6-10 月。

产地:梧桐山、仙湖植物园(闫斌 022470)。生于山地林中,或栽培。

分布:广东、香港、海南、广西和云南。越南。

7. 秃瓣杜英 Glabrous-petal Elaeocarpus 图 8

Elaeocarpus glabripetalus Merr. in Philipp. J. Sci. **21**:501. 1922.

乔木,高 10-12m;枝条无毛,嫩枝多少有棱。叶生于当年生枝上;叶柄粗壮,长不及 5mm 或近无叶柄,无毛;叶片倒披针形,纸质,长 8-12cm,宽 3-5cm,

图 7 显脉杜英 Elaeocarpus dubius
1. 分枝的上段、叶及总状花序;2. 叶及果序;3. 花瓣;4. 雄蕊;
5. 除去花萼和花冠,示花盘和雌蕊。(崔丁汉绘)

图 8 秃瓣杜英 Elaeocarpus glabripetalus
1. 枝的一段、叶及果序;2. 总状花序;3. 花;4. 花瓣;
5. 雄蕊。(崔丁汉绘)

两面无毛，上面有光泽，基部楔形，下延，边缘有疏钝齿，先端渐尖，尖头钝，侧脉每边 7-9 条。总状花序生于二年生枝已落叶的叶腋，长 5-10cm；花序梗、花序轴和花梗均被微柔毛；花梗长 5-6mm；花两性；萼片 5，披针形，长 3-5mm，宽约 1.5mm，外面被微柔毛；花瓣 5，白色，长 4-5mm，外面无毛，中部以下渐收窄，上部撕裂，裂片 14-18 条，条形；花盘 5 深裂，每裂片再 2 浅裂，被短柔毛；雄蕊 20-30 枚，长约 2mm，花丝短，被短柔毛，花药顶端无刺，但有毛丛；子房 2 或 3 室，与花柱的下部均被短柔毛，花柱长 3-5mm。核果椭圆体形，长 1-1.5cm，表面密被疣点，内果皮骨质，表面有不规则的浅沟隙和 2 或 3 条直的纵沟。花期：5-6 月，果期：7-10 月。

产地：南澳（李泽贤等 713，IBSC）。生于沟谷密林中。

分布：安徽、浙江、福建、江西、湖北、湖南、广东、广西、贵州和云南。

8. 山杜英 胆八树 Woodland Elaeocarpus

图 9　彩片 8

Elaeocarpus sylvestris（Lour.）Poir. in Lam. Encycl. Suppl. **11**：704. 1811.

Adenodus sylvestris Lour. Fl. Cochinch. **1**：294. 1790.

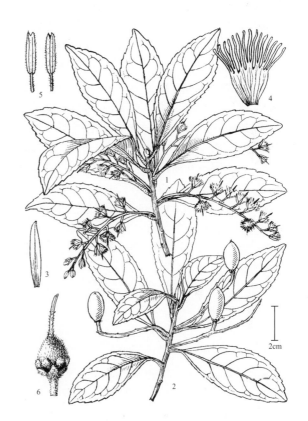

乔木，高可达 10m；枝条无毛。叶生于当年生枝上；叶柄长 0.5-1.5cm，幼时疏被短柔毛；叶片倒披针形、倒卵状披针形或椭圆形，纸质，长 5-12cm，宽 2-3.5cm，两面均无毛，或下面沿中脉疏被短柔毛，基部楔形，略下延，边缘有疏钝齿，先端急尖或渐尖，侧脉每边 5-6 条。总状花序生于当年生枝的叶腋或二年生枝已落叶的叶腋处，长 4-6cm，有 10 数朵花；花序梗长 6-8mm，与花序轴和花梗均被微柔毛；花梗长 4-5mm；花两性；萼片 5，披针形，长约 4mm，宽约 1mm，两面疏被短柔毛，内面的边缘有绵毛；花瓣 5，与萼片互生，倒卵形，白色，与萼片近等长，中部以下渐收窄，以上撕裂，裂片 10-12 条，外面无毛，内面的下部及边缘疏被微柔毛；花盘 5 深裂，裂片呈腺体状，疏被微柔毛；雄蕊约 15 枚，着生于花盘上，长约 2.5mm，花丝长约 0.5mm，被微柔毛，花药顶端无刺；子房 2 或 3 室，密被微柔毛，花柱长约 3mm，下部被毛。核果椭圆体形，长 1.5-1.8cm，直径 8-9mm，无毛；外果皮密被黄色小疣点；内果皮骨质，有不规则的浅沟隙和 2-3 条直的纵沟。花期：4-6 月，果期：7-11 月。

图 9　山杜英 Elaeocarpus sylvestris
1. 分枝的一段、叶及总状花序；2. 叶及核果；3. 萼片；4. 花瓣；5. 雄蕊；6. 除去花冠，示花萼、花盘和雌蕊。（余汉平绘）

产地：南澳（张寿洲等 4200）、排牙山（张寿洲等 2318）、沙头角（陈潭清等 012953）本市各地常见。生于山地林中或林缘，海拔 50-650m。

分布：浙江、江西、福建、广东、香港、澳门、海南、广西、湖南、贵州、四川和云南。越南。

用途：为良好的造林树种。

9. 杜英 Common Elaeocarpus 图 10 彩片 9

Elaeocarpus decipiens Hemsl. in J. Linn. Soc. Bot. **23**: 94. 1886.

常绿乔木, 高 5-15m; 幼枝密被微柔毛, 后变无毛。叶聚生于当年生枝上部; 叶柄长 0.8-1.5cm, 近无毛或幼时疏被绢状毛; 叶片倒披针形或狭长圆形, 纸质至革质, 长 7-13cm, 宽 2-3.5cm, 两面近无毛, 基部楔形, 下延, 边缘有疏钝齿, 先端渐尖, 侧脉每边 7-9 条。总状花序生于当年生枝的叶腋和二年生枝已落叶的叶腋处, 长 5-10cm, 有 8-12 朵花; 花序梗长约 1cm, 与花序轴及花梗均被微柔毛; 花梗长 4-5mm; 花两性; 萼片 5, 披针形, 长 5-5.5mm, 宽约 1.5mm; 两面被微柔毛; 花瓣 5, 白色, 倒卵形, 与萼片近等长, 外面无毛, 里面近基部被微柔毛, 基部略收窄, 先端撕裂状, 裂至花瓣 1/2 处; 花盘 5 浅裂, 密被微柔毛; 雄蕊 20-30 枚, 长约 3mm, 花丝甚短, 花药顶端无刺; 子房初时被茸毛, 后变无毛, 3 室, 每室 2 胚珠, 花柱长约 3.5mm, 中部以下被微柔毛。核果椭圆体形, 长 2-3cm, 直径 1.5-2cm, 外面近无毛, 内果皮骨质, 有不规则的沟隙和 3 条直的纵沟。花期: 4-7 月, 果期: 7-11 月。

产地: 盐田(王定跃 1539)。生于山坡林中, 海拔 450m。

分布: 台湾、浙江、福建、江西、湖南、广东、香港、广西、贵州和云南。

图 10 杜英 Elaeocarpus decipiens
1. 分枝的一段、叶及总状花序; 2. 叶及核果; 3. 花瓣; 4. 雄蕊; 5. 除去花萼和花冠, 示花盘和雌蕊。(余汉平绘)

99. 椴树科 TILIACEAE

王晓明　孙延军

乔木，灌木或草本。单叶互生，稀对生；托叶早落或宿存，或无托叶；叶片具掌状脉，边缘全缘或有锯齿，有时浅裂。花序为聚伞花序、簇聚伞花序（数个聚伞花密集成一束）或聚伞圆锥花序，有时为单花；花两性或单性，雌雄异株，辐射对称；苞片早落，有时大而宿存；萼片通常 5，有时 4，分离或基部合生，镊合状排列；花瓣与萼片同数，分离，有时无花瓣，内面的基部有或无腺体；雌雄蕊柄（花托的延伸部分，雌蕊和雄蕊着生其上）存在或缺；雄蕊多数，稀 5，分离或基部合生成束，花药 2 室，纵裂或顶端孔裂；花瓣状退化雄蕊有或无，如存在则与花瓣互生；子房上位，2-6 室，有时更多，每室有胚珠 1 至数颗，中轴胎座，花柱单生，有时分离，柱头锥状或盾状，通常分裂。果为核果、蒴果、分果，有时为浆果或翅果，2-10 室。种子无假种皮，胚乳存在，胚直，子叶扁平。

约 52 属，约 500 种，主要分布于热带及亚热带地区。我国有 11 属，70 种。深圳有 5 属，9 种。

1. 草本或半灌木；果为蒴果。
　　2. 蒴果具刺或刺毛；叶片基部两侧无附属物；雌雄蕊柄上有 5 枚腺体 ·················· 1. 刺蒴麻属 Triumfetta
　　2. 蒴果无刺或刺毛；叶片基部的一对锯齿其顶端有延伸呈细条形的附属物；雌雄蕊柄上无腺体 ··········
　　·· 2. 黄麻属 Corchorus
1. 乔木或灌木；果为核果或浆果。
　　3. 花单生或成对着生；子房 5-6 室；果为浆果 ·················· 3. 文定果属 Muntingia
　　3. 花排成聚伞花序或聚伞圆锥花序；子房 2-4 室；果为核果。
　　　　4. 聚伞圆锥花序；核果无沟槽 ·················· 4. 破布叶属 Microcos
　　　　4. 聚伞花序；核果有沟槽，将核果分隔成 2-4 个小核 ·················· 5. 扁担杆属 Grewia

1. 刺蒴麻属 Triumfetta L.

一年生或多年生直立或匍匐草本，少有半灌木；植株被星状毛或单柔毛。单叶互生；叶片不裂或掌状 3-5 裂，有掌状脉，边缘有锯齿。花两性，单朵或数朵排成聚伞花序或簇聚伞花序，腋生或与叶对生；花序梗和花梗均甚短；萼片 5，分离，镊合状排列，先端盔状，有 1 角状附属物；花瓣与萼片同数，分离，内侧基部有增厚的腺体；雄蕊 5 至多数，着生于肉质、顶端有膜质裂片的雌雄蕊柄上，花丝分离，花药背着，纵裂；雌雄蕊柄甚短，有 5 枚与花瓣对生的腺体；子房 2-5 室，每室有胚珠 2 颗，花柱单一，柱头 2-5 浅裂。果为蒴果，近球形，室背开裂为 3-6 瓣，或不裂，具刺或有刺毛，刺的先端尖，劲直或弯成钩状。种子有胚乳，子叶扁平。

约 100-160 种，主要分布于热带和亚热带地区。我国有 7 种。深圳有 3 种。

1. 茎下部叶叶片先端掌状 3 浅裂；蒴果被白色绢状毛和钩状刺，刺长约 2mm ·················· 1. 刺蒴麻 T. rhomboidea
1. 茎下部叶叶片不裂；蒴果除被钩状刺外，无毛，刺长 5-7mm。
　　2. 叶片两面疏被长硬毛；蒴果扁球形，刺上无毛 ·················· 2. 单毛刺蒴麻 T. annua
　　2. 叶片两面密被星状茸毛；蒴果球形，刺上密生长硬毛 ·················· 3. 毛刺蒴麻 T. cana

1. 刺蒴麻 犁头婆 Common Triumfetta　　　　　　　　　　　　　　　　图 11　彩片 11
Triumfetta rhomboidea Jacq. Enum. Syst. Pl. Carib. 22. 1760。
Triumfetta bartramii L. Syst. Nat. ed. 10, 1044. 1757, nom. illeg. superfl.; 海南植物志 **2**: 65. 1965.

直立半灌木，高 0.5-1.5m。除花瓣外，全株均被星状毛和长硬毛。托叶条形，长 5-6mm，脱落；下部叶叶柄长 1-6cm；叶片纸质，宽卵形，长 3-8cm，宽 2.5-6cm，基部圆或宽楔形，掌状 3 浅裂，裂片边缘有不规则

的粗锯齿，先端急尖，叶脉为 3 或 5 出掌状脉；上部
叶叶柄长仅 1-3mm；叶片长圆状披针形、披针形或狭
椭圆形，长 0.8-3cm，宽 0.6-1cm，不裂，基部楔形，
先端急尖。聚伞花序 3-5 个簇生，组成簇聚伞花序，
生于上部叶腋，长约 6mm；苞片和小苞片均为条形，
长约 2mm，宿存；花序梗长约 2mm；花梗长约 1.5mm；
萼片条形，长 4.5-5.5mm；花瓣黄色，倒披针形，略
短于萼片，下部边缘被绢状毛；雄蕊 8-15，通常 10，
与花瓣近等长；子房卵球形，密被钩状刺。蒴果近球形，
直径约 3mm，不开裂，密被白色的绢毛和和褐色的刺，
刺长约 2mm，刺上无毛，先端弯成钩状。种子 2-6 颗。
花期：4-9 月，果期：5-11 月。

产地：排牙山（王国栋等 6782）、梧桐山（深圳考察
队 1389）、龙岗（王国栋等 5801），本市各地普遍有分布。
生于旷野、村边、山地灌丛中和林边，海拔 20-900m。

分布：台湾、福建、广东、香港、澳门、海南、
广西和云南。世界热带地区均有分布。

用途：全株药用，有祛风散毒之效，用于治疮疖。

2. 单毛刺蒴麻 小刺蒴麻 Puny Triumfetta

图 12

Triumfetta annua L. Mant. Pl. **1**：73. 1767.

一年生草本或半灌木；小枝的一侧密被外弯的星状
毛，另一侧无毛。托叶披针形，长 4-5mm，先端具长尖，
边缘被长硬毛；下部叶叶柄长 4-7cm，上面密被外弯的
星状毛，下面无毛；叶片纸质，倒卵形或椭圆形，长
8-13m，宽 5-8cm，两面疏生长硬毛（单毛），基部圆
或浅心形，边缘有疏的粗锯齿，不裂，先端尾状，掌
状脉 3-5 条；上部叶柄长 1-2cm；叶片较小，披针形或
卵圆形，长 5-8cm，宽 2.5-4cm。聚伞花序 2-5 枚簇生，
组成簇聚伞花序，生于分枝的上部叶腋，长约 1cm；苞
片与小苞片均为披针形，长约 3mm，边缘疏被长硬毛，
宿存；花序梗长 4-6mm，与花梗均在一侧密被外弯的
星状毛；花梗长约 2mm；萼片 5，条形，长约 5mm，仅
先端疏被长硬毛；花瓣 5，黄色，倒披针形，略短于萼片；
雄蕊 10，与花瓣近等长；子房 3-4 室，密生刺，花柱
短，柱头 2-3 裂。蒴果扁球形，直径 5-6mm，3-4 瓣裂，
无毛，密生刺，刺长 5-7mm，刺上亦无毛，先端弯成
钩状。种子 6-8 颗。花期：8-10 月，果期：10-12 月。

产地：排牙山（张寿州等 4496）。生于旷野、村
边和山坡灌丛中，海拔 100-200m。

分布：福建、广东、海南、广西、湖南、江西、浙江、
湖北、四川、贵州和云南。巴基斯坦、印度、不丹、
尼泊尔及非洲。

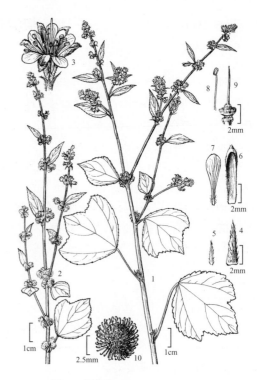

图 11 刺蒴麻 Triumfetta rhomboidea
1. 分枝的上段、叶及聚伞花序；2. 果序；3. 花；4. 苞片；5. 小
苞片；6. 萼片；7. 花瓣；8. 雄蕊；9. 除去花萼和花冠，示雌
雄蕊柄及雌蕊；10. 蒴果。（崔丁汉绘）

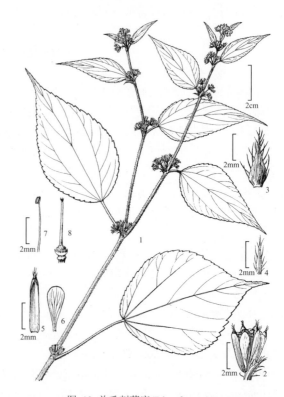

图 12 单毛刺蒴麻 Triumfetta annua
1. 分枝的上段、叶及聚伞花序；2. 花；3. 苞片；4. 小苞片；
5. 萼片；6. 花瓣；7. 雄蕊；8. 除去花萼、花冠与雄蕊，示
雌雄蕊柄及雌蕊。（崔丁汉绘）

3. 毛刺黐麻 Hairy Triumfetta　　　图 13　彩片 10

Triumfetta cana Blume, Bijdr. **1**: 126. 1825.

Triumfetta tomentosa Bojer in Bouton Rapp. Ann. Maur. 19. 1842; 广州植物志 232. 1956; 海南植物志 **2**: 62. 1965.

半灌木, 高达 2m。除花瓣外, 全株均被星状茸毛。托叶披针形, 长 3-4mm, 脱落; 下部叶叶柄长 2-3.5cm; 叶片纸质, 卵形或卵状披针形, 长 4-9cm, 宽 3-4.5cm, 基部圆, 边缘有不规则的粗锯齿, 不裂, 先端急尖或渐尖, 掌状脉 3-5 条; 上部叶叶柄长 0.5-3cm, 叶片较小, 披针形或狭长圆形, 长 3.5-6cm, 宽 1.5-2.5cm。聚伞花序 2-6 枚簇生, 组成簇聚伞花序, 生于枝上部叶腋, 长 1.6-1.7cm; 苞片和小苞片均为条形, 前者长约 4mm, 后者长约 2mm, 均宿存; 花序梗长 3-4mm; 花梗长 2-3mm; 萼片 5, 条形, 长 7-8mm; 花瓣 5, 黄色, 条状倒披针形, 略短于萼片; 雄蕊 8-10, 稀更多, 与萼片近等长; 子房 4 室, 密生刺, 柱头 3-5 裂。蒴果球形, 直径约 4mm, 成熟时 4 瓣裂, 无毛, 密生长刺; 刺长 5-7mm, 密生长硬毛, 先端弯成钩状。种子 6-8 颗。花期: 3-6 月, 果期: 6-11 月。

产地: 梅沙尖 (深圳考察队 536)、梧桐山 (李勇 3369)、仙湖植物园 (王定跃等 89190)。生于沟边、林中和山坡灌丛中, 海拔 50-200m。

分布: 福建、广东、香港、海南、广西、贵州、云南和西藏。印度、尼泊尔、缅甸、泰国、越南、老挝、柬埔寨、马来西亚和印度尼西亚。

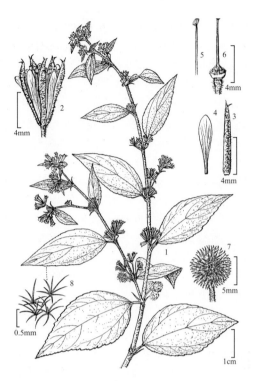

图 13　毛刺黐麻 Triumfetta cana
1. 分枝的上段、叶及聚伞花序; 2. 花; 3. 萼片; 4. 花瓣; 5. 雄蕊; 6. 除去花瓣、花冠和雄蕊, 示雌雄蕊柄及雌蕊; 7. 蒴果; 8. 叶片下面的星状茸毛。(崔丁汉绘)

2. 黄麻属 Corchorus L.

草本或半灌木。单叶互生; 托叶条形; 叶柄明显; 叶片纸质, 掌状 3 出脉, 边缘有锯齿, 基部一对锯齿的顶端常有伸长呈细条形的附属物。花两性, 黄色, 单朵或数朵排成腋生或腋外生的聚伞花序; 萼片 4-5 片; 花瓣与萼片同数, 基部无腺体; 雄蕊 15 枚或更多, 着生于雌雄蕊柄上, 分离; 雌雄蕊柄上无腺体, 顶部有一膜质的环; 子房 2-5 室, 每室有多颗胚珠, 花柱短, 柱头盾状或盘状, 全缘或浅裂。蒴果圆柱形或球形, 有棱或有短角, 熟时室背开裂为 2-5 瓣。种子多数。

约 40 种, 主要分布于热带地区。我国有 4 种, 产长江流域以南各地。深圳有 2 种。

1. 蒴果圆柱形, 顶端有 3-5 短角; 叶片两面均疏被长硬毛; 子房疏被短柔毛 ·········· **1. 甜麻 C. aestuans**
1. 蒴果球形, 顶端无角; 叶片两面均无毛; 子房无毛 ······································· **2. 黄麻 C. capsularis**

1. 甜麻 假黄麻 针筒草 Mock Jute　　图 14　彩片 12

Corchorus aestuans L. Syst. Nat. ed. 10, **2**: 1079. 1759.

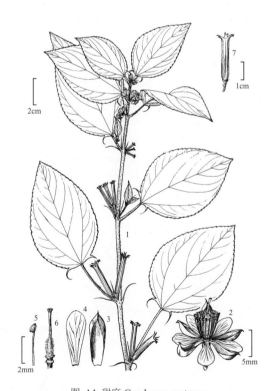

图 14　甜麻 Corchorus aestuans
1. 分枝的上段、叶、聚伞花序及果序; 2. 花; 3. 萼片; 4. 花瓣; 5. 雄蕊; 6. 除去花萼、花冠及雄蕊, 示雌雄蕊柄及雌蕊; 7. 蒴果。(崔丁汉绘)

Corchorus acutangulus Lam. Encycl. **2**: 104. 1786; 广州植物志 233. 1956; 海南植物志 **2**: 64. 1965.

一年生草本，高 0.3-1m。茎下部通常木质化，分枝多，斜升或披散，红褐色，一侧密被白色长硬毛，另一侧无毛。托叶条形，长 5-6mm，先端渐狭，具细长的芒，仅边缘疏被短硬毛，宿存；叶柄长 0.5-2.5cm，上面密被长硬毛；叶片纸质，卵形或披针形，长 2.5-8.5cm，宽 1-5cm，两面疏被长硬毛，掌状脉 5-7 条，基部圆，边缘有锯齿，基部的一对锯齿顶端有延长呈细线形的附属物，先端急尖。花单朵或数朵排成聚伞花序，腋生、腋外生或与叶对生；苞片和小苞片与托叶近同形，但较短小，宿存；花序梗与花梗均甚短，长不及 1mm，无毛；萼片 5，条形，长约 5mm，外面近无毛，紫红色，先端内弯呈舟状，顶端有一短芒；花瓣 5，黄色，倒披针形，长 5-5.5mm；雄蕊 20-28 枚，长 3-3.5mm；子房圆柱形，疏被短柔毛，有棱，3-5 室，花柱棒状，柱头 5 齿裂。蒴果圆柱形，长 2-2.5cm，直径约 5mm，无毛，有 6 条纵棱，棱上均有翅，或其中 3-4 棱有翅，在顶部每 2 棱合生并延长成一外弯的角，角顶 2 分叉，成熟时 3-5 瓣裂。种子多数。花期：6-7 月，果期：8-10 月。

产地：葵涌（王国栋等 6508）、东湖公园（深圳考察队 1733）、盐田（深圳考察队 2082），本市各地普遍有分布。生于旷野、村旁及海边草丛中，海拔 50-100m。

分布：浙江、江苏、台湾、福建、江西、湖北、湖南、广东、香港、澳门、海南、广西、贵州、四川和云南。巴基斯坦、印度、斯里兰卡、不丹、尼泊尔、孟加拉国、缅甸、泰国、越南、马来西亚、菲律宾、印度尼西亚、澳大利亚、非洲热带和中美洲。

2. 黄麻 Jute　　　　　　　　图 15

Corchorus capsularis L. Sp. Pl. **1**: 529. 1753.

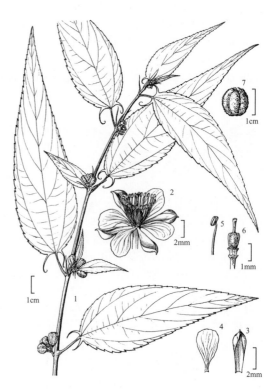

一年生直立草本，高 1-2m。茎下部木质化。除叶柄上面密被弯曲的长硬毛外，全株近无毛。托叶条形，长 1.2-1.5mm，先端渐狭并延伸呈细长的芒，宿存；叶柄长 2-3cm；叶片纸质，披针形或狭披针形，长 10-15cm，宽 3-5cm，两面无毛，基部圆，边缘有粗锯齿，基部的一对锯齿先端有延长呈细线形的附属物，先端长渐尖，掌状脉 3 条。花单朵或数朵排成聚伞花序，腋生、腋外生或与叶对生；苞片和小苞片均为条形，长约 1mm，脱落；花序梗和花梗甚短，长约 1.5mm；萼片 4-5，狭长圆形，长 3.5-4mm，先端内弯呈舟状，并有 1 短芒；花瓣 4-5，黄色，倒卵形，长约 5mm；雄蕊 18-22，长 3-3.5mm；子房 5 室，无毛，花柱棒状，柱头 5 浅裂。蒴果球形，直径约 1cm，有 10 条细的纵棱，表面密生疣状突起，顶端截形，成熟时 5 瓣裂。

产地：仙湖植物园（王定跃 0113）、福田（王学文 306，IBSC）、光明新区。栽培。

分布：原产亚洲热带。日本、巴基斯坦、印度、斯里兰卡、孟加拉国、缅甸、马来西亚、菲律宾和印度尼西亚等国均普遍有栽培。我国安徽、江苏、浙江、江西、台湾、福建、广东、香港、海南、广西、湖南、湖北、贵州、云南、四川和陕西亦常见栽培。

图 15 黄麻 Corchorus capsularis
1. 分枝的上段、叶及聚伞花序；2. 花；3. 萼片；4. 花瓣；5. 雄蕊；6. 除去花萼、花冠和雄蕊，示雌雄蕊柄和雌蕊；7. 蒴果。（崔丁汉绘）

用途：为著名的纤维类作物。其茎皮纤维可编织麻袋和绳索；经过加工处理后，可织麻布及地毯等；嫩叶可食用。

3. 文定果属 Muntingia L.

乔木；树皮灰褐色；分枝较密，水平开展；小枝密被腺毛。单叶互生；托叶针形；叶片长卵形或长椭圆状卵形，基部偏斜，具掌状脉，边缘有不规则锯齿。花两性，单花或2朵腋生或腋上生；苞片早落；花梗细长，密被腺毛；花盘杯状，沿边缘密被白色长柔毛；萼片5，分离，镊合状排列，外面密被腺毛，内面被短茸毛；花瓣5-6，分离；雄蕊多数，花丝分离，花药背着，具2室，纵向开裂；子房长卵形，具柄，5-6室，每室有多枚胚珠，花柱极短，柱头5-6浅裂。果为浆果，成熟时紫红色，5-6室。种子多数，微小。

1种，产于热带美洲。我国华南地区有栽培。深圳亦有栽培。

文定果 Jamaica Cherry　　　图16　彩片13 14
Muntingia calabura L. Sp. Pl. **1**: 509. 1753.

乔木，高5-10m，树皮灰褐色，除花冠和子房外全株密被柔软的腺毛。托叶针形，长4-9mm；叶柄长2-6mm；叶片纸质，长卵形或长椭圆状卵形，长4-10cm，宽1.5-4cm，掌状3或5出脉，基部心形，偏斜，边缘具不规则锯齿，先端渐尖或尾状渐尖。花单朵或2朵腋生或腋上生；苞片披针形，长4-8mm，早落；花梗柔软，纤细，长1.8-3.5cm；萼片5，分离，长1-1.2cm，宽约3mm，内面被短茸毛，两侧边缘内折而成舟状，先端有长尾尖，花期反折；花瓣5，白色，倒阔卵形，长1-1.1cm，宽约9mm，两面无毛；雄蕊多数，长5-6.5mm，宿存；子房无毛，5-6室，每室有胚珠多颗，花柱短，柱头5-6浅裂，宿存。浆果球形或近球形，直径约1cm，成熟时紫红色，无毛。种子多数，微小。花果期全年。

产地：仙湖植物园（曾春晓等0048）、梅林公园（孙延军0010），本市各公园时有栽培。

分布：原产热带美洲。台湾、广东和广西有栽培。

用途：为优良园林观赏树种。

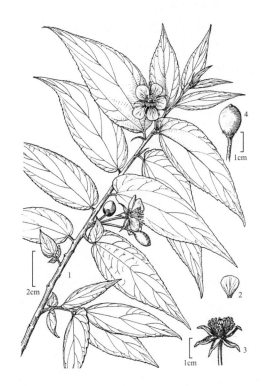

图16 文定果 Muntingia calabura
1. 分枝的上段、叶及花；2. 花瓣；3. 除去花冠，示花萼、雄蕊和雌蕊；4. 浆果。（崔丁汉绘）

4. 破布叶属 Microcos L.

灌木或乔木。单叶互生；具短柄，叶片卵形、长圆形或披针形，具掌状3出脉，边缘全缘或1/2以上有浅裂。聚伞圆锥花序顶生或腋生；花小，两性，具短梗；萼片5，分离；花瓣与萼片同数，有的无花瓣，内面近基部有腺体；雄蕊多数，分离，着生于雌雄蕊柄上部；子房上位，被毛或无毛，通常3室，每室有胚珠4-7颗；花柱单生，柱头锥状，不裂或分裂，裂片微小，先端急尖。果为核果，球形或梨形，表面无沟槽。

约60种，分布于非洲和亚洲。我国有3种。深圳有1种。

破布叶 布渣叶 Common Microcos
　　　　　　　　　　　　图17　彩片15 16
Microcos paniculata L. Sp. Pl. **1**: 514. 1753.

图17 破布叶 Microcos paniculata
1. 分枝的上段、叶及圆锥花序；2. 果序；3. 花；4. 萼片；5. 花瓣。（崔丁汉绘）

Fallopia nervosa Lour. Fl. Cochinch. **1**：336. 1790.

Microcos nervosa（Lour.）S. Y. Hu in J. Arnold Arbor. **69**（1）：79. 1988；N. H. Xia in Q.M. Hu & D. L. Wu, Fl. Hong Kong **1**：207. 2007.

　　灌木或乔木，高 3-10m；树皮灰黑色；嫩枝褐红色，与托叶、叶柄和叶两面的脉上均密被淡黄色星状毛，老枝变无毛。托叶条形，长约 4-5mm，革质，褐色，早落；叶柄长 1-1.5cm；叶片厚纸质，长圆形或狭长圆形，长 10-22cm，宽 4-9cm，掌状 3 出脉，基部圆，两侧略不对称，边缘有不规则的细锯齿，先端渐尖。聚伞圆锥花序顶生或生于枝上部叶腋，长 5-10cm，由多数简单二歧聚伞花序组成；苞片披针形，长约 5mm，早落，与花序梗、花序轴和花梗均密被淡黄色的星状茸毛；简单二歧聚伞花序的花序梗长 5-8mm；花梗甚短，长约 1mm；萼片 5，长圆形，长 5-6mm，两面均密被星状茸毛，因上部两侧边缘内折而成舟状，先端有短尖；花瓣 5，黄色，长圆形，长约为萼片的 1/2，两面的下部亦被星状茸毛，基部有 1 枚腺体；雄蕊多数，略短于萼片；子房无毛，花柱顶端锥形，3 浅裂。核果倒卵状球形或近球形，长约 1cm，直径约 7mm，成熟时黑褐色，无毛。花期 5-6 月，果期 7-12 月。

　　产地：梧桐山（深圳考察队 826）、仙湖植物园（陈景芳 066657）、内伶仃岛（李沛琼 2068），本市各地常见。生于沟谷林中或林缘，海拔 15-400m。

　　分布：广东、香港、澳门、海南、广西和云南。印度、斯里兰卡、泰国、缅甸、越南、老挝、柬埔寨、马来西亚和印度尼西亚。

　　用途：叶供药用，有清热解毒之效。

5. 扁担杆属 Grewia L.

　　乔木或灌木；小枝通常被星状毛。单叶互生；托叶小，早落；叶柄较短；叶片具掌状 3 或 5 出脉，边缘有锯齿或浅裂。花两性、单性或杂性，如为单性则雌雄异株，通常具 3 至数朵花组成腋生、顶生或与叶对生的聚伞花序，或数枚聚伞花序密集成一束，组成簇聚伞花序；苞片和小苞片均早落；花序梗和花梗通常被星状毛；萼片 5，分离，镊合状排列，外面被星状毛，内面无毛；花瓣 5，分离，短于萼片，内面的基部有 1 枚鳞片状的腺体；雌雄蕊柄短，无毛；雄蕊多数，分离，生于雌雄蕊柄上，花药球形，背部着生，纵裂；子房 2-4 室，每室有胚珠 2-8 颗，花柱单生，顶端扩大，柱头盾形，全缘或 2-4 裂，小裂片边缘全缘或有浅裂。果为核果，有或深或浅的沟槽，将核果分隔成 2-4 个小核。种子 2-4 颗，稀 8 颗。

　　约 90 余种，分布于东半球热带地区。我国有 27 种。深圳有 2 种。

1. 叶片披针形或卵状披针形；花序为聚伞花序，有 3-5 朵花；核果疏被长硬毛 …… **1. 寡蕊扁担杆 G. oligandra**
1. 叶片椭圆形、倒卵状椭圆形或菱状椭圆形；花序为簇聚伞花序，有 6-12 朵花；核果无毛 …………
……………………………………… **2. 扁担杆 G. biloba**

1.　寡蕊扁担杆 Few-stamen Grewia　　图 18
Grewia oligandra Pierre，Fl. Forest. Cochinch. **2**：163. 1888.

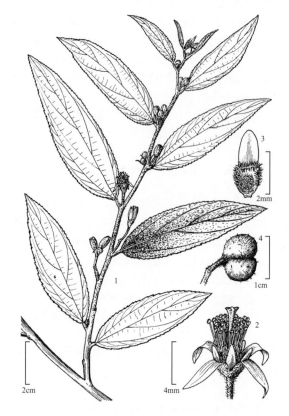

图 18 寡蕊扁担杆 Grewia oligandra
1. 分枝的一段、叶、聚伞花序及果序；2. 花；3. 花瓣；
4. 核果。（崔丁汉绘）

灌木；嫩枝被褐色星状茸毛，老枝暗褐色，无毛。托叶钻形，长约 4mm，早落；叶柄长 4-8mm，密被星状茸毛；叶片纸质，披针形或卵状披针形，长 6-10cm，宽 2-3.5cm，下面密被灰褐色星状茸毛，上面疏被星状硬毛，掌状 3 出脉，基部圆，边缘有大小相间的细锯齿，先端急尖。聚伞花序腋生，有 3-5 朵花；花序梗长 4-7mm，与花梗均被星状茸毛；苞片和小苞片均条形，长 3-4cm；花梗长 3-4mm；萼片 5，披针形，长 5-6mm，外面被星状茸毛，内面无毛；花瓣 5，淡黄色，长圆形，长为萼片的 1/2，内面基部的腺体鳞片状，周围被短硬毛；雄蕊多数，短于萼片；子房被硬毛，柱头 2-4 裂。核果直径约 1cm，2 裂，每裂瓣有 2 个小核，疏被长硬毛。花期 7-8 月，果期 9-10 月。

产地：光明新区（高蕴章 296，IBSC）。生于旷野或山坡灌丛中，海拔 50-100m。

分布：广东、香港、海南和广西。缅甸、泰国、柬埔寨、越南、老挝和马来西亚。

2. 扁担杆 Biloba Grewia

图 19　彩片 17

Grewia biloba G. Don，Gen. Hist. **1**：549. 1831.

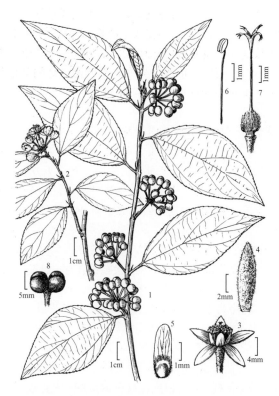

灌木或小乔木，高 0.5-1m；幼枝密被淡黄色星状毛，成长枝变无毛，褐红色。托叶条状披针形，长 4-6mm，宿存；叶柄长 0.5-1cm，密被淡黄色星状毛；叶片纸质，椭圆形、倒卵状椭圆形或菱状椭圆形，长 4-10cm，宽 2-5cm，两面沿脉疏被星状毛，掌状 3 出脉，基部圆或宽楔形，边缘有不规则的细锯齿，先端急尖。聚伞花序 2-4 枚密生成一束，组成簇聚伞花序，与叶对生或腋生，长约 2cm，有 6-12 朵花；苞片和小苞片均为条状披针形，长 2.5-3mm，宿存；花序梗长约 8mm，与花梗均密被星状毛；花梗长 5-6mm；萼片 5，狭椭圆形，长 7-8mm，外面密被星状毛及短硬毛，内面无毛；花瓣 5，淡黄绿色，长圆形，长 3-3.5mm，无毛，内面基部的腺体圆形，腺体周围被白色短硬毛；雄蕊多数，短于萼片；子房密被短硬毛，花柱与萼片等长，柱头 4 裂，每裂片又有 2-3 浅裂。核果 2-4 室，直径约 1cm，2 裂，每裂瓣含 2 个小核，无毛，成熟时红色。花期 5-6 月，果期 8-9 月。

产地：南澳（张寿州等 1909）。生于海边疏林下，海拔 0-50m。

图 19 扁担杆 Grewia biloba
1.分枝的上段、叶及果序；2.簇聚伞花序；3.花；4.萼片；5.花瓣；6.雄蕊；7.除去花萼、花冠和雄蕊，示雌雄蕊柄及雌蕊；8.核果。（崔丁汉绘）

分布：陕西、山西、河北、山东、河南、安徽、江苏、浙江、江西、福建、台湾、广东、香港、澳门、广西、湖南、湖北、贵州、云南和四川。朝鲜。

100. 梧桐科 STERCULIACEAE

冯志坚

乔木或灌木，很少草本或藤本；幼嫩部分通常被有星状毛；树皮常有黏液和富于纤维。单叶，互生，少为掌状复叶；托叶存在，早落；叶片边缘全缘、具锯齿或深裂。花序腋生，很少顶生，为圆锥花序、聚伞花序、簇聚伞花序（数个聚伞花序密生成一束）、团伞花序（聚伞花序有较多的分枝，其花序轴及分枝强烈短缩，花序所有的花密集成一近球形的丛）、总状花序或伞房花序，很少单花；花单性、两性或杂性；萼片 5 枚，少为 3-4 枚，基部合生或合生至中部或以上，很少完全分离，镊合状排列；花瓣 5 片，分离，旋转或覆瓦状排列，基部与雌雄蕊柄（花托的延伸部分，雌蕊和雄蕊着生其上）贴生，有的无花瓣；雌雄蕊柄明显，少有不明显；雄蕊的花丝常合生成管状或无花丝；退化雄蕊 5，舌状或条状，与萼片对生，或无退化雄蕊，花药 2 室，纵裂；雌蕊由 2-5（有时 10-12）个多少合生的心皮或单心皮所组成，子房上位，室数与心皮数相同，每室有胚珠 2 个或多个，少为 1 个，花柱 1 枚或与心皮同数。果为蒴果或蓇葖果，极少为浆果或核果。种子有胚乳或无胚乳，胚直生或弯生，胚轴短。

约 68 属，约 1100 种，分布在东西两半球的热带和亚热带地区，个别种可分布到温带地区。我国有 19 属，90 种，3 变种。深圳有 10 属，11 种。

1. 花单性或杂性，有花萼而无花瓣。
  2. 叶片下面密被鳞秕；果为蒴果，有翅或龙骨状突起，每果有种子 1 颗 ·················1. 银叶树属 Heritiera
  2. 叶片下面无鳞秕；果为蓇葖果，无翅亦无龙骨状突起，每果有种子 1 至多颗。
    3. 常绿乔木；果皮革质，成熟时始开裂 ······················2. 苹婆属 Sterculia
    3. 落叶乔木；果皮膜质，成熟前开裂呈叶状······················3. 梧桐属 Firmiana
1. 花两性，有花萼和花瓣。
  4. 雌雄蕊柄明显，长于或略短于花瓣。
    5. 花序为圆锥花序或伞房状圆锥花序；雄蕊 15 枚；果皮木质；种子有长的膜质翅 ·············
       ··4. 梭罗树属 Reevesia
    5. 花序为聚伞花序；雄蕊 10 枚；果皮革质；种子无翅 ···············5. 山芝麻属 Helicteres
  4. 雌雄蕊柄甚短或不明显。
    6. 草本、半灌木或灌木；花无退化雄蕊。
      7. 花柱 5，分离或仅基部合生，柱头稍增粗；果有 5 翅或 5 棱，成熟时开裂为 5 瓣 ······6. 马松子属 Melochia
      7. 花柱单 1，偏生，柱头流苏状；果无翅或棱，成熟时开裂为 2 瓣 ···········7. 蛇婆子属 Waltheria
    6. 乔木、灌木或木质藤本；花有退化雄蕊。
      8. 木质藤本；退化雄蕊片状，长于发育雄蕊；果有刺，成熟时开裂为 10 瓣 ·······8. 刺果藤属 Byttneris
      8. 乔木或灌木；退化雄蕊条形或匙形，短于发育雄蕊；果无刺，成熟时开裂为 5 瓣。
        9. 退化雄蕊条形；蒴果无翅；种子顶端具膜质翅 ············9. 翅子树属 Pterospermum
        9. 退化雄蕊匙形；蒴果具 5 纵翅；种子无翅 ···············10. 昂天莲属 Ambroma

1. 银叶树属 Heritiera Aiton

乔木；树干基部常有发达的板状根。叶互生，单叶或掌状复叶；叶片下面通常有鳞秕。聚伞花序排成圆锥花序式，腋生，具多花，花序各部均被柔毛或鳞秕；花小，单性；花萼钟状或瓮状，具 4-6 裂片；无花瓣；雄花：雌雄蕊柄短，雄蕊 4-15 个，环状排列在雌雄蕊柄的顶端，花药 2 室，纵裂；有不育的雌蕊；雌花：不育雄蕊位于心皮基部；雌蕊由 3-5 个心皮组成，心皮互相粘合，每心皮的子房有 1 个直立的胚珠，花柱甚短，柱头很小。果为蒴果，木质或革质，有龙骨状凸起或翅，不开裂。种子 1 颗，无胚乳。

约 35 种，分布于亚洲、非洲以及澳大利亚的热带和亚热带地区。我国产 3 种。深圳有 1 种。

银叶树 Coastal Heritiera　　　　　图 20　彩片 18 19

Heritiera littoralis Aiton in Hort. Kew. **3**: 546. 1789.

常绿乔木，高达 10(-15)m；树皮灰褐色；小枝粗壮，幼时被银白色间有褐色的鳞秕。单叶互生；托叶披针形，长 4-5mm 早落；叶柄粗壮，长 1-2cm，幼时密被银白色鳞秕；叶片革质，长椭圆形、长圆状披针形或长圆形，少有卵形，长 8-20cm，宽 4-10cm，下面密被银白色间有褐色的鳞秕，上面无毛，侧脉每边 10-12 条，基部圆，有时两侧微不对称，边缘全缘，先端急尖或钝。聚伞圆锥花序腋生，长 8-15cm，具多数花；花序梗、花序轴及花梗均密被星状毛和鳞秕；花梗长 0.7-1.2cm；花萼钟状，长 6-8mm，红褐色，外面被星状毛和鳞秕，内面密被倒生的绢状毛，裂片 4 或 5，卵形，长为萼筒的 1/2；雄花：花盘环状，密生乳头状突起；雌雄蕊柄长约 1.5mm，光滑，向基部渐增粗；雄蕊 4-5，在雌雄蕊柄顶端排成一环；退化雌蕊小；雌花：雌蕊有心皮 4-5，无毛，基部有数枚退化雄蕊，花柱短，直，柱头与心皮同数并下弯。蓇果卵球形，长 5-6cm，直径 4-4.5cm，果皮木质，干后黄褐色，无毛，外缘有龙骨状突起，内缘稍突起。种子卵形，长约 2cm。花期：4-5 月，果期：6-10 月。

产地：葵涌（王国栋等 6027）、大鹏（张寿洲等 4370）、排牙山（张寿洲等 2188），本市各地有分布。生于海岸林中，海拔 0-50m。为热带海岸红树林树种之一。

分布：台湾、广东、香港、海南和广西。日本、印度、斯里兰卡、缅甸、越南、柬埔寨、马来西亚、印度尼西亚、菲律宾、澳大利亚以及非洲东部。

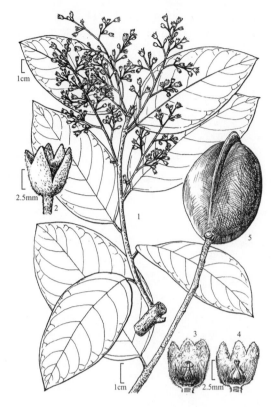

图 20 银叶树 Heritiera littoralis
1. 分枝的一段、叶和聚伞圆锥花序；2. 花萼；3. 雄花；4. 雌花；5. 蓇果。（崔丁汉绘）

2. 苹婆属 Sterculia L.

乔木或灌木。叶互生，单叶，少有掌状复叶；托叶早落；叶片边缘全缘、有锯齿或掌状深裂。花序通常腋生，多为圆锥花序，少有总状花序；花单性，雌雄同株或杂性，顶生的多为雌花并较早开放；有花萼而无花瓣；萼片 5，基部合生或合生至中部；雄花：雄蕊无花丝，花药生于雌雄蕊柄顶端，包围退化雌蕊，退化雌蕊有 5 个离生的心皮；雌花：雌雄蕊柄甚短；退化雄蕊成轮状，生于雌雄蕊柄之顶，包围雌蕊的基部；雌蕊具 5 心皮，每心皮有 2 至多颗胚珠，花柱基部合生，柱头与心皮同数，彼此分离。果由 5 个分离的（但其中常有 1-4 个不发育）排成星状的蓇葖果组成，果皮革质，少有木质，成熟时开裂，每一蓇葖果内有种子 1 至多颗。种子有丰富的胚乳。

约 100 至 150 种，主要分布于热带和亚热带地区，尤以亚洲热带为最多。我国产 26 种。深圳有 2 种。

1. 花萼初时乳白色，后变淡红色，1/2 以下管状，裂片先端长渐尖，向内弯并在顶端互相粘合；叶片长圆形，倒卵状长圆形或椭圆形 ·········· 1. 苹婆 S. monosperma
1. 花萼粉红色，1/3 以下管状，裂片先端钝，向外开展呈星状；叶片狭椭圆形、椭圆倒披针形，狭长圆形，少有椭圆形·········· 2. 假苹婆 S. lanceolata

1. 苹婆 凤眼果 Common Sterculia　　　　　图 21　彩片 20

Sterculia monosperma Vent. in Jard. Malmaison **2**: t. 91. 1805.

Sterculia nobilis Smith. in Rees's Cyclop. no. 4. 1816; 广州植物志 236. 1956; 海南植物志 **2**: 73. 1965; 广东

植物志 **1**: 128. 1987；澳门植物志 **1**: 211. 2005；T. L. Wu. in Q. M. Hu & T. L. Wu, Fl. Hong Kong **1**: 210. 2007.

常绿乔木；树皮黑褐色；幼枝疏被星状毛。单叶互生；叶柄长 2-4cm，近无毛，基部有叶枕，上端膨大；叶片薄革质，长圆形、倒卵状长圆形或椭圆形，长 10-28cm，宽 5-13cm，两面近无毛，侧脉每边 10-12 条，基部圆，边缘全缘，先端骤急尖。圆锥花序顶生和腋生，长 10-20cm，披散，具多数花，其中雄花较多；花序梗、花序轴及花梗均柔弱而纤细，疏被星状毛；花梗长 1-1.5cm；花萼初时乳白色，后变为淡红色，1/2 以下管状，裂片 5，条状披针形，疏被星状毛，边缘被长粗毛，先端长渐尖，向内弯并在顶端相互粘合；雄花长 7-8mm；雌雄蕊柄细长，长 2.5-3mm，无毛，近顶端下弯；雌花长 0.9-1cm；雌雄蕊柄甚短，长仅 1.5mm；子房扁球形，密被长硬毛，花柱亦被毛，弯曲，柱头 5 浅裂。蓇葖果 1-5 个，长圆形或卵状长圆形，长 4-8cm，宽 2.5-3.5cm，果皮厚革质，红色，密被茸毛和星状毛，先端有喙。种子 1-4，椭圆体形或长圆体形，种皮呈黑褐色，有光泽。花期：4-5 月；果期：8-9 月。

产地：本市村落和果场常有栽培。

分布：台湾、福建东南部、广东南部、香港、澳门、海南、广西和云南南部常见栽培。印度、印度尼西亚、马来西亚、泰国和越南亦常有栽培。

用途：种子可食，十分美味；树冠浓密，树形美观，为良好的园林风景树。当地人常取其叶裹粽。

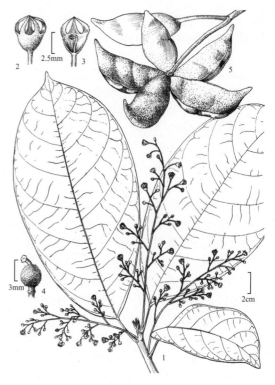

图 21 苹婆 Sterculia monosperma
1. 分枝的一段、叶及圆锥花序；2. 花；3. 雄花纵剖面，示雌雄蕊柄及生于其顶端的雄蕊；4. 雌花，除去花萼，示雌雄蕊柄及雌蕊；5. 蓇葖果。（崔丁汉绘）

2. 假苹婆 Lance-leaved Sterculia

图 22　彩片 21 22

Sterculia lanceolata Cav. Diss. **5**: 287. pl. 143, fig. 1. 1788.

常绿乔木；树皮灰褐色；幼枝密被星状毛。叶柄基部有叶枕，上端膨大，长 1.5-3.5cm，疏被星状毛；叶片纸质，狭椭圆形、椭圆状倒披针形或狭长圆形，少有椭圆形，长 9-20cm，宽 3-8cm，两面无毛或下面沿脉疏被星状毛，侧脉每边 7-9 条，基部圆或楔形，边缘全缘，先端渐尖或急尖。圆锥花序生于上部叶腋，长 5-10cm，有多数花，其中雄花较多；花序梗、花序轴和花梗均纤细而柔弱，疏被星状毛；花梗长 0.6-1cm；花萼粉红色，1/3 以下管状，裂片 5，向外开展呈星状，条状长圆形或狭椭圆形，外面被星状毛，边缘有长硬毛，先端钝，有小短尖；雄花长 7-8mm；雌雄蕊柄长约 3mm，顶端下弯；雌花长 0.9-1cm；雌雄蕊柄较短，长约 1.5mm；子房扁球形，密被长硬毛，花柱弯

图 22 假苹婆 Sterculia lanceolata
1. 分枝的一段、叶及圆锥花序；2. 雄花；3. 雄花的雌雄蕊柄及其顶端的雄蕊；4. 雌花；5. 蓇葖果。（崔丁汉绘）

曲,亦被长硬毛,柱头5浅裂。蓇葖果1-5个,狭长圆体形或长椭圆体形,长4-8cm,宽1.5-2.5cm,顶端有喙,果皮革质,鲜红色,密被星状茸毛。种子黑褐色,椭圆状卵形,直径约1cm。花期:4-5月,果期:8-9月。

产地:南澳(王国栋等7604)、仙湖植物园(李沛琼3585)、南山(仙湖华农学生采集队10667),本市各地普遍有分布。生于山地林中、林缘和沟旁,海拔50-400m。

分布:广东、香港、澳门、海南、广西、贵州、四川和云南。越南、老挝、泰国和缅甸。

用途:树冠广阔、树姿优雅,果熟时色泽红艳,十分美丽,为良好的园林风景树。种子可食。

3. 梧桐属 **Firmiana** Marsili

落叶乔木或灌木。单叶互生,具长柄;叶片掌状3-5裂或全缘。花序为圆锥花序,少有总状花序,腋生或顶生;花单性或杂性,有时先叶开放;花萼漏斗形或圆筒形,具4-5裂片,裂片反折或外卷;无花瓣,有雌雄蕊柄;雄花:雄蕊10-25枚,在雌雄蕊柄的顶端簇生成头状,花药2室,有退化雌蕊;雌花或两性花:子房卵球形或球形,5室,每室有胚珠2至多颗,如为雌花在子房下部被退化雄蕊所围绕,两性花则为发育雄蕊所围绕,花柱基部合生,柱头5浅裂。蓇葖果通常5个,果皮纸质,在成熟前开裂呈叶状;每一蓇葖果有种子1至多颗。种子圆球形,着生于叶状果皮的内侧边缘,胚乳扁平或折合;子叶扁,甚薄。

约16种,分布于亚洲热带、亚热带和温带地区。我国产7种。深圳有1种(栽培)。

梧桐 Phoenix Tree   图23

Firmiana simplex (L.) W. Wight in U. S. D. A. Bur. Pl. Industr. Bull. **142**: 67. 1909.

Hibiscus simplex L. Sp. Pl. ed. 2, **2**: 977. 1763.

落叶乔木,高10-16m;树皮平滑,青绿色;小枝绿色,幼时被星状毛。叶互生;叶柄长15-30cm,无毛;叶片薄革质,心形,直径15-30cm,掌状3-5裂,裂片卵形或近三角形,下面密被星状毛,上面无毛,掌状脉7条,基部深心形,边全缘,裂片先端渐尖。圆锥花序顶生,长20-50cm;花序梗粗壮,与花序轴和花梗均被星状毛;花梗6-9mm;花雄性和两性;花萼淡黄绿色,萼片仅基部合生,条形,外卷,长7-9mm,外面密被淡黄色星状茸毛,内面近基部被密的长柔毛;雄花:雌雄蕊柄与花萼近等长,无毛,下部增粗;雄蕊约15枚,不规则的聚生于雌雄蕊柄之顶,呈球形,雄蕊几无花丝;两性花:雌雄蕊柄短于花萼;子房卵球形,密被星状毛,下部被雄蕊所包围。蓇葖果的果柄长1-2.5cm,果皮纸质,成熟前开裂呈叶状,长6-11cm,宽1.5-3cm,外面密被星状毛。种子球形,直径7-8mm,表面有皱纹。花期:6-7月,果期:8-11月。

产地:马峦山(廖文波等ML0811013,SYS)、洪湖公园(李沛琼3575)。生于山坡疏林中,海拔80-150m,本市公园和公共绿地常有栽培。

分布:河北、山西、陕西、山东、安徽、江苏、浙江、江西、台湾、福建、广东、香港、澳门、海南、广西、湖南、湖北、四川和云南。日本。在欧洲和北美洲有栽培。

用途:为常见的园林观赏树和绿化树。

图 23 梧桐 Firmiana simplex
1. 叶; 2. 圆锥花序; 3. 雄花; 4. 雄花的雌雄蕊柄及其顶端的雄蕊; 5. 雌花; 6. 蓇葖果。(崔丁汉绘)

4. 梭罗树属 **Reevesia** Lindl.

乔木或灌木。单叶，具柄，有或无叶枕；叶片边缘全缘。花序为顶生的圆锥花序或伞房状圆锥花序，具多数密生的花；花两性，具花梗；花萼钟状或漏斗状，具形状不同的 3-5 裂片；花冠辐状，花瓣 5，具瓣柄；雄蕊 15 枚，分成 5 组，每 3 枚合生成一组，生于雌雄蕊柄之顶呈球形，包围雌蕊，雄蕊几无花丝，花药 2 室；子房 5 室，有 5 条纵沟，每室有 2 胚珠，几无花柱，柱头 5 裂。蒴果木质，成熟时室间开裂为 5 瓣，每瓣在室背又裂为 2 瓣，每室有种子 1-2 颗。种子迭生，在腹侧种脐以下生膜质翅；胚乳丰富，子叶近扁平。

约 25 种，主要分布于我国南部、西南部和喜马拉雅山区东部以及中美洲的墨西哥和尼加拉瓜。我国产 15 种。深圳有 1 种。

两广梭罗树 两广梭罗 Bunched Reevesia

图 24　彩片 23 24

Reevesia thyrsoidea Lindl. in Quart. J. Sci. Lit. Arts Ser. 2，**2**：112.1827.

常绿乔木，高 8-10m；树皮黑褐色；枝条红褐色，幼时绿色，无毛。叶柄长 1-3cm，无毛，基部有叶枕，上端膨大；叶片近革质，狭长圆形、长圆形、狭椭圆形或椭圆形，长 5-11cm，宽 2-4cm，两面无毛，侧脉每边 5-8 条，基部近圆形或楔形，边缘全缘，先端渐尖或长渐尖，少有急尖。聚伞花序排成伞房状圆锥花序，顶生，长 5-8cm，具多数花；花序梗、花序轴、花梗及花萼均密被淡黄褐色星状毛；花萼钟状，长 5-6mm，裂片 5，长为萼管的 1/2；花瓣 5，白色，匙形，长 0.8-1cm，中部以下渐狭成瓣柄，瓣片长圆形；雌雄蕊柄伸出花冠之外，长 1.5-1.8cm，无毛；雄蕊生于雌雄蕊柄之顶，包围雌蕊而呈球形；子房卵球形，疏被星状毛。蒴果倒卵状球形，长 3-3.5cm，直径 2-2.5cm，有 5 深沟，密被黄褐色茸毛，成熟时室间开裂为 5 瓣，每瓣在室背又开裂为 2 瓣。种子椭圆体形，长 8-9mm，膜质翅长约 1.5cm。花期：4-5月，果期：6-10 月。

图 24 两广梭罗树 Reevesia thyrsoidea
1. 分枝的一部分、叶及伞房状圆锥花序；2. 蒴果；3. 花萼展开；4. 花瓣；5. 雄花的雌雄蕊柄及其顶端的雄蕊；6. 果瓣；7. 种子。（崔丁汉绘）

产地：七娘山、南澳、排牙山、盐田、三洲田（王国栋等 8358）、沙头角（陈景芳 2324）、梧桐山（深圳考察队 2006）、笔架山、羊台山。生于山坡林中，海拔 100-600m。

分布：广东、香港、海南、广西和云南。越南和柬埔寨。

用途：枝叶茂密，夏季白花盛开，芳香，可作为园林观赏树。

5. 山芝麻属 **Helicteres** L.

乔木或灌木；枝被星状毛。单叶互生，叶片全缘或有锯齿。花两性，单生或排成聚伞花序，腋生和顶生；小苞片数枚轮生，生于花萼以下的花梗上；花萼筒状，裂片 5，相等或不相等而呈二唇形；花瓣 5，相等或不相等而呈二唇形，瓣片向下收窄呈瓣柄，在瓣柄的中部或上部有 2 枚附属体；能育雄蕊 10，生于雌雄蕊柄之顶，花丝中部以下合生，包围雌蕊，花药 1 室；退化雄蕊 5 枚，生于雄蕊内侧；子房有 5 棱，5 室，每室有多数胚珠；花柱 5，合生呈条形，上端微增粗成柱头。蒴果革质，成熟后直或呈螺旋状扭曲，通常被星状毛。种子表面有疣状突起。花期：5-8 月，果期：8-11 月。

约 60 种，分布于亚洲和美洲的热带。我国产 10 种。深圳有 1 种。

山芝麻 Narrow-leaved Screw-tree

图 25　彩片 25 26

Helicteres angustifolia L. Sp. Pl. **2**: 963. 1753.

小灌木，高 0.5-1m。茎直立，下部多分枝，密被黄色星状毛。叶柄短，长仅 2-4mm，密被黄色星状毛；叶片纸质，狭长圆形、条状长圆形或条形，长 4-11cm，宽 0.5-3cm，下面密被黄色星状毛，上面无毛或沿脉疏被绢状毛，侧脉每边 4-6 条，基部圆，边全缘，先端钝，有小短尖。聚伞花序通常 2-4 枚生于叶腋或枝顶，很少单生，长 1-2cm，具少数花；花序梗、花梗和花萼均密被黄色的星状毛；花序梗长 5-7mm；苞片钻形，长 3-5mm；小苞片 3-4 枚，轮生，小，针形，长 2-3mm，着生于花梗的基部；花梗长约 3mm；花萼筒状，长 6-7mm，裂片 5，披针形，长为萼筒的 1/3；花瓣 5 片，淡红色或紫红色，匙形，长约 1cm，中部以下渐收窄成瓣柄，瓣柄上有 2 枚条形的附属体；雌雄蕊柄短于花瓣，下部被长柔毛，上部弯曲；能育雄蕊 10，长约 2.5mm，花丝 1/2 以下合生；退化雄蕊 5 枚，条形，膜质，长约 1.5mm；子房卵球形，5 室，被短星状毛。蒴果长圆体形，长 1.5-2cm，直径 0.8-1cm，密被黄色星状毛。种子褐色，有椭圆形的突起。花期：5-8 月，果期：8-10 月。

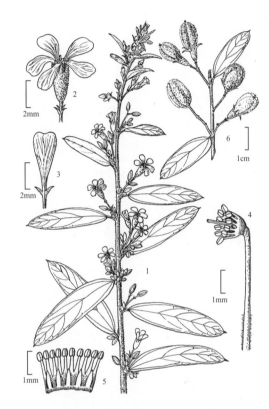

图 25 山芝麻 Helicteres angustifolia
1. 分枝的上段、叶及聚伞花序；2. 花；3. 花瓣；4. 雌雄蕊柄、雄蕊及雌蕊；5. 能育雄蕊及退化雄蕊；6. 蒴果。（崔丁汉绘）

产地：梅沙尖（深圳植物志采集队 013122）、梧桐山（李勇 3366）、仙湖植物园（王定跃等 012001），本市各地常见。生于旷野、山坡灌丛中和林边，海拔 30-700m。

分布：广东、香港、澳门、海南、广西、福建、台湾、江西、湖南、贵州和云南。日本、印度、缅甸、泰国、柬埔寨、越南、老挝、马来西亚、菲律宾和印度尼西亚。

用途：根药用，可消炎清热，叶捣烂，外敷治疮。

6. 马松子属 Melochia L.

草本、半灌木或灌木，少有小乔木；植物体被星状毛、单毛或腺体毛。单叶互生，有托叶和叶柄；叶片边缘有不规则的锯齿。花序为腋生和顶生的聚伞花序、簇聚伞花序或团伞花序；苞片和小苞片宿存或脱落；花两性，小；花萼钟状或管状，具 5 裂片，有时花后膨大，宿存；花瓣 5，分离，有瓣柄，无附属体，宿存；雄蕊 5，与花瓣对生，花丝合生成管；无退化雄蕊；子房无柄或有短柄，5 室，每室有 1-2 胚珠，花柱 5，分离或基部合生，柱头稍增粗。蒴果扁球形或圆锥体形而有 5 翅或棱，成熟时室背或室间开裂为 5 瓣，或室背与室间均开裂。种子每室 1 颗，倒卵状三棱形，子叶扁平。

约 50-60 种，主要分布在热带和亚热带地区，尤以马来西亚、太平洋岛屿、中美洲部和南美洲的种类最为丰富。我国产 1 种，深圳亦有分布。

马松子 Jute-leaved Melochia　　图 26　彩片 27 28

Melochia corchorifolia L. Sp. Pl. **2**: 675. 1753.

半灌木状草本，高不及 1m。茎多分枝，幼枝有 2 纵列稠密的星状毛，以后毛渐变稀。托叶条形，长 4-6mm，宿存；叶柄长 1-3cm，上面密被星状毛；叶片薄纸质，卵形或披针形，长 1.5-7cm，宽 1.5-5cm，下面沿脉疏被星状毛，上面近无毛，掌状脉 5 条，中间 1 脉的每边又具 4-5 条侧脉，基部心形、圆或截形，边缘有不规则的锯齿，先端急尖或钝。花序为密集的簇聚伞花序或团伞花序，直径 1.2-1.4cm；苞片条形，长约 5cm；小苞片 3 或 4 枚，轮生，与苞片近等长但较狭，两者均宿存；花萼筒状，长 2-2.5mm，密被绢状毛，裂片 5，短三角形，先端有短尖；花瓣 5，分离，淡红色，狭长圆形，长 5-6mm，基部收窄成 0.5mm 长的瓣柄；雌雄蕊柄不明显；雄蕊 5，长约 2.5mm，花丝合生成筒，子房有短柄，密被绢状毛，花柱 5，分离，丝状，宿存。蒴果微扁球形，直径 5-6mm，密被绢状毛，有 5 棱，基部围以宿存的花萼和花瓣，顶端有宿存的花柱，成熟时室背开裂为 5 瓣。种子倒卵状三棱形，黑褐色。

产地：西涌（张寿洲等 4242）、仙湖植物园（李沛琼 89281）、光明新区（李沛琼等 8101），本市各地常有分布。生于旷野、海边沙地、田埂或路旁，海拔 0-100m。

分布：广泛分布于我国长江流域以南和台湾。日本和亚洲热带地区。

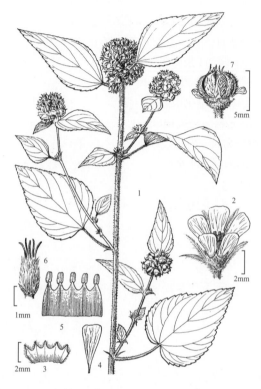

图 26　马松子 Melochia corchorifolia
1. 分枝的一段、叶及团伞花序；2. 花；3. 花萼展开；4. 花瓣；
5. 雄蕊；6. 雌蕊；7. 蒴果。（崔丁汉绘）

7. 蛇婆子属　Waltheria L.

草本或半灌木，少为乔木；枝叶均被星状毛。叶为单叶，互生；托叶披针形，宿存；叶片边缘有锯齿。花小，两性，排成顶生或腋生的聚伞花序或簇聚伞花序；花萼筒状，具 5 裂片，宿存；花瓣 5 片，匙形或长圆形，宿存；雄蕊 5，与花瓣对生，花丝合生，花药 2 室；子房无柄，1 室，有胚珠 2 个，花柱单 1，偏生，柱头棒状或流苏状。蒴果 2 瓣裂，有种子 1 个。种子有丰富的胚乳，子叶扁平。

本属约 50 种，主要分布美洲热带。我国有 1 种。深圳亦有分布。

蛇婆子 Common Waltheria　　　　　　　　　　　　　图 27　彩片 29

Waltheria indica L. Sp. Pl. **2**: 673. 1753.

半灌木；茎直立或斜升，多分枝，密被银白色的星状毛。托叶钻形，长 5-6mm，宿存；叶柄长 0.5-1cm，与叶片的两面均密被银白色的星状毛；叶片纸质，卵形或长圆形，长 2-5cm，宽 1-4cm，掌状脉 7 条，中间 1 脉的每边又具 4-5 条侧脉，基部圆或浅心形，边缘有不规则的锯齿，先端圆或钝。花序为腋生或顶生的簇聚伞花序，通常 2-4 个再排成总状，少有单生；前者花序梗长 0.6-1cm，后者长不超过 2mm，密被星状毛；苞片椭圆形，长约 4mm；小苞片狭椭圆形，与苞片近等长，与花萼均密被绢状毛；花萼筒状，长 3.5-4mm，裂片 5，披针形，长为萼管的 1/2；花瓣 5，淡黄色，狭长圆形，长 4.5-6mm，基部收窄成瓣柄，瓣柄长及瓣片的 1/3；雌雄蕊柄不明显；雄蕊 5，长约 2.5mm，花丝合生成管；子房倒卵球形，密被绢状毛，花柱偏生，柱头呈流苏状。蒴果倒卵球形，长约 3mm，密被绢状毛，基部具宿存花萼，成熟时开裂为 2 瓣，有 1 颗种子。花期：4-11 月，果期：7-12 月。

产地：西涌（张寿洲等 SAUF 1101）、南澳、沙头角、梧桐山（张寿洲等 4299）、梅林、笔架山公园（徐有财等 1814）、莲花山公园。生于向阳山坡、海边草地、林缘和田野间，海拔 50-300m。

分布：台湾、福建、广东、香港、澳门、广西和云南。世界热带地区均有分布。

8. 刺果藤属 **Byttneria** Loefl.

藤本、灌木或半灌木，稀为小乔木。茎有刺或无刺。单叶互生，具托叶和叶柄；叶片形态多样，但通常为圆形或卵形。花序为顶生或腋生的聚伞花序；苞片和小苞片均早落；花多数，小，两性；萼片 5；花瓣 5，瓣片下部收窄成瓣柄，先端盔状，并有长条形的附属体；能育雄蕊 5，与花瓣对生，花丝合生成管，花药 2 室，外向；退化雄蕊 5，片状，与能育雄蕊互生，位于能育雄蕊内侧；子房 5 室，每室有 2 颗倒生胚珠，通常下部的 1 颗败育，花柱合生，柱头不裂或 5 裂。蒴果球形，有刺，成熟时室背和室间均开裂为 10 瓣或仅室间开裂为 5 瓣，果瓣与中轴分离，每室有 1 颗种子。种子无胚乳，子叶叶状，2 裂。

约 130 种，主要分布于美洲热带、非洲、亚洲东南部以及马达加斯加。我国产 3 种。深圳有 1 种。

刺果藤 Scabrous Byttneria 　　图 30　彩片 30 31
Byttneria grandifolia DC. Prodr. **1**：486. Jan 1824 [“Buettneria”].

Byttneria aspera Colebr. ex Wall. in Roxb. Fl. Ind. **2**：382. Mar.-Jun. 1824；广州植物志 240. 1956；海南植物志 **2**：86 1965；广东植物志 **1**：149. 1987；澳门植物志 **1**：206. 2005；T. L. Wu in Q. M. Hu & T. L. Wu, Fl. Hong Kong **1**：211. 2007.

常绿大型木质藤本，长可达 20m；幼枝密被淡褐色星状毛。托叶条状披针形，长 1-1.2cm，早落；叶柄长 2-8cm，两端膨大，密被淡褐色星状毛；叶片纸质，宽卵形或近圆形，长 7-18cm，宽 6-15cm，基部心形，边缘全缘，先端骤急尖、渐尖或尾状，下面密被淡褐色星状毛，上面近无毛，掌状脉 5-7 条，中间 1 脉每

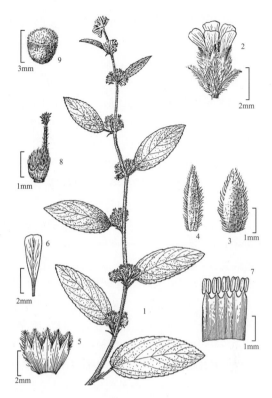

图 27 蛇婆子 Waltheria indica
1. 分枝的上段、叶及簇聚伞花序；2. 花；3. 苞片；4. 小苞片；5. 花萼展开；6. 花瓣；7. 雄蕊；8. 雌蕊（花柱偏生）；9. 蒴果。（崔丁汉绘）

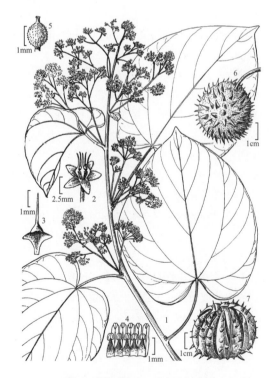

图 30 刺果藤 Byttneria grandifolia
1. 分枝的上段、叶及多歧聚伞花序，顶生的为聚伞圆锥花序；2. 花；3. 花瓣；4. 能育雄蕊与退化雄蕊；5. 雌蕊；6. 蒴果；7. 开裂后的蒴果。（崔丁汉绘）

边有侧脉 4-6 条。花序为一多歧的聚伞花序,数枚腋生,在顶端则排成聚伞圆锥花序,长 5-15cm;花序梗及分枝、花梗及花萼均密被淡褐色星状毛;花梗长 4-6mm;萼片 5,披针形,长 3.5-4mm;花瓣 5,长 3-3.5mm,淡黄白色,内面略带紫红色,瓣片向基部渐收窄,上部两侧各具 1 枚近三角形的裂片,顶端盔状并有 1 长针形的附属体;雌雄蕊柄不明显;雄蕊 5,长约 2.5mm,花丝扁,基部合生;退化雄蕊 5,长约 3mm;子房球形,表面有短刺,花柱甚短,柱头 5 浅裂。蒴果球形,直径 3-4cm,具短的粗刺,密被淡褐色星状毛,成熟时室背和室间均开裂为 10 瓣。种子长圆形,成熟时黑色。花期:5-7 月,果期:8-10 月。

产地:梧桐山(深圳考察队 1028)、羊台山(深圳植物志采集队 013641)、内伶仃岛(李沛琼 1916),本市各地常见。生于山坡林缘、林中和旷野灌丛中,海拔 50-500m。

分布:广东、香港、澳门、海南、广西和云南。印度、尼泊尔、不丹、孟加拉国、泰国、柬埔寨、越南和老挝。

9. 翅子树属 **Pterospermum** Schreb.

乔木或灌木;枝、叶及花序被厚的茸毛、星状毛或鳞秕。单叶;托叶条形、掌状分裂或呈线状,早落;叶二型;成长树上的叶其叶柄生于叶片基部边缘;叶片基部通常偏斜,边缘不裂或分裂,全缘或有锯齿,具羽状脉;幼树或萌发枝上的叶其叶柄较长,盾状着生;叶片边缘掌状深裂,具掌状脉。花数朵排成聚伞花序或具单花,腋生;花两性;副萼由花萼下的 3 枚苞片组成,稀无副萼;苞片边缘全缘、条裂或掌状裂;萼片 5,仅基部合生,开展至反折;花瓣 5,开展;雌雄蕊柄甚短;能育雄蕊 15 枚,每 3 枚集成一组,花丝合生成管,花药 2 室,药室平行,药隔有突尖;退化雄蕊 5,条形,与每组能育雄蕊互生;子房 5 室,每室有 4-22 个胚珠,花柱棒状或丝状,柱头有 5 条纵沟。果为蒴果,成熟时室背开裂为 5 瓣,果瓣通常木质,有时革质,每室有 2 至多个种子。种子有膜质、长圆形的翅,胚乳很薄或无,子叶折合。

约 25 种,主要分布于亚洲热带和亚热带。我国产 9 种。深圳有 1 种。

翻白叶树 Karnikar　　　　　　　　　图 28

Pterospermum heterophyllum Hance in J. Bot. **6**: 112. 1868.

常绿乔木,高可达 20m;幼枝表面有一层厚的黄褐色的绵毛并散生星状毛,老枝红褐色,变无毛。托叶披针形或条形,长 1-1.2cm,早落,与叶柄和叶片的下面均被厚的黄褐色绵毛并散生星状毛;叶二型;成长树上叶的叶柄较短,长 0.8-2.5cm;叶片薄革质,长圆形、狭长圆形或椭圆形,长 7-15cm,宽 4-7cm,基部圆,偏斜,边缘全缘,先端渐尖或尾状,羽状脉每边 8-10 条;幼树或萌发枝上叶的叶柄长 10-14cm,盾状着生;叶片的轮廓近圆形,长可达 20cm,掌状 5 浅裂至深裂,裂片边缘全缘,掌状脉 5-7 条。花序通常为腋生的聚伞花序,具 1-3 朵花;花序梗短,长约 3mm,与花梗和副萼的下面均密被黄褐色的绵毛和散生星状毛;花梗长 2-3mm;副萼由 3 枚苞片组成;苞片卵形,长约 1cm,宽约 6mm;萼片条形,长 2.5-2.8cm,下面密被星状茸毛,上面的中间密被绢状毛,两侧被星状茸毛,开花时反折;花瓣 5,条形,略短于萼片,两面均疏被星状毛;雌雄蕊柄长 1.5-2mm;能育雄蕊 15 枚,分成 5 组,每 3 枚一组,花丝 1/3 以下合生成管;退化雄蕊 5,条形,略

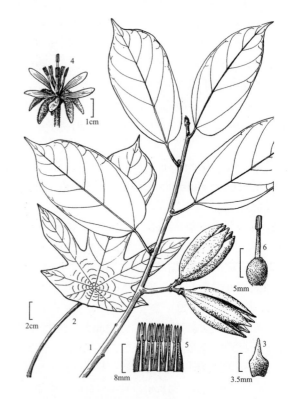

图 28 翻白叶树 Pterospermum heterophyllum
1. 分枝的一段、成长树上的叶及蒴果; 2. 幼树上的叶; 3. 小苞片; 4. 花; 5. 能育雄蕊与退化雄蕊; 6. 雌蕊。(崔丁汉绘)

长于能育雄蕊的花丝；子房卵球形，密被黄褐色绢状毛。蒴果长圆体形，长 4-6cm，直径 2.5-3cm，密被褐色的星状茸毛，果瓣木质。种子卵形，具狭长圆形的膜质翅，翅向果上端。花期：6-7 月，果期：8-11 月。

产地：葵涌等（王国栋等 7850）、排牙山、梧桐山（李沛琼 823）、仙湖植物园、东湖公园、光明新区（李沛琼等 8160）、内伶仃岛。生于山地灌丛中、林下或林缘，海拔 30-300m。

分布：福建、广东、香港、澳门、海南和广西。

用途：可作庭园观赏树。

10. 昂天莲属 Ambroma L. f.

乔木或灌木。叶互生，具柄；叶片心形或心状椭圆形，边缘全缘或有锯齿，具羽状脉，有时为掌状浅裂，具基出脉。聚伞花序与叶对生或顶生，具少数花。花两性；萼片 5，近基部合生；花瓣 5，红紫色，中部以下突然收窄，下部凹陷，上部延长为匙形；能育雄蕊 15，花丝合生成筒状，包围雌蕊，花药 15 枚，每 3 枚基合成一群，着生在花丝筒的外侧，并与退化雄蕊互生；退化雄蕊 5，顶端钝，边缘被缘毛；子房无柄，有 5 沟槽，5 室，每室有胚珠多颗，花柱 5 裂。果为蒴果，膜质，具 5 棱角或具 5 纵翅，顶端截形，室背开裂。种子多数，有胚乳，子叶扁平，心形。

约 1 种或 2 种，分布于热带亚洲至澳大利亚。我国产 1 种。深圳有分布或栽培。

昂天莲 Common Ambroma　　　　图 29　彩片 32

Ambroma augustum（L.）L. f. Suppl. Pl. 341. 1782 ["angusta"].

Theobroma augustum L. Syst. Nat., ed. 12, **3**: 233. 1768 ["augusta"].

灌木，高 1-4m。小枝幼时密被星状茸毛。托叶条形，长 5-10mm，早落。叶柄长 1-10cm；叶片心形或卵状披针形，长 10-22cm，宽 9-18cm，基部心形或斜心形，边缘具锯齿，先端急尖或渐尖，下面密被短绒毛，上面无毛或被稀疏的星状短柔毛，具羽状脉 5-7 条，如为掌状 3-5 浅裂的叶，则具基出脉 3-7 条，两面均突起。聚伞花序有花 2-5 朵，或具单花；花直径约 5cm，下垂；萼片披针形，长 1.5-1.8cm，两面均密被短柔毛；花瓣长约 2.5cm，淡红紫色，下部凹陷，上部为椭圆状匙形，顶端急尖或钝；退化雄蕊匙形，两面被毛；子房长圆形，长约 1.5mm，稍被毛，具 5 沟槽，花柱三角状舌形，长为子房的一半。蒴果倒圆锥形，直径 3-6cm，直立，顶端截形，被星状毛，具 5 纵翅，边缘被长柔毛。种子长圆形，具喙，长约 5mm，黑色。花期：8-10 月，果期：10-12 月。

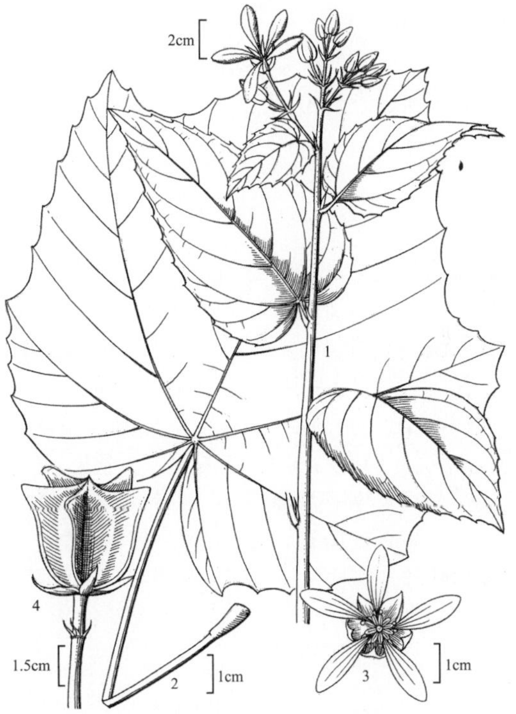

产地：仙湖植物园（张寿州 014380），栽培。

分布：广东、海南、广西、贵州和云南。印度、不丹、尼泊尔、泰国、越南、马来西亚、菲律宾、印度尼西亚、澳大利亚和太平洋诸岛。

用途：根可药用，作妇科通经药。

图 29 昂天莲 Ambroma augustum
1. 分枝的上段、叶及聚伞花序；2. 掌状 3-5 浅裂的叶；3. 花；4. 蒴果。（李志民绘）

101. 木棉科 BOMBACACEAE

李　楠　曾娟婧

落叶或常绿乔木；树干有刺或无刺，基部常具板根，树皮有粘性分泌物。叶为掌状复叶或单叶，互生，螺旋状排列；托叶早落；叶柄有叶枕；叶片边缘全缘。花序腋生或近顶生，具 1-2 花，稀具多花；花两性，辐射对称，大而美丽；副萼由 2-3 枚苞片组成，早落或不明显；花萼短筒状，先端截形或有不规则的 3-5 裂片；花瓣 5 片，分离，覆瓦状排列，基部与雄蕊贴生并一起脱落，稀无花瓣；雄蕊多数或 3-15（吉贝属 Ceiba），花丝分离或合生成雄蕊管，在雄蕊管的上部再分成 3-15 束，花药 1 室或呈 2 室状，但无药隔（吉贝属 Ceiba），有或无退化雄蕊；子房上位，常 5 室，稀 2 或 8 室，每室有多数倒生胚珠，中轴胎座，花柱 5 裂或不裂。果为蒴果，室背开裂为 5 瓣或坚硬而不开裂，有多数种子。种子常为内果皮的丝状棉毛所包，有时具翅。

约有 30 属，250 种，广布于全球热带地区，尤以美洲热带最多。我国产 1 属，3 种，引进栽培的有 5 属，5 种。深圳栽培 4 属，4 种。

1. 树干无刺；小叶片侧脉粗壮，水平或近水平伸出 ·· 1. **瓜栗属 Pachira**
1. 树干具刺或仅幼树树干具刺；小叶片侧脉纤细，弯拱斜伸。
  2. 花瓣红至橙红色 ·· 2. **木棉属 Bombax**
  2. 花瓣淡紫色、粉红色、淡黄白色或白色。
    3. 小叶片边缘具锯齿；花丝合生成管状 ································· 3. **丝木棉属 Chorisia**
    3. 小叶片边缘全缘；花丝分离或仅基部合生······················· 4. **吉贝属 Ceiba**

1. 瓜栗属 Pachira Aubl.

落叶或常绿乔木；树干无刺。叶为掌状复叶，互生，有小叶 3-11 枚；小叶无柄或具短柄，小叶片边缘全缘或有锯齿，侧脉粗壮，水平或近水平伸出。花两性，单生或 2-3 朵簇生于短枝叶腋，具花梗；花萼杯状至管状，顶端截平或具不明显的浅齿，外面有腺体，内面无毛，宿存，有时花后膨大；花瓣匙形至条形，白色、淡黄色或淡红色，外面常被茸毛；雄蕊多数，基部合生成管，上部分成 7-10 束，花药肾形；子房上位，5 室，每室有多数胚珠，花柱伸长，柱头 5 浅裂。果为蒴果，长椭圆体形、长圆体形或近梨形，室背开裂为 5 瓣，果皮木质或革质，内面有长绵毛。种子大，不规则的梯状楔形，无毛，种皮脆壳质，光滑，子叶肉质，内卷。

约 50 种，产于热带美洲。我国栽培 1 种。深圳也有栽培。

瓜栗 马拉巴栗 Large-fruited Malalar-chestnut
图 31　彩片 33
Pachira aquatica Aublet, Hist. Pl. Guiane. **2**: 726. 1775.
Pachira macrocarpa（Cham. & Schlecht.）Walp. in Repert. Bot. Syst. **1**: 329. 1842; 广东植物志 **3**: 214, 图 145. 1995.

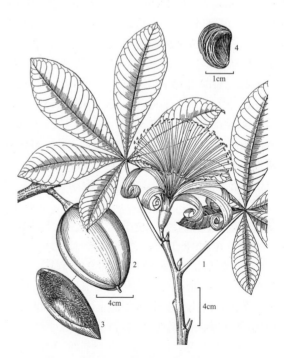

图 31 瓜栗 Pachira aquatica
1. 分枝的上段、掌状复叶及花；2. 蒴果；3. 果瓣，示内面的长绵毛；4. 种子。（李志民绘）

落叶或半常绿小乔木，高 4-5m；树干无刺；枝条褐色，无毛。掌状复叶互生；叶柄长 11-15cm，锈色，被星状茸毛；小叶 5-11 枚，无柄或具短柄；小叶片长圆形至倒卵状长圆形，中央 1 枚较大，长 13-24cm，宽 4.5-8cm，基部楔形，边缘全缘，先端渐尖或急尖，下面被铁锈色星状茸毛，上面无毛，侧脉 16-20 对，粗壮，水平或近水平伸出。花单生于枝端叶腋间；花梗粗壮，长约 2cm，被黄色星状茸毛，后变无毛；花萼杯状，近革质，长约 1.5cm，直径约 1.3cm，外面疏被星状茸毛，顶端截平或具 3-6 不明显的浅齿，基部有数枚腺点；花瓣淡黄绿色，窄披针形至条形，长约 15cm，开花时反卷；雄蕊多数，长 13-15cm，下部黄色，上部渐变为红色，基部合生成管，管以上分为数束，每束有 7-10 枚花丝；花柱红色，长于雄蕊，柱头甚小。蒴果长椭圆体形或近梨形，长 9-10cm，直径 4-6cm，外果皮黄褐色，木质，无毛，内面密生长绵毛。种子多数，不规则的梯状楔形，长 2-2.5cm，宽 1-1.5cm，暗褐色，有白色的螺纹。

产地：仙湖植物园（李沛琼 006666）、福田（陈景方 2524），本市城乡普遍栽培。

分布：原产于美洲热带。世界热带地区普遍栽培或逸生。福建、台湾、广东、香港、澳门、海南、广西和云南南部均有栽培。

用途：为优良的观叶植物，通常用于盆栽，供室内摆设，是华南地区颇受欢迎的盆栽木本植物之一，亦可植于庭园，供观赏。果皮未熟时可食用，种子可炒食。

2. 木棉属 Bombax L.

落叶乔木；幼树树干常有圆锥状的刺。叶为掌状复叶，互生，具长柄；小叶 5-9 枚，具柄，边缘全缘。花两性，大而美丽，先叶开放，单生或簇生，腋生或有时近顶生；花梗短；无苞片；花萼革质，杯状、管状或钟状，顶端截形或有不整齐的 3-5 裂片，有时外面有腺体，与花冠和雄蕊同时脱落；花瓣 5 片，倒卵形或倒卵状披针形，通常红色有时橙黄色、黄色或白色；雄蕊多数，花丝合生成分离的 5-10 束，与花瓣互生，花药肾形，1 室；子房 5 室，每室有多数胚珠，花柱丝状，长于雄蕊，柱头 5 浅裂或头状。蒴果室背开裂为 5 瓣，果瓣木质或革质，里面有白色的丝质绵毛。种子小，黑色，藏于绵毛中。

约 50 种，主产热带美洲，也分布于热带亚洲、非洲和澳洲。我国有 3 种。深圳 1 种。

木棉 英雄树 Red Contton Tree，India Kapok

图 32　彩片 34

Bombax ceiba L. Sp. Pl. **1**：511. 1753.

Bombax Malabaricum DC. Prodr. **1**：479. 1824；广东植物志 **3**：215，图 146. 1995.

Gossampinus malabarica（DC.）Merr. in Lingnan Sci. J. **5**：126. 1927；广州植物志 244，图 120. 1956；海南植物志 **2**：87，图 337. 1965.

落叶大乔木，高达 25m；树干基部不扩大，树皮灰色，幼时通常有粗刺，分枝开展。掌状复叶互生；托叶很小，早落；叶柄长 10-20cm；小叶 5-7 片；小叶柄长约 1.5-4cm；小叶片长圆形至长圆状披针形，长 10-20cm，宽 3.5-7cm，基部阔楔形或渐窄，边缘全缘，先端渐尖，两面无毛，侧脉每边 15-17 条。花红色或橙红色，单生于近枝顶的叶腋，直径 9-11cm；花萼杯状，长 2-3(-4.5)cm，外面无毛，内密被黄色绢状毛，

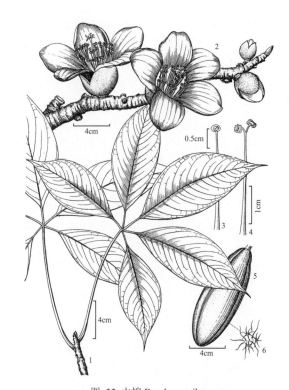

图 32 木棉 Bombax ceiba
1. 分枝的一段及掌状复叶；2. 盛花期的分枝；3. 外轮雄蕊；
4. 内轮雄蕊；5. 蒴果；6. 果皮外面的长柔毛和星状柔毛。
（李志民绘）

裂片 3-5，半圆形，长约 1.5cm，宽约 2cm；花瓣通常红色，有时橙红色，稍肉质，倒卵状长圆形，长 8-10cm，宽 3-4cm，两面被星状短柔毛，上面毛被较疏；雄蕊管短，花丝基部增粗，外轮每 10 多枚雄蕊集成一束，与花瓣对生，中间的 10 枚雄蕊较短，花丝不分叉，内轮雄蕊花丝分叉；子房 5 室，花柱细长，长于雄蕊，无毛。蒴果长圆体形或椭圆体形，长 10-15cm，直径 4.5-5cm，被淡绿白色长柔毛和星状柔毛。种子多数，倒卵形，光滑，藏于白色绵毛中。花期：2-3 月；果期：4-5 月。

产地：梧桐山（王定跃 809）、仙湖植物园（李沛琼 1738），本市城乡普遍栽培或野生。

分布：江西、福建、台湾、广东、香港、澳门、海南、广西、贵州、四川和云南。孟加拉国、不丹、尼泊尔、印度、斯里兰卡、缅甸、泰国、老挝、越南、菲律宾、马来西亚、印度尼西亚、巴布亚新几内亚和澳大利亚。世界热带地区均有栽培。

用途：为优良的庭园观赏树和行道树种；我国民间常用其绵毛作填充材料；花入药，可祛湿。

3. 丝木棉属 Chorisia Kunth

落叶或半常绿乔木，幼时树干具短刺。掌状复叶互生，具长柄；小叶 5-7 枚，具小叶柄；小叶片边缘有锯齿，侧脉纤细，弯拱伸出。花大而美丽，单生或 2-3 朵簇生于枝顶叶腋，有时排成聚伞圆锥花序；花萼杯状，顶端有不整齐的 2-6 裂片；花瓣 5 片，淡紫色、粉红色或白色，条形或长圆形，开展或外卷，粉红色；雄蕊的花丝合生成管状，2 轮，外轮花丝较短，花药不育，内轮花丝较长，花药能育；子房 5 室，花柱细长，远长过雄蕊，柱头头状。果为蒴果，室背开裂为 5 瓣，内面密生长绵毛；种子多数，藏于绵毛中。

5 种，产于热带美洲和亚洲热带地区。我国引进栽培 1 种，深圳也有栽培。

美丽异木棉 美人树 丝木棉 Silk-floss Tree

图 33　彩片 35

Chorisia speciosa A. St.-Hil. Pl. Usuel. Bras. 63. 1828.

落叶小乔木，高 8-15m；树干基部常扩大，幼时有圆锥状的短皮刺，幼树树皮常绿色，含叶绿素，在落叶阶段可进行光合作用，老后逐渐变为灰色。掌状复叶；叶柄长 4-12cm，无毛；小叶 6-7 枚，坚纸质，窄长圆形至长圆状倒披针形，中央 1 枚较大，长 5.5-12cm，宽 2.5-5cm，基部楔形，边缘基部以上有锯齿，先端渐尖或微钝，上面亮绿色，下面淡绿色，两面无毛。花单生或 2-3 朵簇生在枝顶叶腋，有时排成顶生的聚伞圆锥花序；花萼杯状，长 2-2.5cm，裂片 4-6，长为萼筒的 1/2，顶端钝或近圆形；花瓣 5 片，外卷，匙状倒卵形，长 9.5-10.5cm，淡紫或粉红色，稀白色，中部以下常色浅或近白色并带紫斑；外轮雄蕊管长约 1.8cm，有不育花药 10 枚，淡紫红色，具皱纹状的毛，内轮雄蕊管长约 8.5cm，具能育花药 5 枚；花柱稍长过内轮雄蕊管，柱头头状，被短柔毛。蒴果卵球形。种子多数，藏于绵毛中。花期：夏秋季。

产地：仙湖植物园（李沛琼等 W06126），本市各公园和绿地常见栽培。

分布：产于巴西及南美洲南部至西南部。世界热带地区常见栽培。福建、台湾、广东、香港、澳门、海南、

图 33 美丽异木棉 Chorisia speciosa
1. 盛花期的分枝；2. 果期的分枝及掌状复叶。（李志民绘）

广西和云南南部均普遍栽培。

用途：为美丽的乔木花卉，适作园林观赏树。

4. 吉贝属 Ceiba Mill.

落叶乔木；树干及分枝常有刺，基部增大。叶互生，掌状复叶，多生于当年生新枝上，具长柄；小叶 3-9 片，有小叶柄；小叶片边缘全缘或有锯齿。花大，单生或 2-15 朵簇生于叶腋或近顶生，先叶开放或与叶同时开放，下垂，辐射对称，稀两侧对称；花萼钟状或坛状，顶端截形或具不等大的 3-5 裂片，厚肉质，宿存；花瓣 5，粉红色、淡黄白色、粉红色或白色，基部合生，并与雄蕊管贴生，与雄蕊一同脱落；雄蕊(3-)5-15，花丝合生成短管，花丝的离生部分不等长或不存在，每一花丝顶端有 2(-3)枚直或扭曲的药室；子房 5 室，每室有多数胚珠，花柱丝状，柱头头状或棍棒状，不明显 5 裂。蒴果长圆体形或近倒卵球形，下垂，果皮木质或革质，室背开裂为 5 瓣，内面密生绵毛。种子多数，包于绵毛中。

约有 17 种，产于热带美洲和非洲西部地区。我国引进栽培 1 种。深圳亦有栽培。

吉贝 美洲木棉 爪哇木棉 Kapok Ceiba 图 34

Ceiba pentandra(L.)Gaertn, Fruct. Sem. Pl. **2**: 244，t. 733. 1791.

Bombax pentandrum L. Sp. Pl. **1**: 511. 1753.

落叶大乔木，高可达 30m；树干基部膨大，有或无板状支柱根，有刺；侧枝粗壮，轮生，水平开展，幼枝有刺。掌状复叶互生；叶柄长于小叶片，长 7-14 (-25)cm；小叶 5-9 片；小叶柄长 3-4mm；小叶片长圆形或披针形，长 6-16cm，宽 1.5-5cm，基部楔形，边缘全缘或近顶端有小齿，先端钝或短尖，具小尖头。花单生或多至 15 朵，簇生于枝条上部叶腋，与新叶同时开放；花梗长 2.5-5cm；花萼长 1.2-2cm，外面无毛；花瓣白色、淡黄白色或粉红色，倒卵状长圆形，长 2.5-4cm，宽 1-1.5cm，外面密被白色长柔毛；雄蕊管以上的花丝不等长，分裂为 5 束，各束有花药 1 枚，花药肾形；子房无毛，花柱长 2.5-3.5cm，柱头头形，顶端 5 浅裂。蒴果革质，椭圆体形，长 7.5-15cm，宽 3-5cm，室背开裂为 5 瓣，果梗长 7-25cm。种子藏于绵毛中。花期：3-4 月。

产地：福田（陈景方 2521）、仙湖植物园（科技部 2639），本市城乡普遍栽培。

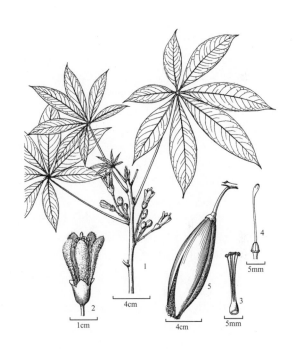

图 34 吉贝 Chorisia speciosa
1. 分枝的一段、掌状复及花；2. 花；3. 雄蕊；4. 雌蕊；
5. 蒴果。(李志民绘)

分布：原产热带美洲和非洲西部。现在热带地区广泛栽培。广东、香港、澳门、海南、广西、贵州和云南有栽培。

用途：树姿优美，生长迅速，适作庭园观赏树。

102. 锦葵科 MALVACEAE

胡启明

　　草本、灌木或乔木；幼嫩部分常被星状毛或鳞秕，通常有黏液腔；茎皮纤维发达。单叶互生；托叶早落；具叶柄；叶片有各式分裂或不裂，通常具掌状脉。花两性，稀单性，辐射对称，单朵或数朵簇生于叶腋或排成腋生或顶生的总状花序、聚伞花序或圆锥花序；通常有副萼（由 3 至数枚苞片组成，生于花萼基部），稀无副萼；萼片 5，稀 3-4，分离或基部合生，镊合状排列；花瓣与萼片同数，旋转状排列，基部合生并与雄蕊柱的基部贴生；雄蕊多数，花丝合生成单体，称雄蕊柱，通常在雄蕊柱的上半部或近顶部有的全部具多数分离的花丝，花药 1 室，纵裂；雌蕊由 3 至多个心皮组成，子房上位，3 至多室，每室有胚珠 1 至多颗，中轴胎座，花柱合生成管，连同子房均被雄蕊柱包围，称合蕊柱，花柱顶端有分枝，分枝数与心皮数相等或为其倍数，很少无分枝，柱头头状或棒状，稀线形。果为分果（不开裂的干果，成熟时心皮各自分开为数个含一至数个种子的果瓣）或为室背开裂的蒴果，少有因果皮木质化而不开裂。种子肾形或卵球形，胚乳丰富，胚弯曲，子叶叶状。

　　约 100 属 1000 余种，分布于世界各地，主产于热带、亚热带地区。我国产 19 属 81 种。深圳包括引进栽培的共有 9 属，21 种。

1. 花冠裂片旋转成筒状，开花时裂片不张开 ………………………………………………… 1. **悬铃花属 Malvaviscus**
1. 花冠漏斗状，开花时裂片张开。
　　2. 果具锚状刺；花柱分枝为心皮的倍数 ……………………………………………… 2. **梵天花属 Urena**
　　2. 果无锚状刺；花柱分枝与心皮同数。
　　　　3. 柱头 8 枚或更多；果为分果。
　　　　　　4. 花冠较大，直径 6-8cm；分果具 15 至多数果瓣，柱头线形，沿花柱分枝上部的上面着生 ………………
　　　　　　　　………………………………………………………………………………… 3. **蜀葵属 Alcea**
　　　　　　4. 花冠直径小于 3cm；分果具 5-20 个果瓣；柱头非上述情况。
　　　　　　　　5. 花萼基部具副萼 ……………………………………………………… 4. **赛葵属 Malvastrum**
　　　　　　　　5. 花萼基部无副萼。
　　　　　　　　　　6. 分果有 7-20 个果瓣，每个果瓣含 2-9 颗种子 ……………………… 5. **苘麻属 Abutilon**
　　　　　　　　　　6. 分果有 5-10 个果瓣，每个果瓣含 1 颗种子 ………………………… 6. **黄花稔属 Sida**
　　　　3. 柱头 5 或少于 5；果为蒴果，室背开裂或不裂。
　　　　　　7. 乔木；花萼革质，顶端截平或具 5 小齿；果不开裂 ……………………… 7. **桐棉属 Thespesia**
　　　　　　7. 草本或灌木；花萼草质，顶端 5 裂片；果开裂。
　　　　　　　　8. 花萼在开花时一侧开裂至基部，呈佛焰苞状，早落；蒴果筒状 ………… 8. **秋葵属 Abelmoschus**
　　　　　　　　8. 花萼钟状，具 5 裂片，宿存；蒴果近球形 ……………………………… 9. **木槿属 Hibiscus**

1. 悬铃花属 Malvaviscus Fabr.

　　灌木或小乔木，直立或披散。单叶互生，具长柄；叶片边缘掌状浅裂至深裂或不裂，具掌状脉或近基出的羽状脉。花单生于叶腋；花梗无关节，直立或下垂；副萼由 5-10 枚苞片组成；苞片条状长圆形、披针形或匙形，基部合生；花萼钟状，裂片 5，披针形或三角状披针形；花冠鲜红色，裂片 5，旋转成筒状，开花时不展开，下垂；雄蕊柱稍长于花瓣，近顶部有多数具花药的花丝；雌蕊由 5 心皮组成，子房 5 室，每室有 1 胚珠，花柱分枝 10，柱头头状。果为分果，嫩时肉质，呈浆果状，成熟后果皮变干，心皮各自分离成果瓣。

　　5 种，原产美洲热带。现热带地区广为栽培。我国栽培 2 种。深圳亦有栽培。

1. 叶片卵形，基部心形，边缘 3-5 浅裂，少有不裂；花梗长 5-7mm，直立；花瓣长 2.5-3cm ……………………
　　…………………………………………………………………………………… 1. **小悬铃花 M. arboreus**
1. 叶片窄卵形至卵状披针形，基部宽楔形至近圆形，边缘不裂，少有 3 裂；花梗长 1.5-7cm，下垂；花冠长 5-7cm
　　…………………………………………………………………………… 2. **垂花悬铃花 M. penduliflorus**

1. 小悬铃花 Turk's Cap 图 35 彩片 36

Malvaviscus arboreus Cav. Diss. **3**：131. 1787.

Malvaviscus arboreus Cav. var. *dummondii* Schery in Ann. Miss. Bot. Gard. 29：215. 1942；广州植物志 205. 1956.

常绿灌木，高 1-2.5m。小枝被星状毛，后渐变无毛。叶互生；叶柄长 2-5cm，与叶片两面均被星状毛；叶片卵形，长 5-10cm，宽 3-5cm，基部心形，边缘有不规则的浅圆齿，3-5 浅裂，少有不裂，先端急尖，掌状脉 3-5 条。花单生于叶腋；花梗长 5-7mm，开花时不下垂，被星状毛；副萼由 7-8 枚苞片组成；苞片条状长圆形，长 0.8-1cm，与花萼均被星状毛，边缘密被短柔毛和长柔毛；花萼筒状，与副萼近等长，裂片 5，披针形，与萼筒近等长；花瓣 5 片，鲜红色，长 2.5-3cm，直径约 1.5cm，旋卷成筒状，开花时不张开；合蕊柱伸出花瓣之外，长 4-4.5cm。分果亮红色，有 3-4 颗种子。开花期近全年。

产地：仙湖植物园（李沛琼 010090），本市各公园常有栽培。

分布：原产于美国东南部和中美洲。现世界热带至暖温带地区广为栽培。我国福建、台湾、广东、广西和云南南部有栽培。

用途：观赏。

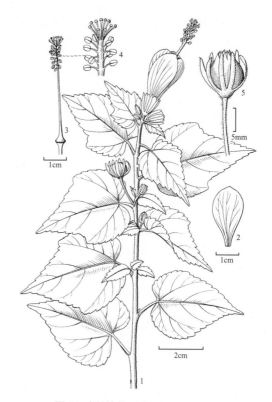

图 35 小悬铃花 Malvaviscus arboreus
1. 分枝的上段、叶、花及分果；2. 花瓣；3. 合蕊柱；4. 合蕊柱上部，示分离的花丝及花药，顶部为花柱的分枝；5. 分果，为宿存的副萼和花萼所包。（李志民绘）

2. 垂花悬铃花 Sleeping Waxmallow 图 36 彩片 37

Malvaviscus penduliflorus DC. Prodr. **1**：445. 1824.

Malvaviscus arboreus Cav. var. *penduliflorus* （DC.）Schery in Ann. Missouri Bot. Gard. 29（3）：223-226. 1942；广东植物志 **2**：193，fig. 120. 1991；澳门植物志 **1**：223. 2005；S. Y. Hu in Q. M. Hu & D. L. Wu, Fl. Hong Kong **1**：217. 2007.

灌木，高 1-2.5cm。小枝被长柔毛至无毛。托叶丝状，长约 4mm，早落；叶柄长 1-2mm，被长柔毛；叶片卵状披针形至窄卵形，长 6-12mm，宽 2.5-6mm，通常不裂，稀 3 浅裂，基部宽楔形至近圆形，边缘有钝圆齿，先端长渐尖，两面近无毛或下面沿叶脉上疏被星状柔毛，基出脉 3-5 条。花单生于叶腋，下垂；花梗长 1.5-7cm，被长柔毛；副萼由 8 枚苞片组成；苞片匙形，长 1-1.5cm，边缘具缘毛；花萼略长于副萼，被长硬毛；花瓣 5，旋转成筒状，开花时不张开，长 5-7cm，直径 2.5-3.5cm，红色；合蕊柱长约 7cm，伸出花瓣之外。果未见。花期：几乎全年。

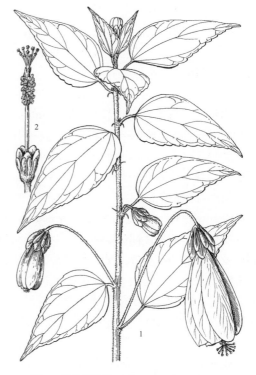

图 36 垂花悬铃花 Malvaviscus penduliflorus
1. 分枝的上段、叶及花；2. 除去花冠，示副萼、花萼、合蕊柱、花药及花柱的分枝。（崔丁汉绘）

产地：仙湖植物园（李沛琼 010087），本市各公园及公共绿地普遍栽培。

分布：可能原产于墨西哥。现广植于世界热带地区。我国台湾、福建、广东、香港、澳门、广西和云南南部普遍栽培。

用途：观赏。

在本市栽培十分普遍的还有 1 栽培品种粉花悬铃花　Malvaviscus penduliflorus 'Pink'，其花冠粉红色，其余特征均与垂花县铃花相似。

2. 梵天花属 Urena L.

多年生草本或半灌木；植物体被星状柔毛。叶互生；叶片圆形或卵形，边缘掌状分裂或波状浅裂，掌状脉 3-7 条，中间的 1-3 条脉近基部有明显的腺体。花单生或数朵簇生，稀为总状花序，腋生，稀顶生；副萼由 5 枚苞片组成；苞片下部合生呈钟状，宿存；花萼杯状，裂片 5，卵形或卵状披针形，具龙骨状突起，花后脱落；花瓣 5，紫红色或粉红色，外面被星状毛；雄蕊柱基部扩大，与花瓣基部贴生，全部或上半部有多数具花药的分离的花丝，顶端截形或有浅齿；雌蕊由 5 心皮组成，子房 5 室，扁球形，被糙毛，每室有 1 胚珠，花柱 10，反折，柱头碟状，具短硬毛。分果近球形，果瓣 5，三角状倒卵形，革质，背部隆起，被星状粗毛和锚状刺，两侧扁平，有纵纹。种子倒卵状三棱形或肾形，无毛。

约 6 种，产于全球热带和亚热带地区。我国产 3 种。深圳有 2 种。

1. 茎下部叶叶片边缘 3-5 浅裂或不裂，稀深裂至叶片的中部；副萼通常略长于花萼；花瓣长约 1.5cm ············ ··· **1. 肖梵天花 U. lobata**
1. 茎下部叶叶片边缘 3 深裂达叶片中部或中部以下；副萼通常略短于花萼；花瓣长 2-2.5cm ···················· ··· **2. 梵天花 U. procumbens**

1. 肖梵天花 地桃花 Rose Mallow

图 37　彩片 38 39

Urena lobata L. Sp. Pl. **2**: 692. 1753.

半灌木，高可达 1m；多分枝，枝斜上伸展；小枝、叶柄和花梗均被星状茸毛。托叶条形，长 2-4mm，早落；叶柄长 1-8（10）cm；叶片纸质，形状变异较大，生于茎下部的叶轮廓近圆形，长 3.5-6(-8)cm，宽 5-6cm，基部心形或近圆形，边缘有锯齿，3-5 浅裂，很少深裂达叶片的中部，中央裂片三角形或阔三角形，生于茎中部的叶轮廓为卵形或宽卵形，长 5-7cm，宽 3-6.5cm，基部截形或宽楔形，边缘常有浅裂，生于茎上部的叶较小，卵形或卵状椭圆形，基部圆或宽楔形，边缘不裂或呈波状，较少浅裂，下面灰白色，密被淡黄色星状茸毛，上面疏被星状毛，具掌状脉 5-7 条，在中央 1 脉的近基部有 1 枚腺体。花通常单生，少有 2-3 花簇生，腋生；花梗长 3-4mm，密被星状茸毛；副萼长 6-7mm；苞片 5 枚，披针形，下部合生至全长的 1/3，具纵棱，疏被星状毛，宿存，果时直立，紧贴分果；花萼略短于副萼，裂片背面疏被星状毛；花瓣粉红色，长圆形，长约 1.5cm，外面密被星状毛；合蕊柱与花瓣近等长；花柱分枝

图 37 肖梵天花 Urena lobata
1. 分枝的一段、茎中部叶、上部叶及花；2. 茎下部叶；3. 副萼展开；4. 花萼展开；5. 花冠展开；6. 果瓣；7. 果瓣外面的锚状刺。（崔丁汉绘）

10，被短硬毛，柱头顶端有疏的短毛。分果扁球形，直径约 1cm；果瓣密被星状毛和锚状刺。花果期：5-11 月。

产地：葵涌（张寿洲等 3393）、梅沙尖（深圳考察队 541）、仙湖植物园（曾春晓等 0135），本市各地普遍有分布。生于海边疏林中、山地密林中、林边、旷野草丛、灌丛和水边，海拔 50-700m。

分布：安徽、江苏、浙江、江西、福建、台湾、广东、香港、澳门、海南、广西、贵州、云南、四川和西藏。日本、印度、孟加拉国、不丹、尼泊尔、缅甸、泰国、老挝、越南、柬埔寨、马来西亚和印度尼西亚以及世界其他热带地区。

用途：根、叶供药用，有祛风、消热解毒之功效。

2. 梵天花 Procumben Indian Mallow

图 38　彩片 40

Urena procumbens L. Sp. Pl. **2**：692. 1753.

半灌木，高约 50-80cm。枝水平开展，小枝和叶柄均被星状茸毛。托叶钻形，长约 1.5mm，早落；叶柄长 0.4-2cm；叶片纸质，形状变异较大，茎下部叶轮廓卵形或宽卵形，长 1.5-6cm，宽 1-4cm，基部圆或浅心形，边缘有锯齿，3 深裂达叶片中部或中部以下，裂片先端钝，茎上部叶的轮廓卵形或宽卵形，通常较茎下部叶小，边缘不裂或浅裂，有的 2 浅裂呈葫芦形，两面均疏被星状茸毛，掌状脉 3-7 条，通常在中央 1 脉近基部有 1 枚腺体。花单生或 2-3 朵簇生于叶腋；花梗长 2-4mm，与副萼均被星状毛；副萼长 5-6mm；苞片 5 枚，披针形，下部合生至全长的 1/3，具纵棱；花萼略短于副萼，稀与之等长，裂片长圆形，先端长渐尖，下部沿中脉及边缘均被星状毛；花瓣粉红色至红色，长圆形，长 2-2.5cm，背面疏被星状毛；合蕊柱与花瓣近等长，花柱分枝 10，柱头顶端有疏的短毛。分果球形，直径 8-9mm，果瓣密被星状毛和锚状刺。花果期：4-11 月。

产地：南澳、梧桐山（王国栋等 6433）、仙湖植物园（刘小琴等 0154）、羊台山。生于山地密林下、水旁、旷野草丛和灌丛中，海拔 50-350m。

分布：浙江、江西、福建、台湾、广东、香港、海南、广西和湖南。

图 38 梵天花 Urena procumbens
1. 分枝的一部分、叶及花；2. 分枝上的星状茸毛；3. 副萼展开；4. 花萼展开；5. 果瓣。（崔丁汉绘）

3. 蜀葵属 Alcea L.

一年生、二年生或多年生草本。茎通常直立，无分枝；植株被星状毛，有时有单毛混生。叶互生；托叶宽卵形，先端 3 裂；叶片卵形或近圆形，掌状浅裂或深裂，边缘具圆齿或齿牙状锯齿，先端急尖或钝。花腋生，单花或数花簇生，或排成总状花序；副萼由 6 或 7 枚苞片组成；苞片基部或下部合生；花萼钟形，具 5 裂片；花瓣 5，粉红色、紫色或黄色，倒卵状楔形，基部具瓣柄，瓣柄顶端具髯毛；雄蕊柱无毛，上部有多数具花药的分离花丝，花丝短，花药棒状；雌蕊由 15 至多个心皮，每心皮的子房有 2 室，其中仅 1 室有 1 发育胚珠；花柱分枝与心皮同数，柱头线形，沿花柱上部的上面着生。分果盘状；果瓣革质，侧扁，每瓣 2 室，其中仅 1 室的种子发育。种子 1 颗，光滑或有泡状突起。

约 60 种，分布于亚洲中部、西南部，欧洲东部和南部。我国 2 种。深圳栽培 1 种。

蜀葵 Holly-hock　　　　　　　图 39　彩片 41

Alcea rosea L. Sp. Pl. **2**: 687. 1753.

Althaea rosea(L.)Cav. Bot. Diss. **2**: 91. 1786; 广东植物志 **2**: 196. 图 123. 1991; S. Y. Hu in Q. M. Hu & D. L. Wu, Fl. Hong Kong **1**: 219. 2007

　　二年生草本，高 1-2m；全株被星状硬毛。叶互生；托叶卵形，长 6-8mm，先端 3 裂；叶柄长 5-15cm；叶片轮廓近圆形，直径 6-16cm，由下向上渐次变小，掌状 5-7 浅裂，裂片三角形或近圆形，边缘有不规则的钝齿，掌状脉 5-7 条。花单生或数朵簇生于叶腋，并常数朵在茎上部排成总状花序；苞片叶状；花梗长 2-5mm，果时伸长达 1.5cm；副萼由 6-7 枚苞片组成；苞片卵状披针形，长 1.2-1.5cm，下部合生成杯状；花萼钟状，长 2.3-2.5cm，裂片卵状披针形，长 1.2-1.5mm；花冠红色、紫色、粉红色或白色，直径 6-10cm，花瓣倒卵状三角形，长约 4cm，基部渐狭，顶端微凹，瓣柄顶端具长髯毛；雄蕊柱无毛，长约 2cm，上部分离的花丝长约 2mm；花柱被微柔毛。分果扁圆形，直径约 2cm，为宿存花萼包围，果瓣近圆形，背部具纵槽。

　　产地：仙湖植物园（李沛琼 4139），本市各公园偶有栽培。

　　分布：原产于我国西南部，现广泛栽培于世界亚热带至温带地区。我国各地亦普遍栽培。

　　用途：观赏。

图 39 蜀葵 Alcea rosea
1. 分枝的上段、叶及花；2-3. 分枝及叶片两面被的星状硬毛。（崔丁汉绘）

4. 赛葵属 Malvastrum A. Gray

　　多年生草本或半灌木，直立。单叶互生；托叶披针形或镰形；叶片不裂或 3 裂，边缘有锯齿或齿牙状的锯齿。花腋生，单花或排成密的聚伞花序，有时排成顶生的总状花序；副萼由 3 枚苞片组成；苞片彼此分离，钻形、条形或披针形；花萼杯状，具 5 裂片，果时增大；花冠宽钟状，裂片 5，黄色或近橙色，比花萼长；雄蕊柱不伸出花冠，无毛或被微柔毛，花丝纤细；子房有 5-18 个心皮，每心皮含 1 胚珠，花柱分枝纤细，与心皮同数，柱头头状。分果扁球形，具 5-18 个果瓣；果瓣红褐色，肾形，背面近中部的两侧各有 1 条芒刺，顶端有坚硬的宿存花柱。种子 1，肾形，光滑。

　　约 40 种，主产于美洲。少数种类在世界热带地区有归化。在我国有归化的 2 种。深圳有 1 种。

赛葵 False Mallow　　　　　　图 40　彩片 42

Malvastrum coromandelianum(L.)Garcke in Bonplandia **5**: 297. 1857.

Malva coromandeliana L. Sp. Pl. **2**: 687. 1753.

图 40 赛葵 Malvastrum coromandelianum
1. 分枝的一部分、叶及花；2. 副萼和花萼展开；3. 花瓣；4. 果瓣。（崔丁汉绘）

多年生草本。茎基部木质化，多分枝，高达 1(-1.5)m，嫩枝密被星状毛。叶互生；托叶条形，长 4-5mm，宿存；叶柄长 1-3cm，密被星状毛；叶片卵形或卵状披针形，长 2.5-7cm，宽 1-4cm，基部圆，边缘具粗锯齿，先端钝，下面沿脉疏被星状毛，上面疏被长硬毛，侧脉 5-7 对。花单生于叶腋，有时在枝顶端排成短总状花序；花梗长 4-5 (-10)mm，密被星状毛；副萼由 3 枚苞片组成；苞片条形，长 6-7mm；花萼浅杯状，长约 1cm，裂片卵形，先端长渐尖，沿纵脉疏被星状毛，宿存；花冠黄色，直径约 1.5cm，花瓣倒卵形，长约 1cm；合蕊柱短于花瓣，长约 6mm。分果扁球形，直径 6-7mm，果瓣 8-12(-14)枚，肾形，疏被星状毛，背部 2 侧被长硬毛。花期：1-10 月，果期：8-12 月。

产地：大鹏（张寿洲等 2301）、笔架山、田心山、梧桐山（深圳考察队 822）、沙井（王国栋等 6064）。生于海边草地、山坡路边草地和旷野，海拔 50-200m。

分布：原产美洲，现在世界热带地区均有归化。我国福建、台湾、广东、香港、澳门、海南、广西和云南亦有归化。

5. 苘麻属 Abutilon Mill.

草本、亚灌木、灌木或小乔木。单叶互生；托叶早落；叶片心形或卵形，边缘全缘或掌状浅裂至深裂，具掌状脉。花腋生或近顶生，单生、成对或排成短小的聚伞花序，有的为顶生的圆锥花序；花梗近顶端具关节；无副萼；花萼杯状、碟状或钟状，裂片 5，卵形或披针形，宿存；花瓣 5，基部合生并贴生于雄蕊柱基部；雄蕊柱顶端具多数分离花丝；雌蕊由 7-20 心皮组成，子房 7-20 室，每室有胚珠 2-9 枚；花柱分枝与心皮同数，柱头头状。分果近扁球形，陀螺状或磨盘状，成熟时分离为果瓣；果瓣 7-20，革质，顶端圆钝、渐尖或具 2 短刺，每个果瓣含 2-9 颗种子。种子肾形，被星状柔毛或有腺状乳突。

约 200 余种，产于热带和亚热带地区。我国产 9 种。深圳有 3 种，其中引进栽培 1 种。

1. 叶片边缘 3-5 掌状深裂；花梗长 7-10cm；花冠钟形，长 4-5cm，下垂，橘黄色，有紫红色脉纹；常绿灌木 ······
  ·· 1. **金铃花 A. pictum**
1. 叶片边缘不裂；花梗长 3-6cm；花冠不为钟形，长不超过 2cm，直立，黄色；一年生或多年生半灌木状草本。

  2. 枝条和叶柄密被星状茸毛；叶片边缘有不规则的粗牙齿，先端渐尖；花萼长 8-9mm；花瓣长 1.2-1.3cm；雄蕊柱外面被星状毛；宿存花萼果时不增大，短于分果 ·········· 2. **磨盘草 A. indicum**
  2. 枝条和叶柄除密被星状茸毛外，尚密被开展的长软毛；叶片边缘有不规则的小圆齿，先端长渐尖；花萼长 1.3-1.5cm；花瓣长 1.5-1.7cm；雄蕊柱外面无毛；宿存花萼果时增大，长于分果 ·········· ·· 3. **苘麻 A. theophrasti**

1. 金铃花 灯笼花 Red-vein Abutilon

图 41 彩片 43

Abutilon pictum（Gillies ex Hook. & Arn.）Walp. Repert. Bot. Syst. **1**：324. 1842.

Sida picta Gillies ex Hook. & Arn. in Bot. Misc. **3**：154. 1833.

Abutilon striatum Dicks. ex Lindl. in Edward's Bot. Reg. **25**：39. 1839；澳门植物志 **1**：218. 2005.

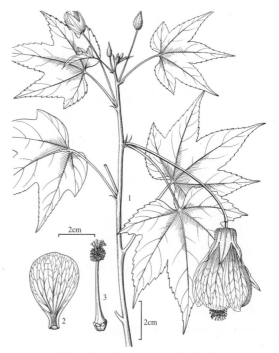

图 41 金铃花 Abutilon pictum
1. 分枝的上段、叶及花；2. 花瓣；3. 合蕊柱。（李志民绘）

常绿灌木，高 1.5-2m。枝条无毛。托叶条形，长 4-5mm，早落；叶柄长 3-6cm，仅在上面的上部疏被星状毛；叶片轮廓为心形，掌状 3-5 深裂，长 6-10cm，宽 5-8cm，基部心形，边缘有锯齿或粗齿，裂片先端长渐尖，下面疏被星状毛，上面近无毛，掌状脉 5-7 条。花下垂，单生于叶腋；花梗长 7-10cm，无毛，下垂；花萼钟形，长 2-3cm，密被黄褐色星状毛，裂片披针形，长为花萼全长的 2/3；花瓣基部合生，宽倒卵形，长 4-5cm，橘黄色，具紫红色脉纹，基部收缩成短柄，先端圆，无毛；雄蕊柱与花冠近等长，上部密生多数花丝并有花药；子房扁圆形，密被白色星状毛，花柱分枝 10，紫色，柱头头状。分果未见。花期：4-12 月。

产地：仙湖植物园（李沛琼 4073），本市各公园和公共绿地均有栽培。

分布：原产南美洲的巴西和乌拉圭。我国辽宁、河北、安徽、江苏、浙江、台湾、福建、广东、香港、澳门、海南、广西和云南均有栽培。

用途：为良好的木本花卉，供观赏。

2. 磨盘草 India Abutilon　　　　图 42　彩片 44

Abutilon indicum（L.）Sweet，Hort. Brit. **1**：54. 1826.

Sida indica L. Cent. Pl. **2**：26. 1756.

图 42 磨盘草 Abutilon indicum
1. 分枝的上段、叶、花及分果。2. 花萼展开。3. 除去花萼和部分花瓣，示合蕊柱；4. 雌蕊；5. 果瓣（组成分果的其中之一瓣）；6. 分果外面被的星状长硬毛。（李志民绘）

一年生或多年生半灌木状草本，高 0.5-1.5cm。分枝多，枝条、托叶、叶柄和叶片的下面均密被星状茸毛。托叶条形，长约 3mm，反折，宿存；叶柄长 3-4cm；叶片心形，不裂，长 4-13cm，宽 3-10cm，基部深心形，边缘具不规则粗牙齿，先端渐尖，掌状脉 5-7 条。花单生于叶腋，直立；花梗长 3-5cm，果时延长达 7cm，除密被星状茸毛外，还疏被开展的丝状长软毛；花萼盘状，长约 1cm，两面均密被星状茸毛，裂片 5，卵形，长为萼全长的 2/3，先端有短尖，宿存；花瓣 5，黄色，倒卵形，长 1.2-1.3cm，顶端圆；雄蕊柱短于花瓣，外面被星状毛；子房由 15-20 个心皮组成。分果磨盘状，直径 2-2.5cm，基部为宿存花萼所托，宿存花萼短于分果；果瓣 15-20 个，近肾形，密被星状茸毛和星状长硬毛，顶端及上部弯曲处各具 1 枚短刺，每一果瓣含 2 至数枚种子。种子肾形，疏生腺状乳突。花期：4-10 月，果期：5-12 月。

产地：东涌、七娘山、南澳、大鹏、排牙山（张寿洲等 1994）、葵涌（王国栋等 6506）、梧桐山（王勇进 2249）、仙湖植物园、内伶仃岛。生于海边疏林下、山坡灌丛中和村旁荒地，海拔 50-300m。

分布：福建、台湾、广东、香港、澳门、海南、广西、贵州、云南和四川。印度、不丹、尼泊尔、缅甸、泰国、老挝、越南、柬埔寨和印度尼西亚。

用途：全草供药用，有清热、利尿等功效。

3. 苘麻 Chinese Jute　　　　　　　　　　　　　　　　　图 43　彩片 45

Abutilon theophrasti Medik. Malvenfam. 28. 1787.

一年生半灌木状草本，高 1-2m。小枝、叶柄和花梗均密被星状茸毛和开展的长软毛。托叶长椭圆形，长 6-7mm，早落；叶柄长 2.5-12cm；叶片心形，长 4-15cm，宽 3-12cm，不裂，基部深心形，边缘具不规则的小圆齿，先端长渐尖,两面密被星状茸毛,掌状脉5-7条。花直立,单生于叶腋;花梗长1-3cm,果时略延长;花萼浅杯状,长1.3-1.5cm,果时增大,长可达2cm,两面均密被星状茸毛,裂片5,卵形,长为萼全长的5/6,先端急尖,宿存;花瓣5,黄色,宽倒卵形,长1.5-1.7cm,先端圆;雄蕊柱短于花瓣,外面无毛;子房由10-16个心皮组成。分果磨盘状,直径1.5-2cm,顶端平,被宿存花萼所包;宿存花萼长于分果;果瓣10-16个,近肾形,密被星状茸毛和星状长硬毛,顶端及上部弯曲处各具1枚短刺。种子肾形,褐色,被星状微柔毛。花果期:4-12月。

产地:七娘山(张寿洲等011255)、梧桐山(仙湖、华农学生采集队010546)。生于杂木林中、灌丛和旷野草地,海拔100-300m。

分布:黑龙江、辽宁、吉林、内蒙古、新疆、宁夏、甘肃、陕西、山西、河北、山东、河南、安徽、江苏、浙江、江西、台湾、福建、广东、香港、广西、贵州、四川和云南。日本、朝鲜、俄罗斯、蒙古、哈萨克斯坦、吉尔吉斯斯坦、塔吉克斯坦、土库曼斯坦、阿富汗、伊朗、巴基斯坦、印度、缅甸、泰国、越南、澳大利亚以及欧洲和北美洲。

用途:茎皮纤维质优,白色,有光泽,可用于编麻袋、绳索等;种子药用,称"冬葵子",有利尿和通乳等功效。我国东北地区常有栽培。

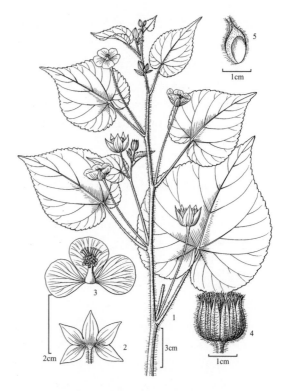

图 43 苘麻 Abutilon theophrasti
1. 分枝的上段、叶、花及幼果;2. 花萼展开;3. 除去花萼及部分花瓣,示合蕊柱;4. 分果;5. 果瓣(组成分果的其中之一瓣)。(李志民绘)

6. 黄花稔属 Sida L.

一年生或多年生草本、半灌木或灌木。植物体被开展的长硬毛、星状毛或腺体毛。单叶互生;托叶细线形、条形至狭披针形;叶片边缘有锯齿或稍分裂,具羽状脉或掌状脉。花单生或成对生于叶腋,或组成腋生或顶生总状花序、伞形花序或圆锥花序;花梗具关节;无副萼;花萼杯状或近钟状,有10条纵肋,裂片5,三角形,先端急尖或渐尖,宿存;花瓣5,黄色或橙黄色,稀白色,分离或基部合生;雄蕊柱上端具分离的花丝;雌蕊由5-10个心皮组成,子房5-10室,每室有1下垂胚珠;花柱分枝与心皮同数,反折,柱头头状。分果碟形或扁球形,有5-10个果瓣;果瓣皮膜质或革质,平滑或有沟槽,顶端有2条芒或无,不开裂或顶部开裂。种子无毛或近种脐处被毛。

约100-150种,主要分布于亚洲、非洲、南美洲以及澳大利亚和太平洋岛屿,其中以南美洲的种类最多。我国产14种。深圳有5种。

1. 叶片宽卵形或卵形,基部心形、浅心形或圆形,具掌状脉。
  2. 叶片宽卵形,基部心形;托叶长2-3mm;分果有果瓣5枚;果皮膜质,平滑,顶端不裂,无芒 ⋯⋯⋯⋯⋯⋯⋯⋯⋯⋯⋯⋯⋯⋯⋯⋯⋯⋯⋯⋯⋯⋯⋯⋯⋯ **1. 长梗黄花稔 S. cordata**
  2. 叶片卵形,基部圆或浅心形;托叶长5-7mm;分果有果瓣8-10(11)枚;果皮革质,有网纹,成熟时顶端开裂,有2条具倒生长硬毛的芒 ⋯⋯⋯⋯⋯⋯⋯⋯⋯ **2. 心叶黄花稔 S. cordifolia**
1. 叶片非上述形状,基部通常楔形,稀圆钝,具羽状脉。
  3. 叶片两面近无毛;花萼无毛;分果有果瓣6枚;果瓣表面有网纹,先端有2尖喙⋯⋯⋯ **3. 黄花稔 S. acuta**
  3. 叶两面被星状茸毛;花萼亦被星状茸毛;分果有果瓣8-11枚;果瓣表面平滑,先端具1尖喙或2芒。
    4. 花梗长1.5-2.5cm,果期可延长至3-3.5cm;分果有果瓣11枚;果瓣先端具1尖喙 ⋯⋯⋯⋯⋯⋯⋯⋯⋯⋯⋯⋯⋯⋯⋯⋯⋯⋯⋯⋯⋯⋯⋯⋯⋯⋯ **4. 白背黄花稔 S. rhombifolia**

4. 花梗长约 5mm，果期可延至 1-1.5cm；分果有
果瓣 7-8 枚；果瓣先端具 2 芒 ··················
···················· 5. 桤叶黄花稔 S. alnifolia

1. 长梗黄花稔 Long-stalked Sida　　图 44　彩片 46
Sida cordata（N. L. Burm.）Borss. in Blumea **14**
（1）：182. 1966.

Melochia cordata N. L. Burm. Fl. Ind. 143. 1768.

Sida veronicifolia Lam. Eneycl. **1**：5. 1783；海南
植物志 **2**：91. 1965.

多年生半灌木状草本，高 0.3-1m。分枝披散，与
叶柄和花梗均被开展的长硬毛并杂有星状毛。托叶条
形，长 2-3mm，疏被长硬毛，迟落；叶柄长 1-3cm；叶
片宽卵形，长 2-5cm，宽 1.5-4.5cm，基部心形，边缘
具不规则的圆齿，先端骤尖或急尖，两面均疏被长硬
毛及星状毛，幼时被毛甚密，掌状脉 5-7 条。花通常
单生于叶腋，稀数朵排成总状花序；花梗纤细，长 1-2cm，
果期可延伸至 4cm，中部以上有一关节；花萼杯状，长
5-6mm，外面疏被开展的长硬毛和星状毛，裂片 5，三
角形，长为萼全长的 1/2；花冠直径 8-9mm，花瓣 5，
黄色，宽倒卵形，长 6-7mm；雄蕊柱长 5-6mm，外面
无毛或疏生开展的长软毛；子房由 5 个心皮组成。分果
近球形，直径约 3mm；果瓣 5，倒卵状四面体形，长约
2.5mm，果瓣皮膜质，无毛或上部背面疏被短硬毛，顶
端钝，不裂，无芒。种皮光滑。花果期：4-12 月。

产地：东涌、西涌（张寿洲等 0017）、七娘山、南澳、
梧桐山、仙湖植物园（深圳考察队 983）、东湖公园（深
圳考察队 1752）、南山区。生于疏林下、海边草丛中
和旷野。海拔 50-200m。

分布：福建、台湾、广东、香港、澳门、海南、
广西和云南。印度、斯里兰卡、泰国和菲律宾。

2. 心叶黄花稔 Heart-leaved Sida　　图 45　彩片 47
Sida cordifolia L. Sp. Pl. **2**：684. 1753.

半灌木，高 0.3-1m。分枝、托叶和叶柄均密被星
状糙伏毛和长软毛；托叶细条形，长 5-7mm，迟落；
叶柄长 1-2.5cm；叶片卵形，长 1.5-5cm，宽 1-4cm，
基部圆形，稀浅心形，边缘有不规则的钝齿，先端急
尖或钝，两面均密被星状糙伏毛和长软毛，掌状脉 5-7
条。花单生，稀簇生，多生于枝上部叶腋及枝顶；花
梗长 0.5-1.5cm，与花萼均密被星状糙伏毛和长软毛，
上部具 1 关节；花萼杯状，长 6-7mm，裂片 5，三角形，
与萼管近等长；花冠黄色，直径约 1.5cm，花瓣 5，倒

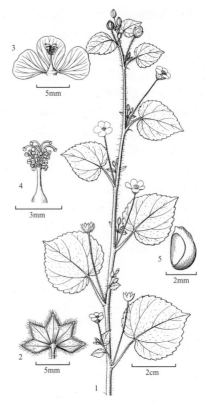

图 44　长梗黄花稔 Sida cordata
1. 分枝的上段、叶及花；2. 花萼展开；3. 除去花萼及部分花
瓣，示合蕊柱；4. 合蕊柱；5. 果瓣（组成分果的其中之一
瓣）。（李志民绘）

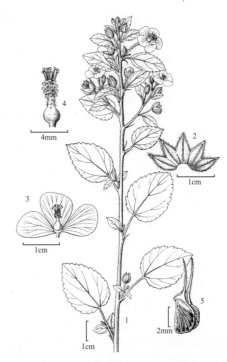

图 45　心叶黄花稔 Sida cordifolia
1. 分枝的上段、叶、花及果；2. 花萼展开；3. 除去花萼及
部分花瓣，示合蕊柱；4. 合蕊柱；5. 果瓣（组成分果的其
中之一瓣）。（李志民绘）

卵状长圆形，长约 6-8mm，先端圆；雄蕊柱长 6-7mm，外面疏被短硬毛；子房由 8-10（11）个心皮组成，花柱分枝 8-10 枚，柱头头状。分果扁球形，直径 6-8mm，有 8-10（11）个果瓣；果瓣皮革质，有网纹，成熟时顶端开裂，具 2 条长芒，芒长达 3mm，有倒生的长硬毛。种皮光滑。花果期：几全年。

产地：东涌（张寿洲等 4234）、西涌（张寿洲等 4247）、七娘山（张寿洲等 1661）、南澳、沙头角、梧桐山。生于海边沙地、山坡草地及旷野，海拔 20-100m。

分布：台湾、福建、广东、香港、澳门、海南、广西、云南和四川。巴基斯坦、印度、斯里兰卡、不丹、尼泊尔、泰国、越南、菲律宾、马来西亚、印度尼西亚以及非洲和南美洲。

3. 黄花稔 Acute Sida 图 46

Sida acuta N. L. Burm. Fl. Ind. 147. 1768.

多年生半灌木状草本，高 0.3-2m，多分枝，小枝和叶柄均密被星状茸毛。托叶条形，长 0.6-1cm，疏被星状毛，迟落；叶柄长 4-5mm；叶片披针形或条状披针形，长 2-7cm，宽 0.5-2.5cm，基部圆钝，边缘具锯齿，先端急尖或渐尖，两面近无毛或沿脉疏被星状茸毛，羽状脉 7-8 对。花单朵或成对生于叶腋或枝顶；花梗长 0.4-1.2cm，被星状疏柔毛，关节在中部；花萼浅杯状，长 6-7mm，无毛，裂片 5，三角形，略短于萼筒，先端尾状渐尖，边缘疏生短柔毛；花冠黄色，花瓣 5，倒卵状长圆形，长 6-7mm，有缘毛；雄蕊柱短于花瓣，无毛或疏被短硬毛；花柱分枝 6 枚，柱头头状。分果近球形，直径 4-5mm，有 6 枚果瓣；果瓣皮革质，表面有网纹，无毛，顶端具 2 尖喙。种皮光滑。花果期：4-12 月。

产地：西涌（张寿洲等 SCAUF 1075）、七娘山、梧桐山、羊台山（张寿洲等 4984）、塘朗山、内伶仃岛（李沛琼 1905）。生于海边草丛、山坡疏林下和旷野，海拔 40-400m。

分布：台湾、福建、广东、海南、香港、澳门、广西、云南、贵州、四川和湖北。印度、不丹、尼泊尔、泰国、老挝、柬埔寨和越南。

4. 白背黄花稔 Sida Hemp 图 47 彩片 48

Sida rhombifolia L. Sp. Pl. **2**：684. 1753.

半灌木，高 0.5-1m，多分枝；小枝和叶柄均密被星状微柔毛。托叶细线形，长 3-5mm，宿存；叶柄长

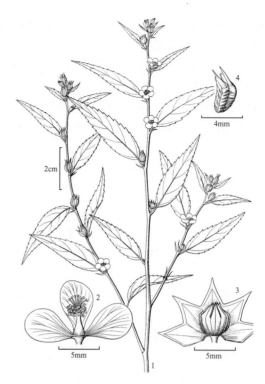

图 46 黄花稔 Sida acuta
1. 分枝的一部分、叶、花及分果；2. 除去花萼及部分花瓣，示合蕊柱；3. 花萼展开，示分果；4. 果瓣（组成分果的其中之一瓣）。（李志民绘）

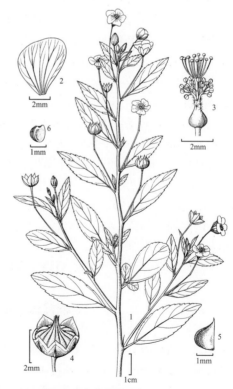

图 47 白背黄花稔 Sida rhombifolia
1. 分枝的一部分、叶、花及分果；2. 花瓣；3. 除去花萼和花冠，示合蕊柱；4. 分果，下部为宿存的花萼；5. 果瓣（组成分果的其中之一瓣）；6. 种子。（李志民绘）

4-6mm；叶片菱状椭圆形、菱状卵形、长圆形或倒卵形，稀条状披针形，长 2-7cm，宽 0.6-3cm，基部楔形，稀钝，边缘有钝齿，先端钝或圆，稀急尖，下面密被星状微柔毛，上面毛较稀，羽状脉 5-7 对。花单生于叶腋，有时 2-3 朵在枝顶密集呈簇生状；花梗长 1.5-2.5cm，果期可延长达 3-3.5cm，有的呈膝曲状，关节在中上部，与花萼的外面均被星状微柔毛；花萼钟形，长 5-6mm，裂片 5，三角形，先端急尖，长为萼全长的 1/3，宿存；花冠黄色，直径约 1cm，花瓣倒卵形，长 8-9mm；雄蕊柱短于花瓣，外面疏被短硬毛或无毛；花柱分枝 8-10 枚（通常 10 枚）。分果扁球形至宽陀螺形，直径 6-7mm，通常有 8-10 个果瓣；果瓣皮革质，平滑，顶端有 1 尖刺。种子肾形，长约 2mm，灰黑色。花果期：3-12 月。

产地：龙岗（王国栋等 5805）、梧桐山（仙湖华农学生采集队 010550）、东湖公园（徐有才 461），本市各地均有分布。生于海边草丛、山地疏林下和旷野，海拔 30-350m。

分布：福建、台湾、广东、香港、澳门、海南、广西、贵州、云南、四川、湖南和湖北。印度、不丹、尼泊尔、泰国、柬埔寨、越南和老挝。

5. 桤叶黄花稔 小柴胡 Alder-leaved Sida   图 48
Sida alnifolia L. Sp. Pl. **2**: 684. 1753.

半灌木或灌木，高 1-2m，分枝多；小枝和叶柄均密被星状柔毛。托叶细线形或钻形，长 3-4.5mm，宿存；叶柄长 3-8mm；叶片菱状披针形、菱状卵形、近圆形或倒卵形，长 2-5.5cm，宽 1.5-3.5cm，基部楔形，边缘有锯齿，先端急尖、钝或圆，下面密被星状柔毛，上面毛较稀疏，羽状脉6-8 对。花单生于叶腋，在小枝的顶端常数花密集呈簇生状；花梗长约 5mm，果期可延伸至 1-1.5cm，密被星状柔毛；花萼钟状，长 6-8mm，密被星状柔毛，边缘有纤毛，裂片 5，三角形，先端急尖，长及萼全长的 1/3，宿存；花冠黄色，直径约 1cm，花瓣倒卵形，长约 1cm；雄蕊柱短于花瓣，外面疏被短硬毛；花柱分枝 6-8 枚。分果扁球形，直径 6-7mm，有 6-8 个果瓣；果瓣皮近革质，平滑，背部被短粗毛，顶端具 2 芒，芒上疏生长硬毛。花果期：4-12 月。

产地：南澳（张寿洲 4228）、沙头角、笔架山、羊台山、梧桐山（深圳考察队 1303）、梅林。生于山谷林下、沟边和旷野，海拔 50-250m。

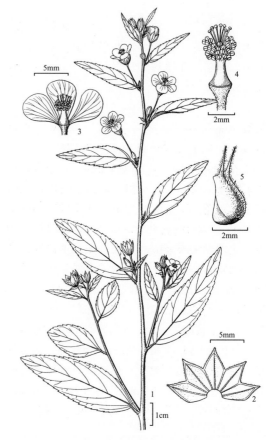

图 48 桤叶黄花稔 Sida alnifolia
1. 分枝的一部分、叶及花；2. 花萼展开；3. 除去花萼和部分花瓣，示合蕊柱；4.合蕊柱；5.果瓣（组成分果的其中之一瓣）。（李志民绘）

分布：江西、福建、台湾、广东、香港、海南、广西和云南。印度、泰国和越南。

7. 桐棉属 **Thespesia** Solander ex Correa

乔木或灌木。植物体无毛、被短柔毛、有鳞片或星状毛。单叶互生；托叶小；叶片全缘或掌状裂。花大而美丽，单生或数朵排成二歧聚伞花序，腋生；花梗通常无关节；副萼由 3-5 枚苞片组成，花后脱落，有时具 3 至数枚腺体；花萼杯状，先端截平或具 5 小齿，果时变为革质或木质，宿存；花瓣 5，下部合生呈钟状，黄色，少有白色或粉红色，基部有或无深紫色斑；雄蕊柱顶端具 5 齿，全部均有分离的花丝，花丝成对，花药马蹄形；子房 5 室或因具假隔膜而成 10 室，每室有胚珠数颗，花柱棒状，具 5 沟槽，柱头具 3-5 沟槽，稀 3-5 裂。果为蒴果，球形或梨形，果皮木质或革质，有时微肉质，室背开裂或不裂，每室有 3 至多颗种子。种子卵球形，被柔毛、无毛或有乳突。

约 17 种，产于热带亚洲、美洲、非洲和澳大利亚。我国产 2 种。深圳有 1 种。

桐棉 杨叶肖槿 Portia Tree　　　图 49　彩片 49 50
Thespesia populnea(L.)Sol. ex Corr. in Ann. Mus. Natl. Hist. Nat. **9**: 290. 1807.

Hibiscus populneus L. Sp. Pl. 2: 694. 1753.

常绿小乔木，高 5-8m。小枝、叶柄和叶片均密被褐色盾状的小鳞片。托叶条形，长约 7mm，早落；叶柄长 4-10cm，无毛；叶片卵状心形至三角形，长 7-20cm，宽 4.5-12cm，基部截形至心形，边缘全缘，先端尾状渐尖，两面无毛，掌状脉 5-7 条。花单生于叶腋；花梗长 2-6cm，与副萼和花萼外面均密被褐色盾状的小鳞片，无毛；副萼由 3-4 枚苞片组成；苞片条状披针形，长 0.8-1cm；花萼杯状，革质，长 1-1.5cm，直径 1.5-2cm，无毛，内面密被平伏的长软毛，顶端截形或有 5 个疏离的小齿；花瓣黄色，干后变为粉红色，近扇形，长约 6cm，外面密被星状茸毛和盾状小鳞片，内面的基部有一近圆形的深紫色斑；雄蕊柱长约 2.5cm；花柱棒状，具 5 槽纹。蒴果球形至梨形，长约 5cm，直径 2-3cm，果皮革质，不完全开裂，外面密被褐色盾状的小鳞片，无毛。种子三角状卵形，长 8-9mm，外面密被长柔毛或无毛。花果期：近全年。

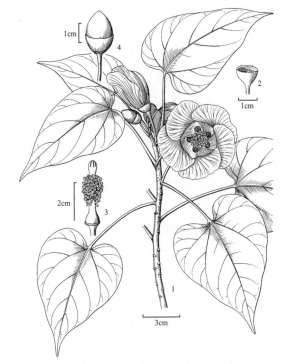

图 49 桐棉 Thespesia populnea
1.分枝的上段、叶及花(正面观)；2.花萼；3.合蕊柱；4.蒴果。(李志民绘)

产地：七娘山（王晖 0911001）、南澳（张寿洲等 4640）、福田红树林（李沛琼等 3514）。生于海边沙地、灌丛中和红树林边。

分布：台湾、广东、香港、澳门、海南和广西。印度、斯里兰卡、泰国、柬埔寨、越南、菲律宾、日本及非洲热带。

8. 秋葵属 Abelmoschus Medik.

一、二年生或多年生草本或半灌木，植物体通常被长硬毛或茸毛。单叶互生，有托叶；叶片掌状分裂或不裂，边缘有锯齿。花单生于叶腋或排成顶生的总状花序；副萼由 5-15 枚苞片组成；苞片条形或丝状，稀披针形，早落或宿存；花萼佛焰苞状，开花时一侧开裂，先端有 5 齿，与花瓣同时脱落；花瓣 5 片，基部合生呈漏斗状，黄色；雄蕊柱较花瓣短，基部至顶部均具分离的花丝，顶端具 5 齿；子房 5 室，每室有多颗胚珠，花柱顶端具 5 分枝或 5 突起，柱头头状。蒴果长圆体形或筒状，先端有喙，室背开裂，密被短柔毛或长硬毛。种子多数，肾形或球形，无毛，具成列的乳头状突起或腺点，稀粗糙。

约 15 种，分布于东半球的热带和亚热带地区。我国包括栽培的共 6 种。深圳有 1 种。

黄葵 Musk Mallow　　　　　　　　　　　　　　　图 50　彩片 51
Abelmoschus moschatus Medik. Malvenfam. 46. 1787.

一年生或多年生草本，高 1-2m，除花瓣外，全株被开展的长硬毛。托叶条形，长 7-8mm，早落；叶柄长 5-15cm；叶片轮廓近圆形，直径 6-15cm，基部心形，掌状 5-7 裂，茎下部叶的裂片三角形或卵状三角形，较短，上部叶的裂片狭长圆形、狭椭圆形至条形，中间 1 枚裂片最长，长 5-12cm，宽 1.5-5.5cm，向两侧的渐短，边缘有不规则的锯齿，先端急尖或渐尖，掌状脉 5-7 条。花单生于叶腋；花梗长 3-7cm，疏被倒生的短硬毛；副萼由 6-10 枚苞片组成；苞片彼此分离，条形至条状长圆形，长 1.5-1.8cm，果熟时脱落；花萼佛焰苞状，长 2-3cm，先端具 5 齿；花冠黄色，内面的基部暗紫色，直径 8-12cm，花瓣宽倒卵形，长 7-8cm；雄蕊柱长约 2.5cm，无毛；子房和花柱均被短硬毛，花柱分枝 5，柱头盘状。蒴果长圆体形，长 5-6cm，直径约 2cm，疏被开展的长硬毛，成熟时开裂为 5 瓣，裂瓣顶端具喙。种子肾形，褐色，无毛，具成列的褐色的腺状乳突。花果期：4-10 月。

产地：梧桐山（深圳考察队 1464）、莲塘（王定跃 89207）、仙湖植物园（李沛琼 89238），本市各地均有分布。生于海边林下、山地林边灌丛、沟边或村边草丛中，海拔 20-350m。

分布：江西、福建、台湾、广东、香港、海南、广西、湖南和云南。印度、泰国、老挝、柬埔寨和越南。

9. 木槿属 Hibiscus L.

草本、半灌木、灌木或小乔木，植株通常被星状毛，有时具皮刺。单叶互生；托叶早落；叶片边缘全缘、具齿缺或 3-5 掌状分裂。花单生于叶腋或排成总状花序，5 基数；副萼由 5-12 枚苞片组成，稀无副萼；苞片彼此分离或基部合生，宿存；花萼钟状或碟状，具 5 裂片，稀呈筒状，具 2-3 裂片；花瓣 5 枚，有黄、红、粉红、蓝紫或白色等色；雄蕊柱上半部或全部具多数分离的花丝，花药肾形；子房 5 室或因具假隔膜而呈 10 室，每室有 2 至多数胚珠，花柱分枝 5，柱头头状、盘状或扁平。果为蒴果，室背开裂为 5 瓣，稀室间开裂或不裂。种子肾形或球形，被毛或无毛，或有腺状乳突。

图 50 黄葵 Abelmoschus moschatus
分枝的上段、叶、花及蒴果。（崔丁汉绘）

约 200 种，主要分布在东半球热带、亚热带地区，尤以非洲热带为多。我国 25 种，其中引进栽培的 4 种。深圳栽培的有 5 种。

1. 叶片边缘全缘或有小圆齿，中央脉的基部有 1 枚条形的腺体；托叶较大，长圆形，长 1.2-2cm，宽 0.7-1.2cm；花黄色 ·························· 1. 黄槿 H. tiliaceus
1. 叶片边缘有明显的锯齿，中央脉基部无腺体；托叶较小，条形，长 0.2-1cm，宽不及 1mm；花红色、粉红色、紫色或白色。
　　2. 小枝和叶片两面均无毛；雄蕊柱长于花瓣，仅上部有分离的花丝。
　　　　3. 花萼管状，花瓣羽状条裂；副萼长 1-2mm ··············2. 吊灯花 H. schizopetalus
　　　　3. 花萼钟状；花瓣不分裂；副萼长 0.7-1cm ·············· 3. 朱槿 H. rosa-sinensis
　　2. 小枝和叶片被或疏或密的星状毛；雄蕊柱短于花瓣，全部有分离的花丝。
　　　　4. 叶片宽卵形或近圆形，长 10-15cm，基部心形，掌状脉 7-11 条；花梗长 5-12cm ········ 4. 木芙蓉 H. mutabilis
　　　　4. 叶片卵状菱形或菱形，长 4-10cm，基部楔形，掌状脉 3-5 条；花梗长 0.4-1.4cm ····· 5. 木槿 H. syriacus

1.　黄槿 黄木槿 Cuban Bast　　　　　　　　　　　　　　　　图 51　彩片 52 53

Hibiscus tiliaceus L. Sp. Pl. **2**: 694. 1753.

常绿灌木或乔木，高 4-15m，胸径达 60cm。分枝多，小枝近无毛。托叶长圆形，长 1.2-2cm，宽 0.7-1.2cm，先端圆，疏被星状柔毛，早落；叶柄长 2-11cm，幼时密被星状柔毛，后渐变无毛；叶片革质，近圆形或阔卵形，长和宽均为 6-15cm，基部心形，偶有圆或截形，边缘全缘或有不规则的小圆齿，先端渐尖或骤尖，下面密被星状柔毛，上面毛被较疏或近无毛，掌状脉 7-9 条，中央脉的基部有 1 枚条形的腺体，腺体长 0.5-1cm。花单

生叶腋或数朵排成腋生或顶生的总状花序状的聚伞花
序；花序梗长 2-5cm，无毛；花梗长 1-3.5cm，密被星
状柔毛，基部有 2 枚托叶状的苞片；副萼由 7-10 枚苞
片组成；苞片三角状披针形，长 7-9mm，下部合生至
全长的 1/2，与花萼的外面均密被星状柔毛；花萼钟状，
长 2-3cm，裂片 5，披针形，长为萼全长的 3/4，宿存；
花瓣宽倒卵形，长 4-6cm，基部合生呈钟状，黄色，
内面基部暗紫红色，外面被星状毛；雄蕊柱长 2-2.5cm，
全部有分离的花丝，无毛；花柱分枝 5，被腺毛，柱
头扁平。蒴果长圆体形、卵形或近球形，长 2-2.5cm，
直径 1.5-2cm，外果皮木质，密被黄褐色星状硬毛，
有粗网纹，10 室，每室有种子 5-7 颗，成熟时开裂为
5 瓣。种子肾形，密生腺状乳突，无毛。花果期：6-10 月。

产地：南澳（张寿洲 1730）、大鹏、葵涌（王国栋
6514）、福田红树林保护区、沙井、内伶仃岛（李沛琼
2036）。生于海边、港湾和河、渠等的岸边。各公园
和公共绿地常见栽培。

分布：台湾、福建、江西、广东、香港、澳门、
海南和广西。印度、缅甸、泰国、老挝、柬埔寨、越南、
马来西亚、印度尼西亚和菲律宾。

用途：在园林中常见栽培供观赏，也可作行道树，
又为海滨防护林树种。

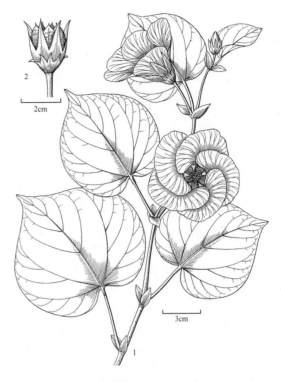

图 51 黄槿 Hibiscus tiliaceus
1. 分枝的上段、托叶、叶及花（正面观及侧面观）；2. 蒴果，
被宿存的副萼及花萼所包。（李志民绘）

2. 吊灯花 吊灯扶桑 Coral Hibiscus

图 52 彩片 54

Hibiscus schizopetalus（Dyer ex Mast.）J. D.
Hook. in Bot. Mag. **106**: pl. 6524. 1880.

Hibiscus rosa-sinensis var. *schizopetalus* Dyer ex
Mast. in Gard. Chron. n. s. **11**: 272. 1879.

常绿灌木，高 2-4m。小枝细瘦，常下垂，无毛。
托叶钻形，长约 2mm，宽不及 1mm，早落；叶柄长
1-3.5cm，上面密被星状毛；叶片纸质，卵形、椭圆形
或长圆形，不裂，长 4-7cm，宽 1.5-4cm，基部近圆形，
边缘 2/3 以上有锯齿，先端急尖，两面近无毛，掌状脉
2-5 条。花单生于叶腋，苞片与托叶同形，早落；花梗
纤细，长 8-14cm，无毛，中部有关节，下垂；副萼由
5 枚苞片组成；苞片三角状披针，长 1-2mm，仅基部合生，
无毛或疏被星状毛；花萼管状，长约 1.5cm，5 裂，裂
片长为萼全长的 1/3，顶端有小齿，无毛或疏被短柔毛；
花瓣 5，红色或带淡红色，长 5-6cm，外卷，羽状条裂；
雄蕊柱长于花瓣，长 9-10cm，上部 1/3 处有多数分离
的花丝；花柱分枝 5，开展，无毛，柱头头状。蒴果圆
柱形，长约 4cm，直径约 1cm。花期：4-11 月。

产地：人民公园（王定跃 2587），本市各公园和
公共绿地均有栽培。

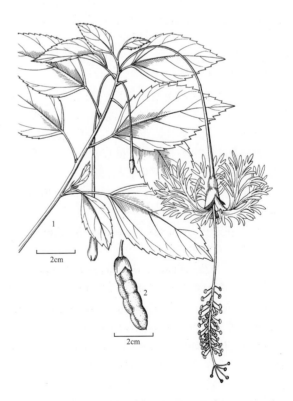

图 52 吊灯花 Hibiscus schizopetalus
1. 分枝的上段、叶及花；2. 蒴果。（李志民绘）

分布：原产于非洲东部。世界热带、亚热带地区普遍有栽培。我国江西、福建、台湾、广东、香港、澳门、海南、广西、贵州、四川和云南也有栽培。

用途：为良好的木本花卉，供观赏。

3. 朱槿 扶桑 大红花 Chinese Hibiscus

图 53　彩片 55

Hibiscus rosa-sinensis L. Sp. Pl. **2**: 694. 1753.

常绿灌木，高 1-4m，分枝多，幼枝密被星状毛，后变无毛。托叶条形，长 0.5-1.2cm，宽不及 1mm，疏被长硬毛，迟落；叶柄长 1-4cm，上面密被星状长硬毛；叶片纸质，卵形或狭卵形，长 4-10cm，宽 2-6cm，基部圆或宽楔形，边缘 2/3 以上具粗锯齿，先端渐尖，两面无毛，或下面脉上疏被星状毛，掌状脉 5 条。花单生于上部叶腋，下垂；花梗长 3.5-11cm，中上部有关节，关节以上疏被短星状毛，其余无毛；副萼由 6-10 枚苞片组成；苞片条形，长 0.7-1cm，基部合生，与花萼的外面均疏被星状毛；花萼钟状，长 1.5-2cm，有 4-5 裂片，有的裂为二唇形，裂片三角形，长及萼全长的 1/2，内面密被绵毛；花冠红色，漏斗形，直径 6-10cm 或更大，花瓣 5，倒卵形，外面疏被短柔毛，先端全缘或有粗圆齿；雄蕊柱长于花瓣，长 4-8cm，上半部具多数分离的花丝；花柱分枝 5，无毛，柱头头状，被紫红色短柔毛。蒴果卵球形，直径约 2.5cm，成熟后开裂成 5 瓣，无毛。种子肾形，被长柔毛。花期：近全年。

产地：仙湖植物园（王定跃 89060），本市各公园和公共绿地普遍栽培。

分布：原产于我国南部，现广泛植于全球热带亚热带地区。江西、台湾、福建、湖南、广东、香港、澳门、海南、广西、四川、贵州和云南均普遍栽培。

用途：为优良的木本花卉，供观赏。

本市常见栽培的还有下列栽培品种：

（1）白花朱槿 Hibiscus rosa-sinensis 'Albus' 单瓣，花冠和雄蕊柱均白色。

（2）黄花朱槿 Hibiscus rosa-sinensis 'Flavus' 单瓣，花冠及雄蕊柱均黄色。

（3）锦叶朱槿 Hibiscus rosa-sinensis 'Cooperi' 叶有黄、白、红和粉红等色斑；花冠和雄蕊柱均红色，单瓣。

（4）红花重瓣朱槿 Hibiscus rosa-sinensis 'Rubro-plenus' 重瓣，花冠和雄蕊柱均红色。

（5）黄花重瓣朱槿 Hibiscus rosa-sinensis 'Flavo-plenus' 重瓣，花冠和雄蕊柱均黄色。

4. 木芙蓉 芙蓉花 Changeable Rose-mallow

图 54　彩片 56

图 53 朱槿 Hibiscus rosa-sinensis
1. 分枝的上段、叶及花；2. 副萼及花萼。（李志民绘）

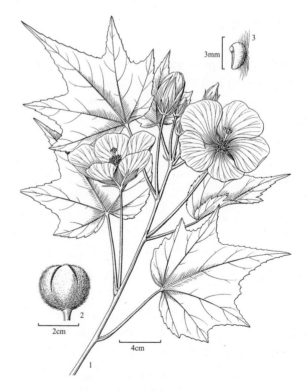

图 54 木芙蓉 Hibiscus mutabilis
1. 分枝的上段、叶及花；2. 蒴果（除去宿存的副萼及花萼）；3. 种子。（李志民绘）

Hibiscus mutabilis L. Sp. Pl. **2**: 694. 1753.

落叶灌木或小乔木，高 2-5m；全株密被星状茸毛混以褐色的腺毛（毛顶端的腺体易脱落）。托叶条形，长 5-8mm，宽不及 1mm，早落；叶柄长 4-20cm；叶片纸质，轮廓为宽卵形或近圆形，长和宽均 10-15cm，基部心形，边缘具不规则的钝齿，5-7 裂，裂片三角形或长三角形，先端急尖、渐尖或长渐尖，掌状脉 7-11 条。花单生于枝上部叶腋；花梗长 5-12cm，上端有关节；副萼由 7-10 枚苞片组成；苞片条形，长 1.5-2cm，宽约 2mm，仅基部合生；花萼钟形，长 2.5-3.5cm，裂片 5，卵形，长为萼全长的 2/3，与副萼均宿存；花直径约 8cm，初开时白色，渐变为粉红色至红色，花瓣宽倒卵形，长约 4-5cm，外面被星状茸毛，基部两侧被长硬毛；雄蕊柱长 2.5-3cm，无毛，全部有分离的花丝；花柱分枝 5，疏被长柔毛，柱头头状。蒴果近扁球形，直径约 2.5cm，外面密被星状茸毛和长硬毛，果皮内沿背缝线密被白色长硬毛（开裂后可见）。种子肾形，背面被长硬毛。花果期：9-12 月。

产地：梧桐山（深圳考察队 1973）、莲塘（李沛琼 89114）、东湖公园（徐有才 89447），本市各公园和公共绿地常有栽培。

分布：原产我国福建、台湾、广东、湖南和云南。现广泛栽培于世界各地。我国各地均有栽培。

用途：为优良的木本花卉，供观赏。

常见栽培的还有栽培品种：重瓣木芙蓉 Hibiscus mutabilis '**Plenus**'

5. 木槿 Rosa of Sharon　　　　　图 55　彩片 57

Hibiscus syriacus L. Sp. Pl. **2**: 695. 1753.

落叶灌木，高 2-4m；小枝疏被星状微柔毛。托叶条形，长约 6mm，宽不及 1mm，早落；叶柄长 1-3cm，上面密被星状毛；叶片纸质，卵状菱形、菱形或宽披针形，长 4-10cm，宽 2-4cm，不裂或 3 浅裂，基部楔形，边缘有不整齐的尖锯齿，先端急尖，两面近无毛或下面沿脉疏被星状茸毛，掌状脉 3-5 条。花单生于枝上部叶腋；花梗长 0.4-1.4cm，密被黄色的星状茸毛；副萼由 6-8 枚苞片组成；苞片条形，长 0.6-2cm，宽 1-2mm，仅基部合生，疏被星状茸毛；花萼钟形，长 1.4-2cm，密被星状茸毛，裂片 5，披针形，长及萼全长的 1/2，内面亦密被星状茸毛；花瓣 5，淡紫色、紫红色、粉红色或白色，宽倒卵形，长 3.5-5cm，外面的上部疏被星状茸毛，基部的两侧密被长硬毛；雄蕊柱长 2.5-3cm，无毛，全部有分离的花丝。蒴果椭圆体形或卵球形，直径 1.2-2.5cm，密被黄色星状茸毛。种子肾形，背面被白色长柔毛。花期：6-11 月。

产地：仙湖植物园（张寿洲 011600），本市各公园和公共绿地常有栽培。

分布：原产安徽、江苏、浙江、台湾、广东、广西、云南和四川。现广泛植于世界各地。我国各省区亦广为栽培。

用途：为园林观赏植物。

图 55 木槿 Hibiscus syriacus
1.分枝的上段、叶及花；2.花纵剖面，示副萼、花萼、花冠和合蕊柱；3.蒴果，下部为宿存的副萼和花萼。（李志民绘）

105. 猪笼草科 NEPENTHACEAE

张寿洲

灌木或草本，食虫植物。茎直立，平卧或攀援，不分枝或有分枝，圆柱形或三棱柱形。单叶互生，无柄或具柄，叶片先端常延长成卷须，卷须上部扩大成瓶状体；瓶状体顶端扩大成瓶盖。花辐射对称，单性异株，组成总状花序、圆锥花序或为具二次分枝的蝎尾状聚伞花序，无苞片；花被片（3-）4，背面被毛或无毛，内面具腺体或蜜腺，通常分离而排成2基数的2轮，稀基部合生成倒圆锥形的花被管；雄花具雄蕊4-24，花丝合生成一圆柱体，花药在顶端聚生成头状体，2室，药室外向纵裂；雌花的雌蕊由（3-）4心皮形成，心皮与花被片对生，子房下位，具柄或无柄，卵球形、长圆体形或四棱柱形，稀倒金字塔形，（3-）4室，胚珠多数，数行排列于中轴胎座上，花柱极短或无，柱头盘状，（3-）4裂。蒴果，沿背缝线3-4裂。种子多数，卵球形，种皮向两端伸长，呈丝状，胚乳肉质，胚直立，圆筒状。

1属，约85种，分布于亚洲热带地区、澳大利亚北部和马达加斯加。我国有1属，1种。深圳有分布。

猪笼草属 Nepenthes L.

属的形态特征与地理分布与科同。

猪笼草 Pitcher Plant　　　　图 56　彩片 58 59

Nepenthes mirabilis（Lour.）Druce in Bot. Soc. Exch. Club Brit. Isles **4**：637. 1916.

Phyllamphora mirabilis Lour. Fl. Cochinch. **2**：606. 1790

直立或攀缘草本，高 0.5-2m。基生叶密集呈莲座状，近无柄；叶片披针形，长约10cm，基部略抱茎，边缘具睫毛状齿；卷须短于叶片；瓶状体大小不一，狭卵形或近圆筒形，长 2-6cm，直径 1-2cm，外面疏被短柔毛和星状毛，具 2 翅，翅缘睫毛状，瓶口与瓶盖之间有 2-8 距；瓶盖卵形或近圆形，长 2.5-3cm，宽2.2-3cm，顶端钝或微凹，边缘全缘，内面密生近圆形的腺体。茎生叶疏生；叶柄长（0-）0.5-3（-5）cm；叶片长椭圆形或披针形，长 10-25cm，宽 3-10cm，基部楔形，下延至叶柄呈翅状，边缘全缘或具睫毛状齿，顶端具卷须，两面常具紫红色腺点，中脉每侧具纵脉 4-8 条；卷须与叶片近等长，具瓶状体或否；瓶状体圆筒形，长 7-16cm，直径 2-5cm，外面疏被短柔毛、叉状毛和星状毛，具 2 翅，下部稍扩大，口部略收缩或不收缩，口缘宽 2-5mm，内壁下半部密生燕窝状腺体，上半部平滑；瓶盖卵形或长圆形，长 2.5-3cm，宽2.2-3cm，顶端钝或微凹，边缘全缘，内面密生近圆形腺体。总状花序顶生或与叶对生，长 20-50cm；花序梗长 5-20cm，与花序轴均被长柔毛；花梗长 0.5-2cm，疏被短柔毛；花被片 4，红色至紫红色，椭圆形

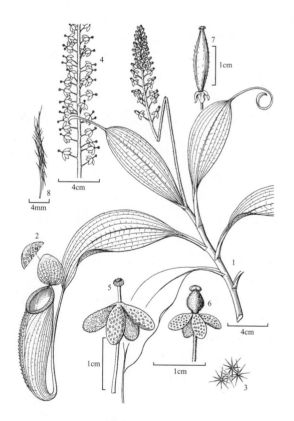

图 56 猪笼草 Nepenthes mirabilis
1. 分枝的上段、瓶状体和雌花序；2. 瓶盖的一部分，示其内面的腺体；3. 瓶状体外面的星状毛；4. 雄花序；5. 雄花；6. 雌花；7. 蒴果；8. 种子。（李志民绘）

或倒阔卵形，背面被柔毛，内面密被近圆形腺体，反折；雄花：花被片长 5-7mm，宽 2-4mm，先端锐尖或圆形；雄蕊柱长 3-4mm，具花药 1 轮，花药稍扭转，聚生成直径约 2mm 的头状体；雌花：花被片长 4-5mm，宽 2-3mm；子房椭圆体形，具短柄或近无柄，密被星状毛。蒴果栗色，长 1.8-2.3cm，4 瓣裂。种子丝状，长约 1.2cm。花期：3-11 月，果期：8-12 月。

产地：三洲田（张寿洲等 5280）、梅沙尖（张寿洲等 4794）、仙湖植物园（李沛琼 1851）。生于海拔 200m 以下山谷水沟旁。常有栽培。

分布：广东、香港、澳门和海南。缅甸、泰国、柬埔寨、老挝、越南、菲律宾、马来西亚、印度尼西亚、密克罗尼西亚和澳大利亚北部。

用途：药用，具清热止咳、利尿和降压之效；食虫植物，常用于观赏和科普展览。

106. 茅膏菜科 DROSERACEAE

张寿洲

多年生或一年生草本，多为陆生，较少水生，为食虫植物；根状茎具不定根并具退化叶，末端有或无球茎；地上部分短或伸长。叶基生，密集呈莲座状或互生，稀轮生，常具黏质腺毛，有的具敏感性毛，每当小动物停于叶面时，即迅速闭合，幼叶拳卷，具托叶或无。花通常排成顶生或腋生的蝎尾状聚伞花序，稀为总状花序或单花；花两性，辐射对称；萼片(4-)5(-7)，分离或基部合生，覆瓦状排列，宿存；花瓣与萼片同数，分离，具脉纹，宿存；雄蕊5或4，与花瓣互生，排列成2-4轮，花丝分离，稀基部合生，花药2室，外向，纵裂；子房上位，稀半下位，2-5室，侧膜胎座或基生胎座，胚珠多数，稀少数，花柱2-5(-6)，呈各式分裂，稀不裂。果为蒴果，沿室背开裂，稀不裂。种子多数，稀少数，胚乳丰富，胚直，小，基生。

4属，约100多种。分布于东西两半球的热带至温带。我国有2属，7种。深圳有1属，4种。

茅膏菜属 Drosera L.

多年生或一年生草本；根状茎短，具不定根，常具有根功能的退化叶，末端具或不具球茎。叶互生或基生而呈莲座状密集，被头状黏质腺毛，幼叶常拳卷；托叶膜质，常条裂或无托叶。花多数排列成顶生或腋生的总状花序或蝎尾状聚伞花序，有时具分枝，幼时拳卷，花生于一侧；萼片(4-)5(-12)，分离或基部合生，宿存；花瓣5，离生，花时开展，花后常扭转，宿存；雄蕊与花瓣同数并与花瓣互生；雌蕊由2-5心皮组成，子房上位，1室，侧膜胎座，胚珠多数，稀少数，花柱(2-)3-5(-6)，呈各式分裂或不裂，宿存。蒴果，沿室背开裂。种子小，多数，椭圆体形或条形，有时具翅，外种皮具网纹。

约100种，全世界均有分布，主产大洋洲。我国有6种。深圳有4种。

1. 地上茎伸长；叶互生，无托叶；花序腋生和顶生 ·· **1. 茅膏菜 D. peltata**
1. 地上茎短；叶基生，密集呈莲座状，具托叶；花序腋生呈花葶状。
  2. 托叶下半部与叶柄贴生；苞片戟形，3或5裂；萼片下面具腺点，干后腺点白色，呈圆形；心皮5；花柱5，不裂，向内弯曲 ·········· ··········· **2. 锦地罗 D. burmannii**
  2. 托叶与叶柄离生；苞片钻形或条形；萼片下面无腺点；心皮3，稀4；花柱3，稀4，二深裂，不向内弯曲。
    3. 花序轴和花萼无毛；花柱等长于或长于子房 ·············· **3. 长柱茅膏菜 D. oblanceolata**
    3. 花序轴和花萼密被头状腺毛；花柱短于子房 ·············· **4. 匙叶茅膏菜 D. spathulata**

1. 茅膏菜 Crescent-leaved Sundew　　　图 57
Drosera peltata Sm. ex Willd. Sp. Pl. 1：1546. 1797.

Drosera peltala Sm. ex. Willd. var. *glabrata* Y. Z. Ruan in Acta Phytotax. Sin. **19**：343. 1981；广东植物志 **2**：66. 1991.

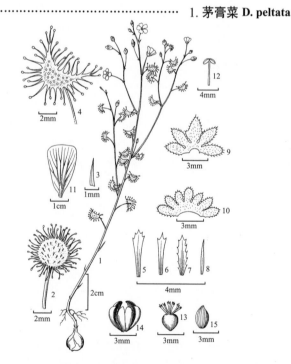

图 57 茅膏菜 Drosera peltata
1. 植株、根状茎、球茎和总状花序；2. 基生叶；3. 退化基生叶；4. 茎生叶；5-8. 苞片；9-10. 花萼展开（具 5 裂片和具 7 裂片）；11. 花瓣；12. 雄蕊；13. 雌蕊；14. 蒴果；15. 种子。（李志民绘）

多年生草本。根状茎长 1-4cm，末端具球茎，球茎紫色，直径达 7-8mm；地上茎直立，有时披散或呈藤状，高 10-35cm，上部常有数个分枝，具紫红色汁腺。基生叶密集呈莲座状，无托叶；叶柄长 2-8mm；叶片盾状，长圆形或近圆形，长 2-4mm，宽 6-8mm，部分退化成条状钻形，长约 2mm，宽约 1mm，无毛；茎生叶互生，疏离，无托叶；叶柄长 0.8-1.3cm；叶片盾状，半月形至半圆形，长 2-3mm，宽 4-5mm，下面无毛，上面及边缘被头状黏腺毛。总状花序生于上部叶腋，生于茎顶的则排成圆锥花序，长 2-6cm，具花 3-22 朵；基部的苞片倒披针形或楔形，长 2-4mm，宽约 1.5mm，顶端具 3-5 个腺齿或全缘，无毛或被腺毛，上部的苞片渐变小，呈钻形；花梗长 0.6-2cm；萼片 5-7，基部合生，大小不一，披针形或卵形，长 2-4mm，下面被疏或密的腺毛，有的一侧具角，边缘全部或仅中部以上密被长腺毛；花瓣通常白色，稀淡红色或红色，长圆状楔形，长 4-6mm，宽 2-3mm，基部有黑点或无；雄蕊 5，长 2-5mm；子房近球形，直径约 1.5mm，淡绿色，无毛，3 室，胚珠多数，花柱 3，长约 0.8mm，2-5 裂，柱头 2-3 裂。蒴果近球形，长 2-4mm，（2-）3（-5）裂。种子棕黑色，椭圆状卵形或球形，长约 0.4mm，种皮脉纹加厚成蜂窝状。

产地：梧桐山（张寿洲等 1189）。生于林下潮湿处，海拔 700-800m。

分布：甘肃、安徽、江苏、浙江、江西、福建、台湾、广东、香港、海南、广西、湖南、湖北、四川、贵州、云南和西藏。亚洲东部、东南部和澳大利亚。

2. 锦地罗 Sundew   图 58   彩片 60

Drosera burmannii Vahl, Symb. Bot. 3: 50. 1790.

一年生或二年生草本，具少数纤维状根。茎无分枝，甚短，生于阴蔽处的有时长可达 1cm，无地下球茎。叶基生，密集呈莲座状；托叶膜质，长 3-7mm，基部与叶柄贴生，5-7 深裂或 2-3 深裂而每一裂片再 1-3 浅裂；叶柄短，长约 2mm，或无；叶片绿色或淡红色至紫红色，楔形或倒卵形，长 0.6-1.5cm，宽 0.5-0.8cm，顶端圆，边缘具长腺毛，基部渐狭，下面被柔毛或无毛，上面具短腺毛。总状花序 1-3 枚，腋生，呈花葶状，长 6-22cm，具花 2-19 朵花，花生于一侧；花序梗无毛或具白色、红色或紫红色的腺点；苞片戟形，长 1-3mm，宽 0.5-1mm，被短腺毛，3 或 5 裂，中裂片条形，远长于侧裂片，侧裂片小，钻形或三角形；花梗长 1-7mm，被腺毛或无毛；萼片 5，狭长圆形，长 2-3mm，基部合生，浅绿色、红色或紫红色，有条纹和小瘤状突起，下面被短腺毛和白色腺点，上面具黑色腺点或无；花瓣 5，倒卵形，长约 4mm，宽 2-3mm，白色、淡红色或紫红色；雄蕊 5，长约 3mm；子房近球形，无毛，5（-6）室，花柱 5（-6），线形，长 2-3mm，内卷，柱头齿裂状。蒴果 5（-6）裂。种子棕黑色，具规则脉纹。

产地：梧桐山（张寿洲等 2758）、仙湖植物园（李沛琼等 3126，），本市各地均有分布。生于山谷或山坡潮湿处和沟湿草地，海拔 200-250m。

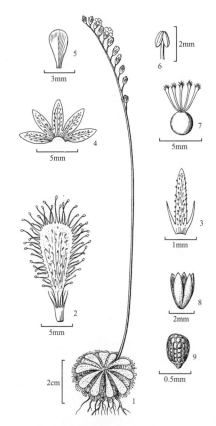

图 58 锦地罗 Drosera burmannii
1. 植株及总状花序；2. 托叶和叶；3. 苞片；4. 花萼展开；
5. 花瓣；6. 雄蕊；7. 雌蕊；8. 蒴果；9. 种子。（李志民绘）

分布：福建、台湾、广东、香港、澳门、海南、广西和云南。亚洲、非洲和澳大利亚等的热带和亚热带地区。

用途：全株药用，民间用于治肠炎、菌痢、喉痛、咳嗽等。

3.　长柱茅膏菜 Long-styled Sundew　　　　图59

Drosera oblanceolata Y. Z. Ruan in Acta Phytotax. Sin. **19**: 340. 1981.

多年生草本，有纤维状根。茎甚短，无分枝，无地下球茎。叶基生，密集呈莲座状，幼叶两次折叠；托叶干膜质，淡红色，长 1.5-4.5cm，3 深裂至基部，中裂片大，顶端 3-5 浅裂，侧裂片小，2 深裂或不裂；下部叶叶柄长 3-7mm；叶片近圆形，直径 2-4mm；上部叶叶柄 1-3.2cm；叶片倒披针形或倒卵状长圆形，长 0.8-1.2cm，宽 2-4mm，下面被腺毛，边缘密被长的腺毛，上面被短腺毛。总状花序 1-2 枚，腋生，长 5-9cm，花葶状，具 8-10 朵花；花生于一侧；花序梗、花序轴和花梗外面均无毛；苞片条形，长约 2mm；花梗长 3-5mm；萼片 5，绿色，狭倒卵形至长圆形，长约 4mm，基部合生，先端圆，具疏腺点，宿存；花瓣 5，粉红色，倒卵形或楔形，长约 4mm，宽约 1mm；雄蕊 5，花药 2 室，纵裂，药隔大，三角形；子房椭圆体形或圆球形，长约 2mm，3 室，花柱 3，长 2-3mm，每个花柱 2 深裂，柱头多裂。蒴果成熟时 3 裂。种子椭圆体形，长约 0.3mm，黑色，种皮脉纹加厚成蜂窝状。

产地：盐田（徐有财 1342）。生于林下潮湿处。海拔 350m。

分布：广东、香港和广西。

4.　匙叶茅膏菜 Spathulate Sundew

　　　　　　　　　图60　彩片61

Drosera spathulata Labill. Nov. Holl. Pl. **1**: 79. 1804.

Drosera loureiroi Hook. & Arn. Bot. Beechey Voy. 167. 1833.

Drosera spathulata Labill. var. *loureiroi*（Hook. & Arn.）Y. Z. Ruan in Acta Phytotax. Sin. **19**: 341. 1981；广东植物志 **2**: 64. 1991.

多年生草本，具甚短的纤维状根。茎甚短，不具地下球茎。叶基生，密集呈莲座状，幼叶一次折叠，稀两次折叠；托叶膜质，长 4-8mm，通常 3 深裂，中裂片 2-3 浅裂或深裂，侧裂片 2 浅裂或不裂，较长；叶柄扁平，自下而上渐扩大，下部无毛，上部具腺毛；叶片倒卵形或匙形，长 0.6-2.9cm，宽 0.2-0.5cm，基部渐狭至叶柄，先端圆，下面无毛或疏被柔毛，边缘与上面被腺毛。总状花序 1-6，腋生，花葶状，长 4-16cm，具 10-20 朵花，花生于一侧；花序梗密

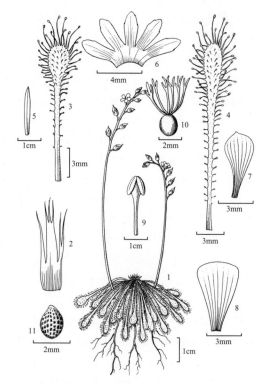

图 59 长柱茅膏菜 Drosera oblanceolata
1. 植株和总状花序；2. 托叶；3-4. 叶；5. 苞片；6. 花萼展开；7-8. 花瓣；9. 雄蕊；10. 雌蕊；11. 种子。（李志民绘）

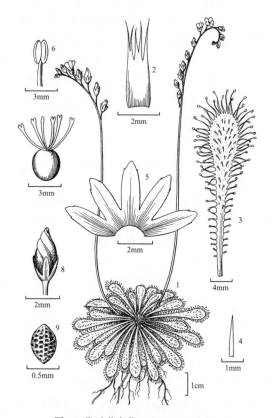

图 60 匙叶茅膏菜 Drosera spathulata
1. 植株和总状花序；2. 托叶；3. 叶；4. 苞片；5. 花萼展开；6. 雄蕊；7. 雌蕊；8. 蒴果；9. 种子。（李志民绘）

被腺毛；苞片条形或倒披针形，长 2-3mm，宽约 0.5mm，顶端 3 裂；花梗长 1-3mm，被腺毛；萼片 5，披针形或狭卵形，长 2-4mm，基部合生，顶端圆或渐尖，边缘具腺齿或全缘，外面密被腺毛；花瓣 5，紫红色或红色，倒卵形，长 2-6mm，上部宽 0.5-1.5mm；雄蕊 5，花丝扁平，长 2-5mm，花药长圆形，长约 1.5mm，纵裂，药隔不扩大；子房椭圆体形，3(-4)室，花柱 3(-4)，长约 2.5mm，2 深裂至基部，有时中部以上再作 1-2 回分裂，顶端通常 2 浅裂，稀不裂。蒴果长约 1.5mm，3(-4)裂，果瓣内卷。种子小，黑色，卵形或椭圆形，种皮呈蜂窝状。

产地：西涌、七娘山、南澳、大鹏、排牙山、三洲田（王国栋等 6494）、盐田、梅沙尖（深圳考察队 1173）、梧桐山（深圳考察队 2018）。生于山坡、平地潮湿的草地或灌丛，海拔 200-900m。

分布：福建、台湾、广东、香港、澳门、广西。日本、马来西亚、印度尼西亚、菲律宾、澳大利亚和新西兰。

107. 大风子科 FLACOURTIACEAE

刘永金

常绿或落叶乔木或灌木。树干、枝条和小枝有时有刺。单叶互生，排成二列或螺旋式，很少对生或轮生，有时在枝顶呈簇生状；托叶小，早落，有时较大呈叶状，并宿存，稀无托叶；有叶柄，有时在叶柄顶端有 2 枚腺体或沿叶柄有腺体；叶片通常羽状脉，有时具掌状三或五出脉，有或无腺点或腺条，有的在基部边缘有 1 对腺体，边缘全缘或有锯齿，齿尖有或无腺体。花序顶生或腋生，有时生于老茎上，为总状花序、穗状花序、圆锥花序、伞房花序、二歧聚伞花序或簇聚伞花序（数枚聚伞花序密生成一束），有时为单花；苞片和小苞片均早落，稀宿存；花梗通常具关节；花辐射对称，两性或单性，下位、周位或上位；萼片 3-8(-15)，分离或基部合生，宿存；花瓣与萼片或萼裂片同数而互生，近同形，宿存或脱落，有时无花瓣；花盘边缘全缘或浅裂，或由分离或合生的腺体组成，位于雄蕊的外侧、雄蕊的内侧或与雄蕊的花丝间生；雄蕊多数，稀少数，或与花瓣同数并与花瓣对生，花丝分离，稀合生成管，有时成束；花药 2 室，纵裂，药隔有或无附属体；子房上位或半下位，较少下位，1 室，有 2-9 个侧膜胎座，每一胎座有 2 至多个倒生胚珠，花柱与胎座同数，分离或合生，稀无花柱，柱头头状或扁平而有分枝。果为蒴果或浆果，稀为核果，果皮通常平滑，有的有刺或翅。种子 1 至多数，有或无肉质、光亮和有颜色的假种皮，有的具长毛或宽翅，胚乳肉质，丰富，胚直生。

约 87 属，900 种，主要分布于热带和亚热带地区，少数分布至温带地区。我国 12 属，39 种。深圳有 4 属，8 种。

1. 枝条（至少幼树上的枝条）有刺；子房上位；果为浆果。
 2. 花两性，有花萼和花瓣；花药药隔在顶端延伸成一附属体 ┄┄┄┄┄┄┄┄┄ 1. **箣柊属 Scolopia**
 2. 花单性，有花萼无花瓣，花药药隔顶端无附属体 ┄┄┄┄┄┄┄┄┄┄┄ 2. **柞木属 Xylosma**
1. 枝条无刺；子房半下位或上位；果为蒴果。
 3. 叶片无腺点；花排列为总状花序或圆锥花序，有花萼和花瓣；雄蕊生于花盘腺体之间；无退化雄蕊；子房半下位 ┄┄┄┄┄┄┄┄┄┄┄┄┄┄┄┄┄┄┄┄┄┄┄┄ 3. **天料木属 Homalium**
 3. 叶片有腺点；花排列为簇聚伞花序，有花萼，无花瓣；雄蕊生于花盘的边缘；有退化雄蕊；子房上位 ┄┄┄┄
 ┄┄┄┄┄┄┄┄┄┄┄┄┄┄┄┄┄┄┄┄┄┄┄┄┄┄┄┄┄┄┄┄┄┄ 4. **脚骨脆属 Casearia**

1. 箣柊属 Scolopia Schreb.

灌木或小乔木；树干和枝条通常有刺。单叶，互生；托叶小，早落；有叶柄；叶片革质，边缘全缘或有锯齿，在每一锯齿之顶有 1 枚小的腺体，具羽状脉或掌状三出脉，有时在叶柄顶端或叶片基部边缘有 2 腺体。花两性，下位，小，排成顶生或腋生的总状花序，有时数花簇生或单花；花梗基部具关节；萼片 4-6，覆瓦状排列，基部合生；花瓣与萼片同数并互生，分离或基部合生；花盘全缘或由 8-10 个肥厚的腺体组成，位于雄蕊的外侧，稀无花盘；雄蕊多数，生于肥厚的花托上，花丝较花瓣长，花药椭圆体形，丁字着生，纵裂，药隔顶部延伸成一附属体；子房上位，无柄，1 室，侧膜胎座 2-4，每一胎座有胚珠少数，花柱线形，柱头头状或 2-4 浅裂。果为浆果，肉质，基部常具宿存花被和雄蕊，顶端具宿存花柱。种子 2-3，胚乳丰富。

约 40 种。主要分布在东半球热带和亚热带地区。我国产 5 种，主要分布在华南和台湾等地。深圳有 2 种。

1. 叶片基部边缘有 2 枚腺体，先端钝或急尖；萼片外面密被短柔毛 ┄┄┄┄┄┄┄ 1. **箣柊 S. chinensis**
1. 叶片基部边缘无腺体，先端渐尖或骤尖；萼片外面无毛 ┄┄┄┄┄┄┄┄ 2. **广东箣柊 S. saeva**

1. 箣柊 Chinese Scolopia ┄┄┄┄┄┄┄┄┄┄┄┄┄┄ 图 61 彩片 62 63
Scolopia chinensis（Lour.）Clos in Ann. Sci. Nat., Bot. Ser. 4, **8**: 249. 1857.
Phoberos chinensis Lour. Fl. Cochinch. **1**: 318. 1790.
常绿小乔木，高 2-6m。树皮灰色；树干和枝条具刺，刺长 1-5cm，无毛。叶柄甚短，长 3-4mm；叶片革

质，椭圆形或长圆形，稀卵形，长 2.5-7cm，宽 2-4cm，两面均无毛，具掌状三出脉，中间 1 脉每边又具 3-5 侧脉，基部圆或宽楔形，边缘全缘或具疏钝齿，先端钝或急尖，少有微凹，基部边缘两侧各具 1 枚腺体。总状花序腋生或顶生，长 2-5cm；花序梗长 3-5mm，与花序轴、花梗和花萼均密被短柔毛；花梗长 7-8mm，（果期延长达 1.2cm）；花淡黄色；萼片 4 或 5，卵状三角形，长 1-1.5mm；花瓣长圆形，长 2-2.5mm，边缘具短睫毛；花盘腺体 8-10 枚，肉质；雄蕊多数，长约 5mm，药隔顶部的附属体与药隔近等长，附属体疏被短柔毛；子房卵球形，无毛，花期花柱长约 3mm，果期可延长达 5mm，柱头 3-4 浅裂。浆果球形，直径 0.8-1cm，成熟时紫红色。花期：8-9 月，果期：10-12 月。

产地：七娘山、南澳、大鹏、排牙山（王国栋 6604）、葵涌、沙头角（陈谭清 012952）、梧桐山、笔架山公园（王定跃 1828）、南山、光明新区、内伶仃岛。生于海边杂木林中和山坡灌丛中，海拔 15-100m。

分布：福建、广东、香港、澳门、海南和广西。越南、老挝、泰国。在印度、斯里兰卡和马来西亚有栽培或归化。

用途：可用作绿篱植物。

2. 广东箣柊 Guangdong Scolopia

图 62 彩片 64 65

Scolopia saeva（Hance）Hance in Ann. Sci. Nat., Bot. Ser. 4，**8**：217. 1862.

Phoberos saeva Hance in Walp. Ann. Bot. Syst. **3**：825. 1852.

常绿灌木或小乔木，高 4-8m。树皮灰色；树干有单刺或有分枝的枝，刺长可达 11cm；小枝有时有刺，嫩时疏被短柔毛。叶柄长 0.5-1cm；叶片革质，卵形、椭圆形，少有椭圆状披针形，长 5-10cm，宽 3-6.5cm，两面无毛，具掌状三出脉，中间 1 脉每边有侧脉 4-5 条，基部楔形、宽楔形或近圆形，无腺体，边缘全缘或上部有疏钝齿，先端渐尖或骤尖。总状花序腋生和顶生，长 2-5cm；花序梗长 5-8mm，与花序轴和花梗均疏被短柔毛；苞片卵形，长约 1mm，宿存；花梗长 7-8mm；花淡绿色；萼片 4 或 5，卵形，长 1.2-1.5mm，外面无毛，边缘具睫毛；花瓣长圆形，长 1.5-2mm，边缘亦具睫毛；花盘腺体 8-10 枚；雄蕊多数，长约 6mm，药隔顶端的附属体无毛；子房球形，无毛，花柱长 3-5mm，柱头 3 浅裂。浆果球形，直径 7-9mm，成熟时红色。花期：

图 61 箣柊 Scolopia chinensis
1-2. 分枝的一段、叶、枝上的刺及果序；3. 叶片基部边缘两侧的腺体；4. 花；5. 雄蕊；6. 雌蕊。（崔丁汉绘）

图 62 广东箣柊 Scolopia saeva
1. 分枝的一段、叶及总状花序；2. 花序；3. 树干上的刺；4. 花；5. 萼片；6. 花瓣。（崔丁汉绘）

7-9月，果期: 9-12月。

产地: 西涌(李勇012566)、七娘山、南澳、大鹏、三洲田(徐有财1335)、梅沙尖、沙头角、梧桐山(张寿洲等4321)、笔架山。生于海边疏林和山地密林中或灌丛中，海拔50-500m。

分布: 福建、广东、香港、海南、广西和云南。越南。

用途: 树形优美，果成熟时红色，可做园林绿化树种。因树干有刺，应种植在人不易靠近的地点，亦可用作绿篱植物。

2. 柞木属 **Xylosma** G. Forst.

小乔木或灌木。树干和枝上通常有刺。单叶互生；无托叶；有短柄；叶片边缘有锯齿，齿尖有腺体，稀全缘，具羽状脉。花序为腋生的总状花序或圆锥花序，稀数花簇生；花小，下位，单性，雌雄异株，稀杂性；苞片小，早落；花梗具关节；萼片4-6(-8)，覆瓦状排列，基部稍合生；无花瓣；雄花: 花盘由4-8枚腺体组成，位于雄蕊之外侧；雄蕊多数，花丝分离，花药基部着生，顶端无附属体，退化子房不存在；雌花: 花盘呈环状；子房上位，1室，侧膜胎座2，稀3-6，每一胎座有胚珠2至多数，花柱甚短或无花柱，柱头头状或2-6浅裂。果为浆果，果皮薄革质，具少数种子。种子近倒卵形，有假种皮，胚乳丰富。

约100种，分布于热带和亚热带地区。我国产3种。深圳有2种。

1. 叶片狭长圆形或长圆状倒披针形，长5-14cm，宽2-4cm ·················· 1. 长叶柞木 X. longifolium
1. 叶片卵形，宽卵形或卵状椭圆形，长2.5-8cm，宽2-3.5cm ·················· 2. 柞木 X. cogestum

1. 长叶柞木 Long-leaved Xylosma

图63 彩片66

Xylosma longifolium Clos in Ann. Sci. Nat., Bot. Ser. 4, **8**: 231. 1857.

常绿灌木或小乔木，高4-7m。树皮灰褐色；树干和小枝常有刺；小枝纤细，无毛。叶柄长5-8mm，与叶片的两面均无毛；叶片薄革质，狭长圆形或长圆状倒披针形，长5-14cm，宽2-4cm，侧脉每边5-7条，基部楔形，边缘有疏钝齿，先端渐尖。总状花序长0.5-2cm；花序梗长1.5-4mm，与苞片和花梗均疏被短柔毛；苞片卵形，长约1mm；花梗长2-3mm；萼片4或5，长圆形，长约2mm，黄绿色；雄花: 花盘由8个腺体组成；雄蕊长4-4.5mm，花药椭圆体形；雌花: 花盘环状；子房瓶状，长3.5-4mm，无毛，具少数胚珠，花柱甚短，柱头浅裂。浆果球形，直径4-6mm，成熟时紫红色，有宿存花萼和花柱。花期: 4-10月，果期: 7-12月。

产地: 沙头角(高蕴璋561, IBSC)、梧桐山(陈景芳2336)、鸡公山、布吉(邢福武12116, IBSC)、塘朗山。生于山坡林中和林缘，海拔100-300m。

分布: 福建、湖南、广东、香港、海南、广西、贵州和云南。印度、越南和老挝。

图63 长叶柞木 Xylosma longifolium
1. 分枝的一部分、叶及果序；2. 雄花；3. 雌花。(崔丁汉绘)

2. 柞木 Congested Xylosma   图 64

Xylosma congestum（Lour.）Merr. in Philipp. J. Sci. **15**: 247. 1919.

Croton congesta Lour. Fl. Cochinch. **2**: 582. 1790.

常绿灌木或小乔木，高 3-10m；树皮棕灰色；幼树枝上有刺，成年树枝上无刺，初时密被短柔毛，后变无毛。叶柄长 2-4mm，密被短柔毛；叶片薄革质，卵形、宽卵形至卵状椭圆形，长 2.5-8cm，宽 2-3.5cm，两面无毛，侧脉每边 3-4 条，基部楔形或近圆形，边缘有锯齿，先端急尖或渐尖。总状花序腋生，长 1-2cm，具密生的花；花序梗和花梗均甚短，长 1.5-2.5mm，疏被短柔毛；萼片 4-6，卵形，长 2.5-3mm，外面亦疏被短柔毛；雄花：花盘由 8 枚腺体组成；花丝长约 4.5mm，花药椭圆体形；雌花：花盘环状；子房卵球形，无毛，花柱甚短，柱头 2 裂。浆果球形，直径 4-5mm，成熟时黑色，有宿存的花萼和花柱。花期：5-7 月，果期：8-10 月。

产地：梅沙尖（王定跃 1554）、锦绣中华微缩景区（李进 2655）。生于山坡疏林中，海拔 50-200m。

分布：安徽、江苏、浙江、江西、台湾、福建、广东、香港、广西、湖南、湖北、贵州、云南、西藏、四川和陕西。印度、朝鲜和日本。

用途：叶药用，能散瘀消肿，可治跌打损伤。树形美观，是制作盆景的材料。

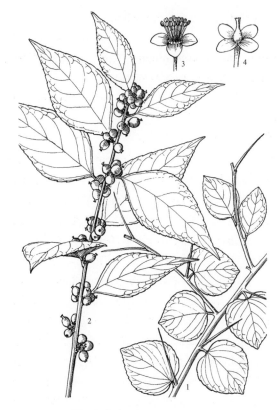

图 64 柞木 Xylosma congestum
1. 幼树上分枝、叶及刺；2. 成年树上的分枝、叶及果序；
3. 雄花；4. 雌花。（崔丁汉绘）

3. 天料木属 **Homalium** Jacq.

乔木或灌木。单叶互生，排成二列，稀对生或轮生；托叶早落或无；有叶柄；叶片边缘有锯齿，齿尖有腺体，稀全缘，具羽状脉。花序为腋生的总状花序或圆锥花序，具多数花；花梗有关节；苞片小，早落或宿存；花在花序轴上单生或 2 至数朵簇生，小，两性，周位；花萼管倒圆锥形，与子房的 2/3 以下贴生（果期与蒴果贴生），裂片 5-8，宿存；花瓣着生于萼管的喉部，与萼裂片同数、近同形并互生；花盘腺体亦与萼裂片同数并对生，很少较多或较少；雄蕊与花瓣同数或多数成簇，生于花盘腺体之间，与花瓣对生，花丝分离，花药背着，2 室；子房半下位，1 室，有侧膜胎座 2-6，在每一胎座近顶端着生 3-7 胚珠，花柱 2-6，丝状，分离或 1/3 以下合生，柱头头状。果为蒴果，倒圆锥形，大部分被与之贴生的萼管和宿存花被所包被，成熟时顶端分裂为 2-8 瓣，具宿存花柱。种子 1 至少数，椭圆体形，有棱。

约 180-200 种，分布于世界热带地区。我国约 10 种。深圳有 2 种。

1. 幼枝、叶柄和叶片两面的脉上均密被短柔毛；花单朵或成对疏松地生于花序轴的每节上；花直径 6-8mm；雄蕊 6-9，花丝下部疏被长柔毛；花柱 3 ·· 1. **天料木 H. cochinchinense**
1. 幼枝、叶柄和叶片两面均无毛；花 3-6 朵成一束，密生于花序轴的每节上；花直径 3-4mm；雄蕊 5-6，花丝无毛；花柱 4 或 5 ·· 2. **斯里兰卡天料木 H. ceylanicum**

1. 天料木 Cochinchina Homalium

图 65 彩片 67 68

Homalium cochinchinense（Lour.）Druce in Bot. Soc. Exch. Club. Brit. Isles **4**: 628. 1917.

Astranthus cochinchinensis Lour. Fl. Cochinch. **1**: 222. 1790.

灌木或小乔木，高 2-6m；树皮灰褐色；幼枝密被淡黄色长柔毛。叶柄甚短，长 2-3mm，与叶片两面的脉上均密被长柔毛；叶片纸质，宽椭圆形、椭圆形或倒卵状披针形，长 4-14cm，宽 2-6cm，侧脉每边 7-9 条，基部楔形、宽楔形或近圆形，边缘有疏钝齿，先端骤尖或渐尖。总状花序腋生，长 8-20cm，具多数花；花序梗长 2-7cm，与花序轴和花梗均密被短柔毛；花梗长 2-3mm，关节在中上部；花白色，直径 6-8mm，7-8 基数，单朵或成对疏松地生于花序轴的每节上；花萼管长 2-2.5mm，有纵棱，疏被长柔毛，裂片 7-8，条形或条状倒披针形，长 3-4mm，两面疏被长柔毛，边缘有缘毛，有明显的中脉，先端急尖；花瓣与萼裂片同数，倒披针形，长 4-5mm，有明显的中脉和侧脉，两面及边缘的毛被与花萼裂片的毛被相同，先端圆；花盘腺体亦被长柔毛；雄蕊 6-9 枚，长于花瓣，花丝中部以下疏被长柔毛；子房密被长柔毛，花柱 3，分离，略长于雄蕊。蒴果倒圆锥形，直径 5-6mm，近无毛。花果期：几乎全年。

产地：马峦山（李勇 009643）、梅沙尖（王定跃 1540）、梧桐山（陈谭清 1290），本市各地均有分布。生于山坡林中、林缘和灌丛中，海拔 50-500m。

分布：江西、福建、台湾、广东、香港、澳门、海南、广西和湖南。越南。

用途：名贵用材树种；树冠呈塔形，树姿优美，几乎全年可开花结果，花洁白淡雅，极具观赏价值。为优良的乡土园林绿化树种。

2. 斯里兰卡天料木 红花天料木 母生 Sri Lanka Homalium

图 66 彩片 69 70

Homalium ceylanicum（Gardner）Benth. in J. Linn. Soc., Bot. **4**: 35. 1859.

Blackwellia ceylanica Gardner in Calcutta J. Nat. Hist. **7**: 452. 1847

Homalium hainanense Gagnep. in Lecomte, Not. Syst. **3**: 248. 1914; 海南植物志 **1**: 461. 1964; 广东植物志 **2**: 114. 1991.

Homalium shenzhenense G. S. Fan & P. Wang in J. Southwest For. Col. **22**（2）: 1-2. 2002, syn. nov.

图 65 天料木 Homalium cochinchinense
1. 分枝的上段、叶及总状花序；2. 花；3. 萼裂片；4. 花瓣与雄蕊；5. 除去花萼与花冠，示雄蕊和雌蕊。（崔丁汉绘）

图 66 斯里兰卡天料木 Homalium ceylanicum
1. 分枝的上段、叶及总状花序；2. 花；3. 萼裂片；4. 花瓣。（崔丁汉绘）

乔木，高 8-20m。树皮灰褐色；枝褐色，无毛或幼时疏被短柔毛。叶柄长 0.5-1cm，无毛；叶片薄革质，椭圆形、长圆形，少有倒卵形，长 6-10cm，宽 2-5.5cm，两面均无毛，侧脉每边 8-10 条，基部宽楔形或近圆形，边缘有波状齿或疏钝齿，稀近全缘，先端渐尖或骤尖。总状花序下垂，腋生，长 5-10cm；花序梗长 1-3cm，疏被短柔毛至近无毛；花序轴和花梗密被淡黄色短柔毛；花梗长约 1mm，关节在下部；花淡绿白色或粉红色，直径 3-4mm，3-6 朵成一束，密生于花序轴的每节上；花萼管倒圆锥形，长约 1mm，具纵棱，密被短柔毛，裂片 5，狭椭圆形，长约 1.5mm，两面均密被短柔毛，边缘有短的缘毛，有明显的中脉；花瓣与萼裂片同数，匙形或卵状长圆形，长约 2mm，亦有明显的中脉，两面及边缘的毛被与花萼裂片的毛被相似；花盘腺体亦密被短柔毛；雄蕊 5-6，长于花瓣，花丝无毛；子房密被短柔毛，花柱 4 或 5，分离，与雄蕊近等长。蒴果未见。花期：7-9 月。

产地：深圳园林研究所（王国栋 W070123）、螺岭小学（王定跃 1799）、东湖公园、南山区四海路（李沛琼 3585）。本市公园和绿地时有栽培，或栽作行道树。

分布：江西、湖南、广东、海南、广西、云南南部和西藏东南部。尼泊尔、印度、孟加拉国、斯里兰卡、缅甸、泰国、越南和老挝。

用途：木材优质，又为优良的园林风景树。

Homalium shenzhenense G. S. Fan & P. Wang 作为新种。在发表时与 *H. hainanense* 作亲缘比较。后者已被《Flora of China》**13**：130. 2008. 归并入 *H. ceylanicum*。我们检查了采自深圳的模式标本（南山区四海路 李沛琼 3585），此标本的花序与叶近等长（长 5-10cm），不是花序长过叶片；花序轴和花梗均密被淡黄色短柔毛；花瓣淡黄绿色不是淡黄色；子房和花柱均被短柔毛，不是无毛。因此，该新种的特征与 *H. ceylanicum* 形态特征完全相同，应给予合并。

4. 脚骨脆属 Casearia Jacq.

灌木或小乔木。单叶，互生，排成 2 列，托叶小，稀较大，早落或宿存；具叶柄；叶片通常有透明腺点或腺条，边全缘或有锯齿，齿尖有腺体，具羽状脉，有时具掌状三出脉。花序为腋生的簇聚伞花序（数枚聚伞花序密集成一束），具数朵至多朵花，稀具单花或为短小的聚伞花序；花序梗甚短或无；苞片鳞片状，多枚密生于花梗的基部，宿存；花梗有关节，稀无花梗；花两性，下位，萼片 4-5，覆瓦状排列，基部合生成一或长或短的管，管与子房分离，宿存；无花瓣；花盘浅杯状，边缘浅裂或不裂，下部与萼管贴生；能育雄蕊(6-)8-10(-12)，花丝丝状，宿存；退化雄蕊通常被毛，与能育雄蕊同数而互生，均生于花盘的外侧边缘；子房上位，1 室，有 2-4 个侧膜胎座，每一胎座有数个胚珠，花柱 1，甚短或几不明显，柱头头状，3 浅裂。果为蒴果，肉质或革质，如为肉质，干后有 6 棱，2-3 瓣裂，基部有宿存的花萼、花盘、能育雄蕊和退化雄蕊，顶端有宿存花柱。种子有假种皮；假种皮全包种子，膜质或肉质，光亮、有颜色，有的呈流苏状。

约 180 种，分布于全球的热带亚热带地区。我国产 7 种。深圳有 2 种。

1. 小枝、叶柄和嫩叶叶片的下面均密被长柔毛；蒴果有 5 纵棱，无脉纹 ·············· 1. **毛叶脚骨脆 C. veluntina**
1. 小枝、叶柄和嫩叶叶片两面均疏被短柔毛或近无毛；蒴果无纵棱，有明显的脉纹 ····················
·· 2. **球花脚骨脆 C. glomerata**

1. **毛叶脚骨脆** 毛叶嘉赐树 毛嘉赐树 Villous Casearia　　　　　　　　　　　　图 67
Casearia velutina Blume in Ann. Mus. Bot. Lugduno-Batavum **1**：253. 1851.
Casearia villilimba Merr. in Philipp. J. Sci. **23**：254. 1923；海南植物志 **1**：463. 1964；广东植物志 **2**：110. 1991.
乔木或灌木，高达 10m。枝条的上部及幼枝密被长柔毛，老枝渐变无毛。托叶三角形，长约 1mm，早落；叶柄长 0.5-1.5cm，密被长柔毛；叶片纸质，形状及大小有变化，椭圆形或长圆形，稀宽椭圆形或倒卵状长圆形，长 6-16cm，宽 4-8cm，基部圆，通常偏斜，边缘有细锯齿或疏的钝齿，先端渐尖，稀骤尖，幼嫩时下面密被淡黄色长柔毛，上面的毛较稀，成长叶除沿脉密被毛外，其余部分渐变无毛，侧脉每边 6-8 条。花数朵排成腋生的簇聚伞花序；几无花序梗；花梗长 2-4mm，密被长柔毛，基部有多枚宿存的鳞片状苞片；花直径约 4mm；萼裂

片5，长圆形，长2.5-3mm，外面疏被长柔毛，先端急尖；花盘边缘波状浅裂，长为雄蕊的2/3；能育雄蕊8，长约1.5mm，花丝被短柔毛；退化雄蕊与能育雄蕊同数而互生，密被短柔毛；子房圆锥形，疏被短柔毛，花柱甚短，长约1mm，柱头头状。蒴果宽椭圆体形，长约1cm，果皮肉质，成熟时黄色，干后变为黑色，有5条纵棱，无脉纹。花期：3-5月，果期：5-7月。

产地：南澳、排牙山（王国栋等7056）、盐田（王定跃1377）、三洲田、梅沙尖（深圳考察队1166）、梧桐山、田心山、塘朗山。生于山地林中、林缘和水沟旁，海拔300-650m。

分布：福建、广东、香港、海南、广西、贵州和云南。越南、老挝、泰国、马来西亚和印度尼西亚。

2.　球花脚骨脆 嘉赐树 Clustered Casearia

图68　彩片71

Casearia glomerata Roxb. Fl. Ind. ed. 2，**2**：419. 1832.

乔木或灌木，高4-10m。幼枝疏被短柔毛，后渐变无毛。托叶卵形，长约1mm，早落；叶柄长0.7-1.3cm，有稀疏的短柔毛；叶片狭长圆形或狭椭圆形，少有椭圆形或倒卵形，长6-18cm，宽3-6cm，基部宽楔形或近圆形，偏斜，边缘有疏的浅锯齿或波状齿，先端渐尖，两面近无毛，下面的有腺点，侧脉每边7-9条。花序为腋生的簇聚伞花序，有3-10朵花；无花序梗；花梗长5-6mm（果时增长至7-8mm），密被长柔毛，基部有多枚密生的宿存苞片；花黄绿色，直径3.5-4mm；萼裂片4或5，长圆形或倒卵状长圆形，长2.5-3mm，外面疏被短柔毛；花盘波状浅裂，长为花丝的1/2；能育雄蕊8-10，长1.5-2mm；退化雄蕊与能育雄蕊同数并互生，长及雄蕊的2/3，密被短柔毛；子房卵球形，无毛，花柱甚短，柱头头状。蒴果倒卵状球形或椭圆体形，长约1.5cm，果皮肉质，成熟时淡黄色，干后变为暗红色或黑褐色，无棱或有不明显的棱，有明显的脉纹。

产地：七娘山（邢福武12345，IBSC）、梧桐山（深圳考察队941）、仙湖植物园（王学文418，IBSC）、塘朗山、内伶仃岛。生于山坡林中、林边及水沟旁，海拔150-450m。

分布：台湾、福建、广东、香港、澳门、海南、广西、云南和西藏。印度、尼泊尔、不丹和越南。

用途：木材可做家具；枝叶婆娑，树形美丽，可用作景观树。

图 67　毛叶脚骨脆 Casearia velutina
1. 分枝的一段、叶及簇聚伞花序；2. 花展开，示花萼、能育雄蕊、退化雄蕊和雌蕊；3. 能育雄蕊和退化雄蕊。（崔丁汉绘）

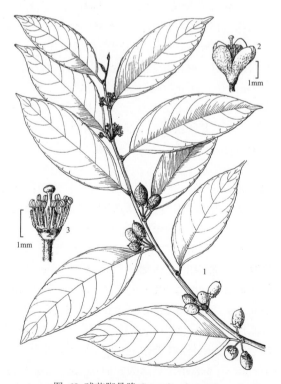

图 68　球花脚骨脆 Casearia glomerata
1. 分枝的上段、叶、花序及果序；2. 花；3. 除去花萼，示能育雄蕊、退化雄蕊及雌蕊。（崔丁汉绘）

109. 红木科 BIXACEAE

王国栋

灌木或小乔木。植物体具红色或橙色乳汁。幼枝和叶具盾状鳞片。单叶互生;托叶小,早落;叶柄两端稍膨大;叶片边缘全缘,具掌状脉。花两性,辐射对称,排列为顶生圆锥花序;萼片5,分离,覆瓦状排列,内面基部有腺体,早落;花瓣5,大而显著,覆瓦状排列;雄蕊多数,分离或基部稍合生,花药长圆形,顶端短缝裂或孔裂;子房上位,1室,胚珠多数,生于2个侧膜胎座上,花柱细长,柱头2浅裂。果为蒴果,外面密被软刺,2瓣裂。种子多数,种皮稍肉质,红色,胚乳丰富,胚大,子叶阔,顶端内曲。

1属,5种,产热带美洲。其中红木广泛栽培于世界热带地区。我国引入栽培1属,1种。深圳也有栽培。

红木属 Bixa L.

形态特征与地理分布与科同。

红木 Arnatto Dye Plant　　　图 69　彩片 72 73

Bixa orellana L. Sp. Pl. **1**: 512. 1753.

常绿灌木或乔木,高可达10m。树皮灰褐色或褐色;小枝圆柱形,具明显的近环状的托叶痕,幼枝具褐色鳞片,后鳞片脱落。叶柄两端稍膨大,长2-11cm,具盾状鳞片或无;叶片卵形,纸质,长10-25cm,宽6-16.5cm,基部浅心形或平截,边缘全缘或有时稍呈浅波状,先端渐尖或长渐尖,下面密被黄褐色树脂状腺点,上面无毛,基出脉5,侧脉在顶端向上弯曲。圆锥花序顶生,长5-10cm;花序梗呈红褐色,密被鳞片;花梗长0.4-1.2cm;花直径4-5cm;萼片5,倒卵形,长0.8-1cm,宽2-7mm,被红褐色鳞片和腺毛;花瓣5,倒卵形,长1.5-3cm,宽0.8-2cm,常具橙黄色腺点;雄蕊多数,花丝基部淡黄色,上部粉红色,长约1cm,花药长圆形,长约1mm,2室,顶孔开裂;子房上位,球形,长约3mm,密被丝状体,花柱基部稍细,顶部渐增粗,长约1.5cm,柱头2浅裂。蒴果近球形或卵球形,长2-4.5cm,宽约3.5cm,2瓣裂,密生栗褐色长刺,刺长1-2cm。种子多数,倒卵球形,长4-5mm,暗红色。花期:9-10月,果期:11月至翌年3月。

产地:仙湖植物园(王国栋 W070249)。深圳市园林绿地常见栽培。

分布:原产热带美洲。我国台湾、福建、广东、香港、澳门、海南、广西和云南等地有栽培。世界热带地区均有栽培。

用途:宜作园林绿化树。

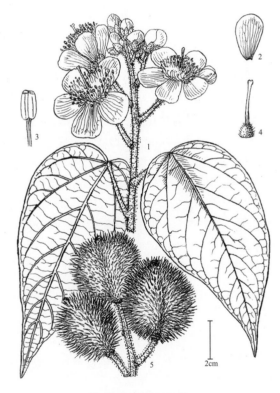

图 69　红木 Bixa orellana
1. 分枝的上段、叶及圆锥花序; 2. 花瓣; 3. 雄蕊; 4. 雌蕊;
5. 蒴果。(余汉平绘)

115. 堇菜科 VIOLACEAE

邢福武　周劲松

　　多年生草本、灌木或半灌木，稀为一年生草本、攀援灌木或小乔木。单叶，通常互生，稀对生或轮生，有托叶和叶柄；叶片边缘全缘、有锯齿或分裂。花两性或单性，稀杂性，有时为闭花受粉（花未开放前，进行自花受粉的花），辐射对称或两侧对称，单生或组成腋生或顶生的穗状、总状或圆锥花序，具小苞片2枚或无；萼片5，同形或异形，覆瓦状排列，宿存；花瓣5，覆瓦状或旋转状排列，异形，下面1枚通常较大，基部囊状或有距，稀无花瓣；雄蕊5，花药直立，分离或围绕子房成环状靠合，药隔延伸于药室顶端成膜质附属物，花丝短或无，下方两枚雄蕊基部有距状蜜腺；雌蕊由3-5枚合生心皮构成，子房上位，完全被雄蕊覆盖，1室，具3-5侧膜胎座，每一胎座有倒生胚珠1至数颗，花柱单一，稀分裂，柱头形状多样。果为室背开裂的蒴果，通常3瓣裂，稀浆果状。种子无柄或具短柄，有种阜，种皮坚硬，有光泽，常有油质体，有时具翅，胚乳丰富，肉质，胚直立。

　　22属，900多种，广布于世界热带、亚热带和温带地区。我国有3属，约101种。深圳有1属，7种。

堇菜属 Viola L.

　　多年生或一年生草本，稀为半灌木；具根状茎；地上茎发达或无，具匍匐枝或无。叶为单叶，互生或基生，稀轮生；托叶小或大，叶状，与叶柄分离，或不同程度与叶柄贴生；叶片边缘全缘、具齿或分裂。花腋生，两性，两侧对称，单生，稀为2花，通常有两种类型的花，生于春季者有花瓣，生于夏季者无花瓣；花梗上具2枚小苞片；萼片5，略同形，基部延伸成明显或不明显的附属物；花瓣5，异形，稀同形，下方1瓣基部延伸成距；雄蕊5，花丝甚短，花药环绕于雌蕊周围，药隔顶端延伸成膜质附属物，下方2枚雄蕊的药隔背部近基部处形成距状蜜腺，伸入于下方花瓣的距中；子房1室，有3侧膜胎座和多数胚珠，花柱棍棒状，基部通常稍膝曲，顶端浑圆、平坦或微凹，有各种不同形态的附属物，前方具喙或无喙，柱头孔位于喙端或柱头面上。果为蒴果，球形、长圆形或卵球形，成熟时3瓣裂，果瓣舟状，有硬而厚的龙骨。种子卵球形，种皮有光泽，含丰富的胚乳。

　　约550余种，广布于温带、热带及亚热带地区，主要分布于北半球温带。我国产97种。深圳有7种。

1. 植物具地上茎。
　　2. 托叶通常全缘，稀具细齿 ……………………………………………… 1. 堇菜 **V. arcuata**
　　2. 托叶呈羽状深裂 …………………………………………………… 2. 三色堇 **V. tricolor**
1. 植物无地上茎。
　　3. 不具匍匐枝，全株无毛。
　　　　4. 叶片三角状戟形、狭卵状披针形，基部下延至叶柄 ……………… 3. 戟叶堇菜 **V. betonicifolia**
　　　　4. 叶片卵形、三角状卵形，基部不下延或略下延 …………… 4. 长萼堇菜 **V. inconspicua**
　　3. 具匍匐枝，全株被毛。
　　　　5. 叶片卵形或宽卵形，叶基不下延至叶柄 ……………………… 5. 柔毛堇菜 **V. fargesii**
　　　　5. 叶片卵状长圆形，叶基下延至叶柄。
　　　　　　6. 花直径 0.7-1.3cm ……………………………………… 6. 七星莲 **V. diffusa**
　　　　　　6. 花直径达 3-3.5cm …………………………………… 7. 南岭堇菜 **V. nanlingensis**

1. 堇菜 Common Violet 图 70 彩片 74

Viola arcuata Blume, Bijdr. **2**: 58. 1825.

Viola verecunda A. Gray in Mem. Amer. Acad. Arts, n.s. **6**(2): 382. 1858; 广东植物志 **4**: 71, 图 45. 2000; F. W. Xing in Q. M. Hu & D. L. Wu, Fl. Hong Kong **1**: 244, Fig. 185. 2007.

多年生草本, 高 5-30cm。根状茎短粗, 平卧, 有多数纤维状根, 生数条地上茎或匍匐茎; 地上茎通常数条丛生, 高 15-30cm, 无毛, 有的在节上生不定根。叶基生和茎生; 基生叶的托叶边缘疏生细齿, 茎生叶的托叶卵状披针形或匙形, 长 0.5-1cm, 宽 1-5mm, 边缘通常全缘, 稀具细齿, 无毛, 先端渐尖; 基生叶叶柄长 5-20cm, 茎生叶及匍匐茎上的叶柄较短, 具狭翅; 叶片宽心形、卵状心形或肾形, 长 1.5-3cm, 宽 1.5-3.5cm, 两面近无毛, 基部心形, 两侧垂片平展, 边缘具浅圆齿, 先端圆或急尖。花梗自茎生叶的叶腋生出, 长 3-5cm; 小苞片 2 枚, 生于花梗的中上部, 近对生, 条形, 长 3-4mm; 萼片卵状披针形, 长 4-5mm, 基部具半圆形附属物, 先端尖; 花瓣白色或淡紫色, 上方 2 瓣倒卵形, 长约 9mm, 侧方 2 瓣长圆状倒卵形, 长约 1cm, 基部有须毛, 下方 1 瓣连距长约 1cm, 先端微凹, 距呈浅囊状, 长 1.5-2mm; 子房无毛, 花柱棍棒状, 基部向前膝曲, 柱头 2 裂, 中央部分稍隆起, 前方具短喙。蒴果长圆体形或椭圆体形, 长 6-8mm, 直径约 3mm, 先端尖。种子卵球形, 长约 1.5mm, 直径约 1mm, 淡黄色, 基部 1 侧具膜质翅。花果期: 3-10 月。

产地: 梧桐山(张寿洲等 1163)。生于山坡林下或山顶草地, 海拔 200-900m。

分布: 内蒙古、黑龙江、吉林、辽宁、河北、山西、陕西、山东、河南、安徽、江苏、浙江、江西、福建、台湾、广东、香港、澳门、广西、湖南、湖北、云南、贵州、四川和甘肃。朝鲜、日本、俄罗斯、蒙古、印度、不丹、尼泊尔、缅甸、越南、马来西亚、印度尼西亚和巴布亚新几内亚。

用途: 全草药用, 主治肺热咯血, 扁桃体炎、眼结膜炎、腹泻; 外用治疮疖肿毒、外伤出血、蝮蛇咬伤等。

2. 三色堇 Pansy 图 71 彩片 75 76

Viola tricolor L. Sp. Pl. **2**: 935-936. 1753.

Viola tricolor L. var. *hortensis* DC. Prodr. **1**: 303. 1824; 广东植物志 **4**: 69. 2000.

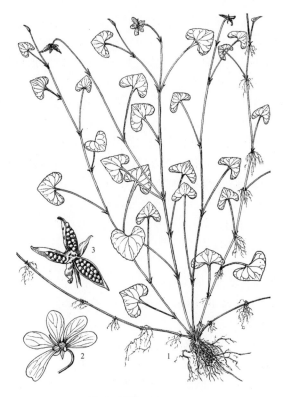

图 70 堇菜 Viola arcuata
1. 植株; 2. 花; 3. 蒴果。(崔丁汉绘)

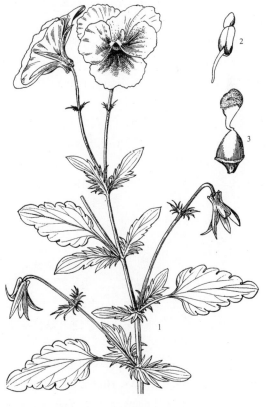

图 71 三色堇 Viola tricolor
1. 分枝的上段、叶及花; 2. 雄蕊; 3. 雌蕊。(崔丁汉绘)

一年生或多年生草本,全株无毛。地上茎粗壮,高 7-40cm,直立或斜升,有分枝。叶基生和茎生;托叶叶状,羽状深裂,长 1-4cm;上部叶片叶柄较长,长 3-4cm,下部叶片叶柄较短;基生叶叶片长卵形或披针形,长 4-5cm,宽 2-3cm,茎生叶叶片卵形、长圆形或长圆状披针形,长 4-6cm,宽 2.5-4cm,基部圆,边缘具稀疏的圆齿,先端圆或钝。花单生于叶腋,每茎上有花 3-10 朵,花大,直径 3.5-6cm;花梗长于叶,上部具 2 枚对生的小苞片;小苞片卵形,长 3-4mm,羽状深裂;萼片绿色,长圆状披针形,长 1.2-2.2cm,宽 3-5mm,基部附属物长 3-6mm,边缘不整齐,先端急尖;花冠颜色丰富多彩,通常 3 色(紫色、白色、黄色),上方 2 瓣深紫色,侧方 2 瓣和下方 1 瓣有 3 色并有紫色条纹,侧方花瓣基部密被须毛,下方花瓣距长 5-8mm;子房无毛,花柱短,基部明显膝曲,柱头膨大,球状,前方具较大的柱头孔。蒴果椭圆体形,长 8-12mm,无毛。花期:4-7 月,果期:5-8 月。

产地:仙湖植物园(曾春晓等 0077),本市普遍栽培。

分布:原产欧洲,世界各地普遍栽培。我国各地庭院或公园、花圃常有栽培。

用途:园林观赏。本种为普遍栽培的草本花卉。近年来,园艺学家培育了甚多的栽培品种,花色甚为丰富,亦有许多小花的品种。

3. 戟叶堇菜 Wild Violet　　图 72　彩片 77

Viola betonicifolia Sm. in Rees, Cycl. **37**: *Viola* no. 7. 1817.

多年生草本;全株无毛;无地上茎及匍匐枝。根状茎短粗,斜升或直立,长 0.5-1cm。叶基生;托叶深褐色,下部 3/4 与叶柄贴生,离生部分条状披针形或钻形,长约 2mm,边缘全缘或具疏细齿,先端渐尖;叶柄长 2-12cm,上半部有狭翅;叶片狭披针形或长三角状戟形,长 2-8cm,宽 0.5-4cm,基部截平或略呈浅心形,有时宽楔形,下延至叶柄,边缘具波状齿,先端急尖或钝圆。花梗细长,与叶等长或超出于叶;小苞片 2 枚,生于花梗的中上部,条形;萼片卵状披针形或狭卵形,长 5-6mm,先端渐尖,基部附属物长 0.5-1mm;花瓣白色或浅紫色,上方 2 瓣倒卵形,长 1-1.2cm,侧方 2 瓣长圆状倒卵形,长 1-1.2cm,基部具须毛,下方的 1 瓣连距长 1.3-1.5cm;距管状,长 2-5mm;子房卵球形,无毛,花柱棒状,基部稍弯曲,上部增粗,柱头前方具明显的短喙。蒴果椭圆体形至长圆体形,长 6-9mm,无毛。种子卵状,长 1-1.2mm。花期 3-6 月,果期 5-9 月。

产地:梅沙尖(深圳考察队 013239)。生于山坡草地、路旁,海拔 500-600m。

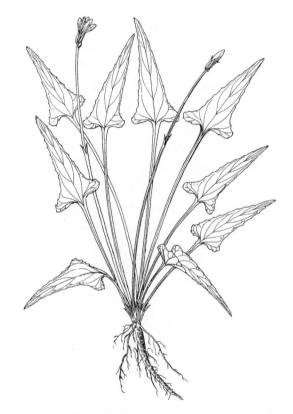

图 72 戟叶堇菜 Viola betonicifolia
植株及花。(崔丁汉绘)

分布:河南、安徽、江苏、浙江、江西、福建、台湾、广东、香港、海南、湖南、湖北、云南、贵州、四川、陕西、甘肃和西藏。日本、阿富汗、不丹、尼泊尔、印度、斯里兰卡、缅甸、泰国、越南、马来西亚、菲律宾、印度尼西亚及澳大利亚。

用途:全草入药,外敷可治疮疖肿痛和跌打损伤等。

4. 长萼堇菜 犁头草 Long-sepal Violet　　　　　　　图 73　彩片 78

Viola inconspicua Blume, Bijdr. **2**: 58. 1825.

多年生草本;全株无毛;无地上茎及匍匐枝。根状茎粗壮,直立或斜升,长 1-2cm,直径 2-8mm。叶基生;托叶 3/4 以下与叶柄贴生,分离部分披针形,长 3-7mm,通常具褐锈色斑点,边缘短流苏状,先端急尖;叶柄长 2-7cm,

无毛;叶片三角形或三角状卵形,长 1.5-9cm,宽 1-7cm,两面无毛,基部宽心形,下延至叶柄,边缘具圆锯齿,先端急尖或渐尖。花梗细弱,通常与叶等长或稍长于叶,无毛,中部稍上处具 2 枚条形小苞片;萼片卵状披针形或披针形,长 4-7mm,宽 1-1.8mm,基部附属物长 2-3mm,顶端渐尖;花瓣淡紫色或白色,有深色的条纹,长圆状倒卵形,长 7-9mm,宽 1-1.8mm,侧方 2 瓣基部具须毛,下方 1 瓣连距长 1-1.2cm;距管状,长 2.5-3mm;子房球形,无毛,花柱棒状,基部弯曲,柱头前方具明显的短喙。蒴果长圆形,长 8-10mm。种子卵球形,长 1-1.5mm,宽 0.8mm。花果期:3-11 月。

产地:七娘山(张寿洲等 011080)、梧桐山(深圳植物志采集队 013374)、仙湖植物园(李沛琼等 1701),本市各地常见。生于村旁、溪旁或山坡林缘,海拔 40-600m。

分布:河南、安徽、江苏、浙江、江西、福建、台湾、广东、香港、澳门、海南、广西、湖南、湖北、四川、贵州、云南、甘肃和陕西。日本、印度、缅甸、越南、菲律宾、马来西亚和新几内亚岛。

用途:全草入药,有消炎和清热解毒之效。

5. 柔毛董菜 Pubescent Violet　　图 74　彩片 79
Viola fargesii H. Boissieu in Bull. Herb. Boissier Sér. 2, **2**: 333. 1902.

Viola principis H. Boissieu in Bull. Soc. Bot. France **57**: 258. 1910; 广东植物志 **4**: 76. 2000.

多年生草本;无地上茎,具长的葡匐枝;根状茎较粗壮,长 2-4cm。叶片基生或互生于葡匐枝上;托叶仅基部与叶柄贴生,披针形,长 1.2-1.8cm,宽 3-4mm,边缘具长流苏状齿,先端渐尖;叶柄长 5-13cm,无翅,密被长柔毛;叶片卵形、宽卵形或近圆形,长 2-6cm,宽 2-4.5cm,两面疏生白色长柔毛,下面沿叶脉的毛较密,基部心形,不下延至叶柄,边缘有密的钝锯齿,先端圆,稀渐尖。花梗通常高出于叶丛,密被开展的白色柔毛;小苞片 2,生于花梗的中上部,条形,长 4-5mm;萼片狭卵状披针形或披针形,长 7-9mm,基部的附属物长约 2mm,先端渐尖;花瓣白色,长圆状倒卵形,长 1-1.5cm,先端急尖,侧方 2 瓣基部具须毛,顶端具短喙,下方 1 瓣较短,枚连距长约 7mm,先端急尖;距甚短,长 2-2.5mm;子房圆锥状,无毛,花柱棒状,基部弯曲,向上增粗,柱头前方具短喙。蒴果长圆体形,长约 8mm。花期:3-6 月,果期:6-9 月。

产地:梅沙尖(深圳植物志采集队 013245)。生于草地灌丛,海拔 750m。

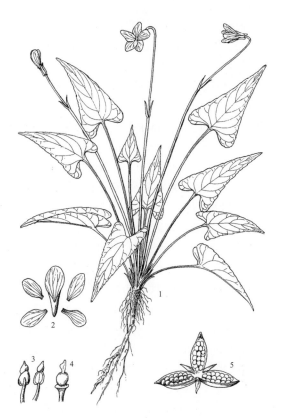

图 73 长萼董菜 Viola inconspicua
1. 植株;2. 花瓣;3. 雄蕊;4. 雌蕊;5. 蒴果。(崔丁汉绘)

图 74 柔毛董菜 Viola fargesii
1. 植株;2. 雄蕊;3. 雌蕊。(崔丁汉绘)

分布:安徽、江苏、浙江、江西、福建、广东、广西、湖南、湖北、四川、贵州、云南、甘肃及西藏。

6. 七星莲 蔓董菜 蔓茎董菜 Spreading Violet

图 75 彩片 80

Viola diffusa Ging. in DC. Prodr. **1**: 298. 1824.

一年生草本。除蒴果外全株被白色长柔毛;无地上茎,具匍匐枝,在匍匐枝的顶端长生出新的植株;根状茎甚短。叶片基生呈莲座状或于匍匐枝上互生;托叶基部与叶柄贴生,2/3 以上与叶柄离生,条状披针形,长 4-12mm,边缘具稀疏的细齿,先端渐尖;叶柄长 2-4.5cm,具明显的翅;叶片卵状长圆形,长 1.5-3.5cm,宽 1-2cm,基部宽楔形或截平,稀浅心形,沿叶柄下延,边缘具钝齿,先端钝。花生于基生叶或匍匐枝叶丛的叶腋;花梗长 1.5-8.5cm;小苞片 2,生于花梗的中上部,条形,长 5-8mm;萼片披针形,长 4-5.5mm,基部的附属物长约 1mm,先端急尖;花瓣淡紫色或浅黄色,直径 0.7-1.3cm,侧方 2 瓣倒卵形或长圆状倒卵形,长 6-8mm,下方 1 瓣连距长约 6mm;距长约 1.5mm,稍露出萼片附属物之外;子房无毛,花柱棒状,基部弯曲,上部渐增粗,柱头中央部分稍隆起,前方具短喙。蒴果长圆体形,长约 1cm,无毛,顶端常具宿存的花柱。种子小,球形。花期:3-5 月,果期:5-8 月。

产地:七娘山(张寿洲等 0259)、排牙山(王国栋等 5717)、梧桐山(深圳植物志采集队 013467),本市各地均有分布,生于山坡和路旁,海拔 200-850m。

分布:河南、河北、陕西、江西、浙江、台湾、广东、香港、澳门、海南、广西、湖南、湖北、四川、云南、甘肃和西藏。日本、印度、不丹、尼泊尔、缅甸、泰国、越南、菲律宾、马来西亚、印度尼西亚和巴布亚新几内亚。

用途:全草入药,主治肝炎、百日咳、目赤肿痛;外治急性乳腺炎、疔疮、痛疖、带状疱疹、毒蛇咬伤、跌打损伤等。

图 75 七星莲 Viola diffusa
1. 植株及匍匐枝;2. 花;3. 雌蕊。(崔丁汉绘)

7. 南岭董菜 Nanling Violet 图 76 彩片 80a

Viola nanlingensis J. S. Zhou & F. W. Xing in Ann. Bot. Fenn. **45**: 233-234, f. 1. 2008.

多年生草本。无地上茎,具匍匐枝,在匍匐枝顶端常生出新的植株;根状茎垂直。叶基生;托叶披针形,长 1.5-1.5cm,宽 3-4mm,基部与叶柄贴生,边缘具疏流苏,先端渐尖;叶柄具狭翅,长 3-5cm,果

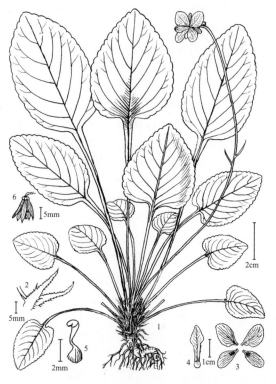

图 76 南岭董菜 Viola nanlingensis
1. 植株;2. 托叶;3. 上方及侧生花瓣;4. 下方花瓣;5. 雌蕊;6. 蒴果(包于宿存花萼内)。(余汉平绘)

期延长达 5-10cm；叶片卵形或椭圆形，长 3-7cm，宽 2-4cm，两面沿叶脉及叶缘被短硬毛，基部心形，下延，边缘具圆齿，先端急尖。花生于基生叶或匍匐枝叶丛的叶腋；花梗长 4-17 厘米；小苞片 2，生于花梗中上部，条形；萼片条状披针形，长 5-8mm，边缘具疏流苏，先端尖；花浅紫色，直径 3-3.5cm，上方 2 瓣及侧生 2 瓣倒卵形，基部圆钝，侧瓣基部被须毛，下方 1 瓣短，具有紫色条纹，先端尖，距长 2-2.5mm，子房无毛，花柱棍棒状，基部膝曲，柱头顶端浅二裂，先端具喙。蒴果卵球形，长 5-7 毫米。种子卵形，长 1-1.2mm。花期 3-5 月，果期 7-10 月。

产地：七娘山（邢福武等 10871，IBSC）、马峦山（张寿洲等 1385）、梅沙尖（深圳考察队 599）。生于山地林缘，海拔 300-500m。

分布：江西、广东、香港、澳门、广西、湖南和湖北。

116. 柽柳科 TAMARICACEAE

王国栋

乔木、灌木或半灌木。单叶互生；无托叶；无柄；叶片通常呈鳞片状具泌盐腺体。花常集成总状、穗状或圆锥花序，稀单生，两性，辐射对称；萼片4-5，基部合生，宿存；花瓣4-5，分离，花后脱落或宿存；花盘常肥厚，蜜腺状；雄蕊与花瓣同数而互生或为花瓣2倍，花丝分离，稀基部合生成束或合生至中部成筒状，花药丁字着生，2室，纵裂；雌蕊1，由2-5枚合生心皮构成，子房上位，1室，侧膜胎座，稀基底胎座，倒生胚珠多数，稀少数，花柱短，通常3-5枚，分离，有时合生，柱头3-5。果为蒴果，圆锥形，成熟时室背开裂。种子多数，全体被毛或顶端具芒，芒的1/2以上或自基部以上被微柔毛，胚乳有或无，胚直立，子叶扁平。

3属约110种，分布于欧洲、亚洲和非洲的草原和荒漠地区。我国有3属，32种。深圳栽培1属，1种。

柽柳属 Tamarix L.

落叶小乔或灌木。分枝多，小枝通常细长而柔软，无毛；枝条有两种类型，一种为木质化长枝，冬季不脱落，另一种为纤细绿色营养枝，营养枝与叶均于冬季脱落。叶小，鳞片状，互生，无柄，基部抱茎或呈鞘状，无毛，稀被毛，常具泌盐腺体。花排列成总状花序或圆锥花序；于春季开花的通常为总状花序，侧生于去年生或当年生枝上，夏秋季开花的通常为顶生的圆锥花序，有的种类两种开花习性兼有之；花小，两性，稀单性，4或5(-6)基数；具花梗；苞片1或无；花萼草质或肉质，裂片4或5，边缘全缘或具细齿；花瓣与萼裂片同数，白色或淡红色，花后脱落或宿存；花盘有多种形状，通常4-5裂，裂片全缘或顶端凹缺至深裂；雄蕊4或5，与萼裂片对生，如为多数，则外轮与萼裂片对生，花丝分离，生于花盘裂片之间或裂片顶端，花药心形，丁字着生，2室，纵裂；雌蕊1，由3-4枚合生心皮构成，子房上位，多呈圆锥状，1室，胚珠多数，基底-侧膜胎座，花柱3-4，柱头头状。蒴果圆锥状，室背开裂为3瓣。种子多数，小，顶端具芒，芒较短，被白色长柔毛。

约90种，分布于亚洲、非洲和欧洲。我国有18种，1变种。深圳1种，栽培或逸生。

柽柳 Chinese Tamarisk　　　图 77　彩片 81 82
Tamarix chinensis Lour. Fl. Cochinch. **1**：182. 1790.

小乔木或灌木，高 3-6m。枝直立，暗红褐色，当年生营养枝纤细柔弱，下垂，紫红色。叶绿色，膜质，从去年木质化长枝生出的营养枝上的叶片狭卵形或卵状披针形，长 1.5-1.8mm，下面基部有龙骨状突起，基部狭窄，先端急尖，从上部营养枝上生出的叶叶片为钻形或卵状披针形，长 1-3mm，下面有龙骨状突起，基部渐狭，先端渐尖并内弯。每年开花2-3次；春季开的花组成总状花序，在去年生枝条上侧生或下垂，长 3-6cm，宽 5-7mm，具少数疏生的花；花序梗短或近无花序梗；有或无苞片，苞片如存在则为条状长圆形或长圆形，长约 2mm；花梗与苞片近等长；花5 基数；花萼裂片 5，狭卵形，长 1-1.3mm，边缘全缘，

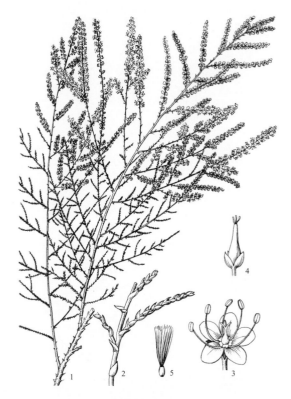

图 77　柽柳 Tamarix chinensis
1. 分枝的一部分、叶及圆锥花序（夏季花）；2. 鳞片状叶；
3. 花；4. 蒴果；5. 种子。（李志民绘）

外面两萼片背部有龙骨状突起；花瓣 5，粉红色，卵状椭圆形或倒卵状椭圆形，长约 2mm，果期宿存；花盘紫红色，肉质，5 裂，裂片先端凹；雄蕊 5，略长于花瓣，花丝生于花盘裂片基部之间；子房圆锥形，花柱 3，棍棒状。蒴果圆锥形。种子 10-20 颗，小，顶端有束毛。夏秋季开的花亦组成总状花序，较春季开的花序略短而细，长 3-5cm，生于当年生营养枝顶端，组成顶生的大型而下垂的圆锥花序；花亦为 5 基数，较春季开的花略小，但较密生；苞片亦较小而窄；花梗则较长；花萼裂片三角状卵形；花瓣远比花萼长；花盘 5 裂片的每一裂片再 2 深裂，成为 10 裂片；雄蕊长于花瓣或为其 2 倍，花丝生于花盘主裂片之间；其余特征与春季开的花相似。花期：4-9 月。

产地：沙井（王国栋等 6039）。深圳海滨偶有栽培或逸生。

分布：辽宁、河北、山东、河南、安徽和江苏。我国西南部至南部和香港有栽培或逸生。

用途：适于沿海、低湿盐碱地区及沙荒地造林之用。

122. 西番莲科 PASSIFLORACEAE

李　楠　曾娟婧

多年生或一年生的草质或木质藤本，稀灌木或乔木，具腋生卷须或无卷须。叶通常为单叶，稀复叶，互生，稀近对生，螺旋状排列，无托叶，具叶柄，叶柄和叶片基部有 1 至多枚腺体；叶片边缘全缘、羽状或掌状分裂，边缘及下面有腺体。聚伞花序腋生；有或无花序梗；苞片小或叶状；花梗具关节；花两性、单性或杂性，辐射对称；被丝托（hypanthium 是由花托与花被基部和雄蕊群基部愈合而成的结构）钟状、筒状或其他形状；萼片 5，稀 3 或 4，覆瓦状排列，宿存；花瓣与萼片同数并与之互生，分离或基部合生，稀无花瓣；副花冠由 1 至数轮丝状体或鳞片组成，位于花瓣与雄蕊之间，呈辐射状；雄蕊（4-）5（-60），生于雌雄蕊柄（花托的延伸部分，雄蕊和雌蕊生于其上）上或被丝托基部，花丝分离或合生成管，花药背部着生，2 室，纵裂；雌蕊由 3-5 心皮组成，生于雌雄蕊柄顶端，子房上位，1 室，侧膜胎座，有多数倒生胚珠，花柱（1-）3（-5），分离或基部合生，柱头头状、肾状或分裂。果为一浆果或蒴果，如为蒴果，通常室背开裂为 3（-5）瓣。种子少数至多数，扁，肉质，被肉质的假种皮所包，种皮有网纹或凹点，胚乳丰富，子叶大而直。

约 16 属，660 种，分布于热带和温带地区，尤以美洲热带地区最多。我国有 2 属，23 种。深圳有 1 属，7 种。

西番莲属 Passiflora L.

多年生草质或木质藤本，稀灌木或乔木，具腋生卷须。叶互生，单叶，稀复叶；托叶条形至叶状，稀无托叶；在叶柄上或叶片近基部通常有腺体；叶片边缘全缘或分裂。聚伞花序腋生，有时仅具 1-2 花，有或无花序梗；苞片小至叶状，有时具有腺体；花两性，稀单性；被丝托宽钟状；萼片 5，通常花瓣状，有时近顶端有一角状附属体；花瓣 5，与萼片近等长，稀无花瓣；副花冠由 1 至多轮的丝状体组成，最内面的 1 轮（内轮副花冠）通常不完全至完全合生，膜质，边缘全缘或条裂呈流苏状；花盘生于雌雄蕊柄的基部；雄蕊（4-）5（-8），花丝分离，稀基部合生成管，花药条形或长圆形，背部着生；子房有柄或无柄，生于雌雄蕊柄上，花柱 3（-5），分离，柱头头状。果为浆果，稀为蒴果。种子扁，有肉质假种皮，子叶椭圆形或长圆形。

约 520 种，主产于热带亚洲和热带美洲。我国产 20 种。深圳有 7 种，其中栽培的 6 种，归化的 1 种。

1. 叶片边缘全缘，不分裂。
　　2. 幼茎四棱柱形，棱上具窄翅；叶片宽卵形至近圆形；花深红色 ········ 1. **翅茎西番莲 P. alata×quadrangularis**
　　2. 幼茎稍压扁，无翅；叶片条形、条状长圆形或椭圆形；花淡白色 ············ 2. **蛇王藤 P. cochinchinensis**
1. 叶片掌状分裂或顶端 2-3 裂。
　　3. 叶片顶端 2 裂，裂片之间凹陷处具一芒尖 ···················· 3. **蝙蝠西番莲 P. capsularis**
　　3. 叶片顶端 3 裂或掌状分裂，裂片之间凹陷处无芒尖。
　　　　4. 托叶半圆形或肾形，半抱茎或抱茎。
　　　　　　5. 叶片 3 浅裂，两面被丝状长伏毛，边缘被腺毛；托叶半圆形，半抱茎，深裂，裂片顶端被腺毛；苞片 1-3（-4）回羽状分裂片，裂片丝状，被腺毛 ······················ 4. **龙珠果 P. foetida**
　　　　　　5. 叶片 3-5 深裂，叶两面无毛，边缘无腺毛；托叶肾形，抱茎，边缘波状，不分裂，无腺毛；苞片不分裂，也无腺毛 ································ 5. **西番莲 P. caerulea**
　　　　4. 托叶条形或叶状，不抱茎。
　　　　　　6. 叶片边缘具锯齿，裂片长卵形或长椭圆形；叶柄上的腺体着生于叶柄近顶端；托叶叶状。
　　　　　　　　7. 花冠淡紫色；果成熟时紫色 ······················ 6. **鸡蛋果 P. edulis**
　　　　　　　　7. 花冠白色；果成熟时黄色 ············ 6a. **黄果西番莲 P. edulis f. flavicarpa**
　　　　　　6. 叶片边缘全缘，裂片披针形；叶柄上的腺体着生于叶柄中部以下；托叶条形 ············
　　　　　　　　··· 7. **栓木藤西番莲 P. suberosa**

1. 翅茎西番莲 Wing-stem Passion Flower

图 78　彩片 83

Passiflora alata × quadrangularis

多年生粗壮草质藤本，长达 15m。全株无毛。幼茎和枝条四棱柱形，棱上具窄翅；卷须腋生，粗壮。托叶卵状披针形，长 1-1.5cm，宽 5-7cm，膜质；叶柄长 3-5cm，两侧扁平，具窄翅，具 2-3 对杯状腺体；叶片薄纸质，宽卵形至近圆形，长 7-15.5cm，宽 5-15cm，基部圆形，边缘全缘，先端急尖，侧脉 8-12 对。聚伞花序退化为仅存 1 花，与叶对生或腋生，苞片卵形，长 3-5cm；花梗长 1-3cm，三棱柱形，中部具关节；花大，直径可达 10cm；萼片 5，卵状长圆形，长约 4cm，外面绿色，内面紫红色；花瓣 5，稍长于萼片，紫红色；副花冠由多数丝状体组成，呈流苏状，长 7-8cm，白色与蓝色相间；雄蕊 5，分离；子房卵球形，花柱紫色，柱头 3 裂。浆果椭圆体形，长 8-10cm，成熟时橙黄色。花期：夏秋季，果期：秋冬季。

产地：仙湖植物园（李沛琼 010113）。栽培。

分布：原产于热带美洲。现广泛植于热带地区，在温带地区的温室内亦常有栽培。福建、广东、海南、广西和云南南部有栽培。

用途：园林观赏植物，可作花棚、花廊和假山的垂直绿化植物。在深圳栽培，生长十分旺盛。

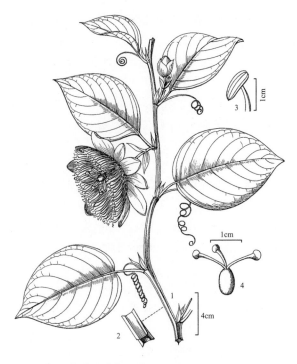

图 78 翅茎西番莲 Passiflora alata × quadrangularis
1. 分枝的一段、卷须、叶及花；2. 分枝棱上的窄翅；3. 雄蕊；4. 雌蕊。（李志民绘）

2. 蛇王藤 King Snake Creeper　　图 79

Passiflora cochinchinensis Sprengel, Syst. Veg. **4**：（Cur. Post.）：346. 1827.

Disemma horsfieldii Miq. var. *teysmanniana* Miq. in Fl. Ind. Bot. Ⅰ，**1**：700. 1856.

Passiflora moluccana Reinw. ex Blume var. *teysmanniana*（Miq.）W. J. de Wilde in Fl. Mal. **1**：7. 1972；广东植物志 **2**：118，图 78，1-6. 1991；N. H. Xia in Q. M. Hu & D. L. Wu, Fl. Hong Kong **1**：246. fig. 187. 2007.

多年生草质藤本。茎长达 6m，疏被短柔毛，微具棱，嫩茎稍压扁。叶互生或有时近对生；无托叶；叶柄长 0.6-1.5cm，被疏柔毛，顶端具 2 枚长圆体形的腺体；叶片条形、条状长圆形或椭圆形，长 4-14cm，宽 1-6cm，基部近心形或圆，先端圆形或钝，边缘全缘，下面有时被柔毛并具腺点，上面无毛，光亮，侧脉每边 4-6 条，疏离，网脉不明显。聚伞花序常退化

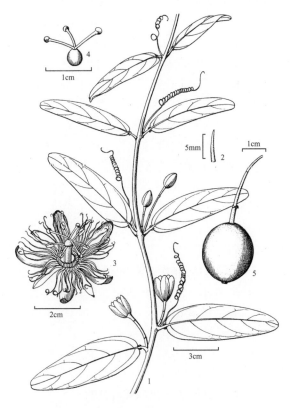

图 79 蛇王藤 Passiflora cochinchinensis
1. 分枝的一段、卷须、叶及花；2. 苞片；3. 花；4. 雌蕊；5. 浆果。（李志民绘）

成仅具 1-2 朵花；苞片和小苞片极小，条形；花淡红白色，直径 3-5cm；花梗长 5-25mm；萼片 5，狭长圆形，长 1.5-2cm，宽约 5mm，外面疏被柔毛，顶端无附属体；花瓣淡白色，长圆形，长 1.2-1.5cm，宽约 5mm；副花冠由多数条形裂片组成，排成 2 轮，外轮长 1.2-1.5cm，青紫色或黄色，内轮副花冠顶端皱褶，长 1.5-2mm，膜质；花盘褐色，高约 0.5mm；雌雄蕊柄高 0.5-1cm；雄蕊 5 枚，花丝长 0.5-1cm，离生，花药长圆形，长约 3-5mm；子房椭圆体形，无柄，近无毛，花柱 3，分离，弯曲向上，长 5-8mm。浆果卵形或近球形，长 1.5-2.5cm 或更长，直径 1-2cm，无毛，粉绿色。种子灰黑色，扁平，长约 4mm，有小窝孔。花期：1-4月，果期：5-8 月。

产地：仙湖植物园有栽培。

分布：广东、香港、海南和广西。老挝、越南和马来西亚。

用途：药用，有解毒和健胃之效。

3. 蝙蝠西番莲 Moonseed Passion Flower

图 80 彩片 84

Passiflora capsularis L. Sp. Pl. **1**: 234. 1753.

多年生草质藤本，长达 7m。茎和枝条被短柔毛，后渐变无毛，具纵细条纹。叶柄长 3-5cm，被短柔毛，无腺体；叶片薄纸质，蝙蝠形或马蹄形，长 5-11cm，宽 5-10.5cm，两面疏被短柔毛，基部心形，顶部 2 深裂，裂片间凹陷处具一芒尖，裂片三角形，长 1.5-4cm，基部宽 1.5-3.5cm，具掌状脉 5-7 条。花直径 3-3.5cm；花萼和花瓣均为黄白色；副花冠为丝状体，排成 2 轮，外轮长 8-9mm，内轮长 2-3mm，与花瓣同色；雌雄蕊柄长约 5mm；雄蕊 5，长约 6mm，花丝分离，花药长圆形；具花盘；子房近卵球形，无毛，花柱 3，分离。浆果椭圆体形，长 3.5-4.5cm，成熟时红色。花期：4 月，果期：8-11 月。

产地：仙湖植物园（李沛琼 008079）。栽培。

分布：原产美洲热带。热带地区多有栽培，在温带地区常在温室内栽培。

用途：园林观赏植物。

4. 龙珠果 Passion Flower

图 81 彩片 85

Passiflora foetida L. Sp. Pl. **2**: 959. 1753.

多年生草质藤本，长达 6m，有臭味。茎柔弱，圆柱形，有条纹并密被柔毛和腺毛。托叶半圆形，

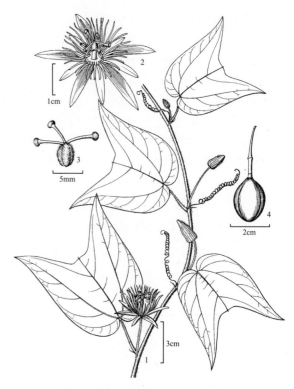

图 80 蝙蝠西番莲 Passiflora capsularis
1. 分枝的一段、卷须、叶及花；2. 花；3. 雌蕊；4. 浆果。（李志民绘）

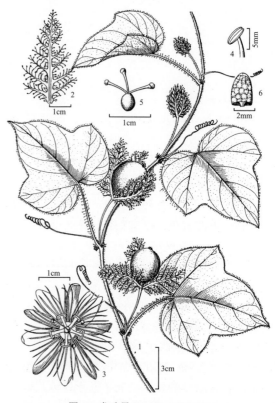

图 81 龙珠果 Passiflora foetida
1. 分枝的一段、卷须、叶及浆果；2. 苞片；3. 花；4. 雄蕊；5. 雌蕊；6. 种子。（李志民绘）

半抱茎，长约 3mm，宽约 5mm，边缘羽状深裂，裂片丝状，顶端具腺毛；叶柄长 2-6cm，无腺体，密被柔毛和腺毛；叶片膜质，阔卵形至长卵形，长 4.5-13cm，宽 4-12cm，基部心形，常 3 浅裂，边缘呈不规则波状，先端急尖，两面被丝状长伏毛并混生腺毛。聚伞花序退化为仅具 1 花，与卷须对生；苞片 1-3(-4) 回羽状分裂，裂片丝状，被腺毛，宿存；花直径 2-3cm；萼片长圆形，长约 1.5cm，背面近顶端具一角状附属物；花瓣与萼片近等长，白色或淡紫色；副花冠由多数白色的丝状体组成，呈流苏状，花瓣近等长，排成 3-5 轮，外面 2 轮长 4-5mm，内面 3 轮长约 2.5mm；雄蕊 5 枚，花丝基部合生，花药长圆形，长约 4mm；花盘杯状，高约 1-2mm；雌雄蕊柄长 5-7mm；子房椭圆体形，长约 6mm，无毛，花柱 3(-4)，长 5-6mm，柱头头状。浆果卵球形或球形，直径 2-3cm，无毛。种子椭圆体形，亮褐色至黑色。花期：7-8 月，果期：翌年 4-5 月。

产地：梧桐山（深圳考察队 1531）、仙湖植物园（徐有才 1712）、沙井（张寿州 0686），本市各地均有分布。生于荒地或旷野草丛中，海拔 50-200m。归化植物。

分布：原产于美国中部和南部、墨西哥和南美洲。热带地区普遍有归化。台湾、福建、广东、香港、澳门、海南、广西和云南也有归化。

用途：果味甜，可食，亦可药用，民间用于治疗猪和牛的肺部疾病。

5. 西番莲 蓝花西番莲 Blue Passion Flower

图 82　彩片 86

Passiflora caerulea L. Sp. Pl. **2**: 959. 1753.

多年生草质藤本，长达 15m。茎圆柱形并微有棱角，无毛，略被白粉。托叶较大，肾形，长达 1.2cm，抱茎，边缘具疏波状齿，先端常具尾尖或延伸成丝状；叶柄长 2-3cm，中部散生 2-4(-6) 个腺体；叶片纸质，圆心形。长 5-7cm，宽 6-8cm，基部浅心形，掌状（3-）5(-9)深裂，中裂片卵状长圆形，宽 1.5-2cm，侧裂片略小，边缘全缘，但在近基部常有 2-3 枚疏生的腺齿，先端急尖或钝而微凹，具小短尖，两面无毛。聚伞花序通常退化为仅具 1 花，与卷须对生；苞片阔卵形，长 1.5-3cm，宽 1-2cm，边缘全缘；花大，直径 6-8(-10)cm；花梗长 3-4cm；萼片长圆状披针形，长 3-4.5cm，宽约 1cm，绿色，背面近顶端延有一长 2-3mm 的角状附属物；花瓣长圆形，与萼片近等长，淡绿色；副花冠由丝状体组成，排成 3-5 轮，外面的 2 轮较长，长 1-1.5cm，上部蓝色，中部白色，下部紫红色，内面 3 轮，长 1-2mm，顶端有 1 紫红色腺体，下部淡绿色，内轮副花冠顶端流苏状，紫红色；雌雄蕊柄长 0.8-1cm；花丝分离，扁平，长约 1cm，花药长圆形，长约 1.3cm；子房卵圆形，具短柄，花柱 3，分离，长 6-8mm，柱头肾形。浆果卵球形至近球形，长约 6-8mm，直径约 4cm，花期：5-7 月，果期 6-9 月。

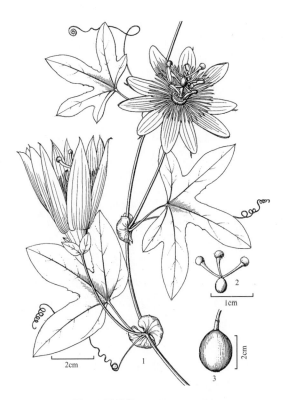

图 82 西番莲 Passiflora caerulea
1. 分枝的一段、托叶、卷须、叶及花；2. 雌蕊；3. 浆果。
（李志民绘）

产地：葵涌（曾春晓 012894）。栽培。

分布：原产美洲。现在世界热带、亚热带地区常见栽培。广东、广西、江西、四川和云南等地也有栽培。

用途：花美丽，供观赏。全草药用，有祛风、清热解毒的功效。

6.　鸡蛋果 Purple Granadilla　　图 83　彩片 87 88

Passiflora edulis Sims in Bot. Mag. **45**: t. 1989. 1818.

多年生草质藤本，长达 6m。茎圆柱形，嫩茎有时近四棱柱状，无毛。叶柄长 2-3.5cm，近基部有杯状腺体 2 个；叶片纸质，掌状 3 深裂，长 6-13cm，宽 8-14cm，基部楔形或心形，裂片卵状长圆形，边缘具腺齿，先端急尖，近基部凹陷处具 1-2 个杯状腺体，无毛。聚伞花序退化而仅存 1 朵花，与卷须对生或腋生；苞片宽卵形或菱形，边缘有不规则锯齿；花梗长 4-4.5cm，顶端具 2 个腺体；花白色，直径 4-7cm；被丝托长 0.8-1cm，宽 1-1.2cm；萼片长圆形，长 2.5-4cm，宽约 1.5cm；花瓣披针形，与萼片近等长，淡紫色；副花冠裂片 4-5 轮，外 2 轮丝状，与花瓣近等长，丝状副花冠下部紫色或淡紫色，基部有时白色，上部白色，内 3 轮副花冠褶皱，顶端不规则撕裂；雄蕊 5 枚，花丝基部合生，花药长圆形，淡黄色；子房倒卵球形，长约 8mm，花柱扁，棍棒状，基部被短柔毛，柱头肾形。浆果近球状，直径约 5cm，果皮坚硬，未成熟时绿色，熟时紫色。种子多数，卵形，长 5-6mm，具淡黄色黏质假种皮。花期：6 月，果期：11 月。

产地：沙头角（陈景方 2530）、东湖公园（王定跃 89418）、仙湖植物园（李沛琼 001348）。本市各公园常有栽培。

分布：原产于南美洲。世界热带和亚热带地区广泛栽培。福建、台湾、广东、香港、澳门、海南、广西和云南均广为栽培。

用途：果可生食或作蔬菜、饲料和药用，具有兴奋、强壮之效。果含丰富汁液，可制饮料。花美丽，可供观赏。

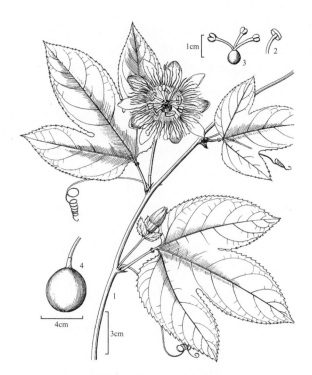

图 83　鸡蛋果 Passiflora edulis
1. 分枝的一段、卷须、叶及花；2. 雄蕊；3. 雌蕊；4. 浆果。（李志民绘）

6a.　黄果西番莲 Yellow Passion Friut　　彩片 89

Passiflora edulis f. **flavicarpa** O. Deg. in Fl. Haw. Fam. 250. 1946.

与鸡蛋果的区别在于浆果成熟后黄色。用途同鸡蛋果。

7.　栓木藤西番莲 Corky Stem Passion Flower　　图 84

Passiflora suberosa L. Sp. Pl. **2**: 958. 1753.

多年生草质藤本，长 1-4(-10)m。茎圆柱状，柔细，具纵条纹，幼时疏被长柔毛，老茎木质，具不规则的木栓质的纵棱，卷须自叶腋生出。托叶条形，长 4-5mm；

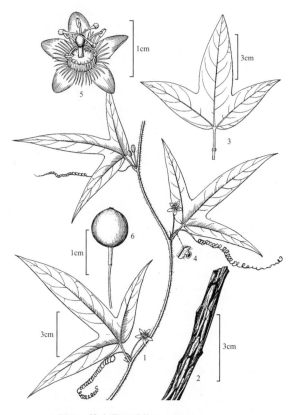

图 84　栓木藤西番莲 Passiflora suberosa
1. 分枝的一段、卷须、叶及花；2. 老茎的一段，示木栓化的纵棱；3. 不同叶形；4. 叶柄上的腺体；5. 花；6. 浆果。（李志民绘）

叶柄长 1-4cm,密被短柔毛,稀无毛,中下部具一对杯状腺体;叶片纸质,掌状 3 中裂至深裂,裂片长圆状披针形,中间裂片较长而宽,长 2-12cm,基部宽 0.8-4cm,边缘全缘,两侧裂片较短而狭,长 2-6cm,基部宽 0.5-2.5cm,掌状脉 3-5 条,两面凸起,被疏短柔毛,边缘密被短纤毛。花 1-2 朵腋生或 3-6 朵组成聚伞花序;花序梗长约 7mm,疏被短柔毛;花梗纤细,长 1-1.5cm,中下部有一关节;花小,直径约 1.5cm,花萼和花瓣淡绿色;副花冠的丝状体淡绿色,长达花瓣的 1/3。花盘环状,长 0.5-1mm;雌雄蕊柄长 2-4mm;花丝扁平,长 1.5-4mm,分离,花药长圆形,长 2-3mm;子房近球形,无毛,花柱 3,长 7-8mm,柱头头状。浆果球状,直径约 1cm,光滑,无毛,成熟时蓝紫色。花期:4-9 月,果期:10-12 月。

产地:仙湖植物园(李沛琼 3379),栽培或逸生。

分布:原产于中美洲和南美洲。热带地区有栽培。台湾、广东、香港和云南南部有栽培或逸生。

用途:园林观赏植物。适宜栽培于花栅、花廊和假山上。

124. 番木瓜科 CARICACEAE

王国栋

　　小乔木或灌木，稀为藤本。茎粗壮，通常不分枝，有或无皮刺，具乳状汁液。叶互生，大型，聚生于茎顶，无托叶，具长柄；叶片掌状分裂，稀全缘或羽状分裂。花序腋生；雄花排成下垂的聚伞圆锥花序；雌花单生或数朵排成伞房状聚伞花序；花辐射对称，单性或两性，雌雄同株、雌雄异株、雄花两性花同株、雌花两性或同株或杂性异株；花萼小，钟状，具 5 裂片；花冠管状，裂片 5，旋转状或镊合状排列；雄花：花冠管细长，雄蕊 5-10 枚在花冠管喉部排成 1-2 轮，花丝离生或基部合生，花药内向，2 室，纵裂，有或无退化雌蕊；雌花：花冠管极短；雌蕊由 5 枚心皮构成，子房上位，1 室或由假隔膜分成 5 室，当 1 室时为侧膜胎座，当 5 室时为中轴胎座，胚珠多数，花柱 1 或 5，分离或部分合生；柱头具乳头状突起。果为浆果，肉质，通常大型。种子多数，卵球形或椭圆体形，具肉质胚乳与劲直的胚。

　　6 属，34 种，分布于中美洲、南美洲和非洲热带。我国热带和亚热带地区引入栽培 1 属，1 种。深圳亦有栽培。

番木瓜属 Carica L.

　　小乔木或灌木。树干不分枝或有时分枝。叶聚生于茎顶；托叶无；叶片近盾形，各式锐裂至浅裂至掌状深裂，稀全缘。花单性或两性；雄花：花萼小，有 5 裂片；花冠管细长，裂片长圆形或条形，镊合状或旋转状排列；雄蕊 10，花丝甚短，着生于花冠管喉部，与花冠裂片互生或对生，花药 2 室，内向，纵裂；退化子房钻状；雌花：花萼与雄花相同，花冠裂片 5，条状长圆形，早落，无退化雄蕊；子房无柄，1 室，胚珠多数，稀少数，2 至多列生于侧膜胎座上；花柱无或极短；柱头 5，膨大或分裂成条形或流苏状。浆果大，肉质。种子多数，卵球形或稍扁，具肉质假种皮。

　　1 种，产于中美洲。现广泛栽培于世界热带地区。我国引入栽培 1 种。深圳亦有栽培。

番木瓜 木瓜 Papaya　　　　图 85　彩片 90

Carica papaya L. Sp. Pl. **2**: 1036. 1753.

　　常绿软木质小乔木，高 3-10m。茎干不分枝或有时于损伤处分枝，具乳汁，具螺旋状排列的叶痕。叶大，聚生茎顶；叶柄中空，盾状着生，长 0.6-1m；叶片，直径可达 60cm，掌状 7-9 深裂，每裂片再羽状分裂，两面无毛，花单性或两性，有些品种雄株花序偶生两性花或雌花，并能结果，有时雌株出现少数雄花，因而植株有雄株、雌株和两性株之分；雄花：排成长达 1m 的下垂聚伞圆锥花序；花无梗；花萼小，萼片 5，基部合生；花冠乳黄色，花冠管细长，长 1.6-2.5cm，裂片 5，长圆形或卵圆形，长 1.5-1.8cm，宽 4-5mm，顶端圆或钝；雄蕊 10，5 长 5 短，着生于花冠管喉部，短的近无花丝，长的有花丝，花丝白色，被白色茸毛；具退化子房；雌花：单花或由数花排成伞房状聚伞花序，着生于叶腋；花梗短或近无花梗；花萼管状，长约 1cm，裂片长约 5mm；花瓣 5，分离，乳黄或黄白色，长圆形或披针形，长 5-6cm，宽 1.2-2cm；子房上位，

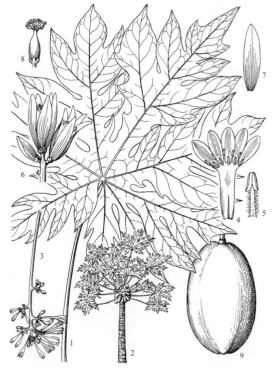

图 85　番木瓜 Carica papaya
1. 叶；2. 植株（雌性，结果期）；3. 雄花序；4. 雄花展开，示花冠管、裂片及雄蕊；5. 雄蕊；6. 雌花序一部分；7. 雌花花瓣；8. 雌蕊；9. 浆果。（李志民绘）

卵球形，1室，胚珠多数，花柱短，5枚，柱头近流苏状；两性花：花冠管长 1.9-2.5cm，裂片长圆形，长 2.5-2.8cm，宽 8-9mm；雄蕊 5 或 10，排成 1 或 2 轮；子房较雌株的小。浆果肉质，长圆体形或卵状长圆体形，梨形或近圆球形，长 10-30cm，成熟时橙黄色或黄色。种子多数，卵球形，成熟时黑色，外种皮肉质，内种皮木质，具皱纹。花果期全年。

产地：葵涌（王国栋等 6542）、仙湖植物园（刘小琴 000750），深圳各地普遍栽培。

分布：原产中美洲，现广植于世界热带至亚热带地区。我国台湾、福建南部、广东、香港、澳门、海南、广西和云南南部广泛栽培。

用途：成熟果实可作水果食用；未成熟的果实可作蔬菜煮熟食用或腌食，并可加工成蜜饯、果汁、果酱、果脯及罐头等。果含木瓜素，可助消化蛋白质；叶捣碎外敷可消肿。

127. 葫芦科 CUCURBITACEAE

张志耘

一年生或多年生草质或木质藤本。根纤维状或为块根。茎通常具纵沟和槽，匍匐或借助卷须攀援；卷须生于叶柄基部，不分枝，或 2 至多歧分枝，稀无卷须。叶互生，单叶，稀复叶，无托叶，具叶柄；叶片不分裂或掌状浅裂至深裂，稀为鸟足状复叶，边缘具锯齿，稀全缘，具掌状脉。花单性，罕两性，雌雄同株或异株，排成总状花序、圆锥花序或近伞形花序，稀单花；雄花：被丝托（hypanthium 是由花托、花被基部和雄蕊基部共同愈合而成的结构）短或延长，呈钟状或筒状；萼片 5；花瓣 5，生于被丝托基部、近中部或上部，基部合生成钟状或筒状或完全分离；雄蕊 5，稀 3，生于被丝托基部或中部，稀近上部，花丝分离或不同程度合生成柱状，花药分离或靠合成一头状，凡花具 5 枚雄蕊的其花药全部 1 室，凡花具 3 枚雄蕊的其花药中 1 枚 1 室，2 枚 2 室，稀全部 2 室，药室直、弓曲或 "S" 形折曲至多回折曲，药隔伸出或不伸出，纵裂；退化雌蕊有或无；雌花：被丝托、花萼和花冠与雄花同；有退化雄蕊；雌蕊由 3 个，稀 4-5 个合生心皮构成，子房因不同程度与被丝托贴生而呈下位或半下位，3 室或 1(-2) 室，有时为假 4-5 室，侧膜胎座，有多数胚珠，稀具少数或 1 个胚珠，花柱单 1，有时 2-3，柱头膨大，2 裂。果为瓠果或浆果，稀老时木栓质，不开裂或在成熟后盖裂或 3 瓣纵裂。种子常多数，稀少数至 1 枚，扁压，很少有翅，水平生或下垂生，无胚乳，胚直，具短胚根，子叶大、扁平，常含丰富的油脂。

113 属，800 多种，大多数分布于热带和亚热带地区，少数分布到温带地区。我国有 34 属，154 种。深圳有 13 属，19 种，3 变种。

1. 花丝不同程度合生成柱状；叶为鸟足状有 3-7(-9) 小叶；花组成圆锥花序；子房 3 室或 2 室，每室具 2 胚珠；果实小，球形，直径不超过 8mm ･･･ 1. 绞股蓝属 Gynostemma
1. 花丝分离或仅在基部合生。
　2. 雄蕊 5，药室通直；种子多下垂生；卷须仅在分歧点之上旋卷；叶边缘有明显锯齿 ･････ 2. 赤瓟属 Thladiantha
　2. 雄蕊 3，极稀 2 或 1。
　　3. 花药的药室通直、稍弓曲或之字形折曲。
　　　4. 药室通直或稍弓曲 ･･･ 3. 老鼠拉冬瓜属 Zehneria
　　　4. 药室弧曲或之字形折曲 ･･ 4. 茅瓜属 Solena
　　3. 花药的药室 S 形折曲或多回折曲。
　　　5. 花瓣合生至中部或中部以上，呈钟状 ････････････････････････････････ 5. 南瓜属 Cucurbita
　　　5. 花瓣分离或基部合生呈辐状或宽钟状。
　　　　6. 花冠裂片流苏状，流苏长不到 7cm ･････････････････････････････ 6. 栝楼属 Trichosanthes
　　　　6. 花冠裂片全缘。
　　　　　7. 雄花被丝托伸长呈筒状或漏斗状；雄蕊不伸出。
　　　　　　8. 花黄色或白色；叶片基部无腺体；雄花序总状 ･････････････ 7. 金瓜属 Gymnopetalum
　　　　　　8. 花白色；叶片基部具 2 明显腺体；花单生 ･････････････････ 8. 葫芦属 Lagenaria
　　　　　7. 雄花被丝托短，呈钟状、杯状或短漏斗状；雄蕊常伸出。
　　　　　　9. 花梗上有圆肾形的小苞片；果实表面常有明显的瘤皱或刺状突起，成熟后 3 瓣裂 ･･････
　　　　　　　･･ 9. 苦瓜属 Momordica
　　　　　　9. 花梗上无小苞片；果成熟后不开裂。
　　　　　　　10. 雄花组成总状花序 ･････････････････････････････････ 10. 丝瓜属 Luffa
　　　　　　　10. 雄花单生或簇生。
　　　　　　　　11. 萼片叶状，有锯齿，反折 ･･････････････････････ 11. 冬瓜属 Benincasa
　　　　　　　　11. 萼片钻形，全缘，不反折。
　　　　　　　　　12. 药隔不伸出；卷须 2-3 歧；叶羽状深裂 ･････････ 12. 西瓜属 Citrullus
　　　　　　　　　12. 药隔伸出；卷须不分歧；叶不分裂或掌状 3-7 浅裂 ･･･････ 13. 黄瓜属 Cucumis

1. 绞股蓝属 Gynostemma Blume

多年生攀援草质藤本。卷须 2 歧分枝，稀不分枝。叶互生，为鸟足状，具 3-9 小叶，稀具单叶。花小，单性，雌雄异株，稀同株，组成腋生或顶生圆锥花序；花梗具关节，基部具小苞片；雄花：被丝托短，萼片 5，狭卵形；花冠辐状，淡绿色或白色，裂片 5，披针形或卵状长圆形，芽时内卷；雄蕊 5，生于被丝托基部，花丝短，合生成柱，花药卵形，直立，2 室，纵缝开裂，药隔狭，不延长；无退化雌蕊；雌花：被丝托、花萼与花冠同雄花；无退化雄蕊；子房球形，3-2 室，花柱 3，稀 2，柱头 2 或新月形，具不规则裂齿；胚珠每室 2 枚，下垂。浆果球形，似豌豆大小，不开裂，或成熟后顶端 3 裂，顶部具脐状突起具或 3 枚冠状物，具 2-3 枚种子。种子阔卵形、压扁、无翅，具乳突状突起或具小凸刺。

约 17 种，产亚洲热带至东亚，自喜马拉雅地区至日本、马来西亚和新几内亚。我国有 15 种。深圳有 1 种。

绞股蓝 Five-leaved Gynostemma

图 86　彩片 91

Gynostemma pentaphyllum（Thunb.）Makino in Bot. Mag.（Tokyo）**16**：179. 1902.

Vitis pentaphylla Thunb. Fl. Jap. 105. 1784.

攀援草质藤本。茎细弱，多分枝，具纵棱及槽，与卷须均近无毛；卷须纤细，通常 2 歧分枝。叶柄长 2.5-7cm，无毛或被短柔毛；叶片鸟足状，具 5-7 小叶；小叶柄长 2-6mm，被短柔毛；小叶片纸质，椭圆形、狭椭圆形或披针形，中央小叶长 3-12cm，侧生的渐小，两面疏被短硬毛，老后变无毛，基部渐狭，边缘有波状齿或疏圆齿，齿尖有小短尖，先端急尖。花雌雄异株；雄圆锥花序长 10-18cm，具多数花；分枝广展，长 3-4cm；花序梗、花序轴及分枝与花梗均被长柔毛；苞片钻形，长约 0.5mm；花梗长 1-4mm；被丝托长约 0.7mm；萼片披针形，与被丝托近等长，密被长柔毛；花冠淡绿色或白色，裂片卵状披针形，长 2.5-3mm，宽约 1mm，先端长渐尖，具 1 脉；雄蕊 5，花丝甚短，合生成柱，花药生于柱顶；雌圆锥花序通常较雄花序短小；被丝托、花萼及花冠同雄花；退化雄蕊 5，甚短小；子房球形，2-3 室，花柱 2-3，柱头 2 裂。果球形，直径 5-6mm，光滑，成熟后黑色，不开裂，内含种子 2 粒。种子卵状心形，直径约 4mm，褐色，扁平，有乳头状突起。花果期：3-12 月。

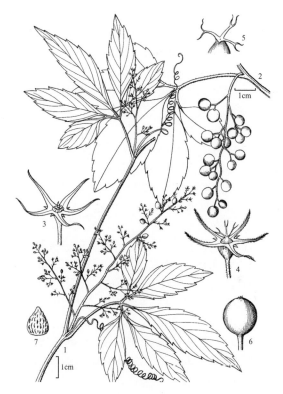

图 86 绞股蓝 Gynostemma pentaphyllum
1. 分枝的一段、卷须、叶及雄花序；2. 果序；3. 雄花；4. 雌花；5. 花柱及柱头；6. 浆果；7. 种子。（李志民绘）

产地：西涌、大鹏、排牙山（王国栋 6809）、笔架山（张寿洲 4560）、梧桐山（深圳考察队 1497）。生于山坡林中、林缘、水沟旁、灌丛中或林边草地，海拔 100-550m。本市各地常有栽培。

分布：河北、山东、陕西南部、河南、安徽、江苏、浙江、江西、台湾、广东、香港、海南、广西、湖南、湖北、贵州、四川、云南和西藏。日本南部、朝鲜半岛南部、印度、斯里兰卡、孟加拉国、尼泊尔、越南、老挝、缅甸、马来西亚、印度尼西亚和巴布亚新几内亚。

用途：全草药用，有消炎解毒、止咳祛痰的功效。

2. 赤瓟属 Thladiantha Bunge

多年生稀一年生草质藤本，攀援或平卧。根块状，稀为须根。茎草质，具纵向棱沟；卷须不分或 2 歧分枝。叶多为单叶，互生，稀掌状分裂或为鸟趾状，有 3-5(-7) 小叶；小叶心形，边缘有锯齿。花雌雄异株；雄花序为伞房状总状花序，稀为单花；雄花：被丝托短钟状或杯状；萼片 5，条形、披针形、卵状披针形或长圆形，具 1-3 条脉；花冠钟状，黄色，裂片 5，全缘，长圆形、宽卵形或倒卵形、具 5-7 条脉；雄蕊 5，花丝插生于被丝托内，分离，通常 4 枚，两两成对，第 5 枚分离，花丝短，花药长圆形或卵形，全部 1 室，药室通直；退化子房腺体状；雌花：单生或 2-3 朵簇生于一短梗上；被丝托、花萼和花冠同雄花；子房卵形、长圆形或纺锤形，表面平滑或有瘤状突起，花柱 3 裂，柱头 2 裂，肾形；具 3 个侧膜胎座，胚珠多数，水平生。果为肉质浆果状，中等大，不开裂，平滑或具多数瘤状突起，有明显纵肋或无。种子多数，水平生。

约 23 种，主要分布于我国西南部，少数分布到朝鲜、日本、印度东北部和越南。我国产 23 种，17 变种。深圳有 1 种。

大苞赤瓟 Cordata-leaved Tube-gourd　　　　图 87
Thladiantha cordifolia（Blume）Cogn. in DC. Monogr. Phan. **3**：424. 1881.

Luffa cordifolia Blume，Bijdr. 929. 1826.

草质攀援藤本，全体被长柔毛。茎多分枝，具深棱沟。卷须细，不分枝，初时有长柔毛。叶柄细，长 4-10(-12)cm；叶片膜质或纸质，卵状心形，长 8-15cm，宽 6-11cm，基部心形，弯缺常张开，深 1-3cm，宽 0.5-2cm，边缘有不规则的胼胝质小齿，先端渐尖或短渐尖，最基部的一对叶脉沿叶基弯缺边缘展开，下面浅绿色或黄绿色，密被淡黄色的长柔毛，上面密被长柔毛和基部膨大的短刚毛，后刚毛从基部断裂，在叶面上残留疣状突起。花雌雄异株；雄花：3 至数朵排成密集的短总状花序；花序梗稍粗壮，长 4-15cm，被微柔毛和稀疏长柔毛；每朵花基部有一小苞片；小苞片折扇形，长 1.5-2cm，两面疏生长柔毛，边缘有不规则的三角形小齿；花梗纤细，极短，长约 0.5cm；被丝托钟形，长 5-6mm；萼片条形，长约 1cm，宽约 1mm，具 1 脉，疏被柔毛，先端尾状渐尖；花冠黄色，裂片卵形或椭圆形，长约 1.7cm，宽约 7mm，先端短渐尖或急尖；雄蕊 5 枚，花丝长约 4mm，花药椭圆形，长约 4mm；退化子房半球形；雌花：单生；被丝托、花萼及花冠似雄花；子房长圆形，基部疏被长柔毛，花柱 3 裂，柱头膨大，肾形，2 浅裂。果梗

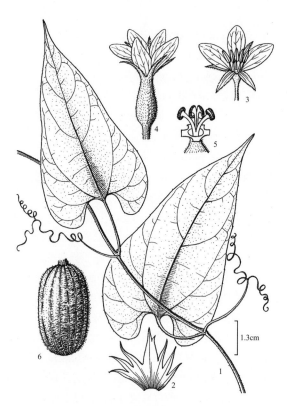

图 87 大苞赤瓟 Thladiantha cordifolia
1. 分枝的一段、卷须及叶；2. 苞片；3. 雄花；4. 雌花；5. 被丝托的上部、花柱和柱头；6. 浆果。（李志民绘）

有棱沟和疏柔毛，长 3-5cm；果长圆体形，长 3-5cm，宽 2-3cm，果皮粗糙，疏被长柔毛，有 10 条纵纹。种子宽卵形，长 4-5mm，宽 3-3.5mm，厚 2mm，两面稍隆起，有网纹。花果期：5-11 月。

产地：梧桐山（张寿洲等 SCAUF1157）。生于林下或沟边，海拔约 200m。

分布：广东、广西、云南和西藏。印度、越南、老挝、缅甸、泰国和印度尼西亚。

3. 老鼠拉冬瓜属 Zehneria Endl.

一年生或多年生攀援或蔓生草本。卷须纤细，单一，稀 2 歧分枝。叶具明显的叶柄；叶片膜质或纸质，形

状多变,全缘或 3-5 浅裂至深裂。花单性,雌雄同株或异株;雄花:单生,稀 2-3 朵排成短的总状花序或伞房花序;被丝托钟状;萼片 5;花冠黄色或黄白色,钟状,裂片 5;雄蕊 3 枚,着生在被丝托的基部,花丝长于花药,花药全部为 2 室或 2 枚 2 室,1 枚 1 室,长圆形或卵状长圆形,药室常通直或稍弓曲,药隔稍伸出或不伸出;退化雌蕊形状多变;雌花:单生或少数几朵排成伞形花序;被丝托、花萼和花冠同雄花;子房卵球形或纺锤形,3 室,胚珠多数,水平着生,花柱柱状,基部由一环状花盘围绕,柱头 3。果为瓠果,球形、长圆体形或椭圆体形,不开裂。种子多数,卵形,扁平,无雕纹,边缘拱起或不拱起。

约 25 种,分布于非洲和亚洲热带至亚热带地区。我国产 2 种。深圳 2 种均产。

1. 雄花序总状或同时有单生;花丝极短,长约 0.5mm,花药卵状长圆形或长圆形,长约 1mm;种子边缘不拱起 ·· 1. **老鼠拉冬瓜 Z. japonica**
1. 雄花数朵排成伞房花序;花丝长约 2mm,花药卵形,长 0.6-0.7mm;种子边缘稍拱起 ··· 2. **钮子瓜 Z. maysorensis**

1. 老鼠拉冬瓜 Indian Zehneria   图 88 彩片 92
Zehneria japonica(Thunb.)H. Y. Liu in Bull. Nation. Mus. Nat. Sci.(Taiwan)**1**:40. 1989.

Bryonia japonica Thunb. Fl. Jap. 325. 1784.

Zehneria indica(Lour.)Keraudren in Aubreville & Leroy,Pl. Cambodge,Laos & Vietnam **15**:52,f. 5-8. 1975;广东植物志 **3**:118,fig. 82. 1995.

Melothria indica Lour. Fl. Cochinch. **1**:35. 1790;广州植物志 184. 1956;海南植物志 **1**:472. 1964.

攀援或平卧草本。茎、枝无毛。叶柄长 2.5-3.5cm,初时有长柔毛,最后变无毛;叶片膜质,三角状卵形、卵状心形或戟形、不分裂或 3-5 浅裂,长 3-5cm,宽 2-4cm,下面淡绿色,无毛,上面粗糙,脉上有极短的柔毛,基部弯缺半圆形,边缘微波状或有疏齿,先端急尖,稀短渐尖。花雌雄同株;雄花:单生,稀 2-3 朵排成短的总状花序;花序梗极短,无毛;花梗丝状,长 3-5mm,尤毛;被丝托宽钟形,长约 1.5mm;萼片 5,三角状披针形,长约 0.5mm;花冠淡黄色,被极短的柔毛,裂片长圆形或卵状长圆形,长 2-2.5mm,宽 1-1.5mm;雄蕊 3,花丝长约 1mm,生于被丝托基部,花药卵状长圆形或长圆形,有短柔毛,长约 1mm,2 枚 2 室,1 枚 1 室,有时全部 2 室,药室稍弓曲,有微柔毛,药隔稍伸出;雌花:生于雄花同一叶腋内,

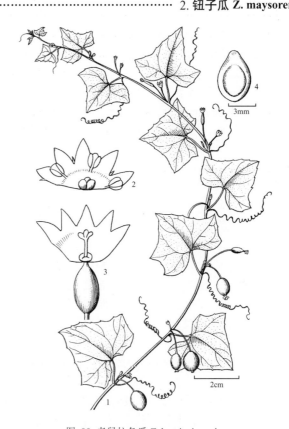

图 88 老鼠拉冬瓜 Zehneria japonica
1. 分枝的一段、叶、卷须、雌花、雄花及瓠果;2. 雄花花冠展开,示雄蕊和退化雌蕊;3. 雌花,示被丝托、花冠展开示花柱及柱头;4. 种子。(李志民绘)

单生,稀双生;花梗无毛,长 1-2cm;被丝托和花萼同雄花;花冠阔钟形,直径约 2.5mm,裂片披针形,长 2.5-3mm,宽 1-1.5mm;子房狭卵形,有疣状凸起,长 3.5-4mm,直径 1-2mm,花柱长约 1.5mm,柱头 3 裂,退化雄蕊腺体状。果梗无毛,长 2-3cm;果长圆体形或狭卵球形,无毛,长 1-1.5cm,宽 0.5-0.8(-1)cm,成熟后橘红色或红色。种子灰白色,卵形,边缘不拱起,长 3-5mm,宽 3-4mm。花期:4-7 月,果期:7-10 月。

产地:梧桐山(深圳考察队 2051),仙湖植物园(李沛琼 3341)。常生于林中阴湿处以及路旁、田边及灌丛中,海拔 100-200m。

分布:安徽、江苏、浙江、江西、福建、广东、香港、海南、广西、湖南、湖北、四川、贵州和云南。日本、

朝鲜、越南、印度、菲律宾及印度尼西亚（爪哇）。

用途：全草药用，有清热、利尿、消肿之效。

2. 钮子瓜 Maysor Zehneria 图 89 彩片 93

Zehneria maysorensis（Wight & Arn.）Arn. in J. Bot.（Hooker）**3**：275. 1841.

Bryonia maysorensis Wight & Arn. Prodr. **1**：345. 1834.

草质藤本。茎多分枝，无毛或稍被长柔毛。叶柄长 2-5cm，无毛；叶片膜质，宽卵形或稀三角状卵形，长、宽均为 3-10cm，下面苍绿色，近无毛，上面深绿色，被短硬毛，基部弯缺半圆形，深 0.5-1cm，宽 1-1.5cm，稀近截平，边缘有小齿或深波状锯齿，不分裂或有时 3-5 浅裂，先端急尖或短渐尖，具掌状脉。花雌雄同株；雄花：常 3-9 朵排成伞房花序；花序梗纤细，长 1-4cm，无毛；花梗长 1-2mm；被丝托宽钟状，长约 2mm，宽 1-2mm，无毛或被微柔毛，裂片狭三角形，长约 0.5mm；花冠白色，裂片卵形或卵状长圆形，长 2-2.5mm，先端近急尖，上部常被柔毛；雄蕊 3 枚，花药 2 枚 2 室，1 枚 1 室，有时全部为 2 室，插生在被丝托基部，花丝长约 2mm，被短柔毛，花药卵形，长 0.6-0.7mm；雌花：单生，稀几朵生于花序梗顶端或极稀雌雄同序；被丝托、花萼和花冠同雄花；子房卵形。果梗无毛，长 0.5-1cm。果球状或卵球状，直径 1-1.4cm，无毛。种子卵状长圆形，扁压，平滑，边缘稍拱起。花期 4-8 月，果期 8-11 月。

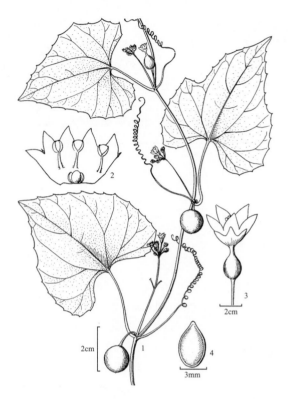

图 89 钮子瓜 Zehneria maysorensis
1. 分枝的一段、卷须、叶、雄花花序及瓠果；2. 雄花花冠展开，示雄蕊和退化雌蕊；3. 雌花；4. 种子。（李志民绘）

产地：南澳（张寿洲等 1866），梧桐山（王勇进 750），莲花山（王晖 0902166）。常生于林边或山坡路旁潮湿处、水沟边，海拔 30-300m。

分布：江西、福建、广东、广西、四川、贵州和云南。日本、印度、斯里兰卡、缅甸、泰国、老挝、越南、菲律宾和印度尼西亚。

4. 茅瓜属 Solena Lour.

多年生攀援草质藤本，具块状根。茎、枝纤细，近无毛；卷须单一，无毛。叶柄极短或近无叶柄；叶片多型，变异极大，边缘全缘或各种分裂，基部深心形或戟形。花雌雄异株或同株；雄花：多数花生于一短的花序梗上，排成伞形或伞房花序；被丝托钟状；萼片 5，近钻形；花冠黄色或黄白色，裂片三角形或宽三角形；雄蕊 3，其中 2 枚 2 室，1 枚 1 室，花丝短，花药长圆形，药室弧曲或"之"字形折曲；雌花：单生，子房长圆形，胚珠少数，水平着生；退化雄蕊 3，着生在被丝托的基部。果为浆果，长圆体形或卵球形，不开裂，外面光滑。种子少数，球形。

3 种，分布于亚洲南部和东南部。我国有 1 种。深圳亦有分布。

茅瓜 Clasping Stem Solena 图 90 彩片 94

Solena amplexicaulis（Lam.）Gandhi in Fl. Hassan District. 179. 1976.

Bryonia amplexicaulis Lam. Encycl. **1**：496. 1785

Solena heterophylla Lour. Fl. Cochinch. **2**：514. 1790.

Melothria heterophylla（Lour.）Cogn. in DC. Monogr. Phan. **3**：618. 1881；广州植物志 184. 1956；海南植物志 **1**：472. 1964.

攀援草质藤本。块根纺锤状，粗 1.5-2cm。茎、枝无毛，具沟纹。叶柄纤细，长 0.5-1cm，初时被淡黄色短柔毛；叶片薄革质，多型，轮廓为卵形、长圆形、卵状三角形或戟形等，不分裂或 3-5 浅裂至深裂，裂片长圆状披针形、披针形或三角形，长 8-12cm，宽 1-5cm，下面密被刚毛或粗糙，上面密被刚毛或近无毛，基部心形，边缘全缘或有疏齿，先端钝或渐尖。花雌雄异株或同株；雄花：10-20 朵排成伞形花序；花序梗长 2-5mm；花极小；花梗纤细，长 2-8mm，几无毛；被丝托钟状，基部圆，长约 5mm，直径约 3mm，无毛，萼片近钻形，长 0.2-0.3mm；花冠黄色，外面被短柔毛，裂片开展，三角形，长约 1.5mm；雄蕊 3，分离，着生在被丝托基部，花丝无毛，长约 3mm，药室弧状弓曲，具毛；雌花：单生于叶腋；花梗长 0.5-1cm，被微柔毛；被丝托、花萼和花冠同雄花；子房卵球形，无毛或疏被黄褐色柔毛，柱头 3。果红褐色，椭圆体形或近球形，长 2-6cm，直径 2-5cm，近平滑。种子数枚，灰白色，近球形或倒卵球形，长 5-7mm，直径约 5mm，边缘不拱起，表面光滑，无毛。花期 5-8 月，果期 8-11 月。

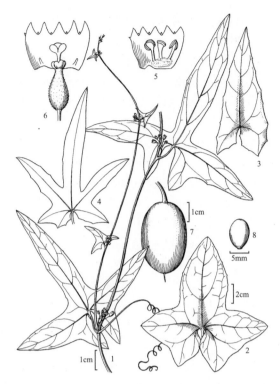

图 90 茅瓜 Solena amplexicaulis
1.分枝的一段、卷须、叶及雄花序；2-4.不同形状的叶；5.雄花花冠展开，示雄蕊；6.雌花，示被丝托，花冠展开示花柱和柱头；7.浆果。（李志民绘）

产地：西涌（张寿洲等 0807）、七娘山、大鹏（张寿洲等 010942）、笔架山（张寿洲等 6196）、龙岗、梧桐山、仙湖植物园、龙华。常生于山坡路旁、林下、杂木林中或水旁，海拔 50-300m。

分布：江西、福建、台湾、广东、香港、澳门、广西、四川、贵州、云南和西藏。阿富汗、印度、尼泊尔、缅甸、泰国、越南、马来西亚和印度尼西亚。

用途：块根药用，有清热解毒、消肿散结之效。

5. 南瓜属 Cucurbita L.

一年生或多年生、攀援或蔓生草本。茎、枝粗壮；卷须 2- 多歧分枝。单叶互生，具长柄；叶片掌状浅裂，基部心形。花单性，雌雄同株，单生，黄色；雄花：被丝托钟状，稀伸长；萼片 5，披针形或顶端扩大成叶状；花瓣 5，合生至中部呈钟状；雄蕊 3 枚，花丝离生，花药合生成头状或圆柱状，1 枚 1 室，其他 2 室，药室条形，折曲，药隔不伸长，无退化雌蕊；雌花：花梗短；被丝托、花萼和花冠同雄花；退化雄蕊 3，短三角形；子房长圆形或球状，具 3-5 胎座，花柱短，柱头 3，具 2 浅裂或 2 分枝，胚珠多数，水平着生。果为瓠果，通常大型，肉质，不开裂。种子多数，扁平，光滑。

约 15 种，产于美洲温带地区。在热带、亚热带和温带地区均有栽培。我国栽培 3 种。深圳栽培 1 种。

南瓜 Cushaw   图 91 彩片 95

Cucurbita moschata（Duch. ex Lam.）Duch. ex Poir. in Dict. Sci. Nat. **11**：234，1818.

Cucurbita. pepo L. var. *moschata* Duch. ex Lam. Encycl. **2**: 152. 1786.

一年生蔓生或攀援草本。茎长 2-5m，密被刚毛，常在节上生根；卷须粗壮，3-5 歧分枝，与叶柄同被短刚毛。

叶柄长 8-19cm；叶片轮廓为宽卵形或卵圆形，长 15-30cm，宽 20-30cm，基部深心形，弯缺深 2-4cm，边缘不分裂，呈 5 角形或有 5 浅裂，中间裂片较大，先端有短尖，两面均密被硬毛，下面尤密。花雌雄同株；雄花：单生；花梗有棱，长 7-17cm；被丝托短，宽钟形，长 6-7mm；萼片条形，长 1.5-2.5cm，常在上部扩大呈叶状，密被短柔毛和刚毛；花冠黄色，钟形，檐部扩展，长 8-10cm，径 6-8cm，裂片有皱折，边缘反卷，先端急尖；雄蕊 3，花丝腺体状，长 5-8mm，花药柱长约 1.5cm，药室折曲；雌花单生；花梗较雄花的短；被丝托、花萼和花冠同雄花；子房长圆形，花柱短，柱头 3，膨大，顶端 2 裂。果梗粗壮，长 7-10cm，有棱和槽，顶端膨大；果的形状、大小和颜色多变，因品种不同而异。种子多数，卵形或长圆形，灰白色，长 1-1.5cm，宽 0.7-1cm，边缘薄。花果期：4-11 月。

产地：葵涌（王国栋等 7928）、仙湖植物园（王定跃 988），本市各地普遍栽培。

分布：原产中美洲，世界各地普遍栽培。我国南北各地亦广为栽培。栽培品种丰富。

用途：果作蔬菜食用，种子亦可食用，营养丰富。藤作药用，有清热的功效。

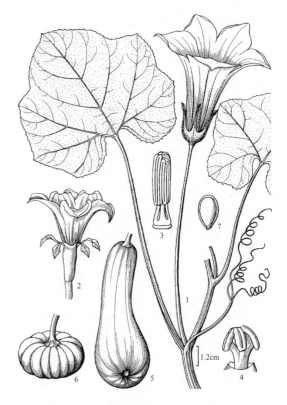

图 91 南瓜 Cucurbita moschata
1. 分枝的一段、卷须、叶及雄花；2. 雌花；3. 雄蕊；4. 花柱和柱头；5-6. 瓠果；7. 种子。（李志民绘）

6. 栝楼属 Trichosanthes L.

一年生或多年生草质藤本，多年生的常具块根。茎攀援，多分枝，具纵向的棱及槽；卷须 2-5 歧分枝，稀单歧。单叶互生，不裂或掌状 3-7(-9) 裂，稀为鸟足状，具 3-5 小叶，边缘具细齿。花单性，雌雄异株，稀同株。雄花：排列成总状花序，有时有 1 单花与之并生，稀仅具单花，早落；具苞片，稀无；被丝托圆筒状，自基部向顶端逐渐扩大；萼片 5，边缘全缘、具锯齿或条裂；花冠辐状，白色，稀粉红色或红色，裂片先端流苏状；雄蕊 3，着生于被丝托近基部，花丝甚短，分离，花药合生，1 枚 1 室，2 枚 2 室，药室对折，药隔不伸长；雌花：单生，稀为总状花序；被丝托、花萼与花冠同雄花；子房纺锤形或卵球形，1 或 3 室，具 3 个侧膜胎座，花柱纤细，伸长，柱头 3，全缘或 2 裂，胚珠多数，水平生或半下垂。瓠果肉质，不开裂，球形、卵球形、纺锤形或圆柱形，无毛且平滑，具多数种子。种子褐色，1 室，长圆形、椭圆形或卵形，压扁，或 3 室，膨胀，两侧室中空。

约 100 种，分布于亚洲和澳大利亚。我国有 33 种。深圳有 5 种。

1. 叶鸟足状，具 3-5 小叶；小叶上面有白色和圆形的鳞片状突起；茎及分枝均近无毛 ·················
·· 1. 趾叶栝楼 **T. pedata**
1. 叶为单叶，上面无白色和圆形的鳞片状突起；茎及分枝通常被毛。
  2. 雄花花梗长 1.5cm 以上；种子卵状椭圆形或长圆形，1 室，中间无加厚的环带。
    3. 雄花花梗长约 7cm 或更长；雌花花梗长 5-8mm；苞片菱状倒卵形，长 0.6-1.4cm；花冠长约 1.5cm；叶两面近无毛，疏生颗粒状突起；果近球形或长圆体形，长 8-11cm，直径 7-10cm ······ 2. 中华栝楼 **T. rosthornii**
    3. 雄花花梗长 1.5-3cm；雌花花梗长约 1cm；苞片钻形，长 0.3-1cm；花冠长 7-8mm；叶两面均被茸毛，无颗粒状突起；果长圆柱形，长 1-2m，直径 3-4cm，卷曲似蛇 ·············· 3. 蛇瓜 **T. anguina**
  2. 雄花花梗甚短，长约 5mm；种子横长圆形或倒三角形，中间有加厚的环带，3 室，其中两侧室内中空。

4. 雌花花梗长 0.5-1cm；苞片条状披针形，长 2-3mm；叶片两面疏被硬毛；花萼裂片长 5-6mm；种子横长圆形，长 1-1.2cm，宽 0.8-1cm，两侧室近圆形 ·················· 4. 王瓜 **T. cucumeroides**

4. 雌花花梗长 1-3.5cm；苞片披针形或倒披针形，长 1.4-1.6cm；叶片两面均被茸毛；花萼裂片长 0.7-1cm；种子倒三角形，长 7-9mm，宽 7-8mm，两侧室卵形 ·················· 5. 全缘栝楼 **T. ovigera**

1. 趾叶栝楼 义指叶栝楼 Pedate-leaved Snake-gourd
图 92

Trichosanthes pedata Merr. & Chun in Sunyatsenia 2: 20. 1934.

多年生攀援草质藤本。茎及分枝具棱及槽，无毛或仅在节上被短柔毛；卷须长而纤细，2 歧分枝。叶为鸟足状，具 3-5 小叶；叶柄长 2.5-6cm，无毛；小叶柄长，长 2-5(-11)mm；小叶片膜质，中央的 3 片披针形或长圆状倒披针形，长 9-12cm，宽 2.5-3.5cm，外侧两片近菱形或斜卵形，较短，基部渐狭，偏斜，边缘有疏锯齿，先端渐尖，下面沿脉疏被短硬毛或近无毛，有颗粒状突起，上面无毛，有白色、圆形鳞片状突起。花雌雄异株；雄花：排成总状花序，长 14-19cm，有 8-20 朵花；花序梗及花梗均被褐色短柔毛，具槽；苞片倒卵形或菱状卵形，长 1-1.5cm，宽约 8mm，被短柔毛，边缘全缘或中部以上有锐齿或撕裂状，先端渐尖；花梗长约 4mm；被丝托狭漏斗形，长 2-4cm，上部直径 0.7-1cm；萼片披针形，长 0.7-1cm，无毛或与花冠同被粉状毛；花冠白色，裂片倒卵形，长 1-1.5cm，宽 0.8-1.2cm，先端流苏状；花药柱长约 7mm，宽约 4mm，药隔有毛；雌花：单生；被丝托圆柱形，长约 3mm，直径 5-6mm，花萼和花冠与雄花同；子房卵球形，无毛。果梗长 1-3cm；果球形，直径 5-6cm，熟时橙黄色，光滑，无毛。种子卵形，略臌胀，1 室，长 1-1.2cm，宽约 8mm，褐色，基部三角形，先端圆。花期：6-8 月，果期：7-12 月。

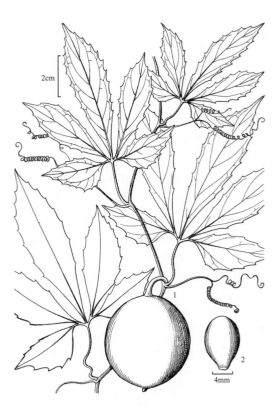

图 92 趾叶栝楼 Trichosanthes pedata
1. 分枝的一段、卷须、叶及瓠果；2. 种子。（李志民绘）

产地：笔架山（王国栋等 6729）、梧桐山（深圳考察队 1421）。生于山谷疏林中、灌丛或林缘草地，海拔 85-150m。

分布：江西、广东、香港、海南、广西、湖南和云南。越南。

2. 中华栝楼 Rosthorn Snake-groud
图 93

Trichosanthes rosthornii Harms in Bot. Jahrb. Syst. **29**: 603. 1901.

多年生攀援藤本。块根条状，具横瘤状突起。茎具纵棱及槽，疏被短柔毛；卷须 2-3 歧分枝。叶柄长 2.5-4cm，具纵棱，疏被微柔毛；叶片膜质，轮廓宽卵形或近圆形，长 (6-)8-12(-20)cm，宽 (5-)7-11(-16)cm，基部心形，弯缺深 1-2cm，边缘掌状 3-7 深裂（通常 5 深裂），裂片披针形或卵状披针形，边缘具疏细齿，齿尖有小短尖，两面近无毛，下面疏生颗粒状突起。花雌雄异株；雄花：单花或 5-10 朵排成总状花序，或两者兼有并同生于一叶腋；花序梗长 8-10cm；花梗长约 7cm 或更长；苞片菱状倒卵形，长 0.6-1.4cm，宽 0.5-1.1cm，基部楔形，边缘有不规则的疏钝齿，先端渐尖，两面近无毛，下面疏生圆形、鳞片状的突起；被丝托狭圆筒形，长 2.5-3cm，上部宽约 7mm，近无毛；萼片条形，长约 1cm，宽 1.5-3mm；花冠白色，裂片倒卵形，长约 1.5cm，宽约 1cm，疏被短柔毛，先端流苏状；花丝长约 2mm，花药柱长圆形，长约 5mm，直径约 3mm；雌花：单生；花梗长 5-8mm，疏被微柔毛；被丝托圆筒形，长 2-2.5cm，上部宽 5-8mm，花萼和花冠与雄花同；子房椭圆体形，疏被微柔毛。

果梗长 4.5-8cm；果近球形或长圆体形，长 8-11cm，直径 7-10cm，光滑，成熟时橙黄色。种子卵状椭圆形，扁平，1 室，长 1.5-2.2cm，0.8-1.4cm，褐色，边缘有一圈棱线。花期：5-7 月，果期：7-10 月。

产地：龙岗（张寿洲等 2220）。生于山沟杂木林中，海拔 100-200m。

分布：安徽、江西、广东、香港、湖北、贵州、云南、四川、甘肃东南部和陕西南部。

用途：块根和果药用。

3. 蛇瓜 Snake-gourd　　　　图 94　彩片 96
Trichosanthes anguina L. Sp. Pl. **2**: 1008. 1753.

Trichosanthes cucumerina L. var. *anguina*（L.）Haines, Bot. Bihar Orissa 388. 1922；广东植物志 **3**: 134. 1995.

一年生攀援藤本。茎多分枝，纤细，具纵棱和槽，与卷须和叶柄均被短柔毛；卷须 2-3 歧分枝。叶柄长 2.5-8cm，具纵棱；叶片纸质，轮廓宽卵形或近圆形，长 6-16cm，宽 6-15cm，基部深心形，弯缺深 1-3cm，边缘 3-7 浅裂至中裂，裂片形状多变，通常倒卵形或长圆形，边缘有疏细齿，先端圆或钝，下面密被茸毛，上面的毛被较疏。花雌雄同株；雄花：排成总状花序，具 8-10 朵花；花序梗长 10-18cm，与花梗均被短柔毛；花梗长 1.5-3cm；苞片钻形，长 0.3-1cm；被丝托近圆筒形，长 2.5-3cm，上端直径 4-5mm，与萼片均疏被短柔毛及短硬毛，幼时毛被较密；萼片三角形，长约 2mm；花冠白色，裂片长圆形，长 7-8mm，宽约 3mm，先端及边缘流苏状；花丝纤细，长约 2mm，花药柱长约 3mm；退化雌蕊具 3 枚分离的花柱；雌花：单生于雄总状花序的同一叶腋内；花梗长约 1cm，疏被短柔毛；被丝托、花萼和花冠与雄花同；子房窄纺锤形，密被短柔毛及短硬毛。果长圆柱形，长 1-2m，直径 3-4cm，卷曲似蛇，嫩时绿色兼有白色的条纹，成熟时鲜红色。种子长圆形，1 室，长 1.1-1.7cm，宽 0.8-1cm，灰褐色，扁，表面有皱纹，边缘有波状齿。花果期：夏季至冬初。

产地：仙湖植物园（曾春晓 011175），本市常有栽培。

分布：原产于印度。全球热带地区均有栽培。我国南北各地也有栽培。

用途：果可食，因果形奇特，色泽美丽，在庭园中常栽培作观果植物。

4. 王瓜 King Snake-gourd　　　图 95　彩片 97 98
Trichosanthes cucumeroides（Ser.）Maxim. in Franch. & Sav. Enum. Pl. Jap. **1**: 172. 1875.

Bryonia cucumeroides Ser. in DC. Prodr. **3**: 308. 1828.

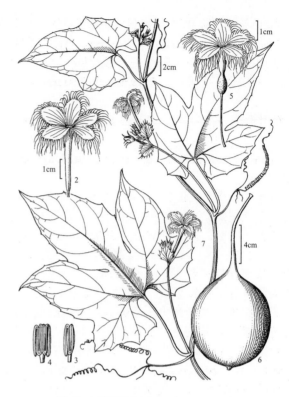

图 93　中华栝楼 Trichosanthes rosthornii
1. 分枝的一段、卷须、叶及雄花；2. 雄花；3-4. 雄蕊；5. 雌花；6. 瓠果。（李志民绘）

图 94　蛇瓜 Trichosanthes anguina
1. 分枝的一段、卷须、叶、雄花与雌花；2. 雄花；3. 雄蕊；4. 瓠果。（李志民绘）

多年生攀援草质藤本。块根纺锤形。茎细弱，多分枝，具纵棱和槽，疏被短柔毛；卷须2歧分枝。叶柄长3-10cm，具纵棱，密被的短柔毛及稀疏短硬毛；叶片纸质，轮廓为宽卵形或近圆形，长5-13(-19)cm，宽4-12(-18)cm，两面均疏被短硬毛，基部深心形，弯缺深2-4cm，3-5掌状浅裂至深裂，稀不裂，裂片卵形、椭圆形、三角形或披针形，边缘有疏细齿或浅波状，齿尖有小短尖，先端渐尖或钝。花雌雄异株；雄花：排成总状花序，有时有1单花与之同生于一叶腋内；花序梗长5-13cm，与花梗和苞片均疏被短柔毛；花梗短，长约5mm；苞片条状披针形，长2-3mm，全缘；被丝托近圆筒形，长6-7cm，顶端直径约7mm，与萼片均密被短柔毛；萼片条状披针形，长5-6mm，宽约1.5mm；花冠白色，裂片长圆形，长1.4-1.5cm，宽6-7mm，先端具很长的流苏；花丝甚短，花药柱长约3mm，药隔有毛；退化雌蕊刚毛状；雌花：单生；花梗长0.5-1cm，疏被短柔毛；被丝托、花萼与花冠同雄花；子房长圆形，密被短柔毛。果长圆体形或近球形，长6-7cm，直径4-5cm，成熟时橙红色，平滑，先端有短喙。种子横长圆形，长1-1.2cm，宽0.8-1cm，中间有宽而隆起的环带，3室，两侧室近圆形，中空，表面有瘤状突起。花期：5-8月，果期：8-11月。

产地：排牙山（王国栋等7024）、盐田（张寿洲等2956）、梅沙尖、梧桐山（王国栋等6245）。生于山坡林中或或灌丛中，海拔100-550m。

分布：浙江、江西、台湾、福建、广东、香港、海南、广西、湖南、贵州、四川、云南和西藏东南部。印度和日本。

5. 全缘栝楼 Wild Snake-gourd 图96

Trichosanthes ovigera Blume, Bijdr. 934. 1826.

多年生攀援藤本。茎纤细，多分枝，具棱及槽，与卷须和叶柄均疏被短柔毛；卷须2-3歧分枝。叶柄长4-12cm；叶片纸质，轮廓为卵状心形或近圆形，长7-19cm，宽7-8cm，基部深心形，弯缺深1-3cm，边缘3-5掌状中裂至深裂或具3齿裂，稀不裂，中间裂片卵形、倒卵状长圆形、长圆形或三角形，边缘具疏细齿或波状齿，先端急尖或钝，有短尖，下面密被茸毛，上面的毛较稀。花雌雄异株；雄花：排成总状花序或有1朵单花与之并生；花序梗长10-26cm，与花梗均密被短柔毛；花梗长约5mm；苞片披针形或倒披针形，长1.4-1.6cm，宽5-6mm，基部渐狭，先端渐尖，两面密被茸毛；被丝托近圆筒形，长约5cm，顶端直径

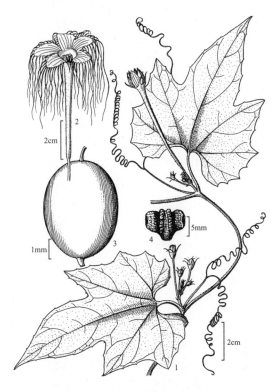

图95 王瓜 Trichosanthes curcumeroides
1.分枝的一段、卷须、叶及雄花序；2.雄花；3.瓠果；4.种子。（李志民绘）

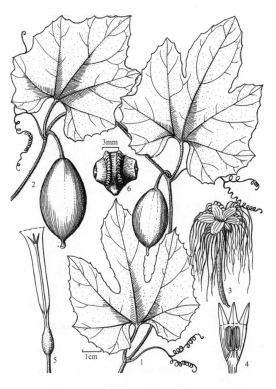

图96 全缘栝楼 Trichosanthes ovigera
1-2.分枝的一段、卷须、叶及瓠果；3.雄花；4.雄花纵剖面，除去花冠，示被丝托、萼片和雄蕊；5.雌花纵剖面，除去花萼及花冠，示被丝托、花柱和柱头；6.种子。（李志民绘）

5-7mm，与萼片均密被短柔毛；萼片三角状披针形，长 0.7-1cm；花冠白色，裂片狭长圆形，长约 1.5cm，宽约 3mm，边缘及先端具长的流苏；花丝甚短，长 2-2.5mm，花药柱长 4-5.5mm；雌花：单生；花梗长 1-3.5cm，与被丝托均密被短柔毛；被丝托圆柱形，长 5-6cm，直径 2-3mm；花萼与花冠同雄花；子房长卵形，密被短柔毛。果卵球形或纺锤状椭圆体形，长 5-7cm，直径 2.5-4cm，成熟时橙红色，平滑，基部圆钝或尖，先端圆，骤缩成长喙。种子近倒三角形，长 7-9mm，宽 7-8mm，深褐色，中央有宽而隆起的环带，3 室，两侧室卵形，中空，较小。花期：5-9 月，果期：9-12 月。

产地：七娘山、南澳（张寿洲等 4214）、笔架山（王国栋 6833）、梧桐山（深圳考察队 1546）、仙湖植物园。生于山谷丛林中、林缘或灌丛中，海拔 90-500m。

分布：台湾、福建、广东、香港、海南、广西、贵州和云南。越南、泰国、印度尼西亚和日本。

7. 金瓜属 Gymnopetalum Arn.

纤细草质藤本，攀援。卷须不分枝或 2 歧分枝。叶互生，具长柄；叶片厚纸质或近革质，卵状心形、5 角形或掌状 3-5 裂。花单性，雌雄同株或异株；雄花：排成总状花序或单花；无苞片或有苞片；被丝托呈筒状，上部膨大；萼片 5，近钻形；花冠辐状，白色或黄色，裂片 5，长圆形或倒卵形；雄蕊 3，着生在被丝托的中部，花丝短，分离，花药合生，1 枚 1 室，其余 2 室，药室折曲，药隔不伸出；退化雌蕊直立；雌花：单生；被丝托、花萼和花冠同雄花；退化雄蕊 3，条形；子房卵形或长圆形，具 3 个侧膜胎座，胚珠多数，水平生，花柱丝状。果为瓠果，长圆体形或近球形，两端急尖或钝，不开裂。种子倒卵形或长圆形，扁平，边缘稍隆起。

4 种，主要分布于我国、亚洲南部和东南部。我国产 2 种。深圳 1 种。

金瓜 Golden Gymnopetalum　　　　图 97

Gymnopetalum chinense（Lour.）Merr. in Philipp. J. Sci. **15**: 256.1919.

Evonymus chinensis Lour. Fl. Cochinch. **1**: 156. 1790.

Gymnopetalum cochinchinense（Lour.）Kurz. in J. As. Soc. Bengal **40**: 57. 1871；海南植物志 1：479. 1964.

多年生草质藤本。根近木质。茎、枝纤细，初时有长硬毛及长柔毛，老后毛渐脱落；卷须不分枝，近无毛。叶柄长 2-4cm，亦被毛；叶片膜质，轮廓为卵状心形、五角形或掌状 3-5 裂，长、宽均 4-8cm，基部心形，弯缺张开，深 1.5-2cm，宽 1-1.5cm，中裂片较大，窄三角形，侧裂片较小，三角形，先端渐尖，边缘有不规则的疏齿，两面粗糙并有短硬毛。花雌雄同株；雄花：单生或 3-8 朵排成总状花序；花序梗长 10-15cm，中部以上常被稀疏的黄褐色的长柔毛；苞片叶状，菱形，3 中裂，长 1-2.5cm，与被丝托和萼片均被黄褐色长柔毛；被丝托筒状，长约 2cm，直径 3-4mm，上部膨大；萼片近条形，长约 7mm；花冠白色，裂片卵状长圆形，长 1.5-2cm，宽 1-1.2cm，疏被长柔毛；雄蕊 3，花丝长约 0.5mm，花药长约 7mm，药室折曲；雌花：单生；花梗长 1-4cm；被丝托、花萼与花冠同雄花；子房长圆形，被黄褐色的长柔毛，有纵肋，两端近急

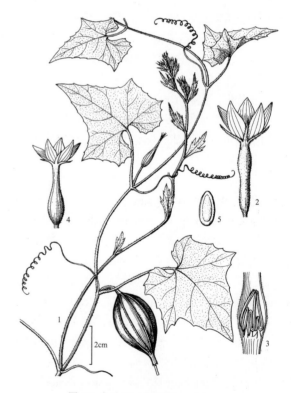

图 97 金瓜 Gymnopetalum chinense
1. 分枝的一段、卷须、叶及瓠果；2. 雄花；3. 雄花被丝托上部的纵剖面，示雄蕊；4. 雌花；5. 种子。（李志民绘）

尖，花柱长 5-8mm，柱头 3。果卵球状长圆体形，橙红色，长 4-5cm，无毛，具 10 条凸起的纵肋，两端急尖。种子长圆形，长约 7mm，宽 3-3.5mm，有网纹，两端钝。花期：7-9 月，果期：9-12 月。

产地：南澳（张寿洲等 4134）。生于山坡、路旁、疏林及灌丛中，海拔 50-300m。

分布：广东、香港、海南、广西及云南。印度、越南、泰国、菲律宾、马来西亚和印度尼西亚。

8. 葫芦属 Lagenaria Ser.

攀援草质藤本。植株被粘质长柔毛。卷须 2 歧分枝。叶柄细长，顶端具一对腺体；叶片卵状心形或肾形。花雌雄同株或异株，单生或雄花排成总状花序，白色；雄花：花梗长；被丝托狭钟状或漏斗状；萼片 5；花瓣 5，分离，长圆状倒卵形，顶端微凹；雄蕊 3，花丝分离；花药内藏，微靠合或分离，长圆形，1 枚 1 室，2 枚 2 室，药室曲折，药隔不伸出；退化雌蕊腺体状；雌花：花梗短；被丝托杯状；花萼和花冠同雄花；子房卵状或圆筒状或中间缢缩，有 3 个侧膜胎座，花柱短，柱头 3，2 浅裂；胚珠多数，水平着生。瓠果多型，不开裂，嫩时肉质，成熟后果皮木栓质，中空。种子多数，倒卵圆形，扁，边缘多少拱起，顶端截形。

6 种，主要分布于非洲热带地区。我国栽培 1 种及 3 变种。深圳栽培 1 变种。

瓠子 Bottle Gourd 　　　　　图 98

Lagenaria siceraria（Molina）Stanndl. var. **hispida**（Thunb.）H. Hara in Bot. Mag.（Tokyo）**61**: 5. 1948.

Cucurbita hispida Thunb. in Nova Acta Reige Soc. Sci. Upsal. **4**: 33 & 38. 1783.

一年生攀援草质藤本。茎、枝具棱及槽，被黏质长柔毛，老后渐变无毛；卷须丝状，被长柔毛。叶柄长 16-20cm，顶端有 2 腺体；叶片卵状心形或肾状卵形，长、宽均 10-35cm，基部心形，弯缺开张，半圆形或近圆形，长 1-3cm，宽 2-6cm，不分裂或掌状 3-5浅裂，具 5-7 条掌状脉，边缘有不规则的锯齿，先端急尖，两面均被粘质长柔毛。花雌雄同株；雌、雄花均单生；雄花：花梗比叶柄稍长，与被丝托、萼片和花冠均被粘质长柔毛；被丝托漏斗状，长约 2cm；萼片披针形，长约 5mm；花冠黄色，长 3-4cm，宽 2-3cm，边缘皱波状，先端微缺并有小短尖，具 5 脉；雄蕊 3，花丝长 3-4mm，花药长圆形，长 0.8-1cm，药室折曲；雌花：花梗比叶柄稍短或近等长；被丝托、花萼与花冠似雄花；被丝托长 2-3mm；子房圆柱状，密生黏质长柔毛，花柱粗短，柱头 3，膨大，2 裂。果圆柱状，直或稍弓曲，长 60-80cm，绿白色，果肉白色。花、果期：夏季。

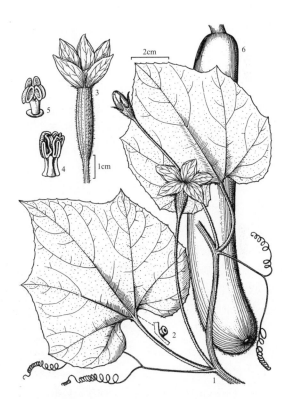

图 98 瓠子 Lagenaria siceraria var. hispida
1. 分枝的一段、卷须、叶及雄花；2. 叶柄顶端的腺体；3. 雌花；4. 雄蕊；5. 花柱及柱头；6. 瓠果。（李志民绘）

产地：深圳水库（王国栋等 5849）、龙岗（王国栋等 5792），本市常见栽培。

分布：全国各地均有栽培，长江流域一带栽培较普遍。

用途：果嫩时作蔬菜食用。

9. 苦瓜属 Momordica L.

一年生或多年生攀援或匍匐草本。卷须不分枝或 2 歧分枝。叶柄通常有腺体;叶片近圆形或卵状心形,掌状 3-7 浅裂或深裂, 稀不分裂, 边缘全缘或有锯齿。花雌雄异株或同株;雄花单生或排成总状花序;花梗上通常具一大的小苞片;小苞片圆肾形;被丝托短, 钟状或杯状;萼片卵形, 披针形或长圆状披针形;花冠黄色或白色;花冠呈辐状或宽钟状, 裂片倒卵形、长圆形或卵状长圆形;雄蕊 3, 有时 5 或 2, 着生在被丝托喉部, 花丝短, 分离, 花药初时靠合, 后来分离, 1 枚 1 室, 其余 2 室, 药室折曲, 稀直或弓曲, 药隔不伸长;退化雌蕊腺体状或缺。雌花单生;花梗上具一小苞片或无;被丝托、花萼和花冠同雄花;退化雄蕊腺体状或无;子房椭圆形或纺锤形, 具 3 个侧膜胎座, 花柱细长, 柱头 3, 不分裂或 2 裂;胚珠多数, 水平着生。瓠果卵球形、长圆体形、椭圆体形或纺锤形, 不开裂或 3 瓣裂, 常具瘤皱或刺状突起, 顶端有喙或无。种子少数或多数, 卵形或长圆形, 平滑或有各种雕纹。

约 45 种, 多数分布于非洲热带地区, 其中少数种类在热带至温带地区有栽培。我国产 3 种, 其中 1 种普遍栽培。深圳有栽培的 2 种。

1. 花雌雄同株;雄花花梗的中部或中部以下有小苞片;叶柄无腺体;叶片 5-7 掌状深裂;雄蕊 3, 药室 2 回折曲;果纺锤形或圆柱形, 外面多瘤皱 ·· **1. 苦瓜 M. charantia**
1. 花雌雄异株;雄花花梗顶端有小苞片;叶柄中部具 2-5 个腺体;叶片 3-5 中裂至深裂或不分裂;雄蕊 3, 药室 1 回折曲;果卵球形, 外面具刺状突起 ·· **2. 木鳖子 M. cochinchinensis**

1. 苦瓜 凉瓜 Balsam-pear 　　　图 99　彩片 99

Momordica charantia L. Sp. Pl. **2**: 1009. 1753.

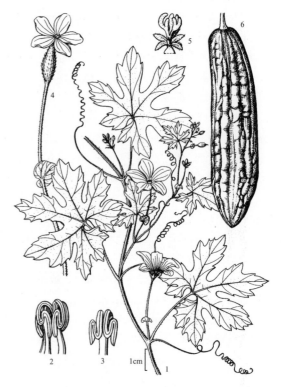

图 99 苦瓜 Momordica charantia
1. 分枝的一段、卷须、叶及雄花;2-3. 雄蕊;4. 雌花;
5. 除去花冠, 示被丝托的上部、花萼、花柱及柱头;6. 瓠果。(李志民绘)

一年生攀援柔弱草本。茎多分枝, 被柔毛。卷须纤细, 不分歧, 长达 20cm, 具微柔毛。叶柄长 4-6cm, 初时被白色柔毛, 后变无毛, 无腺体;叶片轮廓卵状肾形或近圆形, 膜质, 长、宽均为 4-12cm, 两面脉上均密被明显的微柔毛, 掌状 5-7 深裂, 裂片卵状长圆形, 边缘具粗齿或有不规则的浅裂, 基部弯缺半圆形, 先端钝, 稀急尖, 叶脉掌状。花雌雄同株;雄花:单生于叶腋;花梗纤细, 被微柔毛, 长 3-7cm, 中部或中部以下具 1 小苞片;小苞片绿色, 肾形或圆形, 长、宽均 0.5-1.5cm, 边缘全缘, 两面疏被柔毛;被丝托短, 长约 1.5-2mm;萼片卵状披针形, 长 4-6mm, 宽 2-3mm, 被白色柔毛, 先端急尖;花冠黄色, 裂片倒卵形, 长 1.5-2cm, 宽 0.8-1.2cm, 先端钝, 急尖或微凹, 被柔毛;雄蕊 3, 分离, 药室 2 回折曲;雌花:单生;花梗被微柔毛, 长 10-12cm, 基部常具 1 苞片;被丝托、花萼和花冠同雄花;子房纺锤形, 密生瘤状突起, 柱头 3, 膨大, 2 裂。果纺锤形或圆柱形, 多瘤皱, 长 10-20cm, 成熟后橙黄色, 自顶端 3 瓣裂。种子多数, 长圆形, 长 1.5-2cm, 宽 1-1.5cm, 具红色假种皮, 两端各具 3 小齿, 两面有雕纹, 花、果期:5-10 月。

产地:葵涌(王国栋等 6554)、罗湖区林果场(刘小琴 007959)。本市普遍栽培。

分布:我国南北各地均普遍栽培。广泛栽培于世界热带至温带地区。

用途:本种果味甘苦, 为常见的蔬菜, 也可糖渍;成熟果肉和假种皮也可生食;根、藤及果入药, 有清热解毒的功效。

2. 木鳖子 Wooden Tortoise

图 100　彩片 100 101

Momordica cochinchinensis（Lour.）Spreng. Syst. Veg. **3**：14. 1826.

Muricia cochinchinensis Lour. Fl. Cochinch. **2**：596. 1790.

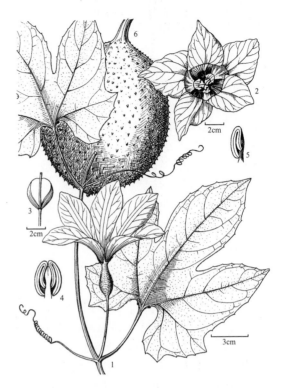

图 100 木鳖子 Mormordica cochinchinensis
1. 分枝的一段、卷须、叶及雌花；2. 雄花的正面观；3 雄花的小苞片；4-5. 雄蕊；6. 瓠果。（李志民绘）

粗壮大藤本，长达 15m，具块状根；全株近无毛或疏被短柔毛，在茎的节间偶有茸毛。卷须粗壮，不分枝。叶柄粗壮，长 5-10cm，初时被稀疏的黄褐色短柔毛，后变近无毛，在基部或中部有 2-4 个腺体；叶片轮廓心形或宽卵形，长、宽均为 10-20cm，3-5 掌状中裂至深裂或不分裂，中间的裂片最大，两面无毛，下面密生黄色腺点，基部心形，边缘有波状小齿，稀近全缘，叶脉掌状。花雌雄异株；雄花：单生于叶腋或有时 3-4 朵排成短的总状花序；花梗粗壮，近无毛，长 3-5cm，若为单花则花梗长 6-12cm，顶端生一大型小苞片；小苞片圆肾形，长 3-5cm，宽 5-8cm，两面疏被短柔毛；被丝托漏斗状；萼片宽披针形或长圆形，长 12-20mm，宽 6-8mm，疏被短柔毛，先端渐尖或急尖；花冠黄色，裂片卵状长圆形，长 5-6cm，宽 2-3cm，先端急尖或渐尖，基部有 5 枚黄色被毛的腺体；雄蕊 3，2 枚的花药 2 室，1 枚 1 室，药室 1 回折曲；雌花：单生于叶腋，花梗长 5-10cm，近中部生一小苞片；小苞片长、宽均为 2mm；被丝托、花萼和花冠同雄花；子房卵状长圆形，有密刺。果卵球形，直径 12-15cm，先端有 1 短喙，成熟时红色，肉质，密生长 3-4mm 的刺。种子多数，卵形或方形，干后黑褐色，长 2.6-2.8cm，宽 1.8-2cm，厚 5-6mm，边缘有波状齿，具雕纹。花期 6-8 月，果期 8-10 月。

产地：仙湖植物园（李沛琼 011106）。生于山沟、林缘及路旁，海拔 80-250m，常有栽培。

分布：安徽、江苏、浙江、江西、台湾、福建、广东、香港、海南、广西、湖南、贵州、四川、云南和西藏。印度、孟加拉国、缅甸、越南、老挝、柬埔寨、泰国和马来西亚。

用途：种子、根和叶有微毒，入药，有化痰、消肿、解毒和止痛之效。

10. 丝瓜属 Luffa Mill.

一年生草质攀援藤本。卷须稍粗糙，2 歧或多歧分枝。叶柄顶端无腺体；叶片通常掌状 5-7 裂。花黄色或白色，雌雄异株；雄花排成总状花序；被丝托倒圆锥形；萼片 5，三角形或披针形；花瓣 5，基部合生呈辐状，开展，边缘全缘或啮蚀状；雄蕊 3 或 5，离生，若为 3 枚，花药 1 枚 1 室，2 枚 2 室，若为 5 枚，则全部为 1 室，药室条形，多回折曲，药隔通常膨大；退化雌蕊缺或稀为腺体状；雌花单生，具长或短的花梗；被丝托、花萼和花冠与雄花同；退化雄蕊 3，稀 4-5；子房圆柱形，柱头 3，具 3 个侧膜胎座，胚珠多数，水平着生。瓠果长圆体形或圆柱状，未成熟时肉质，熟后变干燥，里面具网状纤维，熟时由顶端盖裂。种子多数，长圆形，扁压。

约 6 种，分布于全球热带和亚热带地区。我国常见栽培的 2 种。深圳亦有栽培。

1. 雄蕊通常 5，稀 3，花药全部为 1 室；果表面平滑，无棱 ………………………… 1. 水瓜 L. cylindrica
1. 雄蕊 3，花药 1 枚 1 室，2 枚 2 室；果外面具 8-10 条纵向的棱 ……………… 2. 广东丝瓜 L. acutangula

1.　水瓜 丝瓜 Vegetable-sponge

图 101　彩片 102

Luffa cylindrica（L.）Roem. Syn. Mon. **2**：63. 1846.

Momordica cylindrica L. Sp. Pl. **2**：1009. 1753.

Luffa aegyptiaca Mill. Gard. Dict. ed. 8. 1768；F. W. Xing & H. G. Ye in Q.M. Hu & D. L. Wu, Fl. Hong Kong **1**：258. 2007.

　　一年生草质攀援藤本。茎、枝粗糙，有棱沟，被微柔毛；卷须被短柔毛，通常 2-4 歧分枝。叶柄长10-12cm，近无毛；叶片轮廓为三角形或近圆形，长和宽均为 10-20cm，5-7 掌状裂，裂片三角形，中间的较长，长 8-12cm，先端急尖或渐尖，边缘有锯齿，基部深心形，弯缺深 2-3cm，宽 2-2.5cm，下面有短柔毛，上面粗糙，有疣点，具掌状脉。花雌雄同株；雄花：15-20 朵排成总状花序；花序梗长 12-14cm，被柔毛；花梗长 1-2cm；被丝托宽钟形，直径 5-9mm，被短柔毛；萼片卵状披针形或近三角形，上端反折，长 0.8-1.3cm，宽 4-7mm，外面疏被短柔毛，里面的毛较密，先端渐尖，具 3 脉；花冠黄色，辐状，直径5-9cm，裂片长圆形，长 2-4cm，宽 2-2.8cm，下面具 3-5 条凸起的脉，脉上密被短柔毛，上面基部密被黄白色长柔毛，先端钝圆，基部狭窄；雄蕊 5，稀 3，花丝长 6-8mm，基部有白色短柔毛，初时合生，以后分离，花药全部为 1 室，药室多回折曲；雌花：单生；花梗长 2-10cm；被丝托、花萼和花冠同雄花；子房长圆柱状，有柔毛，柱头 3，膨大。果圆柱状，直或稍弯，长 15-45cm，直径 5-8cm，表面平滑无棱，有深色纵条纹。种子多数，黑色，卵形，扁，平滑或有少数疣状突起，边缘狭翼状。花果期：夏至秋季。

　　产地：笔架山（王国栋等 6738）、仙湖植物园（陈珍传等 0086）、梧桐山（徐有才等 89-393），本市各地常见栽培。

　　分布：我国南、北各地普遍栽培。云南南部有野生，但果较短小。广泛栽培于世界温带至热带地区。

　　用途：果为夏季蔬菜，成熟时里面的网状纤维称丝瓜络，可代替海绵用作洗刷灶具及家具；药用，有清凉、利尿、活血、通经、解毒之效。

2.　广东丝瓜 Towel-gourd　　图 102　彩片 103

Luffa acutangula（L.）Roxb. Hort. Beng. 70. 1814.

Cucumis acutangula L. Sp. Pl. **2**：1011. 1753.

　　一年生草质攀援藤本。茎具明显的纵棱，被短柔毛。卷须粗壮，通常 3 歧分枝，有短柔毛。叶柄长

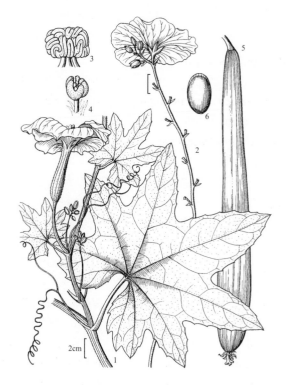

图 101 水瓜 Luffa cylindrical
1. 分枝的一段、卷须、叶、雄花序及雌花；2. 雄花序；3. 雄蕊；4. 花柱及柱头；5. 瓠果；6. 种子。（李志民绘）

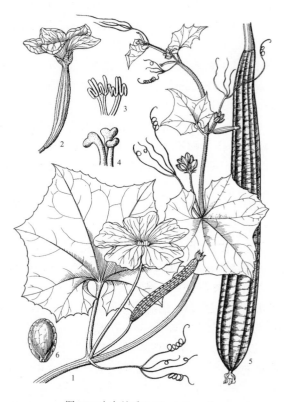

图 102 广东丝瓜 Luffa acutangula
1. 分枝的一段、卷须、叶、雄花序及雌花；2. 雌花；3. 雄蕊；4. 花柱及柱头；5. 瓠果；6. 种子。（李志民绘）

8-12cm，棱上具短柔毛；叶片轮廓近圆形，膜质，长、宽均为15-20cm，具掌状5-7浅裂，中间裂片宽三角形，稍长，其余的裂片不等大，基部裂片最小，先端急尖或渐尖，边缘疏生锯齿，基部弯缺近圆形，深2-2.5cm，宽1-2cm，两面被短柔毛。花雌雄同株；雄花：17-20朵排成总状花序；花序梗长10-15cm；花梗长1-4cm，与花序梗均被白色短柔毛；被丝托钟形，长5-8mm，直径约1cm，外面有短柔毛；萼片披针形，长4-6mm，宽2-3mm，两面密被白色短柔毛，具1脉，基部有3个瘤状凸起；花冠黄色，辐状，裂片倒心形，长1.5-2.5cm，宽1-2cm，顶端凹陷，外面具3条隆起脉，脉上有短柔毛；雄蕊3，分离，花丝长4-5mm，基部有髯毛，花药1枚1室，2枚2室，有短柔毛，药室2回折曲；雌花：单生，与雄花序生于同一叶腋；子房棍棒状，具10条纵棱，花柱粗而短，柱头3，膨大，2裂。果圆柱状或棍棒状长圆形，具8-10条纵向的锐棱，无毛，长15-50cm，直径6-10cm。种子卵形，黑色，有网状纹饰，无狭翼状边缘，基部2浅裂，长1.1-1.2cm，宽7-8mm，厚约1.5mm。花果期：夏至秋季。

产地：本市各地广泛栽培。

分布：我国南部多栽培。亚洲南部、西南部及世界其他热带地区广为栽培。

用途：与丝瓜同。

11. 冬瓜属 **Benincasa** Savi

一年生草质藤本。全株密被长硬毛。卷须2-3歧分枝。叶柄无腺体；叶片掌状5浅裂。花大型，雌雄同株，单生叶腋；雄花：被丝托宽钟状；萼片5，近叶状，边缘有锯齿，反折；花瓣5，倒卵形，基部合生，边缘全缘；雄蕊3，分离，着生在被丝托近顶部，花丝短粗，花药1枚1室，其他2室，药室多回折曲，药隔宽；退化子房腺体状；雌花：被丝托、花萼和花冠同雄花；退化雄蕊3；子房卵球形，具3个侧膜胎座，胚珠多数，水平生，花柱粗厚，柱头3，膨大，2裂。瓠果大型，长圆柱状或近球状，具长硬毛及白霜，不开裂，具多数种子。种子圆形，扁，边缘肿胀。

1种及1变种，栽培于世界热带、亚热带和温带地区。我国各地普遍栽培。深圳也普遍栽培。

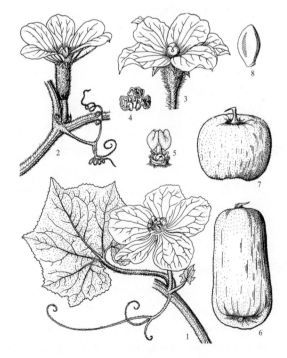

1. 子房密被黄褐色茸毛状硬毛；果大型，长25-60cm，直径10-25cm或更大 ⋯⋯⋯⋯⋯⋯⋯⋯⋯⋯⋯⋯⋯⋯ **1. 冬瓜 B. hispida**

1. 子房被污浊色或黄色硬毛；果小，长15-20(-25)cm，直径4-8(-10)cm ⋯⋯⋯⋯⋯⋯⋯⋯ ⋯⋯⋯⋯⋯⋯ **1a. 节瓜 B. hispida** var. **chieh-qua**

1. 冬瓜 Chinese Wax-gourd 图103 彩片104
Benincasa hispida（Thunb.）Cogn. in DC. Monogr. Phan. **3**: 513. 1881.

Cucurbita hispida Thunb. Fl. Jap. 322. 1784.

一年生蔓生或攀援草质藤本；茎被黄褐色长硬毛及长柔毛，有棱和沟。叶柄粗壮，长5-20cm，被黄褐色的长硬毛和长柔毛；叶片轮廓为肾状圆形，宽15-30cm，有5-7掌状浅裂或深裂至叶片中部，裂片宽三角形或卵形，先端急尖，边缘有小齿，基部深心形，弯缺张开，下面粗糙，灰白色，有长硬毛，上面有疏柔毛，老后毛渐脱落。雌雄同株；雄花：花梗长5-15cm，密被黄褐色长硬毛和长柔毛，基部具一苞片；苞片卵

图 103 冬瓜 Benincasa hispida
1. 分枝的一段、卷须、叶及雄花；2-3. 雌花；4. 雄蕊；5. 退化雄蕊、花柱及柱头；6-7. 瓠果；8. 种子。（李志民绘）

形或宽长圆形，长 0.6-1cm，先端急尖，被短柔毛；被丝托宽钟形，长和宽均 1.2-1.5cm，密生长硬毛；萼片披针形，长 0.8-1.2cm，边缘有锯齿，反折；花冠黄色，辐状，裂片宽倒卵形，长 3-6cm，宽 2.5-3.5cm，两面有稀疏的长柔毛，具 5 脉；雄蕊 3，离生，花丝长 2-3mm，基部膨大，被短柔毛，花药长约 5mm，宽 0.7-1cm，药室 3 回折曲；雌花：花梗长不及 5cm，密生黄褐色长硬毛和长柔毛；子房卵形或圆筒形，密生黄褐色长硬毛，长 2-4cm；花柱长 2-3mm，柱头 3，长 1.2-1.5cm，2 裂。果长圆柱状或近球状，大型，有长硬毛和白霜，长 25-60cm，直径 10-25cm 或更大。种子卵形，白色或淡黄色，压扁，边缘肿胀，长 1-1.1cm，宽 5-7mm，厚 2mm。花果期：春至夏季。

产地：深圳地区普遍栽培。

分布：原产印度和我国云南南部。世界热带，尤其是亚洲热带广为栽培。我国各地普遍栽培。云南南部（西双版纳）的野生者，果远较小。

用途：果除作蔬菜外，也可浸渍作蜜饯；果皮和种子药用，有消炎、利尿、消肿的功效。

1a. 节瓜 Chieh-gua　　　　　　　　　　　　　　　　　　　　彩片 105

Benincasa hispida var. **chieh-qua** F. C. How in Acta Phytotax. Sin. **3**（1）: 76. 1954.

与冬瓜（原变种）不同之处在于：子房被黄色长硬毛；果小，长圆体形，长 15-20（-25）cm，直径 4-8（-10）cm，成熟时被长硬毛，无白霜。花果期：春至夏季。

产地：深圳地区普遍栽培。

分布：我国南方，尤以广东和广西栽培普遍。

用途：果作蔬菜食用。

12. 西瓜属 Citrullus Schrad.

一年生或多年生草质藤本。茎、枝稍粗壮，粗糙；卷须 2-3 歧分枝，稀不分枝，极稀变为刺状。叶片轮廓圆形或三角状卵形，3-5 羽状深裂，裂片又羽状或 2 回羽状浅裂或深裂。花雌雄同株，全部花均单生，稀簇生；雄花：被丝托宽钟形；萼片 5；花冠黄色，辐状或宽钟状，裂片 5，卵状长圆形，先端钝；雄蕊 3，生在被丝托基部，花丝短，分离，花药分离或稍靠合，1 枚 1 室，其余的 2 室，药室线形，折曲，药隔膨大，不伸出；退化雌蕊腺体状；雌花：被丝托、花萼和花冠与雄花同；退化雄蕊 3，刺毛状或舌状；子房卵球形，花柱短，柱状，柱头 3，肾形，3 浅裂，具 3 个侧膜胎座，胚珠多数，水平着生。瓠果球形或长圆体形，果皮平滑，肉质，不开裂。种子多数，长圆形或卵形，压扁，平滑。

4 种，分布于地中海地区东部、非洲热带和亚洲西部。我国栽培 1 种。深圳亦有栽培。

西瓜 Water-melon　　　图 104　彩片 106 107

Citrullus lanatus（Thunb.）Matsum. & Nakai in Cat. Sem. Spor. Hort. Bot. Univ. Imp.（Tokyo）**30**: no. 854. 1916.

Momordica lanata Thunb. Prodr. Pl. Cap. 13. 1800.

Citrullus vulgaris Schrad. ex Eckl. & Zeyh. Enum. Pl. Afr. Austr. **2**: 279. 1836；广州植物志 188.1956；海南植物志 **1**: 475. 1964.

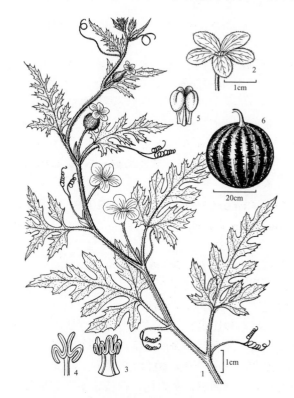

图 104 西瓜 Citrullus lanatus
1. 分枝的上段、卷须、叶、雄花和雌花；2. 雄花；3-4. 雄蕊；
5. 花柱及柱头；6. 瓠果。（李志民绘）

一年生草质藤本。茎、枝粗壮,具明显的棱和沟,密被白色或淡黄褐色长柔毛。卷须2歧分枝。叶柄长3-12cm,宽2-4mm,密被长柔毛;叶片纸质,轮廓为三角状卵形,长8-20cm,宽5-15cm,两面具短硬毛,基部心形,有时形成半圆形的弯缺,羽状3深裂,中裂片较长,又羽状或二回羽状浅裂或深裂,边缘波状或有疏齿,先端急尖或渐尖,末次裂片通常有少数浅锯齿,先端钝圆。花雌雄同株;雌、雄花均单生于叶腋;雄花:花梗长3-4cm,密被黄褐色长柔毛;被丝托宽钟形,长5-6mm,密被长柔毛;萼片狭披针形,与被丝托近等长;花冠淡黄色,直径2.5-3cm,外面带绿色,被长柔毛,裂片卵状长圆形,长1-1.5cm,宽5-8mm,脉黄褐色,被长柔毛;雄蕊3,近分离,花药1枚1室,2枚2室,花丝短,药室折曲;雌花:被丝托、花萼和花冠与雄花同;子房卵球形,密被长柔毛,花柱长4-5mm,柱头3,肾形。果大型,近球形或椭圆体形,肉质,多汁,果皮光滑,色泽及纹饰多样。种子多数,卵形,长1-1.5cm,宽5-8mm,厚1-2mm,黑色、红色,有时为白色、黄色、淡绿色或有斑纹,平滑,边缘稍拱起。花果期:4-10月。

产地:仙湖植物园(李沛琼006755)、光明新区(李沛琼8105),本市各地常见栽培。

分布:原产于非洲南部,广泛栽培于世界热带到温带地区;我国各地普遍栽培,栽培历史悠久,品种甚多。外果皮、果肉及种子形式多样,以新疆、甘肃兰州、山东德州、江苏溧阳等地所生产的西瓜最为有名。

用途:果为夏季最受欢迎的水果之一,果肉味甜,能降温去暑;种子含油,可作消遣食品;果皮药用,有清热、利尿、降血压之效。

13. 黄瓜属 Cucumis L.

一年生攀援或草质藤本。茎、枝粗糙,密被白色或淡黄色的长硬毛。卷须不分枝。叶片近圆形、肾形或心状卵形,不分裂或掌状3-7浅裂,边缘具锯齿。花雌雄同株,稀异株或具两性花;雄花:簇生或单生;被丝托钟状或近陀螺状;萼片5,近钻形;花冠辐状或近钟状,黄色,裂片5,长圆形或卵形;雄蕊3,分离,着生在被丝托近顶部,花丝短,花药长圆形,1枚1室,2枚2室,药室线形,折曲或弓曲,药隔伸出,呈乳头状;退化雌蕊腺体状;雌花:单生,稀簇生;被丝托、花萼和花冠与雄花相同;退化雄蕊3,钻形;子房纺锤形或近圆筒形,具3-5个侧膜胎座,花柱短,柱头3-5,靠合,胚珠多数,水平着生。瓠果多形,肉质,不开裂,平滑或具瘤状凸起。种子多数,扁压,光滑,边缘不增厚。

约32种,分布于世界热带到温带地区,以非洲种类较多。我国引入栽培有3种。深圳栽培1种,1变种。

1. 果皮平滑,无瘤状凸起,淡绿白色 ·····················
······························· **1. 白瓜 C. melo var. conomon**
1. 果皮粗糙,通常具刺尖状瘤状凸起,绿色,熟时黄绿色 ·····························**2. 黄瓜 C. sativus**

1. 白瓜 菜瓜 Oriental Picking Melon　　图105
Cucumis melo L. var. **conomon**(Thunb.)Makino in Bot. Mag.(Tokyo)**16**:16. 1902.

Cucumis conomon Thunb. Fl. Jap. 362. 1784.

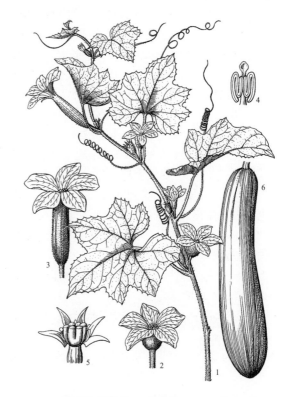

图 105 白瓜 Cucumis melo var. conomon
1. 分枝的上段、卷须、叶、雄花及雌花;2. 雄花;3. 雌花;4. 雄蕊;5. 除去花冠,示被丝托上部、花萼、退化雄蕊、花柱和柱头;6. 瓠果。(李志民绘)

一年生匍匐或攀援草质藤本。茎、枝有黄褐色或白色的长硬毛和疣状突起；卷须丝状，被微柔毛。叶柄长8-12cm，具沟槽，被短刚毛；叶片厚纸质，轮廓近圆形或肾形，长、宽均8-15cm，下面沿脉密被长硬毛，上面粗糙，被白色长硬毛，基部截形或具半圆形的弯缺，边缘不分裂或3-7掌状浅裂，有锯齿，裂片先端圆钝，具掌状脉。花雌雄同株或兼具两性花；雄花：数朵簇生于叶腋；花梗纤细，长0.5-2cm，被长柔毛；被丝托狭钟形，密被白色短硬毛和长柔毛，长6-8mm；萼片近钻形或条形，直立或开展，比被丝托短；花冠黄色，长约2cm，裂片卵状长圆形，先端急尖；雄蕊3，花丝极短，药室折曲，退化雌蕊长约1mm；雌花：单生；被丝托、花萼和花冠与雄花相似；子房长椭圆形，密被长柔毛和长硬毛，花柱长1-2mm，柱头3，靠合，长约2mm。果长圆状圆柱形或近棒状，长20-30(-50)cm，直径6-10(-15)cm，平滑，无毛，淡绿白色，有纵线条，果肉白色或淡绿色，无香甜味。花果期：夏季。

产地：深圳地区有栽培。

分布：原产日本。我国南北各地普遍栽培，尤以南方更普遍。

用途：果为夏季的蔬菜，并多酱渍作酱瓜。

2. 黄瓜 青瓜 Cucumber

图106 彩片108 109

Cucumis sativus L. Sp. Pl. **2**: 1012. 1753.

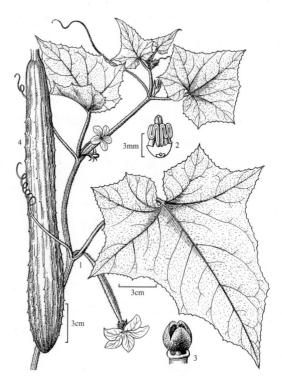

一年生蔓生或攀援草质藤本。茎、枝被白色长硬毛。卷须纤细，具白色柔毛。叶柄长10-16(-20)cm，有长硬毛；叶片轮廓为宽卵状心形，膜质，长、宽均7-20cm，两面甚粗糙并被长硬毛，基部弯缺半圆形，宽2-3cm，深2-2.5cm，边缘具3-5个角或浅裂，裂片三角形，有齿，先端急尖或渐尖。花雌雄同株；雄花：常数朵在叶腋簇生；花梗纤细，长0.5-15cm，被微柔毛；被丝托狭钟状或近圆筒状，长0.8-1cm，密被白色的长柔毛；萼片钻形，开展，与被丝托近等长；花冠黄白色，长约2cm，裂片长圆状披针形，先端急尖；雄蕊3，花丝近无，花药长3-4mm，药隔伸出，长约1mm；雌花：单生，稀簇生；花梗粗壮，长1-2cm，被柔毛；被丝托、花萼与花冠同雄花；子房纺锤形，粗糙，有小刺状突起。果长圆体形或圆柱形，长10-30(-50)cm，直径3.5-5cm，绿色，熟时黄绿色，表面粗糙，有具刺尖的瘤状突起，稀近于平滑。种子小，狭卵形，白色，边缘不增厚，两端近急尖，长0.5-1cm。花果期：夏季。

图106 黄瓜 Cucumis sativus
1. 分枝的上段、卷须、叶、雄花和雌花；2. 雄蕊；3. 花柱和柱头；4. 瓠果。（李志民绘）

产地：龙岗（陈景芳等5765），仙湖植物园（刘小琴等010280），本市常见栽培。

分布：广泛种植于世界热带至温带地区。我国南北各地普遍栽培，许多地区均在温室或塑料大棚内栽培。栽培品种很多。

用途：果为我国夏季主要蔬菜之一。茎藤药用，能消炎、祛痰、镇痉。

129. 秋海棠科 BEGONIACEAE

谷粹芝

多年生肉质草本，稀半灌木。茎直立，稀匍匐或攀援，有的具短茎或近无茎；根状茎球形或块状。单叶，稀掌状复叶，互生或基生，具叶柄；托叶早落；叶片通常偏斜和两侧不对称，稀对称，边缘有不规则的锯齿或分裂，偶见全缘，叶脉掌状。花2-4朵至数朵，稀多数，排成简单二歧或复二歧聚伞花序，有时为圆锥花序，单性，雌雄同株，稀异株，具花梗和苞片；雄花：花被片（无花萼和花冠之分的花，每一片萼片或花瓣均称花被片）2-4，对生或交互对生，外面的较大，内面的较小；雄蕊多数，花丝分离或基部合生，花药2室，顶生或侧生，药隔形状变化大；雌花：花被片2-5(-10)，分离，稀基部合生，子房上位，稀半下位，1-3室，稀4-5室，中轴胎座或侧膜胎座，胚珠多数，花柱2，分离或基部合生，有1或2叉裂，柱头膨大，分裂，裂片扭曲呈螺旋状或"U"字形，或为头状和肾状，有刺状乳头。果为蒴果，干燥，有时为浆果状，具不等大或近等大的3翅，少数无翅而具3-4棱。种子多数，小，长圆形，种皮淡褐色，光滑或有网纹。

约2或3属，1400余种，广布于全球热带和亚热带地区。我国产1属，173种。深圳有1属，8种，其中有5个栽培种。

秋海棠属 Begonia L.

多年生肉质草本，极稀亚灌木。茎直立，稀匍匐或攀援，有的具短茎或无茎，通常具根状茎；根状茎球形、块状或圆柱状，直立、横生或匍匐。单叶，稀掌状复叶，互生，如茎短缩，则叶全部基生；托叶早落，膜质；叶柄较长，柔弱；叶片常偏斜，基部两侧不对称，稀几对称，边缘常有不规则疏浅齿，或浅裂至深裂，偶全缘，通常具掌状脉。花单性，多雌雄同株，极稀异株，(1-)2-4至数朵组成聚伞花序，有时为圆锥花序；有苞片；花被片花瓣状；雄花：花被片2-4，2对生或4交互对生，通常外轮较大，内轮小；雄蕊多数，花丝离生或仅基部合生，稀合成单体；花药2室，顶生或侧生，纵裂；雌花：花被片2-5(-6-8)；雌蕊由2-3-4(-5-7)心皮组成；子房下位，1-3(-7)室，侧膜胎座或中轴胎座，每胎座具1-2裂片，裂片偶有分枝，胚珠多数，花柱2或3(或更多)，分离或基部合生，柱头膨大，分裂，裂片扭曲呈螺旋状、U字形或为头状和近肾形，并带有刺状乳头。果为蒴果，有时浆果状，具3翅，翅不等大，稀等大，少数无翅而具3-4棱或小三角状突起。种子多数，小，长圆形，浅褐色，光滑或有纹理。

约1400多种（本属含秋海棠科的绝大部分种类），分布世界热带和亚热带地区，尤以中美洲和南美洲最多。我国有173种。深圳有8种，其中5种为栽培种。

本属植物花朵鲜艳美丽，体态多样，花期较长，品种甚多，又易于栽培，长期以来用作美化庭院的观花植物或作盆景供观赏植物。少数种类也可供药用。

1. 植株无地上茎，通常仅具1片稀具2片基生叶；叶柄和叶片的两面均具卷曲的长柔毛；托叶边缘撕裂状 ………
　………………………………………………………… 1. **紫背天葵 B. fimbristipula**
1. 植株有地上茎，具多片基生叶和茎生叶；叶柄和叶片两面无毛或下面被交织状茸毛；托叶边缘不为撕裂状。
　2. 叶片卵形、宽卵形或斜卵形，两侧大致对称或微不对称，基部两侧不偏斜或略偏斜（即两侧近等大或其中一侧略大）。
　　3. 叶柄和叶片两面均无毛；叶片两侧大致对称，边缘有细锯齿，但不裂；花被片无毛；蒴果的3翅略不等大 ………………………………………………… 2. **四季秋海棠 B. cucullata** var. **hookeri**
　　3. 叶柄和叶片的下面被交织状茸毛；叶片两侧略不对称，边缘浅裂至中裂；外轮花被片外面被短柔毛；蒴果的3翅不等大，其中最大的一翅长为其他2翅的3至4倍 ………3. **红孩儿 B. palmata** var. **bowringiana**
　2. 叶片非上述形状，如为斜宽卵形则边缘全缘，两侧甚不对称，基部甚偏斜（即一侧较另一侧大得多）
　　4. 叶片斜宽卵形或近肾形，长大于宽不到1倍，边缘全缘；花小，雄花外轮花被片长6-7mm ……………
　　………………………………………………………… 4. **牛耳秋海棠 B. sanguinea**

4. 叶片斜长圆形、斜卵状长圆形、斜披针形或卵状披针形，长大于宽 1 倍或以上，边缘有各式锯齿；花较大，雄花外轮花被片长 1cm 以上。

　　5. 复二歧聚伞花序短，长 3-4cm；花序梗长约 1cm；花白色；蒴果近球形，顶端具粗的长喙，无翅 ⋯⋯⋯⋯⋯⋯⋯⋯⋯⋯⋯⋯⋯⋯⋯⋯⋯⋯⋯⋯⋯⋯⋯⋯⋯⋯ 5. 粗喙秋海棠 **B. crassirostris**

　　5. 复二歧聚伞花序较长，长 8-12cm；花序梗长 3-15cm；花深红色，红色或淡红色，稀白色；蒴果非球形，顶端无喙，有等大的 3 翅。

　　　6. 叶片上面暗绿色，无白斑；花深红色 ⋯⋯⋯⋯⋯⋯ 6. **红花竹节秋海棠 B. coccinea**

　　　6. 叶片上面绿色，散生圆形的白斑；花红色、淡红色，稀白色。

　　　　7. 花大，雄花外轮花被片长达 2cm；叶片亦较大，长 15-25cm，宽 7-10cm；常绿灌木 ⋯⋯⋯⋯⋯⋯⋯⋯⋯⋯⋯⋯⋯⋯⋯⋯⋯⋯⋯⋯⋯⋯⋯⋯⋯ 7. **竹节秋海棠 B. maculata**

　　　　7. 花较小，雄花外轮花被片长 1.5-1.7cm；叶亦较小，长 9-15cm，宽 4-6cm；多年生草本 ⋯⋯⋯⋯⋯⋯⋯⋯⋯⋯⋯⋯⋯⋯⋯⋯⋯⋯⋯⋯⋯ 8. **银星秋海棠 B. ×argenteo-guttata**

1.　紫背天葵 Fimbriate-stipulate Begonia

图 107　彩片 110

Begonia fimbristipula Hance in J. Bot. **2**: 202. 1883.

多年生无茎草本。根状茎球形，直径 7-8mm。叶基生，通常仅 1 片，稀 2 片；托叶小，卵状披针形，长 5-7mm，先端急尖并带刺芒，边撕裂状；叶柄长 5-14cm，被卷曲长柔毛；叶片两侧略不对称，轮廓宽卵形，长 6-15cm，宽 4.8-13cm，下面淡绿色，沿脉被卷曲的长柔毛，主脉之毛较长，上面亦疏被毛，具掌状脉 7(-8) 条，基部略偏斜，心形至深心形，边缘有大小不等三角形重锯齿，有时呈缺刻状，齿尖有长可达 0.8mm 之芒，先端急尖或渐尖。花葶（无地上茎的植物，其花序梗下部无叶，而似从地生出的称花葶）高 6-18cm，无毛；花粉红色，数朵组成 2-3 回复二歧聚伞花序；小苞片早落，膜质，长圆形，无毛；雄花：花梗长 1.5-2cm，无毛；花被片 4，外面 2 枚宽卵形，长 1.1-1.3cm，内面 2 枚倒卵状长圆形，长 1-2.5mm；花丝长约 1mm；雌花：花梗长 1-1.5cm，无毛；花被片 3，外面 2 枚宽卵形至长圆形，长 0.6-1.1cm，内面 1 枚倒卵形，长 6.5-9mm；子房长圆形，无毛，3 室，中轴胎座，每胎座具 2 裂片；花柱 3，长约 3mm，分离或 1/2 以下合生，柱头外向扭曲呈环状。蒴果下垂，直径 7-8mm，无毛，有不等大的 3 翅，大的翅长 1.1-1.4cm，其余 2 翅长约 3mm；果梗长 1.5-2cm。花期 5-8 月。

产地：排牙山（张寿洲等 2174）、葵涌（张寿洲 3455）。生于山顶或密林中，海拔 600-700m。

分布：浙江、江西、福建、广东、香港、海南、广西和湖南。

用途：叶晒干可冲泡作饮料，亦可入药，有清热解毒、止咳、消炎止痛的功效。

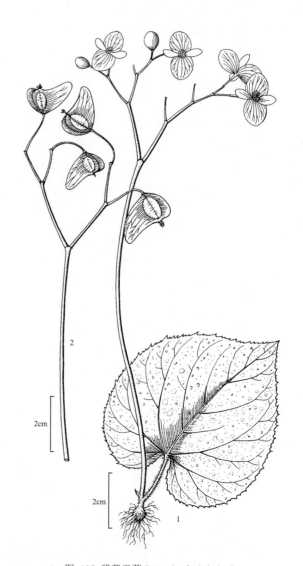

图 107 紫背天葵 Begonia fimbristipula
　1. 植株及花序；2. 果序。（李志民绘）

2. 四季秋海棠 蚬肉秋海棠 Hooker's Begonia

图 108 彩片 111

Begonia cucullata Willd. var. **hookeri** L. B. Sm. & B. G. Schub. in Darwiniana **5**: 104. 1941.

Begonia semperflorens Link & Otto, Icon. Pl. Rar. t. 9. 1825; 广州植物志 190. 1956; 海南植物志 **1**: 489. 1964.

多年生草本。茎高 15-45cm，微肉质，无毛，绿色或带红色，上部稍分枝。叶互生；托叶干膜质，卵状椭圆形，边缘稍带缘毛，先端急尖或钝；叶柄长 0.5-2(-3)cm；叶片卵形或宽卵形，两侧大致对称，长 5-10cm，宽 3.5-7cm，两面绿色，无毛，具掌状脉 7-9 条，上面有光泽，基部不偏斜或微偏斜，圆形或微心形，边缘有细锯齿和缘毛，先端圆或钝。花玫瑰红色至淡红色或白色，数朵排成复二歧聚伞花序；雄花：直径 1-2cm；花被片 4，外轮 2 枚近圆形，直径约 1.5cm，内轮 2 枚小，倒卵状长圆形，长 0.8-1cm，宽约 5mm；雌花：较雄花小；花被片 5；子房 3 室；花柱 3，基部合生，柱头叉裂，裂片螺旋状扭曲。蒴果长 1-1.5cm，具略不等大的 3 翅。花期：几全年。

产地：仙湖植物园（王定跃 517），本市各地常见栽培。

分布：原产巴西。我国各地均广为栽培。现已广泛栽培于世界各地。栽培品种甚多。

用途：供观赏。

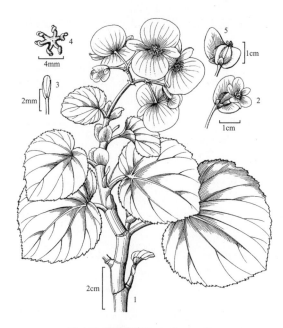

图 108 四季海棠 Begonia cucullata
1. 分枝的上段、叶及聚伞花序；2. 雌花；3. 雄蕊；4. 花柱及柱头；5. 蒴果。（李志民绘）

3. 红孩儿 Red Boy Begonia 图 109 彩片 112

Begonia palmata D. Don var. **bowringiana**（Champ. ex Benth.）J. Golding & C. Kareg in Phytologia **54**: 494. 1984.

Begonia bowringiana Champ. ex Benth. in J. Bot. Kew Gard. Misc. **4**: 120. 1852.

Begonia laciniata auct. non Robx.: 海南植物志 **1**: 487. 1964.

多年生草本。根状茎伸长，匍匐；茎直立，高 20-25cm，被褐色交织状茸毛。基生叶叶柄长 12-18cm；叶片与茎生叶相似，茎生叶互生；托叶膜质，披针形，边有缘毛，早落；叶柄长 5-10cm，密被褐色交织状茸毛；叶片轮廓变化较大，通常斜卵形，两侧微不对称，长 5-16cm，宽 3.5-13cm，下面被锈色交织状茸毛，沿脉毛较密，上面密被短小而基部带圆形的短硬毛，有时并散生长硬毛，基部略偏斜，边缘浅至中裂，裂片宽三角形或窄三角形，有细锯齿，齿间有芒，先端渐尖，具掌状脉 5-7 条。花玫瑰色或白色，4 至数朵排成 2-3 回复二歧聚伞花序；花序长 4-10cm；花序梗和花梗均密被褐色交织状茸毛；苞片大，卵形，长 7-8mm，外面密被褐色茸毛；雄花：花梗长 1-2cm；

图 109 红孩儿 Begonia palmata var. bowringiana
1. 分枝的上段、叶及聚伞花序；2. 叶片的一部分，示上面的毛被；3. 蒴果。（李志民绘）

花被片 4，外轮 2 枚宽卵形或宽椭圆形，长 2.5-3.5cm，外面被短柔毛；内面 2 枚宽椭圆形，长 1-1.5cm，外面无毛；雌花：花被片 4-5，向内逐渐变小，外面被短柔毛；子房长圆倒卵形，外被褐色短柔毛，2 室，中轴胎座，每胎座裂片 2，花柱基部合生，柱头 2 裂，裂片外向螺旋状扭曲呈环状。蒴果下垂，轮廓倒卵球形，长 1-1.5cm，直径约 8mm，近无毛，具不等大的 3 翅，最长的一翅长圆形，长 2.5-3.5cm，宽约 1.5cm，其余的 2 翅甚短，长 6-8mm；果梗长 2.5-3.2cm，疏被短柔毛或近无毛。花期：夏季，果期：秋季。

产地：梧桐山（徐有才 854）。生于山沟杂木林中或水沟旁，海拔 150-700m。

分布：台湾、江西、福建、广东、香港、海南、广西、湖南、贵州、云南、四川和西藏。

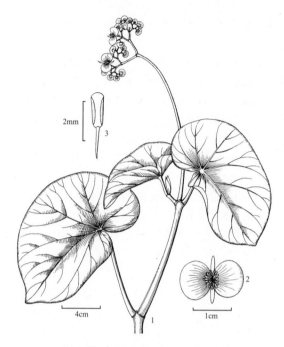

图 110 牛耳秋海棠 Begonia sanguinea
1. 分枝的一段、叶及聚伞花序；2. 雄花；3. 雄蕊。
（李志民绘）

4. 牛耳秋海棠 Sanguine Begonia　　图 110

Begonia sanguinea Raddi in Mem. Mod. **18**: fig. 409. 1820.

多年生草本。茎直立，高 60-90cm，无毛，紫红色，通常有分枝，基部常木质化。单叶互生；托叶宽卵状长圆形，长 1.9-2.5cm，宽 8-1.7cm，先端急尖；叶柄红色，圆柱形，稍肥厚；叶片稍肉质，两侧甚不对称，斜宽卵形近肾形，长 10-17.5cm，宽 7-10cm，两面无毛，下面血红色，上面深绿色，有光泽，具掌状脉 7-9 条，基部心形，边缘全缘，先端短骤尖。花白色，小，数朵组成复二歧聚伞花序；花序梗细长，红色；苞片长圆形，长 0.6-1.25cm，宽 1-2mm，早落；雄花：花被片 4，外轮 2 枚近圆形，长 6-7mm，内轮 2 枚条状长圆形，长约 4mm；雌花：花被片卵形，长约 4mm；子房 3 室。蒴果倒卵球形，长 1.4-1.7cm，具不等大的 3 翅。花期：夏季。

产地：仙湖植物园（李沛琼 W070107）。本市各公园和花圃常有栽培。

分布：原产巴西。现已广泛栽培于世界各地。我国大、中城市公园和花圃均有栽培。

用途：观赏植物。

5. 粗喙秋海棠 Thick-rostrate Begonia

图 111　彩片 113

Begonia crassirostris Irmsch. in Mitt. Inst. Allg. Hamburg **10**: 513. 1933.

多年生草本。球茎膨大，呈不规则块状，直径达 2.5cm；茎高 0.9-1.5m，细弱，微弯曲。叶互生，具柄；托叶膜质，卵状披针形，早落，无毛；叶柄长 2.5-4.7cm，近无毛；叶片两侧甚不对称，轮廓为斜披针形至斜卵状披针形，长 14-25cm，宽 5-8.5cm，两面无毛或近

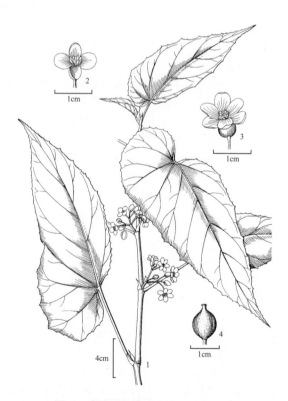

图 111 粗喙秋海棠 Begonia crassirostris
1. 分枝的上段、叶及二歧聚伞花序；2. 雄花；3. 雌花；
4. 蒴果。（李志民绘）

无毛,具掌状脉 7(-9)条,基部甚偏斜,宽楔形至微心形,边缘有大小不等的疏浅齿,齿尖有短芒,先端渐尖至尾状渐尖。复二歧聚伞花序长 3-4cm;花序梗长约 1cm;花梗长 0.8-1.0cm,近无毛;苞片膜质,披针形,早落;雄花:花被片 4,白色,外轮 2 枚长圆形,长约 1cm,内轮 2 枚较小,长圆形,长 6-7mm;花丝分离,长 1-1.5mm;雌花:花被片 4,形状与雄花的相似;子房近球形,顶端具长约 3mm 之粗糙,3 室,中轴胎座,每胎座具 2 裂片;花柱 3,近基部合生;柱头分裂,裂片螺旋状扭曲,并带刺状乳突。蒴果下垂,轮廓近球形,直径 1.7-1.8cm,无毛,顶端具粗的长喙,无翅;果梗长约 13mm。花期 4-5 月,果期 7 月。

产地:三洲田(王国栋等 5927)。生于山地疏林中,海拔 200-250m。

分布:福建、广东、海南、广西、湖南、贵州、云南东南部和南部。

用途:根状茎入药,有消肿止痛、收敛解毒之效;可治喉炎、牙痛和蛇伤。

6. 红花竹节秋海棠 大红秋海棠 Scarlet Begonia

图 112　彩片 114

Begonia coccinea Hook. in Bot. Mag. **69**: t. 3990. 1843.

多年生灌木状草本。茎高约 0.3-1.5m,最高可达 2m,粗壮,肉质,具明显的节。叶互生;托叶倒卵形,顶端凹,早落;叶柄长约 2.5cm;叶片厚而肉质,斜卵状长圆形,长 16-19cm,宽 5-6.5cm,两面无毛,下面暗红色,上面暗绿色,基部甚偏斜,两侧呈不等大的圆形,边缘有波状锯齿,先端渐尖。花深红色,多数,排成顶生或腋生的聚伞圆锥花序,长 8-10cm;开展,下垂;花序梗长 4-5cm,和花梗均为红色;苞片红色,长圆形,长 1.1-1.2cm 先端微凹,早落;雄花:花被片 4,外轮 2 片近圆形,长 1.6-1.7cm,宽约 1.5cm,内轮 2 片长圆形,长 1.1-1.2cm,宽约 5mm;雌花:花被片 5-6,近等大,卵形;子房长圆形,中轴胎座,每胎座裂片 1。蒴果红色,梨形或棒状或三角状,具近等大的 3 翅。花期:夏至秋季。

产地:深圳绿化管理处(李沛琼等 W06056),本市各公园和花圃常有栽培。

分布:各地常见栽培。

用途:观赏。

7. 竹节秋海棠 Spotted Begonia

图 113　彩片 115

Begonia maculata Raddi in Mém. Mod. **18**: Fig 406. 1820.

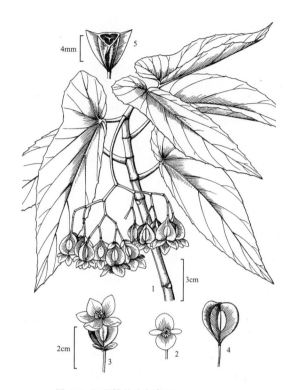

图 112　红花竹节秋海棠 Begonia coccinea
1. 分枝的一段、叶及聚伞圆锥花序;2. 雄花;3. 雌花;4. 蒴果;5. 蒴果横切面。(李志民绘)

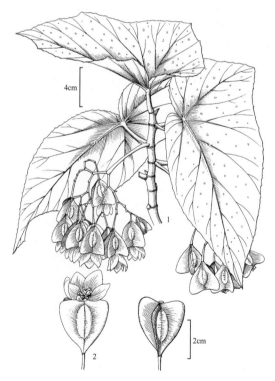

图 113　竹节秋海棠 Begonia maculata
1. 分枝的上段、叶、聚伞圆锥花序;2. 雌花;3. 蒴果。(李志民绘)

常绿亚灌木。茎直立或铺散,高 0.5-1.9m,稀有更高,多分枝,有明显的竹节状的节,无毛。叶互生;托叶早落;叶柄肥厚,长 2-2.5cm;叶片两侧甚不对称,轮廓为斜长圆形或斜长圆状卵形,长 15-25cm,宽 2-10cm,下面红色或淡红色,上面深绿色,散生多数银白色不等大小圆点,基部斜心形,边缘呈浅波状,有疏细齿,先端渐尖。聚伞圆锥花序腋生,长 10-12cm,下垂;花序梗长 4-5cm;花梗长 8-9mm;与花序梗均无毛;花淡红色或白色;雄花:花被片 4,外轮 2 枚卵形,长 2-2.5cm,基部近心形,先端钝,内轮 2 枚长圆形,长约 9mm,宽约 5mm,先端钝;雌花:花被片 5,外轮 4 枚近等大,宽卵形,长约 1.4cm,内面 1 枚小,椭圆形;子房 3 室,中轴胎座,具淡红色 3 翅;柱头分裂,裂片螺旋状扭曲。蒴果长 2.5-3cm,具近等大的 3 翅。花期:夏至秋季。

产地:仙湖植物园(李沛琼 W07108)。本市各公园或花圃常有栽培。

分布:原产巴西。我国各地均有栽培。现已广泛栽培于世界各地。

用途:观赏植物。

8. 银星秋海棠 Silves Star Begonia　　图 114
Begonia × argenteo-guttata Hort. ex L. H. Bailey, Stand. Cycl. Hort. **1**: 481. 1914.

多年生草本。根状茎横走;茎直立,高 0.5-1.5m,有分枝,枝上有呈竹节状的节,节间长 3-6cm,无毛。叶互生;托叶膜质,绿白色,椭圆形;叶柄长 1-2cm;叶片两侧甚不对称,斜长圆状卵形,长 9-15cm,宽 4-6cm,两面无毛,下面紫红色,上面深绿色,散生圆形白斑,基部斜心形,边缘有时呈波状浅裂,具细锐齿,先端渐尖或急尖。花红色或淡红色,多数,排成复二歧聚伞花序,生于茎上部叶腋,下垂;花序梗长 3-4cm,无毛;雄花:直径约 3cm;花被片 4,外轮 2 枚大,圆心形,长 1.4-1.5cm,宽 1.3-1.4cm,内轮 2 枚较小,长椭圆形,长 8-9mm,宽 3.5-4mm;雌花:较雄花小;花被片 5,外轮 2 枚较大,内轮 3 枚向内逐渐变小;花柱 3,基部合生;柱头分裂,裂片螺旋状扭曲。蒴果长约 2.5cm,具 3 翅;翅近等大,钝三角形。花期:全年。

产地:仙湖植物园(刘晓琴等 0053)。本市各公园和花圃常有栽培。

分布:原产美洲。各地植物园、公园或温室常见栽培。

用途:观赏植物。

图 114 银星秋海棠 Begonia×argenteo-guttata
1. 分枝的上段、叶及聚伞花序;2. 雌花;3. 蒴果。(李志民绘)

133. 白花菜科 CAPPARIDACEAE

文香英

　　草本、灌木、木质藤本或乔木，如为草本常具腺毛和有特殊气味。叶互生，螺旋状排列，很少对生，单叶或掌状复叶；托叶鳞片状，早落，有时为刺状或不存在；小叶(1-)3-7(-11)，叶片边缘全缘或有疏细齿，具羽状脉。花序为总状花序、伞房花序、伞形花序或圆锥花序，腋生或顶生，如具2-10花在茎上排成一纵列者，则为腋上生，如为单花则通常为腋生；花两性，稀杂性或单性，辐射对称或微两侧对称；苞片早落；有长花梗；萼片通常4片或4-8片，排成2轮或1轮，分离或基部合生，宿存；花瓣通常4或4-8，与萼片互生，分离，基部收缩成瓣柄或不收缩，少有无花瓣；花托扁平或钻形或延伸为雌雄蕊柄（花托的延伸部分，雄蕊和雌蕊生于其上）；有花盘或腺体；雄蕊(4-)6至多数，花丝分离，生于花托上或雌雄蕊柄上，花药背着或近基着，2室，纵裂；雌蕊由2(-8)心皮组成，子房卵球形或圆柱形，1室，有2至数个侧膜胎座，少有具3-6室的中轴胎座，有或长或短的子房柄，花柱不明显或呈丝状，少有花柱3枚，柱头头状或不明显，胚珠多数，弯生。果为蒴果或浆果。种子1至多数，肾形或多角形，种皮平滑或有雕刻状的花纹；胚弯曲，胚乳少量或不存在。

　　约45属，800余种，主要分布于热带和亚热带地区，少数至温带地区。我国产5属，42种。深圳有3属，8种。

1. 果为蒴果，圆柱形，2瓣裂；一年生或多年生草本 ·· 1. **白花菜属 Cleome**
1. 果为浆果，球形或椭圆体形，不开裂；直立或攀援状灌木或乔木。
　2. 叶为单叶；花瓣基部无瓣柄；直立或攀援状灌木或小乔木 ·························· 2. **槌果藤属 Capparis**
　2. 叶为具3小叶的掌状复叶；花瓣基部有瓣柄；乔木 ································· 3. **鱼木属 Crateva**

1. 白花菜属 Cleome L.

　　一年生或多年生草本，少有半灌木或攀援藤本，植物体被黏质柔毛或腺毛，有特殊气味。叶为掌状复叶，互生，有或无托叶；小叶3-9片。总状花序或圆锥花序，顶生，少有单花腋生；苞片存在；花两性，有时雄花与两性花同株；萼片4，排成1轮，分离或基部合生；花瓣4，与萼片互生，常有瓣柄；花盘环形或生于一侧，腺体各式；有或无雌雄蕊柄；雄蕊4-30，全部能育或部分不育，花丝着生于花托上或生于雌雄蕊柄顶端；子房1室，有柄或无柄，侧膜胎座2，胚珠多数，花柱短或不存在，如存在则常宿存，柱头头状。蒴果圆柱形，顶端有喙，2瓣裂，胎座框宿存。种子少数至多数，肾形或肾状圆形，表面有细疣状突起或脊状皱纹，有或无假种皮。

　　约150种，产于热带和亚热带地区。我国连引进栽培的有6种，1变种。深圳有3种，其中引入栽培的1种。

1. 植物体无黏质的腺毛，但疏被长柔毛或近无毛；掌状复叶有小叶3枚；种子上端的两侧边缘有白色的假种皮 ··· 1. **皱子白花菜 C. rutidosperma**
1. 植物体被黏质的腺毛；掌状复叶有小叶3-7枚；种子无假种皮。
　2. 托叶不存在；掌状复叶有3-5小叶；花单生于叶腋；花冠黄色，花瓣基部近无瓣柄；雄蕊10-22枚，花丝短于花瓣；花柱长2-4mm；种子表面有20-30条脊状皱纹 ····················· 2. **黄花草 C. viscosa**
　2. 托叶变为下弯的短刺；掌状复叶有5-7小叶；花排成顶生的总状花序；花冠淡红色、粉红色或白色，具明显的瓣柄；雄蕊6枚，花丝长为花瓣的3-4倍；几无花柱；种子表面密生疣状突起 ······ 3. **醉蝶花 C. hassleriana**

1. 皱子白花菜 Fringed Spider-flower　　　　　　　　　　图115　彩片116
Cleome rutidosperma DC. Prodr. **1**: 241. 1824.
　　一年生草本。茎直立、开展或平卧，高可达90cm，与叶柄及叶片的背面均疏被长柔毛。掌状复叶具3小叶；叶柄长0.2-2cm（茎下部叶近无柄）；几无小叶柄；小叶片椭圆状披针形或斜长圆状椭圆形，中央小叶片最大，长1-2.5cm，宽0.5-1.2cm，侧生小叶片较小，两侧不对称，基部楔形，边缘有纤毛状的细齿，先端急尖或渐尖，茎上部的小叶通常均变小。花单生于叶腋，但多生于枝上部的叶腋内；花梗纤细，长1.2-2cm，果时延长可达3cm；萼片4，狭披针形，长约4mm，下面被短柔毛，先端尾状渐尖；花瓣4，淡紫红色，新鲜时可见其中

2 花瓣有黄色横带，倒披针状椭圆形，长 7-9mm，宽约 2.5mm，无毛，基部渐狭成短瓣柄，边缘全缘，先端尖或钝；无雌雄蕊柄；雄蕊 6，花丝不等长，长 5-7mm，花药条形；子房条形，长 0.5-1.3cm，无毛，子房柄长约 2mm，果时延长，花柱短而粗，柱头头状。果条状圆柱形，长 3.5-6cm，粗 3.5-4.5mm，两端渐狭，先端有喙，表面有多条纵向平行的棱。种子肾形，直径 1.5-1.8mm，有 20-30 条横向呈脊状的皱纹，上端的两侧边缘有白色的假种皮。花果期：6-9 月。

产地：仙湖植物园（张寿洲 2434）、梅林（张寿洲等 3300）。生于路旁草地、荒地和苗圃等，常为田间杂草，归化植物。

分布：原产热带非洲（自几内亚至刚果与安哥拉）。美洲和亚洲热带地区及澳大利亚有归化。我国安徽、台湾、广东、香港、海南和云南也有归化。

2. 黄花草 臭矢菜 Asian Spider-flower

图 116 彩片 117

Cleome viscosa L. Sp. Pl. **2**: 672. 1753.

一年生草本，高 20-80cm，全株密被黏质的腺毛。叶为具 3-5 小叶的掌状复叶；托叶不存在；叶柄长 2-4.5cm；近无小叶柄；小叶片倒披针形、倒卵状披针形或椭圆形，中央小叶片最大，长 2-5cm，宽 0.5-1.5cm，侧生的依次渐变小，生于茎上部的叶亦逐渐变小，基部楔形，边全缘，先端急尖，侧脉 3-7 对。花单生于茎上部叶腋；花梗长 1-2cm；萼片 4，长圆状披针形，长约 6mm，先端骤尖；花瓣 4，黄色，倒卵状披针形，长 1-1.2cm，宽 4-5mm，基部渐狭，无明显的瓣柄，先端圆；无雌雄蕊柄；雄蕊 10-22 枚，花丝短于花瓣；花药条形；子房圆柱形，无柄，花柱长 2-4mm，柱头头状。蒴果圆柱形，长 6-9mm，宽 5-6mm，顶端渐狭成喙状，表面有多条平行的纵向的棱。种子肾状圆形，黑褐色，直径约 1.5mm，表面有多数横向平行的脊状皱纹，无假种皮。花果期：几全年。

产地：仙湖植物园（李沛琼 882）、银湖（王学文等 210，IBSC）、南山（仙湖、华农学生采集队 012375）、内伶仃岛。生于海边和路边草丛中，海拔 10-50m。

分布：安徽、浙江、台湾、福建、江西、湖北、湖南、广东、香港、澳门、海南、广西和云南。日本、巴基斯坦、印度、斯里兰卡、尼泊尔、不丹、缅甸、泰国、老挝、越南、柬埔寨、马来西亚、印度尼西亚、澳大利亚及热带非洲。

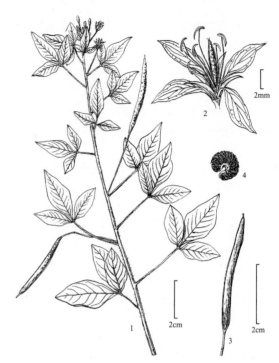

图 115 皱子白花菜 Cleome rutidosperma
1. 分枝的上段、掌状复叶、花及蒴果；2. 花；3. 蒴果；4. 种子。（肖胜武绘）

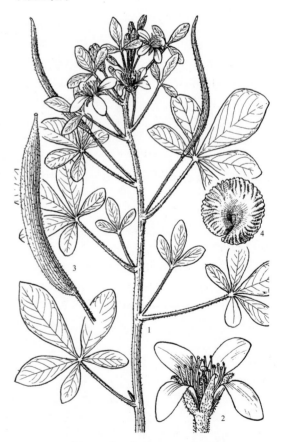

图 116 黄花草 Cleome viscosa
1. 分枝的上段、掌状复叶、花及幼果；2. 花；3. 蒴果；4. 种子。（崔丁汉绘）

3. 醉蝶花 Spider-flower　　　图 117　彩片 118

Cleome hassleriana Chodat in Bull. Herb. Boissier 6（App. 1）：12. 1898；Mingli Zhang & G. C. Tucker in Z. Y. Wu & P. H. Raven，Fl. China **11**：431. 2007，pro syn. sub. *Tarenaya hassleriana*（Chodat）lltis.

Cleome spinosa auct. non Jacq.；广州植物志 109，fig. 41. 1956；广东植物志 **1**：82，fig. 87. 1987.

一年生草本，高 1-1.5m，全体被黏质的腺毛。叶为具 5-7 小叶的掌状复叶；托叶变为下弯的短刺；叶柄长 3-9cm；小叶柄长 2-3mm；小叶片椭圆形或狭椭圆形，中间的小叶片最大，长 6-8cm，宽 1.5-2.5cm，两侧的渐变小，最外侧的长仅 2cm，宽约 5mm，基部渐狭并下延至小叶柄，边缘全缘，先端急尖，有的在背面的中脉和侧脉上有小刺，侧脉 10-15 对。总状花序顶生，长可达 40cm 或更长，有多数密生的花；苞片叶状，长圆形或卵形，长 1-2cm，基部圆或微心形，具 1mm 长的短柄或无柄，先端渐尖；花单朵生于苞片腋内；花梗长 2-3cm；萼片 4，长圆状披针形，长 5-6mm，先端渐尖，开花后反折；花冠淡红色、粉红色或白色，花瓣 4，瓣片倒卵形，长 1-1.5cm，宽 4-6mm，先端圆，瓣柄长 1-1.2cm；雌雄蕊柄长 2-3mm，雄蕊 6，花丝长 4-5cm，花药条形；子房条形，子房柄长 0.6-1.2cm，果期可延长至 4-5cm，花柱甚短或几不存在，柱头头

图 117 醉蝶花 Cleome hassleriana
1. 掌状复叶；2. 总状花序（下部的为蒴果）；3. 种子。
（崔丁汉绘）

状。蒴果圆柱形，长 5-6cm，宽约 4mm，两端渐狭，顶端呈喙状，表面有多条纵向平行的棱。种子多数，肾状圆形，直径 2-2.5mm，表面密生疣状突起和网格，无假种皮。花果期：3-10 月。

产地：本市各公园和花木场常有栽培。

分布：原产美洲热带，全球热带至温带地区常见栽培。我国南北各地均有栽培。

用途：为一美丽花卉，盆栽和地栽皆宜。

英文版中国植物志《Flooa of China》**11**：431. 2007 将本种归入 *Tarenaya* 属中（*Tarenaya hassleriana*（Chodat）lltis）。我们研究了深圳栽培的本种植物的形态特征，其叶形为椭圆形或狭椭圆形，边缘全缘，未发现英文版中国植物志所记载的叶片椭圆形至倒披针形，边缘具锯齿状牙齿的特征，因此本志仍保留原分类位置。

2. 槌果藤属（山柑属）**Capparis** L.

常绿直立或攀援灌木或小乔木。单叶，互生，螺旋状排列；托叶刺状，有时不存在；叶片边缘全缘。花排成总状花序、伞房花序、伞形花序或圆锥花序，有的具 2-10 朵花沿叶腋稍上方的枝上排成一纵列（腋外生），也有单花或数花簇生于叶腋；苞片早落；有或无小苞片；花梗常扭转；花托平或近圆锥形；萼片 4，排成 2 轮，近相等或不等，通常内凹或舟状；花瓣 4，覆瓦状排列，常为稍不相等的两对，少有 4 片近相等，基部不对称，分离，无瓣柄；花托内侧的一面（近轴面）具花盘；雄蕊 6 至多数，分离，花药背着；子房柄与花丝近等长或长于花丝，在果期木质化，延长并增粗；子房 1 室，侧膜胎座 2-6 个，通常 4 个，胚珠少数至多数，花柱甚短或不明显，柱头头状。浆果球形、卵球形或椭圆体形，不开裂。种子 1 至多数，藏于果肉内，肾形或多角形。

约 250 种，分布于热带、亚热带至温带地区。我国产 33 种。深圳有 3 种。

1. 花序为数个伞形花序组成的圆锥花序 ··················
·····························1. 广州槌果藤 **C. cantoniensis**
1. 花 2-5 朵在叶腋上方的枝上排成一短纵列。
　2. 叶片纸质，披针形或卵状披针形；果小，直径
　　1-1.5cm，成熟后鲜红色；花瓣边缘或先端被茸毛；
　　花梗长短一致，由最下 1 朵花的花梗至最上一朵花
　　的花梗长为 0.5-2cm ·······················
　　······················ 2. 尖叶槌果藤 **C. acutifolia**
　2. 叶片革质，狭长圆形、长圆状倒披针形或长圆状披
　　针形；果较大，直径 3-4cm，成熟后橘红色；花瓣无毛；
　　花梗长短不一致，最下一朵花花梗长约 6mm，最上
　　1 朵花花梗长约 2cm ·······················
　　······················ 3. 小刺槌果藤 **C. micracantha**

1.　广州槌果藤 广州山柑 Canton Caper　　　　图 118
Capparis cantoniensis Lour. Fl. Cochinch. **1**: 330. 1790.
　　攀援灌木，长 2 至数米或更长。幼枝、叶柄、花序
梗和花梗均被淡黄色短柔毛，老枝变无毛。托叶刺小，
长 2-5mm，下弯；叶柄长 4-6mm；叶片近革质，卵状长
圆形或狭椭圆形，长 5-8cm，宽 1.5-3.5cm，两面无毛，
基部楔形，先端急尖或渐尖，有短尖，侧脉 7-10 对。圆
锥花序顶生，由数个伞形花序组成；每个伞形花序有花
数朵；花序梗长 1-3cm；苞片钻形，长 1-2mm；花梗纤细，
长 0.7-1.2cm；花白色，直径约 1cm，有香味；萼片倒卵
形或椭圆形，外轮 2 片较大，长 4-5mm，宽约 3mm，
内轮 2 片略小，外面被淡黄色短柔毛，边缘白色；花瓣
长圆形或卵形，长 4-6mm，宽 1.5-2.5mm，内面的中下
部被白色短柔毛；雄蕊约 25 枚，花丝长 0.8-1.2cm；子房
柄长 6-8mm，果期木质化，延长并增粗；子房卵形或圆
锥形，无毛，有 2 个侧膜胎座。果球形或长圆体形，直
径 0.6-1cm，果皮平滑，无毛；果柄长 0.7-1cm。种子通
常 1 颗，少有数颗。花期:3-11 月,果期:6 月至翌年 3 月。
　　产地：排牙山（王国栋等 7069）。生于山坡林中，常
攀援于树上，海拔 550-600m。
　　分布：福建、广东、香港、澳门、海南、广西、贵
州和云南。印度、不丹、缅甸、越南、泰国、菲律宾、
印度尼西亚及印度洋岛屿。

2.　尖叶槌果藤 独行千里 Acute-leaved Caper

图 119

Capparis acutifolia Sweet, Hort. Brit. ed. 2, 585. 1830.
　　攀援灌木。幼枝被黄色短柔毛。有或无托叶刺。叶柄
长 5-7mm，仅幼时被黄色短柔毛；叶片纸质，披针形或卵
状披针形，长 7-12cm，宽 1.8-3cm，基部楔形，先端急尖，
具小短尖，两面无毛或仅幼时沿脉疏被黄色短柔毛，侧脉
7-10 对。花(1-)2-4 朵在叶腋稍上方的枝上排成一短纵列，

图 118 广州槌果藤 Capparis cantoniensis
1. 分枝的上段、叶及由伞形花序组成的圆锥花序；2. 果序；
3. 花蕾；4. 花瓣。（肖胜武绘）

图 119 尖叶槌果藤 Capparia acutifolia
1. 分枝的一部分、托叶刺、叶及浆果。2. 生于腋上方的
一纵列花。（肖胜武绘）

少有单花腋生；花梗自下一朵花到最上一朵花均近等长，长 0.5-2cm，无毛；萼片长圆状披针形，外轮 2 片长 6-7mm，宽 2-3mm，先端渐尖，无毛，内轮 2 片略小，边缘疏被短柔毛；花瓣长圆形，长约 1cm，宽约 3mm，边缘或先端被茸毛；雄蕊 20-30 枚；子房柄长 1.5-2.5cm，果期木质化并延长和增粗；子房卵球形，无毛，有 2 侧膜胎座。果近球形或椭圆体形，长 1.5-2.5cm，直径 1-1.5cm，成熟时鲜红色，顶端具短喙。种子 1 至数颗，种皮光滑，黑褐色。

产地：葵涌（张寿洲等 3433）。生于海边灌木丛中，海拔 0-50m。

分布：浙江、台湾、江西、福建、湖南、广东、香港和澳门。印度、不丹、泰国和越南。

3. 小刺槌果藤 Small-spine Caper 图 120

Capparis micracantha DC. Prodr. **1**: 247. 1824.

攀援灌木。小枝近无毛。通常有托叶刺，稀无刺；叶柄短而粗，长 0.5-1cm，无毛；叶片革质，狭长圆形、长圆状倒披针形或长圆状披针形，长 7-20cm，宽 2.5-9cm，两面无毛，基部圆形、楔形或微心形，先端急尖或钝，有短尖，侧脉 7-10 对。花（1）2-5 朵于叶腋稍上方排成一纵列（腋外生）；花梗长短不一致，最下方 1 朵花的花梗长约 6mm，最上方 1 朵花的花梗长可达 2cm，无毛；在下方 1 花的花梗与叶柄之间的枝上有一束小刺；萼片近相等，长圆形，长 1-1.2cm，宽 4-5mm，上部及两侧近边缘有茸毛，先端急尖；花瓣白色，长圆形或倒披针形，长 1.5-2cm，宽 5-7mm，先端钝，无毛；雄蕊 17-25，花丝长 2-2.5cm；子房柄长 2.5-3cm，无毛，果期木质化，延长并增粗；子房卵球形或椭圆体形，表面有 4 条纵沟，有 4 个侧膜胎座，胚珠多数。果球形或椭圆体形，长 3-7cm，直径 3-4cm，果皮厚约 3mm，成熟时橘红色；种子多数，种皮暗红色。花期：7-12 月，果期：12 月至翌年 3 月。

产地：梧桐山（曾治华 012333）。生于山坡疏林中，海拔 450m。

分布：广东、海南、广西和云南。印度、缅甸、泰国、柬埔寨、老挝、越南、马来西亚、菲律宾、印度尼西亚和印度洋岛屿。

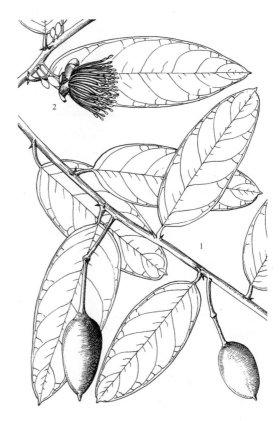

图 120 小刺槌果藤 Capparis micracantha
1. 分枝的一段、托叶刺、叶及浆果；2. 生于叶腋上方的一纵列花。（崔丁汉绘）

3. 鱼木属 Crateva L.

常绿或落叶乔木。叶互生，为具 3 小叶的掌状复叶；托叶不为刺状，早落；叶柄近轴面的顶端常有腺体；小叶柄甚短或近无小叶柄。总状花序或伞房花序生于当年生枝的顶端；花序轴在花后不继续生长或继续生长成为带叶的花枝；苞片早落；无小苞片；花托内凹成盘状，有蜜腺；花萼与花冠生于花托的边缘上；花大，白色，有长花梗，两性或单性；萼片 4，近相等，远比花瓣短小；花瓣 4，近相等，有瓣柄；雌雄蕊柄存在；雄蕊 12-50，花丝着生于雌雄蕊柄上，花药近底着；子房具长短不等的柄，1 室，侧膜胎座 2，胚珠多数，花柱甚短或无花柱，柱头微扁。果为浆果，球形或椭圆体形，果皮革质；花梗、花托与子房柄均在果时木质化并增粗。种子多数，藏于果肉中，肾形，压扁，种皮平滑或有瘤状小刺。

约 13 种，产于全球热带和亚热带地区。我国产 5 种。深圳有 2 种。

1. 中间小叶片卵形、椭圆形或倒卵状披针形，先端长渐尖或渐尖；果的表面有淡黄色小斑点 …… **1. 树头菜 C. unilocularis**

1. 中间小叶片倒卵状椭圆形，先端钝或圆；果的表面无小斑点 ……………… **2. 钝叶鱼木 C. trifoliata**

1. 树头菜 鱼木 Spider-tree 图 121

Crateva unilocularis Buch.-Ham. in Trans. Linn. Soc. London **15**: 121. 1827.

Crateva religinosa auct. non G. Forst.: 广州植物志 108, 图 40. 1956; 海南植物志 **1**: 346, 图 176. 1964.

乔木, 高 4-15m。全株无毛; 小枝密生白色的皮孔, 有明显的叶痕。叶柄长 3.5-11cm; 小叶柄长 5-7mm; 小叶薄革质, 中间小叶卵形、椭圆形或卵状披针形, 长 5-11 (-13)cm, 宽 2.5-6cm, 基部楔形, 侧生小叶的基部常不对称, 先端长渐尖或渐尖, 中脉带红色, 侧脉 8-11 对。花序为总状花序或伞房花序, 有花 10-40 朵, 生于小枝顶端花序梗不明显; 花序轴长 3-7cm; 花梗长 3-7cm; 萼片卵状披针形, 长 3-7mm, 宽 2-3mm; 花瓣白色或淡黄色, 瓣柄长 0.4-1cm, 瓣片长 1-3cm, 宽 0.5-2.5cm, 有 4-6 对羽状脉; 雄蕊 13-30 枚, 花丝长 4-6cm; 子房近球形或卵形, 子房柄长 3.5-7cm, 近无花柱, 柱头头状。果淡黄色或近灰白色, 球形, 直径 2.5-4cm, 少有更大, 表面粗糙, 有淡黄色小斑点。种子多数, 暗褐色, 种皮光滑。花期: 3-7 月, 果期: 7-10 月。

产地: 梧桐山 (张寿洲等 SCAUF 1236)、盐田 (陈景芳 1493)、梅沙尖 (深圳考察队 455)。生于沟边, 海拔 150m 以下, 公园和绿地常有栽培。

分布: 福建、广东、香港、澳门、海南、广西及云南。印度、尼泊尔、孟加拉国、缅甸、老挝、柬埔寨及越南。

用途: 适作观赏树或行道树。

图 121 树头菜 Crateva unilocularis
1. 分枝的上段、掌状复叶和伞房花序; 2. 浆果。(崔丁汉绘)

2. 钝叶鱼木 赤果鱼木 Obtuse-leaved Crateva

图 122

Crateva trifoliata (Roxb.) B. S. Sun in Fl. Reipubl. Popul. Sin. **32**: 489. 1999.

Capparis trifoliate Roxb. Fl. Ind. **2**: 571. 1832.

Crateva erythrocarpa Gagn. in Bull. Soc. Bot. France **55**: 322. 1908; 海南植物志 1: 345. 1964.

乔木或灌木, 高 5-10m; 全株无毛。小枝密生白色的皮孔, 有明显的叶痕。叶柄长 4-10cm; 小叶柄长 0.3-1cm; 小叶片近革质, 中间 1 片多为长圆形或倒卵状椭圆形, 长 4-12cm, 宽 2.5-5.5cm, 基部楔形, 先端钝或圆, 极少渐尖, 侧脉 5-7 对, 中脉和侧脉淡红色, 侧生的 2 片小叶基常不对称。伞房花序有 10 多朵花, 侧生和顶生; 花序梗不明显; 花序轴长约 5cm; 花梗长 4-6cm; 萼片卵形, 长 3-5mm, 宽 2-3mm; 花瓣初期白色, 后变为淡黄色, 瓣柄长约 7mm, 瓣片长 1-2cm,

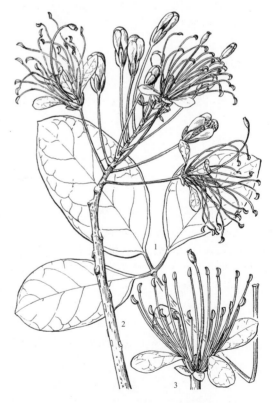

图 122 赤果鱼木 Crateva trifoliata
1. 掌叶复叶; 2. 伞房花序; 3. 花。(崔丁汉绘)

有 3-5 对羽状脉；雄蕊 16-18 枚，紫红色，不等长；子房近球形，具长柄，柄长 3-4cm，近无花柱，柱头头状。果球形，直径约 4cm，表面光滑，幼时绿色，成熟或干后红色，无小斑点。种子多数，暗黑褐色，种皮平滑。花期：3-5 月，果期：6-11 月。

产地：洪湖公园（陈开崇 020985），栽培或野生。

分布：海南、广东、广西及云南。印度、缅甸、越南及马来西亚。

134. 十字花科 BRASSICACEAE

夏念和

一年生、二年生或多年生草本，有时为半灌木或灌木，部分种类有特殊的辛辣味；根肉质并膨大为肥厚的块状或非肉质而不膨大；植株无毛或被单毛、树枝状毛、丁字毛、星状毛或腺毛，稀被盾状或鳞片状毛。茎直立、斜升或平卧，有时无茎。叶为单叶，边缘全缘或各式羽状裂，稀为 3 小叶、奇数羽状复叶、掌状复叶或二回奇数羽状复叶，无托叶；基生叶呈莲座状或否，有时无基生叶；茎生叶如存在，通常互生，稀对生或轮生，有柄或无柄。花序为总状花序、伞房花序或圆锥花序，有时单花，生于自莲座状叶的叶腋发出的长梗上；有或无苞片；花两性，辐射对称；萼片 4，每 2 枚交互对生，分离，稀基部合生，无囊或有时内轮的一对基部具囊；花瓣 4，与萼片互生，排成"十"字形，稀退化或无花瓣；雄蕊 6，排成 2 轮，4 强（即外轮 2 枚短，内轮的 4 枚长），稀全部等长或为不等长的 3 对，有时具 2 或 4 枚，稀多至 8-24 枚，花丝纤细，有翅或有附属体，花药 2 室，纵裂；蜜腺数目、形状和大小各异，围绕花丝的基部，侧蜜腺（生于短雄蕊花丝基部周围）通常存在，中蜜腺（生于长雄蕊花丝基部周围或中间）存在或无；雌蕊由 2 心皮组成，子房上位，无或有明显的雌蕊柄，由于假隔膜的存在，子房被分隔为 2 室，每室有 1 至多数胚珠，稀无假隔膜而子房为 1 室，侧膜胎座，稀顶生胎座，花柱单 1，有时不存在，柱头头状，不裂或 2 裂。果为长角果（是蒴果的一种，由两个合生心皮形成，长大于宽的 2 倍以上，成熟时从宿存的胎座和假隔膜处自下而上分开）或短角果（与长角果结构相似，但较短，长稍大于宽或反之），有翅或无翅，有时有刺或其它附属物；果瓣扁平或突起，有的呈舟状，无脉或具 1-3 条脉，先端具或长或短的喙或无喙。种子小，表面平滑、具网纹或疣状突起，边缘有翅或无翅；子叶缘倚胚根或称子叶直叠（胚根位于 2 片子叶的边缘）、背倚胚根或称子叶横叠（胚根位于两片子叶中的 1 片的背面）、对折，稀旋卷，无胚乳。

约 330 属，3500 多种，广布于全世界，主产北温带，尤以地中海区域为多。我国有 102 属，412 种。深圳有 8 属，13 种及 13 变种。

1. 果为短角果。
   2. 短角果倒三角形 ·· 1. 荠属 Capsella
   2. 短角果为其它形状。
      3. 花瓣白色；短角果近圆形，扁平 ······················· 2. 独行菜属 Lepidium
      3. 花瓣黄色；短角果长圆体形或球形 ························· 3. 蔊菜属 Rorippa
1. 果为长角果。
   4. 果在种子间缢缩，呈念珠状，成熟时不开裂 ············· 4. 萝卜属 Raphanus
   4. 果不呈念珠状，成熟时 2 瓣裂。
      5. 植物体密被树枝状毛 ···································· 5. 紫罗兰属 Matthiola
      5. 植物体无毛或具单毛。
         6. 羽状复叶或兼有单叶。
            7. 陆生；长角果条状圆柱形或狭长圆形 ············· 6. 碎米荠属 Cardamine
            7. 水生或湿生；长角果圆柱形 ················· 7. 豆瓣菜属 Nasturtium
         6. 单叶，叶片边缘全缘至羽状深裂。
            8. 花瓣无爪或具短爪；子叶缘倚胚根（子叶直叠） ············· 3. 蔊菜属 Rorippa
            8. 花瓣具长爪；子叶对折 ······························ 8. 芸苔属 Brassica

1. 荠属 Capsella Medik.

一年生或二年生草本；植株无毛、具星状毛，有时以单毛或叉状毛。茎直立或上升，不分枝或分枝。单叶；

基生叶具柄，呈莲座状，通常羽状分裂、大头羽状裂顶生的 1 枚裂片特大，向下的裂片渐小或倒向羽状裂（各侧生裂片均向下）稀全缘或有锯齿；茎生叶无柄，基部耳状或抱茎，边缘全缘、有锯齿或深波状。总状花序具多数疏生的花，无苞片；花梗纤细，在果期斜展或平展；萼片卵形或长圆形，直立或斜展，内轮的一对基部无囊；花瓣白色、粉红色或红色，稀黄色，远长于萼片，有时无花瓣，瓣片倒卵形或匙形，基部有明显的爪，先端钝；雄蕊 6，直立，4 强，花丝基部不膨大，花药卵形或长圆形，先端钝；中蜜腺不存在，侧蜜腺生于 2 枚短雄花丝基部，半月形；子房有胚珠 20-40 颗，无柄。果为短角果，倒三角形或倒心状三角形，压扁，果瓣纸质，有明显的脉及龙骨状突起，假隔膜完整，狭椭圆形，宿存花柱长不超过 1mm，柱头头状，不裂。种子每室 1 行，长圆形，无翅，种皮有网纹，水湿时有粘性，子叶背倚胚根。

1 种，分布于亚洲西南部和欧洲，现已在全世界均有归化。我国南北各地均有野生。深圳也有。

荠 荠菜 Shepherd's Purse　　　图 123　彩片 119
Capsella bursa-pastoris（L.）Medik. Pfl. -Gatt. 85. 1792.

Thlaspi bursa-pastoris L. Sp. Pl. **2**: 647. 1753.

一年生或二年生草本，高 10-50cm。茎直立，不分枝或从基部分枝，与叶柄和叶片的两面均被或疏或密的星状毛并杂以叉状毛和单毛。基生叶呈莲座状；叶柄长 0.5-4cm；叶片长圆形或倒披针形，长 1.5-12cm，宽 0.2-2.5cm，基部楔形或渐狭，边缘羽状半裂、羽状全裂、大头羽状裂、倒向羽状裂、有锯齿、浅波状或全缘，先端急尖或渐尖；茎生叶无柄，狭长圆形、披针形或条形，长 1-5cm，宽 1-1.5cm，基部箭形，抱茎，稀具耳，边缘全缘、有锯齿或缺刻。总状花序顶生及腋生，长可达 20cm；花序梗、花序轴及花梗均近无毛；花梗在果期长 0.5-1.5cm，纤细，平展；萼片绿色或近红色，长圆形，长 1.5-2mm，宽约 1mm，边缘膜质；花瓣白色，稀粉红色或淡黄色，倒卵形，长 2-4mm，宽 1-1.5mm，花丝白色，长 1-2mm，花药卵形，长约 0.5mm。短角果长 5-9mm，宽 4-8mm，扁平，基部楔形，先端微凹或截形，果瓣具平行的横纹，无毛；宿存花柱长 0.5-0.7mm。种子褐色，长圆形，长约 1mm，宽约 5mm。花果期：2-5 月。

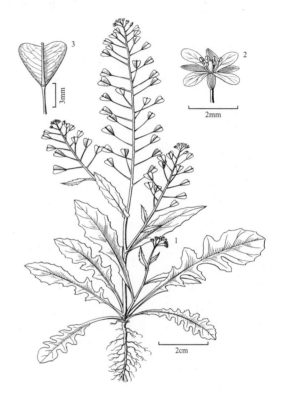

图 123 荠 Capsella bursa-pastoris
1. 植株（果期）；2. 花；3. 短角果。（李志民绘）

产地：七娘山（张寿洲 011244）、罗湖区林果场（刘小琴等 010179）、东湖公园（李沛琼 022864），本市各地均有分布。生于田边、苗圃和湿润草地，海拔 30-100m。

分布：与属同。

用途：全草入药，有利尿、清热、明目之效；嫩茎叶可作蔬菜食用。

2. 独行菜属 Lepidium L.

一年生、二年生或多年生草本，有时为半灌木，稀灌木或藤本。茎直立或上升，有时匍匐，不分枝或有分枝。单叶，基生叶具柄，呈莲座状或否，叶片边缘全缘、有锯齿至羽状深裂；茎生叶有柄或无柄，基部楔形、渐狭、耳状、箭形或抱茎，边缘全缘、有锯齿或浅裂。总状花序呈伞房状，顶生或腋生，果期延伸或不延伸，无苞片；花梗圆柱形、扁或有翅，果期直或开展；萼片卵形或长圆形，稀近圆形，内轮的一对基部无囊；花瓣白色、黄色或粉红色，直立或开展，有时退化或无花瓣，瓣片卵形、匙形、长圆形、倒披针形、圆形、条形或丝状，基部有或无爪，先端钝、圆或微凹；雄蕊 2 枚，中生，有时 6 枚，4 强或全部近等长，稀 4 枚全为中生或 2 枚中生，另 2 枚侧生，花药卵形或长圆形；蜜腺 4 或 6，明显，中蜜腺通常存在；子房具 2 胚珠，顶生胎座。果为短角果，卵形、倒卵形、心形、倒心形、长圆形或圆形，扁平，假隔膜完整或有穿孔，膜质，宿存花柱明显或不明显，柱头头状，不裂，稀 2 裂。种子每室 1 颗，有翅或无翅，有边，长圆形或卵形，种皮光滑、有细网纹或乳头状突起，水湿时有粘性，子叶背倚胚根，稀缘倚胚根或对折。

约 180 种，全世界均有分布。我国有 16 种。深圳有 1 种。

北美独行菜 Virginia Peppergrass 图 124

Lepidium virginicum L. Sp. Pl. **2**: 645. 1753.

Lepidium ruderale auct. non L.: 广州植物志 117. 1956.

一年生或二年生草本，高 15-50cm。茎直立，上部多分枝，与叶柄和叶片的两面均被内弯的短柔毛。基生叶叶柄长 3-3.5cm；叶片倒卵形、匙形或倒披针形，长 2-10cm，宽 0.5-3cm，边缘羽状半裂或大头羽状裂，裂片长圆形，边缘有锯齿，先端急尖；茎生叶具短柄；叶片倒披针形或条形，长 1-6cm，宽 0.5-1cm，基部近楔形或渐狭，边缘有锯齿或全缘，先端急尖。总状花序具疏生的花；花序梗、花序轴和花梗均被内弯的短柔毛；花梗长 2-4cm，果期开展；萼片长圆形，长 0.7-1mm，宽约 0.5mm，疏被短柔；花瓣白色，匙形，长 1-1.5mm，宽 0.3-0.6mm，基部渐狭，先端圆；雄蕊 2，花丝长 0.6-0.8mm，花药长 0.2mm。短角果圆形，直径 2.5-3.5mm，上部有狭翅，先端凹，弯缺长 0.3-0.5mm；宿存花柱长 0.1-0.2mm，不伸出弯缺之外。种子褐红色，卵状长圆形，长约 1.5mm，宽约 1mm，有狭翅；子叶缘倚胚根。花期：4-6 月，果期：5-9 月。

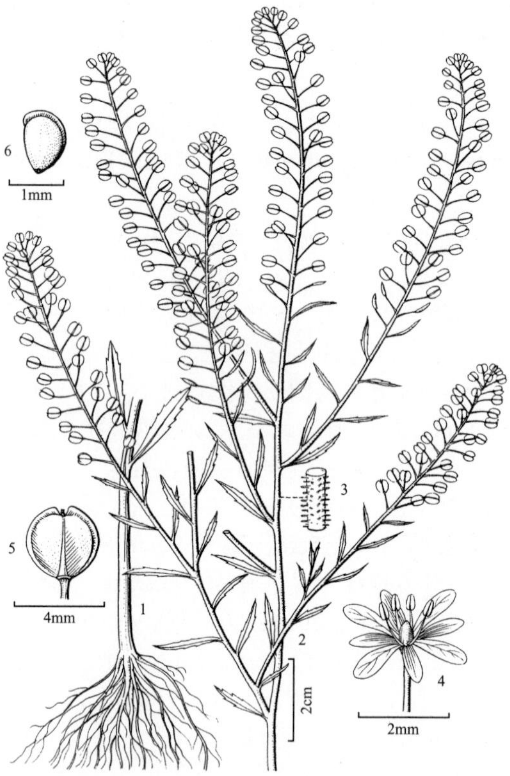

产地：仙湖植物园（陈珍传 002761）。生于田边或荒地，海拔 50m。

图 124 北美独行菜 Lepidium virginicum
1. 根；2. 植株的上部（果期）；3. 茎的一段，示毛被；4. 花；
5. 短角果；6. 种子。（李志民绘）

分布：原产北美洲，现广布于世界各地。辽宁、河北、山东、河南、安徽、江苏、浙江、江西、台湾、广东、香港、澳门、广西、湖南、湖北、贵州、云南和四川均有归化。为田间杂草。

用途：全草可作饲料；种子入药，有利尿、平喘作用。

3. 蔊菜属 Rorippa Scop.

一年生、二年生或多年生草本。茎直立或平卧，不分枝或有分枝。单叶互生；基生叶具柄，密集呈莲座状或否；叶片边缘全缘、有锯齿、深波状、羽状半裂、羽状深裂、大头羽状裂（顶生的 1 枚裂片特大，向下的裂片渐小）或倒向羽状裂（各侧生裂片倒向）。总状花序在果期延长，无苞片，稀有苞片；萼片卵形或长圆形，直立或开展，内轮的一对基部无囊，稀有囊，边缘膜质；花瓣黄色，有时白色或粉红色，稀花瓣退化或不存在，瓣片倒卵形、匙形、长圆形或倒披针形，基部如有爪，则通常短于瓣片；雄蕊 6，4 强，稀 4，近等长，花药卵形或长圆形；蜜腺合生，围绕花丝的基部，中蜜腺狭窄，侧蜜腺半环状或环形；子房有 10-300 颗胚珠。果为长角果或短角果，如为长角果，则通常圆柱形，如为短角果，则呈长圆体形、卵球形、椭圆体形或球形，无或具短的雌蕊柄；果瓣 2，纸质或革质，无脉或脉不明显，假隔膜完整，很少有穿孔，膜质；花柱不明显或明显，柱头头状，全缘或 2 裂。种子每室 2 行，稀 1 行，长圆体形、椭圆体形或卵球形，无翅，种皮有网纹、疣状突起、有皱纹或具孔穴，水湿时有或无粘性；子叶缘倚胚根。

约 75 种，世界各地均有分布。我国有 9 种。深圳有 4 种。

1. 果为短角果，球形，长圆体形或狭长圆体形。
　　2. 茎、叶柄和叶片两面被短硬毛；果球形；果梗长 0.4-1cm；无苞片 ·············· **1. 风花菜 R. globosa**
　　2. 全株无毛；果长圆体形或狭长圆体形；果梗长 1-2mm；具叶状苞片，每朵花均出自叶状苞片腋内··········
　　··· **2. 广州蔊菜 R. cantoniensis**
1. 果为长角果，条状圆柱形。
　　3. 花有萼片和花瓣；种子每室 2 行 ··· **3. 蔊菜 R. indica**
　　3. 花有萼片而无花瓣，萼片呈花瓣状；种子每室 1 行·································· **4. 无瓣蔊菜 R. dubia**

1. 风花菜 Globate Yellowcress　　图 125

Rorippa globosa（Turcz. ex Fisch. & C. A. Mey.）Hayek in Beih. Bot. Centralbl. 27：195. 1911.

Nasturtium globosum Turcz. ex Fisch. & C. A. Mey. in Index Sem. Hort. Petrop. **1**: 35. 1835; 广州植物志 115. 1956.

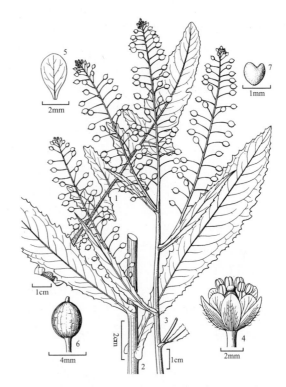

图 125 风花菜 Rorippa globosa
1. 基生叶（大头羽状裂）；2. 茎中部叶，叶基部耳状抱茎；
3. 茎上部叶及果序；4. 花；5. 花瓣；6. 短角果；7. 种子。
（李志民绘）

一年生或二年生草本，高 50-90cm；茎直立，不分枝或上部有分枝，密被白色长硬毛，有时近上部无毛。基生叶呈莲座状，开花前即凋落，具柄；叶柄长 1-4cm，与叶片两面的脉上均疏被长硬毛；茎下部叶具柄，叶片大头羽状中裂或近倒向羽状裂；茎中部及上部叶无柄，叶片披针形、倒披针形或长圆形，长 5-15cm，宽 1-2.5cm，基部耳状，抱茎，边缘有不规则的锯齿或缺刻，先端急尖，顶生裂片有时明显增大，长达 8cm，宽达 4cm；茎上部叶不分裂，边缘有粗锯齿或细锯齿。总状花序生于上部叶腋或顶生，多枚，呈圆锥花序式排列，果期延长；花序梗、花序轴及花梗均近无毛，无苞片；花梗长 0.4-1cm，果期平展；萼片长圆形，开展，长 1.5-2mm，宽 0.5-0.8mm；花瓣黄色，瓣片倒卵形，长 0.7-1.5mm，宽 0.3-0.8mm，基部有短爪，先端钝；雄蕊 6，4 强，或 6 枚近等长，花丝长 1.5-2mm，花药长约 0.5mm；子房有胚珠 60-100 颗。短角果球形或近球形，直径 2-3mm，2 瓣裂，果瓣纸质，无毛，无脉，雌蕊柄长 0.2-0.4mm，宿存花柱长 0.2-0.8mm。种子多数，褐红色，宽卵形，微扁，长 0.5-0.8mm，宽 4-5mm，表面有网纹。花期：4-6 月，果期：7-9 月。

产地：大望水库（张寿洲等 0408）。生于田边、路旁或荒地，海拔 50-100m。

分布：黑龙江、辽宁、吉林、内蒙古、宁夏、山西、河北、山东、河南、安徽、江苏、浙江、江西、福建、台湾、广东、香港、澳门、广西、湖南、湖北、贵州、四川、云南和西藏。越南、日本、朝鲜、蒙古和俄罗斯。

2. 广州蔊菜 微子蔊菜 Guangzhou Yellowcress

图 126

Rorippa cantoniensis（Lour.）Ohwi in Acta Phytotax. Geobot. **6**: 55. 1937.

Ricotia cantoniensis Lour. Fl. Cochinch. **2**: 482. 1793.

Nasturtium microspermum DC. Syst. Nat. **2**: 199. 1821；广州植物志 116. 1956.

一年生或二年生草本，高 10-30cm，全株无毛，有时散生乳头状突起。茎直立或外倾，基部及上部均有分枝，稀不分枝。基生叶具柄，密生成莲座状，但在开花前即凋落，叶片大头羽状裂、羽状全裂或二回羽状全裂，长约 10cm，宽约 3cm，每边有侧裂片多达 12 枚；茎生叶无柄，稀具短柄；叶片倒卵状长圆形或匙形，长 1.5-5cm，宽 1-2.5cm，基部具耳或箭形，抱茎，边缘大头羽状裂、羽状全裂或二回羽状全裂，稀深波状或有粗锯齿，每边有侧裂片 2-6 枚，裂片边缘有缺刻，粗锯齿或全缘。总状花序顶生；苞片叶状；花梗在果期斜展，长 1-2mm；萼片长圆形或近椭圆形，长 1.5-2mm，宽 0.5-0.8mm；花瓣淡黄色，倒卵形或匙形，长 2-3mm，宽 0.5-1mm；花丝与花瓣近等长，花药长 0.3-0.4mm；子房有胚珠 100-230 颗。短角果长圆体形或狭长圆体形，长 5-8mm，宽 1.5-2.5mm，果瓣薄纸质，无脉，宿存花柱长 0.2-0.5mm。种子多数，每室 2 行，褐红色，卵形或卵状肾形，长 0.4-0.6mm，宽 0.3-0.4mm，有细的孔穴。花果期：2-12 月。

产地：笔架山（仙湖华农采集队 SCAUF 664）、葵涌（王国栋等 7900）、龙岗生态示范园（陈景方等 5784）。生于田边、沟边及潮湿草地，海拔 50-100m。

分布：辽宁、河北、陕西、山东、河南、安徽、江苏、浙江、江西、福建、台湾、广东、香港、澳门、广西、湖南、湖北、贵州、四川和云南。朝鲜、日本、俄罗斯（远东地区）和越南。

3. 蔊菜 青蓝菜 塘莴菜 Indian Yellowcress

图 127 彩片 120

Rorippa indica（L.）Hiern, Cat. Afr. Pl. **1**（1）: 26. 1896.

Sisymbrium indicum L. Sp. Pl. ed. 2, **2**: 917. 1763

一年生或二年生草本，高 20-50cm，全体近无毛。茎直立，基部和上部均有分枝。基生叶具长柄，不密

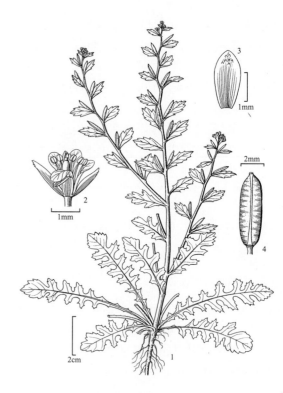

图 126 广州蔊菜 Rorippa cantoniensis
1. 植株、叶（大头羽状裂）、果和总状花序；2. 花；3. 萼片；4. 长角果。（李志民绘）

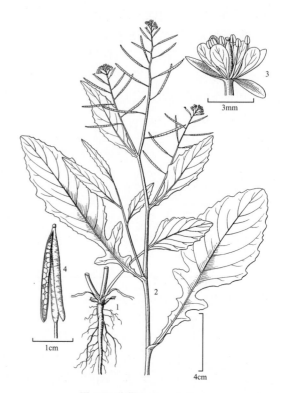

图 127 蔊菜 Rorippa indica
1. 根及基生叶；2. 植株上部、叶（大头羽状裂）及花序（下部的花已结果）；3. 花；4. 长角果。（李志民绘）

集成莲座状，开花前即枯萎；茎下部叶及中部叶有柄或无柄，如有柄则柄长 1-4cm；叶片大头羽状深裂或不裂，倒卵形、长圆形或披针形，长 3.5-12cm，宽 1.5-4cm，侧生裂片每边 1-5 枚或无侧裂片，裂片边缘全缘、具不规则的圆齿或锯齿，先端钝或近急尖，顶生裂片大，长圆形、椭圆形或长圆状披针形，长可达 10cm，宽达 5cm；茎上部叶通常无柄；叶片披针形或长圆形，基部耳状或否，抱茎或不抱茎，边缘全缘、有粗锯齿或细锯齿，先端急尖或渐尖。总状花序顶生或生于上部叶腋，无苞片；花梗纤细，在果期长 0.4-1cm，斜展或平展，稀下弯；萼片绿色或粉红色，长圆形，长 2-3mm，宽 0.8-1.5mm；花瓣黄色，倒卵形或匙形，长 3-4mm，宽 1-1.5mm，稀无花瓣；花丝长及花瓣的 1/2，花药长 0.5-0.8mm；子房有胚珠 70-110 颗。长角果条状圆柱形，长 1-2.5cm，宽 1-1.5mm，通常上弯，果瓣纸质，无脉；宿存花柱长 1-1.5mm。种子多数，每室 2 行，褐红色，卵形或近圆形，长 0.5-0.8mm，宽 0.4-0.6mm，有细的孔穴。花果期：几全年。

产地：大鹏、葵涌、马峦山（张寿洲等 4918）、盐田、梧桐山（深圳考察队 1628）、仙湖植物园（曾春晓等 0126）。生于溪边，田边和潮湿草地，海拔 50-640m。

分布：辽宁、山西、河北、山东、河南、安徽、江苏、浙江、江西、福建、台湾、广东、香港、澳门、海南、广西、湖南、湖北、贵州、云南、西藏、四川、陕西和甘肃。朝鲜、日本、印度、孟加拉国、尼泊尔、巴基斯坦、缅甸、泰国、菲律宾和马来西亚。在南、北美洲均有归化。

用途：嫩茎和叶可食用；全草药用，有止咳化痰、清热解毒的功效。

4. 无瓣薄菜 绿豆草 Petalless Yellowcress 　图 128
Rorippa dubia（Pers.）Hara in J. Jap. Bot. **30**（7）：196. 1955.

Sisymbrium dubium Pers. Syn. Pl. **2**：199. 1807

一年生或二年生草本，高 10-30cm，全株无毛，稀疏被短柔毛。茎直立，自基部至上部均有分枝。基生叶在开花前即凋落；茎下部和中部叶具柄，柄长达 4cm，稀无柄；叶片倒卵形、长圆形或披针形，长 3-11cm，宽 1-3cm，基部具耳或无耳，边缘大头羽状深裂或不裂，每边有侧裂片 1-4 枚或无裂片，裂片边缘全缘或有不规则的圆齿或细锯齿，先端钝或近急尖，顶生裂片大，长圆形、椭圆形或长圆状披针形，长可达 10cm，宽达 4cm；茎上部叶通常无柄；叶片披针形或长圆形，基部有耳或无耳，抱茎或不抱茎，边缘全缘或有细锯齿，先端急尖或渐尖。总状花序顶生或生于上部叶腋，无苞片；花梗纤细，果期长 3-8mm，斜展或平展；萼片花瓣状，粉红色，开展，长圆形或条形，长 2.5-3mm，宽 0.5-0.7mm，边缘膜质；花瓣通常不存在，如存在，则为条形或狭披针形，短于萼片；花丝略短于萼片，花药长圆形，长 0.5-0.8mm；子房有胚珠 70-90 颗。长角果条状圆柱形，长 2.5-4cm，宽 0.7-1mm，果瓣薄纸质，无脉；宿存花柱长 0.5-1mm，

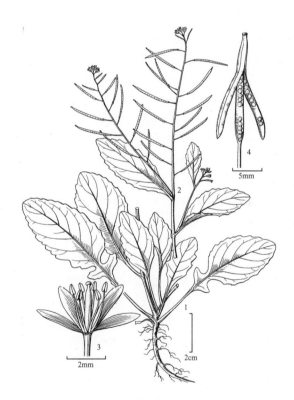

图 128 无瓣薄菜 Rorippa dubia
1. 植株的下部及叶；2. 植株的上部、叶及花序（下部已结果）；3. 花；4. 长角果。（李志民绘）

与果近等宽。种子多数，每室一行，褐红色，近圆形，长 0.5-0.8mm，宽 0.4-0.6mm，有小孔穴。花果期：近全年。

产地：大鹏（张寿洲等 1689）、梧桐山（张寿洲等 5261）、仙湖植物园（曾春晓等 0126）。生于沟边、田边及湿润草地，海拔 50-700m。

分布：辽宁、河北、山东、河南、安徽、江苏、浙江、江西、台湾、福建、广东、香港、澳门、海南、广西、湖南、湖北、贵州、云南、西藏、四川和陕西。日本、印度、孟加拉国、尼泊尔、缅甸、泰国、越南、菲律宾、

马来西亚和印度尼西亚。南美洲和北美洲均有归化。

用途：与葶菜同。

4. 萝卜属 Raphanus L.

一年生或二年生草本；主根肉质或非肉质；植株粗糙或被糙硬毛，稀无毛。茎直立或平卧，无或有分枝。叶为单叶；基生叶有柄，密生呈莲座状或否，边缘有锯齿、大头羽状裂（顶生的 1 枚裂片特大，向下的裂片渐小）、羽状中裂或羽状深裂；茎生叶与基生叶相似，有柄或生于最上部的无柄。总状花序伞房状，果期延伸，有多数花，无苞片；花梗在果期水平开展或下弯；萼片长圆形或条形，直立，内轮的一对基部有囊；花瓣黄色、白色、粉红色或紫色，通常有深色的脉纹，瓣片倒卵形或近圆形，先端圆或微凹，基部具爪，爪等长于或长于瓣片；雄蕊 6，4 强，花丝基部不膨大，花药长圆形或条状长圆形；蜜腺 4，2 枚中蜜腺长圆状，2 枚侧蜜腺棱柱状；子房有 2 节，下节无胚珠，上节有 2-22 颗胚珠。果为长角果或短角果，不开裂，圆柱形、长圆体形、卵球形、椭圆体形或披针形，有 2 节，下节极短，无种子，与果梗近等粗，上节延伸，含 2 至数枚种子，在种子间微缢缩呈念珠状，有横隔，成熟时断裂为含 1 颗种子的节，先端具细的尖喙。种子 1 行，长圆体形、卵球形或球形，无翅，种皮有细的网纹，水湿时无粘性，子叶对折。

3 种，主要产于地中海区域。我国 2 种。深圳栽培 1 种。

萝卜 莱菔 萝白 Chinese Radish　　　　　图 129

Raphanus sativus L. Sp. Pl. **2**: 669. 1753.

一年生或二年生草本，高 0.3-1.3m。主根肉质，膨大呈长圆体形、球形或圆锥形，外皮白色、绿色、粉红色或红色。茎不分枝或分枝，无毛，有白霜，基生叶和下部茎生叶具柄，柄长 1-3cm，无毛；叶片轮廓长圆形、倒卵形、倒披针形或匙形，长 8-30cm，宽 3-5cm，大头羽状裂或羽状深裂，稀不分裂，顶生裂片卵形，侧生裂片每边 3-14 枚，稀无裂片，裂片长圆形或卵形，长 3-5cm，宽 1-3cm，两面疏被短硬毛，边缘有锯齿，先端钝或急尖；上部茎生叶无柄，叶片不分裂，有锯齿。总状花序顶生或腋生；花序梗、花序轴、花梗和花萼均无毛；花梗在果期斜展或水平开展，长 1-4cm；萼片狭长圆形，长 0.5-1cm，宽约 2mm；花瓣紫色，有时白色，常有深色脉纹，宽倒卵形，长 1.5-2cm，宽 4-5mm，先端微凹或钝，基部的爪长 1-1.5cm；花丝长为花瓣的 1/2，花药长约 2mm。长角果披针形或圆柱形，稀卵球形，长 3-10cm，直径 0.7-0.9mm，下方一节无种子，长 1-3mm，果皮木栓质，平滑，种子之间微缢缩；宿存花柱长 1-2cm，柱头头状，不裂。种子球形或卵球形，直径 2.5-4mm。花期：4-5 月，果期：5-6 月。

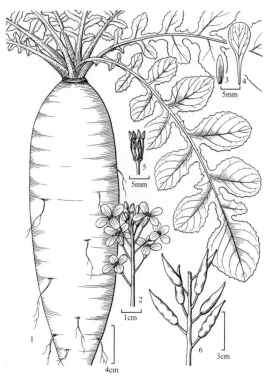

图 129 萝卜 Raphanus sativus
1. 根及叶（大头羽状裂）；2. 花序；3. 萼片；4. 花瓣；5. 除去花萼和花冠，示雄蕊和雌蕊；6. 果序。（李志民绘）

产地：罗湖区林果场（曾春晓 023770），本市各地田园常见栽培。

分布：原产欧洲，现世界各地常见栽培。我国各地普遍栽培。

用途：根作蔬菜或腌渍作酱菜；根、叶和种子（称莱菔子）均入药。

5. 紫罗兰属 Matthiola R. Br.

一年生或多年生草本,植株被星状毛、树枝状毛,稀具叉状毛或单毛,有时有腺点、多细胞毛或具多列毛。单叶,互生;基生叶具柄,密集成莲座状或否,叶片全缘、有锯齿或羽状分裂;茎生叶有柄或无柄,叶片基部无耳,边缘全缘、有锯齿或羽状裂。总状花序顶生或腋生,果期延长,无苞片;花梗在果期直立或开展;萼片长圆形或条形,内轮的一对基部具明显的囊;花瓣黄绿色、白色、粉红色、紫色或褐色,远比萼片长,基部具爪,瓣片宽倒卵形、匙形、长圆形或条形,平展、内卷或为皱波状,先端钝或微凹;雄蕊6,4强,花丝基部不膨大或膨大,花药长圆形或条形;侧蜜腺半环形,2或4枚,每边的短雄蕊基部各有1枚或2枚,无中蜜腺;子房无柄,有胚珠15-60颗。果为长角果,圆筒形或为条形而扁,有横隔,果瓣有明显的中脉,呈念珠状,宿存花柱不明显或长至3mm,柱头圆锥状,2裂,裂片靠合或分离,两侧增厚并下延,无附属体或有2-3枚角状附属体。种子一行,长圆形、卵形或近圆形,扁平,具狭翅或无翅,种皮有细网纹,水湿时无粘性;子叶缘倚胚根。

约50种,产于非洲东北部、亚洲和欧洲。我国引进栽培1种。深圳亦有栽培。

紫罗兰 Violet　　　　　图 130　彩片 121

Matthiola incana（L.）R. Br. in W. A. Aiton, Hortus Kew. **4**: 119. 1812.

Cheiranthus incanus L. Sp. Pl. **2**: 662. 1753.

二年生或多年生草本,高 20-60cm,全株密被灰白色树枝状毛。茎直立,多分枝,基部稍木质化。茎下部及中部叶具柄,柄长 3-5cm;叶片狭长圆形或倒披针形,长 6-12cm,宽 1.5-3cm,基部渐狭并下延至叶柄,边缘全缘或微呈波状,先端圆或钝;茎上部叶具短柄或近无柄,叶片与茎下部和中部叶相似,但渐变小。总状花序顶生和腋生,具多数花,果期延长;花梗斜展,长 1.5-2.5cm;萼片直立,狭椭圆形或狭长圆形,长 1-1.5cm,宽 3-3.5mm,边缘膜质,先端钝,内轮 2 枚基部具囊;花瓣紫红色、淡红色,淡黄色或白色,卵形,长 1.5-2.5cm,瓣片基部渐狭成长爪,先端微凹,边缘皱波状;花丝基部扩大,向上渐变狭;子房圆柱形。长角果圆柱形,长 7-8cm,直径约 3mm;果梗长 2-3cm;宿存花柱不明显,柱头 2 裂。种子近圆形,直径约 2mm,深褐色,边缘有膜质狭翅。花期:1-4 月。

产地:荔枝公园(科技部 2855),本市公园和花圃常有栽培。

分布:原产欧洲南部。世界各地均有栽培。我国各大中城市均有栽培。

用途:为美丽花卉,供观赏。

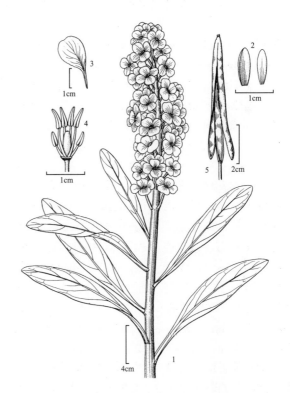

图 130 紫罗兰 Matthiola incana
1. 植株上部、叶及花序;2. 萼片;3. 花瓣;4. 除去花萼和花冠,示雄蕊(四强雄蕊)和雌蕊;5. 长角果。(李志民绘)

6. 碎米荠属 Cardamine L.

一年生、二年生或多年生草本,如为多年生则具根状茎或块茎。茎直立或平卧。基生叶为单叶或复叶,具柄,密集成莲座状或否,叶片边缘、有锯齿、羽状分裂或 1-3 回羽状全裂,有时为 3 小叶、1-2 回羽状复叶或掌状复叶;

茎生叶互生，稀对生或轮生，单叶或羽状复叶（与基生叶相似），无柄或有柄，基部楔形、渐狭、耳状或箭形。花序为总状花序、伞房花序或圆锥花序，在果期延长，无苞片，稀具苞片；花梗在果期直立，开展或反折；萼片卵形或长圆形，内轮的一对基部具囊或否，边缘通常膜质；花瓣白色、粉红色或紫色，稀无花瓣，瓣片倒卵形、匙形、长圆形或倒披针形，基部具明显的爪或无爪，先端钝或微凹；雄蕊 6，4 强，稀 4 枚近相等；中蜜腺 2 枚，稀 4 枚或无，乳头状或鳞片状，侧蜜腺环状或半环状；子房有 4-50 颗胚珠。果为长角果，条状圆柱形或狭长圆形，扁，果瓣纸质，无脉，平滑或呈念珠状，假隔膜完整，膜质，透明；宿存花柱明显，稀不明显，柱头头状，不裂。种子每室 1 行，无翅，稀具翅或有边，长圆形或卵形，扁，种皮平滑、有细网纹、具疣状突起或有皱纹；子叶缘倚胚根，稀背倚胚根。

　　约 200 种，世界各地均有分布。我国有 48 种。深圳有 3 种。

1. 果及果梗直立，靠近花序轴；茎下部及基生叶叶柄均被短硬毛；雄蕊 4 ‥‥‥‥‥‥‥‥‥‥‥‥ **1. 碎米荠 C. hirsuta**
1. 果及果梗斜展，不靠近花序轴；茎下部及基生叶叶柄均无毛；雄蕊 6。
　　2. 茎中上部叶的顶生小叶与侧生小叶近等大；茎及花序轴微呈之字形曲折 ‥‥‥‥‥‥ **2. 弯曲碎米荠 C. flexuosa**
　　2. 茎中上部叶的顶生小叶片明显大于侧生小叶；茎及花序轴劲直 ‥‥‥‥‥‥‥‥‥‥‥‥‥‥ **3. 圆齿碎米荠 C. scutata**

1. **碎米荠** 野荠菜 Hairy Bittereress　　图 131
Cardamine hirsuta L. Sp. Pl. **2**: 655. 1753.

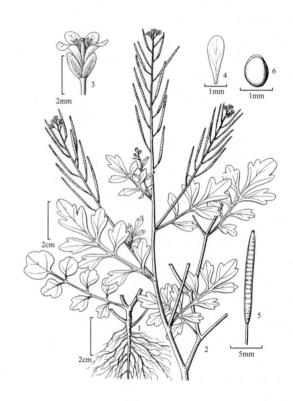

　　一年生草本，高 10-30cm。茎直立、上升或外倾，自基部至上部均有分枝，下部密被短硬毛，上部无毛。基生叶为羽状复叶，密集呈莲座状；叶柄长 1-5cm，与小叶片的两面均疏被短柔毛；小叶 5-9(-11) 片；小叶柄长 2-3mm；侧生小叶卵形或近圆形，长 3-6mm，宽 4-5mm，基部楔形或略偏斜，边缘有 2-3 圆齿，顶端钝，顶生小叶圆肾形，长 0.5-1cm，宽 0.6-1.2cm；茎下部叶与基生叶相似；茎上部叶叶柄较短，其余均与茎下部叶相似。总状花序顶生；花序梗、花序轴、花梗和花萼均无毛；花梗直立，果期长 0.3-0.6mm，与长角果均靠近花序轴；萼片长圆形，长 1.5-2.5mm，宽 0.5-0.7mm，边缘膜质；花瓣白色，匙形，长 2.5-4mm，宽 0.5-1mm，稀无花瓣；雄蕊 4，（侧生的一对短雄蕊通常不存在），花丝长 2-3mm，花药卵形，长 0.3-0.5mm；子房有胚珠 14-40 颗。长角果条状圆柱形，长 1.5-2.5cm，直径 1-1.5mm，果瓣无毛，微呈念珠状；宿存花柱长 0.5-0.6mm。种子褐色，有光泽，长圆形，长约 1mm，宽 0.6-0.7mm，上部有狭翅。花果期：2-5 月。

　　产地：南澳（邢福武 11959，IBSC）、梧桐山、仙湖植物园（曾春晓等 0056）。生于山坡草地、旷野湿润草地，海拔 50-200m。

　　分布：辽宁、河北、陕西、甘肃、四川、西藏、云南、贵州、湖南、湖北、河南、山东、安徽、江苏、浙江、江西、台湾、福建、广东和广西。土库曼斯坦、巴基斯坦、印度、斯里兰卡、缅甸、泰国、越南、老挝、菲律宾、马来西亚、印度尼西亚、日本和欧洲。非洲、澳大利亚、南美洲和北美洲有归化。

　　用途：嫩茎和叶可食，入药有清热去湿之效。

图 131 碎米荠 Cardamine hirsuta
1. 根及茎下部叶；2. 茎的上部、叶及果序；3. 花；4. 花瓣；
5. 长角果；6. 种子。（李志民绘）

2. 弯曲碎米荠 Flexuosa Bittereress

图 132 彩片 122

Cardamine flexuosa With. Bot. Arr. Brit. Pl. ed. 3,
3: 578. 1796.

一年生或二年生草本，高 10-30cm，全株无毛，稀茎的下部被长硬毛。茎直立、上升或外倾，不分枝或基部有分枝，分枝通常微呈之字形曲折。叶为羽状复叶；基生叶通常在开花前凋落，不呈莲座状，具柄；叶柄长 2-3cm；小叶 7-13 片；小叶柄长 3-5mm；侧生小叶长圆形或卵形，长 0.5-2cm，宽 0.3-1.5cm，基部宽楔形，边缘上部有 3 圆齿，先端圆或钝，顶生小叶倒卵形、近圆形或肾形，长 0.8-1.4cm，宽 0.7-1.5cm；茎生叶叶柄较短，长 1-1.5cm；小叶 5-11 片；小叶柄长 2-3mm，或几不明显；小叶长卵形，有时为狭长圆形或倒披针形，长 0.4-1.5cm，宽 0.3-1cm，边缘 3 浅裂或全缘。总状花序顶生或生于分枝上部叶腋，有多数花；花梗在果期长 2-4mm，与长角果均斜展，不靠近花序轴；萼片长圆形，长 1.5-2.5mm，宽 0.7-1mm，边缘膜质；花瓣白色，匙形，长 2.5-4mm，宽 1-1.7mm；雄蕊 6，稀 4，花丝长 2-3mm，花药卵形，长约 0.5mm；子房有胚珠 18-40 颗。长角果条状圆柱形，长 1.2-2cm，宽 1-1.5mm，果瓣微呈念珠状；宿存花柱长 0.5-1mm。种子褐色，长圆形，长 1-1.5mm，宽 0.6-1mm，有或无狭翅。花果期：几全年。

产地：笔架山（张寿洲等 5552）、梧桐山（张寿洲等 046）、深圳水库（深圳植物志采集队 013625），本市各地均有分布。生于山坡路旁、田边及潮湿草地，海拔 50-500m。

分布：原产于欧洲。辽宁、河南、江苏、浙江、江西、福建、台湾、广东、香港、澳门、广西、湖南、湖北、贵州、云南、西藏、四川、陕西和甘肃有归化。朝鲜、日本、巴基斯坦、克什米尔、印度、孟加拉国、尼泊尔、缅甸、泰国、越南、老挝、菲律宾、马来西亚、澳大利亚及南、北美洲均有归化。

用途：全草入药，能清热、利湿、健胃、止泻。

3. 圆齿碎米荠 Scutata-dentate Bittercress 图 133
Cardamine scutata Thunb. in Trans. Linn. Soc.
London. **2**: 339. 1794.

一年生或二年生草本，高 15-30cm，具纤维状根。茎直立，单一或上部有分枝，有纵棱，无毛或疏被短柔毛。叶为羽状复叶；基生叶多枚，铺散，不呈莲座状，常于开花前枯萎；叶柄长 2.5-3.5cm，与叶片的两面均疏被短柔毛；每边有小叶 3-9 片，顶生小叶肾形、近圆形、菱状卵形或宽卵形，长 1.5-2.5cm，宽 0.7-

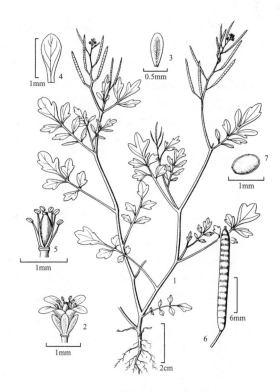

图 132 弯曲碎米荠 Cardamine flexuosa
1. 植株、叶及果序；2. 花；3. 萼片；4. 花瓣；5. 除去花萼和花冠，示雄蕊和雌蕊；6. 长角果；7. 种子。（李志民绘）

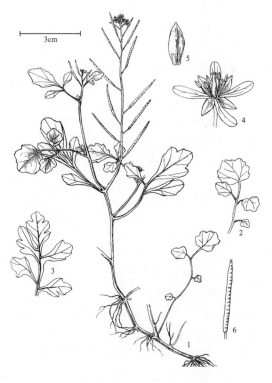

图 133 圆齿碎米荠 Cardamine scutata
1. 植株、叶及果序；2. 基生叶；3. 茎生叶；4. 花；5. 萼片；6. 长角果。（肖胜武绘）

2cm，边缘浅波状或具圆齿，有的又有 3-5 浅裂，侧生小叶较小，长圆形、卵形或近圆形；茎生叶与基生叶相似；叶柄长约 3cm；每边有 1-5 小叶，顶生小叶长 (1-)2-5(-6)cm，宽 (1-)1.5-4(-5)cm，边缘波状、具圆齿或 3-5 浅裂，侧生小叶与顶生小叶相似。总状花序顶生，具多数花；花序轴劲直；花梗纤细，长 0.5-1.5cm，果期平展或斜上，疏被短柔毛；外轮萼片长圆形，内轮萼片卵形，长 1.5-2.5(-3)mm，宽 0.9-1.4mm；花瓣白色，匙形，长 2.5-4.5mm，宽 1.5-2.5mm；雄蕊 6，花丝长 2.5-3.5mm；子房每室有 20-40 颗胚珠。长角果圆柱形，长 1.5-2.8cm，粗 1-1.5mm，无毛。或疏被微柔毛，微呈念珠状；宿存花柱长 1-1.5mm。种子褐色，长圆形，长 1-1.5mm，宽 0.6-1mm，有的有一条狭边。花期：4-5 月，果期：5-9 月。

产地：七娘山（邢福武 12248，IBSC）、市农科中心（王学文 482，IBSC）。生于山沟、山坡草地和湿润草地。

分布：吉林、安徽、江苏、浙江、台湾、广东、贵州和四川。日本、朝鲜和俄罗斯（远东地区）。

7. 豆瓣菜属 Nasturtium R. Br.

多年生草本，水生，具发达的根状茎。茎匍匐或外倾，节上生不定根，伸出水面的部分直立。叶全部茎生，羽状复叶，在沉水较深时常为单叶；叶柄基部有时耳状；有或无小叶柄；小叶片边缘浅波状或全缘。总状花序顶生，花后通常延伸，具多数花；无苞片；花梗在果期开展；萼片开展或直立，卵形或长圆形，边缘膜质，内轮的一对基部有囊或否；花瓣白色或带粉红色，长于萼片，瓣片倒卵形或匙形，基部无爪或具短爪；雄蕊 6，4 强，花丝基部不扩大，花药长圆形，侧蜜腺 2，环形或半环形，无中蜜腺；子房无柄，有 25-50 颗胚珠。果为长角果，圆柱形或与假隔膜平行的方向稍压扁，果瓣具不明显的脉，平滑或微呈念珠状，假隔膜完整；宿存花柱不明显或长至 2mm，柱头头状，不裂。种子每室 1 或 2 行，长圆体形或卵球形，无翅，种皮有细或粗的网纹，水湿时无粘性；子叶缘倚胚根。

5 种，产于北美洲、亚洲、欧洲及非洲。我国引进栽培 1 种。深圳亦有栽培。

西洋菜 豆瓣菜 Water Cress　　　　　　　　　　图 134

Nasturtium officinale R. Br. in W. T. Aiton, Hortus Kew. **4**: 110. 1812.

多年生草本，高 10-70cm，通常水生，全体无毛，稀疏被短柔毛；茎上部多分枝。羽状复叶有 3-9 (-13) 片小叶；叶柄基部耳状，略抱茎；小叶柄扁，长约 1cm；小叶片长圆形、宽卵形或近圆形，顶生一片较大，长 2-3cm，宽 1.5-2.5cm，基部楔形，边缘全缘或呈浅波状，先端钝或微凹；侧生小叶无明显的小叶柄，小叶片与顶生的相似，但较小，基部两侧不对称。总状花序顶生和生于茎上部叶腋，具多数花，果期延长；花梗长 0.5-1.2cm，果期开展至微下弯；萼片长圆形，长 2-3.5mm，边缘膜质，侧生的一对基部略具囊状，先端圆；花瓣白色或带粉红色，倒卵形或匙形，长 3.5-4.5mm，宽 1.5-2.5mm，基部的爪甚短，长约 1mm，先端圆；花丝长 2.5-3mm，花药长圆形，长约 0.6mm。长角果圆柱形，长 1-1.5cm，宽 2-2.5mm，果瓣具 1 条不明显的中脉；宿存花柱长 0.5-1mm。种子每室 2 行，卵球形，长 1-1.3mm，宽 0.7-1mm，褐红色，有粗的网纹。花期：4-9 月，果期：5-10 月。

产地：本市水田中常见栽培。

分布：原产于亚洲西南部和欧洲。世界各地均有归化。我国黑龙江、吉林、辽宁、山西、河北、山东、河南、安徽、江苏、浙江、江西、台湾、广东、香港、澳门、海南、广西、湖南、湖北、贵州、云南、四川、

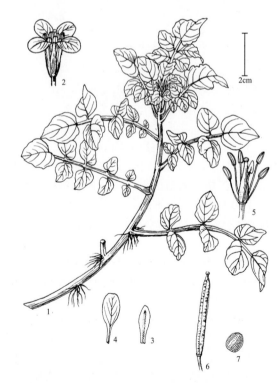

图 134 西洋菜 Nasturtium officinale
1. 植株；2. 花；3. 萼片；4. 花瓣；5. 除去花萼和花冠，示雄蕊和雌蕊；6. 长角果；7. 种子。（肖胜武绘）

陕西和新疆均有归化。华南各地常有栽培。

用途：为常见蔬菜；全株药用，有清热、利尿的功效。

8. 芸苔属 Brassica L.

一年生、二年生或多年生草本，稀半灌木或灌木；植物体有或无白霜，全体无毛或疏被毛。主根圆柱形或膨大成为肉质的块状。茎直立或斜升，不分枝或有分枝。单叶，基生叶具柄，紧密呈莲座状或否，叶片边缘全缘、有锯齿、大头羽状裂（顶生的1枚裂片特大，向下的裂片渐小）、羽状中裂或羽状全裂；茎生叶有柄或无柄，叶片基部楔形、渐狭、耳状、箭头形或抱茎，边缘全缘、有锯齿或分裂。总状花序通常在果期延长，无苞片；花梗在果期斜上、开展或上弯；萼片卵形或长圆形，直立、斜展，稀展开，内轮的一对基部囊状或否；花瓣黄色，稀白色或粉红色，瓣片倒卵形，匙形，稀倒披针形，基部有明显的长爪，先端钝或微凹；雄蕊6，4强，花药卵球形或长圆体形；蜜腺4，中生及侧生，中蜜腺近球形、长圆体形或丝状，侧蜜腺柱状，稀仅具2枚侧蜜腺；子房有胚珠4-50颗。果为长角果，长圆形或圆筒形，稀具4棱或近压扁，平滑或微呈念珠状，先端有喙，喙多为锥状，内含种子1-4颗或无种子，果瓣有1明显的中脉，无明显侧脉，通常无毛，宿存花柱明显或不明显，柱头头状，不裂或2裂，隔膜完全，透明。种子每室1行，稀2行，球形，稀长圆体形，无翅，褐色，有网纹；子叶对折。

约40种，主要分布于地中海地区，尤以欧洲西南部和非洲西北部的种类最多。我国6种。深圳栽培的有13变种。

本属植物多为常见的蔬菜，有的为主要的油料作物。在我国有悠久的栽培历史。

1. 叶厚，肉质，被白霜 ·· 1. **叶甘蓝 B. oleracea**
  2. 花序肉质，形成紧密的球形或倒锥形的头状体。
    3. 花芽白色；花序轴和花梗均白色 ····················· 1a. **花椰菜 B. oleracea** var. **botrytis**
    3. 花芽绿色；花序轴和花梗均绿色 ····················· 1b. **绿花菜 B. oleracea** var. **italica**
  2. 花序不为肉质，开展。
    4. 茎基部节间极度短缩，膨大呈球形或扁球形 ············· 1c. **擘蓝 B. oleracea** var. **gongylodes**
    4. 茎基部节间不短缩，呈圆柱形或狭圆锥形。
      5. 基生叶和下部茎生叶数片，相互疏离，不形成头状体 ·········· 1d. **芥蓝 B. oleracea** var. **albiflora**
      5. 基生叶和下部茎生叶多数，排列成紧密封闭的或疏松的头状体。
        6. 叶绿色并相互重叠包裹，形成紧密封闭的球形或扁球形头状体 ········ 1e. **甘蓝 B. oleracea** var. **capitata**
        6. 叶黄色、粉红色、紫色、红色，稀绿色，相互重叠成疏松的头状体 ·············
        ··· 1f. **羽衣甘蓝 B. oleracea** var. **acephala**
1. 叶薄，草质，通常无白霜。
  7. 植物体有辛辣味；茎上部叶叶片基部楔形或渐狭，不抱茎 ··········· 2. **芥菜 B. juncea**
    8. 主根肉质，膨大呈长圆锥形、倒卵球形或椭圆体形 ············· 2a. **芥菜疙瘩 B. juncea** var. **napiformis**
    8. 主根非肉质，亦不膨大。
      9. 全部叶片多裂，裂片条形 ····················· 2b. **多裂芥菜 B. juncea** var. **multisecta**
      9. 叶片非上述形状。
        10. 基生叶及茎生叶的叶片均有大或狭长的裂片，裂片边缘有尖锯齿或缺刻
        ··· 2c. **皱叶芥菜 B. juncea** var. **crispifolia**
        10. 基生叶及茎生叶的叶片仅下部有裂片，裂片边缘有波状钝齿 ········ 2d. **大叶芥菜 B. juncea** var. **foliosa**
  7. 植物体无辛辣味；茎上部叶叶片基部深心形或具耳，抱茎 ············· 3. **蔓青 B. rapa**
    11. 基生叶相互重叠，密集成甚紧密的圆柱形或近长圆体形的头状体；叶柄宽而扁平，具翅，翅边缘缺状或齿裂 ············· 3a. **黄牙白 B. rapa** var. **glabra**
    11. 基生叶不形成紧密的头状体；叶柄肉质，半圆柱形，无翅。
      12. 基生叶叶柄基部抱茎 ····························· 3b. **青菜 B. rapa** var. **chinensis**
      12. 基生叶叶柄基部不抱茎 ·························· 3c. **菜心 B. rapa** var. **parachinensis**

1. **叶甘蓝** 野甘蓝 Cabbage

Brassica oleracea L. Sp. Pl. **2**: 667. 1753.

二年生或多年生、稀为一年生草本，高（0.3-）0.6-1.5（-3）m；全株无毛，被白霜。茎直立或外倾，中部以上分枝，有时基部肉质。叶厚，肉质，基生叶及下部的茎生叶具柄；叶柄长 10-30cm；有时叶相互重叠而成头状体；叶片卵形、长圆形或披针形，长达 40cm，宽达 15cm，边缘全缘、浅波状或齿裂，有时羽状半裂或全裂，顶生裂片大，侧裂片 1-13 对，较小，长圆形或卵形，上部的茎生叶无柄或近无柄，倒披针形，卵形或长圆形，长达 10cm，宽达 4cm，基部抱茎，耳状，稀为楔形，边缘全缘、浅波状或有时齿裂。总状花序有时肉质，密集成头状；花梗在果期直立、斜上或平展，长（0.8-）1.4-2.5（-4）cm；萼片直立，长圆形，长 0.8-1.5cm，宽 1.5-2.7mm；花瓣奶黄色，稀白色，卵形或椭圆形，长（1.5-）1.8-2.5（-3）cm，宽 0.6-1.2cm，爪长 0.7-1.5cm，先端圆或钝；花丝长 0.8-1.2cm，花药椭圆体形，长 2.5-4mm。长角果圆筒形，长（2.5-）4-8（-10）cm，宽 3-4（-5），无梗或具短梗，每室有种子 10-20 颗。

原产欧洲西部。世界各地均有栽培。我国也有栽培。在深圳栽培的有其 6 变种。

1a. **花椰菜** 椰菜花 Cauliflower

Brassica oleracea var. **botrytis** L. Sp. Pl. **2**: 667. 1753.

茎直立，高 60-90cm。基生叶及下部的茎生叶绿色，数片，不形成头状体；基生叶较大，具柄，茎中上部叶较小且无柄。花序由花序梗、花序轴、花梗和未发育的花芽密集而成的肉质头状体，白色；花淡黄色或白色。花期：10月至翌年4月，果期：5月。

产地：本市有栽培。

分布：原产欧洲。我国各地有栽培。

用途：蔬菜。

1b. **绿花菜** 西兰花 Broccoli

Brassica oleracea var. **italica** Plenck Icon. Pl. Medic. **6**: 29. 1974.

与花椰菜（var. botrytis）的区别在于花序梗、花序轴、花梗及花芽均为绿色。花果期与花椰菜相近。

产地：本市有栽培。

分布：原产欧洲。我国各地有栽培。

用途：蔬菜。

1c. **擘蓝** 芥兰头 球茎甘蓝 Kohlrabi

Brassica oleracea var. **gongylodes** L. Sp. Pl. **2**: 667. 1753.

Brassica caulorapa（DC.）Pasq. Cat. Ort. Bot. Napoli 17. 1867；广州植物志 112. 1956；广东植物志 **3**: 27. 1995.

茎基部节间极度缩短，肉质，膨大呈球形或扁球形。基生叶及下部的茎生叶绿色，多数，不相互重叠，基部具侧裂片，叶缘不规则齿裂。花序不为肉质，开展。花期：3-4 月，果期：6 月。

产地：本市有栽培。

分布：原产欧洲。我国各地有栽培。

用途：蔬菜。

1d. **芥蓝** Chinese Kale   图 135

Brassica oleracea var. **albiflora** Kuntze, Rev. Gen. Pl. **1**: 19. 1891.

Brassica alboglabra L. H. Bailey, in Gent. Herb. **1**: 79. 1922；广州植物志 112. 图 43. 1956；广东植物志 **3**: 27. 1995.

　　茎基部节间不缩短，狭圆柱形。基生叶及下部的茎生叶绿色，数片，互相疏离。花序开展；花白色或偶为淡黄色。花期：12月至翌年2月，果期：3-6月。

　　产地：本市有栽培。

　　分布：我国各地有栽培。

　　用途：蔬菜。

1e. 甘蓝 椰菜 包菜 Cabbage

Brassica oleracea var. **capitata** L. Sp. Pl. **2**: 667. 1753.

　　与原变种的区别在于茎基部节间极度缩短；基生叶和下部的茎生叶多数，绿色，长圆状倒卵形至圆形，直径20-40cm，并相互重叠包裹形成紧密封闭的球形或扁球形头状体；花序不为肉质，也不成头状体。花期：4月，果期：5月。

　　产地：本市有栽培。

　　分布：原产欧洲。我国各地有栽培。

　　用途：蔬菜。

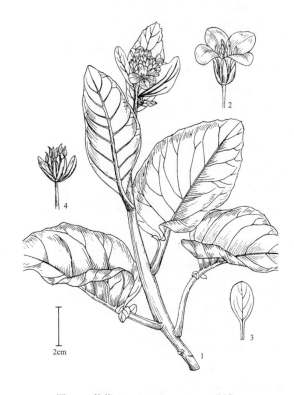

图135 芥蓝 Brassica oleracea var. albiflora
1.茎的上部、叶及总状花序；2.花；3.花瓣；4.除去花冠，示花萼、雄蕊和雌蕊。(肖胜武绘)

1f. 羽衣甘蓝 Boreole　　　　　　　　彩片123

Brassica oleracea var. **acephala** DC. Syst. Nat. **2**: 583. 1821.

Brassica oleracea var. acephala f. *tricolor* Hort. 广东植物志 **3**：27. 1995.

　　茎基部节间极度缩短，短圆柱形。基生叶及下部的茎生叶多数黄色、粉红色、紫色或红色，稀绿色，相互重叠成疏松的头状体。花序不为肉质也不密集成头状体。花期：5-6月。

　　产地：本市有栽培。

　　分布：我国各地有栽培。

　　用途：观赏植物。

2. 芥菜 Leaved Mustard

Brassica juncea（L.）Czern. Conspect. Fl. Chark. 8. 1859.

Sinapis juncea L. Sp. Pl. **2**: 668.1753.

　　一年生草本，高0.3-1.5m；全株无毛或幼时茎及叶被短柔毛，通常无白霜，有辛辣味。主根不膨大或膨大，肉质。茎直立，上部有分枝。基生叶及茎下部叶具长柄；叶柄长2-9(-15)cm；叶片的轮廓为卵形、长圆形或披针形，长6-30cm，宽1.5-15cm，边缘全缘、大头状羽裂、羽状中裂至羽状全裂，顶生裂片卵形，边缘浅波状、有锯齿或具缺刻，侧裂片每边1-3枚，远小于顶生裂片，边缘皱波状、具缺刻、浅波状或全缘；上部茎生叶具柄或近无柄；叶片披针形、倒披针形、长圆形或条形，长达10cm，宽达5cm，基部楔形或渐狭，边缘全缘或浅波状，很少有锯齿。总状花序顶生，花后延长；花梗在果期直或开展，长0.8-2cm；萼片长圆形，长4-7mm；花瓣黄色，倒卵形，长0.8-1cm，宽5-7.5mm，基部有3-6mm长的爪，先端圆；花丝长4-7mm，花药长圆体形，长约2mm。长角果圆柱形，长3-6cm，宽3-5mm，微具4棱，种子间微缢缩，果瓣有1明显的中脉，先端具喙，喙长0.6-1.2cm，无宿存花柱，每室有6-20颗种子。种子深褐色或淡褐色，球形，直径1-1.5mm，表面有细网纹。花期3-6月，果期：5-7月。

产地：本市有栽培。

分布：原产亚洲，世界各地均有栽培或归化。我国各地亦常见栽培。

用途：为常见的蔬菜；盐腌后可制成咸酸菜或梅菜。种子油称芥子油，种子磨成粉称芥末，为调味品。全株入药，能化痰平喘和消肿止痛。

在深圳常见栽培的还有下列 4 变种：

2a. 芥菜疙瘩 大头菜 Turnip

Brassica juncea var. **napiformis**（Pailleux & Bois）Kitamura in Mem. Coll. Sci. Kyoto Imp. Univ.，Ser. B, Biol. **19**：76. 1950.

Sinapis juncea L. var. *napiformis* Pailleux & Bois, Potager d'un Curieux **2**：372. 1892.

Brassica juncea var. *megarrhiza* M. Tsen & S. H. Lee, Hortus Sinicus **2**：21. 1942.；广东植物志 **3**：30. 1995.

二年生草本；主根肉质，膨大，圆锥形，椭圆体形或倒卵球形，直径 7-10cm，顶部不收缩，外皮及根肉均为淡黄棕色，下面生多数须根。基生叶叶柄纤细，不为肉质；叶片长 5-30cm，边缘不规则齿裂或羽状全裂而具皱缩和缺刻。花期：4-5 月，果期：5-6 月。

产地：本市有栽培。

分布：全国各地均有栽培。

用途：肉质根供制作酱菜。

2b. 多裂芥菜 Manysecta-leaved Mustard

Brassica juncea var. **multisecta** L. H. Bailey in Gent. Herb. **1**：93, fig. 41. 1922.

全部叶均分裂为多数条形的裂片。

产地：本市有栽培。

分布：华南地区有栽培。

用途：作蔬菜。

2c. 皱叶芥菜 Crisped-leaved Mustard

Brassica juncea var. **crispifolia** L. H. Bailey in Gent. Herb. **1**：91, fig. 39. 1922.

基生叶及茎生叶的叶片均有较大的或狭长的裂片，裂片边缘有尖锯齿或缺刻。

产地：本市有栽培。

分布：华南地区常见栽培。

用途：作蔬菜。

2d. 大叶芥菜 Large-leaved Mustard

Brassica juncea var. **foliosa** L. H. Bailey in Gent. Herb. **2**：263. 1930.

基生叶及茎生叶的叶片较大，仅叶片的下部具裂片，裂片边缘具波状钝齿。

产地：本市有栽培。

分布：华南地区常见栽培。

用途：作蔬菜。

3. 蔓青 芜青 Turnip

Brassica rapa L. Sp. Pl. **2**：666. 1753.

一年生或二年生草本，高 0.3-1.2(-1.9)m；植物体无辛辣味。主根非肉质或肉质，如为肉质，则膨大为球形、扁球形或长圆体形。茎直立，不分枝或上部有分枝，无毛或基部疏被短柔毛。基生叶及下部茎生叶不呈莲座状或为不明显的莲座状，有时为明显的莲座状并形成紧密的长圆形头状体；叶柄长 2-10cm，纤细或增厚为肉质，有时具明显的翅；叶片轮廓为卵形、长圆形或披针形，长 10-40cm，宽 3-10cm，边缘全缘、有锯齿或深波状，有时羽状中裂至全裂，顶生裂片大，每边有 1-6 枚较小的侧裂片，侧裂片长圆形或卵形；上部茎生叶无柄，叶片卵形、长圆形或披针形，长 2-8cm，宽 0.8-3cm，基部深心形或具耳，抱茎，边缘全缘或浅波状。总状花序顶生；花梗长 1-2.5cm，在果期直立、斜展至平展；萼片长圆形，长 4-6.5mm，宽 1.5-2mm；花瓣鲜黄色，稀淡黄色或黄白色，倒卵形，长 0.7-1cm，宽 3-6mm，基部具短爪，先端圆；花丝长 4-6mm，花药椭圆体形，长 1.5-2mm。长角果圆柱形，长 3-8cm，宽 2-4mm；果梗长 2-3cm；果瓣具明显的中脉，先端具喙，喙长 1-2.5cm，每室有种子 8-15 颗，喙部无种子或具 1 种子，宿存花柱明显。种子深褐色或红褐色，球形，直径 1.5-1.8mm，表面有细网纹。花期：3-4 月，果期：5-6 月。

原产欧洲。世界各地广为栽培或归化。我国各地亦有栽培。但在深圳栽培的仅有其 3 变种。

3a. 黄牙白 大白菜 绍菜 Chinese Cabbage 　　图 136
Brassica rapa var. **glabra** Regel in Gartenflora 9：9. 1860.

Brassica pekinensis（Lour.）Rupr. Fl. Ingr. 96. 1860；广州植物志 113. 1956；海南植物志 1：355. 1964；广东植物志 3：29. 1995；D. L. Wu in Q. M. Hu & D. L. Wu，Fl. Hong Kong 1：272. fig. 208. 2007.

Sinapis pekinensis Lour. Fl. Cochinch. 2：400. 1790.

一年生或二年生草本，高 40-60cm，通常全株无毛。根圆柱形。基生叶常多于 20 片，呈莲座状或相互重叠密集成圆柱形或长圆体形；叶柄扁平，长 5-9cm，宽可达 8cm，具翅，翅边缘缺刻状或齿裂；叶片大，质薄，皱缩，倒卵状长圆形或宽倒卵形，长 30-60cm，宽不及长的一半，边缘波状，先端圆钝。花期：5 月，果期：6 月。

产地：罗湖区林果场（曾春晓 012047），本市常见栽培。

分布：原产我国华北，现各地广泛栽培。

用途：做蔬菜或饲料。

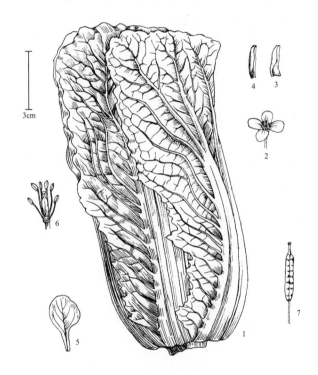

图 136 黄牙白 Brassica rapa var. glabra
1. 基生叶相互重叠，密集成圆柱形或长圆体形；2. 花；3. 外轮萼片；4. 内轮萼片；5. 花瓣；6. 除去花萼和花冠，示雄蕊和雌蕊；7. 长角果。（肖胜武绘）

3b. 青菜 小白菜 Chinese White Cabbage
Brassica rapa var. **chinensis**（L.）Kitamura in Mem. Coll. Sci. Kyoto Imp. Univ.，Ser. B，Biol. 19：79. 1950.

Brassica chinensis L. in Amoen. Acad. 4：280. 1759；广州植物志 113. 1956；海南植物志 1：355. 1964；广东植物志 3：29. 1995；D. L. Wu in Q. M. Hu & D. L. Wu，Fl. Hong Kong 1：272. 2007.

一年生稀二年生草本，高 25-70cm。主根圆柱形，非肉质；全株无毛。基生叶倒卵形或宽倒卵形，长 20-30cm，坚挺而开展；叶柄长 3-5cm，无翅，基部抱茎；叶片有光泽，全缘或有波状齿；茎生叶倒卵形或椭圆形，基部耳形，抱茎。总状花序顶生或生于上部叶腋；花梗长约 9mm；萼片长圆形，长 3-4mm；花瓣浅黄色，长圆形，长约 5mm，顶端圆钝，基部具宽爪。长角果圆柱形，长 2-6cm，喙长 0.8-1.2cm；果梗长可达 3cm。种子球形，直径 1-1.5mm，紫褐色。花期：4 月，果期：5 月。

产地：排牙山（王国栋 6942）、罗湖区林果场（曾春晓等 012043）、龙岗农业生态示范园（陈景方等 5768），本市常见栽培。

分布：原产亚洲。我国各地普遍栽培。

用途：做蔬菜，为我国最普遍的蔬菜之一。

3c. 菜心 菜苔 Flowering Chinese Cabbage 图 137

Brassica rapa var. **parachinensis**（L. H. Bailey）Hanelt in Repert. Sp. Nov. Regni Veg. **98**（11-12）：554. 1987；T. Y. Zhou & al. in Z. Y. Wu. & P. H. Raven，Fl. China. **8**：20. 2001，pro syn. sub. *B. rapa* var. *chinensi.*

Brassica parachinensis L. H. Bailey in Gent. Herb. **1**：102. f. 48. 1922；广州植物志 114. 1956；广东植物志 **3**：29. 图 19. 1995；D. L. Wu in Q. M. Hu & D. L. Wu，Fl. Hong Kong **1**：272. 2007.

本变种与青菜 Brassica rapa var. chinensis 的区别在于基生叶叶柄基部不抱茎，且叶柄纤细而具沟槽。

产地：仙湖植物园（王定跃89405），本市常见栽培。

分布：原产亚洲东部。我国各地有栽培。

用途：作蔬菜。

青菜和菜心作为广泛栽培的蔬菜，其形态和食用口感都有明显区别，《Flora of China》将本变种处理为青菜 Brassica rapa var. chinensis 的异名，实有不妥。

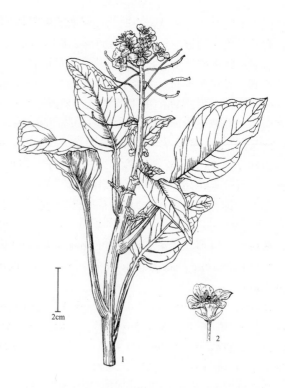

图 137 菜心 Brassica rapa var. parachinensis
1. 植株的上部、叶及总状花序；2. 花。（肖胜武绘）

2cm

135. 辣木科 MORINGACEAE

王国栋

落叶乔木、灌木或草本。树皮和髓有树脂。叶互生，1-3（-4）回奇数羽状复叶；无托叶；在叶轴上每对羽片着生处有1枚腺体；在羽片轴上每对小叶着生处亦有1枚腺体；小叶对生，边缘全缘，有时早落；圆锥花序腋生；花两性，辐射对称或两侧对称；有或无被丝托（hypanthium，由花托与花萼、花冠及雄蕊群的基部愈合而成的结构），萼片5，不等大，覆瓦状排列，开花时外弯；花瓣5，分离，覆瓦状排列，等大或不等大，其中远轴（外侧）的1片较大，直立，其余的外弯；雄蕊2轮，5枚发育与5枚退化雄蕊互生，花丝分离，花药背着，纵裂；雌蕊1，子房上位，有柄，1室，具3个侧膜胎座，胚珠多数，倒生，花柱1，柱头小。果为蒴果，有棱3-12条，先端有喙，3瓣裂。种子多数，有翅或无翅，胚直，无胚乳。

1属，约13种，分布于非洲东北部和西南部、亚洲西南部、印度、马达加斯加地区。我国引入栽培2种。深圳栽培1种。

辣木属 Moringa Rheede ex Adans.

属的特征和地理分布与科同。

象腿树 Madagascar Moringa   图 138   彩片 124 125
Moringa drouhardii Jum. in Ann. Inst. Bot. Gèol. Colon. Marseille Ser. 4，**7**：115. 1930.

落叶乔木，在深圳栽培高 7-8m。树皮褐色，树干光滑，常略呈"S"形弯曲，形似象腿，具脂液。叶为三回羽状复叶，长 60-70cm，在叶轴上和羽片轴上的腺体棍棒状，长约 2mm；叶柄及小叶柄均无毛；羽片 4-5 对，每一羽片具小叶 3-13 片；小叶对生，卵状披针形或长椭圆形，纸质，长 2-4cm，宽 0.6-1.4cm，下面苍白色，无毛，基部偏斜，边缘全缘，先端急尖，侧脉每边 6-8 条。圆锥花序大型，长可达 30cm，直径达 20cm，有多数花；花梗长约 2mm；萼片 5，卵形或椭圆形，大小不等，长 5-6mm，宽 1.5-2mm，无毛，先端钝或急尖；花瓣 5，黄白色，匙形，大小不等，长 7-8mm，宽 1-2mm；雄蕊 10，5 枚发育雄蕊与 5 枚退化雄蕊互生，发育雄蕊长约 7mm，花丝基部被白色长柔毛，花药纵裂，退化雄蕊长约为发育雄蕊的 1/2；子房具柄，无毛，长约 1mm，花柱长约 4mm，无毛。果未见。花期：夏至秋季。

产地：莲花山公园、仙湖植物园（李沛琼 W06143）。本市各公园时有栽培。

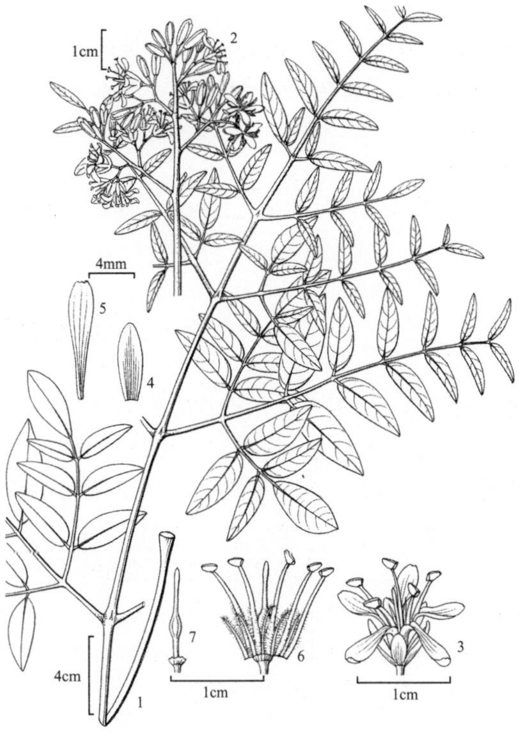

分布：原产马达加斯加。热带地区多有栽培。我国南方亦常有栽培。

用途：园林观赏树。

图 138 象腿树 Moringa drouhardii
1. 三回羽状复叶；2. 圆锥花序的一部分；3. 花；4. 萼片；5. 花瓣；6. 除去花萼和花冠，示雄蕊、退化雄蕊和雌蕊；7. 雌蕊。（李志民绘）

144. 杜鹃花科 ERICACEAE

唐光大

常绿乔木或灌木，少数落叶。冬芽有少数至多数覆瓦状排列的芽鳞。叶为单叶，互生，稀交互对生或近轮生，无托叶；叶片革质或纸质，边缘全缘或有锯齿，被各式毛或鳞片，或无毛无鳞片。花单生或组成总状花序、伞形花序或伞形式总状花序，顶生或腋生，两性，辐射对称，稀略两侧对称，具苞片；萼片 5，稀 6-10，通常很小，基部或下部合生，宿存，有时花后伸长或反卷；花冠钟状、坛状、漏斗状或筒状，裂片通常 5，稀 4-8，覆瓦状排列；雄蕊数约为花冠裂片数的 2 倍，少有同数，花丝分离，下部多具黏性柔毛，花药顶孔开裂，稀纵裂，除杜鹃花属 Rhododendron 以外，花药背部或顶部通常有芒状或距状附属物，除吊钟花属 Enkianthus 的花粉粒为单分体外，其余均为四分体；花盘盘状，具厚圆齿；子房上位，稀下位，5-12 室，稀更多，每室有多数胚珠，稀具 1 胚珠，花柱和柱头单一。果为蒴果或浆果，少数为核果，有的具宿存花萼。种子小，粒状或锯屑状，无翅或具狭翅；胚圆柱形，胚乳丰富。

约 125 属 4000 种，全世界有分布。除沙漠地区外，广布于南、北半球的温带及亚寒带地区，少数属、种为泛北极或北极分布，也分布于亚热带和热带高山地区，大洋洲种类极少。我国有 22 属，826 种，分布于全国各地，主要分布于西南山区。深圳有 3 属，15 种，2 变种。

1. 花序为总状花序或数花簇生；子房下位；浆果 ·· 1. **越橘属 Vaccinium**
1. 花序为伞形花序、伞形式总状花序或短总状花序，稀具 1-2 花；子房上位；蒴果。
　2. 叶片被各种毛或鳞片，少数无毛无鳞片；花冠漏斗状或钟状；雄蕊外露；花药无芒或附属物；蒴果室间开裂 ··· 2. **杜鹃花属 Rhododendron**
　2. 叶片无毛或有白色细柔毛；花冠坛状；雄蕊内藏；花药顶端有 2 芒；蒴果室背开裂 ·· 3. **吊钟花属 Enkianthus**

1. 越橘属 Vaccinium L.

灌木或小乔木。叶互生，少有假轮生，有叶柄；叶片边缘全缘或有锯齿。总状花序或数花簇生，少有单花，腋生或顶生；苞片和小苞片均存在，宿存或脱落；花梗顶端增粗或不增粗，通常有关节；花萼浅钟状或钟状，裂片 5，稀 4 或无裂片；花冠坛状、钟状或筒状，裂片 5，稀 4，通常短于稀长于筒部，反折或直立；雄蕊 10 或 8，稀 4，内藏，少有外露，花丝分离，花药顶端延伸成 2 直立的管，背部有 2 距，稀无距，顶孔开裂或内向缝裂；花盘垫状；子房下位，5 室，或因有假隔膜而成 8-10 室，每室有多数胚珠，花柱不伸出或略伸出花冠之外，柱头截形，稀头状。果为浆果，球形，顶端具宿存的花萼。种子多数，细小，卵圆形或肾形而侧扁，种皮革质。

约 450 种，分布于北温带，以及亚洲、中美洲和南美洲的高山地区，少数种类分布于非洲和马达加斯加。我国产 92 种。深圳有 1 种，2 变种。

1. 花冠白色；花冠筒直径 3-4mm。
　2. 植株被短柔毛；叶较大，长 2.5-6cm，宽 1.5-3cm ···
　　··· 1. **南烛 V. bracteatum**
　2. 植株无毛；叶较小，长 1-4cm，宽 0.6-1cm ···
　　··· 1a. **小叶南烛 V. bracteatum** var. **chinense**
1. 花冠红色；花冠筒直径 2-2.5mm ···
　··· 1b. **淡红南烛 V. bracteatum** var. **rubellum**

1. 南烛 乌饭树 Oriental Blue Berry

图 139　彩片 126 127

Vaccinium bracteatum Thunb. in Murray, Syst. Veg. ed. 14，363. 1784.

常绿灌木或小乔木，高 1.5-6m。分枝多，褐色，幼时密被短柔毛，后变无毛。叶柄长 2-8mm，无毛或上面被微毛；叶片薄革质，卵状椭圆形、狭椭圆形、椭圆形或卵形，长 2.5-6cm，宽 1.5-3cm，两面无毛，基部楔形、宽楔形或近圆形，边缘有疏浅齿，先端渐尖或长渐尖，稀急尖，侧脉 5-7 对。总状花序顶生或腋生，长 4-10cm，具多数花；花序梗几不明显；花序轴、花梗、苞片和小苞片、花萼和花冠的外面均密被短柔毛；苞片披针形或狭窄椭圆形，长 0.4-1cm，脱落或宿存；小苞片条形，长 1-4mm；花梗长 2-4mm；花萼长约 1.5mm，裂片三角形，长约 1mm；花冠筒状，白色，长 6-7mm，直径约 4mm，裂片 5，三角形，长约 1mm，开花后反折；雄蕊 10 枚，内藏，长 4-5mm，花丝基部被茸毛，花药背部无距。浆果球形，直径 5-7mm，幼时密被短柔毛，成熟时紫黑色，有白粉，顶端具宿存花萼及 1 圈长柔毛。花期：5-8 月，果期：7-11 月。

图 139 南烛 Vaccinium bracteatum
1. 分枝的一部分、叶、总状花序和果序；2. 花；3. 雄蕊。(李志民绘)

产地：西涌（王国栋等 6031）、南澳、排牙山、田心山、三洲田（深圳考察队 1979）、梅沙尖、梧桐山（深圳考察队 1598）。生于海边灌丛、山地林中或林缘，海拔 10-800m。

分布：广东、香港、海南、广西、湖南、江西、福建、台湾、浙江、江苏、安徽、河南、湖北、四川、贵州和云南。日本、朝鲜、越南、老挝、柬埔寨、泰国、马来西亚和印度尼西亚。

用途：果实可食用。

1a. 小叶南烛 小叶乌饭树 Don Blue Berry

Vaccinium bracteatum var. **chinense**（Lodd.）Chun ex Sleumer in Bot. Jahrb. Syst. **71**（4）：474. 1941.

Andromeda chinensis Lodd. Bot. Cab. 17，t. 1648. 1830.

与南烛的区别在于：植株近无毛。叶较小，菱状卵形至披针状椭圆形，长 1-4cm，宽 0.6-1.5cm。花淡黄色至白色；花冠筒直径 3-4mm。

产地：大鹏（张寿洲等 2935）、三洲田（深圳考察队 75）、排牙山（王国栋等 6935）。生于山地林缘，海拔 600-700m。

分布：福建、广东、香港和广西南部。

1b. 淡红南烛 Reddish Blue Berry

Vaccinium bracteatum var. **rubellum** P. S. Hsu & al. in Acta Bot. Yunnan. **11**：319. 1989.

与南烛的区别在于：花冠红色，花冠筒直径 2-2.5mm。

产地：七娘山（王国栋等 8305）。生于海边附近灌丛中，海拔约 5m。

分布：浙江、江西和广东。在广东深圳的分布为新纪录。

2. 杜鹃花属 Rhododendron L.

灌木或小乔木，植株常有各种毛被、鳞片或腺体，少数无毛、无鳞片和无腺体。枝条互生，部分种类轮生。单叶互生或近轮生，有时聚生于小枝顶端，无托叶；叶片形状和大小变异大，多为革质，基部楔形或下延，边缘全缘或有疏锯齿。花有梗，通常排列成伞形花序、伞形式总状花序或短总状花序，稀单花，常顶生；花萼甚小，萼片5-10，基部合生，宿存，部分种类脱落；花冠漏斗状、钟状、辐状或近筒状，辐射对称或略两侧对称，裂片5-10，多为覆瓦状排列，上方裂片通常有斑点；雄蕊多为5-10枚，偶有12枚以上，通常上弯，花丝丝状或有时扁平，基部被毛或无毛，花药背着，顶孔开裂；花粉粒明显粘结成丝状；花盘通常较厚，子房上位，5-10室，稀更多室，胚珠多数，花柱向上弯曲，长于花冠或与花冠等长，柱头头状、盾状或盘状。果为蒴果，卵球形至长圆体形，室间开裂，中轴宿存。种子多而细小，部分种类两端有翅。

约1000种，分布于亚洲、欧洲、北美和澳大利亚。我国产571种。深圳产8种，引进栽培的种类中，栽培较普遍的有4种。

1. 植株除花冠外，各部分均被褐色鳞片 ·························· 1. **南岭杜鹃花 R. levinei**
1. 植株无鳞片。
  2. 花冠黄色，外面被微柔毛；花萼裂片上部边缘被1列长粗毛而呈流苏状·········· 2. **羊踯躅 R. molle**
  2. 花冠非黄色，外面无毛；花萼裂片非上述情况。
    3. 花冠白色。
      4. 叶两面均被平贴的长硬毛，混生短腺毛；花1-3朵组成顶生的伞形花序；花冠纯白色，稀谈红色，雄蕊8-10枚 ·········· 3. **白花杜鹃花 R. mucronatum**
      4. 叶两面近无毛；花单生枝顶叶腋花芽内，顶端通常有1-4个花芽，每个花芽生长出1朵花；花冠白色，稀淡红色，上方的裂片基部有紫色斑点；雄蕊5枚 ·········· 4. **香港杜鹃花 R. hongkongense**
    3. 花冠紫色、紫红色、淡紫色、红色、深红色或粉红色，稀白色。
      5. 叶片较大，长7-17cm，宽3-5cm；蒴果圆柱形，长3-7cm。
        6. 除花冠及老枝外，植株各部均被腺头刚毛；花萼长1-1.3cm，裂片钻形、条状长圆形或条形 ·········· 5. **刺毛杜鹃花 R. championiae**
        6. 全株无毛；花萼长仅1mm，裂片浅波状 ·········· 6. **毛绵杜鹃花 R. moulmainense**
      5. 叶片较小，长不超过7cm，宽不超过2.5cm；蒴果非圆柱形，长不超过1.5cm。
        7. 花1-2朵顶生；花梗被芽鳞所遮盖；蒴果卵状长圆体形、卵状圆锥形或长圆体形。
          8. 叶片卵形或宽卵形，长2-4.5cm，宽1.5-2.5cm；叶柄长约2-4mm······ 7. **丁香杜鹃花 R. farrerae**
          8. 叶片卵状披针形、椭圆形或三角状卵形，长2.5-4.5cm，宽1.5-2.5cm；叶柄长4-8mm ·········· 8. **满山红 R. mariesii**
        7. 花2-5朵组成顶生的伞形花序；花梗伸出芽鳞之外；蒴果卵球形或长卵球形。
          9. 叶片倒披针形或倒卵状长圆形，倒卵状椭圆形或椭圆形；花萼长1-4mm；雄蕊5枚，花丝无毛或下部略被微柔毛。
            10. 花萼长1mm；花冠粉红色；雄蕊比花冠长，花丝无毛········ 9. **南昆杜鹃花 R. naamkwanense**
            10. 花萼长3-4mm；花冠红色或粉红色，有深红色的斑点；雄蕊比花冠短，花丝下部略被微柔毛·········· 10. **皋月杜鹃花 R. indicum**
          9. 叶片倒卵形、椭圆形、椭圆状披针形，稀有倒卵状披针形；花萼长0.7-1cm；雄蕊10枚，花丝中部以下密被微柔毛。
            11. 花冠淡紫色、紫红色或玫瑰紫色，有深红色斑点，直径约6.5cm ·········· 11. **锦绣杜鹃花 R. × pulchrum**
            11. 花冠鲜红色或猩红色，上部裂片有深红色斑点，直径4-5cm ·········· 12. **杜鹃花 R. simsii**

1. 南岭杜鹃花 北江杜鹃 Levine Rhododendron

图 140

Rhododendron levinei Merr. in Philipp. J. Sci. **13**: 153. 1918.

常绿灌木或小乔木，高 1-3.5m。小枝圆柱状，幼时密被褐色鳞片和疏长硬毛，老枝的毛渐脱落，红褐色，疏被鳞片。叶聚生于枝顶；叶柄长 0.8-1.5cm，被褐色鳞片和疏长硬毛；叶片椭圆形或椭圆状倒卵形，革质，长 4-7.5cm，宽 2-4cm，两面幼时被褐色长硬毛，后渐变无毛，下面密被褐色鳞片，上面鳞片较疏，基部宽楔形至圆形，边缘外卷，先端钝或近圆形，少有微凹，有短尖。伞形花序顶生，有花 2-4 朵；花序梗甚短；花梗长 1-2cm，幼时疏被长硬毛，与花萼、子房、花柱下部均密被鳞片；花萼长 0.8-1cm，裂片 5，长卵形，先端钝，有网脉，被长硬毛；花冠乳白色，外面有粉红色条纹，内有黄色斑，宽漏斗形，长 7-8cm，宽约 3.5cm，裂片 5，卵圆形；雄蕊 10 枚，与花冠等长或短于花冠，花丝长短不一，下半部被微柔毛，花药成熟时黑褐色；子房密被茸毛，花柱粗壮，长约 6cm，无毛，柱头头状。蒴果长圆体形或椭圆体形，长约 2cm，宽约 1.2cm，被鳞片，粗糙，基部有宿存花萼。花期：2-4 月，果期：9-11 月。

产地：田头山（张寿洲等 SCAUF410）。生于山顶岩石边缘，海拔约 600m。

分布：江西、福建、广东、广西、湖南和贵州。

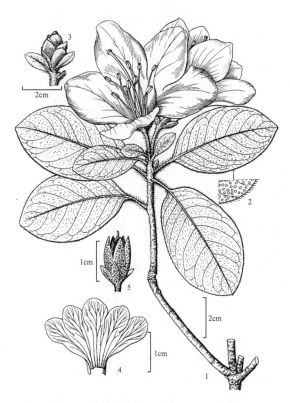

图 140 南岭杜鹃花 Rhododendron levinei
1. 分枝的上段、叶及伞形花序；2. 叶片的一部分，示下面的鳞片；3. 冬芽；4. 花冠展开；5. 蒴果。（李志民绘）

2. 羊踯躅 黄杜鹃 Chinese Azalea

图 141 彩片 128

Rhododendron molle（Blume）G. Don, Gen. Hist. **3**: 846. 1834.

Azalea mollis Blume, Cat. Gewass. Buitenz. 44. 1823.

落叶灌木，高 0.5-2m。枝稀疏，近直立，褐色，幼时密被短柔毛及疏的长硬毛。叶生于枝顶；叶柄长 3-6mm，密被白色短柔毛及疏的长硬毛；叶片长圆状倒披针形至倒披针形，纸质或薄革质，长 5-8.5cm，宽 1.5-2.2cm，两面均被白色短柔毛，下面被毛更密，沿中脉疏生长硬毛，基部楔形，略下延，边缘被上弯的刚毛，先端急尖或钝，具短尖头。伞房状总状花序顶生，有花 5-13 朵；花先叶开放或与叶同时开放；花梗长 1.2-2.5cm，密被短柔毛和少数细刚毛；花萼短，长约 2mm，裂片 5，近圆形，密被短柔毛，上部边缘被 1 列长粗毛而呈流苏状；花冠黄色，内面有深红色斑，阔漏斗形，长 4.5-5.3cm，直径 5-6cm，裂片椭圆形或卵状长圆形，外面被微柔毛，内有深红色斑点；雄蕊 5 枚，长短不一，与花冠近等长，花丝中部以下被

图 141 羊踯躅 Rhododendron molle
1. 分枝的一段及叶；2. 叶的一部分，示边缘的刚毛；3. 伞房状总状花序；4. 花萼；5. 蒴果。（李志民绘）

柔毛；子房密被黄白色长柔毛和疏的长硬毛，花柱无
毛，略长于雄蕊。蒴果长圆体形，长约 2.5cm，具 5
纵肋，密被长柔毛杂以疏的长硬毛。花期：12 月－次
年 3 月，果期：7-8 月。

产地：仙湖植物园（刘小琴等 0106）。栽培。

分布：河南、安徽、江苏、浙江、江西、福建、广东、
广西、湖南、湖北、四川、贵州和云南。各地常有栽培。

用途：花冠大，金黄色，可供观赏。唯植株有剧毒，
牲畜误食即踯躅而死。在医药方面可治疗跌打损伤和
风湿性关节炎等症，亦可用作麻醉剂和镇痛剂。

3. 白花杜鹃花 白杜鹃 White Azalea
图 142　彩片 129

Rhododendron mucronatum（Blume）G. Don,
Gen. Hist. **3**：846. 1834.

Azalea mucronata Blume, Cat. Gewass. Buitenz.
44. 1823.

半常绿灌木，高 1-3m。多分枝，幼枝密被褐色开
展的长柔毛，混生少数腺毛。叶二型：春发叶较大而早
落；叶柄短，长 2-5mm，有时不明显，密被褐色平贴
的长硬毛和短腺毛；叶片披针形或圆形，长 4-5cm，宽
1.5-2cm，革质或硬纸质，两面均疏被平贴的长硬毛，
混生短腺毛，幼嫩时被长刺毛，基部楔形，边缘外卷，
先端急尖；夏发叶略小而宿存，叶片卵圆形至卵状长圆
形，其余特征与春发叶相似。伞形花序顶生，具花 1-3 朵；
花梗长约 1.5cm，密被褐色平贴的长硬毛和短腺毛；花萼
长 1.2-1.3cm，裂片 5，披针形，长 1-1.1cm，疏被毛；花
冠阔漏斗形，长 4-5cm，直径 5-6cm，纯白色，稀淡红色，
裂片 5，宽卵形或椭圆状卵形；雄蕊 8-10，不等长，花
丝中部以下被微柔毛；子房密被糙伏毛和微柔毛，花柱
长约 6.2cm，远伸出花冠外，无毛。蒴果卵球形，被柔毛，
宿存花萼大，包被果实的基部。花期：2-3 月，果期：8-10 月。

产地：仙湖植物园（刘小琴等 0110）。深圳各公园
常有栽培。

分布：原产于我国东南部和日本，我国东南部和
南部各省常见栽培。日本、欧洲及北美洲也有栽培。

在本市常见栽培的有一栽培品种粉花杜鹃花
（Rhod-odendron mucronatum '**Kemono**'），花冠粉红色。

4. 香港杜鹃花 白马银花 Hong Kong Azalea
图 143　彩片 130

Rhododendron hongkongense Hutch. in J. B.
Stev. Sp. Rhodod. 562. 1930.

常绿灌木，高 1-3.5m。分枝多，幼枝疏被长腺毛
和短茸毛，后变无毛。叶聚生枝顶；叶柄长 3-8mm，
幼时密被短柔毛；叶片卵形、椭圆形或长圆形，革质，

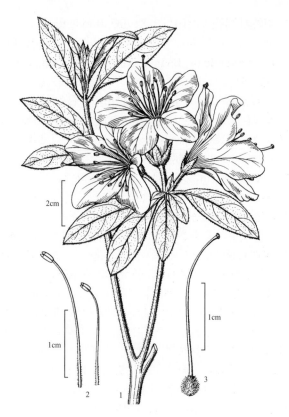

图 142　白杜鹃花 Rhododendron mucronatum
1. 分枝的一部分、叶及伞形花序；2. 雄蕊；3. 雌蕊。（李志民绘）

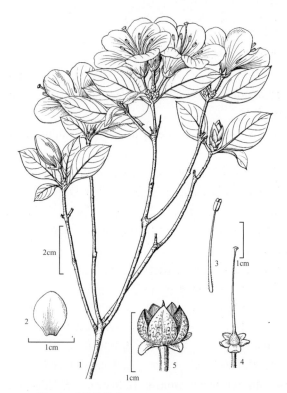

图 143　香港杜鹃花 Rhododendron hongkongense
1. 分枝的一部分、叶及花；2. 芽鳞；3. 雄蕊；4. 除去花冠，
示花萼和雌蕊；5. 蒴果。（李志民绘）

长 2-3.5cm，宽 1.3-2cm，下面无毛，稍带白粉，上面沿中脉被微柔毛，基部楔形至宽楔形，边缘稍外卷，先端急尖或微凹，有短尖。花单生于枝顶叶腋花芽内，每 1 小枝的顶端通常有 1-4 个花芽，每个花芽生长出 1 朵花；花梗长 1-1.5cm，疏被长腺毛和短茸毛；花萼纸质，长约 1cm，裂片 5，卵状披针形，长 8-9mm，边缘密被长腺毛；花冠白色，稀淡粉红色，长约 3cm，直径 5-6cm，裂片 5，倒卵形，顶端微凹，上方裂片基部有紫色斑点；雄蕊 5 枚，花丝与花冠近等长，基部被柔毛；子房卵球形，被短腺毛，花柱无毛，远长于花冠。蒴果卵球形，被腺毛，宿存花萼外卷。花期：3-5 月，果期：9-10 月。

产地：七娘山（张寿洲等 0343）。生于山地密林中，海拔 450m。

分布：广东和香港。

5. 刺毛杜鹃花 毛叶杜鹃 太平杜鹃 Champion's Rhododendron
图 144　彩片 131

Rhododendron championiae Hook. in Bot. Mag. **77**: t. 4609. 1851 ["championiae"].

常绿灌木或小乔木，高 2-5m。小枝圆柱状，常呈二歧分枝，幼嫩时密被开展的腺头刚毛和短柔毛。叶聚生于枝顶；叶柄长 1.2-1.7cm，密被腺头刚毛；叶片披针形至长圆状披针形，革质，长 7-17cm，宽 3-5cm，下面苍白色，密被腺头刚毛，上面的毛略稀疏，基部宽楔形或近圆形，边缘外卷，密被腺头刚毛，毛断落后呈浅锯齿状，先端渐尖。伞形花序生于枝顶叶腋，有花 2-7 朵；花序梗长约 6mm，无毛；花梗长可达 2cm，密被黄红色腺头刚毛和短硬毛；花萼长 1.2-1.5cm，裂片 5，变异大，钻形、条状长圆形至条形，长 1-1.3cm，边缘被腺头刚毛和短硬毛；花冠狭漏斗形，长约 6cm，白色、淡红色，有时紫红色，内面有黄褐色斑点，裂片 5，长圆形，长 3-3.5cm；雄蕊 10 枚，不等长，短于花冠，花丝下半部被微柔毛；子房长圆形，密被刚毛，花柱长于雄蕊，长 4.5-5cm，无毛。蒴果圆柱形，稍弯曲，长 3.5-5cm，具 6 条纵沟，密被腺头刚毛和短柔毛，灰褐色，有宿存花萼和花柱。种子两端有短附属物。花期：3-4 月，果期：9-11 月。

产地：七娘山（张寿洲等 007122）、南澳（张寿洲等 SCAUF843）。生于山地林缘，海拔 300-700m。

分布：浙江、江西、福建、广东、香港、广西和湖南。

6. 毛棉杜鹃花 羊角杜鹃 Westland's Rhododendron
图 145　彩片 132

Rhododendron moulmainense J. D. Hook. in Bot. Mag. **82**: t. 4904. 1856.

常绿灌木或小乔木，高 2-5m，最高可达 8m。幼

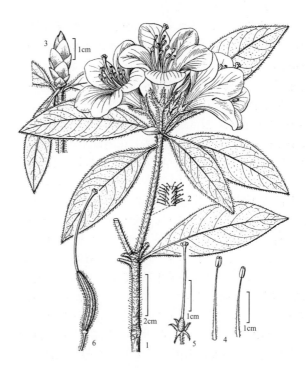

图 144 刺毛杜鹃花 Rhododendron championiae
1. 分枝的上段、叶及伞形花序；2. 示分枝上的腺毛；3. 冬芽；4. 雄蕊；5. 除去花冠，示花萼和雌蕊；6. 蒴果。（李志民绘）

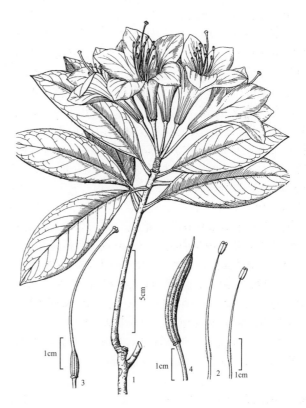

图 145 毛棉杜鹃花 Rhododendron moulmainense
1. 分枝的上段、叶及伞形花序；2. 雄蕊；3. 雌蕊；4. 蒴果。（李志民绘）

枝浅红褐色，老枝暗灰褐色，均无毛。叶聚生于枝顶；叶柄粗壮，长 0.8-2cm，无毛；叶片狭长圆形或狭椭圆形，革质，长 5-12cm，稀更长，宽 2-4.5cm，两面无毛，基部楔形，边缘略外卷，先端渐尖。伞形花序生于枝顶叶腋，有花 4-6 朵；花序梗甚短，长约 3mm；花梗长 1.2-2cm，无毛；花萼短小，浅盘状，长仅 1mm，裂片呈浅波状，无毛；花冠淡紫色、粉红色或淡粉红色，漏斗状，长 4-6cm，裂片开展，倒卵形，先端圆或有凸尖；雄蕊 10 枚，不等长，短于花冠，花丝中部以下被白色柔毛；子房长圆形，无毛，花柱无毛，与花冠近等长，柱头头状。蒴果圆柱状，长 4-7cm，稍弯曲，有宿存花柱。花期：3-5 月，果期：6-11 月。

产地：七娘山（张寿洲、李良千等 0319）、排牙山、葵涌、田心山（华农仙湖采集队 SCAUF522）、盐田（深圳植物志采集队 013544）、沙头角、梧桐山（徐有财 1728）。生于山地疏林或密林中，海拔 50-650m。

分布：浙江、江西、福建、广东、香港、广西和湖南。印度东北部、缅甸、泰国、马来西亚和印度尼西亚。

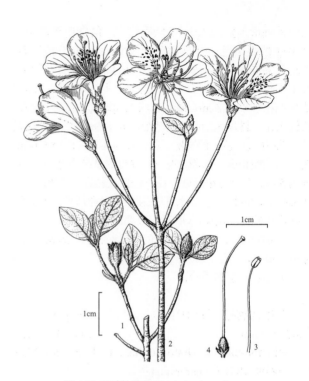

图 146 丁香杜鹃花 Rhododendron farrerae
1. 分枝的一部分、叶及蒴果；2. 花；3. 雄蕊；4. 除去花冠，示花萼和雌蕊。（李志民绘）

7. 丁香杜鹃花 华丽杜鹃 Mrs. Farrer's Rhododendron
图 146

Rhododendron farrerae Tate ex Sweet，Brit. Fl. Gard. Ser. 2，**1**：t. 95. 1831.

落叶灌木，高 1-3m。分枝多，幼枝、叶柄和幼叶的下面和上面中脉均密被锈色长柔毛。叶生于枝顶，通常 3 片近轮生；叶柄长 2-4mm；叶片卵形至宽卵形，长 2-4.5cm，宽 1.5-2cm，背面灰白色或淡锈色，粗糙，基部宽楔形或近圆形，边缘略外卷，被开展的长睫毛，先端急尖，具短尖。花先叶开放，1-2 朵顶生；花梗粗短，长 6-8mm，常为花芽鳞片所遮盖；花萼小，长约 1mm，裂片卵形，与花梗均密被褐色长柔毛；花冠漏斗形，长 3.5-4.2cm，直径 4-5cm，淡紫红色，内有紫红色斑点；雄蕊 8-10 枚，不等长，比花冠略短，花丝中部以下略被短腺毛；子房密被褐色长柔毛，花柱与雄蕊近等长或略短于雄蕊。蒴果卵状长圆体形或卵状圆锥形，长 1-1.5cm，密被褐色长柔毛。花期：3-5月，果期：7-10月。

产地：七娘山、排牙山（王国栋等 5716）、田心山、梅沙尖（深圳考察队 1151）、梧桐山（深圳考察队 956），生于山坡林缘或灌丛中，海拔 300-900m。

分布：浙江、江西、福建、广东、香港、广西、湖南和四川东部。

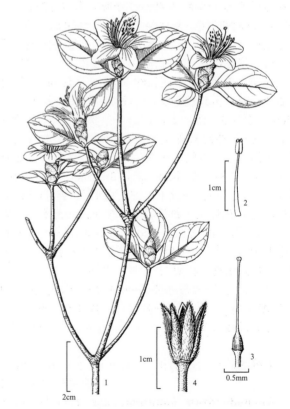

图 147 满山红 Rhododendron mariesii
1. 分枝的一部分、叶及花；2. 雄蕊；3. 雌蕊；4. 蒴果。（李志民绘）

8. 满山红 Maries Azalea
图 147

Rhododendron mariesii Hemsl. & E. H. Wils. in Bull. Misc. Inform. Kew **1907**：244. 1907.

落叶灌木，高1-3m。枝近轮生，幼嫩时密被黄褐色短柔毛，后渐变无毛。叶生于枝顶，通常3片近轮生；叶柄长4-8mm，和叶片的下面幼时均疏被褐色平贴的长柔毛；叶片椭圆形、卵状披针形或三角状卵形，厚纸质或革质，长2.5-4.5cm，宽1.5-2.5cm，基部阔楔形或近圆形，边缘反卷，中部以上具细钝齿，先端急尖，有小短尖。花生于枝顶，通常单生或2朵并生，先叶开放；花梗粗壮，长4-8mm，密被褐色长柔毛，常为花芽鳞片所遮盖；花萼小，长约1mm，5枚裂片几不明显，密被褐色长柔毛；花冠漏斗状，长2.5-3.5cm，直径4-5cm，淡紫色或紫红色，上方裂片具深紫红色斑点，裂片长圆形，长2-3cm；雄蕊8-10枚，不等长，花丝无毛；子房密被褐色长柔毛，花柱长于雄蕊，上半部弯曲，无毛。蒴果长圆体形，长0.7-1.5cm，直径4-5mm，有浅沟，密被褐色长柔毛。花期：2-3月，果期：6-10月。

产地：排牙山（王国栋7037）、三洲田（深圳考察队263）、梅沙尖（王定跃1541）、梧桐山。生于山坡林中及山顶灌丛中，海拔480-700m。

分布：山西、河北、河南、安徽、江苏、浙江、江西、台湾、福建、广东、广西、湖南、湖北、四川和贵州。

9. 南昆杜鹃花 Nankun Rhododendron 图148
Rhododendron naamkwanense Merr. in Lingnan Sci. J. **13**：42. 1934.

常绿灌木，高1-1.5m。小枝幼时密被棕褐色糙伏毛。叶聚生枝顶；叶柄短，长1.5-3mm，被糙伏毛；叶片倒披针形或倒卵状长圆形，革质，长1.5-4.5cm，中部以上宽0.5-1cm，两面疏被糙伏毛，沿脉毛较密，基部楔形，略下延，边缘外卷，先端急尖，具小短尖。伞形花序顶生，具花2-4朵；花梗长5-7mm，密被褐色糙伏毛；花萼小，长约1mm，裂片近圆形；花冠粉红色，漏斗状钟形，长2.5-3cm，裂片5，长圆形，长1-1.2cm，宽约8mm，上方1片内面具深红色斑点；雄蕊5枚，花丝远长于花冠，长约3.5cm，花丝无毛；子房密被褐色糙伏毛，花柱长于雄蕊，长约4cm，无毛。蒴果椭圆体形，长5-6mm，密被糙伏毛。花期：3-5月，果期：10-11月。

产地：马峦山（李勇等009650）。生于山坡林中，海拔260m。

分布：浙江、江西、福建、广东、广西和湖南。

10. 皋月杜鹃花 洋杜鹃 比利时杜鹃 Satsuki Azalea
图149 彩片133
Rhododendron indicum（L.）Sweet，Hort. Brit. ed. 2，343. 1830.
Azalea indica L. Sp. Pl. **1**：150. 1753.

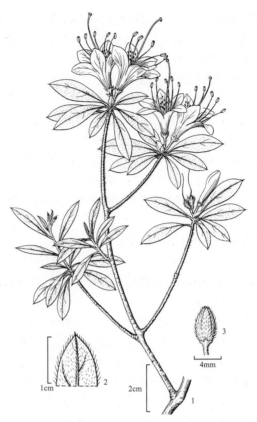

图148 南昆杜鹃花 Rhododendron naamkwanense
1. 分枝的一段、叶及伞形花序；2. 叶片一部分，示毛被；3. 蒴果。（李志民绘）

图149 皋月杜鹃花 Rhododendron indicum
1. 分枝的一部分、叶及花；2. 枝的一段，示长硬毛和短腺毛；3. 叶片的一部分，示毛被；4. 芽鳞；5. 雌蕊。（李志民绘）

常绿灌木，高 1-2m（盆栽高 20-40cm）。枝条灰褐色，幼枝密被平贴的长硬毛和短腺毛。叶柄长 2-3mm，密被褐色平贴的长硬毛；叶片倒卵状椭圆状形至椭圆形，革质，长 1.3-4cm，宽 0.8-1.8cm，两面均疏被白色和褐色的长硬毛，基部楔形，边缘具疏圆齿，先端急尖，具小短尖。伞形花序顶生，有花 1-3 朵；花梗长约 6mm，密被白色长硬毛和柔毛；花萼长 3-4mm，裂片 5，三角状披针形至椭圆形，密被白色柔毛；花冠阔漏斗状，长 3-5cm，直径 3.2-6cm，红色或粉红色，内有深红色斑点，裂片 5，倒卵形，长 2-4cm；雄蕊 5 枚，短于花冠，长 1.5-2.5cm，花丝下部略被微柔毛；子房密被褐色长硬毛，花柱无毛，长于雄蕊。蒴果长卵球形，长约 6mm，密被褐色长硬毛。花期：9 月至翌年 3 月。

产地：仙湖植物园（李沛琼 027747）。本市各公园、花卉市场和苗圃均有种植。

分布：原产于日本。我国广为栽培。

该种栽培品种繁多，花冠颜色有玫瑰红色、粉红色、橙红色等，部分品种花冠为重瓣。

11. 锦绣杜鹃花 Lovely Azalea

图 150　彩片 134

Rhododendron × pulchrum Sweet, Brit. Fl. Gard. Ser. 2, **2**: t. 117. 1831.

半常绿灌木，高 1.5-2.5m。枝条灰褐色，幼枝密被平贴的长硬毛。叶二型：春发叶较大；叶柄长 3-6mm，密被褐色平贴的长硬毛；叶片椭圆状披针形至狭椭圆形，薄革质，长 6-7cm，宽约 2cm，两面均疏被褐色的平贴的长硬毛，基部楔形，边缘略外卷，先端急尖，具小短尖；夏发叶较小，椭圆状披针形至椭圆形，长 2-3cm，宽 0.8-1cm，其他特征类似春发叶。伞形花序顶生，有花 2-5 朵；花梗长 0.7-1.5cm，密被黄褐色开展的长硬毛和长柔毛；花萼长 0.8-1cm，裂片 5，椭圆状披针形，疏被淡黄色细腺毛和长硬毛；花冠阔漏斗形，直径 6-6.5cm，淡紫色、玫瑰紫色或紫红色，内有深红色斑点，裂片 5，倒卵形，长 4-5cm；雄蕊 10 枚，长 3.5-4cm，花丝下部密被微柔毛；子房密被褐色长硬毛，花柱无毛，与花冠近等长。蒴果卵球形，长约 1cm，被长硬毛，基部具宿存花萼。花期：2-5 月，果期：9-10 月。

图 150 锦绣杜鹃花 Rhododendron × pulchrum
1. 分枝的上段、叶及伞形花序；2. 雄蕊；3. 除去花冠，示花萼及雌蕊；4. 蒴果。（李志民绘）

产地：三洲田（王国栋等 6467）、仙湖植物园（李沛琼 1882）、东湖公园（王定跃 89485），本市各地常见栽培。

分布：江苏、浙江、江西、福建、广东、香港、澳门、广西、湖南和湖北等地普遍栽培。

用途：为优良的园林绿化植物，也可作为盆栽植物。

本种为园艺杂交种，在我国及世界各地有悠久的栽培历史，变种和栽培品种很多。

在本市常见栽培的有凤凰杜鹃花（Rhododendron × pulchrum '**Phoeniceum**'），又称紫花杜鹃，花冠呈玫瑰红色和洋红色。

12. 杜鹃花 映山红 红杜鹃 Red Azalea

图 151　彩片 135 136

Rhododendron simsii Planch. Fl. Serres Jard. Eur. **9**: 78. 1853.

半常绿灌木，高可达 5m。除花冠和老枝外，其余的部分均被平贴的褐色或灰褐色长硬毛。分枝多，褐色。

叶二型：春发叶叶柄长 3-6mm；叶片椭圆形至倒卵状披针形，革质或纸质，长 2-7cm，宽 1-2.5cm，基部楔形至宽楔形，边缘略反卷，先端急尖，具小短尖；夏发叶叶片倒卵形至倒披针形，长 1-4cm，宽 0.5-1.2cm，其余特征与春发叶相似。伞形花序生于枝顶，有花 2-6 朵；花梗长 0.5-1cm；花萼长 7-8mm，裂片长圆形或卵状披针形，长 6-7mm；花冠鲜红色至猩红色，上部的裂片内面有深红色斑点，阔漏斗形，长 4-4.5cm，直径 4-5cm，裂片 5 枚，阔倒卵形；雄蕊 10 枚，短于花冠，花丝中部以下被微柔毛；子房卵球形，密被长硬毛，花柱无毛，长于花冠。蒴果卵球形，长 7-8mm，密被淡褐色长硬毛，基部具宿存花萼。花期：近全年，果期：5-12 月。

产地：七娘山、大鹏、马峦山、盐田、三洲田（王定跃 1303）、梅沙尖（深圳考察队 559）、沙头角、梧桐山、仙湖植物园、大南山（深圳植物志采集队 013092）、小南山。生于山坡疏林中和灌丛中，海拔 100-600m。本市园林中广为栽培。

分布：安徽、江苏、浙江、江西、台湾、福建、广东、香港、澳门、广西、湖南、湖北、贵州、四川和云南。日本、缅甸、泰国、越南和老挝。

用途：为我国南方分布较广和普遍栽培的木本花卉。

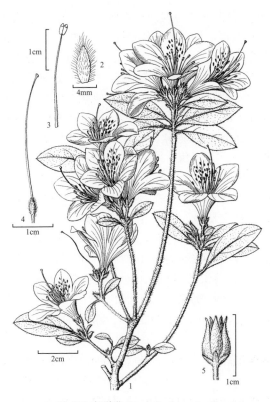

图 151 杜鹃花 Rhododendron simsii
1. 分枝的一部分、叶及伞形花序；2. 萼片；3. 雄蕊；4. 雌蕊；5. 蒴果。（李志民绘）

3. 吊钟花属 Enkianthus Lour.

落叶灌木或小乔木，少有常绿。枝通常轮生。叶互生，常聚生于枝顶及其附近，具叶柄；叶片革质或坚纸质，基部常下延，边缘全缘或具锯齿。花序顶生，为伞形花序或伞房式总状花序，稀单花或成对，下垂；苞片多枚，覆瓦状排列；花梗细长，花开时常下垂，果时直立并延长；花 5 基数；萼片 5，基部合生，宿存；花冠钟形或坛状，裂片 5，边缘外卷；雄蕊 10 枚，分离，内藏，花丝短，基部宽扁，被柔毛，花药卵形，顶端常呈羊角状叉开，药室顶端具 2 芒，顶孔开裂；子房上位，5 室，每室具多数胚珠，花柱较粗短，无毛。蒴果椭圆体形，5 棱，室背开裂为 5 瓣，顶端常具宿存花柱。种子长椭圆形或狭长圆形，有棱。

约 12 种，分布于日本、中国东部至西南部、越南北部、缅甸北部至东喜马拉雅地区。我国约产 7 种，分布于长江流域及其以南各省区，西南部种类较多。深圳有 2 种。

1. 叶片边缘全缘，无毛；花冠粉红色或淡粉红色 ·················· 1. **吊钟花 E. quinqueflorus**
1. 叶片边缘中部以上有疏浅齿，下面疏被褐色短柔毛；花冠白色或略带绿色 ········· 2. **齿缘吊钟花 E. serrulatus**

1. 吊钟花 Chinese New Year Flower

图 152　彩片 137 138

Enkianthus quinqueflorus Lour. Fl. Cochinch. **1**: 277. 1790.

灌木或小乔木，高 1-3m。枝条、叶柄、叶片的两面及花梗和花萼均无毛。叶柄长 0.5-2cm；叶片倒披针形、卵状披针形或椭圆形，革质，长 3.5-13cm，宽 1.5-5cm，下面灰绿色，上面光亮绿色，基部楔形，下延，边缘全缘，反卷，先端渐尖，具短尖。伞房式总状花序顶生，先叶开放，有 3-8（-16）朵花；花序梗短，长约 3mm，自覆瓦状排列的苞片内生出；苞片橙红色，膜质，长圆形、匙形或条状披针形；花梗长 1.5-3cm，开花时下垂，结果时直立，并延长至 4-6cm；花萼白色至粉红色，长 3-4mm，裂片 5，三角状披针形或三角形，边缘疏被短柔毛；花冠粉红色或淡粉红色，钟形，长约 1-1.2cm，裂片 5，宽卵形，长 3-4mm，开花时外卷；雄蕊 10 枚，内藏，长约 5mm，花丝下半部扁平，被柔毛，花药药室顶端具 2 芒；子房卵圆形，无毛，花柱略长于雄蕊。蒴果长圆体形或椭圆体形，长 1-1.5cm，具 5 棱，成熟时开裂为 5 瓣。种子狭长圆形，有三棱，种皮光滑。花期：1-3 月，果期：4-12 月。

产地：七娘山、南澳、排牙山、盐田（李勇 011448）、梅沙尖（王定跃 1482）、梧桐山（深圳考察队 1419）。生于山地林中和林缘，海拔 200-900m。

分布：江西、福建、广东、香港、澳门、海南、广西、湖南、湖北、贵州、四川和云南。越南。

2. 齿缘吊钟花 齿叶吊钟花 Serrulate Enkianthus

图 153　彩片 139 140

Enkianthus serrulatus（E. H. Wils.）Schneid. Ill. Handb. Laubh. **2**: 519. 1911.

Enkianthus quinqueflorus Lour. var. *serrulatus* E. H. Wils. in Gard. Chron. Ser. 3. **41**: 344. 1907.

灌木或小乔木，高 2-6m。枝条与叶柄均无毛。叶柄长 0.4-1cm；叶片倒披针形至倒卵形，坚纸质至革质，长 3-8cm，宽 1.5-3.5cm，下面疏被褐色短柔毛，上面无毛，基部楔形，下延，边缘中部以上有疏浅齿，先端渐尖或骤尖。伞形花序或伞房式总状花序，顶生，有花 3-9 朵；花先叶开放，自覆瓦状排列的苞片内生出；花梗长 1.5-2cm，无毛，开花时下垂，结果时直立，并延长至 2-4cm；花萼长 2.5-3mm，裂片 5，三角形，无毛；花冠钟形，白色，有时略带绿色，长 1-1.2cm，裂片宽卵形，长 3-4mm，开花时反卷；雄蕊 10 枚，内藏，花丝长约 5mm，基部扁平，被白色柔毛，花药药室顶端具 2 芒；子房卵形，花柱略长于雄蕊，无毛。蒴果椭圆体形或卵球形，长 0.8-1.2cm，无毛，具 5 棱，成熟时开裂为 5 瓣。花期：3-4 月，果期：5-11 月。

产地：梅沙尖（深圳考察队 27）、盐田（李勇 011447）、三洲田（深圳考察队 239）。生于山坡林中，海拔 300-470m。

分布：浙江、江西、福建、广东、海南、广西、湖南、湖北、四川、贵州和云南。

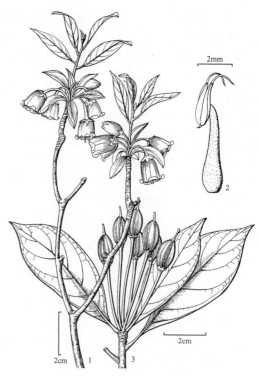

图 152 吊钟花 Enkianthus quinqueflorus
1. 分枝的一部分、叶及伞形花序；2. 雄蕊；3. 果序。（李志民绘）

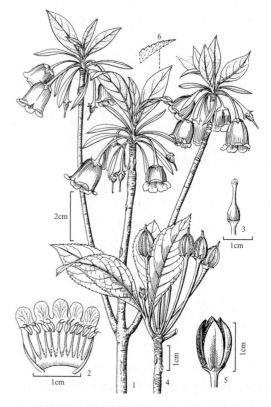

图 153 齿缘吊钟花 Enkianthus serrulatus
1. 分枝的一部分、叶及伞形花序；2. 花冠展开，示雄蕊；3. 雄蕊；4. 叶及果序；5. 蒴果。6. 叶的一部分，示边缘的疏浅齿。（李志民绘）

148. 山榄科 SAPOTACEAE

张永夏

乔木或灌木，通常有乳汁。单叶互生，螺旋状排列或排成二列，稀对生、近对生或近轮生，有时密集于枝顶；托叶早落或无托叶；叶片通常革质，边缘全缘，具羽状脉。花两性，稀单性或杂性，辐射对称，数花簇生于叶腋或老枝上，稀单花，有的排成总状花序或圆锥花序，无苞片，有小苞片；花萼短钟状，脱落或宿存，通常有 4-6 裂片，排成一轮，如排成 2 轮，则每轮有 2-4 裂片；花冠钟形，具短管，裂片与萼裂片同数，排成一轮或为萼裂片的 2 倍而排成 2 轮，覆瓦状排列，全缘或 2 裂，有时在两侧或背部具裂片状附属体；能育雄蕊着生于花冠裂片的基部或花冠管的喉部，与花冠裂片同数而对生或多数而排成 2-3 轮，花药 2 室，纵裂，外向；退化雄蕊如存在，则与花冠裂片互生，鳞片状或花瓣状，花药 2 室，药室纵裂；子房上位，通常有 4-5 室，稀至 14 室或更多，中轴胎座，每室 1 胚珠，生于胎座基部，花柱单生，顶端分裂或不裂。果为一浆果，少为核果，有 1 至多颗种子。种子褐色，皮硬，有光泽，种脐基生，其疤痕呈圆形或近圆形，如为侧生，其疤痕则为条形、披针形或长圆形，具含油的胚乳或无胚乳，子叶薄或厚，有时叶状。

53 属，约 1100 种，分布于热带和亚热带地区。我国连引进栽培的共 13 属，约 26 种。深圳有 7 属，8 种，其中引进栽培的 6 种。

1. 叶对生或近对生，稀轮生或互生；总状花序或圆锥花序；果为核果 ·················· 1. **肉实树属 Sarcosperma**
1. 叶互生；花单生或数朵簇生；果为浆果。
  2. 花冠裂片两侧各有 1 枚附属体。
    3. 萼片和花冠裂片均为 6 片；雄蕊 6；种子有侧生、长而狭的疤痕 ·················· 2. **铁线子属 Manilkara**
    3. 萼片和花冠裂片均为 8 片；雄蕊 8；种子有基生、圆形的疤痕 ·················· 3. **香榄属 Mimusops**
  2. 花冠裂片两侧无附属体。
    4. 花无退化雄蕊 ·················· 4. **金叶树属 Chrysophyllum**
    4. 花有退化雄蕊。
      5. 果较大，近球形或卵球形，长和直径均 2cm 以上，成熟时黄色；种子的疤痕侧生，长圆形、椭圆形或宽卵形 ·················· 5. **桃榄属 Pouteria**
      5. 果较小，椭圆体形、近球形或卵球形，长 1-2cm，直径 0.8-1cm，成熟时红色、深紫色或黑色。
        6. 叶通常密集于小枝上部和分枝处；浆果成熟时红色，种子的疤痕侧生，条形 ·················· 6. **神秘果属 Synsepalum**
        6. 叶互生于枝上；浆果成熟时深紫色或紫黑色；种子的疤痕基生或近基生，圆形或长圆形 ·················· 7. **铁榄属 Sinosideroxylon**

1. 肉实树属 Sarcosperma J. D. Hook.

常绿乔木或灌木。单叶对生或近对生，稀轮生或互生，具叶柄，托叶小，早落或迟落，脱落后，留下托叶痕；叶片近革质，边缘全缘，侧脉羽状，有的在下面脉腋内有腺孔。花小，单生或排成腋生的总状花序或圆锥花序；苞片三角形；花萼钟形或阔钟形，裂片 5，少有 6，卵圆形或近圆形，覆瓦状排列；花冠阔钟形，冠管短，裂片 5，少有 6，卵圆形或长圆形，覆瓦状排列；能育雄蕊 5，着生于花冠管喉部，与花冠裂片对生，花丝甚短，花药基部着生，纵裂；退化雄蕊 5，钻形或三角形，着生于花冠管喉部，与能育雄蕊互生；雌蕊由 1-2 心皮构成，子房上位，1 或 2 室，每室有 1 胚珠，花柱甚短，柱头 2 浅裂或头状。果为核果，果皮极薄。种子 1，稀 2，疤痕基生，圆形，无胚乳，子叶厚。

约 9 种，分布于印度、缅甸、泰国、越南、马来西亚、菲律宾和印度尼西亚。我国产 4 种。深圳有 1 种。

肉实树 水石梓 Fleshy Nut Tree　　图 154　彩片 148

Sarcosperma laurinum（Benth.）J. D. Hook. in Benth. & J. D. Hook. Gen. Pl. **2**: 655. 1876.

Reptonia laurina Benth. Fl. Hongk. 208. 1861.

乔木，高 6-15m；有显著的板根；树皮灰褐色，近平滑；枝条无毛。托叶钻状，长 2-3mm，早落；叶在枝上对生、互生，生于枝上部的通常轮生；叶柄长 1-2cm，无毛；叶片近革质，倒披针形、倒卵状披针形或狭椭圆形，长 6-15(-20)cm，宽 2-4cm，两面无毛，基部楔形，全缘，先端渐尖、急尖或骤尖，侧脉 6-9 对。总状花序或圆锥花序，腋生，长 2-13(-15)cm；花序梗、花序轴、小苞片、花梗和花萼均疏被黄褐色的短柔毛；花(1-)2-6 朵簇生；每花有 1-3 枚小苞片；小苞片卵形，长约 1mm，生于花梗的基部；花梗长 1.5-2.5mm；花萼阔钟形，长 2-2.5mm，裂片 5，偶有 6，卵圆形或近圆形，与萼管近等长；花冠初时淡绿色，后变为白色，芳香，长 3-4mm，冠管短，长及裂片的 1/2，裂片 5，偶有 6，宽倒卵形至近圆形；能育雄蕊生于花冠管的喉部，与花冠裂片对生，花丝甚短，花药长圆形，长不及 1mm；退化雄蕊三角状钻形，略长于能育雄蕊，与能育雄蕊互生；子房卵球形，连花柱长约 2mm，无毛，花柱短粗。核果长圆体形或椭圆体形，长 1.5-2.5cm，宽 0.8-1cm，成熟时红色，无毛，有光泽，基部有宿存花萼。种子 1 颗。花期：10-11 月，果期：12 月至次年 1 月。

图 154 肉实树 Sarcosperma laurinum
1. 分枝的一段、叶、总状花序和圆锥花序；2. 花；3. 花萼；
4. 花冠展开，示花冠裂片、能育雄蕊和退化雄蕊；5. 核果。
（崔丁汉绘）

产地：东涌（王国栋等 7714）、七娘山（王国栋等 7436）、南澳、排牙山、盐田（李沛琼 3188）、羊台山。生于山坡林中，海拔 150-550m。

分布：浙江、福建、广东、香港、海南、广西和云南。越南北部。

2. 铁线子属 **Manilkara** Adans.

乔木或灌木。叶互生或密集于枝上部；托叶早落；叶片革质或近革质，侧脉甚密。花单生或数朵簇生于叶腋；萼片 6，基部合生，排成 2 轮；花冠钟形，裂片 6，每裂片两侧的背面各有 1 枚花瓣状的附属物，顶端又具 2-3 浅裂或不规则齿裂；能育雄蕊 6，着生在花冠管的喉部或裂片的基部；退化雄蕊与能育雄蕊同数并与之互生，通常卵形，先端急尖、渐尖或钻状或有不规则齿裂或呈流苏状，有的呈花瓣状或鳞片状，很少消失；子房 6-14 室，每室有 1 胚珠。果为浆果，内有种子 1-6 颗。种子两侧压扁，疤痕侧生，长而狭，很少卵形或近圆形，胚乳丰富，子叶叶状。

约 65 种，分布于亚洲、美洲和非洲的热带地区及太平洋岛屿。我国产 1 种，引进栽培 1 种。深圳引进栽培 1 种。

人心果 Sapodilla　　　　　　　　　　　　　　　　　　　　　　　　　　图 155　彩片 141

Manilkara zapota（L.）P. Royen in Blumea **7**（2）: 410. 1953.

Achras zapota L. Sp. Pl. **2**: 1190. 1753.

常绿乔木，高 6-11m；幼枝密被黄褐色茸毛，老枝无毛，有明显的叶痕。叶互生，密集于小枝的顶部；叶柄长 1.5-2.5cm，幼时密被黄褐色茸毛；叶片革质，长圆形、倒卵状长圆形或椭圆形，长 5-15cm，宽 3-5cm，两面无毛，基部楔形或宽楔形，先端骤尖、急尖或圆钝，侧脉多而纤细，密集，两面均不甚明显。花 1-2 朵生于叶腋；花梗长 1.5-2cm，与萼片的外面均密被黄褐色茸毛；花萼裂片 6，排成 2 轮，外轮 3 片卵状长圆形，长 7-8mm，内轮 3 片长圆形，与外轮的近等长；花冠白色，长 0.8-1cm，裂片 6，卵形，长 3-5mm，先端不规则齿裂，每裂片两侧的背面各具 1 枚等大的花瓣状附属物，附属物与裂片近等长；能育雄蕊生于花冠管的喉部，连花丝长约 2mm；退化雄蕊花瓣状，与花冠裂片近等长；子房三角状圆锥形，密被黄褐色茸毛，花柱圆柱形，长为子房的 2 倍。浆果卵球形、近球形或椭圆体形，长 4-8cm，果皮褐色，果肉黄褐色，基部有宿存花萼。种子扁，倒卵状长圆形，褐色，有光泽，疤痕侧生，条形。花果期：4-9 月。

产地：仙湖植物园（陈景方 00281）、儿童公园（科技部 2609）、白石洲村（李沛琼 3313）。本市各公园和村落常有栽培，已有悠久的栽培历史。

分布：原产中美洲。台湾、福建、广东、香港、澳门、海南、广西及云南常有栽培。

用途：果可食，味甜可口。

3. 香榄属 Mimusops L.

常绿乔木或灌木。叶互生；托叶早落。花簇生于叶腋；萼片 8，排成 2 轮；花冠裂片 8，顶端不裂或 2-3 浅裂，每裂片两侧各有 1 枚附属体；能育雄蕊 8，着生于花冠裂片近基部并与之对生，退化雄蕊 8，与花冠裂片互生；子房通常 8 室，每室有 1 胚珠。浆果有 1-2 颗种子。种子有基生的圆形小疤痕，胚乳丰富，子叶薄，叶状。

约 41 种，分布于东半球热带地区。我国引进栽培 1 种。深圳亦有栽培。

香榄 伊兰芷硬胶 Spanish Cherry

图 156　彩片 142 143

Mimusops elengi L. Sp. Pl. **1**: 349. 1753.

常绿乔木，高可达 20m；小枝与叶柄初时均密被褐色的茸毛，后渐变无毛。叶互生；叶柄长 2-4.5cm；叶片革质，长圆形或卵状长圆形，长 8-15cm，宽 3-6cm，两面无毛，上面有光泽，基部圆形，通常微下延，先端渐尖而钝，侧脉纤细而密，两面均不明显。花 2-5 朵簇生于叶腋；花梗长 0.8-1.2cm，密被褐色茸毛，通常下弯；萼片 8，披针形，长约 8mm，排成

图 155 人心果 Manilkara zapota
1. 分枝的一部分、叶及浆果；2. 花；3. 花冠展开，示花冠裂片、能育雄蕊和退化雄蕊。（崔丁汉绘）

图 156 香榄 Mimusops elengi
1. 分枝的上段、叶及浆果；2. 花萼展开，示萼片（排成 2 轮）；3. 花冠展开，示花冠裂片、花瓣状附属物、能育雄蕊和退化雄蕊。（崔丁汉绘）

2轮，密被黄色茸毛；花冠白色，长7-9mm，裂片8，狭长圆形，先端渐狭，花瓣状附属体与花瓣近等长，但较狭；能育雄蕊8，着生于花冠裂片的基部，花药长约2mm；退化雄蕊8，披针形，长及花瓣的2/3，与子房均密被丝质长硬毛；子房卵球形，花柱长为子房的2倍。浆果卵球形或卵状长圆体形，长2.5-3cm，直径1.5-1.8cm，幼时绿色，密被黄褐色茸毛，成熟后橙黄色，无毛，有光泽，基部有宿存花萼。种子褐色，有光泽，近基部有圆形的疤痕。花期：7-8月，果期：9月至翌年5月。

产地：仙湖植物园（李沛琼等010936）、罗湖区林果场（陈景方011771），本市各公园或苗圃时有栽培。

分布：原产于马来西亚。亚洲热带地区有栽培。台湾、福建、广东、香港、澳门、海南和云南南部有栽培。

用途：叶、果药用。树形优美，叶色翠绿，终年不凋，为优良的园林风景树。

4. 金叶树属 Chrysophyllum L.

乔木或灌木。叶互生；无托叶；叶片有纤细而密生的侧脉。花小，数朵至多朵簇生于叶腋；有或无花梗；花萼通常具5裂片，少有具6或7裂片，裂片覆瓦状排列；花冠白色，钟形，冠管短或与裂片近等长，裂片5-11，覆瓦状排列；能育雄蕊5-10，排成一轮，生于花冠裂片基部或花冠管的中部，与花冠裂片对生；无退化雄蕊；子房1-10室，每室有1胚珠，花柱比子房长或短，柱头头状或5-10裂。果为浆果，球形或长圆体形。种子1-8颗，种皮坚硬而厚，纸质或脆壳质，光亮，疤痕侧生，条形或较宽，有的几乎覆盖种子的全表面，胚乳很少或几无胚乳，子叶肥厚。

约70种，分布于美洲、非洲和亚洲的热带和亚热带地区。我国产1变种，引进栽培1种。深圳产1变种。

金叶树 Golden-leaved Tree　　　　图157

Chrysophyllum lanceolatum（Blume）A. DC. var. **stellatocarpon** P. Royen in Blumea **9**: 32. 1958.

常绿乔木，高10-20m；小枝幼时被黄色短柔毛，成长枝无毛。叶柄长不逾1cm，幼时被茸毛，后变无毛；叶片坚纸质，长圆形或狭长圆形，长5-12cm，宽1.7-4cm，基部宽楔形，两侧稍不对称，先端渐尖或呈短尾状，尖头钝，幼时两面均被锈色茸毛，后变无毛，侧脉多而密，甚纤细，至叶缘汇成边缘，两面均明显。花数朵簇生叶腋；花梗长3-6mm，与花萼均于幼时被锈色茸毛；小苞片卵形，长约1mm；花萼裂片5，卵形或近圆形，长1-1.5mm，先端钝或圆，边缘具流苏；花冠钟形，长2-3mm，冠管与裂片近等长，裂片5，长圆形，先端圆，边缘亦具流苏；能育雄蕊5，着生于花冠管的中部，花丝短，花药卵形；子房卵球形，具5肋，密被锈色茸毛，花柱长为子房的2倍。浆果近球形，直径1.5-2cm，肉质，幼时被茸毛，成熟后紫黑色，无毛，有5条粗棱，横切面呈星形。种子5颗，肾形，长1-1.3cm，宽6-7mm，种皮褐色，光亮，疤痕侧生，长圆形或倒披针形。花期：5-8月，果期：10月。

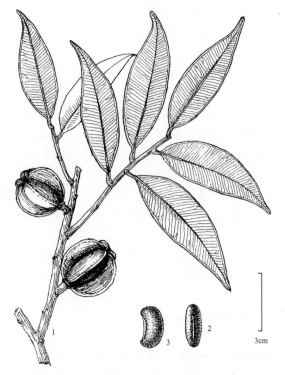

图157 金叶树 Chrysophyllum lanceolatum var. stellatocarpon 1. 分枝的一段、叶及浆果；2. 种子的正面观；3. 种子的侧面观。（余汉平绘）

产地：南澳（邢福武10701，IBSC）。生于山坡林中。

分布：广东、香港、澳门、海南和广西。越南、老挝、泰国、柬埔寨、缅甸、斯里兰卡、马来西亚、印度尼西亚和新加坡。

用途：根、叶入药。果可食。

5. 桃榄属 Pouteria Aubl.

乔木或灌木,具乳汁。叶互生或近对生,无托叶。花数朵簇生于叶腋,通常有2-4片小苞片,有花梗或近无花梗;花萼裂片5,很少4或6,覆瓦状排列,近等大;花冠管状或钟状,裂片5,很少4或多至8片,长于冠管;能育雄蕊与花冠裂片同数,生于花冠裂片的基部,与花冠裂片对生,花丝甚短;不育雄蕊5枚,很少4或多至8枚或全部消失,条形、披针形,有的呈鳞片状或花瓣状,着生于冠管的顶部,与花冠裂片互生;子房圆锥形,5室,少有6室,密被长柔毛,花柱圆柱形或圆锥形,柱头小。果为浆果,近球形或卵球形,果皮肉质,肥厚或较薄,成熟时黄色。种子1-5颗,卵球形或球形,疤痕侧生,长圆形、椭圆形或宽卵形,有的占种子表面的一半或几乎覆盖种子的全表面。无或有薄的胚乳,子叶厚。

约50种,广布于热带和亚热带,尤以美洲热带为多。我国产2种,引进栽培1种。深圳引进栽培1种。

蛋黄果 狮头果 Egg Berry 图158 彩片144

Pouteria campechiana(Kunth)Baehni in Candollea **9**: 398. 1942.

Lucuma campechiana Kunth. in HBK. Nov. Gen. Sp. **2**: 240.1819.

Lucuma nervosa A. DC. in DC. Prodr. **8**: 169. 1864; 澳门植物志 1: 259. 2005.

Pouteria campechiana(Kunth)Baehni var. *nervosa* (A. DC.)Baehni in Candollea **9**: 401. 1942; 广东植物志 2: 355. 1991.

常绿乔木,高可达15m(在深圳栽培的高5-8m);小枝幼时被褐色茸毛,后渐变无毛。叶柄长2-4cm;叶片坚纸质,狭椭圆形、椭圆形或狭倒卵状椭圆形,长10-21cm,宽3.5-6cm,基部渐狭,下延,边缘全缘或有的浅波状,先端渐尖或尾状,两面无毛,上面有光泽,侧脉12-22对,明显。花1-2朵生于叶腋;花梗长1.2-1.5cm,与花萼的背面均被茸毛;花萼裂片5,少有4或6,阔卵形,长6-8mm,先端圆;花冠长0.8-1cm,裂片5,少有4或6,长圆形,与冠管近等长,能育雄蕊通常与花冠裂片同数,生于花冠裂片的基部,花丝短,长约2mm,花药与花丝近等长;退化雄蕊条状披针形,先端尖,短于花冠裂片,亦被茸毛;子房圆锥形,被褐色茸毛,花柱略长于子房,柱头头状。浆果球形或卵球形,直径6-8cm,初时绿色,成熟时黄色,无毛,外果皮薄,中果皮肉质,肥厚,

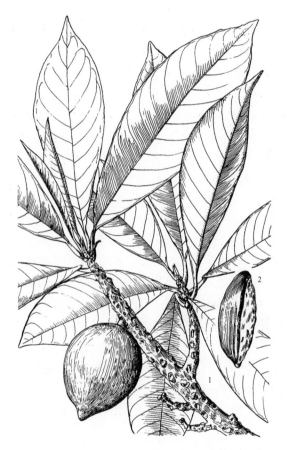

图 158 蛋黄果 Pouteria campechiana
1. 分枝的一段、叶及浆果;2. 种子,示侧生的椭圆形疤痕。
(崔丁汉绘)

蛋黄色。种子1,少有2-3,椭圆体形,褐色,有光泽,疤痕侧生,椭圆形,与种子近等长。花期:4-8月,果期:7月至翌年4月。

产地:儿童公园(王定跃1879)、莲花山苗圃(科技部2636),本市各公园和苗圃场均有栽培。

分布:原产加勒比地区和南美洲,现热带地区均有栽培。福建、广东、香港、澳门、海南、广西和云南(西双版纳)也有栽培。

用途:果大、果肉肥厚,味微甜,可生食,也可腌渍。

6. 神秘果属 Synsepalum(A. DC.)Daniell ex Bell.

乔木或灌木。叶通常密集于小枝上部和分枝处，近革质。花小，数朵簇生于叶腋；花萼钟状，裂片 5，与萼筒近等长；花冠 5 裂，裂片背面无附属物；能育雄蕊 5，生于花冠裂片的基部，与花冠裂片对生，花丝与花药近等长或稍长；不育雄蕊 5，披针形或近卵形，与花冠裂片互生；子房卵形，花柱较长，伸出花冠之外，柱头小，不裂。浆果通常含 1 粒种子。种子的疤痕侧生。

约 10 种，产于非洲西部。我国引进栽培 1 种。深圳也常有栽培。

神秘果 Miraculous Berry　　　　图 159　彩片 145

Synsepalum dulcificum(A. DC.)Daniell ex Bell. in Pharm. J. Trans. **11**：446. 1852.

Sideroxylon dulcificum A. DC. Prodr. **8**：183. 1844.

常绿灌木或小乔木，在深圳栽培的通常高 3-5m；。小枝幼时疏被短柔毛，后变无毛。叶簇生于小枝上部和分枝处；叶柄甚短，长 2-3mm，密被短柔毛；叶片倒卵形或倒披针形，长 4-9cm，宽 2-3.5cm，基部渐狭，先端圆或钝，两面无毛，侧脉 9-15 对，较疏，下面较明显。花 2-5 朵簇生于叶腋；花梗长 1-1.5mm，与花萼均密被淡褐色茸毛；花萼管状，长 4-4.5mm，萼管有 6-7 纵棱，裂片卵形，长为萼管的 1/4；花冠白色，冠管狭，与萼管近等长，裂片卵形，长约 3mm；能育雄蕊 5，长约 2mm，花丝与花药近等长；退化雄蕊 5，条状披针形，略长于能育雄蕊，先端钻形；子房球形，密被淡褐色茸毛，花柱细长，伸出花冠之外，柱头小。浆果长圆体形或椭圆体形，长 2-2.5cm，直径约 1cm，疏被褐色茸毛，成熟时无毛，红色，基部有宿存花萼。种子 1 颗，疤痕侧生，条形，与种子近等长。花果期：第一次开花 6-7 月，至 11 月果熟；第二次开花 11 月，至翌年 4-5 月果熟。

产地：仙湖植物园（梁志保 010486），本市各公园常有栽培。

分布：原产西非。福建、台湾、广东和云南（西双版纳）均有栽培。

用途：树姿优美，浆果色艳，为良好的观赏植物。又因其果含有一种变味蛋白，吃后能使人舌上除感觉甜味以外的所有味蕾均关闭，在一段时间内，无论再吃带苦味或带酸味的食物均感觉是甜的。在西非人们称这种果实为"奇异的浆果"，我国则称为"神秘果。"

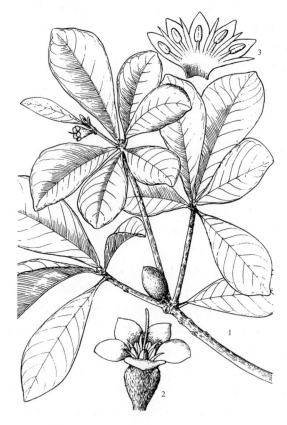

图 159 神秘果 Synsepalum dulcificum
1. 分枝的一部分、叶、花及浆果；2. 花；3. 花冠展开，示花冠裂片、能育雄蕊及退化雄蕊。（崔丁汉绘）

7. 铁榄属 Sinosideroxylon(Engl.)Aubrev.

乔木，很少灌木。叶互生；无托叶；叶片革质，具羽状脉。花无梗或有梗，常数朵簇生于叶腋或排成总状花序；花萼 5 裂，少有 6 裂，裂片覆瓦状排列，圆形或卵圆形，先端圆钝，稀急尖；花冠管状钟形或钟形，花冠管短，裂片 5，少有 6，芽时覆瓦状排列；能育雄蕊与花冠裂片同数而对生，着生于花冠管的喉部，花丝与花冠裂片近等长,顶端常反折,花药丁字着生;退化雄蕊与能育雄蕊同数,与花冠裂片互生并近等长,条形、鳞片状或花瓣状,全缘或有锯齿;子房 2-5 室,每室有 1 胚珠,柱头小,不裂,稀浅裂。果为浆果,卵球形、球形或椭圆体形,果皮厚,有时肉质,基部通常具宿存花萼。种子通常 1 颗,少有 2-5 颗,种皮坚脆,有光泽,疤痕基生,圆形或长圆形,子叶扁,叶状或肉质。

4 种,分布于越南及我国南部至西南部。我国产 3 种。深圳有 2 种。

1. 花单朵或 2-5 朵簇生于叶腋;花冠白色 ··· 1. **革叶铁榄** S. wightianum
1. 花排成总状花序,花冠淡黄色 ··· 2. **铁榄** S. pedunculatum

1. 革叶铁榄 铁榄 Wight's Sinosideroxylon

图 160 彩片 146 147

Sinosideroxylon wightianum(Hook. & Arn.)Aubrév. Fl. Camb. Laos. & Vietn. **3**:68, pl. 12, 1-4. 1963.

Sideroxylon wightianum Hook. & Arn. Bot. Beechey Voy. **5**:196. t. 141. 1841.

常绿乔木,高 4-10m;嫩枝和叶芽密被褐红色茸毛。叶互生;叶柄长 1.5-2cm,与叶片的两面均无毛;叶片坚纸质,长圆形、狭长圆形或狭椭圆形,少有椭圆形或倒披针形,长 8-17cm,宽 2.5-4cm,基部渐狭至楔形,常下延,有的两侧微不对称,先端渐尖,钝头,侧脉 10-17 对,两面均明显。花单生或 2 至数朵簇生于叶腋;花梗长 0.4-1cm,与花萼均密被褐色茸毛;花萼裂片 5,卵形,长约 2.5mm,先端钝;花冠白色,长 6-8mm,冠管长约 2.5mm,裂片 5,近卵形;能育雄蕊 5,花丝线形;退化雄蕊花瓣状,卵形,与花冠裂片近等长或微短,边缘有不规则的细齿;子房卵球形,5 室,密被褐色茸毛,花柱无毛,柱头小。浆果椭圆体形,长 1.5-2cm,直径约 8mm,果皮薄,成熟时深紫色,无毛。种子 1 颗,椭圆体形,两侧扁,褐色,有光泽,疤痕基生或近基生,长圆形或近圆形。花果期:几全年。

图 160 革叶铁榄 Sinosideroxylon wightianum
1. 分枝的一部分、叶及花(簇生);2. 花;3. 花萼;4. 花冠展开,示花冠裂片、能育雄蕊和花瓣状退化雄蕊;5. 浆果。
(崔丁汉绘)

产地:七娘山(余鑫生等 11698)、梅沙尖(王定跃 1439)、大南山(李勇 017277),本市各地均有分布。生于山坡林中,海拔 100-700m。

分布:福建、广东、香港、澳门、广西、贵州南部和云南东南部。越南北部。

2. 铁榄 Peduucled Sinositeroxylon 图 161

Sinosideroxylon pedunculatum(Hemsl.)H. Chuang in Guihaia 3:312. 1983.

Sarcosperma pedunculata Hemsl. in J. Linn. Soc., Bot. **26**:68. 1889;广东植物志 **2**:359. 1991.

常绿乔木,高 8-10m;幼枝和幼叶密被锈色短柔毛,后渐变无毛。叶通常生于分枝的上部;叶柄长 1-2cm,疏被锈色短柔毛或近无毛;叶片椭圆形或狭椭圆形,长 7-10cm,宽 2.5-4cm,基部楔形,下延,先端渐尖,两面无毛或下面沿脉疏被锈色短柔毛，侧脉 8-12 对。总状花序生于枝上部叶腋及枝顶，长 7-10cm；花序梗长 1-2cm，与花序轴均疏被褐色短柔毛；花（1-）2-5朵簇生于花序轴的每节上；花梗长 4-5mm，与花萼均密被锈色茸毛；萼片 5，覆瓦状排列，卵形，长 3.5-4mm，基部合生；花冠淡黄色，长 4.5-5mm，1/3 以下呈管状，裂片 5，卵状长圆形；能育雄蕊 5，花丝线形；退化雄蕊 5，花瓣状，与花冠裂片近等长，边缘不规则浅裂；子房卵球形，4 或 5 室，密被锈色长硬毛，花柱无毛，柱头甚小。浆果椭圆体形，长 1.8-2cm，直径约 1cm，果皮薄，成熟时紫黑色，无毛。种子 1 颗，椭圆体形，褐色，有光泽，疤痕基生，近圆形。花期：6-11 月，果期：8-12 月。

产地：梅沙尖（张寿洲等 4825）。生于山地密林中，海拔 150-200m。

分布：广东、广西、湖南及云南。越南。

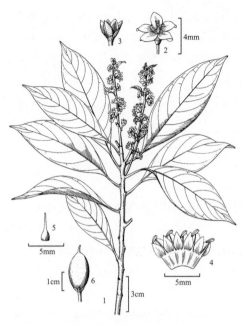

图 161 铁榄 Sinosideroxylon pedunculatum
1. 分枝的一段、叶及总状花序；2. 花；3. 花萼；4. 花冠展开，示能育雄蕊和花瓣状退化雄蕊；5. 雌蕊；6. 浆果。（李志民绘）

149. 柿树科 EBENACEAE

李 楠 曾娟婧

乔木或灌木，少数种有枝刺（由枝条变态而成或由枝条顶端变成的刺）。单叶，互生，稀对生，排成两列，无托叶；叶片边缘全缘，具羽状脉。花辐射对称，通常单性，雌雄异株或杂性，稀两性，雄花通常排成聚伞花序，有时数花簇生，稀单花；雌花通常单生叶腋；萼片 3-7，基部合生或合生至中部，芽时镊合状或覆瓦状排列，在雌花和两性花中，果期增大并宿存；花冠筒状、钟状、高脚杯状、壶状或坛状，裂片旋转排列，稀覆瓦状或镊合状排列；雄花：雄蕊数为花冠裂片数的 2-4 倍，稀与花冠裂片同数而与之互生，通常生于花冠管的基部，花丝分离或 2 枚合生成对，花药基部着生，2 室，纵裂；退化雌蕊有或无；雌花：退化雄蕊有或无；子房上位，2-16 室，每室有 1-2 颗倒生胚珠，中轴胎座，花柱 2-8，分离或基部合生，柱头小，不裂或 2 裂。果为一肉质的浆果，有少数至多数种子。种子通常长圆形，胚乳丰富，有时为嚼烂状，胚小，子叶大，种脐小。

3 属，约 500 种，主要分布于热带、亚热带地区，少数分布于温带。我国有 1 属，60 种。深圳有 1 属，6 种。

柿树属 Diospyros L.

落叶或常绿乔木或灌木，无顶芽，少数种类枝条顶端变为刺。叶互生，偶或有微小的透明斑点或腺点。花单性，雌雄异株或杂性，辐射对称，雄花通常排列成腋生的聚伞花序，生于当年生枝的基部，开花后即脱落；雌花通常单生于叶腋；花萼浅钟状，有 3-6 裂片或无裂片而呈截形，在雌花或两性花中，果期增大并宿存；花冠钟状、筒状或壶状，裂片 3-5(-7)，脱落；雄花：雄蕊 4 至多数，通常 16 枚，成对，并排列成两轮；有退化雌蕊；雌花：退化雄蕊 1-16 或无；子房 2-16 室，每室有胚珠 1-2 颗，花柱 2-5 枚，分离或基部合生，柱头 2 裂。浆果肉质，通常有宿存的花萼。种子长圆形，通常两侧压扁。

约 485 种，分布于泛热带，并延伸至温带地区。我国 60 种。深圳 6 种。

1. 叶片椭圆形或卵形，长 1-4cm；叶柄短，长 1-2mm；果小，球形或椭圆体形，直径 0.8-1cm ·················· 1. 小果柿 D. vaccinioides
1. 叶片较大，一般长在 4.5cm 以上；叶柄长 2mm 以上；果较大，直径常在 1.5cm 以上。
   2. 成长叶叶片两面均无毛。
      3. 果近无梗 ·················· 2. 罗浮柿 D. morrisiana
      3. 果梗明显，长 0.3-3cm。
         4. 果梗长 1-3cm ·················· 3. 岭南柿 D. tutcherii
         4. 果梗常不及 1cm ·················· 4. 延平柿 D. tsangii
   2. 成长叶叶片两面被毛或仅下面（至少叶脉）被毛。
      5. 果球形、扁球形或倒卵球形，直径 4-10cm；叶片阔卵形、椭圆形、卵状椭圆形或倒卵形，长 5-18cm，宽 2.6-10cm ·················· 5. 柿 D. kaki
      5. 果卵球形或长圆体形，直径 1.2-1.8cm；叶片长圆状披针形，长 5-12cm，宽 1.8-4cm ·················· 6. 乌材 D. eriantha

1. 小果柿 Small Persimmon   图 162 彩片 149 150

Diospyros vaccinioides Lindl. in Hook. Exot. Fl. **2**: 139. 1825.

常绿灌木，高 1-2m；分枝甚多；嫩枝、冬芽和叶柄均密被锈色疏短柔毛，老渐变无毛。叶柄长 1-2mm；叶片革质，卵形或椭圆形，长 1-4cm，宽 1-1.5cm，基部钝至圆，先端急尖，具尖头，初时下面沿中脉被短柔毛，

老渐无毛，上面有光泽，侧脉每边 5-6 对，与网脉均
不明显。雄花：单花或 3 朵排成简单二歧聚伞花序，
腋生，近无梗；萼片 4，披针形，长 4.5mm，仅基部合生，
被褐色短柔毛；花冠白色，钟状，与萼片近等长，裂
片 4，卵形，与筒部近等长；雄蕊 16 枚；雌花：单朵
腋生；花梗长 1-2mm；花萼和花冠与雄花相似；退化
雄蕊 4-8 枚，条形；子房无毛。浆果球形或椭圆体形，
直径 0.8-1cm，嫩时绿色，成熟时黑色，平滑，无毛；
果梗长 1-2mm；宿存花萼裂片稍外弯。种子(1-)2(-3)
颗，半球形，长约 8mm，宽约 6mm，黑褐色，有细
皱纹，具短喙。花期：5 月，果期：冬季。

产地：东涌、西涌（张寿洲等 0991）、七娘山、南
澳（张寿洲等 4438）、大鹏、钓神山、笔架山、盐田、
梅沙尖、梧桐山（张寿州等 4314）、大南山。生于沟谷、
疏林或山坡灌丛中，海拔 50-300m。

分布：广东、香港、澳门、海南和广西。

用途：可盆栽或地栽供观赏。

2. 罗浮柿 Morris' Persimmon

图 163 彩片 151 152

Diospyros morrisiana Hance in Walp. Ann. Bot.
Syst. **3**：14. 1852.

落叶灌木或乔木，高达 20m；冬芽圆锥状，长
约 2mm；枝条、叶柄和叶片嫩时均被短柔毛，老渐无
毛。叶柄长约 1cm，上部有狭翅；叶片椭圆形、长圆
形或卵形，长 5-11.5cm，宽 2.5-4.5cm，基部楔形或
钝，边缘全缘，有时浅波状，先端急尖至钝，侧脉 4-8
对，网脉不明显。雄花：2-3 朵组成简单二歧聚伞花序；
花梗长约 2mm，密被短柔毛；花萼钟形，裂片 4，三角
形，长约 5mm，被淡褐色茸毛；花冠白色，无毛，坛状，
长约 7mm，裂片 4，卵形，长和宽约 2mm；雄蕊 16-20
枚，着生在花冠筒的基部，每 2 枚合生成对，花药被
短柔毛；雌花：单生于叶腋；花梗长约 2mm；花萼浅杯
状，外面疏被短柔毛，内面密棕色绢毛，裂片 4，三角
形，长约 5mm；花冠近壶形，长约 7mm，裂片 4，卵形，
长约 3mm，外面无毛，内面被褐色绢毛；退化雄蕊 6 枚；
子房球形，花柱 4，合生至中部，被白色短柔毛。果黄色，
近球形，直径 1.6-2cm，4 室；果梗长约 2mm；宿存花
萼近方形，直径约 9mm，4 浅裂。种子近长圆形，栗色，
侧扁，长约 1cm，宽约 5mm。花期：5-6 月，果期：8-11 月。

产地：七娘山（余鑫生等 011695）、南澳、大鹏、
排牙山、笔架山（张寿洲等 SCAUF767）、葵涌、盐
田、三洲田、梧桐山（张寿洲等 011129）、仙湖植物园、

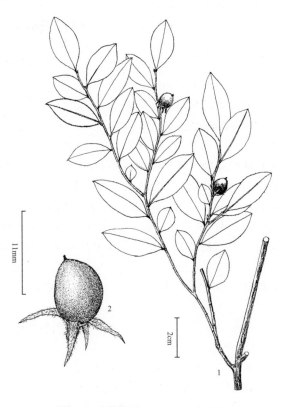

图 162 小果柿 Diospyros vaccinioides
1. 分枝一段、叶及浆果；2. 宿存花萼及浆果。（肖胜武绘）

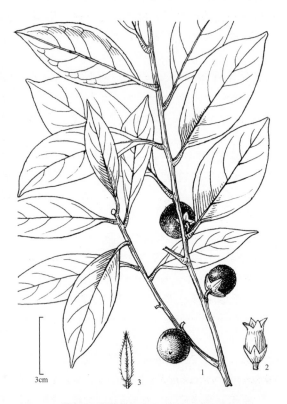

图 163 罗浮柿 Diospyros morrisiana
1. 分枝的一部分、叶及浆果；2. 雄花；3. 雄蕊。

塘朗山。生于山坡或溪畔疏林中，海拔 100-650m。

分布：浙江、江西、福建、台湾、广东、香港、澳门、海南、广西、湖南、贵州、云南和四川。越南和日本。

用途：茎皮、叶和果入药，有消炎解毒、收敛之效。

3. 岭南柿 Tutcher's Persimmon

图 164 彩片 153

Diospyros tutcheri Dunn in Bull. Misc. Inform. Kew 1913: 354. 1913.

乔木，高达 6m；小枝无毛；冬芽狭卵形，长约 5mm，鳞片外面密被短柔毛。叶柄长 0.5-1cm，嫩时被微柔毛，老渐无毛；叶片薄革质，椭圆形或长圆状披针形，长 6-14cm，宽 2.5-5cm，基部钝或近圆形，边缘微外卷，先端渐尖，两面无毛，上面有光泽，侧脉 5-6 对，网脉两面显露。雄花：通常 3 朵排成简单二歧聚伞花序；花梗长 5-6mm，近顶端处有关节；花萼长 1-2mm，裂片 4，三角形，疏被短柔毛；花冠壶形，白色，长 7-8mm，两面被绢毛，裂片 4，阔卵形，长约 2mm，外折；雄蕊约 16 枚，每 2 枚合生成对，花丝被短柔毛，退化雌蕊小，密被短柔毛；雌花：单生于当年生枝叶腋，下垂；花梗长 1.3-1.5cm，被绢毛；花萼长 7-8mm，裂片 4，卵形，直立，外被绢毛；花冠壶形，长约 5mm，喉部微缢缩，裂片 4，比管部短，两面被茸毛；退化雄蕊 4，线形；子房扁球形，长 3mm，8 室，每室 1 胚珠。果球形，直径 2.5-3cm，初时密被糙伏毛，后变无毛；宿存花萼增大，裂片长卵形，长 1-1.5cm，宽 0.8-1cm，有 7-11 条脉纹；果梗长 1-2cm。花期：4-5 月，果期：8-10 月。

产地：七娘山（邢福武 0828，IBSC）、南澳（邢福武 10410，IBSC）。生于沟谷疏林中。

分布：广东、香港、广西、湖南和贵州。

用途：食用。

4. 延平柿 油杯子 怀德柿 Tsang's Persimmon

图 165

Diospyros tsangii Merr. in Lingnan Sci. J. **13**: 43. 1934.

灌木或小乔木，高 6-7m；冬芽卵形，长约 2mm，被褐色短柔毛；幼枝、叶柄和叶下面脉上均被褐色短柔毛。叶柄长 0.5-1.5cm；叶片纸质，长圆形或长椭圆形，长 4-9cm，宽 1.5-3cm，基部楔形，两侧下延至叶柄成狭翅，边缘嫩时具缘毛，先端渐尖，侧脉 4-5 对。花序为仅具 1 花的短小聚伞花序，生于当年生枝叶腋；

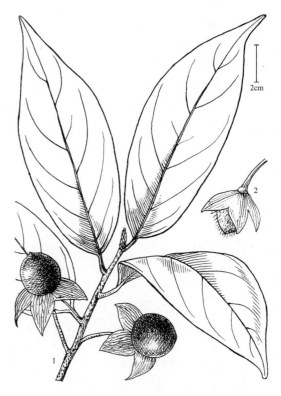

图 164 岭南柿 Diospyros tutcheri
1. 分枝的上段、叶及浆果（下部为增大的宿存花萼）；
2. 幼果，示毛被。（余汉平绘）

图 165 延平柿 Diospyros tsangii
1. 分枝的一部分及浆果（下部为宿存花萼）；
2. 雄花。（余汉平绘）

雄花：花梗甚短或几无花梗；萼片 4，披针形，长约 7mm，宽 5mm，1/3 以下合生，被短柔毛；花冠白色，花冠管长约 7mm，宽约 5mm，裂片卵形，被平伏的短柔毛；雄蕊 16 枚，每 2 枚合生成对，长 4-5mm，花丝被柔毛；雌花：比雄花大；萼片 4，狭披针形，长约 4.5mm，宽约 1.5mm，1/3 以下合生，两面被短柔毛；花冠白色。浆果球形，直径 1-2.5cm，被紧贴短柔毛，成熟时几无毛，有光泽，8 室；果梗粗短，长约 3mm；宿存花萼裂片阔卵形，长 1-1.5cm，宽 8-10mm。花期：2-5 月，果期：7-10 月。

产地：七娘山（王国栋等 7445）、南澳（张力等 8012）。生于疏林中，海拔 100-350m。

分布：江西、福建、广东、香港、广西和湖南。

用途：用材。

5. 柿 Persimmon 图 166 彩片 154 155

Diospyros kaki Thunb. in Nova Acta Regiae Soc. Sci. Upsal. **3**: 208. 1780.

落叶乔木，高 8-10m，老树高可达 15-20m；分枝开展，幼时被棕色的短柔毛；冬芽卵球形，小，长 2-3mm。叶柄长 1-2.5cm，幼时被短柔毛；叶片纸质，卵形、椭圆形、卵状椭圆形，偶有倒卵形，长 5-18cm，宽 2.6-10cm，幼时两面疏被短柔毛，老后仅下面脉上被毛，基部楔形、圆形或截形，稀心形，先端渐尖或钝，侧脉 5-7 对，网脉纤细。花单性，雌雄异株，但有时在雄株中有少数雌花，在雌株中亦有少数雄花；雄花：3(-5) 朵排成腋生的简单二歧聚伞花序；花小，长 0.7-1cm；花萼钟状，长约 3mm，裂片 4，卵形，两面均被短柔毛；花冠钟形，白色或黄白色，长约 7mm，裂片 4，卵形，两面均被短柔毛；雄蕊 16-24，每 2 枚合生成对，生于花冠筒基部；退化雌蕊微小；雌花：单生于叶腋，比雄花大，长约 2cm；花萼钟状，筒部近球形，长约 5mm，直径 0.7-1cm，肉质，裂片 4，宽卵形或半圆形，长约 1.5cm，两面疏被短柔毛；花冠淡黄色、黄白色而微带红色，壶形或近钟形，长 1.2-1.5cm，筒部近四棱形，直径与长度近相等，裂片 4，宽卵形，长 0.5-1cm，宽 4-8mm，

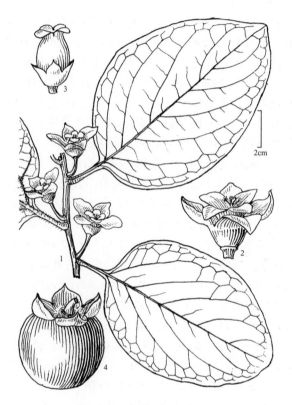

图 166 柿 Diospyros kaki
1. 分枝的一段、叶及雌花；2. 雌花；3. 雄花；4. 浆果。
（余汉平绘）

开花时外弯；退化雄蕊 8，生于花冠筒基部，被长柔毛；子房扁球形，具 4 棱，近无毛，8 室，每室有 1 胚珠，花柱 4，基部合生，柱头 2 浅裂。浆果形状多种，有球形、扁球形、球形略带方形或倒卵球形等，直径 4-10cm，嫩时绿色，后变黄绿色、橙黄色，表面有白霜，成熟初期果肉坚脆，至完全成熟后，变为橙红色至大红色，果肉柔软多汁，有数颗种子。种子深褐色，椭圆形，长约 2cm，宽约 1cm，侧扁，在栽培品种中，通常无种子或有少数种子；果梗粗壮，长 0.5-1cm；宿存花萼在花后增大并增厚，方形或近圆形，革质。花期：5-6 月，果期：8-11 月。

产地：三洲田（张寿洲等 0095）、梧桐山（陈景方 2273）。生于山坡或溪畔疏林中，海拔 200-500m，本市各地普遍有栽培。

分布：广东、香港、澳门、海南、广西、湖南、江西、福建、台湾、浙江、江苏、山东、河北、河南、湖北、贵州、云南、四川、甘肃、陕西和山西。栽培或逸生。世界各地多有栽培。

用途：果食用，为常见的水果，亦可加工制成柿饼，除供食外，柿饼又可药用，有止血通便、降血压、润脾补肾、润肺等功效。木材可用于制作家具或箱盒等小用具。

6. 乌材 Woolly-flowered Persimmon

图 167 彩片 156

Diospyros eriantha Champ. ex Benth. in J. Bot. Kew. Gard. Misc. **4**: 302. 1852.

常绿乔木或灌木，高 2.5-15m，胸径达 30cm；嫩枝、冬芽芽鳞、叶柄、叶片下面脉上和花萼均被贴紧的锈色糙伏毛，老枝无毛；冬芽卵形，下部的芽鳞排成二列。叶近二列；叶柄粗短，长 5-6mm；叶片纸质，长圆状披针形，长 5-12cm，宽 1.8-4cm，基部阔楔形或近圆形，边缘微外卷，先端渐尖，侧脉 4-6 对。雄花：2-3 朵簇生于叶腋，近无梗，基部有数枚覆瓦状排列卵形的苞片；花萼钟状，裂片 4，披针形，长约 4-5mm；花冠白色，壶状，外面被粗伏毛，内面无毛，花冠管长 7-8mm，裂片 4，披针形，长 4-5mm，宽约 2.5mm，顶端长渐尖至尾尖；雄蕊 14-16 枚，每 2 枚合生成对，花药条形；退化子房小；雌花：单生于叶腋，近无梗；花萼和花冠与雄花同；子房密被糙伏毛，4 室，每室 1 胚珠；花柱 2，基部被糙伏毛，柱头 2 裂；退化雄蕊 4-8 枚。浆果卵球形或长圆体形，长 1.2-1.8cm，直径 5-8mm，先端有短尖，初被糙伏毛，熟后紫黑色，仅顶部被毛；宿存花萼在果期增大，裂片卵形，长约 8mm，宽约 6mm。种子 1-4 颗。花期：7-8 月，果期：10 月至翌年 1-2 月。

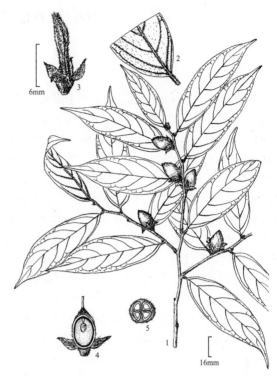

图 167 乌材 Diospyros eriantha
1. 分枝的一部分、叶及浆果；2. 叶片一部分，示下面的毛被；3. 雄花（花冠未开展）；4. 子房纵剖面；5. 子房横切面。（余汉平绘）

产地：七娘山、排牙山（张寿州 3443）、笔架山（华农仙湖采集队 SCAUF682）、葵涌、田心山、盐田、三洲田、梧桐山（陈景方 2292）、梅林、羊台山。生于低地山坡疏林中或溪边林中，海拔 50-350m。

分布：福建、台湾、广东、香港、海南和广西。老挝、越南、马来西亚、印度尼西亚和日本。

用途：木材暗红色，质坚重，耐腐，适作建筑、车辆和农具等。

150. 安息香科 STYRACACEAE

陈 涛

乔木或灌木，植株通常被星状短柔毛或鳞片状毛，稀无毛。叶通常互生，单叶；托叶无或很小。花序顶生或腋生，为总状花序、圆锥花序或聚伞花序，很少单花或数花簇生；小苞片小，有或无；花两性，很少杂性，辐射对称；花萼钟状，倒圆锥形或杯形，萼管全部或部分与子房贴生，先端具 4 或 5（或 6）齿或裂片，有时全缘。花冠多数白色，花瓣（4-）5（-7），基部合生，稀分离，裂片在花蕾时覆瓦状或镊合状排列，少数内向镊合状排列；雄蕊为花冠裂片数的 2 倍，有时与花冠裂片等数，着生在花冠筒基部，花丝通常扁，部分或全部合生成管，极少分离，花药内向，2 室，药室平行，纵裂；子房上位、半下位或下位，3-5 室或顶部 1 室，基部 3-5 室，胚珠每室少数或单生，直立、下垂或倒生，珠被 1 或 2 层，中轴或侧膜胎座，花柱纤细、线形或钻形，柱头平截、头状或 2-5 裂。果为浆果、核果或蒴果，外果皮肉质至干燥，不开裂或 3 瓣裂。种子有翅或无翅，常具一宽大种脐；胚直或略弯；胚乳丰富；子叶扁或近圆柱状。

12 属，约 180 种，主要分布于亚洲和美洲的热带至温带，少数分布于地中海地区。我国产 11 属，约 54 种。深圳有 1 属，6 种。

据文献（邢福武等《深圳植物物种多样性及其保育》188. 2002.）记载，赤杨叶 Alniphyllum fortunei（Hemsl.）Makai 和广东木瓜红 Rehderodendron kwangtungensis Chun 两种在深圳七娘山有分布，因未见标本，故未收入。

安息香属 Styrax L.

乔木或灌木，植株被星状短柔毛或鳞片，少无毛。叶通常互生。花序腋生或顶生，为总状花序、圆锥花序或聚伞花序，有时单花或数花簇生；小苞片小，早落；花两性；花萼杯状，具 5 萼齿，少平截或具 2-6 裂片；花冠钟状，裂片 5（-7），覆瓦状或镊合状排列；雄蕊（8-）10（-13），等长，稀不等长，花丝扁，分离，有时基部与花冠贴生，花药长圆形；子房上位，幼时 3 室，后变 1 室，胚珠每室 1-4 个，侧膜胎座，花柱钻形或线状，柱头头状或 3 裂。果为核果，不开裂，或开裂成 3 果瓣，外果皮肉质至干燥。种子 1（-2），种皮近骨质，基部具 1 大种脐，胚乳肉质或几近骨质，胚直。

约 130 种，产东亚，北美，南美和地中海地区。中国产 31 种。深圳产 6 种。

1. 花冠裂片边缘通常内折。
　　2. 叶片下面密被星状茸毛 ··· 1. 栓叶安息香 S. suberifolius
　　2. 叶片下面疏被星状柔毛，后变无毛。
　　　　3. 花在枝下部常 2 至多花聚生于叶腋；叶片革质或近革质 ················· 2. 赛山梅 S. confusus
　　　　3. 花在枝下部常单花腋生；叶片纸质 ·· 3. 白花龙 S. faberi
1. 花冠裂片边缘不内折。
　　4. 花梗长 1.2-1.8cm，常短于所承托之花 ······························· 4. 芬芳安息香 S. odoratissimus
　　4. 花梗长 2.5-5cm，等长或长于所承托之花。
　　　　5. 花梗和花萼均无毛或疏被星状短柔毛 ································· 5. 野茉莉 S. japonicus
　　　　5. 花梗和花萼密被星状茸毛 ··· 6. 大花安息香 S. grandiflorus

1. 栓叶安息香 Cork-leaved Snow-bell　　　　　　　　　　　　　图 168　彩片 157
Styrax suberifolius Hook. & Arn. Bot. Beechey Voy. 196. 1841.

乔木，高 4-20m；小枝和叶柄均被红褐色至灰褐色星状茸毛。叶互生；叶柄长 1-1.5（-2）cm，近 4 棱柱形；叶片椭圆形、长圆形或椭圆状披针形，长 5-15（-18）cm，宽 2-5（-8）cm，革质，下面密被褐色星状茸毛，上面近无毛或中脉疏被星状短柔毛，基部楔形，边缘近全缘，先端渐尖，有时稍弯，侧脉5-12对，细脉近平行。总状花序或圆锥花序顶生或腋生，长6-12cm，多花；花梗长1-3mm；花长1-1.5cm；花萼长3-5(-7)mm，宽2-4(-7)mm，密被灰黄色茸毛，混有少量星状毛，萼齿多少退化，三角形至波状；花冠管长约3mm，裂片4(-5)枚，披针形至长圆形，长0.8-1cm，宽2-3mm，边缘内折；雄蕊8-10枚，比花冠短，花丝扁平，分离部分被星状短柔毛。果卵球形，直径1-1.8cm，密被灰色至褐色星状茸毛，3瓣裂，宿存花萼包至中部。种子褐色，无毛。花期：3-5月，果期：8-11月。

产地：南澳（张寿洲等0132）、梧桐山（陈传珍等011206）。生于山地林中，海拔50-400m。

分布：安徽、江苏、江西、台湾、福建、广东、香港、澳门、海南、广西、湖南、湖北、贵州、四川和云南。缅甸和越南。

用途：阳性速生树种。木材坚硬，可作家具和器具用材；根和叶入药，可祛风除湿、理气止痛，治风湿关节痛等。

2. 赛山梅 Confused Storax 图169 彩片158 159
Styrax confusus Hemsl. in Bull. Misc. Inform. Kew **1906**：162. 1906.

乔木，高2-8m，胸径达12cm；小枝密被褐色星状短柔毛。叶互生；叶柄长1-3mm；叶片狭长圆形、倒卵状椭圆形或长圆状椭圆形，长4-14cm，宽2.5-7cm，革质至几近革质，下面疏被星状毛，渐变无毛，上面脉上疏被星状毛，基部圆形至阔楔形，边缘具细锯齿，先端急尖至短渐尖，侧脉5-7对。总状花序顶生，长4-10cm，有花3-8朵；在枝下部常为2至多花聚生叶腋；花梗长1-1.5cm；花长1.3-2.2cm；花萼长0.3-1cm，宽4-6mm，密被黄色至灰色星状茸毛和长柔毛，萼齿5，三角形；花冠管3-4mm，裂片披针形至长圆状披针形，长1.2-2cm，宽3-4mm，边缘内折；雄蕊`10，长0.8-1cm，花丝稍扁平，分离部分基部密被白色长柔毛。果近球形至倒卵球形，直径0.8-1.5cm，密被黄色星状茸毛，外果皮厚1-2mm，有皱纹。种子褐色，倒卵球形，平滑或具深皱纹。花果期：4-10月。

产地：葵涌（张寿洲等3427）、梧桐山（张寿洲等1442）。生于林中，海拔500-800m。

分布：安徽、江苏、浙江、江西、福建、湖北、湖南、广东、香港、广西、贵州和四川。

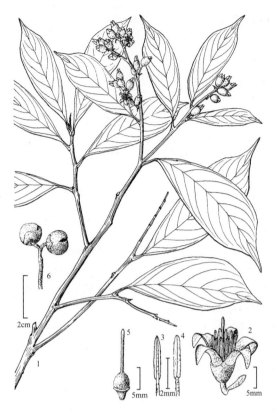

图 168 栓叶安息香 Styrax suberifolius
1. 分枝的一部分、叶、总状花序和圆锥花序；2. 花及小苞片；3-4. 雄蕊的背面及腹面；5. 雌蕊；6. 果。（崔丁汉绘）

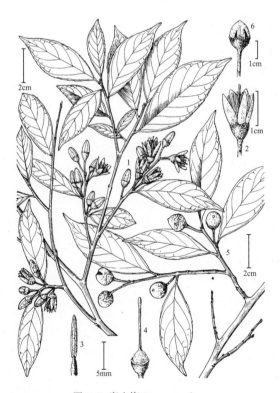

图 169 赛山梅 Styrax confusus
1. 分枝的一段、叶及总状花序；2. 花；3. 雄蕊；4. 雌蕊；5. 果期分枝的一段；6. 果。（崔丁汉绘）

3. 白花龙 White Dragon Storax　图170　彩片160

Styrax faberi Perkins in Engl. Pflanzenr. IV. **241**（Heft 30）：33. 1907.

灌木，高 1-2m；小枝纤细，密被星状长柔毛。叶互生，有时在侧生嫩枝基部近对生；叶柄长 1-2mm；叶片卵形，椭圆形或倒卵形，长 4-11cm，宽 3-3.5cm，纸质，疏被褐色至灰色星状短柔毛，后变无毛，基部阔楔形、耳状或近圆形，边缘具细锯齿至疏锯齿，先端渐尖，侧脉 5 或 6 对，细脉网状。总状花序顶生，长 3-4cm，具 3-5 花；在枝下部常单花腋生；花梗长 0.8-1.5cm；花长 1.2-1.5(-2)cm，开放后略下垂；花萼长 4-5mm，膜质，萼齿 5，三角形至几近钻形；花冠管长 3-4mm，裂片披针形至长圆形，长 0.5-1.5cm，宽 2.5-3mm，膜质，无毛，边缘内折；雄蕊 10，长 0.9-1.5cm，花丝扁平，分离部分基部密被长柔毛。果倒卵球形至近球形，长 6-8mm，直径 5-7mm，密被灰色星状短柔毛，外果皮厚约 0.5mm，平滑。花期 4-6 月，果期 7-10 月。

产地：梧桐山（张寿洲等 1335）。生于路旁灌丛中，海拔 200-600m。

分布：安徽、江苏、浙江、台湾、江西、福建、湖北、湖南、广东、广西、贵州和四川。

4. 芬芳安息香 Fragrant Snow-belll
图171　彩片 161 162

Styrax odoratissimus Champ. ex Benth. in J. Bot. Kew Gard. Misc. **4**：304. 1852.

乔木，高 4-10m；胸径达 20cm；树皮灰褐色，不裂成片状剥落；嫩枝稍扁，紫色至深紫色，圆柱形，无毛。叶互生；叶柄长 5-10mm；叶片卵形至卵状椭圆形，长 4-15cm，宽 2-8cm，革质至纸质，两面近无毛，有时脉上疏被褐色星状短柔毛，基部阔楔形至圆形，边缘全缘或具疏细锯齿，先端渐尖至急尖，侧脉 6-9 对，细脉近平行。总状花序或圆锥花序顶生，长 5-8cm，密被黄色星状茸毛；花长 1.2-1.5cm；花梗长 1.5-1.8cm；花萼长和宽均约 5mm，膜质，先端平截至波状；花冠裂片椭圆形至倒卵状椭圆形，长 0.9-1.1cm，宽 4-5mm，膜质，边缘不内折；雄蕊比花冠短，花丝中部稍弯曲，密被白色星状短柔毛。果近球形，直径 0.8-1cm，密被灰黄色星状茸毛，先端具一稍弯的喙。种子卵球形，具小瘤状突起，密被褐色鳞片。花期：3-4 月，果期：6-9 月。

产地：七娘山（张寿洲等 0339，4072）、南澳（张寿洲等 3539）、梧桐山（张寿洲等 012336）。生于山地林中，海拔 100-700m。

分布：安徽、江苏、浙江、江西、福建、湖北、湖南、广东、香港、广西和贵州。

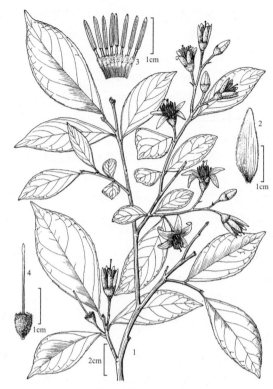

图 170 白花龙 Styrax faberi
1. 分枝的一部分、叶及总状花序（生于枝下部的为单花）；2. 花瓣；3. 雄蕊展开，示花丝部分合生成管；4. 花萼及雌蕊。（崔丁汉绘）

图 171 芬芳安息香 Styrax odoratissimus
1. 分枝的一段、叶及花；2. 花；3. 花瓣；4. 雄蕊；5. 花萼和雌蕊；6. 花果期分枝的一段。（崔丁汉绘）

5. 野茉莉 Japanese Storax

图 172　彩片 163 164

Styrax japonicus Siebold & Zucc. Fl. Jap. **1**：53. 1837-1838.

灌木或小乔木，高 4-8(-10)m；小枝紫色，稍扁，后变成圆柱状。叶互生；叶柄 5-10mm；叶片椭圆形，长圆状椭圆形或卵状椭圆形，长 4-10cm，宽 2-5(-6)cm，纸质至几近革质，下面脉上疏被星状短柔毛，脉腋间的毛甚密，上面近无毛，基部楔形至阔楔形，边缘全缘或上部具疏锯齿，先端急尖至短渐尖，侧脉 5-7 对，细脉网状，在两面明显凸起。总状花序顶生，长 5-8cm，有花 5-8 朵；花梗纤细，长 2.5-3.5cm，无毛或疏被星状短柔毛；花长 2-2.8(-3)cm，略下垂；花萼长 4-5mm，宽 3-5mm，膜质，无毛或疏被星状短柔毛，萼齿不规则；花冠管长 3-5mm，裂片卵形、倒卵形或椭圆形，长 1.6-2.5cm，宽 5-7(-9)mm，边缘不内折；雄蕊比花冠短，花丝稍扁平，分离部分被白色长柔毛。果卵球形，长 0.8-1.4cm，宽 0.8-1cm，具不规则皱纹，密被灰色星状茸毛，先端具短尖。种子褐色，明显具皱。花期：4-7 月，果期：9-11 月。

产地：梧桐山（深圳考察队 2053）、仙湖植物园（李沛琼等 1713A）。生于林中，海拔 80-250m。

分布：陕西、山西、山东、河北、河南、安徽、江苏、浙江、江西、湖北、湖南、福建、广东、广西、贵州、四川和云南。日本和朝鲜。

用途：果、叶及寄生虫瘿的白粉能祛风除湿，可治瘫痪。果皮可毒鱼。花美丽芳香，可作庭园观赏植物。

6. 大花安息香 Big-flowered Storax

图 173　彩片 165

Styrax grandiflorus Griff. Not. Pl. Asiat. **4**：287，t. 423，fig. 1. 1854.

灌木或小乔木，高 4-7m；胸径约 30cm；树皮灰色；小枝近圆柱状，被黄褐色星状短柔毛。叶互生；叶柄长 3-7mm；叶片椭圆状卵形至长圆形，长 3-7(-9)cm，宽 2-4cm，两面疏被星状短柔毛或除叶脉外无毛，基部楔形或宽楔形，边缘全缘或上部有锯齿，先端急尖，侧脉 5-7 对。总状花序顶生，长 3-4cm，有花 3-9 朵；花梗 2.5-5cm，密被星状茸毛；花长 1.5-2.5(-3)cm；花萼长约 7mm，宽约 5mm，膜质，先端平截或具不明显 5 齿，密被灰黄色星状茸毛；花冠管长 3-5mm，裂片卵状长圆形至椭圆形，长 1.2-2cm，宽 4-6mm，边缘不内折；雄蕊 10(或 11)，内藏，花丝基部被白

图 172 野茉莉 Styrax japonicus
分枝的一段、叶及果序。（崔丁汉绘）

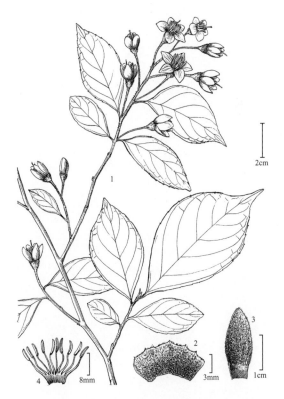

图 173 大花安息香 Styrax grandiflorus
1. 分枝的一段、叶及总状花序；2. 花萼展开；3. 花瓣；4. 雄蕊展开。
（崔丁汉绘）

色长柔毛，花药长圆形，略被星状短柔毛；花柱比花冠短或与花冠等长。果卵球形，长 1-1.5cm，宽 0.8-1cm，3 瓣裂，密被灰黄色星状茸毛，干时皱，先端具短尖。种子 1 或 2，褐色，卵球形，具深皱。花期:4-6 月，果期:8-10 月。

产地：梧桐山（深圳植物志采集队 013571）、仙湖植物园（李勇 4304）。生于疏林中，海拔 80m。

分布：台湾、广东、广西、贵州、云南和西藏。印度、不丹、尼泊尔、缅甸和日本。

用途：花较大，白色，可作庭园观赏植物。

152. 山矾科 SYMPLOCACEAE

叶创兴

灌木或乔木。单叶,互生;叶片边缘常具胼胝锯齿、透明的腺齿或全缘,具羽状脉;无托叶。花辐射对称,两性,稀单性,排成腋生或顶生的穗状花序、总状花序、圆锥花序或簇聚伞花序(数个聚伞花序密生成一束),少有单花;苞片1;小苞片2,有时缺,宿存或脱落;花萼钟状或管状,裂片5,少有3,覆瓦状或镊合状排列,宿存;花瓣通常5,稀3或多至11,覆瓦状排列,通常仅基部合生;雄蕊多数,少为4-5枚,插生于花冠上,花丝分离或基部合生,或合生成5体,花药近球形,2室,纵裂;常具花盘或由花盘分裂而成的突起的腺体;子房下位或半下位,常3室,也有2-5室,花柱单一,柱头头状或2-5浅裂;胚珠每室2-4,悬垂。果为核果,顶端常有宿存萼片,果皮无棱或具棱,1-5室,每室有种子1颗。种子具丰富的胚乳。

1属,约200种,广布于亚洲、大洋洲和美洲的热带和亚热带地区。我国约42种。深圳有7种和1变种。

邢福武主编的《深圳植物物种多样性及其保育》一书第189页记载珠仔树 Symplocos racemosa Roxb.、三裂山矾 Symplocos fordii Hance 和长毛山矾 Symplocos dolichotricha Merr. 等3种在深圳梧桐山有分布,因未见标本,故未收进。

山矾属 Symplocos Jacq.

属的形态特征及分布与科相同。

1. 花排成簇聚伞花序 ⋯⋯⋯⋯⋯⋯⋯⋯⋯⋯⋯⋯⋯⋯⋯⋯⋯⋯⋯⋯⋯⋯⋯⋯⋯⋯ 1. **密花山矾 S. congesta**
1. 花排成穗状花序、总状花序或圆锥花序。
  2. 花排成穗状花序或由穗状花序组成的圆锥花序。
    3. 穗状花序长约1.5cm,无明显的花序梗;花甚密生;核果长卵球形,长1.2-2cm;叶片狭椭圆形、长圆形、条状长圆形或狭倒披针形,长9-15cm,宽2-2.7cm ⋯⋯⋯⋯⋯⋯⋯⋯⋯⋯ 2. **羊舌树 S. glauca**
    3. 穗状花序或圆锥花序长3-9.5cm,有明显的花序梗;花较疏生;核果近球形、卵球形或椭圆体形,长3-6mm。
      4. 叶片倒卵形、长圆形或倒卵状椭圆形,革质,先端急尖或渐尖;花序长4-9.5cm;花冠白色 ⋯⋯⋯ ⋯⋯⋯⋯⋯⋯⋯⋯⋯⋯⋯⋯⋯⋯⋯⋯⋯⋯ 3. **黄牛奶树 S. cochinchinensis var. lourina**
      4. 叶片披针形、窄卵形、卵形或长圆形,坚纸质,先端尾状渐尖;花序长1.5-3.8cm;花冠淡黄色 ⋯⋯ ⋯⋯⋯⋯⋯⋯⋯⋯⋯⋯⋯⋯⋯⋯⋯⋯⋯⋯⋯⋯⋯⋯⋯⋯⋯⋯⋯ 4. **光叶山矾 S. lancifolia**
  2. 花排成总状花序或由总状花序组成的圆锥花序。
    5. 花序梗长1-2.5cm(果时可延长至4.5cm);花序长5-10cm;叶片幼时两面密被长柔毛,老后上面变无毛,坚纸质至薄革质 ⋯⋯⋯⋯⋯⋯⋯⋯⋯⋯⋯⋯⋯⋯⋯⋯⋯⋯⋯⋯⋯⋯⋯⋯⋯ 5. **白檀 S. paniculata**
    5. 花序梗甚短,长2-5mm或几不明显;花序长1-4cm;叶片两面无毛,革质至厚革质。
      6. 花序梗、花序轴、花萼及核果均密被短柔毛;花丝扁平,边缘有腺齿 ⋯⋯⋯⋯⋯⋯⋯⋯⋯⋯ ⋯⋯⋯⋯⋯⋯⋯⋯⋯⋯⋯⋯⋯⋯⋯⋯⋯⋯⋯⋯⋯⋯⋯⋯ 6. **南岭山矾 S. confusa**
      6. 花序梗、花序轴、花萼及核果均疏被短柔毛或近无毛;花丝不为上述形状。
        7. 核果坛状或卵球形,长0.5-1cm;花盘无毛 ⋯⋯⋯⋯⋯⋯⋯⋯⋯⋯⋯⋯⋯ 7. **山矾 S. sumuntia**
        7. 核果椭圆体形或卵球形,长1.5-1.8cm;花盘被长柔毛 ⋯⋯⋯⋯⋯⋯⋯ 8. **光亮山矾 S. lucida**

1. 密花山矾 Dense-flowered Sweet-leaf

图 174　彩片 166

Symplocos congesta Benth. Fl. Hongk. 211. 1861.

常绿乔木或灌木；嫩枝浅红褐色，与芽均密被红褐色绢状毛，老枝灰黑色，变无毛。叶柄长 0.8-1.5cm，无毛；叶片坚纸质或革质，长圆形、椭圆形或倒卵形，长 7-13(-17)cm，宽 2-6cm，两面无毛，基部楔形至宽楔形，边缘通常全缘或具稀疏的细齿，先端渐尖、急尖、短尾状或长渐尖，侧脉 8-10 对。簇聚伞花序腋生，无明显的花序梗和花梗；苞片宽卵形，长 3-5mm，宽 4mm；小苞片盔甲状，长 4mm，宽 3.5mm，与苞片均在背面被浅褐色至白色绢状毛，边缘有睫毛及椭圆形红褐色腺体；萼片 5，基部合生，卵形或到宽卵形，覆瓦状排列，长 3-4mm，两面无毛；花冠白色，花瓣 5-7，卵形或长卵形，长 5-7mm，宽 1.5-3mm，基部合生，背面近基部有浅黄色疏柔毛；雄蕊约 50 枚，不等长，长 4-8mm，花丝基部合生；花盘略呈五角形，扁，无毛；子房 3 室，与花柱均无毛。核果圆柱形，长 0.8-1.3cm，宽 3-4mm，紫蓝色；宿存的花萼裂片直立。花期：8-11 月，果期：次年 1-2 月。

产地：排牙山（王国栋等 7057）。生于山地林中，海拔 650m 以下。

分布：浙江、江西、福建、台湾、广东、香港、海南、广西、湖南及云南。

图 174 密花山矾 Symplocos congesta
1. 分枝的上段、叶及簇聚伞花序；2. 花冠的纵切，示雄蕊；3. 除去部分花冠，示花萼、花盘和雌蕊。（崔丁汉绘）

2. 羊舌树 Glaucous Sweet-leaf

图 175

Symplocos glauca(Thunb.)Koidz. in Bot. Mag. (Tokyo)**39**：313. 1925.

Laurus glauca Thunb. in Murray, Syst. Veg. ed. 14, 383. 1784.

常绿乔木或灌木；嫩枝红褐色或灰褐色，被短柔毛，老枝黑褐色，有浅棱，变无毛。叶常聚生于枝顶；叶柄长 1.2-2cm，上面沟内有短柔毛；叶片革质或纸质，狭椭圆形、长圆形、条状长圆形或狭倒披针形，长(7-)9-15cm，宽(1.5-)2-2.7(4.5)cm，除上面中脉疏被短柔毛外其余无毛，基部狭楔形至楔形，偶为宽楔形，边缘全缘或上端有浅圆齿，先端急尖或渐尖，偶圆钝或短尾尖，侧脉 8-13 对。穗状花序长 1-2cm，无明显的花序梗，具甚密生的花；苞片宽卵形，长 3-4mm，与小苞片均宿存；小苞片卵形，长约 2mm，与花序轴和花萼的外面均被褐色茸毛；萼片 5，镊合状排列，狭卵形，长约 5mm，合生至中部，外面被褐黄色茸毛；花冠白色，花瓣 5，长 4-5mm，基部合生至长 1mm，裂片宽卵形，先端圆；雄蕊多数，花丝细长，基部合生，

图 175 羊舌树 Symplocos glauca
分枝的上段、叶、穗状花序和果序。（崔丁汉绘）

偶见被疏柔毛;花盘无毛或有稀疏浅褐色柔毛;子房3室,花柱基部有时有短柔毛。核果长卵球形,长1.2-2cm,直径6-8mm,外面无毛,上部2/3处开始收窄;宿存的花萼裂片直立。花期:4-9月,果期:8-12月。

产地:七娘山、排牙山(王国栋等7058)、笔架山、葵涌、盐田、沙头角(陈谭清等012956)、梧桐山(王国栋等6203)、仙湖植物园。生于山地林中,海拔65-650m。

分布:浙江、福建、台湾、广东、香港、海南、广西、湖南、四川和云南。印度、越南、泰国及日本。

3. 黄牛奶树 Laurel Sweet-leaf

图176 彩片167 168

Symplocos cochinchinensis(Lour.)S. Moore var. **laurina**(Retz.)Noot. Rev. Symploc. 156. 1975.

Myrtus laurina Retz. Obs. Bot. **4**: 26. 1786.

Symplocos laurina(Retz.)Wall. Num. List. no. 4416. 1830;广州植物志476. 1956;海南植物志 **3**: 195.1974;广东植物志 **1**: 417, f. 460. 1987.

常绿灌木或乔木,高3-7m。芽有红褐色柔毛;嫩枝红褐色,有沟槽,被或疏或密的褐色茸毛至近无毛,老枝暗褐色,圆柱形。叶柄长0.7-1.5cm,无毛或疏被短柔毛;叶片革质,倒卵形、长圆形、倒卵状椭圆形,长(4-)8-12cm,宽2-4.5cm,两面无毛,上面稍光亮,基部楔形或宽楔形,边缘有疏而浅的胼胝状锯齿,先端常急尖或渐尖,侧脉纤细,6-9对。花排列为较疏松的穗状花序或圆锥花序,顶生或腋生,长4-9.5cm;花序梗、花序轴和花萼均密被浅黄色短柔毛;苞片1,卵形,长约2mm,与小苞片的外面均被柔毛,边缘有腺点;小苞片宽卵形或倒卵形,长约1mm;花萼长约2mm,裂片5,宽卵形,短于萼筒,先端圆,无毛;花冠白色,花瓣5,长约4mm,基部合生;雄蕊30枚,花丝长3-5mm,基部合生;花盘由腺体合生而成,无毛。核果卵球形或近球形,直径4-6mm,近顶端收缩;宿存萼片直立或内弯。花期:6-12月,果期:9月至翌年3月。

图176 黄牛奶树 Symplocos cochinchinensis var. laurina
1.分枝的上段、叶及圆锥花序;2.化冠展开,示雄蕊;3.核果。(崔丁汉绘)

产地:七娘山、南澳(张寿洲等4451)、排牙山、田心山、三洲田(王国栋等5987)、梧桐山、仙湖植物园(王定跃等90726)、塘朗山。生于山地林中或林缘,海拔50-750m。

分布:浙江、福建、台湾、广东、香港、广西、湖南、贵州、云南、四川和西藏。日本、不丹、印度、斯里兰卡、缅甸、泰国、老挝和越南。

用途:种子油可做润滑油或制肥皂。树皮可药用,治感冒。

4. 光叶山矾 Smooth-leaved Sweet-leaf

图177 彩片169 170

Symplocos lancifolia Siebold & Zucc. in Abh. Math. -Phys. Cl. Königl. Bayer. Akad. Wiss. **4**(3):133. 1846.

Symplocos fulvipes(C. B. Clarke)Brand in Engl. Pflangenr. **6**(IV. 242):41. 1901;广州植物志477. 1956.

常绿灌木或小乔木,高3-6m;嫩枝、芽、幼叶下面均被黄褐色柔毛,老枝黑褐色,渐变无毛。叶柄长1-5mm,无毛;叶片近膜质至纸质,披针形、窄卵形、卵形、椭圆形或长圆形,长(2.3-)5-7.5(-10)cm,宽(1.1)2.1-2.8(-4.3)cm,基部圆或楔形,边缘具疏的浅钝齿,先端尾状渐尖,下面疏被短柔毛,老时变无毛,上面沿中脉有黄褐色短柔毛,侧脉6-11对。穗状花序腋生和顶生,长1-4cm,有花至20余朵;花序梗、花序轴、苞片和小苞片的下面均被黄褐色短柔毛；苞片宽卵形，长约 2mm，宽约 1.5mm，小苞片宽倒卵形，长 1.5mm，宽 2mm；花萼长 1.6-2mm，裂片 5，卵形，长 1-1.5mm，先端圆或钝，背面密被黄褐色短柔毛，筒部无毛；花冠淡黄色，花瓣 5，长圆形，长 3-5mm，宽 1.8-2mm，基部合生，背面近基部有微柔毛；雄蕊 15-40 枚，花丝基部稍合生；花盘有短柔毛或绢状毛，有时无毛。核果椭圆体形或近球形，长 3-5mm，直径 2-5mm，果皮绿褐色，光滑或有纵棱；宿存萼裂片直立。花期：3-11 月，果期：7-12 月，有时花果兼现。

产地：七娘山（王国栋等 7552）、三洲田（王定跃 1326）、梧桐山（深圳考察队 940），本市各地普遍有分布。生于山地密林、疏林或水旁，海拔 50-900m。

分布：浙江、江西、福建、台湾、广东、香港、海南、广西、湖南、湖北、四川、贵州和云南。日本、印度、越南及菲律宾。

5. 白檀 华山矾 Sapphire-berry Sweet-leaf

图 178　彩片 171

Symplocos paniculata（Thunb.）Miq. in Ann. Mus. Lugd. -Bat. **3**：102. 1867.

Prunus paniculata Thunb. in Murray, Syst. Veg. ed. 14，463. 1784.

Symplocos chinensis（Lour.）Druce in Bot. Soc. Exch. Club Brit. Istes **4**：650. 1917；广州植物志 476. 1956；广东植物志 **1**：422. 1987.

落叶灌木或小乔木；嫩枝和叶柄均密被灰黄色长柔毛，老枝变无毛。叶柄长 3-7mm；叶片坚纸质至薄革质，卵形、椭圆形或阔倒卵形，稀近圆形，长（2.2-）3-6.5（-8）cm，宽（1-）2-3.4（-7.8）cm，基部阔楔形或近圆形，边缘有细尖浅锯齿，先端渐尖、短尾尖或急尖，幼时两面均密被长柔毛，老后上面毛渐变疏至近无毛，侧脉 4-6（-8）对。圆锥花序腋生或顶生，长 5-10cm；花序梗长 1-2.5cm（果时可延长至 4.5cm），与花序轴及花序分枝、苞片、花梗和花萼均密被灰黄色或白色长柔毛；苞片条形，长 1-3mm，脱落；花梗长约 1mm；无小苞片；花萼长 2-3mm，裂片 5，不等大，卵形至半圆形，长 1-2mm，略长过萼筒；花冠白色，长 4-6mm，花瓣 5，椭圆形或长圆形，仅基部合生，两面无毛，边缘具短缘毛；雄蕊 40-60，花丝基部合生成 5 体；花盘有 5 个腺状凸起；子房顶端呈圆锥状突起，2 室，每室 4 颗胚珠，与花柱均无毛或有短柔毛。核果淡蓝色，稀白色，卵球形，长 5-8mm，疏被紧贴短柔毛，干时褐色；宿存萼裂片内弯。花期：4-6 月，果期：7-11 月，或花果同现。

产地：梧桐山（王定跃 940）、深圳水库（王国栋等

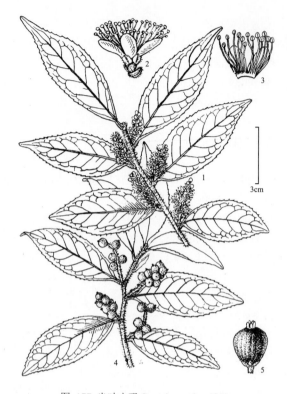

图 177 光叶山矾 Symplocos lancifolia
1. 分枝的上段、叶及穗状花序；2. 花、苞片及小苞片；3. 花冠纵切，示雄蕊；4. 果序；5. 核果。（余汉平绘）

图 178 白檀 Symplocos paniculata
1. 分枝的一段、叶及圆锥花序；2. 花、苞片和小苞片；3. 花的纵切，示雄蕊；4. 除去花萼裂片、花冠和雄蕊，示花盘及雌蕊；5. 果序；6. 核果。（余汉平绘）

5818)、羊台山(深圳植物志采集队 013767),本市各地均有分布。生于山坡灌丛、沟边和旷野,海拔 50-350m。

分布:黑龙江、吉林、辽宁、内蒙古、宁夏、山西、陕西、河北、山东、河南、安徽、浙江、江西、福建、台湾、广东、香港、广西、湖南、湖北、贵州、四川、云南和西藏。日本、朝鲜、不丹、印度、缅甸、老挝和越南。

6. 南岭山矾 Asiatic Sweet-leaf 图 179

Symplocos confusa Brand in Engler, Pflanzanr. **6** (IV. 242):88. 1901.

灌木或小乔木,高 3-7m;嫩枝被浅褐色柔毛,老枝灰黑色,变无毛。叶柄长 1-2cm,无毛;叶片革质,椭圆形、长圆形或倒卵形,长(3-)5-10.5(-12)cm,宽 2-4.5cm,两面均无毛或下面中脉有微柔毛,基部宽楔形或圆形,边缘全缘或具疏圆齿,先端急尖或钝,偶有渐尖,侧脉 5-9 对。总状花序腋生,长 1-2.5(-4.5)cm;花序梗长 2-3mm 或几不明显,与花序轴、花梗、苞片、小苞片及花萼均密被灰白色短柔毛;苞片长卵形,长 1.5-2mm,先端钝;小苞片狭卵形,长 1-1.2mm,先端急尖;花梗长 3-5mm;花萼钟形,长 2-3.2mm,裂片 5,半圆形,长及筒部的 1/2,或几不明显;花冠白色,长 4-5mm,筒部长 1.5-2mm,裂片 5,宽长圆形,先端圆,两面中上部有稀疏的短柔毛;雄蕊 40-50,比花冠短,花丝扁平,不等长,边缘具腺状齿,基部合生,并贴生在花冠管的喉部;子房 2 室,顶端隆起成圆锥状,被白色柔毛,花柱长约 5mm,略短于雄蕊,无毛,柱头半球形。核果卵球形,长 4-6mm,蓝黑色,密被白色短柔毛;宿存萼裂片直立或略内弯。花期:6-8月,果期:8-11月。

产地:钓神山(张寿洲等 2839)、田心山、三洲田(王定跃,1350)、梅沙尖(深圳考察队,192)。生于山地林中,海拔 100-600m。

分布:浙江、江西、台湾、福建、广东、香港、广西、湖南、贵州及云南。越南、缅甸、马来西亚、印度尼西亚及日本。

7. 山矾 坛果山矾 Tailed Sweet-leaf

图 180 彩片 172 173

Symplocos sumuntia Buch.-Ham. ex D. Don, Prodr. Fl. Nepal. 145. 1825.

Symplocos caudata Wall. ex G. Don in DC. Prodr. **8**:256. 1844;海南植物志 **3**:187. 1974.

Symplocos urceolaris(Hance)Migo in J. Bot. **14**:307. 1876;广东植物志 **1**:401. 1987.

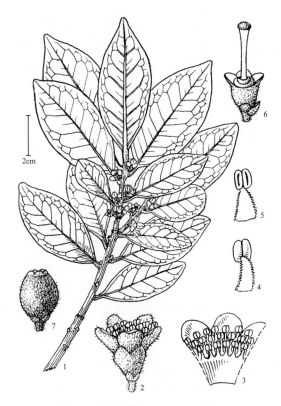

图 179 南岭山矾 Symplocos confusa
1.分枝的上段、叶及总状花序;2.花及小苞片;3.花冠的纵切,示雄蕊;4-5.雄蕊的背面观和腹面观;6.除去花冠和雄蕊,示苞片、小苞片、花萼、花盘和雌蕊;7.核果。(余汉平绘)

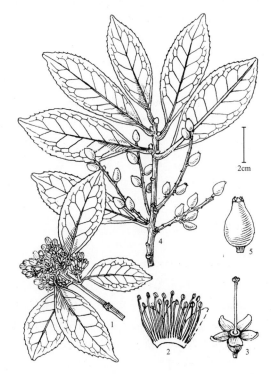

图 180 山矾 Symplocos sumuntia
1.分枝的上段、叶及总状花序;2.花冠纵切,示雄蕊;3.除去花冠和雄蕊,示花萼、花盘和雌蕊;4.果序;5.核果。(余汉平绘)

灌木或小乔木，高 4-7m；嫩枝黄绿色，稍具棱，通常无毛，老枝紫褐色。叶柄长 0.5-1cm，无毛；叶片革质，椭圆形或长卵形，长 4-9cm，宽 2-3.5cm，两面无毛，稀下面有短柔毛，基部楔形或宽楔形，边缘具浅锯齿或波状齿，有时近全缘，先端尾状渐尖，侧脉 4-6 对，两面均明显。总状花序腋生，长 2-5cm，有花 6-12 朵；花序梗长 2-5mm，与花序轴、花梗和花萼均近无毛；苞片阔卵形，长约 2mm，早落，小苞片披针形，长 0.8-1.5mm，与苞片的边缘均被缘毛；花梗长 1-2mm；花萼长 2-2.5mm，裂片 5，卵形或三角状卵形，略短于萼筒，长 0.5-1mm；花冠白色，花瓣 5，椭圆形或倒卵形，长 3.5-4.5mm，分离或仅基部合生；雄蕊 25-35，花丝基部合生；花盘增厚，环状，无毛；子房 3 室，与花柱均无毛。核果坛状或卵球状，长 0.5-1cm，外果皮薄而脆；宿存花萼裂片稍内弯。花期：2-5 月，果期：翌年 6-10 月。

产地：梅沙尖（深圳植物志采集队 013128）、梧桐山（陈珍传等 010164）。生于路旁、山间林地或山坡疏林下，海拔 300m 以下。

分布：江苏、浙江、江西、福建、台湾、广东、香港、海南、广西、贵州、湖南、湖北、四川和云南。朝鲜、日本、不丹、尼泊尔、印度、泰国、越南和马来西亚。

8. 光亮山矾 厚皮灰木 厚叶山矾 Thick-leaved Sweet-leaf 图 181

Symplocos lucida（Thunb.）Siebold & Zucc. Fl. Jap. **1**：55. 1835.

Laurus lucida Thunb. in Murray, Syst. Veg. ed. 14，383. 1784.

Symplocos crassifolia Benth. Fl. Hongk. 212. 1861；广东植物志 **1**：399. 1987；F. W. Xing in Q. M. Hu & D. L. Wu，Fl. Hong Kong **1**：294. 2007.

常绿灌木或乔木；芽、嫩枝、叶柄和叶片的两面均无毛；嫩枝粗壮，黄绿色，有棱，老枝灰黑色。叶柄长 0.8-1.5cm；叶片革质或厚革质，长圆形至窄椭圆形，偶有倒卵形，革质或厚革质，长（3-）5-8（-11）cm，宽（2）3.5-5（-6）cm，两面无毛，基部楔形、宽楔形或圆形，边缘全缘，外卷或有胼胝状疏浅锯齿，先端长渐尖至急尖，侧脉 8-15 对。总状花序或基部有分枝而为圆锥花序，腋生，长 1.5-2.5cm；花序梗长 2-4mm，与花序轴和花梗均疏被短柔毛；最下部的花的花梗长 3-4mm，向上花梗渐短至近无花梗；苞片宽倒卵形，长 2mm，有缘毛，宿存；小苞片三角状阔卵形，长 1.5mm，有 1 条中肋，与苞片的外面均疏被短柔毛，宿存；花萼长约 3mm，筒部长约 1mm，裂片 5，圆形或宽卵形，长约 2mm，疏被短柔毛；花白色，花瓣 5，卵形，长 4-6mm，宽 2-3mm，基部合生；雄蕊 10-80，长 4-6mm，花丝基部合生成五体；花盘有 5 腺体，被长柔毛；子房无毛，3 室，花柱等长于或短于花瓣，基部有疏柔毛或无毛。核果卵球形

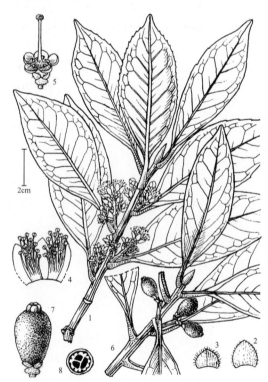

图 181 光亮山矾 Symplocos lucida
1. 分枝的上段、叶及总状花序；2. 苞片；3. 小苞片；4. 花的纵切，示雄蕊；5. 除去花冠和雄蕊，示苞片、小苞片、花萼、花盘（5 枚腺体）和雌蕊；6. 果序；7. 核果；8. 核的横切面。（余汉平绘）

至椭圆体形，长 1.5-1.8cm，无毛；宿存花萼裂片直立或内弯。花期：11-3 月，果期：12 月至翌年 5 月。

产地：大鹏（张寿洲等 SCAUF1088）、七娘山（王国栋等 7331）、笔架山、梅沙尖（深圳植物志采集队 013261）。生于山地林中，海拔 350-950m。

分布：安徽、浙江、江苏、江西、台湾、福建、广东、香港、海南、广西、湖南、湖北、贵州、四川、云南、西藏和甘肃。日本、印度、不丹、缅甸、泰国、柬埔寨、老挝、越南、马来西亚和印度尼西亚。

154. 紫金牛科 MYRSINACEAE

胡启明

常绿灌木或小乔木，有时为木质藤本或半灌木。叶互生，稀对生或近轮生；无托叶；叶片通常具腺点，边缘全缘或有锯齿。花序为总状花序、伞形花序、伞房花序、聚伞花序或圆锥花序，腋生或顶生，也有在短枝上簇生；花两性或单性，雌雄同株、异株或杂性异株；萼片 4-5(-6)，基部合生或合生至中部，有时分离，常有腺点，宿存；花瓣 4-5(-6)，基部合生成管，稀分离，有腺点；雄蕊与花冠裂片同数并与其对生，花丝分离或下部合生成管，贴生于花冠管基部或喉部，花药 2 室，纵裂或顶孔开裂；子房上位，稀下位或半下位，1 室，具少数或多数胚珠，生于特立中央胎座上，花柱单 1，细长或粗短，柱头点尖、盘状、流苏状或柱状，果为核果，果皮肉质，或为蒴果，有 1 或多数种子（杜茎山属 Maesa）。

42 属，约 2200 种，主要分布于热带、亚热带及暖温带地区。我国有 5 属，120 种。深圳有 5 属，21 种。

1. 萼片革质，两侧不对称；果圆柱状新月形或镰刀状弯曲；红树林植物 ························ 1. **蜡烛果属 Aegiceras**
1. 萼片草质，两侧对称；果球形；非红树林植物。
  2. 子房下位或半下位；果具多数种子 ···························· 2. **杜茎山属 Maesa**
  2. 子房上位；果仅有 1 粒种子。
    3. 披散灌木或藤本，稀直立或呈乔木状；花瓣分离或近于分离，覆瓦状排列 ········· 3. **酸藤子属 Embelia**
    3. 直立灌木或小乔木；花瓣下部合生。
      4. 花序总状、伞房状或近伞形花序，或再组成圆锥花序，顶生或腋生；花冠裂片右旋覆瓦状排列；花柱明显，柱头点尖 ······················ 4. **紫金牛属 Ardisia**
      4. 花序伞形或簇生，腋生或生于密被鳞状苞片的短枝顶端；花冠裂片镊合状排列；花柱近于无，柱头伸长，筒状或上部扁平呈舌状 ··················· 5. **铁仔属 Myrsine**

1. 蜡烛果属 Aegiceras Gaertn.

常绿灌木或小乔木。叶互生或近对生，叶片边缘全缘。花序为伞形花序，顶生，稀腋生或与叶对生；花两性，5 基数；萼片分离，两侧不对称，革质，向左旋转，宿存；花冠钟形，花冠管短，裂片覆瓦状排列，蕾时向右旋转，开花时反折；雄蕊与花冠裂片同数，花丝下部合生成管，贴生于花冠管基部，花药 2 室，内向纵裂，药室具横隔；子房上位，纺锤形，胚珠多数，嵌入一球形胎座内，花柱细长，柱头尖。果为蒴果，圆柱状新月形或镰刀状弯曲，外果皮革质，仅有 1 颗种子。种子与果同形。

2 种，分布于亚洲、大洋州的热带海岸泥滩地带，为红树林的建群种。我国产 1 种，分布于东南部至南部海边。深圳亦有。

蜡烛果 桐花树 Goats Horns　　图 182　彩片 174
Aegiceras corniculatum（L.）Blanco, Fl. Filip. 79.
1837.

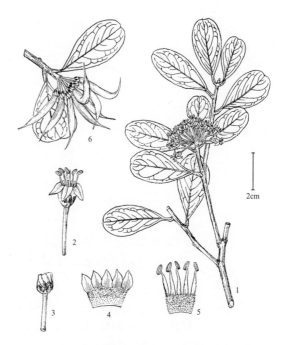

图 182 蜡烛果 Aegiceras corniculatum
1. 分枝的一部分、叶及伞形花序；2. 花；3. 花萼，示萼片向左旋转；4. 花冠展开，示花冠裂片及管内的毛被；5. 雄蕊展开，示花丝下部合生成管；6. 果序。（肖胜武绘）

2cm

Rhizophora corniculata L. Herb. Amb. 13. 1754.

常绿灌木或小乔木，高 1.5-4m，多分枝；小枝圆柱状，无毛。叶互生；叶柄长 0.5-1cm；叶片倒卵形或倒卵状椭圆形，长 3-10cm，宽 2-4.5cm，基部楔形，边缘全缘，先端圆形或微凹，无毛，两面有多数小凹点，侧脉每边 7-11 条。伞形花序顶生、腋生或与叶对生，有 10-30 朵花，花序梗长 4-5mm，与花梗和花萼均无毛；花梗长约 1cm；萼片革质，斜长圆形，长约 6mm，宽约 3mm，基部增厚；花冠白色，管部长约 3.5mm，内面与裂片的基部均密被曲柔毛，裂片卵形至卵状披针形，长约 6.5mm，宽约 3mm，先端急尖，开花后反折；雄蕊较花冠短，花丝下部合生成管，分离部分的基部密被曲柔毛，上部无毛；子房卵球形，无毛，花柱长 6-8mm，宿存。果新月状或镰状弯曲，长 5-8cm，无毛，先端具长喙。种子常在未脱落前即萌发。花期：12-2 月，果期：10-12 月。

产地：东涌、葵涌（王国栋等 6022）、福田（张寿洲等 0451）、内伶仃岛（徐有财 2130）。生长于海滨泥滩地，本市各地红树林中均有分布。

分布：福建、广东、香港、澳门、海南和广西。印度、斯里兰卡、越南、菲律宾、马来西亚和澳大利亚。

用途：观赏。

2. 杜茎山属 **Maesa** Forssk.

直立或披散灌木，稀呈小乔木状。叶互生；叶片常有腺点，边缘全缘或有锯齿。花序腋生或顶生，总状花序或圆锥花序；苞片小；小苞片成 1 对着生于花萼基部；花 5（或 4）基数，两性或杂性，花萼漏斗状，萼管大部分与子房贴生，裂片镊合状排列，宿存；花冠钟状，稀坛状，白色或淡绿色，裂片覆瓦状或双盖覆瓦状排列，常有腺状纵纹；雄蕊不伸出，贴生于花冠管上，花丝短，分离，下部花药 2 室，纵裂；子房（在雄花中退化）下位或半下位，1 室，有多数胚珠，着生于球形特立中央胎座上，花柱与雄蕊近萼长，柱头不裂或 3-5 浅裂。核果近球形，果皮干或肉质，有橙色或褐色的腺状纵纹，顶端具宿存的花萼裂片及花柱，有多数种子。

约 200 种，主要分布于东半球热带和亚热带地区；我国有 29 种。深圳有 3 种。

图 183 鲫鱼胆 Maesa perlarius
1. 分枝的上段、叶及圆锥花序；2. 花；3. 子房纵切面，示特立中央胎座。（崔丁汉绘）

1. 小枝和叶均密被长硬毛 ·················
·················1. 鲫鱼胆 **M. perlarius**
1. 小枝和叶无毛。
  2. 叶片椭圆形、椭圆状披针形或狭椭圆形，通常边缘上半部有齿，叶面平整 ······2. 杜茎山 **M. japonica**
  2. 叶片窄披针形，边缘全缘，中脉和侧脉在上面明显下凹 ············3. 柳叶杜茎山 **M. salicifolia**

1. 鲫鱼胆 Pearl Maesa 图 183 彩片 175
Maesa perlarius（Lour.）Merr. in Trans. Amer. Philos. Soc., n. s. **24**（2）：298. 1935.

Dartus perlarius Lour. Fl. Cochinch. **1**：124. 1790.

常绿灌木，高 1-2m。小枝、叶柄、花序梗、花序轴、花梗及花萼均被长硬毛。叶互生；叶柄长 7-10mm，上面有沟槽；叶片纸质，阔椭圆状卵形、椭圆形或椭圆状披针形，长 7-11cm，宽 3-5cm，基部楔形，边缘有疏的粗锯齿，先端急尖或骤尖，下面密被长硬毛，上面初时被长硬毛，后几无毛，但至少沿叶脉被毛，侧脉每边 6-9 条。圆锥花序，稀为总状花序，腋生，长 1-5cm；花序梗长 6-8mm；与花序轴、苞片、小苞片、花梗和花萼均密被长硬毛；苞片和小苞片卵形，长约 0.7mm；花梗长约 2mm；花萼长约 1mm，1/2 以下管状，具腺状纵纹，裂片卵形，边缘有纤毛；花冠白色，长约 2mm，裂片阔卵形或近圆形，与管部近等长，有褐色腺状纵纹，开花时反折；子房无毛，花柱长约 0.75mm，柱头不明显 4 裂。果球形，直径约 3mm，有腺状纵条纹。花期：3-4 月，果期：12- 翌年 5 月。

产地：三洲田（深圳考察队 383）、梧桐山（王定跃等 791）、仙湖植物园（曾春晓等 0054），本市各地常见。生于山谷林中和林缘、灌丛中及路旁，海拔 50-600m。

分布：台湾、广东、海南、香港、澳门、广西、云南、四川和贵州。泰国和越南。

用途：药用。用于治跌打刀伤和疔疮。

2. 杜茎山 Japanese Maesa

图 184　彩片 176

Maesa japonica（Thunb.）Moritzi & Zoll. in Syst. Verz. Ind. Archip. **3**：61. 1855.

Doraena japonica Thunb. Nov. Gen. Pl. **3**：59. 1783.

常绿灌木，高 1-3m；茎直立、外倾或攀附；小枝疏生皮孔，与叶柄均无毛。叶互生；叶柄长 0.5-1.3cm；叶片革质，椭圆形、椭圆状披针形或狭椭圆形，长（3.5-）5-10（-15）cm，宽（1.5-）2-6cm，基部阔楔形或楔形，边缘近全缘或中部以上有疏锯齿，先端渐尖或急尖，两面无毛，侧脉每边 5-8 条。花序总状或有少数分枝而成圆锥花序状，单生或 2-3 个簇生于叶腋，长 1-4cm；花 序 梗 长 5-6mm；与苞片、花梗、小苞片和花萼均无毛；苞片和小苞片均卵形，长约 1mm，与花萼的外面均有明显的腺状纵纹；无毛；花 梗 长

图 184 杜茎山 Maesa japonica
1. 分枝的一段、叶及总状花序；2. 叶片的一部，示叶片边缘的疏锯齿；3. 花及一对小苞片；4. 花冠展开，示雄蕊；5. 果序；6. 核果，顶端为宿存的花萼裂片及花柱。（肖胜武绘）

2-3mm；花萼长约 2mm，裂片与管部近等长，卵形至近半圆形，先端钝或圆形；花冠钟形，白色，筒部长 3.5-4mm，外面有腺状纵纹，裂片长约为冠筒的 1/3，卵形或肾圆形，先端钝或圆形。果球形，直径 4-5mm，肉质，有明显的腺状条纹。花期：3 月，果期：10 月至翌年 5 月。

产地：七娘山、田心山、盐田、三洲田（深圳考察队 73）、梅沙尖（王定跃 1597）、梧桐山（深圳植物志采集队 01344）。生于山谷林中、林缘及灌丛中，海拔 250-750m。

分布：安徽、浙江、江西、台湾、福建、广东、香港、广西、湖南、湖北、贵州、四川和云南。日本和越南北部。

用途：全株药用，有祛风、消肿之效，茎叶外敷治跌打损伤。

3. 柳叶杜茎山 Willow-leaved Maesa

图 185

Maesa salicifolia E. Walker in J. Wash. Acad. Sci. **21**（19）：480, f. 2. 1931.

常绿灌木，高 1-2m。小枝具腺点，有纵棱，与叶柄、叶片两面、花序梗和花梗均无毛。叶互生；叶柄长 5-15mm；叶片革质，窄披针形，长 14-21cm，宽 1.5-2（-4）cm，有不明显的透明腺点，基部钝，边缘全缘，外卷，先端

渐尖或急尖，中脉和侧脉在上面明显下凹，侧脉每边5-7条，细脉不明显。总状花序或圆锥花序单生或2-3个簇生于叶腋，长1.5-2cm；花梗长3-4mm，具腺点；小苞片卵形，紧贴花萼基部；花萼裂片宽卵形，长约1mm，具腺点或腺状纵纹，仅边缘有纤毛；花冠白色或淡黄色，管状或管状钟形，管部长3-4mm，具腺状纵纹，裂片宽卵形，长为管部的1/2，边缘呈细圆齿状，顶端圆。果球形或卵球形，直径约4mm，成熟时近红色，具腺状纵纹及皱纹，花期：2-3月，果期：9-10月。

产地：南澳（张寿洲等0252）、七娘山（王国栋7541）。生于林缘和灌丛中，海拔100-200m。

分布：广东。

3. 酸藤子属 Embelia N. L. Burm.

披散灌木或藤本。叶互生，排成二列或假轮生；叶片边缘全缘或有锯齿。花序为总状花序、圆锥状花序、伞形花序或聚伞花序，顶生或侧生，有苞片，无小苞片；花两性或单性，雌雄同株或异株，4-5基数；萼片基部合生或合生至中部；花瓣分离或基部合生，覆瓦状或双盖覆瓦状排列，内面及边缘有腺点；雄花：

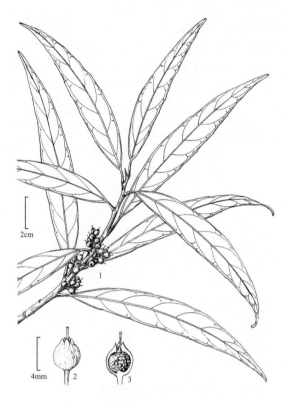

图 185 柳叶杜茎山 Maesa salicifolia
1. 分枝的上段、叶及果序；2. 核果，顶端为宿存的花萼裂片及花柱；3. 核果的纵剖面。（崔丁汉绘）

雄蕊贴生于花瓣基部并与其对生，花丝分离，花药纵裂；雌蕊退化；雌花：雄蕊退化；子房球形或卵球形，上位，有4颗胚珠，花柱伸出，柱头点尖、头状、盘状或浅裂。果为核果，球形，外果皮常稍带肉质，有纵肋或腺点，内果皮脆壳质或骨质，仅有1粒种子。

约140种，分布于非洲、亚洲东南部、澳大利亚和太平洋岛屿。我国有14种。深圳有5种。

1. 叶片边缘全缘。
　2. 圆锥花序顶生，长10-20cm ·· 1. 白花酸藤子 E. ribes
　2. 总状花序或近伞形花序，腋生或侧生，长0.3-1cm。
　　3. 小枝和叶均排成二列，叶片卵形或长圆状卵形，长1-2cm ·············· 2. 当归藤 E. parviflora
　　3. 小枝和叶不排成二列，叶片倒卵形或长圆状倒卵形，长2.5-5cm·········· 3. 酸藤子 E. laeta
1. 叶片边缘有锯齿。
　4. 叶片长圆形、卵形或卵状椭圆形，网脉极密，两面隆起 ···················· 4. 网脉酸藤子 E. rudis
　4. 叶片狭长圆形或长圆状披针形，网脉较疏，仅在下面隆起 ·············· 5. 多脉酸藤子 E. oblongifolia

1. 白花酸藤子 White-flowered Embelia

图 186　彩片 177 178

Embelia ribes N. L. Burm. Fl. Ind. 62: pl. 23. 1768.

攀缘灌木或藤本，通常长3-6m；幼枝和花序梗、花序轴和花梗均密被短柔毛。叶互生；叶柄长0.5-1cm，与叶片的两面均无毛；叶片倒卵状椭圆形至长椭圆形，长1.5-6.5(-10)cm，宽1-3cm，基部楔形或近圆形，边缘全缘，先端渐尖，下面散生多数黑色透明的腺点，侧脉不明显。圆锥花序顶生，长10-20cm，基部宽10-18cm，具多数花；苞片卵形，长约1mm，疏被短柔毛；花梗长1-2mm；花带绿色或近白色，通常5基数；花萼长约0.5mm，1/2以下管状，裂片三角形，急尖或钝，密被短柔毛；花瓣基部合生，椭圆形，长1.5-2mm，外面有透明的腺点，内面亦有密的腺点，边缘密生腺毛；雄花：雄蕊贴生于花瓣中部，稍短于花瓣，花药卵圆形或长圆形，背部有腺点；雌花：雄蕊退化；子房无毛，花柱短，柱头头状。果球形，直径3-4mm，成熟时红色或紫红色，有黑色的腺点。花期：1-7月，果期：5-12月。

产地：笔架山（张寿洲等1075）、梧桐山（王国栋等6104）、仙湖植物园（王定跃90554），本市各地常见。生于山谷疏林下、林边和灌丛中，海拔80-700m。

分布：福建、广东、香港、澳门、海南、广西、贵州、云南和西藏。印度、斯里兰卡、缅甸、泰国、老挝、越南、柬埔寨、菲律宾、马来西亚和印度尼西亚。

用途：根药用，治急性肠胃炎和刀伤。

2. 当归藤 Small-flowered Embelia 图187
Embelia parviflora Wall. ex A. DC. in Trans. Linn. Soc. London **17**（1）：130. 1834.

攀缘灌木或藤本，长可达3m以上；小枝细长，常排成2列，密被铁锈色长柔毛和少数顶端星状分叉的腺毛。叶互生，通常排成2列；叶柄长0.5-1mm，被长柔毛；叶片纸质，卵形至长圆状卵形，长1-2cm，宽0.6-1cm，基部圆形或近截形，边缘全缘，先端钝，下面多少被微柔毛，中脉上较为明显，上面无毛，两面散生腺点。花序腋生；雄花排成聚伞花序，长0.7-1cm，有2-4(-6)花；雌花排成伞形花序，长4-7mm，有3-5花；两性花簇生，有3-8花；苞片披针形，长约1mm；花序梗和花梗均被铁锈色微柔毛；花序梗长1-1.5mm；花梗长2-8mm；花白色，5基数；萼片仅基部合生，卵状三角形，长0.5-0.8mm，先端急尖，有短缘毛；花瓣基部合生，长圆形或长圆状椭圆形，长1.5-2mm，宽约1mm，先端钝，内面和边缘密布小乳头状突起；雄花：雄蕊生于花冠裂片的中下部，花丝长约1mm，花药卵圆形；子房明显退化；雌花：雄蕊退化；子房卵球形，无毛，花柱长为子房的2倍，基部多少被微柔毛，柱头扁平或近碟状。果球形，直径约5mm，暗红色，有腺点。花期：12月至次年5月，果期：1-11月。

产地：七娘山（邢福武等142，IBSC）。生于疏林下和灌丛中。

分布：浙江、福建、广东、香港、海南、广西、贵州、云南和西藏。印度、缅甸、泰国、越南、马来西亚和印度尼西亚。

用途：药用。

图 186 白花酸藤子 Embelia ribes
1. 分枝的上段、叶及圆锥花序；2. 雄花花冠纵切，示雄蕊；3. 子房；4. 核果。（崔丁汉绘）

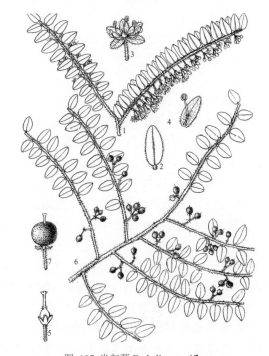

图 187 当归藤 Embelia parviflora
1. 分枝的一段、叶（排成2列）及伞形花序；2. 叶上面；3. 雄花（花冠、雄蕊及退化雌蕊）；4. 雄花花瓣与雄蕊；5. 雌花，除去花冠，示花萼及雌蕊；6. 果期的分枝；7. 核果。（余汉平绘）

3. 酸藤子 Twig-hanginzg Embelia

图 188 彩片 179

Embelia laeta（L.）Mez in Engl. Pflanzenr. IV. **236**（Heft 9）: 326. 1902.

Samara laeta L. Mant. Pl. **2**（Altera）: 199. 1771.

常绿灌木。茎初时近直立，后披散或攀缘，长1-2m；枝与叶柄均无毛或有时有腺毛，有明显皮孔。叶互生；叶柄长0.5-1cm；叶片倒卵形至长圆状倒卵形，长2.5-5（-7）cm，宽0.8-2（-2.8）cm，基部楔形，边缘全缘，先端近圆形或钝，有时微凹，无毛，下面灰绿色，上面深绿色，侧脉每边6-10（12）条。花序为近伞形的总状花序，腋生，长3-8mm，具3-8花，基部有1-2轮苞片，苞片卵形长约1.5mm；无毛，边缘有腺毛；花梗长1.5-4mm，疏被腺毛；花通常单性，白色，4基数；花萼长0.6-0.8mm，裂片卵形，先端急尖；花瓣分离，卵形或长圆状卵形，长约2mm，里面密生腺点；雄花：雄蕊着生于花瓣基部，花丝约与花瓣等长；子房退化；雌花：雄蕊退化；子房无毛，梨形，花柱有腺点，柱头头状。果球形，直径约5mm，密生腺点。花期：1-3月，果期：4-7月。

产地：梧桐山（张寿洲等1148）、仙湖植物园（王国栋5065）、内伶仃岛（李沛琼1922），本市各地普遍有分布。生于山谷林中、林缘、灌丛和海边山坡疏林下，海拔50-600m。

分布：江西、福建、台湾、广东、香港、澳门、海南、广西和云南。泰国、越南、老挝和柬埔寨。

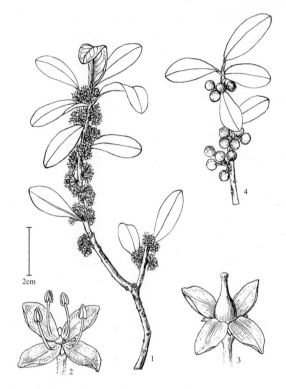

图 188 酸藤子 Embelia laeta
1. 分枝的一部分、叶及总状花序；2. 雄花（花萼、花冠、雄蕊及退化雌蕊）；3. 雌花（花萼、花冠及雌蕊）；4. 果序。（肖胜武绘）

4. 网脉酸藤子 Reticulate Embelia

图 189

Embelia rudis Hand. -Mazz. in Kaiserl. Akad. Wiss. Wien, Math. -Naturwiss. Kl., Anz. **59**: 108. 1922; J. Chen & J. Pipoly in Z. Y. Wu & P. H. Raven, Fl. China **15**: 33. 1996, pro syn. sub *E. vestita* Roxb.

常绿攀缘灌木，长可达10m；枝无毛，密布皮孔，有密的腺点。叶互生；叶柄长6-8mm，多少被微柔毛；叶片坚纸质至薄革质，长圆形、卵形至卵状椭圆形，长5-10cm，宽2-4cm，基部圆或钝，稀为阔楔形，边缘有锯齿，先端急尖或渐尖，无毛，侧脉多数，网脉极密，两面隆起。总状花序腋生，长1-2（-3）cm；花序梗和花序轴均被微柔毛，与苞片、花梗、萼片和花瓣的内面均有腺点；苞片近钻形，长1-1.5mm；花梗长2-5mm；花单性或两性，淡绿色或白色，5基数；萼片基部合生，卵形，长0.7-0.8mm，先端急尖，边

图 189 网脉酸藤子 Embelia rudis
1. 分枝的上段、叶及总状花序；2. 雄花；3. 雄花的花瓣与雄蕊；4. 雌花（花萼、花冠、退化雄蕊及雌蕊）；5. 果期分枝的上段；6. 核果。（余汉平绘）

缘具腺毛；花瓣分离，卵形或长圆状卵形，长约 2mm；雄花：雄蕊着生于花瓣下部，与花瓣等长或较长；子房退化；雌花：雄蕊退化；子房瓶状或球形，花柱弯曲，柱头近头状。果球形，直径 4-5mm，具腺点，成熟时红色。花期：10-12 月，果期：4-6 月。

产地：排牙山（邢福武等 12054，IBSC）。生于山谷溪边林下。

分布：浙江、江西、台湾、福建、广东、香港、广西、贵州、四川和云南。

5. 多脉酸藤子 Oblong-leaved Embelia 图 190

Embelia oblongifolia Hemsl. in J. Linn. Soc., Bot. **26**（173）：62. 1889；J. Chen & J. Pipoly in Z. Y. Wu & P. H. Raven, Fl. China **15**：33. 1996, pro syn. sub *Embelia vestita* Roxb.

常绿攀缘灌木，长达 10m 以上；枝无毛，小枝有时被微柔毛，密生腺点，具皮孔。叶互生；叶柄长 5-8mm，多少被微柔毛；叶片坚纸质，狭长圆形至长圆状披针形，长 6-10(-16)cm，宽 2-2.5cm，基部圆或微心形，边缘通常上半部具粗锯齿，先端急尖或渐尖，无毛，有腺点，侧脉每边(10-)15-20 条，网脉较疏，仅在下面隆起。总状花序腋生，长 1-3cm；花序梗和花序轴均被铁锈色微柔毛，与苞片、花梗、萼片和花瓣的内面均有腺点；苞片卵形，长约 1.5mm；花梗长 2-3mm；花淡绿色或白色，5 基数；萼片基部合生，卵形或菱形，长 0.6-0.8mm，先端急尖或钝，边缘具腺毛；花瓣分离，长圆形或椭圆披针形，长约 3mm，先端圆，微凹；雄花：雄蕊着生于花瓣下部，稍长于花瓣；子房退化；雌花：雄蕊退化；子房约与花瓣等长。果球形，直径 7-9mm，具腺点。花期：10-12 月，果期：2-3 月。

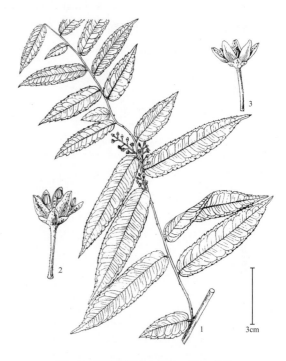

图 190 多脉酸藤子 Embelia oblongifolia
1. 分枝的一段、叶及总状花序；2. 雄花；3. 雌花。（肖胜武绘）

产地：排牙山、笔架山（王国栋等 6749）、梧桐山（王定跃等 1063A）。生于山谷林下或沟边，海拔约 300m。

分布：广东、广西、贵州和云南。越南。

4. 紫金牛属 Ardisia Sw.

常绿乔木、灌木或半灌木，稀为草木。叶互生，稀近对生或近轮生；叶片边缘全缘或有齿，常有透明的腺点或腺状纵纹。花序顶生或腋生，为圆锥花序、聚伞花序、伞房花序或伞形花序，稀为总状花序；花两性，5（或 4）基数；萼片基部合生或分离，镊合状或覆瓦状排列，通常有腺点或腺状纵纹；花冠钟状，裂片右旋覆瓦状排列，雄蕊贴生于花冠管基部或中部，花丝短，花药纵裂，稀顶孔开裂；子房上位，花柱纤细，柱头点尖，胚珠少数或多数，1 至多轮生于特立中央胎座上。果为核果，球形，有腺点，有的具纵肋，仅有 1 粒种子。

有 400-500 种，主要分布于亚洲东部、东南部、美洲热带、澳大利亚和太平洋岛屿。我国产 65 种。深圳有 10 种。

1. 叶片边缘全缘。
  2. 小枝、花序梗和花梗被铁锈色鳞片。
    3. 花序通常多花；花序梗长于花梗 ·· **1. 罗伞树 A. quinquegona**

3. 花序具 2 至数朵花；花序梗短于花梗 ···································· **2. 灰色紫金牛 A. fordii**

2. 小枝、花序梗和花梗无毛和无鳞片 ·································· **3. 东方紫金牛 A. elliptica**

1. 叶片边缘有齿。

4. 叶片两面被短柔毛。

5. 茎极短，高不过 6cm；叶簇生成莲座状·································

··· **4. 莲座紫金牛 A. primulifolia**

5. 茎高达 10cm 以上；叶不簇生成莲座状。

6. 叶基部心形，两面被长柔毛 ···················· **5. 心叶紫金牛 A. maclurei**

6. 叶基部楔形或钝圆，两面密被基部呈瘤状膨大的糙伏毛和多细胞长毛 ········ **6. 虎舌红 A. mamillata**

4. 叶片两面无毛或仅下面沿中脉被微柔毛。

7. 半灌木或灌木，高通常不超过 30cm；叶片边缘中部以上有钝齿，叶缘或齿间均无突起的维管束瘤

··· **7. 小紫金牛 A. cymosa**

7. 直立灌木，高达 1m 以上；叶片边缘有波状圆齿，在近叶缘处或齿间均有突起的维管束瘤。

8. 叶片下面沿中脉被微柔毛，边缘脉距叶缘 2-5mm；伞形花序基部有 1-3 枚叶状苞片 ·················

··· **8. 山血丹 A. lindleyana**

8. 叶片两面无毛，边缘脉靠近叶缘，或无边缘脉；伞形花序基部无叶状苞片。

9. 花萼和花冠被黑色腺点；果直径 6-8mm ········ **9. 朱砂根 A. crenata**

9. 花萼和花冠无腺点或有少数腺点；果直径 0.8-1cm ·················

··· **10. 大罗伞树 A. hanceana**

1. 罗伞树 Asiatic Ardisia

图 191　彩片 180

Ardisia quinquegona Blume, Bijdr. **13**：689. 1825.

常绿灌木，高 1-2m；小枝有纵棱，与叶柄均无毛，被铁锈色鳞片。叶互生；叶柄长 0.5-1cm；叶片纸质，狭长圆形、狭椭圆至长圆状披针形，稀倒披针形，长 5-16cm，宽 2-4cm，基部楔形，边缘全缘，先端渐尖，下面被铁锈色鳞片，有小腺点，上面暗绿色，无毛，侧脉多数，近平行。花序为伞形花序或伞房花序，腋生，具多花；花序梗长 1-3.5cm，与花梗均被铁锈色鳞片；花梗长 3-8mm；萼片 5，仅基部合生，卵形，长约 1mm，先端急尖，无毛，有稀疏腺点；花冠白色或淡红色，长 2-2.5mm，下部具短管，裂片 5，阔椭圆形，散生红色或褐色腺点；雄蕊略短于花瓣，花丝几不明显，花药卵形至肾形，长约 1mm，背部具腺点；子房无毛，有腺点，胚珠多枚，在胎座上排成 2 轮，柱头点尖。果扁球形，直径 5-7mm，通常具钝 5 棱，成熟时黑色，腺点不明显。花期：3-6 月，果期：8 月至翌年 2 月。

产地：沙头角（张寿洲等 5494）、梧桐山（深圳考

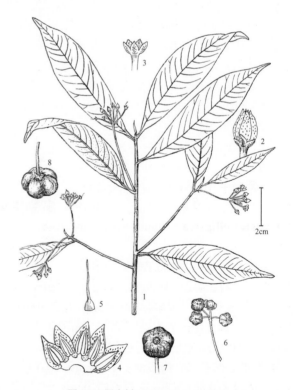

图 191 罗伞树 Ardisia quinquegona
1. 分枝的一段、叶及伞形花序；2. 花；3. 花萼；4. 花冠展开，示裂片上面的腺点和雄蕊；5. 雌蕊；6. 花序；7. 核果上面观；8. 核果下面观。（肖胜武绘）

察队 777）、内伶仃岛（陈景芳 2123），本市各地均有
分布。生于疏林下和林缘，海拔 25-650m。

分布：台湾、福建、广东、香港、澳门、海南、广西、
云南和四川。日本、印度、泰国、越南、马来西亚和
印度尼西亚。

用途：观赏。

2. 灰色紫金牛 Ford's Ardisia　　　图 192
Ardisia fordii Hemsl. in J. Linn. Soc., Bot. **26**:
64. 1889.

小灌木，高 30-60cm；有匍匐根状茎；枝纤细，
密被铁锈色鳞片，幼时被微柔毛。叶柄长约 3mm，被
铁锈色鳞片；叶片坚纸质，椭圆状披针形至窄椭圆形，
长 2.5-5cm，宽 1-1.6cm，基部阔楔形或钝圆，边缘全缘，
先端急尖或渐尖，顶端钝，两面无毛，下面散生铁锈
色盾状鳞片，侧脉多数，纤细，与中脉近成直角，在
叶缘连成边缘脉。伞形花序具 2 至数朵花，生于枝上
部叶腋，有时顶生；花序梗长 2-5mm，与花梗均被铁
锈色鳞片；苞片 2，披针形长约 1.5mm；花梗长 5-7mm；
萼片 5，仅基部合生，卵形，长约 1.5mm，先端急尖
或稍钝，有黑色腺点和铁锈色鳞片；花冠淡红色，下
部具短管，裂片 5，阔卵形，长约 4mm，先端急尖，
散生褐色腺点；雄蕊长为花冠的 3/4，花药卵形，背部
无腺点；子房无毛，有腺点，胚珠 5-6 枚，在胎座上
排成 1 轮。果球形，直径 5-7mm，成熟时暗红色，有
黑色腺点，疏生鳞片。花期：6-7 月，果期：10-12 月。

产地：葵涌（王国栋等 7228）。生于山地水边，海
拔 150-200m。

分布：广东、香港和广西。泰国。

3. 东方紫金牛 Elliptical-leaved Ardisia
图 193　彩片 181
Ardisia elliptica Thunb. Nov. Gen. Pl. **8**: 119.
1798.

常绿灌木或小乔木，高 1-3m，全体无毛，无鳞片；
分枝有明显的腺状纵纹；叶互生；叶柄长 1-1.5cm；叶
片近革质，倒披针形至倒卵形，长 6-12cm，宽 2.5-5cm，
基部楔形，边缘全缘，先端钝或急尖，透光可见多数
小腺点，侧脉每边 13-18 条。花序近伞形，具 4-8 花，
生于枝端和上部叶腋；花序梗长 1-2.5cm，与花梗均
有腺点；花梗长 0.8-1.5cm；花萼长约 3mm，1/3 以下
管状，裂片阔卵状或近圆形，长与宽均约 2.5mm，先
端钝，密被褐色或黑色腺点，边缘多少带干膜质，有

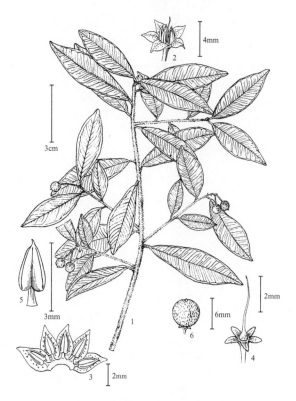

图 192 灰色紫金牛 Ardisia fordii
1. 分枝的上段、叶及果序；2. 花；3. 花冠展开，示裂片
上面的腺点和雄蕊；4. 除去花冠示花萼和雌蕊；5. 雄蕊；
6. 核果。（肖胜武绘）

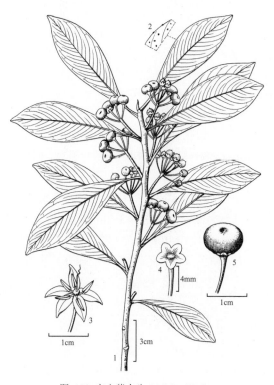

图 193 东方紫金牛 Ardisia elliptica
1. 分枝的上段、叶及果序；2. 叶片的一部分示小腺点；
3. 花；4. 花萼；5. 核果。（李志民绘）

缘毛；花冠粉红色或白色，下部具短管，裂片披针形，长 6-7mm，散生褐色腺点；雄蕊略短于花瓣，花药披针形，长约 5mm，背部有腺点；子房无毛，胚珠多数，在胎座上排成 3 轮。果近扁球形，直径 6-8mm，成熟时紫黑色，有腺点。花期：4-6 月，果期：10-12 月。

产地：深圳市绿化管理处（李沛琼等 W06052）、仙湖植物园（张寿洲 012751）。本市各公园时有栽培。

分布：台湾。日本、印度、斯里兰卡、越南、菲律宾、马来西亚、印度尼西亚和巴布亚新几内亚。世界热带地区有栽培或归化。我国福建、广东、香港和澳门有栽培。

用途：观赏。

4. 莲座紫金牛 Primrose-leaved Ardisia

图 194　彩片 182

Ardisia primulifolia Gardn. & Champ. in J. Bot. Kew Gard. Misc. **1**：324. 1849.

半灌木。茎极短，高不逾6cm；除花冠和果外，全株疏被柔毛和多细胞的长毛，毛长 2-4mm；叶在茎端密生成莲座状；叶柄长 2-5mm；叶片椭圆形至长圆状倒卵形，长 6-17cm，宽 3-10cm，中部以下渐收窄，基部钝，边缘具不明显的波状圆齿，先端圆或钝，两面有小腺点，侧脉每边约 6 条。花序梗自叶丛中抽出，花葶状，高 3-9(-15)cm；花序近伞形，有花 3-5 朵，或有分枝而成复伞形花序；花梗长 5-9mm；萼片 5，分离，披针形，长 3.5-4mm，有稀疏的黑色腺点；花冠淡红色，下部具短管，裂片 5，卵状披针形，长 4-4.5mm，宽 2-3mm，有黑色腺点，先端急尖；雄蕊略短于花冠，无明显的花丝，花药卵形，长约 2.5mm，背面有腺点；子房疏被微柔毛，胚珠 3-4 枚，在胎座上排成 1 轮，花柱长约 3mm。果球形，直径 4-6mm，成熟时鲜红色，疏生腺点，近无毛。花期：6-7 月，果期：11 月至次年 5 月。

产地：排牙山（王国栋等 689）、梅沙尖（深圳植物志采集队 013250）、梧桐山（王定跃 857），本市各地常见。生于山谷密林下和灌丛中，海拔 350-900m。

分布：江西、福建、广东、香港、海南、广西、湖南、贵州和云南。越南。

用途：观赏。

5. 心叶紫金牛 Maclure's Ardisia　　图 195

Ardisia maclurei Merr. in Philipp. J. Sci. **21**（4）：351. 1922.

半灌木；具匍匐根状茎；茎直立，高 10-15cm，幼

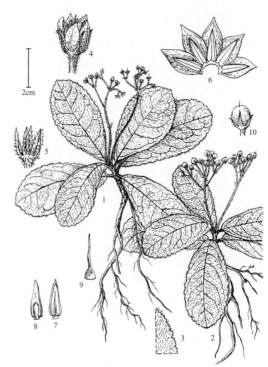

图 194 莲座紫金牛 Ardisia primulifolia
1. 花期植株；2. 果期植株；3. 叶片一部分，示叶缘波状圆齿；4. 花；5. 花萼；6. 花冠展开，示雄蕊；7. 雄蕊腹面观；8. 雄蕊背面观；9. 雌蕊；10. 核果，具宿存花萼和花柱。（肖胜武绘）

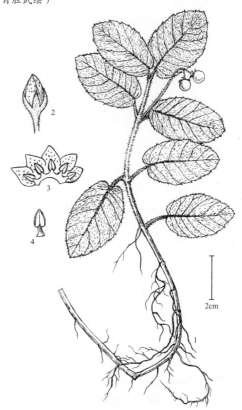

图 195 心叶紫金牛 Ardisia maclurei
1. 植株、叶及果序；2. 花蕾；3. 花冠展开，示雄蕊；4. 雄蕊。（肖胜武绘）

时密被铁锈色曲柔毛,后变无毛。叶互生,稀近对生或近轮生;叶柄长0.5-2.5cm,被铁锈色长柔毛;叶片纸质,卵状椭圆形或长椭圆形,长4-6cm,宽2.5-4cm,基部心形,边缘具不整齐的锯齿,先端急尖或钝,两面被长柔毛,侧脉每边约6条,直达齿尖。花序近伞形,腋生,有4-6朵花;花序梗长1-4cm;与花梗和花萼均被铁锈色长柔毛;苞片条形至窄披针形,长3-5mm;花梗纤细,长3-7mm;萼片5,基部合生,披针形,长3.5-4mm,中脉上被锈色长柔毛或几无毛,先端渐尖,边缘有缘毛;花冠白色或粉红色,下部具短管,裂片5,卵形,长约4mm,无毛,有稀疏腺点;雄蕊短于花冠,花药披针形;子房无毛,花柱长约2.5mm,胚珠约8-10枚,在胎座上排成2轮。果球形,直径约6mm,成熟时暗红色。花期:5-6月,果期:12月至次年5月。

产地:梅沙尖(深圳植物志采集队013243)。生于疏林下及林缘,海拔468m。

分布:台湾、广东、香港、海南、广西、贵州和云南。越南。

用途:观赏。

6. 虎舌红 Teat-shaped Ardisia

图196 彩片183

Ardisia mamillata Hance in J. Bot. **22**(10):290. 1884.

小灌木;有木质的横走的根状茎;茎直立,高5-15(-25)cm,幼嫩部分密被铁锈色曲柔毛。叶互生,通常聚集于茎端;叶柄长5-15(-18)mm,密被铁锈色曲柔毛;叶片椭圆形至倒卵状椭圆形,长7-14cm,宽3-5cm,基部楔形至钝,边缘具不明显的波状圆齿,先端急尖或钝,两面密被铁锈色糙伏毛和黑色腺点,毛长达3mm,基部瘤状膨大,上面有乳头状突起,侧脉每边6-9条。花序近伞形,生于花枝顶端,有10-15朵花;花梗长0.5-1.2cm,密被铁锈色曲柔毛;萼片5,仅基部合生,披针形,长约5mm,疏被曲柔毛和腺点;花冠淡红色或白色,下部具短管,裂片5,卵状披针形,长约6mm,先端急尖,有黑色腺点;雄蕊与花冠近等长,花药卵状披针形,长约4mm,背部具腺点;子房无毛或几无毛,胚珠多数,在胎座上排成3轮。果球形,直径约6mm,疏被长柔毛或变无毛,多少有腺点,成熟时鲜红色。花期:6-7月,果期:11月至次年1月。

产地:七娘山(张寿洲等2107)、梅沙尖(深圳植物志采集队013132)、梧桐山。生于山谷林下阴湿处,海拔400-800m。

分布:福建、广东、海南、香港、广西、湖南、贵州、云南和四川。越南。

用途:观赏。

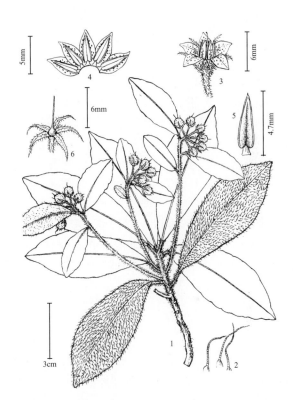

图196 虎舌红 Ardisia mamillata
1. 植株的上部、叶及果序; 2. 叶片上的毛被; 3. 花; 4. 花冠展开,示雄蕊; 5. 雄蕊; 6. 除去花冠和雄蕊,示花萼和雌蕊。(肖胜武绘)

7. 小紫金牛 Chinese Ardisia

图197

Ardisia cymosa Blume, Bijdr. **13**:689. 1826.

Ardisia chinensis Benth. Fl. Hongk. 207. 1861;广东植物志 **1**:366,图**387**:3-4. 1987.

Ardisia triflora Hemsl. in J. Linn. Soc., Bot. **26**:67. 1889;广东植物志 **1**:367. 1987.

灌木或半灌木，通常高 20-25cm，稀高达 45cm；有匍匐根状茎；茎上升，幼嫩部分密被铁锈色鳞片。叶互生；叶柄长 0.5-1cm，被褐色鳞片；叶片倒卵形至椭圆形，长 2.5-5(-12)cm，宽 1.2-3.5cm，基部楔形，边缘多少反卷，中部以上有钝齿，齿间及齿尖均无腺点，稀近全缘，先端渐尖或急尖，下面多少被褐色鳞片，无腺点，两面均无毛，侧脉每边 12-28 条。花序近伞形，生于近茎端的叶腋，有 3-7 朵花；花序梗长 1-3cm，与花梗和花萼均被褐色鳞片；花梗长 5-8mm；萼片 5，仅基部合生，卵状三角形，长 1-1.2mm，急尖，被缘毛，有或无腺点；花冠白色或染红晕，下部具短管，裂片 5，卵形，长约 3mm，宽约 2mm，先端稍渐尖，无腺点；雄蕊长为花冠的 3/4，花药卵形，长 1.5-2mm，无腺点；子房无毛，胚珠 5-6 颗，在胎座上排成 1 轮。果球形，直径约 5mm，成熟时由紫色变黑色，无毛无腺点。花期：4-6 月，果期：10-12 月。

产地：沙头角（张寿洲等 5534）、梧桐山（王定跃 1078）。生于山谷密林下，海拔 500-800m。

分布：浙江、江西、台湾、福建、广东、香港、广西、湖南和四川。日本、泰国、越南和马来西亚。

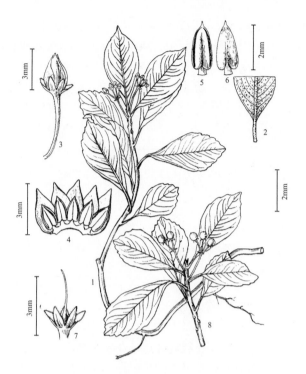

图 197　小紫金牛 Ardisia cymosa
1. 植株的一部分，示茎下部匍匐，叶及花序；2. 叶的一部分，示下面的鳞片；3. 花蕾；4. 花冠展开，示雄蕊；5. 雄蕊的腹面观；6. 雄蕊的背面观；7. 除去花冠和雄蕊，示花萼和雌蕊；8. 果期的分枝。（肖胜武绘）

8.　山血丹 Spotted Ardisia　图 198　彩片 184 185
Ardisia lindleyana D. Dietr. Syn. Pl. **1**: 617. 1839.
Ardisia punctata Lindl. in Bot. Reg. **10**: pl. 827. Sept. 1824（non Jack ex Wall. Mar-Jun. 1824）；广东植物志 **1**: 358. 1987.

常绿直立灌木，高 1-3m；幼嫩部分与小枝和叶柄均被铁锈色短柔毛。叶互生；叶柄长 1-1.5cm；叶片革质或坚纸质，长圆形或椭圆状披针形，长 7-20cm，宽(1.2-)1.5-4.5(-5.2)cm，基部楔形或钝，边缘近全缘或有波状圆齿浅状，近缘处有 1 列突起的维管束瘤，先端急尖或短渐尖，下面无毛或沿中脉被微柔毛，有小腺点，上面无毛，侧脉每边 6-12 条，边缘脉明显，距叶缘 2-5mm。花序近伞形，生于花枝顶端，下方有 1-3 枚叶状苞片；花梗长 6-12mm，果时伸长至 2.5cm，被铁锈色短柔毛；萼片 5，分离，长圆状卵形，长 2-2.5mm，先端急尖，有黑色腺点；花冠白色，下部具短管，裂片 5，长椭圆形，长 4.5-5.5mm，散生黑色腺点；雄蕊略短于花冠，花药披针形，长约 3.8mm；子房无毛，胚珠 4-5 颗，在胎座上排成 1 轮。果球形，直径约 6mm，成熟时暗红色，疏生黑色腺点。花期：5-7 月，果期：10-12 月。

图 198　山血丹 Ardisia lindleyana
1. 分枝的上段、叶及近伞形的花序；2. 花萼；3. 花冠展开，示雄蕊；4. 花药；5. 雌蕊；6. 果序。（肖胜武绘）

产地：排牙山（王国栋等 9615）、梅沙尖（徐有财 1507）、仙湖植物园（李沛琼 011435），本市各地常见。生于密林下、林缘和灌丛中，海拔 120-650m。

分布：广东、香港、澳门、广西、湖南、江西、福建和浙江。越南。

用途：观赏。

9. 朱砂根 Hilo Holly　　　图 199　彩片 186

Ardisia crenata Sims in Bot. Mag. **45**（3）: pl. 1950. 1817.

常绿灌木，高 1-2m。小枝细长，无毛。叶互生，通常生于枝条的上半部；叶柄长 0.4-1cm；叶片纸质或近革质，椭圆形、长圆状披针形或倒披针形，长（4.5-）6-15（-20）cm，宽 1.2-4cm，基部楔形，边缘外卷，具波状圆齿，齿间均有 1 枚突起的维管束瘤，先端急尖或渐尖，两面无毛，有明显的腺点，侧脉每边 12-18 条，边缘脉靠近叶缘。花序伞形，单 1 或数枚排成圆锥花序，生于花枝顶端，花序梗、花序轴、花梗和花萼均无毛；花梗长 0.5-1cm；萼片 5，仅基部合生，卵形或长圆状卵形，长约 1.5-2mm，先端急尖或钝，具黑色腺点；花冠白色或淡红色，长 4-5.5mm，下部具短管，裂片 5，卵形，长 4-6mm，散生黑色腺点；雄蕊略短于花冠，花药三角状披针形，长 3.5-4mm；子房无毛；胚珠 5 颗，在胎座上排成 1 轮。果球形，直径 6-8mm，成熟时鲜红色，有黑色腺点。花期：5-7 月，果期：10-12 月。

产地：南澳、大鹏、笔架山、三洲田（张寿洲等 3258）、沙头角、梧桐山（张寿洲等 2494）、梅林（张寿洲等 2529）、羊台山。生于山谷密林下或林缘，海拔 50-480m。园林中常有栽培。

分布：安徽、浙江、江西、台湾、福建、广东、香港、澳门、海南、广西、湖南、湖北、云南和西藏东南部。日本、印度、缅甸、泰国、越南、柬埔寨、马来西亚和菲律宾。

用途：根皮供药用，有消炎和治跌打损伤；果鲜红，经久不落，供观赏。

10. 大罗伞树 郎伞树 Hance's Ardisia

图 200　彩片 187

Ardisia hanceana Mez in Engl. Pflanzenr. IV. **236**（Heft 9）: 149. 1902.

Ardisia elegans auct. non Andr.: 广东植物志 **1**: 355. 1987.

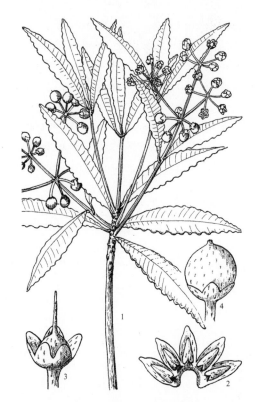

图 199 朱砂根 Ardisia crenata
1. 分枝的上段、叶、伞形花序及果序；2. 花冠展开，示花冠裂片及雄蕊；3. 除去花冠及雄蕊，示花萼及雌蕊；4. 核果。（崔丁汉绘）

图 200 大罗伞树 Ardisia hanceana
1. 分枝的上段、叶及伞房花序组成的圆锥花序；2. 花冠展开，示雄蕊；3. 雄蕊；4. 除去雄蕊，示花冠和雌蕊；5. 果序；6. 核果。（肖胜武绘）

常绿灌木，高 1-2m，除花序外全体无毛。叶互生；叶柄长 6-15mm；叶片坚纸质，长圆状披针形，有时椭圆状倒卵形，长 7-16cm，宽 2-4.5(-5)cm，基部楔形，边缘波状，上面近边缘的齿间均有 1 枚突起的维管束瘤，先端渐尖，下面被稀疏小鳞片及褐色透明的小腺点，有时有极小的凹点，侧脉每边 12-15 条，通常不形成边缘脉。伞房花序组成圆锥花序，生于侧枝顶端；花序梗及花梗几无毛或被微柔毛；花序梗长 0.5-2(-4)cm，分枝长 2.5-5.5cm；花梗长 1-2cm；萼片 5，基部合生，卵形或长圆状卵形，长 2-2.5mm，先端急尖或钝，无腺点或具少数褐色腺点；花冠淡红色，稀白色，长 6-7(-8)mm，下部具短管，裂片 5，阔卵形，先端渐尖，几无腺点或有少数橙色腺点；雄蕊与花冠近等长，花药卵状披针形，长约 5mm；子房无毛，胚珠 5 颗，在胎座上排成 1 轮。果球形，直径 0.8-1cm，成熟时暗红色或黑色，有少数黑色腺点。花期：5-6 月，果期：12 月至次年 4 月。

产地：七娘山（张寿洲等 07153）、南澳（张寿洲等 2119）、田心山、梧桐山、仙湖植物园（李沛琼 009764）。生于林缘和灌丛中，海拔 100-400m。园林中时有栽培。

分布：安徽、浙江、江西、福建、广东、香港、广西和湖南。越南和老挝。

用途：观赏。

5. 铁仔属 Myrsine L.

灌木或小乔木。叶互生，螺旋状排列；叶片具腺点。伞形花序或数花簇生，腋生或生于有密集鳞片状苞片的短枝顶端；花两性或单性，如为单性则雌雄同株、雌雄异株或杂性异株，4-5(-6)基数；花萼小，萼片基部合生或合生至中部，覆瓦状或镊合状排列，有腺点，宿存；花瓣近分离或 1/2 以下合生，裂片镊合状排列，通常有腺点，边缘和内面密被乳头状突起；雄蕊着生于花冠筒上部或花冠裂片的基部，花丝短，分离或基部合生，花药卵形或椭圆形，纵裂，顶端常有 1 腺体；子房上位，无毛，花柱极短或近于无，柱头伸长，筒状或上半部扁平成舌状，通常卷曲，极少顶端 2 裂，胚珠少数，排成 1 轮。果为核果，外果皮带肉质，内果皮脆壳质或革质，有种子 1 枚。

约 300 种，分布于全球热带和亚热带地区。我国产 11 种。深圳有 2 种。

1. 叶片倒卵形至长圆状倒披针形，长 3-6(-7)cm……………………………………………… 1. 打铁树 **M. linearis**
1. 叶片窄长圆形至倒披针形，通常长 7cm 以上…………………………………………………… 2. 密花树 **M. seguinii**

1. 打铁树 柳叶密花树 Linear Myrsine

图 201

Myrsine linearis（Lour.）Poir. Encycl. Suppl. **3**：709. 1813.

Athruphyllum lineare Lour. Fl. Cochinch. **1**：120. 1790.

Rapanea linearis（Lour.）S. Moore in J. Bot. **63**：249. 1925；海南植物志 **3**：180. 1974；广东植物志 **1**：378. 1987.

灌木或小乔木，高 1-5m；小枝具纵棱，无毛，有腺点，具多数突起的叶痕；顶芽多少被柔毛。叶螺旋状排列，多聚集于枝端；叶柄长 3-7mm；叶片革质，倒卵形至长圆状倒披针形，长 3-6(-7)cm，宽 1.2-

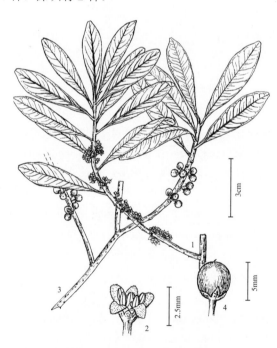

图 201 打铁树 Myrsine linearis
1. 分枝的一段、叶及伞形花序；2. 花；3. 果期的分枝；4. 核果。
（肖胜武绘）

2.5cm，基部楔形，边缘全缘，微内卷，先端钝，有时微凹，无毛，下面有不明显的腺点，侧脉纤细，每边 8-10 条。花两性，白色或带绿色，通常 4-5 基数，4-6 朵或更多组成伞形花序生于瘤状短枝顶端；花梗稍粗壮，长约 2mm，无毛；萼片基部合生，裂片卵形，长约 1mm，先端钝，有腺点；花瓣长 2.5-3mm，1/3 以下合生成管，裂片长圆状卵形，外面无毛，通常有腺点，边缘和内面密被小乳突，雄蕊着生于花冠管喉部，花丝极短，花药卵形，约与花冠裂片等长，顶端多少被毛；子房无毛，柱头舌状或微 2 裂。果球形，直径 3-4mm，成熟后紫黑色，有皱纹及有疏的透明腺点。花期：3-5 月，果期：6-11 月。

产地：西涌（张寿洲等 0005）、南澳（张寿洲等 010133）、龙岗（李勇 3691）。生于疏林下、灌丛和海边林中，海拔 50-200m。

分布：海南、广东、广西和贵州。越南。

2. 密花树 Seguin Myrsine

图 202 彩片 188 189

Myrsine seguinii H. Lév. Fl. Kouy-Tcheou 288. 1915.

Rapanea neriifolia（Siebold & Zucc.）Mez in Engl. Pflanzenr. IV. **236**（Heft 9）：361.1902；海南植物志 **3**：180. 1974；广东植物志 **1**：379. 1987.

灌木或小乔木，高 2-7m；小枝稍粗壮，灰褐色至深褐色，无毛；顶芽无毛。叶螺旋状排列；叶柄长 0.9-1.5cm；叶片革质，窄长圆形倒至倒披针形，长 7-17cm，宽 1.3-3cm，基部楔形，下延，边缘全缘，微内卷，先端急尖或钝，无毛，下面有多数明显的小腺点，侧脉每边多于 15 条，不显著。花两性，白色或淡绿色，有时带红色，3-10 朵排成伞形花序，生于瘤状短枝顶端；花梗稍粗壮，长 1-4mm，无毛；萼片基部合生，卵形，长约 1mm，先端钝或急尖，有时有腺点，边缘有乳头状突起；花冠长约 2.5-3mm，下部具短管，裂片卵形至椭圆形，外面无毛，有腺点，沿边缘密被乳头状突起；雄蕊着生于花冠裂片基部，花丝极短，花药卵形，长约 1.2mm，顶端有腺点；子房无毛，柱头与花冠裂片等长，基部圆柱状，上部多少扁平，有时顶端浅裂。果近球形，直径 4-5mm，灰绿色，成熟时紫黑色。花期：2-5 月，果期：6-11 月。

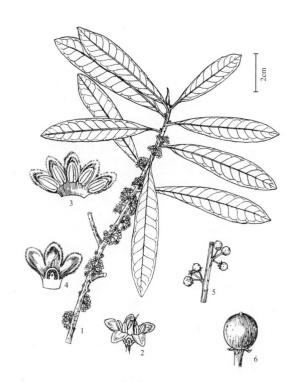

图 202 密花树 Myrsine seguinii
1. 分枝的上段、叶及伞形花序；2. 花；3. 花冠展开，示雄蕊；4. 花冠的一部分，除去雄蕊，示子房的纵剖面；5. 果序；6. 核果。（肖胜武绘）

产地：七娘山、笔架山、马峦山、盐田（王定跃 1384）、三洲田（徐有财 1345）、梅沙尖（张寿洲等 5193）、羊台山。生于山坡林下、林缘和沟边及灌丛中，海拔 100-550m。

分布：安徽、浙江、江西、台湾、福建、广东、香港、海南、广西、湖南、湖北、贵州、四川、云南和西藏东南部。日本、越南、缅甸和泰国。

用途：观赏。

155. 报春花科 PRIMULACEAE

胡启明

多年生或一年生草本。叶为单叶，互生、对生或轮生，常全部基生为莲座状叶丛；叶片边缘全缘、具齿或分裂。花两性，通常 5 基数，在部分属中花柱异长，单生或组成总状花序、圆锥花序或伞形花序；萼片 5，基部合生，宿存；花冠下部筒状，上部具 5 裂片，通常辐射对称；雄蕊与花冠裂片同数并与其对生，花丝分离或基部合生成筒；子房上位，稀半下位，1 室，胚珠多数，生于特立中央胎座上。果为蒴果，通常 5 齿裂或瓣裂，稀盖裂或不开裂。种子小，有棱角，常为盾状，种脐位于腹面的中部，胚小而直，胚乳丰富。

约 22 属，1000 种，主要分布于北半球温带和高山地区。我国产 12 属，530 余种。深圳有 1 属，1 种。

珍珠菜属 Lysimachia L.

多年生，稀一、二年生草本或为半灌木。茎直立或匍匐。叶互生、对生或轮生；叶片通常全缘，常有透明或具颜色的腺点或腺条。花通常 5 基数，单生或多朵排成总状花序、圆锥花序、伞形花序或头状花丛；有苞片；花萼裂片 5，宿存；花冠白色或黄色，稀淡红色，钟状或近辐状，筒部短，裂片 5，在花蕾中旋转状排列；雄蕊与花冠裂片同数并与之对生，花丝分离或基部合生成筒并贴生于花冠筒基部，花药基部着生或背部着生，纵裂或顶孔开裂；子房上位，1 室，胚珠多数，生于特立中央胎座上，花柱线形或棒状，柱头钝。果为蒴果，球形，通常 5 瓣裂，少有不裂。种子多数，具棱角或有翅。

约 180 种，主要分布于北半球温带和亚热带地区。我国产 140 种。深圳有 1 种。

红根草 Fortune's Loosestrife　　　　图 203

Lysimachia fortunei Maxim. in Bull. Acad. Imp. Sci. Saint-Petersbourg. Sér. 3, **12**: 68. 1868.

多年生草本，有红色横走的根状茎；全株无毛。茎直立，高 30-70cm，通常不分枝，常有黑色腺点。叶互生，近于无柄；叶片长圆状披针形至窄椭圆形，长 4-11cm，宽 1-2.5cm，基部渐窄，先端短渐尖或渐尖，干后可见两面均散生多数腺点。顶生总状花序长 10-20cm；苞片条形，长 2-3mm，与花梗等长或稍短；萼片 5，卵状椭圆形，长约 1.5mm，基部合生，边缘膜质，有

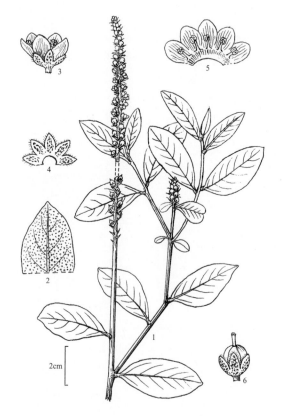

图 203 红根草 Lysimachia fortunei
1. 植株的上部、叶及总状花序；2. 叶片的一部分，示腺点；3. 花；4. 花萼展开；5. 花冠展开，示雄蕊；6. 蒴果（具宿存的花萼）。（余汉平绘）

腺状缘毛，先端钝，背面有黑色腺点；花冠白色，长约 3mm，筒部长为花冠长的 1/2，裂片椭圆形至卵状椭圆形，先端钝，内面有黑色腺点；雄蕊内藏，花丝贴生于花冠裂片基部，分离部分长约 1mm，花药背部着生，纵裂；子房卵球形，花柱长约 1mm。蒴果球形，直径 2-2.5mm。花期：6-8 月，果期：8-11 月。

产地：仙湖植物园（王定跃等 011999）。生于林缘草丛中，海拔 65m。

分布：江苏、浙江、江西、福建、台湾、广东、香港、海南、广西和湖南。朝鲜、日本和越南。

用途：全草供药用，有清热、利湿、活血等功效。

157. 牛栓藤科 CONNARACEAE

张寿洲

常绿或落叶灌木、小乔木或藤本。叶互生,奇数羽状复叶,稀3小叶或单小叶;无托叶;小叶近对生或互生,小叶片边缘全缘,稀分裂。花序为腋生、顶生或假顶生的总状花序或圆锥花序;花两性,稀单性,辐射对称,有小苞片;萼片5,稀4,离生或基部合生,芽时覆瓦状或镊合状排列,宿存,包围果实基部;花瓣5,稀4,离生,稀在中部以下合生,覆瓦状或镊合状排列,稀拳卷;雄蕊5或10,稀8枚,排列成2轮,长短互生,内轮雄蕊与花瓣对生,常较短或不发育,花丝离生或基部合生,花药2室,内向,纵裂;花盘小或无;雌蕊由(3-)5或1心皮组成,心皮离生;子房上位,1室,花柱钻状或丝状,柱头头状,不裂或2裂,胚珠2枚,直立,常并生,其中1枚较小或不发育。果实为蓇葖果,常单生,具柄或无柄,沿腹缝线开裂,或沿背缝线开裂或基部周裂,稀不裂。种子1颗或2颗,种皮厚,常有肉质假种皮,胚乳有或无,胚直立,子叶肥厚。

约20属,380种,主要分布于亚洲、非洲和大洋洲的热带和亚热带地区,少数分布到美洲热带。我国有6属,9种。深圳有1属,2种。

红叶藤属 Rourea Aubl.

攀援木质藤本、灌木或小乔木。叶互生,奇数羽状复叶,稀间有单叶,无托叶;小叶多对,近对生或互生。圆锥花序腋生或假顶生;苞片卵状披针形;小苞片披针形,边缘流苏状;花两性;萼片5,覆瓦状排列,宿存,花后膨大并紧包蓇葖果的基部;花瓣5,长于萼片,无毛;雄蕊10枚,外轮与萼片对生的5枚较长,内轮与花瓣对生的5枚较短,花丝基部合生,无毛;雌蕊由5心皮组成,心皮离生,通常仅1枚发育,花柱纤细,柱头头状,不明显2裂,胚珠2颗,并生,直立。蓇葖果单生,无柄,光滑或有微细的纵槽,无毛,沿腹缝线纵裂,稀在基部不规则撕裂。种子1颗,扁,种皮光滑,全部或基部为肉质的假种皮包围,无胚乳。

约90种,分布于全世界的热带地区。我国有3种。深圳有2种。

1. 羽状复叶有小叶 7-17(-27)片 ························
·························· 1. 小叶红叶藤 **R. microphylla**
1. 羽状复叶有小叶 3-7 片 ····························
···························· 2. 红叶藤 **R. minor**

1. 小叶红叶藤 Little-leaved Rourea

图 204　彩片 190 191

Rourea microphylla（Hook. & Arn.）Planch. in Linnaea **23**：421. 1850.

Connarus microphyllus Hook. & Arn. Bot. Beechey Voy. **31**：179. 1833.

攀缘木质藤本,长 1-4m,多分枝。幼枝无毛或

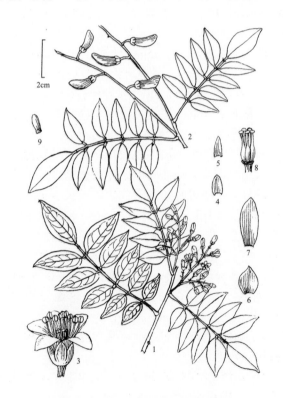

图 204 小叶红叶藤 Rourea microphylla
1.分枝的一段、羽状复叶及圆锥花序;2.羽状复叶及果序;3.花;4.苞片;5.小苞片;6.萼片;7.花瓣;8.雄蕊;9.种子。(余汉平绘)

疏被短柔毛，老时变无毛，褐色或棕褐色。奇数羽状复叶，长 4-13cm，有小叶 7-17（-27）片，稀具单小叶；叶柄、叶轴和小叶柄均无毛或疏被短柔毛；顶生小叶柄长 3-6mm，侧生小叶柄长约 2mm；小叶片厚纸质或薄革质，卵形，椭圆形或椭圆状披针形，长 1.3-3.5cm，宽 0.5-2cm，基部楔形至圆形，常偏斜，先端急尖或渐尖，两面无毛，幼时呈红色，下面淡粉绿色，上面有光泽，侧脉 4-7 对，在近边缘处网结。圆锥花序腋生，长 2-5cm；花序梗、花序轴、花梗和花萼均无毛；苞片和小苞片卵形或钻形，长约 1mm，外面被短柔毛；花梗长 4-7mm；萼片卵形，长 2-2.5mm，宽约 2mm，先端急尖，仅边缘具缘毛；花瓣白色或淡黄色，椭圆形，长约 5mm，宽约 1.5mm，先端渐尖，具脉纹；外轮雄蕊长约 6mm，内轮雄蕊长约 4mm，花药卵形；心皮离生，长 3-5mm。果斜椭圆体形、斜倒卵状椭圆体形，长 1-1.5cm，宽 0.5-0.7cm，略弯曲或直，成熟时红色，有纵条纹，基部具宿存萼片。种子长圆形，长约 1cm，宽约 0.4mm，橙黄色，为膜质假种皮包裹。

产地：三洲田（深圳考察队 202）、仙湖植物园（王定跃 842），本市各地均有分布。生于海拔山坡疏林中、林缘或灌丛中，海拔 50-600m。

分布：福建、广东、香港、澳门、海南、广西和云南。印度、斯里兰卡、越南和印度尼西亚。

用途：茎皮可提取栲胶；全株药用，具消肿止血、收敛生肌、治跌打损伤之效。

2.　红叶藤 大叶红叶藤 Cow Vine

图 205　彩片 192

Rourea minor （Gaertn.）Alston，Fl. Ceylon **6**（2）：67. 1931.

Aegiceras minus Gaertn. Fruct. Sem. Pl. **1**（1）：216, pl. 46, f. 1. 1788.

Rourea santaloides（Vahl）Wight & Arn. Prodr. Fl. Ind. Orient. **1**：144. 1834；海南植物志 **3**：112. 1974.

攀援木质藤本，长达 25m。枝圆柱形，深褐色，无毛或幼枝疏被短柔毛。奇数羽状复叶 4-20cm，有小叶 3-7 片；叶柄长 1-7cm；顶生小叶柄长 0.8-1.1cm，侧生小叶柄长 3-4mm，均无毛；小叶近对生，叶片椭圆形、卵形或倒卵状椭圆形，顶生小叶片稍大，长 3.5-9cm，宽 1.5-3.5cm，基部楔形至圆形，稍偏斜，先端急尖至短渐尖，两面无毛，侧脉 5-8 对，在近叶缘处网结。圆锥花序 1-6 个簇生，长 3-9cm，腋生，具多数花，中央一个常远较长；花序梗、花序轴和花梗均无毛；花直径约 1cm，芳香；萼片卵形，长 2-3mm，宽 1.5-2mm，顶端边缘被缘毛；花瓣白色或黄色，长椭圆形，长 4-6mm，宽 1-1.5mm，有纵脉纹，无毛；外轮雄蕊长约 6mm，内轮雄蕊长约

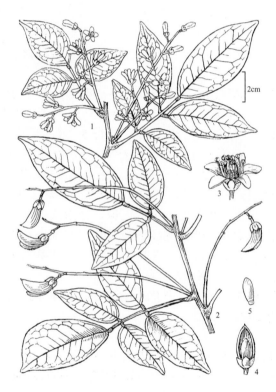

图 205 红叶藤 Rourea minor
1. 分枝的一段、羽状复叶及圆锥花序；2. 羽状复叶及果序；
3. 花；4. 蓇葖果纵剖面；5. 种子。（余汉平绘）

2mm；心皮离生，长约 4mm，无毛。果弯月形，长约 1.5-2cm，宽 0.5-0.8cm，顶端急尖，沿腹缝线开裂，深绿色，干时黑色，有纵条纹，具宿存花萼。种子红色，椭圆形，长 1.2-1.5cm，宽 0.4-0.6cm，全部被膜质假种皮包围。

产地：东涌（王国栋等 24729）、七娘山、南澳（邢福武等 11970，IBSC）、葵涌、盐田（王定跃 1675）。生于山谷沟边，海拔 50-400m。

分布：台湾、广东、香港、海南、广西和云南。印度、斯里兰卡、泰国、老挝、越南、柬埔寨、菲律宾和澳大利亚北部。

162. 海桐花科 PITTOSPORACEAE

张志耘

常绿灌木或乔木。分枝有时有刺。叶互生，稀对生，无托叶；叶片通常革质，边缘全缘，稀有锯齿或分裂。花序为伞形花序、伞房花序、圆锥花序或单花；有苞片和小苞片；花两性，有时杂性，辐射对称，稀两侧对称，5 基数（子房除外）；萼片分离或基部合生；花瓣分离或下部合生，白色、黄色、蓝色或红色；雄蕊与萼片对生，花丝丝状，花药基着或背着，2 室，纵裂或孔裂；雌蕊由 2-3（-5）心皮组成，子房上位，通常 1 室或不完全 2-5 室，具多数倒生胚珠，侧膜胎座、中轴胎座或基生胎座；花柱短，单 1，柱头不分裂，头状，或 2-5 裂，宿存或脱落。果为蒴果或浆果，前者沿腹缝开裂。种子多数，种皮薄，外有黏质或油质，胚乳发达，胚小。

9 属，约有 250 种，分布于非洲、亚洲和大洋洲的热带和亚热带地区，尤以大洋洲的种类最多。我国有 1 属，46 种。深圳有 1 属，2 种。

海桐花属 Pittosporum Banks ex Gaertn.

常绿乔木或灌木，有时为半灌木。叶互生，通常生于枝上端，呈对生或假轮生状；叶片革质，稀膜质，边缘全缘、有波状齿或有皱。花序顶生或腋生，为伞形花序、伞房花序、圆锥花序或单花；花两性，稀杂性；萼片 5，分离或基部合生，通常短小；花瓣 5，分离或下部合生；雄蕊 5，花丝无毛，花药近箭头形，背着，纵裂；雌蕊由 2 或 3（-5）心皮组成，子房上位，有柄，1 室或不完全 2-5 室，胚珠多数，有时仅 1-4 颗，侧膜胎座与心皮数相同，或因胚珠减少而形成基生胎座，花柱短，柱头单 1 或 2-5 浅裂，宿存。蒴果椭圆球形或球形，有时扁，成熟时 2-5 瓣裂，果皮木质或革质，有横条纹。种子外常具黏质或油质或油状物。

约 150 种，分布于亚洲东部、东南部和南部、非洲南部、大洋洲、印度洋岛屿和太平洋岛屿。我国有 46 种。深圳有 2 种。

1. 叶片先端急尖，稀钝；全株近无毛；蒴果椭圆球形，长 2.5-3cm，直径约 1.5cm，果瓣革质，无毛……
………………………… 1. 光叶海桐 **P. glabratum**
1. 叶片先端圆或钝，有时微凹；嫩枝、苞片、花序梗、花梗和花萼均密被褐色长柔毛；蒴果球形，直径 1-1.2cm，果瓣木质，密被长柔毛 …… 2. 海桐 **P. tobira**

1. 光叶海桐 Glabrous Pittosporum

图 206　彩片 193

Pittosporum glabratum Lindl. in J. Hort. Soc. London 1: 230. 1846.

常绿灌木，高 2-3m，全株近无毛。叶二年生；叶柄长 0.4-1.4cm；叶片革质，倒披针形、倒卵状披针形、倒卵形、狭长圆形或狭倒卵形，长 3.5-10cm，宽 1-4cm，基部楔形，边缘平或微有皱，先端急尖，稀钝，侧脉 5-8 对。花序为伞形花序或伞房花序，1-4 枚生于分枝顶端叶腋，长 1.5-2cm，有花数朵至 10 数朵；

图 206 光叶海桐 Pittosporum glabratum
1. 分枝的上段、叶和果序；2. 伞形花序；3. 苞片；4. 花萼展开；5. 花冠展开；6. 除去花萼和花冠，示雄蕊和雌蕊；7. 蒴果；8. 3 瓣裂的蒴果及种子。（崔丁汉绘）

苞片披针形，长约 3mm；花序梗长 2-3cm；小苞片与苞片近同形；花梗长 0.4-1cm；萼片卵形，长 2-3mm，基部合生，边缘有纤毛；花冠白色，长 0.8-1.2cm，花瓣倒披针形，下部合生成管；雄蕊长（4-）6-7mm；子房长卵球形，花柱长约 3mm，柱头略增大，3 浅裂。蒴果椭圆体形，长 2.5-3cm，直径约 1.5cm，基部有短柄，成熟时 3 瓣裂，果皮薄革质，绿色，具宿存花柱。种子近球形，长 5-6mm，每一胎座有 6-7 颗，成熟时红色，珠柄长约 3mm。花期：2-8 月，果期：7-12 月。

产地：三洲田（深圳考察队 74）、梅沙尖（深圳植物志采集队 013220）、梧桐山（王国栋 6477），本市各地均有分布。生于山坡林中或灌丛中，海拔 100-700m。

分布：浙江、江西、福建、广东、香港、澳门、海南、广西、湖南、湖北、贵州、四川和甘肃南部。越南。

用途：为本地乡土树种。适宜庭园中栽培，供观赏。

2. 海桐 Pittosporum　　　　图 207　彩片 194 195

Pittosporum tobira (Thunb.) W. T. Aiton, Hortus Kew. **2**: 27. 1811.

Euonymus tobira Thunb. in Nova Acta Regiae Soc. Sci. Upsal. **3**: 208. 1780.

常绿灌木或小乔木，高 2-6m。嫩枝密被褐色长柔毛，老枝近无毛。叶二年生；叶柄长 0.5-1.5cm，疏被短柔毛或近无毛；叶片革质，倒卵形或倒卵状披针形，长 4-9cm，宽 1.5-4cm，基部楔形，边缘外卷，先端圆或钝，有时微凹，两面近无毛，侧脉 7-11 对。花序顶生或近顶生，为伞形花序或伞房花序，长 4-5cm，具 10 数朵花；花序梗长 1.5-2cm，与苞片、小苞片、花梗和花萼均密被褐色长柔毛；苞片披针形，长 4-5mm；花梗长 0.8-1cm；小苞片与苞片同形，长 2-3mm；花白色，芳香；花萼钟形，裂片卵状披针形，长为萼全长的 2/3；花冠白色，长 1-1.2cm，花瓣倒卵状披针形，下部合生成管；雄蕊 5，长 5-6mm，退化雄蕊如存在，长仅 2-3mm；子房倒卵球形，与花柱均密被褐色长柔毛；花柱短，柱头 3 浅裂。蒴果球形，直径 1-1.2cm，密被短柔毛，成熟时黄褐色，3 瓣裂，果皮木质。种子多数，长约 4mm，多角形，红色，珠柄长约 2mm。花期：3-5 月，果期：5-10 月。

图 207 海桐 Pittosporum tobira
1. 分枝的一段、叶及伞形花序；2. 叶及果序；3. 花；4. 花萼展开；5. 雄蕊；6. 雌蕊；7. 蒴果；8. 3 瓣裂的蒴果。
（崔丁汉绘）

产地：西涌（张寿洲等 0744）、南澳（张寿洲等 1912）、梧桐山、仙湖植物园（王定跃 90644），本市各地普遍栽培。在海边林下、山坡及山顶灌丛中有逸生，海拔 60-650m。

分布：原产于我国台湾北部、朝鲜南部和日本南部。江苏、浙江、台湾、福建、广东、香港、澳门、海南、广西、湖南、湖北、贵州、四川和云南均普遍栽培。

用途：为园林观赏树。

在深圳常见的栽培品种有斑叶海桐 Pittosporum tobira 'Variegata'，叶边缘金黄色。

164. 绣球花科 HYDRANGEACEAE

闫 斌

多年生草本、落叶或常绿灌木、半灌木或木质藤本,稀小乔木。单叶对生,稀轮生或互生;无托叶;叶片边缘全缘或有锯齿。花序通常为聚伞花序、伞房花序、伞房状圆锥花序、聚伞圆锥花序或圆锥花序;花一型或二型;具一型花者花全部为可育花;可育花两性,被丝托(hypanthium 是由花托、花被基部和雄蕊群基部愈合而成的结构)钟状;萼片 4-5(-12),覆瓦状或镊合状排列;花瓣与萼片同数,覆瓦状、镊合状或旋转状排列,基部合生,通常早落;雄蕊 4 至多数,花丝分离或基部合生,扁平呈条形、钻形或丝状,花药基部着生;雌蕊由 3-6 个合生心皮组成,子房与被丝托贴生,上位、半下位或下位,中轴胎座或侧膜胎座,具 2 至多数倒生胚珠,花柱与心皮同数,分离或合生,柱头头状或浅裂,通常有乳头状突起;具二型花者其花序的中央为可育花,周边为不育花,(有的栽培品种全部为不育花);不育花由 1-5 片增大呈花瓣状的萼片组成。果为蒴果或浆果。种子多数,微小,有翅或无翅。

约 17 属,220 种,分布于亚洲、欧洲、美洲和太平洋岛屿的温带和亚热带地区。我国有 10 属,100 余种。深圳产 2 属,2 种,引进栽培 1 属,1 种。

1. 常绿攀援木质藤本;花瓣合生成一帽状体,早落;花柱 1,粗短 ·············· 1. 冠盖藤属 Pileostegia
1. 落叶或常绿灌木或半灌木;花瓣分离,稀合生;花柱 2-6,细长。
  2. 果为浆果;花瓣厚,稍肉质;花柱 4-6 ·············· 2. 常山属 Dichroa
  2. 果为蒴果;花瓣纸质;花柱 2-4 ·············· 3. 绣球属 Hydrangea

1. 冠盖藤属 Pileostegia J. D. Hook. & Thoms.

常绿攀援木质藤本,以气生根附着于他物上。叶对生,具叶柄;叶片革质,全缘或有锯齿。花序为伞房状圆锥花序,顶生;花两性,小,白色,常数朵聚生;被丝托圆锥状,与子房贴生;萼片 4-5,覆瓦状排列;花瓣 4-5,镊合状排列,合生成一帽状体,早落;雄蕊 8-10,着生在花盘边缘,花丝细长,花药近球形,2 室,纵裂;子房下位,4-5 室,胚珠多数,着生于中轴胎座上,花柱 1,粗短,柱头 4-6 裂,宿存。蒴果陀螺状,具纵棱,成熟后沿纵棱开裂为 4-5 瓣。种子多数,微小,长圆形,两端具膜质渐狭的翅。

3 种,分布于亚洲东南部。我国产 2 种。深圳有 1 种。

冠盖藤 Pileostegia   图 208
Pileostegia viburnoides J. D. Hook. & Thoms. in J. Linn. Soc., Bot. **2**: 76, t. 2. 1857.

常绿攀援状木质藤本;小枝圆柱形,交互对生,无毛或有稀疏星状柔毛。叶对生;叶柄长 1-3cm,无毛;叶片薄革质,披针状椭圆形至长圆状倒卵形,长 7-18cm,宽 3-6cm,基部楔形,边缘稍内卷,全缘

图 208 冠盖藤 Pileostegia viburnoides
1. 分枝的上部、叶及圆锥花序;2. 花,除去花冠,示被丝托、萼片、雄蕊和雌蕊;3. 蒴果(包于宿存的被丝托内,顶端为宿存的花柱和宿头)。(肖胜武绘)

或近顶部有稀疏的不明显小齿，先端短而渐尖或有时锐尖，下面淡绿色或暗绿色，无毛或有极稀疏的星状毛，上面淡绿色，有光泽，无毛，侧脉 7-10 对，上面平坦，下面明显隆起。圆锥花序顶生，长 7-25cm；花序的分枝对生，细长，花序梗、花序轴、花梗和花萼均无毛或疏被微柔毛；苞片条状披针形，无毛，褐色；花梗长 3-5mm；被丝托圆锥状，长约 1.5mm；萼片 4-5，三角形，长为被丝托的 1/2；花瓣 4-5，卵形，白色，长约 2.5mm；雄蕊 8-10，花丝纤细，长 3-6mm，卷曲，花药近扁球形；子房下位，花柱长约 1mm，柱头 4-6 裂。蒴果陀螺状，长约 4mm，宽 2-3mm，先端平，具宿存花柱和柱头。种子长约 2mm。花期：6-8 月，果期：8-12 月。

产地：南澳（邢福武 15，IBSC）、笔架山（华农仙湖采集队 SCAUF684）、田心山（张寿州等 SCAUF401）、盐田（王定跃等 1587）。生于山谷林下，海拔 500-800m。

分布：安徽、浙江、江西、福建、台湾、广东、香港、海南、广西、湖南、湖北、四川、贵州和云南。日本、印度和越南。

2. 常山属 Dichroa Lour.

落叶灌木。叶对生。花序为顶生的伞房状聚伞花序或由伞房花序组成圆锥花序；花两性；被丝托钟状或倒圆锥状；萼片 5-6；花瓣 5-6，分离，厚并稍带肉质，花蕾时镊合状排列；雄蕊 4-10(-20)，花丝丝状或钻状，花药椭圆形或卵球状，2 室，药室纵裂；子房下位或半下位，与被丝托贴生，上部 1 室，下部由不连接的 4-6 片隔膜分成不完全的 3-5 室，胚珠多数，生于侧膜胎座上；花柱 (2-)4-6，分离或下部合生，开展，柱头卵球状。果为浆果，有时略干燥，蓝色，种子极多，微小，无翅。

约 12 种，主要分布于亚洲东南部。我国有 6 种。深圳有 1 种。

常山 Antifebrile Dichroa　　图 209　彩片 196 197

Dichroa febrifuga Lour. Fl. Cochinch. **1**：301. 1970.

灌木，高 1-2m。小枝圆柱形或微具 4 棱，幼时密被短柔毛，以后毛渐变疏至近无毛，常带紫色。叶柄长 1.5-5cm，无毛或被微柔毛；叶形变异较大，叶片椭圆形、倒卵状长椭圆形至披针形，长 6-25cm，宽 2-10cm，基部楔形，边缘有疏锯齿，先端渐尖，两面均呈狭紫色，无毛或下面疏被柔毛，侧脉每边 8-10 条。聚伞圆锥花序顶生，长和直径均 5-20cm；花序梗、花序轴、花梗和花萼均密被短柔毛；花梗长 3-5mm；花淡蓝色，盛开时直径约 8mm；被丝托倒圆锥状，长 2.5-3mm；萼片 4-6，阔三角形，长约 1mm，先端急尖；花瓣 4-6，窄长圆形，长约 5mm，稍肉质；雄蕊 10-20 枚，花丝略扁，花药椭圆体形；子房下位，花柱 4-6，上半部扩大呈棒状，柱头长椭圆状卵形。浆果近陀螺形，成熟时蓝色，干时变黑色，直径 3-7mm。花期：2-4 月，果期：5-8 月。

产地：七娘山（张寿州等 011241）、南澳、大鹏、排牙山（王国栋等 7041）、笔架山、田心山、盐田、梅沙尖、梧桐山（王定跃等 1099）。生于阴湿林下，海拔 50-700m。

分布：安徽、江苏、浙江、江西、福建、台湾、广东、香港、广西、湖南、湖北、四川、贵州、云南、西藏、甘肃和陕西。日本、印度、越南、缅甸、马来西亚、菲律宾和印度尼西亚。

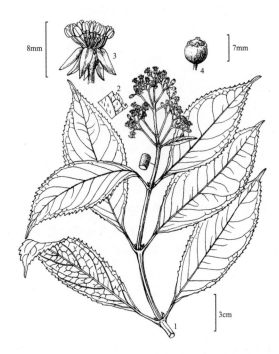

图 209　常山 Dichroa febrifuga
1. 分枝的上段、叶及圆锥花序；2. 叶片的一部分，示下面的毛被；3. 花；4. 浆果（包于宿存的被丝托内）。（肖胜武绘）

3. 绣球属 Hydrangea L.

落叶或常绿灌木或半灌木，稀少乔木。枝条的髓部较大。叶对生，稀轮生；叶片全缘或有锯齿。花序为伞房状聚伞花序、伞形状聚伞花序或聚伞圆锥花序，通常顶生，有时腋生；花一型或二型，一型花全部为可育花，二型花有可育花与不育花之分，可育花通常多数，生于花序的中央，两性，小，具短梗；被丝托筒状；萼片4-5；花瓣4-5，镊合状排列，分离，稀合生形成一帽状体；雄蕊通常10，着生于花盘边缘下侧，花丝丝状，花药长圆形或近圆形；子房与被丝托贴生，下位或半下位，完全或不完全的2-5室，胚珠多数，花柱2-4，分离或基部合生；不育花少数，稀多数，生于花序边缘(有的栽培品种不育花占多数或全部为不育花)，具长梗；萼片1-5，增大呈花瓣状。果为一蒴果，半球形或陀螺形，顶孔开裂。种子多数，微小，有翅或无翅。

约70种，分布于亚洲及美洲南部。我国有33种。深圳引进栽培1种。

绣球 Common Hydrangea 图 210 彩片 198

Hydrangea macrophylla（Thunb.）Ser. in DC. Prodr. **4**：15. 1830.

Viburnum macrophylla Thunb. Fl. Jap. 125. 1784.

Hydrangea macrophylla（Thunb.）Ser. f. *hortensia*（Rege）Rehd. in J. Arnold Arbor. **7**（4）：240. 1926；广东植物志 **2**：208. 1991.

落叶灌木，高约1m。分枝粗壮，有明显的皮孔和叶痕，与叶柄和叶片的两面均无毛。叶对生；叶柄粗，长1-3.5cm；叶片椭圆形、宽椭圆形或倒卵形，长6-15cm，宽3-8cm，基部宽楔形或圆，边缘基部以上有粗锯齿，先端骤急尖、渐尖或尾状，侧脉6-8对。花序为伞房状聚伞花序，顶生，球形，直径12-20cm，有多数密生的花，其中不育花多数，可育花甚少；花序梗、花序轴和花梗均淡紫红色，疏被短柔毛；不育花：花梗长0.7-1.2cm；被丝托甚短，碟形，长约1mm；萼片4-5，花瓣状，宽卵形、卵形或近圆形，长1-2cm，白色、粉红色、淡紫红色或蓝色；花瓣与萼片同数，菱状卵形，长3-3.5mm，白色，略带淡红色，内凹，先端急尖；退化雄蕊8，略长于花瓣，长3.5-4mm；退化雌蕊有(2-)3枚花柱，花柱侧偏，柱头长圆形；可育花：生于花序上部和

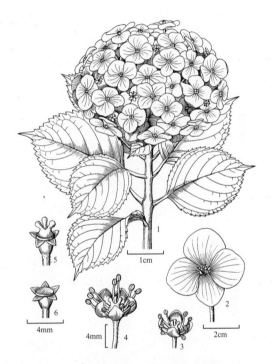

图 210 绣球 Hydrangea macrophylla
1. 分枝的上段、叶及花序；2. 不育花及其花瓣状萼片；3. 不育花，除去花瓣状萼片，示花瓣、退化雄蕊和退化雌蕊；4. 可育花；5. 可育花，除去花冠和雄蕊，示被丝托、萼片、花盘和雌蕊；6. 可育花，除去雌蕊，示花盘。(李志民绘)

顶端；花梗长4-5mm；被丝托淡绿色，倒圆锥形，长约1.5mm，疏被短柔毛；萼片5(-6)，三角形，长1-1.5mm；花瓣与萼片同数，形状和大小与不育花的花瓣相似；雄蕊10，近等长，略长于花瓣；子房下位，花柱(2-)3(-4)，长约1.5mm，侧偏，柱头长圆形。蒴果狭卵球形，有纵棱。花期：3-6月。

产地：东湖公园（王定跃2423）、"花卉世界"（闫斌0904001），本市公园及花圃常有栽培。

分布：山东、河南、安徽、江苏、浙江、江西、福建、台湾、广东、香港、澳门、广西、湖南、湖北、贵州、四川和云南。朝鲜和日本。栽培或野生。

用途：观赏。

在本市常见栽培的还有一栽培品种洋绣球 Hydrangea macrophylla '**Otaksa**'，其主要特征为花序中全部均为不育花，没有可育花，色彩十分丰富（彩片199）。

166. 鼠刺科 GROSSULARIACEAE

文香英

灌木或乔木。单叶，互生或对生，稀轮生；叶片边缘常具齿或掌状分裂，稀全缘；无托叶或有托叶。花2-3朵组成一簇，多簇排列成总状花序状的聚伞圆锥花序，顶生或腋生，稀单花；花两性，稀单性，雌雄异株或杂性；萼片(3-)4-5(-9)，下部合生，覆互状或镊合状排列，有时花瓣状，宿存；花瓣4-5，与萼片互生，覆瓦状、镊合状或捲迭式排列，分离或合生成短筒；雄蕊4-5，着生于花盘上，花药2室，纵裂，有时具退化雄蕊；有花盘；子房下位，半下位或上位，1-6室，胚珠少数至多数，中轴或侧膜胎座，花柱1-6，分离或基部合生，柱头头状。果为蒴果或浆果。种子多数，富含胚乳。

23属，约350种，分布于热带到温带地区，主产南美洲及澳大利亚。我国产3属，75种。深圳有1属，1种。

鼠刺属 Itea L.

灌木或乔木，常绿或落叶。单叶互生，具柄；托叶小，早落；叶片边缘常具腺齿或刺状齿，稀为圆齿或全缘，具羽状脉。花多数，小，白色，辐射对称，两性或杂性，簇生，多簇排列成顶生或腋生的总状花序状的聚伞圆锥花序；萼片5，宿存，基部合生成杯状，与子房贴生；花瓣5，镊合状排列，花期直立或反折，宿存；雄蕊5，着生于花盘边缘而与花瓣互生，花丝钻形，花药卵球形或椭圆体形；子房上位或半下位，具2(-3)心皮，紧贴或仅下部紧贴花盘，花柱单生，有纵沟，或有时中部分离，柱头头状，胚珠多数，两列，生于中轴胎座上。蒴果圆锥状或长椭圆状，先端2裂，基部合生，具宿存的花萼及花冠。种子多数或少数，狭纺锤形，长圆形，扁平；种皮壳质，有光泽；胚大，圆柱形。

约27种，主要分布于东南亚至中国和日本，仅1种产于北美。我国有15种及1变种，分布于西南、东南至南部各省区。深圳有1种。

鼠刺 老鼠刺 Common Itea 图211 彩片200 201

Itea chinensis Hook. & Arn. Bot. Beechey Voy. 189, t. 39. 1833.

灌木或小乔木，高1.5-10m，稀更高。幼枝黄绿色，无毛；老枝棕褐色，具纵棱。叶柄长1-2cm，无毛，上面有浅槽沟；叶片薄革质，倒卵形、椭圆形或长圆状椭圆形，长5-12(-14)cm，宽3-6cm，基部楔形，边缘上部具不明显小圆齿、呈波状或近全缘，先端急尖，下面淡绿色，上面深绿色，两面无毛，中脉下陷，下面明显突起，侧脉4-5对，弧状上弯，在近边缘处相连接。花序为总状花序状的聚伞圆锥花序，腋生，通常短于叶，稀长于叶，长3-7(-9)cm，具多数花；花序梗、花序轴及花梗均被短柔毛；花2-3朵组成简单二歧聚伞花序，生于花序轴的每节上，稀单花；苞片条状钻形，长1-2mm；花梗细，长约2mm；花萼长约2mm，被疏柔毛，萼筒浅杯状，裂片三角状披针形，与萼筒近等长；花瓣白色，披针形，长2.5-3mm，花时直立，顶端稍内弯，无毛；雄蕊与花瓣近等长或稍长于花瓣，花丝有微毛；子房上位，密被长柔毛，柱

图 211 鼠刺 Itea chinensis
1. 分枝的上段、叶及果序(幼)；2. 总状花序；3. 花；4. 蒴果，基部具宿存的花萼及花冠。(肖胜武绘)

头头状。蒴果长椭圆体形，长 6-9mm，被微柔毛，具纵棱。花期：3-5 月，果期：5-12 月。

产地：梧桐山（深圳考察队 138）、大鹏（张寿洲等 011015）、羊台山（深圳植物志采集队 013655），本市各地常见。生于山坡、路边、疏林中、林缘和灌丛中，海拔 900m 以下。

分布：福建、广东、香港、澳门、广西、湖南、云南西北部及西藏东南部。印度、不丹、缅甸、泰国、越南和老挝。

171. 景天科 CRASSULACEAE

李　楠　曾娟婧

多年生、稀一年生或两年生草本，半灌木或灌木。茎、叶通常肉质而肥厚，无毛或被毛。叶对生、互生或轮生，通常单叶，稀羽状复叶；通常无托叶；叶片边缘全缘或具缺刻，少浅裂或羽状分裂。花两性或单性，雌雄异株，辐射对称，通常组成顶生的聚伞花序、穗状花序、总状花序或圆锥花序，稀单花，花的各部分常为 5 基数或为其倍数，少有 3、4 或 6 基数或为其倍数；萼片分离或基部合生；花瓣分离，有时基部合生；雄蕊 1 轮或 2 轮，与花瓣同数或为其两倍，如为同数则与花瓣互生，有时与花瓣或花冠筒部多少贴生或分离，花丝丝状或钻形，少有变宽，花药基着，稀背着，内向开裂；雌蕊由数个心皮组成，心皮分离或基部合生，每心皮基部外侧有鳞片状腺体 1 枚，子房上位，花柱钻形，柱头头状或不显著，胚珠多数，倒生，沿腹缝线排成两行，稀仅 1-2 颗，珠被两层。果为蓇葖果，稀为蒴果，沿腹缝线开裂，有种子数颗至多颗。种子小，种皮具皱纹或具乳头状突起，有肉质胚乳，胚劲直。

约 34 属，1500 多种，广布于非洲、美洲、亚洲和欧洲。但主要分布于温暖而干旱的地区，以非洲南部最为丰富。我国有 13 属，233 种，全国均有分布，西南部种类较多。深圳有 4 属，11 种。

1. 萼片、花瓣、雄蕊、心皮均为等基数 ·· 1. 青锁龙属 Crassula
1. 萼片、花瓣、雄蕊、心皮均不等基数。
　　2. 花 4 基数；花瓣中部及以下合生成管状或钟状 ·························· 2. 伽蓝菜属 Kalanchoe
　　2. 花常 5(-4)基数；花瓣分离或仅在基部合生。
　　　　3. 心皮无柄或基部不为渐狭，基部常合生；种子无翅 ·············· 3. 景天属 Sedum
　　　　3. 心皮有柄，基部渐狭，全部离生；种子有翅 ·············· 4. 八宝属 Hylotelephium

1. 青锁龙属 Crassula L.

肉质灌木或多年生草本，稀一年生草本。叶对生，肉质；叶片边缘全缘或近全缘，无毛或被短柔毛，无柄。聚伞花序顶生，着花多朵，花小，两性；萼片 5，稀 4，分离，稀基部合生；花瓣 5，稀 4，分离，稀基部合生，红色或白色；雄蕊与萼片或花瓣同数，1 轮，着生在花瓣基部，与花瓣互生，花丝丝状，花药卵形，基部着生；心皮与萼片或花瓣同数，分离，每心皮有胚珠多数，胚珠倒生，花柱短，柱头头状。果为蓇葖果，腹缝线开裂。种子多数。

约 200 种，分布热带非洲和欧洲。我国引入栽培约 10 种。深圳栽培有 8 种，本志仅收入栽培较多的 1 种。

玉树 景天树 Arborescent Crassula

图 212　彩片 202

Crassula arborescens Willd. Sp. Pl. **1**(2)：1554. 1798.

常绿灌木，高达 1m。茎、枝、叶均肥厚肉质；茎圆柱形，灰绿色，多分枝。叶无柄；叶片卵形、椭圆形或长椭圆形，有时倒卵形，长 3-3.5cm，宽 1-2cm，

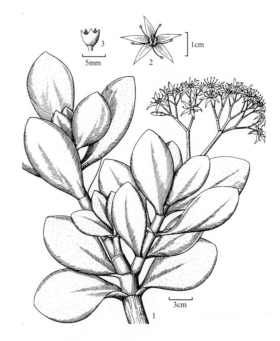

图 212 玉树 Crassula arborescens
1.分枝的一部分、叶及多歧聚伞花序；2.花；3.花萼。（李志民绘）

基部渐狭至圆或截形，边缘全缘，顶端急尖或钝，边缘稍红色，两面深绿色，有光泽，无毛，叶脉不明显。花序为多歧聚伞花序，顶生，着花多朵；花序梗长约7mm；花梗很短；萼片5，分离，卵形，无毛；花瓣5，分离，狭卵形，白色或红色，无毛；雄花5，着生花瓣基部，并与花瓣互生，花丝丝状，花药基部着生；雌蕊由5心皮组成，心皮分离，无毛，每心皮具有多颗倒生胚珠，花柱短，柱头头状。蓇葖果腹缝线开裂。种子多数。花期：夏秋季。

产地：仙湖植物园（李楠 LN-2009-007）。栽培。

分布：原产非洲。现世界热带和亚热带地区广为栽培。我国南方亦普遍栽培。

用途：园林和庭园观赏植物。本种枝、叶翠绿、肉质肥厚，形状酷似翡翠玉佩，故名"玉树"。盆栽枝叶茂盛，丰盈满盆，充满喜庆，故人们又称"发财树"、"富贵树"。适宜盆栽在庭园中摆设，也可地栽。

与本种极为相似的在深圳公园中还栽培有燕子掌 Crassula protulacea L.，区别点在于燕子掌的叶片顶端圆，花白色或淡粉红色。

2. 伽蓝菜属 Kalanchoe Adans.

多年生肉质草本、半灌木或灌木。茎通常直立。叶对生或轮生，生在茎上部的有时为互生；叶片边缘全缘或有时为羽状深裂或奇数羽状复叶，有叶柄或叶基部抱茎。花两性，4基数，直立或下垂，中等大，黄色、红色或紫色，常组成顶生或近顶生的聚伞圆锥花序；萼片分离或基部合生成钟状，通常较花冠短；花冠高脚碟状，花冠筒近4棱，基部膨大而呈坛状，上部渐狭，花冠裂片长过花冠筒；雄蕊8枚，着生于花冠管上部或中部以下，花丝不等长，通常很短；雌蕊由4心皮组成，心皮分离或与花冠的基部合生，向上渐狭成一长或短柱，有胚珠多颗；鳞片状腺体条形或半圆形。果为蓇葖果，有种子多颗。种子椭圆体形。

约125种，产于非洲、亚洲和南美洲。我国有6种（不包括引进栽培的种）。深圳栽培6种。

1. 叶片近圆柱形，具紫褐色斑块，一边有纵槽 ·················· 1. 洋吊钟 K. tubiflora
1. 叶片非上述形状，无紫褐色斑块和纵槽。
 2. 植株具纤匍枝；叶交互对生呈莲座状；花冠白色 ·················· 2. 趣蝶莲 K. synsepala
 2. 植株直立，无纤匍枝；叶交互对生但不呈莲座状；花冠淡红色、红色或紫红色，稀黄色。
  3. 叶片羽状深裂，裂片披针形、边缘全缘或具不规则的钝齿或浅裂；花冠裂片阔卵形 ··················
  ·················· 3. 伽蓝菜 K. ceratophylla
  3. 叶片不分裂，边缘近全缘、具钝齿或浅裂；花冠裂片长卵形或卵状披针形。
   4. 叶片长圆形、倒卵形；花直立；花萼4深裂，雄蕊着生在花冠筒喉部 ·········· 4. 长寿花 K. blossfeldiana
   4. 叶片卵形、卵状长圆形或卵状披针形；花下垂；花萼钟状；雄蕊着生在花冠筒基部。
    5. 叶柄长1.5-4cm；花冠淡红色或紫红色 ·················· 5. 落地生根 K. pinnata
    5. 无叶柄，叶片基部耳状而抱茎；花冠紫色或淡蓝稍带灰色 ········· 6. 大叶落地生根 K. gastonis-bonnieri

1. 洋吊钟 棒叶落地生根 Tube-flowered Kalanchoe   图 213 彩片 203 204

Kalanchoe tubiflora (Harv.) Raym.-Hamet, Beih. Bot. Centrabl. **29** (2)：41. 1912.

Bryophyllum tubiflorum Harv. in Harv. & Sond. Fl. Cap. **2**：380.1862.

Bryophyllum verticillatum (Scott-Elliot) A. Berger in Engl. & Prantl, Nat. Pflanzenfam. ed. 2, **18a**：411. 1930；广东植物志 **3**：43. 1995.

Kalanchoe verticillata Scott-Elliot in J. Linn. Soc. **29**：14. 1981.

多年生肉质草本，全株无毛；茎直立，高达1m，不分枝或从基部分枝，下部匍匐，节上生不定根，有明显的叶痕。叶对生或轮生，无叶柄；叶片近圆柱形，长2.5-15cm，宽4-5mm，淡灰绿色，具紫褐色斑点，一侧有纵槽，顶端常具4小芽，小芽在离开母体前就已生根，落地后能萌生成小植株。花序为顶生的伞房状聚伞圆锥花序，长8-10cm，直径10-20cm；花序梗长2-3cm，花后期长达7-8cm；苞片条状披针形；花长6-7mm，宽约 1.5mm；花梗长 0.5-1cm，开花时下垂；花萼钟状，长 6.5-10cm，裂片 4，窄披针形，长为筒部的 2 倍；花冠橙色或深红色，筒状，长 3-3.5cm，花冠筒基部肿胀，在子房之上收窄之后再扩大，裂片 4，近圆形，长为筒部的 1/2，先端圆，中间有小凸尖；雄蕊 8 枚，一轮，花丝与花冠筒等长，贴生于花冠筒基部；鳞片状腺体长圆形，长约 1mm；雌蕊由 4 心皮组成，心皮离生。花期：10 月至翌年 3 月。

产地：仙湖植物园（陈景方 0904002），深圳各公园、村旁和屋顶均有栽培和逸生。

分布：原产非洲马达加斯加。我国南部各省区有栽培。

用途：为一美丽的观赏植物。适于盆栽或地栽。

2. 趣蝶莲 Walking Kalanchoe　图 214　彩片 205

Kalanchoe synsepala Baker in J. Bot. **20**: 110. 1882.

多年生肉质草本，全株近无毛。主茎短，高 3-8 (-15)cm；从根的顶或叶腋抽出纤匐枝；纤匐枝伏地，无叶，细长，长 15-25cm，顶端长出不定根和叶，最后长成新植株。叶交互对生，在主茎上和纤匐枝顶端密生呈莲座状，近无柄；叶片灰绿色，宽卵形或近圆形，长和宽均约（3-）5-10(-15)cm，基部略收窄而抱茎，边缘紫红色，全缘或有疏浅齿，先端圆，有短尖。简单二歧聚伞花序组成伞房状聚伞圆锥花序，长 15-20cm，生于叶腋生出的细长的分枝顶端；花序梗长约 4-6cm；苞片叶状，宽卵形或近圆形，长和宽均 0.8-1.2cm；花梗长约 4-8mm；花萼钟状，长约 4mm，裂片 4，三角形，长约为筒部的 1/2；花冠白色，高脚碟状，花冠筒长约 1cm，裂片 4，卵状椭圆形，长 6-7cm；开花时反卷；雄蕊 8，排成 2 轮，花丝很短，着生于花冠筒喉部，花药伸出花冠筒之外；雌蕊由 4 心皮组成，心皮分离，稍长于花冠筒，顶部渐狭成花柱。夏季至秋季开花。

产地：仙湖植物园（陈景方 0904001），本市公园或村旁均有栽培。

分布：原产非洲马达加斯加，现世界各地广泛栽培。

用途：观赏。本种植物体的根顶部和叶腋处会生出细而长的纤匐枝，每个纤匐枝顶部都会生出形似蝴蝶的莲座状小植株，其下生有不定根，这些莲座状的小植株像"蝴蝶"一样飞到哪里就在哪里生根长大，所以称之为"趣蝶莲"。

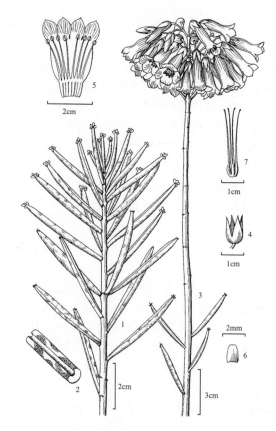

图 213 洋吊钟 Kalanchoe tubiflora
1. 植株的上段、叶及叶顶端的小芽；2. 叶的一部分，示其上面的纵槽及斑点；3. 伞房状聚伞圆锥花序；4. 花萼；5. 花冠展开，示花冠筒部、裂片和雄蕊；6. 心皮基部外侧的鳞片状腺体；7. 由 4 心皮组成的雌蕊。（李志民绘）

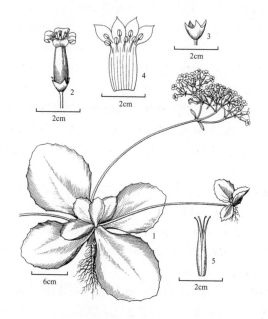

图 214 趣蝶莲 Kalanchoe synsepala
1. 植株、叶、伞房状聚伞圆锥花序、纤匐枝及其顶端的小植株；2. 花；3. 花萼；4. 花冠展开，示花冠筒部、裂片及雄蕊；5. 由 4 心皮组成的雌蕊。（李志民绘）

3. 伽蓝菜 Horny-leaved Kalanchoe 图 215 彩片 206

Kalanchoe ceratophylla Haw. Rev. Pl. Succ. 23. 1821.

Kalanchoe laciniata auct. non.（L.）DC.：广州植物志 122，fig. 47. 1956；海南植物志 **1**：370, fig. 190. 1964；广东植物志 **3**：44，fig. 30, 1-4. 1995；Q. M. Hu in Q. M. Hu & D. L. Wu, Fl. Hong Kong **2**：17. 2008.

多年生肉质草本，全株无毛。茎直立，高可达1m，粗壮，很少分枝。叶对生；叶柄长 2.5-4cm；叶片长 8-18cm，宽 5-15cm，生于茎近顶端的渐小，羽状深裂，裂片披针形，边缘全缘或具不规则的钝齿或浅裂。多歧聚伞花序排成伞房状聚伞圆锥花序，顶生或生于上部叶腋，长 10-30cm；顶生者具多数花，腋生者具 3 至少数花；苞片条形，长 4-6mm；萼片绿色，条状披针形，长 4-7mm，仅基部合生，顶端急尖；花冠高脚碟状，红色或浅红色，稀黄色，长 1.5-2cm，檐部直径约 2cm，筒部肿胀，裂片 4，阔卵形或卵形，长 5-6mm，开展，顶端急尖或钝；雄蕊 8 枚，2 轮，花丝短，着生于花冠筒喉部；鳞片状腺体 4，条形，长 2.5-3mm；心皮 4，离生，披针形，长 5-6mm，花柱长约 3mm。花期：几乎全年。

产地：仙湖植物园（曾春晓等 009730）。栽培。

分布：福建、台湾、广东、香港、海南、广西和云南。印度和亚洲东南部。栽培或逸生。

用途：观赏植物；全株入药，可凉血散瘀、消肿止痛，治跌打损伤、毒蛇咬伤和烫火伤等。

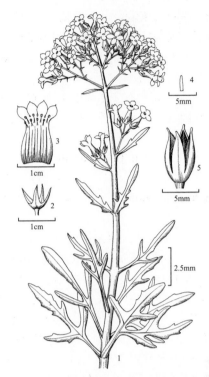

图 215 伽蓝菜 Kalanchoe ceratophylla
1. 植株的一段、叶及伞房状聚伞圆锥花序；
2. 花萼；3. 花冠展开，示花冠筒部、裂片和雄蕊；
4. 生于心皮基部外侧的鳞片状腺体；5. 由 4 心皮组成的雌蕊。（李志民绘）

4. 长寿花 圣诞伽蓝菜 多花伽蓝菜 Longevity Kalanchoe 图 216 彩片 207 208

Kalanchoe blossfeldiana Poelln. in Repert. Spec. Nov. Regni Veg. **35**：159. 1934.

肉质多年生草本，全株无毛。茎直立，有分枝，高 10-40cm。单叶对生；叶柄扁，长 1.5-2.5cm；叶片卵形、长圆形、椭圆形，长 3-8cm，基部圆或宽楔形，边缘有疏圆齿，稀近全缘，先端钝。复二歧聚伞花序排成聚伞圆锥花序，顶生及生于上部叶腋，长 3-5cm，宽 5-7cm，开花延长，至花后期长达 6-8cm，宽达 10-15cm，有多数花；花序梗长 3-4cm，花后期长 6-8cm；苞片条形，长 4-6mm；花梗长 3-5mm；萼片 4，条状披针形，长 5-7mm，仅基部合生；花冠鲜红色，高脚杯状，筒部膨大，长 7-8mm，至檐部之下收窄，裂片 4，长卵形，长 4-5mm，宽约 2mm；雄蕊 8 枚，2 轮，着生在花冠管喉部，花丝短，花药卵形；鳞片状腺体条形；雌蕊由 4 心皮组成，

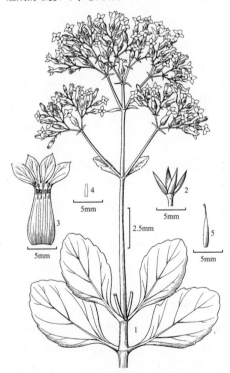

图 216 长寿花 Kalanchoe blossfeldiana
1. 植株的一段及伞房状圆锥花序；2. 花萼；3. 花冠展开，示花冠筒部、裂片及雄蕊；4. 生于心皮外侧基部的鳞片状腺体；5. 4 枚心皮中的 1 枚。（李志民绘）

心皮离生，披针形，花柱丝状。花期：2-5 月。

产地：仙湖植物园（李楠 LN-2009-0027）。本市城乡普遍栽培。

分布：原产马达加斯加，现热带地区多有栽培。我国南北各地均有栽培。

用途：春节时令花卉。

在本市常见栽培的有多个栽培品种，植株有高性和矮性之分；花色有红、紫、粉红、黄和白等多种，十分美丽。这些品种栽培容易，花期甚长，故有"长寿花"之称。

5. 落地生根 Cathedral Bells Air Plant

图 217 彩片 209

Kalanchoe pinnata（L. f.）Pers. Syn. Pl. **1**：446. 1805.

Crassula pinnata L. f. Suppl. Sp. Pl. 191. 1782.

Bryophyllum pinnatum（L. f.）Oken, Allg. Naturgesch. **3**：1966. 1841；广东植物志 **3**：42, fig. 29. 1995.

直立草本，高 0.5-1.5m，全株无毛。茎肉质，圆柱形，中空，有时基部木质化，多少分枝。叶对生，厚肉质，单叶或为羽状复叶而有小叶 3-5 片；叶柄长 1.5-4cm；叶片卵形至卵状长圆形，长 5-12cm，宽 3-8cm，两端圆形或急尖，边缘具圆齿，绿色或有时老叶叶缘紫色，叶片落地后，在圆齿底部生出不定根和芽，芽长大后即可形成新的植株，故称"落地生根"。聚伞圆锥花序腋生，下垂；花大而下垂；花萼钟形，膜质，淡橙红色、淡紫色或淡绿色，长 2.5-4mm，裂片 4，三角形；花冠管状，长 4-5cm，基部肿胀，裂片 4，卵状披针形，淡红色或紫红色；雄蕊 8 枚，着生于花冠筒基部；鳞片状腺体 4，近长方形，长约 1.5mm，宽约 0.8mm。雌蕊由 4 心皮组成，心皮分离。蓇葖果长约 5mm。种子小，有条纹。花期：11 月至翌年 3 月。

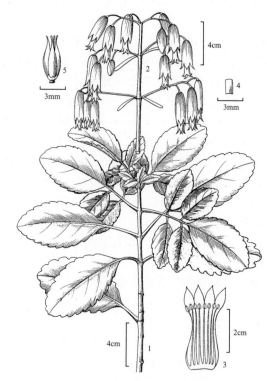

图 217 落地生根 Kalanchoe pinnata
1. 植株上部；2. 聚伞圆锥花序；3. 花冠展开，示花冠筒部、裂片及雄蕊；4. 生于心皮外侧基部的鳞片状腺体；5. 由 4 心皮组成的雌蕊。（李志民绘）

产地：大鹏（张寿洲等 SCAUF1027）、排牙山（王国栋等 6638）、西涌、七娘山，生于阳光充足的岩石旁。深圳各公园或屋旁常见栽培。

分布：原产非洲马达加斯加。我国福建、台湾、广东、香港、澳门、海南、广西和云南等地有栽培或逸化。

用途：叶有清热消肿、拔毒生肌之效，主治跌打损伤、外伤出血、疮痈肿毒、丹毒、急性结膜炎及烫火伤。观赏。

6. 大叶落地生根 Large-leaved Kalanchoe

图 218 彩片 210

Kalanchoe gastonis-bonnieri Raym. -Hamet & H. Perrier in Ann. Sci. Nat. Bot. ser. 9, **16**：364. 1912.

多年生肉质草本，高 0.5-1.5m，全株无毛。茎直立，单生，褐色，不分枝。叶交互对生，常肉质，叶无柄；叶片卵状长圆形或卵状披针形，长 15-23cm，宽 2-8cm，基部耳状而抱茎，先端渐尖，边缘具粗齿或呈波状，叶片落地后，在齿的底部长出不定根和芽，芽长大后，即长成新植株。聚伞圆锥花序顶生；花紫色或淡蓝稍带灰色，下垂；花萼钟状，长 2.5-4mm，萼片，短于花萼管；花冠管状，长 4-5cm，基部膨大，花冠裂片卵状长圆形，短于花冠筒；雄蕊 8，着生于花冠筒基部；雌蕊由 4 心皮组成，心皮离生。蓇葖果长约 5mm。花期：

秋冬季。

产地：东湖公园（王定耀 89500）、深圳市上步区（王定耀 89312）。栽培。

分布：原产马达加斯加。现世界热带地区均有栽培。我国华南地区也有栽培。

用途：叶色鲜绿，花色艳丽，是优良的观赏植物。

3. 景天属 Sedum L.

一年生或多年生肉质草本，通常无毛。主根不发达，根通常纤维状。通常有地下根状茎；茎直立或披散，稀基部木质，有时丛生或呈簇状。叶互生，对生或轮生，叶片边缘全缘或有锯齿，基部通常有距。伞房状聚伞圆锥花序顶生或腋生，常有分枝；花通常两性，稀单性，(3-)5(-9)基数；萼片分离或基部合生；花瓣通常分离或基部稍合生；雄蕊通常为花瓣的 2 倍，排成 2 轮，内轮贴生于花瓣基部或近基部；外轮与花瓣互生；雌蕊由 5 心皮组成，心皮分离或基部合生，外侧基部有鳞片状腺体，鳞片状腺体全缘或顶端微缺。果为蓇葖果。种子多数或少数，光滑或具乳头状突起，稀具条纹。

约 470 种，主产于北半球，一部分种分布于南半球的非洲和南美洲。我国有 125 种。深圳有 3 种。

1. 叶常轮生，至少在茎下部的叶为轮生。
　　2. 叶片倒披针形或椭圆状长圆形 ⋯⋯⋯⋯⋯⋯
　　⋯⋯⋯⋯⋯⋯⋯⋯ **1. 垂盆草 S. sarmentosum**
　　2. 叶片条形或条状披针形⋯⋯⋯ **2. 佛甲草 S. lineare**
1. 叶互生或对生，叶片匙形或条状楔形 ⋯⋯⋯⋯⋯
　　⋯⋯⋯⋯⋯⋯⋯⋯⋯ **3. 东南景天 S. alfredii**

1. 垂盆草 Stringy Stonecrop 图 219

Sedum sarmentosum Bunge in Mém. Acad. Imp. Sci. St. -Pétersb. Sav. Etrang. **2**: 104. 1838.

多年生肉质草本，全株无毛。须根纤维状。茎斜升或匍匐，长 10-25cm，有不育枝和花枝之分；不育枝匍匐，其叶 3 片轮生，密集；叶片长圆形或倒披针形，长 1.5-2.5cm，宽 6-8mm；花枝斜升，在花序以下的节上均生不定根。叶 3 片轮生，较疏，无叶柄；叶片披针形或卵状披针形，长 1.5-2.8cm，宽 3-5mm，基部渐狭，并下延成一宽卵形，长约 1mm 的距，边全缘，先端急尖。聚伞花序疏松，常

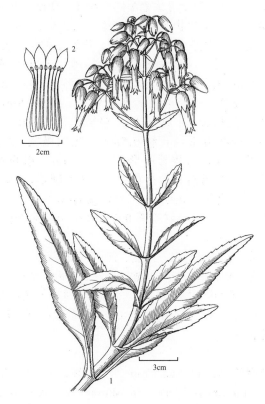

图 218 大叶落地生根 Kalanchoe gastonis-bonnieri
1. 枝的上段、叶及聚伞圆锥花序；2. 花冠展开，示花冠筒部、裂片及雄蕊。（李志民绘）

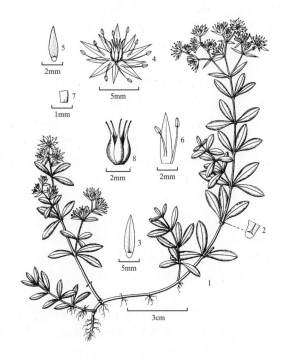

图 219 垂盆草 Sedum sarmentosum
1. 花枝、节上的不定根、叶及伞房状聚伞圆锥花序；2. 叶基部的距；3. 苞片；4. 花；5. 萼片；6. 花瓣与雄蕊；7. 心皮外侧基部的鳞片状腺体；8. 由 5 心皮组成的雌蕊。（李志民绘）

3-5 枚排成顶生的伞房状聚伞圆锥花序，直径 3-6cm，有少数花；苞片叶状，条状长圆形，长 6-8mm，宽 1.5-2mm，基部亦下延成一短距；花近无梗；小苞片与苞片同形，但略小，生于花萼基部；萼片 5，披针形，长 3.5-4mm，每一萼片基部均有一半圆形，长约 0.3mm 的短距；花瓣 5，淡黄色，狭披针形，长 6-8mm，先端外侧具长尖头；雄蕊 10，略短于花瓣；鳞片状腺体 5，楔状方形，长约 0.5mm，先端微凹；雌蕊由 5 心皮组成，心皮长圆形，长 5-6mm，稍开展，基部合生，先端有长宿存花柱。种子卵圆形，无翅，表面有乳头突起。花期：5-7 月，果期：8 月。

产地：仙湖植物园（王晖 0903010），本市各公园或苗圃均有栽培。

分布：吉林、辽宁、河北、河南、山西、山东、安徽、江苏、浙江、江西、福建、广东、广西、湖南、湖北、贵州、四川、甘肃和陕西。朝鲜、日本和越南北部。

用途：可作屋顶绿化、封闭式地被或盆栽；全草药用，能清热解毒。

2. 佛甲草 Needle Stonecrop 图 220 彩片 211
Sedum lineare Thunb. in Murray, Syst. Veg. ed. 14, 430. 1784.

多年生肉质草本，全体无毛。茎纤细，直立或铺散，长 10-20cm，着地部分节上生根。叶 3-4 片轮生，有时生于花茎上部互生，近无柄；叶片条形至条状倒披针形，长 1-2.5cm，宽 1-2mm，基部有短距，先端钝。聚伞花序 2-3 个，排成顶生的伞房状聚伞圆锥花序；无花梗，但花序的中心花有短梗；萼片 5，条状披针形，长 1.5-7mm，基部无距，或有时有短距，先端钝；花瓣 5，黄色，椭圆状披针形，长 4-6mm，宽 1-1.5mm，基部渐狭，先端急尖；雄蕊 10，均较花瓣短；鳞片状腺体楔形至近方形，长约 0.5mm；雌蕊由 5 心皮组成，心皮开展，长 4-5mm，基部合生约 1mm，上部渐狭，花柱短。蓇葖果星状开展，长 4-5mm，先端有短喙。种子卵圆形，具乳头状突起。花期：4-5 月，果期：6-7 月。

产地：本市各公园和村旁常见有栽培。

分布：河南、安徽、江苏、浙江、江西、福建、广东、香港、澳门、湖南、湖北、四川、贵州、云南、甘肃和陕西。日本。

用途：全草药用，有清热解毒之效，用于烫火伤、蛇咬伤、痈肿疔等。该植物耐旱性好，常绿，可作屋顶绿化。

3. 东南景天 Alfred Stonecrop 图 221 彩片 212
Sedum alfredii Hance in J. Bot. 8: 7. 1870.

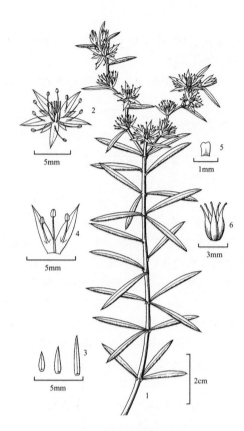

图 220 佛甲草 Sedum lineare
1. 分枝的上段、叶及伞房状聚伞圆锥花序；2. 花；3. 萼片；4. 花瓣与雄蕊；5. 生于心皮外侧基部的鳞片状腺体；6. 由 5 枚心皮组成的雌蕊。（李志民绘）

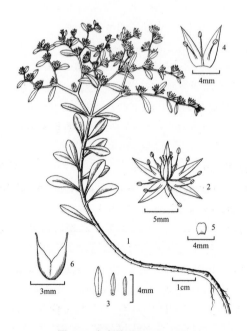

图 221 东南景天 Sedum alfredii
1. 植株、叶及伞房状聚伞圆锥花序；2. 花；3. 萼片；4. 花瓣与雄蕊；5. 生于心皮外侧基部的鳞片状腺体；6. 5 枚心皮中的 2 心皮。（李志民绘）

多年生草本，全体无毛。茎斜升，单生或有时上部有分枝，高 10-30cm，基部节上生根。叶互生，疏离，下部的常脱落，上部的常聚生；叶片倒卵形、匙形至条状楔形，长 1.2-3cm，宽 2-6mm，基部楔形，有短距，距宽三角形，先端急尖或钝，有时有微缺。聚伞花序 3-4 枚排成顶生的伞房状聚伞圆锥花序，直径 5-8cm，具多数花；苞片叶状，较小，长 5-6mm；花无梗；萼片 5，不等长，条状匙形，长 2.5-5mm，宽 1-1.5mm，基部具短距，顶端钝；花瓣 5，黄色，披针形，长 4-6mm，宽 1.5-1.8mm，基部合生，先端急尖，具短尖；雄蕊 10，不等长，对萼片的长约 4mm，生于花瓣近基部，长约 2.5mm；蜜腺鳞片 5，匙状正方形，长约 1.2mm，顶端截形；心皮 5，卵状披针形，连花柱长约 4mm，直立，基部合生。蓇葖果有种子 8-10 颗。种子长圆形，长约 0.6mm，具微细疣状突起。花期：4-5 月，果期：6-8 月。

产地：仙湖植物园（王定耀 89512），本市各公园和村旁有栽培。

分布：安徽、江苏、浙江、江西、福建、台湾、广东、香港、广西、湖南、湖北、四川和贵州。日本、朝鲜。

用途：为观赏植物；全草入药，可治痢疾、外伤出血。

4. 八宝属 Hylotelephium H. Ohba

多年生草本，具块根或纤维根，通常呈胡萝卜状。根状茎短，肉质或木质；新枝不为鳞片包被，自茎基部脱落或宿存而下部木质化，自其上部或旁边发出新枝。叶互生、对生或 3-5 枚轮生，不具距，扁平，无毛。花序顶生，有时近顶生，组成圆锥花序、聚伞花序，伞房花序，有时为伞形花序，花序着花多朵，具苞片；花两性，5 基数，少为 4 基数或退化为单性；萼片通常短于花瓣，基部近合生而不具距；花瓣通常离生，紫色、红色或白色，稀淡黄色或淡绿色；雄蕊 10，较花瓣长或短，对瓣雄蕊着生在花瓣近基部；鳞片状腺体长圆状楔形至条状长圆形，顶端圆或稀有微缺；心皮离生，基部窄，近有柄。果为蓇葖，直立，内具多数种子。种子有狭翅。

约 33 种，分布于亚洲、欧洲和北美。我国有 16 种。深圳有 1 种。

八宝 Stonecrop　　　　　　　图 222

Hylotelephium erythrostictum（Miq.）H. Ohba in Bot. Mag.（Tokyo）**90**: 50. 1977.

Sedum erythrostictum Miq. in Ann. Mus. Bot. Lugd. -Bat. **2**: 155. 1865.

多年生草本，全株无毛。块根胡萝卜状。茎直立，高 30-70cm，不分枝。叶对生，少互生或 3 叶轮生，无叶柄；叶片长圆形或卵状长圆形，长 4.5-7cm，宽 2-3.5cm，粉绿色，基部渐狭，边缘具锯齿，先端急尖或钝。伞房花序数枚，排成顶生的伞房状圆锥花序，具多数密生的花；茎下部的花序的花序梗长 4-5cm，上部花序的花序梗渐变短；苞片长圆形，长 5-6mm，宽 1.5-2mm，花后脱落；花梗长 3-4mm；萼片 5，披针形，长 2-2.5mm，基部合生；花瓣 5，分离，白色或粉红色，披针形，长 4-5mm，先端急尖；雄蕊 10 枚，与花瓣等长或稍短，花药紫色，长约 0.5mm；鳞片状腺体 5，长圆状楔形，长 1mm，顶端微缺；心皮 5，直立，

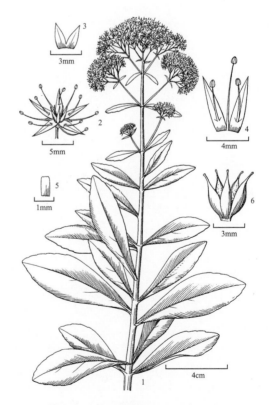

图 222 八宝 Hylotelephium erythrostictum
1. 分枝的上段及伞房状圆锥花序；2. 花；3. 萼片；4. 花瓣与雄蕊；5. 生于心皮外侧基部的鳞片状腺体；6. 由 5 枚心皮组成的雌蕊。（李志民绘）

分离。种子狭长圆形，长约 0.7mm，有狭翅。花期：8-10 月，果期：10-11 月。

产地：四季青鲜花公司苗圃（余俊杰 2459），本市各公园均有栽培。

分布：吉林、辽宁、河北、河南、山东、安徽、湖北、贵州、四川、陕西和山西。台湾、广东、广西和云南有栽培。朝鲜、日本和俄罗斯。

用途：全草药用，有清热解毒、散瘀消肿之效，治喉炎、热疖及跌打；为常见的观赏植物。

173. 虎耳草科 SAXIFRAGACEAE

谷粹芝

多年生,稀一年生草本、灌木、小乔木或藤本。单叶或复叶,对生、互生或全部基生;有或无托叶;有柄或无柄;叶片边缘具锐齿或全缘,具羽状或掌状脉。花通常两性,稀单性,下位或上位,稀周位,辐射对称,稀两侧对称,多朵组成聚伞花序、总状花序、稀圆锥花序或单生;有苞片;萼片(3-)5(-10),覆瓦状排列或镊合状排列;花瓣与萼片同数而互生,分离,覆瓦状排列或席卷状排列;雄蕊(4-)5-10(-14),花丝分离,花药2室,有时具退化雄蕊;雌蕊由2-4,稀7心皮构成,子房上位、半下位至下位,1室,为边缘胎座,或多室而为中轴胎座,胚珠多数,花柱分离或多少合生。果为蒴果、浆果、小蓇葖果或核果。种子具丰富的胚乳,稀无胚乳。

约80属,1200余种,全世界均有分布,但主要分布于北半球高山地区。我国产29属,545种。深圳有2属,2种(其中1种为栽培种)。

1. 花数朵组成聚伞花序,稀单花;心皮2;雄蕊10;无退化雄蕊 ······ 1.**虎耳草属 Saxifraga**
1. 花单生于茎顶;心皮5;雄蕊5,有退化雄蕊 ······ 2.**梅花草属 Parnassia**

1. 虎耳草属 Saxifraga L.

多年生,稀一年生或二年生草本。茎通常丛生或单一。叶为单叶,基生或兼有茎生;茎生叶通常互生,偶对生;有叶柄或无;叶片全缘,具锯齿或分裂。花数朵组成聚伞花序,稀单花;两性,偶为单性,辐射对称,稀两侧对称;有苞片和花梗;萼片(4-)5(-7或-8);花瓣(4-)5,白色、黄色、紫红色、紫色或红色,通常全缘;雄蕊(8-)10,花丝线状、钻状或棒状,花药2室;雌蕊由2心皮构成,子房上位或半下位,通常下部或基部合生,稀近离生,2室,中轴胎座,有时1室而为边缘胎座,胚珠多数,花柱离生,直立或花后叉开,蜜腺生于子房基部或花托周围。果通常为蒴果,稀为蓇葖果,顶端具喙。种子多数,平滑或具小突起。

约450种,主要分布于亚洲、欧洲和北美洲的高山地区以及南美洲的安第斯山。我国产216种。深圳有1种(栽培)。

虎耳草 Creeping Rockfoil   图223 彩片213
Saxifraga stolonifera Curtis in Philos. Trans. **64**(1):308, no. 2541. 1774.

Saxifraga stolonifera Meerb. Afbeeld. t. 23. 1775 (non Curtis 1774.);广东植物志 **3**:59. 1995.

多年生草本,高8-45cm。匍匐茎细长,密被卷曲长腺毛和鳞片状叶;茎被长腺毛,有1-4枚苞片状叶;基生叶数个,具长柄;叶柄长2-10cm,具不等长的腺毛;叶片近心形、肾形至扁圆形,长1.5-7cm,宽2.5-7cm,下面通常红色,散生短、硬而微弯曲之毛,上面绿色,有斑点,散生长而弯曲之毛,掌状脉达边缘,基部近圆形至心形或截形,边缘有不规则的锯齿并浅裂,并有腺毛,先端钝或急尖;茎生叶叶片披针形,

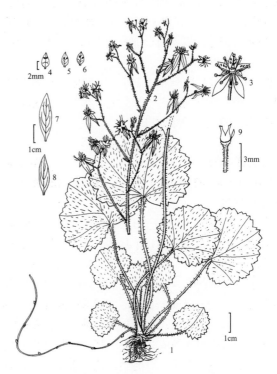

图 223 虎耳草 Saxifraga stolonifera
1. 植株;2. 聚伞圆锥花序;3. 花;4-8. 不同大小的花瓣;9. 花梗、蜜腺和雌蕊。(刘平绘)

长约 6mm，宽约 2mm。花多数，排成聚伞圆锥花序；花序梗、花序的分枝和花梗均被腺毛；苞片和小苞片均披针形或卵状披针形，边缘有腺毛；花梗长 1-1.2cm；花两侧对称；萼片 5，卵形，长 2-3.5mm，开展或反折，边缘有腺毛，下面被褐色腺毛；花瓣 5，白色或带紫色，中上部具紫红色斑点，其中 2 枚较大，披针形至长圆形，长 0.6-1.5cm，宽 2-4mm，基部具长 0.3-0.8mm 之瓣柄，先端急尖，具羽状脉，另 3 枚短小，卵形，长 2-4.4mm，宽 1.3-2mm，基部具长 0.1-0.6mm 之瓣柄；雄蕊长 4-5mm，花丝棒状，心皮 2，下部合生，子房卵球形，具 1 半环形的蜜腺，花柱 2，叉开。蒴果卵球形，无毛。花期：3-4 月，果期：4-5 月。

产地：仙湖植物园（曾春晓等 0163），本市各公园常见栽培。

分布：河北、河南、安徽、江苏、浙江、江西、福建、台湾、广东、香港、澳门、广西、湖南、湖北、云南东部和西南部、贵州、四川东部、甘肃和陕西。日本和朝鲜。

用途：适植于庭园或公园，供观赏。

2. 梅花草属 Parnassia L.

多年生草本，具粗壮合轴根状茎和较多细长之根。茎（花葶）1 至数条，常在中部具 1 或 2 至数叶，稀无叶。基生叶 2 至数片呈莲座状；托叶膜质；叶柄较长；叶片全喙；茎生叶 1 至数枚或不存在，无柄，常半抱茎。花单生茎顶；被丝托（hypanthium 是花托与花被基部和雄蕊群基部愈合而成的结构）与子房分离或与子房下部贴生；萼片 5，覆瓦状排列；花瓣 5，覆瓦状排列，白色、淡黄色，稀淡绿色，边缘流苏状、啮蚀状或全缘；雄蕊 5，与萼片对生，少数种类有药隔伸出形成一披针形的附属体，退化雄蕊 5，与花瓣对生，形状多样，如呈柱状，则顶端不裂，如呈扁平状，则顶端 3-5(-7)浅裂至中裂，稀深裂或 5-7 齿，如呈多枝状，则具 2-3-5 或 7-13(-23)枝，并在顶端带腺体；雌蕊 1，子房上位或半下位，1 室，边缘胎座，胚珠多数。果为蒴果。有时有纵棱，室背开裂为 3-4 裂瓣。种子多数，很小，长 1-2mm，褐色，倒卵圆形或长圆形；种皮薄，膜质，网状，平滑，胚乳薄或缺。

约 70 余种，分布于北温带高山地区，亚洲东南部和中部较为集中，其次为北美洲，极少数分布到欧洲。我国产 63 种。深圳有 1 种。

鸡眼梅花草 Wight's Parnassia   图 224

Parnassia wightiana Wall. ex Wight. & Arn. Prodr. 35. 1834.

多年生草本，高 18-24(-30)cm。根状茎粗大，块状。茎 2-4(-7)，近中部或偏上具 1 片茎生叶。基生叶 2-4，具长柄；托叶膜质，大部分贴生于叶柄，边缘有疏的流苏状毛，早落；叶柄长 3-10(-13)cm，扁平；叶片宽心形或肾形，长 2.5-4(-5)cm，宽 3.8-5.5cm，有 7-9 条脉，基部深心形至浅心形、截形或近截形，边缘全缘，向外反卷，先端圆、钝或有突尖。茎生叶与基生叶同形，但有时较小，无柄，半抱茎。花单生于茎顶，直径 2-3.5cm；被丝托短陀螺状；萼片卵状披针形或卵形，长 5-9mm，宽 3-3.5mm，主脉明显，两面密被紫褐色

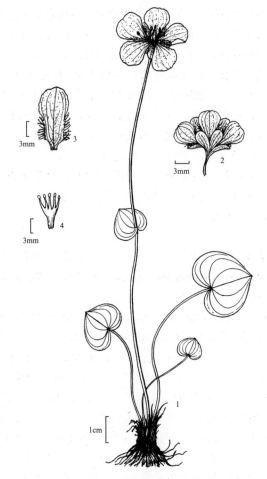

图 224 鸡眼梅花草 Parnassia wightiana
1. 植株；2. 花的侧面观；3. 花瓣；4. 退化雄蕊。（刘平绘）

小点,基部有数个锈色的附属物,边缘全缘,先端钝;花瓣白色,长圆形、倒卵形或似琴形,长0.8-1.1cm,宽4-9mm,基部楔形,具1.5-2.5mm长之瓣柄,边缘下半部(不包括瓣柄)长流苏状,上半部波状或啮蚀状,稀缺刻状;雄蕊5,花丝长5-7mm;退化雄蕊5,扁平,长3-5mm,5浅裂至中裂,裂片深度不超过1/2,偶在裂片顶端有不明显腺体;子房倒卵球形,被褐色小点,花柱长约1.5mm,柱头3裂。蒴果倒卵球形,直径约0.5mm,褐色,有多数种子。种子长圆形,表面具细网纹。花期:7-10月,果期:11月至翌年1月。

产地:三洲田(深圳考察队102)。生于沼泽地,海拔350-750m。

分布:广东、广西、湖南、湖北、贵州、云南、西藏、四川和陕西。不丹、印度北部、尼泊尔和泰国北部。

174. 蔷薇科 ROSACEAE

谷粹芝

草本、灌木或乔木，落叶或常绿。茎直立，稀匍匐、攀援、平卧或斜升，有刺或无刺；冬芽通常具数枚外露的鳞片，稀仅具2枚鳞片。叶为单叶或复叶，互生，稀对生；有托叶，稀无托叶；有叶柄，叶柄无腺体或有腺体；叶片通常边缘具齿或全缘。花序多样，为伞形花序、复伞形花序、伞房花序、复伞房花序、总状花序、圆锥花序或聚伞圆锥花序，稀单花；花两性，稀单性，辐射对称；被丝托（hypanthium，是由花托、花被基部和雄蕊群基部愈合而成的结构）通常为杯状、钟状、碟状、坛状或圆锥状；萼片5，稀较少或较多，覆瓦状排列；苞片通常与萼片互生；花瓣5，覆瓦状排列，极稀无花瓣；花盘圆环状；雄蕊通常多数，稀少数，花丝分离，极稀合生，花药小，2室；心皮1至多数，分离或近合生，子房下位、半下位或上位，每室具2胚珠，极稀具1或3至数个胚珠，胚珠侧生或叠生，花柱与心皮同数，顶生、侧生或基生，基部离生或合生。果为蓇葖果、瘦果（单室、单种子、不开裂的小干果，种子仅在珠柄基部与果皮相连）、核果、梨果（一种假果，即除子房本身外，还有被丝托和花萼参与形成的果）、蔷薇果（由多数或少数木质的瘦果着生在肉质、膨大的被丝托内而形成的果）或聚合果（是由一朵花若干离生心皮形成的一簇或一组小型的肉质果），稀为蒴果。种子直立或下垂，有时有翅，通常无胚乳，稀有很薄的胚乳，子叶大，多为肉质。

约95-125属，2825-3500种；分布至全世界，以北温带为最多。我国约有55属，950种。深圳有17属，42种（包括栽培种）。

本科含有多种经济价值很高的植物，温带著名水果属于本科者居多，如苹果、沙果、海棠果、梨、李、桃、杏、樱桃、山楂、枇杷、草莓等，并且还有很多优良的栽培品种，我国和世界各地均普遍栽培。不少种类的果实富含维生素C、糖和有机酸等，除生食外常作果干、果脯、果酱、果酒、果汁、果丹皮等；桃仁、杏仁、扁核木仁都是著名的干果，也可利用榨取油料。本科也含有很多的著名观赏植物，如梅、月季花、香水月季花、玫瑰花、蔷薇、海棠花、樱花、碧桃、白鹃梅、珍珠梅、绣线菊和花楸属等，其花色鲜艳，果实红色，甚为美丽，我国各地常见栽培，用于点缀美化庭园，在世界各地庭园中也占有重要地位。龙芽草、翻白草、蛇莓、郁李仁、金樱子、木瓜等均可入药。玫瑰花、月季花、香水月季花等的花均可提取芳香挥发油。

1. 果为蓇葖果；心皮(3-)5(-8)，离生，果期沿腹缝线开裂；子房上位；无托叶 ············· **1. 绣线菊属 Spiraea**
1. 果不为蓇葖果，不开裂；通常有托叶。
  2. 果实为梨果；子房半下位或下位。
    3. 子房半下位；梨果较小，顶端或1/3部分与被丝托分离 ···························· **2. 石楠属 Photinia**
    3. 子房下位，梨果大或较小，全部与被丝托贴生。
      4. 花多数，排成圆锥花序或总状花序。
        5. 果期萼片宿存；花序圆锥状，稀总状；心皮2-5 ·················· **3. 枇杷属 Eriobotrya**
        5. 果期萼片脱落，顶端留有圆环形痕迹或浅窝；花序总状，稀圆锥状；心皮2(-3) ······ **4. 石斑木属 Rhaphiolepis**
      4. 花少数，排成伞形总状花序 ·· **5. 梨属 Pyrus**
  2. 果不为梨果；子房上位。
    6. 雌蕊2或多数；果为瘦果或聚合果。
      7. 草本植物。
        8. 雌蕊2；花排成总状花序；被丝托外面有棱，顶端有数层钩刺 ············· **6. 龙芽草属 Agrimonia**
        8. 雌蕊多数；花不排成总状花序；被丝托外面无棱亦无钩刺。
          9. 花排成聚伞花序或聚伞圆锥花序；稀单花；花托在果期不增大，干燥；叶为奇数羽状复叶或掌状复叶 ······························ **7. 委陵菜属 Potentilla**
          9. 花排成聚伞花序、伞房花序或单花；花托在果期增大，肉质；叶为三出复叶，稀为5出复叶。

10. 花排成聚伞花序或伞房花序；花冠白色；苞片比萼片小 ·············· 8. 草莓属 Fragaria

10. 花单生；花冠黄色；苞片比萼片大 ··· 9. 蛇莓属 Duchesnea

7. 木本植物。

11. 果为小核果或核果状瘦果，多数稀少数，分离，着生于半球形、椭圆体形或圆筒形的花托上，组成聚合果；叶为单叶、掌状复叶或奇数羽状复叶·············· 10. 悬钩子属 Rubus

11. 果为瘦果，多数稀少数，着生于肉质的被丝托内，组成蔷薇果；叶为奇数羽状复叶，稀为单叶 ··· 11. 蔷薇属 Rosa

6. 雌蕊 1；果为核果。

12. 花瓣和萼片小型，常不易区分；萼片 5-10(-12)；叶片边缘全缘；核果多为横向长圆体形至椭圆体形 ·· 12. 臀果木属 Pygeum

12. 花瓣和萼片均为大型，各 5；叶片边缘有各式锯齿，稀全缘；核果非上述形状。

13. 幼叶常为席卷状，少数为对折状；果有沟，外面被毛或被蜡粉。

14. 侧芽 3，中间为叶芽，两侧为花芽，有顶芽；花常无梗，稀有梗；子房和果实常被短柔毛，极稀无毛；核常有孔穴，极稀平滑 ···················· 13. 桃属 Amygdalus

14. 侧芽单生，无顶芽；核常平滑或有不明显孔穴。

15. 子房和果常被短柔毛，无蜡粉；花常无梗或有短梗 ·············· 14. 杏属 Armeniaca

15. 子房和果均无毛，常被蜡粉；花常有梗 ····························· 15. 李属 Prunus

13. 幼叶常为对折状；果无沟，外面无蜡粉。

16. 叶凋落；花数朵组成伞形花序、伞房花序或短总状花序 ··········· 16. 樱属 Cerasus

16. 叶常绿；花数朵组成总状花序 ························· 17. 桂樱属 Laurocerasus

1. 绣线菊属 Spiraea L.

落叶灌木。枝直立、拱曲或呈之字形弯曲，稀平卧；冬芽小，具 2-8 枚外露的鳞片。叶为单叶，互生；无托叶；通常具短柄；叶片边缘具齿或缺刻，稀分裂，偶全缘，具羽状脉或 3-5 基出脉。花两性，稀杂性，偶有单性，排成伞形花序、伞形总状花序、伞房花序、复伞房或圆锥花序；被丝托钟状或杯状；萼片 5，镊合状或覆瓦状排列，通常稍短于被丝托；花瓣 5，覆瓦状或螺旋状排列，长于萼片；雄蕊 15-60；生于花盘和萼片之间，花盘环状，通常浅裂；心皮(3-)5(-8)，离生，子房上位，每室有胚珠(2-)数个，胚珠下垂，花柱顶生或近顶生，柱头头状或盘状。果为骨葖果，沿腹缝线开裂，内具数粒细小的种子。种子条形至长圆形，小，种皮膜质，胚乳少或无。

约 80 至 120 种，分布北半球温带向南延伸至亚热带山区。我国有 70 种。深圳有 2 种（栽培）。

1. 花序为复伞房花序；叶片长圆状披针形，边缘有锐尖的重锯齿，先端短渐尖 ··· 1. 光叶粉花绣线菊 S. japonica var. fortunei

1. 花序为伞形花序；叶片菱状披针形至菱状长圆形，边缘中部以上有缺刻状锯齿，中部以下全缘，先端急尖 ··· 2. 麻叶绣线菊 S. cantoniensis

1. 光叶粉花绣线菊 Fortune's Japanese Spiraea 图 225

Spiraea japonica L. f. var. **fortunei**（Planch.）Rehd. in Bailey, Cycl. Amer. Hort. **4**：1703. 1902.

Spiraea fortunei Planch. Fl. Serres Jard. Eur. **9**：35. 1853

直立灌木，高可达 1.5m。小枝褐色或紫褐色，无毛或幼时被微柔毛；冬芽卵球形，长 3-5mm，芽鳞被微柔毛。叶柄长 1-3mm，被短柔毛；叶片长圆状披针形，长 5-10cm，宽 1-3cm，下面色淡或有白霜，沿脉有短柔毛，上面无毛或沿脉有短柔毛，基部楔形，边缘有锐尖的重锯齿，先端短渐尖。花多数，密集，排成复伞房花序，生于当年生新枝顶端，直径 4-8cm；花序梗、花序轴和花梗均密被短柔毛；苞片披针形至条状披针形，长可达1cm，外面被短柔毛；花梗长 4-6mm；花直径 4-7mm；被丝托钟状，外面疏被短柔毛；萼片三角形，长 1.5-2mm，先端急尖，内面近先端有短柔毛，果期直立；花瓣粉红色，卵形至圆形，长 2.5-3.5mm；雄蕊 25-30，远长于花瓣；花盘环形，有不规则细圆齿；花柱顶生，稍斜展。蓇葖果半开展，无毛或沿腹缝线有疏柔毛。花期：6-7月。

产地：仙湖植物园（曾春晓等 0020），本市各公园时有栽培。

分布：山东、河南、安徽、江苏、浙江、江西、福建、广东、广西、湖南、湖北、四川、贵州、云南、甘肃和陕西。

用途：供观赏。

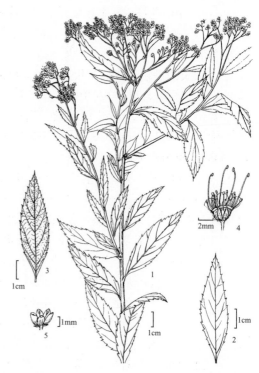

图 225 光叶粉花绣线菊 Spiraea japonica var. fortunei
1. 枝的上段，叶和复伞房状花序；2. 叶片上面；3. 叶片下面；4. 花纵剖面，示被丝托、雄蕊和雌蕊；5. 蓇葖果。（刘平绘）

2. 麻叶绣线菊 Reeves' Spiraea 图 226

Spiraea cantoniensis Lour. Fl. Cochinch. 1: 322. 1790.

灌木，高达 1.5m。小枝圆柱形，细，拱形弯曲，幼时红褐色，老枝灰褐色，无毛或疏被短柔毛；冬芽小，卵球形，有数枚外露的鳞片，无毛。叶柄长 4-7mm，无毛；叶片菱状披针形至菱状长圆形，长 3-5cm，宽 1.5-2cm，两面无毛，下面灰蓝色，上面暗绿色，具羽状脉，基部楔形，边缘近中部以上有缺刻状锯齿，以下全缘，先端急尖。花多数，排成伞形花序；花序梗、花序轴和花梗均无毛；苞片条形至披针形，长 2-3mm，无毛；花梗长 0.8-1.4cm；花直径 5-7mm；被丝托钟状，无毛或外面微被柔毛；萼片三角形或卵状三角形，长 1-1.5mm，宽 1.5-2mm，先端急尖或短渐尖，果期直立；花瓣白色，近圆形或倒卵形，长 3-4mm，顶端微凹或钝；雄蕊 20-28，稍短于或近等长于花瓣；花盘圆环形，浅裂，裂片不等大，近圆形，顶端微凹；花柱顶生，短于雄蕊。蓇葖果直立，微开展，无毛。花期：2-5月，果期：7-9月。

产地：仙湖植物园（李沛琼 4144），本市各公园时有栽培。

分布：原产于江西北部。我国各地常见栽培。日本也有栽培。

用途：花色洁白，花朵密集，甚为美丽，常在庭园栽培供观赏。

图 226 麻叶绣线菊 Spiraea cantoniensis
1. 分枝的一段、叶及伞形花序；2-4. 叶片；5. 花的纵切面，示被丝托、花瓣、花盘、雄蕊和雌蕊。（刘平绘）

2. 石楠属 Photinia Lindl.

落叶或常绿乔木或灌木。冬芽小，具少数覆瓦状排列的鳞片。单叶，互生；托叶存在，通常钻形；叶柄短；叶片革质或纸质，侧脉羽状弓形，边缘具齿，稀全缘。花多数排成顶生的伞形花序、伞房花序或复伞房花序，稀为聚伞花序，少有2或3朵簇生或单生；被丝托杯状、钟状或筒状；萼片5，短小，宿存；花瓣5，在芽中覆瓦状或卷旋状排列，基部有爪；雄蕊通常20；心皮(1-)2-5；子房半下位，仅先端1/3部分与被丝托分离，(1-)2-5室，每室2胚珠，花柱(1-)2-5，离生或基部合生。果为梨果，球形、卵球形或椭圆体形，微肉质；宿存萼片内弯；心皮坚脆或膜质，每室有1-2种子。种子直立，种皮革质，子叶平凸。

约60种，分布于亚洲东部、南部和东南部。我国产43种。深圳有2种和1变种。

该属植物花序密集，夏天开放白色花朵，秋季结成多数红色果实，甚为美丽，常供观赏；木材坚硬，可做家具和农具等用材。

1. 叶在冬季凋落；花序梗和花梗均轮生，在果期有明显疣点 ┄┄┄┄┄┄┄┄┄┄┄ 1. **闽粤石楠 P. benthamiana**
1. 叶常绿；花序梗和花梗均互生，在果期无疣点。
  2. 叶片下面有黑色腺点；花序梗、花梗以及被丝托外面均被灰白色茸毛；叶片长圆形、倒卵形或长圆状椭圆形 ┄┄┄┄┄┄┄┄┄┄┄┄┄┄┄┄┄┄┄┄┄┄┄┄┄┄┄┄┄┄ 2. **饶平石楠 P. raupingensis**
  2. 叶片下面无腺点；花序梗、花梗以及被丝托外面均近无毛；叶片倒卵形或倒披针形 ┄┄┄┄┄┄┄┄┄┄┄┄┄┄┄┄┄┄┄┄┄┄┄┄┄┄┄┄┄┄ 3. **脱毛石楠 P. lasiogyna** var. **glabrescens**

1. **闽粤石楠** Bentham's Photinia 图227 彩片214 215
Photinia benthamiana Hance in Ann. Sci. Nat. Bot. Sér. 5, **5**: 213. 1866.

落叶灌木或小乔木，高3-10m。小枝幼时暗红褐色或紫褐色，密被灰色柔毛，以后毛脱落，老时灰黑色；冬芽窄卵圆形，长3-5mm，先端急尖，鳞片褐色，被长柔毛。叶柄长0.3-1cm，被灰色长柔毛；叶片纸质，倒卵状长圆形、长圆状披针形至窄披针形，长5-11cm，宽2-5cm，侧脉5-8对，幼时两面疏被灰色长柔毛，后变无毛或仅下面沿脉疏被长柔毛，基部渐窄或呈宽楔形，边缘有疏锯齿，先端急尖或钝。复伞房花序顶生，直径5-7cm，具多数花；花序梗和花梗均轮生，被灰色长柔毛，果期有明显的疣点；苞片钻形，长2-4mm，被长柔毛；花梗长3-5mm；花直径7-8mm；被丝托杯状，长3-4mm，外面被长柔毛；萼片三角形，长1-1.5mm；花瓣白色，倒卵形或近圆形，长3-4mm，外面无毛或被微柔毛，顶端渐尖或微凹；雄蕊20，几与花瓣等长或微短于花瓣；子房2或3室，花柱2或3，基部合生。果实卵球形或近球形，长4-6mm，直径3-5mm，散生带黄色柔毛。花期：3-5月，果期：7-12月。

图 227 闽粤石楠 Photinia benthamiana
1. 分枝的一部分、叶及伞房花序；2. 叶；3. 花的纵切面，示被丝托、花瓣、雄蕊和雌蕊；4. 果；5. 果的横切面。
（刘平绘）

产地：马峦山（张寿洲等1497）、排牙山（张寿洲等2183）、三洲田、梧桐山（张寿洲等3011）。生于密林中水沟边、疏林、灌丛或杂木林中，海拔 50-350m。

分布：浙江、福建、广东、香港、海南、广西、湖南、湖北和云南。老挝、泰国和越南。

2. 饶平石楠 Rauping Photinia 图 228 彩片 216 217
Photinia raupingensis K. C. Kuan in Acta Phytotax. Sin. 8: 228. 1963.

常绿灌木或小乔木，高 3-5m。小枝紫褐色，密被长柔毛，后渐变无毛。叶柄长 0.8-1.5cm，通常无毛；叶片革质，长圆形、倒卵形或长圆状椭圆形，长 4-8cm，宽 2-3cm，下面具黑色腺点，中脉突起，幼时散生长柔毛，以后变无毛，上面中脉下陷，无毛，侧脉 12-17 对，基部楔形，边缘有小锯齿，近基部全缘，先端急尖或圆钝。复伞房花序顶生，直径 3-7cm，具多数密集的花；花序梗、花序轴和花梗均密被灰白色茸毛，果期无疣点；苞片钻形或条形，长 3-4mm，亦被灰白色茸毛；花直径 7-8mm；被丝托钟状，长 1-2mm，外面密被灰白色茸毛；萼片三角形，长 1-1.5mm，先端急尖；花瓣白色，倒卵形，长 2-3mm，基部被茸毛，先端钝；雄蕊 20，短于花瓣；子房 2 室，顶端疏被毛，花柱 2，基部合生。果红色，卵球形，长 5-6mm，直径 3-4mm。种子带褐色，卵球形，长约 2mm。花期：3-4 月，果期：5-12 月。

产地：七娘山（张寿洲等 0330）、排牙山、盐田（王定跃 1542）、梧桐山（张寿洲等 0556）。生于海岸灌丛中、山坡、山沟和山谷密林中或林缘，海拔 30-800m。

分布：广东、香港、广西。

3. 脱毛石楠 Shed Photinia 图 229
Photinia lasiogyna（Franch.）Schneid. var. **glabrescens** L. T. Lu & C. L. Li in Acta Phytotax. Sin. 38（3）：278. 2000.

常绿灌木或小乔木，高 1-5m。小枝紫褐色，幼时疏被短柔毛，后毛逐渐脱落，老时近无毛，具黄褐色皮孔。叶柄长 1.5-1.8cm，幼时微被短柔毛，不久即变无毛；叶片革质，倒卵形或倒披针形，长 5-10cm，宽 2.5-3.5cm，两面无毛，或下面幼时沿脉疏被短柔毛，上面有光泽，侧脉 9-11 对，基部楔形或渐窄狭，边缘有不明显锯齿，先端钝或骤急尖。花序为顶生复伞房花序，直径 3-5cm；花序梗、花序轴和花梗幼时均被极疏茸毛状柔毛，不久即变无毛，果期无疣点；苞片钻形，长 1-2mm；花梗长 3-4mm；花直径 0.6-1.2cm；被丝托杯状，与萼片的外面均无毛；萼片宽三角形；花瓣白色，倒卵形，长 4-6mm，宽 3-4mm，基部有短爪；雄

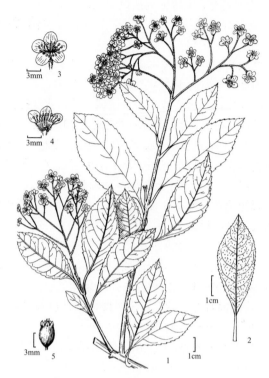

图 228 饶平石楠 Photinia raupingensis
1. 分枝的一部分、叶及复伞房花序；2. 叶；3. 花；4. 花的纵切面，示被丝托、花瓣、雄蕊和雌蕊；5. 果。（刘平绘）

图 229 脱毛石楠 Photinia lasiogyna var. glabrescens
1. 分枝的一部分、叶及复伞房花序；2. 叶；3. 花的纵剖面，示被丝托、花瓣、雄蕊和雌蕊；4. 果。（刘平绘）

蕊 20，短于花瓣；子房顶端被短柔毛，2 或 3 室，花柱 2-4，基部合生。果红色，倒卵球形，直径 4-5mm，成熟时红色，有明显的皮孔。花期：4-6 月。

产地：三洲田（深圳考察队 315）。生于河边，海拔 450m。

分布：广东、广西、云南、四川、湖南、江西、福建和浙江。

3. 枇杷属 Eriobotrya Lindl.

常绿乔木或灌木。叶为单叶，互生；托叶早落；通常有叶柄或近无柄；叶片边缘有锯齿或全缘，具明显的羽状脉及网脉，侧脉直行或弓形。花序为顶生的圆锥花序，稀为总状花序，具多数花；被丝托杯状或倒圆锥状；萼片 5，宿存；花瓣 5，白色或黄色，倒卵形或圆形，基部有短爪；雄蕊 20；子房下位，与被丝托贴生，2-5 室，每室具 2 胚珠，花柱 2-5，基部合生，并常被毛。果为梨果，肉质或干燥，顶端有内弯的宿存萼片，内果皮膜质。种子 1-2，大，褐色。

约 30 种，分布亚洲东部和东南部。我国有 14 种。深圳有 3 种，其中 1 种为栽培种。

1. 叶柄短或近无柄，长 0.6-1cm，密被棕色茸毛；叶片下面密被棕色茸毛，老时毛变稀，基部边缘全缘，上部边缘有疏锯齿 ·· 1. 枇杷 E. japonica

1. 叶柄长 1.5-3（-4）cm，幼时被棕色短柔毛，以后变无毛；叶片幼时两面密生短柔毛，以后变无毛。

   2. 叶片长圆状椭圆形，侧脉 9-11 对，边缘近先端有疏锯齿，以下全缘；花柱 4-5 ························· ·· 2. 香花枇杷 E. fragrans

   2. 叶片长圆形、长圆状披针形或长圆状倒披针形，侧脉 7-14 对，边缘有疏生内弯的浅锯齿，近基部全缘；花柱 2-3 ·· 3. 大花枇杷 E. cavaleriei

1. 枇杷 Loquat　　　图 230　彩片 218 219

Eriobotrya japonica（Thunb.）Lindl. in Trans. Linn. Soc. London **13**：102. 1822.

Mespilus japonica Thunb. in Nova Acta Regiae Soc. Sci. Upsal. **3**：208. 1780.

常绿乔木，高可达 10m。小枝粗壮，黄褐色，密被锈色或灰锈色茸毛。托叶钻形，长 1-1.5cm，被茸毛，先端渐尖；叶柄短或几无柄，长 0.6-1cm，被棕色茸毛；叶片革质，披针形、倒披针形、倒卵形或椭圆状长圆形，长 12-30cm，宽 3-9cm，侧脉 11-12 对，下面密被棕色茸毛，上面有光泽，多皱，仅幼时沿脉被短柔毛，基部楔形，边缘近基部全缘，上部有疏齿，先端急尖或渐尖。圆锥花序有多数花，直径 10-19cm；花序梗、花序轴和花梗均密被棕色茸毛；苞片钻形，长 2-3mm，密被棕色茸毛；花梗短，长 2-8mm；花香，直径 1.2-2cm；被丝托浅杯状，外面被棕色茸毛；萼片三角卵形，长 2-3mm，外面密被棕色茸毛，先端钝；花瓣白色，长圆形或卵形，长 5-9mm，宽 4-6mm，先端钝或微凹；雄蕊约 20；子房 5 室，每室具 2 胚珠，顶端被锈色茸毛，花柱 5，离生。果实黄色或橙黄色，球形或倒卵球形，直径 2-3cm，被棕色茸毛，不久变无毛。花期：9-12 月，

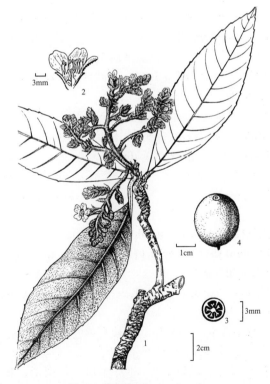

图 230 枇杷 Eriobotrya japonica
1.分枝的一段、叶及圆锥花序；2.花的纵剖面，示被丝托、花瓣、雄蕊和雌蕊；3.子房横切面；4.果。（刘平绘）

果期：翌年 1-5 月。

产地：仙湖植物园（李沛琼 017240），本市各地常有栽培。

分布：原产于重庆市（南川县）和湖北宜昌市。广东、香港、澳门、广西、湖南、江西、福建、台湾、浙江、江苏、安徽、河南、湖北、四川、贵州、云南、陕西和甘肃等省区均有栽培。世界各地多有栽培。

用途：为常见的果树。果实除生食外，还可作蜜饯和酿酒用；在园林中常植作观赏树；叶晒干去毛可作药用；木材红棕色也常作木梳、手杖等用。

2. 香花枇杷 Wild Loquat　　图 231　彩片 220 221
Eriobotrya fragrans Champ. ex Benth. in J. Bot. Kew Gard. Misc. **4**: 80. 1852.

常绿乔木，高可达 10 m。小枝灰色，粗壮，幼时密被棕色短柔毛，以后毛渐脱落，老枝无毛。托叶早落；叶柄长 1.5-3cm，仅幼时被棕色短柔毛；叶片革质，长圆状椭圆形，长 7-15cm，宽 2.5-5cm，幼时两面密被短柔毛，老时变无毛，中脉在两面突起，侧脉 9-11 对，基部楔形或渐窄，边缘近先端有疏锯齿，以下全缘，先端急尖或短渐尖。圆锥花序顶生，有多数花，直径 7-9cm；花序梗、花序轴和花梗均密被棕色茸毛；苞片早落；花梗长 2-3mm；花直径约 1.5cm；被丝托杯状，外被棕色茸毛；萼片三角卵形，长 3-4mm，密被棕色茸毛；花瓣白色，椭圆形，长约 5mm，宽约 3mm；雄蕊约 20，比花瓣短；子房被短柔毛，4 或 5 室，每室具 2 胚珠，花柱 4 或 5，基部被白色长柔毛。果实褐色，球形，直径 1.5-2.5cm，被茸毛和颗粒状突起。花期：2-5 月，果期：5-9 月。

产地：西涌（张寿洲等 SCAUF993）、七娘山（王国栋等 7398）、南澳、排牙山（王国栋等 6992）。生于山坡疏林或密林中，海拔 140-700m。

分布：江西、湖南、广东、香港、广西和西藏。越南。

用途：观赏。

3. 大花枇杷 野枇杷 Big flowered Loquat　　图 232
Eriobotrya cavaleriei (H. Lév.) Rehd. in J. Arnold Arbor. **13**: 307. 1932.

Hiptage cavaleriei H. Lév. in Repert. Spec. Nov. Regni Veg. **10**: 372. 1912.

常绿小乔木，高 4-5m。小枝褐黄色，粗壮，无毛。叶簇生于小枝顶端；托叶早落；叶柄长 1.5-4cm，幼时被棕色短柔毛，以后无毛；叶片革质，长圆形、长圆状披针形或长圆状倒披针形，长 7-18cm，宽 2.5-7cm，中脉在两面突起，侧脉 7-14 对，幼时两面被短柔毛，

图 231 香花枇杷 Eriobotrya fragrans
1. 分枝的一部分、叶及圆锥花序；2. 果。（刘平绘）

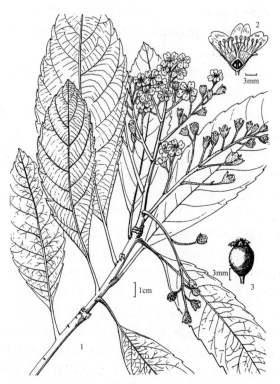

图 232 大花枇杷 Eriobotrya cavaleriei
1. 分枝的上段、叶及圆锥花序；2. 花的纵切面，示被丝托、花瓣、雄蕊和雌蕊；3. 果。（刘平绘）

以后变无毛，上面有光泽，基部渐窄，边缘有疏锐齿，近基部全缘，先端渐尖。圆锥花序，直径 9-12cm，有多数花；苞片早落；花序梗、花序轴和花梗均疏被棕色柔毛；花直径 1.5-2.5cm；被丝托浅杯状，外面散生棕色柔毛；萼片三角状卵形，长 2-3mm，沿边缘被茸毛，先端钝；花瓣白色，倒卵形，长 0.8-1cm；雄蕊 20；子房无毛，2 或 3 室，花柱 2 或 3，基部合生，长约 4mm，中部以下被白色长柔毛。果黄红色，椭圆体形或近球形，直径 1-1.5cm，无毛；花期：4-6 月，果期：5-11 月。

产地：七娘山（邢福武 10401，IBSC）、南澳（邢福武 0834，IBSC）、排牙山（邢福武等 12052，IBSC）。生于山地林中，海拔 100-250m。

分布：江西、福建、广东、广西、湖南、湖北、四川和贵州。越南北部。

用途：果味酸，可生食，亦可酿酒。

4. 石斑木属 Rhaphiolepis Lindl.

常绿灌木或小乔木。叶为单叶，互生；托叶钻形，早落；叶柄短；叶片革质，侧脉弧形，边缘具锯齿或全缘。花序为总状或圆锥花序，顶生；被丝托钟状或筒状；萼片 5，直立或反折；花瓣 5，白色或粉红色，基部有短爪；雄蕊 15-20；雌蕊由 2 (-3) 心皮构成，子房下位，2 室，每室具 2 直立胚珠，花柱 2 或 3，基部合生。梨果核果状，紫黑色或带蓝色，近球形，肉质，顶端具萼片脱落后留下的圆环状痕迹或浅窝。种子 1-2，近球形，种皮薄，子叶肥厚，平凸或半球形。

约 15 种，分布亚洲东部。我国有 7 种。深圳有 2 种。

1. 叶片卵形或长圆形，稀倒卵形、长圆状披针形或狭椭圆形，长 (2-) 4-8cm，宽 1.5-4cm，边缘有细钝锯齿或细锯齿；花序梗、花序轴和花梗均被褐色茸毛；雄蕊 15 枚 ··· 1. 石斑木 R. indica
1. 叶片狭椭圆形、披针形或长圆状披针形，稀倒卵状长圆形，长 6-9cm，宽 1.5-2.5cm，边缘有稀疏不规则之浅钝锯齿；花序梗和花梗被短柔毛；雄蕊 20 枚 ································ 2. 柳叶石斑木 R. salicifolia

1. 石斑木 车轮梅 春花 Hong Kong Hawthorn

图 233 彩片 222 223

Rhaphiolepis indica (L.) Lindl. in Bot. Reg. **6**: t. 468. 1820.

Crataegus indica L. Sp. Pl. **1**: 477. 1753.

灌木，稀小乔木，高 1-5m。小枝圆柱形，幼时被褐色茸毛，老枝无毛。托叶早落，披针形，散生褐色茸毛；叶柄长 0.5-1.8cm 或近无柄；叶片革质，卵形或长圆形，稀倒卵形、长圆状披针形或狭椭圆形，长 (2-) 4-8cm，宽 1.5-4cm，下面无毛或疏被茸毛，上面有光泽，无毛，基部渐窄，边缘有细钝齿或细锯齿，先端钝、急尖、渐尖或尾状。圆锥花序或总状花序，顶生，有多数花；花序梗、花序轴和花梗幼时均被褐色茸毛，不久变无毛；苞片和小苞片均为披针形或窄披针形长 2-7mm，早落；花梗长 0.5-1.5cm，与被丝托均被褐色茸毛；花直径 1-1.3(-1.5)cm；被丝托筒状，长 3-4mm；萼片三角披针形或条形，长 5-6mm，两面微被褐色茸毛或无毛，先端急尖；花瓣白色或带粉

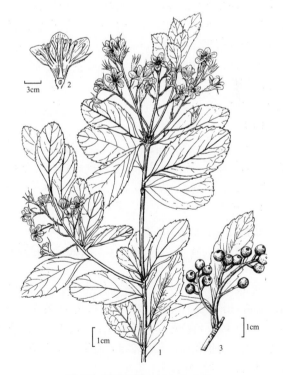

图 233 石斑木 Rhaphiolepis indica
1. 分枝的一部分、叶及圆锥花序；2. 花的纵切面，示被丝托、花瓣、雄蕊和雌蕊；3. 果序。（刘平绘）

红色，倒卵形或披针形，长 5-7mm，宽 4-5mm，基部被柔毛；雄蕊 15，短于花瓣或与之等长；子房无毛，2 或 3 室，每室具 2 胚珠，花柱 2-3，基部合生，近无毛。果带紫褐色，球形，直径 5-8mm，无毛；果梗长 0.5-1cm。花期：2-4 月，果期：7-8 月。

产地：七娘山（张寿洲等 0340）、梧桐山（深圳考察队 1385）、三洲田（深圳考察队 149），本市各地常见。生于山坡、海边林下、林缘和灌丛中，海拔 50-700m。

产地：安徽、浙江、江西、福建、台湾、广东、香港、澳门、海南、广西、湖南、贵州和云南。日本、泰国、老挝、越南、柬埔寨和印度尼西亚。

用途：果实可食。可植于园林中供观赏。

2. 柳叶石斑木 Willow-leaved Raphiolepis

图 234　彩片 224

Rhaphiolepis salicifolia Lindl. Collect. Bot. **1**: t. 3. 1821.

灌木或小乔木，高 2.5-6m。小枝细弱，圆柱形，红色，老枝灰褐色或黑褐色，被短柔毛。托叶条形，长 4-8mm，宽 0.8-1mm，边缘有疏浅钝齿；叶柄长 0.5-1cm，无毛；叶片狭椭圆形、披针形或长圆状披针形，稀倒卵状长圆形，长 6-9cm，宽 1.5-2.5cm，两面无毛，上面有光泽，基部渐窄，下延，边缘有疏而不规则的浅钝齿，有时基部全缘，先端渐尖或急尖。圆锥花序顶生，花少数至多数；花序梗、花序轴和花梗均被短柔毛；花梗长 2-5mm；花直径约 1cm；被丝托筒状，外面被柔毛；萼片三角披针形或椭圆披针形，长 2-2.5mm，外面近无毛，顶端微缺；花瓣白色，椭圆形或倒卵椭圆形，长约 6mm，宽约 2mm，顶端钝；雄蕊 20，短于花瓣；子房 2 室，每室具 2 胚珠，花柱 2，被柔毛。果实黑褐色，球形，直径 6-9mm，近无毛；果梗长 0.6-1cm，近无毛。花期：4 月，果期：10 月。

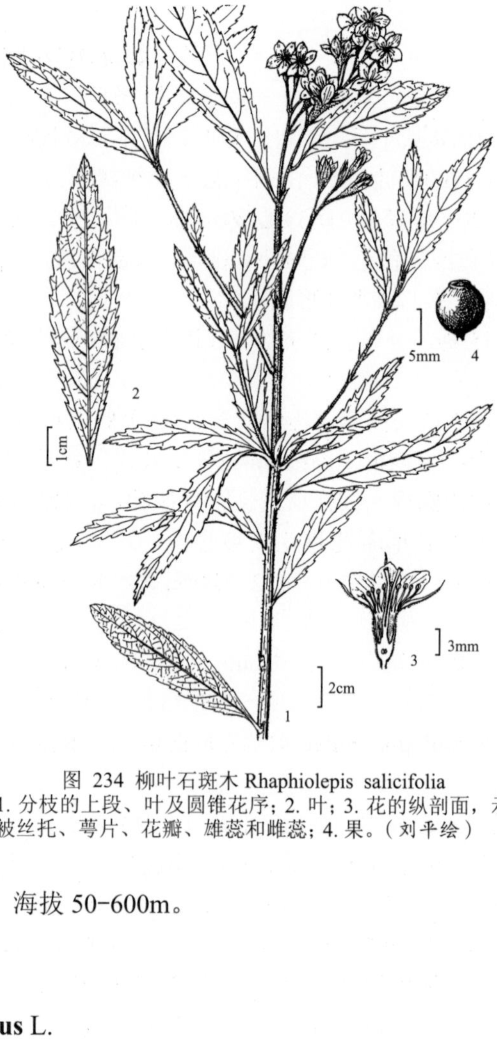

图 234 柳叶石斑木 Rhaphiolepis salicifolia
1. 分枝的上段、叶及圆锥花序；2. 叶；3. 花的纵剖面，示被丝托、萼片、花瓣、雄蕊和雌蕊；4. 果。（刘平绘）

产地：七娘山、葵涌、盐田、三洲田（王定跃 1363）、梅沙尖（张寿洲等 0514）、仙湖植物园、荔枝公园（李沛琼等 3589）、内伶仃岛。生于山坡灌丛中和山顶，海拔 50-600m。

分布：福建、广东、香港、澳门和广西。越南。

5. 梨属 Pyrus L.

落叶乔木或灌木，稀半常绿，有时有刺。叶为单叶，互生，有托叶和叶柄；叶片在芽中呈席卷状，边缘有锯齿或全缘，稀分裂。花序为伞形总状花序；花先于叶开放或与叶同时开放；被丝托杯状；萼片 5，反折或开展；花瓣 5，白色，稀粉红色，基部有爪；雄蕊 15-30，花药通常暗红色或紫色；雌蕊由 2-5 枚心皮构成；子房下位，2-5 室，每室具 2 胚珠，花柱 2-5，离生。果为梨果，多汁，富含石细胞，内果皮软骨质。种子黑色或黑褐色，种皮软骨质，子叶平凸。

约 25 种，分布于非洲北部、亚洲和欧洲。我国有 15 种。深圳有 2 种。

本属为重要的果树，各地普遍栽培；花多，花期早，故又常栽培作园林观赏树；木材坚硬细密，具有多种用途。

1. 花序梗和花序轴均被褐色茸毛；果实具宿存萼片；叶片卵形至狭卵形；子房 1-4 室 ……………………………………… 1. 麻梨 **P. serrulata**
1. 花序梗和花序轴均无毛；果实无宿存萼片；叶片宽卵形至卵形，稀长椭圆形；子房 2（-3）室 …………………………………………… 2. 豆梨 **P. calleryana**

1. 麻梨 Serrulate Pear 图 235 彩片 225 226

Pyrus serrulata Rehd. in Proc. Amer. Acad. Arts. Sci. **50**：234. 1915.

乔木，高 8-10m。小枝圆柱形，幼时具褐色茸毛，老枝紫褐色，无毛；冬芽肥大，卵圆形，先端急尖。托叶条状披针形，内面有褐色茸毛，边缘疏生腺齿，早落；叶柄长 3.5-7cm，幼时有褐色茸毛；叶片卵形至狭卵形，长 5-11cm，宽 3.5-7.5cm，下面幼时被褐色茸毛，上面无毛，侧脉 7-13 对，基部宽楔形或圆，边缘有细锯齿，齿尖常向内靠拢，先端渐尖。伞形总状花序，有花 6-11 朵；花序梗、花序轴和花梗均被褐色茸毛，旋即变无毛；苞片膜质，条状披针形，边有腺齿，先端渐尖，早落；花梗长 3-5cm；花直径 2-3cm；被丝托外面有疏茸毛；萼片三角状卵形，边缘有腺齿，外面有稀疏茸毛，宿存，稀脱落；花瓣白色，宽卵形，长 1-1.2cm，基部有短爪，先端圆；雄蕊 20，长及花瓣的 1/2；子房 3（-4）室，每室有 2 胚珠，花柱 3（-4），与雄蕊近等长，基部疏被短柔毛。果近球形或倒卵球形，直径 1.5-2.2cm，深褐色，有浅褐色斑点，顶端有宿存萼片。花期：2-5 月，果期：5-11 月。

产地：内伶仃岛（廖文波等 768，SYS）。生于林边，海拔 50m。

分布：浙江、江西、福建、广东、广西、湖南、湖北、贵州和四川。

2. 豆梨 Callery Pear 图 236 彩片 227 228

Pyrus calleryana Decne. Jard. Fruit. **1**：329. 1871-72.

乔木，高 5-8m。小枝粗壮，红褐色，被茸毛，老枝灰褐色，无毛；冬芽三角状卵形，疏被茸毛，先端短渐尖。托叶早落，膜质，条状披针形，长 4-7mm，无毛，边全缘、先端渐尖；叶柄长 2-4cm，与叶片的两面均无毛；叶片宽卵形至卵形，稀长椭圆形，长 4-8cm，宽 3.5-6cm，基部圆形或宽楔形，边缘有钝锯齿，先端渐尖，稀急尖。伞形总状花序，有花 6-12 朵；花序梗、花序轴和花梗均无毛；苞片膜质，条状披针形；长 0.8-1.3cm，早落；花梗长 1.5-3cm；花直径 2-2.5cm；

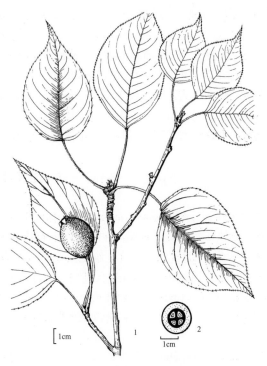

图 235 麻梨 Pyrus serrulata
1. 分枝的一部分、叶及果；2. 果的横切面。（刘平绘）

图 236 豆梨 Pyrus calleryana
1. 分枝的一段、叶及果序；2. 伞形总状花序；3. 花的纵剖面，示被丝托、萼片、花瓣、雄蕊和雌蕊；4. 果的横切面。（刘平绘）

被丝托杯状，无毛；萼片披针形，长约 5mm，外面无毛；花瓣白色，卵形，长约 1.3cm，宽约 1cm，基部有短爪；雄蕊 20，微短于花瓣；子房 2(-3) 室，每室有 2 胚珠，花柱 2(-3)，与雄蕊近等长，无毛。果近球形，直径约 1cm，黑褐色，具浅色斑点，顶端无宿存萼片。花期：2-4 月，果期：5-12 月。

产地：三洲田（张寿洲等 0059）、梅沙尖（深圳考察队 013258）、梧桐山（深圳考察队 1371）。生于山沟杂木林中、林边以及灌丛中，海拔 100-400m。

分布：广东、香港、广西、湖南、江西、福建、台湾、浙江、江苏、安徽、山东、河南、湖北和陕西。朝鲜和日本。

用途：木材细密，可作器具。通常作沙梨砧木。

6. 龙芽草属 Agrimonia L.

多年生草本。根状茎倾斜或匍匐，常有地下芽。叶为奇数羽状复叶，有托叶。花小，两性，排成顶生的总状花序；被丝托陀螺状，有棱，在萼片以下有钩刺或 5 齿，喉部缢缩；萼片 5，覆瓦状排列，宿存；花瓣 5，大于萼片，黄色；花盘环状，环绕被丝托喉部，边缘增厚，具腺体；雄蕊 5-15 或更多，成一列着生在被丝托喉部；子房上位，心皮通常 2，包藏在被丝托内，胚珠每心皮 1 枚，下垂，花柱顶生，丝状，伸出被丝托外，柱头膨大，2 裂。瘦果 1-2 颗，包藏在被丝托内。种子 1 枚，种皮膜质。

约 10 种，分布于北温带和热带亚热带高山地区。我国有 4 种。深圳有 1 种和 1 变种。

龙芽草 Pilose Cocklebur　　　　图 237

Agrimonia pilosa Ledeb. in Index Seminum Hort. Dorpat., Suppl. 1. 1823.

多年生草本。根状茎短，呈块茎状，周围有侧根，基部常有 1 至多个地下芽。茎高 0.3-1.2m，疏被短柔毛及硬毛；叶为间断的奇数羽状复叶，通常有小叶 3-4 对，稀 2 对，向上部的渐减少至仅有 3 小叶；托叶草质，绿色，镰形，稀卵形，边缘有尖锐锯齿或裂片，稀全缘，先端急尖或渐尖；叶柄长 3-6cm，疏被短柔毛及硬毛；小叶柄甚短或几不明显；小叶片倒卵形、倒卵状椭圆形或倒卵状披针形，长 1.5-5cm，宽 1-2.5cm，下面脉上疏生短柔毛及硬毛，有透明的腺点，上面被硬毛，稀无毛，基部楔形至宽楔形，边缘有急尖或钝的锯齿，先端急尖或圆钝。花多数，排成总状花序，有时有分枝；花序梗、花序轴及花梗均疏被短被柔毛及长硬毛；苞片常 3 深裂，裂片带形；小苞片对生，卵形，与苞片均长约 1.5mm；花梗长 1-5mm；花直径 6-8mm；萼片 5，三角形，长约 2mm；花瓣黄色，长圆形，长约 2.5mm；雄蕊(5-)8-15；花柱 2，丝状，柱头头状。果倒卵状圆锥形，外面有 10 条棱，疏被柔毛，有数列钩刺，连钩刺长 7-8mm，最宽处直径 3-4mm。花果期：5-12 月。

图 237 龙芽草 Agrimonia pilosa
1. 植株的下部，示根状茎、茎和羽状复叶；2. 总状花序；
3. 花；4. 花的纵剖面，示被丝托、花萼、花瓣、雄蕊和雌蕊。（刘平绘）

产地：盐田（李沛琼 1623）、梧桐山（王勇进 2271）。生于山坡林下或灌丛中，海拔 300-400m。

分布：我国南北各省区均有分布。尼泊尔、印度北部、不丹、缅甸、老挝北部、越南北部、泰国北部、日本、朝鲜、蒙古、俄罗斯及欧洲东部。

用途：全草药用，为收敛止血剂。止血剂仙鹤草素，即提取自本种。全草捣烂的水浸液可用于防治蚜虫。

1a. 黄龙尾 Nepal Agrimonia

Agrimonia pilosa Ledeb. var. **nepalensis**（D. Don）Nakai in Bot. Mag.（Tokyo）**47**：247. 1933.

Agrimonia nepalensis D. Don, Prodr. Fl. Nepal. 229. 1825.

与龙芽草的区别在于茎密被长硬毛；叶片下面脉间密被柔毛或茸毛状柔毛，上面沿脉被长硬毛。花果期：5-11 月。

产地：梧桐山（王勇进 3349）、仙湖植物园（李沛琼 017259）。生于山坡林下。

分布：陕西、山西、山东、河北、河南、安徽、江苏、浙江、江西、广东、香港、广西、湖南、湖北、四川、贵州、云南、西藏和甘肃。日本、印度北部、尼泊尔、不丹、缅甸、泰国北部、老挝北部和越南北部。

用途：同龙芽草。

7. 委陵菜属 Potentilla L.

多年生草本，稀一年生、二年生草本或灌木，多年生者常为丛生，并具带鳞片的根状茎。茎直立、斜升或匍匐。叶为奇数羽状复叶或掌状复叶；托叶与叶柄不同程度贴生。花序通常为聚伞花序或聚伞圆锥花序，稀单花；花两性；被丝托通常为半球形；苞片 5 与萼片互生；萼片 5，镊合状排列；花瓣 5，通常黄色，稀白色或紫色；雄蕊通常 20，稀较少或更多（11-30），花药 2 室；雌蕊多数，分离，子房上位，着生在微凸起的花托上，胚珠上升或下垂，倒生胚珠、横生胚珠或近直立胚珠，花柱顶生、侧生或基生。瘦果多数，着生于干燥的被丝托上，有宿存苞片和花萼。种皮膜质。

约 500 种，主要分布于北半球温带、寒带及高山地区，极少数种类分布于南半球。我国有 88 种。深圳有 1 种，1 变种。

1. 基生叶有小叶 3 枚；小叶片长圆形或倒卵长圆形
················ **1. 三叶朝天委陵菜 P. supina var. ternata**
1. 基生叶有小叶 5 枚；小叶片倒卵形或长圆状倒卵形
························· **2. 蛇含委陵菜 P. kleiniana**

1. 三叶朝天委陵菜 Ternate Corpet Cinquefoil
图 238

Potentilla supina L. var. **ternata** Peterm. Anal. Pfl. -Schüss. 125. 1846.

一年生或二年生草本。根细，有疏的侧生小根。花茎矮而铺地或微斜升，稀直立，二岐分枝，高 20-50cm，和叶柄均疏被柔毛或近无毛。基生叶的托叶膜质，褐色，两面疏被长柔毛，茎生叶的托叶草质，绿色；基生叶有小叶 3 枚，无小叶柄或顶端小叶有短柄，边缘常 2-3 深裂；小叶片长圆形或倒卵长圆形，长 1-3.5cm，宽 0.5-1.5cm，两面疏被柔毛或近无毛，基部楔形或宽楔形，下延至叶柄，边缘有钝齿或缺刻状齿或 2-3 深裂，先端钝或急尖；茎生叶似基生叶，但小叶较小，长 0.5-1cm，宽 3-5mm。花序顶生，为伞

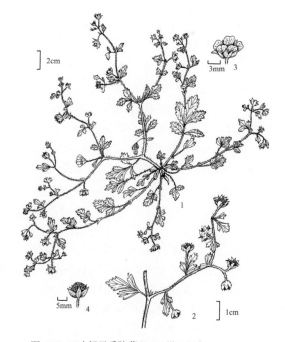

图 238 三叶朝天委陵菜 Potentilla supina var. ternata
1. 植株（花期）；2. 分枝的一段、叶及果；3. 花；4. 果（下部被宿存的苞片和花萼所包）。（刘平绘）

房状聚伞花序；花梗长 0.8-1.5cm，被长柔毛；苞片长圆状披针形，花期与萼片近等长，果期略长于萼片；外面被短柔毛，先端急尖；花直径 6-8mm；萼片三角卵形，先端急尖；花瓣黄色，倒卵形，稍短于萼片，顶端微凹；花柱近顶生，基部略增粗，柱头膨大。瘦果长圆形，表面有脉纹，先端急尖。花期：3-5 月，果期：5 月下旬 -10 月。

产地：三洲田（张寿洲等 0084）、笔架山（张寿洲等 111）。生于水边草地上，海拔 250-500m。

分布：黑龙江、辽宁、河北、河南、陕西、山西、安徽、江苏、浙江、江西、广东、云南、贵州、四川、甘肃和新疆。俄罗斯（远东地区）。

2. 蛇含委陵菜 Klein's Cinquefoil

图 239　彩片 229

Potentilla kleiniana Wight & Arn. Prodr. 300. 1834.

一年生、二年生或多年生草本；根状茎短；花茎匍匐或斜升，长 10-50cm，常在节处生根并长成新植株，与叶柄均疏被柔毛或开展的长柔毛。叶为掌状复叶，基生叶有小叶 5，稀 3，有时似鸟足状，连叶柄长 3-20cm；托叶褐色，膜质，基部与叶柄贴生，外面疏被柔毛或无毛；小叶几无柄，稀有短柄；小叶片倒卵形或长圆状倒卵形，长 0.5-4cm，宽 0.4-2cm，下面沿脉密被平伏的长柔毛，上面有时近无毛，基部楔形，边缘有急尖或钝的锯齿，先端钝；下部的茎生叶有 5 小叶，上部茎生叶有 3 小叶；茎生叶托叶草质，卵形至卵状披针形；小叶片与基生叶相似。聚伞花序密生于枝顶呈假伞形；花梗长 1-1.5cm，密被开展的长柔毛；苞片披针形或椭圆状披针形，花期比萼片短，果期与萼片近等长或略长于萼片，外被疏长柔毛，先端急尖或渐尖；花直径 0.8-1cm；萼片三角状卵形，先端急尖或渐尖；花瓣黄色，倒卵形，先端微凹，长于萼片；花柱近顶生，圆锥形，基部增粗，柱头膨大。瘦果近球形，一侧扁平，直径约 5mm，具皱纹。花果期：4-9 月。

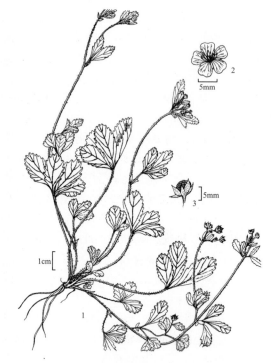

图 239 蛇含委陵菜 Potentilla kleiniana
1. 植株；2. 花；3. 果（下部被宿存的花萼和苞片所包）。(刘平绘)

产地：仙湖植物园（金红 014368）。栽培。

分布：辽宁、山东、陕西、河南、安徽、江苏、浙江、福建、江西、广东、广西、湖南、湖北、四川、贵州、云南和西藏。朝鲜、日本、印度、不丹、尼泊尔、马来西亚和印度尼西亚。

用途：全草药用，有清热、解毒、止咳、化痰之功效；捣烂外敷治疮毒及蛇、虫蛟伤。

8. 草莓属 Fragaria L.

多年生草本；匍匐茎细长，常被开展或平伏的短柔毛，在节上生根并生出新植株。叶互生，有叶柄，具 3 小叶或羽状 5 小叶；托叶膜质，与叶柄基部贴生，鞘状。聚伞花序或伞房花序直立，具数朵花，稀具单花；花杂性异株；苞片 5，与萼片互生并同形，但比萼片小，边缘全缘；萼片 5，镊合状排列，宿存；花瓣 5，白色，稀黄色，宽倒卵形或近圆形；雄蕊多数，花药 2 室；心皮多数，分离，生于凸出并增大的花托上，每心皮含 1 胚珠，花柱自心皮腹面侧生，甚短，宿存。瘦果多数，着生在球形或椭圆体形、肥厚肉质的花托上组成聚合果；聚合果浆果状，长圆锥形或近球形，肉质。种皮膜质，子叶平凸。

约 20 种，分布于北半球温带至亚热带地区，个别种向南延伸至南美洲。我国产 9 种。深圳栽培 1 种。

草莓 Strawberry　　　　　图 240　彩片 230 231

Fragaris×ananassa（Weston）Duchesne in Lam. Encycl. **2**：538. 1788.

Fragaris chiloensis（L.）Mill. var. *ananassa* Weston in Bot. Univ. **2**：329. 1771.

多年生草本，高 10-40cm。茎短于叶或与叶近等长，密被开展的黄色长柔毛。叶柄长 2-10cm；小叶 3，具甚短的小叶柄；小叶片倒卵形或菱形，稀近圆形，长 3-7cm，宽 2-6cm，下面疏被白色的绢状毛，沿脉毛较密，上面无毛，中间小叶片基部宽楔形，侧生的偏斜，边缘具缺刻状锯齿，先端圆。二歧聚伞花序有 3-15 朵花；花序下有 1 枚具短柄的叶状苞片；花两性，直径 1.5-2cm；苞片椭圆状披针形，在果期增大，边缘全缘，稀 2 深裂；萼片稍长于苞片，椭圆形长 1-1.2cm，与苞片均密被平伏的绢状毛；花瓣白色，近圆形或倒卵状披针形，基部无明显的爪；雄蕊约 20 枚，不等长；心皮多数。聚合果鲜红色，直径可达 3cm，宿存萼片直立，紧贴果实；瘦果卵球形，表面光滑。花期：4-5 月，果期：6-7 月。

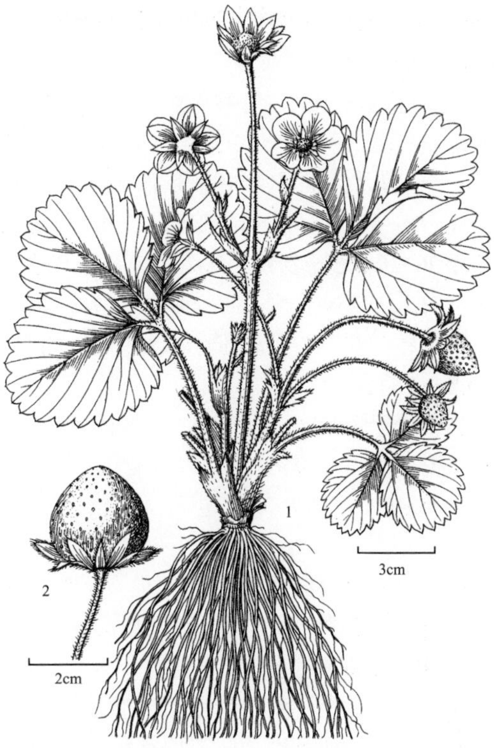

产地：罗湖区林果场（王晖 0903009），深圳各地常见栽培。

分布：世界各地广为栽培。我国南北各地亦普遍栽培。

用途：为优良的水果。

据文献（Flora of China **9**：337. 2003.）介绍，本种是由 Fragaria chiloensis（L.）Miller（原产于北美洲和南美洲西部）与 Fragaria virginiana Miller（原产于北美洲东部）杂交后形成的杂交种。

图 240 草莓 Fragaris×ananassa
1. 植株；2. 聚合果（基部为宿存的花萼和小苞片）。（李志民绘）

9. 蛇莓属 Duchesnea Sm.

多年生草本。根状茎短；匍匐茎细长，平卧，节处着地生根并长成小植株。叶为三出掌状复叶；基生叶数枚，匍匐茎上之叶互生，有长柄；托叶宿存，与叶柄基部贴生；小叶片边缘有锯齿。花单生于叶腋；苞片 5，与萼片互生，比萼片大，边缘 3-5 浅裂，宿存；萼片 5，边缘全缘，宿存；花瓣 5，黄色，倒卵形；雄蕊 20-30，花药近球形；花托半球形或陀螺状，在果期增大，红色，海绵质；心皮多数，分离，子房上位，着生在凸起的花托上；花柱侧生或近顶生，脱落，柱头全缘。果由多数瘦果集生于增大的花托上而形成聚合果，半球形或陀螺形，肉质；瘦果小，扁卵球形。种子肾形，平滑。

2 种，分布于我国、阿富汗、不丹、印度、尼泊尔、马来西亚、印度尼西亚、朝鲜和日本、欧洲及北美洲。我国 2 种均有。深圳有 1 种。

蛇莓 Indian Mock Strawberry　　　　　图 241　彩片 232 233

Duchesnea indica（Andrews）Focke in Engler & Prantl, Nat. Pflanzenfam. **3**（3）：33. 1888.

Fragaria indica Andrews in Bot. Repos. **7**：pl. 479. 1807.

多年生草本。根状茎短，粗壮；匍匐茎多数，细长，长 0.3-1m，与叶柄和花梗均密被长柔毛。托叶窄卵形至宽披针形，长 5-6mm；叶柄长 1-5cm；小叶柄短，长约 1mm；小叶片卵形或至菱状卵形，长 2-3.5(-5)cm，宽 1-3cm，两面疏被长柔毛，或上面无毛，基部宽楔形，边缘有钝齿，先端圆或钝。花单生于叶腋，直径 1.5-2cm；花梗长 0.2-6cm，密被长柔毛；苞片倒卵形，长 5-8mm，略长于萼片，顶端具 3-5 齿；萼片卵形，长 4-6mm，与苞片外面均散生平伏的硬毛，边缘全缘，先端急尖；花瓣黄色，倒卵形，长 0.5-1cm，先端圆；雄蕊 20-30；心皮多数，分离。聚合果成熟时红色，直径 1-2cm；瘦果多数，新鲜时有光泽，卵球形，长约 1.5mm，无毛或有不明显的乳头状突起。花期 4-8 月，果期 8-11 月。

产地：马峦山（张寿洲等 1362）、梧桐山、罗湖区林果场（曾春晓等 12046）、仙湖植物园（陈真传等 0094）。生于山坡、草地、林边和沟边湿地，海拔 50-450m。

分布：辽宁省以南各省区均有分布。朝鲜、日本、阿富汗、印度、尼泊尔、不丹、印度尼西亚有分布。欧洲、非洲和北美洲有归化。

用途：全草药用，能散瘀消肿、收敛止血、清热解毒。茎、叶、捣敷对治疗疮疖有特效，亦可外敷治蛇咬伤、烫伤、烧伤。全草水浸液可防治农作物害虫，如杀蛆和孑孓等。

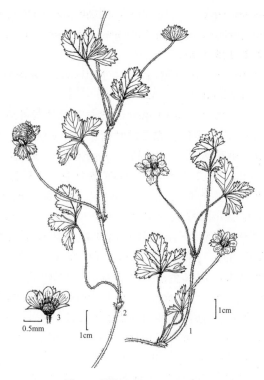

图 241 蛇莓 Duchesnea indica
1. 茎的一段、叶与花；2. 叶与聚合果；3. 花的纵剖面，示苞片、萼片、花瓣、花托、雄蕊和雌蕊。（刘平绘）

10. 悬钩子属 Rubus L.

落叶灌木或半灌木，稀为常绿或半常绿，有的为多年生匍匐矮小草本。茎直立、攀援、斜升或平卧，通常有皮刺（由枝条、叶柄和花梗等的表皮细胞形成），稀无皮刺，或有刚毛或腺毛。叶互生，具柄，为单叶、奇数羽状复叶或掌状复叶；托叶变异较大，与叶柄基部贴生，条形、披针形或钻形，不分裂或浅裂，宿存，但着生于叶柄近基部的及茎与叶柄连接处的较宽大，常分裂，宿存或脱落。花两性，稀单性而雌雄异株，组成聚伞圆锥花序、总状花序、伞房花序，或数朵簇生或单花；被丝托花后扩大，短而宽；萼片(4-)5(-8)，直立或反折，宿存；花瓣通常 5，稀较多，偶见无花瓣，白色、粉红色或红色，被毛或无毛，全缘，稀啮蚀状；雄蕊多数，稀少数，离生，着生在被丝托喉部，花丝丝状，花药成双；心皮多数，稀少数，着生在凸起的花托上，每一心皮发育成一小核果或核果状瘦果，子房上位，1 室，具 2 胚珠，其中仅 1 胚珠发育，花柱近顶生，无毛或有毛，柱头头状。果由小核果或核果状瘦果集生于半球形、圆锥形或圆筒形的花托上组成的聚合果，与花托贴生，连合成一体而实心，或与花托分离而空心，多浆或干燥，红色、黄色或黑色，无毛或被毛。种子下垂；种皮膜质；子叶平凸。

约 700 种，全世界均有分布，但主要分布北半球温带，少数种类分布至南半球。我国有 208 种。深圳有 10 种。

1. 叶为羽状复叶。
　2. 小叶 5-7；小枝、叶柄、小叶片两面和花萼均有淡黄色腺点 ……………………………… **1. 空心泡 R. rosifolius**
　2. 小叶 3，稀 5 或单小叶；小枝、叶柄、小叶片和花萼均无腺点。
　　3. 小枝和小叶片两面均无毛；小叶 3，在枝条上部或花序基部之叶常为单小叶 ……**2. 白花悬钩子 R. leucanthus**
　　3. 小枝和小叶片两面均被柔毛或茸毛；小叶 3-5。

    4. 花单生；花瓣白色；花梗长（2-）3-6cm；小叶片卵形或宽卵形，边缘有不规则的锐尖重锯齿，但无裂片 ·· 3. 蓬蘽 **R. hirsutus**

    4. 花数朵至多朵排成伞房花序；花瓣粉红色至紫红色；花梗长 0.5-1.5cm；小叶片菱状卵形或倒卵形，边缘有不整齐的粗锯齿或缺刻状重锯齿，并常有浅裂片 ·············· 4. 茅莓 **R. parvifolius**

1. 叶为单叶。

  5. 叶片的轮廓近圆形、宽卵形或卵形，边缘 3-7 浅裂，先端圆、钝或急尖；萼片中有 2-3 枚其上部边缘有条裂或条状披针形的裂片，其余的全缘。

    6. 叶片上面疏被短硬毛，毛脱落后留下泡状小突起 ················· 5. 粗叶悬钩子 **R. alceifolius**

    6. 叶片上面无毛或疏被短柔毛，毛脱落后不留下泡状小突起。

      7. 叶片的顶生裂片比侧生裂片长很多；小枝、叶柄及叶片下面的毛被均为锈色······ 6. 锈毛莓 **R. reflexus**

      7. 叶片的顶生裂片比侧生裂片略长；小枝、叶柄及叶片下面的毛被不为锈色 ·········· 7. 寒莓 **R. buergeri**

  5. 叶片的轮廓不为上述形状，边缘不裂，先端急尖或渐尖；萼片边缘全缘，稀具 2-3 条裂（梨叶悬钩子 R. pirifolius）。

    8. 花序顶生的 1 枚为聚伞圆锥花序，侧生的为圆锥花序或总状花序；花序梗、花梗、被丝托和萼片均被灰黄色短柔毛，但无腺毛 ···································· 8. 梨叶悬钩子 **R. pirifolius**

    8. 花序为总状花序或数花簇生；花序梗、花梗、被丝托和萼片除被柔毛外，并有腺毛。

      9. 小枝、叶柄、叶片下面以及花序梗和花梗均被灰白色茸毛状长柔毛；叶片卵形或卵状长圆形 ········· ·· 9. 木莓 **R. swinhoei**

      9. 小枝、叶柄、叶片下面以及花序梗和花梗均被锈色茸毛状长柔毛；叶片披针形、椭圆披针形或狭长圆形 ··· 10. 江西悬钩子 **R. gressttii**

1. 空心泡 Mauritius Raspberry   图 242   彩片 234

Rubus rosifolius Sm. Pl. Icon. Ined. **3**：60. 1791.

直立或攀援灌木，高 2-3m。小枝灰褐色或深红褐色，被柔毛或近无毛，疏生直或弯的皮刺并常有浅黄色腺点。叶为奇数羽状复叶，有小叶 5-7 枚；托叶条形或披针形至卵状披针形，长 0.8-1.2cm，散生柔毛；叶柄长 2-3cm，和小叶柄均被柔毛和小皮刺，并有浅黄色腺点；顶生小叶叶柄长 0.8-1.5cm，侧生小叶近无柄；小叶片卵形或卵状椭圆形至披针形，长 4-7(-10) cm，宽 1.5-5cm，两面疏被柔毛或近无毛，有浅黄色透明的腺点，下面沿中脉有稀疏小皮刺，基部圆形，边缘有缺刻状重锯齿或粗重锯齿，先端渐尖。花常 1-2朵顶生或腋生；苞片条形或披针形，长 5-9mm，疏被柔毛；花梗长（1-）2-3.5cm，常疏生小皮刺，有时被腺毛；花直径 2-3cm；被丝托外面疏被短粗毛和腺点；萼片开花时直立，花后反折，三角状披针形或卵状披针形，长 0.8-1.2cm，宽 4-6mm，两面被茸毛，外面有腺点，先端长尾状；花瓣白色，长圆形、窄倒卵形或近圆形，长 0.8-1.5cm，外面被短柔毛，基部有爪；雄蕊多数，短于花瓣；心皮多数，长约 2mm，短于雄蕊，子房无毛，有时有腺点，花柱无毛；花托基部有短柄。

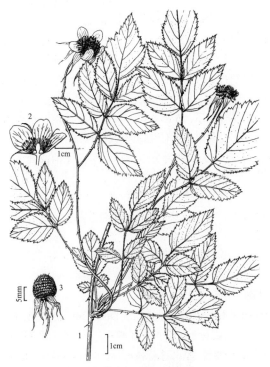

图 242 空心泡 Rubus rosifolius
1. 分枝的一部分、叶及花；2. 花的纵剖面，示被丝托、萼片、花瓣、雄蕊和花托；3. 聚合果。（刘平绘）

聚合果红色，卵球形或窄倒卵球形至长圆体形，长1-1.5cm，直径0.8-1.2cm，无毛，具少数腺点。花期:3-5月，果期:6-7月。

产地:七娘山(张寿洲等0222)、梅沙尖(深圳植物志采集队013237)、梧桐山(深圳植物志采集队013547)、仙湖植物园。生于山顶或沟边林下或栽培，海拔可达700m。

分布:安徽、浙江、江西、福建、台湾、广东、香港、广西、湖南、湖北、陕西、四川、贵州和云南。朝鲜、日本、印度东北部、缅甸、泰国、老挝、越南、柬埔寨、马来西亚、菲律宾、印度尼西亚、非洲、马达加斯加和澳大利亚。

用途:根、嫩枝和叶可药用，有清热止咳、止血、祛风湿之效。

2. 白花悬钩子 White-flowered Raspberry

图243 彩片235 236

Rubus leucanthus Hance in Ann. Bot. Syst. **2**: 468. 1852.

攀援灌木，高1-3m。小枝褐色至紫褐色，无毛，散生下弯的皮刺。叶为奇数羽状复叶，具3小叶，但生于小枝上部或花序基部之叶常为单小叶;托叶钻形，无毛，长4-6mm;叶柄、叶轴和小叶柄均具下弯的小皮刺，无毛;叶柄长2-6cm;顶生小叶叶柄长1.5-2cm，侧生小叶叶柄较短;小叶片卵形或卵状椭圆形，革质，长4-8cm，宽3-4cm，侧脉5-8对，两面无毛或上面疏被柔毛，基部圆形，边缘有粗锐齿，先端渐尖至尾状。花3-8朵排成伞房花序，生于侧枝顶端，稀单花生于叶腋;花序梗、花序轴、花梗和苞片均无毛;苞片钻形，长3-5mm;花梗长0.8-1.5cm;花直径1-1.5cm;被丝托外面无毛;萼片5，直立，卵形，长4-7mm，先端急尖，具短尖，其中有3枚萼片的边缘无毛，其余2片边缘疏被茸毛;花瓣白色，窄卵形或近圆形，与萼片近等长，基部被茸毛，有短爪;雄蕊多数，略短于花瓣，花丝宽扁;心皮70-80枚或更多，子房无毛或仅顶端和花柱基部被疏柔毛;花托中央突起部分近球形，基部无柄或几无柄。

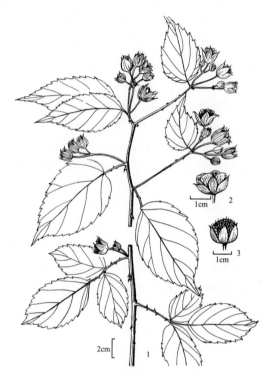

图 243 白花悬钩子 Rubus leucanthus
1. 分枝的上段、叶及伞房花序;2. 花;3. 聚合果。(刘平绘)

聚合果红色，近球形，直径1-1.5cm，无毛，被宿存萼片包被。花期:4-5月，果期:6-7月。

产地:西涌、七娘山(张寿洲等1633)、笔架山、葵涌、三洲田(张寿洲等0068)、梅沙尖、梧桐山(王国栋等6073)。生于林中、林缘和路边荒地，海拔50-800m。

分布:福建、广东、香港、海南、广西、湖南、贵州和云南。泰国、柬埔寨、老挝和越南。

用途:果可食;根药用，可治腹泻和赤痢。

3. 蓬蘽 Hirsute Raspberry
图244

Rubus hirsutus Thunb. in Diss. Bot.-Med. de Rubo 7. 1813.

灌木，高1-2m。小枝红褐色，被柔毛和腺毛，疏生皮刺。叶为奇数羽状复叶，有小叶3-5枚;托叶披针形或卵状披针形，两面被柔毛;叶柄长2-10cm，和小叶柄均具柔毛、腺毛和散生小皮刺;顶生小叶叶柄长1-2cm，侧生小叶叶柄较短;小叶片卵形或宽卵形，长3-7cm，宽2-3.5cm，两面疏生柔毛，基部宽楔形至圆形，边缘具不整齐的锐尖重锯齿，先端渐尖或急尖。花通常单生于侧枝顶端或叶腋;苞片披针形或条形，长4-7mm，具短柔毛;花梗长(2-)3-6cm，被短柔毛和腺毛并散生小皮刺;花大，直径3-4cm;被丝托外面密被柔毛和腺毛;萼片卵状披针形或三角状披针形，长1-1.5cm，宽4-5mm，先端长尾状，花后

反折；花瓣白色，倒卵形或近圆形，长 1.2-1.8cm，
宽 0.7-1.2mm，基部有短爪；雄蕊多数，远较花瓣
短，花丝宽扁；心皮多数，短于雄蕊，子房和花柱
均无毛。聚合果紫红色，近球形，直径 1-2cm，无毛。
花期：3-4 月，果期：5-6 月。

产地：仙湖植物园（曾春晓等 010166）。栽培。

分布：河南、安徽、江苏、浙江、福建、台湾、江西、
湖北、湖南、广东和云南。日本和朝鲜。

用途：全株及根入药，有消炎解毒、清热镇惊、
活血祛风之功效。

4. 茅莓 Japanese Raspberry　　图 245　彩片 237
Rubus parvifolius L. Sp. Pl. **2**: 1197. 1753.

灌木，高 1-2m。枝呈弓形弯曲；小枝灰褐色、
红褐色或黑褐色，疏被短柔毛和散生钩状皮刺。叶为
奇数羽状复叶，有小叶 3-5 枚；托叶条形，长 5-7mm，
具短柔毛；叶柄长 2.5-5cm，与叶轴和小叶柄均疏生
短柔毛和小皮刺；顶生小叶叶柄长 1-2cm，侧生小叶
近无柄；小叶片菱状卵形或倒卵形，长 2.5-6cm，宽
2-6cm，下面密被灰白色茸毛，上面被平伏的疏柔毛，
基部圆形或宽楔形，边缘有不整齐的粗锯齿或缺刻
状重锯齿并常有浅裂片，先端钝或急尖。花数朵至多
朵，排成顶生或腋生的伞房花序，稀为短总状花序，
长 4-8cm；花序梗、花序轴和花梗均被柔毛和小皮刺；
苞片条形，长 0.6-1cm，被柔毛；花梗长 0.5-1.5cm；
花直径约 1cm；被丝托外面密被柔毛和不等大的针状
皮刺；萼片直立或开展，卵状披针形或披针形，长
5-8mm，宽 2-4mm，先端渐尖，偶有条裂；花瓣粉红
至紫红色，卵圆形或长圆形，长 4-6mm，宽 3-4mm，
基部有短爪；雄蕊多数，略短于花瓣；心皮与雄蕊近
等长；子房被短柔毛。聚合果红色，卵球形，直径
1-1.5cm，无毛或微被短柔毛。花期：3-6；果期：6-8 月。

产地：南澳（张寿洲等 0838）、葵涌、马峦山（张
寿洲等 1390）、三洲田、梅沙尖、梧桐山、仙湖植物
园（李沛琼 90690）、凤凰山、内伶仃岛。生于杂木林
中、草地、水沟边、路边等处，海拔 15-800m。

分布：广东、香港、澳门、海南、广西、湖南、江西、
福建、台湾、浙江、江苏、安徽、山东、河南、湖北、
四川、贵州、云南、西藏、青海、甘肃、宁夏、陕西、
河北、山西、内蒙古、吉林、辽宁和黑龙江。日本、
朝鲜和越南。

用途：果味酸甜多汁，可供食用；全株入药有止痛、
活血、祛风湿及解毒之效。

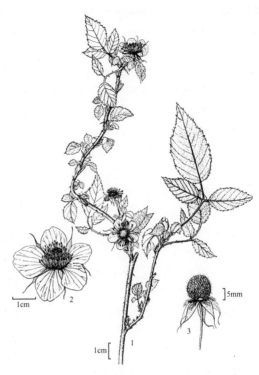

图 244 蓬虆 Rubus hirsutus
1. 分枝的一段、叶及花；2. 花；3. 聚合果。（刘平绘）

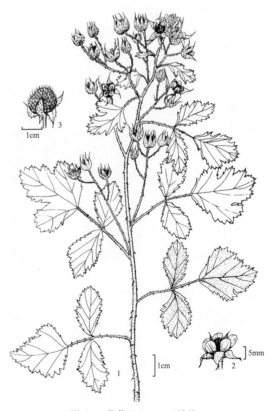

图 245 茅莓 Rubus parvifolius
1. 分枝的上段、叶及伞房花序；2. 花；3. 聚合果。（刘平绘）

5. 粗叶悬钩子 Giant Bramble　　　图 246

Rubus alceifolius Poir. in Lam, Encycl. Meth. **6**: 247. 1804.

Rubus hainanensis Focke in Biblioth Bot. **72**（1）：83, f. 31. 1910；海南植物志 **2**：195. 1965.

攀援灌木，高达 5m。枝弓形，小枝被褐色或红褐色茸毛状长柔毛，密生下弯的皮刺。叶为单叶；托叶大，轮廓为长圆形至圆形，长 1-1.5(-2)cm，边缘掌状或羽状深裂，裂片条形或条状披针形，被硬毛；叶柄长 2-4.5cm，密被黄灰色或淡褐色短柔毛和长硬毛，散生小皮刺；叶片轮廓近圆形或宽卵形，长 6-16cm，宽 5-14cm，通常有 5 条掌状脉，下面被黄灰色或锈色茸毛，沿脉被长柔毛，上面疏被短硬毛，毛脱落后留下囊泡状小突起，基部心形，边有不规则的疏齿并有不规则 5-7 浅裂，裂片先端圆或急尖。花组成顶生狭窄的聚伞圆锥花序或总状花序，长 6-11cm，有时花少数簇生于叶腋，偶有单花；花序梗、花序轴和花梗均被茸毛状长柔毛和小而下弯的皮刺；苞片长 1-1.4cm，羽状中裂至深裂，裂片条形或披针形；花梗长 0.5-1(-1.5)cm；花直径 1-1.6cm；被丝托杯状，外面被茸毛状长柔毛；萼片 5，宽卵形至三角状卵形，长 6-9mm，宽 5-8mm，其中有 3 枚萼片的先端及边缘有条裂，其余的全缘，先端有短尖；花瓣白色，近圆形或宽倒卵形，长 5-9mm，宽 4-8mm，基部有爪；雄蕊多数，短于花瓣，花丝宽扁；心皮多数，短于雄蕊，子房及花柱均无毛。聚合果红色，近球形，直径可达 1.8cm。花期：7-9 月，果期：10-12 月。

产地：三洲田（深圳考察队 710）、仙湖植物园（王定跃 89402）。生于山坡和山脚灌丛中，海拔 60-250m。

分布：江苏、浙江、台湾、江西、福建、湖南、广东、香港、海南、广西、贵州和云南。越南、老挝、柬埔寨、泰国、马来西亚、菲律宾、印度尼西亚、日本和朝鲜。

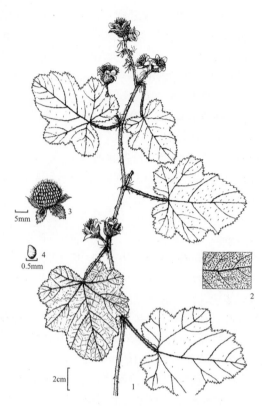

图 246 粗叶悬钩子 Rubus alceifolius
1. 分枝的一段、叶及花序；2. 叶片的一部分，示上面的泡状小突起；3. 聚合果；4. 小核果。（刘平绘）

6. 锈毛莓 Rusty-haired Raspberry　　图 247　彩片 238

Rubus reflexus Ker. Gawl. in Bot. Reg. **6**: 461. 1820.

攀援灌木，高约 2m。小枝被锈色茸毛和疏生小皮刺。单叶；托叶宽倒卵形，长约 1.4(-2.5)cm，宽 0.9-1.3cm，被长柔毛，边缘篦齿状或不规则掌状浅裂，裂片披针形或条状披针形；叶柄长 2.5-5cm，被锈色茸毛状柔毛和疏生小皮刺；叶片狭卵形、宽卵形至近圆形，长 7-14(-20)cm，宽 5-11(-19)cm，下面被锈色茸毛，沿脉被长柔毛，上面无毛或沿脉疏被长柔毛，有明显皱纹，基部心形，边缘 3-5(-7)浅裂，顶

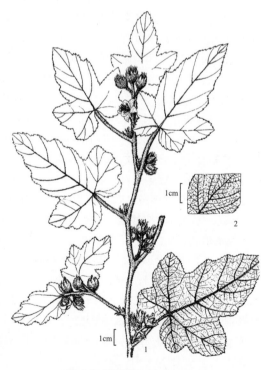

图 247 锈毛莓 Rubus reflexus
1. 分枝的一段、叶及总状花序；2. 叶片的一部分，示上面的皱纹。（刘平绘）

生裂片长卵形或长圆形，比侧生裂片长很多，裂片边缘有不规则的粗锯齿或重锯齿，先端钝或急尖。花序为顶生的总状花序，长 5-8cm，或数花簇生于叶腋；花序梗、花序轴和花梗均被锈色长柔毛；苞片倒卵形，长 0.6-1.2cm，宽 0.7-1.1cm，密被长柔毛，边缘篦齿状或掌状裂，裂片条形或条状披针形；花梗长 3-6mm；花直径 1-1.5cm；被丝托外面密被褐色长柔毛；萼片 5，卵圆形、卵状披针形或披针形，长 6-8mm，宽 4-7mm，其中有 2 萼片的上部边缘掌状裂，裂片条状披针形，其余的萼片边缘全缘，被茸毛；花瓣白色，长圆形或近圆形，与萼片近等长，基部有短爪，花丝宽扁，花药无毛或顶端有毛；心皮长于雄蕊。聚合果暗红色，近球形，直径 0.7-1cm。花期：4-5 月，果期：7-9 月。

产地：西涌（张寿洲等 0974）、七娘山、马峦山（张寿洲等 1394）、三洲田（张寿洲等 0074）、梧桐山（深圳考察队 1045）、仙湖植物园、梅林水库。生于山坡、杂木林中、灌丛中和路边等处，海拔 100-800m。

分布：河南、浙江、江西、台湾、福建、广东、香港、澳门、海南、广西、湖南、贵州和云南。

用途：果可食；根可药用，有祛风湿、强筋骨之效。

7. 寒莓 Buerger's Raspberry　　　　　图 248

Rubus buergeri Miq. in Ann. Mus. Bot. Lugduno-Batavum **3**: 36. 1867.

直立或匍匐小灌木。匍匐枝长可达 2m，在节上生根并长出新植株，与花枝均密被茸毛状长柔毛，无刺或疏生小皮刺。叶为单叶；托叶早落，披针形，长 0.7-1cm，掌状或羽状深裂，裂片条形或条状披针形，被长柔毛；叶柄长 4-9cm，密被茸毛状长柔毛，无刺或具疏刺；叶片卵形或近圆形，长 6-12cm，宽 5-11cm，幼时下面密被茸毛，沿脉密被柔毛，老时变无毛，上面疏被长柔毛或仅沿脉被毛，掌状 5 出脉，基部心形，边缘 5-7 浅裂，顶生裂片比侧生裂片略长，边缘有不整齐的锐锯齿，先端钝或急尖。花序为总状花序，长 4-6cm，顶生或腋生，或数花簇生于叶腋；花序梗、花序轴和花梗均密被茸毛状长柔毛，无刺或疏生皮刺；苞片与托叶相似；花直径 0.6-1cm；花梗长 5-9mm；被丝托外面被黄色长柔毛和茸毛；萼片 5，披针形或卵状披针形，长 5-9mm，宽 3-5mm，在果期直立，稀反折，其中有 3 枚萼片的上部边缘有条裂，其余的萼片边缘全缘；花瓣白色，倒卵形，与萼片近等长或略长，无毛，顶端啮蚀状；雄蕊多数，短于花瓣，花丝线形，无毛；心皮多数，无毛，长于雄蕊。聚合果近球形，直径 0.6-1cm，紫黑色，无毛。花期：7-10 月，果期：9-10 月。

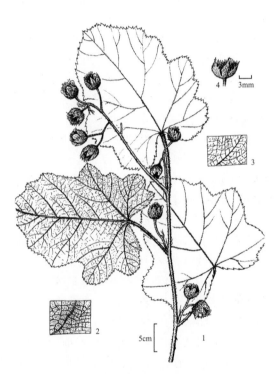

图 248 寒莓 Rubus buergeri
1. 分枝的一段、叶及总状花序；2-3. 叶片的下面及上面，示毛被；4. 聚合果。（刘平绘）

产地：仙湖植物园（李沛琼 1021）。生于山谷林中或林缘，海拔 160-210m。

分布：安徽、江苏、浙江、江西、福建、台湾、广东、广西、湖南、湖北、四川、贵州和云南。日本和朝鲜。

用途：果可食；全株入药，有活血、清热解毒之效。

8. 梨叶悬钩子 Pear-leaved Raspberry　　　　　图 249

Rubus pirifolius Sm. Plant. Icon. Ined. **3**: t. 61. 1791 ["pyrifolius"].

攀援灌木，高可达 8m。枝条褐色至深紫褐色，小枝具柔毛和扁平皮刺。叶为单叶；托叶早落，条状披针形，长 7-8mm，被柔毛；叶柄长约 1cm，被柔毛，疏生小皮刺；叶片纸质，长圆形、卵状长圆形或椭圆状长圆形，长 6-11cm，宽 3.5-5.5cm，侧脉 5-8 对，两面沿脉密被柔毛，老后毛逐渐脱落至近无毛，基部圆或浅心形，边

缘有不整齐的粗锯齿，先端急尖或渐尖。花序顶生或
腋生，顶生的 1 枚为聚伞圆锥花序，长 10-14cm，侧
生的为圆锥花序或总状花序，较顶生花序短；花序梗、
花序轴和花梗密被均灰黄色短柔毛，无刺或有少数小
皮刺；花梗长 4-12mm；苞片早落，长 6-7mm，先端有 3-4
枚条形裂片，被柔毛；花直径 1-1.5cm；被丝托浅杯状，
被灰黄色短柔毛或近无毛；萼片卵状披针形或三角状
披针形，长 6-8mm，宽 2-3.5mm，内外两面均被灰黄
色短柔毛，边缘全缘或先端具 2-3 条裂；花瓣小，白色，
椭圆形至倒卵形，短于萼片，长 3-5(-7)mm；雄蕊多数，
微长于花瓣，花丝条状；心皮 5-10(-17)，子房外面密
被长柔毛，稀无毛。聚合果直径 1-1.5cm，红色，无毛。
花期：4-9 月，果期：8-12 月。

产地：排牙山（张寿洲等 5578）、葵涌（张寿洲等
4552）。生于山地疏或密林中，海拔 200-350m。

分布：浙江、台湾、福建、广东、香港、海南、广西、
四川、贵州和云南。印度、泰国、越南、老挝、柬埔寨、
菲律宾、马来西亚和印度尼西亚。

用途：全株药用，有强筋骨、去寒湿之效。

9.　木莓 Swinhoe's Raspberry　　图 250　彩片 239
Rubus swinhoei Hance in Ann. Sci. Nat. Bot. Ser.
5, **5**：211. 1866.

落叶或半常绿攀援灌木，高 1-4m。小枝褐色或
紫褐色，纤细，幼时具灰白色茸毛状长柔毛，散生微
弯曲的小皮刺。叶为单叶；托叶膜质，早落，卵状长
圆形至卵状披针形，长 5-8mm，疏被柔毛，边缘全
缘或顶端有齿；叶柄长 0.5-1(-5)cm，被灰白色茸毛
状长柔毛，有时具弯曲的小皮刺；叶片卵形至卵状长
圆形，长 5-11cm，宽 2.5-5cm，侧脉 9-12 对，下面
密被灰白色茸毛状长柔毛或无毛，不育枝上的叶片下
面密被灰白色茸毛，老时毛不脱落，花枝和果枝上的
叶下面无毛，沿中脉有弯曲的小皮刺，上面仅沿中脉
有柔毛，基部圆或截形至浅心形，边缘有不整齐的锯
齿或重锯齿，稀缺刻状，先端渐尖。总状花序顶生，
长 5-8cm，有 5-7 朵花，也有数花簇生；花序梗、花
序轴和花梗均被灰白色茸毛状长柔毛和紫褐色腺毛并
混生针状皮刺；苞片早落，卵状披针形或披针形，长
4-6mm，疏被长柔毛，边缘全缘或顶端有锯齿；花梗
长 1-3cm；花直径 1-1.5cm；被丝托和萼片外面均密被
灰白色茸毛状长柔毛并混生紫褐色腺毛；萼片在果期
反折，卵形至三角状卵形，长 5-8mm 宽 2.5-4.5mm，
边缘全缘，先端急尖或短渐尖；花瓣白色，宽倒卵形

图 249　梨叶悬钩子 Rubus pirifolius
1. 分枝的上段、叶及总状花序和圆锥花序；2. 花；3. 花
的纵剖面，示萼片被丝托、雄蕊和雌蕊。（刘平绘）

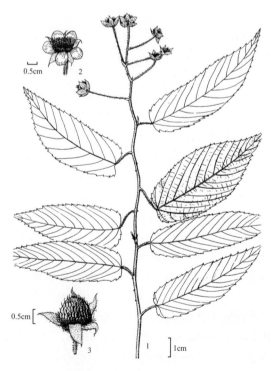

图 250　木莓 Rubus swinhoei
1. 分枝的上段、叶及总状花序；2. 花；3. 聚合果。（刘平绘）

或近圆形，长 5-7mm，宽 4-6mm，两面疏被柔毛，基部有短爪；雄蕊多数，花丝基部膨大，无毛；心皮比雄蕊长很多，花柱及子房均无毛。聚合果紫黑色，球形，直径 1-1.5cm。花期：5-6 月，果期：7-8 月。

产地：梅沙尖（深圳考察队 1163）。生于林中，海拔 350m。

分布：安徽、江苏、浙江、江西、福建、台湾、广东、广西、湖南、湖北、四川、贵州和陕西。日本（琉球）。

用途：果可食。根皮可提取栲胶。

10. 江西悬钩子 Jiangxi Raspberry　图 251
Rubus gressittii F. P. Metcalf in Lingnan Sci. J. **19**: 25. f. 3. 1940.

攀援灌木，高 1-3m。小枝褐色至褐红色，幼时被灰色或锈色茸毛状长柔毛，后变无毛，具疏而微弯曲的小皮刺。叶为单叶；托叶早落，膜质，披针形或卵状披针形，长 0.7-1.1cm；叶柄长 1-1.5cm，被锈色茸毛状长柔毛；叶片披针形至椭圆状披针形或狭长圆形，长 5-10cm，宽 2.5-4cm，下面密被锈色茸毛状长柔毛，上面无毛，基部圆至截形，稀浅心形，边缘有浅钝锯齿，先端渐尖。总状花序顶生或腋生，长 4-8cm，有花 4-9 朵；花序梗、花序轴和花梗均被锈色茸毛状长柔毛并具腺毛（长约 1mm），疏生针状皮刺；苞片披针形至卵状披针形，长 5-8mm，被微柔毛，无腺毛；花梗长约 2.5cm；花直径 0.8-1.2cm；被丝托与萼片的外面均密被锈色茸毛，散生腺毛；萼片直立，稀在果期反折，卵形至三角卵形，长 4-7mm，边缘全缘，先端急尖；花瓣白色或略带黄色，卵形或近圆形，长 5-6mm，宽 4.5-5.5mm，两面下部有短柔毛，基部有短爪；雄蕊多数，短于花瓣，花丝宽扁，无毛；心皮多数，长于雄蕊；子房和花柱无毛。聚合果暗红色，球形，直径 0.8-1cm，无毛。花期：4-5 月，果期：6-7 月。

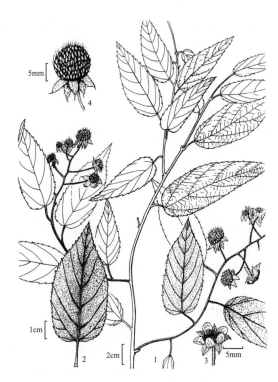

图 251 江西悬钩子 Rubus gressittii
1. 分枝的一部分、叶及果序；2. 叶片的下面，示毛被；3. 花；4. 聚合果。（刘平绘）

产地：盐田（王定跃 1528）、梅沙尖（深圳考察队 001675）。生于山坡林下，海拔 350-600m。

分布：江西、广东和湖南。

11. 蔷薇属 Rosa L.

直立、蔓生或攀援灌木，通常有皮刺、（由枝条、叶柄或花梗等的表面细胞形成）、针刺（由枝条变成）或刺毛，稀无刺，有毛、无毛或有腺毛。叶互生，奇数羽状复叶，稀单叶；托叶与叶柄贴生或着生在叶柄上，稀无托叶；小叶片边缘具齿。花单生或数朵至多朵排成伞房状，稀复伞房状或圆锥状花序；苞片单生、数个或无苞片；被丝托球形、坛状、杯状，喉部缢缩；萼片 5，稀 4，覆瓦状排列，全缘或不同程度的羽状分裂；花瓣 5，稀 4，开展，覆瓦状排列，白色、黄色、粉红色至红色；花盘环绕被丝托喉部；雄蕊多数，数轮着生在花盘周围；心皮分离，多数，稀少数，子房上位，着生在被丝托内部或基部，无柄，稀有柄，胚珠下垂，花柱顶生或侧生，外伸或不外伸，离生或上部合生。果为蔷薇果，由多数，稀少数瘦果着生在肉质被丝托内组成；瘦果木质。种子下垂。

约 200 种，广布亚热带至北温带地区。我国有 95 种。深圳有 5 种（包括栽培种）。

本属含世界著名的观赏植物，如月季花、香水月季花、玫瑰花、蔷薇等，各地庭园普遍栽培；同时，有多种植物可提炼珍贵的芳香油，如月季花、野蔷薇、金樱子、玫瑰花、山刺玫等；有些种类的果实甜酸可食并富含维生素 C；又如金樱子（根、叶、果）、月季花（根、叶、花）、玫瑰花的花瓣等，均为常用的中药。

1. 花单生；托叶与叶柄离生或仅基部与叶柄贴生，早落；花柱比雄蕊短很多 ················· 1. **金樱子 R. laevigata**
1. 花数朵成簇或排成伞房花序；托叶大部分与叶柄贴生，宿存；花柱长于雄蕊或与雄蕊近等长，稀微短。
　　2. 花 4-5 朵成簇，稀兼有单生；花柱离生；雄蕊与花柱近等长 ················· 2. **月季花 R. chinensis**
　　2. 花多数，排成伞房花序；花柱合生成束，长于雄蕊。
　　　　3. 托叶呈篦齿状分裂；被丝托和花柱均无毛 ················· 3. **野蔷薇 R. multiflora**
　　　　3. 托叶边缘有不整齐的锯齿或条裂，但不呈篦齿状分裂；被丝托被短柔毛和腺毛或仅有腺毛；花柱被短柔毛。
　　　　　　4. 叶片下面被短柔毛，上面沿中脉亦被短柔毛；被丝托和萼片的外面均被短柔毛和腺毛 ·················
　　　　　　················· 4. **广东蔷薇 R. kwangtungensis**
　　　　　　4. 叶片两面、被丝托和萼片的外面均无毛 ················· 5. **光叶蔷薇 R. luciae**

1. 金樱子 Cherokee Rose　　图 252　彩片 240 241
Rosa laevigata Michx. Fl. Bor.-Amer. **1**: 295. 1803.

常绿攀援灌木，高可达 5m。小枝紫褐色，粗壮，散生扁而弯的皮刺，幼时密被腺毛。羽状复叶连柄长 5-10cm；叶柄、叶轴和小叶柄均有皮刺和腺毛；托叶早落，与叶柄离生，或仅基部与叶柄贴生，披针形，边缘有细齿，齿尖有腺体，先端渐尖；小叶 3，稀 5，小叶片椭圆状卵形、倒卵形或披针状卵形，长 2-6cm，宽 1.2-3.5cm，下面幼时沿中脉有腺毛和小皮刺，老时变无毛，上面亮绿色，无毛，基部宽楔形，边缘有锐齿，先端急尖或圆钝，稀尾状渐尖。花单生叶腋，直径 5-8cm；花梗长 1.8-3cm，与被丝托外面均密被腺毛；无苞片；被丝托卵球形，外面的腺毛随果实成长而变为短刺；萼片 5，宿存，卵状披针形，长 2-2.5cm，外面常有刺毛和腺毛，内面密被短柔毛，边缘羽状浅裂或全缘，先端叶状；花瓣白色，宽倒卵形，长 3-4cm，基部宽楔形，先端微凹；花柱离生，比雄蕊短很多，被短柔毛。蔷薇果紫褐色，梨形或倒卵球形，稀近球形，直径 0.8-1.5cm，密生短刺，有宿存、直立的萼片。花期：4-6 月，果期：7-11 月。

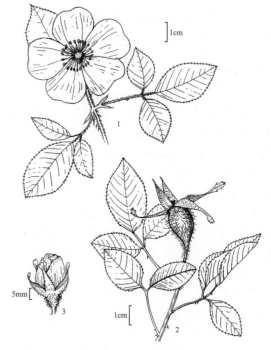

图 252 金樱子 Rosa laevigata
1. 叶及花；2. 叶及蔷薇果；3. 花蕾。（刘平绘）

产地：七娘山、南澳（张寿洲等 1764）、大鹏、排牙山、田心山、马峦山、梧桐山、仙湖植物园（王勇进 4123）、梅林、羊台山（深圳植物志采集队 013721）、观澜、塘朗山和内伶仃岛。生于林下、林缘、海边疏林中和灌丛中，海拔 50-350m。

分布：广东、香港、澳门、海南、广西、湖南、江西、福建、台湾、浙江、江苏、安徽、湖北、四川、贵州、云南和陕西南部。越南。各地常见栽培。

用途：根、叶、果均可入药。根有活血散瘀、祛风湿、解毒收敛及杀虫等功效；叶外用治疮疖、烧烫伤；果能止腹泻并对流感病毒有抑制作用。

2. 月季花 Chinese Rose　　　　　　　　　　　　图 253　彩片 242 243 244
Rosa chinensis Jacq. Observ. Bot. **3**: 7, pl. 55. 1768.

直立灌木，高 1-2m。小枝紫褐色，有短粗钩状、扁的皮刺或无刺，近无毛。羽状复叶连叶柄长 5-11cm；托叶宿存，大部分与叶柄贴生，分离部分耳状，全缘，通常有腺毛；叶柄和叶轴疏被皮刺和腺毛；小叶 3-5，稀 7，小叶片宽卵形或卵状长圆形，长 2.5-6cm，宽 1-3cm，两面近无毛，上面常有光泽，基部近圆形或宽楔形，边缘有锐尖锯齿，先端渐尖或长渐尖。花 4-5 朵成簇，稀有单生，微香或不香，直径 4-5cm；苞片 1-3，条形，边缘有腺毛或无毛，先端急尖；花梗长 2-6cm，近无毛或有腺毛；被丝托卵球形或梨形，无毛；萼片 5，脱落，卵形，有时叶状，外面无毛，内面密被长柔毛，边缘全缘或羽状浅裂，偶有深裂，先端渐尖或尾状；花瓣 5 或重瓣，红色、粉色、白色或紫色，倒卵形，基部楔形，顶端微凹；花柱离生，伸出，几等长于雄蕊或稍短于雄蕊，被短柔毛。蔷薇果红色，卵球形或梨形，直径 1-2cm，无毛。花期：4-9 月，果期：6-11 月。

产地：东湖公园（王定跃 89533），本市各地常见栽培。

分布：原产湖北、贵州和四川。我国各省区及世界各地普遍栽培，栽培品种甚多。

用途：为著名的观赏植物。叶及花均入药，治月经不调，捣烂外敷可治痛疔肿毒和治跌打损伤；花含芳香油及色素等。

图 253 月季花 Rosa chinensis
1. 分枝的上段、叶及花；2. 蔷薇果。（刘平绘）

3. **野蔷薇** 七姊妹 Multi-flowered Rose   图 254
Rosa multiflora Thunb. in Murray, Syst. Veg. ed. 14, 474. 1784.

攀援灌木。小枝通常无毛，在叶下有成对的短粗而微弯的皮刺。羽状复叶连叶柄长 5-10cm；托叶宿存，大部分与叶柄贴生，呈篦齿状分裂，边缘有腺毛或无；叶柄和叶轴被短柔毛或无毛，有腺毛和短小的皮刺；小叶 5-9，小叶片倒卵形、长圆形或卵形，长 1-5cm，宽 0.8-2.8cm，下面被短柔毛，上面无毛，基部圆形或楔形，边缘有单锯齿，先端急尖或圆钝。花多数，排成伞房花序；花序梗和花梗均无毛或有腺毛；苞片小；花梗长 1.5-2.5cm；被丝托近球形，无毛；花直径 1.5-2cm；萼片 5，脱落，披针形，外面无毛，内面被短柔毛，边缘全缘，有时中部具 2 条形裂片；花瓣 5，或重瓣，芳香，白色，淡红色或粉红色（栽培种），倒卵形，基部楔形，顶端微凹；花柱合生成束，伸出，微长于雄蕊，无毛。蔷薇果红褐色或紫褐色，近球形，直径 6-8mm，无毛，有光泽。花期：4-7 月，果期：5-11 月。

产地：深圳水库（王定跃 89358）。生于水沟边，海拔 50m。

分布：河北南部、甘肃南部、陕西南部、山东、河南、安徽、江苏、浙江、江西、台湾、福建、湖南、广东、

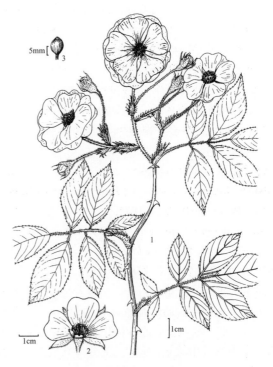

图 254 野蔷薇 Rosa multiflora
1. 发枝的上段、叶及伞房花序；2. 花的纵剖面，示被丝托、萼片、花瓣、雄蕊和雌蕊；3. 蔷薇果。（刘平绘）

香港、澳门、广西、贵州和云南。日本和朝鲜。各地常有栽培。

用途：为观赏植物。鲜花含有芳香油；根药用，能活血通络；叶外用治肿毒。

4. 广东蔷薇 Guangdong Rose   图 255　彩片 245

Rosa kwangtungensis T. T. Yü & H. T. Tsai in Bull. Fan. Mem. Inst. Biol. , Bot. Ser. **7**: 114. 1936.

攀援小灌木，有长匍匐枝。枝条暗灰色或红褐色，幼时被短柔毛，后变无毛；皮刺小，基部膨大，稍向下弯曲。羽状复叶连叶柄长 3.5-6cm；托叶大部与叶柄贴生，离生部分披针形，边缘有不整齐的锯齿或条裂，被短柔毛和腺毛；小叶 5-7，小叶片椭圆形、长椭圆形或椭圆状卵形，长 1.5-3cm，宽 0.8-1.5cm，下面被短柔毛，沿中脉和侧脉毛较密，散生小皮刺和腺毛，上面沿中脉被短柔毛，基部宽楔形或近圆形，边缘有细而尖的锯齿，先端急尖或渐尖。伞房花序顶生，有花 4-15 朵；花序梗和花梗均密被短柔毛和腺毛；花梗长 1-1.5cm，花芳香，直径 1.5-3cm；被丝托卵球形，外面被短柔毛和腺毛；萼片 5，早落，卵状披针形，先端长渐尖，两面有短柔毛，边缘的毛较密，外面混生腺毛；花瓣 5，或重瓣，白色或红色，倒卵形，比萼片稍短，基部楔形，顶端稍凹或圆，花柱合生成束，有白色短柔毛，比雄蕊稍长，伸出。蔷薇果球形，直径 0.7-1cm，紫褐色，有光泽。花期：3-5 月，果期：6-9 月。

产地：排牙山（王国栋等 6794）、笔架山（王国栋等 6736）、葵涌（王国栋等 7139）、西丽。生于山地疏林中、山地水边或林缘，海拔 50-150m。

分布：福建、广东、香港和广西。

5. 光叶蔷薇 Wichura Rose   图 256

Rosa luciae Franch. & Rochebr. in Bull. Soc. Roy. Bot. Belgique **10**: 324. 1871.

Rosa wichurana Crep. in Bull. Soc. Roy. Bot. Belgique **25**: 189. 1886 [*"wichuraiana"*]；广州植物志 295. 1956；广东植物志 **4**: 218. 2000.

灌木，平卧、拱垂或斜升。小枝若平卧则有时在节处生根，红褐色，幼时有短柔毛；皮刺小，常带紫红色，稍弯曲。羽状复叶连叶柄长 5-10cm；叶柄和叶轴被短皮刺和散生腺毛；托叶大部分与叶柄贴生，离生部分披针形，边缘有齿或齿尖带腺体，先端短渐尖；小叶 5-7，稀 9，小叶片椭圆形、卵形或倒卵形，长 1-3cm，宽 0.7-1.5cm，两面无毛，基部圆形或宽楔形，

图 255 广东蔷薇 Rosa kwangtungensis
1. 分枝的上段、叶及伞房花序；2. 托叶及叶的下面，示毛被；3. 花的纵剖面，示被丝托、萼片、花瓣、雄蕊和雌蕊。（刘平绘）

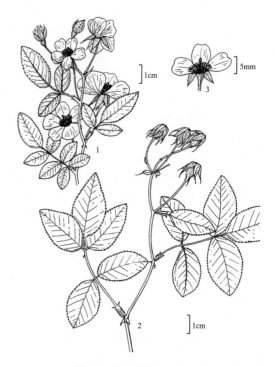

图 256 光叶蔷薇 Rosa luciae
1. 分枝的上段、叶及伞房花序；2. 叶及蔷薇果；3. 花的纵剖面，示被丝托、萼片、花瓣、雄蕊和雌蕊。（刘平绘）

边缘有疏细齿，先端圆钝或急尖。花多数，排成伞房花序或单生，直径 1.5-3cm；花梗长 0.6-1cm，和花序梗幼时散生柔毛，后变无毛，稀疏生腺毛；苞片早落，卵形；被丝托近球形，直径约 3mm，无毛或散生腺毛；萼片 5，披针形或卵状披针形，长 0.8-1cm，外面近无毛，内面密被柔毛，边缘全缘，先端渐尖；花瓣 5，白色或粉红色，芳香，倒卵形，长 1.2-1.3cm，基部楔形，顶端圆钝；花柱合生成束，伸出，微长于雄蕊，被短柔毛。蔷薇果紫黑褐色，球形或近球形，直径 6-8mm，散生腺毛。花期：4-7 月，果期：10-12 月。

产地：七娘山、南澳、笔架山、马峦山（李勇等 009655）、笔架山（张寿洲等 1126）、三洲田（深圳考察队 428）、梅沙尖、梧桐山、仙湖植物园、梅林、羊台山、观澜、南山、内伶仃岛（徐有财 2111）。生于山坡林中、林缘、水旁、草丛、田边，海拔 50-500m。

分布：浙江、福建、台湾、广东、香港和广西。日本、朝鲜和菲律宾。

12. 臀果木属 Pygeum Gaertn.

常绿乔木或灌木；小枝无刺。叶为单叶，互生；托叶小，早落，稀宿存；有叶柄；叶片下面近基部、稀近叶缘基部有 1 对扁平或凹陷的腺体，边缘全缘，稀有细齿。总状花序腋生、单生或有时数枚簇生，通常不分枝，稀有分枝；苞片小，早落，稀花后宿存；花两性或因子房退化而为单性（雄性），稀有时杂性异株；被丝托倒圆锥形、钟状或杯状，果期脱落，仅残存环形基部；萼片 5-10(-12)，小型（多数种类的萼片与花瓣不易区分，但有时形状、色泽和质地不同）；花瓣白色，与萼片同数，极稀缺；雄蕊 10-30(-85)，排成一轮或多轮，花丝丝状；子房上位，无毛或被毛，1 室，胚珠 2，并生，下垂，花柱顶生，柱头头状。果为核果，干燥，果皮革质，通常横向长圆体形至椭圆体形，有时近球形至长圆形；核软骨质。

约 40 种，分布热带非洲、亚洲南部和东南部、澳大利亚东北部、新几内亚和太平洋岛屿。我国有 6 种。深圳有 1 种。

臀果木 臀形果 Common Pygeum　图 257　彩片 246
Pygeum topengii Merr. in Philipp. J. Sci. **15**: 273. 1919.

乔木，高可达 25m。树皮深灰色至灰褐色；小枝暗褐色，幼时被褐色短柔毛，后变无毛，散生圆形小皮孔；冬芽卵球形，长 2.5-5mm，被褐色短柔毛。托叶小，早落；叶柄长 5-8mm，被褐色柔毛；叶片革质，卵状椭圆形至椭圆形，长 6-12cm，宽 3-5.5cm，下面被平伏的褐色柔毛，沿中脉及侧脉的毛较密，老时毛渐脱落，上面无毛，近基部有 2 枚黑色腺体，侧脉 5-8 对，基部宽楔形，略不对称，边缘全缘，先端短渐尖而钝。总状花序单生或数枚簇生，长 4-7cm，多花；花序梗、苞片和花梗均密被褐色柔毛；苞片小，卵状披针形至披针形，早落；花梗长 1-3mm；花直径 2-3mm；被丝托倒圆锥形，长 2-2.5mm，与萼片的外面均密被褐色短柔毛；萼片 5-6，三角状卵形，长 1-2mm，先端急尖；花瓣 5-6，长圆形，与萼片近等长或微长于萼片，与萼片不易区分，外面被褐色柔毛，先端钝；子房无毛。核果暗褐色，肾形，长 0.8-1cm，直径 1-1.6cm，无毛，深褐色，顶端凹陷。种子外面被微柔毛。花期：6-10 月，果期：10-12 月。

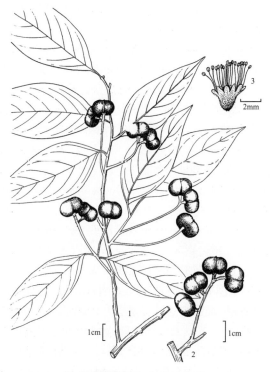

图 257 臀果木 Pygeum topengii
1. 分枝的一段、叶及果序（核果）；2. 果序；3. 花，示被丝托、萼片（先端急尖者）、花瓣（先端圆者）、雄蕊和花柱。（刘平绘）

产地：南澳、排牙山（王国栋等 6982）、葵涌（王国栋等 7135）、三洲田（张寿洲等 0079）。生于山地密林或疏林中和林缘，海拔 250-300m。

分布：福建、广东、香港、海南、广西、湖南、贵州和云南。

13. 桃属 Amygdalus L.

落叶乔木或灌木。枝无刺或有刺；腋芽（2-）3，中间是叶芽，两侧为花芽，具顶芽。叶为单叶，互生，有时在短枝上簇生，幼叶在芽中呈对折状，有托叶；叶柄具 2 腺体或有时腺体生于叶片基部边缘；叶片边缘具锯齿。花生于短枝的叶腋，通常为单花，稀具 2 花，两性，整齐，先于叶开放，稀与叶同时开放；花梗短或近无花梗，稀有较长之花梗；被丝托钟状，在果期脱落；萼片 5，覆瓦状排列；花瓣 5，粉红色或白色，着生在被丝托边缘，覆瓦状排列；雄蕊 15 至多数，花丝丝状，离生；雌蕊 1，子房上位，被柔毛，1 室，具 2 胚珠，胚珠并生，下垂，花柱顶生，伸长。果为核果，外面被柔毛，在桃 Amygdalus persica 的一些栽培品种中无毛，成熟时果肉多汁，不开裂或干燥，但在成熟时开裂，腹部有明显的纵沟；核扁圆形、圆形至椭圆形，与果肉粘连或分离，具 2 瓣，表面具深浅不同的纵、横沟纹和孔穴，极稀平滑。种皮厚，种仁味苦或甜。

约 40 种，分布于亚洲中部、东部和西南部以及欧洲南部。我国有 11 种（其中引进栽培 1 种）。深圳有栽培的 1 种。

桃 Peach　　　　　　　　　　图 258　彩片 247

Amygdalus persica L. Sp. Pl. **1**：472. 1753.

Prunus persica（L.）Batsch, Beytr. Entw. Pragm. Gesch. Natur. **1**：30. 1801；广州植物志 288，图 149. 1956；海南植物志 **2**：193. 1965；广东植物志 **4**：231，图 138. 2000；N. H. Xia & Y. F. Deng in Q. M. Hu & D. L. Wu, Fl. Hong Kong **2**：34. 2008.

乔木，高 3-8m。树冠宽广而平展；树皮暗红褐色；小枝细长，无毛，绿色，向阳处呈红色，有多数小的皮孔；冬芽常 2-3 枚簇生，圆锥形，外被短柔毛，中间为叶芽，两侧为花芽。叶柄粗壮，长 1-2cm，常具 1 至数个腺体，有时无腺体；叶片长圆状披针形、椭圆状披针形或倒卵状披针形，长 7-15cm，宽 2-3.5cm，下面无毛或在脉腋间具少数短柔毛，上面无毛，基部宽楔形，边缘具细锯齿或粗锯齿，齿端具腺体或无腺体，先端渐尖。花单生，先于叶开放，直径 2.5-3cm；花梗极短或几无梗；被丝托钟状，长 3-5mm，绿色，具红色斑点，被短柔毛，稀近无毛；萼片卵形至长圆形，与被丝托近等长，外面被短柔毛，先端圆钝；花瓣粉红色或近白色，长圆状椭圆形至宽倒卵形，长 1-1.7cm，宽 0.9-1.2cm；雄蕊 20-30，花药紫红色；子房被短柔毛，花柱与雄蕊近等长。核果卵球形、宽椭圆体形或扁球形，长与宽均为 5-8cm，颜色多种，淡绿白色、淡黄白色、黄色、橙黄色，在向阳面带红色，果肉多汁，味甜或甜酸。花期：1-4 月，果期：8-9 月（因品种而异）。

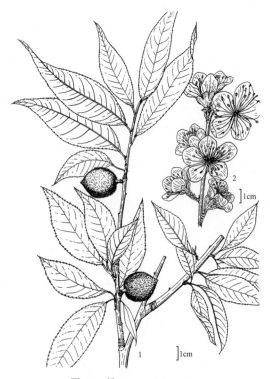

图 258　桃 Amygdalus persica
1. 分枝的一部分、叶及核果；2. 花枝。（刘平绘）

产地：排牙山（王国栋 6288）、梧桐山（深圳考察队 1262），本市各地有栽培。

分布：原产我国北部。世界各地均有栽培。我国各地亦普遍栽培。栽培品种甚多。

用途：为著名果树。亦为优良的乔木花卉。

桃的栽培品种很多，在深圳地区常见栽培的有：

单瓣白桃 Amygdalus persica 'Alba' 花单瓣，白色。

千瓣白桃 Amygdalus persica 'Alba-plena' 花半重瓣，白色。

红花碧桃 Amygdalus persica 'Rubro-plena' 花半重瓣，红色。

碧桃 Amygdalus persica 'Duplex' 花重瓣，淡红色

绯桃 Amygdalus persica 'Magnifica' 花重瓣，鲜红色。

14. 杏属 Armeniaca Scop.

落叶乔木，稀灌木；枝无刺，稀有刺；腋芽单生，无顶芽。单叶互生，幼叶在芽中呈席卷状；有托叶；叶柄常具2枚腺体；叶片边缘有单或重锯齿。花通常单生，稀2-3朵花簇生，两性，先于叶开放；近无梗或有短梗，稀有长梗；被丝托钟状，在果期脱落；萼片5，覆瓦状排列；花瓣5，着生在被丝托口部，覆瓦状排列；雄蕊15-45，周位着生（雄蕊着生在被丝托上，但不真正接触上位子房），花丝分离；心皮1(-2)，子房上位，被短柔毛，1室，具2胚珠，胚珠并生，下垂，花柱顶生，伸长。果实为核果，两侧多少扁平，被短柔毛，稀无毛，具1条明显的纵沟；果肉肉质，多汁，成熟时不开裂，稀干燥而开裂，外面被短柔毛，稀无毛，离核或粘核；核两侧扁平，表面光滑、粗糙或成网状，极稀具蜂窝状孔穴；种仁味苦或甜；子叶扁平。

约11种，分布亚洲东部和西南部。我国有10种。深圳有1种（栽培）

梅 Mume   图 259

Armeniaca mume Siebold in Verh. Batav. Genootsch. Kunsten **12**（1）：69. 1830.

Prunus mume（Siebold）Siebold & Zucc. Fl. Jap. **1**：29, t. 11. 1836; 广州植物志 289. 1956; 海南植物志 **2**：193. 1965; 广东植物志 **4**：232, 图139. 2000; N. H. Xia & Y. F. Deng in Q. M. Hu & D. L. Wu, Fl. Hong Kong **2**：34. 2008.

小乔木，稀灌木，高4-10m。树皮浅灰色或带绿色；一年生小枝绿色，平滑，无毛或密被灰白毛；冬芽紫褐色，卵球形，长3-6mm，无毛，先端急尖。叶柄长1-2cm，幼时密被灰白色柔毛，常有腺体；叶片卵形、卵状椭圆形、椭圆形、倒卵状长圆形，长4-8cm，宽2.5-5cm，灰绿色，幼时两面被短柔毛，后渐变无毛，或仅下面脉腋间被短柔毛，基部宽楔形至圆形，边缘常具锐锯齿，先端尾状。花序有2朵花或为花单生；花先于叶开放，直径2-2.5cm，香味很浓；花梗长0.1-1cm，无毛；被丝托通常带红褐色，（栽培品种常带绿至绿紫色），宽钟状，长2.5-4mm，外面无毛或有时被短柔毛；萼片卵形至近圆形，长3-5mm，

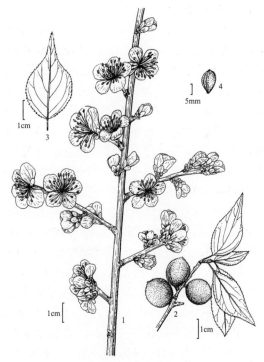

图 259 梅 Ameniaca mume
1. 盛花期分枝的一段; 2. 核果; 3. 叶; 4. 核。（刘平绘）

先端钝；花瓣白色或粉红色，倒卵形，长0.9-1.4cm，宽0.8-1.2cm；雄蕊短于或微长于花瓣；子房密被柔毛；花柱短于或微长于雄蕊。核果黄色或绿白色，有时带红色或有红色斑点，近球形，直径2-3cm，被短柔毛，味酸；果肉与核粘贴；核椭圆体形，微扁，表面有蜂窝状孔穴，顶端圆，具小尖头；基部渐窄成楔形，腹面和背棱上均有明显纵沟。花期：冬季至翌年春季，果期：夏季。

产地：深圳植物园有栽培。

分布：原产于四川西部和云南西部，各地均有栽培，但以长江流域以南各省区栽培较多。日本、朝鲜、老挝北部和越南北部也有栽培。

用途：为著名的观赏植物；果供食用，入药有收敛止痢、解热镇咳和驱虫之效；根和花药用能活血解毒。

15. 李属 Prunus L.

落叶小乔木或灌木。分枝较多，有时有刺；冬芽单生叶腋，卵圆形，有数枚覆瓦状排列的鳞片，无顶芽。单叶互生，幼叶在芽中为席卷状或对折状；托叶膜质，早落；有叶柄，在叶柄顶端或叶片基部边缘常有 2 枚小腺体或无腺体；叶片边缘有圆锯或粗锯齿。花单生或 2-3 朵簇生，先叶开放或与叶同时开放；苞片早落；被丝托钟状；萼片 5，覆瓦状排列；花瓣 5，白色，有时带紫色脉，稀带绿色，着生在被丝托口部边缘，覆瓦状排列；雄蕊 20-30，排成 2 轮，花丝不等长；心皮 1，子房上位，1 室，无毛或有时有长柔毛，胚珠 2，并生，下垂，花柱顶生，伸长。果为核果，无毛，常有腊粉，有 1 纵沟；果肉肉质，成熟时不开裂；核侧扁，平滑，稀有沟或皱。

约 30 种，分布亚洲、欧洲和北美洲。我国有 7 种。深圳有 1 种（栽培）。

李 Japanese Plum　　　　　　　　图 260

Prunus salicina Lindl. in Trans. Hort. Soc. London 7: 239. 1830.

落叶乔木，高 9-12m。小枝、叶柄、花梗和被丝托的外面均无毛或密被短柔毛；老枝紫褐色或红褐色，小枝黄红色；冬芽带紫红色，通常无毛，稀在鳞片边缘具缘毛。托叶条形，边缘有腺体，先端渐尖；叶柄长 1-2cm，顶端具 2 枚腺体；叶片长圆状倒卵形、窄椭圆形，稀长圆状卵形，长 6-8(-12)cm，宽 3-5cm，侧脉 6-10 对，下面暗绿色，上面深绿色，有光泽，基部楔形，边缘有圆钝的重锯齿，常混有单锯齿，幼时齿尖带腺体，先端急尖或短尾状。花通常 3 朵簇生，直径 1.5-2.2cm；花梗长 1-1.5cm，无毛；被丝托杯状；萼片长卵圆形，长约 5mm，外面无毛，边缘有疏齿，先端急尖至圆钝；花瓣白色，长圆状倒卵形，基部楔形，边缘近顶端啮蚀状；子房无毛，柱头盘状。核果黄色或红色，有时绿色或紫色，球形、卵球形或圆锥形，直径 3.5-5cm（栽培品种可达 7cm），具白霜；核卵球形至长圆体形，有皱纹。花期：2-4 月，果期：7-8 月。

产地：仙湖植物园（王国栋 017334）、民俗文化村（王定跃 2550），本市各地时有栽培。

分布：黑龙江、吉林、辽宁、河北、山西、陕西、宁夏、甘肃、山东、河南、安徽、江苏、浙江、江西、台湾、福建、广东、香港、广西、湖南、湖北、贵州、四川和云南等省区常见栽培或有野生。亚洲其他地区、欧洲和北美洲均有栽培。

用途：果可食。是重要果树之一。

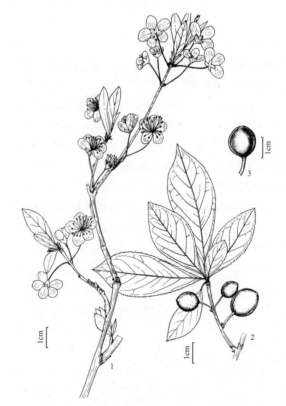

图 260 李 Prunus salicina
1. 盛花期分枝的一段；2. 叶及核果；3. 核果。（刘平绘）

16. 樱属 Cerasus Mill.

落叶乔木或灌木。腋芽单生或 3 个并生，中间为叶芽，两侧为花芽，有顶芽。单叶互生，生于短枝上的簇生，幼叶在芽中为对折状；托叶早落，边缘有细锯齿，齿尖有腺体；叶柄和叶片基部常有 2 枚小腺体；叶片边缘有单锯齿或重锯齿，稀为细锯齿。花两性，常数朵组成伞形花序、伞房花序或短总状花序，或 1-2 朵花生于叶腋内，先叶开放或与叶同时开放；通常有花梗；花序基部有宿存芽鳞或有明显的总苞片；被丝托钟状或管状；萼片反折或直立；花瓣 5，白色或粉红色，先端圆钝、微凹或深裂；雄蕊 15-50，生于被丝托的边缘；心皮 1，子房上位，1 室，每室有 2 颗下垂的胚珠，有毛或无毛。果为核果，无毛，无白粉，亦无纵沟，成熟时肉质，多汁，不开裂；核球形或卵球形，平滑或稍有皱纹。

约 150 种，分布于亚洲温带地区、欧洲和北美洲。我国有 44 种。深圳有 2 种（栽培）。

1. 腋芽单生；花 2-4 朵排成伞形花序；被丝托钟状 ················· 1. 钟花樱桃 C. campanulata
1. 腋芽 3 个并生，中间为叶芽，两侧为花芽；花单生或 2-3 朵簇生；被丝托陀螺状 ············· 2. 郁李 C. japonica

1. 钟花樱桃 Bell-flowered Cherry

图 261 彩片 248 249

Cerasus campanulata（Maxim.）A. N. Vassiljeva in Trans. Sukhumi Bot. Gard., Fasc. 10, 119. 1957.

Prunus campanulata Maxim. in Bull. Acad. Imp. Sci. Saint-Petersbourg **29**: 103. 1884; 广东植物志 **4**: 103. 2000.

图 261 钟花樱桃 Cerasus campanulata
1. 分枝的一部分、叶及伞形花序；2. 伞形花序；3. 花的纵剖面，示被丝托、花瓣、雄蕊和雌蕊。（刘平绘）

乔木或灌木，高 3-8m。树皮黑褐色；小枝灰褐色或紫褐色，幼时绿色，无毛；腋芽单生，卵球形，无毛。托叶早落；叶柄长 0.8-1.3cm；无毛，顶端有 2 枚腺体；叶片卵形、卵状椭圆形，稀倒卵状椭圆形，长 4.5-7.5cm，宽 2-3.5cm，下面无毛或脉腋有簇毛，上面无毛，侧脉 8-12 对，基部圆形，边有锐锯齿，有时具不整齐锯齿，先端渐尖。伞形花序有花 2-4 朵，先叶开放；总苞片长椭圆形，长约 5mm，两面被平伏的长柔毛；花序梗短，长 2-4mm；苞片绿色，稀绿褐色，长 1.5-2mm；花梗长 1-1.3cm，无毛或疏被短柔毛；被丝托钟状，长约 6mm，外面无毛或疏被柔毛；萼片长圆形，长约 2.5mm，边缘全缘，先端钝，宿存；花瓣粉红色，倒卵状长圆形，先端微凹或全缘；雄蕊 39-41；花柱长于或较少短于雄蕊；无毛。核果红色，卵球形，直径 5-6mm；果梗长 1.5-2.5cm。花期：1-3 月，果期：4-5 月。

产地：仙湖植物园（王国栋 0621），本市公园时有栽培。

分布：浙江、台湾、福建、广东、海南、广西和湖南。日本和越南。

用途：早春开花，颜色鲜艳，在华东和华南地区常栽培供观赏。

2.　郁李 Dwarf Flowering Cherry　图 262　彩片 250

Cerasus japonica（Thunb.）Loisel. in Duham. Trait. Arb. Arbust. **5**: 33. 1812.

Prunus japonica Thunb. in Murray, Syst. Veg. ed. 14, 463. 1784; 广东植物志 **4**: 236. 2000.

灌木, 高 1-2m。小枝灰褐色, 幼时绿色或绿褐色, 无毛; 腋芽 3 个并生, 中间为叶芽, 两侧为花芽, 卵球形, 无毛。托叶条形或半卵形, 长 4-6mm, 边缘有腺齿, 有或无条裂; 叶柄长 0.2-1cm, 无毛或被疏柔毛; 叶片卵形或卵状披针形, 长 3-7cm, 宽 1.5-3.1cm, 两面无毛或下面沿脉有稀疏柔毛, 侧脉 5-8 对, 基部圆形, 边缘有缺刻状锐锯齿, 先端渐尖。花单生或 2-3 朵簇生, 与叶同时开放或先叶开放; 花梗长 0.5-1cm, 无毛或被疏柔毛; 被丝托陀螺状, 长宽均为 2.5-3mm, 无毛; 萼片椭圆形, 微长于被丝托, 边缘有细齿, 顶端圆; 花瓣白色或粉红色, 倒卵状椭圆形; 雄蕊约 32; 花柱无毛, 与雄蕊近等长。核果近球形, 深红色或黑色, 直径约 1cm。花期: 1-3 月, 果期: 4-8 月。

产地: 仙湖植物园（王国栋 06023）、荔枝公园（李沛琼 017297）, 本市各公园时有栽培。

分布: 广东、湖南、福建、江西、浙江、江苏、山东、河南、河北、辽宁、吉林和黑龙江。日本和朝鲜。

用途: 种仁入药, 名郁李仁。郁李、郁李仁酊剂有降血压作用。

图 262　郁李 Cerasus japonica
1. 分枝的一段、叶及核果; 2. 盛花期分枝的一段。(刘平绘)

17. 桂樱属 **Laurocerasus** Duhamel ex Duh.

常绿乔木或灌木, 极稀落叶。分枝无刺。叶为单叶, 互生, 在芽中对折状; 托叶小, 离生或有时合生, 不久脱落; 叶柄短, 常在叶柄上、叶片下面近基部或在叶缘具 2 枚腺体, 稀具数枚腺体; 叶片边缘全缘或具齿。花序腋生, 通常为总状花序, 极稀为圆锥花序, 具 10 多朵花; 位于花序下部的总苞片先端 3 裂或有 3 齿, 苞腋内常无花; 苞片小, 早落; 通常无小苞片; 花通常两性, 有时雌蕊退化而成为单性 (雄花); 被丝托杯状至钟状; 萼片 5; 花瓣 5, 白色, 长于萼片; 雄蕊 10-50, 排成 2 轮, 内轮较短; 雌蕊 1, 子房上位, 1 室, 无毛或有时被毛, 胚珠 2, 并生, 花柱顶生, 柱头盘状。果为核果, 成熟时不开裂; 核骨质或木质, 平滑或有皱纹。种子 1, 下垂。

约 80 种, 分布亚洲、欧洲、新几内亚和南、北美洲。我国有 13 种。深圳有 4 种。

1. 叶片下面散生黑色或紫褐色小腺点。
　2. 果实近球形或略横向椭圆体形, 长 1-1.2cm, 直径 0.8-1cm; 叶片单质或近革质, 两面网脉明显, 先端长尾状 ·················· 1. **腺叶桂樱 L. phaeosticta**
　2. 果实长卵球形至椭圆体形, 长 0.9-1.4cm, 直径 6-8mm; 叶片厚革质, 两面网脉不明显, 先端急尖至短渐尖 ···················· 2. **华南桂樱 L. fordiana**
1. 叶片下面无腺点。
　3. 叶片大, 革质, 呈窄椭圆状披针形、宽卵形、长圆状披针形、宽长圆形或椭圆状长圆形, 长 (5-)6-19cm, 宽 (1.5)2-8cm, 边缘有疏或密的粗锯齿; 果实大, 长 1.8-2.4cm ·················· 3. **大叶桂樱 L. zippeliana**
　3. 叶片较小, 厚革质, 长圆形至倒卵状长圆形, 长 5-7(-9)cm, 宽 1.5-3(-4)cm, 边缘全缘; 果实小, 直径 7-9mm ·················· 4. **全缘桂樱 L. marginata**

1. 腺叶桂樱 Wild Cherry-laurel

图 263　彩片 251 252

Laurocerasus phaeosticta（Hance）C. K. Schneid. Ill. Handb. Laubh. **1**: 649, f. 355. 1906.

Pygeum phaeosticta Hance in J. Bot. **8**: 72. 1870.

Prunus phaeostica（Hance）Maxim. in Bull. Acad. Imp. Sci. Saint-Petersbourg **29**: 109. 1883; 广州植物志 287. 1956; 海南植物志 **2**: 192. 1965; 广东植物志 **4**: 238. 2000; N. H. Xia & Y. F. Deng in Q. M. Hu & D. L. Wu, Fl. Hong Kong **2**: 34. 2008.

常绿灌木或小乔木，高 4-12m。小枝暗紫褐色，有稀疏皮孔，幼时或多或少的短柔毛；冬芽卵球形，无毛。托叶小，早落，无毛；叶柄长 4-8mm，无毛，无腺体；叶片窄椭圆形、长圆形或长圆状披针形，稀倒卵状长圆形，长 6-12cm，宽 2-4cm，草质至近革质，两面无毛，下面散生黑色小腺点，侧脉 6-10 对，两面网脉明显，基部楔形，在近边缘处常有 2 枚较大而扁平的腺体，边缘全缘，有时在幼苗或萌蘖枝上的叶具锐锯齿，先端长尾状。总状花序单生于叶腋，长 4-6cm，有花数朵至 10 余朵或更多；生于小枝下部的花序其腋外叶早落，生于小枝的花序其腋外叶宿存；花序梗、花序轴、苞片和花梗均无毛；苞片条形至披针形，长 2-4mm；花梗长 3-6mm；花直径 4-6mm；被丝托杯状，长 1.5-2.5mm，外面无毛；萼片卵状三角形，长 1-2mm，外面无毛，边缘有缘毛或小齿，先端钝；花瓣白色，近圆形，直径 3-5mm，无毛；雄蕊 20-35；子房无毛，花柱长约 5mm。核果紫褐色，近球形或略横向椭圆体形，长 1-1.2cm，直径 0.8-1cm，无毛。花期：4-5 月，果期：6-12 月。

产地：西涌（张寿洲等 1095）、七娘山（张寿洲等 0034）、南澳、盐田（王定跃 1614）。生于山坡杂木林中、林缘或山涧等处，海拔 300-800m。

分布：安徽、浙江、台湾、江西、福建、广东、香港、海南、广西、湖南、贵州、云南、四川和西藏。孟加拉国、印度、缅甸北部、泰国北部和越南北部。

2. 华南桂樱 Ford's Cherry-laurel　　图 264

Laurocerasus fordiana（Dunn）Browicz in Arbor. Kornickie **15**: 6. 1970.

Prunus fordiana Dunn in J. Bot. **45**: 402. 1907; 广东植物志 **4**: 238. 2000.

常绿灌木或小乔木，高 5-15m。小枝紫红色，具

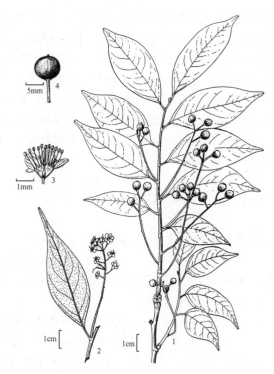

图 263 腺叶桂樱 Laurocerasus phaeosticta
1. 分枝的一段、叶及果序；2. 叶片的下面，示小腺点及总状花序；3. 花的纵剖面，示被丝托、花瓣、雄蕊和雌蕊；4. 核果。（刘平绘）

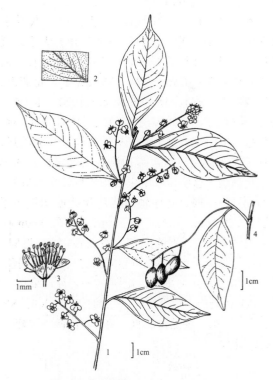

图 264 华南桂樱 Laurocerasus fordiana
1. 分枝的一段、叶及总状花序；2. 叶片的一部分，示下面的小腺点；3. 花的纵剖面，示被丝托、花瓣、雄蕊和雌蕊；4. 果序。（刘平绘）

明显小皮孔，幼时被微柔毛，老枝紫黑色，无毛；冬芽褐色，卵球形，长 2-5mm。托叶小，早落；叶柄长 2-8mm，无毛，无腺体；叶片椭圆形至长圆形，长 5-12cm，宽 2-4cm，厚革质，两面无毛，下面散生紫褐色小腺点，近基部边缘常有 2-4 枚较大而扁平的腺体，稀无腺体，侧脉 7-11 对，两面网脉不明显，基部楔形，边缘全缘，极稀具少数锯齿，先端急尖或短渐尖。总状花序单生于腋生，长 3-9cm，有 10 多朵花；花序梗和花梗均无毛；苞片早落；花梗长 3-8mm；花直径 5-6mm；被丝托钟状，长 1-2mm，外面无毛；萼片卵状三角形，长 1-2mm，外面无毛，先端钝至急尖；花瓣白色，近圆形，无毛；雄蕊 20-40，长 3-4mm；子房和花柱均无毛，花柱长约 4mm。核果黑褐色，长卵球形至椭圆体形，长 0.9-1.4cm，直径 6-8mm，无毛，核壁薄，稍有网纹。花期：3-4 月，果期：5-8 月。

产地：葵涌（张寿洲等 3454）。生于海岸灌丛中，海拔 250-400m。

分布：广东和广西。柬埔寨和越南。

3. 大叶桂樱 大叶野樱 Big-leaved Cherry-laurel

图 265

Laurocerasus zippeliana（Miq.）Browicz in Arbor Kornickei **15**：6. 1970.

Prunus zippeliana Miq. Fl. Ned. Ind. **1**：367. 1855；广东植物志 **4**：238. 2000；N. H. Xia & Y. F. Deng in Q. M. Hu & D. L. Wu, Fl. Hong Kong **2**：35. 2008.

Prunus macrophylla Siebold & Zucc. in Abh. Math.-Phys. Cl. Konigl. Bayer. Akad. Wiss. **4**：122. 1845；广州植物志 288. 1956.

乔木，高 10-25(-30)m。小枝褐色、灰褐色或黑褐色，具明显的、近圆形的小皮孔，无毛。托叶条形，早落；叶柄长 1-2cm，无毛，基部有一对扁平的腺体；叶片革质，窄椭圆状披针形、宽卵形、长圆状披针形、宽长圆形或椭圆状长圆形，长（5-）6-19cm，宽（1.5-）2-8cm，两面无毛，侧脉 7-13 对，下面突起，上面平或微下陷，基部宽楔形或近圆形，边缘具疏或密的粗锯齿，齿顶端有黑色腺体，先端急尖至短渐尖。总状花序单生或 2-4 枚簇生于叶腋，长 2-6cm；花序梗、花序轴、苞片和花梗均被短柔

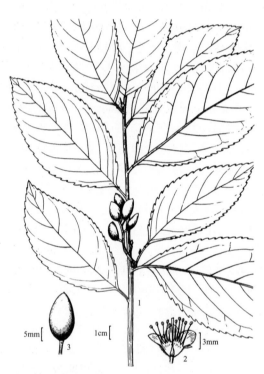

图 265 大叶桂樱 Laurocerasus zippeliana
1. 分枝的上段、叶及果序；2. 花的纵剖面，示被丝托、花瓣、雄蕊及雌蕊；3. 核果。（刘平绘）

毛；苞片长 2-3mm；花梗长 1-3mm；花直径 5-9mm；被丝托钟状，长约 2mm；萼片卵状三角形，长 1-2mm，外面疏被短柔毛，顶端钝，稀急尖；花瓣白色，近圆形，长 2-4mm，边缘通常有缘毛；雄蕊 20-25，长 4-6mm；子房与花柱均无毛，花柱长可达 4mm。核果黑褐色，长圆体形至卵状长圆体形，长 1.8-2.4cm，宽 0.8-1.1cm，无毛，先端急尖并具短尖。花期：7-12 月，果期：冬季至次年春季。

产地：梧桐山、内伶仃岛（廖文波等 97-009，SYS）。生于阳处灌丛中，海拔 100m。

分布：广东、香港、广西、湖南、江西、福建、台湾、浙江、湖北、贵州、云南、四川、陕西和甘肃。日本和越南北部。

4. 全缘桂樱 Entire Cherry-laurel　图266

Laurocerasus marginata（Dunn）T. T. Yü & L. T. Lu in Bull. Bot. Res. Harbin **4**（4）：52. 1984.

Prunus marginata Dunn in J. Bot. **45**：402. 1907；广东植物志 **4**：240. 2000；N. H. Xia & Y. F. Deng in Q. M. Hu & D. L. Wu, Fl. Hong Kong **2**：35. 2008.

常绿小乔木或灌木，高4-6m。小枝灰褐色至黑褐色，幼时密被黄棕色短柔毛，老时无毛或有毛，散生不明显的皮孔；冬芽暗褐色，卵球形，长2-4mm。托叶早落；叶柄长1-5mm，无毛；叶片长圆形至倒卵状长圆形，长5-7(-9)cm，宽1.5-3(-4)cm，厚革质，两面无毛，基部狭楔形，一边常偏斜，近基部有2枚腺体或无腺体，边缘全缘而坚硬较厚，先端渐尖，尖头钝。总状花序单生于叶腋，长2-3(-4)cm，有花数朵；花序梗、花序轴和花梗均密被短柔毛；花梗长2-3mm；花直径2-3mm；被丝托钟状至杯状，长约2mm，外面无毛或被微柔毛；萼片卵形至卵状披针形，稍短于被丝托，外面无毛或被微柔毛，先端钝或急尖；花瓣白色，近圆形或倒卵形，长2-3mm；雄蕊25-30，长于花瓣；子房无毛，花柱近等长于雄蕊。核果暗褐色或黑褐色，卵球形，直径7-9mm，无毛；核壁较薄，成熟时表面具细网纹。花期：春至夏季，果期：秋至冬季。

产地：七娘山（邢福武10878，IBSC）、梧桐山（张寿洲等1439）。生于山坡林中，海拔880m。

分布：广东。

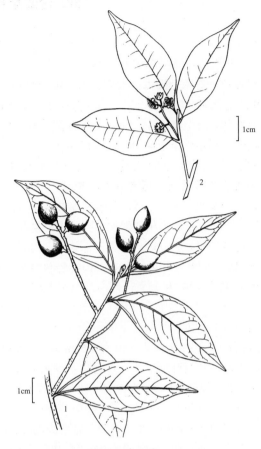

图266　全缘桂樱 Laurocerasus marginata
1. 分枝的一段、叶及果序；2. 叶及总状花序。（刘平绘）

180. 含羞草科 MIMOACEAE

李沛琼

常绿或落叶乔木、灌木或木质藤本，少有草本。叶互生，为二回羽状复叶，稀为一回羽状复叶，有的仅具叶柄（叶片退化而叶柄扁化呈叶片状）也有叶片呈鳞片状或无叶；叶柄具显著的叶枕；羽片通常对生；叶柄或叶轴上常有腺体，稀无腺体；托叶存在，脱落或宿存，有的呈针刺状，稀无托叶；小叶对生或互生；小叶片边缘全缘。花小，两性，稀单性，辐射对称，组成头状、总状、穗状或圆锥花序；苞片小，生于花序梗的基部或基部以上，脱落；小苞片早落或不存在；萼片5，下部不同程度地合生成管，稀分离，镊合状排列；花瓣与萼片或萼裂片同数，分离或下部合生成管状，后者具 4 或 5 裂片；雄蕊 5-10（与花瓣或花冠裂片同数或为其倍数）至多数，伸出花冠之外，十分显著；花药 2 室，药隔顶端有或无脱落性腺体；雌蕊具 1 心皮，稀具 2-15 心皮（中国不产）；子房上位，1 室，具数胚珠，花柱细长，柱头小。荚果开裂或不裂，有的具荚节，成熟时荚节逐节脱落，直、弯曲或旋卷。种子扁平，种皮硬，通常两面均有一马蹄形印痕。

约 56 属，2800 种，主要分布于世界的热带和亚热带，以中、南美洲为最盛，少数分布至温带。我国连引进栽培的有 17 属，66 种，主产西南部至东南部。深圳有 10 属，21 种，1 变种。

1. 花有雄蕊 10 枚以下。
　　2. 小叶较大，长 2.5cm 以上，宽 1.5cm 以上；花排列成总状或穗状花序；雄蕊与花冠等长或稍长。
　　　　3. 二回羽状复叶顶生的一对羽片不变为卷须；小叶互生；总状花序；荚果长不超过 15cm，成熟时开裂为 2 瓣，裂瓣革质，旋扭；种子近圆形或宽椭圆形，直径 7-8mm，鲜红色，光亮；落叶乔木 ……………………………………………………………………………………………………… **1. 海红豆属 Adenanthera**
　　　　3. 二回羽状复叶顶生的 1 对羽片常变为卷须；小叶对生；穗状花序；荚果大型，长可达 1m，成熟时逐节脱落；果瓣木质；种子近圆形，暗褐色；常绿大型木质藤本（乔木或灌木的种类深圳不产）…… **2. 榼藤属 Entada**
　　2. 小叶较小，长 2cm 以下，宽 5mm 以下；花排列为头状花序；雄蕊明显地长于花冠。
　　　　4. 小叶敏感，触之即闭合或下垂；荚果具荚节，成熟后逐节脱落；多年生草本或半灌木状草本或灌木 …………………………………………………………………………………………… **3. 含羞草属 Mimosa**
　　　　4. 小叶不敏感；荚果成熟后沿缝线开裂为 2 瓣；常绿乔木 …………… **4. 银合欢属 Leucaena**
1. 花有多数雄蕊。
　　5. 花丝分离，稀仅基部合生 …………………………………………………………………… **5. 金合欢属 Acacia**
　　5. 花丝 1/3 以下合生成管状。
　　　　6. 花排成穗状花序，数个穗状花序再排成圆锥花序 ………………………… **6. 南洋楹属 Falcataria**
　　　　6. 花排成圆球形的头状花序或伞形花序。
　　　　　　7. 叶柄和叶轴上均无腺体；荚果成熟后开裂为 2 瓣，开裂后裂瓣不扭卷 ………… **7. 朱缨花属 Calliandra**
　　　　　　7. 叶柄或叶轴上有腺体；荚果成熟后不开裂，如开裂则在开裂后裂瓣扭卷。
　　　　　　　　8. 叶柄上无腺体，但在每对羽片着生处的叶轴上均有 1 枚腺体；头状花序或伞形花序单 1 或数枚簇生叶腋或顶生；荚果成熟后不开裂 ………………………………… **8. 雨树属 Samanea**
　　　　　　　　8. 叶柄上有腺体；在每对羽片着生处或上方 1-3 对羽片着生处的叶轴上也有 1 枚腺体；头状花序或聚伞花序数枚再排成圆锥花序；荚果成熟后不开裂，如开裂则裂瓣扭卷。
　　　　　　　　　　9. 荚果在成熟后不开裂 ……………………………………………………… **9. 合欢属 Albizia**
　　　　　　　　　　9. 荚果在成熟后开裂，裂瓣扭卷 …………………………………… **10. 猴耳环属 Archidendron**

1. 海红豆属 Adenanthera L.

乔木；植物体无刺。叶为二回羽状复叶；叶柄和叶轴上无腺体；羽片数对，每一羽片有小叶多对；小叶互生。花序为腋生的总状花序，在枝顶再排成圆锥花序，有多数花；花小，具短梗，两性或杂性，5 基数；花萼钟状，具 5 短齿；花瓣 5，分离或基部合生，等大；雄蕊 10 枚，分离，与花冠等长或稍过之，花药背部着生，药隔顶端有一脱落性腺体；子房无柄，胚珠多颗，花柱线形。荚果带状，直、弯曲或旋扭，成熟时沿缝线开裂为 2 瓣，裂瓣革质，旋扭，种子间具横隔膜。种子近圆形或宽椭圆形，种皮坚硬，鲜红色，光亮。

10 种，产于亚洲热带和大洋洲。我国有 1 种。深圳有分布。

海红豆 Red Sandalwood

Adenanthera microsperma Teijsm. & Binn. in Natuurk. Tijdschr. Ned. -Indie **27**: 58. 1864.

Adenanthera pavonina L. var. *microsperma* (Teijsm. & Binn.) I. C. Nielsen in Adansonia n. s. Ser. 2, **19**（3）：341. 1980；广东植物志 **5**：160，fig. 93. 2003；澳门植物志 **1**：286. 2005.

Adenanthera pavonina auct. non L.：广州植物志 309，fig. 163. 1956；海南植物志 **2**：213，fig. 412. 1965.

落叶乔木，高 8-15m。枝条嫩时密被褐色短柔毛，后变无毛。叶为二回羽状复叶；叶柄和叶轴均疏被短柔毛；羽片 3-5 对，对生或近对生，每一羽片有小叶 7-15 片；小叶互生；小叶柄长约 2mm；小叶片长圆形，长 1.5-4.5cm，宽 1.2-2.5cm，两面疏被平伏的短柔毛，两端圆，或基部宽楔形，先端截形。总状花单生于叶腋或在枝顶排成圆锥花序，长 8-15cm；花序梗、花序轴、花梗和花萼均密被黄色短柔毛；花梗长约 2mm；花小，密生；花萼长不足 1mm；花瓣白色，披针形，长约 3mm，基部合生；雄蕊 10 枚，与花冠等长或稍长，花丝上部宽扁；子房密被长柔毛，无柄，花柱丝状，柱头甚小。荚果带形，长 12-15cm，宽 1.2-1.5cm，旋扭，成熟时沿缝线开裂为 2 瓣裂，裂瓣革质，旋扭。种子近圆球形或宽椭圆体形，直径 7-8mm，鲜红色，光亮。花期：5-6 月，果期：7-10 月。

图 267　彩片 253 254

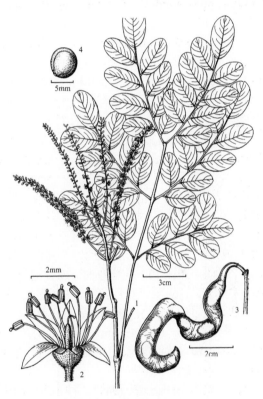

图 267 海红豆 Adenanthera microsperma
1. 分枝的一段、二回羽状复叶和圆锥花序；2. 花；3. 荚果；4. 种子。（李志民绘）

产地：西涌（张寿洲等 SCAUF1018）、七娘山、南澳（王国栋等 7610）、排牙山、葵涌、仙湖植物园（李沛琼 3159）、梧桐山、塘朗山。生于疏林中，海拔 100-200m。在园林中常见栽培。

分布：台湾、福建、广东、香港、澳门、海南、广西、贵州和云南。缅甸、泰国、老挝、柬埔寨、越南、马来西亚和印度尼西亚。

用途：为良好的庭园观赏树。种子鲜红而光亮，甚为美丽，可作饰物。

2. 榼藤属 Entada Adans.

大型木质藤本或攀援藤本，植物体无刺。叶为二回羽状复叶；托叶小，刚毛状；叶柄上无腺体；顶生的一对羽片或其中 1 羽片常变为卷须，每一羽片有小叶 1 至多对；小叶对生。穗状花序单生于枝条上部叶腋或数个排成圆锥花序；花多数，小而密生，两性或杂性，5 基数；花萼钟状，具 5 齿裂；花瓣 5，分离或基部合生；雄蕊 10，稍长于花冠，花丝基部合生并与花瓣贴生，花药药隔顶端具 1 脱落性腺体；子房无柄，胚珠多数，花柱丝状，柱头小。荚果带形，长而大，扁平，直或弯曲，果瓣木质或革质，具数荚节，成熟时荚节逐节脱落，每节有 1 种子。种子扁圆形。

约 30 种，主要产于热带美洲、非洲和澳大利亚。我国产 2 种，1 变种。深圳有 1 种。

榼藤 过江龙 Snuffbox Bean　　图 268　彩片 255 256
Entada phaseoloides (L.) Merr. in Philipp. J. Sci. 9(1)：86. 1914.

Lens phaseoloides L. Herb. Amboin. 18. 1754.

常绿大型木质藤本。茎旋扭，枝无毛。二回羽状复叶长 15-25cm；叶柄、叶轴、小叶柄与小叶片的两面均无毛；羽片 2 对，每一羽片有小叶 1-2 对，顶生的一对或其中的一羽片变为卷须；小叶对生；小叶片革质，长椭圆形或椭圆形，两侧不对称，长 5-9cm，宽 2.5-5cm，基部一侧圆，另一侧楔形，先端渐尖或急尖，微凹，中脉微弯。穗状花序长 15-25cm，单生或数个再排成圆锥花序；花序梗、花序轴和苞片均密被短柔毛；苞片钻形，长约 2mm，宿存；花多数，小而密生；花萼阔钟形，长约 2mm，顶端具 5 小齿，疏被短柔毛或近无毛；花瓣 5，白色，长圆形，长约 4mm，基部合生；雄蕊 10，花丝弯曲，连接花药的一段变细；子房无柄，无毛，花柱丝状，柱头小。荚果大型，带状，长可达 1m，宽 8-12cm，直或弯曲，扁，木质。种子近圆形，直径 4-6cm，扁，暗褐色，种皮木质，有光泽，表面有网纹。花期：5-6 月，果期：7-10 月。

产地：七娘山（张寿洲等 1965）、排牙山（王国栋等 6893）、梧桐山（陈景方 2307）。生于山地疏林中，海拔 100-700m。

分布：台湾、福建、广东、香港、海南、广西、云南及西藏。越南、菲律宾和澳大利亚。

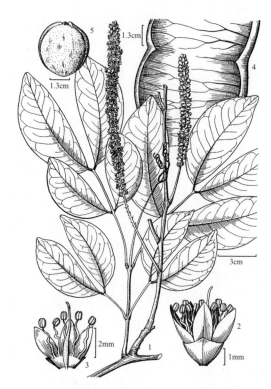

图 268　榼藤 Entada phaseoloides
1. 枝的一段、二回羽状复叶；2. 花；3. 花的纵剖面，示花瓣、雄蕊和雌蕊；4. 荚果一部分；5. 种子。（李志民绘）

3. 含羞草属 Mimosa L.

多年生草本、半灌木状草本或灌木，稀乔木或藤本。植物体通常有刺，稀无刺。二回羽状复叶有羽片 2 至数对，甚敏感，触之即闭合而下垂；托叶小，钻形，宿存或脱落；每一羽片通常有 2 枚小托叶；叶柄与叶轴上通常无腺体，稀在叶轴上每对羽片之间有腺体；小叶 10-30 对或多数，小。花序为球形的头状花序或穗状花序，单 1 或数个簇生于叶腋或数个在枝上部排成圆锥花序；花多数，小而密生，两性或杂性（雄花与两性花同株），4-5 基数；花萼钟状，先端具短齿；花瓣下部合生成管状；雄蕊与花瓣同数或为其 2 倍，分离，明显地长于花瓣，花药药隔顶端无腺体；子房无柄或有柄，胚珠 2 至多数。荚果狭长圆形至条形，扁平，直或弯曲，有数荚节，成熟时荚节逐节脱落；荚节脱落后，有宿存的 2 荚缘连在果柄上，每荚节含 1 种子。种子圆形或卵圆形，扁平。

　　约 480 种，主要产于热带美洲，少数分布于热带其他地区至温带。我国有归化和引入栽培的共 3 种和 1 变种。深圳亦有。

1. 二回羽状复叶有羽片 2 对；雄蕊 4 ·· 1. **含羞草 M. pudica**
1. 二回羽状复叶有羽片 2-10 对；雄蕊 8。
　　2. 头状花序 1-2 个簇生于叶腋；花淡红色；茎五棱柱形；半灌木状草本。
　　　3. 茎的棱上生倒钩刺，叶柄和叶轴亦有 4-5 列倒钩刺；荚果边缘有刺毛 ························
　　　　··· 2. **巴西含羞草 M. invisa**
　　　3. 茎、叶柄和叶轴无刺；荚果边缘无刺毛 ·········· 2a. **无刺含羞草 M. invisa var. inermis**
　　2. 头状花序多个排成腋生的总状和顶生的圆锥状花序；花白色；茎和枝条圆柱形；落叶灌木 ··················
　　　　·· 3. **光荚含羞草 M. bimucronata**

1.　含羞草 Sensitive Plant　　图 269　彩片 257 258
Mimosa pudica L. Sp. Pl. 1：518. 1753.

　　半灌木状草本，高达 1m。茎披散，多分枝，散生倒钩刺并疏被倒生的刚毛。二回羽状复叶长 10-14cm；托叶条状披针形，长 1-1.2cm，与叶柄和叶轴均疏被倒生的刚毛，宿存；叶柄长 3-6cm；羽片两对，紧密的羽状排列；羽片柄甚短，长约 0.8mm，基部有一对软刺；每一羽片有小叶 10-20 对；小叶片条状长圆形，长 0.7-1.2cm，宽约 2mm，除边缘被刚毛外，其余无毛，基部圆，先端急尖，中脉位于叶片近中央。头状花序近球形，连雄蕊直径约 1cm，单 1 或 2-3 个生于叶腋；苞片条形，长约 5mm；花序梗长 2-3cm，疏被倒生的刚毛；小苞片条形，弓曲，长约 2mm，脱落；花萼淡绿色，钟状，长约 0.5mm，具 4 小齿；花瓣 4，稀 5，白色，长约 2mm，合生至 1/2 以下成管状，上部被短柔毛；雄蕊 4，花丝淡紫红色或粉红色，长为花冠的 4 倍；子房无柄，沿腹缝线被短刚毛，有数胚珠，花柱粉红色，丝状，长为雄蕊的 1.5 倍，柱头微小。荚果长圆形，长 1.5-1.8cm，宽约 4mm，有 3-5 荚节，扁平，边缘疏生刚毛，成熟时荚节逐节脱落。种子卵形，长约 3mm。花期：5-7 月，果期：6-12 月。

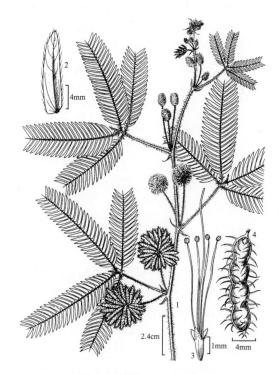

图 269 含羞草 Mimosa pudica
1. 分枝的一段、二回羽状复叶、花序及果序；2. 小叶；3. 花；4. 荚果。（李志民绘）

　　产地：东涌（张寿洲等 3478）、梧桐山（李勇 3368）、罗湖区林果场（曾春晓 016761），本市各地常见。生于路边、旷野或林边等的草丛中，海拔 20-200m。

　　分布：原产热带美洲，现全世界热带地区均有归化。我国福建、台湾、广东、香港、澳门、广西和海南有归化。

　　用途：全草药用，有安神镇静的功效。在我国长江以北地区常作花卉栽培供观赏。

2. 巴西含羞草 Giant Sensitive Plant

图 270 彩片 259

Mimosa invisa Mart. ex Colla, Herb. Pedem. **2**: 255. 1834.

Mimosa diplotricha C. Wright in Anales Acad. Ci. Med. Habana **5**: 405. 1868; 广东植物志 **5**: 155. 2003.

半灌木状草本。茎攀援或平卧，长 40-60cm，五棱柱形，棱上被倒钩刺，疏被长硬毛。二回羽状复叶长 10-20cm；托叶钻形，长 4-6mm，宿存；叶柄和叶轴上有 4-5 列倒钩刺并疏被长硬毛；羽片 5-8 对，长 2-4cm，每一羽片有小叶 20-30 对；小叶片条状长圆形，长 3-6mm，宽约 1mm，两面疏被长柔毛，基部偏斜，先端急尖，中脉偏向上侧边缘。头状花序连花丝直径约 1cm，1-2 枚生于叶腋，在枝顶则排成总状；花序梗长 5-7mm，密被长硬毛；花萼钟状，长约 0.5mm，顶端具 4 齿裂，与花冠的外面均疏被短柔毛；花冠钟形，淡紫红色，长约 2mm，裂片 4，三角状卵形，长约 1mm；雄蕊 8 枚，长约为花冠的 3 倍，花丝与花冠同色；子房无柄，花柱线形，柱头小。荚果长圆形，长 2-2.5cm，宽 4-5mm，有数荚节，疏生刺毛。花果期：3-9 月。

产地：梧桐山、草埔村（王学文 304）、内伶仃岛（邢福武等 11532，IBSC），生于旷野。归化。

分布：原产美洲热带。我国福建、广东、香港、海南及云南有归化。

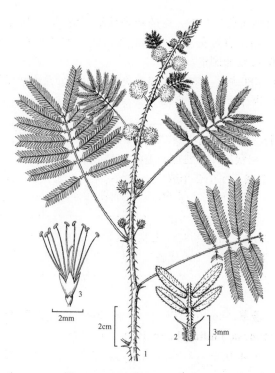

图 270 巴西含羞草 Mimosa invisa
1. 分枝的一段、二回羽状复叶及花序；2. 羽状下部，示小托叶、叶轴和小叶；3. 花。（李志民绘）

2a. 无刺含羞草 Spineless Sensitive Plant

Mimosa invisa Mart. ex Colla var. **inermis** Adelb. in Reinwardtia **2**: 359. 1953.

Mimosa diplotricha C. Wright var. *inermis* (Adelb.) Verdc. in Kew Bull. **43**（2）: 360. 1988; 广东植物志 **5**: 155. 2003.

与巴西含羞草的区别在于：茎与叶柄和叶轴上均无刺；荚果无刺毛。花果期：5-11 月。

产地：龙岗清林径森林公园（王国栋等 5810）、仙湖植物园（李沛琼 1844）、东湖公园（深圳考察队 1750）。生于山坡及旷野草丛中，海拔 50-100m。归化。

分布：原产美洲热带或印度尼西亚（爪哇）。福建、广东、香港、海南、广西和云南等地有归化。

3. 光荚含羞草 簕仔树 Bimucronate Mimosa

图 271 彩片 260 261

Mimosa bimucronata（DC.）Kuntze, Revis. Gen.

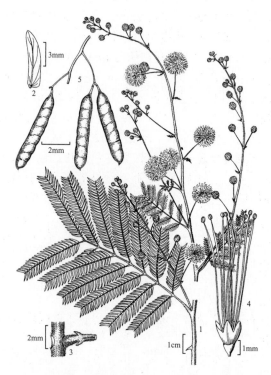

图 271 光荚含羞草 Mimosa bimucronata
1. 分枝的上段、二回羽状复叶及花序；2. 小叶；3. 羽片柄基部的一对短刺；4. 花；5. 荚果。（李志民绘）

Pl. **1**：198. 1891.

Acacia bimucronata DC. Prodr. **2**：469. 1825.

落叶灌木，高 3-6m，分枝甚多。茎和枝条圆柱形，疏生倒钩刺，密被黄色短柔毛。二回羽状复叶长 13-16cm；托叶钻形，长 5-6mm，迟落；叶柄和叶轴均无刺，密被白色短柔毛，在羽片柄的基部有一对被毛的短刺，在每对羽片着生处的叶轴上亦有一个短刺；羽片 2-10 对，长 6-8cm，每一羽片有小叶 21-29 对；小叶片条状长圆形，长 0.7-1.2cm，宽 1-2.5mm，两面无毛，基部偏斜，先端急尖，中脉偏向上侧边缘。头状花序球形，连花丝直径 1-1.5cm，多个再排成腋生的总状花序和顶生的圆锥花序；花序梗疏被短柔毛或近无毛；花白色，小而密生；花萼钟状，长约 1mm，顶端有 4 小齿，无毛；花瓣 4，披针形，长约 2.5mm，合生至 1/3 以下成管状，雄蕊 8，花丝长为花冠 4-5 倍；子房具短柄，无毛。荚果条状长圆形，长 3.5-5cm，宽 6-8mm，扁平，有 5-8 个荚节，无毛。花期：5-8 月，果期：9-11 月。

产地：葵涌（王国栋 6561）、三洲田（深圳考察队 693）、仙湖植物园（李沛琼 89034），本市各地常见。生于林边、路边或旷野灌丛中，海拔 20-100m。栽培或逸生。

分布：原产巴西东部和阿根廷东北部。我国福建、广东、香港、澳门和海南均有栽培或逸生。

用途：为良好的绿篱植物。

4. 银合欢属 Leucaena Benth.

常绿乔木或灌木，植物体无刺。叶为二回羽状复叶；托叶刚毛状或甚小，早落；叶柄或叶轴上常有腺体；小叶小而多或大而少，偏斜。头状花序球形，单 1 或 2-3 枚簇生于叶腋，具多数花；苞片 2，宿存或脱落；花无梗，小，白色，5 基数，两性；花萼钟状，具 5 小齿；花瓣分离；雄蕊 10，分离，花丝伸出花冠之外，长为花冠的 2 倍；花药药隔顶端无腺体，被柔毛；子房有柄，有多数胚珠，花柱条形，柱头小。荚果直，带形，扁平，成熟时沿缝线开裂为 2 瓣，裂瓣革质，种子间无横隔。种子卵形，扁平。

约 40 种，产于美洲热带（美国德克萨斯州至秘鲁）。我国引进栽培 1 种。深圳亦有栽培或逸生。

银合欢 White Popinac 图 272 彩片 262 263

Leucaena leucocephala（Lam.）de Wit in Taxon **10**：54. 1961.

Mimosa leucocephala Lam. Encycl. **1**(1)：12. 1783.

小乔木，高 4-8m。枝条幼时密被短柔毛。二回羽状复叶长 25-30cm；托叶三角状披针形，长约 5mm，早落；叶柄与叶轴幼时均密被短柔毛，后变无毛，在最下方与最上方的一对羽片着生处稍下的叶轴上各有 1 枚椭圆形的腺体；羽片 4-8 对，长 6-12cm，每一对羽片有小叶 11-17 对；小叶片条状长圆形，长 0.8-2cm，宽 2-5mm，除边缘疏生缘毛外，两面无毛，基部楔形，先端急尖，中脉偏向上侧边缘。头状花序 1-2 个生于叶腋，球形，直径（连雄蕊）1.5-2.5cm，具多数花；花序梗长 2.5-5cm，近无毛；花萼钟形，长约 2.5mm，先端具 5 浅齿，仅边缘被缘毛；花瓣 5，白色，分离，条状倒披针形，长约 5mm，背面疏被短柔毛；雄蕊 10，分离，长约 8mm，花丝无毛；子房有短

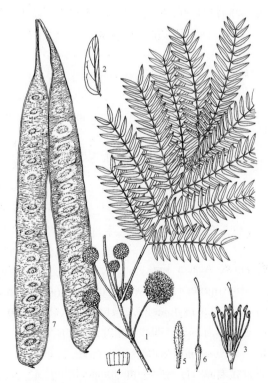

图 272 银合欢 Leucaena leucocephala
1. 分枝的一段、二回羽状复叶及花序；2. 小叶；3. 花；
4. 花萼展开；5. 花瓣；6. 雌蕊；7. 荚果。（蔡淑琴绘）

柄，上部被长柔毛，柱头杯状。荚果带形，长 15-25cm，宽 2-2.5cm，扁平，基部有长柄，顶端有短喙，无毛，有种子 10-25 颗，成熟时开裂为 2 瓣，裂瓣革质。种子卵形，长 7-8cm，褐色，光亮。花期：4-9 月，果期：8-11 月。

产地：沙头角（李沛琼 2530）、仙湖植物园（李沛琼 011473）、内伶仃岛（李沛琼 2060），本市各地常见，生于山坡林缘、旷野、疏林中和城市公共绿地，海拔 15-100m，栽培或逸生。

分布：原产美洲热带，现广布于世界热带地区。我国台湾、福建、广东、香港、澳门、海南、广西、四川和云南有栽培或逸生。

用途：本种适应性强，尤耐旱，生长快迅，适作荒山造林树种。

5. 金合欢属 Acacia Mill.

常绿或落叶乔木、灌木或攀援木质藤本，植物体有刺或无刺。二回羽状复叶具多对羽片；托叶刺状，稀为纸质或膜质，宿存或早落；每一羽片具多对小叶，有的退化为单生的叶状柄（叶片退化，叶柄扁化呈叶片状）；叶柄和叶轴上常有腺体。花序为穗状花序或头状花序，单 1 或 2 至数个簇生叶腋或在枝顶排成圆锥花序；总苞片生于花序梗基部或花序梗上；花小，多数，两性或杂性，3-5 基数，黄色，少有白色；花萼钟形，先端具裂片或齿；花瓣分离或基部合生；雄蕊多数，花丝分离或基部合生；子房有柄或无柄，具多数胚珠，花柱丝状，柱头头状，小。荚果长圆形或带形，直或弯曲至卷曲，扁平，少有膨胀，成熟时开裂为 2 瓣或不裂。种子扁平，种皮坚硬。

约 1200 种，分布于全球的热带、亚热带至温带地区，以大洋洲和非洲的种类最多，我国连引入栽培的有 18 种。深圳有 5 种。

1. 叶为二回羽状复叶；植物体有刺；攀援木质藤本、灌木或小乔木。
　2. 枝条、叶柄和叶轴散生倒钩刺；每一羽片有小叶 15-35 对；荚果扁平；攀援木质藤本 ⋯⋯ **1. 藤金合欢 A. sinuata**
　2. 在枝条上和叶柄的基部有托叶变成的锐刺；每一羽片有小叶 10-20 对；荚果肿胀；灌木或小乔木 ⋯⋯ **2. 金合欢 A. farnesiana**
1. 叶片退化。叶柄扁化变为叶状柄，单生；植物体无刺；乔木。
　3. 花序头状；叶状柄条形，较小，长 6-10cm，宽 0.3-1cm；荚果直 ⋯⋯⋯⋯⋯⋯ **3. 台湾相思 A. confusa**
　3. 花序穗状；叶状柄较大，长 12cm 以上，宽 2cm 以上；荚果旋卷。
　　4. 叶状柄镰状狭长圆形，长 12-20cm，宽 2-4cm，两端渐狭；花橙黄色 ⋯⋯ **4. 耳叶相思 A. auriculiformis**
　　4. 叶状柄斜椭圆形至斜宽椭圆形，长 15-25cm，宽 6-12cm，基部楔形，先端急尖或钝；花淡黄白色 ⋯⋯⋯⋯⋯⋯⋯⋯⋯⋯⋯⋯⋯⋯⋯⋯⋯⋯⋯⋯⋯⋯⋯⋯⋯⋯⋯⋯⋯⋯⋯ **5. 马占相思 A. mangium**

1. 藤金合欢 Acacia Vine　　　　　　　　　　　　　　　　　　　　　　　图 273

Acacia sinuata (Lour.) Merr. in Trans. Amer. Philos. Soc., n. s. **24**（2）：186. 1935.

Mimosa sinuata Lour. Fl. Cochinch. **2**：653. 1790.

Mimosa concinna Willd. Sp. Pl. **4**：1039. 1806.

Acacia concinna （Willd.）DC. Prodr. **2**：464. 1825；广东植物志 **5**：154. 2003；澳门植物志 **1**：284. 2005；D. L. Wu in Q. M. Hu & D. L. Wu, Fl. Hong Kong **2**：42. 2008.

攀援木质藤本。枝条与叶柄和叶轴均散生倒钩刺并疏被灰色茸毛。二回羽状复叶长 20-30cm，有羽片 6-10 对；托叶斜卵形，长 8-9mm，膜质，早落；在叶柄近基部及最上部的 1-3 对羽片着生处的叶轴上均有 1 枚腺体；

羽片长 8-13cm，有小叶 15-35 对；小叶柄甚短，偏
向一侧；小叶片条状长圆形，长 1-1.2cm，宽 2-3mm，
两面无毛，下面灰白色，中脉偏向上侧边缘，但不
与上侧边缘平行，基部截形，先端钝，具小短尖。
头状花序球形，直径 1-1.2cm，多枚再排成圆锥花
序状；花序分枝疏被茸毛；花多数，密生，白色或淡
黄色，微芳香；花萼钟形，长约 2mm，顶端有 5 齿；
花瓣 5，长约 2.5mm，基部合生；雄蕊多数，长为花
冠的 2.5 倍；子房被茸毛，有短柄。荚果带状长圆形，
长 10-15cm，宽约 3cm，扁平，密被茸毛，后变无毛，
成熟时 2 瓣裂，裂瓣革质，有种子 8-13 颗。种子椭
圆形，长 1-1.3cm；珠柄线形，基部折叠。花期：4-6
月，果期：7-10 月。

产地：七娘山、梧桐山、三洲田（王定跃 1369）、
梅沙尖（深圳考察队 589），生于山谷疏林中，海拔
300-450m。

分布：江西、福建、广东、香港、澳门、海南、广西、
湖南、贵州及云南。亚洲热带地区广布。

2. 金合欢 Sweet Acacia   图 274   彩片 264

Acacia farnesiana (L.) Willd. Sp. Pl. ed. 4, 4（2）:
1803. 1806.

Mimosa farnesiana L. Sp. Pl. **1**: 521. 1753.

灌木或小乔木，高 2-4m。枝条略呈"之"字形弯曲，
近无毛；在枝上和叶柄的基部有托叶变成的锐刺，刺
长 1-2cm。二回羽状复叶长 2-7cm，有羽片 4-8 对；
叶柄和叶轴被短柔毛；叶轴上有腺体；每一羽片有小
叶 10-20 对；小叶片狭长圆形，长 2-6mm，宽 1-1.5mm，
两面无毛，中脉偏向上侧边缘。头状花序 1-3 个簇生
于叶腋，直径 1-1.5cm，有多数花；花序梗长 1-2cm，
被短柔毛；花黄色，有香味；花萼钟形，长约 1.5mm，
先端有 5 枚三角形的裂片；花冠长约 2.5mm，裂片 5，
三角形，长为花冠全长的 1/3；雄蕊长为花冠的 2 倍；
子房密被茸毛。荚果圆柱形，长 3-7cm，宽 1-1.2cm，肿胀，
直或微弯，有多颗种子。花期：4-7 月，果期：7-11 月。

产地：按文献报道（邢福武等，深圳植物物种多
样性及其保护 169. 2002），本市有栽培，但未见标本，
仅作此记录。

分布：原产美洲热带。热带地区常有栽培和归化。
我国浙江、台湾、福建、广东、香港、海南、广西、
四川和云南也有栽培和归化。

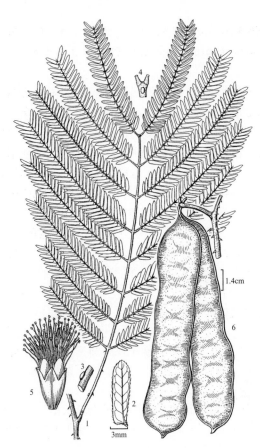

图 273 藤金合欢 Acacia sinuata
1. 分枝的一段和二回羽状叶；2. 小叶；3. 叶柄上的腺体；
4. 羽片之间的腺体；5. 花；6. 荚果。（李志民绘）

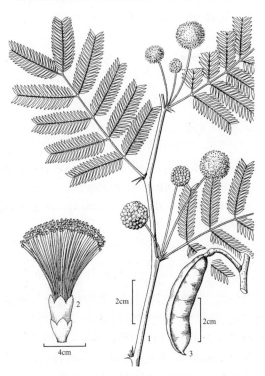

图 274 金合欢 Acacia farnesiana
1. 枝的一段、二回羽状复叶及花序；2. 花；3. 荚果。（李
志民绘）

3. 台湾相思 Taiwan Acacia   图 275 彩片 265

Acacia confusa Merr. in Philipp. J. Sci. **5**（1）：27. 1910.

常绿乔木，高 10-20m，植物体无刺。枝条开展，无毛。托叶宽卵形，长约 1mm，宿存；叶状柄单生，条形，微呈镰形弯曲，长 6-10cm，宽 0.3-1cm，两面无毛，两端渐狭，在平行脉中有 3-5 条较为明显。头状花序球形，1-5 枚生于叶腋；总苞片卵形，长约 1.5mm，生于花序梗的基部；花序梗纤细，长 0.8-1.2cm，无毛；花多而密生，小，有微香；花萼黄白色，浅钟形，长约 1mm，裂片 5，匙形；花冠钟状，淡黄绿色，长约 2mm，裂片 5，卵状披针形，与管部近等长；雄蕊多数，金黄色，长为花冠的 2 倍，花丝基部合生；子房无毛，具短柄，花柱丝状，长为花丝的 2 倍，柱头小。荚果带状长圆形，长 5-12cm，宽约 1cm，直，扁平，无毛，背腹两缝于种子间微缢缩，成熟时开裂为 2 瓣，裂瓣革质。种子 5-10，椭圆形，长 6-7mm，顶端有条形的株柄。花期：3-12 月，果期：5 月至次年 2 月。

产地：仙湖植物园（王定跃 90696）、梧桐山（深圳考察队 807）、内伶仃岛（徐有财 2104），本市各地普遍栽培。

分布：原产地不明。浙江、台湾、江西、福建、广东、海南、香港、澳门、广西、四川和云南等地普遍栽培。马来西亚、菲律宾、印度尼西亚、斐济及毛里求斯等地亦广为栽培。

用途：生长迅速，耐干旱，适应性强，一年多次开花，为荒山造林、水土保持、沿海防护林和园林绿化的优良树种。

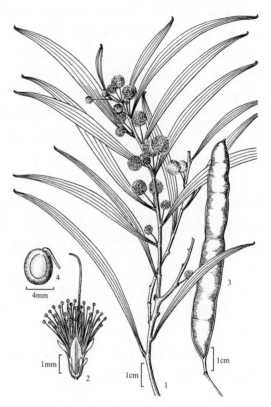

图 275 台湾相思 Acacia confusa
1. 分枝的一段、叶状柄及花序；2. 花；3. 荚果；4. 种子。（李志民绘）

4. 耳叶相思 大叶相思 Ear-leaved Acacia
                          图 276 彩片 266

Acacia auriculiformis A. Cunn. ex Benth. in London J. Bot. **1**: 377. 1842.

常绿乔木，高 10-20m，植物体无刺。枝条下垂，无毛。托叶卵形，长约 2mm，早落；叶状柄单生，镰状狭长圆形，长 12-20cm，宽 2-4cm，无毛，两端渐狭，叶脉平行，其中较明显的叶脉有 3-7 条。穗状花序单 1 或 2 至数枚簇生于叶腋和枝顶，长 5-8cm；总苞片褐色，宽卵形，长约 2mm，生于花序梗基部，早落；花序梗、花序轴、花萼与荚果均无毛；花橙黄色，多数，小而密生；苞片匙形，长约 0.5mm，早落；花萼钟状，长约 1mm，具 5 浅齿；花冠亦为钟状，长约 2mm，裂片 5，长圆形，花开时外反，与管部近等长；雄蕊多数，长为花冠的 2 倍，花丝基部合生；子房有

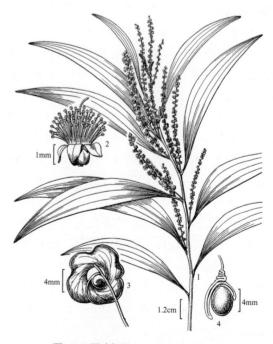

图 276 耳叶相思 Acacia auriculiformis
1. 分枝的一段、叶状柄及花序；2. 花；3. 荚果；4. 种子，上部为反覆折叠的珠柄。（李志民绘）

短柄，密被短柔毛。荚果带形，旋卷，长 6-8cm，宽 0.8-1cm，无毛，成熟时开裂为 2 瓣，裂瓣革质。种子 10 余颗，椭圆形，长约 6mm，黑色，上端围以白色、反覆折叠的珠柄。花期：8-10 月，果期：9 月至次年 4 月。

产地：西冲（张寿洲等 0014）、梧桐山（深圳考察队 1427）、仙湖植物园（王定跃等 89120），本市各地普遍栽培。

分布：原产澳大利亚北部及新西兰。亚洲热带地区多有栽培。我国台湾、福建、广东、香港、澳门、广西、和云南亦常见栽培。

用途：生长迅速，萌生力强，为良好的绿化树种。

5. 马占相思 Broad-leaved Acacia

图 277　彩片 267 268

Acacia mangium Willd. Sp. Pl. ed. 4, 4(2)：1053. 1806.

常绿乔木，高 15-25m，植物体无刺。枝条斜上伸展，幼枝绿色，三棱柱形，棱上有狭翅，老枝褐色，圆柱形，均无毛。托叶卵形，长约 1mm，早落；叶状柄单生，斜椭圆形至斜宽椭圆形，两侧不对称，长 15-25cm，宽 6-12cm，两面无毛，基部楔形，先端急尖或钝，平行脉中较明显的有 3-5 条。穗状花序 1 至 2 枚或数枚生于叶腋，长 8-12cm；总苞片褐色，生于花序梗基部，宽卵形，长约 1mm，早落；花序梗和花序轴均密被短柔毛；花淡黄白色，小，密生；花萼钟形，长约 0.5mm，密被短柔毛，先端有 5 小齿；花冠亦为钟形，长约 1.5mm，裂片 5，长圆状披针形，长约 1mm，开花时外反；雄蕊多数，长为花冠的 2 倍，花丝基部合生；子房具短柄，密被白色短柔毛，花柱丝状，长为雄蕊的 1.5 倍，柱头小。荚果带形，旋卷，长 8-10cm，宽 6-7mm，无毛，成熟时 2 瓣裂，果瓣革质。种子椭圆形，长约 5mm，成熟时黑色，有光泽，顶端围以反覆折叠的、橙红色的珠柄。花期：9-10 月，果期：11 月至次年 6 月。

产地：仙湖植物园（李勇 3201）、深圳水库（王国栋等 5854），本市各地山林普遍栽培。

分布：原产马来西亚。我国台湾、福建、广东、香港、澳门、广西和云南常见栽培。

用途：同大叶相思。

图 277 马占相思 Acacia mangium
1. 分枝的一段、叶状柄及花序；2. 花；3. 荚果；4. 种子，上部为反覆折叠的珠柄。（李志民绘）

6. 南洋楹属 **Falcataria**（I. C. Nielsen）Barneby & J. W. Grimes

乔木。植物体无刺。叶互生，为二回羽状复叶；托叶早落；叶柄上有 1 枚腺体；羽片对生，近无柄，在上方 1-3 对羽片着生处的叶轴上各有 1 枚腺体；小叶对生，多数；小叶片边缘全缘。花排列成穗状花序，数个穗状花序再排成圆锥花序，生于分枝的上部叶腋和当年生枝的顶端；花萼钟形，具 5 齿；花冠钟形，具 5 裂片，外面被绢毛；雄蕊多数，花丝 1/3 以下合生成管状，长为花冠的 3 倍；子房具短柄，花柱长于或等长于花丝，柱头小，圆形。荚果带形，扁平，直，沿腹线有狭翅，成熟后沿两侧缝线缓慢地开裂。种皮质坚硬。

3 种，分布于印度尼西亚、马鲁古群岛、巴布亚新几内亚、所罗门群岛、俾斯麦群岛和昆士兰。我国引进栽培 1 种。深圳普遍栽培。

南洋楹 Molucca Falcataria 图 278 彩片 269

Falcataria moluccana（Miq.）Barneby & J. W. Grimes in Mem. New York Bot. Gard. **74**（1）: 255. 1996.

Albizia moluccana Miq. Fl. Ned. Ind. **1**: 26. 1855.

Albizia falcata Barker, Voorl. Schoolfl. Java 109. 1908; 广州植物志 208. 1956.

Albizia falcataria（L.）Fosberg in Reinwardtia **7**: 88. 1965; 广东植物志 **5**: 149. 2003.

常绿乔木, 高 15-30m。树冠广阔, 分枝斜展; 小枝深褐色, 密生淡褐色皮孔, 仅幼时疏被短柔毛。二回羽状复叶长 25-40cm, 有羽片 7-14 对; 托叶锥形, 早落; 叶柄和叶轴均疏被短柔毛, 在叶柄近中部和叶轴上方的 1-3 对羽片着生处均有 1 枚腺体; 小叶 8-20 对, 几无柄; 小叶片斜长圆形, 长 1-2cm, 宽 5-7mm, 两面疏被短柔毛, 基部近截形, 偏斜, 先端急尖, 侧脉偏向上部边缘。穗状花序数个再排成圆锥花序, 生于上部叶腋和当年生枝顶端, 长 6-12cm; 花序梗和花序轴均疏被短柔毛; 花萼钟状, 长约 2.5mm, 顶端有 5 短齿, 与花冠的外面均密被茸毛; 花冠钟形, 长 6-7mm, 白色, 裂片 5, 被针形, 长 4-4.5mm; 雄蕊多数, 长为花冠的 2.5-3 倍; 花丝 1/3 以下合生成管状; 子房具短柄, 无毛, 花柱长于花丝, 柱头小。

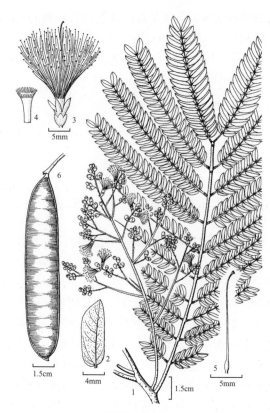

图 278 南洋楹 Falcataria moluccana
1. 分枝的一段、二回羽状复叶及花序; 2. 小叶; 3. 花;
4. 示花丝下部合生成管; 5. 雌蕊; 6. 荚果。(李志民绘)

荚果带形, 长 10-13cm, 宽 1.3-2.3cm, 成熟时开展为两瓣。种子椭圆形, 长约 7mm, 宽约 3mm, 种皮褐色。花期: 5-7 月, 果期: 6-12 月。

产地: 仙湖植物园（李沛琼 W070120）, 本市各地普遍栽培。

分布: 原产马六甲、印度尼西亚、马鲁古群岛、巴布亚新几内亚、所罗门群岛和俾斯麦群岛。现广植于各热带地区。我国台湾、福建、广东、广西、海南、香港和澳门均有栽培。

用途: 树形美观, 生长迅速, 为优良的庭园风景树和行道树。

7. 朱缨花属 **Calliandra** Benth.

灌木或小乔木, 植物体通常无刺。二回羽状复叶有羽片 1 至数对; 托叶宿存, 有的变为刺状, 稀无托叶; 叶柄和叶轴上均无腺体; 每一羽片有小叶多对, 有的仅有 1 对; 小叶对生, 如为多对则较小, 如为 1 对则较大。头状花序圆球形, 单 1 腋生或数个在枝顶再排成总状花序; 花多数, 5-6 基数, 杂性; 花萼钟状, 先端具 5 短齿或裂片; 花瓣基部合生或中部以下合生成管状, 但在花序中央的花常具较长的花冠管; 雄蕊多数, 红色、粉红色或白色, 显著地伸出花冠之外, 十分美丽, 花丝基部合生成管状, 花药具腺毛; 子房无柄, 有多数胚珠, 花柱线形。荚果条形, 扁平, 直或微弯, 两侧缝线增厚, 成熟后由顶部向基部开裂为 2 瓣, 裂瓣革质, 不扭卷。种子倒卵形或长圆形, 扁平。

约 200 种, 产于美洲热带、非洲（马达加斯加）和印度。世界热带和亚热带地区多有栽培。我国 3 种, 其中引进栽培的 2 种。深圳也有栽培。

1. 羽片有小叶 4-8 对；小叶斜披针形或斜狭椭圆形，长 2.5-7cm，宽 0.8-2cm，花丝鲜红色 ……………
………………………… **1. 朱缨花 C. haematocephala**

1. 羽片有小叶 8-12 对；小叶狭长圆形，较小，长 1.2-2.2cm，宽 2.5-4mm；花丝上部粉红色，下部白色 ……………………… **2. 小朱缨花 C. riparia**

1. **朱缨花** 红绒球 Red Powder Puff

图 279 彩片 270

Calliandra haematocephala Hassk. Retzia **1**: 216. 1855.

常绿灌木，高 1-3m。分枝多，枝条扩展，幼时密被黄色短柔毛，老后毛渐变稀。二回羽状复叶长 18-25cm，有 1 对羽片；托叶披针形，长 7-8mm，宿存；叶柄长 1.5-4cm，与叶轴和小叶柄均密被短柔毛；羽片有小叶 4-8 对；小叶柄长约 2cm；小叶片斜披针形或斜狭椭圆形，长 2.5-7cm，宽 0.8-2cm，下面及边缘疏被长柔毛，上面无毛，基部圆，甚偏斜，先端急尖，中脉偏向上侧边缘。头状花序单生叶腋或 2-4 枚于枝顶排成短的总状，圆球形，连雄蕊直径 4-7cm，有花 20-30 朵；花序梗长 2.5-3.5cm，密被短柔毛；苞片与托叶同形；小苞片披针形，长约 3mm，与苞片均宿存；花梗长约 1mm；花萼钟状，长 3-4mm，淡绿色，无毛，具纵脉，先端具 5 短齿；花冠粉红色，长 7-8mm，1/2 或 2/3 以下管状，先端具 4 或 5 裂片；雄蕊长 3-4cm，花丝鲜红色，下部合生成长约 1cm 的管状，管部白色，在管口有一轮白色、内弯、长方形、顶端撕裂状的附属物；子房无柄，无毛。荚果条状倒披针形，长 6-10cm，宽 0.8-1.2cm，成熟时暗褐色，自顶端向基部开裂为 2 瓣。种子 5-6，长圆形，褐色。花期：近全年，果期：4-10 月。

产地：三洲田（深圳考察队 376）、仙湖植物园（王国栋 W642），本市各地普遍栽培。

分布：原产于美洲热带，世界热带和亚热带地区广为栽培。我国台湾、福建、广东、香港、澳门和广西亦普遍栽培。

用途：花期长，花色艳丽，为优良的观赏植物。

2. **小朱缨花** 粉扑花 Riparian Calliandra

图 280 彩片 271

Calliandra riparia Pittier, Arb. Arbust. Venez. **6-8**: 80. 1927.

半落叶灌木，高 2-4m。分枝茂密，枝条无毛，

图 279 朱缨花 Calliandra haematocephala
1. 分枝的一段、二回羽状复叶及花序；2. 花；3. 荚果。（蔡淑琴绘）

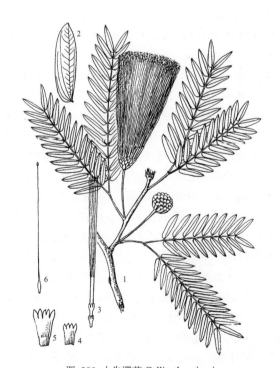

图 280 小朱缨花 Calliandra riparia
1. 分枝的一段、二回羽状复叶及花序；2. 小叶；3. 花；4. 花萼展开；5. 花冠展开；6. 雌蕊。（蔡淑琴绘）

节间密。二回羽状复叶有羽片 1 对；托叶条状披针形，长 6-8mm，有纵纹，疏被长柔毛，宿存；叶柄长 1-2cm，与叶轴均疏被短柔毛；羽片长 4-9cm，有小叶 8-12 对；小叶柄长约 0.5mm；小叶片狭长圆形，长 1.2-2.2cm，宽 2.5-4mm，两面无毛，仅边缘疏被长柔毛，基部圆，略偏斜，先端急尖，有小短尖，中脉略偏向上侧边缘。头状花序 1-2 个生于叶腋，连雄蕊直径 3-4cm，有 10-30 朵花；苞片与托叶同形；小苞片披针形，长约 1mm，与苞片均宿存；花萼钟状，长 2.5-3mm，先端有 4 或 5 短齿，无毛；花冠黄绿色，长 7-8mm，4/5 以下管状，先端具 4-5 裂片；雄蕊长 4-4.5cm，明显地伸出花冠之上，花丝上端粉红色，1/2 以下合生成管状，管部白色；子房具短柄，两侧缝线增厚，沿缝线被长柔毛，花柱丝状，与雄蕊近等长，柱头头状。荚果未见。花期：4-11 月。

产地：罗湖区东门北路绿化带（王定跃 90701）、南头中山公园（李沛琼 3191），本市各公园和植物园常有栽培。

分布：原产美洲热带。世界热带地区多有栽培，我国台湾、福建、广东和香港均有栽培。

用途：花色艳丽，花期甚长，为美丽的木本花卉，适作庭园观赏植物。

8. 雨树属 Samanea Merr.

乔木，植物体无刺。树冠广阔，开展。二回羽状复叶有羽片 3-6 对；托叶披针形，早落；叶柄上无腺体；在每对羽片着生处的叶轴上均有 1 枚腺体；小叶对生。花序为圆球形的头状花序或伞形花序，单 1 或数个簇生于叶腋或顶生；花两性，中央的花通常较大；花萼钟状或管状，先端具 5 裂片；花冠漏斗状，具 5 裂片；雄蕊多数，伸出花冠之上，花丝 1/3 以下合生成管状，花药药隔顶端无腺体；子房无柄，花柱条形，胚珠多数。荚果厚而扁，直或微弯，成熟后不开裂，种子间有隔膜，缝线增厚，具多数种子。种子扁，种皮光亮。

3 种，产于中美洲至南美洲，主要集中在亚马孙河流域。我国引入栽培 1 种。深圳亦常有栽培。

雨树 Rain Tree　　　图 281　彩片 272

Samanea saman（Jacq.）Merr. in J. Wash. Acad. Sci. **6**（2）：47. 1916.

Mimosa saman Jacq. Fragm. Bot. 15. pl. 9. 1800.

落叶乔木，高 10-25m；树冠广阔，树干自低处分枝。幼枝及叶柄和叶轴均被黄色茸毛。二回羽状复叶有羽片 3-5 对；羽片长 10-15cm，每对羽片及每对小叶着生处的叶轴上均有 1 枚腺体；小叶 2-8 对；小叶片斜长圆形或斜长方形，长 2-6cm，宽 1-3cm，由上向下逐渐变小，两侧甚不对称，下面密被短柔毛，上面无毛，光亮，基部宽楔形，先端圆，具小短尖。头状花序单 1 或数枚簇生于叶腋，直径 5-6cm；花序梗长 5-9cm，密被短柔毛；花萼长约 6mm；花冠淡粉红色，长约 1.2cm；雄蕊约 20 枚，长为花冠的 4 倍，花丝上部玫瑰红色，下部白色；子房无柄。荚果长圆形，长 10-20cm，宽 1.5-2.5cm，扁，直或稍弯，边缘增厚并有淡色的条纹，绿色，老时果瓣近木质，黑色。种子约 20-25 颗，埋于瓤中。花期：夏至秋季，果期：秋季。

产地：农科中心（李沛琼 2517），本市各公园及

图 281 雨树 Samanea saman
1. 分枝的一段、二回羽状复叶及花序；2. 叶轴上生于每对羽片之间的腺体；3. 花。（李志民绘）

植物园常有栽培。

分布：原产美洲热带，现广植于世界热带地区。我国台湾、福建、广东南部、香港、澳门、海南、广西和云南也有栽培。

用途：生长迅速、枝叶繁茂，为优良的庭园观赏树和绿化树。

本种在本市栽培已多年，但目前尚未见开花，文中关于花果的描述是自文献中的摘录，以供参考。

9. 合欢属 Albizia Durazz.

落叶乔木或灌木，植物体通常无刺，稀为木质藤本，并具短刺。二回羽状复叶有羽片 1 至多对；托叶小，稀较大，早落；叶柄及叶轴上部 1-3 对羽片着生处均有 1 枚腺体；每一羽片有小叶 1 至多对；小叶对生。花序为球形的头状花序或聚伞圆锥花序；花小，5 基数，两性，少有杂性；花萼钟状或漏斗状，先端具短裂片；花冠亦为钟状或漏斗状，中部以下管状，上部具 5 裂片，外面被茸毛或无毛；雄蕊 20-50，花丝伸出花冠之外，基部 1/3 以下合生成管状，花药药隔顶端无或有腺体；子房有胚珠多颗。荚果带形，扁平，果瓣革质，成熟时不开裂或迟裂，种子间无隔膜。种子圆形或卵形，扁平。

约 150 种，分布于世界热带和亚热带地区。我国产 17 种。深圳有 3 种，其中引入栽培的 1 种。

1. 在叶柄的下方有 1 枚下弯的粗短刺；小叶片的中脉大致居中；攀援木质藤本 ………… **1. 天香藤 A. corniculata**
1. 植物体无刺；小叶的中脉偏于上侧边缘；乔木。
  2. 二回羽状复叶有羽片 6-12 对；小叶片较小，长 0.8-1.2cm，宽 2-3mm；花冠外面被茸毛 ………………
  …… **2. 楹树 A. chinensis**
  2. 二回羽状复叶有羽片 2-4 对；小叶片较大，长 3-5cm，宽 1.2-2.2cm；花冠外面无毛 …… **3. 阔荚合欢 A. lebbeck**

1. 天香藤 Corniculate Albizia

图 282　彩片 273

Albizia corniculata（Lour.）Druce in Bot. Soc. Exch. Club Brit. Isles Rep. **4**: 603. 1917.

Mimosa corniculata Lour. Fl. Cochinch. **2**: 651. 1790.

攀援木质藤本。幼枝密被短柔毛，后渐变无毛。二回羽状复叶长 15-20cm；叶柄的下方有 1 枚下弯的粗短刺，在叶柄近基部有 1 枚腺体，与叶轴幼时均疏被短柔毛；羽片 2-5 对，上部的 1-3 对羽片的下方的叶轴上有 1 枚腺体；每一羽片有小叶 3-11 对；侧生的小叶片长圆形，顶生的通常为倒卵形，长 1-3.5cm，宽 0.7-1.5cm，下面疏被短柔毛，上面无毛，基部偏斜，先端圆，微凹，有小短尖，中脉大致居中。头状花序 3-5 个簇生，再排成腋生或顶生的圆锥花序；花序梗及分枝与花萼及花冠的外面均疏被平伏的短柔毛；每一头状花序有 6-12 朵花；花无梗；花萼钟状，长约 1mm，具 5 短齿；花冠白色，长 6-7mm，1/2 以下管状，裂片 5，披针形，与管部近等长；雄蕊伸出花冠之外，长约 2cm；子房无毛，无柄，花柱长于花丝，柱头漏

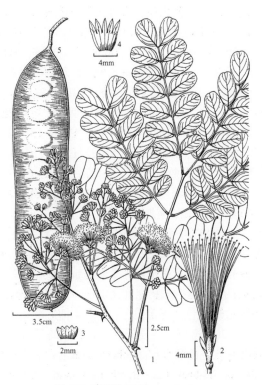

图 282 天香藤 Albizia corniculata
1. 分枝的一段、二回羽状复叶及花序；2. 花；3. 花萼展开；
4. 花冠展开；5. 荚果。（李志民绘）

斗形,小。荚果带状长圆形,长12-24cm,宽3.5-5cm,扁平,果瓣薄革质,无毛,有种子8-15颗。种子长圆形,褐色。花期:6-7月,果期:8-11月。

产地:盐田(王定跃1676)、梅沙尖(深圳考察队555)、梧桐山(深圳考察队1676),本市各地山坡和沟谷林缘或林中均有分布,海拔50-700m。

分布:福建、广东、海南、香港、澳门和和广西。泰国、越南、老挝、柬埔寨、菲律宾、文莱和印度尼西亚(加里曼丹)。

2. 楹树 Chinese Albizia   图283 彩片274

Albizia chinensis (Osbeck) Merr. in Amer. J. Bot. **3**(10):575.1916.

Mimosa chinensis Osbeck, Dagbok Ostind. Resa 233.1757.

落叶乔木,高20-30m;树冠广阔,分枝平展;枝条密被短柔毛。二回羽状复叶长20-30cm,有羽片6-12对;托叶大,斜心形,长宽均为2.5-3cm,早落;叶柄与叶轴均疏被短柔毛,在叶柄近基部及叶轴上部2-3对羽片着生处均有1枚腺体;小叶12-30对,无柄,小叶片狭长圆形,长0.8-1.2cm,宽2-3mm,除边缘和下面中脉疏被短柔毛外其余无毛,基部截形,先端急尖,中脉紧靠上侧边缘。头状花序再排成顶生的圆锥花序,圆球形,连雄蕊直径4-4.5cm,有花10-20朵;花无梗;花萼管状,长约3mm,与花冠的外面均被茸毛,先端有5短齿;花冠绿白色,长为花萼的2倍,2/3以下管状,裂片5,卵状三角形;雄蕊12-16,长约3cm,基部合生成管状;子房具短柄,无毛,花柱与雄蕊近等长,柱头小。荚果带形,长10-15cm,宽1.8-2.2cm,扁平,果瓣革质,无毛,有种子8-13颗。花期:4-6月,果期:6-12月。

产地:梧桐山(深圳考察队1027)、仙湖植物园(王定跃90692)、东湖公园(深圳考察队1756),本市山地疏林、溪边和谷地常见,海拔50-300m。

分布:福建、湖南、广东、香港、澳门、海南、广西、云南、四川和西藏。亚洲东南部至南部。

用途:生长迅速,树冠广阔,枝叶繁茂,为良好的庭园绿化树。

3. 阔荚合欢 大叶合欢 Lebbeck Tree   图284

Albizia lebbeck (L.) Benth. in London J. Bot. **3**:87.1844.

Mimosa lebbeck L. Sp. Pl. **1**:516.1753.

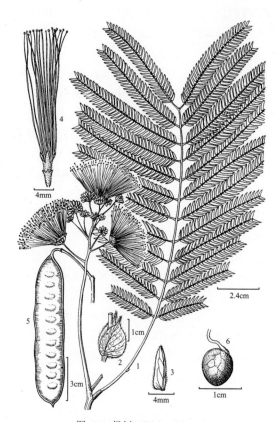

图283 楹树 Albizia chinensis
1.分枝的一段、二回羽状复叶及花序;2.托叶;3.小叶;4.花;5.荚果;6.种子。(李志民绘)

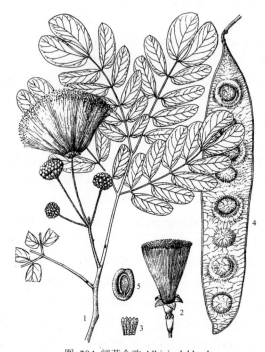

图284 阔荚合欢 Albizia lebbeck
1.分枝的一段、二回羽状复叶及花序;2.花;3.花萼展开;4.荚果;5.种子。(蔡淑琴绘)

落叶乔木，高 5-10m；树冠广阔，分枝繁茂；幼枝密被黄色短柔毛，后变无毛。二回羽状复叶长 18-20cm；叶柄和叶轴、小叶柄及小叶片的下面均疏被黄色的短柔毛，在叶柄近基部、顶生的一对羽片着生处的叶轴上以及每一对小叶着生处的羽片轴上均有 1 枚腺体；羽片 2-4 对，每一羽片有小叶 4-8 对；小叶柄长约 2mm；小叶片长圆形，长 3-5cm，宽 1.2-2.2cm，微偏斜，基部圆，两侧不对称，先端圆或钝，侧脉偏向上侧边缘。头状花序圆球形，连雄蕊直径 4-5cm，1 至数枚簇生于叶腋或枝顶，有 20 余朵花；花序梗长 4-6cm，与花梗和花萼均疏被短柔毛；花梗长 3-4mm；花萼管状，长约 3mm，具 5 枚三角形的短齿；花冠淡黄绿色，漏斗状，长 7-8mm，2/3 以下管状，裂片 5，宽卵形，无毛；雄蕊 20 多枚，花丝淡黄绿色，长 2.5-3cm，基部合生；子房无柄，无毛，花柱与花丝近等长。荚果带形，长 15-32cm，宽 2.5-4cm，扁平，成熟时黄褐色，光亮，果瓣革质，无毛，有种子 6-12 颗。花期：5-9 月，果期：10- 翌年 5 月。

产地：莲塘（王定跃 90714）、东湖公园（陈景芳 2394）、南山区丁头村（李沛琼 3614），本市公园或村落常有栽培。

分布：原产非洲热带。全球热带和亚热带地区常有栽培。我国台湾、福建、广东、香港、澳门和广西也有栽培。

用途：生长迅速，枝叶茂密，为良好的庭园观赏树。

10. 猴耳环属 Archidendron F. Muell.

乔木或灌木，植物体无刺。二回羽状复叶有羽片 1 至数对；托叶小，早落，有的变为针刺状；叶柄和叶轴上均有腺体；每一羽片有小叶数对至多对，稀 1 对；小叶对生或互生。花小，5 基数，少有 4 或 6 基数，两性或杂性，通常白色，组成球形的头状花序或再排成圆锥花序，腋生或顶生，有的生于老茎上；花萼钟形或漏斗形，有 5 短齿；花冠亦为钟状，中部以下管状，有 5 裂片；雄蕊多数，伸出花冠之外，花丝 1/3 以下合生成管状，花药小，药隔顶端无腺体；子房无柄或有柄，含多数胚珠。荚果旋卷、弯曲或直，扁平或肿胀，成熟后开裂为 2 瓣，裂瓣革质，扭卷。种子卵形或圆形，悬垂于延长的珠柄上，无马蹄形印痕。

94 种，分布于亚洲热带。我国产 11 种。深圳有 3 种。

1. 二回羽状复叶有羽片 1-2 对；小叶互生；荚果宽 2-3cm ·················· 1. 亮叶猴耳环 A. lucida
1. 二回羽状复叶有羽片 2-8 对；小叶对生；荚果宽不超过 1.5cm。
　　2. 小枝圆柱形；羽片 2-3 对，每一羽片有小叶 3-7 对；小叶片纸质；花无梗 ······ 2. 薄叶猴耳环 A. utile
　　2. 小枝 4-6 棱柱形；羽片 3-8 对，顶端的 1 对羽片的小叶多至 10-14 对；小叶片近革质；花有梗 ·················· 3. 猴耳环 A. clypearia

1. 亮叶猴耳环 Chinese Apes Earring 图 285
Archidendron lucidum（Benth.）I. C. Nielsen in Adansonia n.s. Ser. 2, **19**（1）：19. 1979.

Pithecellobium lucidum Benth. in London J. Bot. **3**: 207. 1844；海南植物志 **2**: 205. 1965.

常绿乔木，高 6-10 m。枝条圆柱形，幼时密被褐色短柔毛。二回羽状复叶有羽片 1-2 对；叶柄长 4-7cm，与叶轴和小叶柄均密被褐色短柔毛，在叶柄下部和每对羽片着生处稍下的叶轴上和每对小叶着生

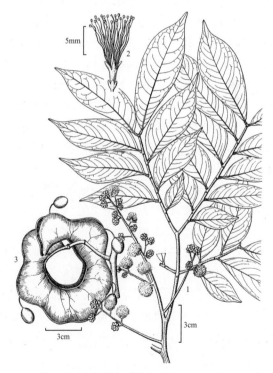

图 285 亮叶猴耳环 Archidendron lucidum
1. 分枝的一段、二回羽状复叶及花序；2. 花；3. 荚果。（李志民绘）

处稍下的羽片轴上均有 1 枚腺体；下部的 1 对羽片有小叶 2-3 对，上部的 1 对羽片有小叶 4-5 对；小叶除顶生 1 对为对生外，其余的均为互生；小叶柄长 2-3mm；小叶片斜长圆形、斜菱状长圆形或斜倒卵形，长 3-10cm，宽 1.5-4.5cm，通常由上向下渐小，两面无毛，上面有光泽，基部宽楔形，偏斜，先端渐尖或骤尖，尖头钝。头状花序连雄蕊直径约 1.5cm，有花 10-20 朵，数枚头状花序再排成腋生或顶生的圆锥花序；花序梗和花序轴均密被褐色的短柔毛；花几无梗；小苞片卵形，长约 0.5mm，迟落；花萼钟状，长约 2mm，具 5 小齿，与花冠的外面均被褐色的短茸毛；花冠白色，钟状，长 4-5mm，管部长为花冠全长的 2/3，裂片披针形；雄蕊多数，白色，长约 1cm；子房有柄，无毛，花柱与雄蕊近等长或稍长，柱头头状，小。荚果成熟时褐色，旋卷成环状，宽 2-3cm，无毛，在种子间缢缩。种子长圆形，黑色。花期：5-6 月，果期：7-12 月。

产地：七娘山（王国栋等 7303）、梅沙尖（深圳考察队 1132）、仙湖植物园（王定跃 89550）。本市各地山坡林中常见，海拔 50-500 m。

分布：浙江、台湾、福建、广东、香港、澳门、海南、广西、湖南、云南和四川。印度、泰国、柬埔寨、越南、老挝和日本。

2.　薄叶猴耳环 Tenui-leaved Apes Earring

图 286　彩片 275

Archidendron utile（Chun & F. C. How）I. C. Nielsen in Adansonia n. s. Ser. 2, **19**：20. 1979.

Pithecellobium utile Chun & F. C. How in Acta Phytotax. Sin. **7**：17, pl. 5（2）. 1958；海南植物志 **2**：206. 1965.

灌木或小乔木，高 1-2 m。枝圆柱形，密被黄褐色短柔毛。二回羽状复叶有羽片 2-3 对；叶柄长 6-10cm，与叶轴和小叶柄均密被黄褐色短柔毛，在叶柄近基部和顶生的 1 对羽片着生处的叶轴上以及顶生的 1 对小叶着生处稍下的羽片轴上均有 1 枚腺体；小叶 3-7 对，对生；小叶柄长约 1.5mm；小叶片纸质，椭圆形或菱状长圆形，长 2-9cm，宽 1.5-4cm，由上向下渐小，两面沿中脉密被短柔毛，边缘具缘毛，其余无毛，基部楔形或宽楔形，略偏斜，先端渐尖。头状花序连雄蕊直径约 1.5cm，数枚头状花序排成腋生和顶生、疏散、长约 30cm 的圆锥花序；花序梗和花序轴均密被黄褐色的短柔毛；花无梗；花萼钟状，长约 2mm，具 5 短齿，与花冠的外面均密

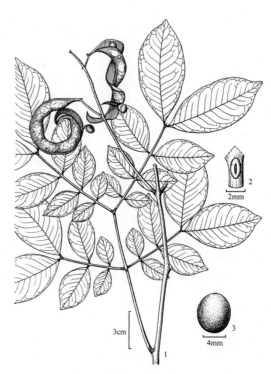

图 286 薄叶猴耳环 Archidendron utile
1. 分枝的一段、二回羽状复叶及果序；2. 顶生一对小叶之间的腺体；3. 种子。（李志民绘）

被短茸毛；花冠白色，钟状，长 6-7mm，管部长为花冠全长的 2/3，裂片卵形或长圆形；雄蕊多数，长 1.2-1.4cm；子房具短柄，无毛，花柱与雄蕊近等长或略过之。荚果成熟时红褐色，弯卷、微弯成镰刀状或旋卷成环状，宽 1-1.2cm，沿两侧缝线密被短柔毛，其余无毛，种子间缢缩。种子黑色，长圆形。花期：3-8 月，果期：4-12 月。

产地：七娘山（张寿洲 SCAUF909）、南澳（邢福武等 62，IBSC）。生于山坡林下，海拔 200-800m。

分布：福建、广东、香港、海南和广西。越南北部。

3. 猴耳环 Apes Earring　　图 287　彩片 276 277

Archidendron clypearia（Jack）I. C. Nielsen in Adansonia n. s. Ser. 2, **15**（1）：15. 1979.

Pithecellobium clypearia（Jack）Benth. in London J. Bot. **3**：209. 1844；海南植物志 **2**：206. 1965.

常绿乔木，高 8-10 m。小枝 4-6 棱柱形，密被黄褐色短柔毛。二回羽状复叶有羽片 3-8 对；叶柄长 2-8cm，与叶轴均有棱并密被黄褐色短柔毛，在叶柄近基部和每一对羽片着生处的叶轴上以及上部 2-7 对小叶着生处稍下的羽片轴上均有 1 枚腺体；最下部的 1 对羽片有小叶 2-4 对，向上的渐多，顶端的 1 对羽片的小叶多至 10-14 对；小叶对生，小叶柄长约 1mm；小叶片斜长方形，长 1-7cm，宽 0.5-3cm，由上向下渐变小，近革质，两面无毛，上面光亮，基部截形，两侧极不相等，先端急尖，两侧亦不相等。头状花序连花丝直径约 1.5cm，有花 6-10 数朵，多数头状花序再排成大型的顶生和腋生的圆锥花序，长可达 30cm；花序梗、花序轴和花梗均密被褐色短柔毛；花梗长 2-3mm；花萼钟状，长约 2.5mm，与花冠外面均密被短茸毛，先端具 5 齿裂；花冠白色，钟状，长 4-5mm，管部长为花冠全长的 2/3，裂片披针形；雄蕊多数，长约 1.5cm，白色，基部合生成管状；子房有柄，密被短茸毛，花柱略长于雄蕊，柱头小。荚果成熟时暗褐色，旋卷成环状或弯卷，宽约 1.5cm，种子间缢缩，除两侧缝线密被短柔毛外，其余无毛。种子椭圆形，黑色。花期：3-5 月，果期：6-11 月。

产地：七娘山、排牙山（张寿洲 2328）、田心山、盐田、三洲田、梅沙尖（深圳考察队 587）、梧桐山、仙湖植物园（李沛琼 90598）、梅林、羊台山、塘朗山、内伶仃岛。生于山坡林中，海拔 100-500m。

分布：浙江、福建、广东、香港、澳门、海南、广西和云南。亚洲热带广布。

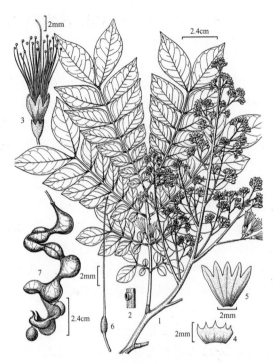

图 287 猴耳环 Archidendron clypearia
1. 分枝的一段、二回羽状复叶及圆锥花序；2. 羽片之间的腺体；3. 花；4. 花萼展开；5. 花冠展开；6. 雌蕊；7. 荚果及种子。（李志民绘）

181. 苏木科 CAESALPINIACEAE

李沛琼

乔木、灌木或藤本，很少有草本；有刺或无刺。叶互生，为一回或二回偶数羽状复叶，少有单叶或单小叶；托叶早落或迟落；小托叶有或无。花序为总状花序或圆锥花序，很少为穗状花序或聚伞花序；苞片存在或退化；有或无小苞片，有时小苞片扩大呈花萼状；花两性，稀单性，略呈两侧对称，很少辐射对称；被丝托（hypanthium 由花托、花被基部和雄蕊群基部愈合而成的结构）短或呈钟状、管状及陀螺状；萼片 5，分离或下部合生，有时上方两片合生，在花蕾时通常覆瓦状排列；花瓣 5，很少 1 或无花瓣，最上方的一片在花蕾时生于最里面，为其邻近侧生的两片所覆盖，其余的覆瓦状排列；雄蕊 10，花丝离生或基部合生；花药 2 室，纵裂；子房有柄或无柄，与被丝托内壁一侧分离或贴生，胚珠 1 至多数，花柱细长，柱头顶生。果为荚果，开裂或不开裂，有的具翅。种子有或无假种皮，无胚乳，子叶发达，肉质。

约 153 属，2800 种。分布于全世界热带和亚热带地区，少数分布于温带地区。我国连引进栽培的有 23 属，113 种，4 亚种和 12 变种。深圳连引进栽培的有 14 属，35 种和 1 变种。

1. 叶为单叶；叶片先端 2 裂 ·· 1. **羊蹄甲属 Bauhinia**
1. 叶为羽状复叶；小叶片先端尖、圆钝或微凹，但不分裂。
  2. 叶为二回偶数羽状复叶（皂荚属 Gleditsia 的叶有一回或二回偶数羽状复叶，或一回与二回偶数羽状复叶并存）。
    3. 茎、枝或叶轴有刺。
      4. 花杂性或单性异株，近辐射对称，花冠淡绿或绿白色；小叶片边缘有细齿或钝齿 ······ 2. **皂荚属 Gleditsia**
      4. 花两性，略呈两侧对称，花冠黄色、橙黄色或白色；小叶片边缘全缘。
        5. 花小，长不超过 1cm；荚果的一侧有斜长圆形或镰刀形的膜质长翅 ······ 3. **老虎刺属 Pterolobium**
        5. 花中等大或大、长 1cm 以上；荚果无翅 ·································· 4. **云实属 Caesalpinia**
    3. 茎、枝和叶轴均无刺。
      6. 小叶互生；荚果内种子间有肉质组织；雄蕊 5 长 5 短相间 ················ 5. **格木属 Erythrophleum**
      6. 小叶对生；荚果内种子间无肉质组织；雄蕊 10，近等长。
        7. 花冠黄色；荚果纺锤形或狭长圆形，长不超过 15cm，扁平，果瓣革质，背腹两缝均有翅 ········
        ·· 6. **盾柱木属 Peltophorum**
        7. 花冠橙红色、鲜红色或白色；荚果带形；长 30-60cm，果瓣木质，背腹两缝均无翅 ·············
        ·· 7. **凤凰木属 Delonix**
2. 叶为一回偶数羽状复叶。
  8. 花无花瓣；萼片 4，花瓣状 ·· 8. **无忧花属 Saraca**
  8. 花有花瓣。
    9. 花瓣 1，无柄，包于下方的 1 枚萼片内侧，质肥厚；荚果近圆形或长圆形 ·········· 9. **油楠属 Sindora**
    9. 花瓣 3-5，有柄，不包于萼片内，质薄。
      10. 5 枚花瓣中下方的 2 枚退化呈鳞片状或钻状，上方的 3 枚发育正常；萼片 4。
        11. 小叶 3-5 对；苞片大，长 1.2-3cm，粉红色或白色，迟落；发育雄蕊 2 枚；荚果长圆形或狭长圆形，扁平，2 瓣裂，果皮厚革质 ·· 10. **仪花属 Lysidice**
        11. 小叶 10-20 对；苞片较小，长约 1cm，黄色，早落；发育雄蕊 3 枚；荚果圆柱形或长圆状圆柱形，不开裂，外果皮薄脆壳质，中果皮肉质 ······························ 11. **酸豆属 Tamarindus**
      10. 5 枚花瓣均发育正常；萼片 5。

12. 叶柄和叶轴上均无腺体；位于下方的 3 枚雄蕊的花丝呈弧形上弯，长为花药的 2 倍至多倍；花药背着 ················· **12. 决明属 Cassia**

12. 叶柄或叶轴上通常有腺体，稀无腺体；雄蕊的花丝直，短于花药，如比花药长，则长不超过花药的 2 倍；花药基着。

    13. 叶柄或叶轴上的腺体瘤状、圆锥状或棒状，顶端凸，稀无腺体；无小苞片；雄蕊两侧对称，由下方向上方渐变小，最上方的 3 枚退化；药室的缝线无毛；荚果不开裂或缓慢开裂，如开裂则果瓣不旋扭 ················· **13. 望江南属 Senna**

    13. 叶柄或叶轴上的腺体碟状、角状或杯状，顶端平或凹；小苞片 2；雄蕊辐射对称，5 长 5 短相间而生，均发育，少有 1-5 枚退化；药室沿缝线被内卷的短柔毛，荚果成熟后弹裂，果瓣旋扭 ················· **14. 假含羞草属 Chamaecrista**

1. 羊蹄甲属 Bauhinia L.

乔木、灌木或木质藤本，如为木质藤本，则通常在叶柄基部、叶腋或花序基部有卷须。单叶互生；托叶小，鳞片状，早落；叶片先端 2 裂，有时深裂达基部，很少不裂，边缘全缘，叶脉为基出掌状脉，中脉常延伸至两裂片之间的凹缺处成一小芒尖。花序为总状花序、圆锥花序或伞房花序；苞片和小苞片早落或迟落；花两性，很少单性，如为单性，则雌雄同株或异株；被丝托陀螺状、杯状或延长呈圆筒状；花萼一侧开裂至基部，呈佛焰苞状，其先端再有 2 浅裂，裂片先端有 2 或 3 枚短齿，或花萼为钟状，先端具 5 或 2-3 齿或裂片；花瓣 5，近等大，具瓣柄；能育雄蕊 10、5 或 3，少有 2 或 1，花丝分离，花药背着，退化雄蕊数枚，具较小的花药或无花药；花盘扁或肿胀或不存在；子房具柄，生于被丝托一侧的内壁近边缘处，有胚珠 2 至多颗，花柱细长或粗短，柱头头状、盾状或盘状。荚果长圆形、条形或带形，扁平，开裂或不裂。种子球形或卵形、扁平。

约 300 种，分布于全球热带和亚热带地区。我国产 30 种。深圳有 7 种和 1 变种，其中引进栽培的 3 种和 1 变种。

1. 乔木；无卷须。
  2. 花序为伞房花序；能育雄蕊 5；几无花梗。
    3. 花冠淡红色，有深红色纵纹；退化雄蕊 1-5 枚 ················· **1. 宫粉羊蹄甲 B. variegata**
    3. 花冠白色；退化雄蕊不存在 ················· **1a. 白花羊蹄甲 B. variegata** var. **candida**
  2. 花序为总状花序；能育雄蕊 3-5；花梗长 0.6-1.2cm。
    4. 花冠粉红色或桃红色；能育雄蕊 3 枚；花正常结实 ················· **2. 羊蹄甲 B. purpurea**
    4. 花冠红紫色；能育雄蕊 5 枚；花不结实 ················· **3. 红花羊蹄甲 B. × blakeana**
1. 木质藤本；有卷须。
  5. 花序为总状花序；花瓣长 0.4-1cm。
    6. 叶片两面无毛，基部深心形；花冠淡绿色或绿白色；花瓣长约 1cm；子房密被绣色绢状毛；荚果幼时亦被毛 ················· **4. 日本羊蹄甲 B. japonica**
    6. 叶片下面密被黄褐色平伏的短柔毛，基部圆、截形、浅心形至心形；花冠白色；花瓣长约 4mm；子房仅两侧缝线被柔毛；荚果无毛 ················· **5. 龙须藤 B. championii**
  5. 花序为伞房花序；花瓣长 1.2-1.5cm。
    7. 叶片长 2-3cm，先端分裂至叶片长的 2/3-3/4；退化雄蕊 2-5；嫩枝被红棕色短粗毛 ·················
    ················· **6. 首冠藤 B. corymbosa**
    7. 叶片长 4-7cm，先端分裂至叶片长的 1/3-1/2；退化雄蕊 5-7 枚；嫩枝无毛 ······ **7. 粉叶羊蹄甲 B. glauca**

1. 宫粉羊蹄甲 洋紫荆 Camel's Foot Tree　　　　　　　　图 288　彩片 278
Bauhinia variegata L. Sp. Pl. **1**：375. 1753.

落叶乔木，高 8-15m；树皮暗褐色；分枝近无毛，开展，微呈"之"字形弯。叶柄长 1.5-3cm，无毛；叶片厚纸质或薄革质，轮廓近圆形或微扁圆形，长 5-10cm，宽与长近相等或稍大于长，两面近无毛或下面沿脉疏被短柔毛，基部浅心形至心形，先端 2 裂至叶片长的 1/3，裂片先端圆，基出脉 9-11 条。伞房花序顶生或腋生，少花；花序梗短而粗，长约 5mm，与花序轴、被丝托和花萼均疏被短柔毛；近无花梗；苞片与小苞形均为三角状卵形，长约 2mm；被丝托圆筒状，长 1.2-1.5cm；花萼一侧开裂达基部，长 2-3cm，先端又 2 浅裂，其中一裂片先端具 3 齿，另一裂片先端具 2 齿；花冠淡红色，有深红色的条纹，花瓣倒卵形，近等大或上方的 1 片较大，长 4-5cm，具瓣柄；能育雄蕊 5，退化雄蕊 1-5；子房被短茸毛，具柄。荚果带形，扁平，长 15-25cm，宽 1.5-2cm，无毛。种子近圆形。花期：1-7 月和 9-12 月，果期：5 月至次年 3 月。

产地：田贝（王定跃 90637）、爱国路（李沛琼等 024630），本市各地常有栽培。

分布：我国南部。印度、不丹、孟加拉国、缅甸、泰国、越南、老挝和马来西亚。世界热带、亚热带地区均有栽培。

用途：花美丽并微带芳香，开花期长，生长迅速，为优良的行道树和乔木花卉。

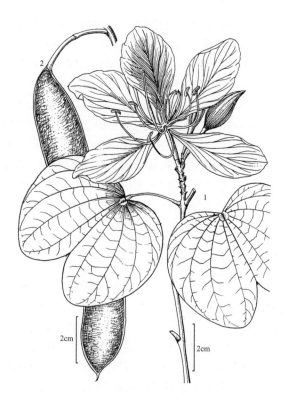

图 288 宫粉羊蹄甲 Bauhinia variegata
1. 分枝的一段、叶及花序；2. 荚果。（李志民绘）

1a. 白花羊蹄甲 White Bauhinia

Bauhinia variegata L. var. **candida**（Aiton.）Buch. -Ham. in Trans. Linn. Soc. London **13**（2）：497. 1822.

Bauhinia candida Aiton, Hortus Kew. **2**：49. 1789.

Bauhinia variegata L. var. *alboflava* de Wit in Reinwardtia **3**：412. 1956；海南植物志 **2**：217. 1965.

与宫粉羊蹄甲的区别在于：花冠白色；退化雄蕊不存在。花期：1-7 月和 9-12 月。

产地：仙湖植物园（王定跃 90579），本市各地常有栽培。

分布：与宫粉羊蹄甲大致相同。

用途：与宫粉羊蹄甲相同。

2. 羊蹄甲 Purple Camel's Foot Tree

图 289　彩片 279 280

Bauhinia purpurea L. Sp. Pl. **1**：375. 1753.

常绿乔木，高 5-10m；树皮灰黑色；嫩枝被褐色绢毛，后变无毛。叶柄长 3-4cm，近无毛；叶片厚纸质，轮廓近圆形，长 9-15cm，宽 8-14cm，两面无毛，或

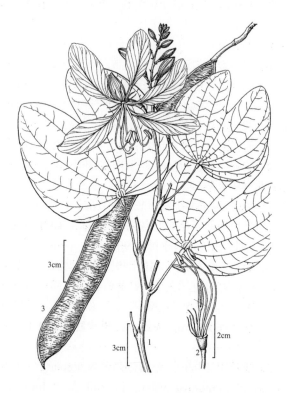

图 289 羊蹄甲 Bauhinia purpurea
1. 分枝的一段、叶及花序；2. 除去花萼和花冠，示被丝托、能育雄蕊、退化雄蕊和雌蕊；3. 荚果。（李志民绘）

下面沿脉疏被短柔毛，基部浅心形至心形，先端 2 裂至叶片长 1/3，较少至 1/2，裂片先端圆钝，基出脉 9-13 条。总状花序顶生或腋生，单 1 或 2-4 枚在分枝的上部排成圆锥花序状，少花；苞片和小苞片均为三角状卵形，长约 2.5mm，与花序梗、花序轴、花梗、被丝托与花萼均密被黄褐色绢毛；花梗长 0.8-1.2cm；被丝托近杯状，长 0.6-1cm；花萼一侧开裂至基部，长 2.5-3cm，具 5 棱，先端又 2 浅裂，其中一裂片的先端具 3 小齿，另一裂片具 2 小齿；花冠粉红色或桃红色，具深红色纵纹，最上方的 1 花瓣色较深，花瓣倒披针形，长 4-5cm，基部有长瓣柄；能育雄蕊 3 枚，与花瓣近等长，退化雄蕊 4-7 枚；子房密被黄褐色绢毛，具长柄。荚果带形，长 20-30cm，宽 2-2.5cm，无毛，成熟时开裂，果瓣木质。种子近圆形，扁平。花期：7-12 月，果期：10 月至次年 2 月。

产地：罗湖区林果场（李沛琼等 5626）、仙湖植物园（王定跃等 119）、莲塘（李沛琼 1292），本市各地常见栽培。

分布：我国南部。印度、斯里兰卡、尼泊尔、缅甸、泰国、老挝、越南、菲律宾、马来西亚及印度尼西亚。世界热带、亚热带地区广泛栽培。

用途：花美丽，为优良的园林观赏树和行道树。

3. 红花羊蹄甲 洋紫荆 Hong Kong Orchid Tree

图 290　彩片 281

Bauhinia×blakeana Dunn in J. Bot. **46**（10）：325. 1908

常绿乔木。高约 10m；树皮灰黑色；小枝幼时疏被短柔毛，后变无毛。叶柄长 3-4cm，无毛；叶片轮廓近圆形或微扁圆形，长 7-15cm，宽 8-16cm，下面沿叶脉疏被短柔毛，上面无毛，基部截形、浅心形至心形，先端 2 裂至叶片长 1/3-1/2，裂片先端圆或钝，基出脉 11-13 条。总状花序顶生和腋生，单生或 3-4 枚在分枝上部排成圆锥花序状，少花；苞片和小苞片均为三角状卵形或卵形，长 2.5-3mm，与花序梗、花序轴、花梗、被丝托和花萼均密被黄褐色茸毛；花梗长 0.8-1cm；被丝托圆筒状，长 1-1.2cm；花萼一侧开裂至基部，长 2-2.5cm，具 5 棱，有深绿色纵纹，先端又 2 浅裂，其中一裂片顶端有 3 齿，另一裂片有 2 齿；花冠红紫色，上方的一花瓣瓣片中有深紫红色的斑，其余的有粉红色的条纹；花瓣倒披针形，长 5-8cm，基部有瓣柄；能育雄蕊 5 枚，略短于花瓣，其中 3 枚较长，2 枚稍短，退化雄蕊 2-5 枚；子房密被黄褐色绢状毛，具长柄。不结实。花期：1-7 月和 10-12 月。

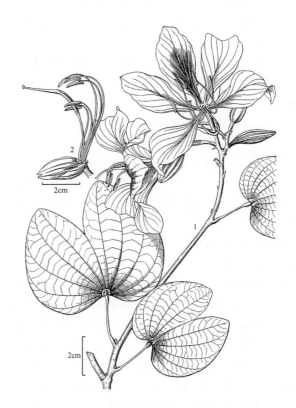

图 290 红花羊蹄甲 Bauhinia×blakeana
1. 分枝的一段、叶及花序；2. 除去花冠，示花萼、能育雄蕊和雌蕊。（李志民绘）

产地：仙湖植物园（李沛琼 90565），本市各地普遍栽培。

产地：我国南方及世界热带和亚热带地区广泛栽培。

用途：花大色艳，盛花期繁花似锦，为优良的庭园观赏树及行道树。

本种在 1963 年被订为香港的市花，俗称"洋紫荆"。1997 年香港回归祖国后，仍采用本种为市花。本种是羊蹄甲（Bauhinia purpurea L.）与近缘种的杂交种，故不能结实。

4. 日本羊蹄甲 粤羊蹄甲 Japonese Bauhinia　　　　　　　　图 291

Bauhinia japonica Maxim. in Bull. Acad. Imp. Sci. Saint-Petersbourg **18**：401. 1895.

Bauninia kwangtungensis Merr. in Lingnan Sci J. **13**（1）：29. 1934；海南植物志 **2**：219. 1965.

木质藤本，有卷须。叶柄长 3-4cm，无毛；叶片纸质，近圆形，长和宽均为 4-9cm，基部深心形，凹入达

1-2cm，先端 2 裂达叶长的 1/3-1/2，裂片卵形，先端急尖，两面无毛，基出脉 7-9 条。总状花序顶生，长 10-20cm，具多数花；花序梗、花序轴、花梗、被丝托和花萼均被锈色平伏的短柔毛；苞片条状披针形，长约 3.5mm；小苞片长约 1mm；花梗纤细，长 1-2cm；被丝托漏斗状，长约 2mm；萼片 5，卵状三角形，长 2-2.5mm，基部合生；花冠淡绿色或绿白色，花瓣倒卵状长圆形，长约 1cm，外面被丝质短柔毛；能育雄蕊 3 枚，花丝无毛，退化雄蕊 2 枚；子房密被锈色绢状毛，具短而粗的柄。荚果长圆形，长 4-7cm，宽 2-3cm，幼时密被锈色的绢毛，成熟时略肿胀，渐变无毛，果瓣革质。种子 1-5 颗，肾形，黑色，有光泽。花期：4-6 月，果期：6-10 月。

产地：据文献记载（邢福武等，《深圳植物物种多样性及其保护》169. 2002），梧桐山有分布，但未采到标本。仅作此记录。

分布：广东和海南。日本。

5.　龙须藤 缺叶藤 Champion's Bauhinia
图 292　彩片 282

Bauhinia championii（Benth.）Benth. Fl. Hongk. 99. 1861.

Phanera championii Benth. in J. Bot. Kew Gard. Misc. **4**：78. 1852.

木质藤本，有卷须；小枝密被平伏的短柔毛。叶柄长 1-8cm，疏被短柔毛或近无毛；叶片纸质，形状和大小变异大，卵形、宽卵形、椭圆形或卵状披针形，长 4-14cm，宽 3-13cm，下面密被黄褐色平伏的短柔毛，上面无毛，基部圆、截形、浅心形至心形，先端圆钝、微凹或 2 裂，裂至叶片长的 1/4-1/2，裂片先端急尖、渐尖至尾状，基出脉 5-7 条。总状花序腋生或顶生，也有数个生于分枝上部排成圆锥花序状，长 15-20cm，具多数花；花序梗、花序轴、苞片、小苞片、花梗、被丝托和花萼均密被黄褐色平伏的短柔毛；花序梗长 2-4cm；苞片和小苞片披针形，长约 1mm；花梗纤细，长 1-1.5cm；被丝托漏斗形，长约 1.5mm；萼片 5，披针形，长 2.5-3mm，仅基部合生；开花时外反，花冠白色，花瓣长圆形，长约 4mm，有长瓣柄，外面中部疏被短柔毛；能育雄蕊 3，花丝远长于花冠，退化雄蕊 2；子房沿两侧缝线被柔毛，具短柄（花后略延长）。荚果狭长圆形，长 7-12cm，宽 2.5-3cm，无毛，果瓣革质。种子圆形。花期：9-10 月，果期：10-11 月。

产地：梧桐山（张寿洲等 4125）、仙湖植物园（王

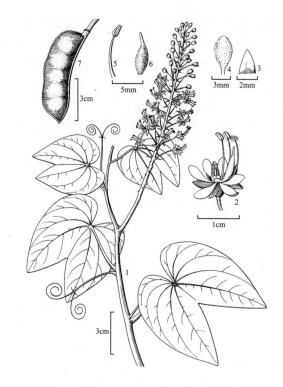

图 291 日本羊蹄甲 Bauhinia japonica
1. 分枝的一段、卷须、叶及总状花序；2. 花；3. 萼片；4. 花瓣；5. 雄蕊；6. 雌蕊；7. 荚果。（李志民绘）

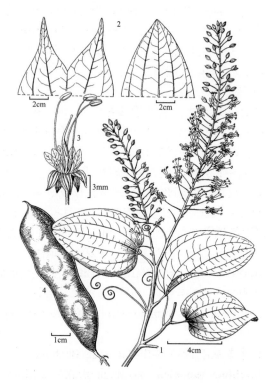

图 292 龙须藤 Bauhinia championii
1. 分枝的一段、卷须、叶及总状花序；2. 叶片不同的先端；3. 花；4. 荚果。（李志民绘）

定跃 89210)、内伶仃岛（李沛琼 1955），本市各地常见。
生于山地疏林中，海拔 50-450m。

分布：广东、海南、香港、澳门、广西、贵州、湖北、
湖南、江西、福建、台湾和浙江。印度、越南和印度
尼西亚。

用途：根和老茎药用，有活血、散瘀、镇静和止
痛之效。

6. 首冠藤 Corymbose Bauhinia　图 293　彩片 283
Bauhinia corymbosa Roxb. ex DC. Prodr. 2: 515.
1825.

木质藤本，具卷须；嫩枝疏被红棕色的短硬毛。
叶柄长 1-3cm，幼时上面疏被短硬毛，后变无毛；叶
片近圆形，长和宽均 2-3cm，两面无毛或下面疏被红
棕色短硬毛，基部截形或浅心形，先端 2 裂至叶片长
的 2/3-3/4，裂片先端圆，基生脉 7 条。伞房花序顶
生，长约 5cm，多花；花序梗甚短，与花序轴、苞片、
小苞片、花梗、被丝托和萼片的外面均密被红棕色
的短硬毛；苞片和小苞片均条形，长约 3mm；花梗长
1-1.5cm；被丝托细圆筒状，长 2-2.5cm；萼片 5，长
椭圆形，长 6-7mm，仅基部合生，开花时反折；花冠
白色，有红色脉纹，花瓣瓣片倒卵形，长 1.3-1.5cm，
具短瓣柄，外边中部被绢状毛，边缘皱波状；能育雄
蕊 3，略短于花瓣，退化雄蕊 2-5；子房无毛，具短柄，
花柱短，柱头膨大。荚果带形，长 10-15cm，宽 1.5-
2.5cm，扁平，果瓣薄革质。种子长圆形。花期：6-10 月，
果期：9-12 月。

产地：西涌（张寿洲等 SCAUF 471）、排牙山、
东湖公园（王定跃 89402）、南山区华侨城（李沛琼
3195）。生于疏林下，海拔 50-100m。各公园常有栽培。

分布：福建、广东、海南、香港、澳门和广西。
栽培或野生。热带和亚热带地区常有栽培。

7. 粉叶羊蹄甲 Glaucous Climbing Bauhinia
　　　　　图 294　彩片 284 285
Bauhinia glauca（Wall. ex Benth.）Benth. Fl.
Hongk. 99. 1861.
Phanera glauca Wall. ex Benth. in Miq. Pl. Jungh.
2: 265. 1852.

木质藤本，具卷须；嫩枝无毛。叶柄纤细，长
2-4cm，无毛；叶片纸质，轮廓近圆形或略呈扁圆形，
长 4-7cm，宽 4-8.5cm，下面疏被红棕色平伏的短柔毛，
上面无毛，基部截形或心形，先端 2 裂至叶片长 1/3-

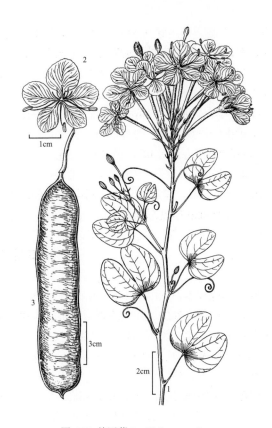

图 293 首冠藤 Bauhinia corymbosa
1. 分枝的一段、卷须、叶及伞房花序；2. 花正面观，示花冠、能育雄蕊、退化雄蕊及雌蕊；3. 荚果。（李志民绘）

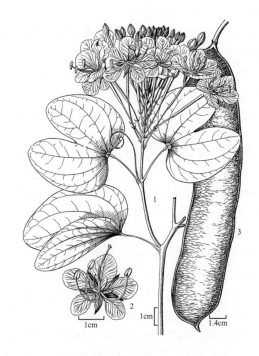

图 294 粉叶羊蹄甲 Bauhinia glauca
1. 分枝的一段、卷须、叶及伞房花序；2. 花的正面观，示花萼、花冠、能育雄蕊、退化雄蕊和雌蕊；3. 荚果。（李志民绘）

1/2，裂片先端圆，基出脉 9-11 条。伞房花序顶生或腋生，长 10-15cm；花序梗近无毛；花序轴、花梗、小苞片、被丝托及萼片外面均被红棕色的茸毛；花梗纤细，下部的长约 2cm，向上的渐短；苞片早落；小苞片条形，长约 5mm；被丝托细筒状，开花期长 1.5-2cm；萼片 5，披针形，长 6-7mm，仅基部合生，开花时反折；花冠白色，花瓣长 1.2-1.3cm，瓣片倒卵形，边缘皱波状，外面的中部和下部密被黄褐色茸毛；能育雄蕊 3，长于花瓣，退化雄蕊 5-7；子房无毛，具柄，柱头盘状。荚果带形，长 12-30cm，宽 2-4cm，扁平，薄，不开裂。种子 10-20 颗，在荚果中间排成一列，卵形，扁。花期：4-6 月，果期：5-9 月。

产地：南澳（张寿洲等 0869）、梧桐山（王定跃 1792）、内伶仃岛（李沛琼 1803），本市各地常见。生于山坡林缘，海拔 50-300m。

分布：浙江南部、福建、江西、湖南、广东、香港、澳门、广西、贵州及云南。印度、缅甸、越南、老挝、柬埔寨、马来西亚和印度尼西亚。

2. 皂荚属 Gleditsia L.

落叶乔木或灌木，树干和枝条有分枝的粗刺。叶为一回或二回偶数羽状复叶或同一种植物有两种复叶并存；托叶小，早落；小叶多数，互生或近对生；小叶片基部两侧略不对称或对称，边缘具细齿或钝齿，稀全缘。花杂性或单性异株，淡绿色或绿白色，组成腋生或顶生的穗状花序或总状花序，少有圆锥花序；被丝托钟形，外面被柔毛；萼片 3-5，近相等；花瓣 5，近辐射对称，与萼片近等长或稍长；雄蕊 6-10，伸出或不伸出花冠外，花丝中部以下扁宽并被长柔毛，花药背部着生；子房无柄或有短柄，有 2 至多数胚珠，柱头顶生。荚果扁，直、微弯或扭转，不裂或迟裂。种子 1 至多颗，扁平或圆柱形。

约 14 种，分布于亚洲东部和东南部以及北美洲东部和南美洲。我国产 8 种，2 变种。深圳有 2 种。

1. 叶为二回少有一回羽状复叶；小叶网脉稀疏，不明显；花序为圆锥花序；子房无柄；荚果较小，长 8-12cm，宽 1-2.5cm，于种子着生处肿胀 ………
…………………… 1. 小果皂荚 G. australis
1. 叶为一回羽状复叶；小叶网脉细密而明显；花序为总状花序；子房有柄；荚果较大，长 15-25cm，宽 2.5-3cm，于种子着生处不肿胀 ……
…………………… 2. 华南皂荚 G. fera

1. **小果皂荚** 南方皂荚 Small-fruited Honeylocust

图 295

Gleditsia australis Hemsl. in J. Linn. Soc., Bot. **23**（154）：208. t. 5. 1887.

Gleditsia microcarpa F. P. Metcalf in Lingnan Sci. J. **19**（4）：552，f. 3. 1940；海南植物志 **2**：224. 1965.

乔木或小乔木，高 5-10m。分枝有粗刺，刺紫褐色，长 3-5cm。叶为二回少有一回羽状复叶；羽片 2-6 对，长 10-18cm，每一羽片有小叶 5-9 对；小叶柄长不及 1mm；小叶片斜椭圆形或斜菱状椭圆形，长 2.5-4cm，宽 1-2cm，下面无毛，上面沿叶脉疏被短柔毛，基部斜楔形或斜急尖，边缘具钝齿或近全缘，先端圆

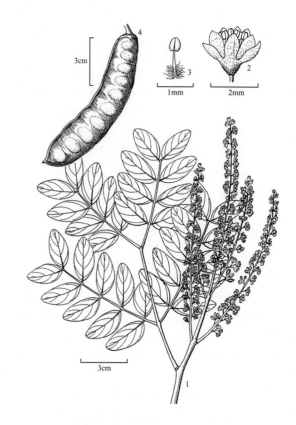

图 295 小果皂荚 Gleditsia australis
1. 分枝的一段、二回羽状复叶及花序；2. 花；3. 雄蕊；4. 荚果。（李志民绘）

钝、微凹，网脉稀疏，不明显。圆锥花序长达 28cm，腋生或顶生；花数朵簇生或组成简单二歧聚伞花序，杂性；花梗长 1-2.5mm；雄花：直径 4-5mm；被丝托钟状；萼片 5，披针形，与被丝托等长，外面密被短柔毛；花瓣 5，绿白色，椭圆形，长约 2mm，下面密被茸毛，上面被长柔毛；雄蕊 10；退化雄蕊线状圆柱形，长 4-5mm；两性花：直径 7-9mm；被丝托与雄花相似；萼片 5-6，披针形，长约 5mm，两面均被短柔毛；花瓣 5-6，绿白色，椭圆形，下面被茸毛，上面密被长柔毛；雄蕊 5，不伸出花冠外；子房无柄，密被褐色茸毛。荚果带状长圆形，长 6-12cm，宽 1-2.5cm，幼时被茸毛，果瓣革质，在种子着生处肿胀。种子椭圆形或长圆形，成熟时黑褐色，光亮。花期：6-10 月，果期：9 月至翌年 4 月。

产地：七娘山（邢福武 50，IBSC）、葵涌。生于山谷林中。

分布：广东、海南、香港和广西。越南。

2. 华南皂荚 South China Honeylocust　　图 296
Gleditsia fera（Lour.）Merr. in Philipp. J. Sci. **13**（3）：141. 1918.

Mimosa fera Lour. Fl. Cochinch. **2**：652. 1790.

乔木或小乔木，高 3-20m；分枝有粗刺，刺红褐色，长 3-5cm，最长可达 10cm。叶为一回羽状复叶，长 10-15cm，有小叶 5-14 对；小叶柄长不超过 1mm；小叶片斜长圆形或菱状椭圆形，长 2-7cm，宽 1-3cm，两面无毛，基部斜楔形，边缘具钝齿或近全缘，先端圆或钝而微凹，网脉细密而明显。总状花序腋生或顶生，长 7-15cm；花数朵成簇，杂性；花梗长约 2mm；雄花：直径 6-7mm；被丝托钟状，长 2.5-3mm；萼片 5，三角状披针形，与被丝托近等长，外面密被短柔毛；花瓣 5，绿白色，长圆形，两面均被短柔毛；雄蕊 10；退化雌蕊线状圆柱形，长 4-5mm，被长柔毛；两性花：直径 0.8-1cm；被丝托、萼片和花瓣与雄花相似，但萼片基部有 1 圈长柔毛；雄蕊 5-6；子房密被褐色绢状毛，有柄。荚果带形，长 15-25cm，宽 2.5-3cm，扁平，幼时被褐色绢毛，后变无毛，成熟时黑褐色，果瓣革质，于种子着生处不肿胀。种子卵形或长圆形，黑褐色，光亮。花期：4-5 月，果期：5-12 月。

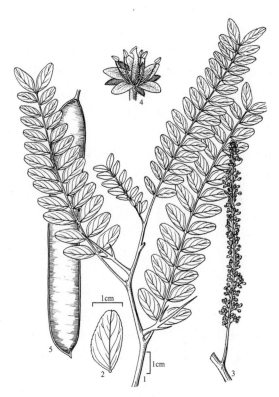

图 296 华南皂荚 Gleditsia fera
1. 分枝的上段、枝上的粗刺和羽状复叶；2. 小叶；3. 总状花序；4. 花；5. 荚果。（李志民绘）

产地：七娘山（华农学生采集队 012435）、笔架山（张寿洲等 SCAUF753）。生于山坡林中，海拔 350-500m。

分布：台湾、福建、江西、湖南、广东、香港、广西和云南。越南。

3. 老虎刺属 Pterolobium R. Br. ex Wight & Arn.

木质藤本或攀援灌木；枝具下弯的钩状刺。叶为二回偶数羽状复叶，具数个乃至多数羽片；每个羽片具数对至多对小叶；托叶与小托叶早落或不存在；小叶片边缘全缘。花序为总状花序或圆锥花序，顶生或腋生；苞片条形或钻形，早落；无小苞片；花两性，小，长不超过 1cm，白色或黄色；被丝托盘状；萼片 5，与花瓣均为覆瓦状排列，舟状，先端微凹，最下方的 1 枚较大；花冠微呈两侧对称；花瓣 5，开展；雄蕊 10，分离，近相等，花丝基部无毛或有毛，花药同型；子房生于被丝托底部，无柄，具 1 胚珠，花柱棍棒状，柱头顶端截形或微凹呈漏斗形。荚果扁平，无柄，不开裂，有翅；翅大型，膜质，斜长圆形或镰形，生于果一侧的上半部。种子 1，悬生于室顶。

11 种，分布于亚洲、非洲和大洋洲的热带地区。我国产 2 种。深圳产 1 种。

老虎刺 Punctated Pterolobium   图 297

Pterolobium punctatum Hemsl. in J. Linn. Soc., Bot. **23**（154）: 207. 1887.

木质藤本；茎长 3-10m；小枝幼时灰白色，被白毛短柔毛及淡黄色长柔毛，后毛渐脱落，具散生而下弯的短钩状刺。二回羽状复叶长 15-25cm；叶柄长 3-5cm，基部有成对的黑色托叶刺；羽片 9-14 对，长 7-10cm，有小叶 19-30 对；小叶对生；小叶柄甚短，有关节；小叶片狭长圆形，中部的长 0.9-1cm，宽 2-2.5cm，两面被黄色短柔毛，下面尤密，有明显或不明显的黑点，基部偏斜，先端圆钝，具短尖或微凹。花序为总状花序，顶生或腋上生，在枝顶则排成圆锥花序状，具多数而甚密生的花；苞片钻状，长 3-5mm；花序梗、花序轴和花梗均被短柔毛；花梗纤细，长 2-4mm；萼片 5，最下方的 1 枚较长，舟形，长约 4mm，其余的椭圆形，长约 3mm，具缘毛；花瓣 5，白色，近相等，稍长于萼片，倒卵形，边缘啮蚀状；雄蕊 10，等长，微伸出花冠外，花丝中部以下被短柔毛；子房扁平，一侧具缘毛，柱头漏斗形，有胚珠 2。荚果菱状卵形，长 1.5-2cm，宽 1-1.3cm；翅长约 4cm，一边直，一边弯曲，顶部具宿存的花柱。种子 1，椭圆形，扁平。花期：6-8 月，果期：9 至翌年 1 月。

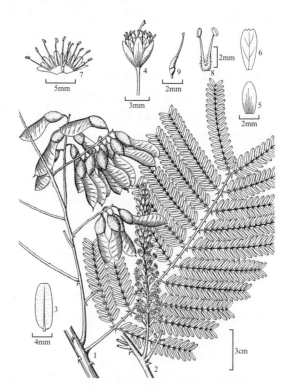

图 297 老虎刺 Pterolobium punctatum
1. 枝的一段、羽状复叶及果序；2. 总状花序；3. 小叶；4. 花；5. 萼片；6. 花瓣；7. 花展开，示被丝托、萼片、花瓣、雄蕊和雌蕊；8. 雄蕊；9. 雌蕊。（李志民绘）

产地：据文献记载（《广东植物志》5：175. 2003），深圳有分布，但我们未采到标本，仅作此记录。

分布：广东、福建、江西、湖南、湖北、四川、贵州、云南和和广西。亚洲、非洲和大洋洲热带。

4. 云实属 Caesalpinia L.

乔木、灌木或木质藤本，通常有锐刺。叶为二回偶数羽状复叶；托叶早落或迟落；羽片对生，少有近对生；小托叶不存在或变为刺状；小叶对生；小叶片边缘全缘。花序为总状花序或圆锥花序，腋生、腋外生或顶生；苞片早落，无小苞片；花两性，中等大或大，长 1cm 以上；花梗与被丝托间有关节；被丝托盘状、陀螺状或浅钟状，也有呈管状，凹陷；萼片 5，离生，花蕾时覆瓦状排列，最下方的一片较大；花瓣 5，黄色或橙黄色，少有白色带紫红色斑点，有柄，最上方的 1 片较小，其色泽、形状和毛被也与其余的 4 片不同；雄蕊 10，排成 2 轮，分离，花丝向下部渐增粗，中部以下密被长柔毛，花药背着；子房有柄或无柄，有胚珠 1-7，花柱线形，柱头截形或凹入。荚果卵形、近圆形、斜宽卵形、长圆形、狭长圆形或倒披针形，直或呈镰状弯曲，扁平或肿胀，无翅或有狭翅，有刺或无刺，成熟时开裂或不开裂，在腹缝的一侧顶端延伸成喙，果瓣革质或木质，少有肉质。种子卵圆形、圆形或椭圆形，无胚乳。

约 150 种，分布于世界热带和亚热带地区。我国 21 种和 1 变种。深圳 8 种，其中引入栽培的 2 种。

1. 小乔木或灌木。
  2. 花序为圆锥花序；二回羽状复叶长 30-40cm，有羽片 7-13 对；羽片有小叶 10-17 对；小叶片斜长圆形；

花瓣长约 1cm，边缘平整；雄蕊稍长于花瓣；荚果长圆形或倒卵状长圆形，长 6.5-7.5cm，宽 3.5-4.5cm，果瓣木质 ··· 1. 苏木 **C. sappan**

2. 花序为总状花序；二回羽状复叶长 10-25cm，有羽片 4-8 对；羽片有小叶 7-11 对；小叶片长圆形或倒卵状长圆形；花瓣长 2-2.5cm，边缘皱波状；雄蕊长于花瓣 2-3 倍；荚果倒披针状狭长圆形，长 6-10cm，宽 1.5-2cm，果瓣革质 ··· 2. 金凤花 **C. pulcherrima**

1. 木质藤本。

  3. 二回羽状复叶有羽片 2-4 对；羽片有小叶 2-6 对。

    4. 羽片有小叶 4-6 对；小叶片较大，长 8-15cm，宽 3-7cm，下面被茸毛；叶柄、叶轴和小叶柄均被短柔毛；荚果的果瓣木质 ··· 3. 大叶云实 **C. magnifoliolata**

    4. 羽片有小叶 2-3 对；小叶片较小，长 3.5-8cm，宽 2-3.5cm，两面均无毛；叶柄、叶轴和小叶柄均无毛；荚果的果瓣革质。

      5. 羽片有小叶 2 对；小叶片先端圆或钝，微凹；花序梗、花序轴、花梗和被丝托均无毛 ··· 4. 鸡嘴簕 **C. sinensis**

      5. 羽片有小叶 2-3 对；小叶片先端通常急尖或钝；花序梗、花序轴、花梗和被丝托均疏被红褐色短柔毛 ··· 5. 华南云实 **C. crista**

  3. 二回羽状复叶有羽片 5-16 对；羽片有小叶 6-12 对。

    6. 荚果无刺；羽片 8-16 对；小叶片卵形、椭圆形或狭椭圆形 ················· 6. 春云实 **C. vernalis**

    6. 荚果密生长刺或细刺；羽片 6-9 对；小叶片长圆形。

      7. 托叶大，叶状，长 2-2.5cm，羽状全裂，裂片 2-3 片，近圆形，迟落；苞片条形，长 7-9mm；花瓣黄色，长约 0.9-1cm；荚果长 6-7cm，宽 3.5-4cm，密生长刺，顶端的喙长约 5mm ······ 7. 刺果苏木 **C. bonduc**

      7. 托叶小，锥形，长不超过 1cm，全缘，早落；苞片长椭圆形，长 2-2.2cm；花瓣白色，长 1.8-2cm；荚果长 8-12cm，宽 3.5-5cm，密生细刺，顶端的喙长 0.5-2.5cm ········· 8. 喙荚云实 **C. minax**

1. 苏木 Sappan Caesalpinia 图 298 彩片 286 287
Caesalpinia sappan L. Sp. Pl. 1: 381. 1753.

小乔木，高约 5m；树干及枝具疏刺，幼枝疏被短柔毛。二回羽状复叶长 30-40cm，有羽片 7-13 对；羽片长 8-12cm，有小叶 10-17 对；小叶密生，近无柄；小叶片纸质，斜长圆形，长 1-2cm，宽 5-7mm，两面近无毛，有腺点，基部截形，先端微凹。圆锥花序顶生或腋生，短于叶或与叶近等长；苞片大，披针形，长约 1cm，与花序梗、花序轴均疏被短柔毛，早落；花梗长约 1.5cm；被丝托浅钟状，疏被短柔毛；萼片 5，下方 1 片的上部盔状，长约 3mm，较其余 4 片稍大，疏被短柔毛；花瓣 5，黄色，瓣片宽倒卵形，长约 1cm，具柄，边缘平整；雄蕊略长于花瓣，花丝下部密被长柔毛；子房有柄，被茸毛，花柱细长，被茸毛，柱头截形。荚果长圆形或倒卵状长圆形，长 6.5-7.5cm，宽 3.5-4.5cm，基部渐狭，先端截形，腹缝的顶端有斜向或下弯的喙，果瓣木质，无毛，不开裂。种子 3-4，长圆形。花期：5-10 月，果期：7 月至翌年 3 月。

产地：仙湖植物园（王国栋 1006078）、内伶仃岛。

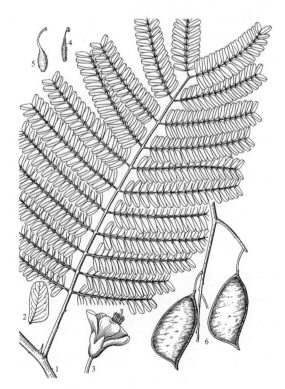

图 298 苏木 Caesalpinia sappan
1. 分枝的一段及二回羽状复叶；2. 小叶；3. 花；4. 雄蕊；5. 雌蕊；6. 荚果（李志民绘）

栽培。

分布：原产印度、斯里兰卡、缅甸、越南及马来西亚。我国台湾、福建、广东、香港、广西、贵州、四川和云南有野生或栽培。

用途：心材可提取用于生物制片的染料，又可药用，有祛痰、止痛、活血、散风之效。

2. 金凤花 洋金凤 Parado Spride

图 299 彩片 288 289

Caesalpinia pulcherrima（L.）Sw. Observ. Bot. 166. 1791.

Poinciana pulcherrima L. Sp. Pl. **1**: 380. 1753.

灌木或小乔木，高 2-4m，除花丝外，全体无毛，散生倒钩刺。二回羽状复叶长 10-25cm，有羽片 4-8 对，每一羽片有小叶 7-11 对；小叶柄长 1mm；小叶片长圆形或倒卵状长圆形，长 1-2.5cm，宽 0.5-1.5cm，基部圆，微偏斜，先端圆，微凹。总状花序近伞房状，顶生或腋生，长 15-25cm，具多数疏生的花；花梗长短不一，通常下部的长 5-7cm，向上部的渐短；被丝托陀螺形，长约 3mm，凹入；萼片 5，长圆形，最下方的 1 片兜状，长 1.3-1.4cm，其余的长约 1cm；花瓣 5，橙红色有黄色边缘或全为黄色，长 2-2.5cm，瓣片圆形，具柄，边缘皱波状；雄蕊长于花瓣 2-3 倍，花丝红色，下部增粗，被长柔毛；子房具短柄，花柱橙黄色。荚果倒披针状狭长圆形，长 6-10cm，宽 1.5-2cm，扁平，果瓣革质，不开裂，腹缝一侧的先端具尖的长喙。种子 6-9颗。花果期：全年。

产地：梧桐山苗圃（科技部 2623）、仙湖植物园（李沛琼 4083）、东湖公园（徐有财 89467），本市各地普遍栽培。

分布：原产巴哈马群岛和安的列斯群岛。热带地区广为栽培。我国台湾、福建、广东、香港、澳门、海南、广西和云南普遍有栽培。

用途：为美丽的木本花卉，有较高的观赏价值。

3. 大叶云实 Large-foliolate Caesalpinia 图 300

Caesalpinia magnifoliolata F. P. Metcalf in Lingnan. Sci. J. **19**: 533. 1940.

木质藤本；主干和分枝均有倒钩刺；小枝被褐色短柔毛。二回羽状复叶有羽片 2-3 对；每一羽片有小叶 4-6 对；叶柄、叶轴与小叶柄均被短柔毛；小叶片长圆形，近革质，长 8-15cm，宽 3-7cm，下面被茸毛，上面无毛，基部圆，先端圆或钝。花序为总状花序，

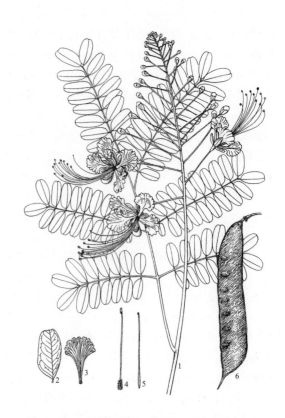

图 299 金凤花 Caesalpinia pulcherrima
1. 二回羽状复叶及总状花序；2. 小叶；3. 花瓣；4. 雄蕊；5. 雌蕊；6. 荚果。（蔡淑琴绘）

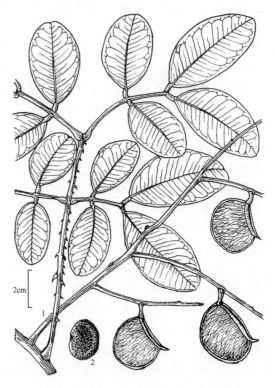

图 300 大叶云实 Caesalpinia magnifoliolata
1. 分枝的一段、羽状复叶及果序；2. 种子。（余汉平绘）

腋生或在分枝的顶端再排成圆锥花序；花序梗、花序轴、花梗和被丝托均疏被短柔毛；花梗长约1cm；被丝托盘状，长约2mm；萼片5，最下方1片的上部微呈盔状，长约6mm，其余的长圆形，长约5mm；花瓣5，长约1cm，均具短柄，最上方的1片稍短；雄蕊的花丝向下部渐增粗，密被长柔毛；子房圆形，无毛，无柄，花柱与花瓣近等长，柱头截形。荚果近圆形，扁，长3.5-4cm，有网纹，果瓣木质，腹缝一侧顶端有短喙，有种子1颗。种子近圆形。花期：4-5月，果期：5-6月。

产地：文献记载（《广东植物志》5：172. 2003），深圳梧桐山有分布，但尚未采到标本，仅作此记录。

分布：广东、广西、贵州南部和云南东部。

4. 鸡嘴簕 Chinese Caesalpinia 图301

Caesalpinia sinensis（Hemsl.）J. E. Vidal in Bull. Mus. Natl. Hist.，Nat. Ser. 3，Bot. **27**（395）：90. 1976.

Mezoneuron sinense Hemsl. in J. Linn. Soc.，Bot. **23**（154）：204. 1887.

木质藤本；主干和分枝散生倒钩刺；全体近无毛。二回羽状复叶长20-25cm，有羽片2-3对；叶轴上有多数倒钩刺；羽片长10-15cm；每一羽片有小叶2对，少有3对；小叶柄长1-2mm；小叶片纸质，长圆形、椭圆形或卵状椭圆形，长4-8cm，宽2-3.5cm，基部圆，微不对称，先端圆或钝，微凹。圆锥花序顶生或腋生，长15-20cm，具多数花；花序梗、花序轴、花梗和被丝托均无毛；花梗长约5mm；花长5-8mm；被丝托盘状，长约2mm；萼片5，最下方的1片上部呈盔状，长8-9mm，其余的长圆形，长6-7mm，被缘毛；花瓣5，黄色，连瓣柄长约1cm；雄蕊长于花瓣，花丝下部有锈色长柔毛；子房近无柄，有1-2颗胚珠，柱头小，盘状，具1圈髯毛。荚果斜宽卵形或斜圆形，长3-4cm，宽3-3.5cm，成熟时肿胀，有网纹，腹缝有狭翅，翅宽1-2mm，先端具喙，有一颗种子。花期：3-5月，果期：6-11月。

产地：西涌、梅沙尖（王定跃1450）、梧桐山（深圳植物志采集队013570）、羊台山（深圳植物志采集队013701）。生于山坡疏林中和沟边，海拔30-300m。

分布：广东、广西、云南、贵州、四川和湖北。缅甸、老挝及越南。

5. 华南云实 假老虎簕 Wood Gossip Caesalpinia
图302　彩片290 291

Caesalpinia crista L. Sp. Pl. **1**：380. 1753.

Caesalpinia nuga（L.）Ait. Hort. Kew. ed. 2，**3**：32.

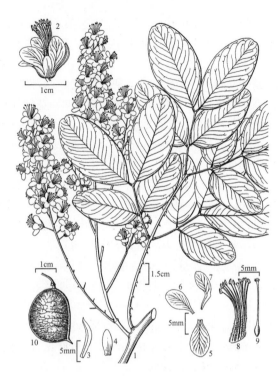

图 301 鸡嘴簕 Caesalpinia sinensis
1.二回羽状复叶及圆锥花序；2.花；3.下方的1枚萼片；4.其余4枚萼片中之1枚萼片；5.下方2枚花瓣其中之1枚花瓣；6.侧生的2枚花瓣中之1枚花瓣；7.上方的1枚花瓣；8.雄蕊；9.雌蕊；10.荚果。（李志民绘）

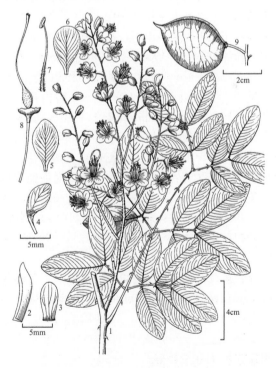

图 302 华南云实 Caesalpinia crista
1.分枝的一段、二回羽状复叶及圆锥花序；2.下方的1枚萼片；3.其余4枚萼片中之1枚萼片；4.上方的1枚花瓣；5-6.其余4枚花瓣中之2枚花瓣；7.雄蕊；8.除去花萼、花冠和雄蕊，示被丝托和雌蕊；9.荚果。（李志民绘）

1811；广州植物志 318. 1956；海南植物志 **2**：277. 1965.

木质藤本；主干和分枝散生倒钩刺，无毛。二回羽状复叶长 20-30cm，有羽片 2-3 对，少有 4 对；每一羽片有小叶 2-3 对（文献记载为 2-4 对）；叶柄、叶轴和小叶柄均无毛，生多数倒钩刺；小叶片椭圆形或长圆形，微不对称，长 3.5-8cm，宽 2-3.5cm，两面无毛，基部圆或宽楔形，先端急尖或钝。圆锥花序顶生或腋外生，长 15-25cm，具多数花，花芳香；花序梗、花序轴、花梗和被丝托均疏被红褐色短柔毛；花梗长 0.8-1cm；被丝托盘状，长约 2mm；萼片 5，下方的 1 片上部呈盔状，长 8-9mm，其余的长圆形，长 5-6mm，仅边缘有缘毛，花瓣 5，其中 4 片黄色，卵形，长 0.9-1cm，基部骤缩成短柄，最上方 1 片稍短，瓣片长圆形，黄带红色脉纹，基部下延至瓣柄，中部反折，顶端急尖，内面中下部中央有一丛长柔毛；雄蕊伸出；子房近无柄，疏被红褐色短柔毛，少有无毛，花柱长于雄蕊，柱头凹入。荚果斜宽卵形，长 3-4cm，宽 2.5-3.8cm，成熟时肿胀，有网纹，腹缝有狭翅，翅宽约 1mm，腹缝一侧的顶端具喙。花期：2-5 月，果期：6-12 月。

产地：南澳、排牙山（王国栋等 5701）、梅沙尖（深圳考察队 505）、梧桐山（刘芳齐 2272），本市各地常见。生于山坡疏林中或灌丛中，海拔 50-400m。

分布：福建、台湾、广东、香港、澳门、广西、湖南、湖北、四川、贵州和云南。印度、斯里兰卡、缅甸、泰国、柬埔寨、越南、马来西亚和波利尼西亚。

6. 春云实 Spring Caesalpinia　　图 303　彩片 292
Caesalpinia vernalis Champ. ex Benth. in J. Bot. Kew Gard. Misc. **4**：77. 1852.

木质藤本；枝、叶轴和花序梗均有钩状短刺，与花序梗、花序轴、花梗、被丝托和萼片均密红褐色短柔毛。二回羽状复叶长 20-30cm，有羽片 8-16 对；每一对羽片有小叶 6-9 对；小叶片革质，卵形、椭圆形或狭椭圆形，长 2-3.5cm，宽 1-1.5cm，下面灰绿色，疏被红褐色长柔毛，上面无毛，基部圆，微偏斜，先端急尖。圆锥花序腋生或顶生，长可达 30cm，有多数花；花梗长 1-1.5cm；被丝托盘状，内凹；萼片 5，最下方的 1 片狭长圆形，长 1.2-1.3cm，微内弯，其余的 4 片长圆形，长约 8mm；花瓣 5，黄色，宽倒卵形，长 1.2-1.3cm，具短瓣柄，上方的 1 片较小，反折，在瓣片的基部有一丛短柔毛；雄蕊长约 1cm，花丝下部增粗并密被长柔毛；子房球形，无柄，密被红褐色茸毛，花柱长于雄蕊，柱头内凹。荚果宽长圆形，微偏斜，长 5-6cm，宽 3-4cm，腹缝一侧顶端具短喙，成熟时开裂，果瓣木质，无刺，密被红褐色茸毛。种子 2 颗。花期：4-7 月，果期：7-11 月。

产地：东涌（张寿洲等 2377）、南澳（张寿洲等 0145）、笔架山（张寿洲等 SCAUF 783），本市各地常见。生于山坡疏林下，海拔 100-200m。

分布：浙江南部、福建、广东和香港。印度。

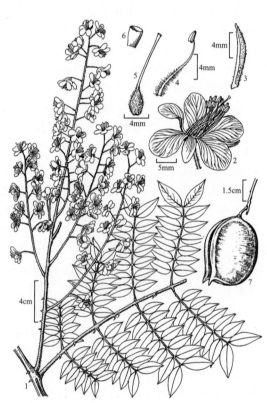

图 303 春云实 Caesalpinia vernalis
1.二回羽状复叶及圆锥花序；2.花；3.下方的 1 枚萼片；4.雄蕊；5.雌蕊；6.柱头；7.荚果。（李志民绘）

7. 刺果苏木 Gray Nicker　　　　　　图 304　彩片 293
Caesalpinia bonduc（L.）Roxb. Fl. Ind. **2**：362. 1832.
Guilandina bonduc L. Sp. Pl. **1**：381. 1753.
Caesalpinia crista auct. non L.：海南植物志 **2**：225. 1965.

木质藤本；枝、叶柄和叶轴均有直或下弯的刺，密被黄色短柔毛。二回羽状复叶长 25-35cm；托叶大，叶状，长 2-2.5cm，羽状全裂，裂片 2-3 片，近圆形，两面密被黄色短柔毛，迟落；羽片 6-9 对，每一羽片有小叶 8-12 对；小叶片纸质，长圆形，长 2.5-3.5cm，宽 1-1.5cm，下面密被黄色短柔毛，上面除中脉外近无毛，基部圆，微偏斜，先端钝，有小短尖。总状花序腋外生，具多数花；花序梗有疏刺，与花序轴和花梗均密被黄色茸毛；苞片条形，长 7-9mm；花梗长 4-7mm；被丝托盘状，长约 2mm，与萼片的两面均密被褐色茸毛；萼片 5，长圆形，长约 6mm，下方 1 片上部微呈盔状；花瓣 5，黄色，倒披针形，长 0.9-1cm，基部渐狭成瓣柄，瓣片基部内面被长柔毛，上方 1 片稍短，有红色斑点，反折，内面自瓣片的下部至瓣柄均密被长柔毛；雄蕊的花丝长仅为花瓣的 1/2，下部被长柔毛；子房被刺毛，有短柄，花柱甚短，柱头有髯毛。荚果长圆形，革质，长 6-7cm，宽 3.5-4cm，成熟时肿胀，有密的长刺，具短喙，喙长约 5mm。种子 2-3 颗，近球形。花期：8-10 月，果期：9 月至翌年 1 月。

产地：东涌（张寿洲等 4213）、七娘山（林大利等 007098-A）、南澳（张寿洲等 4483）、梧桐山。生于疏林中，海拔 50-300m。

分布：台湾、福建、广东、香港、海南、广西、湖南、湖北、四川和云南。印度、斯里兰卡、缅甸、泰国、越南、柬埔寨、马来西亚、菲律宾、日本、波利尼西亚和澳大利亚。

8. 喙荚云实 Snake Caesalpinia 图 305

Caesalpinia minax Hance in J. Bot. 22（12）：365. 1884.

木质藤本；枝、叶柄和叶轴均密被黄色短柔毛并有钩状短刺。二回羽状复叶长 30-40cm；托叶小，锥形，长不超过 1cm，全缘，早落；羽片 5-9 对，每一羽片有小叶 6-12 对；小叶片纸质，长圆形，长 3-4cm，宽 1.2-1.6cm，下面疏被黄色短柔毛，上面近无毛，基部圆，微偏斜，先端急尖。花序为圆锥花序或总状花序，顶生或腋外生；花序梗和花序轴均粗壮，与苞片、被丝托和萼片均密被黄色茸毛；苞片长椭圆形，长 2-2.2cm；花梗长约 2cm；被丝托浅杯状，长约 4mm，内凹；萼片 5，长圆形，长约 1.5cm，最下方的 1 片上部微呈盔状；花瓣 5，白色，具紫红色斑点，宽倒卵形，长 1.8-2cm，有长瓣柄，外面的中下部疏被长柔毛，边缘具纤毛；雄蕊与花瓣近等长，花丝下部密被长柔毛；子房长圆

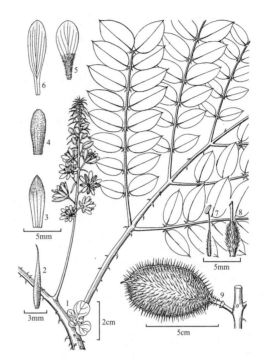

图 304 刺果苏木 Caesalpinia bonduc
1. 枝的一段、托叶、二回羽状复叶及总状花序；2. 苞片；3. 下方的 1 枚萼片；4. 其余 4 枚萼片中之 1 枚萼片；5. 上方的 1 枚花瓣；6. 其余 4 枚花瓣中之 1 枚花瓣；7. 雄蕊；8. 雌蕊；9. 荚果。（李志民绘）

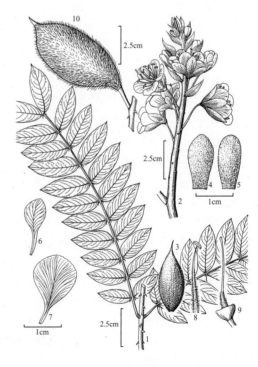

图 305 喙荚云实 Caesalpinia minax
1. 叶轴的一段及羽片；2. 花序；3. 苞片；4. 下方的 1 枚萼片；5. 其余 4 枚萼片中之 1 枚萼片；6. 上方的 1 枚花瓣；7. 其余 4 枚花瓣中之 1 枚花瓣；8. 雄蕊；9. 除去花萼、花瓣和雄蕊，示被丝托及雌蕊；10. 荚果。（李志民绘）

形，具短柄，密生细的短刺，花柱细长。荚果长圆形，长 8-12cm，宽 3.5-5cm，密生细刺，先端圆，有喙，喙长 0.5-2.5cm。种子椭圆体形，长约 1.8cm，宽约 1cm，有环纹。花期：4-5 月，果期：5-7 月。

产地：塘朗山、南山区赤湾（王定跃 1913）。生于疏林中，海拔 50m。

分布：台湾、福建、广东、香港、海南、广西、四川、贵州和云南。印度、缅甸、老挝、泰国和越南。

5. 格木属 Erythrophleum Afzel. ex G. Don

乔木，植物体无刺。叶互生，为二回羽状复叶，具少数羽片；托叶小，早落；小叶互生，小叶片革质，边缘全缘。花小而密集，排成总状花序，再排成圆锥花序；花萼钟状，裂片 5，在花蕾时呈覆瓦状排列；花瓣 5，各片近相等；雄蕊 10，分离，5 长 5 短相间，花药基着；子房具柄，密被长柔毛，有多颗胚珠，花柱短，柱头顶生，圆形，小。荚果长而扁，成熟时 2 瓣裂，裂瓣厚革质，在果瓣内于种子之间有肉质的组织。种子长圆形或倒卵形，横生，扁。

10 种，分布于亚洲、非洲和澳大利亚的热带地区。我国 1 种。深圳有栽培。

格木 Ford's Erythrophleum　　图 306　彩片 294
Erythrophleum fordii Oliv. in Hook. Icon. Pl. **15**（1）: 7. 1883.

常绿乔木，高 6-10m；多分枝，树冠广阔，幼枝密被锈色短柔毛，后变无毛。二回羽状复叶长 25-35cm，有羽片 2-4 对；羽片对生或近对生，长 15-25cm；叶柄长 9-10cm，与叶轴和小叶柄均无毛；小叶 9-13 片，互生；小叶柄长约 3mm；小叶片卵形、卵状椭圆形、椭圆形或长圆形，偏斜，长 8-10cm，宽 4-6cm，下方的 1-2 对通常较小，基部一侧近宽楔形，另一侧圆，先端渐尖至尾状，下面沿中脉密被淡锈色的长柔毛或无毛，上面无毛，有光泽。总状花序再排成顶生或腋生的圆锥花序，长 15-20cm，粗约 1cm，有多数密生的花；花序梗和花序轴均密被锈色长柔毛；被丝托钟状，长 3-4mm，外面疏被短柔毛；萼片 5，长圆形，与被丝托近等长；花瓣 5，淡黄绿色，长圆状倒披针形，长 5-6mm，内面和边缘密被短柔毛；雄蕊 10，5 长 5 短间生，长的 5 枚长于花瓣 1 倍，短的 5 枚略长于花瓣；子房具短柄，密被淡黄色短柔毛。荚果狭长圆形，长 10-20cm，宽 3.5-4cm，扁，成熟时果瓣黑褐色，厚革质，有网纹。种子长圆形，长 2-2.5cm，宽 1.5-2cm，略扁，成熟时黑褐色。花期：5-7 月，果期：7-10 月。

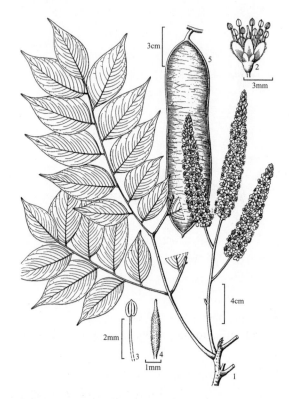

图 306 格木 Erythrophleum fordii
1. 分枝的一段、二回羽状复叶及圆锥花序；2. 花；3. 雄蕊；4. 雌蕊；5. 荚果。（李志民绘）

产地：仙湖植物园（王国栋 W070283），本市各公园多有栽培。

分布：浙江、台湾、福建、广东、广西和云南。越南。

用途：木材坚硬，极耐腐，是优良的建筑、工艺和家具用材。

6. 盾柱木属 Peltophorum（Vogel）Benth.

落叶乔木，植物体无刺。叶为大型二回偶数羽状复叶；羽片对生；小叶柄甚短；小叶对生，边缘全缘。花序为圆锥花序或总状花序，腋生或顶生；苞片脱落或宿存；无小苞片；花黄色；被丝托短；有花盘；萼片 5，近相等；花瓣 5，与萼片均为覆瓦状排列；雄蕊 10，近等长，花丝略伸出花冠之外，基部被短硬毛，花药背着；子房无柄，与被丝托离生，有 3-8 颗胚珠，花柱长，柱头盾状、头状或盘状。荚果纺锤形或狭长圆形，扁平，不开裂，沿背腹两缝线均有翅。种子扁平，无胚乳。

约 8 种，分布于亚洲东南部和南部及大洋洲北部。我国产 1 种，引进栽培 1 种。深圳引进栽培 1 种。

盾柱木 Wing-fruited Peltophorum

图 307 彩片 295 296

Peltophorum pterocarpum（DC.）Baker ex K. Heyne, Nutt. Pl. Ned. -Ind. ed. 2, **2**: 755.1927.

Inga pterocarpa DC. Prodr. **2**: 441. 1825.

落叶乔木，高 10-15m；幼枝密被褐色短柔毛。二回羽状复叶长 28-40cm，有羽片 7-15 对；托叶早落；叶柄长 4-8cm，与叶轴均密被红褐色长柔毛；羽片长 10-14cm，每一羽片有小叶 10-21 对；小叶柄甚短，长仅 0.5mm；小叶片长圆形，长 1.5-1.7cm，宽 6-7mm，下面沿脉疏被褐色短柔毛，上面无毛，基部斜截形，先端圆。圆锥花序腋生和顶生，长可达 50cm；花序梗、花序轴、花梗、苞片、被丝托和萼片外面和内面的基部均密被红褐色短柔毛；苞片披针形，长约 4mm，早落；花梗长 5-6mm；被丝托盘状；萼片 5，长圆形，长 7-8mm；花瓣 5，黄色，宽倒卵形，长 2-2.4cm，具长瓣柄，瓣片边缘波状皱，两面下部的中央至瓣柄密被锈色长柔毛；雄蕊 10，长为花瓣的 1/2，花丝基部与子房均被红褐色长硬毛；子房长圆形，具柄，花柱远较子房长，柱头盘状。荚果纺锤形或狭长圆形，长 5-12cm，宽约 2cm，扁平，两端尖，表面有密的条纹和具柄的腺体，幼时被红褐色短柔毛，后变无毛，背腹两缝线均具翅，翅宽 4-5mm。种子 2-4。花期：6-9 月，果期：8-11 月。

产地：仙湖植物园（李沛琼 011608），本市各公园时有栽培。

分布：原产越南、斯里兰卡、马来西亚、印度尼西亚和澳大利亚北部。福建、广东、香港、澳门和云南有栽培。

用途：花美丽色艳，观赏价值高，适植于庭园供观赏。

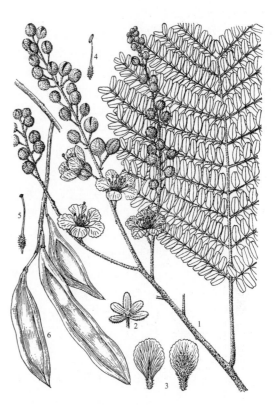

图 307 盾柱木 Peltophorum pterocarpum
1. 分枝的一段、二回羽状复叶及圆锥花序；2. 被丝托和花萼；3. 花瓣；4. 雄蕊；5. 雌蕊；6. 荚果。（蔡淑琴绘）

7. 凤凰木属 **Delonix** Raf.

落叶高大乔木，植物体无刺。叶为大型二回偶数羽状复叶；托叶存在；羽片多对，对生；每一羽片有多数小叶，小叶对生，边缘全缘。总状花序呈伞房状，顶生或腋生；苞片早落；花大而美丽；被丝托盘状或陀螺状；萼片 5，近相等，倒披针形，镊合状排列；花瓣 5，与萼片互生，白色、橙红色或鲜红色，瓣片近圆形，边缘呈波状皱，有长瓣柄，雄蕊 10，分离，近等长或不等长，花药背着；子房无柄，有多个胚珠，花柱丝状，柱头截形。荚果带形，扁平，下垂，2 瓣裂；果瓣木质。种子长圆形。

约 12 种，分布于非洲热带、马达加斯加和印度。我国引进栽培 1 种。深圳亦普遍栽培。

凤凰木 Flame Tree

图 308 彩片 297

Delonix regia（Bojer ex Hook.）Raf. Fl. Tellur. **2**: 92. 1836.

Poinciana regia Bojer ex Hook. in Bot. Mag. **56**: t. 2884. 1829.

大乔木，高 10-20m；分枝多而开展，形成扁圆形的树冠；幼枝密被白色短柔毛，后变无毛。叶长 20-60cm；生于下部叶的托叶羽状全裂，长约 1cm，坐于上部叶的托叶刚毛状，长约 5mm；叶柄长 5-12cm，与叶轴均疏被短柔毛或近无毛；羽片 15-20 对，长 6-10cm，每一羽片有小叶 12-25 对；小叶柄长约 1mm，与小叶片的两面均疏被短柔毛；小叶片长圆形，长 8-9mm，宽 3-3.5mm，基部斜圆形，先端圆，仅中脉明显。花序为伞房状总状花序，顶生或腋生；花大而美丽，直径约 10cm；花梗长 8-10cm，无毛；被丝托盘状；萼片 5，披针形，长约 2.5cm，宽 6-8mm，外面绿色，里面红色；花瓣 5 片，均为橙红色或鲜红色，上方 1 片有黄色斑，也有上方的 1 片白色，中央黄色，有紫红色斑，长 5-7cm，瓣片圆形，边缘波状皱，下部中央及瓣柄疏被长柔毛，瓣柄长 2-2.5cm；雄蕊 10，不等长，最长的长可为花瓣的 1/2，花丝下半部增粗，密被长柔毛；子房近无柄，被长柔毛。荚果长 30-60cm，宽 4-5cm，扁平，无毛，成熟时黑褐色，顶端有宿存花柱，果瓣木质。种子多数，横长圆形，黄色，有褐色斑。花期：6-7 月，果期：8-10 月。

产地：仙湖植物园（王定跃 90716），本市各地普遍栽培。

分布：原产于马达加斯加。世界热带地区广为栽培。我国台湾、福建、广东、香港、澳门、海南、广西和云南均有栽培。

用途：树冠广阔，枝叶繁茂，花色艳，是热带地区著名的观赏树和绿化树。

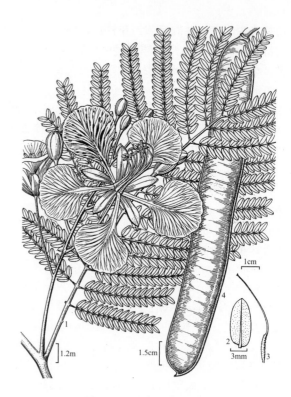

图 308 凤凰木 Delonix regia
1. 二回羽状复叶及总状花序；2. 小叶；3. 雌蕊；4. 荚果。（李志民绘）

8. 无忧花属 Saraca L.

乔木。叶为一回偶数羽状复叶；托叶通常合生成一圆锥状的鞘，早落；叶柄短而粗，常具腺状结节；小叶对生，边缘全缘。圆锥花序呈伞房状，顶生或腋生；总苞片早落；苞片 1 枚，脱落或宿存；小苞片 2，宿存或脱落，如宿存，则具颜色；花具梗，两性或单性；被丝托筒状；萼片 4，稀 5 或 6，呈花瓣状，稍不等大，覆瓦状排列，在被丝托顶端具一花盘；花瓣缺；雄蕊 4-10，全部能育或有 1-2 枚退化，着生于花盘上，花丝分离，花药背着，药室纵裂；子房长圆形，扁平，具短柄，其柄与被丝托贴生，有数颗至 10 余颗胚珠，花柱线形，柱头头状。荚果长圆形，扁，微弯，2 瓣裂，裂瓣革质或木质。种子 1-8，卵形或椭圆形，扁，种皮脆壳质。

11 种，分布于亚洲热带地区。我国产 5 种，其中引进栽培的 1 种。深圳引进栽培 1 种。

中国无忧花 Chinese Saraca　　　　　　　　　　　图 309　彩片 298 299

Saraca dives Pierre, Fl. For. Cochinch. 5(25): t. 386 B. 1899.

常绿乔木，高 5-20m；分枝斜展，幼时密被短柔毛。羽状复叶长 20-35cm，有小叶 3-6 对；叶柄短，粗壮，长 0.7-1.2cm；小叶片长椭圆形或卵状披针形，长 15-30cm，宽 7-10cm，基部一对略小，下面沿中脉疏被短柔毛，上面无毛，基部宽楔形，先端急尖或渐尖，侧脉 7-13 对。圆锥花序腋生，大型，开展，有多数花；花序梗和花序轴均密被短柔毛；总苞大，宽卵形，早落；苞片卵形、披针形或长圆形，下部的 1 片最大，向上部的渐小，长 1.5-5cm，与花梗和花萼均疏被短柔毛或近无毛；花梗长 1.3-1.6cm；小苞片生于被丝托的基部，与苞片同形，长 1-1.5cm，脱落；花两性或单性；被丝托圆筒状，长 2-3cm；萼片 4，花瓣状，橙黄色，基部红色，长圆形，长 1.5-1.8cm，具缘毛；在被丝托喉部有 1 短筒状、红色的花盘；雄蕊 8-10，其中常有 1-2 枚退化呈钻状，花丝长为萼片的 2 倍，红色；子房长圆形，无毛或沿背腹缝线被短柔毛，具短柄。荚果带状长圆形，长 20-30cm，宽 5-7cm，扁，暗褐色，2 瓣裂，果瓣厚革质，卷曲。种子 5-9 颗。花期：2-5 月，果期：6-10 月。

产地：仙湖植物园（李沛琼 011468），本市各公园和植物园常有栽培。

分布：广东、广西和云南东南部。泰国、越南、老挝、马来西亚和印度尼西亚。我国南方常见栽培。

用途：花甚美丽，为优良的庭园风景树。

9. 油楠属 **Sindora** Miq.

乔木。叶为一回偶数羽状复叶；托叶叶状，脱落；小叶 2-10 对，对生；小叶片革质，边缘全缘。圆锥花序腋生和顶生；苞片和小苞片均早落；被丝托短管状；萼片 4，镊合状少有覆瓦状排列，花盘生于被丝托基部；花瓣 1，生于下方的 1 枚萼片内侧，质肥厚；雄蕊 10，其中 9 枚的花丝基部合生成管状，花药长圆形，"丁"字着生，上方 1 枚分离，稍短，无花药；子房具短柄，有 2-7 胚珠，花柱拳卷，柱头小。荚果近圆形或长圆形，扁，多少偏斜，2 瓣裂；果瓣表面有短刺或无刺。种子 1-2 颗。

约 20 种，分布于亚洲的热带地区。我国产 2 种。深圳引进栽培 1 种。

越南油楠（新拟）东京油楠 Tonkin Sindora

图 310　彩片 300

Sindora tonkinensis A. Cheval. ex K. Larsen & S. S. Larsen in Aubrev. Fl. Camb., Laos & Vietn **18**: 122. 1980.

常绿乔木，高 10-15m；分枝开展，形成广阔的树冠；枝条无毛。羽状复叶长 10-25cm，有小叶 4-5 对；叶柄长 4-5cm，与叶轴、小叶柄和小叶片的两面均无毛；小叶柄长约 5cm；小叶片革质，卵形、椭圆形或卵状披针形，两侧不对称，长 7-13cm，宽 4.5-6cm，基部一侧圆，另一侧楔形，先端渐尖，侧脉细而密，不甚明显。圆锥花序生于分枝上部叶腋，长 15-20cm；花序梗长 5-8cm，与花序轴、花梗、苞片和小苞片的两面均密被黄褐茸毛；苞片长圆形，长 6-8mm；花梗长 7-8mm；小苞片 1-2，披针形，长约 5mm，生

图 309　中国无忧花 Saraca dives
1. 叶状复叶及圆锥花序；2. 花；3. 荚果。（李志民绘）

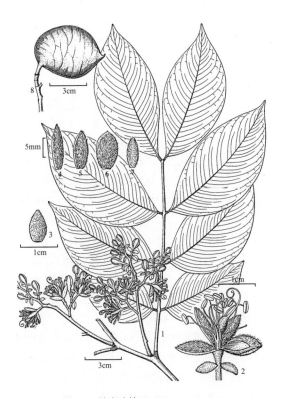

图 310　越南油楠 Sindora tonkinensis
1. 枝的一段、叶状复叶和圆锥花序；2. 花；3. 苞片；4. 上方的 1 枚萼片；5. 侧生的 2 枚萼片中之一枚萼片；6. 下方的 2 枚萼片中之 1 枚萼片；7. 花瓣；8. 荚果。（李志民绘）

于花梗中部；萼片 4，肥厚，外面密被黄褐色茸毛，里面密被黄色丝质长硬毛，下方一片宽椭圆形，长约 1.1cm，侧生的 2 片狭椭圆形，长约 1.2cm，上方 1 片倒披针形，长约 1.3mm；花瓣仅 1 枚，长椭圆形，长约 8mm，肥厚，无柄，外面被丝质长硬毛；雄蕊中有 2 枚的花丝长于萼片，其余的与萼片近等长，仅最上方的 1 枚短于萼片，雄蕊管的内外两面均密被黄色绢状毛；子房密被黄色绢状毛，花柱细长，上端拳卷，无毛。荚果近圆形或宽椭圆形，长 7-10cm，宽 5-6cm，裂瓣厚革质，表面无刺，先端有尖喙。种子 2-5 颗。花期：5-6 月，果期：7-9 月。

产地：仙湖植物园（李沛琼 3723），本市植物园和公园时有栽培。

分布：广东。越南、老挝和柬埔寨。我国南方常有栽培。

用途：花美丽色艳，适作庭园风景树。

10. 仪花属 Lysidice Hance

灌木或乔木。叶为一回偶数羽状复叶，有小叶 3-5 对；托叶钻形或尖三角形，早落或迟落；小叶对生，叶片两侧不对称，基部偏斜，边缘全缘。圆锥花序顶生或腋生；苞片大，长 1.2-3cm，粉红色或白色，生于花序梗基部，迟落；小苞片成对生于花梗顶部或近顶部；被丝托管状；萼片 4，覆瓦状排列，花后反折；花瓣 5，紫红色或粉红色，下方 2 片退化成鳞片状或钻状，上方 3 枚发育正常；能育雄蕊 2 枚，花丝长于花瓣，花药背着；退化雄蕊 3-8，钻状，不等长，无花药或具圆形小花药；子房长圆形，扁平，具柄，有胚珠 6-14，花柱细长，柱头头状。荚果长圆形或狭长圆形，扁平，2 瓣裂；果瓣厚革质，不扭转、稍扭转或呈螺旋状卷曲。种子扁，近圆形或斜宽椭圆形，有光泽，明显增厚成一圈狭的边缘或不增厚。

2 种，分布于我国南部至西南部和越南。深圳栽培 1 种。

仪花 Red-bracted Lysidice　　图 311　彩片 301 302

Lysidice rhodostegia Hance in J. Bot. **5**: 299. 1876.

常绿乔木，高 10-20m；分枝无毛。羽状复叶长 13-18cm，有小叶 3-5 对；托叶早落；叶柄长 2-5cm，与叶轴、小叶柄及小叶片的两面均无毛；小叶柄长 2-3mm；小叶片长圆形、狭长圆形或卵状披针形，长 5-16cm，宽 2-6cm，基部楔形或圆，先端渐尖或钝，侧脉细而密。圆锥花序顶生和腋生，长 10-30cm；花序梗、花序轴、花梗、苞片和小苞片均疏被短柔毛；苞片粉红色或白色，长圆形或卵状长圆形，长 1.8-2.5cm；小苞片 2，与苞片同色，卵状披针形，长 0.5-1.5cm；被丝托长 0.8-1.5cm；萼片长圆形，短于被丝托或稍长，无毛；花瓣 5，其中正常发育的 3 片紫红色或粉红色，连瓣柄长约 1.5cm，瓣片倒卵形，顶端微凹，下方 2 枚鳞片状，甚小；能育雄蕊的花丝长为花瓣的 3 倍，退化雄蕊 4-8 条，不等长，钻形；子房沿背腹两缝线均密被长柔毛。荚果长圆形或狭长圆形，长 14-18cm，宽 3.5-4cm，微弯，无毛，成熟时开裂，果瓣螺旋状扭曲。种子 7-10 颗，长圆形，长 2-2.5cm，宽 1.5-2cm，栗褐色，外围增厚成一圈狭边。花期：4-5 月，果期：6-8 月。

产地：深圳市园林科研所（陈景方 3503）、南山区华侨城（李沛琼 007237），本市植物园和公园常有栽培。

分布：台湾、福建、广东、香港、广西、贵州和云南。越南。

用途：树姿优美，花色素雅，为优良的庭园观赏树。

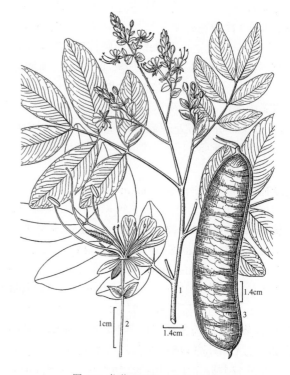

图 311 仪花 Lysidice rhodostegia
1. 枝的一段、叶状复叶及圆锥花序；2. 花；3. 荚果。（李志民绘）

11. 酸豆属 Tamarindus L.

常绿乔木。叶互生，为一回偶数羽状复叶；托叶早落；小叶10-20对，对生，边缘全缘。总状花序生于枝顶，或有少数分枝排成圆锥花序式；苞片较小，长约1cm，黄色，和小苞片均早落；被丝托陀螺形；萼片4，覆瓦状排列；花瓣5，下方的2片退化呈鳞片状，上方3片正常发育，近等大，生于雄蕊管基部；雄蕊10，3枚能育，花丝在中部以下合生成管状，花药背着，退化雄蕊刺毛状，生于雄蕊管的顶端；子房具柄，其柄与被丝托贴生，胚珠多数，花柱长，柱头头状。荚果圆柱形或长圆状圆柱形，不开裂，外果皮薄脆壳质，中果皮厚呈肉质，内果皮薄膜质，种子间有横隔。种子扁，斜长方形或斜卵圆形。

1种，产于非洲热带和马达加斯加。现各热带地区均有栽培。我国台湾、福建、广东、香港、澳门、海南、广西、四川和云南均有栽培或逸生。深圳有栽培。

酸豆 Tamarind　　　　　　图 312　彩片 303

Tamarindus indica L. Sp. Pl. **1**: 34. 1753.

乔木，高5-15m；树皮暗灰色，不规则纵裂。羽状复叶有小叶10-20对；小叶片长圆形，长1-2.5cm，宽5-8mm，基部圆，略偏斜，先端圆钝或微凹，两面无毛。总状花序具少数花；花序梗和花序轴及花梗均密被黄色短柔毛；苞片早落；小苞片2，卵状长圆形，芽时紧苞花蕾，开花后即脱落；被丝托长约7mm；萼片披针状长圆形，长约1.2cm，开花后反折；花冠黄色，有紫红色脉纹，花瓣长倒卵形，与萼片近等长，边缘皱波状；能育雄蕊长1.2-1.5cm，雄蕊管基部被柔毛，花丝分离部分长约7mm；子房圆柱形，密被长柔毛，微内弯。荚果圆柱形或长圆状圆柱形，长5-15cm，粗1.3-1.7cm，肿胀，直或微弯，果皮褐棕色，种子间常不规则缢缩。种子褐色，有光泽。花期：5-8月，果期：9月至翌年5月。

产地：仙湖植物园（李沛琼等 W070285），本市公园常有栽培。

分布：同属。

用途：果肉味酸甜，可生食或制成蜜饯，果汁可制作饮料。本种树形美观，冠幅大，抗风力强，适于沿海地区种植。在深圳多植作园林观赏树。

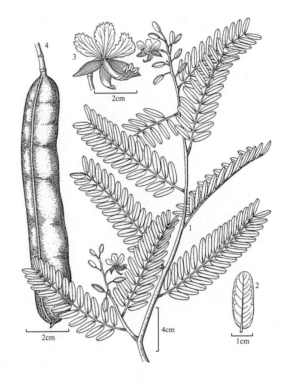

图 312 酸豆 Tamarindus indica
1. 分枝的一段、叶状复叶及总状花序；2. 小叶；3. 花；4. 荚果。（李志民绘）

12. 决明属 Cassia L.

乔木或灌木，稀半灌木或草本。叶为一回偶数羽状复叶，互生；有托叶；无小托叶；叶柄和叶轴上无腺体；小叶对生，无柄或有短柄；小叶片边缘全缘。花组成腋生的总状花序或顶生的圆锥花序，有的生于茎或枝条上，也有1朵或数朵簇生于叶腋，近辐射对称或两侧对称；苞片和小苞片均存在或缺；被丝托短管状，膨胀或为细瓶状；萼片5，覆瓦状排列；花瓣5，通常黄色，近同形或下方2片较大；雄蕊10，不相等，其中下方的3枚显著较大，花丝呈弧形内弯，长为花药的2至多倍，中间的4枚短小，花丝直，与花药近等长或稍长，上方的3枚退化，花药背着；子房纤细，直或弯扭，有柄或无柄，有胚珠多颗，花柱内弯，柱头小。荚果圆柱形或四棱柱形，肿胀或扁平，成熟时不开裂，种子间有横隔。种子横生或纵生，种皮光滑。

约 30 种，分布于全球热带和亚热带地区。我国有 14 种，其中引入栽培的 11 种。深圳栽培 1 种。

腊肠树 Golden Shower 图 313 彩片 304 305

Cassia fistula L. Sp. Pl. 1: 377. 1753.

落叶乔木，高 8-10m；树皮黑褐色；枝条无毛。羽状复叶长 30-50cm，有小叶 3-5 对；托叶早落；叶柄和叶轴均近无毛亦无腺体；小叶柄长 5-7mm，幼时疏被短柔毛；小叶片卵形、椭圆形、狭椭圆形或卵状披针形，长 8-18cm，宽 5-9cm，幼时两面疏被短柔毛，后变无毛，基部圆或宽楔形，先端急尖，侧脉细而密，明显。花序为总状花序，长 20-30cm，1-4 枚在已落叶的叶腋处生出或在枝条上部排成圆锥花序，下垂，有 10 余朵疏生的花；花序梗、花序轴和花梗均疏被短柔毛；花梗纤细，长 3-6cm；无苞片和小苞片；萼片 5，椭圆形，长 0.8-1cm，疏被短柔毛；花瓣 5，黄色，有褐色的脉纹，宽椭圆形，长 2-2.5cm，下方的 2 片较侧生的 2 片略大，上方的 1 片略小，均具短瓣柄；雄蕊 10，其中下方的 3 枚长于花瓣，花丝弧形内弯，中间的 4 枚短而直，上方的 3 枚退化，甚小；子房条形，疏被短柔毛，具细长的柄。荚果圆柱形，长 30-60cm，直径 2-2.5cm，成熟时黑褐色，无毛，不开裂，里面于种子间有横隔。种子多数，圆形，扁。花期：5-8月，果期：8-10 月。

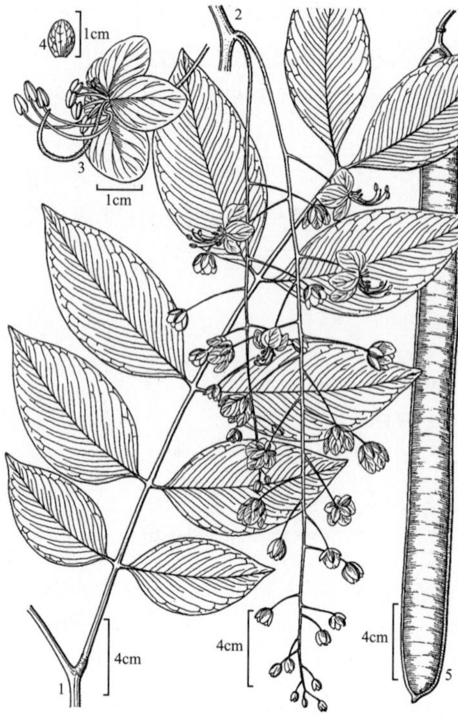

图 313 腊肠树 Cassia fistula
1. 羽状复叶；2. 总状花序；3. 花；4. 萼片；5. 荚果。（李志民绘）

产地：仙湖植物园（李沛琼 W06093）、儿童公园（陈景方 1878）、荔枝公园（李沛琼 2478），本市各地常有栽培。

分布：原产印度、斯里兰卡和缅甸。不丹、尼泊尔、越南、老挝和柬埔寨有栽培。热带地区亦有栽培。台湾、福建、广东、香港、澳门、海南、广西和云南均有栽培。

用途：为优良的园林风景树和行道树。

13. 望江南属 Senna Mill.

乔木、灌木、半灌木、一年生或多年生草本。叶螺旋状排列，为一回偶数羽状复叶；托叶早落；叶柄或叶轴的小叶之间有腺体或叶柄和叶轴上均有腺体，少数无腺体；腺体瘤状、圆锥状或棒状，顶端凸；小叶对生，边缘全缘。花序为总状花序，单生于叶腋或数枚在分枝的上端排成圆锥花序，具多数花；苞片早落；无小苞片；被丝托短管状；萼片 5，覆瓦状排列，不同形，通常外轮的 2 片较小，内轮的 3 片较大；花冠黄色，少有白色，花瓣 5，不同形或近同形；雄蕊 10，两侧对称，仅 7 枚能育，其中下方的 3 枚开花后增大，中间的 4 枚较小，而上方的 3 枚退化，少有 10 枚雄蕊全部能育；花丝直，短于花药或长不超过花药的 2 倍，花药两侧缝线无毛，基着，顶孔开裂或短缝开裂；子房有柄或无柄。荚果圆柱形、四棱柱形、长圆形、带状长圆形或带形，肿胀或扁平，有的沿腹缝或背缝或两缝有纵翅，不开裂或缓慢开裂，如为后者，果瓣不旋扭，少数在成熟后在种子间的横隔处断裂呈荚节状，果瓣纸质、革质或木质。种子表面平滑或有小凹穴。

约 300 种，分布于热带至温带。我国 8 种，1 亚种和 2 变种，均为引进栽培或逸生。深圳栽培 7 种。

1. 叶柄和叶轴上均无腺体。

  2. 叶轴上面有 2 纵棱，棱上有狭翅；荚果狭长圆形，长 10-16cm，宽 1.5-2cm，在两果瓣的中央有自顶部直贯至基部的纵翅；花瓣在开花后上部均向内弯而不张开；小叶片长圆形或倒卵状长圆形；直立灌木 ………………………………………………………………………………………………… 1. **翅荚决明 S. alata**

  2. 叶轴上无棱无翅；荚果带形，长 15-30cm，宽 1-1.5cm，无翅；花瓣在开花后平展；小叶片长圆形、狭长圆形或长椭圆形，长 3-8cm，宽 1.5-2.5cm，先端圆钝或微凹；乔木 ……………………2. **铁刀木 S. siamea**

1. 叶柄或叶轴上的小叶之间有 1 枚腺体或叶柄和叶轴上均有腺体。

  3. 叶柄基部有 1 枚腺体，叶轴上无腺体；荚果中间褐色，两侧绿色 ……………………… 3. **望江南 S. occidentalis**

  3. 叶柄和叶轴上均有腺体或叶柄上无腺体，叶轴上有腺体；荚果不为上述情况。

    4. 叶柄上部和叶轴上面下方的 2-3 对小叶之间均有 1 枚腺体；小叶 7-9 对；雄蕊 10 枚，全部能育；荚果狭长圆状，扁平；乔木 …………………………………………………………… 4. **黄槐决明 S. surattensis**

    4. 叶柄无腺体；叶轴上小叶之间有腺体；小叶 3-4 对；雄蕊 10 枚，仅 7 枚能育；荚果近四棱柱形或圆柱形；灌木或一年生半灌木状草本。

      5. 叶轴上最下方 1-2 对小叶之间有 1 枚腺体；花 8 至 10 余朵，组成伞房状总状花序；小叶片通常有淡黄色的边缘；荚果圆柱形；灌木 ……………………………………………… 5. **双荚决明 S. bicapuslaris**

      5. 叶轴上每对小叶之间均有 1 枚腺体；小叶片无黄色的边缘。

        6. 小叶片倒卵形或倒卵状披针形，先端圆或钝；总状花序通常仅具 2 朵花；荚果为纤细的四棱柱形；种子菱形；一年生半灌木状草本 ………………………………………………… 6. **决明 S. tora**

        6. 小叶片卵形或卵状披针形，先端渐尖；伞房状总状花序有 4-6 朵花；荚果圆柱形；种子近卵形；灌木 …………………………………………………………………………… 7. **光叶决明 S. × floribunda**

1. 翅荚决明 Winged Senna   图 314   彩片 306
Senna alata（L.）Roxb. Fl. Ind. 2: 349. 1832.

Cassia alata L. Sp. Pl. 1: 378. 1753; 海南植物志 2: 231. 1965; 广东植物志 5: 182. 2003; 澳门植物志 1: 298. 2005.

灌木，高 2-3m；基部多分枝，分枝粗壮，被甚短的茸毛。羽状复叶长 35-60cm，有小叶 6-12 对；托叶三角形，长 6-8mm，迟落；叶柄短，长 1-1.5cm，无腺体，与叶轴和小叶柄均被短柔毛，叶轴上面有二纵棱，棱上有狭翅，无腺体；小叶片倒卵状长圆形或长圆形，最上方的一对长 10-12cm，宽 7-8cm，向下部的渐小，下面沿叶脉疏被短柔毛，上面无毛，基部斜截形，先端圆，微凹，有小短尖。总状花序生于分枝的上部叶腋，长 20-50cm；花序梗长 10-20cm，与花序轴、花梗、苞片和萼片均被甚短的茸毛；苞片菱形，长约 2cm，宽约 1.5cm，早落；花梗长 5-6mm；萼片 5，倒卵状长圆形，黄色，膜质，近等长，下方的 2 片稍宽，均呈舟状，长 1-1.2cm；花瓣黄色，长约 2cm，上方 1 片提琴形，其余的宽倒卵状长圆形，开花后上部均向内弯而不张开；雄蕊 10，短于花瓣，仅 7 枚能育，其中最下方的 1 枚花药较小，花丝较长，侧生的 2 枚花药最大，花丝略短，中间的 4 枚花药也较小，花丝甚短，最上方的 3 枚退化；子房沿背腹两缝线被灰白色茸毛，

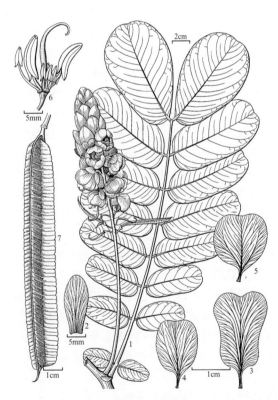

图 314 翅荚决明 Senna alata
1. 叶状复叶和总状花序；2. 上方的 1 枚萼片；3. 上方的 1 枚花瓣；4. 侧生 2 花瓣中之 1 枚；5. 下方 2 花瓣中之 1 枚；6. 除去花萼和花冠，示被丝托、能育雄蕊、退化雄蕊和雌蕊；7. 荚果。（李志民绘）

具短柄。荚果狭长圆形，长 12-16cm，宽 1.5-2cm，无毛，在两果瓣的中央有 1 自顶部直贯至基部的纵翅，翅缘有钝齿。种子三角状卵形，扁。花果期：7-12 月。

产地：仙湖植物园（李沛琼 W06115）、罗湖区林果场（曾春晓 016762），本市各地普遍栽培。

分布：原产美洲热带。全球热带地区广为栽培。台湾、福建、广东、香港、澳门、海南、广西和云南亦普遍有栽培。

用途：花美丽色艳，开花期甚长，观赏价值高，为优良的木本花卉。

2. 铁刀木 Kassod Tree   图 315   彩片 307

Senna siamea（Lam.）H. S. Irwin & Bameby in Mem. New York Bot. Gard. **35**（1）: 98. 1982.

Cassia siamea Lam. Encycl. **1**: 648. 1785；广州植物志 323. 1956；海南植物志 **2**: 233. 1965；广东植物志 **5**: 185. 2003；澳门植物志 **1**: 301. 2005.

常绿乔木，高 5-10m；幼枝密被短柔毛。羽状复叶长 10-30cm，有小叶 6-10 对；托叶长圆形，长约 1cm，早落；叶柄长 4-5cm，无腺体，与叶轴和小叶柄均疏被短柔毛；叶轴上无棱无翅，也无腺体；小叶片长圆形、狭长圆形或长椭圆形，长 3-8cm，宽 1.5-2.5cm，幼时两面疏被短柔毛，后变无毛，基部圆，先端钝或微凹，有小短尖。伞房状总状花序生于分枝上部叶腋，或在枝顶排成圆锥花序，有花 10 余朵；苞片条形，长 5-6mm，宿存；花序梗长 3.5-4cm，与花序轴和花梗均密被短柔毛；花梗长短不一，下部的长 3-3.5cm，向上部的渐短；萼片 5，不等大，近圆形，外轮的 2 片长 5-6mm，内轮的 3 片较大，长 7-8mm，疏被短柔毛；花瓣黄色，上方的 1 瓣倒卵形，其余各瓣宽倒卵形，近等长，长 1.7-1.8cm，均具短瓣柄；雄蕊 10，短于花瓣，仅 7 枚能育，其中上方的 3 枚较长，中间的 4 枚较短，下方的 3 枚退化；子房无柄，密被短柔毛。荚果带形，长 15-30cm，宽 1-1.5cm，疏被短柔毛。种子 10-20 颗。花期：10-11 月，果期：11-12 月。

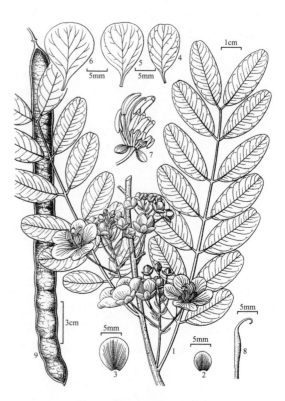

图 315 铁刀木 Senna siamea
1. 分枝的一段、叶状复叶和伞房状总状花序；2. 外轮萼片；3. 内轮萼片；4. 上方的 1 枚花瓣；5. 侧生 2 枚花瓣中的 1 枚花瓣；6. 下方 2 枚花瓣中的 1 枚花瓣；7. 除去外轮萼片和花冠，示内轮萼片、被丝托、能育雄蕊、退化雄蕊和雌蕊；8. 雌蕊；9. 荚果。（李志民绘）

产地：梧桐山（科技部 2617）、仙湖植物园（王定跃 1264）、福田（李沛琼 W06139），本市植物园、公园及绿化带常有栽培。

分布：原产于亚洲热带。我国台湾、福建、广东、香港、澳门、海南、广西和云南均有栽培或野生。印度、缅甸、泰国、越南、老挝、柬埔寨、马来西亚和印度尼西亚常见栽培或野生。

用途：木材坚硬致密，耐水湿，不受虫蛀，为优良的家具用材。因其花美色艳，盛花期十分灿烂，又为优良的木本花卉，适作行道树和园林风景树。

3. 望江南 野扁豆 Coffee Senna   图 316   彩片 308

Senna occidentalis（L.）Link, Handbuch **2**: 140. 1831.

Cassia occidentalis L. Sp. Pl. **1**: 377. 1753；广州植物志 322. 1956；海南植物志 **2**: 233. 1965；广东植物志 **5**: 180. 2003；澳门植物志 **1**: 300. 2005

半灌木，高 1-1.5m，少分枝；枝无毛，有棱。羽状复叶长 20-30cm，有小叶 4-5 对；托叶披针形，长 0.7-1cm，早落；叶柄和叶轴均无毛，在叶柄的基部有 1 枚黑色、圆形而略扁的腺体；叶轴上无腺体；小叶片卵形至卵状披针形，顶端的一对长 6-13cm，宽 2.5-5cm，向下部的渐小，基部圆，微偏斜，先端急尖或渐尖，除有缘毛外两面均无毛。花 2-4 朵排成短的伞房状总状花序，长 3-4cm；苞片早落；花序梗甚短，长 2-3mm，与花梗均疏被短柔毛；花梗长 0.6-1cm，花开放后长约 1.6cm；萼片 5，不等大，下方 1 片宽长圆形，长约 7mm，其余的长圆形，长 0.9-1cm；花瓣黄色，有红褐色的脉纹，上方的 1 片倒心形，长约 1.6cm，侧生的两片倒卵状长圆形，下方的 2 片倒卵状披针形，各瓣均近等长；雄蕊 10 枚，仅 7 枚能育，其中最下方的 1 枚甚小，侧生的 2 枚最大，中间的 4 枚较小，上方的 3 枚退化；子房密被白色长柔毛，具柄。荚果带状长圆形，长 10-13cm，宽 8-9mm，扁，无毛，中间褐色，两侧绿色，先端有短尖，种子间有横隔膜；果梗长约 1cm。种子 30-40 颗。花期：4-8 月，果期：6-10 月。

产地：排牙山（王国栋 6958）、葵涌（王国栋 6557）、梧桐山（深圳考察队 1970），本市各地常见。生于海边草丛、山坡草地或林边灌丛中，海拔 20-150m，栽培或逸生。

分布：原产美洲热带。我国河北、山东、安徽、江苏、浙江、江西、台湾、福建、广东、香港、澳门、海南、广西、贵州、四川和云南以及世界热带和亚热带地区均有栽培或逸生。

用途：全株药用，用于治疗胃病及哮喘；鲜叶捣碎外敷可治毒虫咬伤。有微毒，不可误食。

4. 黄槐决明 黄槐 Sunshine Tree　　图 317　彩片 309
Senna surattensis（N. L. Burm.）H. S. Irwin & Bameby in Mem. New York Bot. Gard. **35**（1）: 81. 1982.

Cassia surattensis N. L. Burm. Fl. Ind. 97. 1768；广州植物志 324. 1956；海南植物志 **2**: 232；广东植物志 **5**: 184. 2003；澳门植物志 **1**: 302. 2005.

小乔木，高 4-8m；分枝多，幼枝密被短柔毛。羽状复叶长 10-20cm，有小叶 7-9 对；托叶线形，长约 1cm，迟落；叶柄长 3-4cm，与叶轴、小叶柄和小叶片的下面均疏被短柔毛；在叶柄上部和叶轴上面下方的 2-3 对小叶之间有一枚棒状的腺体；小叶片长圆形、狭长圆形或长椭圆形，长 2.5-5cm，宽 1.5-2cm，基部圆，偏斜，先端圆，中间微凹。伞房状总状花序

图 316 望江南 Senna occidentalis
1. 分枝的上段、羽状复叶和伞房状总状花序；2. 花；3. 荚果。（李志民绘）

图 317 黄槐决明 Sanna surattensis
1. 分枝的上段、羽状复叶和伞房状总状花序；2. 小叶；3. 小叶之间的腺体；4. 花；5. 荚果。（李志民绘）

生于分枝的上部叶腋，或在枝顶排成圆锥花序，长 10-12cm，有花 10 余朵；花序梗长 8-10cm，与花序轴、花梗、苞片均密被长柔毛；苞片卵形，长 5-6mm，早落；萼片 5，外轮的 2 片较小，椭圆形，长约 5mm，疏被短柔毛，内轮的 3 片较大，宽卵形，仅有缘毛；花瓣 5，黄色，宽长圆形，上方的 3 片长约 2cm，下方的 2 片长约 1.5cm，均具短瓣柄；雄蕊 10，全部能育，近等大，或下方的 2 枚略大；子房密被长柔毛，有短柄。荚果狭长圆状，扁平，长 8-10cm，宽 1-1.3cm，疏被长柔毛，两侧缝线在种子间微收缩呈波状，顶端有尖喙。种子长圆形。花果期：几全年。

产地：仙湖植物园（王定跃等 89074）、东湖公园（王定跃 256），本市各地普遍栽培。

分布：原产印度、斯里兰卡、印度尼西亚、菲律宾和澳大利亚。世界各地均有栽培。台湾、福建、广东、香港、澳门、海南、广西及云南亦广为栽培。

用途：花美丽色艳，几乎全年均可开花，为优良的木本花卉。适植于庭园和绿地或植作行道树。

5. 双荚决明 金边黄槐 腊肠仔树 Double-fruited Senna 图 318 彩片 310 311

Senna bicarpsularis（L.）Roxb. Fl. Ind. **2**：342. 1832.

Cassia bicapsularis L. Sp. Pl. **1**：376. 1753；广州植物志 323. 1956；海南植物志 **2**：231. 1965；广东植物志 **5**：183. 2003；澳门植物志 **1**：299. 2005.

灌木，高 2-4m，多分枝，枝条无毛。羽状复叶长 10-13cm，有小叶 3-4 对；托叶条形，长 5-6mm，早落；叶柄长 2.5-3cm，无腺体，与叶轴均于幼时疏被长柔毛，后变无毛；在叶轴上，最下方 1 或 2 对小叶之间有 1 枚椭圆形的腺体；小叶片长圆形、倒卵状长圆形或倒卵形，长 2.5-4.5cm，宽 1.5-2cm，两面无毛，基部圆，微偏斜，边缘淡黄色，先端圆或钝，侧脉纤细。花序为伞房状总状花序，生于分枝的上部叶腋，与叶近等长，有花 8-14 朵；花序梗、花序轴与花梗均近无毛；苞片条形，长约 2mm，早落；花梗长短不一，下部的长 2.5-3mm，向上部的渐短；萼片 5，黄绿色，无毛，长圆形，外轮的 2 片较小，长约 7mm，内轮的 3 片较大，长约 1cm；花瓣 5，黄色，最上方的 1 片倒心形，较狭，

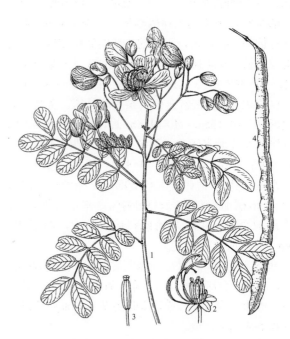

图 318 双荚决明 Senna bicarpsularis
1. 分枝的上段、羽状复叶和伞房状总状花序；2. 除去花冠，示花萼、能育雄蕊、退化雄蕊和雌蕊；3. 能育雄蕊的花药；4. 荚果。（蔡淑琴绘）

侧生的 2 片倒卵状长圆形，下方的 2 片长圆形，均长约 2cm，几无瓣柄；雄蕊 10，仅 7 枚能育，其中下方的 2 枚长于花瓣，花药较大，在此 2 枚之间的 1 枚短于花瓣，花药也较小，中间的 4 枚甚短，花药也最小，上方的 3 枚退化；子房条形，无毛。荚果圆柱形，长 14-16cm，直径约 1.5cm。种子椭圆形。花期：7-10 月，果期：8-12 月。

产地：仙湖植物园（李沛琼 3266），全市各地普遍栽培。

分布：原产美洲热带。全球热带地区普遍栽培。台湾、福建、广东、香港、澳门、海南、广西和云南亦普遍栽培。

用途：花美丽色艳，开花期长，观赏价值高，为优良的木本花卉。宜植作绿篱、道路分隔带以及在庭园中丛植或片植。

6. 决明 Sickle Senna 图 319 彩片 312

Senna tora（L.）Roxb. Fl. Ind. **2**：340. 1832.

Cassia tora L. Sp. Pl. **1**：211. 1753；广州植物志 322. 1956；海南植物志 **2**：234. 1965；广东植物志 **5**：181. 2003；澳门植物志 **1**：302. 2005.

一年生半灌木状草本，高 0.8-1.5m；枝条无毛。羽状复叶长 10-14cm，有小叶 3 对；托叶条形，长 1.2-1.3cm，疏被长柔毛，迟落；叶柄长 3-4cm，无腺体，疏被短柔毛；叶轴上在每一对小叶之间均有 1 枚棒状的腺体；小叶片倒卵形或倒卵状披针形，长 3-6cm，宽 1.5-3cm，下面疏被长柔毛，上面无毛，基部圆或楔形，偏斜，先端圆或钝，有小短尖。总状花序腋生，长 2-2.5cm，仅具 2 朵花；苞片条形，长约 3mm，早落；花序梗长 2-2.5mm，与花梗均疏被长柔毛；花梗长约 1cm；萼片 5，不等大，外轮的 2 片披针形，长 6-7mm，内轮的 3 片椭圆形，长 7-7.5mm，外面均疏被长柔毛；花瓣 5，黄色，上方的 1 片倒浅心形，长 6-7mm，具 1mm 长的瓣柄，其余的长圆形，下方的 2 片略长，长 1-1.2cm，具甚短的瓣柄；雄蕊 10 枚，仅 7 枚能育，其中下方的 3 枚长及花瓣的 1/2，中间的 4 枚略短，上方的 3 枚退化；子房无柄，疏被长柔毛。荚果为纤细的四棱柱形，微弯，长 14-17cm，宽 3-4mm，无毛，顶端有短喙。种子菱形，黑色，光亮。花期：8-9 月，果期：10-11 月。

产地：七娘山（张寿洲等 011063）、梧桐山（张寿洲等 4296）、仙湖植物园（李沛琼 012087），本市各地常见逸生。生于旷野、林边草丛或灌丛中，海拔 50-300m。

分布：原产美洲热带，现广布于全球热带和亚热带地区。我国河北、山东、安徽、江苏、浙江、江西、台湾、福建、湖南、广东、香港、澳门、广西、贵州和云南亦普遍栽培或逸生。

用途：种子药用，称决明子，有清肝明目，利水通便之效。

7. 光叶决明 Flowery Senna　　图 320　彩片 313

Senna × floribunda (Cav.) H. S. Irwin & Bameby in Mem. New York Bot. Gard. **35**(1)：360. 1982.

Cassia floribunda Cav. Descr. Pl. 132. 1802；广东植物志 **5**：183. 2003.

Cassia laevigata Willd. Enum. Pl. **1**：441. 1809；海南植物志 **2**：231. 1965.

灌木，高约 2m；全株无毛。羽状复叶长 10-18cm，有小叶 3-4 对；叶柄长 3-5cm；在叶轴上每对小叶之间均有 1 枚圆锥状的腺体；小叶片卵形至卵状披针形，顶端的 1 对长 7-8cm，宽 3-3.5cm，向下的略渐变小，基部圆或宽楔形，有的微偏斜，先端渐尖，下面密生白色的小穴点。花 4-6 朵排成伞房状总状花

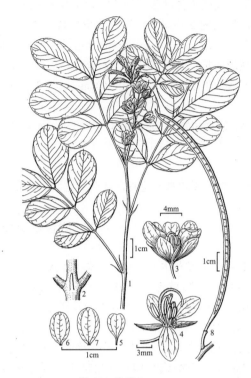

图 319 决明 Senna tora
1. 分枝的上段、羽状复叶和总状花序；2. 叶轴上每对小叶之间的腺体；3. 花；4. 花冠展开，示能育雄蕊、退化雄蕊和雌蕊；5. 上方的 1 枚花瓣；6. 侧生 2 枚花瓣中的 1 枚花瓣；7. 下方 2 枚花瓣中的 1 枚花瓣；8. 荚果。（李志民绘）

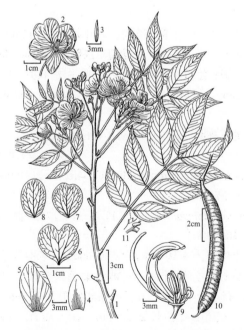

图 320 光叶决明 Senna × floribunda
1. 分枝的一段、羽状复叶及伞房状总状花序；2. 花；3. 苞片；4. 外轮萼片；5. 内轮萼片；6. 上方的 1 枚花瓣；7. 侧生 2 枚花瓣中的 1 枚花瓣；8. 下方 2 枚花瓣中的 1 枚花瓣；9. 除去花萼和花冠，示被丝托、能育雄蕊、退化雄蕊和雌蕊；10. 荚果；11. 叶轴上每对小叶之间的腺体。（李志民绘）

序，生于分枝的上部叶腋或顶生，短于复叶；花序梗长 3-5cm；苞片条形，长 7-8mm，开花后即脱落；萼片 5，不等大，外轮的 2 片短小，近披针形，长 6-7mm，先端急尖，内轮的 3 片长圆形，长 8-9mm，先端圆；花瓣黄色，各瓣近等长，长 1.3-1.4cm，上方的 1 片倒心形，侧生的 2 片宽倒卵形，先端微凹，下方的 2 片宽长圆形，均具甚短的瓣柄；雄蕊 10，仅 7 枚能育，其中下方的 3 枚与花瓣近等长，中间的 4 枚甚短，上方的 3 枚退化；子房有短柄。荚果圆柱形，长 8-10cm，宽 1.2-1.3cm，果瓣薄革质，成熟后开裂。种子多数，近卵形。花果期：6-11 月。

产地：仙湖植物园（李沛琼 W070137），本市各公园或绿地时有栽培。

分布：原产美洲热带。全球热带地区均有栽培。我国台湾、福建、广东、香港、海南、广西和云南亦有栽培。

用途：为美丽的木本花卉，适合在庭园中种植，供观赏。

14. 假含羞草属 Chamaecrista Moench

乔木、灌木或草本。叶为一回偶数羽状复叶，有托叶，无小托叶；叶柄或叶轴上通常有腺体；腺体碟状、盾状或杯状，顶端平或凹；小叶对生，无柄或近无柄；小叶片边缘全缘。总状花序单生，具少数至多数花，腋生或腋上生；苞片早落；小苞片 2，生于花梗的中部或中上部；被丝托短管状；萼片 5，近同形，覆瓦状排列；花冠黄色，花瓣 5，不同形，下方的 2 瓣常偏斜；雄蕊 10，5 长 5 短间生，均能育，少有 1-5 枚退化，花丝甚短，花药基着，明显长于花丝或与花丝近等长，近同形，药室沿缝线被内卷的短柔毛，顶孔开裂或短缝开裂；子房无柄或有柄。荚果扁平，通常无翅，很少沿缝线具翅，成熟时弹裂，果瓣扭卷，纸质或革质。种子表面光滑或有小穴。

约 330 种，分布于全球热带和亚热带地区。我国有 4 种，1 变种。深圳有 2 种。

1. 羽状复叶有小叶 30-50 对；小叶片长 4-5mm，宽约 1mm ⋯⋯⋯⋯⋯⋯ 1. 含羞草决明 Ch. mimosoides
1. 羽状复叶有小叶 14-25 对；小叶片长 0.8-1.3cm，宽 2-3mm ⋯⋯⋯⋯ 2. 短叶决明 Ch. lechenaultiana

1. 含羞草决明 Mimosa-leaved Chamaecrista

图 321　彩片 314

Chamaecrista mimosoides（L.）Greene in Pittonia **4**（20 D）：27. 1899.

Cassia mimosoides L. Sp. Pl. **1**：379. 1753；澳门植物志 **1**：300. 2005.

一年生半灌木状草本，高 40-60cm。茎不分枝或有少数分枝，分枝纤细，密被短柔毛。羽状复叶长 3-7cm，有小叶 30-50 对；托叶条状锥形，长 5-6cm，有纵脉，宿存；叶柄长 2-2.5mm，在上端有一圆盘形的腺体，与叶轴均密被短柔毛，小叶片条状镰形，长 4-5mm，宽约 1mm，两面无毛，基部圆，先端急尖，两侧不对称，中脉靠近上侧边缘。总状花序腋上生，有 1 或 2-3 朵花；花序梗长约 1mm；苞片条状披针

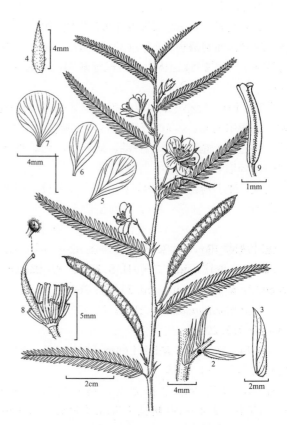

图 321 含羞草决明 Chamaecrista mimosoides
1. 分枝的一段、羽状复叶、总状花序及荚果；2. 托叶及叶柄上的腺体；3. 小叶；4. 萼片；5. 下方 2 枚花瓣中的 1 枚花瓣；6. 侧生 2 枚花瓣中的 1 枚花瓣；7. 上方的 1 枚花瓣；8. 除去花萼和花冠，示被丝托、能育雄蕊、退化雄蕊和雌蕊；9. 能育雄蕊，示花药缝线上的卷毛。（李志民绘）

形，长约 4mm，宿存；花梗长约 1cm，在中上部有 2 枚条形、长约 2mm、宿存的小苞片；被丝托长约 2mm；萼片 5，条形，长 5-6mm，外面疏被短柔毛；花瓣 5，与萼片近等长，黄色，上方 1 瓣近圆形，其余的倒卵形，均略偏斜和具短瓣柄；雄蕊 10 枚均能育，5 长 5 短间生，药室沿缝线被内卷的短柔毛；子房密被长柔毛，无柄，花柱短，柱头截形，有髯毛。荚果条形，长 4-5cm，宽约 5mm，直或微呈镰形弯，疏被短柔毛，有种子 14-20 颗。花果期：8-10 月。

产地：七娘山（张寿洲等 4046）、梧桐山（深圳考察队 1526）、罗湖区林果场（深圳考察队 1926），本市各地常见。生于山地路旁、旷野、林边草地或灌丛中，海拔 30-180m。

分布：原产于美洲热带。现广布于全球热带和亚热带地区。台湾、福建、广东、香港、广西、贵州和云南均有归化。

2. 短叶决明 Short-leaved Chamaecrista　图 322

Chamaecrista lechenaultiana（DC.）Degener，Fl. Hawaiiensis：Fam. 196 b. 1934.

Cassia lechenaultiana DC. in Mem. Soc. Phys. Geneve **2**：132. 1824；广东植物志 **5**：181. 2003. ['*leschenaultiana*'].

一年生半灌木状草本，高 30-80cm；分枝幼时密被黄色短柔毛，后变无毛。羽状复叶长 3-8cm，有小叶 14-25 对；托叶条状锥形，长 7-9mm，有纵脉，宿存；叶柄长约 3mm，在上端有一圆盘形的腺体，与叶轴和小叶的两面均无毛；小叶片条状镰形，长 0.8-1.3cm，宽 2-3mm，两侧不对称，基部圆，先端急尖，中脉靠近上侧边缘。总状花序腋上生，具 1 至数花；花序梗长 1-2mm；苞片披针形，长 4-5mm，宿存；花梗长约 1cm，被短柔毛，中上部具 2 枚条形、长约 5mm 的小苞片；被丝托长 3-4mm；萼片 5，条状披针形，长约 1cm，外面疏被黄色短柔毛；花瓣 5，橙黄色，与萼片近等长，上方 1 片宽倒卵形，其余的倒卵状长圆形；雄蕊 10，5 长 5 短间生，均能育或有 1-3 枚退化，药室沿缝线被短柔毛；子房密被白色短柔毛，无柄。荚果条形，长 3-5cm，宽约 5mm，疏被短柔毛，有种子 8-20 颗。花期：6-8 月，果期：8-10 月。

产地：据文献记载（蓝崇玉等，《广东自然资源与生态研究》101. 2001.）内伶仃岛有分布，但未采到标本，仅作此记录。

分布：安徽、浙江、江西、台湾、福建、广东、海南、香港、广西、贵州、云南和四川。越南、缅甸和印度。

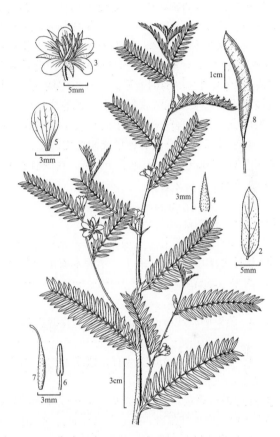

图 322 短叶决明 Chamaecrista lechenaultiana
1. 枝的一段、羽状复叶及花；2. 小叶；3. 花；4. 萼片；5. 花瓣；6. 雄蕊；7. 雌蕊；8. 荚果。（李志民绘）

182. 蝶形花科 FABACEAE

李沛琼

　　乔木、灌木、藤本或草本。植物体无刺，稀有刺。叶互生，少有对生，通常为羽状复叶、掌状复叶、3 小叶，少有单叶或叶片退化为鳞片状；托叶存在，宿存或脱落，有的变为针刺状；小托叶有或无；叶柄和叶轴上无腺体，稀有腺体。花两性，组成圆锥花序或总状花序，少数为穗状花序，也有单花；苞片和小苞片通常较小，稀大型；花萼钟状或筒状，萼齿或裂片(4-)5，少有二唇形或佛焰苞状，裂片覆瓦状排列或镊合状排列；花冠蝶形，两侧对称，花瓣 5，覆瓦状排列，分离，少有部分合生，不等大，最上方的 1 片为旗瓣，旗瓣的两侧各有 1 枚翼瓣，最内侧为 2 片龙骨瓣，其上部边缘常合生，有的先端呈内弯或旋卷的喙状，在个别属中，翼瓣和龙骨瓣退化，仅存旗瓣，也有的具两型花，即一部分花具花冠，另一部分花无花冠，后者为闭花受粉，称"闭锁花"；雄蕊 10 枚，稀 9 枚，合生成单体或二体，如为二体则其中对旗瓣的 1 枚分离(9+1)，其余的花丝合生成管，也有的每 5 枚合生(5+5)，稀全部分离；花药同型或两型(即背着和基着交互排列)，2 室，纵裂；花盘无，稀存在；子房由单心皮组成，上位，1 室，有时有横隔，有心皮柄或无，胚珠 1 至多颗，边缘胎座，花柱单一，上弯，内卷或旋卷，无毛或被髯毛，柱头头状或歪斜，小，无毛或有髯毛。荚果有多种形状，沿 1 侧或两侧缝线开裂或不裂，有的横向断裂成荚节，有的有翅，种子间有或无横隔膜。种子 1 至多颗，子叶肉质，无胚乳或具很薄的内胚乳，种脐显著，圆形或条形，有的有种阜或假种皮。

　　共 425 属，12000 多种，遍布于全世界。我国有 128 属（包括引进栽培的属），1372 种。深圳现知 54 属，125 种，2 亚种和 4 变种。

1. 花丝全部分离或仅基部合生。
　2. 叶为单叶；攀援灌木 ··· 1. **藤槐属 Bowringia**
　2. 叶为羽状复叶；乔木、灌木、半灌木或多年生草木。
　　3. 荚果呈念珠状 ·· 2. **槐属 Sophora**
　　3. 荚果不呈念珠状。
　　　4. 荚果肿胀或微凸，但不扁平，背缝和腹缝均无翅，亦不增厚，成熟时开裂为两瓣；果瓣木质或革质
　　　·· 3. **红豆属 Ormosia**
　　　4. 荚果扁平，沿腹缝线有狭翅或无翅，成熟时不开裂，果瓣薄革质 ················ 4. **马鞍树属 Maackia**
1. 花丝全部或大部合生成管状。
　5. 叶片边缘有锯齿；花序为紧密呈头状或球形的总状花序、穗状花序或伞形花序。
　　6. 叶为三出羽状复叶；花冠在结果时脱落；花丝顶端不膨大 ·············· 5. **苜蓿属 Medicago**
　　6. 叶为掌状复叶，具 3 小叶，稀具 5-7 小叶；花冠在结果后宿存；花丝顶端膨大 ······ 6. **车轴草属 Trifolium**
　5. 叶片边缘无锯齿；花序非上述情况。
　　7. 植物体被丁字毛 ·· 7. **木蓝属 Indigofera**
　　7. 植物体的毛被不为丁字毛。
　　　8. 叶轴顶端有卷须或短尖。
　　　　9. 叶轴顶端有卷须；托叶大型，叶状；雄蕊 10，二体，其中对旗瓣的 1 枚分离 ······ 8. **豌豆属 Pisum**
　　　　9. 叶轴顶端有短尖；托叶小型；雄蕊 9，单体 ··· 9. **相思子属 Abrus**
　　　8. 叶轴顶端无卷须，亦无短尖。
　　　　10. 荚果由(1-)2 至多枚荚节组成。
　　　　　11. 托叶基部着生；小托叶存在。
　　　　　　12. 花萼质干而硬，具条纹；叶为单叶，少有三出羽状复叶·········· 10. **链荚豆属 Alysicarpus**
　　　　　　12. 花萼膜质，不具条纹；叶通常为三出羽状复叶，少有 3 片小叶以上的羽状复叶（**狸尾豆属 Uraria** 中的部分种类）或单小叶，如果全部为单小叶则小叶柄具翅（**葫芦茶属 Tadehagi**）。

13. 花序为伞形花序组成的圆锥花序；伞形花序包藏于 2 枚对生的叶状苞片之内 ·············
·· 11. **排钱树属 Phyllodium**

13. 花序为总状花序或圆锥花序，不为苞片所包。

　14. 荚果有或长或短的果柄（由心皮柄发育而成），背缝在种子间深凹达腹缝，故在荚节之间形成
　　一深的凹缺；雄蕊 10，单体 ·· 12. **长柄山蚂蝗属 Hylodesmum**

　14. 荚果通常无果柄，背缝在种子间缢缩，但不达腹缝，故在荚节之间呈波状或浅波状；雄蕊 10，
　　二体，其中对旗瓣的 1 枚分离，少有单体。

　　15. 荚果的荚节互相反复折叠。

　　　16. 花梗直，花后不继续增长；苞片不呈覆瓦状排列，每一苞片内有 1 花；花萼有网纹，果
　　　　期增大 ·· 13. **蝙蝠草属 Christia**

　　　16. 花梗微弯或直，在花后继续增长呈钩状；苞片紧密排列呈覆瓦状，每一苞片内有 2 花；
　　　　花萼无网纹，果期不增大·· 14. **狸尾豆属 Uraria**

　　15. 荚果的荚节互相不反复褶叠。

　　　17. 叶为单小叶；小叶柄具宽翅 ·· 15. **葫芦茶属 Tadehagi**

　　　17. 叶为三出羽状复叶，少有单小叶；小叶柄无翅，稀具狭翅。

　　　　18. 荚果的背缝在种子间微缢缩呈浅波状，故荚节不甚明显，成熟时沿背缝开裂 ······
　　　　·· 16. **舞草属 Codariocalyx**

　　　　18. 荚果的背缝在种子间缢缩或深缢缩，故荚节明显；荚果在成熟时不开裂·············
　　　　·· 17. **山蚂蝗属 Desmodium**

11. 托叶与叶柄贴生或盾状着生；小托叶不存在。

　19. 托叶与叶柄贴生，彼此合生呈鞘状，抱茎；叶为三出羽状复叶；苞片彼此合生；荚果有 1-2 荚节 ···
　·· 18. **笔花豆属 Stylosanthes**

　19. 托叶不与叶柄贴生，彼此分离，盾状着生；叶为羽状复叶；苞片彼此分离；荚果有 2 个以上的荚节。

　　20. 叶为奇数羽状复叶，有小叶 41-61 片；花冠早落；雄蕊 10，二体，每 5 枚的花丝合生 ········
　　·· 19. **合萌属 Aeschynomene**

　　20. 叶为偶数羽状复叶或掌状复叶，有小叶 2-18 片；花冠不早落；雄蕊单体或初时单体，以后分离
　　为二体，每 5 枚的花丝合生。

　　　21. 羽状复叶有小叶 10-18 片；荚果的荚节互相反复褶叠，包于萼内；花萼深裂为二唇形；花
　　　　冠稍长于花萼或与花萼等长；雄蕊 10，初时单体，以后分裂为二体，每 5 枚合生 ·······
　　　　·· 20. **坡油甘属 Smithia**

　　　21. 掌状复叶有小叶 2-4 片；荚果的荚节不互相褶叠，伸出萼外；花萼钟状；花冠长于花萼；雄
　　　　蕊 10，单体·· 21. **丁葵草属 Zornia**

10. 荚果非为荚节组成。

22. 叶为单叶（仅猪屎豆属的部分种类有 3 出羽状复叶）。

　23. 龙骨瓣上部通常弯曲，先端渐狭呈喙状；雄蕊 10，单体，花药二型 ········ 22. **猪屎豆属 Crotalaria**

　23. 龙骨瓣上部微弯，先端圆或钝；雄蕊 10，二体，其中对旗瓣的 1 枚分离，花药同型 ·················
　·· 23. **鸡头薯属 Eriosema**

22. 叶为羽状复叶或掌状复叶。

　24. 叶为三出掌状复叶或三出羽状复叶。

　　25. 叶为三出掌状复叶。

　　　26. 小叶片下面无腺点，侧脉多而密，掐断时断口呈 "V" 字形；小苞片 4 片；一年生平卧草
　　　　本 ·· 24. **鸡眼草属 Kummerowia**

　　　26. 小叶片下面有腺点，侧脉疏；无小苞片；灌木或半灌木·· 25. **千斤拔属 Flemingia**

　　25. 叶为三出羽状复叶。

27. 荚果仅具 1 颗种子。

   28. 大型木质攀援藤本；花全部有花冠；荚果刀形，种子生于顶端 ……………… **26. 密花豆属 Spatholobus**

   28. 直立灌木、半灌木或多年生草本；花二型，一种有花冠，一种花冠退化（称闭锁花）；荚果卵形、倒卵形

      或椭圆形 ……………… **27. 胡枝子属 Lespedeza**

27. 荚果有 2 颗以上的种子。

   29. 小叶片下面有透明的腺点。

      30. 缠绕草质藤本。

         31. 荚果有种子 2 颗，少有 1 颗 ……………… **28. 鹿藿属 Rhynchosia**

         31. 荚果有种子 3 至 10 余颗。

            32. 荚果于种子间有横槽 ……………… **29. 木豆属 Cajanus**

            32. 荚果于种子间无横槽 ……………… **30. 野扁豆属 Dunbaria**

      30. 直立灌木 ……………… **29. 木豆属 Cajanus**

   29. 小叶片无腺点。

      33. 龙骨瓣旋卷；花柱亦旋卷。

         34. 龙骨瓣旋卷；花柱旋卷呈 360° 以上或作 2 次 90° 弯曲，形成方形的轮廓。

            35. 翼瓣短于旗瓣；花柱旋转呈 360° 以上，内侧具髯毛 ……………… **31. 菜豆属 Phaseolus**

            35. 翼瓣长于旗瓣；花柱作 2 次 90° 弯曲，形成方形的轮廓，内侧无毛 …………

                32. 大翼豆属 Macroptilium

         34. 龙骨瓣内弯，花柱亦内弯。

            36. 荚果具 4 宽翅；柱头上有髯毛 ……………… **33. 四棱豆属 Psophocarpus**

            36. 荚果无翅；柱头上无毛。

               37. 花柱上端增粗，柱头侧生；龙骨瓣先端内弯至内弯成半圆形；荚果条状圆柱形或圆柱

                  形 ……………… **34. 豇豆属 Vigna**

               37. 花柱两侧扁，柱头顶生；龙骨瓣弯呈直角；荚果长圆形或长圆状镰形………………

                  ……………… **35. 扁豆属 Lablab**

      33. 龙骨瓣和花柱不为上述情况。

         38. 花冠下垂；翼瓣和龙骨瓣近等长，但长不及旗瓣的 1/2 ………… **36. 蝶豆属 Clitoria**

         38. 花冠不下垂。

            39. 各花瓣不等长。

               40. 总状花序直立，顶生或腋生；花瓣中旗瓣最长；茎具皮刺；乔木或灌木 ………………

                  37. 刺桐属 Erythrina

               40. 总状花序下垂，腋生或生于老茎或老枝上；花瓣中龙骨瓣最长；茎无刺；木质藤本

                  38. 黧豆属 Mucuna

            39. 各花瓣近等长。

               41. 花序轴在花着生处膨大成结节。

                  42. 顶生小叶片中部以上不规则浅裂；荚果在种子间有横槽；有发达的肉质块根；粗壮

                     缠绕藤本 ……………… **39. 豆薯属 Pachyrhizus**

                  42. 顶生小叶片边缘全缘；荚果无横槽；无块根。

                     43. 花萼呈 4 裂状，裂片近等长；旗瓣基部具 2 小耳；荚果条形或条状长圆形，扁平；

                        雄蕊 10，二体，其中对旗瓣的 1 枚分离或仅中部以下与雄蕊管合生；缠绕细

                        弱草质藤本 ……………… **40. 乳豆属 Galactia**

                     43. 花萼 5 裂，上方 2 裂片比下方 3 裂片大得多；旗瓣基部具 2 枚附属体；荚果狭

                        长圆形至长圆形，在腹缝线两侧有隆起的纵棱或狭翅；雄蕊 10，单体，其中

                        对旗瓣的 1 枚仅基部分离；粗壮藤本或直立灌木 ……… **41. 刀豆属 Canavalia**

               41. 花序轴在花着生处不膨大成结节。

44. 花单生于花序轴的每节上；荚果有果柄；种子间有横隔膜 ·················· 42. **大豆属 Glycine**
44. 花成对或 2-3 朵生于花序轴每节上；荚果几无果柄；种子间无隔膜。

  45. 花成对着生；荚果长圆形，小，长 6-8mm，肿胀，密生横纹；花冠小，长约 5mm；半灌木状草本
    ·· 43. **密子豆属 Pycnospora**
  45. 花 2-4 朵簇生；荚果狭长圆形或圆柱形，较大，长 3cm 以上，不肿胀，无横纹；花冠长 8mm 以上；
    大型缠绕草质藤本 ·· 44. **葛属 Pueraria**

24. 叶为具 3 枚以上小叶的羽状复叶。

  46. 荚果薄而扁，不开裂。

    47. 花冠小，长不及 1cm，白色、淡绿色或紫色；荚果长圆形，翅果状················ 45. **黄檀属 Dalbergia**
    47. 花冠较大，长 1cm 以上，黄色；荚果近圆形，周围有宽而硬的翅 ·············· 46. **紫檀属 Pterocarpus**

  46. 荚果较厚，开裂或不裂。

    48. 叶为偶数羽状复叶。

      49. 叶具小叶 2-3 对；花萼萼管纤细，随花的发育而伸长，裂片 5，上方 4 裂片合生，下方 1 裂片分离；
        荚果长椭圆形，有突起的网纹，在种子间缢缩，不开裂 ·················· 47. **落花生属 Arachis**
      49. 叶具小叶多对；花萼萼管及裂片均不为上述情况；荚果条状圆柱形，无网纹，在种子间不缢缩，
        成熟后开裂 ·· 48. **田菁属 Sesbania**

    48. 叶为奇数羽状复叶。

      50. 草本、半灌木或灌木；小叶的侧脉多而密；旗瓣背面被绢毛或柔毛；荚果有多颗种子 ············
        ·· 49. **灰毛豆属 Tephrosia**

      50. 木质藤本或乔木。

        51. 荚果薄而质硬，扁平，背腹两缝均有狭翅或仅沿腹缝有翅；旗瓣背面无毛；木质藤本 ······
          ·· 50. **鱼藤属 Derris**

        51. 荚果较厚，背腹两缝均无翅；旗瓣背面被丝质柔毛，稀无毛。

          52. 荚果椭圆形或长圆形，含 1 颗种子；花萼筒部顶端无明显萼齿而近于截形；旗瓣背
            面被茸毛；常绿乔木 ···································· 51. **水黄皮属 Pongamia**
          52. 荚果条状长圆形、狭长圆形或长圆形；含 1 颗以上的种子，花萼筒部顶端有明显的萼齿；
            木质藤本，稀乔木。

            53. 落叶大型木质藤本；花序为总状花序，下垂；旗瓣背面无毛 ······ 52. **紫藤属 Wisteria**
            53. 常绿木质藤本或乔木；花序为总状花序或圆锥花序，不下垂；旗瓣背面通常被丝
              质柔毛，稀无毛。

              54. 花序为总状花序；雄蕊 10，单体 ············ 53. **鸡血藤属 Millettia**
              54. 花序为圆锥花序；雄蕊 10，二体，其中对旗瓣的 1 枚分离 ·················
                ·· 54. **崖豆藤属 Callerya**

1. 藤槐属 Bowringia Champ. ex Benth.

攀援灌木。叶为单叶；有托叶；小托叶有或无；叶片边缘全缘。总状花序腋生，甚短；有苞片和小苞片；花
萼杯形，筒部顶端具 5 浅齿或无明显的齿而近截形；花冠白色，旗瓣圆形或长圆形，具短瓣柄，翼瓣长圆形，微弯，
龙骨瓣形状与翼瓣近相似或稍大，背部合生；雄蕊 10，花丝分离或仅基部合生，花药长圆形，背着；子房具短柄，
具多数胚珠，花柱线形，柱头顶生。荚果果瓣近革质，成熟时开裂为 2 瓣，有 1-2 粒种子。

约 4 种，分布于亚洲和非洲的热带、亚热带地区。我国产 1 种，分布于东南部至南部。深圳也有分布。

藤槐 Common Bowringia   图 323   彩片 315

Bowringia callicarpa Champ. ex Benth. in J. Bot. Kew Gard. Misc. **4**: 75. 1852.

攀援灌木。托叶卵状三角形，长 1.5-2mm；叶柄长 1-3cm，两端稍膨大，无毛；叶片近革质，长圆形或卵状长圆形，长 6-13cm，宽 2-4.5cm，两面无毛，基部圆，先端渐尖至尾状，侧脉每边 5-8 条，网脉明显。总状花序单 1 或成对，腋生，长 2-5cm，具 3-5 朵花；苞片卵形，长约 1mm，早落；花序梗长 3-6mm，与花序轴和花梗均疏被短柔毛；花梗长 1-1.2cm；花萼杯形，长 3-4mm，近无毛，萼齿甚短小或几不明显；花冠白色，旗瓣近圆形，长 6-8mm，翼瓣狭长圆形，稍长于旗瓣，龙骨瓣长圆形，短于旗瓣，各瓣均无明显的耳和具短瓣柄；子房被短柔毛。荚果卵形或宽长圆形，长 2.5-3cm，宽约 1.5cm，表面的网纹明显，先端具喙，成熟时肿胀，沿腹缝开裂，具种子 1-2 颗。种子椭圆体形，成熟时深褐色至黑色。花期：5-6 月，果期：6-11 月。

产地：七娘山（张寿洲等 1963）；梧桐山（曾治华 012352）；排牙山（张寿洲等 2323），本市各地常见。生于山谷林中和林缘，海拔 50-300m。

分布：福建、广东、香港、澳门、海南和广西。越南。

2. 槐属 Sophora L.

乔木、灌木、半灌木或多年生草本。叶互生，为奇数羽状复叶；托叶小，有的呈刺状，早落或宿存；有或无小托叶；小叶对生或近对生；小叶片边缘全缘。花序为总状花序或圆锥花序，顶生、腋生或与叶对生；苞片和小苞片有或无；花梗在萼下具关节；花萼钟状，具 5 裂片，裂片甚短，上方 2 裂片大部分合生；花冠大部伸出萼外，白色、黄色或蓝紫色，各瓣均具瓣柄，旗瓣近圆形、宽椭圆形或倒卵形，翼瓣长圆形或其他形状，龙骨瓣通常与翼瓣相似，背部彼此复叠或合生；雄蕊 10，分离或仅基部合生，花药背着；子房具柄或无柄，有数胚珠。荚果圆柱形或微扁，常在种子间缢缩呈念珠状，开裂或不开裂，果瓣肉质、壳质或革质，有的具翅。种子多颗，有的仅具 1 种子，卵球形、椭圆体形或近球形，种皮黑色、黑褐色、红褐色或鲜红色。

70 余种，分布于全球热带至温带地区。我国有 21 种。深圳引进栽培 1 种。

槐 Pagoda-tree　　　　图 324　彩片 316 317

Sophora japonica L. Mant. Pl. **1**: 68. 1767.

落叶乔木，高 15-25m；分枝柔软，下垂，无毛。奇数羽状复叶长 10-20cm，有小叶 9-15 片；托叶形状

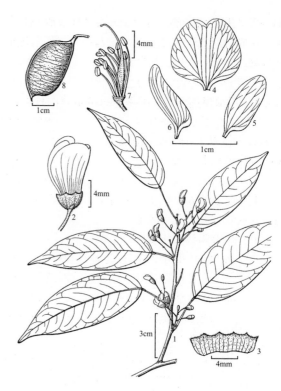

图 323 藤槐 Bowringia callicarpa
1. 分枝的一段、叶及总状花序；2. 花；3. 花萼展开；4. 旗瓣；5. 翼瓣；6. 龙骨瓣；7. 除去花萼和花冠，示雄蕊和雌蕊；8. 荚果。（李志民绘）

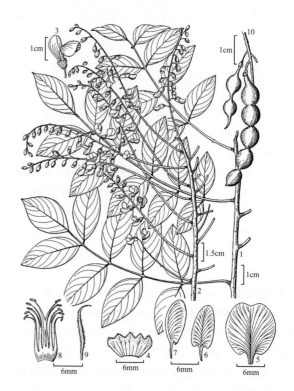

图 324 槐 Sophora japonica
1. 分枝的一段及羽状复叶；2. 圆锥花序；3. 花；4. 花萼展开；5. 旗瓣；6. 翼瓣；7. 龙骨瓣；8. 雄蕊；9. 雌蕊；10. 荚果。（李志民绘）

多变，卵形、条形或钻状，长 6-8mm，早落；叶柄基部膨大，与叶轴均于幼时疏被短柔毛；小叶互生、近对生或对生；小托叶钻状，长约 1mm，早落；小叶柄长约 2mm，疏被短柔毛；小叶片长卵形或卵状披针形，长 2-5cm，宽 1-1.8cm，下面灰绿色，仅幼时疏被短柔毛，旋即变无毛，上面无毛，基部圆或楔形，不对称，先端急尖，具短尖。圆锥花序顶生，长宽均为 20-30cm；除花冠和花丝外，各部均疏被短柔毛；苞片钻状，长约 2mm；小苞片甚小，长仅 1mm，与苞片均早落；花梗长约 5mm；花萼钟状，长约 4mm，基部一侧略膨大，萼齿钝三角形，近等长，上方 2 萼齿略宽；花冠白色或黄白色，旗瓣近圆形，长约 1.2cm，开花后反折，具短瓣柄，翼瓣长圆形，与旗瓣近等长，基部两侧各具 1 短耳，龙骨瓣近半圆形，与翼瓣近等长，一侧有短耳，与翼瓣均具瓣柄；雄蕊 10，花丝仅基部连合；子房具柄，疏被短柔毛。荚果念珠状，长 2-5cm，直径 0.8-1cm，果皮肉质，无毛，不开裂，有种子 1-6 颗。种子卵球形，长约 7-8mm。花期：7-8 月，果期：8-11 月。

产地：仙湖植物园（李沛琼 012054）。本市公园或绿地时有栽培。

分布：原产中国、日本和朝鲜。我国南北各省区普遍栽培。欧洲和美洲各国也有栽培。

用途：树形美观，花芳香，是优良的园林观赏树和蜜源植物；花和果药用，有凉血降压，清热泻火的功效。

3. 红豆属 Ormosia Jacks.

常绿乔木。叶为奇数羽状复叶，少有单叶和 3 小叶，互生，稀对生；托叶小；无小托叶；小叶对生，小叶片常为革质或纸质，边缘全缘。花序为圆锥花序或总状花序，顶生或腋生；花萼钟状，具 5 裂片，裂片分离或上方 2 裂片不同程度合生；花冠长于花萼，白色或紫色，旗瓣近圆形，翼瓣与龙骨瓣长圆形或倒卵状长圆形，龙骨瓣相互分离，各瓣均具瓣柄；雄蕊 10，花丝分离，不等长，全部能育或仅 5 枚能育，开花时伸出花冠之外，花药二室，背着；子房近无柄或具短柄，花柱上部内卷，柱头偏斜。荚果木质或革质，肿胀或微凸，2 瓣裂，少有不裂，果瓣内壁种子间有或无横隔，缝线无翅，亦不增厚，具宿存花萼。种子 1 至数颗，种皮鲜红，暗红或黑褐色。

约 100 种，分布于美洲和亚洲热带和澳大利亚西北部。我国产 35 种。深圳有 4 种。

1. 小叶片先端圆或钝，微凹。
  2. 小叶 3-7 片，小叶片倒卵状椭圆形，椭圆形或倒卵形，基部圆或宽楔形，先端圆钝；子房无毛；荚果微扁，无毛；种子鲜红色 ·· 1. 凹叶红豆 O. emarginata
  2. 小叶 7-9 片，小叶片倒披针形或狭椭圆形，基部楔形，先端钝；子房被褐色柔毛；荚果略肿胀，幼时被褐色茸毛；种子红褐色 ··· 2. 韧荚红豆 O. indurata
1. 小叶片先端急尖、渐尖或稍钝，不凹。
  3. 小叶 7-9 片；旗瓣瓣片基部两侧各具 1 枚耳状体；雄蕊全部能育；子房密被黄褐色茸毛；荚果长圆形或长圆状圆柱形，肿胀，长 3-7cm，宽 1.7-2cm，具 2-4 粒种子，如具单种子则荚果为菱状倒卵形；种子椭圆体形，长 1.5-2cm，宽 0.8-1cm ·· 3. 海南红豆 O. pinnata
  3. 小叶 3-5 片；旗瓣瓣片基部无耳状体；雄蕊 5 枚能育，另 5 枚不育；子房仅沿背腹两缝被褐色短柔毛；荚果近圆形，长和宽均为 1.5-2cm，具 1 粒种子；种子近圆形，直径约 1cm ········· 4. 软荚红豆 O. semicastrata

1. 凹叶红豆 Emarginate-leaved Ormosia   图 325 彩片 318

Ormosia emarginata（Hook. & Arn.）Benth. in J. Bot. Kew Gard. Misc. **4**: 77. 1852.

Layia emarginata Hook. & Arn. Bot. Beechey Voy. 183. t. 38. 1833.

乔木，高 5-6m，少数高达 12m；小枝无毛。羽状复叶长 10-16cm，有小叶 3-7 片；叶柄长 2-5cm，与叶轴、小叶柄及小叶片下面中脉均于幼时疏被黄褐色短柔毛，后渐变无毛；小叶柄长 3-5mm；小叶片革质，倒卵状椭圆形、椭圆形或倒卵形，长 3.5-5.5cm，宽 2-2.5cm，基部圆或宽楔形，先端圆钝，微凹，侧脉每边 7-8 条。圆锥花序顶生，长 10-11cm；花序梗、花序轴、花梗及花萼的外面均无毛；花疏生，芳香；花萼长 4-5mm，具 5 裂片，裂片三角状披针形，等大，长为花萼全长的 1/2，边缘及里面被茸毛；花冠白色或粉红色，旗瓣近圆形，长约 7mm，宽约

8mm，瓣柄甚短，先端圆，翼瓣与龙骨瓣均近长圆形，与旗瓣近等长，具不甚明显的短耳和短瓣柄；雄蕊全部能育；子房无毛，具短柄。荚果长圆形或菱状卵形，长 3-5.5cm，宽 1.7-2.4cm，微扁，两端尖，无毛，果柄甚短，果瓣木质，内壁在种子间有隔膜。种子 1-4，近圆形或椭圆体形，长 0.7-1cm，宽约 7mm，鲜红色。花期 5-7 月，果期 7-12 月。

　　产地：梅沙尖（深圳考察队 552），梧桐山。生于沟谷旁及林边，海拔 150-250m。

　　分布：广东、香港、澳门、海南及广西。越南。

2.　韧荚红豆 Hard-fruited Ormosia

图 326　彩片 319

Ormosia indurata L. Chen in Sargentia **3**: 104. 1943.

　　乔木，高 5-9m；枝幼时疏被柔毛，后变无毛。羽状复叶近对生，长 8-15cm，有小叶 7-9 片；叶柄长 1.5-2.5cm，与叶轴及小叶柄均无毛；小叶柄长 3-5mm；小叶片革质，倒披针形或狭椭圆形，长 2.5-6cm，宽 0.7-2cm，下面疏被黄色短柔毛或近无毛，上面无毛，基部楔形，先端钝，微凹，侧脉每边 4-6 条。圆锥花序顶生，长 8-10cm；花序梗、花序轴、花梗和花萼均密被褐色短柔毛；花冠白色；子房密被褐色柔毛。荚果倒卵形或长圆形，略肿胀，长 3-4.5cm，宽 2-2.5cm，幼时疏被褐色茸毛，成熟时无毛，果瓣木质，坚韧，有 5mm 长的果柄，先端有短尖，内壁在种子间具隔膜。种子 1-4 颗，椭圆体形，长约 1cm，宽约 7mm，红褐色。花期：5-6 月，果期：11 月。

　　产地：七娘山（王国栋等 7468）、南澳、梧桐山。生于山谷杂木林中，海拔 150-350m。

　　分布：福建、广东和香港。

3.　海南红豆 Hainan Ormosia

图 327　彩片 320 321

Ormosia pinnata（Lour.）Merr. in Lingnan Sci. J. **14**（1）：12. 1935.

Cynometra pinnata Lour. Fl. Cochinch. **1**：268. 1790.

　　乔木，高 5-18m；小枝初时被褐色短柔毛，后变无毛。羽状复叶长 16-22cm，有小叶 7 片，稀 9 片；托叶早落；叶柄长 1.7-2.5cm，与叶轴均无毛；小叶柄长 3-5mm；小叶片狭椭圆形或倒披针形，长 6-14cm，宽 2-4cm，两面无毛，基部楔形，先端急尖，侧脉每边 5-7 条。圆锥花序顶生，长 15-30cm；花序梗、花序轴、苞片、花梗及花萼的两面均被黄褐色茸毛；苞片卵形，

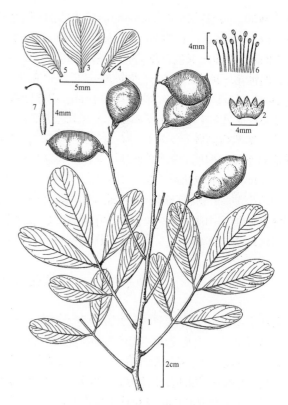

图 325 凹叶红豆 Ormosia emarginata
1. 分枝的一段、叶状复叶及荚果；2. 花萼展开；3. 旗瓣；4. 翼瓣；5. 龙骨瓣；6. 雄蕊；7. 雌蕊。（李志民绘）

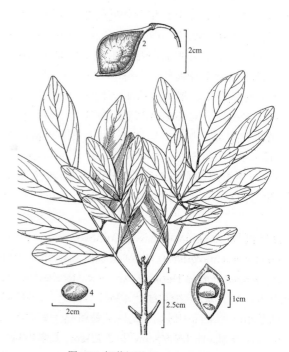

图 326 韧荚红豆 Ormosia indurata
1. 分枝的一段及羽状复叶；2. 荚果；3. 荚果纵剖面；4. 种子。（李志民绘）

长约 2.5mm，宿存；花梗长 5-6mm，向下弯曲；花长
1.5-2cm；花萼钟状，长 0.8-1cm，裂片卵形，与萼筒
近等长；花冠黄白色或粉红色，旗瓣扇形，长 1-1.5cm，
宽 1.3-1.8cm，瓣片基部具 2 枚耳状体，瓣柄甚短，
翼瓣倒卵状长圆形，稍长于旗瓣，具短耳，龙骨瓣宽
长圆形，稍长于翼瓣，无明显的耳，与翼瓣均具瓣柄；
雄蕊全部能育；子房密被黄褐色茸毛，具柄，花柱内弯，
无毛。荚果长圆形或长圆状圆柱形，肿胀，长 3-7cm，
宽 1.7-2cm，被黄褐色茸毛，具 2-4 颗种子，种子间
缢缩，如为单种子，则为菱状倒卵圆形，果柄伸出萼外，
果瓣木质，成熟时橙黄色，无毛。种子椭圆体形，长
1.3-1.6cm，宽 0.8-1cm，红色。花期：6-8 月，果期 8
至翌年 1 月。

产地：仙湖植物园（李沛琼 3158），本市各地园林
中常见栽培。

分布：海南、广东和广西。越南。华南地区常见
栽培。

用途：为优良的园林风景树。

4. 软荚红豆 Soft-fruited Ormosia

图 328　彩片 322 323

Ormosia semicastrata Hance in J. Bot. **20**（231）:
78. 1882.

乔木，高达 12m；小枝被黄褐色柔毛。羽状复叶
长 18-25cm，有小叶 3-5 片；叶柄、叶轴与小叶柄初
时被黄色柔毛，以后毛渐脱落；小叶片椭圆形、长椭
圆形或卵状长椭圆形，长 5-14cm，宽 2.5-4cm，两面
无毛，偶见下面沿中脉被黄褐色柔毛，基部圆，先端
渐尖或急尖，稍钝，侧脉每边 10-11 条，不明显。圆
锥花序顶生或生于上部叶腋，与复叶近等长；花序梗、
花序轴、花梗及花萼均被棕褐色柔毛；花萼钟状，长
4-5mm，萼齿三角形，长及萼筒的 1/2；花冠白色，长
0.8-1cm，旗瓣近圆形，长宽均 6-7mm，瓣片基部无
耳状体，瓣柄甚短，翼瓣倒卵状长圆形，稍长于旗瓣，
龙骨瓣倒卵状长圆形，稍长于翼瓣，二者均具瓣柄，
但瓣片基部均无明显的耳；雄蕊 5 枚能育，另 5 枚不
育，交互着生；子房具柄，沿背腹两缝及花柱下部被
褐色短柔毛。荚果近圆形，直径 1.5-2cm，无毛，果
柄长 5-6mm，顶端具短喙，有 1-2 颗种子。种子近圆形，
直径约 1cm，红色。花期：4-5 月，果期：6-11 月。

产地：东涌（张寿洲等 2379）、西涌、七娘山（张
寿洲等 1658）、南澳、梧桐山（张寿洲等 4318）、塘朗
山。生于山谷林中，海拔 100-350m。

图 327 海南红豆 Ormosia pinnata
1. 分枝的一段、羽状复叶及圆锥花序；2. 果序；3. 花萼展开；
4. 旗瓣；5. 翼瓣；6. 龙骨瓣；7. 雄蕊；8. 雌蕊。（蔡淑琴绘）

图 328 软荚红豆 Ormosia semicastrata
1. 分枝的一段、羽状复叶及圆锥花序；2. 旗瓣；3. 翼瓣；4. 龙
骨瓣；5. 雄蕊；6. 雌蕊；7. 荚果。（蔡淑琴绘）

分布：江西、福建、广东、香港、澳门、海南、广西和湖南。

4. 马鞍树属 Maackia Rupr. & Maxim.

落叶乔木或灌木。叶互生，奇数羽状复叶；托叶早落，无小托叶；小叶对生或近对生；小叶片边缘全缘。总状花序或圆锥花序，顶生，具多数密生的花；苞片早落；有小苞片；花萼钟形，膨大，具4-5裂片，上方2裂合生至中部以上；花冠白色，旗瓣长圆形、倒卵形或长椭圆状倒卵形，反折，有短瓣柄，翼瓣长椭圆形，龙骨瓣长圆形，微弯，与翼瓣均具耳和瓣柄；雄蕊10，花丝基部合生，花药一式，背部着生；子房近无柄，密被长柔毛，柱头小，顶生，胚珠少数。荚果扁平，薄革质，长圆形或条形，沿腹缝有狭翅或无翅，不开裂，有1-5种子。种子长圆形，扁，平滑。

约9种，分布于亚洲东部。我国产8种。深圳有1种。

华南马鞍树 Southern Yellowwood　图 329　彩片 324
Maackia australis（Dunn）Takeda in Notes Roy. Bot. Gard. Edinburgh **8**（37）：102，t. 29，f. 57-62. 1913.

Cladrastis australis Dunn in Bull. Misc. Inform. Kew，Addit. Ser.，**10**：86. 1912.

灌木，高约 2m；枝无毛。羽状复叶长 9-17cm，有小叶 7-9 片；叶柄长 3-5cm，与叶轴、小叶柄及小叶片的两面均无毛；小叶柄长 1-1.5mm；小叶片卵形或卵状椭圆形，长 2-5cm，宽 1.2-2.5cm，基部圆或宽楔形，先端渐尖，侧脉每边 6-8 条。总状花序长 10-20cm，常 2 至数个再排成顶生的圆锥花序，有多数密生的花；花序梗、花序轴与花梗均无毛；小苞片钻形，长 4-5mm；花长约 7mm，芳香；花萼钟形，长约 3mm，密被平伏短柔毛，萼齿三角形，上方 2 齿合生几至顶部，下方 3 齿分离；花冠白色，旗瓣长圆形，反折，长 5-5.5mm，基部渐收窄成短瓣柄，翼瓣长椭圆形，长约 7mm，龙骨瓣宽椭圆形，与翼瓣近等长，均具耳及长瓣柄；子房有短柄，密被短柔毛。荚果长圆形，扁，长 2-3.5cm，宽 1-1.5cm，疏被短柔毛，

图 329 华南马鞍树 Maackia australis
1.分枝的一段、叶状复叶及圆锥花序；2.花萼展开；3.旗瓣；
4.翼瓣；5.龙骨瓣；6.雄蕊；7.雌蕊；8.荚果。（蔡淑琴绘）

腹缝有宽约 1mm 的狭翅，果瓣薄革质，不开裂。种子 1-3 颗，宽椭圆体形，长 7-9mm，宽约 5mm，在种脐一侧的上部微弯呈短喙状，另一侧圆。花期：5-7 月，果期：8-10 月。

产地：排牙山（张寿洲等 2187）、葵涌（张寿洲等 3383）。生于灌丛中和海边滩地，海拔 50-100m。
分布：广东和香港。

5. 苜蓿属 Medicago L.

一年生或多年生草本，少有灌木。叶为三出羽状复叶；托叶下部与叶柄贴生，边缘全缘或有齿裂；小叶片基部以上或仅上部有锯齿，侧脉直伸至齿尖。总状花序腋生，有时排列紧密而呈头状，稀单花；苞片小或无；无小苞片；花萼钟状或筒状，萼齿 5，近等长；花冠黄色、紫色或褐色，在果时脱落，旗瓣倒卵形或长圆形，反折，翼瓣长圆形，瓣片一侧的中部有一尖齿状突起与龙骨瓣的耳状体相互钩连，经授粉后脱钩，龙骨瓣先端钝与翼瓣均具长瓣柄；雄蕊 10，二体，其中对旗瓣的 1 枚分离，花丝顶端不膨大，花药同型，背部着生；子房条形或钻形，

含胚珠 1 至多数，花柱甚短，两侧扁，无毛。荚果螺旋形扭转、肾形、镰形或近于劲直，长于宿存花萼，背缝具棱或刺，先端具短喙，有 1 至多数种子。种子小，平滑，肾形。

85 种，分布于欧洲南部和西部、亚洲中部和西部及非洲南部和北部。我国产 13 种。深圳有 1 种。

紫苜蓿 Alfalfa　　　　　　　　　　图 330

Medicago sativa L. Sp. Pl. **2**: 778. 1753.

多年生草本。茎直立、斜升或平卧，高 20-60cm，基部多分枝，幼时近四棱柱形，无毛或疏被短柔毛。叶长 2-4cm；托叶条状披针形，长 5-6mm，疏被长柔毛；无小托叶；叶柄长 1-1.2cm，无毛；小叶片倒披针形、倒长卵形或倒卵形，长 0.8-1.6cm，宽 4-8mm，仅幼时下面疏被长柔毛，成熟后两面近无毛，基部楔形，边缘 1/3 以上有锯齿，以下全缘，先端圆或截形，有小短尖，侧脉每边 8-12 条。总状花序长 3.5-5cm，具 5-10 朵花；花序梗长 1.5-2cm，与花序轴、花梗和花萼均疏被长柔毛；苞片条形，长约 1.5mm，宿存；花梗与苞片近等长；花萼筒状，长约 4mm，5 枚裂片均为条状钻状，近等长；花冠黄色或紫蓝色，长 0.8-1cm，旗瓣长圆形，基部渐狭，无明显的瓣柄，翼瓣狭长圆形，长为旗瓣的 3/4，具条状长圆形的耳及长瓣柄，龙骨瓣略短于翼瓣，具短耳和细长的瓣柄；子房条形，无柄，疏被短柔毛，含多数胚珠。荚果螺旋状卷 2-6 圈，有细脉纹，无毛。种子卵圆形。花期：6-9 月，果期：8-11 月。

产地：梧桐山（张寿洲等 3925）。生于灌丛中，海拔 200-250m。

分布：原产于伊朗。现世界各国广为栽培。我国各地都有栽培或呈半野生状态。

用途：可作饲料和绿肥。全草药用，有清热利尿的功效。

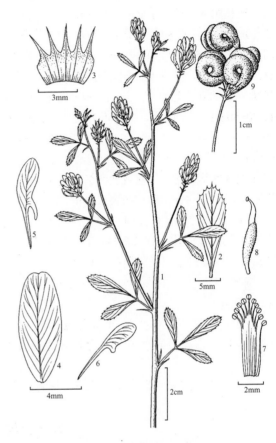

图 330 紫苜蓿 Medicag sativa
1. 分枝的上段、三出羽状复叶和总状花序；2. 小叶；3. 花萼展开；4. 旗瓣；5. 翼瓣；6. 龙骨瓣；7. 雄蕊；8. 雌蕊；9. 荚果。（李志民绘）

6. 车轴草属 Trifolium L.

一年生或多年生草本。茎斜升、平卧或匍匐。叶为掌状复叶，具 3 小叶，稀具 5-7 小叶；托叶一侧的下部与叶柄贴生，基部抱茎，宿存；小叶片边缘有锯齿。花多数，排列为紧密的呈球形的总状花序、穗状花序或伞形花序，稀单花；有或无苞片，如存在，有时外面的合生成总苞；无小苞片；有花梗或近无梗；花萼筒状或钟状，有的在花后增大或肿胀，具脉纹，萼齿 5，等长或下方的较长或较短，上方 2 齿多少合生；花冠宿存，旗瓣瓣柄基部与翼瓣和龙骨瓣的瓣柄基部合生，翼瓣与龙骨瓣的瓣片相互贴生，龙骨瓣外侧边缘相互合生呈舟状，各瓣的瓣柄与雄蕊管基部贴生；雄蕊 10，二体，其中对旗瓣的 1 枚分离，全部或其中 5 枚的花丝先端膨大，花药同型，背着；子房有柄或无柄，有胚珠 2-8。荚果包藏于宿存花萼和花冠之中，少见外露，宽卵形、长圆形或条形，不开裂，含种子 1-2 颗，少有 3-4 颗。

约 250 种，分布于欧洲、亚洲、非洲和北美洲的温带和亚热带地区。我国有 13 种，其中引进栽培的 10 种。深圳有 1 种。

白车轴草 White Clover　　　　图 331　彩片 325

Trifolium repens L. Sp. Pl. **2**: 767. 1753.

多年生草本，除花梗外全体无毛。茎匍匐，上部略斜升，长 10-30cm，节上生根。叶长 15-25cm；托叶膜质，狭长圆形，长 1-1.5cm，具纵脉，先端急尖；叶柄长 10-20cm；小叶柄长 2-3mm；小叶片宽倒卵形或近圆形，长 1-2.5cm，宽 0.8-2cm，基部圆或宽楔形，边缘有细密的尖齿，先端圆，侧脉约 13 对，细而密，直达齿尖。总状花序近球形，直径 2-4cm，腋生；花序梗长 20-50cm；苞片膜质，披针形，长 0.8-1cm；花梗长 2-4mm，开花后即下弯，疏被长柔毛；花萼筒状，长 5-6mm，花后不膨大，裂片披针形，下方 3 裂片较上方 2 裂片略短；花冠白色或乳黄色，有香气，旗瓣狭椭圆形，长 0.8-1cm，基部渐狭成瓣柄，先端微凹，翼瓣长为旗瓣的 1/2，具耳及细长的瓣柄，龙骨瓣稍短于翼瓣，无明显的耳，有长瓣柄；子房长圆形。荚果长圆形，具 3-4 种子。花果期：6-10 月。

产地：梧桐山（张寿洲等 3916）。生于山坡路旁，海拔 150-200m。

分布：原产欧洲及非洲北部。世界各地均有栽培。我国亦有栽培。常在湿润草地、路旁和河边呈野生状态。

用途：为优良牧草和绿肥。全草药用，有清热凉血之效。

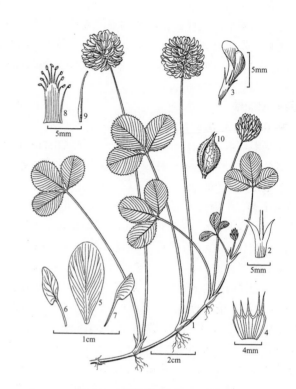

图 331　白车轴草 Trifolium repens
1. 匍匐茎的一段、三出掌状复叶和总状花序；2. 托叶；3. 花；4. 花萼展开；5. 旗瓣；6. 翼瓣；7. 龙骨瓣；8. 雄蕊；9. 雌蕊；10. 荚果。（李志民绘）

7. 木蓝属 Indigofera L.

灌木或多年生草本，稀为小乔木，植物体常被白色或褐色平伏的丁字毛，少数被开展的柔毛、腺毛或腺体。叶为奇数羽状复叶，少有三出羽状复叶或单叶；托叶脱落或宿存；小托叶有或无；小叶通常对生，稀互生；小叶片边缘全缘。花排成腋生的总状花序或簇生，较少为穗状花序或圆锥花序；苞片早落；花萼钟状或斜杯状，裂片 5，近相等或下方中间的 1 裂片较长；花冠紫红色至淡红色，偶有白色或黄色，早落或旗瓣迟落，旗瓣倒卵形、圆形或长圆形，基部具短瓣柄，外面被茸毛、平伏的短柔毛或丁字毛，少有无毛，翼瓣狭长，瓣片基部具短耳，龙骨瓣匙形、半圆形或长圆形，瓣片上常有 1 距突与翼瓣钩连，基部具短耳；雄蕊 10，二体，其中对旗瓣的 1 枚分离，花药同型，背着或近基着，药隔顶端具硬尖、腺点或髯毛；子房无柄，具 1 至多数胚珠，花柱无毛，柱头头状，通常具画笔状毛。荚果条形或圆柱形，少有长圆形、卵形，直或微弯，具 4 棱或扁，内果皮有红色斑点，种子间有横隔。种子肾形、长圆形或方形。

约 700 种，广布于世界热带和亚热带地区，尤以非洲为多。我国产 81 种，南北各省均有分布。深圳有 6 种。

1. 多年生草本；茎平卧或斜升；小叶互生；叶柄甚短或几不明显 ……………………………………**1. 穗序木蓝 I. spicata**
1. 灌木或半灌木；茎直立，少见平卧；小叶对生；叶柄明显。
　2. 枝、叶柄和叶轴、花序梗和花序轴以及荚果均被开展的丁字长硬毛 ………………………**2. 硬毛木蓝 I. hirsuta**
　2. 枝、叶柄和叶轴、花序梗和花序轴以及荚果均无毛或被平伏的丁字毛。
　　3. 枝、叶柄和叶轴、花序梗和花序轴以及荚果均无毛；小叶片下面疏被平伏的丁字毛，上面无毛。

4. 小叶片卵形，宽卵形或近圆形，长 2-3.5cm，宽 1-2.5cm，先端圆或钝 ⋯⋯⋯ **3. 脉叶木蓝 I. venulosa**

4. 小叶片通常为卵状披针形或狭椭圆形，长 2-6cm，宽 1-3cm，先端急尖 ⋯⋯⋯⋯ **4. 庭藤 I. decora**

3. 枝、叶柄和叶轴、花序梗和花序轴以及荚果均被平伏的丁字毛；小叶片两面均被毛。

5. 小叶片倒卵状长圆形、狭长圆形或倒披针形，长 1.5-3cm，宽 0.7-1.5cm，先端圆钝；花序长 2-3cm；花冠红色，旗瓣宽倒卵形，长 4-5mm；荚果弯曲呈镰刀状，长 1-1.5cm ⋯⋯⋯⋯⋯⋯⋯⋯⋯⋯⋯⋯⋯⋯⋯⋯⋯⋯⋯⋯⋯⋯⋯⋯⋯⋯⋯⋯⋯⋯⋯⋯⋯⋯⋯⋯ **5. 野青树 I. suffruticosa**

5. 小叶片卵状披针形，长 3-6cm，宽 1.5-2cm，先端急尖；花序长 7-13cm；花冠白微带红或淡紫红色，旗瓣宽椭圆形，长 7-8mm；荚果直，长 2.5-4.5cm ⋯⋯⋯⋯⋯ **6. 尖叶木蓝 I. zollingeriana**

1. 穗序木蓝 铺地木蓝 Spicate Indigo

图 332　彩片 326 327 328

Indigofera spicata Forssk. Fl. Aegypt. Arab. 138. 1775.

多年生草本。茎平卧或斜升，长 30-60cm，有多数分枝，疏被白色平伏的丁字毛，幼时具棱。羽状复叶长 3-6cm；托叶条状披针形，长 6-9mm，宿存；叶柄甚短，长约 2mm 或几不明显，与叶轴均被平伏的丁字毛；小叶 5-11 枚，互生；小叶柄长约 1mm；小叶片倒披针形或倒披针状长圆形，长 1-2cm，宽 5-9mm，下面密生白色平伏的丁字毛，上面无毛，基部楔形，先端钝，具小短尖。总状花序长于复叶或与之等长，腋生；花序梗长 1-2cm，与花序轴和花梗均疏被平伏的丁字毛；花梗长约 1mm；花萼斜杯状，长约 3mm，疏被丁字毛，裂片条状披针形，长于萼筒；花冠淡红色，旗瓣倒卵形或近圆形，长 5-6mm，外面疏被白色平伏的丁字毛，翼瓣倒卵状狭长圆形，稍短于旗瓣，龙骨瓣长圆形，与旗瓣近等长，边缘及上部疏被丁字毛。荚果条状圆柱形，下垂，长 2.5-3cm，具四棱，初时疏被平伏的丁字毛，最后变无毛，有种子 8-10 颗。花果期：8-11 月。

产地：梧桐山（张寿洲 5230）、仙湖植物园（李沛琼 008073）。生于向阳山坡或栽培，海拔 50-600m。

分布：台湾、广东、香港和云南。印度、越南、泰国、菲律宾、印度尼西亚和热带非洲。

用途：为优良的覆盖植物，适植于湿润、向阳、裸露的缓坡及平地。

图 332 穗序木蓝 Indigofera spicata
1. 分枝的一段、羽状复叶及总状花序；2. 果序的一部分；3. 花萼展开；4. 旗瓣；5. 翼瓣；6. 龙骨瓣；7. 雄蕊；8. 雌蕊。（蔡淑琴绘）

2. 硬毛木蓝 毛木蓝 Hairy Indigo

图 333　彩片 329

Indigofera hirsuta L. Sp. Pl. **2**: 753. 1753.

半灌木。茎直立，稀平卧，高 0.3-1m，多分枝。除小叶和花冠外，全体均被开展的淡褐色至深褐色的丁字长硬毛。羽状复叶长 3-10cm；托叶条形，长 0.5-2cm，宿存；叶柄长约 1cm；小叶 9-11 枚，对生；小叶柄长约 2mm；小叶片长圆形，倒卵形或椭圆形，长 1-4cm，宽 0.7-2cm，两面被白色平伏的丁字长硬毛，下面毛较密，基部近圆形或宽楔形，先端钝，有小短尖。总状花序长 10-25cm，腋生；花序梗长于叶柄；苞片条形，长约 4mm；花梗长约 1mm；花小，密生，下垂；花萼斜杯状，长约 4mm，裂片条形，长于萼筒；花冠红色，旗瓣宽倒卵形，长 4-5mm，外面疏被平伏的短柔毛，翼瓣长圆形，稍短于旗瓣，龙骨瓣长于旗瓣，各瓣均具短瓣柄；子房被白色的丁字。荚果圆柱形，长 1.5-2cm，粗 2.5-8mm，下垂，有 6-8 颗种子。花果期：4-12 月。

产地：西涌、七娘山、南澳（张寿洲 4267）、排牙山、葵涌、盐田、梧桐山、梅林公园（李沛琼 012913）、塘朗山、沙井、内伶仃岛（张寿洲等 3836）。生于河边或溪边杂木林中、灌丛中及海边沙地，海拔 10-100m。

分布：安徽、浙江、福建、台湾、广东、香港、澳门、广西、湖南和云南。全球热带地区广布。

3. 脉叶木蓝 Veined-leaved Indigo　　图 334

Indigofera venulosa Champ. ex Benth. in J. Bot. Kew Gard. Misc. **4**: 44. 1852.

灌木。茎直立，高 30-60cm；枝、叶柄和叶轴、花序梗和花序轴均无毛。羽状复叶长 6-10cm；托叶小，早落；叶柄长 1-2.5cm；小叶 5-9 片，对生；小叶柄长约 2mm；小叶片卵形、宽卵形或近圆形，长 2-3.5cm，宽 1-2.5cm，下面网脉明显，疏被白色丁字毛，上面无毛，基部圆或宽楔形，先端圆或钝，具小短尖。总状花序腋生，长 4-10cm；花序梗长 1-3cm；苞片卵状披针形，长约 2mm；花疏生；花萼斜杯状，长 2-2.5mm，疏被白色丁字毛，萼齿三角形，短于萼筒；花冠淡紫红色，长 1.3-1.5cm，旗瓣倒卵状长圆形或长圆形，长 1.3-1.5cm，外面被白色平伏的丁字毛，基部有短瓣柄，翼瓣条状长圆形，稍长于旗瓣，边缘有柔毛，龙骨瓣近长圆形，与翼瓣等长，先端急尖，边缘和上部被柔毛；子房无毛。荚果圆柱形，长 4-5cm，无毛，有种子 10-12 颗。花果期：4-8 月。

产地：七娘山（张寿洲 1556）。生于山坡及山顶灌丛中，海拔 500-600m。

分布：台湾、广东和香港。

4. 庭藤 胡豆 Chinese Indigo　　图 335

Indigofera decora Lindl. in J. Hort. Soc. London **1**: 68. 1846.

灌木。茎直立，高 0.4-2m；分枝、叶柄、叶轴和小叶柄、花序梗及花序轴以及荚果均无毛。羽状复叶长 8-10cm；托叶三角状披针形，长约 2mm，早落；叶柄长 1-2cm；小叶 5-9 枚，对生；小叶柄长约 2mm；小叶片通常为卵状披针形或狭椭圆形，稀卵形、椭圆形或狭披针形，长 2-6cm，宽 1-3cm，下面被平伏的丁字毛，上面无毛，基部楔形或阔楔形，先端急尖，

图 333 硬毛木蓝 Indigofera hirsuta
1. 分枝的上段、羽状复叶及总状花序；2. 果序的一部分；3. 花萼展开；4. 旗瓣；5. 翼瓣；6. 龙骨瓣。（蔡淑琴绘）

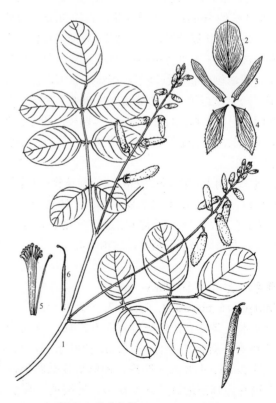

图 334 脉叶木蓝 Indigofera venulosa
1. 分枝的一段、羽状复叶及总状花序；2. 旗瓣；3. 翼瓣；4. 龙骨瓣；5. 雄蕊；6. 雌蕊；7. 荚果。（蔡淑琴绘）

具小短尖。总状花序长 10-15cm，腋生；花序梗长
2-4cm；花梗长 3-6mm；苞片披针形，小；花萼斜杯状，
长 2.5-3.5mm，疏被白色丁字毛，萼齿三角形，短于
萼筒；花冠淡紫色或粉红色，少有白色，旗瓣宽长圆形，
长 1-1.3cm，外面密被白色平伏的丁字毛，瓣柄甚短，
翼瓣条状长圆形，与旗瓣近等长，龙骨瓣长圆形，与
翼瓣近等长，先端急尖；子房无毛。荚果圆柱形，长
3-5cm，无毛，有种子 7-8 颗。花果期：5-10 月。

产地：七娘山、排牙山（张寿洲等 2348）、梅沙尖
（张寿洲等 3130）、梧桐山。生于山顶草地及山坡灌
丛中，海拔 600-800m。

分布：安徽、江苏、浙江、江西、福建、广东、
广西和湖南。日本。

5. 野青树 假蓝靛 Anil Indigo

图 336　彩片 330 331

Indigofera suffruticosa Mill. Gard. Dict., ed. 8,
no. 2. 1768.

半灌木，高 0.1-1.5m。茎直立，有少数分枝，
被平伏丁字毛。羽状复叶长 7-15cm；托叶钻形，长
4-6mm，脱落；叶柄长 1.5-2cm，与叶轴和小叶柄均
被白色丁字毛；小叶 11-15 片，对生；小叶柄长 1.5-
2mm；小叶片倒卵状长圆形、狭长圆形或倒披针形，
长 1.5-3cm，宽 0.7-1.5cm，下面密被白色平伏丁字毛，
上面近无毛。基部圆形或宽楔形，先端圆钝，有小短尖。
总状花序长 2-3cm，腋生；花序梗甚短，长约 2mm，
与花序轴均密被丁字毛；苞片条形，长约 2mm，早落；
花萼斜杯状，长约 1.5mm，密被丁字毛，萼齿三角形，
与萼筒近等长；花冠红色，旗瓣宽倒卵形，长 4-5mm，
外面被白色平伏的丁字毛，基部具短瓣柄，翼瓣狭倒
卵状长圆形，短于旗瓣，微弯，龙骨瓣与旗瓣近等长，
上部被短丁字毛；子房密被丁字毛。荚果圆柱形，长
1-1.5cm，弯曲呈镰刀状，下垂，密被丁字毛，成熟
后褐色，有种子 6-8 颗。花果期：7-11 月。

产地：七娘山、南澳（张寿洲等 2010）、笔架山、
大鹏、梧桐山（深圳考察队 805）、塘朗山、内伶仃岛（张
寿洲等 2010）。生于林边、旷野及海边草丛中，海拔
10-150m。

分布：原产美洲热带，现世界热带地区均有栽培
或逸生。我国江苏、浙江、台湾、福建、广东、香港、
澳门、海南、广西和云南亦有栽培或逸生。

用途：民间用其叶提取蓝靛；全草药用，可治喉炎。

图 335 庭藤 Indigofera decora
1. 分枝的一段、羽状复叶及总状花序；2. 果序的一部分；3. 花
萼展开；4. 旗瓣；5. 翼瓣；6. 龙骨瓣；7. 雄蕊。（蔡淑琴绘）

图 336 野青树 Indigofera suffruticosa
1. 分枝的一段、羽状复叶及总状花序；2. 小叶的一部分，
示下面的毛被；3. 果序；4. 荚果的一部分，示表面的丁字毛；
5. 花萼展开；6. 旗瓣；7. 翼瓣；8. 龙骨瓣；9. 雄蕊；10. 雌蕊。
（李志民绘）

6. 尖叶木蓝 Zollinger Indigo　　图 337　彩片 332

Indigofera zollingeriana Miq. Fl. Ned. Ind. **1**（1）: 310. 1855.

半灌木，高 1-2m。茎及分枝疏被平伏的丁字毛。羽状复叶长 15-25cm；托叶条形，长 5-8mm，早落；叶柄长 2-2.5cm，与叶轴及小叶柄均被白色间有棕色平伏的丁字毛；小叶 11-19 枚，对生；小叶柄长约 3mm；小叶片卵状披针形，长 3-6cm，宽 1.5-2cm，两面均疏被平伏的丁字毛，基部圆或宽楔形，先端急尖。总状花序长 7-13cm，腋生；花序梗长 3-4cm，与花序轴和花梗均疏被白色和褐色平伏的或半开展的丁字毛；花梗长约 2mm；苞片条形，长约 1.5mm；花多数，甚密生；花萼斜杯状，长约 2mm，密被褐色的丁字毛，萼齿三角形，短于萼筒；花冠白色或微带红或淡紫红色，旗瓣宽椭长圆形，长 7-8mm，基部的瓣柄甚短，外面被褐色的绢毛，翼瓣狭倒卵状长圆形，短于旗瓣，边缘有褐色丁字绢状毛，龙骨瓣稍短于旗瓣，边缘及上部均被褐色绢状毛；子房疏被绢状毛。荚果圆柱形，长 2.5-4.5cm，粗 5.5-6mm，肿胀，疏被绢状毛，有种子 10-12 颗。花果期：7-10 月。

产地：内伶仃岛（张寿洲等 3743）。生于疏林下，海拔 30m。

分布：台湾、广东、广西和云南南部。越南、老挝、泰国、马来西亚、菲律宾及印度尼西亚。

8. 豌豆属 Pisum L.

一年生或多年生，披散或攀援草本。茎方形，中空，无毛。叶为偶数羽状复叶，具小叶 2-6 片；托叶叶状，半心形或半箭头形；叶轴顶端有羽状分枝的卷须。花单生或数朵排成腋生的总状花序，有长花序梗；花萼钟状，基部偏斜或为浅囊状，裂片近相等或上方 2 裂片较宽；花冠颜色多样，旗瓣扁圆形，具短瓣柄，翼瓣斜卵形或斜倒卵形，龙骨瓣宽长圆形，微内弯，基部与翼瓣钩连；雄蕊 10，二体，其中对旗瓣的 1 枚分离；子房无柄，有多个胚珠，花柱内弯，侧扁，内侧具髯毛。荚果狭长圆形，微肿胀，顶端具短喙。种子球形。

约 6 种，产于欧洲及亚洲。我国引进栽培 1 种。深圳亦有栽培。

豌豆 荷兰豆 Garden Pea　　　　　图 338

Pisum sativum L. Sp. Pl. **2**: 727. 1753.

图 337 尖叶木蓝 Indigofera zollingeriana
1. 分枝的一段、羽状复叶及总状花序；2. 花；3. 旗瓣；4. 翼瓣；5. 龙骨瓣；6. 雄蕊；7. 雌蕊；8. 荚果。（蔡淑琴绘）

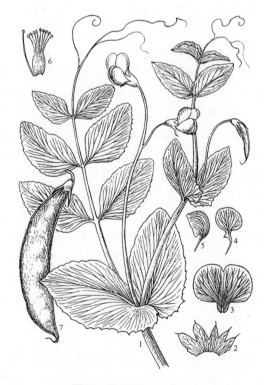

图 338 豌豆 Pisum sativum
1. 茎的上段、托叶、羽状复叶、卷须及总状花序；2. 花萼展开；3. 旗瓣；4. 翼瓣；5. 龙骨瓣；6. 雄蕊；7. 荚果。（蔡淑琴绘）

一年生攀援草本，高0.5-2m，全株绿色，无毛，被粉霜。羽状复叶具小叶4-6片，长18-24cm；托叶叶状，比小叶大，斜卵形，外侧边缘中部以下具细齿，叶脉明显；小叶片长圆形或宽椭圆形，长2-5cm，宽1-2.5cm，基部偏斜，边缘有疏浅齿、浅波状或近全缘，先端急尖，有小短尖。花萼钟状，长约1.8cm，下方3裂片披针形，上方2裂片略短而宽；花色多种，因品种而异，通常为白色和紫色；旗瓣扁圆形，长约2.5cm，宽约3cm，基部有宽而短的瓣柄，顶端凹，翼瓣长约2cm，瓣片上部圆或斜倒卵形，下部骤缩，中部有耳状附属体与龙骨瓣钩连，具短耳和瓣柄，龙骨瓣宽长圆形，长约1.7cm，微弯，耳甚短，具细长的瓣柄；子房无毛。荚果狭长圆形，长2.5-10cm，宽1-1.5cm，背缝微弯，腹缝直，成熟后内面有近革质的内皮。种子2-10，球形，绿色，干后为黄白色。花期：6-7月，果期：7-9月。

产地：罗湖区林果场（曾春晓021470），本市各地常见栽培。

分布：原产于欧洲。我国及世界大部分地区都有栽培。

用途：嫩荚、嫩苗及种子供食用；药用有强壮、利尿、止泻之效。

9. 相思子属 Abrus Adans.

落叶攀援藤本。茎柔弱，基部稍木质。叶互生，为偶数羽状复叶；托叶条形，通常宿存；叶轴先端具短尖；无小托叶；小叶多数，对生；小叶片边缘全缘。花序为总状花序，腋生、与叶对生或顶生；有苞片和小苞片；花小，常数朵簇生于花序轴的每节上；花萼钟状，筒部先端截形或有短齿，如具短齿，则上部2齿大部分合生；花冠远长于花萼；旗瓣卵形，具短瓣柄，基部与雄蕊管贴生，翼瓣狭窄，龙骨瓣呈弓形；雄蕊9，单体，花药同型，背着；子房无柄，有胚珠多枚。荚果长圆形或条形，扁或微肿胀，成熟后开裂。种子卵球形或椭圆体形，有光泽，单色或双色（上部黑色，下部红色）。

约12种，分布于热带和亚热带地区。我国产4种。深圳有3种。

1. 茎较细弱，直径约1mm，仅幼时被平伏的短硬毛，后变无毛；小叶片长0.5-1cm ························· ·························· 1. **广州相思子 A. cantoniensis**
1. 茎较粗，直径约2mm，被毛；小叶片长1-2.5cm。
   2. 除花冠和小叶上面外各部均疏被平伏的短硬毛；花序轴甚短，长1-1.5cm。花密生，故在果期荚果常密集成球；花冠紫红色；荚果长2-3cm，种子二色（下部2/3红色，上部1/3黑色）······ ······················ 2. **相思子 A. precatorius**
   2. 除花冠外各部密被开展的长柔毛；花序轴较长，长2-6.5cm；花疏生，故在果期荚果不密集成球；花冠淡红色或粉红色；荚果长4-6cm；种子单色，成熟时暗褐色至黑色········ 3. **毛相思子 A. mollis**

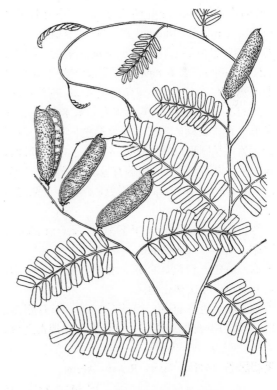

图 339 广州相思子 Abrus cantoniensis
植株的一部分、羽状复叶和荚果。（蔡淑琴绘）

1. 广州相思子 广东相思子 Prayer-beads   图339
Abrus cantoniensis Hance in J. Bot. **6**（64）：112. 1868.

藤本。茎多分枝，基部及老枝稍木质，纤细，直径约1mm，幼时疏被短硬毛，后变无毛。羽状复叶长6-8cm，有12-22片小叶；托叶条形，长1.5-3mm，宿存；叶柄长约1cm，与叶轴及小叶柄均疏被短硬毛；

小叶柄长仅 0.5mm；小叶片长圆形或倒卵状长圆形，长 0.5-1cm，宽 3-5mm，两面均疏被平伏的短硬毛，基部圆或微心形，先端圆或截形，有短尖。总状花序腋生或顶生；花序梗长 2-3.5cm，疏被短硬毛；花序轴长 1-3cm，亦疏被短硬毛；花数朵聚生于花序轴的每节上，较疏生；花萼钟状，长约 2-3mm，疏被短硬毛，有 4-5 个短小的萼齿；花冠长约 8mm，淡红色，旗瓣卵形，先端微凹，翼瓣和龙骨瓣与旗瓣近等长。荚果长圆形，长 2.5-3cm，宽约 8mm，疏被平伏的短硬毛，先端具短喙。种子 4-7 颗，长圆体形，成熟时黑褐色。花期：6-8 月，果期：8-10 月。

产地：梧桐山、笔架山公园（徐有财等 1801）、塘朗山。生于山坡灌丛中，海拔 70-200m。

分布：广东、香港、海南、广西和湖南。泰国。

用途：根、茎和叶药用，有清热利湿和活血散瘀的功效。

2. 相思子 Rosary Pea 图 340 彩片 333 334

Abrus precatorius L. Syst. Nat., ed. 12, **2**: 472. 1767.

藤本，除花冠和小叶上面外，全株疏被平伏的短硬毛。茎粗约 2mm，多分枝，基部及老枝稍木质。羽状复叶长 4cm，有小叶 16-26 片；托叶条形，长 3-4mm，宿存；叶柄长 1-1.5cm；小叶柄长约 1mm；小叶片长圆形，长 1-1.5cm，宽 5-8mm，基部圆，先端截形，具小短尖。总状花序腋生；花序梗长 4-6cm；花序轴甚短，长 1-1.5cm；花小，长 6-8mm，常数朵聚生于花序轴的节上，密集，故在果期荚果常密集成球；花萼钟状，长 2.5-3mm，具 4 浅齿；花冠紫红色，长 8-9mm，旗瓣宽卵形，具短瓣柄，翼瓣与龙骨瓣狭长圆形，各瓣近等长。荚果长圆形，长 2-3cm，宽 1-1.5cm，微肿胀，具 3-6 种子，果瓣近革质，先端有喙。种子椭圆体形，二色，下部 2/3 红色，上部 1/3 黑色，光亮。花期：3-7 月，果期：7-10 月。

产地：七娘山、梧桐山、内伶仃岛（徐有财 2008）。生于河滩草地，海拔 5-200m。

分布：福建、台湾、广东、香港、澳门、海南、广西及云南。广布于热带地区。

用途：种子色泽艳丽，可作装饰品，但有剧毒，作药用，外敷可治皮炎。根和茎入药，有清热解毒之效。

3. 毛相思子 鸡骨草 Hairy Rosary Abrus
图 341 彩片 335

Abrus mollis Hance in J. Bot. **9**（101）: 130. 1871.

图 340 相思子 Abrus precatorius
1. 分枝的上段、羽状复叶和果序；2. 小叶；3. 种子。（蔡淑琴绘）

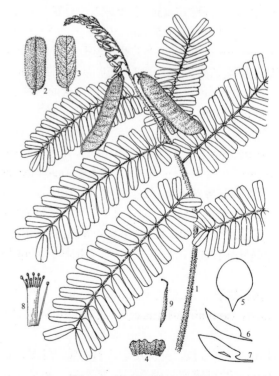

图 341 毛相思子 Abrus mollis
1. 分枝的上段、羽状复叶、总状花序及荚果；2. 小叶的下面；3. 小叶的上面；4. 花萼展开；5. 旗瓣；6. 翼瓣；7. 龙骨瓣；8. 雄蕊；9. 雌蕊。（蔡淑琴绘）

藤本，除花冠外全株密被开展的长柔毛。茎粗约 2mm，多分枝，基部及老枝稍木质。羽状复叶长 7-12cm，有 20-32 片小叶；托叶条形，长 3-5mm，宿存；叶柄长 0.8-1.2cm；小叶柄长不及 1mm；小叶片长圆形，长 1-2.5cm，宽 0.5-1cm，基部圆或截形，先端截形，具小短尖。花序为总状花序，腋生或顶生；花序梗长 2-4cm；花序轴长 2-6.5cm；花长 6-9mm，常数朵聚生于花序轴的每节上，较疏生，故在果期荚果不密集成球；花萼钟状，长约 2-3mm，具 5 短齿；花冠淡红色或粉红色，旗瓣近圆形，长约 8mm，基部具短瓣柄，翼瓣狭长圆形，与旗瓣近等长，具条形的短耳和瓣柄，龙骨瓣与翼瓣等长，但较宽，无耳，具短瓣柄。荚果长圆形，长 4-6cm，宽 0.8-1cm，稍肿胀，果瓣近革质，先端有喙，有 4-9 颗种子。种子椭圆体形，成熟时暗褐色至黑色。花期：6-8 月，果期：8-12 月。

产地：笔架山（华农仙湖采集队 SAUP709）、梧桐山（深圳考察队 1846）、羊台山（张寿洲等 5008），各地常见。生于林边、灌丛中或疏林下，海拔 50-300m。

分布：福建、广东、香港、海南和广西。泰国、越南、柬埔寨和马来西亚。

用途：同广州相思子。

10. 链荚豆属 Alysicarpus Neck. ex Desv.

一年生或多年生草本。茎直立、披散或平卧，有分枝。叶为单叶，极少为三出羽状复叶；托叶和小托叶干膜质或近革质，彼此离生或基部合生，宿存。花序为总状花序，腋生或顶生；苞片鳞片状，早落；花小，通常成对生于花序轴的每节上；花萼钟形，裂片近等长，上方 2 裂片通常合生几至顶端，质干而硬，具条纹；花冠不伸出或稍伸出萼外，旗瓣倒卵形或近圆形，具短瓣柄，翼瓣贴生于龙骨瓣上，与龙骨瓣近等长，龙骨瓣微弯，先端钝；雄蕊 10，二体，其中对旗瓣的 1 枚分离，长短互生，花药同型，背着；子房无柄，具多数胚珠。荚果圆柱形，肿胀或略扁，不裂，有数荚节，荚节间两侧微收缩或不收缩，每荚节有 1 种子。

约 25 种，分布于东半球热带地区。我国产 5 种。深圳有 1 种。

链荚豆 White moneywort Clover

图 342　彩片 336 337

Alysicarpus vaginalis（L.）DC. Prodr. **2**: 353. 1825.

Hedysarum vaginale L. Sp. Pl. **2**: 746. 1753.

Alysicarpus vaginalis（L.）DC. var. *diversifolius* Chun，广州植物志 334. 1956，nom. nud.

多年生草本。茎直立、平卧或斜升，高 20-90cm，基部多分枝，幼时疏被短柔毛。叶为单叶；托叶披针形，长 0.8-1cm，膜质，具纵纹，基部合生；小叶柄长 0.4-1cm，疏被短柔毛；叶片形状变化大，生于茎上部的叶叶片长圆形、长圆状披针形、披针形或条状披针形，长 3-8cm，宽 0.8-3.5cm，生于茎下部的叶叶片卵形、圆形或长圆形，长 1-3cm，宽约 1cm，下面疏被短柔毛，上面无毛，基部圆或浅心形，先端圆至渐尖，具短尖，侧脉每边 4-12 条。花序为总状花序，腋生或顶生，长 2-7cm，有花 6-12 朵；花序梗长 1-2cm；花萼长 5-6mm，近无毛，5 枚裂片均为条状披针形，长于萼筒，宿存；花冠微伸出萼外，

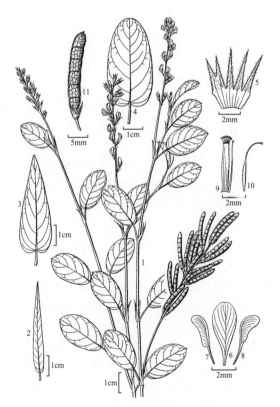

图 342 链荚豆 Alysicarpus vaginalis
1. 植株的一部分、托叶、叶、总状花序及果序；2-4. 不同形状的小叶；5. 花萼展开；6. 旗瓣；7. 翼瓣；8. 龙骨瓣；9. 雄蕊；10. 雌蕊；11. 荚果。（李志民绘）

紫蓝色，旗瓣倒卵形，长约 6mm，基部渐狭成瓣柄，翼瓣倒披针形，略短于旗瓣，无明显的耳，瓣柄长为瓣片的 1/2，龙骨瓣与翼瓣近等长，瓣片微弯曲，基部渐狭成瓣柄，无耳；子房有 6-7 个胚珠，被短柔毛。荚果带状长圆形，微扁，长 1.5-2.5cm，宽 2-2.5mm，表面有网纹，疏被短柔毛，有 5-7 个荚节，荚节之间两侧不收缩，但有隆起的横的环。花果期：5-11 月。

产地：南澳(张寿洲等 1988)、排牙山(张寿洲等 2189)、莲花山公园(李沛琼 011108)，本市各地常见。生于旷野草丛中，路边、田边及海边沙地。海拔 40-100m。

分布：台湾、福建、广东、香港、澳门、海南、广西及云南。印度、斯里兰卡、不丹、尼泊尔、缅甸、泰国、越南、柬埔寨、老挝、菲律宾、马来西亚和印度尼西亚。

用途：全草药用，外敷有去腐生肌的功效。

11. 排钱树属 **Phyllodium** Desv.

灌木或半灌木。叶互生，为三出羽状复叶；托叶革质，有纵纹；小托叶存在。小叶片边缘全缘或为浅波状，侧生小叶片基部通常偏斜。圆锥花序紧密排列呈总状，由若干伞形花序组成，顶生和腋生；苞片叶状，排列紧密，对生，宿存，每一对苞片包被一个伞形花序于腋内；小苞片 2，生于花萼的基部；花萼钟状，膜质，具 5 裂片，下方 3 裂片较长，上方 2 裂不同程度合生；花冠白色或淡黄色，少有紫色，旗瓣倒卵形、宽倒卵形或长圆形，具短瓣柄或无明显瓣柄，翼瓣狭椭圆形，小于龙骨瓣，具耳及瓣柄，龙骨瓣微弯，有或无明显的耳，有瓣柄；雄蕊 10，单体，或其中对旗瓣的 1 枚多少分离，花药同型，基着；花盘存在；子房无柄，花柱基部有毛。荚果背腹缝线均在种子间微缢缩呈浅波状，有 2-7 荚节，不开裂。种子在种脐周围有明显假种皮；子叶出土萌发。

约 8 种，分布于亚洲热带及澳大利亚北部。我国产 4 种。深圳有 2 种。

1. 小叶片两面沿脉被短柔毛或上面近无毛；苞片近圆形，直径 1-1.2cm，先端圆；荚果长约 6mm，具 2 荚节，沿两侧缝线密被短柔毛，其余无毛 ⋯⋯⋯⋯⋯⋯⋯⋯⋯ **1. 排钱树 Ph. pulchellum**
1. 小叶片两面密被茸毛；苞片宽椭圆形，长 1.5-3.5cm，宽 1-2.5cm，先端微凹；荚果长 1-1.2cm，具 3-4 荚节，密被茸毛 ⋯⋯⋯⋯⋯⋯ **2. 毛排钱树 Ph. elegans**

1. 排钱树 排钱草 Beautiful Phyllodium

图 343 彩片 338

Phyllodium pulchellum(L.)Desv. in J. Bot. Agric. **1**: 124，t. 5，f. 24. 1813.

Hedysarum pulchellum L. Sp. Pl. **2**: 747. 1753.

常绿灌木，高 0.5-2m；小枝、叶柄和小叶柄、花序梗和花序轴、花梗和花萼均密被淡黄色长柔毛。叶长 10-14cm；托叶条状披针形，长 5-6mm，褐色，无毛，宿存；叶柄短，长 0.5-1cm；小托叶条形，长约 4mm，宿存；小叶柄长 1-2mm；小叶片革质，顶生小叶片卵状椭圆形、椭圆形或长菱形，长 7-10cm，宽 3.5-5cm，两面沿脉被短柔毛或上面近无毛，基部宽楔形，边缘浅波状，先端急尖，具小短尖，侧脉每边 6-10 条，

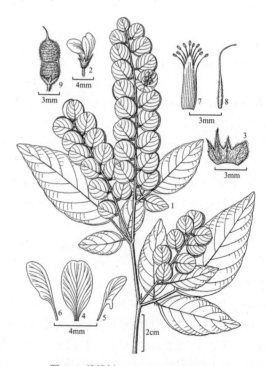

图 343 排钱树 Phyllodium pulchellum
1. 分枝的一段、三出羽状复叶及圆锥花序；2. 花；3. 花萼展开；4. 旗瓣；5. 翼瓣；6 龙骨瓣；7. 雄蕊；8. 雌蕊；9. 荚果。
(李志民绘)

侧生小叶片较小，斜卵状椭圆形，长及顶生小叶片的 1/2。圆锥花序长 5-17cm；苞片近圆形，长宽均为 1-1.2cm，两面均疏被长柔毛，基部微偏斜，先端圆；伞形花序有花 5-6 朵，包于每一对苞片腋内；花梗长约 4mm；花萼钟状，长约 2mm，下方中间 1 裂片最长，上方 2 裂片合生几至顶部；旗瓣宽长圆形，长约 5mm，基部渐狭成短宽的瓣柄，翼瓣狭长圆形，稍短于旗瓣，具耳和瓣柄，龙骨瓣狭椭圆形，与旗瓣近等长，无明显的耳，具瓣柄。荚果长圆形，长约 6mm，宽约 2.5mm，沿两侧缝线密被短柔毛，其余无毛，在种子间微缢缩，具 2 荚节。花期：7-9 月，果期：9-11 月。

产地：七娘山（张寿洲等 2278）、南澳、排牙山、笔架山、葵涌、盐田、三洲田（深圳考察队 172）、沙头角、梧桐山（深圳考察队 916）、仙湖植物园、羊台山、塘朗山、内伶仃岛。生于海边疏林下或山坡灌丛中，海拔 20-600m。

分布：江西、台湾、福建、广东、香港、澳门、海南、广西、贵州及云南。印度、斯里兰卡、缅甸、泰国、柬埔寨、越南、老挝、马来西亚及澳大利亚北部。

2. 毛排钱树 毛排钱草 Elegant Phyllodium

图 344　彩片 339

Phyllodium elegans（Lour.）Desv. in Mem. Soc. Linn. Paris **4**：324. 1825.

Hedysarum elegans Lour. Fl. Cochinch. **2**：450. 1790.

Desmodium blandum Meeuwen in Reinwardtia **6**：247 1962；海南植物志 **2**：272. 1965.

常绿灌木，高 0.5-1.5m，除花冠外，全体密被黄色茸毛。叶长 10-15cm；托叶三角形，长 5-6mm，先端长尾状；小托叶条形，长约 3mm，与托叶均宿存；叶柄长 0.8-1.5cm；小叶柄长约 2mm；小叶片革质，顶生小叶片卵状披针形或长菱形，长 5-11cm，宽 3-6cm，基部圆或宽楔形，边缘浅波状，先端钝，微凹，具小短尖，侧脉每边 9-10 条，侧生小叶片斜卵形或斜宽椭圆形，长及顶生小叶的 1/2。圆锥花序长 10-25cm；苞片宽椭圆形，长 1.5-3.5cm，宽 1-2.5cm，基部偏斜，先端微凹；伞形花序有花 4-9 朵，包于每一对苞片腋内；花梗长 3-5mm；花萼钟状，长 3-4mm，裂片三角形，下方中间的 1 裂片最长，上方 2 裂片合生几至顶部；花冠白色或淡绿白色，旗瓣宽椭圆形，长 6-7mm，基部渐狭成短瓣柄，翼瓣狭长圆形，稍短于旗瓣，具耳和瓣柄，龙骨瓣倒卵状长圆形，稍长于旗瓣，耳不明显，瓣柄较短。荚果长 1-1.2cm，宽 3-4mm，两侧缝线在种子间微缢缩，有 3-4 荚节。花期：7-8 月，果期：9-11 月。

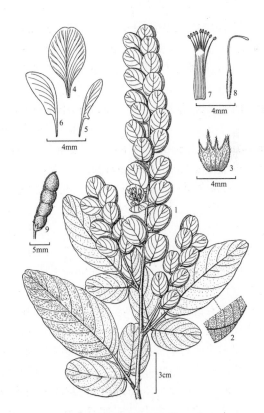

图 344 毛排钱树 Phyllodium elegans
1. 分枝的一段、三出羽状复叶及圆锥花序；2. 小叶的一部分，示下面的毛被；3. 花萼展开；4. 旗瓣；5. 翼瓣；6. 龙骨瓣；7. 雄蕊；8. 雌蕊；9. 荚果。（李志民绘）

产地：大鹏（张寿洲等 3366）、马峦山、三洲田（深圳考察队 370）、梅沙尖、沙头角、梧桐山、仙湖植物园（李沛琼 1254）、羊台山、塘朗山、小南山。生于灌丛中，海拔 50-600m。

分布：福建、广东、香港、海南、广西和云南。泰国、柬埔寨、老挝、越南和印度尼西亚。

12. 长柄山蚂蝗属 Hylodesmum H. Ohashi & R. R. Mill

多年生草本或半灌木。茎直立或斜升，圆柱形。叶互生，为羽状复叶，有小叶 3 片或 5-7 片；有托叶和小托叶；小叶片边缘全缘或浅波状。花序为总状花序，少有稀疏的圆锥花序，顶生或腋生，有时花序从茎的基部或根部生出；具苞片，无小苞片；花通常2-3朵生于花序轴或其分枝的每节上；花萼宽钟状，具5裂片，下方3裂片离生，上方2裂片完全合生或合生至顶端之下；花冠伸出花萼外，旗瓣宽椭圆形、近圆形或倒卵形，具短瓣柄，翼瓣和龙骨瓣均为长圆形至狭长圆形，有瓣柄或瓣柄甚短而几不明显；雄蕊10，单体，花药同型，基着；子房具柄，有胚珠2-5颗。荚果有明显的果柄（由心皮柄发育而成），有荚节2-5；荚节斜三角形或宽半倒卵形，背缝线于荚节间深凹达腹缝线而成为一深的缺口，腹缝线直或在荚节的中部微凹入而呈浅波状。种子较大，种脐周围无边状假种皮；萌发时子叶不出土。

约14种，主要分布于亚洲东部、东南部，少数种类分布至北美洲东部及非洲。我国产10种，4变种。深圳有3种。

1. 荚节斜三角形，长 1.2-1.4cm，宽 4-6mm；果柄长 1-1.2cm；顶生小叶片卵状披针形 ············
   ·· **1. 细长柄山蚂蝗 H. leptopus**
1. 荚节宽半倒卵形，长 0.9-1cm，宽约 4mm；果柄长 0.4-1cm；顶生小叶片卵形或披针形。
   2. 顶生小叶片卵形，长 5-9cm，宽 3.5-5.5cm；荚节长约 0.9-1cm ············ **2. 疏花长柄山蚂蝗 H. laxum**
   2. 顶生小叶片披针形，长 7-13cm，宽 3.5-4.5cm；荚节长 6-7mm ············ **3. 侧序长柄山蚂蝗 H. laterale**

1. 细长柄山蚂蝗 细柄山绿豆 Slender Hylodesmum

图 345　彩片 340

Hylodesmum leptopus（A.Gray ex Benth.）H. Ohashi & R. R. Mill in Edinburgh J. Bot. **57**（2）：179. 2000.

Desmodium leptopus A. Gray ex Benth. in Miq. Pl. Jungh. **2**：226. 1852, in nota；海南植物志 **2**：276. 1965.

半灌木。茎直立，高 30-70cm，仅幼时被小钩状毛。叶为三出羽状复叶，密生于茎的上部；托叶条状披针形，长 0.8-1.3cm，基部宽 1.5-2mm，褐色，有纵脉，脱落；叶柄长 5-10cm，幼时被糙毛；小托叶钻形，长约 2mm，宿存或脱落；小叶柄长 3-4mm，密被糙毛；顶生小叶片卵状披针形，长 8-15cm，宽 3.5-6cm，两面沿叶脉被小钩状毛，基部楔形或圆，边缘全缘，先端渐尖，基出脉 3，侧脉每边 2-3 条，侧生小叶片较小，基部甚偏斜。花序为总状花序或为稀疏的圆锥花序，顶生或从茎的基部生出，长 20-30cm，具稀疏的花；苞片椭圆形，长 4-5mm，脱落；花序梗细瘦，长 10-20cm，与花序轴均疏被小钩状毛和短柔毛；花梗长 3-6mm（果期延长），密被小钩状毛；花萼宽钟状，长 2-3mm，裂片三角形，短于萼筒，疏被短柔毛；花冠粉红色，长约 5mm，旗瓣宽椭圆形，瓣柄甚短，翼瓣和龙骨瓣均为狭长圆形，具耳和瓣柄。荚果长 2-5cm，有 2-3 荚节；果柄长 1-1.2cm；荚节扁平，斜三角形，长 1.2-1.4cm，宽 4-6mm，被小钩状毛。果期：8-9 月。

图 345 细长柄山蚂蝗 Hylodesmum leptopus
1. 茎的一段、三出羽状复叶和总状花序；2. 果序；3. 花萼展开；4. 旗瓣；5. 翼瓣；6. 龙骨瓣；7. 雄蕊；8. 雌蕊。（蔡淑琴绘）

产地：田心山（张寿洲等 5052）、梧桐山（王定跃 871）。生于沟谷林下，海拔 250-600m。

分布：江西、台湾、福建、广东、香港、海南、广西、湖南、四川及云南。泰国、越南、菲律宾、马来西亚及日本。

2. 疏花长柄山蚂蝗 疏花山绿豆 Loose-flowered Hylodesmum 图346

Hylodesmum laxum（DC.）H. Ohashi & R.R.Mill in Edinburgh J. Bot. **57**（2）：178. 2000.

Desmodium laxum DC. in Ann. Sci. Nat. Bot. **4**：102.1852；广州植物志331.1956；海南植物志**2**：277. 1965.

多年生草本。茎直立，单1或从基部分枝，高0.3-1m，基部木质化，疏被长柔毛和短柔毛，幼时毛较密。叶为三出羽状复叶，通常密生于茎的上部；托叶三角状披针形，长0.5-1cm，基部宽2-3mm，褐色；叶柄长5-8cm，疏被柔毛；小托叶钻形，长2-3mm；小叶柄长2-3mm，被柔毛；顶生小叶片卵形，长5-9cm，宽3.5-5.5cm，两面近无毛或下面沿叶脉疏被短柔毛，基部圆，边缘全缘，先端急尖，基出脉3，侧脉每边3-5条，侧生小叶片较小，甚偏斜。花序为总状花序或有少数分枝而呈圆锥花序，顶生，长15-20cm；花序梗和花序轴均疏被小钩状毛和短柔毛；花疏生，2-3朵簇生于每节上；苞片卵形，长2-3mm，宽1-2mm；花梗长3-4mm；花萼钟状，长约3mm，裂片三角形，短于萼筒；花冠粉红色，长约4mm，旗瓣近圆形，瓣柄甚短，翼瓣长圆形，与旗瓣近等长，具短耳和短瓣柄，龙骨瓣宽长圆形，略短于翼瓣，无耳，具短瓣柄。荚果长3-5cm，有2-4荚节，果柄长约1cm；荚节半宽倒卵形，长0.9-1cm，宽约4mm，先端凹入，被小钩状毛。花果期：5-10月。

产地：梧桐山（深圳考察队1417）。生于林缘草地，海拔155m。

分布：福建、广东、海南、广西、湖南、湖北、贵州、四川、云南及西藏。印度、斯里兰卡、尼泊尔、不丹、泰国、越南、马来西亚及日本。

3. 侧序长柄山蚂蝗 短柄山绿豆 Lateral-inflorescence Hylodesmum 图347

Hylodesmum laterale（Schindl.）H. Ohashi & R. R. Mill in Edinburgh J. Bot. **57**（2）：177. 2000.

Desmodium laterale Schindl. in Repert. Spec. Nov. Regni Veg. **22**（618-626）：258. 1926.

半灌木。茎直立，高0.3-1m，幼时疏被短柔毛。叶生于茎的上部，为三出羽状复叶；叶柄长5-6cm，疏被短柔毛及小钩状毛；托叶三角状披针形，长7-8mm，基部宽3-4mm，褐色；小托叶钻状，长约4mm；小叶柄长约3mm；顶生小叶片披针形，长7-13cm，宽3.5-4.5cm，下面疏被短柔毛，上面沿中

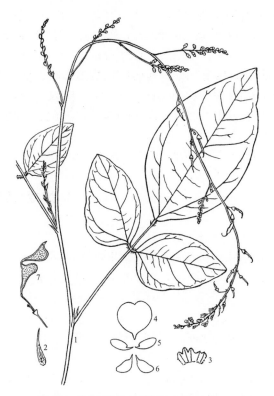

图346 疏花长柄山蚂蝗 Hylodesmum laxum
1.茎的上段、三出羽状复叶和圆锥花序；2.托叶；3.花萼展开；4.旗瓣；5.翼瓣；6.龙骨瓣；7.荚果。（蔡淑琴绘）

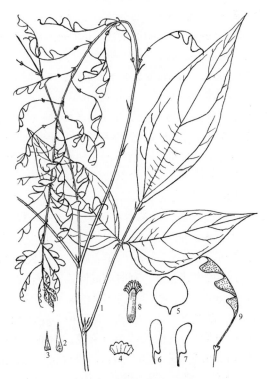

图347 侧序长柄山蚂蝗 Hylodesmum laterale
1.植株的一部分、三出羽状复叶和序；2.托叶；3.苞片；4.花萼展开；5.旗瓣；6.翼瓣；7.龙骨瓣；8.雄蕊；9.荚果。（蔡淑琴绘）

脉具小钩状毛，基部楔形，先端急尖，基出脉 3 条，侧脉每边 3-4 条，侧生小叶片较小，偏斜。花序为总状花序或为具少数分枝的圆锥花序，顶生也有自根部和茎的基部生出；花序梗长 8-18cm，与花序轴均疏被短柔毛及小钩状毛；苞片卵状披针形，长约 5mm，褐色；花萼钟状，长约 2mm，萼齿三角形，短于萼筒；花冠粉红色，长 5-6mm，各瓣近等长，旗瓣近圆形，瓣柄甚短，翼瓣长椭圆形，龙骨瓣倒卵状长圆形，两者均具短耳和短瓣柄。荚果长 4-6cm，有 2-3 荚节；果柄长 0.6-1cm；荚节扁，半宽倒卵形，长 6-7mm，宽约 4mm，顶端凹入。花果期 4-10 月。

产地：七娘山（张寿洲等 011054）、南澳（张寿洲等 4580）、梧桐山（深圳考察队 1856）。生于沟谷林下和林缘，海拔 170-750m。

分布：台湾、福建、广东、香港、海南和广西。日本。

13. 蝙蝠草属 Christia Moench

草本或半灌木，直立或平卧。叶互生，为三出羽状复叶或具单小叶；小叶片边缘全缘；托叶宿存；具小托叶。花序为总状花序或圆锥花序，顶生或腋生；苞片早落；无小苞片；花萼钟状，果期宿存并膨大，具网纹，裂片 5，与萼筒近等长，下方 3 裂片分离，上方 2 裂片较短，大部分合生；花冠与花萼等长或较长，旗瓣近圆形，具瓣柄，翼瓣与龙骨瓣在瓣片的中部贴生，龙骨瓣弯；雄蕊 10，二体，其中对旗瓣的 1 枚分离，花药同型，基着；子房有数胚珠。荚果藏于萼内，具数个彼此重叠的荚节，有明显的脉纹；每个荚节具 1 种子。

约 13 种，分布于热带亚洲和大洋洲。我国产 5 种。深圳有 2 种。

1. 顶生小叶片元宝形或扁菱形，宽大于长的 3-5 倍；花冠淡黄色；直立草本⋯⋯⋯⋯⋯⋯ 1. 蝙蝠草 Ch. vespertilionis
1. 顶生小叶片肾形或宽倒卵形，宽微大于长；花冠蓝紫色或玫红色；平卧草本⋯⋯⋯⋯⋯⋯⋯⋯⋯⋯⋯⋯⋯⋯⋯⋯⋯⋯⋯⋯⋯⋯⋯⋯⋯⋯⋯⋯⋯ 2. 铺地蝙蝠草 Ch. obcordata

1. 蝙蝠草 Common Christia　　图 348　彩片 341
Christia vespertilionis（L. f.）Bakh. f. ex Meeuwen & al. in Reinwardtia **6**（1）：90. 1961.

Hedysarum vespertilionis L. f. Suppl. 331. 1781.

多年生草本。茎直立，高 0.8-1m，基部有分枝，疏被短柔毛。叶为三出羽状复叶或具单小叶；托叶宽卵形，长约 3mm，具纵纹，先端具长尖，早落；叶柄长 2-2.5cm，与叶轴和小叶柄均疏被短柔毛；小托叶条形，长约 1mm，宿存；小叶柄长约 2mm；顶生小叶片元宝形或扁菱形，长 0.8-2cm，宽 5-10cm，下面疏被短柔毛，上面无毛，基部宽楔形，先端凹或截形，侧脉每边 3-4 条，侧生小叶片较小，倒三角形，偏斜，长 1-2cm，宽 1.5-2.5cm，基部宽楔形，先端截形。总状花序顶生或腋生，有时组成圆锥花序，连花序梗长 8-15cm，具疏生的花；苞片卵形，长约 3mm，有多条纵纹，疏被长柔毛，早落；花序梗、花序轴及花梗均密被短柔毛；花梗长约 3mm；花成对着生；花萼长约 5mm，果时增长至 0.8-1cm，疏被长柔毛；花冠淡黄色，不伸出萼外，旗瓣瓣片圆扇形，长 4-5mm，翼瓣长圆形，短于旗瓣，龙骨瓣弯曲，与旗瓣近等长，均具瓣柄；子房无柄，无毛，花柱上部略膨大。荚果

图 348 蝙蝠草 Christia vespertilionis
1. 分枝的上段、三出羽状复叶和总状花序；2. 旗瓣；3. 翼瓣；
4. 龙骨瓣；5. 雄蕊；6. 宿存花萼展开，示荚果。（蔡淑琴绘）

椭圆形，有 4-5 荚节；荚节长圆形，长约 3mm，宽约 2mm，无毛。花期：8-9 月，果期：10 月。

产地：仙湖植物园（刘小琴 0132）。栽培或生于向阳山坡及旷野草地，海拔 50-70m。

分布：广东、海南和广西。世界热带地区。

用途：因叶形奇特常栽培供观赏。全草药用，外敷有散瘀消肿、止痛解毒的功效。

2. 铺地蝙蝠草 Obcordate Christia

图 349　彩片 342

Christia obcordata（Poir.）Bakh. f. ex Meeuwen & al. in Reinwardtia **6**（1）：91. 1961.

Hedysarum obcordatum Poir. in Lam. Encycl. **6**（2）：425. 1805.

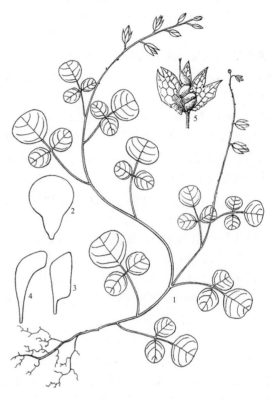

图 349 铺地蝙蝠草 Christia obcordata
1. 植株、三出羽状复叶及总状花序；2. 旗瓣；3. 翼瓣；4. 龙骨瓣；5. 宿存花萼展开，示荚果。（蔡淑琴绘）

多年生草本。茎纤细，平卧，长 15-40cm，有分枝，疏被长柔毛。叶通常为三出羽状复叶，也有具单小叶；托叶披针形，长约 2mm，有纵纹，宿存；叶柄长 1-1.5cm，与叶轴和小叶柄均疏被短柔毛；小托叶条形，长约 1mm，宿存；小叶柄长约 1mm；顶生小叶片肾形或宽倒卵形，长 0.7-1.5cm，宽 1-1.8cm，两面疏被短柔毛，基部圆或宽楔形，先端截形或微凹，侧脉每边 3-5 条，侧生小叶片宽倒卵形或近圆形，较小。总状花序通常顶生，少有腋生，长 10-15cm，具疏生的花；花序梗、花序轴、苞片及花萼均密被长柔毛；苞片卵形，长约 2mm，早落；花梗长约 3mm；花萼长 4-5mm，果期增长 6-8mm；花冠蓝紫色或玫红色，稍长于花萼，旗瓣宽倒卵形，长约 5mm，中部微收缩，瓣柄甚短，翼瓣长圆形，短于旗瓣，龙骨瓣弯曲，略长于旗瓣。荚果长圆形，有 4-5 荚节，荚节近圆形，长宽均约 2mm，无毛。花期：4-5 月，果期：5-9 月。

产地：七娘山、南澳（张寿洲等 4575）、梧桐山（深圳考察队 1755）。生于山坡路旁及旷野草地，海拔 50-70m。

分布：江苏、台湾、福建、广东、香港、澳门、海南、广西及云南。印度、缅甸、菲律宾、印度尼西亚及澳大利亚北部。

用途：全草药用，有清热利尿的功效。

14. 狸尾豆属 Uraria Desv.

多年生草本、半灌木或灌木。叶为单小叶、三出羽状复叶或奇数羽状复叶；有托叶和小托叶；小叶片边缘全缘。花序为顶生和腋生的总状花序或圆锥花序，有极多小而密集的花；苞片覆瓦状排列，早落或宿存，每一苞片内有 2 朵花；花梗在花后期继续增长，先端常弯曲呈钩状，宿存；花萼浅钟状，具 5 裂片，下方 3 裂片较长，上方 2 裂片较短，有的部分合生；花冠伸出萼外，各瓣有或无瓣柄，具耳或耳不明显，旗瓣近圆形或宽倒卵形，翼瓣长圆形，龙骨瓣常内弯呈镰状长圆形，与翼瓣部分贴生；雄蕊 10，二体，其中对旗瓣的 1 枚分离，花药同型，近基着；子房无柄，有胚珠 2-10 颗。荚果含 2-8 荚节；荚节反复折叠，略膨胀，成熟时不开裂，每荚节含 1 种子。

约 20 种，分布于非洲和亚洲热带以及澳大利亚。我国产 10 种。深圳有 3 种。

1. 叶为三出羽状复叶；总状花序长 5-10cm，直径 1.5-2cm ···1. 狸尾豆 **U. lagopodioides**
1. 叶为羽状复叶，有小叶 5-7 片；总状花序长 10-50cm，直径约 2cm。
　　2. 小叶片条状披针形或披针形，长 6-13cm，宽 2-3cm；总状花序长 10-25cm；荚果成熟时黑色 ···········
　　·· 2. 美花狸尾豆 **U. picta**
　　2. 小叶片椭圆形、长椭圆形、披针形或狭长圆形，长 10-18cm，宽 3-8cm；总状花序长 30-50cm；荚果成熟
　　　时深灰色 ···3. 猫尾草 **U. crinita**

1.　狸尾豆 Hare's Tail Uraria　　图 350　彩片 343
Uraria lagopodioides（L.）Desv. ex DC. Prodr. **2**:
324. 1825.

Hedysarum lagopodioides L. Sp. Pl. **2**: 1198. 1753.

多年生草本。茎直立或斜升，高 50-80cm，密被
短柔毛和小钩状毛。叶为三出羽状复叶，长 6-10cm，
但在茎下部的常有单小叶；托叶卵形，先端骤缩呈长
尾状，全长 1-1.7cm，具纵脉，密被短柔毛和长硬毛，
宿存；叶柄长 1.5-3.5cm，与叶轴和小叶柄均密被短柔
毛和小钩状毛；小托叶条形，长 3-5mm，疏被长硬毛，
宿存；小叶柄长 2-3mm；顶生小叶片椭圆形或卵形，
长 4-6cm，宽 2.5-4cm，两面沿脉均被长硬毛，但上
面的毛甚稀疏，边缘的毛甚密，基部圆，先端圆或微凹，
侧脉每边 5-7 条，侧生小叶片较小，基部微偏斜。总
状花序顶生，长 5-10cm，直径 1.5-2cm，具多数排列
紧密的花；苞片椭圆形，长 1-1.2cm，具条纹，先端
长尾状，边缘有黄色长硬毛，开花后即脱落；花梗长
约 3mm，果期宿存，略延长并弯曲呈钩状，与花萼
的边缘均密被黄色长硬毛；花萼的筒部长约 1mm，裂
片 5，下方 3 裂片刺毛状，长约 6mm，上方 2 裂片宽
卵形，长约 1.5mm；花冠紫色，稍短于花萼，旗瓣瓣
片近圆形，连瓣柄长约 5mm，翼瓣长圆形，与旗瓣

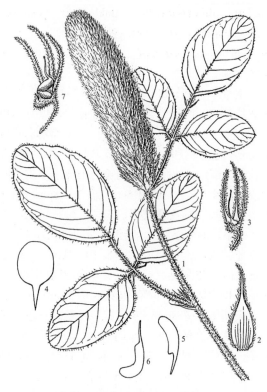

图 350 狸尾豆 Uraria lagopodioides
1. 分枝的上段、三出羽状复叶及总状花序；2. 苞片；3. 花萼；
4. 旗瓣；5. 翼瓣；6. 龙骨瓣；7. 宿存花萼及荚果。（蔡淑琴绘）

近等长，龙骨瓣弯曲呈镰状，稍长于翼瓣，两者均具瓣柄和短耳；子房无毛，有 1-2 胚珠。荚果包于宿存花萼内，
有 1-2 荚节；荚节椭圆形，灰黑色，无毛，膨胀，内含 1 种子。花果期：8-11 月。

　　产地：梧桐山、仙湖植物园（李沛琼 1123）、笔架山（张寿洲等 1085）。生于山坡草丛中，海拔 80-150m。

　　分布：江西、台湾、福建、广东、香港、海南、广西、湖南、贵州及云南。印度、缅甸、越南、马来西亚、
菲律宾及澳大利亚。

2.　美花狸尾豆 Beautiful-flowered Uraria　　　　　　　　　　　　　　　　　　　　　　　图 351
Uraria picta（Jacq.）Desv. in J. Bot. Agric. **1**: 123. 1813.

Hedysarum pictum Jacq. Collectanea **2**: 262. 1788.

半灌木或灌木。茎直立，高 1-2m，少分枝，被白色短硬毛。羽状复叶长 7-14cm，有 5-7 小叶，生于茎下
部的有时为单小叶；托叶卵形，先端骤缩成长尾状，全长约 1cm，具条纹，边缘被长硬毛；叶柄长 4-7cm，与
叶轴和小叶柄均被长硬毛；小托叶条形，长约 4mm；小叶柄长约 2mm；小叶片条状披针形或披针形，长 6-13cm，
宽 2-3cm，下面沿脉密被短柔毛，上面沿中脉疏被短柔毛，基部圆，微偏斜，先端急尖。总状花序顶生，长
10-25cm，直径 2-3cm；苞片狭椭圆形，长约 2.5cm，宽约 5mm，先端渐狭呈刺毛状，有纵纹，边缘被长硬毛，

脱落；花梗长 5-6mm，花后增长至 7-8mm 并弯曲呈
钩状，被黄色长硬毛；花萼长 5-6mm，被柔毛，边缘
有长硬毛，裂片 5，下方 3 裂片呈刺毛状，上方 2 裂
片披针形，略短；花冠蓝紫色，微伸出花萼外，旗瓣
近圆形，长 7-8mm，具短瓣柄，翼瓣长圆形，长 5-6mm，
瓣柄极短，耳不明显，龙骨瓣与翼瓣等长，弯曲，具
瓣柄，无耳；雄蕊中有 4 枚花丝短而粗，另外的花丝
较细而长，两者间生，前者不育，后者能育；子房无毛，
有 3-5 胚珠。荚果成熟时黑色，有光泽，有 3-5 荚节；
荚节宽椭圆形，长约 3mm，宽约 2mm。花果期：6-11 月。

产地：七娘山（仙湖华农采集队 012392）、南澳（张
寿洲等 3566）、大鹏（张寿洲等 1674）、排牙山、葵涌、
内伶仃岛。生于沟边草丛及疏林下，海拔 20-100m。

分布：台湾、广东、香港、海南、广西、贵州、
云南和四川。印度、泰国、越南、马来西亚、菲律宾
及非洲。

3. 猫尾草 Cat's Tail Uraria　　图 352　彩片 344

Uraria crinita(L.) Desv. in J. Bot. Agric. **1**: 123. 1813.

Hedysarum crinitum L. Mant. Pl. **1**: 102. 1767.

半灌木，高 50-80cm。茎少分枝或无分枝，与叶
柄和叶轴、花序梗和花序轴均密被短柔毛及小钩状毛。
羽状复叶长 20-30cm，在茎下部的具 3 小叶，上部
的具 5 小叶，稀具 7 小叶；托叶褐红色，三角形，长
1-2.2cm，先端长尾状，具纵纹，密被短柔毛；叶柄长
8-15cm；小托叶条状披针形，长约 0.8-1cm；小叶柄
长约 5mm，密被小钩状毛及长硬毛；小叶片椭圆形、
长椭圆形、披针形或狭长圆形，顶生的长 10-18cm，
宽 3-8cm，侧生的略小，下面沿脉疏被小钩状毛，上
面无毛，基部圆或微心形，先端急尖。总状花序顶生，
长 30-50cm，花后期逐渐延长；花序梗甚短；苞片狭
椭圆形，长约 2cm，先端长渐尖，褐色，具纵纹，边
缘密生长硬毛，脱落；花梗长 6-8mm，花后期延长至
1-1.5cm 并弯曲呈钩状；花萼浅杯状，长 5-7mm，裂
片条形，密被长硬毛；花冠紫色，旗瓣宽椭圆形，长
0.8-1cm，翼瓣长圆形，长 6-8mm，龙骨瓣与旗瓣等
长，弯曲；子房无毛。荚果有 3-5 荚节；荚节椭圆形，
长 3-4mm，膨胀，成熟时深灰色，有光泽，无毛。花期：
6-8 月，果期：8-10 月。

产地：梧桐山（李沛琼 89381）、梅林（张寿洲等
2525）、塘朗山（张寿洲等 2649），本市各地常见。生
于沟谷林下、林边草地、路边草丛或灌丛中，海拔 50-
500m。

图 351 美花狸尾豆 Uraria picta
1. 分枝的上段、羽状复叶及总状花序（花序下部是花脱落
后宿存的花梗）；2. 托叶；3. 花萼展开；4. 旗瓣；5. 翼瓣；6. 龙
骨瓣；7. 雄蕊；8. 雌蕊；9. 宿存花萼展开，示荚果。（蔡淑
琴绘）

图 352 猫尾草 Uraria crinita
1. 羽状复叶；2. 总状花序；3. 旗瓣；4. 翼瓣；5. 龙骨瓣；6. 宿
存花萼及荚果。（蔡淑琴绘）

分布：江西、台湾、福建、广东、香港、澳门、海南、广西及云南。印度、斯里兰卡、泰国、越南、老挝、柬埔寨、马来西亚及澳大利亚。

15. 葫芦茶属 Tadehagi H. Ohashi

灌木或半灌木。叶为单小叶；托叶干膜质，有纵脉，分离或合生，宿存；叶柄有宽翅，顶端有 2 小托叶。总状花序顶生和腋生，有多数花；花 2-3 朵生于花序轴的每节上；花萼钟状，具 5 裂片，下方 3 裂片分离，上方 2 裂片合生；花冠具脉，旗瓣圆形、宽椭圆形或倒卵形，翼瓣椭圆形或长圆形，多少与龙骨瓣贴生，瓣片基部具耳和瓣柄，龙骨瓣微弯，先端急尖或钝；雄蕊 10，二体，其中对旗瓣的 1 枚分离，花药同型，基着；子房无柄，基部有花盘，有 5-8 胚珠。荚果直或微弯，扁，狭长圆形，有 5-8 荚节，背缝在种子间缢缩，腹缝微呈波状。子叶出土萌发。

约 6 种。分布于亚洲热带、太平洋岛屿和澳大利亚北部。我国产 2 种和 1 亚种。深圳有 1 种。

葫芦茶 Triquetrous Tadehagi   图 353 彩片 345

Tadehagi triquetrum（L.）H. Ohashi in Ginkgoana 1：290. 1973.

Hedysarum triquetrum L. Sp. Pl. 2：746. 1753

半灌木。茎直立或斜升，高 0.3-2m，多分枝，幼枝三棱柱形，棱上疏被短硬毛。托叶披针形，长 1.5-2cm，褐色，有纵脉，宿存；叶柄长 1.5-3cm，两侧有宽翅，翅宽 3-6mm，有网脉，边缘疏被短硬毛；小托叶 2，与叶柄之翅的顶部贴生；小叶片狭长圆形至条状长圆形，长 8-16cm，宽 1-3.5cm，下面沿中脉及侧脉与边缘均疏被短硬毛，上面无毛，基部圆，先端急尖，侧脉每边 8-14 条。总状花序长 15-25cm；苞片条形，长 4-5mm；花序梗长 2-5cm，与花序轴均为三棱柱形，疏被短硬毛和小钩状毛；花梗长 3-4mm，疏被小钩状毛；小苞片生于花萼基部，长约 2mm；花萼钟形，长约 3-4mm，疏被短硬毛和小钩状毛，下方 3 裂片披针形，上方 2 裂片合生几至顶部；花冠蓝紫色，长 6-7mm，旗瓣近圆形，长 5-6mm，翼瓣倒卵状长圆形，与旗瓣近等长，具耳和瓣柄，龙骨瓣半圆形，稍短于翼瓣，微弯，先端尖，具短耳和瓣柄；子房被毛，有胚珠 5-8 颗。荚果长圆形，长 4-5cm，宽约 5mm，密被短硬毛；荚节 5-8，近方形。花期：7-9 月，果期：9-12 月。

图 353 葫芦茶 Tadehagi triquetrum
1.分枝的上段、小叶、总状花序和果序；2.托叶和小叶；3.花萼展开；4.旗瓣；5.翼瓣；6.龙骨瓣；7.雄蕊；8.雌蕊。（蔡淑琴绘）

产地：笔架山（华农仙湖采集队 SCAUF 716）、三洲田（深圳考察队 158）、仙湖植物园（李沛琼 904），本市各地常见。生于林缘草地，旷野及路旁草丛和灌丛中，海拔 40-500m。

分布：江西、台湾、福建、广东、香港、澳门、海南、广西、贵州及云南。印度、斯里兰卡、缅甸、泰国、柬埔寨、越南、老挝、马来西亚及太平洋群岛、新喀里多尼亚及澳大利亚北部。

用途：全株药用，有清热解毒、健脾消食和利尿的功效。

16. 舞草属 Codariocalyx Hassk.

灌木或半灌木，直立或平卧。叶为三出羽状复叶，通常顶生小叶较大，侧生小叶较小或不存在而仅为单小叶；托叶早落；小托叶鳞片状。花序为圆锥花序或总状花序，顶生或腋生；苞片早落，无小苞片；花萼钟状，膜质，具 5 裂片，下方 3 裂片分离，上方 2 裂片大部分合生或仅部分合生；花冠长于花萼或与花萼等长，旗瓣近圆形，基部具短瓣柄，翼瓣近于半三角形或长圆形，先端圆，具短耳和短瓣柄，龙骨瓣微弯呈镰形，基部渐狭成瓣柄，无耳，外面的下部有 1 耳状的附属物；雄蕊 10，2 体，其中对旗瓣的 1 枚分离，花药同型，基着；子房条形，有胚珠 6-13 个。荚果狭长圆形，有 3-9 荚节，腹缝直或微呈浅波状，背缝在种子间缢缩或稍缢缩呈波状或浅波状，成熟时沿背缝开裂，有或无网纹。种子有假种皮。

3 种，分布于亚洲东南部和大洋洲的热带地区。我国 3 种均产。深圳有 1 种。

小叶三点金 小叶山绿豆 Small-leaved Codariocalyx

图 354

Codariocalyx microphyllus（Thunb.）H. Ohashi in J. Jap. Bot. **79**（2）：109. 2004.

Hedysarum microphyllum Thunb. Fl. Jap. 284. 1784.

Desmodium microphyllum（Thunb.）DC. Prodr. **2**：337. 1825；海南植物志 **2**：278. 1965；广东植物志 **5**：270. 2003；D. L. Wu in Q. M. Hu & D. L. Wu, Fl. Hong Kong **2**：87. 2008.

多年生草本。茎平卧，多分枝，纤细，近无毛。叶为三出羽状复叶，少为单小叶；叶柄长 2-3mm，疏被短柔毛；顶生小叶片椭圆形或长椭圆形，长 0.7-1.2cm，宽 3-6mm，下面无毛或疏被长柔毛，上面无毛，基部圆或宽楔形，边缘全缘，先端圆或微凹，有小短尖，侧脉每边 4-5 条，侧生小叶片较小，倒卵形或椭圆形。总状花序顶生或腋生，长 2-3cm，有花 4-10 朵；花序梗、花序轴和花梗均被黄色长柔毛；花梗长约 5mm；花萼钟状，长约 4mm，密被长柔毛，裂片 5，条状披针形，长为萼筒的 3 倍，下方 3 裂片较狭，上方 2 裂片略宽并微短于下方裂片；花冠粉红色，与花萼近等长，旗瓣近圆形，具短的瓣柄，翼瓣长圆形，短于旗瓣，具耳和短瓣柄，龙骨瓣微弯，与旗瓣近等长，无耳，

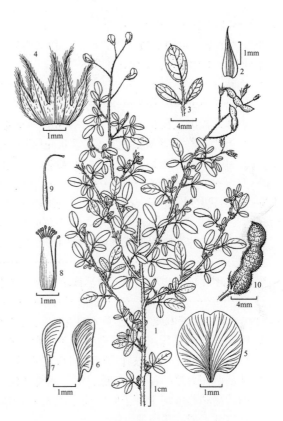

图 354 小叶三点金 Codariocalyx microphyllus
1. 分枝的一段、三出羽状复叶及总状花序；2. 托叶；3. 三出羽状复叶；4. 花萼展开；5. 旗瓣；6. 翼瓣；7. 龙骨瓣；8. 雄蕊；9. 雌蕊；10. 荚果。（李志民绘）

具瓣柄；雄蕊 10，二体，其中对旗瓣的 1 枚分离；子房条形，被短柔毛。荚果条状长圆形，长 1-1.2cm，宽约 3mm，微弯，背腹两缝均于种子间缢缩呈浅波状，具 3-4 个荚节，成熟时背缝开裂；荚节近圆形，疏被短柔毛。花果期：5-11 月。

产地：鸡公山（王学文 244）、梧桐山（深圳考察队 1676）。生于林边草地，旷野草丛和灌丛中，海拔 30-380m。

分布：广东、香港、海南、广西、湖南、江西、福建、台湾、浙江、江苏、安徽、河南、陕西、湖北、四川、贵州、云南和西藏。日本、印度、斯里兰卡、尼泊尔、泰国、柬埔寨、老挝、菲律宾、马来西亚和澳大利亚。

17. 山蚂蝗属　Desmodium Desv.

草本、半灌木或灌木，少有乔木。叶互生，为三出羽状复叶或为单小叶，少有具 5 枚以上小叶的羽状复叶；托叶干膜质，有纵纹，宿存；小托叶钻形或丝状，宿存；小叶片边缘全缘或浅波状。花较小，通常组成腋生和顶生的总状花序或圆锥花序，较少单花、成对生或簇生于叶腋，苞片早落；小苞片存在或缺，如存在，通常生于花萼基部；花萼钟状，具 5 裂片，裂片披针形，下方 3 裂片基部合生，上方 2 裂片合生或多少合生；花冠伸出萼外或与萼等长，旗瓣圆形、宽椭圆形或倒卵形，翼瓣与龙骨瓣贴生，龙骨瓣直或微弯，各瓣均具瓣柄；雄蕊 10，二体，其中对旗瓣的 1 枚分离，少有单体，花药同型，基着；子房通常无柄，有胚珠数颗。荚果扁平，不开裂，由数个仅具 1 粒种子的荚节组成，背腹两缝于种子间均缢缩或背缝缢缩，腹缝直，成熟时荚节逐节脱落。

约 450 种，分布于热带和亚热带地区。我国有 29 种，4 亚种和 4 变种。深圳有 10 种。

1. 叶为单小叶，少有三出羽状复叶。
　2. 小叶片圆形、近圆形或宽倒卵形，长和宽均为 2-4.5cm；总状花序长 1-4cm ……… 1. **金钱草 D. styracifolium**
　2. 小叶片非上述形状；总状花序长 5-30cm。
　　3. 小叶片较小，长 1-2.5cm，宽 0.7-1.3cm，下面疏被平伏的长柔毛和小钩状毛，上面疏生小钩状毛 ……
　　　…………………………………………………………………………………… 2. **赤山蚂蝗 D. rubrum**
　　3. 小叶片较大，长 3-13cm，宽 2-9cm，两面被茸毛或下面密被白色平伏的长柔毛，上面近无毛。
　　　4. 小叶片两面密被黄色茸毛；总状花序长 5-12cm；花冠紫色或粉红色 ……… 3. **绒毛山蚂蝗 D. velutinum**
　　　4. 小叶片下面密被白色平伏的长柔毛，上面除中脉外，其余无毛；总状花序长 10-30cm；花冠绿白色…
　　　……………………………………………………………………………… 4. **大叶山蚂蝗 D. gangeticum**
1. 叶为三出羽状复叶，仅有少数生于茎下部的为单小叶。
　5. 多年生草本；茎平卧；小叶较小，顶生小叶片长不超过 3cm；花单生或 2-3 朵生于叶腋。
　　6. 顶生小叶片宽椭圆形或倒卵状椭圆形，长 1-2cm，宽 0.7-1.2cm；花梗长 1-1.5cm；花冠长于花萼 ……
　　　………………………………………………………………………… 5. **异叶山蚂蝗 D. heterophyllum**
　　6. 顶生小叶片倒心形、倒三角形或倒卵形，长和宽均为 0.5-1cm；花梗长 5-8mm；花冠与花萼近等长 …
　　　…………………………………………………………………………………… 6. **三点金 D. triflorum**
　5. 直立半灌木、灌木或多年生草本；茎直立；小叶较大，顶生小叶片长 3cm 以上；花多数，组成总状花序。
　　7. 叶柄两侧具狭翅；花冠绿白色或黄白色；荚果背缝和腹缝均于种子间浅缢缩；荚节长椭圆形，长 0.9-
　　　1.2cm；顶生小叶片披针形或椭圆状披针形 ……………………………………… 7. **小槐花 D. caudatum**
　　7. 叶柄两侧无翅；花冠紫红色、红色或粉红色，少有黄色或白色；荚果通常背缝于种子间缢缩，腹缝直，
　　　如背缝和腹缝均于种子间缢缩，则荚果呈念珠状；顶生小叶片椭圆形、长椭圆形、倒卵状椭圆形、菱
　　　状披针形或菱状卵形。
　　　8. 荚果背缝和腹缝均于种子间缢缩呈念珠状；顶生小叶片菱状披针形或菱状卵形，长 5-10cm，宽
　　　　1.5-3.5cm；多年生草本 ………………………………………………… 8. **南美山蚂蝗 D. tortuosum**
　　　8. 荚果背缝于种子间浅缢缩，腹缝直，故不呈念珠状；顶生小叶片椭圆形、长椭圆形或倒卵状椭圆形；
　　　　半灌木。
　　　　9. 顶生小叶片椭圆形、长椭圆形或倒卵状椭圆形，长 2-6cm，宽 1-3.5cm，下面疏被平伏的长柔毛，
　　　　　先端圆、钝或微凹；总状花序长 3-10cm ……………………………………9. **假地豆 D. heterocarpon**
　　　　9. 顶生小叶片长椭圆形，长 3-6cm，宽 1-2cm，下面近无毛或疏被平伏长柔毛，先端急尖或钝；总
　　　　　状花序长 10-18cm ………………………………………………… 10. **显脉山蚂蝗 D. reticulatum**

1.　金钱草 广东金钱草 Snowbell-leaved Tick-clover　　　　　　　　　　　　图 355
Desmodium styracifolium（Osbeck）Merr. in Amer. J. Bot. **3**（10）：580. 1916.
Hedysarum styracifolium Osbeck，Dagbok Ostind. Resa 247. 1757.

半灌木，高达 1m；枝条密被褐色长柔毛。叶通常为单小叶，较少为三出羽状复叶；托叶条状披针形，长约 1cm；小托叶条形，长约 5mm；叶柄长 1-3cm，与叶轴均密被褐色长柔毛。小叶片近革质，圆形、近圆形或宽倒卵形，长和宽均为 2-4.5cm，侧生小叶如存在，则较小，下面密被平伏的白色长柔毛，上面无毛，基部圆或微心形，边缘全缘，先端圆或微凹，侧脉每边 8-10 条。总状花序顶生或腋生，长 1-4cm；花序梗与花序轴均密被褐色长柔毛和小钩状毛；苞片宽卵形，覆瓦状排列，早落；花 2 朵密生于花序轴的每节上；花萼钟状，长约 3.5mm，密生小钩状毛和丝质长柔毛，裂片 5，条形，近等长，下方 3 裂片分离，上方 2 裂片大部分合生；花冠紫红色，长约 4mm，旗瓣近圆形，具短瓣柄，翼瓣倒卵状长圆形，瓣片基部近无耳，瓣柄甚短，龙骨瓣弯曲，耳不明显，具长瓣柄；雄蕊 10，二体，其中对旗瓣的 1 枚分离；子房条形，被毛，无柄。荚果长 1-2cm，宽约 2.5mm，被小钩状毛和短柔毛，背缝于种子间微缢缩呈浅波状，腹缝直，有 3-6 近圆形的荚节。花果期：6-9 月。

产地：梧桐山（王国栋等 6292）、仙湖植物园（刘小琴等 0155）、莲花山（王学文 317，IBSC）。生于山坡或山顶草地和灌丛中，海拔 300-850m。

分布：福建、广东、香港、海南、广西、湖南、四川及云南南部。印度、斯里兰卡、缅甸、泰国、越南及马来西亚。

2.　赤山蚂蝗 赤山绿豆 Red Tick-clover　　图 356
Desmodium rubrum（Lour.）DC. Prodr. **2**：327. 1825.

Ornithopus ruber Lour. Fl. Cochinch. **2**：452. 1790.

半灌木。茎直立或平卧，高 30-60cm，多分枝，仅初时被白色长柔毛和小钩状毛，后渐变无毛。叶通常为单小叶，少有 3 小叶；托叶条状披针形，先端呈细条形，长 1-1.3cm，疏被长柔毛；小托叶条形，长约 3mm；叶柄长 4-8mm，疏被长柔毛和小钩状毛；小叶片近革质，长圆形、椭圆形或近圆形，长 1-2.5cm，宽 0.7-1.3cm，下面疏被长柔毛和小钩状毛，上面仅疏被小钩状毛，基部圆，边缘全缘，先端钝，侧脉每边 7-8 条。花序为总状花序，顶生和生于分枝上部叶腋，长 5-20cm；花序梗、花序轴和花梗均疏被小钩状毛；苞片披针形，长约 3mm；花梗长 2-3mm；花成对疏生于花序轴的每节上；花萼长约 2.5mm，裂片三角状披针形，近等长，下方 3 裂片分离，上方 2 裂片合

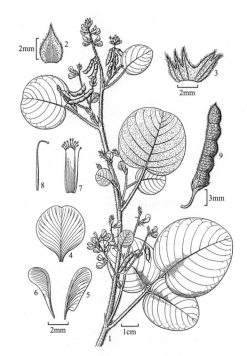

图 355 金钱草 Desmodium styracifolium
1. 分枝的上段、单小叶、三出羽状复叶、总状花序和果序；2. 苞片；3. 花萼展开；4. 旗瓣；5. 翼瓣；6. 龙骨瓣；7. 雄蕊；8. 雌蕊；9. 荚果。（李志民绘）

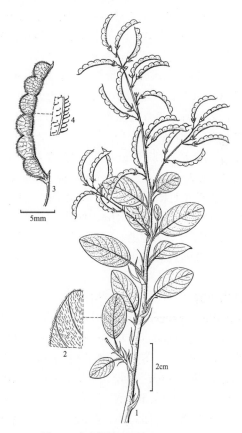

图 356 赤山蚂蝗 Desmodium rubrum
1. 分枝的一段、叶（单小叶）及果序；2. 小叶一部分，示下面的毛被；3. 荚果；4. 荚果外面的小钩状毛。（李志民绘）

生几至顶端，疏被长柔毛和小钩状毛；花冠长约 5mm，蓝色或粉红色，旗瓣倒卵形，基部渐狭成短瓣柄，翼瓣斜卵形，短于旗瓣，具短耳和短瓣柄，龙骨瓣与旗瓣近等长，微弯，无耳，具瓣柄；雄蕊 10，二体，其中对旗瓣的 1 枚分离；子房无柄，疏被长柔毛。荚果宽条形，长约 1.5cm，宽约 2mm，微呈镰状弯，有 5-7 个荚节，疏被小钩状毛，背缝于种子间缢缩呈浅波状或波状，腹缝直；荚节近圆形，网纹明显。花果期：4-9 月。

产地：福田红树林（张寿洲 010199）。生于海边沙地，海拔 30m。

分布：广东、广西和海南。越南。

3. 绒毛山蚂蝗 茸毛山蚂蝗 绒毛山绿豆 Velvet-leaved Tick-clover 图 357

Desmodium velutinum（Willd.）DC. Prodr. **2**：328. 1825.

Hedysarum velutinum Willd. Sp. Pl. ed. 4，**3**（2）：1174. 1802.

半灌木，高约 1m，除花冠外，全体被黄褐色茸毛。叶通常为单小叶，偶见三出羽状复叶；托叶三角形，长 0.8-1cm，先端具条形的长尖；叶柄长 1-1.8cm；小叶宽卵形、长圆形或椭圆形。长 4-13cm，宽 3-9cm，基部圆或截形，边缘全缘，先端圆或钝，侧脉每边 8-10 条。总状花序顶生和腋生，长 5-12cm，顶生者常为圆锥花序，具多数密生的花；花序梗甚短，长 5-7mm；花多数，甚密生，每 2 朵生于花序轴的节上；苞片条形，长 3-4mm；小苞片长约 1mm；花梗长 1-1.5mm；花萼钟状，长约 2mm，裂片 5，披针形，近等长，上方 2 裂片大部分合生；花冠紫色或粉红色，长约 4mm，旗瓣宽卵形或近圆形，基部具短瓣柄，翼瓣长椭圆形，短于旗瓣，具短耳，龙骨瓣微弯，与翼瓣近等长，无耳，两者均具短瓣柄；雄蕊 10，二体，其中对旗瓣的 1 枚分离；子房条形，有胚珠 5-7 颗。荚果条状长圆形，长 1.5-2cm，宽 2-3mm，背缝于种子间缢缩呈浅波状，腹缝直，有 5-7 个近圆形的荚节。花果期：9-11 月。

图 357 绒毛山蚂蝗 Desmodium velutinum
1. 分枝的上段、小叶和总状花序；2. 花萼展开；3. 旗瓣；4. 翼瓣；5. 龙骨瓣；6. 雌蕊；7. 荚果。（蔡淑琴绘）

产地：梧桐山（刘芳齐 2260）、仙湖植物园（李沛琼 1275）。生于沟边、草丛或灌丛中，海拔 20-140m。

分布：台湾、广东、香港、海南、广西、贵州及云南。印度、斯里兰卡、缅甸、泰国、老挝、越南、马来西亚、印度尼西亚及非洲热带。

4. 大叶山蚂蝗 大叶山绿豆 Big-leaved Tick-clover 图 358　彩片 346

Desmodium gangeticum（L.）DC. Prodr. **2**：327. 1825.

Hedysarum gangeticum L. Sp. Pl. **2**：746. 1753.

半灌木，高约 1m。茎纤细，多分枝，疏被短柔毛。叶为单小叶；托叶披针形，先端长渐尖呈条形，长 1-1.2cm，小托叶条形，长 7-8mm；叶柄长 0.8-1.7cm，疏被长柔毛；小叶的形状和大小变异较大，椭圆形、宽椭圆形、卵形或近圆形，长 3-13cm，宽 2-7cm，下面密被平伏的白色长柔毛，幼时毛甚密，上面除中脉外，其余近无毛，基部圆，边缘全缘，先端急尖、圆或钝，侧脉每边 6-12 条。花序为总状花序，腋生和顶生，顶生者有时为圆锥花序，长 10-30cm，具多数稍疏生的花；花序梗纤细，长 2-5cm，与花序轴和花梗均密被小钩状毛；苞片条形，长 2-3mm；花每 2-6 朵生于花序轴疏离的节上；花梗长约 2mm；花萼钟状，长约 2mm，疏被平伏的短柔毛，5

裂片均为条状披针形，近等长，下方 3 裂片分离，上方的 2 裂片合生几至顶部；花冠绿白色，长约 4mm，旗瓣近圆形，瓣柄甚短，翼瓣宽倒卵状长圆形，短于旗瓣，具耳和短瓣柄，龙骨瓣长圆形，稍弯，与旗瓣近等长，瓣片基部渐狭成瓣柄，无耳；雄蕊 10，二体，其中对旗瓣的 1 枚分离；子房条形，被毛。荚果密集，条状长圆形，微弯，长 1.2-2cm，宽约 2.5mm，疏被小钩状毛，背缝于种子间缢缩呈深波状，腹缝浅波状，有 6-8 个近圆形的荚节。花期：4-8 月，果期 6-10 月。

产地：七娘山、南澳（张寿洲等 4061）、葵涌、梧桐山、梅林公园（李沛琼 012912-1）、羊台山、内伶仃岛。生于林边灌丛中或旷野草丛中，海拔 20-100m。

分布：台湾、福建南部、广东、香港、澳门、海南、广西、贵州、四川及云南。印度、斯里兰卡、缅甸、泰国、越南、马来西亚、热带非洲及大洋洲。

5. 异叶山蚂蝗 异叶山绿豆 Heterophyllous Tick-clover 图 359

Desmodium heterophyllum（Willd.）DC. Prodr. **2**：334. 1825.

Hedysarum heterophyllum Willd. Sp. Pl. ed. 4，**3**（2）：1201. 1802.

多年生草本，长达 70cm 或更长。茎多分枝，平卧，纤细，幼枝疏被短柔毛，后渐变无毛。叶为三出羽状复叶，在茎的下部偶见单小叶；托叶卵形，长约 6mm，先端尾状或急尖；叶柄长 0.5-1cm，疏被长柔毛；顶生小叶片宽椭圆形或倒卵状椭圆形，长 1-2cm，宽 0.7-1.2cm，侧生小叶片较小，两面疏被短柔毛或上面近无毛，基部近圆形，边缘全缘，先端微凹，侧脉每边 4-5 条。花单生或成对生于叶腋，少有 2-3 朵组成稀疏的总状花序；花梗长 1-1.5cm，疏被小钩状毛；花萼钟状，长约 3mm，被短柔毛和小钩状毛，裂片 5，披针形，下方 3 裂片分离，上方 2 裂片合生至裂片长的 1/2；花冠紫红色或白色，长约 5mm，旗瓣宽倒卵形，基部渐狭成短瓣柄，翼瓣宽长圆形，短于旗瓣，具短耳及短瓣柄，龙骨瓣稍弯，与旗瓣近等长，基部渐狭成瓣柄，无耳；雄蕊 10，二体，其中对旗瓣的 1 枚分离；子房条形，被柔毛。荚果条状长圆形，长 1-2cm，宽约 3mm，直或微弯，背缝于种子间缢缩呈浅波状，腹缝直，有 3-5 荚节；荚节近圆形，疏被小钩状毛和短柔毛。花果期：6-10 月。

产地：南澳（张寿洲等 2009）、梅沙尖（张寿洲等

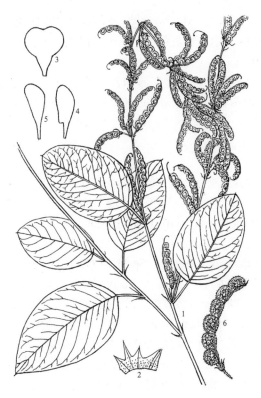

图 358 大叶山蚂蝗 Desmodium gangeticum
1. 分枝的一段、小叶和果序；2. 花萼展开；3. 旗瓣；4. 翼瓣；5. 龙骨瓣 6. 荚果。（蔡淑琴绘）

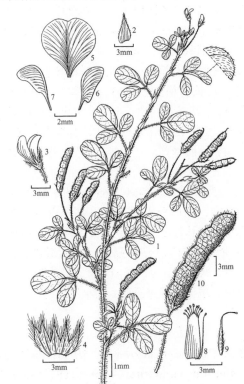

图 359 异叶山蚂蝗 Desmodium heterophyllum
1. 分枝的一段、三出羽状复叶、花及荚果；2. 托叶；3. 花；4. 花萼展开；5. 旗瓣；6. 翼瓣；7. 龙骨瓣；8. 雄蕊；9. 雌蕊；10. 荚果。（李志民绘）

4019)、梧桐山、仙湖植物园（李沛琼90705）、银湖、光明新区。生于林边草地、河边、田边或旷野草地，海拔50-250m。

分布：安徽、浙江、江西、台湾、福建、广东、香港、澳门、海南、广西、云南和四川。日本、尼泊尔、印度、斯里兰卡、缅甸、泰国、越南、马来西亚、太平洋诸岛及大洋洲。

6. 三点金 三点金草 Three flowered Beggar's-ticks
图360 彩片347 348

Desmodium triflorum (L.) DC. Prodr. 2: 334. 1825, excl. syn. cit.

Hedysarum triflorum L. Sp. Pl. 2: 749. 1753, pro parte

多年生草本。茎平卧，长10-50cm，多分枝，被短柔毛。叶为三出羽状复叶；托叶长卵形，长4-5mm，先端急尖；叶柄长约5mm，疏被短柔毛；顶生小叶片倒心形、倒三角形或倒卵形，长和宽均为0.5-1cm，侧生小叶片较小，下面疏被短柔毛，上面无毛，基部楔形，边缘全缘，先端微凹，侧脉每边4-5条。花单生或2-3朵簇生于叶腋；苞片长卵形，长约1mm；花梗长5-8mm，被短柔毛；花萼钟状，长3.5-4mm，密被短柔毛，裂片5，披针形，下方3裂片分离，上方2裂片合生至中部；花冠长4-4.5mm，紫红色，旗瓣圆扇形，基部渐狭成一长瓣柄，翼瓣长圆形，短于旗瓣，基部近无耳，具短瓣柄，龙骨瓣稍长于翼瓣，微弯，无耳，具长瓣柄；雄蕊10，二体，其中对旗瓣的1枚分离；子房条形，被长柔毛。荚果条状长圆形，长1.5-2cm，宽约3mm，直或微弯，背缝于种子间微缢缩呈浅波状，腹缝直，有4-7个荚节；荚节近圆形，被小钩状毛。花果期：4-11月。

产地：三洲田（深圳考察队63）、仙湖植物园（李沛琼90705A）、梅林（张寿洲等0616），本市各地常见。生于旷野草地、林边草地或灌丛中，海拔20-350m。

分布：浙江、江西、台湾、福建、广东、香港、澳门、海南、广西、湖南及云南。尼泊尔、印度、斯里兰卡、缅甸、泰国、越南、马来西亚、太平洋岛屿、大洋洲及美洲热带。

7. 小槐花 Caudate Tickclover 图361 彩片349
Desmodium caudatum (Thunb.) DC. Prodr. 2: 337. 1825.

Hedysarum caudatum Thunb. Fl. Jap. 286. 1784.

灌木，高1-2m；分枝幼时疏被短柔毛，后变无

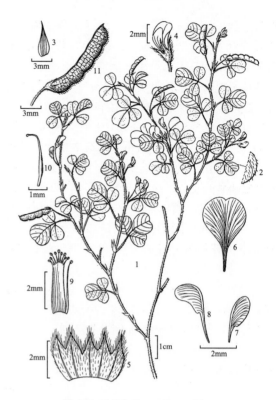

图360 三点金 Desmodium triflorum
1.植株的一部分、三出羽状复叶、花及荚果；2.小叶一部分，示下面的毛被；3.托叶；4.花；5.花萼展开；6.旗瓣；7.翼瓣；8.龙骨瓣；9.雄蕊；10.雌蕊；11.荚果。（李志民绘）

图361 小槐花 Desmodium caudatum
1.分枝的一段、三出羽状复叶和总状花序；2.花萼展开；3.旗瓣；4.翼瓣；5.龙骨瓣；6.雄蕊；7.雌蕊；8.荚果。（李志民绘）

毛。叶为三出羽状复叶；托叶条状披针形，长约 5mm；小托叶条形，长约 3mm；叶柄长 1.5-4cm，两侧具狭翅，无毛；顶生小叶片披针形或椭圆状披针形，长 5-10cm，宽 1.5-2.5cm，侧生小叶片较小，下面沿脉疏被平伏的短柔毛，幼时上面疏被短柔毛，后变无毛，基部楔形，边缘全缘，先端急尖，侧脉每边 10-12 条。总状花序长 10-30cm，顶生和腋生，有的在下部有若干分枝而组成圆锥花序；花序梗短，长 0.5-1.5cm，与花序轴均疏被短柔毛和小钩状毛；苞片条形，长约 2mm；花 2 朵生于花序轴的每节上；花萼钟状，长 3-4mm，密被短柔毛，裂片 5，披针形，下方 3 裂片，其中中间的一裂片最长，上方 2 裂片合生几至顶端；花冠绿白色或黄白色，长约 5mm，旗瓣长圆形，瓣柄甚短，翼瓣狭长圆形，长及旗瓣的 2/3，具短耳，龙骨瓣长圆形，稍短于旗瓣，无耳，与翼瓣均具短瓣柄；雄蕊 10，二体，其中对旗瓣的 1 枚分离；子房条形，密被短柔毛。荚果条状长圆形，长 5-7cm，扁平，密被小钩状毛，背缝及腹缝均在种子间微缢缩呈浅波状，有 4-8 荚节；荚节长椭圆形。花果期：5-10 月。

产地：梧桐山（深圳考察队 1472）、仙湖植物园（李沛琼 3056）、塘朗山。生于山坡草丛中、林边及路旁草地，海拔 50-160m。

分布：广东、香港、广西、湖南、江西、福建、台湾、浙江、江苏、安徽、河南、湖北、四川、云南及西藏。日本、朝鲜、不丹、印度、斯里兰卡、缅甸和马来西亚。

8. 南美山蚂蝗 Beggar's-ticks

图 362　彩片 350 351

Desmodium tortuosum（Sw.）DC. Prodr. **2**：332. 1825.

Hedysarum tortuosum Sw. Prodr. 107. 1788.

多年生直立草本，高达 1m。茎自基部以上分枝，被黄色长柔毛和小钩状毛，幼时毛甚密。叶为三出羽状复叶，偶见单小叶；托叶条状披针形，长约 5mm，下部合生成鞘状；小托叶条形，长约 3mm；叶柄长 2-8cm，与叶轴均密被黄色长柔毛和小钩状毛；顶生小叶片菱状披针形或菱状卵形，长 5-10cm，宽 1.5-3.5cm，侧生小叶片较小，多为菱状卵形，下面疏被短柔毛，上面近无毛，基部楔形，边缘全缘，先端钝，有小短尖，侧脉每边 5-7 条。总状花序顶生或腋生，长 15-25cm（果期可延长至 20-40cm），顶生的常有若干分枝而组成圆锥花序；花序梗、花序轴、花梗与花萼均密被小钩状毛；花梗纤细呈丝状，长约 1cm，果期可延长至 1.5cm；花 2 朵生于花序轴的每节上；花萼钟状，长 3-4mm，裂片 5，条形，下方 3 裂片分离，上方 2 裂片合生几至顶部；花冠红色、黄色或白色，长 3.5-4.5mm，旗瓣倒卵形，基部渐狭成短瓣柄，翼瓣长圆形，与旗瓣近等长，瓣片基部具短耳和短瓣

图 362 南美山蚂蝗 Desmodium tortuosum
1. 分枝的一段及三出羽状复叶；2. 果序；3. 托叶；4. 花萼展开；5. 旗瓣；6. 翼瓣；7. 龙骨瓣；8. 荚果。（蔡淑琴绘）

柄，龙骨瓣斜长圆形，稍长于旗瓣，微弯，无耳，具短瓣柄；雄蕊 10，二体，其中对旗瓣的 1 枚分离；子房条形，密被短柔毛。荚果条状长圆形，长 1.5-2.5cm，宽 3-4mm，背缝与腹缝均于种子间缢缩而呈念珠状，有 5-7 荚节；荚节近圆形，边缘微卷曲，密被小钩状毛。花果期：6-10 月。

产地：梧桐山（深圳考察队 1431）、东湖公园、莲花山（李沛琼 011104）、沙井、大南山（华农学生采集队 010672）。生于林边或旷野草地，海拔 25-50m。归化。

分布：原产于中美洲和南美洲。广东、香港和澳门有归化或偶有栽培。

9. 假地豆 Hetercarpous Tick-clover

图 363　彩片 352

Desmodium heterocarpon（L.）DC. Prodr. **2**: 337. 1825.

Hedysarum heterocarpon L. Sp. Pl. **2**: 747. 1753.

半灌木，高 0.5-1.5m。茎直立或斜升，稀平卧，多分枝，疏被长柔毛，幼时毛较密。叶为三出羽状复叶；托叶卵状披针形，长 1-1.5cm，先端渐狭呈条形；叶柄长 1-2cm，疏被短柔毛；顶生小叶片椭圆形、倒卵状椭圆形或长椭圆形，长 2-8cm，宽 1.2-3.5cm，侧生小叶片较小，下面疏被平伏的短柔毛，上面无毛，基部圆，边缘全缘，先端圆、钝或微凹，具小短尖，侧脉每边 5-10 条。总状花序长 3-10cm；苞片长圆形，长 5-6mm，有纵脉，先端尾状；花序梗与花序轴均密被淡黄色平伏的长柔毛；花 2 朵密生于花序轴的每节上；花梗长 2-3mm，与花萼均无毛；花萼钟状，长约 2mm，裂片 5，三角形，下方 3 裂片分离，上方 2 裂片合生几至顶部；花冠紫红色或白色，长约 5mm，旗瓣宽倒卵形，基部具短瓣柄，翼瓣长圆形，与旗瓣近等长，具短耳和短瓣柄，龙骨瓣倒卵状长圆形，微弯，稍短于翼瓣；雄蕊 10，二体，其中对旗瓣的 1 枚分离；子房条形，疏被长柔毛。荚果密集，条状长圆形，长 1.5-2.5cm，宽约 3mm，疏被小钩状毛至几无毛，沿两侧缝线密生小钩状毛，背缝在种子间微缢缩呈浅波状，腹缝直，有荚节 4-7；荚节近圆形。花果期：7-11 月。

产地：东涌（张寿洲等 3473）、梧桐山（深圳考察队 1310）、沙井（张寿洲等 2300），本市各地常见。生于林边、灌丛、沟旁、路旁和山坡草地，海拔 25-400m。

分布：安徽、江苏、浙江、江西、福建、台湾、广东、香港、澳门、海南、广西、湖南、湖北、四川、贵州及云南。日本、印度、斯里兰卡、缅甸、泰国、越南、柬埔寨、老挝、菲律宾、马来西亚、太平洋诸岛及大洋洲。

用途：全株药用，有清热利尿和治跌打损伤之功效。

10. 显脉山蚂蝗 Distinct-nerved Tick-clover

图 364　彩片 353

Desmodium reticulatum Champ. ex Benth. in J. Bot. Kew Gard. Misc. **4**: 46.1852.

半灌木，高 30-70cm；嫩枝被平伏的长柔毛，后渐变无毛。叶为三出羽状复叶，在茎的下部偶有单小

图 363 假地豆 Desmodium heterocarpon
1. 分枝的上段、三出羽状复叶、总状花序和果序；2. 托叶；3. 花萼展开；4. 旗瓣；5. 翼瓣；6. 龙骨瓣；7. 荚果。（蔡淑琴绘）

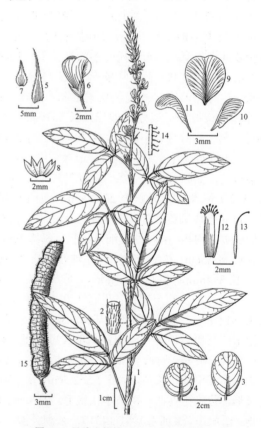

图 364 显脉山蚂蝗 Desmodium reticulatum
1. 分枝的上段、三出羽状复叶和总状花序；2. 枝的一段，示毛被；3-4. 生于茎下部的单小叶；5. 托叶；6. 花；7. 苞片；8. 花萼展开；9. 旗瓣；10. 翼瓣；11. 龙骨瓣；12. 雄蕊；13. 雌蕊；14. 花序轴上的小钩状毛；15. 荚果。（李志民绘）

叶；托叶披针形，长 1.2-1.8cm，先端延伸呈条形；小托叶条形，长 0.8-1cm；叶柄长 1.5-3cm，疏被平伏的长柔毛；顶生小叶片长椭圆形，长 3-6cm，宽 1-2cm，侧生小叶片较小，下面近无毛或疏被平伏的长柔毛，上面无毛，基部圆或微心形，边缘全缘，先端钝或急尖，具小短尖，侧脉两面均明显，每边 5-7 条。总状花序顶生，长 10-18cm；花序梗及花序轴均密被小钩状毛；花每 2 朵生于花序轴的节上，较疏生；苞片卵形，长 4-5mm，先端尾状；花梗长约 3mm，与花萼均近无毛；花萼钟状，长约 2mm，裂片 5，披针形，下方 3 裂片分离，上方 2 裂片合生几至顶部；花冠粉红色至蓝色，长约 6mm；旗瓣宽卵形，翼瓣倒卵状长圆形，短于旗瓣，龙骨瓣微弯，与旗瓣近等长；雄蕊 10，二体，其中对旗瓣的 1 枚分离；子房条形，疏被长柔毛。荚果条状长圆形，长 1.5-2cm，宽 2-3mm，背缝于种子间微缢缩呈浅波状，腹缝直，疏被小钩状毛，沿两侧缝线毛较密，有 3-7 荚节；荚节近圆形。花果期：5-10 月。

产地：南澳（张寿洲等 1728）、葵涌、大鹏、笔架山、梧桐山（深圳考察队 1720）、仙湖植物园、梅林、羊台山、大南山（华农学生采集队 010655）。生于山坡疏林下、林边草地、灌丛中和旷野，海拔 50-350m。

分布：广东、香港、澳门、海南、广西和云南。缅甸、泰国及越南。

18. 笔花豆属 Stylosanthes Sw.

多年生草本或半灌木，植物体有腺状毛。叶为三出羽状复叶；托叶膜质，一侧的中部以下与叶柄贴生，另一侧彼此合生呈鞘状，抱茎，宿存；无小托叶；小叶片边缘全缘。花小，组成紧密的总状花序或排列为近球形的总状花序，顶生和腋生；苞片叶状，合生；小苞片披针形或条形，与苞片均宿存；花萼筒状，具 5 裂片，下方 3 裂片分离，上方 2 裂片大部分合生；花冠黄色或橙黄色，旗瓣宽倒卵形或倒卵形，顶端凹，基部渐狭成瓣柄，无耳，翼瓣略短于旗瓣，龙骨瓣短于翼瓣或近等长，两者均具耳和瓣柄；雄蕊 10，单体，花药二型，5 枚较长的基着，另 5 枚较短的背着，间生；子房条形，无柄，具 2-3 胚珠。荚果长圆形或椭圆形，扁平，有 1-2 荚节，表面有网纹和小疣突，先端有短喙。种子卵形。

约 25 种，分布于美洲、非洲和亚洲的热带、亚热带地区。我国引进栽培 1 种。在深圳有逸生。

圭亚那笔花豆 Sensitive Joint-vetch

图 365　彩片 354

Stylosanthes guianensis（Aubl.）Sw. in Kongl. Vetensk. Acad. Nya Handl. **10**: 301. 1789.

Trifolium guianensis Aubl. Hist. Pl. Guiane **2**: 776，t. 309. 1775. ["guianense"].

多年生草本。茎直立，高 15-30cm，自下部多分枝，幼时密被开展的长柔毛，间生腺状毛，后渐变无毛。叶长 4-5.5cm；托叶长 0.5-1.5cm，白色间绿色脉纹，疏被长柔毛，幼时被刚毛，先端刺状；叶柄长 2.5-4cm，与叶轴和小叶柄均疏被短柔毛；小叶柄甚短，长仅 1mm；小叶片狭椭圆形或披针形，长 1.5-3cm，宽 4-8mm，基部渐狭，边缘全缘，先端急尖，下面疏被长柔毛，上面近无毛，基出脉 3，侧脉每边 5-8 条。总状花序长 1-1.5cm，具 2 至 10 余朵密集的花；苞片叶状，长 0.7-1.4cm，密被长柔毛，幼时被刚毛；小苞片条形，长 4-6mm；花单生于每一苞片腋内，长

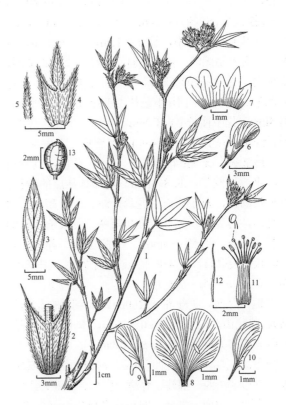

图 365 圭亚那笔花豆 Stylosanthes guianensis
1. 植株的一部分、三出羽状复叶及总状花序；2. 托叶；3. 小叶；4. 苞片；5. 小苞片；6. 花；7. 花萼展开；8. 旗瓣；9. 翼瓣；10. 龙骨瓣；11. 雄蕊；12. 雌蕊；13. 荚果。（李志民绘）

5-8mm；花梗长 3-4mm；花萼钟状，长 3-4mm，下方 3 裂片分离，先端钝，其中中间的 1 裂片最长，上方 2 裂片合生至裂片全长的 1/2，先端圆；花冠橙黄色，旗瓣宽倒卵形，长 5-7mm，有紫红色脉纹，瓣片中下部有 2 枚小附属体，翼瓣稍短于旗瓣，龙骨瓣短于翼瓣，二者均具耳和瓣柄。荚果卵形，具 1 荚节，长约 2mm，宽约 1.5mm。花果期：8-12 月。

产地：梅林（张寿洲等 5427）。生于山地疏林下，海拔 150-200m，逸生。

分布：原产于北美洲南部和中、南美洲。热带地区广为栽培。浙江、台湾、广东和香港有栽培或逸生。

用途：覆盖植物，又为优良牧草和绿肥。

19. 合萌属 Aeschynomene L.

草本或小灌木。茎直立或匍匐。叶为奇数羽状复叶；托叶盾状着生，基部下延呈耳状，早落；小叶多数，密生，易闭合。总状花序腋生，有花数朵；苞片成对，与小苞片均宿存；花小；花萼呈二唇形，下唇顶端 3 裂，上唇 2 裂或两唇顶端均全缘；花冠早落；旗瓣圆形，具短瓣柄，翼瓣无耳，龙骨瓣弯曲，先端呈喙状；雄蕊 10，二体，每 5 枚花丝下部合生，花药一式，肾形，基着；子房有柄，具多数胚珠，花柱内弯，柱头顶生。荚果扁平，有 4-8 荚节，不开裂，成熟时逐节脱落，每荚节具 1 种子。

约 150 种，分布于全球热带和亚热带地区，我国产 1 种。深圳也有分布。

合萌 田皂角 Sensitive Jointvetch　　图 366　彩片 355
Aeschynomene indica L. Sp. Pl. 2：713. 1753.

一年生半灌木状草本，株高 0.3-1m。茎直立，多分枝，无毛，有褐色腺体。羽状复叶有小叶 41-61 片；托叶披针形，长约 0.8-1cm；叶柄长 0.5-1cm，无毛；小叶片条状长圆形，小，长 0.2-1cm，宽 1-2mm，两面无毛，密生小腺点，基部偏斜，边缘全缘，先端圆，具小短尖。总状花序短于叶，腋生，长约 2cm，有花 2-4 朵；苞片与托叶同形；小苞片生于花萼基部，卵形，长约 4mm；花序梗长 0.8-1.2cm，有褐色腺体，无毛；花梗长约 1mm；花萼长约 4mm，二唇形，下唇顶端 3 裂，上唇 2 裂，无毛；花冠长 8-9mm，黄色，具紫色条纹，旗瓣近圆形，长 8-9mm，基部具甚短的瓣柄，翼瓣狭长圆形，短于旗瓣，龙骨瓣略长于翼瓣，弯曲呈半月形，与翼瓣均无耳和具短瓣柄。荚果条状长圆形，长 3-4cm，宽约 3-4mm，直或微弯，扁平，背缝呈波状，腹缝直，有 4-8 荚节。种子肾形，黑褐色。花期：5-8 月，果期：7-9 月。

产地：南澳（张寿洲等 2006）、大鹏（张寿洲等 4365）、莲花山公园（李沛琼 011105），本市各地常见。生于山坡或路旁草地，海拔 50-100m。

分布：辽宁、河北、陕西、山西、河南、山东、安徽、江苏、浙江、江西、福建、台湾、广东、香港、澳门、海南、广西、湖南、湖北、四川、贵州和云南。朝鲜、日本、亚洲热带地区、非洲和大洋洲。

用途：全草药用，有清热利湿的功效；茎叶为优良的绿肥；种子有毒。

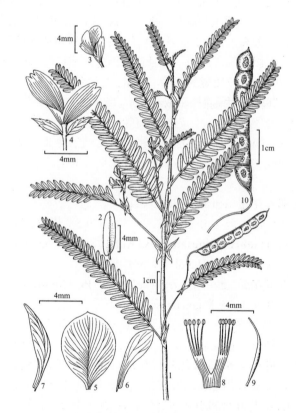

图 366 合萌 Aeschynomene indica
1. 分枝的上段、羽状复叶和总状花序；2. 小叶；3. 花；4. 小苞片和花萼；5. 旗瓣；6. 翼瓣；7. 龙骨瓣；8. 雄蕊；9. 雌蕊；10. 荚果。（李志民绘）

20. 坡油甘属 Smithia Ait.

平卧草本或小灌木。叶为偶数羽状复叶，有小叶 3-10 对；托叶干膜质，盾状着生，宿存，无小托叶。花腋生，单朵或多朵排成总状花序或簇生；苞片干膜质，具条纹，脱落；小苞片亦为干膜质，生于花萼基部，宿存；花萼硬纸质或膜质，二唇形，下唇与上唇近相等或略不等，边缘近全缘，宿存；花冠稍长于花萼或与花萼等长，黄色、蓝色或紫色，各瓣近等长；雄蕊 10，初时为单体，后期分为二体，每 5 枚花丝合生，花药一式，背着；子房条形，有多数胚珠，荚果包于宿存的花萼内，有数个扁平或膨胀的荚节；荚节相互折叠，不伸出花萼外。

约 30 种，分布于非洲和亚洲热带地区，以亚洲热带和马达加斯加的种类最多。我国产 5 种。深圳有 2 种。

1. 羽状复叶和总状花序生于分枝较疏离的节上；花萼无毛 ……………………………… 1. 坡油甘 S. sensitiva
1. 羽状复叶和总状花序密集于分枝的上部和主枝的顶部；花萼外面疏生刚毛 ………… 2. 密花坡油甘 S. conferta

1. 坡油甘 Sencitive Smithia 图 367

Smithia sensitiva Aiton, Hortus Kew. **3**: 496. t. 13. 1789.

一年生草本。茎多分枝，斜升或平卧，稍木质，长 0.5-1m，无毛。羽状复叶长 2-3cm，有小叶 3-10 对；托叶干膜质，褐色，卵形，长 1-1.3cm，基部下延，一侧延伸呈长条形，无毛，有平行脉；叶柄长仅 1mm，与叶轴下面均被刚毛；小叶片长圆形，长 0.7-1cm，宽 3-4mm，边缘及下面沿中脉被刚毛，上面无毛，基部圆，偏斜，先端圆，具刺毛状短尖。总状花序腋生，长 2-3.5cm；苞片与托叶同形，但基部不下延；花序梗长 1.5-2.5cm，与花序轴和花梗均无毛；花 1-6 朵密集于花序轴上部；小苞片卵形，长约 3.5-4.5mm，有纵脉，无毛；花梗长 2-3mm；花萼硬纸质，长 5-8mm，无毛，有平行脉；花冠长 0.7-1cm，黄色，旗瓣近圆形，基部具宽瓣柄，翼瓣和龙骨瓣稍短于旗瓣，均具耳及瓣柄；子房条形，无毛。荚果有 4-5 荚节；荚节近圆形，直径约 1.5mm，无毛，密生乳头状突起，先端有宿存花柱。花期：7-10 月，果期：9-11 月。

产地：仙湖植物园（李沛琼 1847）。生于山坡水沟边，海拔 100m。

分布：台湾、福建、广东、海南、广西、贵州、云南和四川。广布于亚洲热带、澳大利亚和非洲。

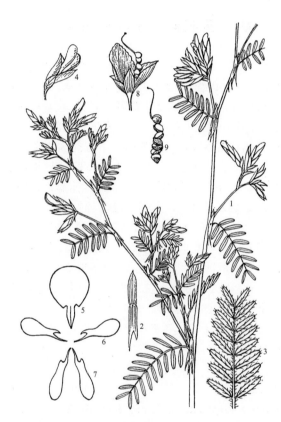

图 367 坡油甘 Smithia sensitiva
1. 植株的一部分、羽状复叶及花序；2. 托叶；3. 羽状复叶；4. 花；5. 旗瓣；6. 翼瓣；7. 龙骨瓣；8. 宿存小苞片、宿存花萼及荚果；9. 荚果。（蔡淑琴绘）

2. 密花坡油甘 Crowded-flowered Smithia 图 368

Smithia conferta Sm. in Rees, Cycl. **33**: n. 2. 1816.

一年生草本。茎多分枝，高 30-90cm，斜展或平卧，无毛，分枝的上部各节间短缩。羽状复叶密生于分枝上部和主枝的顶部，长 1.5-3.5cm，有小叶 3-6 对；托叶长约 1cm，干膜质，无毛，有平行脉，基部下延，一侧延伸呈长条形；叶柄长 2-3mm，与叶轴的下面均疏被刚毛；小叶片长圆形，长 0.8-1.2cm，宽 3-3.5mm，下面沿中脉及边缘疏生刚毛，上面无毛，基部斜圆形，先端圆，有刺毛状短尖。总状花序生于分枝上部和主枝顶部叶腋，长 2-2.5cm；苞片与托叶同形，但基部不下延；花序梗长约 1cm，无毛；花数朵密生；小苞片卵形，长 4-5mm，无毛；花梗甚短，长仅 2mm；花萼硬纸质，长 8-9mm，外面疏生刚毛，有平行脉；花冠黄色，与花萼近等长，旗瓣宽倒卵形，长 8-9mm，基部渐狭成长瓣柄，翼瓣稍短于旗瓣，龙骨瓣稍短于翼瓣，均具耳和瓣柄；子房具短柄，疏被短刚毛。荚果有 4-6 荚节，无毛，有乳头状突起。花果期：7-11 月。

产地：七娘山、南澳、三洲田（深圳考察队 409）、梧桐山（陈景方 2287）。生于山沟边草丛中，海拔 200-450m。

分布：广东和香港。印度、斯里兰卡、马来西亚、印度尼西亚和澳大利亚。

21. 丁癸草属 *Zornia* J. F. Gmel.

一年生或多年生草本，植物体有小腺点。叶为掌状复叶；托叶盾状着生；无小托叶；小叶 2-4 片，边缘全缘。花序为总状花序或穗状花序，腋生；苞片成对，盾状着生；无小苞片；花小，每一朵花的下部为一对苞片所覆盖；花萼膜质，具 5 齿，下方的 3 齿分离，其中侧生的 2 齿较短小，中间的 1 齿最长，上方的 2 齿大部分合生；花冠多为黄色，伸出萼外，旗瓣近圆形，翼瓣斜倒卵形或长圆形，龙骨瓣微弯，先端急尖；雄蕊 10，单体，花药二型，互生，其中花丝长的花药近圆形，基着，花丝短的花药较长，椭圆形，背着；子房无柄，有多颗胚珠。荚果扁，具刺毛或无毛，腹缝浅波状，背缝波状，具数荚节，基部为 2 枚宿存苞片所苞，不开裂；荚节近圆形，具 1 种子。

86 种，分布于全球热带和亚热带地区。我国产 2 种。深圳有 1 种。

丁癸草 *Zornia*　　　　图 369　彩片 356

Zornia diphylla（L.）Pers. Syn. Pl. **2**（2）：318. 1807，["diphyllum"].

Hedysarum diphyllum L. Sp. Pl. **2**：747. 1753.

Zornia gibbosa Span. in Linnaea **15**：192. 1841；D. L. Wu in Q. M. Hu & D. L. Wu, Fl. Hong Kong **2**：93，fig. 65. 2008.

多年生草本。老株可长出粗厚的主根。茎披散，纤细，多分枝，长 30-60cm，无毛。叶长 2-3cm，有 2 片小叶；托叶卵状披针形或披针形，长 5-6mm，两端急尖，无毛，有纵脉，脱落；叶柄纤细，长 1-1.5cm，无毛；小叶片条状长圆形或狭长圆形，长 1-1.8cm，宽 3-4mm，基部渐狭而偏斜，先端急尖，具小短尖，

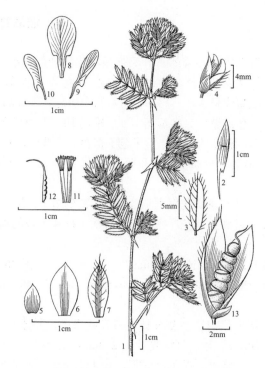

图 368 密花坡油甘 Smithia conferta
1. 茎的一段、羽状复叶及总状花序；2. 托叶；3. 小叶；4. 花；5. 苞片；6-7. 花萼的上唇和下唇；8. 旗瓣；9. 翼瓣；10. 龙骨瓣；11. 雄蕊；12. 雌蕊；13. 荚果与宿存花萼内，下方为宿存的小苞片。（李志民绘）

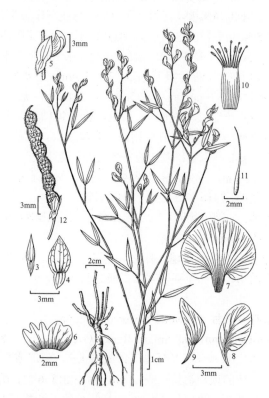

图 369 丁癸草 Zornia diphylla
1. 植株的一部分、掌状复叶及总状花序；2. 根；3. 托叶；4. 苞片；5. 生于苞片腋内的花；6. 花萼展开；7. 旗瓣；8. 翼瓣；9. 龙骨瓣；10. 雄蕊；11. 雌蕊；12. 荚果。（李志民绘）

两面有白色小腺点，无毛或疏生缘毛。总状花序腋生，长 2-6cm，有 2-8 朵花；苞片卵形，长 6-7mm，两端尖，无毛，有纵脉，宿存；花序梗长 1-2.5cm，与花序轴均疏被短柔毛；花梗甚短；花萼长约 3mm，无毛；花冠黄色，长约 6-7mm，各瓣近等长，均具瓣柄，旗瓣近肾形，翼瓣和龙骨瓣近似，基部无耳。荚果长 1.2-1.5cm，宽 2.5-3mm，有网脉，密被短柔毛及针状刺，刺上又疏生短柔毛；荚节 2-6，近圆形。花果期：6-11 月。

产地：七娘山、南澳、梧桐山、仙湖植物园（李沛琼 847）、内伶仃岛。生于田边、沟边和旷野草丛中，海拔 50-100m。也有栽培。

分布：江苏、浙江、台湾、江西、福建、广东、香港、海南、广西、四川及云南。日本（四国、琉球）、尼泊尔、印度、斯里兰卡和缅甸。

用途：全草药用，有清热解毒、除湿利尿之效；根煅灰捣碎，外敷治疗疾，和蜜捣敷治牛马疔，亦可治蛇伤。

22. 猪屎豆属 Crotalaria L.

草本、半灌木或灌木。叶为单叶或三出掌状复叶；托叶存在或无；叶片边缘全缘。花序为总状花序，顶生、腋生或与叶对生；花萼钟状，具 5 裂片，裂片与萼筒近等长，有的为二唇形，如为二唇形，其下唇的 3 裂片较狭，分离，上唇 2 裂片较宽，完全合生或部分合生；花冠黄色或紫蓝色，旗瓣近圆形，在瓣片的基部有 2 枚胼胝体或无，翼瓣长圆形或长椭圆形，龙骨瓣中部以上弯曲，顶端呈喙状，扭转或不扭转；雄蕊 10，单体，花药二型，长圆形的与球形的互生，前者基着，后者背着；子房有柄或无柄，具 2 至多数胚珠，花柱柱状，基部通常弯曲，斜向。荚果卵球形、长圆体形至圆柱形，肿胀。种子 2 至多数。

约 600 种，分布于热带和亚热带地区。我国有 43 种，18 变种。深圳有 9 种。

1. 叶为三出掌状复叶；龙骨瓣先端不扭转。
  2. 荚果卵球形，长宽均约 5mm，具 2 粒种子；花冠长 5-7mm ⋯⋯⋯⋯⋯⋯⋯ 1. **球果猪屎豆 C. uncinella**
  2. 荚果长圆体形或长圆状圆柱形，长 2-4cm，具 20-30 粒种子；花冠长 0.7-1.2cm。
    3. 小叶片椭圆形、长椭圆形或倒卵状椭圆形，顶生小叶片长 3-6cm，宽 1.5-3mm，先端圆或微凹；荚果长圆状圆柱形，长 4-5cm，宽 5-8mm，仅幼时被短柔毛，成熟后无毛⋯⋯⋯ 2. **猪屎豆 C. pallida**
    3. 小叶片长椭圆形或椭圆形，顶生小叶片长 5-9cm，宽 2-4cm，先端急尖；荚果长圆体形，长 2.5-4cm，宽 1-1.5cm，成熟后仍密被锈色短柔毛 ⋯⋯⋯⋯⋯⋯ 3. **三尖叶猪屎豆 C. micans**
1. 叶为单叶；龙骨瓣先端扭转。
  4. 花冠长于花萼；荚果长圆体形，长 3-5cm，宽 1-1.8cm；叶片倒披针形或倒卵状长圆形、狭椭圆形或条状长圆形，长 4-8cm，宽 2-3.5cm。
    5. 叶片先端微凹；花冠长 1.5-1.8cm；荚果长 3-4cm，宽约 1cm ⋯⋯⋯⋯⋯⋯ 4. **吊裙草 C. retusa**
    5. 叶片先端钝或圆；花冠长 2-2.5cm；荚果长 4-5cm，宽 1.5-1.8cm ⋯⋯⋯ 5. **大猪屎豆 C. assamica**
  4. 花冠短于花萼或与花萼等长；荚果长圆体形或近球形，长 1-3cm，宽 0.35-1.5cm；叶片椭圆形、狭椭圆形、倒披针形、条形、条状披针形或条状长圆形。
    6. 托叶披针形或三角状披针形，长 5-8mm；叶片椭圆形或狭椭圆形，长 2-6cm，宽 1-3cm；荚果伸出宿存花萼外 ⋯⋯⋯⋯⋯⋯⋯⋯⋯⋯⋯⋯⋯⋯⋯⋯⋯⋯ 6. **假地蓝 C. ferruginea**
    6. 托叶锥状、刚毛状或条形，长 1-3mm；叶片不为上述形状；荚果不伸出或微伸出宿存花萼外。
      7. 叶片狭椭圆形或倒披针形，长 1-2.7cm，宽 0.5-1cm；总状花序长达 20cm，有 20-30 朵花；花萼与花冠均长为 6-8mm ⋯⋯⋯⋯⋯⋯⋯⋯⋯⋯⋯⋯⋯⋯⋯⋯ 7. **响铃豆 C. albida**
      7. 叶片条形、条状披针形或条状长圆形，长 3-12cm，宽 0.5-1cm；总状花序长不逾 10cm，有 2-20 朵花；花萼长 1-2.5cm；花冠长 0.8-2.5cm。
        8. 花排列紧密；花冠蓝色或紫蓝色，长 0.8-1.2cm；花萼长 1-1.5cm，密被棕褐色长绢状毛 ⋯⋯⋯⋯⋯⋯⋯⋯⋯⋯⋯⋯⋯⋯⋯⋯⋯⋯⋯⋯⋯⋯⋯⋯⋯ 8. **野百合 C. sessilliflora**
        8. 花排列疏松；花冠黄色，长 1.5-2.5cm；花萼长 1.5-2.5cm，密被棕褐色开展的长硬毛 ⋯⋯⋯⋯⋯⋯⋯⋯⋯⋯⋯⋯⋯⋯⋯⋯⋯⋯⋯⋯⋯⋯⋯ 9. **长萼猪屎豆 C. calycina**

1. 球果猪屎豆 Hooked Rattlebox

图 370 彩片 357

Crotalaria uncinella Lam. Encycl. **2**（1）：200. 1786.

Crotalaria elliptica Roxb. Fl. Ind. ed. 2，**3**：279. 1832；海南植物志 **2**：253. 1965.

多年生草本或半灌木，株高约 1m。茎幼时被短柔毛。叶为三出掌状复叶；托叶卵状三角形，长 1-1.5cm；叶柄长 1-2cm；小叶柄长 1-2mm，与叶柄均疏被短柔毛；小叶片椭圆形，顶生小叶片长 2-3.5cm，宽 0.8-1.5cm，下面被短柔毛，上面无毛，侧生小叶片较小，基部宽楔形，先端圆，具小短尖。花序为总状花序，顶生、腋生或与叶对生，有花 10-30 朵；花序梗、花序轴及花梗均被短柔毛；苞片长约 1mm；花梗长 2-3mm；小苞片似苞片，生于萼筒的基部；花萼钟形，长 3-4mm，裂片三角状披针形，与萼筒近等长，密被短柔毛；花冠黄色，长 5-7mm，伸出出萼外，旗瓣近圆形，长 5-6mm，瓣片基部有 2 枚胼胝体，翼瓣长圆形，与旗瓣近等长，龙骨瓣长于旗瓣，先端喙状，不扭转。荚果卵球形，长与宽约 5mm，有短柄，被短柔毛，有 2 粒种子。种子成熟后红色。花果期：8-12 月。

产地：西涌（张寿洲等 4243）、大鹏、排牙山（王国栋 6615）、内伶仃岛。生于海边沙地、旷野及路旁草丛中，海拔 10-50m。

分布：广东、香港、澳门、海南及广西。亚洲热带、亚热带及非洲。

2. 猪屎豆 Smooth Rattlebox

图 371 彩片 358 359

Crotalaria pallida Aiton, Hortus Kew **3**：20. 1789.

Crotalaria mucronata Desv. in J. Bot. Agric. **3**：76. 1814；广州植物志 358. 1956；海南植物志 **2**：252. 1965.

Crotalaria obovata G. Don, Gen. Syst. **2**：138. 1832.

Crotalaria pallida Aiton var. *obovata*（G. Don.）Polhill in Kew Bull. **22**（2）：256. 1968；T. L. Wu in Q. M. Hu & D. L. Wu, Fl. Hong Kong **2**：91. fig. 62. 2008.

多年生草本或半灌木，株高 0.6-1m。茎被平伏的短柔毛。叶为三出掌状复叶；托叶刚毛状，早落；叶柄长 2-5.5cm；小叶柄长约 2mm，与叶柄均密被平

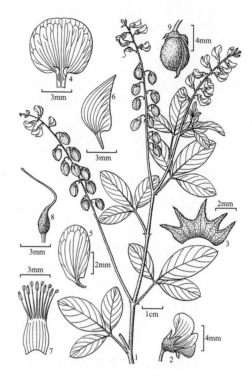

图 370 球果猪屎豆 Crotalaria uncinella
1. 分枝的上段、三出掌状复叶、总状花序和果序；2. 花；3. 花萼展开；4. 旗瓣；5. 翼瓣；6. 龙骨瓣；7. 雄蕊；8. 雌蕊；9. 荚果。（李志民绘）

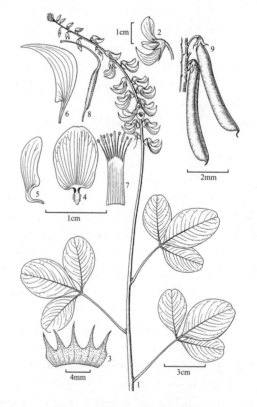

图 371 猪屎豆 Crotalaria pallida
1. 分枝的上段、三出掌状复叶和总状花序；2. 花；3. 花萼展开；4. 旗瓣；5. 翼瓣；6. 龙骨瓣；7. 雄蕊；8. 雌蕊；9. 荚果。（李志民绘）

伏的短柔毛；小叶片椭圆形、长椭圆形或倒卵状椭圆形，稀倒卵形，顶生小叶片长 3-7cm，宽 1.5-3cm，下面疏被短柔毛，上面无毛，侧生小叶片较小，基部楔形，先端圆、钝或微凹，有小短尖。总状花序顶生，长 20-25cm，有花 10-40 朵；花序梗、花序轴和花梗均密被短柔毛；苞片条形，长约 4mm；小苞片长约 1mm，生于花梗的中部或近基部；花梗长约 5mm；花萼钟形，长 7-8mm，裂片 5，条状披针形，稍长于与萼筒，密被短柔毛；花冠黄色，伸出萼外，旗瓣近圆形或长圆形，长 1.3-1.4cm，开花后反折，瓣片基部具 2 枚胼胝体，瓣柄甚短，翼瓣长圆形，长约 1cm，瓣柄弯曲，无耳，龙骨瓣长于旗瓣，长 1.4-1.5cm，几呈直角弯曲，基部渐狭成短瓣柄，无耳，先端喙状，不扭转。荚果长圆状圆柱形，长 4-5cm，直径 5-8mm，仅幼时被短柔毛，成熟后无毛，有种子 20-30 颗。花果期：9-12 月。

产地：七娘山（张寿洲等 0316）、仙湖植物园（李沛琼 89192）、羊台山（张寿洲等 1222），本市各地常见。生于旷野及路边草丛中，海拔 50-350m。

分布：山东、浙江、江西、台湾、福建、广东、香港、澳门、海南、广西、湖南、四川和云南。亚洲热带和亚热带、非洲及美洲。

用途：花美丽，可栽培作观赏植物；全草药用，有解毒除湿之效。

3. 三尖叶猪屎豆 美洲野百合 Three-sharp-leaved Rattlebox   图 372

Crotalaria micans Link，Enum. Hort. Berol. Alt. **2**：228. 1822.

Crotalaria anagyroides Kunth，Nov. Gen. Sp. ed. 4，**6**(29)：404. 1824；广州植物志 359. 1956；海南植物志 **2**：253. 1965.

多年生草本或半灌木，株高约 2m，除叶上面及花冠外，各部均被淡锈色短柔毛。叶为三出掌状复叶；托叶条形，长 3-5mm，早落；叶柄长 3-7.5cm；小叶柄长约 2mm；小叶片椭圆形或长椭圆形，顶生小叶片长 5-9cm，宽 2-4cm，侧生小叶片略小，基部楔形，先端急尖。总状花序顶生，长 10-30cm，有花 20-30 朵；苞片条形，长约 1cm，早落；小苞片与苞片同形，生于花梗的中上部；花梗长 5-7mm；花萼钟形，长 0.7-1cm，裂片披针形，与萼筒近等长；花冠黄色，伸出萼外，旗瓣近圆形，长与宽均 1-1.5cm，瓣片基部具 2 枚胼胝体，瓣柄甚短，翼瓣长圆形，稍短于旗瓣，龙骨瓣短于翼瓣，中部以上几呈直角弯，先端喙状，不扭转。荚果长圆体形，长 2.5-4cm，宽 1-1.5cm，密被锈色短柔毛，有 20-30 颗种子。花果期：5-12 月。

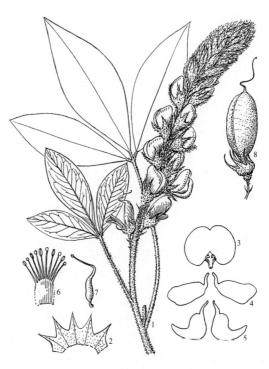

图 372 三尖叶猪屎豆 Crotalaria micans
1. 分枝的上段、三出掌状复叶和总状花序；2. 花萼展开；3. 旗瓣；4. 翼瓣；5. 龙骨瓣；6. 雄蕊；7. 雌蕊；8. 荚果。（蔡淑琴绘）

产地：仙湖植物园（李沛琼 011112），本市各公园时有栽培。

分布：原产美洲热带。我国台湾、福建、广东、海南、广西、云南以及亚洲热带、亚热带和非洲有栽培或逸生。

4. 吊裙草 凹叶野百合 Retuse-leaved Rattlebox   图 373   彩片 360

Crotalaria retusa L. Sp. Pl. **2**：715. 1753.

多年生半灌木状草本，株高 0.5-1.2m。茎圆柱形，密被平伏的短柔毛。叶为单叶；托叶钻状，长约 1mm；叶柄甚短，长约 2mm，密被短柔毛；叶片倒卵状长圆形或倒披针形，长 4-7cm，宽 2-3cm，下面密被平伏短柔毛，上面无毛，基部楔形，先端微凹。总状花序顶生，通常长 10-20cm，最长可达 30cm，有 10-20 朵疏生的花；苞片披针形,长约 3mm;与小苞片和花梗均密被平伏的短柔毛;小苞片条形,长约 1mm,生于花梗的中上部;花梗长 5-7mm;花萼深裂呈二唇形,长 1-1.2cm,裂片披针形,上唇 2 裂片较下唇 3 裂片略宽和略长,疏被短柔毛;花冠黄色,伸出花萼外,旗瓣近圆形或微呈肾形,长 1.5-1.8cm,瓣片基部有 2 枚胼胝体,瓣柄甚短,翼瓣长圆形,与旗瓣近等长,无耳,具短瓣柄,龙骨瓣与翼瓣等长,中部以上变狭并弯曲呈喙状,先端扭转。荚果长圆体形,长 3-4cm,宽约 1cm,无毛,有种子 10-20 颗。花果期:几全年。

产地:七娘山、南澳(张寿洲 5376)、梧桐山。生于海滨沙滩,旷野草地和灌丛中,海拔 50-100m。

分布:台湾、广东、香港及海南。印度、斯里兰卡、越南、缅甸、马来西亚、澳大利亚、美洲和非洲的热带、亚热带地区。

用途:花美丽,可栽培供观赏;全草药用,有治风湿麻痹和关节肿痛之效。

5. 大猪屎豆 凸尖猪屎豆 Assam Rattlebox 图 374
Crotalaria assamica Benth. in London J. Bot. 2: 481 1843.

半灌木,株高 1-1.5m。茎圆柱形,密被锈色的茸毛。叶为单叶;托叶小,披针形,长约 1mm;叶柄甚短,长 2-3mm,与叶片的下面均密被平伏的茸毛;叶片倒披针形、条状长圆形或狭椭圆形,长 5-8cm,宽 2-2.5cm,基部楔形,先端钝或圆,有小短尖。总状花序顶生,长 10-30cm,有 10 多朵至 20 多朵疏生的花;花序梗、花序轴、苞片、小苞片和花萼均密被锈色的茸毛;苞片条形,长均 3mm,生于花梗的基部;小苞片锥形,长约 1.5mm,生于花梗的上部;花梗长 6-8mm;花萼长约 1.5cm,裂片 5,下方的 3 裂片狭披针形,上方的 2 裂片稍宽,均与萼筒近等长;花冠黄色,旗瓣近圆形,长约 2-2.5cm,开花后反折,瓣片基部具 2 枚胼胝体,瓣柄甚短,翼瓣长圆形,长约 2.2cm,基部无明显的耳,骤狭成短瓣柄,龙骨瓣长约 2.4cm,基部骤缩成短瓣柄,无耳,先端渐狭呈微弯的尖喙,喙顶端扭转;子房无毛,有短柄。荚果长圆体形,长 4-5cm,宽 1.5-1.8cm,无毛,具短柄。花果期:9 月至次年 2 月。

产地:仙湖植物园(王国栋 07010)、银湖(王学文 203,IBSC)。生于旷野草地,海拔 50m。

分布:台湾、广东、海南、广西、贵州和云南。印度、

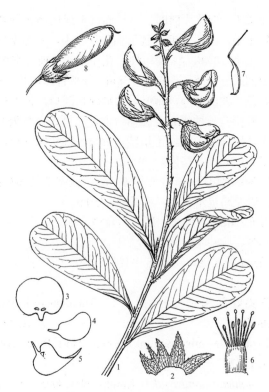

图 373 吊裙草 Crotalaria retusa
1.分枝的上段、小叶和总状花序;2.花萼展开;3.旗瓣;4.翼瓣;5.龙骨瓣;6.雄蕊;7.雌蕊;8.荚果。(蔡淑琴绘)

图 374 大猪屎豆 Crotalaria assamica
1.分枝的上段、小叶和总状花序;2.花萼展开;3.旗瓣;4.翼瓣;5.龙骨瓣;6.雄蕊;7.雌蕊;8.荚果。(蔡淑琴绘)

泰国、越南、老挝和菲律宾。

6. 假地蓝 Ferrugineous Rattlebox 图 375

Crotalaria ferruginea Graham ex Benth. in London J. Bot. **2**: 476. 1843.

半灌木。茎圆柱形，高 0.6-1.2m，多分枝。除荚果和花冠外，全株密被黄褐色开展的长硬毛。叶为单叶；托叶披针形或三角状披针形，长 5-8mm，宿存；叶柄甚短，长约 2mm；叶片椭圆形或狭椭圆形，长 2-6cm，宽 1-3cm，基部楔形，先端急尖或钝，有小短尖。总状花序顶生或腋生，长 4-10cm，有 2-8 朵疏生的花；苞片披针形，长 2-4mm；小苞片与苞片相似，生于萼筒的基部，与苞片均宿存；花萼呈二唇形，长 1.1-1.3cm，裂片条状披针形，长为萼管的 2 倍，下方的 3 裂片略长于上方的 2 裂片；花冠黄色，不伸出萼外，旗瓣宽倒卵形，长 0.8-1cm，瓣片基部有 2 枚胼胝体，翼瓣狭长圆形，长 8-9mm，龙骨瓣与翼瓣近等长，中部以上骤缩呈喙状，先端扭转，与旗瓣和翼瓣均具甚短的瓣柄。荚果长圆体形，伸出宿存花萼外，长 2-3cm，宽 0.8-1cm，无毛，有 20-30 颗种子。花果期：6-12 月。

产地：仙湖植物园（张寿洲 016776），本市各公园时有栽培。

分布：河南、安徽、江苏、浙江、福建、台湾、广东、香港、广西、湖南、湖北、四川、贵州、云南和西藏东南部。尼泊尔、印度、孟加拉国、斯里兰卡、缅甸、泰国、老挝、越南、菲律宾、马来西亚及印度尼西亚。

用途：全草药用，有消炎、平喘、止咳的功效；外敷能消肿解毒。又为绿肥和水土保持植物。

7. 响铃豆 Whitish Rattlebox 图 376 彩片 361

Crotalaria albida B. Heyne ex Roth, Nov. Pl. Sp. 333. 1821.

半灌木，高 0.3-1m。茎纤细，密被平伏的长柔毛。叶为单叶；托叶刚毛状，长约 1mm，早落；叶柄几不明显或长仅 1mm；叶片狭椭圆形或倒披针形，长 1-2.7cm，宽 0.5-1cm，下面密被长柔毛，上面无毛，基部楔形，先端圆，具小短尖。总状花序顶生或腋生，长达 20cm，有 20-30 朵疏生的花；花序梗、花序轴、苞片、小苞片和花萼均密被长柔毛；苞片条形，长约 1mm；小苞片与苞片同形，生于萼筒的基部；花萼呈二唇形，长 6-8mm，下唇 3 裂条状披针形，先端急尖，

图 375 假地兰 Crotalaria ferruginea
1.分枝的上段、小叶、总状花序和果序；2.花萼展开；3.旗瓣；4.翼瓣；5.龙骨瓣；6.雌蕊。（蔡淑琴绘）

图 376 响铃豆 Crotalaria albida
1.分枝的上段、小叶和总状花序；2.花萼展开；3.旗瓣；4.翼瓣；5.龙骨瓣；6.雄蕊；7.雌蕊；8.宿存花萼及荚果。（蔡淑琴绘）

上唇 2 裂片狭长圆形，先端圆，长均为筒部的 2 倍；花冠黄色，不伸出萼外，旗瓣倒卵状长圆形，长 6-8mm，瓣片基部具 2 胼胝体，先端具髯毛，翼瓣长圆形，短于旗瓣，无耳，龙骨瓣与翼瓣近等长，无耳，上部弯曲，先端呈扭转的喙状，各瓣均具甚短的瓣柄。荚果长圆体形，长约 1cm，宽 3.5-4mm，不伸出或微伸出宿存花萼外，无毛，有 6-12 颗种子。花期：5-7 月，果期：6-10 月。

产地：南澳（张寿洲等 1985）、梧桐山（深圳考察队 1419）、内伶仃岛。生于旷野草地及山坡疏林下，海拔 10-85m。

分布：广东、香港、海南、广西、湖南、江西、福建、浙江、江苏、安徽、河南、湖北、四川、贵州及云南。巴基斯坦、尼泊尔、孟加拉国、印度、斯里兰卡、缅甸、泰国、越南、老挝、菲律宾、马来西亚和印度尼西亚。

用途：全草药用，有清热解毒、利尿之效。

8.　野百合 Sessile-flowered Rattlebox

图 377　彩片 362

Crotalaria sessiliflora L. Sp. Pl., ed. 2, 1004. 1763.

一年生草本，高 0.5-1m。茎不分枝或有少数分枝，基部常木质，被平伏的棕褐色绢状毛。叶为单叶；托叶条形，长 2-3mm；叶柄不明显；叶片形状多变化，通常为条形或条状披针形，长 3-8cm，宽 0.5-1cm，下面密被棕褐色绢状毛，上面无毛，基部渐狭，先端急尖。总状花序通常顶生，稀腋生，长圆形，长 5-7cm，宽 2-3cm，有多数密生的花，偶有单花腋生；苞片条状披针形，长 4-6mm；花梗长约 1mm，开花后下弯；小苞片形似苞片，但较小，生于萼筒的基部，与苞片的下面均被棕褐色绢状毛；花萼呈二唇形，长 1-1.5cm，密被棕褐色长绢状毛，成熟后黄褐色，下唇 3 裂片狭披针形，先端急尖，上唇 2 裂片狭椭圆形，先端钝，均近等长；花冠蓝色或紫蓝色，不伸出花萼外，旗瓣宽椭圆形，长 0.8-1.2cm，瓣片基部具 2 枚胼胝体，瓣柄两侧被长柔毛，翼瓣长圆形，短于旗瓣，无耳，龙骨瓣与旗瓣近等长，中部以上微弯曲，并收窄至先端呈扭转的喙状，无耳，各瓣均具甚短的瓣柄。荚果长圆体形，长约 1cm，宽约 5mm，不伸出宿存花萼外，无毛，有 10-15 颗种子。花果期：5 月至翌年 2 月。

图 377 野百合 Crotalaria sessiliflora
1. 茎的上段、小叶和总状花序（花序下部已结果）；2. 苞片；3. 小苞片；4. 花萼展开；5. 旗瓣；6. 翼瓣；7. 龙骨瓣；8. 雄蕊；9. 雌蕊。（蔡淑琴绘）

产地：梧桐山（王学文 194）、光明新区（李沛琼等 8108）。生于旷野草丛中，海拔 50-100m。

分布：辽宁、河北、山东、河南、安徽、江苏、浙江、江西、福建、台湾、广东、香港、海南、广西、湖南、湖北、四川、贵州、云南和西藏。朝鲜、日本、巴基斯坦、尼泊尔、孟加拉国、印度、斯里兰卡、缅甸、泰国、菲律宾、马来西亚和印度尼西亚。

用途：全草药用，有消炎解毒的功效；花美丽，可栽培作观赏植物。

9.　长萼猪屎豆 长萼野百合 Long-calyx Rattlebox

图 378　彩片 363

Crotalaria calycina Schrank, Pl. Rar. Hort. Monac. **1**（2）: t. 12. 1817.

多年生草本。茎圆柱形，高 30-80cm，密被棕褐色开展的长硬毛。叶为单叶；托叶锥状，长约 1mm，宿存或脱落；叶柄甚短，长约 2mm 或几不明显；叶片条状披针形或条形，长 3-12cm，宽 0.6-8mm，下面密被白色或棕褐色长硬毛，上面沿中脉被毛，基部楔形，先端长渐尖。总状花序顶生，少见腋生，长 5-10cm，有 3-12 朵花；苞片条状披针形，长 1-1.5cm，与小苞片、花梗和花萼均密被棕褐色开展的长硬毛；小苞片与苞片同形，生于花萼基部或花梗的中上部；花梗长约 3mm；花萼呈二唇形，长 1.5-2.5cm，密被棕褐色或白色开展的长硬毛，成熟后呈黑色，下唇 3 裂片条状披针形，上唇 2 裂片椭圆形，均近等长；花冠黄色，不伸出花萼外，旗瓣倒卵状长圆形或近圆形，长 1.5-2.5cm，瓣片基部具 2 枚胼胝体，先端或上面的上方疏被柔毛，翼瓣长圆形，短于旗瓣，龙骨瓣与旗瓣近等长，瓣片上部微弯曲，先端喙状，扭转，各瓣均具短瓣柄。荚果长圆状圆柱形，长 1-1.5cm，宽 4-5mm，包于宿存花萼内，成熟后黑色，无毛，有种子 20-30 颗。花果期：6-10 月。

产地：南澳（张寿洲等 4481）、七娘山、南山（王学文 401）。生于旷野草丛、海边沙地或山坡疏林下，海拔 50-100m。

分布：台湾、福建、广东、香港、澳门、海南、广西、贵州、云南、四川及西藏。巴基斯坦、印度、尼泊尔、孟加拉国、越南、老挝、菲律宾、印度尼西亚、澳大利亚北部和热带非洲。

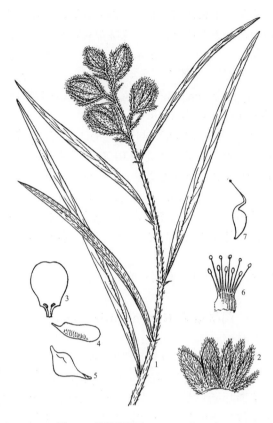

图 378 长萼猪屎豆 Crotalaria calycina
1. 茎的上段、小叶和总状花序；2. 小苞片及花萼展开；3. 旗瓣；4. 翼瓣；5. 龙骨瓣；6. 雄蕊；7. 雌蕊。（蔡淑琴绘）

23. 鸡头薯属 Eriosema（DC.）Desv.

直立草本或半灌木。有块根。茎通常无分枝或有少数分枝。叶为单叶或为三出羽状复叶；托叶条形或条状披针形，宿存；无小托叶；叶片边缘全缘，下面有腺点。总状花序甚短，有 1-2 朵或若干朵花，腋生；苞片宿存；小苞片脱落；花萼钟状，裂片 5，与萼筒近等长；花冠伸出萼外，旗瓣倒卵形，瓣片基部两侧各具 1 耳及短瓣柄，背面被丝质短柔毛，翼瓣与龙骨瓣均短于旗瓣；雄蕊 10，二体，其中对旗瓣的 1 枚分离，花药一式，背着；子房无柄，有 2 胚珠，花柱线形，基部被短柔毛，柱头头状。荚果菱状椭圆体形或长圆体形，膨胀，有 1-2 颗种子。种子偏斜，种脐条形，长几等于种子一侧的长度。

130 种，主要产于热带美洲和非洲东部，少数产于热带亚洲，我国 2 种。深圳 1 种。

鸡头薯 猪仔笠 Chinese Eriosema   图 379   彩片 364 365

Eriosema chinense Vogel in Nov. Actorum Acad. Caes. Leop. -Carol. Nat. Cur. **19**（Suppl. 1）: 31. 1843.

多年生直立草本。块根倒圆锥形或纺锤形，肉质。茎高 20-50cm，不分枝，密被棕色长柔毛并混生短柔毛。叶为单叶；托叶条形，长 3-6mm；叶柄甚短，长约 2mm，密被长柔毛和短柔毛；叶片条状椭圆形，长 3-7cm，宽 0.7-1.5cm，下面被灰白色茸毛及稀疏的黄色腺点，沿主脉被棕色长柔毛，上面疏被棕色长柔毛，基部圆或浅心形，先端急尖，侧脉每边 7-9 条。总状花序甚短，长约 1cm，有花 1-2 朵；花序梗长 7-8mm，密被短柔毛；苞片条形，长约 2mm，小苞片与苞片同形，与花梗和花萼均密被棕色长柔毛；花梗长约 4mm，下弯；花萼钟状，长约 3mm，裂片披针形，与萼筒近等长；花冠淡黄色，旗瓣宽倒卵形，长约 8mm，瓣片背面密被丝质长柔毛，基部两侧各具 1 长椭圆形的耳，瓣柄甚短，翼瓣倒卵状长圆形，与旗瓣近等长，瓣片基部具短耳，上部疏被长柔毛，龙骨瓣长约 6mm，几无耳，瓣片上部被长柔毛；子房密被长柔毛。荚果菱状椭圆体形，膨胀，长 0.8-1cm，宽约 6mm，密被棕色长硬毛，成熟时黑色，有种子 2 颗。花果期：5-10 月。

产地：东涌（张寿洲等 4452）、梅沙尖（深圳考察队 1147）、仙湖植物园（王定跃 012007），本市各地常见。生于旷野草丛和山坡草地，海拔 50-350m。

分布：江西、台湾、福建、广东、香港、澳门、海南、广西、湖南、贵州及云南。印度、孟加拉国、缅甸、泰国、越南、马来西亚、印度尼西亚及澳大利亚北部（昆士兰）。

用途：块根药用，有清热解毒之效。

24. 鸡眼草属 Kummerowia Schindl.

一年生草本。茎多分枝，平卧。叶互生，为三出掌状复叶；托叶，膜质，宿存；小叶片具密而平行的叶脉，掐断后断口呈"V"字形，边缘全缘。花 1-2 朵或多朵簇生于叶腋；苞片 2，生于花梗的基部，与小苞片均宿存；小苞片 4，生于花萼的下方，其中在关节上的 1 枚较小，宿存；花有能育花和不育花，也有花冠退化但可结实的闭锁花；花萼钟状，宿存，裂片 5，近等长；旗瓣与翼瓣等长，龙骨瓣最长，能育花的花冠和雄蕊管在结果时脱落，不育花的花冠和闭锁花的雄蕊管在结果时仍连在荚果上至后期才脱落；雄蕊 10，二体，其中对旗瓣的 1 枚分离，花药一式，背着；子房 1 室，有 1 胚珠。荚果扁平，不开裂，含 1 种子。

2 种，分布于亚洲东部和北美洲。我国 2 种均产。深圳有 1 种。

鸡眼草 Striate Kummerowia　　　图 380

Kummerowia striata（Thunb.）Schindl. in Repert. Spec. Nov. Regni Veg. **10**（257-259）：403. 1912.

Hedysarum striatum Thunb. Fl. Jap. 289. 1784.

一年生草本。茎平卧，长 10-45cm，多分枝，被倒生的柔毛。托叶干膜质，披针形，长 3.5-4.5mm，褐色，有纵纹；叶柄甚短，长 1.5-2mm，与小叶柄均疏被长柔毛；小叶柄长约 1mm；顶生小叶片长圆形或倒卵状长圆形，长 0.6-1.5cm，宽 3-8mm，侧生小叶片略小，边缘及下面中脉疏被长柔毛，上面无毛，

图 379 鸡头薯 Eriosema chinense
1. 茎的上段、小叶及总状花序；2. 块根；3. 托叶；4. 花萼展开；5. 旗瓣；6. 翼瓣；7. 龙骨瓣；8. 雄蕊；9. 荚果；10. 种子。（蔡淑琴绘）

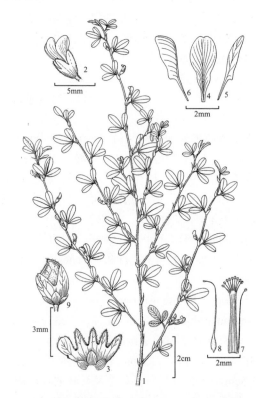

图 380 鸡眼草 Kummerowia striata
1. 植株的一部分、三出掌状复叶及花；2. 花；3. 花萼展开，下部为小苞片；4. 旗瓣；5. 翼瓣；6. 龙骨瓣；7. 雄蕊；8. 雌蕊；9. 荚果，基部为宿存小苞片及宿存花萼。（李志民绘）

基部圆或阔楔形，先端圆，微凹，具小短尖。花小，单生或 2-3 朵簇生于叶腋；花梗甚短，长约 2mm；苞片膜质，卵形，长 1.5-2mm，有纵脉；小苞片与苞片近似；花萼钟状，长 2.5-3mm，外面及边缘密被白色短柔毛，裂片 5，长圆形，与萼筒近等长，在裂片之间有红色腺点；花冠粉红色或紫色，长 5-6mm，旗瓣宽倒卵形，基部具短瓣柄，翼瓣狭长圆形，略短于旗瓣，龙骨瓣长圆形，与旗瓣近等长。荚果近圆形或倒卵形，长 3.5-4.5mm，疏被短柔毛，有网纹，基部有宿存小苞片及花萼。花期：7-9 月，果期：8-10 月。

产地：梧桐山（深圳考察队 1627）、深圳水库（王学文 165）、内伶仃岛。生于山坡草地，田边或路旁草丛中，海拔 50-650m。

分布：黑龙江、吉林、辽宁、河北、江苏、浙江、江西、福建、台湾、广东、香港、广西、湖南、湖北、贵州、四川及云南。俄罗斯（西伯利亚和远东地区）、朝鲜、日本、越南和北美洲。

用途：全草药用，有消积滞、清肝热之效。

25. 千斤拔属 Flemingia Roxb. ex W. T. Aiton

灌木或半灌木，稀为草本。茎直立或平卧。叶为三出掌状复叶或具单小叶；托叶宿存或早落，无小托叶；小叶片下面有腺点，边缘全缘，侧脉疏。花序顶生或腋生，为总状花序或圆锥花序，如为小聚伞花序则包藏于膨大呈贝壳状的苞片之内，再排列成聚伞圆锥花序；苞片不扩大或扩大呈贝壳状并排成二列而宿存；无小苞片；花萼钟状，裂片 5，条形，下方中间的 1 裂片最长；花冠伸出或不伸出花萼之外；雄蕊 10，二体，其中对旗瓣的 1 枚分离，花药一式，背着；子房无柄，有 2 胚珠，花柱无毛或仅基部被短柔毛。荚果椭圆体形，膨胀，有 1-2 种子，种子间无隔膜。

约 35 种，分布于热带亚洲、非洲和大洋洲。我国产 18 种和 1 变种。深圳有 2 种。

1. 茎直立；叶柄具狭翅；顶生小叶叶片椭圆形，长 8-16cm，宽 4.5-6.5cm，先端急尖；总状花序长 3-8cm ·················· **1. 大叶千斤拔 F. macrophylla**
1. 茎平卧；叶柄无翅；顶生小叶叶片长椭圆形，长 4-8cm，宽 1.5-3cm，先端钝；总状花序长 2-2.5cm ························ **2. 千斤拔 F. prostrata**

1. 大叶千斤拔 Large-leaved Flemingia

图 381 彩片 366 367

Flemingia macrophylla（Willd.）Kuntze. ex Prain in J. Asiat. Soc. Bengal, Pt. 2, Nat. Hist. **66**（2）: 440. 1897.

Moghania macrophylla（Willd.）Kuntze, Rev. Gen. Pl. **1**: 199. 1891；广州植物志 360. 1956；海南植物志 **2**: 310. 1965.

Crotalaria macrophylla Willd. Sp. Pl. ed. 4. **3**（2）: 982. 1802.

灌木。茎直立，高 1-2m；枝、叶柄、苞片、花序梗、花序轴和花萼均密被灰褐色丝质长柔毛。叶为三出掌状复叶；托叶披针形，长 1.5-2cm，早落；叶柄长 3-6cm，两侧具狭翅；顶生小叶片椭圆形，长 8-16cm，宽 4.5-

图 381 大叶千斤拔 Flemingia macrophylla
1. 分枝的上段、三出掌状复叶及总状花序；2. 花萼展开；3. 旗瓣；4. 翼瓣；5. 龙骨瓣；6. 雄蕊；7. 雌蕊；8. 果序。（蔡淑琴绘）

6.5cm，两面沿脉被灰褐色丝质长柔毛，下面被黑褐色小腺点，基部楔形，先端急尖，基出脉 3，侧脉每边 4-5 条，侧生小叶片较小，偏斜。总状花序单 1 或 3 枚聚生于叶腋，长 3-8cm，具多数密生的花；通常无花序梗，如存在，则很短，长仅 5-6mm；苞片披针形，长约 4mm，早落；花萼钟状，长 7-9mm，密生腺点，裂片条形，长为萼筒的 2 倍；花冠稍长于花萼，紫红色，旗瓣椭圆形，具短瓣柄，瓣片基部两侧各具 1 短耳，翼瓣条状长圆形，短于旗瓣，龙骨瓣与旗瓣近等长，二者均无明显的耳，具瓣柄；子房被丝质短柔毛。荚果椭圆体形，长 1.2-1.5cm，宽 7-8mm，肿胀，疏被短柔毛。种子球形，成熟时黑色，光亮。花果期：5-11 月。

产地：七娘山、笔架山（张寿洲 1031）、梧桐山（深圳考察队 1498）、仙湖植物园（李沛琼 007979）、内伶仃岛。生于山坡灌丛中，海拔 170-720m。

分布：江西、福建、台湾、广东、香港、海南、广西、湖南、湖北、贵州、云南及四川。印度、孟加拉国、缅甸、老挝、柬埔寨、越南、马来西亚及印度尼西亚。

用途：根药用，有舒筋活络、强腰壮骨、除湿活血之效。

2. 千斤拔 蔓性千斤拔 Philippine Flemingia

图 382　彩片 368

Flemingia prostrata Roxb. f. ex Roxb. Fl. Ind. **3**：338. 1832.

Flemingia philippinensis Merr. & Rolfe in Philipp. J. Sci.，**3**（3）：103. 1908；澳门植物志 **2**：29. 2006.

Moghania philipinensis（Merr. & Rolfe）H. L. Li in Amer. J. Bot. **31**（4）：227. 1944；海南植物志 **2**：311. 1965.

Moghania prostrata（Roxb.）F. T. Wang & T. Tang，Illustr. Treat. Prin. Pl. China（Leguminosae）707. 1955，without basionym reference；广州植物志 361. 1956.

半灌木。茎平卧或斜升，长 1-2m，幼枝三棱柱形，成长枝圆柱形，均密被褐色短柔毛。叶为三出掌状复叶；托叶条形，长 0.6-1cm，与叶柄均密被褐色短柔毛，宿存；叶柄长 1.5-2.5cm，无翅；顶生小叶片长椭圆形，长 4-8cm，宽 1.5-3cm，下面密被灰褐色短柔毛，上面的毛较疏，基部圆，先端钝，具小短尖，基出脉 3，

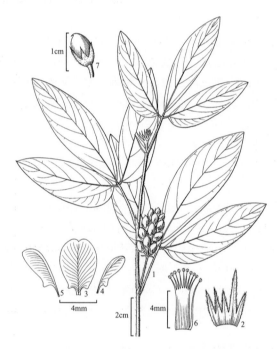

图 382 千斤拔 Flemingia prostrata
1. 分枝的上段、三出掌状复叶及果序；2. 花萼展开；3. 旗瓣；4. 翼瓣；5. 龙骨瓣；6. 雄蕊；7. 荚果。（李志民绘）

侧脉每边 5-6 条，侧生小叶片略小，基部微偏斜。总状花序单生于叶腋，长 2-2.5cm，具密生的花，除花冠外，各部均密被灰褐色茸毛；苞片条状披针形，长 3.5-4mm；花序梗不明显；花萼钟状，长约 8mm，有腺点，裂片条形，长为萼筒的 2 倍，下方中间的 1 裂片更长；花冠紫红色，与花萼等长或稍短，旗瓣长圆形，瓣片两侧各具 1 短小的耳，瓣柄甚短，翼瓣狭长圆形，稍短于旗瓣，具短耳及短瓣柄，龙骨瓣与旗瓣近等长，微弯，具短瓣柄，无耳；子房被短柔毛。荚果椭圆体形，长 7-8mm，宽约 5mm，肿胀，疏被短柔毛，有种子 2 颗。种子球形，成熟时黑色。花果期：5-11 月。

产地：梧桐山、莲花山（王学文 381）。生于山坡灌丛中。

分布：江西、福建、台湾、广东、香港、澳门、海南、广西、湖南、湖北、贵州、四川及云南。菲律宾。

26. 密花豆属 Spatholobus Hassk.

攀援木质藤本。叶为三出羽状复叶；托叶早落；小托叶宿存或脱落；小叶片边缘全缘。圆锥花序顶生或腋生；花多数，小，常数朵簇生于花序轴和分枝的每节上；苞片和小苞片甚小；花萼钟状或筒状，裂片呈2唇形，下唇3裂片卵形、三角形或披针形，上唇2裂片多少合生或完全合生；花冠伸出花萼外，各瓣均具瓣柄，旗瓣卵形或近圆形，瓣片基部无耳，翼瓣和龙骨瓣的瓣片基部有耳或无耳；雄蕊10，二体，其中对旗瓣的1枚分离，花药一式或5大5小间生；子房无柄或具短柄，胚珠2。荚果刀形或宽条形，具网纹，密被柔毛或茸毛，成熟时仅顶端开裂。种子1，扁平，生于荚果顶部。

29种。分布于亚洲热带。我国产9种。深圳有1种。

密花豆 Suberect Spatholobus 图 383

Spatholobus suberectus Dunn in J. Linn. Soc., Bot. **35**（247）：489. 1903.

攀援木质藤本。茎粗壮，长达10m，砍伤后有红色的汁液流出，枝和小枝均无毛。叶长15-25cm；叶柄长6-10cm，近无毛；小托叶钻形，长3-6mm；小叶柄长5-8mm，近无毛或疏被短柔毛；顶生小叶片卵形、倒卵形或宽椭圆形，革质，长10-18cm，宽7-15cm，两面无毛或疏被短柔毛，下面脉腋间有髯毛，基部近圆形，先端渐尖，侧脉每边6-8条，侧生小叶片与顶生小叶片近等大，但基部甚偏斜。花序为圆锥花序，长30-50cm；花序梗、花序轴与花梗均密被黄褐色短柔毛；苞片和小苞片均为条形，宿存；花萼筒状，长3-4mm，外面密被黄褐色短柔毛，内面被灰色长柔毛，裂片先端圆，下唇3裂片甚短，长约1mm，上唇2裂片稍长，彼此合生几至顶部；花冠白色，旗瓣扁圆形，长4-5mm，基部具短瓣柄，翼瓣和龙骨瓣均与旗瓣近等长，基部具短耳及长瓣柄；子房有短柄，密被白色短柔毛。荚果近刀形，长8-11cm，宽1.5-2cm，扁，密被褐色短柔毛。种子长圆形，长约2cm，宽约1cm，种皮紫褐色，有光泽。花期：6-7月，果期：8-12月。

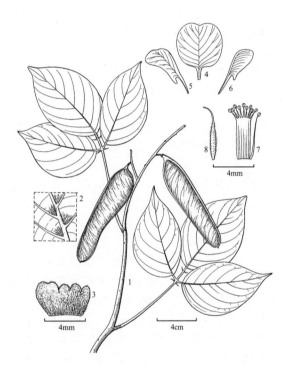

图 383 密花豆 Spatholobus suberectus
1. 分枝的一段、三出羽状复叶和果序；2. 小叶的一部分，示下面脉腋间的髯毛；3. 花萼展开；4. 旗瓣；5. 翼瓣；6. 龙骨瓣；7. 雄蕊；8. 雌蕊。（李志民绘）

产地：梧桐山（王国栋8179）、塘朗山（邢福武11248，IBSC）。生于林下或灌丛中，海拔150-300m。

分布：福建、广东、香港、广西及云南。

用途：茎药用，中药称鸡血藤，有祛风活血、舒筋洛络之效。

27. 胡枝子属 Lespedeza Michx.

多年生草本、半灌木或灌木。叶为三出羽状复叶；托叶条形或钻形，小，宿存或脱落，无小托叶；小叶片边缘全缘，先端圆，通常有小短尖。花2至多朵簇生或排成总状花序；总状花序单一或数个腋生，在枝顶则排成圆锥花序；苞片宿存或早落；小苞片2，生于花萼基部，宿存；花梗在花萼下有关节；花二型，一种花具花冠，有的结实，有的不结实，另一种花的花冠退化，称闭锁花，均可结实；花萼钟形，裂片5，下方3裂分离，上方2裂或多或少合生；花冠长于花萼，各瓣均具瓣柄，旗瓣倒卵形、椭圆形或长圆形，翼瓣长圆形，龙骨瓣微弯；

雄蕊 10，二体，其中对旗瓣的 1 枚分离，花药一式，基着；子房有柄或无柄，1 室，1 胚珠，花柱内弯，柱头小，顶生。荚果卵形、倒卵形或椭圆形，双凸镜状，有网纹，不开裂，具 1 颗种子。

约 60 种，产于亚洲东部、澳大利亚及南、北美洲。我国产 28 种。深圳有 3 种。

1. 总状花序比叶长，有 10 数朵花；无闭锁花；花冠紫红色 ·· 1. **美丽胡枝子 L. formosa**
1. 总状花序比叶短，有 2-5 朵花；有闭锁花；花冠白色或淡黄色。
　　2. 小叶片倒卵状狭长圆形或狭长圆形，长 1.5-3cm，宽 0.8-1cm ··············· 2. **中华胡枝子 L. chinensis**
　　2. 小叶片楔形或条状楔形，长 1-2cm，宽 2-5mm ·························· 3. **截叶胡枝子 L. cuneata**

1. 美丽胡枝子 Beautiful Lespedeza

图 384　彩片 369

Lespedeza formosa（Vogel）Koehne, Deut. Dendrol. 343. 1893.

Desmodium formosum Vogel in Nov. Actorum Acad. Caes. Leop. -Carol. Nat. Cur. **19**（Suppl. 1）: 29. 1843.

灌木，高 1-2m。茎多分枝；小枝疏被短柔毛。叶长 5-10cm；托叶披针形，长 4-9cm，褐色；叶柄长 1-5cm，与托叶和小叶柄均疏被短柔毛；小叶片倒卵形，长圆形或椭圆形，较少为狭椭圆形，长 2-5cm，宽 1.5-2.5cm，下面密被平伏的短柔毛，上面疏被短柔毛，基部钝，先端急尖、钝或微凹。总状花序腋生或数个在枝顶组成圆锥花序，长于复叶或与复叶近等长，有花 10 数朵；花序梗长 3-10cm，疏被柔毛；苞片卵形，长约 2mm，与花梗和花萼均密被短茸毛；花梗长 3-4mm；花萼钟状，长 4-7mm，裂片披针形，与萼筒近等长至长为萼筒的 2 倍；花冠紫红色，长 1-1.5cm，旗瓣长圆形，瓣片基部两侧具短耳和附属体，有短瓣柄，翼瓣倒卵状长圆形，短于旗瓣，具短耳和长瓣柄，龙骨瓣长圆形，长于旗瓣，微弯曲，亦具短耳和长瓣柄；子房密被茸毛，有柄；无闭锁花。荚果倒卵形或棱状卵形，长 7-8mm，宽约 4-5mm，有短的果柄，顶端急尖，疏被茸毛，网纹明显。花期：8-11 月，果期：9-12 月。

图 384　美丽胡枝子 Lespedeza formosa
1. 分枝的上段、三出羽状复叶和总状花序；2. 花；3. 花萼展开；4. 旗瓣；5. 翼瓣；6. 龙骨瓣；7. 雄蕊；8. 雌蕊；9. 荚果。（李志民绘）

产地：羊台山（张寿洲等 4985）、小南山（邢福武等 11379，IBSC）。生于山地灌丛中。

分布：广西、香港、广东、福建、江西、浙江、江苏、安徽、山东、河南、河北、甘肃、陕西、四川和云南。印度、朝鲜和日本。

2. 中华胡枝子 Chinese Lespedeza

图 385　彩片 370

Lespedeza chinensis G. Don, Gen. Hist. **2**: 307. 1832.

灌木，高约 1m。茎直立或铺散。除小叶片上面近无毛外，全株被白色平伏的短柔毛，老茎的毛渐脱落。叶长 3-6cm；托叶钻状，长 3-5mm，褐色，宿存；叶柄长 0.5-1cm；小叶片倒卵状狭长圆形或狭长圆形，长 1.5-3cm，宽 0.8-1cm，基部圆，先端截形或微凹，具小短尖。总状花序腋生，短于叶，具少数花；花序梗甚短，长 4-5mm；苞片和小苞片均近披针形，长约 2mm；花梗长约 2mm；花萼钟形，长约 4mm，裂片披针形，长为萼筒的 4-5倍；花冠白或黄色，旗瓣近圆形，长约 7mm，宽约 3mm，瓣片基部有短耳和附属体，具短瓣柄，翼瓣狭长圆形，稍短于旗瓣，龙骨瓣略长于旗瓣，与翼瓣均具耳及细长的瓣柄；闭锁花簇生于分枝下部叶腋，长约 3.5mm，几无花梗。荚果卵形，长约4mm，宽约3mm，果柄不明显，先端具尖喙，密被平伏的短柔毛。花期：8-9月，果期：9-10月。

产地：东涌（张寿洲等4432）、七娘山、南澳（张寿洲等4164）、梧桐山，生于海边沙地、林边草地或灌丛中，海拔50-200m。

分布：河南、安徽、江苏、浙江、江西、福建、台湾、广东、香港、澳门、广西、湖南、湖北、四川和贵州。

3. 截叶胡枝子 Cuneate Lespedeza

图386　彩片371 372

Lespedeza cuneata（Dum. Cours.）G. Don，Gen. Syst. **2**：307. 1832.

Anthyllis cuneata Dum. Cours. Bot. Cult. **6**：100. 1811.

小灌木，高约1m。茎直立或斜升，多分枝，疏被短柔毛。叶密生，长1.5-4cm；叶柄甚短，长约5mm；小叶片楔形或条状楔形，长1-2cm，宽2-5mm，下面密被白色平伏短柔毛，上面无毛或疏被短柔毛，基部渐狭，先端急尖或截形，具小短尖。总状花序腋生，有2-4朵花；花序梗甚短，长约2mm；苞片和小苞片均为条状披针形，长1-1.5mm，背面被短柔毛；花萼钟形，长3-4mm，密被平伏的短柔毛，裂片披针形，长为萼筒的3倍；花冠淡黄色或白色，长约6mm，旗瓣椭圆形，长约5mm，瓣片基部有紫色斑，翼瓣条状长圆形，与旗瓣近等长，龙骨瓣长圆形，稍长于旗瓣，两者均有耳和细长的瓣柄；闭锁花簇生于叶腋，长约3.5mm。荚果宽卵形，长2.5-3.5mm，宽2-2.5mm，被平伏的短柔毛，果柄甚短。花期：7-8月，果期：8-11月。

产地：大鹏（张寿洲等4399）、葵涌（王国栋等6533）、仙湖植物园（李沛琼012150）。生于海边草丛或林边草地，也有栽培，海拔50-70m。

分布：山东、河南、福建、台湾、广东、香港、澳门、广西、湖南、湖北、四川、云南、西藏、甘肃和陕西。朝鲜、日本、印度、巴基斯坦、阿富汗和澳大利亚。

用途：全株药用，有清热解毒和利尿之效。

28. 鹿藿属 Rhynchosia Lour.

攀援、匍匐或缠绕草质藤本，少有灌木或半灌木。叶为三出羽状复叶；托叶早落；有或无小托叶；小叶片下面有透明的腺点，边缘全缘。花组成腋生的总状花序或圆锥花序，少有单花；苞片脱落，稀有宿存；无

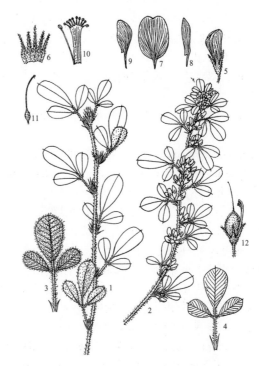

图 385 中华胡枝子 Lespedeza chinensis
1. 分枝的下部及在叶腋生的闭锁花；2. 分枝的上部及在叶腋生具花冠的花；3-4. 托叶及三出羽状复叶的下面和上面；5. 花；6. 花萼展开；7. 旗瓣；8. 翼瓣；9. 龙骨瓣；10. 雄蕊；11. 雌蕊；12. 荚果。（蔡淑琴绘）

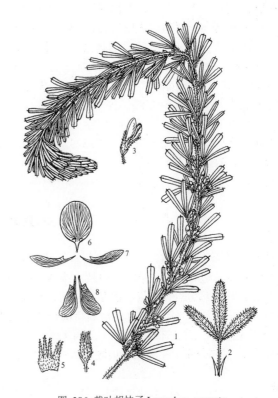

图 386 截叶胡枝子 Lespedeza cuneata
1. 分枝的上段、三出羽状复叶及花序；2. 托叶及三出羽状复叶；3. 花；4. 闭锁花；5. 花萼展开；6. 旗瓣；7. 翼瓣；8. 龙骨瓣。（蔡淑琴绘）

小苞片；花萼钟状，亦有腺点，裂片 5，下方 3 裂片分离，中间 1 裂片较长，上方 2 裂片大部分合生；花冠不伸出或伸出花萼外，旗瓣圆形或倒卵形，瓣片基部两侧具耳，有或无附属体，翼瓣与龙骨瓣均略弯，具耳和瓣柄；雄蕊 10，二体，其中对旗瓣的 1 枚分离，花药一式，背着；子房无柄或具甚短的柄，具 2 胚珠，花柱下部被毛。荚果长圆形、斜圆形、椭圆形或镰形，扁或膨胀，顶端具短喙，成熟时开裂为 2 瓣。种子 2 颗，少有 1 颗，球形或肾形。

约 200 种，分布于热带和亚热带地区。我国产 13 种。深圳有 1 种。

鹿藿 Twining Rhynchosia　　图 387　彩片 373

Rhynchosia volubilis Lour. Fl. Cochinch. **2**: 460. 1790.

缠绕草质藤本，除花冠外，全株被灰色或淡黄色开展的长柔毛。茎纤细，有棱，散生树脂状透明的腺点或无腺点。叶长 7-10cm；托叶条状披针形，长 4-5mm，褐色；叶柄长 3-5cm，有棱；小托叶条形，长约 2mm，宿存；小叶柄长 3-4mm；顶生小叶片菱形或倒卵状菱形，长 4-8cm，宽 3-5cm，下面有橙黄色透明的腺点，基部宽楔形，先端急尖或钝，基出脉 3 条，侧脉每边 3-4 条，侧生小叶片偏斜，较小。总状花序 1-3 个腋生，长 2-4cm，有花 10 余朵；花成对生于花序轴的每节上；苞片条状披针形，长 6-7mm，褐色，有纵脉，与花萼均散生橙黄色透明的腺点；花序梗长 1.5-2cm；花梗长约 2mm；花萼钟状，长约 5mm，裂片披针形，长于萼筒，下方 3 裂片分离，上方 2 裂片合生几至顶部；花冠黄色，有褐色条纹，伸出花萼外，各瓣近等长，长 8-9cm，旗瓣宽卵形，无附属体，翼瓣狭长圆形，具长耳，龙骨瓣无明显的耳，先端具细长而外弯的尖喙；子房无柄，密生腺点。荚果长圆形，长 1-1.5cm，宽 7-8mm，扁，鲜时红紫色，密被短柔毛，散生腺点，在种子间微收缩，先端有短喙。种子 2，椭圆形，成熟时黑色，光亮。花期：5-8 月，果期：7-12 月。

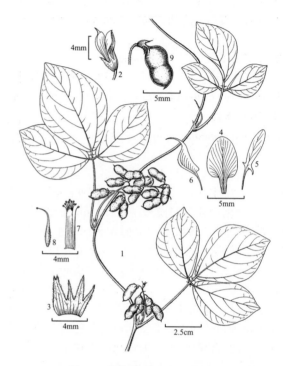

图 387 鹿藿 Rhynchosia volubilis
1. 茎的一段、三出羽状复叶和果序；2. 花；3. 花萼展开；4. 旗瓣；5. 翼瓣；6. 龙骨瓣；7. 雄蕊；8. 雌蕊；9. 荚果。（李志民绘）

产地：沙头角、梧桐山（王勇进 2252）。生于山坡路边草丛中，海拔 200-800m。

分布：安徽、江苏、江西、福建、台湾、广东、香港、广西、湖南、湖北、贵州、四川及云南。朝鲜、日本和越南。

29. 木豆属 **Cajanus** Adans.

灌木、半灌木、木质或草质缠绕藤本。叶为羽状复叶或三出羽状复叶；托叶和小托叶均早落；小叶片下面有透明的腺点，边缘全缘。总状花序腋生或顶生；苞片早落；无小苞片；花萼钟状，具 5 裂片，下方 3 裂片分离，上方的 2 裂片大部分合生；花冠宿存或脱落，旗瓣近圆形，倒卵形或倒卵状椭圆形，基部两侧具耳，瓣柄短，翼瓣椭圆形，有耳和短瓣柄，龙骨瓣斜椭圆形或上部微弯；雄蕊 10，二体，其中对旗瓣的 1 枚分离，花药一式，背着；子房近无柄，有胚珠 3 至多数。荚果扁，有种子 3 至数颗，种子间有斜的横槽。种子肾形或近圆形，光亮。

32 种，主要分布于亚洲热带地区、大洋洲和马达加斯加。我国产 8 种。深圳有 2 种。

1. 直立灌木；小叶片披针形或椭圆状披针形；荚果条状长圆形，长 5-6cm，宽 0.8-1cm ·············· 1. **木豆 C. cajan**
1. 蔓生或缠绕草质藤本；小叶片椭圆形或倒卵状椭圆形；荚果长椭圆形，长 1.5-2.5cm，宽 8-9mm ··············
·············· 2. **蔓草虫豆 C. scarabaeoides**

1. 木豆 Pigeon Pea 图 388 彩片 374

Cajanus cajan(L.)Huth in Helios **11**：33. 1893.

Cytisus cajan L. Sp. Pl. **2**：739. 1753.

Cajanus flavus DC. Cat. Horti Monsp. 85. 1813. 广州植物志 364. 1956；海南植物志 **2**：307. 1965；

直立灌木，株高 1-3m。多分枝，小枝被白色短柔毛。叶为三出羽状复叶；托叶披针形，长 4-5mm，宿存，与叶柄均密被短柔毛；叶柄长 1-4cm；顶生小叶片披针形或椭圆状披针形，长 6-10cm，宽 1.5-2.5cm，侧生小叶片稍短，下面密被白色长柔毛和短柔毛，呈灰白色，有黄色透明的腺点，上面毛较疏，基部楔形，先端渐尖或急尖，有短尖。总状花序腋生，长 4-7cm；花序梗长 1.5-4cm，与花序轴均密被短柔毛；花数朵生于花序轴近顶部；花萼钟状，长 5-6mm，密被短柔毛和长柔毛，裂片披针形，下方 3 裂片分离，上方 2 片合生几至顶部；花冠黄色，长 1.5-1.8cm，旗瓣近圆形，背面有紫色条纹，瓣片近基部有 2 枚附属体，两侧各有 1 短耳，瓣柄甚短，翼瓣倒卵状长圆形，略短于旗瓣，瓣片基部有短小的耳，先端中间微凹，龙骨瓣略短于翼瓣，瓣片基部无耳，与翼瓣均具较短的瓣柄；子房密被短柔毛。荚果条状长圆形，长 5-6cm，宽 0.9-1.1cm，密被灰白色短柔毛，种子间有微斜的横槽。种子 3-6 颗，近球形，成熟时淡红色，有时具褐色斑点。花果期：2-11 月。

产地：排牙山（王国栋等 6616）、盐田（李沛琼 3183）、梧桐山（李沛琼 4143），本市各地有栽培或逸生。常见于山坡或旷野的灌丛中，海拔 50-150m。

分布：原产于印度。热带和亚热带地区有栽培或逸生。我国安徽、江苏、浙江、江西、福建、台湾、广东、香港、海南、广西、湖南、湖北、四川、贵州和云南均有栽培或逸生。

用途：花美丽，可栽培供观赏；在原产地普遍栽培，取其种子煮熟制成豆蓉供食用；根药用，有清热解毒之效。

2. 蔓草虫豆 Scarab-like Cajanus 图 389 彩片 375

Cajanus scarabaeoides(L.)Thouars in Dict. Sci. Nat. **6**：617. 1817.

Dolichos scarabaeoides L. Sp. Pl. **2**：726. 1753

Atylosia scarabaeoides(L.)Benth. in Miq. Pl. Jungh. **2**：242. 1852；广州植物志 362. 1956.

Cantharospermum scarabaeoides(L.)Baill. in Bull. Mens. Soc. Linn. Paris **1**（148）：384. 1883；海南植

图 388 木豆 Cajanus cajan
1. 分枝的上段、三出羽状复叶和总状花序；2. 花萼展开；3. 旗瓣；4. 翼瓣；5. 龙骨瓣；6. 雌蕊；7. 荚果。（蔡淑琴绘）

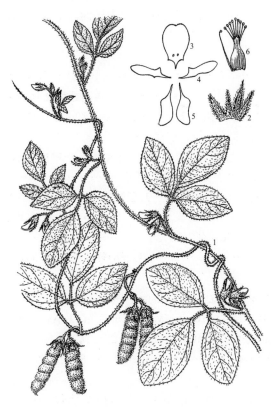

图 389 蔓草虫豆 Cajanus scarabaeoides
1. 茎的一段、三出羽状复叶、总状花序和果序；2. 花萼展开；3. 旗瓣；4. 翼瓣；5. 龙骨瓣；6. 雄蕊。（蔡淑琴绘）

物志 **2**：308. 1965

蔓生或缠绕草质藤本。茎纤细，长可达 1m 余，密被红褐色或灰色茸毛。叶为三出羽状复叶；托叶卵形，长约 1mm；叶柄长 2-2.5cm，与叶轴和小叶柄均被茸毛；小叶柄长 2-3mm；顶生小叶叶片椭圆形或倒卵状椭圆形，长 2-4.5cm，宽 1-1.8cm，两面疏被褐色茸毛，下面有黄色透明的腺点，基部楔形，先端圆，侧生小叶叶片较小，两侧略不对称。总状花序腋生，长约 1.5cm，有花 2-5 朵；花序梗长 3-4mm，与花序轴、花梗和花萼均密被红褐色或灰色茸毛；花梗长 5-6mm；花萼钟状，裂片条状披针形，下方 3 裂片分离，上方 2 裂片大部分合生；花冠黄色，旗瓣倒卵形，长约 1cm，有紫色条纹，瓣片近基部有 2 枚附属体，两侧各有 1 短耳，瓣柄甚短，翼瓣短于旗瓣，瓣片基部具短耳，龙骨瓣与旗瓣近等长，上部弯，无耳，与翼瓣均具短瓣柄。荚果长椭圆形，长 1.5-2.5cm，宽 8-9mm，密被红褐色或黄褐色绢状毛，种子间有横槽。种子 3-7，黑褐色。花期：8-9 月，果期：9-10 月。

产地：七娘山（张寿洲 SCAUF 828）、盐田、三洲田（李沛琼 1308）、梧桐山（深圳考察队 1713）。生于山坡及旷野草丛中，海拔 50-200m。

分布：台湾、福建、广东、香港、澳门、海南、广西、贵州、云南及四川。日本、巴基斯坦、尼泊尔、不丹、印度、斯里兰卡、孟加拉国、缅甸、泰国、越南、马来西亚、印度尼西亚、澳大利亚及非洲。

30. 野扁豆属 **Dunbaria** Wight & Arn.

草质或木质藤本。茎平卧或缠绕。叶为三出羽状复叶；托叶早落或不存在；无小托叶；小叶片下面有透明的腺点。花 1-2 朵或数朵至 10 余朵组成总状花序；苞片早落或缺；无小苞片；花萼钟状，裂片 5，披针形或三角形，下方 3 裂片分离，其中中间 1 裂片最长，上方 2 裂片部分合生；花冠伸出花萼之上，旗瓣圆形、宽倒卵形或扁圆形，基部两侧具耳，翼瓣亦具耳，龙骨瓣有或无耳，常弯曲；雄蕊 10，二体，其中对旗瓣的 1 枚分离，花药一式，背着；子房有柄或无柄，外面有腺点。荚果条形或条状长圆形，有数颗种子。

约 25 种，分布于亚洲热带至大洋洲。我国产 9 种。深圳有 3 种。

1. 总状花序有花数朵至 10 余朵；小叶片长为宽的 2 倍 ·················· **1. 黄毛野扁豆 D. fusca**
1. 总状花序有花 1-2 朵，稀 3-4 朵；小叶片长稍大于宽或长宽近相等，也有宽稍大于长。
  2. 子房无柄；荚果无果柄；顶生小叶片长 1.5-3cm，长稍大于宽或长宽近相等 ·················· **2. 圆叶野扁豆 D. rotundifolia**
  2. 子房有柄；荚果具果柄；顶生小叶片长宽均为 3.5-5.5cm 或宽稍大于长 ·················· **3. 长柄野扁豆 D. podocarpa**

1. 黄毛野扁豆 Brown-haired Dunbaria 图 390

Dunbaria fusca（Wall.）Kurz in J. Asiat. Soc. Bengal，Pt. 2，Nat. Hist. **45**（2）：255. 1876.

Phaseolus fuscus Wall. Pl. As. Rar. **1**：6，t. 6. 1830.

一年生缠绕草质藤本。茎密被灰色短柔毛，具纵棱。叶为三出羽状复叶；叶柄长 2.5-5cm，具纵棱，密被灰色短柔毛；顶生小叶片卵形或卵状披针形，长

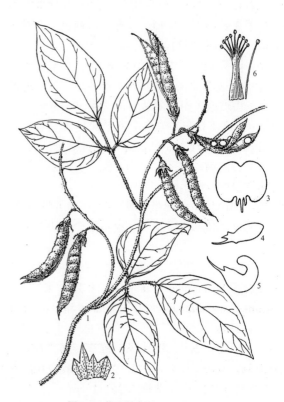

图 390 黄毛野扁豆 Dunbaria fusca
1. 茎的一段、三出羽状复叶和果序；2. 花萼展开；3. 旗瓣；4. 翼瓣；5. 龙骨瓣；6. 雄蕊。（蔡淑琴绘）

5-8cm，宽 2.5-3.5cm，侧生小叶片略小或与顶生小叶片近等大，偏斜，下面密被灰色短柔毛并有红色透明的腺点，上面近无毛或疏被短柔毛，基部楔形或圆，先端急尖，基出脉 3 条，侧脉每边 3-4 条。总状花序腋生，长 8-15cm，有花数朵至 10 余朵；花序梗、花序轴、花梗和花萼均被淡褐色、基部膨大的长硬毛和深红色透明的腺点；花萼钟状，长 4-7mm，裂片 5，三角形，下方 3 裂片分离，其中中间的一裂片最长，呈条状披针形，上方 2 裂片大部分合生；花冠紫红色，长约 1.4cm，旗瓣横向宽椭圆形，瓣片基部两侧各具 1 尖耳，有短瓣柄，翼瓣长圆形，稍短于旗瓣，瓣片一侧具耳，龙骨瓣上部弯成半圆形，无明显的耳；子房被黄色长硬毛和腺点，无柄。荚果条状长圆形，长 4-6cm，宽 4-7mm，具红色透明的腺点和淡褐色基部膨大的长硬毛，无果柄，具多颗种子，种子间有横槽。花期：7-9 月，果期：8-11 月。

产地：梧桐山、羊台山（张寿洲等 4967）、西丽（王学文 466）。生于林边灌丛或旷野草地，海拔 150-200m。

分布：广东、香港、广西及云南。印度、缅甸、泰国、老挝、越南及马来西亚。

2. 圆叶野扁豆 Round-leaved Dunbaria

图 391　彩片 376

Dunbaria rotundifolia（Lour.）Merr. in Philipp. J. Sci. **15**（3）：242. 1919；D. L. Wu in Q. M. Hu & D. L. Wu，Fl. Hong Kong **2**：111. 2008，pro syn. *D. punctatae*（Wight & Arn.）Benth.

Indigofera rotundifolia Lour. Fl. Cochinch. **2**：458. 1790.

Dolichos punctatus Wight & Arn. Prodr. Fl. Ind. Orient. **1**：247. 1834.

Dunbaria punctata（Wight & Arn.）Benth. Pl. Jungh. **2**：242. 1852；广东植物志 **5**：337. 2003；D. L. Wu in Q. M. Hu & D. L. Wu，Fl. Hong Kong **2**：111. 2008.

多年生缠绕草质藤本。茎纤细，密被短柔毛，有纵棱。叶为三出羽状复叶；托叶条形，长约 1mm；叶柄长 1-2.5cm，密被短柔毛和稀疏的红色透明的腺点；顶生小叶片近菱形，长 1.5-3cm，长稍大于宽或长宽近相等，侧生小叶片较小，偏斜，两面疏被短柔毛及红色透明的腺点，基部楔形或圆，边缘略反卷，先端急尖而钝，基出脉 3 条，侧脉每边 2-3 条。总状花序有花 1-2 朵，腋生；花序梗如存在，长不及 1mm；花梗长 4-5mm，疏被短柔毛；花萼钟状，长 3-5mm，密被短柔毛和红色透明的腺点，裂片 5，披针形，下方 3 裂片分离，其中中间一裂片最长，上方 2 裂片大

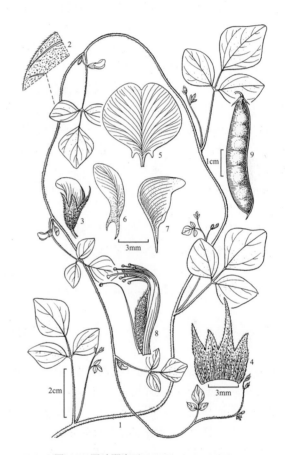

图 391 圆叶野扁豆 Dunbaria rotundifolia
1. 茎的一段、三出羽状复叶和总状花序；2. 小叶的一部分，示下面的毛被和腺点；3. 花；4. 花萼展开；5. 旗瓣；6. 翼瓣；7. 龙骨瓣；8. 雄蕊和雌蕊；9. 荚果。（李志民绘）

部分合生；花冠黄色，长 1-1.5cm，旗瓣扁圆形，瓣片基部两侧各具 1 尖耳，有短瓣柄，翼瓣倒卵状长圆形，短于旗瓣，基部一侧具尖耳，龙骨瓣与旗瓣近等长，瓣片上部呈直角弯，无耳；子房无柄，被短柔毛及腺点。荚果条状长圆形，长 3-5cm，宽约 8mm，密被短柔毛，疏生腺点，无果柄。种子 6-8 颗。花果期：9-11 月。

产地：七娘山、排牙山（张寿洲等 4524）、梧桐山、仙湖植物园（李沛琼 1257）、莲花山、东湖公园（深圳考察队 1728）、光明新区、塘朗山、内伶仃岛。生于山坡及旷野草地，海拔 50-150m。

分布：江苏、浙江、江西、福建、台湾、广东、香港、海南、广西、湖南、湖北、四川、贵州和云南。印度、菲律宾及印度尼西亚。

3. 长柄野扁豆 Long-stiped Dunbaria 图 392

Dunbaria podocarpa Kurz in J. Asiat. Soc. Bengal，Pt. 2，Nat. Hist. **43**（2）：185. 1874.

多年生缠绕草质藤本。茎被长柔毛，疏生橙红色透明的腺点，具纵棱，棱上密被短柔毛。叶为三出羽状复叶；托叶披针形，长约 2mm；叶柄长 2-4cm，密被长柔毛及腺点；顶生小叶片宽菱状卵形，长和宽均为 3.5-5.5cm 或宽稍大于长，侧生小叶片较小，斜宽卵形，两面均密被短柔毛并有橙红色透明的腺点，基部宽楔形，先端急尖而钝，基出脉 3 条，侧脉每边 2-3 条。总状花序有花 1-2 朵，稀 3-4 朵；花序梗长 3-5mm；花梗长 5-7mm，两者与花萼均密被短柔毛及橙红色透明的腺点；花萼钟状，长 0.8-1cm，裂片 5，披针形，下方 3 裂片分离，其中中间 1 裂片最长，上方 2 裂片大部分合生；花冠黄色，长 1.5-2，旗瓣扁圆形，瓣片基部两侧各具 1 尖耳，瓣柄甚短，翼瓣倒卵状长圆形，稍短于旗瓣，具尖耳及短瓣柄，龙骨瓣与旗瓣近等长，弯曲，无耳，具瓣柄；子房密被短柔毛及橙红色透明的腺点，有长柄。荚果条状长圆形，长 5-8cm，宽约 1cm，密被短柔毛及橙红色腺点，果柄长 1-1.7cm，有种子 7-11 颗。花果期：7-11 月。

产地：七娘山、盐田、三洲田（王国栋 5912）、梧桐山（深圳考察队 930）、仙湖植物园（李沛琼 1251）、光明新区、羊台山，生于林边草地及旷野草丛中，海拔 80-400m。

分布：福建、广东、香港、海南、广西及云南。印度、缅甸、老挝、越南、柬埔寨、马来西亚和印度尼西亚。

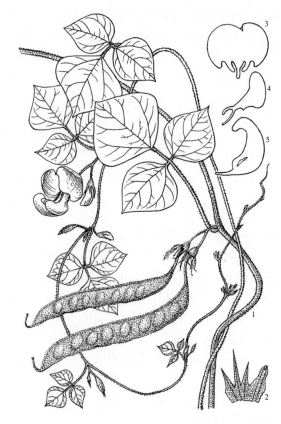

图 392 长柄野扁豆 Dunbaria podocarpa
1. 茎的一段、三出羽状复叶、总状花序和果序；2. 花萼展开；3. 旗瓣；4. 翼瓣；5. 龙骨瓣。（蔡淑琴绘）

31. 菜豆属 Phaseolus L.

草本；茎缠绕或直立；植物体被钩状毛。叶为三出羽状复叶；托叶基部着生，宿存；有小托叶；小叶片边缘全缘。总状花序腋生；苞片及小苞片均宿存或早落；花生于花序梗膨大的节上；花萼钟状，呈 2 唇形，下唇 3 裂片分离，上唇 2 裂片不同程度合生；花冠黄、白、红或紫色，旗瓣圆形或近方形，开花后反折，瓣片基部有或无附属体，瓣柄上部常具一横槽，翼瓣倒卵形、长圆形或倒卵状长圆形，先端兜状，龙骨瓣狭长，瓣片基部无耳，先端呈 1-5 圈的螺旋状卷曲；雄蕊 10，二体，其中对旗瓣的 1 枚分离，花药同型或二型，5 枚基着的与 5 枚背着的互生；子房长圆形或条形，具 2 至多颗胚珠，花柱下部纤细，上部增粗，与龙骨瓣一同旋卷，内侧上部被髯毛，柱头偏斜。荚果条状长圆形或条形，扁或微肿胀呈圆柱状，先端常具喙，成熟时 2 瓣裂。种子长圆形或肾形。种脐居中。

36 种，主要分布于美洲热带。我国引进栽培 3 种。深圳栽培 1 种。

菜豆 四季豆 Kidney Bean 图 393

Phaseolus vulgaris L. Sp. Pl. **2**：723. 1753.

一年生缠绕或近直立草本。茎密被开展的钩状毛。叶长 20-25cm；叶柄长 5-10cm，与小叶片的两面均疏被钩状毛；托叶披针形，长约 4mm，与条形的小托叶均无毛；顶生小叶片宽卵形或菱状卵形，侧生的偏斜，长 6-13cm，宽 4-9cm，基部圆或宽楔形，先端急尖。总状花序腋生，长仅为叶柄的 1/2；花序梗、花序轴与花梗均被开展的钩状毛；苞片宽卵形，长约 5mm；小苞片卵形，长 6-7mm，与苞片均具数纵脉，近无毛，宿存；花梗长 5-8mm，疏被短钩状毛；花数朵生于花序轴的上部，成对生于节上；花萼杯状，长 3-4mm，疏被开展的钩状毛；花冠白色、黄色、紫色或红色，因品种不同而异，旗瓣近方形，长 0.8-1.2cm，具短瓣柄，翼瓣倒卵状长圆形，稍长于旗瓣，瓣片基部渐狭，无明显的耳，具短瓣柄，龙骨瓣条形，先端旋卷，无耳，具短瓣柄；子房条形，密被长硬毛，具短柄，花柱扁，旋卷，上部内侧被髯毛。荚果条形或条状长圆形，长 15-20cm，宽 1-2cm，直或微弯，略肿胀，无毛，先端喙状，有 4-8 颗种子。种子长圆形或肾形，白色、褐色、蓝色或有花斑。花果期：春至秋季。

产地：莲塘（刘晓琴等 01278），本市各地普遍栽培。

分布：原产美洲。世界热带至温带地区广为栽培。我国南北各地均普遍栽培。

用途：嫩荚供蔬食。品种 500 个以上，故植株的形态、花色、荚果的形态及种子的大小和颜色等均有差别。

32. 大翼豆属 Macroptilium（Benth.）Urb.

直立、攀援、匍匐或蔓生草本。叶为三出羽状复叶，稀仅具 1 小叶；托叶具纵纹，基部着生。花序总状；苞片宿存或脱落；花成对或数朵簇生于花序轴的每节上；花萼钟形或圆筒形，具等大或不等大的 5 齿；花冠白色、紫色或深红色，旗瓣反折，翼瓣长卵形，长于旗瓣和龙骨瓣，龙骨瓣旋卷；雄蕊 10，二体，其中对旗瓣的 1 枚分离，花药同型，背着；子房无柄或有柄，花柱作 2 次 90° 弯曲，以至轮廓呈方形。荚果细长圆柱形，含 10 数颗种子。种子表面有斑纹及凹痕。

约 17 种，分布于美洲热带。我国引入栽培或逸生的有 2 种。深圳有 1 种。

紫花大翼豆 Purple-flowered Macroptilium

图 394 彩片 377

Macroptilium atropurpureum（Moc. & Sesse ex DC.）Urb. Symb. Antill. **9**: 451. 1928.

Phaseolus atropurpureus Moc. & Sesse ex DC. Prodr. **2**: 395. 1825.

多年生草本，除花冠外，全株密被银白色茸毛。茎平卧，多分枝，枝的上部通常缠绕。托叶三角状卵形，长 3-4cm，淡褐色，有纵棱，先端急尖，迟落；叶柄长 3-5cm；小叶柄长 3-4mm；顶生小叶片卵形或菱状卵形，长 3-6cm，宽 2-4cm，基部宽楔形，边缘全缘

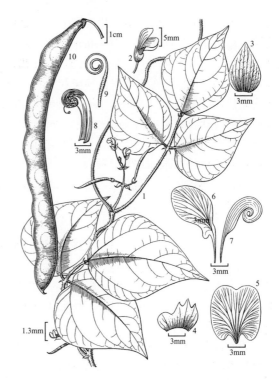

图 393 菜豆 Phaseolus vulgaris
1. 茎的一段、三出羽状复叶和总状花序；2. 花；3. 小苞片；4. 花萼展开；5. 旗瓣；6. 翼瓣；7. 龙骨瓣；8. 雄蕊；9. 雌蕊；10. 荚果。（李志民绘）

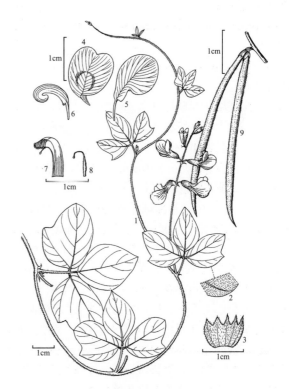

图 394 紫花大翼豆 Macroptilium atropurpureum
1. 分枝的上段、三出羽状复叶和总状花序；2. 小叶的一部分，示下面的毛被；3. 花萼展开；4. 旗瓣；5. 翼瓣；6. 龙骨瓣；7. 雄蕊；8. 雌蕊；9. 荚果。（李志民绘）

或浅波状，先端圆或钝，侧生小叶片斜宽卵形，略短于顶生小叶片，基部截形，外侧边缘通常有 1 浅裂片，先端圆或钝。总状花序连花序梗长 20-30cm；花序梗长 13-22cm，有花 10 余朵；花梗甚短，长 2-3mm；花成对生于花序轴的每节上；花萼筒状，长 7-8mm，具 5 齿，下方 3 齿三角状披针形，上方 2 齿三角形，长均约 2mm；旗瓣开花后反折，绿色，有深紫蓝色的斑和条纹，瓣片近圆形，长宽均约 1cm，基部骤缩成长约 5mm 的瓣柄，翼瓣深紫蓝色，连瓣柄长约 1.8cm，瓣片近圆形，基部骤缩，两侧均有短耳，瓣柄丝状，长约 5mm，龙骨瓣紫色，条形，连瓣柄长约 1.3cm，上端旋卷，基部内侧有 1 短耳；子房密被白色短柔毛，无柄。荚果细长圆柱形，长 8-9cm，宽约 5mm，先端有尖喙。种子长圆形，长 3-4mm，有深紫蓝色的斑。花果期：6-11 月。

产地：梧桐山（王国栋 8370）、银湖、光明新区。生于山坡林缘向阳处和公路边，海拔 50-100m。逸生。

分布：原产于美洲热带。现热带、亚热带地区多有栽培并有逸生。我国台湾、广东、香港和澳门有栽培或逸生。

用途：为优良牧草。

33. 四棱豆属 Psophocarpus Neck. ex DC.

草本或半灌木。茎攀援或平卧，稀直立。有块根。叶为三出羽状复叶或为单小叶；托叶中部着生；有小托叶。花单 1 或为总状花序，腋生；花序轴在花梗着生处膨大；苞片早落；有小苞片；花萼钟形，裂片 5，下方 3 裂片分离，上方 2 裂片合生或多少合生；花冠蓝色或紫色，伸出花萼外，旗瓣圆形，瓣片基部具 2 枚附属体，两侧具耳，翼瓣斜倒卵形，龙骨瓣先端弯曲；雄蕊 10，二体，其中对旗瓣的 1 枚分离或与其余的 9 枚合生至中部，花药二型，其中 5 枚基着的与 5 枚背着的间生；子房有胚珠 3-21 颗，有 4 翅，花柱增粗，上部内侧有髯毛，柱头顶生或内向，具髯毛。荚果长圆状圆柱形，具 4 翅，成熟时开裂。种子卵形、长圆形或椭圆形，有或无假种皮。

约 10 种，产于东半球热带，我国引进栽培 1 种，深圳也有栽培。

四棱豆 Goa-bean　　　　　图 395

Psophocarpus tetragonolobus（L.）DC. Prodr. **2**：403. 1825.

Dolichos teragonolobus L. Syst. Nat. ed. 10，**2**：1162. 1759.

一年生或多年生攀援草本，全株无毛。茎长 2-4m。叶为三出羽状复叶；托叶披针形，在着生点向下延伸呈倒三角形，长 1-1.2cm；小托叶披针形，长约 3mm，与托叶均宿存；叶柄长 5-10cm；小叶柄长 3-5mm，疏被短柔毛；顶生小叶片卵状三角形或卵状菱形，长 6-15cm，宽 4-12cm，基部截形或宽楔形，边缘全缘，先端急尖，侧生小叶片卵形，与顶生小叶片近等长，基部略偏斜。总状花序腋生，有花 2-10 朵；花序梗长 3-15cm；花梗长约 1cm；小苞片卵形，长约 3mm；花萼钟形，长约 1.5cm，裂片 5，长圆形，先端圆，下方 3 裂片分离，上方 2 裂片合生几至顶端；旗瓣圆形，直径约 3.5cm，外面绿色，内面浅蓝色，翼瓣卵形，长约 3cm，浅蓝色，具横向"丁"字形的耳，龙骨瓣与翼瓣近等长，白色，微染浅蓝色，上部微弯，具长圆形的耳；雄蕊对旗瓣的 1 枚花丝分离或与其余的合生至中部；子房具短柄，具多数胚珠，花柱内侧上部与柱头周围均被髯毛。荚果四棱柱形，长 10-25cm，

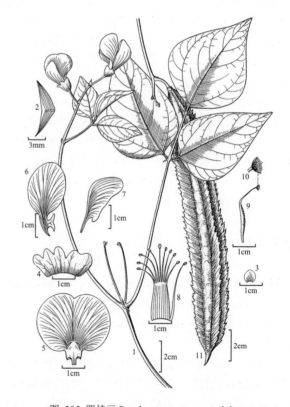

图 395 四棱豆 Psophocarpus tetragonolobus
1. 茎的一段、三出羽状复叶和总状花序；2. 托叶；3. 小苞片；4. 花萼展开；5. 旗瓣；6. 翼瓣；7. 龙骨瓣；8. 雄蕊；9. 雌蕊；10. 柱头；11. 荚果。（李志民绘）

宽 3-4cm，绿色或黄绿色，无毛，沿棱生宽翅，翅宽 0.5-1cm，边缘有不规则的锯齿。种子球形，直径 0.6-1cm，白色、黄色、棕色、黑色或杂以各种颜色，有光泽，边缘有假种皮。花果期：6-11 月。

产地：仙湖植物园（刘晓琴等 0156），本市各村落时有栽培。

分布：可能原产亚洲热带。我国台湾、福建、广东、海南、香港、广西和云南有栽培。亚洲热带、澳大利亚及非洲均有栽培。

用途：嫩叶和嫩荚可作蔬菜食用，块根亦可食用。

34. 豇豆属 **Vigna** Savi

直立或缠绕草本，少有半灌木。叶为三出羽状复叶；托叶盾状着生或基部着生。花排列为顶生或腋生的总状花序或 1 至多花簇生；花序轴上在花梗的着生处常增厚并有腺体；苞片早落；小苞片宿存或早落；花萼钟状，裂片 5，下方 3 裂片分离，上方 2 裂片完全合生或部分合生；花冠白色、黄色、紫色或蓝色；旗瓣瓣片圆形或近圆形，基部具 2 枚附属体，翼瓣短于旗瓣，龙骨瓣与翼瓣近等长，先端内弯至弯成半圈；雄蕊 10，二体，其中对旗瓣的 1 枚分离，花药同型，背着；子房无柄，有胚珠 3 至多颗，花柱上部增厚，内侧具髯毛，柱头侧生。荚果条形至条状长圆形，肥厚呈圆柱形或扁平，直或微弯，成熟时 2 瓣裂，在种子间多少具隔膜。种子肾形或近方形。

约 150 种，分布于热带地区，尤以东半球热带为多。我国 17 种、2 亚种和 4 变种，其中引进栽培的 4 种和 2 亚种。深圳 6 种和 2 亚种，其中 4 种和 2 亚种为栽培种。

1. 托叶基部着生 ·· 1. 滨豇豆 V. marina
1. 托叶盾状着生。
  2. 荚果疏被长硬毛；种子暗绿色或黄褐色；旗瓣与龙骨瓣外面黄绿色，内面带粉红色，翼瓣黄色 ··········
    ·· 2. 绿豆 V. radiata
  2. 荚果无毛；种子非绿色或黄褐色；旗瓣、翼瓣、和龙骨瓣均黄白带青紫色或全为黄色。
    3. 旗瓣、翼瓣和龙骨瓣均黄白带青紫色；荚果条状圆柱形，长 8-80cm，嫩时实或稍肉质而膨胀，具多颗种子。
      4. 茎缠绕，长 2-4m；荚果长 30-80cm，嫩时稍肉质而膨胀；种子长 0.8-1.2cm ··········
      ··················· 3a. 长豇豆 V. unguiculata subsp. sesquipedalis
      4. 茎直立或近直立但顶端缠绕，高 15-80cm；荚果长不超过 30cm，嫩时坚实；种子长 6-9mm。
        5. 茎近直立但顶端缠绕；荚果长 20-30cm，下垂 ··············· 3. 豇豆 V. unguiculata
        5. 茎直立；荚果长 8-16cm，直立或开展 ············ 3b. 短豇豆 V. unguiculata subsp. cylindrica
    3. 旗瓣、翼瓣和龙骨瓣全为黄色；荚果圆柱形，长 5-10cm。
      6. 托叶小，长 4-6mm；种子成熟时深灰色；小叶片形状变化大，卵形、卵状披针形、披针形、条状披针形或条形 ·· 4. 山绿豆 V. minima
      6. 托叶较大，长 1-1.7cm；种子成熟时暗红色或其它色，但非深灰色。
        7. 托叶箭头形；种子长圆形，种脐不凹陷 ················· 5. 赤豆 V. angularis
        7. 托叶披针形；种子长椭圆形，种脐凹陷 ················· 6. 赤小豆 V. umbellata

1. 滨豇豆 Marine Cowpea 图 396

Vigna marina（Burm.）Merr. Interpr. Rumph. Herb. Amboin. 285. 1917.

Phaseolus marinus Burm. Ind. Alt. Univ. Herb. Amboin. 18. 1769.

多年生草本。茎缠绕或匍匐，长可达数米，幼时被长柔毛。叶为三出羽状复叶；托叶基部着生，卵形，长 3-5mm；叶柄长 3-10cm，与叶轴及小叶柄均近无毛；小托叶钻形，长约 2mm；小叶柄长 2-6mm；小叶片近革质，顶生小叶片卵形或倒卵形，长 4-9cm，宽 3-8cm，两面被稀疏的长硬毛或近无毛，基部圆或宽楔形，先端圆钝或微凹，侧生小叶片稍小，基部偏斜。总状花序腋生或顶生，长 4-14cm；花序梗长 2-10cm，与花序轴和花梗均被短柔毛；花数朵生于上部；苞片披针形，长约2mm；小苞片条形，长约1.5mm，宿存；花梗长4-6mm；花萼钟状，长3.5-4.5mm，无毛，裂片三角形，近等长，下方3裂片分离，上方2裂片合生几至顶部，有缘毛；花冠黄色，旗瓣宽倒卵形，长1.2-1.3mm，翼瓣长圆形，略短于旗瓣，具耳，龙骨瓣与翼瓣近等长，中部以上略内弯，各瓣均具短瓣柄。荚果条状长圆体形，长4-6cm，宽8-9mm，肿胀，幼时疏被短柔毛，成熟后变无毛，种子间微缢缩。种子2-6颗，长圆体形，长5-7mm，宽4.5-5mm，成熟时褐色。花期：8-9月，果期：10月。

产地：西涌（邢福武11906，IBSC）、七娘山、梧桐山、南澳。生于山坡草丛和海边沙地。

分布：台湾、广东、香港、海南。热带地区广布。

2. 绿豆 Mung Bean 图397

Vigna radiata（L.）R. Wilczek in Fl. Congo Belge **6**：386. 1954.

Phaseolus radiatus L. Sp. Pl. **2**：725. 1753；海南植物志 **2**：324. 1965.

Phaseolus aureus Roxb. Fl. Ind. **3**：297. 1832；广州植物志 371. 1956.

一年生草本。茎直立，高30-60cm，疏被褐色长硬毛。叶为三出羽状复叶；托叶盾状着生，披针形，长0.8-1cm，有纵脉，具缘毛；叶柄长10-20cm，与叶轴、小叶柄均被长硬毛；小托叶披针形，长3-4mm；小叶柄长3-6mm；顶生小叶片卵形，长5-15cm，宽3-12cm，两面疏被长硬毛，基部圆或宽楔形，先端渐尖，侧生小叶片基部偏斜。总状花序腋生，有4至10数朵花；花序梗长2.5-10cm，与花序轴均被长硬毛；小苞片披针形，长4-7mm，宿存；花萼钟形，长4.5-8mm，仅具缘毛，裂片5，下方3裂片分离，上方2裂片合生几至顶端；旗瓣肾形，长约1.2cm，宽约1.6cm，外面黄绿色，内面带粉红色，翼瓣斜卵形，略短于旗瓣，瓣片几呈直角弯，黄色，龙骨瓣与旗瓣同色，与翼瓣近等长，先端内弯成半圆形，右侧一瓣中部有一小尖囊，各瓣均具短瓣柄；子房无柄，密被长硬毛。荚果条状圆柱形，平展，长4-9cm，宽5-6mm，疏被长硬毛，成熟时黑色，有10-14颗种子。种子长圆体形，暗绿色或黄褐色。花期：4-5月，果期：6-8月。

产地：本市各地有栽培。

分布：我国南北各地及世界热带和亚热带地区广为栽培。

用途：种子食用，亦可提取淀粉，制成豆沙和粉丝；

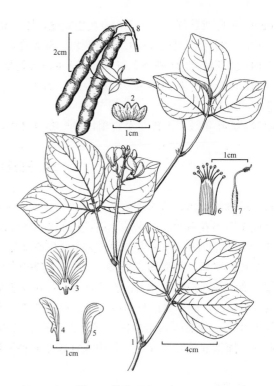

图 396 滨豇豆 Vigna marina
1. 茎的一段、三出羽状复叶和总状花序；2. 花萼展开；3. 旗瓣；4. 翼瓣；5. 龙骨瓣；6. 雄蕊；7. 雌蕊；8. 荚果。（李志民绘）

图 397 绿豆 Vigna radiata
1. 茎的一段、三出羽状复叶和果序（幼）；2-3. 托叶；4. 荚果；5. 种子。（蔡淑琴绘）

种子置水中避光发芽即为常吃的蔬菜，俗称绿豆芽；药用有清热解毒、利尿明目之效。

3. 豇豆 Common Cowpea 图 398

Vigna unguiculata（L.）Wilp. Repert. Bot. Syst. **1**
（5）：779. 1842.

Dolichos unguiculata L. Sp. Pl. **2**：725. 1753.

Vigna sinensis（L.）Savi ex Hassk. Cat. Hort. Bot.
Bogor. 279. 1844；广州植物志 373. 1956；海南植物志
2：325. 1965.

图 398 豇豆 Vigna unguiculata
1. 茎的一段、三出羽状复叶和总状花序；2. 花萼展开；3. 旗瓣；4. 翼瓣；5. 龙骨瓣；6. 荚果。（蔡淑琴绘）

一年生草本。茎近直立但顶端缠绕，高 15-80cm，全体近无毛。叶为三出羽状复叶，长 20-30cm；托叶盾状着生，卵形，长约 1cm，有纵纹，两端均急尖；叶柄长 10-15cm；小托叶长圆形，长约 4mm，宿存；小叶柄长 5-7mm；顶生小叶片卵状菱形，长 5-15cm，宽 4-6cm，基部圆或宽楔形，边缘在基部以上全缘或有浅而圆的裂片，先端急尖，侧生小叶片斜宽卵形，略短。总状花序腋生；花序梗长 20-25cm；花序轴在花梗之间有肉质球形的腺体；花 2-6 朵密生于上部；花萼钟状，长 0.6-1cm，裂片三角状披针形，下方 3 裂片分离，上方 2 裂片合生几至顶部；花冠黄白带青紫色，长约 2cm，旗瓣近圆形，长宽均约 1.8cm，瓣片基部有 2 附属体并有短小的耳，具短瓣柄，翼瓣宽倒卵形，与旗瓣近等长，与龙骨瓣均具短瓣柄而无明显的耳，龙骨瓣与翼瓣近等长，先端略内弯；子房条形，疏被短柔毛。荚果条状圆柱形，下垂，长 20-30cm，粗 0.6-1cm，嫩时坚实，成熟时稍肉质而膨胀，有种子多颗。种子长圆状肾形，长 6-9mm，黄白色、暗红色或其他色。花果期：6-9 月。

产地：罗湖区林果场（曾春晓 016766），本市各地均有栽培。

分布：原产于非洲。我国南北各地常见栽培。世界热带、亚热带广为栽培。

用途：嫩荚作蔬菜食用。

3a. 长豇豆 豆角 Yard-long Bean 彩片 378

Vigna unguiculata subsp. **sesquipedalis**（L.）Verdc. in Davies，Fl. Turkey **3**：266 1970.

Dolichos sesquipedalis L. Sp. Pl. ed. 2. **2**：1019. 1763.

一年生草本。茎缠绕，长 2-4m。荚果长 30-80cm，下垂，嫩时稍肉质而膨胀；种子长 0.8-1.2cm。花果期：6-8 月。

产地：葵涌（王国栋 6518），本市各地均有栽培。

分布：原产于亚洲南部。我国南北各地常见栽培。亚洲及非洲热带地区均有栽培。

用途：嫩荚作蔬菜食用。

栽培品种依荚果的色泽而分为白皮种（淡绿白色）、青皮种、红皮种和斑纹种。

3b. 短豇豆 眉豆 Cat-claw Bean

Vigna unguiculata subsp. **cylindrica**（L.）Verdc. in Kew Bull. **24**（3）：544. 1970.

Phaseolus cylindricus L. Herb. Amb. 23. 1754.

Vigna cylindrica（L.）Skeels in U. S. D. A. Bur. Pl. Industr. Bull. **282**：32. 1913；广州植物志 373. 1956；海南植物志 **2**：326. 1965.

一年生草本。茎直立，高 15-80cm。荚果长 8-16cm，直立或开展，嫩时坚实。花果期：5-9 月。

产地：罗湖区怡景路（刘小琴 007980），本市各地均有栽培。

分布：原产于亚洲。我国南北各地常有栽培。日本、朝鲜及美国亦有栽培。

用途：种子供食用。

4. **山绿豆** 贼小豆 Small Cowpea

图 399　彩片 379 380

Vigna minima（Roxb.）Ohwi & H. Ohashi in J. Jap. Bot. **44**（1）：30. 1969.

Phaseolus minimus Roxb. Fl. Ind. **3**：290. 1832；广州植物志 371.1956；海南植物志 **2**：324. 1965.

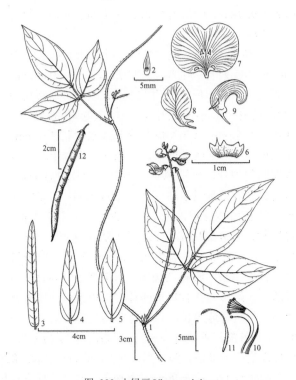

图 399 山绿豆 Vigna minima
1. 茎的一段、三出羽状复叶及总状花序；2. 托叶；3-5. 不同形状的小叶；6. 花萼展开；7. 旗瓣；8. 翼瓣；9. 龙骨瓣；10. 雄蕊；11. 雌蕊；12. 荚果。（李志民绘）

一年生草本。茎纤细，缠绕，疏被倒生的长硬毛。叶为三出羽状复叶，长 5-10cm；托叶盾状着生，卵形，长 4-6mm，具纵纹，与叶柄、小叶柄和小叶片的两面均疏被长硬毛；叶柄长 3.5-5cm；小托叶披针形，长约 2mm，宿存；小叶柄长约 2mm；小叶片的形状和大小均有变异，卵形、卵状披针形、披针形、条状披针形或条形，长 2.5-12cm，宽 0.8-5cm，基部圆或宽楔形，先端急尖，侧生小叶片略小，基部甚偏斜。总状花序长于叶或与叶近等长，具 3-9 朵花；花序梗、花序轴和花梗均疏被倒生的短硬毛；小苞片条状披针形，长约 4mm，具纵纹，宿存；花梗长约 4mm；花萼钟状，长约 3mm，近无毛，裂片 5，下方 3 裂片分离，其中中间 1 裂片稍长，上方 2 裂片大部分合生；花冠黄色，旗瓣反折，扁圆形，长约 1cm，宽约 1.2cm，瓣片中部偏下有 2 小角状体，基部两侧有半圆形的附属体，翼瓣宽倒卵形，微短于旗瓣，具条形的耳及短瓣柄，

龙骨瓣先端内弯成半圆形，右侧的 1 片中下部有 1 角状体，基部具耳及短瓣柄；子房密被短硬毛。荚果条状圆柱形，长 5-7cm，宽 4-5mm，无毛。种子成熟时深灰色。花果期：7-10 月。

产地：田心山（张寿洲等 4677）、梧桐山（深圳考察队 1712）、仙湖植物园（刘小琴 008070）。生于山坡或旷野草丛中，海拔 30-100m。

分布：辽宁、河北、山西、山东、江苏、浙江、台湾、福建、江西、湖南、广东、香港、海南、广西、贵州及云南。日本和菲律宾。

5. **赤豆** 红豆 Adzuki Bean　　　　　　　　　　　　　　　　　　　　　　　图 400

Vigna angularis（Willd.）Ohwi & H. Ohashi in J. Jap. Bot. **44**（1）：29. 1969.

Dolichos angularis Willd. Sp. Pl. ed. 4，**3**（2）：1051. 1802.

Phaseolus angularis（Willd.）W. Wight in U. S. D. A. Bur. Pl. Industr. Bull. **137**：17. 1909；广州植物志 372. 1956；海南植物志 **2**：324. 1965.

一年草本。茎生直立或缠绕，高 30-90cm。除花冠和荚果外，其余均疏被长硬毛。叶为三出羽状复叶；托叶盾状着生，箭头形，长 0.6-1.5cm；叶柄长 5-12cm；小托叶条形，长约 4mm；小叶柄长约 3mm；顶生小叶片

卵形至菱状卵形，长 5-10cm，宽 5-8cm，基部宽楔
形，边缘全缘或 3 浅裂，先端急尖或渐尖，侧生小叶
片偏斜。花序为总状花序，腋生，短于叶，有花 5-6
朵；花梗甚短；小苞片披针形，长 6-8mm；花萼钟形，
长 3-4mm，下方 3 裂片三角状披针形，上方 2 裂较短，
三角形；花冠黄色，长约 9mm，旗瓣扁圆形，瓣片基
部两侧各有一附属体，具短耳，翼瓣与龙骨瓣近等长，
基部具耳及瓣柄，龙骨瓣先端内弯呈半圆形，其中右
侧的一片在瓣片的中下部有 1 耳状体；子房条形，花
柱内侧近顶端被髯毛。荚果圆柱形，长 7-10cm，宽
5-6mm，开展或下弯。种子暗红色或其他色，长圆体形，
长 5-6mm，宽 4-5mm，两端截形或圆，种脐不凹陷。
花期：6-7 月，果期：8-10 月。

产地：本市各地常有栽培。

分布：原产于亚洲热带。世界各地均有栽培。

用途：种子供食用；药用有清热解毒和利尿之效；
浸水后捣碎外敷，可治各种肿毒。

6. 赤小豆 Rice Bean 图 401

Vigna umbellata（Thunb.）Ohwi & H. Ohashi in
J. Jap. Bot. **44**（1）：31. 1969.

Dolichos umbellata Thunb. in Trans. Linn. Soc.
London **2**：339. 1794.

Phaseolus calcaratus Roxb. Fl. Ind. **3**：289. 1832;
广州植物志 372. 1956；海南植物志 **2**：325. 1965.

一年生草本。茎直立或上部缠绕，高 30-70cm，
幼时被倒生的短硬毛，后变无毛。叶为三出羽状复叶，
长 15-20cm；托叶盾状着生，披针形，长约 1cm，两
端急尖；叶柄长 6-12cm，幼时疏被短硬毛；小托叶钻
形，长 3-4mm；小叶柄长 3-4mm，密被短硬毛；顶生
小叶片卵状披针形或披针形，长 8-13cm，宽 5-7cm，
两面沿脉疏被短硬毛，基部宽楔形，边缘全缘或 3 浅
裂，先端急尖，侧生小叶片偏斜。总状花序腋生，长
于叶或与叶近等长，有花 2-4 朵；花序梗疏被短硬毛；
花梗甚短；花萼钟形，长 3-4mm，萼齿三角形；花
冠黄色，旗瓣扁圆形，长约 1cm，宽约 1.2cm，瓣片
基部两侧有附属体，具短瓣柄，翼瓣与旗瓣近等长，
宽倒卵形，具耳及瓣柄，龙骨瓣先端内弯呈半圆形，
右侧的 1 片在瓣片的中下部有 1 角状体。荚果条状
圆柱形，长 8-15cm，宽 5-7mm，无毛，下垂，有种
子 6-10 颗。种子长圆体形，暗红色，也有褐色、黑
色或草黄色，种脐凹陷。花期：5-8 月，果期：8-10 月。

产地：仙湖植物园（李沛琼 978），本市各地常有
栽培。

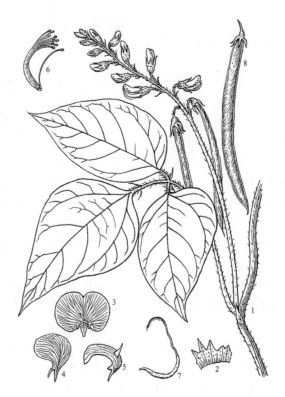

图 400 赤豆 Vigna angularis
1. 茎的一段、三出羽状复叶和总状花序；2. 花萼展开；3. 旗
瓣；4. 翼瓣；5. 龙骨瓣；6. 雄蕊；7. 雌蕊；8. 荚果（嫩）。（蔡
淑琴绘）

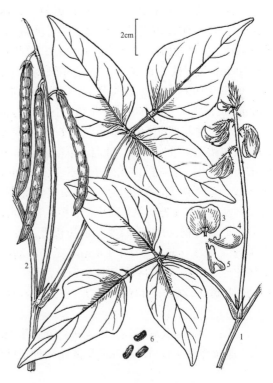

图 401 赤小豆 Vigna umbellata
1. 分枝的一段、叶及总状花序；2. 叶及荚果；3. 旗瓣；4. 翼
瓣；5. 龙骨瓣；6. 种子。（余汉平绘）

分布：原产亚洲热带。我国南部常见栽培。日本、朝鲜和亚洲东南部各国均有栽培。

用途：种子供食用；药用有行气补血、健脾祛湿和利水消肿之效。

35. 扁豆属 Lablab Adans.

多年生缠绕藤本。叶为三出羽状复叶；托叶反折，披针形；小托叶条状披针形，与托叶均宿存。总状花序腋生；花序轴上的节膨大；花萼钟状，裂片 5，下方 3 裂片分离，上方 2 裂片合生；花冠紫色或白色，旗瓣圆形，花开放后反折，瓣片基部的中央具 2 附属体，附属体下方具 2 耳，龙骨瓣中部弯呈直角；雄蕊 10，二体，其中对旗瓣的 1 枚分离，花药一式，背着；子房具短柄，有数胚珠，花柱弯曲，两侧扁，近上部的内缘具髯毛，柱头顶生，宿存。荚果长圆形或长圆状镰形，背腹两缝或仅腹缝的边缘具疣状体，种子间的隔膜海绵质，顶端具宿存花柱。种子扁，长圆形或卵形，种脐条形，具条形或长圆形假种皮。

1 种，原产热带非洲，全世界热带至暖温带地区均有栽培。深圳亦常见栽培。

扁豆 Hyacinth Bean　　　　图 402　彩片 381 382

Lablab purpurea（L.）Sweet，Hort. Brit. **2**：481. 1826.

Dolichos lablab L. Sp. Pl. **2**：725. 1753；广州植物志 374. 1956；海南植物志 **2**：327. 图 462. 1965.

多年生缠绕藤本。茎长达 6m，紫红色或淡绿色，仅幼时疏被柔毛。托叶披针形，长 5-6mm，具条纹；小托叶条形，长 3-4mm；叶柄长 6-15cm；小叶柄长约 3mm，与叶柄均无毛；小叶片紫红色或绿色，顶生小叶片宽三角状卵形，长 4-10cm，宽与长近相等，两面无毛或下面沿脉疏被短柔毛，基部宽楔形或截形，先端渐尖或急尖，具短尖，侧生小叶片偏斜。总状花序长 15-30cm；花序梗长 8-20cm，与花序轴均无毛；花 2 至多朵簇生于花序轴膨大的节上；苞片长圆形，长 4-5mm，疏被短柔毛，有纵纹，早落；小苞片与苞片同形，生于花萼基部；花萼钟状，长约 6mm，内外两面均密被短柔毛，下方 3 裂片分离，近等长，上方 2 裂片几全部合生；花冠白色或紫色，长 1.2-1.4cm，各瓣近等长，旗瓣圆形，瓣柄甚短，翼瓣宽倒卵形，基部有短耳及瓣柄，龙骨瓣狭长圆形，中部呈直角弯，基部无耳，有短瓣柄；子房密被平伏的短柔毛。荚果镰状长圆形，长 5-7cm，宽 1.4-1.8cm，扁平，幼时密被平伏的短柔毛，白花的品种为淡绿白色，紫花的品种为紫黑色。花果期：3-11 月。

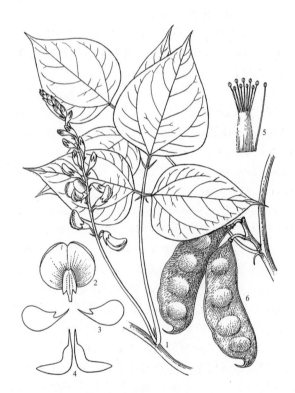

图 402 扁豆 Lablab purpurea
1. 分枝的一段、三出羽状复叶和总状花序；2. 旗瓣；3. 翼瓣；4. 龙骨瓣；5. 雄蕊；6. 荚果。（蔡淑琴绘）

产地：大鹏（张寿洲等 4382）、罗湖区林果场（戴化等 012868）、仙湖植物园（李沛琼 1652），本市各地常见栽培。

分布：原产非洲。我国各地及世界暖温带至热带地区均广泛栽培。

用途：嫩荚作蔬菜食用。白花品种的花和种子供药用，有消暑除湿、健脾止泻之效。

36. 蝶豆属 Clitoria L.

多年生攀援草本或半灌木。叶为奇数羽状复叶，有小叶 3-9 片，少有单小叶；小叶片边缘全缘；托叶和小托叶均宿存。花下垂，单朵或成对，腋生，也有 2 朵以上排列为总状花序；苞片成对，与托叶同形，宿存；小苞片与苞片相似或较大，有时呈叶状；花萼筒状，裂片 5，近相等，披针形或三角形，与萼筒等长或较短；花冠伸出花萼外，旗瓣直立或平展，瓣片基部无耳，具瓣柄，翼瓣和龙骨瓣远小于旗瓣；雄蕊 10，二体，其中对旗瓣的 1 枚分离或全部合生为单体，花药一式，基着；子房具柄，基部为鞘状的花盘所包围，花柱长而弯曲，内侧被髯毛，胚珠多数。荚果条形或条状长圆形，扁平或膨胀，具果柄。

约 60 种，分布于热带和亚热带地区，尤以美洲热带最多。我国 2 种，引入栽培 2 种。深圳引入栽培 1 种和 1 栽培品种。

蝶豆 Butterfly Pea　　　　　　　图 403

Clitoria ternatea L. Sp. Pl. **2**: 753. 1753.

多年生草质藤本。茎柔弱，攀援，被平伏的短柔毛。羽状复叶有小叶 5-7 枚；托叶条状披针形，长约 5mm；有数条纵脉；叶柄长 1.5-3cm；小叶柄长约 2mm，与叶柄均被短柔毛；小托叶刚毛状；小叶片纸质，椭圆形或近卵形，长 2.5-5cm，宽 1.5-3.5cm，两面疏被平伏短柔毛或近无毛，基部圆，边缘全缘，先端钝或微凹，具小短尖，侧脉每边 5-6 条。花单朵，腋生，下垂；苞片披针形；长 2-4mm；花梗长约 5mm，疏被短柔毛；小苞片生于萼筒之下，近圆形，长 5-6mm，有明显的网脉；花萼长 1-1.5cm，有纵脉，5 裂片均为披针形，近等长，长不及萼筒的 1/2；花冠大而美丽，长 5-5.5cm，蓝、粉红或白色，旗瓣宽倒卵形，中间有一白色或橙黄色斑，翼瓣和龙骨瓣均为倒卵状长圆形，远较旗瓣小，长不及旗瓣的 1/3，瓣片基部无耳，渐狭成瓣柄；雄蕊 10，二体，其中对旗瓣的 1 枚分离；子房被短柔毛。荚果条状长圆形，长 5-11cm，宽约 1cm，扁平，被短柔毛，先端具喙，有种子 6-11 颗。种子长圆形，成熟时黑色。花果期：6-11 月。

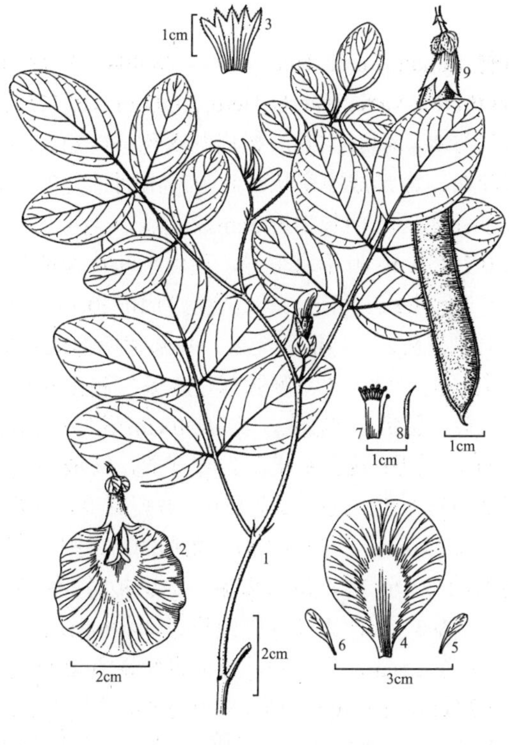

产地：各公园和绿地时有栽培。

图 403 蝶豆 Clitoria ternatea
1. 分枝的一段、羽状复叶及花；2. 花；3. 花萼展开；4. 旗瓣；5. 翼瓣；6. 龙骨瓣；7. 雄蕊；8. 雌蕊；9. 荚果。（李志民绘）

分布：原产印度。浙江、台湾、福建、广东、香港、澳门、海南、广西及云南南部均有栽培。世界热带地区广为栽培。

用途：花大而美丽，为优良棚架植物；全株可作绿肥；根和种子有毒。

栽培品种重瓣蝶豆 Clitoria ternatea 'Pleniflora' 的花更大，花冠重瓣，十分美丽（彩片 383）。本市普遍栽培。

37. 刺桐属 Erythrina L.

乔木或灌木。茎及枝常有皮刺（由表皮细胞形成）。叶为三出羽状复叶；托叶小，脱落；小托叶呈腺体状；小叶片边缘全缘。总状花序腋生或顶生；花大而美丽，红色，成对或成簇生于花序轴的每节上；苞片和小苞片甚小或不存在；花萼钟状、陀螺状或呈佛焰苞状，顶端截形或具 1-5 短齿；各花瓣的大小极不相等，通常旗瓣大而长，直立或开展，瓣柄长或甚短至不明显，翼瓣短和狭窄，有的很小甚至不存在，龙骨瓣长于或等长于翼瓣，但均比旗瓣短小很多；雄蕊 10 枚，二体，其中对旗瓣的 1 枚分离，或为单体，花药一式，背着；子房有柄，具多数胚珠。荚果多为条状长圆体形或镰形，在种子间略收缩呈波状，2 瓣裂或仅沿腹缝线开裂，少有不开裂。

　　112 种，分布于全球热带和亚热带地区。我国产 3 种，1 变种，引入栽培的 8 种。深圳常见栽培的 3 种。

1. 总状花序长 10-16cm；花甚密集；花萼佛焰苞状；顶生小叶片宽卵状三角形、菱状卵形或三角形 ……………………
　 …………………………………………………………………………………………………… 1. **刺桐 E. variegata**
1. 总状花序长 20-30cm 或更长；花较稀疏；花萼钟状；顶生小叶片卵状三角形或卵形。
　 2. 顶生小叶片卵状三角形；花萼先端仅下方具 1 枚明显的萼齿，其余因无明显萼齿而呈截形；旗瓣长椭圆形 ……
　 ………………………………………………………………………………………… 2. **龙芽花 E. corallodendron**
　 2. 顶生小叶片卵形；花萼的下方裂片先端全缘，上方裂片先端具 1 短尖；旗瓣宽长圆形 …………………………
　 ………………………………………………………………………………………………… 3. **鸡冠刺桐 E. crista-galli**

1.　刺桐 Indian Coral Tree　　　　图 404　彩片 384
Erythrina variegata L. Herb. Amboin. 10. 1754.

落叶乔木，高可达 20m；树皮灰褐色；分枝有皮刺，因髓部疏松，故形成中空状。叶为三出羽状复叶，密生于枝的上部；叶柄长 10-15cm，无刺，无毛；小叶柄长约 0.7-1.3cm；叶形有变异，顶生小叶片宽卵状三角形、菱状卵形或三角形，长与宽均为 10-20cm，也有长稍大于宽或反之，两面近无毛，基部宽楔形或截形，先端渐尖，基出脉 3 条，侧脉每边 5 条，侧生小叶片较小而偏斜。总状花序腋生，长 10-16cm；花序梗粗壮，长 7-10cm，无毛；花甚密集，先叶开放，常成对着生于花序轴的每节上；花梗长约 1cm，被短茸毛；花萼佛焰苞状，长约 1cm，一侧有 1 枚三角形的齿，另一侧开裂至筒部的 1/3 至 1/2，口部微偏斜，密被茸毛；花冠红色，长 5.5-6.5cm，旗瓣狭椭圆形或卵状椭圆形，长 5-6cm，宽约 2.5cm，先端圆，瓣柄甚短，翼瓣狭长圆形，长 2-2.5cm，龙骨瓣长圆形，相互分离，稍长于翼瓣，二者均无耳，具短瓣柄；雄蕊 10 枚，二体，长与短间生；子房疏被短柔毛，具柄。荚果圆柱形，长 10-20cm，宽 1.5-2cm，肥厚，微弯，种子间微缢缩。种子暗红色至褐色，肾形，长约 1.5cm，宽约 1cm。花期：3-4 月。

图 404　刺桐 Erythrina variegata
1. 三出羽状复叶；2. 总状花序；3. 花萼；4. 旗瓣；5. 翼瓣；6. 龙骨瓣；7. 雄蕊；8. 雌蕊。（蔡淑琴绘）

　　产地：罗湖区林果场（李沛琼 5625）、仙湖植物园（李沛琼 01732）、洪湖公园（陈开崇 017322），本市各地普遍栽培。

　　分布：原产印度。福建、台湾、广东、香港、澳门、广西、贵州和云南有栽培。印度、越南、老挝、柬埔寨、马来西亚、印度尼西亚和波利尼西亚亦普遍栽培。

　　用途：为优良的观赏树，可植于庭园、绿地和村落或作行道树，十分美丽。

2.　龙芽花 Coral Tree　　　　　　　　　　　　图 405　彩片 385 386
Erythrina corallodendron L. Sp. Pl. 2: 706. 1753.

落叶小乔木，高 3-5m；分枝中空，散生皮刺，无毛。叶为三出羽状复叶；叶柄长 8-12cm，无毛，间或有刺；小叶柄长 3-5mm；顶生小叶片宽卵状三角形，长 7-10cm，宽 6-9cm，两面无毛，间或下面沿中脉有刺，基部宽楔形，先端长渐尖，基出脉 3 条，侧脉每边 3-4 条，侧生小叶片卵形，较小，基部偏斜，先端急尖。总状花序腋生，长达 30cm 或更长；花较稀疏，每节生 2-3 朵，与叶同时开放；花萼钟状，长 0.8-1cm，无毛，顶端仅下方的 1 枚萼齿明显，其余的均无明显萼齿而呈截形；花冠深红色，长 4.5-5.5cm，旗瓣长椭圆形，长 4-5cm，顶端微凹，瓣柄甚短，翼瓣较短，长 1.4-1.6cm，龙骨瓣长于翼瓣，长为旗瓣的 1/2；雄蕊 10 枚，二体，其中对旗瓣的 1 枚分离；子房被白色短茸毛，具柄。荚果圆柱形，肥厚，长 10-12cm，在种子间微缢缩。种子深红色，带黑斑。花期：4-5 月。

产地：仙湖植物园（李沛琼 021510），本市各地常有栽培。

分布：原产南美洲。我国河北、浙江、福建、台湾、广东、香港、澳门、广西、贵州和云南有栽培。世界热带地区多有栽培。

用途：为优良的观赏树，可植于庭园、绿地和村落，十分美丽。

3. 鸡冠刺桐 Cockscomb Coral Tree

图 406 彩片 387 388

Erythrina crista-galli L. Mant. Pl. **1**：99. 1767.

落叶小乔木；分枝中空，疏生皮刺。叶为三出羽状复叶；叶柄长 5-10cm，无毛，疏生皮刺或无刺；顶生小叶片卵形，长 6-9cm，宽 3.5-5.5cm，两面无毛，基部宽楔形，先端急尖，侧脉每边 9-12 条，侧生小叶片与顶生小叶片同形，等大或略小。总状花序顶生，长 20-30cm；无明显的花序梗；花序轴为枝条的延伸，无毛，无刺；花 1-3 朵聚生于分枝上部的叶腋和花序轴的节上；花萼长 0.8-1cm，筒部钟形，长为萼全长的 2/3，裂片呈 2 唇形，下方裂片先端全缘，上方裂片先端具 1 短尖，无毛；花冠深红色或橙红色，偶见旗瓣的背面白色，长 4-4.5cm，旗瓣宽长圆形，长 3.5-4cm，基部渐狭，先端圆，具短瓣柄，翼瓣小，长 8-9mm，龙骨瓣微弯，长 3-3.5cm；雄蕊 10，二体，其中对旗瓣的 1 枚分离；子房具柄，被茸毛。荚果圆柱形，长约 15cm，肥厚，种子间微缢缩。种子亮褐色。花期：4-10 月，果期：5-11 月。

产地：仙湖植物园（李沛琼 4079），本市各公园、植物园和公共绿地均有栽培。

分布：原产巴西。福建、台湾、广东、香港、澳门和广西常有栽培。世界热带地区亦常有栽培。

用途：为优良的观赏树，适植于庭园、绿地和村落，十分美丽。

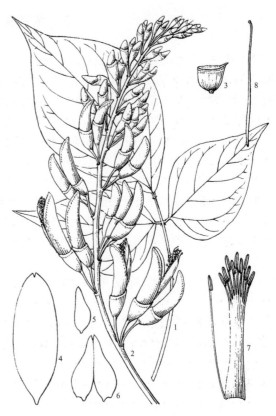

图 405 龙芽花 Erythrina corallodendron
1. 三出羽状复叶；2. 总状花序；3. 花萼；4. 旗瓣；5. 翼瓣；6. 龙骨瓣；7. 雄蕊；8. 雌蕊。（蔡淑琴绘）

图 406 鸡冠刺桐 Erythrina crista-galli
1. 分枝的上段、羽状复叶和总状花序；2. 花萼；3. 旗瓣；4. 翼瓣；5. 龙骨瓣；6. 雄蕊；7. 荚果。（蔡淑琴绘）

38. 黧豆属 **Mucuna** Adans.

一年生或多年生藤本。茎木质或草质，缠绕。叶为三出羽状复叶；托叶早落；有或无小托叶；小叶片大，侧生小叶片偏斜，边缘全缘。花序为总状花序，少有圆锥花序，腋生或生于老茎上或老枝上，下垂；苞片小，宿存或脱落；花多数，大而美丽，常数朵簇生于花序轴隆起的节上；花萼钟状，裂片 5，下方 3 裂片分离，上方 2 裂片不同程度合生；花冠伸出花萼外，深紫、红、黄绿或白色，干后变为黑色，各瓣不等长，旗瓣长为龙骨瓣的 1/2，瓣片两侧有短耳，翼瓣长圆形或倒卵状长圆形，龙骨瓣长于翼瓣或与之等长，先端变硬，微内弯呈喙状；雄蕊 10，二体，其中对旗瓣的 1 枚分离，花药二式，5 枚较长的背部着生，5 枚较短的基部着生，均具髯毛；子房无柄，胚珠多颗。荚果肿胀或略扁，成熟后果皮革质、木质或肉质，沿背腹两缝有翅或无翅，被褐黄色或白色的刺毛或茸毛，有的种类在果瓣上有斜向的片状折，在种子间缢缩或不缢缩，内面有或无横隔。种子肾形、球形或椭圆体形，种脐或长或短，长者可超过种子周长的 1/2，无种阜。

约 100 种，分布于热带和亚热带。我国产 15 种。深圳有 2 种，1 变种。

1. 一年生木质藤本；荚果圆柱形，略呈"S"状弯曲，长 8-13cm，直径 1-1.5cm；果瓣近肉质 ·············
·· **1. 黧豆 M. pruriens** var. **utilis**
1. 多年生木质藤本；荚果扁，较大，长 15cm 以上，宽 3cm 以上，果瓣木质或革质。
　2. 荚果长圆形，长 15-18cm，宽 5-6cm，成熟后果瓣革质，有斜向的片状折，种子间不缢缩 ·············
·· **2. 香港油麻藤 M. championii**
　2. 荚果带形，长 30-45cm，宽 3.5-4.5cm，成熟后果瓣木质，无片状折，种子间缢缩 ·············
·· **3. 白花油麻藤 M. birdwoodiana**

1.　黧豆　狗爪豆 Florid Velvet Bean

图 407　彩片 389 390

Mucuna pruriens（L.）DC. var. **utilis**（Wall. ex Wight）Baker ex Burck in Ann. Jard. Bot. Buitenzorg **11**：187. 1893.

Mucuna utilis Wall. ex Wight, Iconogr. Pl. Ind. Orient. **1**：t. 280. 1840.

Mucuna cochinchinensis（Lour.）A. Chev. in Bull. Agric. Inst. Sci. Indochine **1**：91. 1919；广州植物志 369. 1956；海南植物志 **2**：316. 1965.

一年生木质藤本。茎缠绕，分枝幼时被平伏的绢状毛，后渐变无毛。三出羽状复叶长 18-30cm 或更长；托叶披针形，长 3-4mm；叶柄长 5-18cm，疏被白色刺毛；小托叶钻形，长约 5mm；小叶柄长约 5mm，被黄色的短柔毛和刺毛；顶生小叶片菱状卵形或卵形，长 8-15cm，宽 5-10cm，两面疏被白色短柔毛，基部楔形或圆，先端急尖，具小短尖，侧脉每边 5-8 条，侧生小叶片斜卵形，略大于顶生小叶片，长 10-18cm，基部截形。总状花序腋生，下垂，长 15-30cm，有 10 数朵至 20 多朵花，每节生花 2-4 朵；花序梗长 6-10cm，与花序轴和花梗均密被短柔毛；苞片和小苞片均为条状披针形，开花后即脱落；花萼阔钟状，长 1.5-1.7cm，里面和外面均密被褐

图 407 黧豆 Mucuna pruriens var. utilis
1. 分枝的一段、三出羽状复叶和总状花序；2. 花萼展开；
3. 旗瓣；4. 翼瓣；5. 龙骨瓣；6. 荚果。（蔡淑琴绘）

色的短柔毛和疏生白色刺毛，萼齿不等长，下方 3 齿披针形，中间的 1 齿长 0.8-1cm，2 侧齿较短，上方 2 齿亦较短，合生至顶部；花冠黄白色或白色，旗瓣卵形，长 1.6-2.5cm，翼瓣斜倒卵状长圆形，长 3.8-4cm，龙骨瓣与翼瓣近等长，上部弯曲呈喙状，各瓣均具甚短的瓣柄；子房密被褐色短柔毛和白色刺毛。荚果圆柱形，微呈 "S" 形弯曲，长 8-13cm，直径 1-1.5cm，幼时密被黄色短柔毛和白色刺毛，但刺毛易脱落，成长后仅被短柔毛，果瓣肉质，有种子 3-6 颗。种子成熟时黑色，宽椭圆体形。花果期：6-11 月。

产地：罗湖区林果场（曾春晓 017072）、仙湖植物园（李沛琼 3036），本市各地常有栽培。

分布：原产于越南、菲律宾和南亚。我国台湾、福建、广东、海南、广西、湖南、贵州、四川和云南有栽培。亚洲热带和亚热带也有栽培。

用途：嫩荚和种子供食用，但有微毒，须经水煮，再用清水浸泡 24 小时后，方可食用。

2. 香港油麻藤 Champion's Mucuna

图 408　彩片 391 392

Mucuna championii Benth. in J. Bot. Kew Gard. Misc. **4**：49. 1852.

常绿木质藤本。茎攀援，长达 10m，幼枝密被锈色柔毛。三出羽状复叶长达 20cm；叶柄长 6-8cm；小托叶条形，长约 2mm；小叶柄长约 5mm，被锈色柔毛；顶生小叶片宽椭圆形或菱状卵形，长 5-9cm，宽 3.5-5.5cm，下面被红褐色柔毛，以后毛渐脱落，幼时上面被黄色绢状毛，基部宽楔形或圆，先端急尖或钝，具小短尖，侧脉每边 4-6 条，侧生小叶片较大，斜卵状长圆形或斜卵形，长 9-12cm，宽 4.5-5cm。总状花序生于老枝上，长 8-20cm，下垂；花序梗与花序轴均被平伏的短硬毛；苞片早落；小苞片卵状披针形，长约 2mm；花常 3 朵生于花序轴的每节上；花梗长 3-4mm，密被平伏的锈色短柔毛；花萼宽钟状，筒部长 7-8mm，两面被锈色短柔毛，裂片不等长，下方 3 裂片条状披针形，长 5-6mm，上方 2 裂片较短，合生至顶部；花冠紫褐色，旗瓣近圆形，长 2.5-3cm，基部两侧各具长 1mm 的小耳，瓣柄甚短，翼瓣狭长圆形，长 5.5-6cm，龙骨瓣条状长圆形，与翼瓣近等长，上部弯曲呈喙状，均具短小的耳及短瓣柄；子房密被褐色柔毛。荚果扁，长圆形，长 15-18cm，宽 5-6cm，幼时密被淡褐色刚毛，成熟后近无毛，有 12-15 片斜向的片状折，种子间不缢缩，背腹两缝具翅，翅宽约 1cm。种子椭圆体形，红褐色。花期：3-8 月，果期：6-11 月。

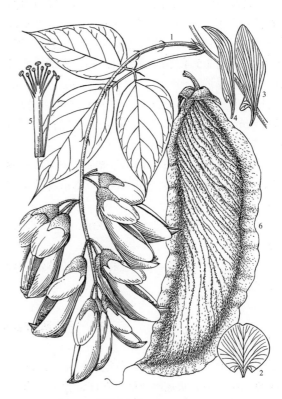

图 408 香港油麻藤 Mucuna championii
1. 茎的一段、三出羽状复叶和总状花序；2. 旗瓣；3. 翼瓣；4. 龙骨瓣；5. 雄蕊；6. 荚果。（蔡淑琴绘）

产地：梧桐山（张寿洲 1361）、梅林（张寿洲等 0572）、塘朗山。生于山谷沟边灌丛中，海拔 150-250m。

分布：福建、广东、香港和广西。

3. 白花油麻藤 禾雀花 Birdwood's Mucuna　　　　　　图 409　彩片 393 394

Mucuna birdwoodiana Tutcher in J. Linn. Soc.，Bot. **37**（258）：65. 1905.

常绿木质藤本。茎攀援，折断后流出乳状液，2-3 分钟后乳状液变为血红色；分枝、叶柄、小叶柄与小叶片的两面均无毛。三出羽状复叶长 17-30cm；叶柄长 8-20cm；无小托叶；顶生小叶片狭长圆形或椭圆形，长 10-16cm，宽 3.5-6cm，基部宽楔形或圆，先端长渐尖或尾状，侧脉每边 5-6 条，侧生小叶片甚偏斜，与顶生小叶片近等大或稍大。总状花序通常生于老枝上，较少腋生，下垂，长 20-38cm，有多数花；苞片卵形，长约

2mm，与小苞片均早落；小苞片披针形，长约 2mm；花序梗及花序轴幼时被褐色短柔毛及刚毛，后变无毛；花梗长约 1cm，与花萼均密被褐色短柔毛及刚毛；花 2-3 朵生于花序轴的每节上；花萼宽钟状，长 1.5-2.5cm，宽 2-2.5cm，裂片不等长，下方的 3 裂片三角形，其中中间的 1 裂片最长，长 1-1.5cm，2 侧裂片较短，长 5-8mm，上方 2 裂片亦较短，合生；花冠白色或淡绿白色，各瓣的外面均被褐色易脱落的刚毛，旗瓣宽卵形，长 4-4.5cm，瓣片基部两侧具短耳，瓣柄甚短，翼瓣狭倒卵状长圆形，长 6-7cm，顶端微弯，耳与瓣柄近等长，龙骨瓣长 7.5-8.5cm，耳与瓣柄均甚短小，顶端弯曲呈喙状；子房密被短柔毛。荚果带形，长 30-45cm，宽 3.5-4.5cm，厚 1-1.5cm，木质，密被褐色短柔毛及易脱落的刚毛，种子间微缢缩，沿腹缝及背缝具木质翅，翅宽 3-5mm。种子 5-15 颗，肾形，长 2.5-2.8cm，宽约 2cm，厚约 8mm，成熟时紫黑色。花期：3-7 月，果期：6-10 月。

产地：梅沙尖（王定跃 1456）、梧桐山（深圳考察队 1484）、仙湖植物园（金红 014348），本市各地山坡林中常见，海拔 150-300m。

分布：浙江、江西、福建、广东、香港、广西、贵州、四川及云南。

用途：可作棚架植物。花美丽，各地园林常有栽培供观赏。

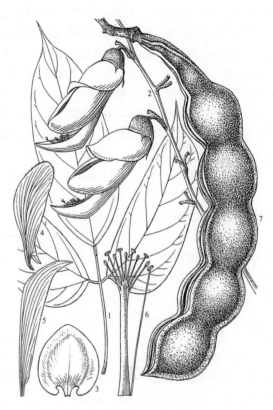

图 409 白花油麻藤 Mucuna birdwoodiana
1. 三出羽状复叶；2. 总状花序；3. 旗瓣；4. 翼瓣；5. 龙骨瓣；
6. 雄蕊；7. 荚果。（蔡淑琴绘）

39. 豆薯属 Pachyrhizus Rich. ex DC.

多年生草本。具肉质块根。茎粗壮，缠绕或直立。叶为三出羽状复叶；有托叶和小托叶；小叶片边缘有角或波状浅裂。花序为总状花序或圆锥花序，腋生，有长的花序梗；花序轴有节；苞片早落；小苞片迟落或早落；花簇生于花序轴膨大的每节上；花萼钟状，裂片 5，下方 3 裂片分离，上方 2 裂片合生几至顶部；花冠青紫色或白色，伸出花萼外，各瓣近等长，旗瓣宽倒卵形，瓣片基部两侧具耳，翼瓣长圆形，直或微弯，中部与龙骨瓣相连，龙骨瓣微呈镰状弯，与翼瓣近等长；雄蕊 10，二体，其中对旗瓣的 1 枚分离，花药一式，背着；子房无柄，被毛，花柱顶端弯，两侧扁，内弯的一侧被髯毛，柱头侧生或近顶生。荚果带形，种子间有横槽。种子卵形或扁圆形。

5 种，产于热带美洲。我国引进栽培 1 种。深圳亦有栽培。

豆薯 沙葛 Yam Bean 图 410 彩片 395 396

Pachyrhizus erosus（L.）Urb. Symb. Antill. **4**（2）：311. 1905.

Dolichos erosus L. Sp. Pl. **2**：726. 1753.

缠绕草质藤本。块根纺锤形或扁球形，肉质，直径 10-20cm。茎粗壮，基部稍木质，与叶柄、叶轴和小叶片的两面均疏被短硬毛。叶长 25-30cm；托叶条状披针形，长 0.5-1cm；叶柄长 10-13cm；小托叶锥状，长约 4mm；小叶柄长约 5mm，密被长硬毛；顶生小叶片菱形或宽倒卵形，长 8-15cm，宽 8-17cm，中部以下楔形，中部以上不规则浅裂，裂片先端急尖，侧生小叶片甚偏斜。总状花序长 15-30cm；花序梗、花序轴、花梗及花萼均被褐黄色的短硬毛及短茸毛；花萼长 0.8-1cm，裂片披针形，与筒部近等长；花冠淡紫色，长约 2cm，旗瓣圆形，瓣片中央近基部有一黄绿色斑及 2 附属物，基部两侧具短耳，翼瓣长圆形，与旗瓣近等长，瓣片基部具条形的耳及瓣柄，龙骨瓣与翼瓣等长，中部以上微内弯，瓣片基部具瓣柄，但无明显的耳；子房密被黄褐色长硬毛，花柱向内旋卷，柱头生于花柱顶端以下的腹面。荚果条状长圆形，扁平，长 10-14cm，宽 1.2-1.5cm，疏被长硬毛，具 8-10 颗种子。种子近方形，长宽均为 0.8-1cm，扁。花期：8 月，果期：9-11 月。

产地：七娘山（王国栋 7519）、排牙山（王国栋 6803），本市各地常有栽培。

分布：原产美洲热带。我国江西、福建、台湾、广东、香港、澳门、海南、广西、湖南、湖北、四川、贵州及云南等省区均有栽培。世界热带地区多有栽培。

用途：块根味甜，可生食或作蔬菜。种子含鱼藤酮，可作杀虫剂。

40. 乳豆属 Galactia P. Br.

多年生草本。茎细弱，缠绕。叶为三出羽状复叶，稀具 1-7 小叶；托叶脱落或宿存；有小托叶；小叶片边缘全缘。总状花序腋生；苞片小，钻形；小苞片微小；花成对或数朵成簇或下部的为单花，生于花序轴略膨大的每节上；花萼钟状，裂片 5，因上方 2 裂片完全合生而呈 4 深裂状，下方 3 裂片分离，其中中间 1 裂片最长，两侧的略短小，上方 1 片较宽，由 2 裂片完全合生而成；花冠稍伸出花萼外，各瓣近等长，旗瓣圆形、卵形、倒卵形或宽椭圆形，瓣片基部有 2 小耳或有附属体，翼瓣与龙骨瓣部分贴生，龙骨瓣稍长于翼瓣；雄蕊 10，二体，其中对旗瓣的 1 枚与雄蕊管分离或中部以下合生，花药一式，背着；子房近无柄，有多颗胚珠，花柱无毛，柱头顶生。荚果条形或条状长圆形，扁平，2 瓣裂，果瓣内在种子间有隔膜。种子扁，微具种阜。

约 140 种，主要分布于美洲及亚洲热带、亚热带和澳大利亚。我国产 3 种。深圳有 1 种。

乳豆 Common Milk-pea   图 411　彩片 397
Galactia tenuiflora（Klein ex Willd.）Wight & Arn. Prodr. Fl. Ind. Orient. **1**: 206. 1834.

Glycina tenuiflora Klein ex Willd. Sp. Pl. **3**: 1059. 1802.

多年生草本。茎细弱，缠绕，密被灰白色或黄白色长柔毛。叶长 1.7-2.2cm；托叶条形，长约 2mm；小

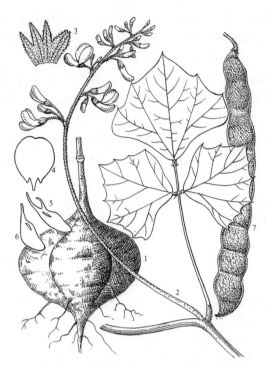

图 410 豆薯 Pachyrhizus erosus
1. 块根；2. 茎的一段、三出羽状复叶和总状花序；3. 花萼展开；4. 旗瓣；5. 翼瓣；6. 龙骨瓣；7. 荚果。（蔡淑琴绘）

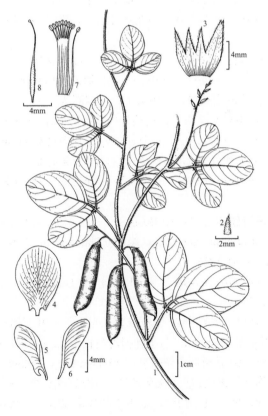

图 411 乳豆 Galactia tenuiflora
1. 茎的一段、三出羽状复叶及果序；2. 苞片；3. 花萼展开；4. 旗瓣；5. 翼瓣；6. 龙骨瓣；7. 雄蕊；8. 雌蕊。（李志民绘）

托叶钻形，长仅 1mm；叶柄 1.2-1.6cm，与叶轴和小叶柄均密被长柔毛；小叶片椭圆形或宽椭圆形，长 2.5-3.5cm，宽 1.5-2.5cm，两端圆，先端微凹和具小短尖，下面密被长柔毛，上面疏被短柔毛或无毛。总状花序腋生，长 5-12cm；苞片钻形，长约 2mm；花序梗与花序轴均甚纤细，与小苞片、花梗和花萼均密被短柔毛；小苞片卵状披针形，长约 2.5mm；花具短梗，单生或双生；花萼钟状，长 6-7mm，裂片条状披针形，稍长于萼筒，先端急尖；花冠紫红色，长 0.8-1.1cm，旗瓣宽椭圆形，长约 1cm，瓣片基部渐狭并具 2 小耳，瓣柄甚短，翼瓣长圆形，稍短于旗瓣，基部具尖耳及短瓣柄，龙骨瓣稍长于翼瓣，半圆形，基部具小钝耳及短瓣柄；子房无柄，密被长茸毛。荚果条状长圆形，长 2-4cm，宽 5-6mm，幼时被长柔毛，后变无毛。种子肾形，成熟时棕褐色。花期：7-8 月，果期：8-9 月。

产地：东涌、西涌（张寿洲等 007184）、南澳（张寿洲等 019820）。生于海边和村边灌丛或草丛中，海拔 10-50m。

分布：江西、台湾、广东、香港、海南、广西、湖南和云南。印度、斯里兰卡、泰国、越南、菲律宾、马来西亚和澳大利亚。

41. 刀豆属 Canavalia DC.

粗壮藤本或直立灌木。叶为三出羽状复叶；托叶小，呈胼胝体状或不明显；小托叶早落；小叶片边缘全缘。总状花序腋生；花大，单朵或 2-6 朵生于花序轴膨大的节上；苞片和小苞片均小，早落；花梗甚短；花萼钟状或筒状，呈二唇形，下唇 3 裂片合生呈截形或分离，上唇 2 裂片完全合生或分离，比下唇 3 裂片大得多；花冠长于花萼，各瓣均具短瓣柄，旗瓣近圆形，瓣片基部具 2 圆形的附属体，翼瓣微呈镰刀状弯或微扭曲，龙骨瓣弯曲，先端钝或具旋卷的尖喙；雄蕊 10，单体，其中对旗瓣的 1 枚仅基部离生，花药同型，背着；子房具短柄，有多数胚珠，花柱内弯，无毛。荚果大，狭长圆形或长圆形，扁或肿胀，在腹缝线的两侧有隆起的纵棱或狭翅，2 瓣裂，果瓣革质。种子椭圆形或长圆形，种脐条形。

51 种，分布于热带与亚热带地区。我国产 4 种，引入栽培 2 种。深圳有 3 种。

1. 小叶片两面均被长柔毛，先端圆、截形或微凹 ⋯⋯⋯⋯⋯⋯⋯⋯⋯⋯ 1. 海刀豆 **C. maritima**
1. 小叶片两面被极短的短柔毛，先端圆或急尖。
　2. 旗瓣瓣片基部两侧具明显的耳；荚果扁 ⋯⋯⋯⋯⋯⋯⋯⋯⋯⋯ 2. 狭刀豆 **C. lineata**
　2. 旗瓣瓣片基部两侧具短小的耳；荚果肿胀 ⋯⋯⋯⋯⋯⋯⋯⋯⋯⋯ 3. 小刀豆 **C. catharica**

1. 海刀豆 Sea Sword Bean 图 412 彩片 398
Canavalia maritima（Aubl.）Thouars in J. Bot. Agric. **1**：80. 1813.

Dolichos maritima Aubl. Hist. Pl. Guiane Franc. 765. 1775.

多年生缠绕藤本；分枝疏被长柔毛。托叶胼胝体状；叶柄长 2.5-7cm，与小叶柄均被长柔毛；小叶片卵形、倒卵形、近圆形或椭圆形，长 5-8cm，宽 4.5-6.5cm，两面均被长柔毛，基部圆或宽楔形，边缘全缘，先端圆、截形或微凹，具小短尖，侧生小叶片略偏斜。总状花序腋生，长 20-25cm；花序梗长 12-15cm；花序轴长 6-8cm，与花序梗均疏被长柔毛或近无毛；花每 1-3

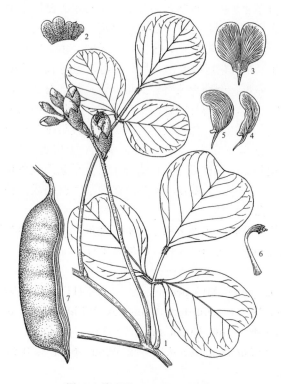

图 412 海刀豆 Canavalia maritima
1. 茎的一段、三出羽状复叶和总状花序；2. 花萼展开；3. 旗瓣；4. 翼瓣；5. 龙骨瓣；6. 雄蕊；7. 荚果。（蔡淑琴绘）

朵聚生于花序轴膨大的节上；花萼钟状，长 1-1.2cm，被短柔毛，下唇 3 裂片远较上唇的小，顶端尖，上唇 2 裂片为半圆形；花冠紫红色，长 2.5-3cm，旗瓣近圆形，瓣片基部两侧具短耳，瓣柄短，翼瓣和龙骨瓣均微弯呈镰形，短于旗瓣，基部均具短耳和短瓣柄；子房被茸毛。荚果肿胀，狭长圆体形，长 8-12cm，宽 2-2.5cm，厚约 1cm，疏被长柔毛，腹缝线两侧约 3mm 处各有 1 条隆起的纵棱，先端具喙。种子椭圆体形，成熟时褐色。花期：6-7 月，果期：9-10 月。

产地：东涌（张寿洲 4230）、南澳（王学文 454，IBSC）、福田红树林、内伶仃岛。生于海岸沙滩草丛及灌丛中，海拔 10-50m。

分布：台湾、福建、广东、香港、澳门、海南及广西。分布于热带地区海岸。

2. 狭刀豆 Narrow Sword Bean   图 413   彩片 399

Canavalia lineata（Thunb.）DC. Prodr. **2**：404. 1825.

Dolichos lineatus Thunb. Fl. Jap. 280. 1784.

多年生缠绕藤本。茎初时疏被的短柔毛，后变无毛。托叶呈胼胝体状；叶柄长 4-10cm，疏被短柔毛至无毛；小叶柄长 5-8mm，密被短柔毛；小叶片卵形或倒卵形，长 6-14cm，宽 4-9cm，两面被极短的短柔毛，基部截形或宽楔形，边缘全缘，先端圆，具短尖。总状花序腋生，长 14-18cm；花 1-3 朵生于花序轴膨大的每节上；花序梗长 7-10cm，与花序轴和花萼均疏被短柔毛；花萼长 1-1.2cm，下唇 3 裂片甚短小，三角状披针形，上唇 2 裂片为扁圆形，比下唇的长而宽；花冠淡紫红色，长 2.5-3.5cm，旗瓣宽卵形，瓣片基部两侧各具 1 明显的耳，瓣柄甚短，翼瓣和龙骨瓣短于旗瓣，均微呈镰状弯，有明显的耳和短瓣柄；子房被茸毛。荚果长椭圆体形，扁，长 6-10cm，宽 2.5-3.5cm，离腹缝线两侧约 3mm 处各具 1 条纵棱，顶端呈短喙。种子 2-3，成熟时棕色。花果期：6-10 月。

产地：东涌、西涌、大鹏、南澳（张寿洲等 4261）、葵涌、盐田、福田红树林（李沛琼 2135）、内伶仃岛（张寿洲等，3819）。生于海岸边沙滩草丛及灌丛中，海拔 15-50m。

分布：浙江、福建、台湾、广东、香港、海南及广西。日本、朝鲜、越南、菲律宾及印度尼西亚。

3. 小刀豆 Small Sword Bean

图 414   彩片 400 401

Canavalia cathartica Thouars in J. Bot. Agric. **1**：81. 1813.

Canavalia microcarpa（DC.）Piper in Proc. Biol.

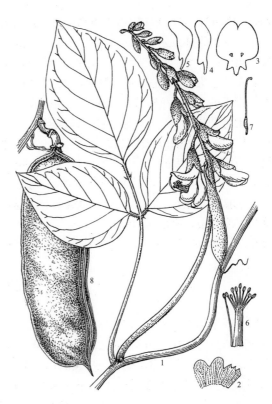

图 413 狭刀豆 Canavalia lineata
1. 茎的一段、三出羽状复叶和总状花序；2. 花萼展开；3. 旗瓣；4. 翼瓣；5. 龙骨瓣；6. 雄蕊；7. 雌蕊；8. 荚果。（蔡淑琴绘）

图 414 小刀豆 Canavalia cathartica
1. 茎的一段、三出羽状复叶和总状花序；2. 花萼展开；3. 旗瓣；4. 翼瓣；5. 龙骨瓣；6. 雄蕊；7. 荚果。（蔡淑琴绘）

Soc. Wash. **30**（43）：176. 1917；海南植物志 **2**：322. 1965.

　　二年生缠绕藤本；分枝疏被短柔毛。托叶呈胼胝体状；叶柄长 3-8cm；小叶柄长 5-6mm，与叶柄均密被白色平伏的柔毛；小叶片卵形或宽卵形，长 5-10cm，宽 3-8cm，两面被极短的白色短柔毛，基部圆或宽楔形，边缘全缘，先端急尖或圆；总状花序腋生，长 12-14cm；花序梗长 4-6cm，与花序轴、花梗均无毛；花每 1-3 朵生于花序轴膨大的节上；花梗长约 2mm；花萼钟状，长约 1cm，疏被平伏的短柔毛，二唇形，下唇 3 齿甚小，近三角形，上唇 2 齿半圆形；花冠粉红色或淡蓝色，长 2.5-3cm，旗瓣宽倒卵形，瓣片基部两侧具短小的耳，翼瓣狭长圆形，长 2-2.5cm，瓣片基部具短耳，上部微弯，龙骨瓣略长于翼瓣，微呈镰状弯，瓣片基部具短小的耳，各瓣均具短瓣柄；子房被茸毛。荚果长圆体形，肿胀，长 7-9cm，宽 3-4cm，厚约 1cm，无毛，腹缝线两侧各具 1 纵棱，先端具短喙。种子成熟时黑褐色、光亮。花果期：3-10 月。

　　产地：东涌、南澳、福田（王学文 454）、光明新区（李沛琼等 8080）、内伶仃岛（李沛琼，2032）。生于海岸沙滩草丛中或林边，海拔 5-100m。

　　分布：台湾、广东及海南。广布于热带亚洲、澳大利亚及非洲。

42. 大豆属 Glycine Willd.

　　一年生或多年生草本。根部通常有根瘤。茎直立、匍匐、缠绕或攀援。叶为三出羽状复叶，少有 4-5 或 7 小叶；托叶与叶柄分离，脱落；小托叶宿存；小叶片边缘全缘。总状花序单生或成簇生于叶腋，在植株下部的通常单生；苞片生于花梗基部；花通常单生于花序轴的每节上，花序轴在花着生处不膨大；小苞片 2，生于花萼基部；花萼钟状，裂片 5，分离或上方 2 裂片合生；花冠伸出花萼外，紫、淡紫或白色，旗瓣近圆形或倒卵形，瓣片基部无耳，翼瓣狭长圆形，与龙骨瓣贴生，具耳，龙骨瓣短于翼瓣，具短耳，先端微弯，各瓣均具长瓣柄；雄蕊 10，单体或二体，如为二体，则其中对旗瓣的 1 枚分离；花药一式，基着；子房具短柄，荚果长圆形至条形，扁或微肿胀，直或微弯曲，有短果柄，果瓣开裂后扭曲，种子间有横隔膜。种子 1-5，卵状长圆体形、扁圆状方形、扁圆形或球形。

　　23 种，分布于亚洲和澳大利亚。我国产 5 种。深圳 1 种（栽培）。

大豆 黄豆 Soybean　　　　　　图 415
Glycine max（L.）Merr. Interpr. Rumph. Herb. Amboin. 274. 1917.

　　Phaseolus max L. Sp. Pl. **2**：725. 1753.

　　一年生草本。茎直立，高达 90cm，有时上部近缠绕状，密被黄褐色长硬毛。叶为三出羽状复叶；托叶宽卵形，长 3-7mm，密被黄色柔毛；小托叶披针形，长约 2mm；叶柄长 8-15cm，被长硬毛；顶生小叶片宽卵形、菱状卵形或卵形，长 8-13cm，宽 3-7cm，两面疏被长硬毛或上面无毛，基部宽楔形或圆，边缘全缘，先端急尖，基出脉 3 条，侧脉每边 4-5 条，侧生小叶片较小，斜卵形。总状花序腋生，长 2-3.5cm，具 5-8 朵密生的花，在植株下部花单朵或成对生于叶腋；花序梗长 1-3.5cm，与花梗、苞片和小苞片均被长硬毛；花梗甚短；苞片披针形；小苞片条状披针形；花萼钟状，长 4-6mm，密被长硬毛，裂片披针形，与

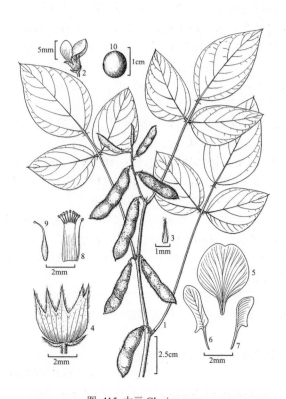

图 415 大豆 Glycine max
1. 植株的一部分及荚果；2. 花；3. 苞片；4. 小苞片及展开的花萼；5. 旗瓣；6. 翼瓣；7. 龙骨瓣；8. 雄蕊；9. 雌蕊；10. 种子。（李志民绘）

萼筒近等长，下方 3 裂片分离，上方 2 裂片大部分合生；花冠紫、淡紫或白色，长 5-8mm，旗瓣倒卵圆形，反折，翼瓣长圆形，短于旗瓣，具明显的耳，龙骨瓣斜倒卵形，短于翼瓣，具短耳，各瓣均有瓣柄；子房密被长硬毛，基部有不发达的腺体。荚果长圆形，长 5-8cm，宽 0.8-1cm，下垂，密被长硬毛。种子 2-5 颗，椭圆体形或近球形，长 6-8mm，宽 5-7mm，光滑，有淡绿、黄、褐和黑等色，因品种不同而异。花期：4-5 月，果期：5-6 月。

产地：龙岗（王国栋等 5799），本市各地常见栽培。

分布：原产于我国，南北各地广为栽培。世界各地也普遍栽培。

用途：种子为重要的粮食和油料作物之一，含丰富的蛋白质、脂肪和多种维生素，除可直接煮熟食用外，还可榨油、制造各种佐料和豆制品；茎、叶和豆渣还是良好的肥料和饲料；发芽后是普遍食用的蔬菜，俗称"黄豆芽"；黑色的种子称"黑豆"，有补肾益血和利水消肿的功效。

43. 密子豆属 Pycnospora R. Br. ex Wight & Arn.

半灌木状草本。叶为三出羽状复叶或仅具单小叶；托叶干膜质，具条纹，早落；小托叶钻状，宿存。总状花序顶生；苞片干膜质，具条纹，与小苞片均早落；花小，成对着生于花序轴的每节上；花序轴在花着生处不膨大；花萼钟形，裂片 5，长于筒部，下方 3 裂片分离，上方 2 裂片合生；花冠伸出花萼外，旗瓣近圆形，瓣柄甚短，翼瓣斜长圆形，稍短于旗瓣，龙骨瓣微弯，与旗瓣近等长，瓣片与翼瓣相连；雄蕊 10，二体，对旗瓣的 1 枚分离，其中 5 枚花丝较细并较长，另 5 枚较粗并较短，粗细相间，花药同型，基着；子房无柄，具多枚胚珠。荚果长圆体形，肿胀，有密的横纹，无果柄，具种子 8-10 颗，种子间无横隔。

1 种，产非洲和亚洲热带及澳大利亚东部。我国南方各省区有分布。深圳亦有分布。

密子豆 Lutescent Pycnospora　　　　　图 416

Pycnospora lutescens（Poir.）Schindl. in J. Bot. **64**（762）：145. 1926.

Hedysarum lutescens Poir. in Lam. Encycl. **6**（2）：417. 1804.

多年生半灌木状草本。茎直立或平卧，纤细，高 20-60cm，基部多分枝，幼时密被开展的长柔毛，后渐变无毛。托叶条状披针形，褐色，长 7-8mm，被长柔毛和缘毛；叶柄长约 1cm，与小叶柄均密被短柔毛；小托叶钻形，长约 2mm；小叶柄长约 1mm；小叶片倒卵状长圆形或倒卵形，近革质，顶生的长 1-2.5cm，宽 0.8-1.5cm，侧生的小叶片较小，两面密被长柔毛，基部浅心形，先端圆，边缘全缘，有小短尖，侧脉每边 4-7 条。总状花序顶生和腋生，长 3-6cm，花成对疏生于花序轴的每节上；花序梗、花序轴及花梗均密被开展的长柔毛并有基部膨大的毛；苞片卵形，褐色，长 5-6mm，先端尾状，被长柔毛和缘毛；小苞片卵形，长约 1mm；花梗长 3-4mm；花萼钟形，长约 3mm，被开展的长柔毛，裂片披针形，长为萼筒的 2 倍；花冠淡紫色，旗瓣近圆形，长约 5mm，基部具短瓣柄，翼瓣斜长圆形，短于旗瓣，具短耳及短瓣柄，龙骨瓣与翼瓣等长，微弯，无明显的耳，有长瓣柄；雄蕊的花丝粗细相间，稍粗者较短；子房密被短柔毛。荚果长

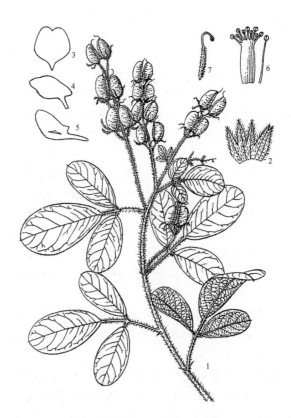

图 416 密子豆 Pycnospora lutescens
1. 茎的一段、三出羽状复叶和果序；2. 花萼展开；3. 旗瓣；
4. 翼瓣；5. 龙骨瓣；6. 雄蕊；7. 雌蕊。（蔡淑琴绘）

6-8mm,宽 4-5mm,成熟后黑色,疏被长柔毛,有密的横纹。种子 8-10 颗,椭圆体形,长约 2mm。花果期:7-10 月。

产地:七娘山、南澳、三洲田(深圳考察队 125)、梅沙尖(张寿洲等 4012)、梧桐山(深圳考察队 1905)、鸡公山、小南山。生于山坡灌丛中,海拔 200-500m。

分布:江西、台湾、福建、广东、香港、澳门、海南、广西、贵州和云南。印度、缅甸、越南、菲律宾、印度尼西亚、巴布亚新几内亚和澳大利亚东部。

44. 葛属 **Pueraria** DC.

缠绕藤本。茎草质或基部木质。叶为三出羽状复叶;托叶基部着生或中部着生;有小托叶;小叶片卵形或菱形,不裂或 3 裂,边缘全缘。花序为总状花序或圆锥花序,腋生或数个总状花序簇生枝顶;花序梗甚长,花序轴在花着生处微凸起,但不膨大成结节;苞片早落;小苞片近宿存或早落;花 2-4 朵簇生于花序轴的每节上;花萼钟状,5 裂,下方 3 裂片分离,上方 2 裂片部分或完全合生;花冠伸出花萼外,蓝色或紫色,旗瓣基部有附属体及内弯的耳,翼瓣窄长圆形或倒卵状镰形,中部与龙骨瓣的中部相连,龙骨瓣稍直或先端弯曲,或呈喙状,与翼瓣均具耳及瓣柄;雄蕊 10,其中对旗瓣的 1 枚其花丝仅中部与雄蕊管合生,很少完全分离,花药一式,背着;子房条形,近无柄,有多颗胚珠。荚果狭长圆形,扁或为圆柱形,成熟时 2 瓣裂;果瓣革质,种子间有或无隔膜或充满海绵组织。种子扁、圆形或长圆形。

约 18 种,分布于亚洲东部、东南部、南部和澳大利亚。我国产 10 种,2 变种。深圳有 2 种,2 变种。

1. 托叶基部着生;花序上的花疏生,少花;花萼裂片顶端刚毛状;荚果条形,长 7-10cm,宽 4-5mm,仅幼时疏被长硬毛,成熟时无毛 ·················· **1.三裂叶野葛 P. phaseoloides**
1. 托叶中部着生;花序上的花密生,多花;花萼裂片先端急尖;荚果条状长圆形,扁,长 5-9cm,宽 0.8-1.1cm,密被黄褐色长硬毛。
   2. 花萼长 7-8mm;花冠长约 8mm;翼瓣略长于龙骨瓣;荚果长 4-9cm,宽 6-8mm ··············· ················ **2.山野葛 P. montana**
   2. 花萼长 0.8-2cm,花冠长 1-2.3cm;翼瓣与龙骨瓣近等长或略短于翼瓣;荚果长 5-9cm,宽 0.8-1.3cm。
      3. 花萼长 0.8-1cm;花冠长 1-1.2cm,翼瓣与龙骨瓣近等长;荚果长 5-9cm,宽 0.8-1.1cm ··· **2a. 葛 P. montana** var. **lobata**
      3. 花萼长 1.5-2cm;花冠长 1.8-2.3cm,翼瓣略短于龙骨瓣;荚果长 9-15cm,宽 1-1.3cm ··· ··············**2b. 粉葛 P. montana** var. **thomsonii**

1.　三裂叶野葛 Tropical Kudzu　图 417　彩片 402
Pueraria phaseoloides(Roxb.)Benth. in J. Linn. Soc., Bot. **9**: 125. 1865.

Dolichos phaseoloides Roxb. Fl. Ind. **3**: 316. 1832.

草质藤本,长 2-5m。茎和叶柄密被褐黄色开展的长硬毛。叶长 13-25cm;托叶基部着生,卵状披针形,长约 5mm;小托叶条形,长 2-3mm;叶柄长 4-18cm;顶生小叶片菱形、菱状卵形、卵形或宽卵形,

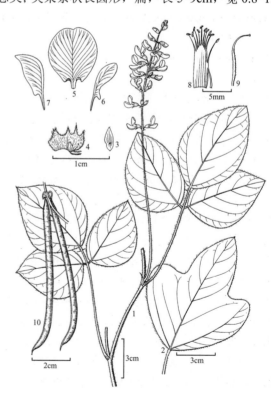

图 417 三裂叶野葛 Pueraria phaseoloides
1. 茎的一段、三出羽状复叶和总状花序;2.3 浅裂的顶生小叶;3. 托叶;4. 小苞片及展开的花萼;5. 旗瓣;6. 翼瓣;7. 龙骨瓣;8. 雄蕊;9. 雌蕊;10. 荚果。(李志民绘)

长 5-12cm，宽 4-10cm，基部宽楔形，不裂或 3 浅裂，边缘全缘，先端急尖，具小短尖，下面密被平伏的长硬毛，上面毛较疏，侧生小叶片较小，甚偏斜。总状花序单生于叶腋，长 10-36cm，具少数疏生的花；花序梗长 6-20cm，与花序轴、苞片和小苞片及花梗均密被平伏的黄褐色长硬毛，苞片和小苞片均为条状披针形，长 3-4mm；花梗长约 2mm；花 2-4 朵簇生于花序轴疏离的每节上；花萼钟状，长约 6mm，疏被平伏的长硬毛，下方中间的 1 裂片三角状披针形，与萼管近等长，其余 2 裂片三角形，短于萼管，先端均呈刚毛状，上方 2 裂片合生几至顶部；花冠淡紫色或紫色，旗瓣宽倒卵形，长 1-1.3cm，瓣片基部两侧各具 1 直立的片状小附属体及内弯的短耳，瓣柄短，翼瓣狭倒卵状长椭圆形，与旗瓣近等长，外侧基部具三角形的短耳，内侧基部具圆形的耳，瓣柄纤细，龙骨瓣长于旗瓣，弯曲，瓣片基部无明显的耳，顶端呈喙状；子房条形，疏被长硬毛。荚果条形，长 7-10cm，宽 4-5mm，顶端弯，幼时疏被长硬毛，成熟后无毛。花期：8-10 月，果期：10-11 月。

产地：东涌、七娘山（张寿洲等 SCAUF900）、南澳（张寿洲等 4429）、大鹏、排牙山、梧桐山（李沛琼 1789）、仙湖植物园、塘朗山、内伶仃岛。生于海边疏林下，山地林边及灌丛中，海拔 50-750m。

分布：浙江、台湾、福建、广东、香港、澳门、海南、广西及云南。印度、斯里兰卡、缅甸、泰国、越南、马来西亚、印度尼西亚和巴布亚新几内亚。

2. 山野葛 越南葛 葛麻姆 Montane Kudzu

图 418 彩片 403 404

Pueraria montana（Lour.）Merr. in Trans. Amer. Philos. Soc.，n. s. **24**（2）：210. 1935.

Dolichos montana Lour. Fl. Cochinch. **2**：440. 1790

Pueraria lobata（Willd.）Ohwi var. *montana*（Lour.）Maesen in Agric. Univ. Wageningen Pap. **85**（1）：53. 1985；广东植物志 **5**：311. 2003；澳门植物志 **2**：47. 2006；D. L. Wu in Q. M. Hu & D. L. Wu, Fl. Hong Kong **2**：117. 2008.

缠绕藤本。有肥厚的块根。除花冠外，全体密被黄褐色长硬毛。茎长可达 8m。草质，基部木质。叶长 20-30cm；托叶中部着生，披针形，长 1.5-1.7cm，有条纹，脱落；叶柄长 5-12cm；小托叶条形，长 4-7mm，宿存；小叶柄长 5-7mm；顶生小叶片卵形或宽卵形，长 10-18cm，宽 7-12cm，基部圆，边缘全缘，不裂，少见 3 浅裂，先端急尖，侧生小叶片甚偏斜。总状花序，腋生，长 15-30cm，具多数密生的花；苞片披针形，长约 5mm，有纵纹；小苞片卵形，长约 2mm；花 2-3 朵簇生于花序轴的每节上；花萼钟状，长 7-8mm，裂片披针形，稍长于萼筒，先端急尖，下方中间的 1 裂片最长，上方 2 裂片合生几至顶部；花冠长约 8mm，紫色，旗瓣近圆形，瓣片基部具 2 枚片状附属体，有

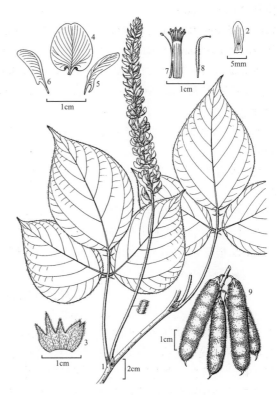

图 418 山野葛 Pueraria Montana
1. 茎的一段、三出羽状复叶和总状花序；2. 托叶；3. 花萼展开；4. 旗瓣；5. 翼瓣；6. 龙骨瓣；7. 雄蕊；8. 雌蕊；9. 荚果。（李志民绘）

短瓣柄，翼瓣狭长圆形，微弯，与旗瓣近等长，具内弯的耳及短瓣柄，龙骨瓣长圆形，略短于翼瓣，具短耳及短瓣柄。荚果条状长圆形，长 4-9cm，宽 6-8mm，扁平，密被黄褐色长硬毛。花期：9-10 月，果期：10-12 月。

产地：南澳（张寿洲等 4474）、排牙山、梧桐山、罗湖区林果场（曾春晓 017071）、仙湖植物园（余怀山 89158）、坪山、内伶仃岛。生于旷野或林边坡灌丛中，海拔 30-250m。

分布：浙江、江西、福建、台湾、广东、香港、澳门、海南、广西、湖南、湖北、四川、贵州和云南。缅甸、泰国、越南、老挝、菲律宾和日本。

用途：为良好的水土保持植物。块根可食，药用有解表退热、生津止渴和止泻的功效。

2a. 葛 Lobed Kudzu

Pueraria montana var. **lobata**（Willd.）Maesen ＆ S. M. Almeida ex Sanjappa ＆ Predeep，Legumes Ind. 288. 1992.

Dolichos lobata Willd. Sp. Pl. ed 4，**3**（2）：1047. 1802.

Pueraria lobata（Willd.）Ohwi in Bull. Tokyo Sci. Mus. **18**：16. 1947；广东植物志 **5**：311. 2003；澳门植物志 **2**：46. 2006；D. L. Wu in Q. M. Hu ＆ D. L. Wu，Fl. Hong Kong **2**：117. 2008.

与原变种山野葛的区别在于：花萼长 0.8-1cm；花冠长 1-1. 2cm；翼瓣与龙骨瓣近等长；荚果长 5-9cm，宽 0.8-1.1cm。

产地：七娘山、排牙山（张寿洲 4563）、盐田、梧桐山（深圳考察队 958）、莲塘（李沛琼 89113）、仙湖植物园、东湖公园、莲花山公园、塘朗山、内伶仃岛。生于沟边和山坡灌丛中，海拔 20-250m。

分布：除青海、新疆和西藏外，全国各省区均有分布。亚洲东部、东南部和澳大利亚。

用途：与山野葛相同。

2b. 粉葛 Mealy Kudzu

Pueraria montana var. **thomsonii**（Benth.）Wiersema ex D. B. Ward in Phytologia **84**（6）：386. 1993.

Pueraria thomsonii Benth in J. Linn. Soc.，Bot. **9**：122. 1867；海南植物志 **2**：320. 1965.

Pueraria lobata（Willd.）Ohwi var. *thomsonii*（Benth.）Maesen in Agric. Univ. Wageningen Pap. **85**（1）：58. 1985；广东植物志 **5**：312. 2003；澳门植物志 **2**：47. 2006；D. L. Wu in Q. M. Hu ＆ D. L. Wu，Fl. Hong Kong **2**：118. 2008.

与原变种山野葛的区别在于：花萼长 1.5-2cm；花冠长 1.8-2.3cm；翼瓣稍短于龙骨瓣；荚果长 9-15cm，宽 1-1.3cm。

产地：羊台山（张寿洲 5033）、梧桐山（深圳考察队 1309）、塘朗山。生于山谷林边，海拔 80-400m，野生或栽培。

分布：河南、江西、福建、台湾、广东、香港、澳门、海南、广西、湖北、四川、云南和西藏。不丹、印度、缅甸、泰国、老挝、越南和菲律宾。

用途：块根富含淀粉，供食用，所提取的淀粉称葛粉。

45. 黄檀属 Dalbergia L. f.

乔木、灌木或木质藤本。叶互生，为奇数羽状复叶；托叶早落；无小托叶；小叶互生；小叶片边缘全缘。花序为圆锥花序或聚伞圆锥花序，顶生和腋生，花序的分枝为总状花序、近伞房状的圆锥花序或二歧聚伞花序；苞片和小苞片均脱落，少有宿存；花小，极多数；花萼钟状，具 5 裂片，其中下方 3 裂片中间的 1 裂片通常最长，上方的 2 裂片较宽且部分合生；花冠白色、淡绿或紫色，各瓣均具瓣柄，旗瓣圆形、卵形或长圆形，翼瓣长圆形，瓣片基部楔形、截形或箭头形，龙骨瓣顶端钝；雄蕊 10 或 9，单体或二体，如为二体，则每 5 枚的花丝合生，少有不规则的分为 3-5 体，花药一式，基着；子房具柄，胚珠少数。荚果翅果状，薄而扁，不裂，长圆形，稀近圆形或半月形，有 1 至数颗种子。种子肾形，扁平。

约 100 种，分布于亚洲、非洲和美洲的热带、亚热带地区。我国产 28 种和 1 变种。深圳有 6 种。

1. 乔木。
　2. 羽状复叶有小叶 7-15 片，小叶片卵形或卵状椭圆形，先端急尖；雄蕊 9，单体 ········· 1. **降香 D. odorifera**
　2. 羽状复叶有小叶 13-21 片，小叶片长圆形或倒卵状长圆形，先端圆、截形或微凹；雄蕊 10，二体，每 5
　　 枚花丝合生 ·· 2. **南岭黄檀 D. assamica**
1. 木质藤本。

3. 羽状复叶有小叶 13-31 片；小叶片狭长圆形，长 1-1.5cm，先端截形或微凹，两面无毛 ……………………………………………………………………………………… 3. 香港黄檀 **D. millettii**

3. 羽状复叶有小叶 5-13 片；小叶片非上述形状，先端急尖、圆或微凹，下面疏被短柔毛。

　　4. 小叶片卵形、椭圆形、卵状椭圆形，长 3.5-6cm，宽 2-3cm，先端急尖；圆锥花序的分枝为二歧聚伞花序 ………………………………………………………………… 4. 两广黄檀 **D. benthamii**

　　4. 小叶片长圆形或倒卵状长圆形，长 1-3.5cm，先端圆或微凹；圆锥花序的分枝为总状花序。

　　　　5. 羽状复叶有小叶 5-7 片；小叶片倒卵状长圆形，长 2.5-3.5cm，宽 1-1.5cm；花序梗甚短，长约 1.5mm，或几不明显，与花序轴均疏被短柔毛；荚果半月形 ……………… 5. 弯枝黄檀 **D. candenatensis**

　　　　5. 羽状复叶有小叶 7-13 片；小叶片长圆形、倒卵状长圆形或宽椭圆形，长 1-2.5cm，宽 0.5-1cm；花序梗明显，长 5-8mm，与花序轴均密被褐色茸毛；荚果长圆形或带状长圆形 ……6. 藤黄檀 **D. hancei**

1. 降香 降香黄檀 Scented Rosewood

图 419　彩片 405 406

Dalbergia odorifera T. C. Chen ex Chun & al. in Acta Phytotax. Sin. **8**（4）: 351. 1959.

乔木，高约 10m；枝条无毛。羽状复叶长 12-17cm；叶柄长 1.5-3cm，与叶轴均无毛；小叶 7-15 片，卵形或卵状椭圆形，长 3.5-7cm，宽 2-3.5cm，基部圆或宽楔形，幼时下面密被褐色短柔毛，成长叶两面无毛，先端急尖，钝头。圆锥花序腋生，长 7-11cm，宽 5-7cm，花序的分枝为近伞房花序状的圆锥花序；花序梗长 3-5cm，与花序轴、苞片、小苞片和花梗均被褐色短柔毛；苞片卵形，长约 1mm；小苞片生于萼筒的基部，与苞片相似；花梗长约 1mm；花萼钟状，长约 2mm，下方中间的 1 裂片较长，呈披针形，其余的较短，呈阔卵形，具短缘毛，上方 2 裂片较宽，合生至中部；花冠白色或淡黄色，长约 5mm，旗瓣倒卵状长圆形，先端微缺，瓣柄长约 1mm，翼瓣微呈镰形，与旗瓣近等长，瓣片基部楔形，无耳，龙骨瓣与翼瓣等长，中部以上微弯曲，基部无耳；雄蕊（8-）9（-10），单体；子房无毛，具长柄，有胚珠 1-2 颗。荚果长圆形，扁，革质，长 4-8cm，宽 1.5-2cm，基部收窄，先端钝，对种子的部分突起，并有明显的网纹，其余部分网纹不明显，无毛；果柄长 0.5-1cm。花期：4-6 月，果期：5-8 月。

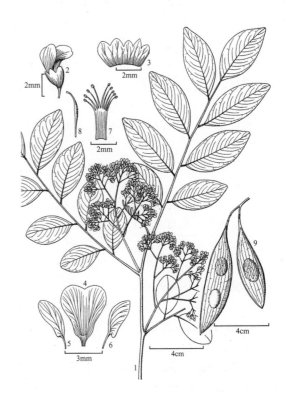

图 419 降香 Dalbergia odorifera
1. 分枝的一段、羽状复叶及圆锥花序; 2. 花; 3. 花萼展开; 4. 旗瓣; 5. 翼瓣; 6. 龙骨瓣; 7. 雄蕊; 8. 雌蕊; 9. 荚果。（李志民绘）

产地：仙湖植物园（张寿洲 009722）、东湖公园（王定跃 89527），本市各公园和学校校园时有栽培。

分布：原产海南。广东中部以南广为栽培。

用途：为优良的园林风景树；木材优质，在原产地称"花梨木"，为制作高级家具的用材。

2. 南岭黄檀 South China Rosewood　　　　　　　　　　　　　　　　　　　图 420

Dalbergia assamica Benth. Pl. Jungh. **2**: 256. 1852.

Dalbergia balansae Prain in J. Asiat. Soc. Bengal, Pt. 2, Nat. Hist. **70**（2）: 54.1901; 广州植物志 345. 1956; 海南植物志 **2**: 290. 1965; 广东植物志 **5**: 226. 2003.

乔木，高 4-10m；树皮棕黑色；小枝幼时疏被短柔毛后变无毛。羽状复叶长 10-15cm；叶柄长 2-7cm，与叶轴均近无毛；小叶 13-21 片，长圆形或倒卵状长圆形，长 2-4cm，宽 1-2cm，幼时两面疏被褐色短柔毛，后变无毛，基部宽楔形或圆，先端圆、截形或微凹。圆锥花序腋生，长 5-10cm；花序分枝为近伞房状的圆锥花序；花序梗长 4-10cm 与花序轴、花梗和花萼均密被褐色短柔毛；花梗长约 2mm；花萼钟状，长 4-5mm，下方中间的 1 裂片较长而尖，其余的较短而钝，上方 2 裂片较宽，合生至中部；花冠白色或微带紫色，长 6-7mm，旗瓣圆形，长约 5mm，瓣片基部有 2 枚附属体，翼瓣长圆形，与旗瓣近等长，瓣片基部楔形，龙骨瓣等长于翼瓣，微弯，各瓣均具短瓣柄；雄蕊 10，二体，每 5 枚花丝合生；子房具柄，密被褐色短柔毛，有胚珠 3。荚果长圆形，长 3.5-5cm，宽 2-2.5cm，扁平，基部渐狭，具长果柄，无毛，有网纹，但对种子的部分网纹更明显，先端急尖。种子 1-2，少有 3-4，肾形，扁平。花期：6-8 月，果期：7-11 月。

产地：笔架山、梧桐山（张寿洲等 3644）、仙湖植物园（李沛琼 89242）、东湖公园（深圳考察队 1749）、内伶仃岛。生于山谷林中，海拔 50-200m。

分布：浙江、福建、广东、香港、海南、广西、贵州及四川。印度、缅甸、泰国、老挝和越南。

用途：为优良的园林风景树，我国南方城市时有栽培。

3.　香港黄檀 Hong Kong Rosewood

图 421　彩片 407 408

Dalbergia millettii Benth. in J. Proc. Linn. Soc., Bot. **4**（Suppl.）: 34. 1860.

木质藤本；小枝无毛，短枝的顶端呈钩状或旋卷。羽状复叶长 4-5cm；叶柄长 4-5mm，与叶轴均疏被短柔毛；小叶 13-31 片，密生，狭长圆形，长 1-1.5cm，宽 3-5mm，两面无毛，基部圆或钝，先端截形或微凹。圆锥花序腋生，长 2-3cm，花序的分枝为伞房花序；花序梗长 0.5-1.2cm，与花序轴及花序的分枝均密被短柔毛；花小，长约 4.5mm；苞片卵形，长约 1mm，与花梗及小苞片均疏被短柔毛或近无毛；花梗长约 2mm；小苞片长圆形，长约 1.5mm，生于萼筒的基部；花萼钟状，长约 2mm，近无毛，裂片 5，下方中间的 1 枚三角形，侧生 2 枚卵形，上方 2 枚近圆形并大部分合生；花冠长约 4mm，各瓣均具短瓣柄，旗瓣圆形，翼瓣与龙骨瓣均为长圆形，与旗瓣近等长，瓣片基部楔形或有短小的耳；雄蕊 9，单体；子房具长柄，疏被短柔毛，有胚珠 1-2。荚果长圆形，扁平，长 3-5cm，

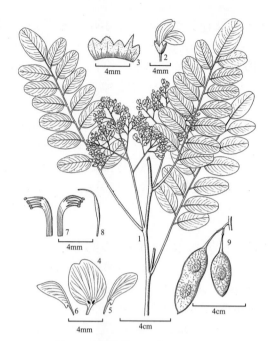

图 420　南岭黄檀 Dalbergia assamica
1. 枝的一段、羽状复叶和圆锥花序；2. 花；3. 花萼展开；4. 旗瓣；5. 翼瓣；6. 龙骨瓣；7. 雄蕊；8. 雌蕊；9. 荚果。（李志民绘）

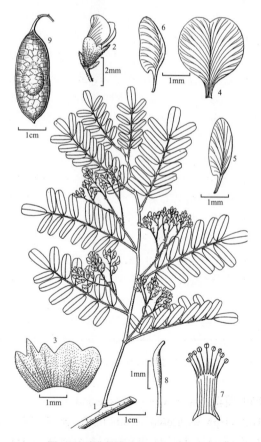

图 421　香港黄檀 Dalbergia millettii
1. 分枝的一段、羽状复叶和圆锥花序；2. 花；3. 花萼展开；4. 旗瓣；5. 翼瓣；6. 龙骨瓣；7. 雄蕊；8. 雌蕊；9. 荚果。（李志民绘）

宽 1.2-1.8cm，基部宽楔形，有网纹，但对种子部分的网纹较明显，先端圆，有短尖；果柄长 5-7mm。种子 1-2 颗，肾形，长 0.8-1.2cm，宽 6mm。花期：5-7 月，果期：6-11 月。

产地：东涌、西涌、七娘山（张寿洲等 1644）、南澳、排牙山、盐田、三洲田（深圳考察队 173）、梧桐山（深圳考察队 857）。生于山谷林中，海拔 50-400m。

分布：浙江、江西、福建、广东、香港、澳门、广西、湖南、贵州和四川。

4. 两广黄檀 两粤黄檀 Bentham's Rosewood

图 422　彩片 409 410

Dalbergia benthamii Prain in J. Asiat. Soc. Bengal，Pt. 2，Nat. Hist. **67**（2）：289. 1898.

木质藤本；小枝被褐色短柔毛。羽状复叶长 10-17cm；叶柄、叶轴与小叶柄均疏被褐色短柔毛；小叶 5-7 片，卵形、椭圆形或卵状椭圆形，长 3.5-6cm，宽 2-3cm，下面疏被短柔毛，上面无毛，基部圆或宽楔形，先端急尖。圆锥花序腋生，长 2.5-4.5cm，花序的分枝为二歧聚伞花序；花序梗短，长 2-3mm，与花序轴、苞片、花梗、小苞片和花萼均密被褐色短柔毛；苞片卵形，长约 1mm；花梗长约 2mm；小苞片条形，生于萼筒基部；花萼钟状，长 3.5-4mm，5 萼齿近等长，但上方的 2 枚略宽；花冠白色，长 7-8mm，旗瓣宽椭圆形，反折，翼瓣长圆形，龙骨瓣微弯，二者均具耳，各瓣近等长，均具长瓣柄；雄蕊 9，单体；子房无毛，具长柄。荚果长圆形，长 4-7cm，宽 1-1.5cm，无毛，具果柄，表面有网纹，对种子部分的网纹较密，先端急尖，有种子 1-2 颗。种子肾形，扁，长约 8mm，宽约 5mm。花期：3-5 月，果期：4-6 月。

产地：西涌、七娘山（张寿洲等 0316）、南澳、笔架山、梧桐山（王定跃 89376）、仙湖植物园（李沛琼 1880）、梅林、内伶仃岛。生于山谷林中，海拔 150-300m。

分布：台湾、广东、香港、澳门、海南、广西、湖南及贵州。越南。

5. 弯枝黄檀 Twisted Rosewood　　　图 423

Dalbergia candenatensis（Dennst.）Prain in J. Asiat. Soc. Bengal，Pt. 2，Nat. Hist. **70**（2）：49. 1901.

Cassia candenatensis Dennst. Schlüss. Hort. Malab. 32. 1818.

木质藤本；枝无毛，短枝顶端常扭转呈螺旋状。

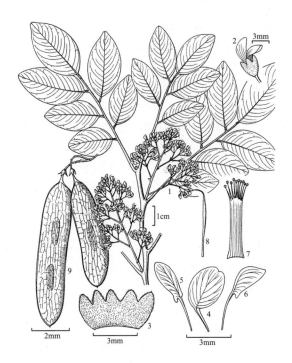

图 422 两广黄檀 Dalbergia benthamii
1. 分枝的一段、羽状复叶及圆锥花序；2. 花；3. 花萼展开；4. 旗瓣；5. 翼瓣；6. 龙骨瓣；7. 雄蕊；8. 雌蕊；9. 荚果。（李志民绘）

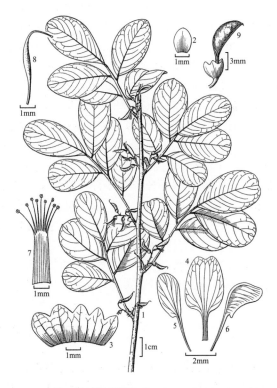

图 423 弯枝黄檀 Dalbergia candenatensis
1. 分枝的一段、羽状复叶和果序（幼果）；2. 苞片；3. 花萼展开；4. 旗瓣；5. 翼瓣；6. 龙骨瓣；7. 雄蕊；8. 雌蕊；9. 荚果。（李志民绘）

羽状复叶长 5-8cm；叶柄与叶轴均近无毛；小叶 5-7 片，倒卵状长圆形，长 2.5-3.5cm，宽 1-1.5cm，下面疏被短柔毛，上面无毛，基部楔形，先端圆或微凹。圆锥花序腋生，长 3-5cm，花序的分枝为总状花序；花序梗甚短或几不明显，与花序轴及分枝和苞片均疏被短柔毛；苞片卵形，长约 1mm；花梗长约 1.5mm，与小苞片和花萼均近无毛；小苞片宽卵形，长约 1mm，生于萼的基部；花萼钟状，长 3-3.5mm，5 萼齿近等长，上方 2 齿合生几至顶部；花冠白色，长 7-8mm，旗瓣圆形，反折，翼瓣与龙骨瓣近等长，均具长瓣柄；雄蕊 9 或 10，单体；子房无毛，具柄。荚果半月形，腹缝直，背缝弯，扁平，具短的果柄，无毛，网纹不明显。种子 1，少有 2，肾形，长约 6mm，宽约 3mm，扁平。花期：6 月，果期：7-8 月。

产地：南澳（张寿洲等 3613）。生于海岸山坡疏林中，海拔 50-100m。

分布：广东、海南、香港和广西。印度、斯里兰卡、越南、菲律宾、马来西亚、印度尼西亚、太平洋诸岛屿和大洋洲。

6. 藤黄檀 Scandent Rosewood　　图 424　彩片 411

Dalbergia hancei Benth. in J. Proc. Linn. Soc., Bot. 4（Suppl.）：44. 1860.

木质藤本；幼枝疏生白色柔毛，短枝顶端呈钩状或螺旋状。羽状复叶长 5-8cm；叶柄与叶轴均近无毛；小叶 7-13 片，长圆形、倒卵状长圆形或宽椭圆形，长 1-2.5cm，宽 0.5-1cm，幼时两面疏被短柔毛，成长后仅下面疏被毛，基部圆或宽楔形，先端圆或微凹。圆锥花序腋生，长 4-5cm，花序的分枝为总状花序；花序梗短，长 5-8mm，与花序轴及花梗均密被褐色茸毛；苞片卵形，长约 0.5mm；花梗长约 2mm；小苞片与苞片同形，生于花萼基部；花萼钟状，长约 3mm，5 萼齿阔三角形，下方的 1 枚先端急尖，其余的均圆，仅上部及边缘被茸毛；花冠白色，长约 6mm，旗瓣阔长圆形，翼瓣和龙骨瓣均为长圆形，无明显的耳，与旗瓣近等长，各瓣均具长瓣柄；雄蕊 9，单体，或 10，二体，其中对旗瓣的 1 枚分离；子房仅腹缝具毛，有长柄。荚果长圆形或带状长圆形，长 4-7cm，宽 1-1.4cm，扁平，有长果柄，近无毛，有网纹，但对种子的部分网纹较明显。种子通常 1，少有 2-4，肾形，长约 8mm，宽约 5mm。花期：2-3 月，果期：4-12 月。

图 424 藤黄檀 Dalbergia hancei
1. 分枝的一段、羽状复叶及荚果；2. 花；3. 旗瓣；4. 翼瓣；
5. 龙骨瓣；6. 雄蕊；7. 雌蕊。（李志民绘）

产地：西涌（张寿洲等 0798）、梧桐山（深圳考察队 819）、羊台山（张寿洲等 5473），本市各地常见。生于山坡林中或灌丛中，海拔 50-400m。

分布：安徽、江苏、浙江、江西、福建、广东、香港、澳门、海南、广西、湖南、湖北、四川和贵州。

用途：茎药用，有行气、止痛之功效。

46. 紫檀属 Pterocarpus Jacq.

乔木。叶为奇数羽状复叶；托叶早落；无小托叶；小叶互生；小叶片革质，边缘全缘。花序为圆锥花序，顶生和腋生；苞片和小苞片均早落；花梗有关节；花萼倒圆锥形，基部微弯，萼齿三角形，下方 3 齿分离，上方 2 齿近合生；花冠黄色，伸出花萼外，各花瓣均有瓣柄，旗瓣与龙骨瓣边缘呈波状皱折；雄蕊 10，单体或二体，如为二体，则每 5 枚花丝合生或其中对旗瓣的 1 枚分离，其余的合生，花药一式，背着；子房有柄或无柄，有胚珠 2-6 颗，花柱丝状，内弯，无毛，柱头顶生。荚果圆形或卵圆形，扁平，不开裂，边缘有阔的革质翅，宿存花柱下弯，有1种子。

21种，分布于热带地区。我国引进栽培4种。深圳栽培1种。

紫檀 Burmese Padauk　　　　图 425　彩片 412

Pterocarpus indicus Willd. Sp. Pl. ed. 4, 3（2）: 904. 1802.

落叶乔木，高 15-25m；树皮灰色，光滑；枝条幼时疏被褐色短柔毛，后变无毛。羽状复叶长 10-30cm；叶柄长 2-6cm，与叶轴均近无毛；小叶柄长 5-8mm，幼时疏被短柔毛；小叶 7-11 片，革质，卵形或宽椭圆形，长 5-11cm，宽 3.5-5cm，两面无毛，基部圆，先端渐尖或急尖，侧脉每边 6-8 条。圆锥花序长 10-25cm，有多数花；花序梗、花序轴、花梗及花萼均被褐色短柔毛；花萼长 5-7mm，萼筒的基部微弯曲，萼齿宽三角形，长约 1mm；花冠黄色，旗瓣圆形，长宽均为 1-1.3cm；雄蕊 10，单体，最后分为二体，每 5 枚花丝合生；子房圆形，具短柄，密被褐色短柔毛。荚果近圆形，直径 5-6cm（连翅），扁平，疏被褐色短柔毛，在种子着生的部位具粗网纹，周围的翅宽 1-2cm，有细网纹，被短柔毛，有种子 1 颗。花期：3-8 月，果期：6-11 月。

产地：罗湖区爱国路（李沛琼 3738）、民俗文化村（李沛琼 2533）、农科中心（李沛琼 2503），本市各地园林中常有栽培。

分布：原产印度、缅甸、老挝、菲律宾及印度尼西亚。我国福建、台湾、广东、香港、澳门、海南、广西及云南南部均有栽培。

用途：木材优质，又为优良的园林风景树和行道树。

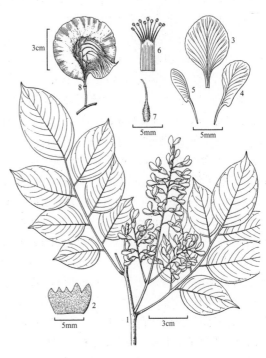

图 425 紫檀 Pterocarpus indicus
1. 分枝的一段、羽状复叶及圆锥花序；2. 花萼展开；3. 旗瓣；4. 翼瓣；5. 龙骨瓣；6. 雄蕊；7. 雌蕊；8. 荚果。（李志民绘）

47. 落花生属 Arachis L.

一年生稀多年生草本。茎多分枝，直立或匍匐。叶为偶数羽状复叶，有小叶 2-3 对；托叶大，下半部与叶柄基部贴生形成一抱茎的鞘。花单生或数朵簇生于叶腋；苞片和小苞片均膜质；花梗几不明显；花萼膜质，萼管纤细，随花的发育而渐延长呈花梗状，先端有 5 裂片，下方 1 裂片分离，上方 4 裂片合生，其中中间的 2 片合生几至顶部，两侧的 2 裂片合生至中部；花冠黄色，与雄蕊同生于萼管之顶，旗瓣圆，具短瓣柄，翼瓣倒卵状长圆形或斜倒卵形，具短瓣柄和耳，龙骨瓣内弯，先端呈喙状；雄蕊 10，二体，其中对旗瓣的 1 枚分离，但分离的 1 枚有时不存在，花药二型，长短间生，长花药基着，短花药背着；子房近无柄，胚珠 2-3，稀 4-5，花柱细长，胚珠受精后花冠及雄蕊脱落，子房柄逐渐延长，下弯成一坚实的柄，将子房插入土中发育成荚果。荚果长圆体形或圆柱形，膨胀，有突起的网状脉，不开裂，种子间缢缩，有 1-4 颗种子。种子球形或椭圆体形，子叶肥厚。

约 22 种，产于热带美洲。我国引入栽培 2 种。深圳 2 种均常见栽培。

1. 茎直立或后期卧地，节上无不定根；茎、叶柄和叶片均被柔毛 ⋯⋯⋯⋯⋯⋯ 1. **落花生 A. hypogaea**
1. 茎匍匐，节上生不定根，全体无毛 ⋯⋯⋯⋯⋯⋯⋯⋯⋯⋯⋯⋯⋯⋯⋯⋯⋯⋯ 2. **蔓花生 A. pintoi**

1. 落花生 花生 Peanut　　　　图 426　彩片 413 414

Arachis hypogaea L. Sp. Pl. **2**: 741. 1753.

一年生草本。茎直立或后期卧地，高 30-80cm；分枝多，初时密被黄色长柔毛，后渐变无毛，节上无不定根。羽状复叶有小叶 2 对；托叶条状披针形，长 2-4cm，下部 1/3 与叶柄贴生，基部抱茎，先端长渐尖，边缘被长柔毛，有多条纵脉；叶柄长 5-10cm，疏被长柔毛；小叶柄长 2-3mm；小叶片卵状长圆形或倒卵状长圆形，长 2-6cm，宽 1.5-3.5cm，两面无毛，基部圆，边缘全缘，先端圆或微凹，侧脉每边 10-12 条。花长 1-1.5cm（不含萼管）；苞片和小苞片均为条形，长 1-1.2cm，疏被长柔毛；花萼萼管纤细呈花梗状，长 5-10cm，裂片 5，下方的 1 裂片分离，条形，长 8-9mm，上方 4 裂片合生，长 4-5mm；花冠黄色，旗瓣近圆形，长 1-1.2cm，瓣柄甚短，翼瓣倒卵状长圆形，长 0.8-1cm，具短瓣柄，龙骨瓣狭长圆形，几成直角弯，无明显的耳和瓣柄，先端渐狭成喙状；花柱伸出于雄蕊管之外。荚果长圆体形，长 2-5cm，肿胀，种子间微缢缩，果皮厚革质，有隆起的网脉，有种子 1-3。种子椭圆体形，长 1-1.5cm，直径 0.5-1cm。花果期：6-10 月。

产地：龙岗（陈景方 023429），本市各地常见栽培。

分布：原产巴西，世界各地普遍栽培，我国南北各地均广泛栽培。

用途：为重要的油料作物，又是著名的干果；种子榨油后油麸可作肥料及饲料；茎、叶为良好的绿肥。

2. 蔓花生 遍地黄金 Stoloniferous Peanut
　　　　　　　　　　图 427　彩片 415 416

Arachis pintoi Krapov. & W. C. Greg. in Bonplandia **8**: 81，fig. 2，31. 1994.

多年生草本。茎匍匐，长 10-80cm，有分枝，下部节上生不定根，疏被长柔毛。羽状复叶有小叶 2 对；托叶狭长圆形状披针形，长 1.8-2cm，基部抱茎，下部 2/3 与叶柄贴生，先端有长尖；叶柄长 3-5cm，疏被长柔毛；小叶昼开夜闭，椭圆形或倒卵状椭圆形，长 1.5-2cm，宽 1.2-1.5cm，基部圆或楔形，先端圆，有小短尖，侧脉密，每边 15-18 条。花长 0.7-1.2cm（不含萼管）；苞片与小苞片均为条状披针形，长约 1cm；花萼萼管纤细呈花梗状，长 6-10cm，白色，疏被短柔毛，裂片绿色，长 6-7mm，下部 1 裂片条形，分离，上部 4 裂片大部分合生；花冠黄色，各瓣均具甚短的瓣柄，旗瓣近圆形，长 1-1.2cm，翼瓣宽倒卵形，略短于旗瓣，具短耳，龙骨瓣狭窄，短于翼瓣，几呈直

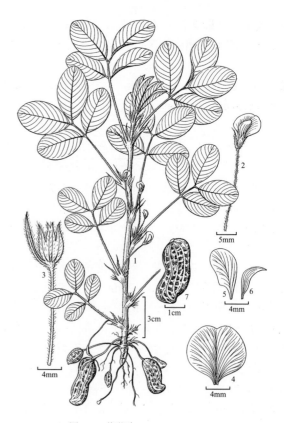

图 426 落花生 Arachis hypogaea
1. 植株、荚果、托叶、羽状复叶和花；2. 花；3. 花萼展开；4. 旗瓣；5. 翼瓣；6. 龙骨瓣；7. 荚果。（李志民绘）

图 427 蔓花生 Arachis pintoi
1. 茎的一段、不定根、托叶、羽状复叶和花；2. 花萼展开；3. 旗瓣；4. 翼瓣；5. 龙骨瓣。（蔡淑琴绘）

角弯，无耳，先端呈尖喙状；雄蕊 9，单体；花柱伸出雄蕊管之外。花期：4-11 月。未见结果。

产地：仙湖植物园（曾春晓 021468）、洪湖公园（陈开崇 021477）、莲花山公园（李沛琼 008004），本市各地常见栽培。

分布：原产南美洲，世界热带地区广为栽培，我国南方亦普遍栽培。

用途：为优良的地被植物。

48. 田菁属 Sesbania Scop.

草本、半灌木或灌木，较少为乔木。叶为偶数羽状复叶，具多数小叶；托叶早落，基部着生；小托叶小或无；叶柄和叶轴上面有沟；在叶轴的顶端有一对小托叶形成的短尖；小叶对生或近对生；小叶片边缘全缘。总状花序腋生；苞片和小苞片均早落；花萼钟状，5 萼齿近相等，少有呈二唇形；花冠伸出花萼外，黄色或具深色斑点，也有白色、红色或深紫色，旗瓣瓣片与瓣柄之间有或无胼胝体，翼瓣长圆形，微弯，与龙骨瓣均具耳和瓣柄，龙骨瓣弯曲；雄蕊 10，二体，其中对旗瓣的 1 枚分离，花药同型，背着；子房条形，有柄，具多数胚珠。荚果长圆柱形，基部有果柄，先端喙状，种子间具隔膜，成熟时开裂。种子多数，圆柱形。

约 50 种，分布于全球热带至亚热带地区。我国 5 种和 1 变种，其中引进栽培的 2 种。深圳 3 种，其中逸生的 1 种，引进栽培的 1 种。

1. 小乔木；小叶片长椭圆形或长圆形，长 2-5cm，宽 0.8-1.6cm；花长 7-10cm，旗瓣瓣片基部无胼胝体；荚果长 20-60cm，宽 7-8mm ·························· 1. **大花田菁 S. grandiflora**
1. 一年生草本或半灌木；小叶片条状长圆形、长圆形或条形，长 0.8-2cm，宽 2-4mm；花长 1-1.2cm，旗瓣瓣片基部有 2 枚胼胝体；荚果长 15-22cm，宽约 3mm。
　　2. 一年生草本；枝有明显的髓部；小枝、叶柄和叶轴以及花序梗均无刺；小叶片下面疏被平伏的长柔毛 ·············· 2. **田菁 S. cannabina**
　　2. 半灌木，枝无明显的髓部；小枝、叶柄和叶轴以及花序梗均疏生小皮刺（由表皮细胞形成）；小叶片下面无毛 ············ 3. **刺田菁 S. bispinosa**

1.　大花田菁 木田菁 Large-flowered Sesbania

图 428　彩片 417 418 419

Sesbania grandiflora（L.）Pers. Syn. Pl. **2**（2）: 316. 1807.

Robinia grandiflora L. Sp. Pl. **2**: 722. 1753.

Agati grandiflora（L.）Desv. in J. Bot. Agric. **1**: 120，t. 4，f. 6. 1813；广州植物志 355. 1956.

小乔木，高 4-10m；枝有明显的叶痕及托叶痕，幼时密被短柔毛。羽状复叶长 20-40cm，有小叶 10-30 对；托叶斜卵状披针形，长 6-8mm，早落；叶柄长 1.5-5cm，与叶轴均于幼时密被长柔毛；小托叶条形，长约 1mm，早落，但叶轴顶端的 1 对小托叶迟落，长 2-3mm；小叶柄长约 2mm，近无毛；小叶片长椭圆形或长圆形，长 2-5cm，宽 0.8-1.6cm，生于叶轴中部的较两端的为大，两面密布紫褐色腺点，也

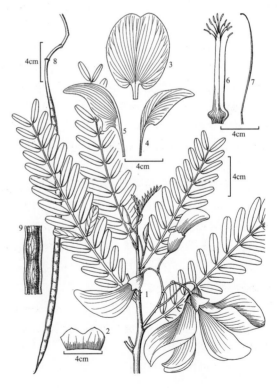

图 428 大花田菁 Sesbania grandiflora
1. 分枝的一段、羽状复叶及总状花序；2. 花萼展开；3. 旗瓣；4. 翼瓣；5. 龙骨瓣；6. 雄蕊；7. 雌蕊；8. 荚果；9. 荚果的一段。（李志民绘）

有无腺点，近无毛，基部圆或阔楔形，先端钝或微凹，有小短尖。总状花序腋生，下垂，长 8-15cm，有 2-4 花，或基部有 1-2 分枝；花序梗与花序轴均密被短柔毛；苞片卵状披针形，长 0.7-1cm，两面被短柔毛，早落；花大，长 7-10cm；花梗长 1-2cm；小苞片卵形，长 6-7mm，无毛，早落；花萼钟状，长 1.8-3cm，呈二唇形，除边缘被毛外，余无毛；花冠白色、粉红色或玫瑰红色，旗瓣近圆形或倒卵形，长 8-8.5cm，瓣片基部无胼胝体，开花时反折，翼瓣卵状披针形，与旗瓣近等长，微弯，龙骨瓣与翼瓣等长并近似，均具细长的瓣柄和无明显的耳。荚果长圆柱形，长 20-60cm，宽 7-8mm，下垂，稍弯，外面有黑褐色斑纹，无毛，基部具 3-4cm 长的果柄，先端的喙长 1-3cm，有多数种子。种子褐绿色，有光泽。花果期：9 月至翌年 5 月。

产地：仙湖植物园（李沛琼 017280），各公园及植物园有栽培。

分布：原产巴基斯坦、印度、孟加拉国、越南、老挝、柬埔寨、泰国、菲律宾及毛里求斯。我国福建、台湾、广东、香港、海南、广西及云南有栽培。

用途：为乔木花卉，适植于园林中供观赏。

2. 田菁 Common Sesbania　图 429　彩片 420 421
Sesbania cannabina（Retz.）Poir. in Lam. Encycl. 7：130. 1806.

Aeschynomene cannabina Retz. Observ. Bot. 5：26. 1789.

一年生草本，高约 1m；分枝幼时疏被短柔毛，髓部明显。羽状复叶长 15-25cm；托叶条形，长 1-1.2cm，早落，叶柄长 1-5cm，与叶轴均疏被短柔毛；小托叶刚毛状，长约 1mm，叶轴顶端的 1 对小托叶长 1.5-2mm，迟落；小叶 20-30 对，小叶片条状长圆形，长 0.8-2cm，宽 3-4mm，基部圆，微偏斜，先端钝或截形，有小短尖，下面疏被平伏的长柔毛，上面无毛，两面密布暗紫色小腺点，下面较密。总状花序长 3-10cm，有花 2-12 朵；苞片与小苞片均为条形，长 3-4mm；花序梗长 3-4cm，与花序轴均疏被短柔毛；花疏生，长 0.8-1cm；花萼钟状，长约 3mm，无毛，萼齿三角形，齿间有 1-3 条短线形的附属物；花冠黄色，旗瓣近圆形或略呈横椭圆形，长宽近相等或宽稍大于长，瓣片外面有或无紫黑色的斑点和短纹，基部具 2 个胼胝体，瓣柄长约 2mm，翼瓣长圆形，与旗瓣近等长，具短耳和长瓣柄，龙骨瓣斜宽倒卵形，稍长于翼瓣，具短耳和长瓣柄；子房无毛。荚果条状圆柱形，长 10-20cm，宽约 3mm，密布紫褐色的斑点。花果期：6-12 月。

图 429 田菁 Sesbania cannabina
1. 分枝的上段、羽状复叶和总状花序；2. 小叶；3. 花萼展开；4. 旗瓣；5. 翼瓣；6. 龙骨瓣；7. 雄蕊；8. 雌蕊；9. 荚果。（蔡淑琴绘）

产地：七娘山（张寿洲 2279）、莲塘（李沛琼 883）、莲花山公园（李沛琼 011109），本市各地常见。生于村边、沟边、田边等潮湿地及荒坡和旷野，海拔 30-100m。逸生。

分布：原产于东半球热带地区。我国江苏、浙江、江西、福建、台湾、广东、香港、澳门、海南、广西和云南有栽培或逸生。

用途：茎叶可作绿肥及饲料。

3. 刺田菁 Spiny Sesbania　　图 430　彩片 422 423

Sesbania bispinosa（Jacq.）W. F. Wight in U. S. D. A. Bur. Pl. Industr. Bull. **137**：15. 1909.

Aeschynomene bispinosa Jacq. Icon. Pl. Rar. **3**：13. 1793.

半灌木，高 1-2m；枝条疏生小皮刺（由表皮细胞形成），无明显的髓部。羽状复叶长 10-30cm；托叶条形，长 6-7mm，无毛；叶柄和叶轴亦疏生小皮刺；小托叶刚毛状，长约 1mm，迟落，叶轴顶端的 1 对小托叶略长，亦迟落；小叶 20-40 对，小叶片条状长圆形，长 1-1.8cm，宽 2-3mm，基部圆，微偏斜，先端圆，有小短尖，两面密布紫褐色小腺点，无毛。总状花序长 5-10cm，具 2-6 花；苞片及小苞片均为条状披针形，长约 3mm，下面疏被短柔毛；花序梗疏生小皮刺；花梗纤细，长 6-8mm；花长 1-1.2cm；花萼钟状，长约 4mm，无毛，萼齿三角形，齿间有 1-3 枚短条状的附属物；花冠黄色，旗瓣宽卵形，长约 1cm，宽约 8mm，外面有红褐色斑点，瓣片基部有 2 枚胼胝体，翼瓣长圆形，与旗瓣近等长，具短耳和长瓣柄，龙骨瓣斜倒卵形，与翼瓣近等长，亦具短耳和长瓣柄；子房无毛。荚果条状圆柱形，长 15-22cm，直径约 3mm，先端具长喙。花果期：8-12 月。

产地：莲花山（王学文 341，IBSC），本市各地时有分布，生于山坡草地和野草丛中。海拔 50-100m。

分布：广东、西沙群岛、香港、澳门、海南、广西、云南及四川。伊朗、巴基斯坦、印度、斯里兰卡、越南、老挝、柬埔寨和马来西亚。

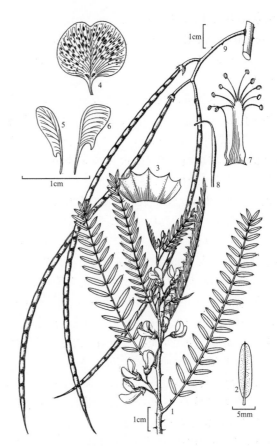

图 430 刺田菁 Sesbania bispinosa
1. 分枝的一段、羽状复叶及总状花序；2. 小叶；3. 花萼展开；4. 旗瓣；5. 翼瓣；6. 龙骨瓣；7. 雄蕊；8. 雌蕊；9. 荚果。（李志民绘）

49. 灰毛豆属 Tephrosia Pers.

草本、半灌木或灌木。叶为奇数羽状复叶；托叶脱落或宿存，无小托叶；小叶对生；小叶片边缘全缘，被茸毛，侧脉多而密。花序为总状花序，顶生和腋生或与叶对生；有苞片；无小苞片；花成对或数朵成一簇生于花序轴的每节上；花萼钟状，具 5 齿，齿近等长或下方中部 1 齿较长，上方 2 齿多少合生；花冠紫红色、红色或白色，旗瓣近圆形，开花后反折，背面具茸毛或柔毛，有瓣柄，翼瓣和龙骨瓣无毛，两者多少相连，均有瓣柄；雄蕊 10，二体，其中对旗瓣的 1 枚分离，花药同型，近基着；子房无柄，被柔毛，具多数胚珠，花柱扁，向上弯或扭曲，柱头头状，无毛或有画笔状毛。荚果条形至长圆形，扁平，先端有喙，2 瓣裂，果瓣开裂后扭转，有多颗种子，种子间无隔膜。种子长圆体形至椭圆体形。

约 400 种，广布于热带和亚热带地区，尤以非洲的分布最为集中。我国有 11 种和 4 变种，其中引进栽培的 3 种和 2 变种。深圳 2 种，其中引进栽培的 1 种。

1. 羽状复叶有小叶 15-19 片；小叶片先端圆、钝或微凹 ································· 1. **黄灰毛豆 T. vestita**
1. 羽状复叶有小叶 17-25 片；小叶片先端急尖 ································· 2. **白灰毛豆 T. candida**

1. 黄灰毛豆 Yellow Tephrosia 图 431

Tephrosia vestita Vogel in Nova Acta Phys. -Med. Acad. Caes. Leop. -Carol. Nat. Cur. **19**（Suppl. 1）: 15. 1843.

半灌木。茎高 0.8-1cm，直立或斜升，多分枝，密被淡黄色或灰色的茸毛，老枝变无毛。羽状复叶长 7-20cm；托叶锥形，长 4-5mm，宿存，与叶柄、叶轴和小叶柄均密被淡黄色茸毛；叶柄长 1-3cm；小叶柄长约 2mm；小叶 15-19 片，狭长圆形、披针状长圆形或倒披针状长圆形，长 2-5cm，宽 0.5-1.6cm，下面密被淡黄色茸毛，上面无毛，基部渐狭或圆，先端钝、圆或微凹，具小短尖，侧脉细密，每边 20-24 条。花序为总状花序，顶生或生于上部叶腋，长 10-15cm；花序梗长 2-3cm，与花序轴均密被黄色茸毛；花成对生于花序轴的每节上；苞片条状披针形，长约 3mm，脱落；花梗长 2-4mm，与花萼均密被茸毛；花萼钟状，长 3-4mm，萼齿三角形，近等长；花冠白色，旗瓣近圆形，长约 1.5cm，背面密被黄色茸毛，具短瓣柄，翼瓣狭长圆形，与旗瓣近等长，龙骨瓣半圆形，稍短于翼瓣；子房密被茸毛，花柱内侧被短柔毛。荚果条形，扁，长 5-8cm，宽约 4mm，先端微弯，密被黄色茸毛。种子 6-10 颗，椭圆体形，灰褐色，有红褐色斑纹。花期：3-10 月，果期：5-12 月。

产地：大鹏（张寿洲等 1683）、笔架山（华农仙湖采集队 SCAUF 728）。生于林缘和旷野草丛中，海拔 30-100m。

分布：江西、广东、香港和海南。缅甸、泰国、越南、老挝、柬埔寨、菲律宾、马来西亚、印度尼西亚及巴布亚新几内亚。

2. 白灰毛豆 山毛豆 White Tephrosia
图 432 彩片 424 425

Tephrosia candida DC. Prodr. **2**: 249. 1825.

半灌木，高 0.5-2m。茎和分枝密被白色茸毛。羽状复叶长 15-25cm，有小叶 7-25 枚；托叶条形，长 5-7mm，宿存，与叶柄、叶轴和小叶柄均密被白色茸毛；叶柄长 1.5-2cm；小叶柄长 3-4mm；小叶片条状狭长圆形，长 6-8cm，宽 1.3-1.5cm，基部楔形，先端急尖，具小短尖，下面密被茸毛，上面无毛，侧脉每边 30-50 条。总状花序顶生或腋生，长 15-20cm，密生多数花；花序梗长 4-5cm 与花序轴、苞片、花梗和花萼均密被白色茸毛；苞片钻形，长约 3mm，脱落；花长达 2cm，2-7 朵簇生于花序轴的每节上；花梗长约

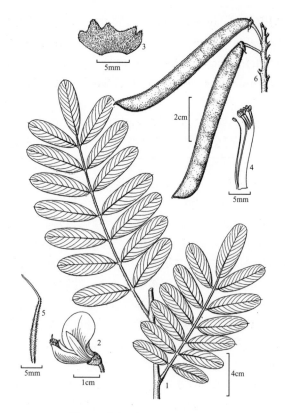

图 431 黄灰毛豆 Tephrosia vestita
1. 分枝的一段及羽状复叶；2. 花；3. 花萼展开；4. 雄蕊；5. 雌蕊；6. 荚果。（李志民绘）

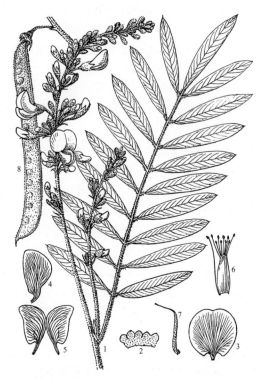

图 432 白灰毛豆 Tephrosia candida
1. 分枝的上段、羽状复叶和总状花序；2. 花萼展开；3. 旗瓣；4. 翼瓣；5. 龙骨瓣；6. 雄蕊；7. 雌蕊；8. 荚果。（蔡淑琴绘）

1cm；花萼钟状，长 4-5mm，萼齿半圆形，长约 1mm；花冠白色，旗瓣近圆形，反折，背面密被白色茸毛，瓣柄甚短，翼瓣倒卵形，与旗瓣近等长，龙骨瓣半圆形，稍短于旗瓣，与翼瓣均具短瓣柄而无明显的耳；子房密被白色茸毛，花柱内侧被疏柔毛。荚果条形，扁，长 8-10cm，宽 6-8mm，先端微弯，具喙，密被黄褐色茸毛。种子 10-15，椭圆体形，成熟时褐绿色。花期：10-11 月，果期：11-12 月。

产地：仙湖植物园（张寿洲等 016770）、东湖公园（徐有财 412）、"锦绣中华"微缩景区（李沛琼 2563），本市各公园、公路边坡和山坡均有栽培或逸生。

分布：原产于印度和马来西亚。我国台湾、福建、广东、香港、广西和云南有栽培或逸生。

用途：耐干旱，萌发力甚强，生长迅速，常用于绿化荒坡。花洁白，花期长，又为良好庭园观赏植物。本市及邻近地区广为栽培。

50. 鱼藤属 Derris Lour.

常绿木质藤本，少为灌木或乔木。叶互生，奇数羽叶复叶；托叶极小，宿存或脱落；小托叶存在或无；小叶 2 至多对，对生；小叶片边缘全缘。花序为总状花序或圆锥花序，腋生或顶生；花单生或数朵簇生于花序轴短缩的分枝上；有苞片和小苞片；花萼钟状，先端截形或有 4-5 短而阔的萼齿，通常上方 2 萼齿近合生；花冠白色，紫红色或粉红色，旗瓣圆形，通常无毛，极少外面被短柔毛，开花后反折，瓣片内面基部有或无胼胝体，翼瓣长圆形，龙骨瓣稍弯，两者均具瓣柄和耳；雄蕊 10，单体或二体，如为二体则其中对旗瓣的 1 枚分离，花药一式，背着；子房 1- 多室，近无柄或具短柄，花柱丝状，柱头头状。荚果薄而质硬，扁平，不开裂，背、腹两缝均有狭翅或仅腹缝有狭翅。种子 1 至数颗。

约 40 种，主要分布于亚洲热带、亚热带和澳大利亚北部，仅 1 种延伸至非洲东部至西太平洋诸岛。我国产 25 种，其中 2 种为栽培种。深圳有 5 种，1 变种，其中 1 种为栽培种。

本属植物的根部含鱼藤酮，可作杀虫剂，又可作药用，外敷治癣疥和湿疹。有毒，切勿误食。

1. 小叶片下面被短柔毛或绢状毛；荚果幼时被短柔毛。
　　2. 小叶 5-9 片，椭圆形或卵状椭圆形，基部圆，先端渐尖；花数朵簇生于花序短缩的分枝之顶端；旗瓣瓣片内面基部无胼胝体；荚果背缝的翅宽 2-4mm，腹缝的翅宽 3-5mm ·················· **1. 锈毛鱼藤 D. ferruginea**
　　2. 小叶 9-13 片，倒披针形，基部楔形，先端骤急尖；花 3-4 朵密生于花序分枝的上部排成总状；旗瓣瓣片内面基部具 2 枚胼胝体；荚果背缝的翅宽 0.5mm，腹缝的翅宽约 2mm ·················· **2. 毛鱼藤 D. elliptica**
1. 小叶片两面无毛；荚果无毛。
　　3. 小叶 3-5 片；花序梗、花序轴和花梗均无毛；荚果仅腹缝有翅 ·················· **3. 鱼藤 D. trifoliata**
　　3. 小叶 5-7 片；花序梗、花序轴和花梗均被毛；荚果背缝与腹缝均有翅。
　　　　4. 小叶 5 片，椭圆形至倒卵状椭圆形，长 5-8cm，宽 2-5cm，先端急尖；圆锥花序长于复叶 ·················· ·················· **4. 白花鱼藤 D. alborubra**
　　　　4. 小叶 5-7 片，狭长圆形或卵状长椭圆形，长 4-13cm，宽 2-6cm，先端渐尖至尾状；圆锥花序短于复叶。
　　　　　　5. 花序梗、花序轴和花梗均被甚稀疏的褐色短硬毛或近无毛；荚果背缝的翅宽不足 1mm。·················· ·················· **5. 中南鱼藤 D. fordii**
　　　　　　5. 花序梗、花序轴和花梗均密被褐色短柔毛；荚果背缝的翅宽 1-1.5mm ·················· ·················· **5a. 亮叶中南鱼藤 D. fordii var. lucida**

1. 锈毛鱼藤 Rusty-haired Derris 图 433

Derris ferruginea（Roxb.）Benth. in Miq. Pl. Jungh. 1：252. 1852.

木质藤本；小枝密被锈色短柔毛，老枝无毛。羽状复叶长 15-30cm，有小叶 5-9 片；叶柄、叶轴与小叶柄均于幼时被锈色短柔毛；小叶片革质，椭圆形或卵状椭圆形，长 6-13cm，宽 2-5cm，基部圆，先端渐尖，钝头，下面幼时密被锈色短柔毛，后变无毛，上面无毛。圆锥花序腋生，长 15-30cm；花序梗、花序轴与花梗均密被锈色短柔毛；花数朵簇生于花序轴短缩的分枝之顶部；花梗长 3-5mm；花萼钟状，长约3mm，萼齿三角形，沿萼齿边缘有纤毛；花冠淡红色或白色，长 0.8-1cm，旗瓣圆形，瓣片下面中部以上被短柔毛，上面基部无胼胝体，翼瓣长圆形，稍短于旗瓣，龙骨瓣微弯，与翼瓣近等长，均具耳及短瓣柄；雄蕊 10，单体；子房密被锈色短柔毛，近无柄。荚果椭圆形，长 5-8cm，宽 2.5-3cm，幼时被锈色短柔毛，成熟后无毛。背缝的翅宽 2-4mm，腹缝的翅宽 3-5mm。种子 1-2 颗。

产地：内伶仃岛（徐有财 2113）。生于山坡疏林中，海拔 35m。

分布：广东、海南、广西、贵州及云南。印度、缅甸、泰国、越南、老挝及柬埔寨。

2.　毛鱼藤 Tuba　　　　　　图 434　彩片 426

Derris elliptica（Roxb.）Benth. in J. Proc. Linn. Soc., Bot. **4**（Suppl.）: 111. 1860.

Galedupa elliptica Roxb. Fl. Ind. **3**: 242. 1832.

木质藤本；幼枝密被褐色短柔毛，后变无毛。羽状复叶长 20-30cm，有小叶 9-13 片；叶柄长 4-8cm，和叶轴均密被褐色短柔毛；小叶片倒披针形，长6-15cm，宽 2-4cm，基部楔形，先端骤急尖，下面灰绿色，疏被褐色绢状毛，上面无毛或仅沿脉疏被短柔毛。圆锥花序腋生，长 15-25mm；花序梗、花序轴、花梗和花萼均密被褐色短柔毛；花 3-4 朵，密生于花序分枝的上部；花萼钟状，长约 4mm，萼齿不甚明显；花冠淡红色或白色，旗瓣近圆形，长 1.2-1.5mm，瓣片背面被褐色短柔毛，内面基部有 2 枚胼胝体，翼瓣长圆形，短于旗瓣，龙骨瓣短于翼瓣，长圆形，直；雄蕊 10，单体；子房密被褐色短柔毛，有 3-4 颗胚珠。荚果长椭圆形，长 3.5-8cm，宽 1.5-2cm，扁平，幼时被短柔毛，后变无毛，背缝的翅甚窄，宽约 0.5mm，腹缝的翅宽约 2mm。种子 1-4 颗。花期：4-5 月，果期：6-8 月。

产地：七娘山，内伶仃岛（张寿洲等 3723）。生于疏林下，海拔 50m。村落中时有栽培。

分布：原产地不详。台湾、广东、海南、广西及云南有栽培。印度、缅甸、泰国、越南和马来西亚亦有栽培。

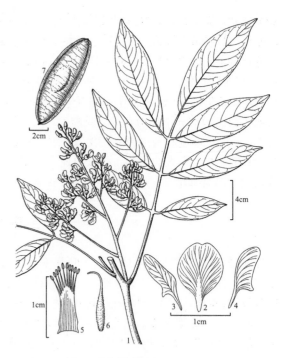

图 433 锈毛鱼藤 Derris ferruginea
1. 分枝的一段、羽状复叶及圆锥花序；2. 旗瓣；3. 翼瓣；4. 龙骨瓣；5. 雄蕊；6. 雌蕊；7. 荚果。（李志民绘）

图 434 毛鱼藤 Derris elliptica
1. 分枝的一段、羽状复叶和圆锥花序；2. 花萼；3. 旗瓣；4. 翼瓣；5. 龙骨瓣；6. 雄蕊；7. 荚果。（李志民绘）

3. 鱼藤 Trifoliate Derris 图 435 彩片 427

Derris trifoliata Lour. Fl. Cochinch. **2**: 433. 1790.

木质藤本；枝和叶均无毛。羽状复叶长 7-15cm，有小叶 3-5 片；叶柄长 4-8cm；小叶柄长约 3mm；小叶片卵形或卵状长圆形，长 5-10cm，宽 2-4cm，基部圆或浅心形，先端渐尖。总状花序腋生，长 5-10cm，有时下部有短的分枝而呈圆锥花序状；花序梗、花序轴与花梗均无毛；花 2-3 朵簇生于花序梗的每节上；花梗长约 3mm；花萼钟状，长约 2mm，萼齿不甚明显，近无毛；花冠白色或粉红色，长约 1cm；旗瓣近圆形，瓣片外面无毛，内面的基部无胼胝体，翼瓣和龙骨瓣长圆形，均与旗瓣近等长；雄蕊 10，单体；子房疏被短柔毛，无柄，有胚珠 2-4 颗。荚果圆形、长圆形或斜卵形，长 2.5-4cm，宽 2-3cm，无毛，背缝无翅，腹缝的翅宽 1.5-2.5mm。种子 1-2 颗。花期：4-8 月，果期：5-11 月。

产地：福田（王学文 457，IBSC）、福田红树林（李沛琼等 3522）、内伶仃岛。生于沿河和沿海灌丛中或红树林中，海拔 10-50m。

分布：台湾、福建、广东、香港、澳门、海南及广西。印度、马来西亚、印度尼西亚及澳大利亚北部。

图 435 鱼藤 Derris trifoliata
1. 枝的一段、羽状复叶及圆锥花序；2. 花萼展开；3. 旗瓣；4. 翼瓣；5. 龙骨瓣；6. 雄蕊；7. 雌蕊；8. 荚果。（李志民绘）

4. 白花鱼藤 White-flowered Derris 图 436

Derris alborubra Hemsl. in Bot. Mag. **131**: pl. 8008. 1905.

木质藤本；枝和叶均无毛。羽状复叶长 15-20cm，有小叶 5 片，少有 3 片；小叶柄长 4-8cm；小叶片椭圆形或倒卵状椭圆形，长 5-8cm，宽 2-5cm，基部宽楔形或圆，上面光亮，先端急尖，钝而微凹。圆锥花序顶生或腋生，长 15-25cm，通常长于复叶；花序梗和花序轴疏被短柔毛；花萼钟状，红色，长 3-4mm，萼齿 5，宽三角形，最下方 1 枚较长，被褐色短柔毛；花冠白色，长 1-1.2cm，先端被柔毛，旗瓣近圆形，上面的基部无胼胝体，先端凹陷，翼瓣短于旗瓣，长圆形，瓣片基部两侧具耳，龙骨瓣半圆形，稍短于翼瓣；雄蕊 10，单体；子房被毛，无柄，有胚珠 2-4 颗。荚果长圆形或斜卵形，长 2-5cm，宽 1.5-2.5cm，扁平，无毛，背缝的翅宽 1-2mm，腹缝的翅宽 3-4mm。种子 1-2 颗。花期：4-6 月，果期：5-10 月。

产地：七娘山（邢福武等 12305，IBSC）、南澳、梧桐山、内伶仃岛。生于灌丛中或疏林下，海拔 100m。

分布：广东、香港、海南、广西和云南。越南。

图 436 白花鱼藤 Derris alborubra
1. 分枝的一段、羽状复叶和圆锥花序；2. 花；3. 旗瓣；4. 翼瓣；5. 龙骨瓣；6. 雄蕊；7. 荚果。（蔡淑琴绘）

5. 中南鱼藤 Ford's Derris 图 437 彩片 428

Derris fordii Oliv. in Hook. Icon. Pl. **18**(3): pl. 1771. 1888.

木质藤本；小枝疏被褐色短柔毛，后变无毛。羽状复叶长 10-18cm，有小叶 5-7 片；叶柄、叶轴和小叶柄均近无毛；叶柄长 2-4cm；小叶柄长 4-6mm；小叶片狭长圆形或卵状长椭圆形，长 4-13cm，宽 2-6cm，两面无毛，上面有光泽，网脉明显，基部圆，先端渐尖至尾状。圆锥花序腋生，稍短于复叶；花序梗甚短，与花序轴、花梗均被甚稀疏的褐色短硬毛或近无毛；花梗长 3-5mm；花数朵簇生于花序轴短缩的分枝之顶部或在分枝上排成总状；花萼钟状，长 2-3mm，上部被极稀疏的短柔毛，下方 3 萼齿近三角形，上方 2 萼齿扁圆形，边缘密生短柔毛；花冠白色，长 1-1.2cm，旗瓣宽卵形，瓣柄甚短，瓣片外面无毛，内面基部无胼胝体，翼瓣和龙骨瓣均为长圆形，与旗瓣近等长，瓣片基部均有耳和短瓣柄；雄蕊 10，单体；子房疏被长柔毛，无柄。荚果长圆形或狭长圆形，长 4-10cm，宽 1.5-2cm，扁平，无毛，背缝的翅宽不足 1mm，腹缝的翅宽 2-3mm。种子 1-4 颗。花期：4-5 月，果期：5-10 月。

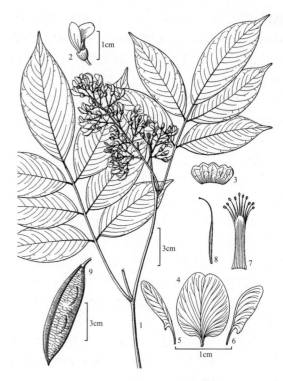

图 437 中南鱼藤 Derris fordii
1. 分枝的一段；2. 花；3. 花萼展开；4. 旗瓣；5. 翼瓣；6. 龙骨瓣；7. 雄蕊；8. 雌蕊；9. 荚果。(李志民绘)

产地：仙湖植物园（林树兵 W01080）、内伶仃岛。生于疏林中，海拔 35-100m。

分布：浙江、江西、福建、广东、广西、湖南、湖北、贵州、云南及四川。

5a. 亮叶中南鱼藤 Bright-leaved Ford's Derris

Derris fordii Oliv. var. **lucida** How in Acta Phytotax. Sin. **3**: 218. 1954.

与中南鱼藤的区别：花序梗、花序轴和花梗均密被褐色柔毛；荚果背缝的翅宽 1-1.5mm。花期：4-5 月，果期：5-10 月。

产地：西涌（张寿洲等 0990）、七娘山、南澳（张寿洲等 0876）、排牙山、梅林（张寿洲等 0578）。生于林缘和疏林中，海拔 50-200m。

分布：广东、香港、广西、贵州及云南。

51. 水黄皮属 Pongamia Adans.

乔木。叶为奇数羽状复叶；托叶早落；无小托叶；小叶对生；小叶片边缘全缘。花组成腋生的总状花序；苞片早落；小苞片微小或不存在；花萼钟形或杯形，先端无明显的裂片而近于截形；花冠伸出花萼外，旗瓣近圆形，瓣片外面被茸毛，基部两侧具耳，在内面瓣柄上方具 2 附属体，翼瓣偏斜，基部具耳，龙骨瓣微弯，无明显的耳，各瓣均具瓣柄；雄蕊 10，二体，其中对旗瓣的 1 枚分离，花药一式，基着；子房无柄，有 2 胚珠，花柱无毛，柱头顶生。荚果斜椭圆形或斜长圆形，扁平，果瓣厚革质或近木质，先端有喙，有种子 1 颗。种子肾形，厚，有短的种脐。

1 种，分布于亚洲南部、东南部、大洋洲及太平洋热带地区。我国南部有分布。深圳也有分布。

水黄皮 Pongamia　　　　图 438　彩片 429

Pongamia pinnata（L.）Merr. Interpr. Rumph. Herb. Amboin. 271. 1917.

Cytisus pinnata L. Sp. Pl. **2**: 741. 1753.

常绿乔木，高 8-15m；枝条近无毛，老枝密被灰白色小皮孔。羽状复叶长 15-25cm，互生；叶柄长 3-8cm，与叶轴和小叶柄均无毛；小叶柄长 6-8mm；小叶 5-7 片，对生；小叶片近革质，卵形、宽椭圆形或椭圆形，长 5-10cm，宽 4-8cm，两面无毛，基部圆或宽楔形，先端渐尖。总状花序腋生，长 15-20cm；花序梗长 3-6cm，近无毛；花序轴、花梗和花萼均密被锈色短柔毛，幼时毛较密；花通常 2 朵族生于花序轴膨大的每节上；花梗长 5-8mm；小苞片 2，卵形，长约 2mm，生于萼筒的基部；花萼钟状，长约 3mm，先端近截形；花冠白色或淡红色，长 1.2-1.4cm，旗瓣近圆形，外面被茸毛，瓣片基部两侧具短耳，内面在瓣柄的上方有 2 枚附属体，瓣柄短，翼瓣斜长圆形，短于旗瓣，具耳及瓣柄，龙骨瓣长圆形，与翼瓣等长，微弯，无明显的耳，具短瓣柄。荚果椭圆形或长圆形，长 4-5cm，宽 1.5-2.5cm，表面有不明显的小疣突，无毛，顶端喙状，有 1 种子。花期：5-6 月，果期：8-10 月。

图 438 水黄皮 Pongamia pinnata
1. 分枝的一段、羽状复叶和总状花序；2. 花萼；3. 旗瓣；4. 翼瓣；5. 龙骨瓣；6. 雄蕊；7. 雌蕊；8. 荚果。（蔡淑琴绘）

产地：内伶仃岛（徐有财 2096）。生于海边、溪边及池边。本市公园及植物园时有栽培，海拔 20-50m。

分布：福建、台湾、广东、香港、澳门、海南和广西。日本、印度、斯里兰卡、马来西亚、波利尼西亚和澳大利亚。

用途：常用作护堤或防风林树种。

52. 紫藤属 Wisteria Nutt.

落叶大型木质藤本。叶互生，为奇数羽状复叶；托叶早落；有小托叶；小叶对生；小叶片边缘全缘。花多数，排列为顶生、下垂的总状花序；苞片早落；无小苞片；花梗明显；花萼杯状，裂片 5，下方 3 裂片分离，其中中间的 1 裂片较长，上方 2 裂片短，大部分合生；花冠紫蓝色或白色，旗瓣圆形，开花时反折，瓣片基部两侧各具 1 胼胝体，翼瓣长圆形，与龙骨瓣均微内弯、具耳和短瓣柄；雄蕊 10，二体，其中对旗瓣的 1 枚分离或与雄蕊管合生至中部，花药同型，背着；花盘环状，外面有密的小腺体；子房具柄，花柱无毛，胚珠多数，柱头小，顶生。荚果条状长圆体形，基部具果柄，种子间微缢缩，成熟后 2 瓣裂，瓣片革质。种子肾形，无种阜。

约 10 种，分布于亚洲东部和北美洲。我国产 5 种，引进栽培 1 种。深圳栽培 1 种。

紫藤 Chinese Wisteria　　　　　　　　　　　　图 439　彩片 430

Wisteria sinensis（Sims）Sweet, Hort. Brit. **1**: 121. 1826.

Glycine sinensis Sims in Bot. Mag. **44**: pl. 2083. 1819.

木质藤本。茎右旋，分枝幼时密被黄色或白色绢状毛。羽状复叶长 15-25cm，有小叶 7-13 片；叶柄长 2-4cm，与叶轴均疏被黄色长柔毛；小托叶刺毛状，长 1-2mm，宿存，与小叶柄均密被黄色长柔毛；小叶柄长 3-4mm；小叶片椭圆形、倒卵状椭圆形、倒披针形或狭长圆形，长 4.5-9cm，宽 2-4.5cm，幼时两面被平伏的长柔毛，后变无毛，基部圆、宽楔形或稍偏斜，先端渐尖、急尖或尾状。总状花序长 15-30cm，下垂，具多数花；花序梗长 2-3cm，与花序轴、花梗和花萼均密被黄色或白色长柔毛；花梗长 1-1.5cm；花长 1.8-2.5cm，芳香；花萼杯状，长 4-5mm，具 5 齿，下方 3 齿分离，卵状三角形，中间 1 齿稍长，上方 2 齿钝，合生；花冠紫色，旗瓣圆形，在瓣片内面近基部有 2 枚胼胝体，上部疏被长柔毛，瓣柄甚短，翼瓣长圆形，与旗瓣近等长，具耳及短瓣柄，龙骨瓣微短于翼瓣或与翼瓣近等长，顶端微弯，具耳和短瓣柄；子房条形，密被黄色茸毛，具长柄。荚果倒披针状长圆形，扁，长 10-15cm，宽 1.5-2cm，密被茸毛，有种子 3-4 颗。种子圆形，成熟时褐色，有光泽。花期：6-7 月，果期：7-8 月。

产地：梧桐山苗圃（李沛琼 3595）、罗湖区怡景路（李沛琼 3940）、泰宁路（李沛琼 012957），本市各地园林、公园和植物园有栽培。

分布：黄河流域以南各省。栽培或野生。世界各地广为栽培。

用途：为优良的棚架植物，盛花期十分美丽。

在广东北部及以北地区栽培，开花期在 4 月下旬至 5 月，通常先开花后长叶，但在深圳栽培，则先长叶后开花，而且花期较短，开花甚少并很少结果。

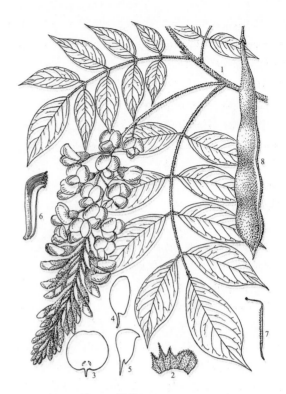

图 439 紫藤 Wisteria sinensis
1. 分枝的一段、羽状复叶和总状花序；2. 花萼展开；3. 旗瓣；4. 翼瓣；5. 龙骨瓣；6. 雄蕊；7. 雌蕊；8. 荚果。（蔡淑琴绘）

53. 鸡血藤属 Millettia Wight & Arn.

常绿木质藤本、灌木或小乔木。叶互生，奇数羽状复叶；托叶早落或宿存；小托叶有或无；小叶 3 至多枚，对生，小叶片边缘全缘。花序为总状花序，顶生或腋生；花单生或数朵簇生于花序轴短缩的分枝上；苞片小，宿存或脱落；小苞片 2，生于花梗的中部或花萼的基部；花萼阔钟状，萼齿 5，下方的 3 齿分离，上方 2 齿分离或几合生；花冠紫红色、紫色、淡红色、粉红色或白色，旗瓣在花开时基部反折，背面被茸毛或无毛，瓣片内面基部有 2 枚胼胝体或无，有深色条纹，翼瓣长椭圆形，龙骨瓣上部边缘合生，微弯；雄蕊 10，单体，花药同型，背着；子房条形，有 4-10 胚珠。荚果扁平或肿胀，2 瓣裂，果瓣革质或木质。种子球形或肾形，种皮光滑。

约 150 种，分布于非洲、亚洲和大洋洲的热带和亚热带地区。我国产 17 种，7 变种。深圳有 3 种。

1. 大型木质藤本；旗瓣背面无毛；荚果长圆体形，如为单种子则为卵球形，肿胀，果瓣木质 ⋯⋯⋯⋯⋯⋯⋯⋯⋯⋯⋯⋯⋯⋯⋯⋯⋯⋯⋯⋯⋯⋯⋯⋯⋯⋯⋯⋯⋯ 1. 厚果鸡血藤 M. pachycarpa
1. 灌木或小乔木；旗瓣背面被茸毛；荚果扁，条状长圆形，果瓣革质。
　　2. 羽状复叶长 20-30cm，有小叶 13-19 枚；小叶片狭椭圆状或狭长圆形，长 4-10cm，宽 2-4cm，基部渐狭，先端急尖 ⋯⋯⋯⋯⋯⋯⋯⋯⋯⋯⋯⋯⋯⋯ 2. 印度鸡血藤 M. pulchra
　　2. 羽状复叶长 15-20cm，有小叶 9-13 枚；小叶片椭圆形、长圆形或宽长圆形，长 4-5.5cm，宽 2-3cm，基部圆或浅心形，先端圆或钝 ⋯⋯⋯⋯⋯⋯ 3. 香港鸡血藤 M. oraria

1. 厚果鸡血藤 厚果崖豆藤 Thick-shelled Millettia

图 440 彩片 431 432

Millettia pachycarpa Benth. in Miq. Pl. Jungh. **2**: 250. 1852.

大型木质藤本，长可达 15m；分枝幼时密被黄色茸毛，后渐变无毛。羽状复叶长 25-50cm，有小叶 9-17 片；托叶宽三角形，长与宽均约 4mm，无毛，宿存；无小托叶；叶柄长 8-10cm，与叶轴和小叶柄均无毛；小叶柄长约 5mm；小叶片狭椭圆形或狭长圆形，长 10-18cm，宽 3.5-5cm，下面密被黄色茸毛，上面无毛，基部楔形，先端渐尖。总状花序数枚生于新枝上，长 15-30cm；花序梗与花序轴初时被茸毛，果时无毛；花 2-5 朵簇生于花序轴的每节上；苞片与小苞片均甚小，长约 1mm；花梗长 6-8mm，密被茸毛；花长 2-2.3cm；花萼杯状，长 5-6mm，被茸毛，萼齿甚短；花冠淡紫色，旗瓣宽长圆形，外面无毛，内面基部无胼胝体，有短瓣柄，翼瓣狭长圆形，与旗瓣近等长，具短耳和细长的瓣柄，龙骨瓣与翼瓣近等长，倒卵状长圆形，具细长瓣柄，近无耳，雄蕊 10，单体；子房条形，密被茸毛。荚果长圆体形，肿胀，长 5-20cm，宽 3.5-5cm，如含单种子则为卵球形，果瓣木质，褐色，无毛，密布黄色疣状突起。种子 1-5，黑褐色。花期：4-6 月，果期：5-10 月。

产地：梧桐山（陈景方 275）、仙湖植物园（王勇进 126）、鸡公山、观澜（张寿洲等 291）、塘朗山。生于山坡和沟谷林中，海拔 100-400m。

分布：浙江、江西、福建、台湾、广东、香港、广西、湖南、湖北、四川、云南和西藏东南部。不丹、尼泊尔、印度、孟加拉国、缅甸、泰国、越南和老挝。

2. 印度鸡血藤 美花崖豆藤 Pretty Millettia

图 441 彩片 433 434

Millettia pulchra（Benth.）Kurz in J. Asiat. Soc. Bengal，Pt. 2，Nat. Hist. **42**（2）：69. 1873.

Mundulea pulchra Benth. in Miq. Pl. Jungh. **2**：248. 1852.

灌木或小乔木，高 3-8m；全株被黄白色茸毛。羽状复叶长 20-30cm，有小叶 13-19 片；托叶披针形，长约 5mm，脱落；小托叶刺毛状，长 2-3mm，宿存；小叶片狭椭圆形或狭长圆形，长 4-10cm，宽 2-4cm，向下部的渐小，基部渐狭，多少偏斜，先端渐尖或急尖，侧脉每边 6-10 条。总状花序生于分枝上部叶腋，短于复叶，长 10-20cm；花 3-4 朵成簇疏生于花序轴

图 440 厚果鸡血藤 Millettia pachycarpa
1. 羽状复叶；2. 分枝的一段和总状花序；3. 花；4. 花萼展开；5. 旗瓣；6. 翼瓣；7. 龙骨瓣；8. 雄蕊；9. 雌蕊；10. 荚果；11. 种子。（蔡淑琴绘）

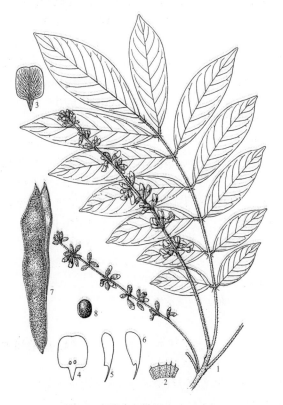

图 441 印度鸡血藤 Millettia pulchra
1. 分枝的一段、羽状复叶和总状花序；2. 花萼展开；3-4. 旗瓣的下面和上面；5. 翼瓣；6. 龙骨瓣；7. 荚果；8. 种子。（蔡淑琴绘）

的每节上；苞片披针形，长约 5mm；小苞片生于萼筒基部，卵形，长约 2mm；花长约 1.5cm；花萼钟形，长约 4mm，萼齿 5，下方 3 齿三角形，上方 2 齿短，合生几至顶部；花冠淡红色或紫红色，旗瓣圆形，外面沿放射状的脉纹密生茸毛，内面基部无胼胝体，翼瓣狭长圆形，与旗瓣近等长，龙骨瓣顶端微弯，等长于翼瓣；雄蕊 10，其中对旗瓣的 1 枚仅基部分离；子房被茸毛，具短柄。荚果条状长圆形，扁平，长 5-10cm，宽 1-1.5cm，被茸毛，果瓣革质，有种子 1-4 颗。花期：5-8 月，果期：6-10 月。

产地：东涌、西涌、七娘山（林大利等 007094）、南澳、笔架山、盐田、排牙山、沙头角、梧桐山（深圳考察队 1311）、仙湖植物园（徐有财，1794）、羊台山。生于山谷林中和山地水旁，海拔 50-250m。

分布：广东、香港、海南、广西、贵州及云南。印度、缅甸及老挝。

3. 香港鸡血藤 香港崖豆藤 Hong Kong Millettia

图 442

Millettia oraria（Hance）Dunn in J. Linn. Soc., Bot. **41**（280）：149. 1912.

Tephrosia oraria Hance in J. Bot. **24**（1）：17. 1886.

直立灌木或小乔木；小枝密被黄褐色茸毛。羽状复叶长 15-20cm，有小叶 9-13 片；托叶披针形，长 2-3mm，脱落；小托叶刺毛状，长约 2mm；叶柄长 3.5-4.5cm，与叶轴和小叶柄均密被黄褐色茸毛；小叶柄长约 2mm；小叶片椭圆形、长圆形或宽长圆形，长 4-5.5cm，宽 2-3cm，两面密被茸毛，基部圆或浅心形，先端圆、钝或急尖，少有微凹，侧脉每边 6-7 条。总状花序集生于分枝上部叶腋，短于复叶，长 6-15cm；花序梗、花序轴和花梗均密被黄褐色茸毛；花 1-3 朵簇生于短缩的分枝上；苞片披针形，长约 1mm；小苞片卵形，长约 0.5mm；花梗长约 2mm；花长 0.8-1.1cm；花萼钟状，长约 3mm，密被茸毛，萼齿 5，下方 3 齿阔三角形，上方 2 齿较短，合生几至顶部；花冠紫红色，旗瓣近圆形，下面沿放射状的脉纹密生茸毛，内面基部无胼胝体，瓣柄很短，翼瓣狭长圆形，微弯，略短于旗瓣，龙骨瓣倒卵状长圆形，与翼瓣近等长，均具短耳和短瓣柄；子房密被茸毛。荚果条状长圆形，长 5-9cm，宽 1-1.5cm，扁平，密被黄褐色茸毛，果瓣革质，有种子 2-4 颗。花期：5-7 月，果期：6-10 月。

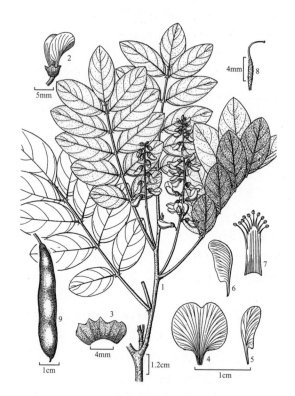

图 442 香港鸡血藤 Millettia oraria
1. 分枝的上段、羽状复叶及总状花序；2. 花；3. 花萼展开；4. 旗瓣；5. 翼瓣；6. 龙骨瓣；7. 雄蕊；8. 雌蕊；9. 荚果。（李志民绘）

产地：东涌（张寿洲等 1799 3479）、梧桐山、大南山（张寿洲等 1515）。生于海边灌丛中及山坡疏林中，海拔 50-300m。

分布：广东、香港及广西。

54. 崖豆藤属 Callerya Endl.

常绿木质藤本，稀为小乔木。叶互生，为奇数羽状复叶；托叶宿存或早落；有或无小托叶；小叶对生或近对生；小叶片边缘全缘。花序为圆锥花序，顶生或腋生，或数枚总状花序生于分枝上部叶腋排成圆锥花序状；苞片宿存或脱落；小苞片 2；花萼杯状，顶端截形或有 4-5 小裂片或短齿；旗瓣卵形或圆形，基部反折，翼瓣和龙骨瓣近等长，微弯；雄蕊 10，二体，其中对旗瓣的 1 枚分离，花药同型，背着；子房无毛或被毛，有胚珠 1-10 颗。

荚果扁平或肿胀，不裂或缓慢开裂。种子通常 1-10，椭圆形。

约 19 种，分布于亚洲东部和东南部。我国有 13 种，5 变种。深圳有 6 种。

1. 花冠白色或淡黄白色，旗瓣外面无毛。
  2. 羽状复叶有小叶 7-13 片；圆锥花序大型，长 20-50cm；花长 2.5-3.5cm；花萼与子房均密被黄褐色茸毛；旗瓣内面基部具 2 枚胼胝体；荚果密被黄褐色茸毛 ························ **1. 美丽崖豆藤 C. speciosa**
  2. 羽状复叶有小叶 5-7 片；圆锥花序长 8-15cm；花长 1.2-1.3cm；花萼与子房均无毛；旗瓣内面基部无胼胝体；荚果无毛 ························ **2. 绿花崖豆藤 C. championii**
1. 花冠红色、粉红色、紫红色或紫色，旗瓣外面无毛或被茸毛。
  3. 羽状复叶有小叶 5-9 片；小叶片两面无毛；花萼、旗瓣外面及荚果均无毛；托叶基部突起成一圆形而坚硬的距 ························ **3. 网脉崖豆藤 C. reticulata**
  3. 羽状复叶有小叶 5 片；小叶片下面被茸毛或短柔毛，上面被毛或无毛；花萼、旗瓣外面被及荚果均密被褐色茸毛；托叶不为上述形状。
    4. 小叶片下面密被淡褐色茸毛；荚果肿胀，含单种子的为卵球形，含多种子的为圆柱形，种子间缢缩 ························ **4. 灰毛崖豆藤 C. cinerea**
    4. 小叶片下面近无毛或疏被平伏短柔毛；荚果扁平，条状长圆形，种子间不缢缩。
     5. 小叶片先端渐尖，侧脉每边 6-7 条；花长 2-2.5cm；旗瓣宽长圆形，瓣片基部无胼胝体 ························ **5. 香花崖豆藤 C. dielsiana**
     5. 小叶片先端急尖，侧脉每边 5-6 条；花长 1.5-2cm；旗瓣近圆形，瓣片基部两侧各有 1 枚胼胝体 ························ **6. 亮叶崖豆藤 C. nitida**

1. 美丽崖豆藤 牛大力藤 Showy Callerya
          图 443 彩片 435 436
Callerya speciosa（Champ. ex Benth.）Schot in Blumea **39**（1-2）: 32. 1994.

Millettea speciosa Champ. ex Benth. in J. Bot. Kew Gard. Misc. **4**: 73. 1852；海南植物志 **2**: 261. 1965；广东植物志 **5**: 233. 2003；澳门植物志 **2**: 36. 2006；D. L. Wu in Q. M. Hu & D. L. Wu, Fl. Hong Kong **2**: 71，fig. 42. 2008.

木质藤本；小枝幼时密被黄褐色茸毛，后渐变无毛。羽状复叶长 15-25cm，有小叶 7-13 片；托叶披针形，长 3-4mm，与针状的小托叶均宿存；叶柄长 2-4.5cm，与叶轴均密被黄褐色长柔毛，老时毛渐脱落；小叶片狭椭圆形或狭长圆形，长 4-8cm，宽 2-3cm，两面近无毛或仅沿中脉疏被长柔毛，基部圆或微偏斜，先端渐尖或急尖，侧脉每边 5-6 条。圆锥花序顶生，或数枚总状花序集生于分枝上部叶腋组成大型的圆锥花序状，长 20-50cm；花序梗、花序轴与花梗均密被黄褐色茸毛；花单生或 2-3 朵簇生于花序轴的每节上；苞片披针形，长 4-5mm，脱落；花梗长 0.8-1.2cm；小苞片椭圆形，长 3-5mm，生于花萼基部；花长 2.5-3.5cm；花萼钟状，长 1-1.2cm，密被黄褐色茸毛，萼

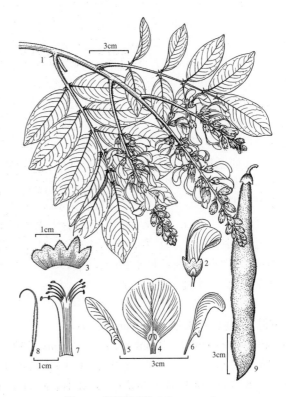

图 443 美丽崖豆藤 Callerya speciosa
1. 分枝的一段、羽状复叶和圆锥花序；2. 花；3. 花萼展开；4. 旗瓣；5. 翼瓣；6. 龙骨瓣；7. 雄蕊；8. 雌蕊；9. 荚果。（李志民绘）

齿5，下方3齿卵形，先端钝，上方2齿较短，先端圆；花冠白色，旗瓣圆形，外面无毛，瓣片内面基部两侧各具1胼胝体，翼瓣长圆形，短于旗瓣，具内弯的耳，龙骨瓣镰形，与翼瓣近等长；雄蕊10，二体，其中对旗瓣的1枚分离；子房条形，密被茸毛，具短柄。荚果条状长圆形，长10-15cm，宽1-2cm，扁平，密被黄褐色茸毛，顶端喙状，果瓣革质，有种子4-6颗。花期：7-10月，果期：9月至翌年2月。

产地：东涌、七娘山、大鹏（张寿洲等011010）、笔架山、梧桐山（王定跃1684）、仙湖植物园（李沛琼1166）。本市各地疏林或灌丛中常见，海拔50-250m。

分布：福建、广东、香港、澳门、海南、广西、湖南、贵州和云南。越南。

2. 绿花崖豆藤 Champion's Callerya

图444 彩片437

Callerya championii（Benth.）X. Y. Zhu，Leg. China 450. 2007.

Millettia championii Benth. in J. Bot. Kew Gard. Misc. **4**：74. 1852；广东植物志 **5**：235. 2003；D. L. Wu in Q. M. Hu & D. L. Wu，Fl. Hong Kong **2**：72. 2008.

木质藤本；分枝多，光滑，无毛。羽状复叶长10-15cm，有小叶5-7片；托叶条状披针形，长约3mm；小托叶钻形，与托叶近等长，宿存；叶柄长2.5-4cm；小叶柄长约3mm，与叶柄均无毛；小叶片长圆形或卵状长圆形，长4-6cm，宽1-2cm，两面无毛，基部圆，先端尾状渐尖或渐尖，侧脉每边5-6条。圆锥花序顶生，长8-15cm；花序梗、花序轴、苞片、花梗和小苞片均疏被淡黄色短柔毛；花单生于花序轴的每节上，长1.2-1.3cm；苞片条形，长2-2.5mm；小苞片卵形，长约1.5mm；花梗长约5mm；花萼钟形，长约3mm，外面无毛，但边缘和萼齿内面密被淡黄色短柔毛，萼齿5，下方3齿三角形，上方2齿甚短；花冠淡黄白色，各瓣近等长，旗瓣近圆形，外面无毛，内面基部无胼胝体，翼瓣狭长圆形，瓣片基部两侧各具1小耳，龙骨瓣长圆形，无耳；雄蕊10，二体，其中对旗瓣的1枚分离；子房条形，无毛，具多数胚珠。荚果条状长圆形，长6-10cm，宽1-1.5cm，无毛，扁平，光亮，果瓣革质。花期7-8月，果期：8-10月。

图444 绿花崖豆藤 Callerya championii
1. 分枝的上段、羽状复叶及圆锥花序；2. 花萼；3. 小苞片及花萼展开；4. 旗瓣；5. 翼瓣；6. 龙骨瓣；7. 荚果。（蔡淑琴绘）

产地：东涌、西涌、七娘山（曾治华010889）、大鹏、排牙山、笔架山、葵涌、盐田、三洲田、梅沙尖（王定跃1467）、梧桐山（张寿洲等2981），生于山谷林中和灌丛中，海拔200-500m。

分布：江西、福建、广东、香港、广西和云南。

3. 网脉崖豆藤 鸡血藤 Reticular Callerya

图445 彩片438 439 440

Callerya reticulata（Benth.）Schot in Blumea 39（1-2）：29. 1994.

Millettia reticulata Benth. in Miq. Pl. Jungh. 249. 1852；广州植物志342. 1956；海南植物志 **2**：262. 1965；广东植物志 **5**：235. 2003；D. L. Wu in Q. M. Hu & D. L. Wu，Fl. Hong Kong **2**：70. 2008.

木质藤本；分枝幼时密被短柔毛，后渐变无毛。羽状复叶长10-20cm，有小叶5-9片；托叶锥形，长5-6mm，基部突起成一圆形而坚硬的距，宿存；叶柄长2-5cm，与叶轴和小叶柄均无毛；小托叶钻形，长2-3mm，宿存；小叶柄长4-5mm；小叶片卵状椭圆形或长圆形，长4-9cm，宽2-4.5cm，两面无毛，基部圆，先端渐尖或钝，微凹，侧脉每边 6-7 条。圆锥花序顶生及生于分枝上部叶腋，长 10-25cm；花序梗、花序轴及花梗均被黄色茸毛；花梗长 3-5mm；花单生于花序轴的每节上，密集；苞片早落；小苞片卵形，生于花萼基部；花长 1.5-1.7cm；花萼杯状，长 3-4mm，外面无毛，下方 3 萼齿三角形，甚短，上方 2 齿几不明显，边缘被黄色茸毛；花冠紫红色，旗瓣近圆形，外面无毛，基部无胼胝体，瓣柄甚短，翼瓣长圆形，稍长于旗瓣，具短小的耳，龙骨瓣长圆形，略长于翼瓣，瓣片基部楔形，与翼瓣均具短瓣柄；雄蕊 10，二体，其中对旗瓣的 1 枚分离；子房无毛。荚果条状长圆形，长 10-15cm，宽 1-1.5cm，扁平，无毛，果瓣革质。花果期：5-11 月。

产地：西涌、七娘山、南澳（张寿洲等 1907）、排牙山、葵涌（张寿洲等 3419）、梧桐山、内伶仃岛（张寿洲等 3766）。生于海边灌丛中或山地密林中，海拔 50-200m。

分布：安徽、江苏、浙江、江西、福建、台湾、广东、香港、海南、广西、湖南、湖北、贵州、云南、四川及陕西东南部。越南。

4. 灰毛崖豆藤 皱果崖豆藤 Grey-haired Callerya

图 446

Callerya cinerea（Benth.）Schot in Blumea **39**（1-2）：17. 1994.

Millettia cinerea Benth. in Miq. Pl. Jungh. **2**：249. 1852.

Millettia oosperma Dunn in J. Linn. Soc.，Bot. **41**（280）：157. 1912；海南植物志 **4**：263. 1965；广东植物志 **5**：234. 2003；D. L. Wu in Q. M. Hu & D. L. Wu，Fl. Hong Kong **2**：71. 2008.

木质藤本。茎幼时被淡褐色茸毛，后变无毛。羽状复叶长 20-25cm，有小叶 5 片；托叶三角状披针形，长约 5mm，脱落；叶柄长 4-5cm，与叶轴及小叶柄均密被淡褐色茸毛；小托叶锥形，长 2-3mm，宿存；小叶柄长 4-5mm；顶生小叶片狭椭圆形或卵状披针形，长 10-20cm，宽 5-8cm，基部圆，先端钝，少有微凹，下面密被淡褐色茸毛，上面沿中脉被茸毛，侧脉每边 7-12 条，侧生小叶片较小，最下方的 1 对最小。圆锥花序顶生，长 15-20cm；花序梗、花序轴、花梗、苞片、小苞片和花萼均密被黄褐色茸毛；苞片和小苞片均为椭圆形，长约 4mm，早落；花单生于花序轴的每节上，长 1.8-2.2cm；花梗长 4-5mm；花萼长约 6mm，萼齿 5，下方 3 齿卵状三角形，中间的 1 齿较长，上方 2 齿合

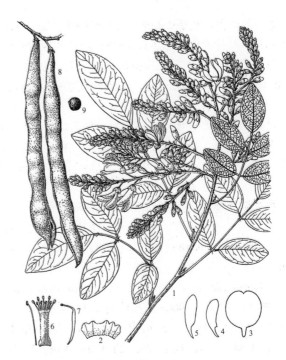

图 445 网脉崖豆藤 Callerya reticulata
1. 分枝的上段、羽状复叶和圆锥花序；2. 小苞片及花萼展开；3. 旗瓣；4. 翼瓣；5. 龙骨瓣；6. 雄蕊；7. 雌蕊；8. 荚果；9. 种子。（蔡淑琴绘）

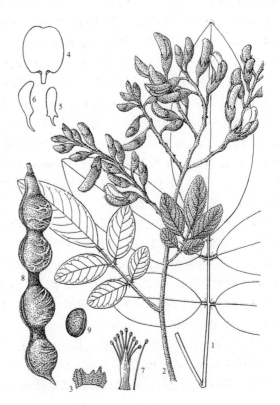

图 446 灰毛崖豆藤 Callerya cinerea
1. 羽状复叶；2. 分枝上段、羽状复叶及圆锥花序；3. 花萼展开；4. 旗瓣；5. 翼瓣；6. 龙骨瓣；7. 雄蕊；8. 荚果；9. 种子。（蔡淑琴绘）

生；花冠粉红色，长 2-2.4cm，旗瓣近圆形，背面密被茸毛，瓣片基部两侧各有 1 枚胼胝体，瓣柄很短，翼瓣狭长圆形，长约为旗瓣的 2/3，两侧具短耳和短瓣柄，龙骨瓣短于旗瓣，微弯，无耳，具长瓣柄；雄蕊 10，二体，其中对旗瓣的 1 枚分离；子房密被褐色茸毛，具短柄。荚果肿胀，具单种子的为卵球形，具数颗种子的为圆柱形，长 10-13cm，直径 1.5-2.5cm，在种子间缢缩，顶端具喙。种子 1 或 2-4 颗，宽长圆体形，长 2-3cm。花期：6-8 月，果期：8-11 月。

产地：内伶仃岛（张寿洲 3742）。生于疏林下，海拔 50m。

分布：安徽、浙江、江西、福建、广东、香港、海南、广西、湖南、湖北、贵州、云南、西藏、四川、甘肃和陕西。印度、不丹、尼泊尔、孟加拉国、缅甸、泰国、越南和老挝。

5. 香花崖豆藤 山鸡血藤 Diels Callerya

图 447 彩片 441

Callerya dielsiana（Harms ex Diels）X. Y. Zhu, comb. nov.

Millettia dielsiana Harms ex Diels in Bot. Jahrb. Syst. **29**（3-4）：412. 1900；广州植物志 342. 1956；海南植物志 **2**：263. 1965；广东植物志 **5**：237. 2003；D. L. Wu in Q. M. Hu & D. L. Wu, Fl. Hong Kong **2**：72. 2008.

木质藤本；枝条幼时密被短柔毛，后变无毛。羽状复叶长 15-25cm，有小叶 5 片；托叶条状披针形，长约 3mm，脱落；叶柄长 3-10cm，与叶轴和小叶柄均密被短柔毛；小托叶钻形，长约 3mm，宿存；小叶柄长 4-5mm；小叶片长圆形、狭长圆形或椭圆形，长 5-13cm，宽 2.5-5cm，下面疏被平伏短柔毛，最后变无毛，上面沿中脉被短柔毛或近无毛，基部圆或微偏斜，先端渐尖，少有急尖，侧脉每边 6-7 条。圆锥花序顶生，长 15-40cm；花序梗几不明显；花序轴和花梗均密被褐色绢毛；花梗长约 5mm；花单生于花序轴的每节上，长 2-2.5cm；苞片条形，长约 3mm；小苞片条形，长 4-5mm，生于花萼基部，与苞片和花萼均被褐色茸毛；花萼钟状，长 6-8mm，下方 3 萼齿三角形，上方 2 齿较短，合生；花冠紫红色，旗瓣宽长圆形，

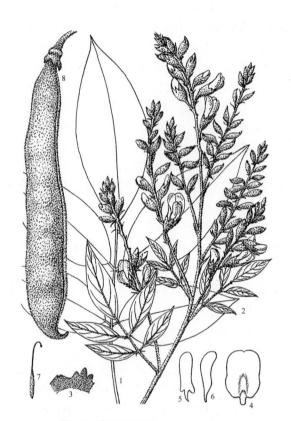

图 447 香花崖豆藤 Callerya dielsiana
1. 羽状复叶；2. 圆锥花序；3. 花萼展开；4. 旗瓣；5. 翼瓣；
6. 龙骨瓣；7. 雌蕊；8. 荚果。（蔡淑琴绘）

外面被茸毛，瓣片基部无胼胝体，瓣柄甚短，翼瓣狭长圆形，长为旗瓣的 2/3，基部两侧均具短耳，龙骨瓣微弯呈镰形，稍短于旗瓣；雄蕊 10，二体，其中对旗瓣的 1 枚分离；子房条形，密被茸毛。荚果条状长圆形，长 10-12cm，宽约 1.5cm，密被褐色茸毛，扁平，果瓣革质，具 3-5 种子。花果期：6-11 月。

产地：南澳（张寿洲等 4176）、三洲田（深圳考察队 3）、梧桐山（李沛琼 1290）。本市各地山坡疏林或灌丛中常见，海拔 180-650m。

分布：安徽、江苏、浙江、江西、福建、广东、香港、海南、广西、湖南、湖北、贵州、云南、四川、甘肃南部和陕西南部。越南和老挝。

用途：本种叶色亮绿，花美丽，可栽培作园艺观赏植物；茎药用，有舒筋活络、行气活血、祛风除湿之效。

6. 亮叶崖豆藤 亮叶鸡血藤 Shiny-leaved Callerya

图 448

Callerya nitida（Benth.）R. Greesink，Scala
Millettiearum 83. 1984.

Millettia nitida Benth. in Londen J. Bot. **1**：484.
1842；海南植物志 **2**：262. 1965；广东植物志 **5**：234.
2003；澳门植物志 **2**：35. 2006；D. L. Wu in Q. M. Hu
& D. L. Wu，Fl. Hong Kong **2**：72. 2008.

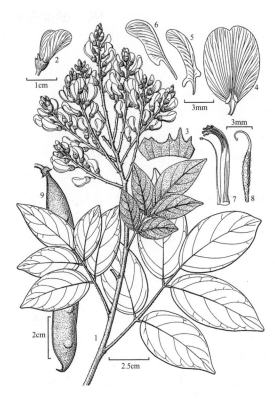

木质藤本，长 2-6m；枝幼时密被褐色茸毛，后渐
变无毛。羽状复叶长 10-20cm，有小叶 5 片；托叶条
状披针形，长约 5mm，脱落；叶柄长 3-5cm，与叶轴
和小叶柄均密被褐色茸毛；小托叶钻形，长约 2mm，
宿存；小叶柄长 3-4mm；小叶片长圆形或椭圆形，长
4-9cm，宽 2.5-4.5cm，幼时两面均密被短柔毛，老后
变无毛，或下面疏被毛，基部圆，先端急尖，少有渐尖，
侧脉每边 5-6 条。圆锥花序顶生，长 15-20cm；花序
梗与花序轴均密被褐色茸毛；花单生于花序轴的每节
上，长 1.5-2cm；苞片与小苞片均早落，卵形，长约
3mm，与花梗和花萼均密被褐色茸毛；花梗长 4-5mm；
花萼钟状，长 5-6mm，下方 3 萼齿三角形，顶端钝，
上方 2 齿较短，合生几至顶部；花冠紫色，旗瓣近圆形，
外面密被茸毛，瓣片基部两侧各具 1 胼胝体，瓣柄甚
短，翼瓣长圆形，稍短于旗瓣，瓣片基部两侧各具 1

图 448 亮叶崖豆藤 Callerya nitida
1. 分枝的上段、羽状复叶及圆锥花序；2. 花；3. 花萼展开；
4. 旗瓣；5. 翼瓣；6. 龙骨瓣；7. 雄蕊；8. 雌蕊；9. 荚果。（李
志民绘）

小耳，龙骨瓣与旗瓣近等长；雄蕊 10，二体，其中对旗瓣的 1 枚分离；子房条形，密被茸毛。荚果条状长圆形，
长 9-12cm，宽 1-1.2cm，扁平，密被褐色茸毛，顶端具钩状喙，果瓣革质。花期：5-9 月，果期：7-11 月。

产地：笔架山（王国栋 6691）、仙湖植物园（徐有财等 1014）、梧桐山（王勇进 2195）。本市各地山坡疏林中、
山脊和山顶灌丛中常见，海拔 130-170m。

分布：浙江、台湾、福建、江西、湖南、广东、香港、澳门、海南、广西、贵州、四川及云南。

用途：叶亮绿，花色美丽，可栽培作观赏植物；茎药用，有舒筋活络的功效。

183. 胡颓子科 ELAEAGNACEAE

文香英

灌木或藤本，稀为小乔木。枝条具刺或无刺，全株被银灰色、棕色至锈色盾形鳞片或星状毛。单叶互生，稀对生或轮生，无托叶，具柄；叶片边缘全缘，具羽状脉。花单生或数朵簇生或排成短总状花序或穗状花序，腋生，两性或单性，雌雄同株或异株，稀杂性；被丝托（hypanthium 是由花托、花被基部和雄蕊基部愈合而成的结构）在两性花和雌花中为管状，通常下部包围子房，在子房以上紧缩再扩大，在雄花中则为杯状或扁；萼片花瓣状，通常 4 枚，稀 2 或 6 枚；花瓣缺；雄蕊 4-8，分离，花丝下部与被丝托贴生，雄花的雄蕊为萼片数的 2 倍，两性花的雄蕊与萼片同数并与萼片互生，花药内向，背部着生；花盘不明显，稀呈钻形；子房上位，但常为被丝托的下部所包被而似下位，1 室，有 1 颗倒生胚珠，花柱伸出或内藏，柱头侧生，头状、棒状或条形。果为瘦果或坚果，包于肉质、宿存的被丝托内而呈核果状，熟时红色或黄色，含 1 粒种子。种子皮坚硬，无或近无胚乳，胚直立，子叶 2，肉质。

3 属，约 90 种，分布于北半球温带至热带地区。我国有 2 属，约 74 种。深圳有 1 属，4 种。

胡颓子属 Elaeagnus L.

多分枝灌木或藤本，稀乔木。枝条具刺或无刺，全株被银灰色或棕色盾形鳞片或星状毛。单叶互生，具短柄。花通常具梗，两性，稀杂性，单生或 2-8 朵花在腋生短枝上排成短总状花序；有苞片；小苞片有或无；被丝托下部包围子房，在子房以上紧缩后再扩大；萼片 4，镊合状排列，呈花瓣状，白色或淡黄色；雄蕊 4，花丝极短；子房 1 室，花柱内藏，弯曲，柱头头状、棒状或条形，生于花丝顶端的一侧。果为坚果，为花后增大、肉质的被丝托所包而呈核果状，球形或椭圆体形，稀具纵翅，熟时橙色或深红色；果核具 8 条纵棱，胚大而直。

约 90 种，分布于亚洲、欧洲南部和北美洲。我国有 67 种。深圳有 4 种。

1. 叶片倒卵形或近圆形，少有宽椭圆形或椭圆形，先端钝或圆。
　　2. 枝条有刺；叶片纸质；被丝托长 2-3mm ……………………………………………… 1. 福建胡颓子 E. oldhamii
　　2. 枝条无刺；叶片革质；被丝托长 4-5mm ……………………………………………… 2. 香港胡颓子 E. tutcheri
1. 叶片椭圆形、宽椭圆形、卵状椭圆形或长圆形，先端渐尖、急尖或骤急尖。
　　3. 花序通常具多朵花，排成伞形的短总状花序；花序比叶柄短；花小；被丝托长 3-5mm；萼片长 2-3mm……
　　　………………………………………………………………………………………… 3. 密花胡颓子 E. conferta
　　3. 花序通常具 1-3 朵花，排成短总状花序；花序比叶柄长；花较大；被丝托长 1-1.3cm；萼片长 5-6mm……
　　　………………………………………………………………………………………… 4. 鸡柏胡颓子 E. loureirii

1. 福建胡颓子 Fujian Elaeagnus　　　　　　　　　　　　　　　　　　　　　　　　图 449
Elaeagnus oldhamii Maxim. in Mélanges Biol. Bull. Phys.-Math. Acad. Imp. Sci. Saint-Petersbourg 7：588. 1870.

常绿直立灌木，多分枝，高 1-2m。枝条具刺，刺长 1-4.5cm，基部生花和叶；嫩枝灰色或棕色，被锈色鳞片，老枝棕黑色，无鳞片。叶柄长 3-7mm，被锈色鳞片；叶片纸质，倒卵形或近圆形，少有宽椭圆形，长 3-4cm，宽 2.5-3cm，基部钝或楔形，全缘或具波状疏细齿，先端钝或圆，下面密被银白色和散生褐色鳞片，上面幼时密被银白色鳞片，成熟后鳞片渐脱落，侧脉 4-5 对。花单生于叶腋或数朵在腋生短枝上排成短总状花序；生花的短枝长 1-3mm；花梗长 4-7mm；被丝托筒状，在子房以上缢缩再扩大呈钟形，长 2-3mm，直径约 2mm，外面白色，密被鳞片；萼片 4，卵状三角形，长约 2mm；雄蕊 4，花丝极短，花药长圆形，长约 1.5mm；

子房卵球形或椭圆体形，长约 2mm，白色，花柱无毛，柱头棒状，下弯。果椭圆体形或长圆体形，长1-1.1cm，成熟时红色，外面被鳞片；果梗长 4-7mm。花期：12 月至次年 1 月，果期：2-3 月。

产地：东涌、西涌（张寿洲等 0022）、七娘山、南澳、大鹏（张寿洲等 011009）、排牙山、葵涌（王国栋等 6846）。生于海边林下、山地水旁和路旁及田野，海拔 50-150m。

分布：广东、福建和台湾。

2. 香港胡颓子 Hong Kong Elaeagnus

图 450　彩片 442 443

Elaeagnus tutcheri Dunn in J. Bot. **45**：404. 1907.

常绿直立或蔓生灌木。枝条无刺，嫩枝棕色或深棕色，被锈色鳞片，老枝棕灰色，鳞片脱落。叶柄长 0.8-1.1cm，亦被锈色鳞片；叶片革质，近圆形或倒卵形，少有阔椭圆形或椭圆形，长 2.5-5.5cm，宽 2-2.8cm，基部楔形或圆，边缘全缘或浅波状，先端钝或圆，有时微凹，下面银黄色，密被白色和褐色鳞片，上面初时灰色，密被黄褐色鳞片，后变棕黄色，鳞片脱落，光亮，侧脉每侧 5-7 条。花数朵在叶腋短枝上排成短总状花序；短枝长 2-3mm；花梗长 2-3mm；被丝托在子房以上缢缩再扩大呈钟形，长 4-5mm，外面银白色，密被白色和散生棕色鳞片；萼片 4，卵形，长约 3mm，内面疏生星状柔毛；雄蕊 4，花丝极短，花药长圆形，长约 1.5mm；子房棕黄色，长椭圆体形，长 2-3mm，花柱直立或稍弯，无毛，宿存，柱头条形。果椭圆体形，长 8-9mm，宽约 6mm，被褐色鳞片；果梗长 3-4mm。花期：11-12 月，果期：次年 3 月。

产地：南澳（邢福武等 11864，IBSC）、大鹏（邢福武等 12047，IBSC）。生于 500m 以下的山地疏林下或河边灌木丛中。

分布：广东、香港和湖南。

3. 密花胡颓子 Dense-flowered Elaeagnus

图 451　彩片 444

Elaeagnus conferta Roxb. Fl. Ind. **1**：460. 1820.

常绿藤本。枝条无刺，嫩枝银白色，后渐变为棕黄色，密被白色鳞片，老枝深棕色或黑色。叶柄长 0.6-1mm，与枝同色，密被鳞片；叶片纸质，椭圆

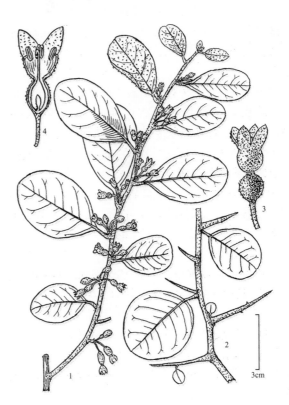

图 449 福建胡颓子 Elaeagnus oldhamii
1. 分枝的一段、叶及总状花序；2. 带刺的枝；3. 花；4. 花纵切面，示被丝托、雄蕊和雌蕊。（余汉平绘）

图 450 香港胡颓子 Elaeagnus tutcheri
1. 分枝的一段、叶和总状花序；2. 花；3. 花萼纵切，示被丝托、雄蕊和花柱。（余汉平绘）

形或阔椭圆形，长 6-10cm，宽 3-5cm，基部圆或楔形，边缘全缘，先端渐尖或骤尖，下面淡黄色，密被银白色和散被棕色鳞片，上面初时被银白色鳞片，后鳞片脱落；侧脉 5-7 对。花多朵在腋生短枝上排成伞形短总状花序，稀具单花；生花的短枝长仅 1-3mm；花序短于叶柄；花梗极短，长约 1mm；被丝托在子房以上缢缩再扩大呈短筒状，长 3-5mm，外面银白色，密被银白色和散棕色鳞片；萼片 4，卵形，长 2-3mm，先端钝尖，内面散生白色星状柔毛；雄蕊 4，花丝与花药近等长，花药长圆形，长约 1mm；子房狭椭圆体形，灰黄色，长约 1mm，花柱直立，外露，密被白色星状柔毛，柱头弯向一侧。果大，椭圆体形、长圆体形或倒卵状椭圆体形，长 2-4cm，成熟时黄色至红色，具较厚的果肉；果梗粗短。花期：10-12 月，果期：翌年 2-3 月。

产地：仙湖植物园（李沛琼 2860）。栽培。

分布：广东、广西和云南。印度、尼泊尔、不丹、孟加拉国、缅甸、越南、老挝、马来西亚和印度尼西亚。

4. 鸡柏胡颓子 鸡柏紫藤 Loureiro's Elaeagnus

图 452 彩片 445 446

Elaeagnus loureirii Champ. ex Benth. in J. Bot. Kew Gard. Misc. **5**：196. 1853.

常绿直立或蔓生灌木（在阳处或半阴处）或为藤本（林内阴处）。枝条无刺，嫩枝与叶柄均密被深锈色鳞片，老枝黑色，无鳞片。叶柄长 0.5-1.2cm；叶片纸质，椭圆形、卵状椭圆形、倒卵状长圆形或长圆形，长 4-10cm，宽 2-5cm，基部圆或楔形，边缘全缘，微反卷，先端急尖、渐尖或钝，嫩叶下面银灰色，密被银白色的鳞片，成长时渐变为褐色，上面幼时被褐色鳞片，鳞片脱落后留有下凹的斑痕，侧脉每侧 5-7 条。花单生叶腋或 2-3 朵在腋生短枝上排成总状花序；花序长于叶柄；生花的短枝长 1-7mm；花梗长 0.8-1cm，深锈色；被丝托筒状，在子房顶端缢缩再扩大成钟形，深褐色，长 1-1.3cm；萼片 4，三角形，长 5-6mm，内面疏生白色柔毛或褐色鳞片；雄蕊 4，花丝长约 1.6mm；花药长圆形；子房长圆形，长约 2mm，与被丝托同色，花柱上部弯曲，内藏，无毛，柱头膨大，长约 3mm，偏向一侧。果椭圆体形，长 1.5-2cm，宽 8-12mm，成熟时橙色，外面被褐色鳞片；果梗长达 1cm，下弯。花期：8-12 月，果期：3-4 月。

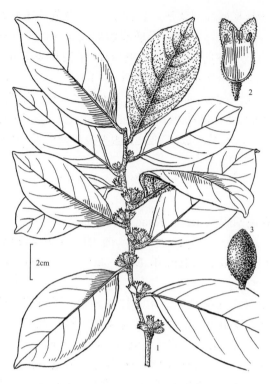

图 451 密花胡颓子 Elaeagnus conferta
1. 分枝的上段、叶及伞形总状花序；2. 花萼纵剖面，示被丝托、雄蕊和花柱；3. 果。（余汉平绘）

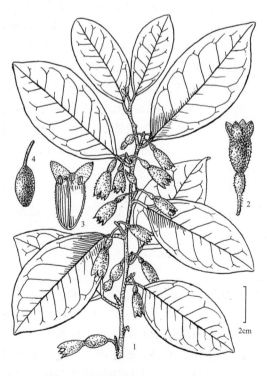

图 452 鸡柏胡颓子 Elaeagnus loureirii
1. 分枝的一段、叶及总状花序；2. 花；3. 花萼纵切面，示雄蕊和花柱；4. 果。（余汉平绘）

产地：七娘山、排牙山、葵涌、盐田、三洲田（深圳考察队431）、西坑、梅沙尖、沙头角（张寿洲等5539）、梧桐山（深圳植物志采集队013535）、仙湖植物园。生于疏林或密林中及沟旁，海拔100-650m。

分布：江西、广东、香港、澳门、广西和云南。

用途：果可食，味甜。

184. 山龙眼科 PROTEACEAE

李 楠 罗香英

乔木或灌木，稀为多年生草本。叶互生，稀对生或轮生；无托叶；叶片全缘或有各式分裂。花序总状、穗状或短缩呈头状，腋生或顶生，有时生于茎上或枝上；花两性，稀单性，雌雄异株或同株，辐射对称或两侧对称，单生或成对，4 基数；苞片小，早落，有的花后增大并变成木质；小苞片通常很小或不存在；花被片（3-）4（-5），镊合状排列，芽时管状，簷部呈球形、卵状或椭圆形，开花时分离或管部一侧开裂，或仅开裂至管的中部而下部不裂；雄蕊 4 枚，与花被片对生，花丝短，常与花被片贴生，花药基部着生，2 室，纵裂，药隔常突出；腺体通常 4，与花被片互生，或合生为各式花盘，稀 1-3 或无；子房上位，有柄或无柄，1 心皮，1 室，侧膜胎座或基生胎座，稀顶生胎座，胚珠 1-2 或多颗，下垂，花柱 1，通常顶部增粗，呈棍棒状，柱头小，顶生或侧生。果为蓇葖果、坚果、核果或蒴果。种子 1-2 颗或多颗，有时具翅；胚直，子叶肉质，胚根短，无胚乳。

约 80 属，1700 种，分布于世界热带地区，尤其是非洲南部和澳大利亚为多。我国有 4 属（其中引进栽培的 2 属），约 25 种。深圳有 2 属（其中引入栽培的 1 属），4 种。

1. 叶片二回羽状分裂；开花时花被筒 2 裂；蓇葖果，腹缝线开裂；种子盘状，边缘具翅 ·············· 1. **银桦属 Grevillea**
1. 叶片不分裂；开花时花被筒 4 裂；坚果，通常不开裂；种子球形或半球形，无翅 ·················· 2. **山龙眼属 Helicia**

1. 银桦属 Grevillea R. Br.

乔木或灌木。叶互生；叶片边缘全缘或一至二回羽状分裂。圆锥花序或总状花序，顶生或腋生，各部均被紧贴的丁字毛，稀被叉状毛；苞片小，通常早落；花两性；花梗单生或成对并生；花蕾时花被筒细长，直立或上半部下弯，簷部近球形，常偏斜，开花时花被筒 2 裂，由下部向上部开裂；花被片 4，分离；雄蕊 4，生于花被片中部，几无花丝，花药卵球形或椭圆体形，药隔不突出；花盘半环形，通常 2 浅裂，侧生，肉质，稀环状或无；子房具柄或近无柄，花柱丝状，开花时一部分先自花被筒裂缝拱出，上部后伸出，顶部稍膨大，圆盘状或呈偏斜的圆盘状，柱头位于中央；侧膜胎座，胚珠 2 颗，并生，倒生。蓇葖果通常微偏斜，果皮革质或木质，腹缝线开裂。种子 1-2 颗，盘状或长盘状，边缘常具膜质翅。

约 250 种，主产大洋洲。我国南方栽培 1 种。深圳亦有栽培。

银桦 Silk Oak   图 453   彩片 447

Grevillea robusta A. Cunn. ex R. Br. Suppl. Prodr. Fl. Nov. Holland. 24. 1830.

常绿乔木，高 10-25m。树皮灰暗色或黑褐色，纵裂成浅沟；嫩枝密被锈色茸毛。叶柄长 3-8cm，密被褐色茸毛；叶片二回羽状分裂，长 15-30cm，第一回为羽状全裂，裂片 7-15 对，轮廓为披针形，长7-12cm，边缘又为羽状深裂，第二回羽状深裂，裂片

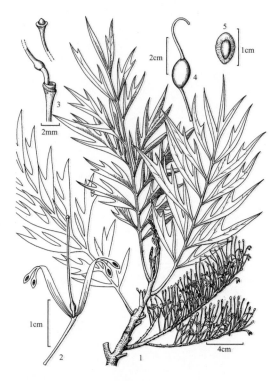

图 453 银桦 Grevillea robusta
1. 分枝的上段、叶和总状花序；2. 花；3. 花盘和雌蕊、4. 蓇葖果；5. 种子。（李志民绘）

2-5，下面密被银色丝状毛和褐色茸毛，上面近无毛，边缘外卷，先端急尖。总状花序腋生，在枝顶则排成少分枝的圆锥花序，长 11-15cm，具多数密生的花；花序梗长 3-5cm，密被褐色茸毛，花序轴和花梗均无毛；花梗长 1-1.4cm；花被橙黄色或黄褐色，筒部长 1-1.3cm，檐部卵球形，下弯，花被片 4，椭圆形，长 3.5-4mm；雄蕊生于花被片中部，无花丝，花药椭圆体形；花盘半环形；子房柄长 1-1.5mm，花柱长 1.8-2cm，顶部圆盘状，微向 1 室偏斜，柱头三角状锥形。蓇葖果椭圆体形，微偏斜，长约 1.5cm，直径约 7mm，果皮革质，成熟时黑色，宿存花柱微弯曲。种子 1-2 颗，长盘状，边缘有窄翅。花期：3-5 月，果期：5-8 月。

产地：仙湖植物园（王勇进 3488），本市公园和绿地常有栽培。

分布：原产澳大利亚。现普遍栽培于世界热带和亚热带地区。广东、香港、澳门、广西、福建、四川、云南等有栽培。

用途：适作园林景观树和行道树。

2. 山龙眼属 Helicia Lour.

乔木或灌木。叶互生，稀近对生或轮生；叶柄长或几无柄；叶片边缘全缘或具齿。总状花序腋生或生于枝上，有时近顶生；苞片小，通常长三角形，有时呈叶状，宿存或早落。花两性，辐射对称；花梗通常双生，分离或下半部彼此合生；小苞片微小；花被筒花蕾时直立，细长，顶部棒状或近球形，开花时花被筒 4 裂，整齐，花被片外卷；雄蕊 4，着生于花被片檐部，花丝短或几无，花药长圆形，药隔稍突出，短尖；腺体 4，离生或基部合生，或具环状或杯状花盘；子房无柄或近无柄，花柱细长，顶部棒状，柱头小；基生胎座或侧膜胎座，胚珠 2，倒生。坚果球形或长圆体形，不开裂，稀沿腹缝线不规则开裂，果皮革质或树皮质，稀外层肉质，内层革质或木质。种子 1-2 颗，若为 1 颗，则为球形，若为 2 颗，则为半球形，种皮膜质；子叶肉质，上半部具皱纹。

约 97 种，分布于亚洲和大洋洲的热带和亚热带地区。我国有 20 种，2 变种。深圳 3 种。

1. 嫩枝和芽均无毛 ·············
·············· 1. 小果山龙眼 **H. cochinchinensis**
1. 嫩枝和芽均被短柔毛。
　2. 叶片的网脉不明显；花序轴和花梗均密被褐色短柔毛；花梗长约 2mm ··············
············· 2. 广东山龙眼 **H. kwangtungensis**
　2. 叶片的网脉在两面均明显；花序轴和花梗均无毛；花梗长 3-5mm ··············
·············· 3. 网脉山龙眼 **H. reticulata**

1. 小果山龙眼 越南山龙眼 Cochinchina Helicia

图 454

Helicia cochinchinensis Lour. Fl. Cochinch. **1**: 83. 1790.

常绿乔木，高 5-20m。树皮灰褐色；枝和叶均无毛。叶互生；叶柄长 0.5-1.5cm；成长枝的叶片薄纸质，长圆形、椭圆形、狭椭圆形或倒卵状椭圆形，长 5-13cm，宽 2.5-4cm，边缘全缘，侧脉 6-7 对，幼株及徒长枝的叶片条状长圆形、狭长圆形或倒披针形，长 7-18cm，宽 1.5-4.5cm，边缘基部以上或中部以上有尖的锯齿，侧脉 7-9 对，基部楔形，下延，先端渐尖或急尖。总状花序腋生，长 8-14(-20)cm；

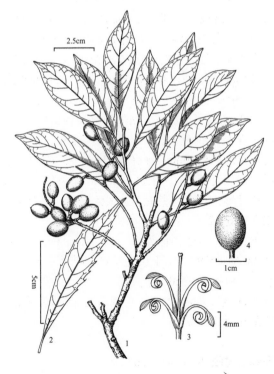

图 454 小果山龙眼 Helicia cochinchinensis
1. 枝的一段、叶及果序；2. 幼株及徒长枝上的叶；3. 花；4. 坚果。（李志民绘）

花序轴和花梗均无毛，或初时被白色短毛，后变无毛；苞片三角形，长 1-1.5mm；花梗常双生，分离，长 3-4mm；小苞片披针形，长约 0.5mm；花被长 1-1.2cm，白色或淡黄色，无毛；腺体 4，有时合生呈 4 裂的环状花盘；子房无毛。坚果椭圆体形，长 1-1.5cm，直径 0.8-1cm，顶端具短尖；果皮干后薄革质，厚不及 0.5mm，蓝黑或黑色。花期：6-10 月，果期：11 月至翌年 3 月。

产地：南澳、排牙山、田心村（仙湖华农采集队 SCAUF1224）、沙头角（陈谭清 W07044）、羊台山（张寿洲等 4968）、塘朗山。生于山地常绿阔叶混交林下，海拔 100-650m。

分布：广东、香港、海南、广西、湖南、江西、福建、台湾、浙江、安徽、四川、贵州和云南。泰国、越南、柬埔寨、泰国及日本。

2. 广东山龙眼 大叶山龙眼 Guangdong Helicia

图 455

Helicia kwangtungensis W. T. Wang in Acta Phytotax. Sin. **5**: 297. 1956.

常绿乔木，高 4-10m。枝和叶幼时均被褐色短柔毛，成长枝和叶变无毛。叶柄长 1-2.5cm；叶片坚纸质，长圆形、倒卵形或椭圆形，长 10-26cm，宽 6-12cm，基部楔形，边缘或上半部边缘具疏浅锯齿，有时全缘，先端短渐尖或急尖，稀圆钝，侧脉 5-8 对，下面稍凸起，网脉两面均不明显。有时上面网脉稍凹下。总状花序单生或成对生于叶腋，长 14-20cm；花序轴和花梗密被褐色短柔毛；苞片窄三角形，长约 2mm；花梗常双生，长约 2mm，下半部彼此贴生；小苞片披针形，长约 1mm；花被淡黄色，长 1.2-1.4cm，疏被短柔毛或近无毛；花药长约 3mm；腺体 4，卵球形，分离；子房无毛。坚果近球形，直径 1.5-2.5cm，顶端具短尖，果皮革质，厚约 1mm，成熟时黑色或紫黑色。花期：6-7 月，果期：10-12 月。

产地：排牙山（王国栋等 7051）、葵涌、梧桐山（张寿洲等 SCAUF509）。生于山地常绿阔叶林中或沟谷次生林中，海拔 400-600m。

分布：广东、香港、海南、广西东南部、湖南南部、江西南部和福建西部。

3. 网脉山龙眼 Reticulate Helicia

图 456 彩片 448 449

Helicia reticulata W. T. Wang in Acta Phytotax.

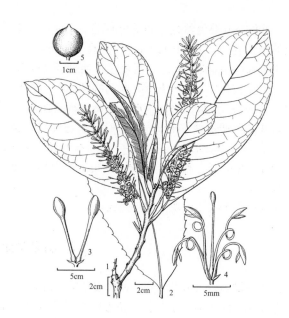

图 455 广东山龙眼 Helicia kwangtungensis
1. 分枝的上段、叶及总状花序；2. 边缘具疏浅齿的叶片；
3. 花蕾；4. 花；5. 坚果。（李志民绘）

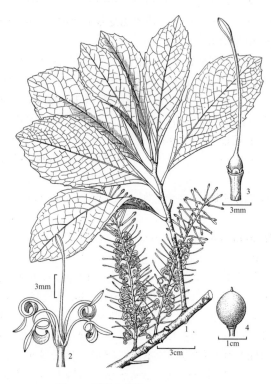

图 456 网脉山龙眼 Helicia reticulata
1. 分枝的一段、叶及总状花序；2. 花；3. 去掉花被，示腺体和雌蕊；4. 坚果。（李志民绘）

Sin. **5**: 300, pl. 56. 1956.

常绿小乔木或灌木，高 2-10m。嫩枝和芽被褐色短茸毛，不久变无毛。叶柄长 5-15mm；叶片厚革质或革质，长圆形或倒卵状长圆形，长 7-27cm，宽 3-9cm，两面无毛，上面有光泽，基部楔形，边缘上部具疏齿，稀全缘，先端短渐尖、急尖或钝，侧脉 6-10(-12)对，与中脉在两面均隆起，网脉两面均明显。总状花序腋生或生于小枝已落叶的叶腋，长(7-)10-15cm；花序轴和花梗初时被稀疏褐色短柔毛，不久毛脱落；苞片披针形，长 1.5-2mm；花梗通常双生，长(2-)3-5mm，具短毛或无毛，基部或下半部彼此合生；小苞片长约 0.5mm；花被长 1.3-1.6cm，白或浅黄白色，无毛；腺体 4，分离或基部合生；子房无毛。坚果椭圆体形，长 1.5-1.8cm，直径 1.2-1.5cm，顶端具短尖，果皮革质，厚约 1mm，成熟时黑色。花期：5-7 月，果期：10-12 月。

产地：七娘山(张寿洲等 5154)、南澳、排牙山、心田山、盐田(深圳考察队 1108)、三洲田、梅沙尖、梧桐山(陈谭清等 89315)。生于山地林中或水沟边，海拔 400-600m。

分布：江西、福建南部、广东、香港、广西、湖南南部、贵州和云南东南部。

186. 小二仙草科 HALORAGACEAE

闫　斌

多年生稀一年生、水生或陆生草本。茎匍匐、上升或直立，通常在下部的节上生根。叶 2-4 枚轮生、交互对生或互生，水生种类的叶通常呈篦齿状分裂。花序为顶生或腋生的穗状花序或总状花序，生于苞片腋内的为二歧聚伞花序或圆锥花序；苞片叶状；花小，辐射对称，两性或单性，雌雄同株或异株；萼片(2-)4，通常宿存；花瓣(2-)4，与萼片互生，覆瓦状排列，长于萼片，与雄蕊均脱落；雄蕊与萼片同数或为其 2 倍，花丝纤细而短，花药基部着生，4 室，纵裂；子房下位，1(-2)-4 室，花柱与萼片同数而互生，分离，柱头 2 或 4 裂或头状，胚珠与花柱同数，稀具 1 胚珠，倒生于子房室的顶端。果为坚果状或核果，有翅、棱或小瘤状突起，不开裂，具有 1 种子。种子有薄种皮，胚圆柱形，被白色而厚的胚乳所包围。

8 属，约 100 种，广布于全世界热带和亚热带地区，主产地为南半球。我国产 2 属，13 种。深圳产 1 属，2 种。

小二仙草属 Gonocarpus Thunb.

陆生纤细草本。茎平卧或直立，具四棱或无棱，分枝或不分枝。叶小，交互对生、互生，稀 3(-5) 片轮生；具柄或近无柄；叶片边缘全缘或有锯齿，具羽状脉。花序为穗状花序、总状花序或圆锥花序，稀单花或数花簇生于枝上部叶腋；有苞片和 2 枚小苞片；花两性，(3-)4 基数；萼片 4，宿存；花瓣 4-8 或无，兜状，内凹，稀平坦，有短瓣柄；雄蕊 4 或 8，花丝短，对萼片的通常稍长于对花瓣的，花药长圆形，4 室；子房下位，(3-)4 室，每室有 1 颗下垂的胚珠，有(6-)8 条肋，花柱与萼片同数，柱头头状。果小，坚果状，常因隔膜不存在而为 1 室，具纵肋。种子 1-4 颗，种皮膜质，胚乳肉质。

约 35 种，分布于亚洲西南部、澳大利亚和新西兰。我国有 2 种。深圳亦有分布。

1. 植物体被短硬毛；叶片条状披针形、条形或长圆状披针形；花黄色；果的表面有多数圆形小突起 ……
　……………………………… 1. 黄花小二仙草 G. chinensis
1. 植物体无毛；叶片卵形或椭圆形；花红色或淡红色；果的表面平滑 …………　2. 小二仙草 G. micranthus

1. 黄花小二仙草 Chinese Seaberry

图 457　彩片 450

Gonocarpus chinensis（Lour.）Orchard in Bull. Auckland Inst. Mus. **10**: 207. 1975.

Gaura chinensis Lour. Fl. Cochich. **1**: 225. 1790.

Haloragis chinensis（Lour.）Merr. in Trans. Amer. Philos. Soc. n. ser. **24**（2）: 39. 1935; 广州植物志 166. 1956; 海南植物志 **1**: 431. 图 236. 1964; 广东植物志 **6**: 63. 2005.

多年生草本。茎细弱，直立或斜升，高 10-60cm，四棱柱形，多分枝，粗糙并疏被倒生的短硬毛，有时节上生不定根。叶交互对生，近花序的变为互生，无柄或近无柄；叶片条状披针形、条形或长圆状披针形、长圆形或近圆形，基部宽楔形，边缘增厚，有细锯齿，

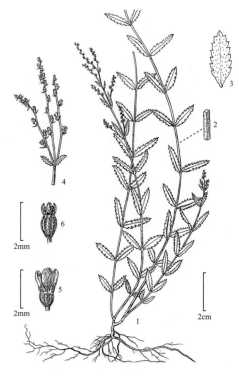

图 457 黄花小二仙草 Gonocarpus chinensis
1. 植株；2. 茎的一段，示其四棱柱形及毛被；3. 叶；4. 苞片及穗状花序；5. 花；6. 果，上部具宿存的萼片。(肖胜武绘)

先端钝。花序为穗状花序或圆锥花序；苞片叶状，披针形或狭卵形，长0.5-1.5mm，宽0.3-0.5mm；小苞片条形或披针形，长约0.5mm；花直立或开展，两性，小；萼片三角状披针形，长0.6-0.9mm，宽约0.5mm，有黄白色硬骨质的边缘，无毛；花瓣黄色，有时淡红色，狭长圆形，长1-1.5mm，宽0.3-0.5mm，兜状，先端上弯呈钩状，脊上疏被短硬毛；雄蕊8，长约1mm，花丝甚短；子房卵形，花柱长0.2-0.3mm。果卵球形，直径约1mm，有8条纵棱，棱上疏被短硬毛，表面密生圆形的小突起。花期：5-11月，果期：7-12月。

产地：七娘山（王国栋等7332）、梧桐山（张寿洲等012608）、光明新区（李沛琼等8165），本市各地均有分布。生于山地草丛，海拔50-800m。

分布：浙江、江西、福建、台湾、广东、香港、澳门、广西、湖南、湖北、四川、贵州和云南。伊朗、印度、泰国、越南、菲律宾、新加坡、马来西亚、印度尼西亚、巴布亚新几内亚、澳大利亚和太平洋岛屿（加罗林群岛）。

2. 小二仙草 Small-flowered Seaberry

图458 彩片451

Gonocarpus micranthus Thunb. Nov. Gen. Pl. **3**: 69. 1783.

Haloragis micrantha（Thunb.）R. Br. ex Siebold & Zucc. in Flind. Vov. App. 550. 1814；广州植物志166. 1956；海南植物志**1**: 431. 1964；广东植物志**6**: 63. 2005.

多年生草本，全株近无毛。茎高40-45cm，四棱柱形，带红色，上部直立，下部匍匐，节上生根。叶交互对生，近花序的叶互生；叶柄甚短，长0.5-2mm；叶片卵形或椭圆形，长0.6-1.7cm，宽4-8mm，基部圆或微心形，边缘增厚，有疏小齿，先端急尖。花序为顶生的圆锥花序或腋生的总状花序；苞片披针形，长0.5-0.8mm；小苞片条形，长约0.2mm；花小，两性，直立；花梗长0.2-0.3mm；萼片卵形或三角状卵形，长0.5-0.7mm；花瓣淡红色，窄长圆形，长1-1.5mm，兜状，内凹，先端内弯呈钩状，背面脊上疏被硬毛；雄蕊8，长约1mm；子房卵球形，4室，花柱棒状，长约0.8mm，柱头红色，头状，有条裂。果小，卵球形或扁球形，直径约1mm，有8条棱，表面平滑，含1粒种子。花期：4-6月，果期：7-10月。

产地：七娘山（张寿洲等1945）、三洲田（张寿洲等0118）、梧桐山（王勇进2226）。生于水库边或山地草丛中，海拔200-900m。

分布：山东、河北、河南、安徽、江苏、浙江、江西、台湾、福建、广东、香港、广西、湖南、湖北、四川、贵州和云南。朝鲜、日本、印度、不丹、泰国、越南、菲律宾、新加坡、马来西亚、巴布亚新几内亚、澳大利亚和新西兰。

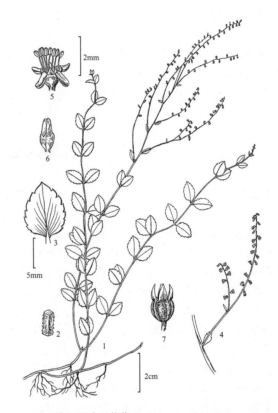

图458 小二仙草 Gonocarpus micranthus
1. 植株、叶及圆锥花序；2. 茎的一段，示其四棱柱形；3. 叶；4. 花序；5. 花；6. 除去花冠和雄蕊，示雌蕊；7. 果，顶端具宿存萼片。（肖胜武绘）

188. 海桑科 SONNERATIACEAE

张寿洲

乔木或灌木。单叶对生；无托叶；叶片边缘全缘。花两性，辐射对称，具花梗，单生或 2-3 朵稀更多聚生于小枝顶端或排列成伞房花序；花萼厚革质，有 4-8 裂片宿存，芽时镊合状排列，顶端具短尖；花瓣 4-8，与花萼裂片互生，或无花瓣；雄蕊多数，着生于花萼筒上部，排列成 1 至多轮，花蕾时内折，花丝分离，线状锥形，花药肾形或长圆形，2 室，纵裂；子房上位或半下位，无柄，花时被花萼基部包围，4 至多室，胚珠多数，生于粗厚的中轴胎座上，花柱不分枝，长而粗，柱头头状，全缘或微裂。果为浆果或蒴果。种子多数，小，无胚乳。

2 属，约 12 种，分布于亚洲和非洲热带地区。我国有 2 属，7 种。深圳常见栽培的有 2 属，3 种。

1. 海滩植物；花单生或 2 至数朵聚生于小枝顶端，稀排列成伞房花序；子房上位；果为浆果；种子外种皮两端不延长 ··· 1. 海桑属 Sonneratia
1. 陆生植物；花常数朵排列成顶生的伞房花序；子房半下位；果为蒴果；种子外种皮两端延长成尖尾状 ········
··· 2. 八宝树属 Duabanga

1. 海桑属 Sonneratia L. f.

常绿乔木或灌木，全株无毛，常生于海岸泥滩上。树干基部周围具很多与水面垂直而高出水面的呼吸根。叶对生；叶片厚革质，边缘全缘，顶端常具尖头。花单生或 2-3 朵稀数朵聚生于下垂的小枝顶端，晚上开放；被丝托（hypanthium 由花托与花被基部和雄蕊基部愈合而成的结构）扁，通常呈浅碟状；花萼筒倒圆锥形、钟形或杯形，裂片 4-6(-8)，厚革质，内面绿色或红色，宿存；花瓣与花萼裂片同数，红色或白色，狭窄，或无花瓣，与雄蕊均早落；雄蕊多数，花丝红色或白色，花药肾形；花盘碟状；子房上位，10-20 室，花柱在花蕾时常弯曲。果为浆果，扁球形，顶端具宿存的花柱基部。种子多数，嵌入果肉内；外种皮不延长。

约 9 种，分布于热带亚洲、非洲和大洋洲的海岸潮汐地带。我国有 6 种。深圳常见栽培的有 2 种。

1. 花较小，花萼长 1.5-2cm，通常具 4(-5) 裂片；无花瓣；浆果直径 1.5-2cm ······ 1. 无瓣海桑 S. apetala
1. 花较大，花萼长 3.5-3.8cm，通常具 6 裂片；有花瓣；浆果直径 4-5cm ············· 2. 海桑 S. caseolaris

1. 无瓣海桑 Petal-less Sonneratia

图 459　彩片 452

Sonneratia apetala Buch. -Ham. Embassy Ava. **3**: 477. 1800.

乔木，高达 12m，全株无毛；树皮淡褐色；呼吸根高达 1m；幼枝四棱柱形，小枝细长而下垂。叶较疏生；叶柄扁平，长 1-1.5cm；叶片椭圆形、披针形

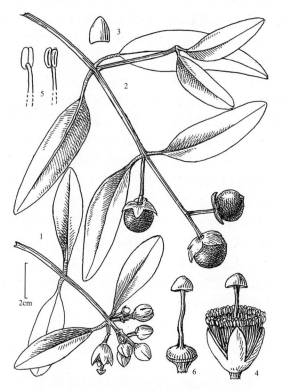

图 459 无瓣海桑 Sonneratia apetala
1. 分枝的上段、叶及聚伞花序；2. 果序；3. 苞片；4. 花；5. 雄蕊；6. 雌蕊。（余汉平绘）

或阔倒卵形，长 4-9cm，宽 1.5-2.5cm，基部渐狭，下延至叶柄，先端钝，中脉在两面稍隆起，侧脉 5-8 对，不明显。聚伞花序腋生或顶生，腋生者常仅具 1 或 2 朵花，顶生者具花 3 朵或更多；花序梗长 5-8mm，粗壮，四棱柱形；苞片 2 枚，对生，近圆形或三角状披针形，长约 2.5mm，宽 1-2.5mm；花梗长 4-7mm；被丝托扁，浅碟状；萼筒浅杯状，高 4-5mm，平滑无棱，裂片 4(-5)，白色，椭圆状卵形或长圆形，长 1-1.5cm，宽 3-6mm，先端急尖；无花瓣；雄蕊多数，花丝白色，长约 1cm，扁平；子房 6-8 室，花柱长 1.5-2cm，柱头增大呈帽状，直径可达 8mm。浆果近球形，直径 1.5-3.5cm。种子"U"形或镰形，长 8-10mm。花期：5-12 月，果期：8 月至次年 4 月。

产地：福田红树林保护区（张寿洲等 458）。栽培于海岸潮汐地带。

分布：原产于缅甸、孟加拉国、印度和斯里兰卡、马来西亚至所罗门群岛和新赫布里衣群岛。广东（汕头、湛江、深圳）和海南有引进栽培。

用途：为海岸红树林植物。

2. 海桑 Common Sonneratia

图 460　彩片 453

Sonneratia caseolaris（L.）Engl. & Prantl, Nachtr. **1**：261. 1897.

Rhizophora caseolaris L. Herb. Amb. 13. 1754.

乔木，高达 12m，全株无毛。树皮平滑，淡褐色或灰色；呼吸根高 1(-2)m，圆锥体形；小枝通常下垂，具隆起的节，幼时稍四棱柱形，稀具狭翅。叶近对生；叶柄短，长 4-9mm，扁平，有的近无柄；叶片椭圆形、倒卵状椭圆形或长圆形，长 4-7cm，宽 1.5-3.5cm，基部渐狭，下延至叶柄，先端钝尖或圆，中脉在上面平坦，在背面稍隆起，侧脉 7-10 对，不明显。花单生或数朵排成聚伞花序，顶生，直径 3.5-4cm；花梗长 0.5-1.2cm，粗壮，四棱柱形；被丝托扁，浅碟状；花萼筒浅杯状，高 1.2-1.5cm，平滑，裂片通常 6 枚，卵状椭圆形，长 1.8-2.3cm，宽 0.9-1.1cm，顶端渐尖，内面绿色或黄白色；花瓣深红色，披针形，长 2.5-3cm，宽 0.5-0.7cm，顶端尾尖；雄蕊多数，花丝长 2.5-3cm，粉红色或有时上部白色；子房球形，顶部压扁状，化柱长 6-9cm，柱头头状。浆果球形，直径 4-5cm，基部为宿存的花萼包围，顶端具宿存花柱基部。种子长约 7mm，不规则角状。花果期：全年。

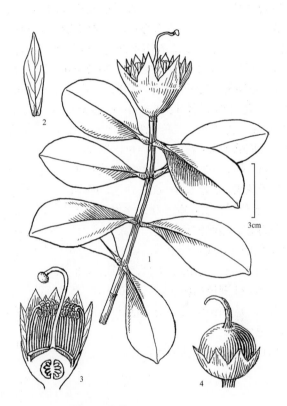

图 460 海桑 Sonneratia caseolaris
1. 分枝的上段及花；2. 花瓣；3. 花的纵剖面，示雄蕊、花盘和雌蕊；4. 浆果。（余汉平绘）

产地：福田红树林保护区（蒋露 8070）。栽培于海岸潮汐地带。

分布：原产于我国海南、亚洲东南部和澳大利亚。我国南部和东南部常有栽培。

用途：海岸防护林。

2. 八宝树属 **Duabanga** Buch.-Ham.

乔木，具板状根，枝条下垂。单叶对生；叶片纸质，全缘，背面常苍白色。伞房花序顶生，有 3 至 20 多朵花；花 4-8 基数；花萼筒状，筒部倒圆锥形或杯形，裂片三角状卵形，厚革质；花瓣具短柄，边缘常有皱褶；雄蕊 12 或多数，排成 1 至多轮，花丝基部宽，向上渐收狭成锥形，花药长圆形，丁字着生；子房半下位，4-8 室，柱头近球形，边缘波状浅裂。果为蒴果，室背开裂。种子小，外种皮向两端延伸成尖尾状。

3种，分布于马来西亚、印度尼西亚至新西兰。我国产1种，引入栽培1种。深圳栽培1种。

八宝树 Big-flowered Duabanga 图 461

Duabanga grandiflora（Roxb. ex DC.）Walp. Repert. Bot. Syst. **2**：114. 1843.

Lagerstroemia grandiflora Roxb. ex DC. in Mém. Soc. Phys. Genève **3**（2）：84. 1826.

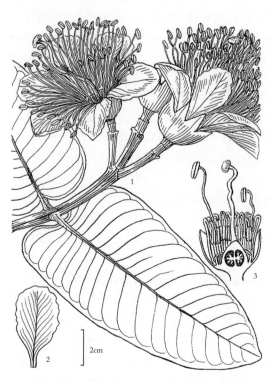

乔木，高达30m，全株无毛。树皮灰褐色，有皱褶状裂纹；枝条下垂，螺旋状或轮状着生，幼时具4棱。叶着生成二列；叶柄长4-8mm，粗壮，带红色；叶片革质，长圆形、卵状长圆形或狭长圆形，长15-25cm，宽6-8cm，基部心形，边缘全缘，先端短渐尖，中脉在上面凹陷，在下面凸起，侧脉20-24对，两面均明显。伞房花序顶生，长20-25cm，具3-20多朵花；花序梗、花序轴和花梗均粗壮；花梗长3-4cm，具关节；花开时直径4.5-5.5cm；花萼阔杯形，筒部长约1cm，裂片6，三角状卵形，长约2cm，宽约1cm，果期略增大；花瓣6，白色，倒卵状长圆形，长3.5-4.5cm，宽2-2.5cm；雄蕊约50枚或更多，排成2轮，长于花瓣，花丝长4-5cm，白色，花药长1-1.2cm；子房半下位，5或6室，胚珠多数，花柱长3-4cm，柱头近球形，边缘波状浅裂。蒴果卵球形，长3-4cm，直径3.2-3.5cm，成熟时由顶端向下开裂为6-9枚果瓣。种子长约4mm。花期：2-4月，果期：4-8月。

图 461 八宝树 Duabanga grandiflora
1. 分枝的上段、叶及伞房花序；2. 花瓣；3. 花纵切面，除去花瓣，示雄蕊、花盘及雌蕊。（余汉平绘）

产地：仙湖植物园（张寿洲10156），本市部分公园有栽培。

分布：广西南部及云南南部。广东中部以南有栽培。越南、老挝、柬埔寨、泰国、缅甸、印度、马来西亚及印度尼西亚。

用途：适用于园林绿化和行道树。

189. 千屈菜科 LYTHRACEAE

邢福武　王发国

　　草本、灌木或乔木；幼枝四棱柱形。单叶，对生或轮生，稀互生；托叶甚小或无托叶；叶片全缘、具羽状脉，有时背面具黑色腺点。花序为顶生或腋生的穗状花序、总状花序、聚伞花序或圆锥花序，也有单花或数朵簇生于叶腋；花两性，辐射对称，稀两侧对称，4-6 或 8 基数；被丝托（hypanthium 是由花托、花被基部和雄蕊基部愈合而成的结构）钟状或管状，膜质或革质，有时具距，有 6-12 条肋，宿存；萼片 3-6(-16)，镊合状排列，萼片间有或无腺体；花瓣与萼片同数或无花瓣，如存在，则生于被丝托顶端边缘，与萼片互生，有皱，有或无瓣柄，通常早落；雄蕊数为花瓣数的 2 倍，生于被丝托近基部至中上部，花丝多少延长，花药背部着生，稀基部着生。2-4 室，纵裂；子房上位、半下位或下位，2-6 室或多室，每室有多数倒生胚珠，中轴胎座，花柱 1，柱头小，头状或锥状盾形。果为蒴果，部分或全部被宿存的被丝托包被，纵裂或不规则开裂，稀不裂，果皮革质或浆果状。种子多数，有时具翅，无胚乳，胚直，子叶平展，稀折叠。

　　约 31 属，625-650 种，广布于世界热带地区，少数分布至温带。我国产 10 属，43 种。深圳有 8 属，14 种。

1. 常为草本，少为半灌木。
　　2. 花瓣小或无花瓣；蒴果部分被被丝托所包。
　　　　3. 花组成腋生的聚伞花序或数花簇生，稀单花；果成熟时横裂或不规则周裂 ……… 1. 水苋菜属 Ammannia
　　　　3. 花单生或组成顶生或腋生的穗状花序或总状花序；果熟时室间开裂成 2-4 瓣 ………… 2. 节节菜属 Rotala
　　2. 花瓣明显；蒴果全部被被丝托所包。
　　　　4. 花左右对称；被丝托基部具圆形的距 …………………………………… 3. 萼距花属 Cuphea
　　　　4. 花辐射对称；被丝托基部无距 ………………………………………… 4. 千屈菜属 Lythrum
1. 乔木或灌木。
　　5. 叶片下面具黑色小腺点 ………………………………………………… 5. 虾子花属 Woodfordia
　　5. 叶片下面无腺点。
　　　　6. 花单生于叶腋；萼片间有明显的附属体 ………………………………… 6. 黄薇属 Heimia
　　　　6. 花多数组成顶生圆锥花序；萼片间无附属体。
　　　　　　7. 植株体具刺；花瓣 4 枚；种子无翅 …………………………… 7. 散沫花属 Lawsonia
　　　　　　7. 植株体无刺；花瓣常 6 枚；种子顶端有翅 ………………… 8. 紫薇属 Lagerstroemia

1. 水苋菜属　Ammannia L.

　　一年生草本。茎直立，柔弱，多分枝，分枝通常具 4 棱。叶近无柄，对生或互生，有时轮生，无托叶。花小，4 基数，辐射对称，通常组成腋生的聚伞花序，或数花簇生，稀单花；苞片通常 2 枚；被丝托钟状或坛状，花后常变为球形或半球形，有 4-8 条明显的脉；萼片 4-6，甚短，长不及被丝托的 1/3，萼片间有时有小的附属体；花瓣与萼裂片同数，小，基部贴生于萼筒上部，位于萼裂片之间，有时无花瓣；雄蕊 2-8；子房长圆形或球形，包藏于萼管内，2-4 室，有时 1 室，花柱直，柱头头状，胚珠多数，着生于中轴胎座上，具隔膜或无。蒴果球形或长椭圆体形，下半部被宿存的被丝托包被，成熟时横裂或不规则周裂。种子多数，小，具棱。

　　约 25 种，广布于热带和亚热带地区，主产非洲和亚洲。我国产 4 种。深圳有 2 种。

1. 叶片基部楔形，渐狭成柄；被丝托具 4 条不明显的棱或无棱；常无花瓣 …………………… 1. 水苋菜 A. baccifera
1. 叶片基部心状耳形；被丝托具 4-8 条明显的棱；有明显的花瓣 …………………………… 2. 耳基水苋菜 A. auriculata

1. 水苋菜 Common Ammannia 图 462

Ammannia baccifera L. Sp. Pl. **1**: 120. 1753.

一年生草本，高 10-50cm，全株无毛。茎直立，多分枝，带淡紫色，稍呈 4 棱，具狭翅。叶对生；叶片长圆形、披针形或倒卵状长圆形，生于茎上的长 2.5-4cm，宽 0.5-1.2cm，生于侧枝的较小，长 0.6-1.4cm，宽 2-5mm，基部楔形，渐狭成柄，先端短尖或钝，侧脉不明显。花数朵组成腋生的聚伞花序或花束，结实时稍疏松；花梗长约 1.5mm；花极小，长约 1mm，绿色或淡紫色；被丝托钟状，向基部渐狭，长 1-2mm，结实时半球形，包围蒴果下半部，有 4 条不明显的棱或无棱；萼片 4，三角形，长约 0.5mm，萼片之间的附属体褶叠状或小齿状；通常无花瓣；雄蕊 4 枚，生于被丝托中上部；子房球形，花柱长约 0.3mm。蒴果球形，熟时紫红色，直径 1-1.5mm，上部不规则周裂。种子极小，近三角形，黑色。花期：8-10 月，果期：9-12 月。

产地：马峦山（张寿洲等 5335）。常生于低海拔的潮湿处或水田中。

分布：陕西、河北、安徽、江苏、浙江、江西、台湾、福建、广东、香港、广西、湖南、湖北和云南。阿富汗、印度、不丹、尼泊尔、泰国、越南、柬埔寨、老挝、马来西亚、菲律宾、非洲热带和澳大利亚。

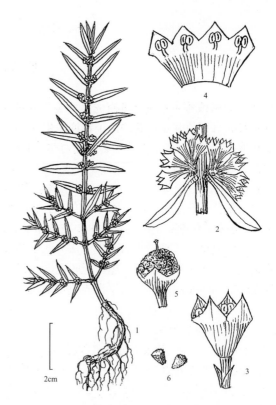

图 462 水苋菜 Ammannia baccifera
1. 植株；2. 枝的一段、叶及聚伞花序；3. 花；4. 被丝托及花萼展开，示雄蕊；5. 蒴果，下部具宿存的被丝托及花萼；6. 种子。（李志民绘）

2. 耳基水苋菜 Eared Redstem 图 463

Ammannia auriculata Willd. Hort. Berol. **1**: 7, pl. 7. 1803.

直立草本，高 15-50cm。茎 4 棱或具狭翅，少分枝，无毛。叶无柄，对生；叶片膜质，狭披针形或长圆状披针形，长 1.5-6.5cm，宽 0.3-1.5cm，基部扩大，呈心状耳形，半抱茎，先端渐尖或稍急尖，侧脉不明显。花 3-15 朵组成腋生的小型聚伞花序；花序梗极短，长 2-5mm；苞片长 1.5mm；小苞片略小，鳞片状；被丝托钟形，长约 1mm，基部狭，具明显的 4-8 棱；萼片 4 枚，阔三角形，长约 0.4mm；花瓣 4 枚，紫色或白色，近圆形，早落；雄蕊 4-8，生于被丝托中部；子房球形，长约 1mm，花柱与子房等长或略长。蒴果扁球形，全部或大部被宿存的被丝托所包，紫红色，直径约 2.5mm，不规则的周裂。种子近三角形。花期：5-11 月，果期：8-12 月。

产地：七娘山、南澳（邢福武等 11969，IBSC）、排牙山（王国栋等 6799）、马峦山、梧桐山（深圳考察队 1780）。生于水田边或湿地上，海拔 100-200m。

分布：河南、河北、安徽、江苏、浙江、福建、广东、

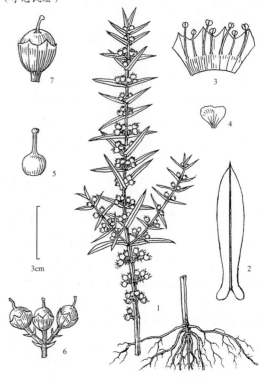

图 463 耳基水苋菜 Ammannia auriculata
1. 植株（果期）；2. 叶；3. 花展开（除去花瓣），示被丝托、萼片和雄蕊；4. 花瓣；5. 雌蕊；6. 果序；7. 蒴果，下部为宿存的被丝托和花萼所包。（余汉平绘）

香港、澳门、海南、湖北、云南、甘肃和陕西。全球热带地区。

2. 节节菜属 Rotala L.

一年生，稀多年生草本。茎直立，矮小，分枝或不分枝，无毛或几无毛。叶交互对生或轮生，稀互生，无柄或近无柄。花小，3-6 基数，常无花梗，辐射对称，单生叶腋或组成顶生或腋生的穗状花序或总状花序；小苞片 2 枚；被丝托钟形，壶形或半球形，干膜质；萼片 3-6，萼片间无附属体，如存在则呈刚毛状；花瓣小，3-6 枚，宿存，少有脱落或无花瓣；雄蕊 1-6 枚，与萼片对生；子房 2-4 室，无柄或近无柄，花柱短或细长，柱头头状，稀为盘状。蒴果不完全为宿存的被丝托包围，室间开裂成 2-4 瓣，果皮软骨质，有密而细的横纹。种子小，倒卵形或近圆形。

46 种，分布于热带至温带地区。我国产 10 种。深圳有 3 种。

1. 花萼裂片间有刚毛状的附属体 ······················· 1. 密花节节菜 R. densiflora
1. 花萼裂片间无附属体。
  2. 叶片近圆形，基部钝或近心形；花序顶生；蒴果 3-4 瓣裂 ············· 2. 圆叶节节菜 R. rotundifolia
  2. 叶片非圆形，基部楔形；花序腋生；蒴果 2 瓣裂
  ··························· 3. 节节菜 R. indica

1. 密花节节菜 Dense-flowered Rotala   图 464
Rotala densiflora（Roth）Koehne in Bot. Jahrb. Syst. **1**：164. 1880.

Ammannia densiflora Roth in Roem. & Schult. Syst. Veg. **3**：304. 1818.

一年生草本，陆生或沼生。茎高 7-10（-20）cm，有疏或密的分枝，四棱柱形，下部通常匍匐。叶交互对生，向茎顶的渐变为互生，无柄；叶片狭椭圆形、狭长圆形、倒披针形或卵形，长 1-1.2cm，宽 2-4mm，生于分支上的叶较小，长约 5mm，宽 1.5-3mm，两面无毛，基部钝，先端圆或钝，有时急尖。花单生叶腋或组成腋生的穗状花序，长 3-5（-10）cm；苞片叶状；小苞片条形，粉红色，与被丝托近等长；被丝托钟形，结实时变为半球形，长 1-2mm，宿存；萼片（3-）5，三角形，长约 0.5mm，萼片之间有椭圆形、长约 1.5mm 的附属体；花瓣淡粉红色或白色，倒卵圆形或近圆形，与萼片近等长或略长，先端微凹，宿存；雄蕊（3-）5，与被丝托近等长，生于被丝托中部偏下；子房球形，花柱短于子房。蒴果近球形，直径约 1.5mm，成熟时 2 瓣裂。花果期：8-11 月。

产地：七娘山（邢福武等 无号，IBSC）、洪湖公园（李沛琼等 W070180）、莲花山公园。生于湿地上。

分布：江苏、台湾、广东、海南、广西和贵州。

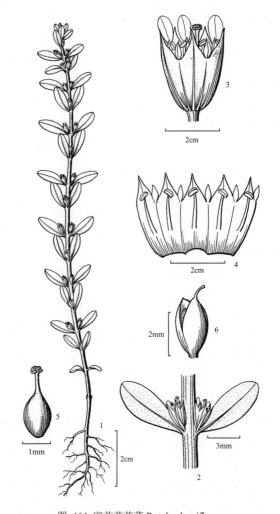

图 464 密花节节菜 Rotala densiflora
1. 植株（果期）；2. 茎的一段、叶及花；3. 花；4. 花展开，除去花瓣，示被丝托、萼片、萼片之间的附属体和雄蕊；5. 雌蕊；6. 蒴果。（李志民绘）

巴基斯坦、印度、斯里兰卡、尼泊尔、泰国、越南、老挝、印度尼西亚（加里曼丹）、澳大利亚和南非。

2. 圆叶节节菜 Round leaved Rotala

图 465 彩片 454

Rotala rotundifolia（Buch.-Ham. ex Roxb.）Koehne in Bot. Jahrb. Syst. **1**：175. 1880.

Ammannia rotundifolia Buch.-Ham. ex Roxb. Fl. Ind. **1**：446. 1820.

一年生或多年生草本；各部无毛。茎单一或有少数分枝，匍匐或漂浮，高 5-30cm，带红色，基部有长的节间，节上生不定根。叶无柄或具短柄；叶片近圆形、阔倒卵形或阔椭圆形，长 0.5-1.5cm，宽 0.35-1cm，基部钝或无柄时近心形，先端圆形。穗状花序，长 1-5cm，每株有花序 1-3 个，稀 5-7 个；花单生于苞片腋内，小，长约 2mm；苞片草质，叶状，与花近等长，卵形或卵状长圆形；小苞片 2 枚，披针形或椭圆形，与被丝托近等长；被丝托钟形，膜质，半透明，长 1-1.5mm；萼片 4，三角形，萼片间无附属体；花瓣 4，淡紫红色，倒卵形，长约 2mm；雄蕊与被丝托近等长，生于被丝托近基部；子房梨形或球形，花柱短于子房，柱头盘状。蒴果球形或椭圆体形，直径约 1.5mm，3-4 瓣裂。花果期：12 月至次年 5 月。

产地：西涌（张寿洲 010212）、南澳（邢福武等 11682，IBSC）、笔架山、仙湖植物园（深圳考察队 1804）、内伶仃岛。生于水田或湿地上，海拔 100-300m。

分布：山东、河南、安徽、江苏、浙江、江西、福建、台湾、广东、香港、澳门、海南、广西、湖南、湖北、四川、贵州、云南和西藏。日本、印度、斯里兰卡、孟加拉国、不丹、尼泊尔、缅甸、泰国、越南、老挝、柬埔寨和马来西亚。

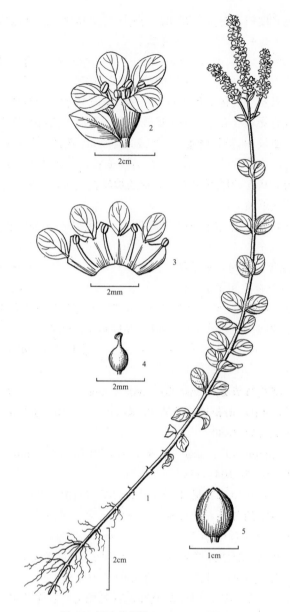

图 465 圆叶节节菜 Rotala rotundifolia
1. 植株、叶及穗状花序；2. 花及小苞片；3. 花展开，示被丝托、花萼、花瓣及雄蕊；4. 雌蕊；5. 蒴果。（李志民绘）

3. 节节菜 Indian Rotala

图 466

Rotala indica（Willd.）Koehne in Bot. Jahrb. Syst. **1**（2）：172. 1880.

Peplis indica Willd. Sp. Pl. **2**（1）：244. 1799.

一年生草本，陆生或沼生。茎高 6-30cm，直立、匍匐或上升，多分支，略呈四棱柱形，下部节上生不定根。叶交互对生，无柄或近无柄；叶片倒卵状椭圆形或长圆状倒卵形，长 0.5-1.7cm，宽 3-7mm，生于侧枝上的叶较小，长约 5mm，基部楔形或渐狭，先端圆或钝，有小短尖。穗状花序腋生，长 0.8-1.5cm，稀单花；花小，长约 3mm；苞片叶状，长圆状倒卵形，长 4-5mm；小苞片 2 枚，条状披针形，长约为被丝托之半或稍长；被丝托管状钟形，膜质，半透明，淡红色，长 2-2.5mm；萼片 4，披针状三角形，长约 0.5mm，萼片间无附属体；花瓣4，淡红色，极小，倒卵形，长不及萼片之半；雄蕊4，与被丝托近等长，生于被丝托基部；子房卵状椭圆体形，长约1mm，花柱丝状。蒴果椭圆体形，长约1.5mm，有不甚明显的棱，常2瓣裂。花期：9-12月，果期：10至次年4月。

产地：据文献记录（邢福武等，深圳植物物种多样性及其保育 144. 2002）梧桐山有分布，但未采到标本，仅作此记录。

分布：山西、山东、河南、安徽、江苏、浙江、江西、福建、台湾、广东、香港、海南、广西、湖南、湖北、四川、贵州、云南和西藏。朝鲜、日本、印度、斯里兰卡、孟加拉国、不丹、尼泊尔、泰国、老挝、柬埔寨、越南、菲律宾、马来西亚、印度尼西亚和亚洲中部。

3. 萼距花属 Cuphea Adans. ex P. Br.

草本、灌木或半灌木，全株多数具有黏质的腺毛。叶对生或轮生，稀互生。花两侧对称，单生或组成总状花序，生于叶柄之间，稀腋生或腋外生；小苞片2枚；被丝托管状，有棱12条，基部有距状或驮背状凸起，口部偏斜，宿存；萼片6，在萼片之间具附属体；花瓣6，少为2或全缺，近相等或不等；雄蕊11枚，稀为9、6或4枚，内藏或伸出，其中2枚较短，生于被丝托中部，花药小；子房常上位，无柄，基部有腺体，具不等的2室，每室有胚珠数颗至多颗，花柱细长，柱头头状，2浅裂。蒴果长圆形，包藏于宿存的被丝托内，侧裂。

约300种，原产美洲和夏威夷群岛。我国引种栽培有8种。深圳有2种，1栽培品种。

1. 分枝少；叶片披针形或狭椭圆形，长 2-5cm，宽 0.6-1.8cm ················ 1. **香膏萼距花 C. balsamona**
1. 分枝多而密；叶片狭椭圆形或狭长圆形，长 1-1.5cm，宽 3-9mm ·············· 2. **细叶萼距花 C. hyssopifolia**

1. 香膏萼距花 Balsam Cuphea

图 467　彩片 455

Cuphea balsamona Cham. & Schltdl. in Linnaea 2：363. 1827.

一年生草本，高 14-50cm。茎分枝少；小枝纤细，幼时被短腺毛，后变无毛而稍粗糙。叶对生；叶片披

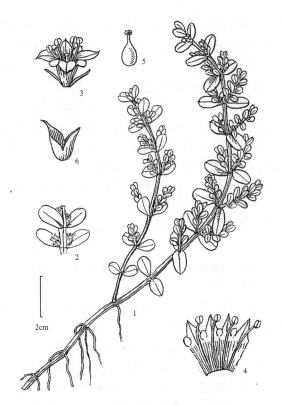

图 466 节节菜 Rotala indica
1. 植株、下部节上的不定根、叶及穗状花序；2. 穗状花序的一节，示苞片及花；3. 花及小苞片；4. 花展开，示被丝托、萼片、花瓣和雄蕊；5. 雌蕊；6. 开裂后的蒴果。（余汉平绘）

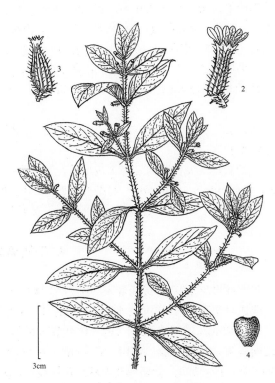

图 467 香膏萼距花 Cuphea balsamona
1. 茎的上段、叶及花；2. 小苞片、花梗及花；3. 宿存的被丝托及萼片，蒴果包藏其内；4. 种子。（余汉平绘）

针形或狭椭圆形，长 2-5cm，宽 0.6-1.8cm，基部渐狭或下延，先端急尖，两面粗糙，幼时被粗伏毛。花单生于枝上部或分枝的叶腋；小苞片披针形，长约 1mm，生于花梗上部；花梗长约 1mm；被丝托管状，长 4-6mm，在纵棱上疏被硬毛；萼片三角形，长约 0.5mm；花瓣 6，蓝紫色或紫红色，倒卵状披针形，近相等，长约 2mm；雄蕊常 11 枚，内藏，排成两轮，花丝长短不等，被毛；子房长圆体形，花柱短，不伸出萼管外，胚珠多颗。蒴果与子房同形，有种子数颗。种子宽卵形或近圆形，长 1.8-2mm，宽 1.5-1.8mm，扁，成熟时暗紫色，两侧有淡黄褐色的狭翅。花期：11 月至翌年 4 月，果期：3-6 月。

产地：笔架山（王定跃 1818）、仙湖植物园（王国栋等 5872）、梧桐山（张寿洲等 2964），各地常见逸生。生于丘陵、路旁或旷野，海拔 50-100m。

分布：原产巴西和墨西哥。广东南部有栽培或逸生。

2. 细叶萼距花 False Heather

图 468　彩片 456

Cuphea hyssopifolia Kunth, Nov. Gen. Sp. ed. 4, **6**: 199-200. 1823.

常绿小灌木，高 25-60cm。茎分枝多，密被下弯的粘质腺毛和疏的短硬毛。叶对生；叶柄长约 1-1.5mm；叶片翠绿色，狭椭圆形或狭长圆形，长 1-1.5cm，宽 3-4mm，基部楔形，先端急尖或钝，下面沿脉疏被短硬毛，上面无毛，侧脉 4-6 对。花单生于叶腋，小而多，盛花时状似繁星，故又名"满天星"；花梗长约 3-4mm，疏被短硬毛；被丝托管状，长 4-5mm，近无毛或在棱上疏被短硬毛；花瓣 6，倒卵状披针形或椭圆形，长 2-2.5mm，宽 1.5-2mm，基部有短瓣柄，紫色、淡紫色或白色；雄蕊 9-11 枚，内藏，花丝长短不等，密被毛；子房长圆形，花柱短，胚珠多颗。蒴果椭圆体形，有种子数颗。花期：近全年。

产地：仙湖植物园（曾春晓 3361），本市各地普遍栽培。

分布：原产于墨西哥，热带地区广泛栽培。我国南方亦常见栽培。

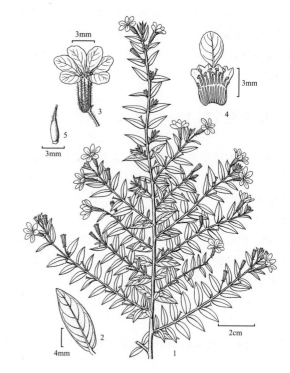

图 468 细叶萼距花 Cuphea hyssopifolia
1. 分枝的一部分、叶及花；2. 叶；3. 花及小苞片；4. 花展开，示被丝托、萼片、花瓣和雄蕊；5. 雌蕊。（李志民绘）

在深圳栽培十分普遍的还有 1 栽培品种紫萼距花 Cuphea hyssopifolia 'Allyson'，与细叶萼距花的区别在于：叶略大，叶片长 1.5-2.5cm，宽 4-7mm，但在冬季出生的叶明显较小。花略大；花梗长 0.6-1cm；被丝托长 7-8mm。（彩片 457）

4. 千屈菜属 Lythrum L.

一年生或多年生草本，或为灌木。小枝常具 4 棱。叶交互对生、互生或 3 枚轮生；无柄或近无柄；叶片边缘全缘。花单生或成对生于叶腋，或组成顶生的穗状花序、总状花序或聚伞圆锥花序；花辐射对称或稍两侧对称，4-6 基数，通常三型（指雄蕊和花柱有长、中、短三种类型），稀单型或二型；被丝托长圆筒形，稀阔钟形，有 8-12 棱；萼片 4-6，萼片之间有明显的附属体，稀不明显；花瓣 4-6，稀 8 枚或缺；雄蕊 4-12 枚，排成 2 轮，长、短各半，或有长、中、短三型；子房 2 室，无柄或几无柄，花柱线形，亦有长、中、短三型，以适应同型雄蕊的花粉。果为蒴果，完全包藏于宿存被丝托内，通常 2 瓣裂，每瓣或再 2 裂。种子小，8 至多数，两侧扁。

约 35 种，广布于全世界。我国有 2 种。深圳栽培 1 种。

千屈菜 Spiked Loosestrife

图 469　彩片 458

Lythrum salicaria L. Sp. Pl. **1**：446. 1753.

多年生草本或半灌木，全株疏被灰白色短柔毛或茸毛。根状茎横卧，粗壮。茎直立，多分枝，高 30-80cm，分枝常具 4 棱。叶无柄，对生或三叶轮生，有时生于枝顶的互生；叶片披针形或阔披针形，长 4-6cm，宽 0.8-1.5cm，基部圆形或心形，半抱茎，先端急尖或钝。花序为顶生的呈穗状的聚伞圆锥花序，长 15-35cm；花序梗极短；苞片阔披针形或三角状卵形，长 0.5-1cm；花 1 至多朵组成轮生的小聚伞花序，生于苞片腋内；苞片阔披针形或三角状卵形，长 0.5-1.1cm；被丝托管形，长 5-8mm，有纵棱 12 条，疏被短硬毛；萼片 6 枚，三角形，长约 1mm，萼片之间的附属体条形，长于萼片，长约 1.5mm，直立；花瓣 6，红紫色或淡紫色，倒披针状椭圆形，长约 0.8-1cm，微皱，有短瓣柄；雄蕊 12，长短间生，伸出被丝托外；子房 2 室。蒴果扁圆形。花期：5-10 月。

产地：仙湖植物园（李沛琼 835），本市常有栽培，通常栽培于湿地或浅水中。

分布：全国各地均有野生或栽培。俄罗斯（西伯利亚和远东地区）、蒙古、朝鲜、日本、阿富汗、印度、欧洲、非洲和北美洲。

用途：为优良的花卉，供观赏；全草入药，治肠炎、痢疾和便血等症。

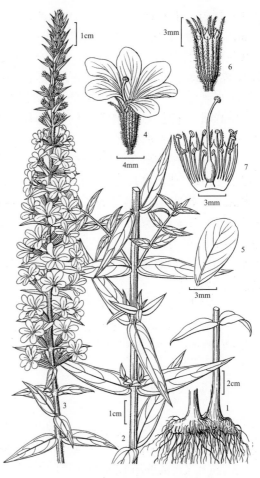

图 469　千屈菜 Lythrum salicaria
1. 根状茎及茎的下段；2. 茎的中段及叶；3. 茎的上段及聚伞圆锥花序；4. 花；5. 花瓣；6. 除去花瓣，示被丝托、萼片及萼片之间的附属体；7. 被丝托和花萼展开，示雄蕊和雌蕊。（李志民绘）

5. 虾子花属 Woodfordia Salisb.

灌木或小乔木。分枝下垂。叶对生，近无柄；叶片边缘全缘，下面有黑色或橙色腺点。花序为短的聚伞花序再排成圆锥花序，腋生，少为单花，有花序梗。花 6 基数，少为 5 基数，两侧对称；苞片叶状；花梗基部有小苞片 2 枚；被丝托长圆筒状，稍弯曲，在雄蕊着生处稍缢缩，口部偏斜；萼片短，在萼片之间有小齿状附属体 6 枚；花瓣小而狭窄，生于被丝托顶部，有时无花瓣；雄蕊 12 枚，生于被丝托中部，排成两轮，长短交错；子房长椭圆体形，无柄或有短柄，2 室，花柱纤细，柱头微小，胚珠多数。果为蒴果，椭圆体形，膜质，包藏于宿存的被丝托内，室背开裂。种子多数，狭楔状倒卵形。

有 2 种，1 种产于非洲及阿拉伯半岛，另 1 种产于中国、印度、斯里兰卡、缅甸、越南和印度尼西亚。深圳栽培 1 种。

虾子花 Shrubby Shrimp-flower　　　　　　　　　　　　图 470　彩片 459

Woodfordia fruticosa（L.）Kurz in J. Asiat. Soc. Bengal，Pt. 2，Nat. Hist. **40**（2）：56. 1871.

Lythrum fruticosum L. Syst. Nat.，ed.，10，**2**：1045. 1759.

灌木，高 2-5m。分枝长而披散，幼枝有短柔毛，后毛脱落。叶无柄或近无柄；叶片近革质，披针形或卵状披针形，长 3-12cm，宽 1-3cm，基部圆形或心形，先端急尖，下面密被灰白色茸毛，上面疏被短硬毛，两面均疏生黑色腺点。花 3-15 朵组成短的聚伞圆锥花序，长 2-3cm；花序梗、花序轴和苞片的两面均密被短柔毛并疏生黑色腺点；苞片叶状，披针形，长 1.5-2.5cm；小苞片狭椭圆形，长 0.7-1cm，近无毛，两面均疏生黑色腺点；花梗长 3-5mm，无毛无腺点；被丝托花瓶状，长 0.8-1.3cm，橙红色，无毛，无腺点；萼片卵形，长约 2mm，萼片间的附属体绿色，条形，长约 0.7mm；花瓣小而薄，条状披针形，与被丝托同色，与萼片近等长；雄蕊 12 枚，伸出萼片之外；子房长圆体形，2 室，花柱细长，超过雄蕊。果为蒴果，膜质，条状长椭圆体形，长 6-7mm，成熟时开裂为 2 瓣。种子甚小，红棕色。花期：3-4 月。

产地：仙湖植物园（李沛琼 010097），本市各公园或公共绿地常有栽培。

分布：广东、广西、贵州和云南。印度、斯里兰卡、缅甸、越南、印度尼西亚及马达加斯加。

用途：花鲜艳而美丽，供观赏。

6. 黄薇属 Heimia Link

落叶灌木。分枝多数，细而直。叶对生，稀互生或轮生，无托叶，近无柄。花 5-7 基数，单生于叶腋，具短梗；苞片条形或倒卵形；被丝托钟形或半球形，草质，无棱；萼片短，长为被丝托的 1/3 至 1/2，萼片间有角状附属体；花瓣 5-7 枚，黄色；雄蕊 10-18 枚，等长，约为花瓣长的 2 倍；子房球形或倒卵球形，3-6 室，花柱细长，长于雄蕊，柱头头状。果为蒴果，球形或近球形，果皮革质，成熟时室背开裂为 3-6 瓣。种子小，多数。

3 种，分布于美国、墨西哥至阿根廷。我国引进栽培 1 种。深圳亦有栽培。

黄薇 Myrtle-leaved Heimia   图 471

Heimia myrtifolia Cham. & Schltdl. in Linnaea **2**: 347. 1827.

落叶灌木，全株无毛。分枝细长，圆柱形并有棱。叶几无柄；叶片狭椭圆形或披针形，长 1.5-4.5cm，宽 0.3-1.2cm，基部渐狭，先端急尖，叶脉不明显，侧脉在上面凸起，在近边缘处分叉互相连接。花单生于叶腋，具短花梗；小苞片 2，生于花萼基部，条状披针形，长约 4mm；被丝托半球形，长 3-5mm；萼片阔三角形，长约 1mm，结实时互相靠拢而包围蒴果，附属体条

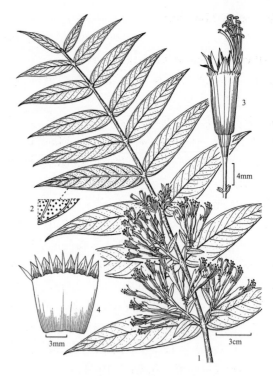

图 470 虾子花 Woodfordia fruticosa
1. 分枝的上段及聚伞圆锥花序；2. 叶片的一部分，示下面的腺点；3. 花及小苞片；4. 花展开，除去雄蕊和雌蕊，示被丝托、萼片和花瓣。（李志民绘）

图 471 黄薇 Heimia myrtifolia
1. 分枝的一部分、叶及花；2. 叶；3. 花及小苞片；4. 花瓣；5. 雄蕊；6. 雌蕊；7. 蒴果，外面为宿存的被丝托、萼片和萼片间的附属体。（余汉平绘）

形，长约1.5mm，宿存；花瓣宽倒卵形，长和宽均3-4mm；雄蕊伸出被丝托外，花药圆形；子房6室，花柱长约5mm。蒴果球形，直径约4mm，包于宿存的被丝托及花萼内。花果期：6-7月。

产地：仙湖植物园（张寿洲等012770），本市公园常有栽培。

分布：原产巴西。我国广东、广西、上海等地有引种栽培。

用途：观赏植物。

7. 散沫花属 Lawsonia L.

灌木，少为小乔木。小枝坚硬，常具利刺，稀无刺。叶交互对生，稀近互生，具短柄；叶片边缘全缘。花4基数，组成顶生的圆锥花序；被丝托甚短，钟状，4角形；萼片4，开展，萼片间无附属体；花瓣4，具短瓣柄，瓣片皱缩；雄蕊常8枚，有时4-12枚，常成对着生于萼片基部，位于花瓣之间，伸出花冠外；子房2-4室，花柱短于雄蕊，柱头钻状。果为蒴果，基部为宿存的被丝托所包，成熟时不规则开裂或不裂，有4条凹痕。种子多数，三角状尖塔形，无翅，有角，平滑，顶端海棉质。

1种，分布阿尔及利亚、越南、菲律宾、新加坡、马来西亚、印度尼西亚及澳大利亚。世界各热带地区广植。我国南方常见栽培。深圳亦有栽培。

散沫花 指甲花 Henna　　　　　　图 472

Lawsonia inermis L. Sp. Pl. **1**: 349. 1753.

大灌木或小乔木，高2-6m，全株无毛，无刺。小枝略呈四棱柱形。叶柄长约5mm；叶片纸质，椭圆形或长圆状椭圆形，长1.5-4.5cm，宽1-2cm，基部楔形或渐狭下延至叶柄，先端急尖，具短尖，侧脉5对，纤细，在两面稍凸起。圆锥花序长10-20cm或更长；花香，直径约6mm，盛开时约1cm；被丝托钟状，长1-2mm；萼片阔卵状三角形，长2-2.5mm；花瓣4，宽卵形，白色，有时玫瑰红色至朱红色，与萼片近等长，皱缩，边缘内卷，有齿；雄蕊常8枚，花丝丝状，长0.4-1cm；子房近球形，花柱丝状，短于雄蕊，柱头钻形。蒴果扁球形，直径6-7mm，常有4条凹痕。种子多数，三角状塔形。花期：6-10月，果期：11-12月。

产地：东湖公园（王定跃等89459）、市委绿地（李沛琼2481）、人民医院（王定跃1042），本市公园和绿地常见栽培。

分布：与属同。

用途：观赏植物。

8. 紫薇属 Lagerstroemia L.

落叶或常绿灌木或乔木；幼枝圆柱形、具4棱或有狭翅。叶对生、近对生至近互生或互生，或聚生于

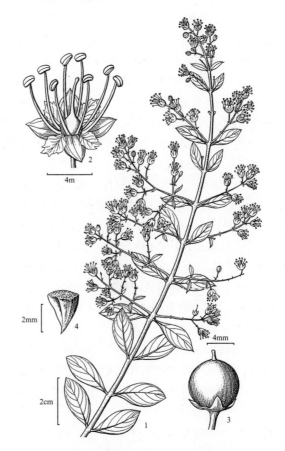

图 472 散沫花 Lawsonia inermis
1. 分枝的上段、叶及圆锥花序；2. 花；3. 蒴果；4. 种子。
（李志民绘）

枝上部；托叶极小，圆锥状，早落；叶有柄或无柄；叶片革质，边缘全缘。花辐射对称，排成顶生或腋生的聚伞圆锥花序；花梗在小苞片着生处具关节；被丝托革质，钟形、半球形或陀螺形，无毛，有6-12条脉，或具棱或翅；

萼片 5-9，萼片间有附属体或无；花瓣常 6 枚，或与萼片同数并与其互生，基部有细长的瓣柄，瓣片边缘波状或皱缩；雄蕊 6 或 12 至多数，着生在被丝托近基部，如为 6 枚，则单生，有较粗的花丝和较长的花药，如为 12 枚至多数，则簇生，有较细的花丝和较小的花药，稀同形；子房无柄，3-6 室，每室有多数胚珠，花柱长，柱头头状。蒴果木质，基部被宿存的被丝托所围绕，成熟时室背开裂为 3-6 果瓣。种子多数，顶端有翅。

　　55 种，分布于亚洲热带和亚热带地区和澳大利亚，北至日本。我国有 15 种。深圳引进栽培的有 3 种。

1. 叶片大，长 10-25cm，宽 6-12cm；花盛开时直径 4-5cm ·························· 1. **大花紫薇 L. speciosa**
1. 叶片较小，长 5-9cm，宽 1-5cm；花盛开时直径 1-4cm。
　　2. 雄蕊 36-42 枚；蒴果长 1-1.2cm；小枝 4 棱柱形，常有狭翅 ·················· 2. **紫薇 L. indica**
　　2. 雄蕊 15-30 枚；蒴果长 6-8cm；小枝圆柱形或具不明显的 4 棱 ············· 3. **南紫薇 L. subcostata**

1.　大花紫薇 大叶紫薇 Queen Crape Myrtle

图 473　彩片 460 461

Lagerstroemia speciosa(L.)Pers. Syn. Pl. **2**：72. 1806.

Munchausia speciosa L. in Munch. Hausvater **5**(1)：357，pl. 2. 1770.

　　落叶乔木，高 5-10m。树皮灰色，平滑；分枝圆柱形。叶互生；叶柄长 0.6-1.5cm；叶片革质，长圆状椭圆形或卵状椭圆形，稀披针形，长 10-25cm，宽 6-12cm，基部阔楔形至圆形，先端圆或钝或有短尖，两面均无毛，侧脉 9-17 对，在叶缘弯拱连接。花盛开时直径 4-5cm，组成顶生圆锥花序，花序长 10-20cm 或更长；花梗长 1-1.5cm，密被黄褐色秕糠状毛；被丝托钟形，长 7-8mm，有棱 12 条，被糠秕状毛，宿存；萼片 6 枚，三角状披针形，与被丝托近等长，开花时反折；花瓣 6 枚，淡红色或紫色，近圆形或长圆状倒卵形，长 2.5-3.5cm，边缘皱缩，有短瓣柄；雄蕊多数，达 100-200 枚；子房球形，4-6 室，无毛。蒴果球形至倒卵状长圆体形，长 2-3.5cm，褐灰色，6 裂，基部具宿存的被丝托及萼片。种子多数。花期：5-7 月，果期：9-11 月。

图 473 大花紫薇 Lagerstroemia speciosa
1.分枝的上段、叶及圆锥花序；2.花瓣；3.蒴果。(李志民绘)

　　产地：梧桐山（张寿洲等 3688）、仙湖植物园（王定跃等 89041），本市公园和绿地普遍栽培。

　　分布：原产印度、斯里兰卡、越南、菲律宾及马来西亚。福建、台湾、广东、香港、澳门和广西有栽培。

　　用途：为优良的乔木花卉，适作园林观赏树和行道树；木材质坚、耐腐，可作家具用材。

2.　紫薇 Common Crape Myrtle

图 474　彩片 462 463 464

Lagerstroemia indica L. Sp. Pl. ed. 2，**1**：734. 1762.

　　落叶灌木或小乔木，高 2-7m。树皮平滑，灰色或灰褐色；枝干多扭曲，小枝 4 棱，棱上有狭翅。叶互生或有时对生，无柄或柄很短；叶片纸质，椭圆形、阔长圆形或倒卵形，长 2.5-6cm，宽 1.5-3cm，基部阔楔形或近圆形，先端圆、钝或渐尖，有时微凹，无毛或背面沿中脉被微柔毛，侧脉每边 4-7 条，网脉不明显。圆锥花序顶生，长 7-20cm；花梗长 3-15mm，被柔毛；花盛开时花冠直径 3-4cm；被丝托半球形，长 6-7mm，外面无棱，无毛；萼片 6，三角形，长 4-5mm，萼片之间无附属体；花瓣淡红色、紫色或白色，边缘皱缩，长 1.2-2cm，基部具长瓣柄；雄蕊 36-42，外围的 6 枚比其余的长得多；子房 3-6 室，无毛。蒴果近球形，长 1-1.3cm，成熟时紫黑色，室背开裂为 6 果瓣。种子有翅，长约 8mm。花期：6-9 月，果期：9-12 月。

产地：仙湖植物园（李沛琼 014938）、荔枝公园（李沛琼 3587），本市公园及绿地普遍栽培。

分布：吉林、山西、山东、河南、河北、安徽、江苏、浙江、江西、台湾、福建、广东、香港、澳门、海南、广西、湖南、湖北、陕西、四川、云南和贵州均有栽培或野生。日本、巴基斯坦、印度、不丹、尼泊尔、斯里兰卡、孟加拉国、缅甸、泰国、越南、老挝、柬埔寨、新加坡、马来西亚和印度尼西亚有栽培或野生。世界其它温暖地区均广为栽培。

用途：为优良的木本花卉，适作园林观赏树，又可作盆景。

3. 南紫薇 Southern Crape Myrtle 图 475

Lagerstroemia subcostata Koehne in Bot. Jahrb. Syst. 4（1）：20. 1883.

落叶乔木或灌木，高 4-10m。树皮薄，灰白色或茶褐色；小枝无毛或被灰白色微柔毛。叶对生；叶柄长 2-4mm；叶片膜质，椭圆形、倒卵状椭圆形、卵状披针形，稀倒卵形，长 4-9cm，宽 2-5cm，基部阔楔形，先端渐尖，下面无毛或被短柔毛或沿中脉被毛，上面通常无毛或有时疏生微柔毛，侧脉每边 3-10 条，近边缘处不明显的连结。圆锥花序腋生和顶生，长 5-15cm；花序梗和花序轴被灰褐色短柔毛；花盛开时花冠直径约 1cm；被丝托浅钟形，长 4-5mm，疏被短柔毛，宿存；萼片三角形，长约 2mm，宿存；花瓣 6，长 2-6mm，白色或玫瑰色，边缘皱缩，基部有瓣柄；雄蕊 15-30 枚，花丝细长；子房无毛，5-6 室。蒴果椭圆体形，成熟时栗褐色，长 6-8mm，开裂为 3-6 瓣。种子有长圆形的翅。花期：6-8 月，果期：7-9 月。

产地：仙湖植物园（曾春晓等 0042），本市各公园常有栽培。

分布：安徽、江苏、浙江、江西、台湾、福建、广东、广西、湖南、湖北、四川和青海。日本和菲律宾。香港和澳门有栽培。

用途：花供药用，有祛毒消瘀之效。

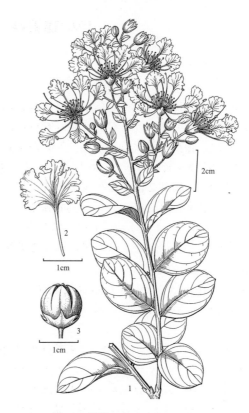

图 474 紫薇 Lagerstroemia indica
1. 分枝的一部分、叶及圆锥花序；2. 花瓣；3. 蒴果。
（李志民绘）

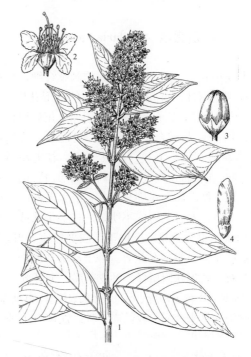

图 475 南紫薇 Lagerstroemia subcostata
1. 分枝的上段、叶及圆锥花序；2. 花；3. 蒴果；4. 种子。（崔丁汉绘）

192. 瑞香科 THYMELAEACEAE

张永夏

灌木、半灌木或乔木，很少草本。树皮含强韧的纤维。单叶，互生或对生，边缘全缘，无托叶。花两性或单性，雌雄同株或异株，辐射对称或微两侧对称，排成顶生或腋生的头状花序、伞形花序、总状花序、穗状花序或圆锥花序，很少单花或数花簇生；苞片早落或无苞片；被丝托（hypanthium 是由花托与花被基部和雄蕊群基部愈合而成的结构）管状或钟状；萼片 4-5，花瓣状，芽时覆瓦状排列；花瓣无或退化呈鳞片状，与萼片同数；雄蕊与萼片同数或为其 2 倍，极少仅 2 枚或 1 枚，花丝着生于被丝托的中部或喉部，有时生于中部以下，通常与萼片对生，排列成 2 轮或 1 轮，花药背部着生或基部着生，2 室，纵裂；花盘环状或杯状，不分裂或分裂成 2-4 枚小鳞片或消失；子房上位，1 室，稀 2 室，每室有倒生胚珠 1 颗，极少 2-3 颗，花柱单 1，柱头头状、近盘状或棒状。果为核果、坚果或浆果，稀为 2 裂瓣的蒴果。种子下垂或倒生，有或无胚乳，胚直立，子叶厚而扁平。

约 48 属，650 种。分布于热带至温带地区，尤以澳大利亚和热带非洲为多。我国产 9 属，115 种。主产长江流域及以南各省区。深圳有 3 属，6 种。

1. 乔木；花组成伞形花序；萼片 5；在被丝托的喉部有 10 枚被茸毛的退化呈鳞片状的花瓣；果为蒴果 ··········
·· **1. 沉香属 Aquilaria**
1. 灌木或半灌木；花组成总状花序或穗状花序；萼片 4，少有 5；无退化花瓣；果为核果。
  2. 叶互生，稀近对生；花盘环状或杯状，全缘或有波状缺刻 ································ **2. 瑞香属 Daphne**
  2. 叶对生；花盘深裂为 2-4 个小鳞片 ··············
·················· **3. 荛花属 Wikstroemia**

1. 沉香属 Aquilaria Lam.

乔木或小乔木。叶互生，叶片的侧脉纤细，平行或近平行。花两性，组成顶生或腋生的伞形花序；无苞片；被丝托钟状，宿存；萼片 5，开展；花瓣退化呈鳞片状，10 枚，基部合生成一环，被茸毛，着生在被丝托的喉部；雄蕊 10 枚，排成一轮，着生在鳞片状花瓣之间，花丝极短或近无，花药长圆形，背部着生，药隔阔；无花盘，如存在则呈环状；子房无柄，完全或不完全 2 室，花柱甚短或不明显，柱头头状或钻状或其他形状。果为蒴果，倒卵形，成熟时室背开裂，果皮木质或革质，具宿存花萼。种子卵圆形或椭圆体形，基部有一长尾状附属体，种皮坚脆，无胚乳。

约 15 种，分布于印度、不丹、缅甸、泰国、柬埔寨、老挝、越南和马来西亚。我国产 2 种。深圳有 1 种。

土沉香 白木香 Incense Tree   图 476   彩片 465 466
Aquilaria sinensis（Lour.）Spreng. Syst. **2**: 356. 1825.
Ophispermum sinensis Lour. Fl. Cochinch. **1**: 28. 1790
乔木，高 4-20m。树皮暗灰色，平滑，外皮层易

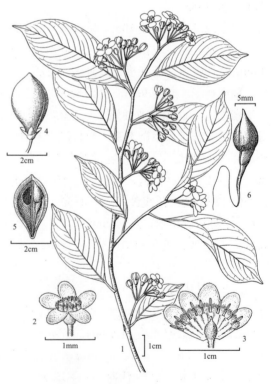

图 476 土沉香 Aquilaria sinensis
1. 分枝的上部、叶及伞形花序；2. 花；3. 花展开，示被丝托、花萼、鳞片状花瓣、雄蕊和雌蕊；4. 蒴果；5. 蒴果纵剖面，示种子的着生位置；6. 种子（顶端具附属体及附属体顶端的丝状物）。（李志民绘）

剥落；小枝密被平伏的长柔毛。叶柄长 4-5mm，与叶片下面均疏被长柔毛；叶片近革质，椭圆形、长圆形、倒卵形至倒卵状椭圆形，长 5-10cm，宽 2-5cm，基部宽楔形或楔形，先端渐尖或骤尖，侧脉 15-20 对。伞形花序腋生或顶生，单 1 或 2 个排成伞形的圆锥花序，长 1.2-1.6cm，有 3-8 朵花；花序梗长 2-3mm，与花梗、被丝托和萼片的两面均密被黄白色的茸毛；花梗长 0.7-1cm；被丝托钟形，黄白色，芳香，长 6-9mm；萼片 5，卵形，与被丝托近等长；鳞片状花瓣密被茸毛；雄蕊 10，一轮，花丝长约 1mm；子房卵形，密被短柔毛，2 室，每室有 1 颗胚珠，花柱极短，柱头头状。蒴果倒卵形，长 2.5-3.5cm，宽 1.5-2cm，基部收窄，先端圆，具短尖，密被黄褐色短柔毛，成熟时室背开裂，裂瓣木质。种子 1 或 2 颗，倒卵球形，长 7-8mm，黑褐色，顶端具短尖，基部有 1.5-1.8cm 长的尾状附属体，在附属体的顶端有一根细长的丝状物与果瓣顶端相连，使种子悬于果瓣而不脱落。花期：3-5 月，果期：6-10 月。

产地：笔架山（华农仙湖采集队 SCAUF699）、梧桐山（深圳考察队 1073）、仙湖植物园（曾春晓等 006087），本市各地普遍有分布。生于山坡林中和林缘，海拔 20-500m。园林中常有栽培。

分布：台湾、福建、广东、香港、澳门、海南和广西。

用途：本种是我国特有而珍贵的药用植物。是国家保护的濒危物种。本种木材受伤后，被真菌侵入寄生，菌体酶与薄壁细胞内的淀粉发生一系列化学变化，形成香脂，凝结于木材内，再经多年沉积，便是"沉香"。沉香为名贵香料，又可药用，有镇静、止痛、驱风等功效。

2. 瑞香属 Daphne L.

灌木或半灌木，少为乔木（我国不产）。叶互生，稀近对生，具短柄。花两性，组成腋生或顶生的短总状花序，较少为聚伞花序；花序梗长或短；总苞或苞片有或无；被丝托管状或钟状；萼片 4，少有 5；无退化花瓣；雄蕊 8，稀 10，排成 2 轮，着生于被丝托的中部和喉部，内藏，花丝极短或无，花药长圆形，基部着生；花盘环状或杯状，全缘或有波状缺刻，或有时不存在；子房上位，1 室，有 1 颗倒生胚珠，花柱通常甚短，少有伸长，柱头头状。果为核果，果皮肉质或干燥，裸露或为宿存的被丝托所包。种子具少量胚乳或无胚乳。

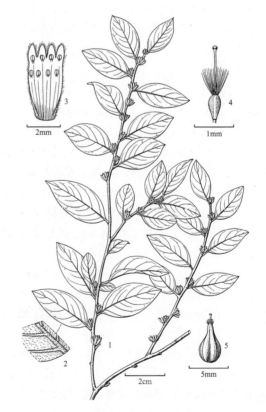

95 种，分布于欧洲、非洲北部、大洋洲和亚洲的温带和亚热带地区。我国 52 种，主要分布于西南和西北部。深圳有 2 种。

1. 叶片小，长 2.5-3.5cm，宽 1.2-1.8cm，两面均被平伏的长硬毛；花序腋生；核果全包于宿存的被丝托内，梨形，长 4-5mm，宽约 2mm，顶端收窄呈长喙状，果皮干燥，膜质 ⋯⋯⋯⋯⋯⋯⋯⋯⋯⋯⋯⋯⋯⋯⋯⋯⋯⋯⋯⋯⋯ **1. 长柱瑞香 D. championii**

1. 叶片较大，长 6-14cm，宽 2-4cm，两面无毛；花序顶生；核果不包于宿存的被丝托内，卵球形，长 0.8-1cm，宽约 8mm，顶端不收窄，果皮肉质⋯⋯⋯⋯⋯⋯⋯⋯⋯⋯⋯⋯⋯**2. 白瑞香 D. cannabina**

1. 长柱瑞香 小叶瑞香 Champion's Daphne 图 477
Daphne championii Benth. Fl. Hongk. 296. 1861.
小灌木，高约 1m。小枝纤细，紫褐色，密被灰白

图 477 长柱瑞香 Daphne championii
1. 分枝的一部分、叶及花序；2. 叶片一部分，示下面的毛被；3. 花展开，示被丝托、花萼和雄蕊；4. 雌蕊；5. 核果。（李志民绘）

色长硬毛，老枝近无毛。叶互生；叶柄长 1-3mm，密被平伏的长硬毛；叶片椭圆形、卵状椭圆形或长椭圆形，长 2.5-3.5cm，宽 1.2-1.8cm，两侧略不等宽，基部楔形，先端急尖，下面灰白色，密被平伏的长硬毛，上面的毛较稀，侧脉 4-7 对。花绿白色，3-10 朵排成密集的短总状花序，腋生；总苞片微小，条形，长不及 1mm，密被白色的长硬毛，早落；无苞片；花序梗与花梗均极短，长不及 0.5mm，与花萼的外面均密被白色平伏的长硬毛；被丝托管状，长 6-8mm；萼片 4，宽卵形，长约 2mm，先端钝；雄蕊 8 枚，排成 2 轮，生于被丝托的中上部，花丝极短，花药长圆形；花盘一侧发达，顶端多裂；子房无柄，密被白色长硬毛，花柱长约 2mm，柱头头状。核果梨形，全部包于宿存的被丝托内，长 4-5mm，宽约 2mm，被长硬毛，顶端收窄成一长喙，果皮膜质，干燥。花期：10-12 月，果期：11 月至翌年 3 月。

产地：梧桐山（陈真传等 011197）。生于山坡林中，海拔 600m。

分布：江苏、江西、福建、广东、香港、广西、湖南和贵州。

2. 白瑞香 Papery Daphne　　　图 478　彩片 467

Daphne cannabina Wall. Asiat. Res. **13**：315，pl. 7-8. 1820.

Daphne papyracea Wall. ex Steud. Nomencl. ed. 2，**1**：485. 1840；广东植物志 3：86. 1995.

灌木，高 1-1.5m，少见高可达 4m。小枝灰色或灰褐色，与叶柄和叶片的两面均无毛。叶互生；叶柄长 0.5-1cm；叶片倒披针形、倒卵状披针形、倒卵形、狭椭圆形或椭圆形，长 6-14cm，宽 2-4cm，基部楔形，先端渐尖，钝头，侧脉 8-15 对。花白色，芳香，数朵至 10 余朵密集成短的总状花序；顶生；花序梗和花梗均极短，长不及 0.5mm，密被淡黄色短柔毛；总苞片数枚成一轮，叶状，长圆形，长 7-8mm，宽 2.5-3mm，外面及边缘疏被白色长硬毛，早落；无苞片；被丝托管状，长约 1cm，外面疏被长硬毛；萼片 4，长圆形，与被丝托近等长，先端圆；雄蕊 8，排成 2 轮，生于被丝托的中上部，花丝长约 0.6mm，花药长圆形，长约 1mm；花盘环状，边缘波状；子房长圆形，无毛，花柱极短，柱头头状。核果卵球形，长 0.8-1cm，熟时红色，果皮肉质。种子 1 颗，球形。花期：11 月至翌年 1 月，果期：4-5 月。

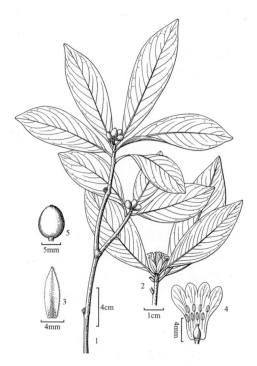

图 478 白瑞香 Daphne cannabina
1. 分枝的一部分、叶及果序；2. 分枝的上段、叶、花序及花序下的总苞片；3. 总苞片；4. 花展开，示被丝托、花萼、雄蕊及雌蕊；5. 核果。（李志民绘）

产地：七娘山、梅沙尖（深圳植物志采集队 013262）、梧桐山（张寿洲等 5526）。生于山坡密林中和林缘，海拔 300-850m。

分布：江西、福建、广东、香港、广西、湖南、湖北、贵州、四川和云南。印度和尼泊尔。

3. 荛花属 Wikstroemia Endl.

乔木、灌木或半灌木，稀草本。单叶对生，稀互生。花两性或单性，排成总状花序或圆锥花序，通常顶生，稀腋生，具花序梗；有或无总苞或苞片；被丝托管状或漏斗状；萼片 4，稀 5，开展，花后脱落；无花瓣；雄蕊 8 枚，少有 10 枚，排成 2 轮，通常着生于被丝托的中上部，很少生于中下部，花丝极短或无，花药长圆形，基部着生；花盘膜质，深裂或浅裂为 2-4 枚小鳞片；子房有柄或无柄，1 室，有倒生胚珠 1 颗，花柱通常甚短或近无花柱，柱头头状或浅盘状。果为核果，基部有宿存的被丝托，果皮肉质或干燥。种子 1 颗，与核果同形，具少量胚乳。

约 70 种，分布于亚洲东部、马来西亚、澳大利亚及太平洋岛屿。我国产 49 种，5 变种，主要分布于长江流域各省。深圳有 3 种。

1. 小枝、叶柄和叶片的下面均疏被短柔毛；被丝托及萼片初时淡紫色，后变为白色，外面被短柔毛 ⋯⋯⋯⋯⋯⋯⋯⋯⋯⋯⋯⋯⋯⋯⋯⋯⋯⋯⋯⋯⋯⋯⋯⋯⋯⋯⋯⋯⋯⋯ **1. 北江荛花 W. monnula**

1. 小枝、叶柄和叶片的两面均无毛；被丝托及萼片黄绿色，外面无毛。

  2. 叶片披针形、卵状披针形、椭圆形或狭椭圆形，先端急尖；花序梗纤细而下弯，长 1-2.5cm；被丝托长 1.3-1.6cm ⋯⋯⋯⋯⋯⋯⋯⋯⋯⋯⋯⋯⋯⋯⋯⋯⋯⋯⋯⋯ **2. 细轴荛花 W. nutans**

  2. 叶片倒卵形、倒卵状椭圆形或卵形，少有长椭圆形，先端圆或钝，少有急尖；花序梗粗短而直立，长 4-7mm；被丝托长 0.8-1.2cm ⋯⋯⋯⋯⋯⋯⋯⋯⋯⋯⋯⋯ **3. 了哥王 W. indica**

1.　北江荛花　Chinese Wikstroemia

图 479　彩片 468

Wikstroemia monnula Hance in J. Bot. **16**: 13. 1878.

落叶小灌木，高 50-80cm。小枝暗绿色，疏被短柔毛，老枝暗紫色，变无毛，节间较密。叶对生或近对生；叶柄长 1-2mm，与叶片的下面均疏被平伏的短硬毛；叶片坚纸质，卵形、卵状椭圆形、椭圆形或卵状披针形，长 1.5-5cm，宽 1-2.5cm，基部宽楔形或近圆形，边缘全缘，略反卷，先端急尖，稀渐尖，下面淡绿色，有时微带紫红色，上面深绿色，侧脉 4-6 对。总状花序近伞房状，顶生，具 3-12 朵花；花序梗和花序轴均很短，长 1-1.5cm，与花梗和被丝托均疏被灰色短柔毛；花梗长 1-2mm；被丝托长 1-1.2cm，淡紫红色，后变白色；萼片 4，卵形，长约 3mm，先端急尖，开展；雄蕊 8 枚，排成 2 轮，着生于被丝托的中部和上部，花丝甚短，花药长圆形，长约 1.5mm；花盘膜质，深裂为 2 枚小鳞片，小鳞片条形或倒卵形，短于子房柄；子房棒状，顶端有黄色茸毛，基部收缩成柄，花柱甚短，柱头头状。核果基部为宿存的被丝托所包，卵球形，长约 6mm，基部有子房柄所形成的假果柄，果皮肉质，上部疏被短硬毛。种子 1 颗，卵状锥形，黑色，有光泽。花期：5-6 月，果期：8-10 月。

产地：七娘山（林大利等 0392）、南澳、排牙山（王国栋等 5720）、田心山（张寿洲 0392）。生于林下、林缘和山顶灌丛中，海拔 650-900m。

分布：安徽南部、浙江、广东、香港、广西、湖南和贵州。

图 479 北江荛花 Wikstroemia monnula
1. 分枝的一部分、叶及总状花序；2. 花；3. 花展开，示被丝托、花萼、雄蕊、花盘及雌蕊；4. 雌蕊及小鳞片状的花盘；5. 核果。（李志民绘）

2.　细轴荛花　Nodding Wikstroemia

图 480　彩片 469

Wikstroemia nutans Champ. ex Benth. in J. Bot. Kew Gard. Misc. **5**: 195. 1853.

小灌木，高 1-1.5m。小枝暗紫褐色，与叶柄和叶片的两面均无毛。叶对生；叶柄甚短，长 1-2mm；叶片纸质，披针形、卵状披针形、椭圆形或狭椭圆形，长 2-7.5cm，宽 0.8-2.5cm，基部楔形或宽楔形，稀近圆形，边缘全缘，微反卷，先端急尖，下面被白粉，上面深绿色，侧脉 7-12 对。总状花序近伞房状，顶生，具 4-8 朵花；花序梗纤细而下弯，长 1-2.5cm；花序轴长 3-4mm，与花序梗均无毛；花梗长 1-2mm，疏被短柔毛；被丝托黄绿色，长 1.3-1.6cm，下部疏被短柔毛；萼片 4，开展，卵形，长 3.5-4mm，先端钝；雄蕊 8，排成 2 轮，下轮生于被丝托的中上部，上轮生于被丝托近喉部，花丝很短，花药长圆形，长约 1.5mm；花盘膜质，浅裂为 2 枚小鳞片，鳞片长圆形，长约 1mm；子房倒卵状长圆体形，无毛，基部几无柄，花柱极短，柱头头状。核果基部为宿存的被丝托所包，椭圆体形，长 7-8mm，果皮肉质，成熟时深红色，无毛。种子 1 颗，卵球形，先端锥状。花期：11-12 月，果期：翌年 3-5 月。

产地：排牙山（王国栋等 5725）、三洲田（深圳考察队 8）、羊台山（张寿洲等 5472），本市各地均有分布。生于山地疏林或密林下、灌丛或湿草地中，海拔 100-900m。

分布：台湾、福建、广东、香港、海南、广西和湖南。越南。

3. 了哥王 Indian Wikstroemia

图 481　彩片 470

Wikstroemia indica（L.）C. A. Mey. in Bull. Cl. Phys-Math. Acad. Sci. Imp. Saint-Petersbourg **2**（1）: 357. 1843.

Daphne indica L. Sp. Pl. **1**: 357. 1753.

小灌木，高 0.3-1.5m。小枝暗紫褐色，与叶柄和叶片的两面均无毛。叶对生；叶柄甚短，长 1-2mm；叶片坚纸质，卵形、倒卵形、倒卵状椭圆形，少有狭椭圆形，长 1.5-5cm，宽 1-2cm，基部楔形，稀圆或渐狭，边缘全缘，先端圆或钝，少有急尖，两面均黄绿色，侧脉 7-9 对。总状花序近伞房状，顶生，有花 6-12 朵；花序梗粗短而直立，长 4-7mm；花序轴长 3-5mm，与花序梗、花梗、被丝托和萼片的外面均疏被短硬毛；花梗长 2mm；被丝托淡黄绿色，长 0.8-1.2cm，萼片 4，开展，卵形或长圆形，长 4-5mm，先端钝；雄蕊 8，排成 2 轮，着生于被丝托的中部和上部，花丝甚短，花药长约 1mm；花盘膜质，分裂为 2 枚顶端分叉的小鳞片；子房倒卵形，上部疏被短柔毛，基部近无柄，花柱短，长约 0.5mm，柱头头状。核果基部具宿存的被丝托，近卵球形，长 7-8mm，直径 4-5mm，果皮肉质，成熟时红色至暗紫色。种子 1 颗，圆锥状球形。花期：4-8 月，果期：8-10 月。

产地：笔架山（王国栋 6820）、梧桐山（深圳考

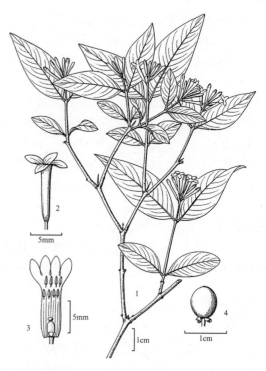

图 480　细轴荛花 Wikstroemia nutans
1. 分枝的一部分、叶及总状花序；2. 花；3. 花展开，示被丝托、花萼、雄蕊、花盘和雌蕊；4. 核果及基部宿存的部分被丝托。（李志民绘）

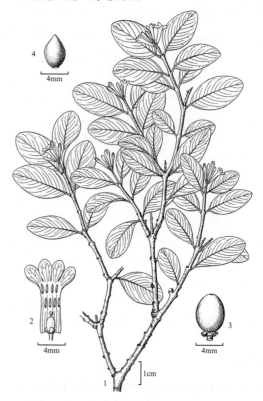

图 481　了哥王 Wikstroemia indica
1. 分枝的一部分、叶及总状花序；2. 花展开，示被丝托、花萼、雄蕊、花盘和雌蕊；3. 核果及基部宿存的部分被丝托；4. 种子。（李志民绘）

察队 1500）、仙湖植物园（李沛琼 966），本市各地均有分布。生于山坡林下、林缘、灌丛及海边草丛中，海拔 20-700m。

分布：浙江、台湾、福建、广东、香港、澳门、海南、广西、湖南、贵州、四川和云南。印度、斯里兰卡、缅甸、泰国、越南、马来西亚、菲律宾、澳大利亚、太平洋岛屿、斐济和毛里求斯。

193. 菱科 TRAPACEAE

王　晖

一年生浮水或半挺水草本。根二型，下部的黑色，细长呈铁丝状，生水底泥中，起固着和吸收作用，上部的出自沉水茎上叶痕两侧，淡绿褐色，具多数呈羽状排列的纤维根，飘浮于水中，可进行吸收和光合作用。茎沉水，细长柔软，不分枝，出水后节间缩短。叶二型；托叶深裂；沉水叶对生，单叶，条形，无叶柄，早落；浮水叶聚生于茎顶端呈莲座状，具叶柄；叶柄中部膨大成海绵质气囊；叶片菱形至三角形，上部边缘具粗锯齿，基部宽楔形至截形。花两性，小，4基数，辐射对称，具短梗，单生于浮水叶的叶腋，在水面开花，开花后花梗下弯，伸长并增粗，将果实推入水中；被丝托（hypanthium 是由花托、花被基部和雄蕊群基部愈合而成的结构）杯状；萼片4，镊合状排列，宿存，有的在果时硬化成角；花瓣4，白色或淡紫色，早落；雄蕊4，与花瓣互生，花丝纤细，花药丁字着生，内向；子房下部被被丝托包围，半下位，在果时全部被被丝托包围，变为下位，2室，每室1个胚珠，其中仅1室的胚珠发育，胚珠倒生，具柄，中轴胎座，花柱细，早落，柱头头状。果为坚果状，不开裂，陀螺状、杯状或菱状，无角或有 2-4 个角，外果皮肉质，早脱落，内果皮坚硬，在角之间以及角上有厚或薄的突起物，果顶端有圆锥形、方形或圆形的喙，喙先端具短尖或具簇生的毛，有种子1颗。种子元宝形，子叶2，极不等大，大的一片富含淀粉，充满整个果腔，小的一片鳞片状，在种子发芽时伸出果外，无胚乳。

1属，2种。分布于亚洲和非洲的亚热带及温带地区和欧洲。北美洲和澳大利亚有引种。我国2种均产。深圳栽培1种。

菱属 Trapa L.

属的形态特征和地理分布与科同。

菱角 乌菱 Water chestnut　　　　图 482　彩片 471

Trapa natans L. Sp. Pl. 1：120.1753.

Trapa bicornis Osbeck in Dagb. Ostind. Resa 191. 1757；广州植物志 165. 1956；广东植物志 **6**：61. 2005.

Trapa bispinosa Roxb. Pl. Coromandel, t. 234. 1815；澳门植物志 **2**：66. 2006.

一年生浮水草本。浮水根具多数排列成羽状的纤维根，纤维根呈丝状。茎沉水，粗壮，直径 2.5-6mm。浮水叶聚生于茎顶端形成莲座状；叶柄长 2-15cm，被短柔毛，中上部膨大呈海绵状气囊；叶片宽菱形，长 3-4cm，宽 4-5cm，下面绿色或紫色，在脉间有棕色斑块，密被淡黄褐色短柔毛，上面深绿色，光滑，无毛，基部宽楔形至截形，边缘基部全缘，上部具不规则的锯齿，齿顶端有 2 个小尖齿，先端急尖，有小短尖，侧脉 3-5 条。花梗长 8-9mm，与被丝托均密被长硬毛；被丝托杯状，长约 2mm；萼片4，长圆状披针形，长 4-5mm，先端急尖，其中一对背面被长硬毛，另一对无毛；花瓣白色，膜质，长圆形，长约 5mm，先端微凹；雄蕊4，与花瓣近等长；花盘环状，先端不规则浅裂呈鸡冠状；子房无毛，花柱伸出花冠之外，柱头表面密被疣状突起。果梗粗壮，

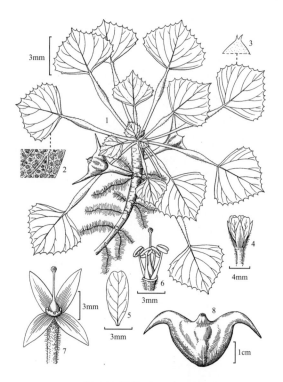

图 482　菱角 Trapa natans
1.植株，示沉水茎、在叶痕两侧长出的浮水根、叶及果；2.叶片的一部分，示下面的斑块；3.叶片的一部分，示锯齿顶端的小尖齿；4.花；5.花瓣；6.除去花萼和花冠，示被丝托、雄蕊和雌蕊；7.除去花冠和雄蕊，示花萼、花盘和雌蕊；8.果。（李志民绘）

长 1.5-2.5cm，直径 3-5mm；果陀螺形至宽菱形，幼时紫红色，成熟后紫黑色，长 1.8-3cm，宽 2-4.5cm，顶端具喙，喙四方形、圆形或圆锥形，高 1-8mm，喙先端具短尖或簇生的毛，少无喙，果腰位置有厚或薄的丘状突起，具 2-4 个角或无角，角平直、上举或下弯，长 2.5-3cm，先端有或无倒刺。种子元宝形，白色，子叶富含淀粉。花期：5-7 月，果期：7-9 月。

产地：本市各地常有栽培。生于湖中以及水田中。

分布：黑龙江、内蒙古、吉林、辽宁、河北、河南、陕西、山东、安徽、江苏、浙江、江西、台湾、福建、广东、澳门、海南、广西、湖南、湖北、贵州、四川、云南、西藏和新疆均广为栽培。俄罗斯、日本、朝鲜、伊朗、巴基斯坦、印度、老挝、泰国、越南、马来西亚、菲律宾、印度尼西亚和非洲亦普遍栽培。北美洲和澳大利亚有归化。

用途：种子富含淀粉，供食用或加工制成菱粉。

194. 桃金娘科 MYRTACEAE

邢福武　王发国

常绿乔木或灌木。单叶，对生，有时互生或假轮生；无托叶；叶片边缘全缘，通常有透明腺点。花序为穗状花序、伞形花序、伞房花序、聚伞花序或圆锥花序，腋生或顶生，稀单花；花两性，有时杂性，辐射对称或有时两侧对称；被丝托（hypanthium 是由花托、花被基部和雄蕊群基部愈合而成的结构）管状、钟状或近球状，并延长至子房以上；萼片（3-）4-5 或更多，镊合状或覆瓦状排列，分离或合生成一帽状体，宿存或脱落；花瓣（3-）4-5 或更多，覆瓦状排列，分离或合生成一帽状体，有时无花瓣；雄蕊多数，排成 1 至数轮，在花蕾时内弯或劲直或 2 次折叠，花丝分离或合生，成 5 束并与花瓣对生，花药 2 室，背部着生或基部着生，纵裂，很少顶孔开裂，药隔顶端具 1 个或多个腺体；子房与被丝托贴生，下位或半下位，稀上位，2-5（-16）室，有时有假隔膜，每室有 1 至多颗胚珠，中轴胎座，偶有侧膜胎座，花柱单 1。果为蒴果、浆果、核果状浆果或核果，具 1 至多颗种子。种子无胚乳或有稀薄的胚乳，种皮骨质、软骨质、木质或膜质，胚直或弯。

约 130 属，4500-5000 种，分布于地中海区域、非洲热带和马达加斯加、亚洲热带至温带、澳大利亚、太平洋岛屿及美洲热带。我国产 9 属，引进栽培的有 7 属，共 16 属，160 种。深圳产 5 属，引进栽培的 5 属，共 10 属，23 种及 1 栽培品种。

原产美洲热带的南美稔 Feijoa sellowiana O. Berg 在深圳有栽培，但不普遍，故未收进。

1. 叶片具直出脉（叶脉由叶片基部向顶部伸出）
　　2. 叶对生，叶片条形或披针形，直出脉 1 条；花单生于叶腋或数朵组成聚伞花序；雄蕊通常 5-10 枚，短于花瓣
　　　 ··· 1. 岗松属 Baeckea
　　2. 叶互生，叶片非条形，直出脉 3-5 条；花多朵组成穗状或总状花序；雄蕊多数，长于花瓣。
　　　3. 花丝分离或基部合生，排成多轮 ················ 2. 红千层属 Callistemon
　　　3. 花丝基部合生成 5 束，并与花瓣对生 ············· 3. 白千层属 Melaleuca
1. 叶片具羽状脉，稀具离基 3-5 出脉（桃金娘属 Rhodomyrtus）
　　4. 成长叶互生；蒴果，成熟时开裂为 3-6 瓣 ················ 4. 桉属 Eucalyptus
　　4. 成长叶对生或轮生；浆果，成熟时不开裂
　　　5. 叶片具离基 3-5 出脉；子房室有假隔膜 ·········· 5. 桃金娘属 Rhodomyrtus
　　　5. 叶片具羽状脉；子房室无假隔膜。
　　　　6. 萼片合生成帽状体，花开放时帽状体整块脱落 ········ 6. 水翁属 Cleistocalyx
　　　　6. 萼片不合生成帽状体，花开放时花萼不脱落。
　　　　　7. 花多朵组成聚伞花序或圆锥花序；果有种子 1-2 颗。
　　　　　　8. 叶片侧脉密集而平行；果实顶端有突起的萼檐 ········ 7. 蒲桃属 Syzygium
　　　　　　8. 叶片侧脉多斜向上，不平行；果实顶端无突起的萼檐 ······ 8. 肖蒲桃属 Acmena
　　　　　7. 花单朵，腋生或数朵簇生于叶腋。
　　　　　　9. 果有多数种子；种皮坚硬，骨质或木质 ········· 9. 番石榴属 Psidium
　　　　　　9. 果有 1-2 颗种子；种皮膜质 ················ 10. 番樱桃属 Eugenia

1. 岗松属 Baeckea L.

灌木或小乔木。叶对生，无柄或具短柄；叶片条形或披针形，边缘全缘，有油腺点，直出脉 1 条。单花腋生或数朵组成聚伞花序；花小，两性，5 基数，有短梗或近无梗；花梗基部有小苞片 2 枚；被丝托钟状、陀螺状或半圆形，内面基部与子房贴生；萼片 5 枚，膜质，宿存；花瓣 5 枚，白色或红色，近圆形，开展；雄蕊 5-10

枚或稍多，少有超过 20 枚，短于花瓣，花丝短，花药背部着生；子房下位或半下位，稀上位，2-3 室，每室有胚珠数颗，花柱短，柱头头状或盾状。蒴果开裂为 2-3 瓣，每室有种子 1-3 颗，稀更多。种子肾形，有角，胚劲直，无胚乳。

约 70 种，主要分布于亚洲东部和东南部及澳大利亚。我国有 1 种。深圳亦有。

岗松 Shrubby Baeckea　　　图 483　彩片 472 473
Baeckea frutescens L. Sp. Pl. 1: 358. 1753.

矮小灌木，高 25-60cm。分枝多，无毛，嫩枝纤细。叶无柄或具短柄；叶片狭条形，似松针但甚短，故有"岗松"之称，长 0.4-1cm，宽约 0.5-0.6mm，横切面呈新月形，先端尖，有透明油腺点，干后褐色，直出脉 1 条，无侧脉。花小，单生于叶腋；苞片早落；花梗长 1-1.5mm；被丝托钟状，长约 1.5mm；萼片 5，极小，三角形，长约 0.5mm，先端急尖；花瓣 5，近圆形，白色，长 1.5-2mm；雄蕊 10 枚或稍少，成对与萼片对生，花丝至顶部渐狭；子房下位，3 室，花柱宿存，柱头头状。蒴果小，近球形，长约 2mm。种子扁平。花期：5-8 月，果期：7-10 月。

产地：七娘山（华农学生采集队 012426）、葵涌（王国栋 6839）、梧桐山（深圳考察队 947），本市各地常见。生于山坡灌丛中，海拔 50-700m。

分布：浙江、江西、福建、广东、香港、澳门、海南和广西。印度、缅甸、泰国、柬埔寨、越南、马来西亚、菲律宾、印度尼西亚、巴布亚新几内亚和澳大利亚。

用途：是酸性土的指示植物；枝叶编成束可作扫帚。

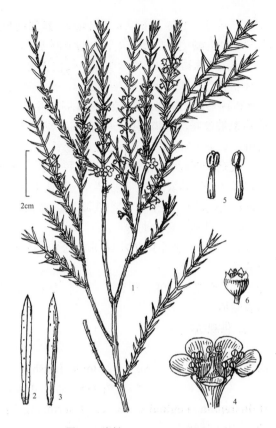

图 483 岗松 Baeckea frutescens
1. 植株的一部分、叶及花；2. 叶片的下面；3. 叶片的上面；
4. 花；5. 雄蕊；6. 蒴果。（余汉平绘）

2. 红千层属 Callistemon R. Br.

乔木或灌木。叶互生，有柄或无柄；叶片有油腺点，条形或披针形，边缘全缘。花序穗状或紧密呈头状，顶生或侧生；苞片脱落；花无梗；被丝托半球形或钟形；萼片 5，脱落或宿存；花瓣 5，圆形；雄蕊多数，红色或黄色，花丝分离或基部合生，排成多轮，长于花瓣数倍，花药背部着生，药室平行，纵裂；子房下位，与被丝托贴生，3-4 室，每室有胚珠多数，花柱线形，柱头不膨大。果为蒴果，球形或半球形，先端截平，顶部开裂，包于宿存的被丝托内。种子线状，种皮薄，胚直。

约 20 种，产于澳大利亚。我国引进栽培 3 种。深圳栽培 2 种。

1. 枝条坚硬，斜展；花序直立 ·· 1. 红千层 C. rigidus
1. 枝条细长而柔软，下垂；花序下垂 ······························· 2. 串钱柳 C. viminalis

1. 红千层 Rigid Bottle Brush　　　　图 484　彩片 474 475 476
Callistemon rigidus R. Br. in Bot. Reg. 5: t. 393. 1819.

灌木，高 1-2m。树皮不易剥离，灰褐色；枝条坚硬，斜展，幼时有棱，被长柔毛，后变无毛。叶互生，近无柄；

叶片条形，革质，长 6-8cm，宽 2-4mm，基部楔形，先端急尖，幼时被毛，后变无毛，油腺点明显，干后突起，中脉在两面均突起，侧脉明显，边脉靠近边缘，突起。穗状花序生于枝顶，盛花期之后，小枝继续生长；被丝托钟形，长 3-4mm，疏被短柔毛；萼片半圆形，略短于被丝托，近膜质；花瓣绿色，卵形，长约 5.5-6mm，宽 4-4.5mm，有油腺点；雄蕊长约 2.5cm，鲜红色，花药暗紫色，椭圆形；子房下位，花柱比雄蕊稍长，先端绿色，其余红色。蒴果半球形，长 4-5mm，宽 6-7mm，先端截平，果瓣稍下陷，3 瓣裂。种子线状，长约 1mm。花果期：6-10 月。

产地：盐田（王定跃 1656），本市各公园和公共绿地常有栽培。

分布：原产澳大利亚。福建、广东、香港、海南和广西有栽培。

用途：供观赏。

2. 串钱柳 垂枝红千层 Weeping Bottle Brush

图 485　彩片 477 478

Callistemon viminalis（Sol. ex Gaertn.）G. Don Hort. Brit. 197. 1830.

Metrosideros viminalis Sol. ex Gaertn. Fruct. Sem. Pl. **1**：71，t. 34. 1788.

小乔木，高 4-8m。树皮黑色，有皱纹；枝条细长柔软，下垂如垂柳状，幼时密被白色绢状毛，后毛渐稀疏。叶互生；叶柄长 1-2mm，幼时密被白色绢状毛，后渐变无毛；叶片条形至条状披针形，长 4.5-9cm，宽 4-10mm，基部楔形，先端急尖，中脉在两面均凸起，侧脉明显，边脉靠近叶缘。花紫红色，在小枝上端排成下垂的穗状花序，盛花期之后小枝继续生长；花序长 4-10cm，直径 3-5cm；被丝托半球形，直径 2-3mm，密被白色绢状毛；萼片 5，密被白色绢状毛，略长于被丝托；花瓣 5，淡绿色，圆形，长约 8mm；雄蕊多数，长 2-2.5cm，花丝鲜红色，基部合生成环状，花药椭圆形；子房下位，3 室，花柱红色。蒴果杯形，直径 5-7mm，具宽的孔。种子线形。花果期：春至秋季。

产地：儿童公园（陈景芳 1872），深圳各公园和公共绿地常见栽培。

分布：原产澳大利亚。福建、广东、香港、澳门和海南有栽培。

用途：城市园林绿化树种。

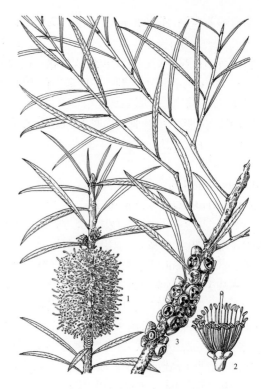

图 484 红千层 Callistemon rigidus
1. 分枝的上段、叶及穗状花序；2. 花；3. 果序。（崔丁汉绘）

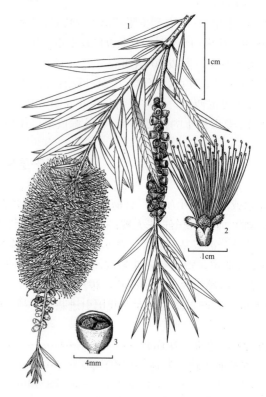

图 485 串钱柳 Callistemon viminalis
1. 分枝的一段、叶、穗状花序和果序；2. 花；3. 蒴果。（李志民绘）

3. 白千层属 Melaleuca L.

乔木或灌木。叶互生，少为对生；叶柄短或缺；叶片披针形或条形，扁平或近圆柱形，边缘全缘，常具透明腺点，有基出脉1-5条或数条。花无梗，单生于叶腋或组成稠密的穗状花序，花序轴无限生长，开花时或花后继续延长并长出叶子而成一具叶的正常枝，结果时果序梗在枝的下部；苞片脱落；被丝托近球形或钟形；萼片5，覆瓦状排列，脱落或宿存；花瓣5，白色、红色或黄色；雄蕊多数，花丝基部合生成5束并与花瓣对生，花药丁字着生，药室平行，纵裂；子房下位或半下位，基部与被丝托贴生，顶端隆起，被毛，3室，每室有胚珠多数。果为蒴果，球形或半球形，由顶端开裂为3瓣，包于宿存的被丝托内。种子近三角形或圆柱形。

约280种，分布于澳大利亚，印度尼西亚、新喀里多尼亚和巴布亚新几内亚也有分布。我国引进栽培有7种。深圳栽培1亚种和1栽培品种。

白千层 Cajeput tree　　　　图486　彩片479 480

Melaleuca cajuputi Powell subsp. **cumingiana**（Turcz.）Barlow in Novon 7：113. 1997.

Melaleuca cumingiana Turcz. in Bull. Soc. Imp. Naturalistes Moscou 20：164. 1847.

Melaleuca leucadendra auct. non L.：广州植物志 209. 1956；海南植物志 2：5. 1965；广东植物志 3：172. 2005. ["*Melaleuca leucadendron*"].

乔木，高 10-18m。树皮灰白色，海绵质，厚而松软，呈薄纸片状剥落；幼枝灰白色和幼叶常被白色柔毛。叶互生；叶柄甚短；叶片革质，狭椭圆形或披针形，或偏斜呈镰刀形，长 4-8cm，宽 1-2cm，两端急尖，基出脉3-5条，稀7条，两面同色，具油腺点和香气。穗状花序，长 5-15cm；花序轴被短柔毛或无毛；被丝托卵球形，长约 3mm，被短柔毛或近无毛；萼片5，圆形，长约 1mm；花冠白色，花瓣5，卵形，长 2-3mm，宽约 3mm；雄蕊长约 1cm，花丝白色，每束有 5-8 条；子房3室，花柱丝状，比雄蕊稍长。蒴果近球形，直径 5-7mm。花期：一年多次，冬春季最盛。

产地：仙湖植物园（李沛琼 3198），本市各地普遍栽培。

图 486 白千层 Melaleuca cajuputi subsp. cumingiana
1. 分枝的上段、叶及穗状花序；2. 果序；3. 花。（崔丁汉绘）

分布：原产澳大利亚。台湾、福建、广东、香港、澳门、海南、广西、四川和云南等地普遍栽培。越南、泰国、缅甸、马来西亚和印度尼西亚亦有栽培。

用途：宜作行道树和园林绿化树；树皮和叶供药用，有镇静神经之效。

本种曾被香港植物名录（126 页，2001 年）和澳门植物志（2 卷，74 页，2006 年）报道为 Melaleuca quinquenervia（Cav.）S. T. Blake，实属误定。

在本市栽培比较普遍的还有下面 1 栽培品种：

金叶白千层 Melaleuca bracteata 'Revolution Gold' 常绿小乔木，高 5-8m。叶片条状披针形，长 1-2cm，宽约 2mm，春、秋、冬季呈金黄色，夏季嫩叶金黄色，老叶黄绿色。花小，白色。花期秋季。俗名黄金香柳。（彩片 481 482）

产地：东湖公园（李沛琼 022871）、深圳市绿化管理处（李沛琼等 020490），深圳各公园和公共绿地普遍栽培。

分布：原种产于新西兰，是 20 世纪 90 年代培育出来的栽培品种。台湾、福建、广东、广西和海南有栽培。

用途：树姿和色彩美观，是美丽的彩叶树种，可用于园林中造景观赏。

4. 桉属 Eucalyptus L'Herit.

乔木或灌木，植物体常有含鞣质的树脂。叶片多为革质，多型性，幼态叶与成长叶差异较大并有过渡型叶；幼态叶多为对生，3 至多对，有短柄或无柄，叶片常有腺毛；成熟叶具叶柄，互生，叶片革质，边缘全缘，阔卵形或狭披针形，常弯成镰状，有透明腺点，侧脉多数，具边脉。花序为腋生的伞形花序或多个集成顶生或腋生的圆锥花序；花两性；有梗或无梗；被丝托钟形，倒圆锥形或半球形，先端常平截；萼片与花瓣贴生成一帽状体，若彼此分离则成 2 层帽状体；花瓣通常白色，少数为红色或黄色，花开后帽状体脱落；雄蕊多数，排成数轮，花丝分离，花药基部着生或背部着生，纵裂，偶有顶孔开裂；子房与被丝托贴生，3-6 室，每室有多数胚珠，花柱宿存。蒴果全部或下半部包藏于膨大的被丝托内，当上半部露出时，常分裂为 3-6 瓣。种子多数，大部分不育，能育种子卵球形或有角，种皮坚硬，有时扩大成翅。

约 700 种，主要分布于澳大利亚，少数分布于菲律宾、印度尼西亚和巴布亚新几内亚。我国引进栽培的约有 110 种。在深圳栽培较普遍的有 4 种。

1. 树皮薄，光滑，脱落。
　　2. 伞形花序；蒴果近球形 ·················· **1. 细叶桉 E. tereticornis**
　　2. 圆锥花序；蒴果壶形 ·················· **2. 柠檬桉 E. citriodora**
1. 树皮厚，粗糙，不脱落。
　　3. 花序梗压扁；蒴果卵状壶形，长 1-1.5cm ·················· **3. 大叶桉 E. robusta**
　　3. 花序梗圆柱形；蒴果球形，直径 6-7mm ········
　　·················· **4. 窿缘桉 E. exserta**

1. 细叶桉 小叶桉 Forest Gray Gum

图 487

Eucalyptus tereticornis Sm. Spec. Bot. New. Holland **1**：41. 1795.

大乔木，高 10-25m。树皮平滑，灰白色，呈长片状脱落，在树干基部的不脱落；嫩枝圆柱形，纤细，弯垂。幼态叶卵形至阔披针形，长 11-15cm，宽 8-10cm；成长叶叶柄长 1.5-2.5cm；叶片狭披针形，长 10-25cm，宽 1.5-2cm，稍弯曲，有腺点，基部楔形，先端渐尖至长渐尖，侧脉斜向上，边脉距叶缘约 0.7mm；过渡叶阔披针形。伞形花序腋生，有花 5-8 朵；花序梗长 1-1.5cm，圆柱形，粗壮；花梗长 3-6mm；花蕾长卵球形，长 8-13mm；被丝托半球形，长 2.5-3mm，宽 4-5mm；帽状体长圆锥形，长 0.5-1cm，先端尖；雄蕊长 6-8mm，花药长圆形，纵裂。蒴果近球形或卵球形，长和宽均 6-8mm，果瓣 4-5，伸出被丝托外。花期：6-8 月，果期：8-9 月。

产地：三洲田（深圳考察队 89）、深圳水库（徐有才 89415）、仙湖植物园（李沛琼 2347）。本市各丘陵山地多有栽培。

图 487 细叶桉 Eucalyptus tereticornis
1. 分枝的上段、叶及伞形花序；2. 花蕾，示被丝托和帽状体；3. 蒴果。（崔丁汉绘）

分布：原产澳大利亚东部和东南部。安徽、江苏、浙江、江西、台湾、福建、广东、香港、澳门、广西、贵州、四川和云南有栽培。

用途：适作园林观赏树和绿化树。

2. 柠檬桉 Lemon Eucalyptus

图 488　彩片 483

Eucalyptus citriodora Hook. in T. L. Mitch. J. Exped. Trop. Australia 235. 1848.

乔木，高 15-26m。树干通直，树皮光滑，灰白色，大片状剥落，剥落后无斑痕。幼态叶叶柄盾状着生；叶片披针形，长 20-30cm，宽 6-7.5cm，有棕红色腺毛，稍弯曲，两面有黑色腺点，有浓郁的柠檬气味，基部圆，先端急尖；成长叶叶柄长 1.5-2cm；叶片窄披针形，长 10-15cm，宽约 1cm，稍弯，两面均有黑色腺点，揉之亦有柠檬香气，基部楔形，先端长渐尖，侧脉斜上，边缘距叶缘 0.5-0.6mm；过渡型叶叶柄长 1.5-2cm；叶片阔披针形，长 15-18cm，宽 3-4cm。圆锥花序腋生；花 1-3 朵生于花序分枝上；花梗长 3-4mm，有棱；花蕾倒卵形，长 6-7mm；被丝托杯状，长 5mm，帽状体先端圆；雄蕊 2 列，花药椭圆形，药室平行。蒴果壶形，长和宽均约 1-1.2cm，果缘薄，果瓣内藏。花期：4-9 月，果期：6-11 月。

产地：东湖公园（徐有才 89412），本市各地常见栽培。

分布：原产澳大利亚东部及东北部。浙江、江西、福建、台湾、广东、香港、澳门、海南、广西、湖南、四川和云南有栽培。

用途：可作绿化树。木材宜作枕木、车厢、地板等；枝叶含柠檬醛。

3. 大叶桉 Swamp Mahogany　　图 489

Eucalyptus robusta Sm. Spec. Bot. New. Holland 39，t. 13. 1793.

大乔木，高 10-20m。树皮不脱落，厚而稍松软，有不规则斜裂沟，深褐色；嫩枝有棱。幼态叶对生；叶柄长 1-2cm；叶片厚革质，卵形，长 9-11cm，宽 6-7cm；成长叶叶柄压扁，长 1.5-2.5cm；叶片厚革质，卵状披针形，长 8-15cm，宽 3-5cm，基部圆，两侧对称，偶偏斜，先端渐尖至长渐尖，两面均有腺点，侧脉斜上，边脉离叶缘 1-1.5mm。伞形花序，有花 4-8 朵；花序梗压扁，长约 2cm；花梗短而粗，长 3-5mm，扁平；被丝托半球形或倒圆锥体形，长 7-9mm，宽 6-8mm；

图 488 柠檬桉 Eucalyptus citriodora
1. 分枝的一段、叶及圆锥花序（花蕾示被丝托和帽状体）；
2. 蒴果。（崔丁汉绘）

图 489 大叶桉 Eucalyptus robusta
1. 分枝上段、叶及伞形花序（花蕾示被丝托和帽状体）；
2. 花；3. 蒴果。（崔丁汉绘）

花蕾长 1.5-2cm；帽状体与被丝托等长，先端收缩成喙；雄蕊长约 1cm，花药椭圆形，纵裂。蒴果卵状壶形，长 1-1.5cm，中下部稍收缩，口部扩大，果瓣 3-4 裂，内藏。花期：4-8 月，果期：6-10 月。

产地：南澳（张寿洲等 3592）、福田红树林（陈景方 2141）、内伶仃岛（李沛琼 2029），本市各地常见栽培。

分布：原产澳大利亚东部。安徽、浙江、江西、福建、台湾、广东、香港、澳门、海南、广西、湖南、四川和云南有栽培。

用途：可作行道树和绿化树。木材红色，耐腐性高；叶供药用，有驱风镇痛之效。

4. 窿缘桉 Protruding Eucalyptus

图 490

Eucalyptus exserta F. Muell. in J. Proc. Linn. Soc., Bot. **3**：85. 1859.

乔木，高 10-16m。树皮不脱落，坚硬而粗糙，有裂沟，灰褐色；嫩枝有钝棱，纤细，常弯垂。幼态叶对生，有短柄；叶片窄披针形，宽不及 1cm；成长叶互生，叶柄长约 1.5cm；叶片狭披针形，长 8-15cm，宽 1-1.5cm，稍弯曲，两面有黑色腺点，侧脉急斜向上，边脉靠近叶缘。伞形花序腋生，有花 3-8 朵；花序梗圆柱形，长 0.6-1.2cm；花梗长 3-4mm；花蕾长卵形，长 0.8-1cm；被丝托半球形，长 2.5-3mm；帽状体长圆锥形，长 5-7mm，先端渐尖；雄蕊长 6-7mm，药室平行，纵裂。蒴果近球形，直径 6-7mm，果瓣 4，三角形，长 1.5-2mm，伸出被丝托外 2-2.5mm。花期：5-9 月，果期：7-11 月。

产地：仙湖植物园（王定跃等 763），本市各公园和公共绿地常有栽培。

分布：原产澳大利亚东北部。浙江、福建、台湾、广东、香港、海南、广西、湖南、四川及云南有栽培。

用途：适作园林绿化树。

图 490 窿缘桉 Eucalyptus exserta
1. 分枝的一段、叶及伞形花序和果序（花蕾示被丝托和帽状体）；2. 花。（崔丁汉绘）

5. 桃金娘属 Rhodomyrtus（DC.）Reich.

灌木或乔木。叶对生，具离基 3-5 出脉。花较大，1-3 朵排成聚伞花序，腋生；被丝托钟形、卵球形或近球形；萼片 4-5 枚，革质，宿存；花瓣玫瑰红色至白色，与萼片同数；雄蕊多数，分离，排成多列，花丝丝状，短于花瓣，花药丁字着生或近基部着生，纵裂；子房下位，与被丝托贴生，1-3(-4) 室，每室有胚珠 2 列，或于 2 列胚珠间出现假隔膜而成 2-6 室，有时假隔膜横列，把子房分割为上下叠置的多数假室，柱头头状或盾状。浆果卵球形或球形，有多数种子。种子扁平，肾形或近圆形，种皮硬，胚弯曲或螺旋状。

约 18 种，分布于热带亚洲、澳大利亚和太平洋西南岛屿。我国有 1 种。深圳亦有。

桃金娘 岗稔 Downy Rosemyrtle 　　　　　　　　　　图 491　彩片 484 485

Rhodomyrtus tomentosa（Aiton）Hassk. Flora **25**（Beibl.）：35. 1842.

Myrtus tomentosa Aiton, Hort. Kew. **2**：159. 1789.

灌木，高 0.6-2m。嫩枝被白色长柔毛。叶柄长 4-7mm，被茸毛；叶片革质，椭圆形或倒卵形，长 3-7cm，宽 1-5cm，基部阔楔形或楔形，边缘全缘，先端钝或圆，常微凹，稀短渐尖，下面有灰色茸毛，上面初时有毛，后变无毛，离基 3 出脉，侧脉每边 7-8 条，网脉明显。花 1-3 朵腋生；花梗长 1.5-2cm；花开时直径 2-4cm；被丝托倒卵形，长 6mm，与萼片的两面均被灰色茸毛；萼片 5，近圆形，长 4-5mm，宿存；花瓣 5，初开时玫瑰红色，后渐变白色，倒卵形，长 1.5-2cm；雄蕊红色，长 7-8mm；子房与被丝托贴生，3 室，花柱长 1cm。浆果卵状壶形，直径 1-1.5cm，熟时紫黑色，密被茸毛。种子每室 2 列。花期：4-6 月，果期：6-9 月。

产地：梧桐山（深圳考察队 1327）、仙湖植物园（王定跃 89300）、内伶仃岛（徐有财 2103），本市各地常见。生于向阳丘陵坡地，为酸性土指示植物，海拔 100-400m。

分布：浙江、江西、福建、台湾、广东、香港、澳门、海南、广西、湖南、贵州和云南。日本、印度、斯里兰卡、缅甸、泰国、越南、老挝、柬埔寨、菲律宾、马来西亚和印度尼西亚。

用途：根入药，治慢性痢疾、风湿、肝炎等症；果美味可食，可酿酒或制果酱。

6. 水翁属 Cleistocalyx Blume

乔木。叶对生，具叶柄；叶片具羽状脉，有明显的腺点。花序为聚伞圆锥花序，具多数花；苞片小，早落；花有梗或无梗；被丝托倒圆锥形或钟形；萼片合生成一帽状体，花开时常整块脱落；花瓣 4-5 枚，分离，覆瓦状排列，常附于帽状体上并与之一起脱落；雄蕊多数，分离，排成多轮，花药卵形，背部着生，纵裂；子房下位，2 室，每室有数个胚珠，花柱短于花药，柱头稍扩大。果为核果状浆果，顶端有宿存的环状的萼檐。种子 1 颗，子叶厚，种皮薄。

约 20 种，分布于亚洲热带及澳大利亚。我国有 2 种。深圳有 1 种。

水翁 水榕 Operculate Water-fig

图 492　彩片 486 487

Cleistocalyx nervosum（DC.）Kosterm. in Bull. Bot. Surv. India **29**（1-4）：17. 1987.

Eugenia operculata Roxb. Fl. Ind. ed. 2, **2**：486. 1832.

Cleistocalyx operculatus（Roxb.）Merr. & L. M. Perry in J. Arnold Arbor. **18**：337. 1937；广州植物志 206.1956；海南植物志 **2**：22. 1965；广东植物志 **3**：196, fig. 135.1995.

图 491 桃金娘 Rhodomyrtus tomentosa
1. 分枝的上段、叶及花（花蕾示被丝托和萼片）；2. 浆果。（崔丁汉绘）

图 492 水翁 Cleistocalyx nervosum
1. 分枝的一段、叶及圆锥花序；2. 花纵剖面，除去花萼和花冠，示被丝托、雄蕊和雌蕊；3. 果。（崔丁汉绘）

乔木，高 10-15m。树皮灰褐色；分枝多，小枝近圆柱形或四棱柱形。叶柄长 1-1.6cm；叶片近革质，阔卵状长圆形或长椭圆形，长 7-20cm，宽 3.5-7cm，基部钝或渐狭，边缘全缘，先端急尖或渐尖，钝头，干时背面常有黑色斑点，侧脉每边 8-12 条，纤细，仅在背面明显，边脉离叶边约 2mm。聚伞圆锥花序常生于无叶的老枝的叶痕腋处，稀生于叶腋或顶生，长 6-10cm，末回花序分枝略呈四棱柱形；花小，近无花梗；被丝托钟状，长约 3mm，有腺点；萼片合生成帽状，顶端尖，花开时常整块脱落；花瓣 4，有腺点，与帽状体一同脱落；雄蕊多数，花丝丝状；子房下位，花柱长约 4mm。果近球形，直径 0.7-1cm，熟时深红色至紫黑色。花期：5-7 月，果期：7-8 月。

产地：深圳水库（王国栋等 5827）、梧桐山（张寿洲等 3653）、仙湖植物园（王定跃 90758），本市各地常见。生于水旁或山谷水旁，海拔 50-500m。

分布：广东、香港、澳门、海南、广西、云南和西藏。印度、斯里兰卡、缅甸、泰国、越南、马来西亚、印度尼西亚和澳大利亚北部。

用途：花和叶供药用，果可食。

7. 蒲桃属 **Syzygium** Gaertn.

常绿灌木或乔木。分枝有时具 2-4 棱，通常无毛。叶对生，少数轮生，稀互生，具柄或近无柄；叶片革质，具羽状脉，有透明腺点。花 3 朵至多数，排成聚伞花序，单一或数个再组成聚伞圆锥花序，顶生或腋生；苞片小，花后脱落；被丝托倒圆锥形，有时棒状或漏斗形；萼片 4-5，稀更多，花开后脱落或宿存；花瓣 4-5，稀更多，合生成帽状体并一起脱落，很少分离而逐渐脱落；雄蕊多数，分离，稀基部合生，花丝在花蕾时内弯，花药丁字着生，药室纵裂，药隔顶端有腺体；子房下位，2 室，稀 3 室，每室有胚珠多颗。果为核果状浆果，顶部有宿存的环状萼檐。种子 1-2 颗，假种皮与果皮多少粘合，胚直，子叶厚，合生。

约 1200 种，主要分布于亚洲热带和亚热带、非洲热带、澳大利亚、新喀里多尼亚、新西兰和太平洋岛屿。我国有 77 种。深圳有 10 种。

1. 叶片侧脉间相隔 0.6-1cm；花冠直径 1-4cm。
  2. 叶片基部圆形或浅心形；花冠直径 1-1.2cm ···················· 1. 洋蒲桃 **S. samarangense**
  2. 叶片基部阔楔形；花冠直径 3-4cm ······························ 2. 蒲桃 **S. jambos**
1. 叶片侧脉间相隔 1-5mm；花冠直径小于 1cm。
  3. 嫩枝四棱柱形。
    4. 被丝托漏斗状，长 6-9mm；花瓣合生成帽状体 ··············· 3. 子凌蒲桃 **S. championii**
    4. 被丝托倒圆锥形，长 2-4mm；花瓣分离。
      5. 叶通常 3 片轮生，叶片条形、狭长圆形或披针形 ··········· 4. 轮叶蒲桃 **S. grijsii**
      5. 叶对生，稀 3 片轮生，叶片椭圆形或阔椭圆形 ············ 5. 赤楠 **S. buxifolium**
  3. 嫩枝压扁或圆柱形。
    6. 花瓣合生成帽状体 ··· 6. 香蒲桃 **S. odoratum**
    6. 花瓣分离。
      7. 嫩枝、花序轴和花梗有秕糠状的短毛 ···················· 7. 山蒲桃 **S. levinei**
      7. 嫩枝、花序轴和花梗无秕糠状的短毛。
        8. 花序长 7-11cm；叶柄长 1-2cm ····················· 8. 乌墨 **S. cumini**
        8. 花序长 1-2cm。
          9. 叶柄长 0.8-1cm；叶片先端尾状或渐尖；花有花梗；花瓣长约 2mm ··········
          ·· 9. 卫矛叶蒲桃 **S. euonymifolium**
          9. 叶柄长 2-4cm；叶片先端渐尖或骤尖；花近无花梗；花瓣长仅 1mm ··········
          ·· 10. 红鳞蒲桃 **S. hancei**

1. 洋蒲桃 连雾 Samarang's Syzygium

图 493　彩片 488 489

Syzygium samarangense（Blume）Merr. & L. M.
Perry in J. Arnold Arbor. **19**：115. 1938.

Myrtus samarangensis Blume，Bijdr. **17**：
1084-1085. 1826.

　　乔木，高 8-12m，全株无毛。小枝圆柱状或略
压扁。叶柄长 2-3mm；叶片革质，椭圆状长圆形，长
10-22cm，宽 5-8cm，基部圆形或浅心形，边缘全缘，
先端圆或钝渐尖，干时黄褐色，背面散生腺点，侧脉
12-16 对，下面凸起，侧脉间相隔 0.6-1cm，离边缘
5-7mm 处互相结合成 1 明显的边脉，网脉明显。花数
朵排成顶生或腋生的聚伞花序；花蕾梨形，长 1.5-2cm；
被丝托倒圆锥形，长 0.7-1cm，顶端直径约 8mm，密
生小腺点；萼片 4 枚，宿存，圆形，稍不等，边缘膜质；
花冠直径 1-1.2cm；花瓣圆形，白色；雄蕊多数，长于
花瓣。果梨形或圆锥体形，肉质，淡粉红色或洋红色，
光亮如蜡，长 3-5cm，顶端中央凹陷，有宿存的厚肉质、
内弯的萼片，具种子 1 颗。花期：3-4 月，果期：5-6 月。

　　产地：仙湖植物园（李沛琼 3623），本市各地常
有栽培。

　　分布：原产泰国、马来西亚、印度尼西亚和巴布
亚新几内亚。我国台湾、福建、广东、香港、澳门、
海南、广西、云南和四川常见栽培。

　　用途：果味甜，供食用，为著名的水果。

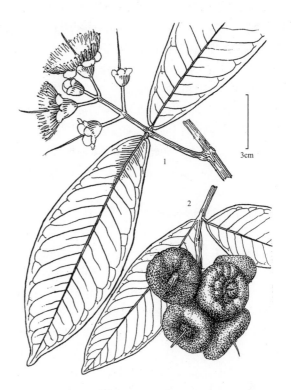

图 493 洋蒲桃 Syzygium samarangense
1. 分枝的一段、叶及聚伞花序；2. 果序。（余汉平绘）

2. 蒲桃 水蒲桃 Rose-apple

图 494　彩片 490 491

Syzygium jambos（L.）Alston，Handb. Fl. Ceylon
6：115. 1931.

Eugenia jambos L. Sp. Pl. **1**：470. 1753.

　　乔木，高达 10m，全株无毛。小枝压扁或近四棱
柱形。叶柄粗厚，长 5-8mm；叶片革质或厚纸质，披
针形至长圆状披针形，长 10-17cm，宽 3-4.5cm，基
部阔楔形，先端长渐尖，两面密生透明小腺点，侧
脉 12-16 对，靠近边缘约 2mm 处结合成一边脉，侧
脉间隔 0.7-1cm，在下面明显突起，网脉明显。花序
为简单二歧或复二歧聚伞花序，顶生，有花数朵；花
序梗长 1-1.5cm；花梗长 1-2cm；被丝托倒圆锥形，长
0.8-1cm，密生腺点；萼片 4，宽卵形，宿存；花冠
直径 3-4mm；花瓣绿白色，分离，阔卵圆形，长约
1.2-1.5cm，外面亦有腺点；雄蕊多数，长 2.2-2.8cm，
花药椭圆状长圆形；子房顶端凹陷，花柱与雄蕊等长。
果球形或卵球形，直径 2.5-5cm，成熟时黄色，有油

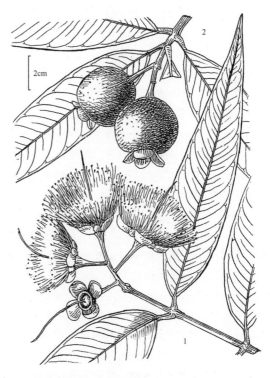

图 494 蒲桃 Syzygium jambos
1. 分枝的上段、叶及聚伞花序；2. 果序。（余汉平绘）

腺点,顶端有宿存的萼片。种子 1-2 粒。花期:3-4 月,果期: 5-6 月。

产地:七娘山(张寿洲等 0247)、南澳(张寿洲等 0753)、羊台山(深圳植物志采集队 013669),本市各地常见栽培或逸生。生于海边杂木林中、河边或山溪边,海拔 100-250m。

分布:可能原产于亚洲东南部和马来西亚西部。福建、台湾、广东、香港、澳门、海南、广西、贵州、四川和云南有栽培或逸生。

用途:果可食用,为常见的水果。

3. 子凌蒲桃 灶地乌骨木 Champion's Syzygium

图 495　彩片 492

Syzygium championii(Benth.)Merr. & L. M. Perry in J. Arnold Arbor. **19**: 219. 1938.

Acmena championii Benth. in J. Bot. Kew Gard. Misc. **4**: 118. 1852.

灌木至乔木,高 6-18m,全株无毛。枝灰色,嫩枝四棱柱形,干后灰白色。叶柄长 2-3mm;叶片革质或纸质,狭长圆形至椭圆形,长 3-6cm,宽 1-2cm,基部阔楔形,先端渐尖或近尾状,两面干后灰绿色,不发亮,侧脉多而密,近于水平斜出,脉间相距约 0.8mm,边脉贴近边缘。聚伞花序顶生或腋生,长约 2cm,有花 3-10 朵;花序梗长 5-7mm;花蕾棒状,长约 1cm,下部狭窄;花梗短,长约 5mm;被丝托漏斗状,长 6-9mm;萼片 4,甚短或不明显;花瓣白色或粉红色,合生成帽状体,长约 3mm;雄蕊长 3-4mm;花柱与雄蕊等长。果倒卵状长椭圆体形,长 1-1.2cm,熟时红色,干后有浅直沟,顶端有宿存的花萼。种子 1-2 颗。花期: 8-10 月,果期: 9-12 月。

产地:七娘山(张寿洲等 5351)、排牙山(王国栋 7091)、梅沙尖(张寿洲等 010987)。生于水旁或常绿林中,海拔 200-500m。

分布:广东、香港、海南和广西。越南。

4. 轮叶蒲桃 Whorl-leaved Syzygium　图 496

Syzygium grijsii(Hance)Merr. & L. M. Perry in J. Arnold Arbor. **19**: 233. 1938.

Eugenia grijsii Hance in J. Bot. **9**: 5. 1871.

常绿灌木,高 1-1.5m。嫩枝 4 棱柱形,干后黑褐色。叶常 3 枚轮生;叶柄长 1-2mm;叶片革质,条形、狭长圆形或披针形,长 1.5-2.5cm,宽 5-7mm,基部楔形,先端钝或急尖,下面浅灰色,多腺点,上面干后暗褐色,

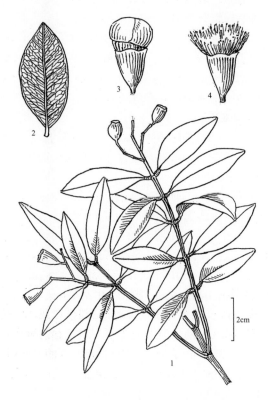

图 495 子凌蒲桃 Syzygium championii
1. 分枝的一段、叶及果序;2. 叶片的下面,示叶脉;3. 花蕾,示将脱落的帽状体;4. 花,示被丝托、雄蕊及花柱。(余汉平绘)

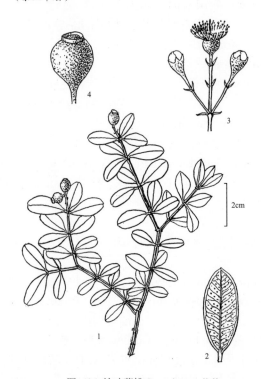

图 496 轮叶蒲桃 Syzygium grijsii
1. 分枝的一段、叶及果序;2. 叶片的下面,示叶脉及腺点;3. 聚伞花序(花蕾的被丝托、萼片及帽状体);4. 果。(余汉平绘)

侧脉较密,斜向上,彼此相隔约 1.5mm,边脉接近边缘。花序为简单二歧聚伞花序或复二歧聚伞花序,顶生,长 1-1.5cm,少花;花梗长 3-4mm;被丝托倒圆锥形,长约 2mm,萼片 4,甚短,长约 1mm;花瓣白色,4 枚,分离,近圆形,长约 2mm;雄蕊长约 5mm;花柱与雄蕊等长。果球形,直径约 5mm,顶端有宿存的花萼。花期:4-6 月,果期:6-9 月。

产地:七娘山(邢福武等 167,IBSC)。生于灌丛中,海拔约 500m。

分布:安徽、浙江、江西、福建、广东、广西、湖南、湖北和贵州。

5. 赤楠 假黄杨 Box-leaved Syzygium

图 497　彩片 493 494

Syzygium buxifolium Hook. & Arn. Bot. Beechey Voy. 187. 1833.

灌木或小乔木,高 1-6m,全株无毛。嫩枝四棱柱形,干后黑褐色。叶对生,稀 3 片轮生;叶柄长 2mm;叶片革质,阔椭圆形至椭圆形,长 1-5cm,宽 0.6-2.5cm,基部阔楔形或钝,先端圆或钝,有时有短尖,下面有腺点,上面干后暗褐色,侧脉多而密,斜行向上,脉间相距 1-1.3mm,离边缘 1-1.5mm 处结合成边脉,在上面不明显,在下面稍突起。复二歧聚伞花序顶生或腋生,长约 1.5-4cm,有花数朵;花梗长 1-2mm;被丝托倒圆锥形,长 2-4mm;萼片甚短或几不明显,无毛,有腺点;花冠直径约 5mm;花瓣 4 枚,白色,分离,长 2mm;雄蕊多数;花柱与雄蕊等长。果卵球形,直径 5-9mm,顶端有宿存花萼,紫黑色,内有种子一颗。花期:6-8 月。

产地:七娘山(曾治华等 010892)、三洲田(深圳考察队 97)、莲花山公园(李沛琼等 010226)、本市各地常见。生于密林、灌丛或山顶,海拔 50-900m。

分布:安徽、浙江、江西、福建、台湾、广东、香港、澳门、海南、广西、湖南、湖北、贵州和四川。日本南部和越南。

用途:材用;果可食用或酿酒。

6. 香蒲桃 Fragrant Syzygium　　图 498　彩片 495

Syzygium odoratum(Lour.)DC. Prodr. **3**:260. 1828.

Opa odorata Lour. Fl. Cochinch. **1**:309. 1790.

常绿小乔木,高 5-15m,全株无毛。嫩枝纤细,圆柱形或略压扁。叶柄长 4-6mm;叶片革质,长椭圆形或卵状披针形,长 3.5-7cm,宽 1-2.5cm,基部阔楔形,全缘,先端尾状渐尖,上面有光泽,多下陷的

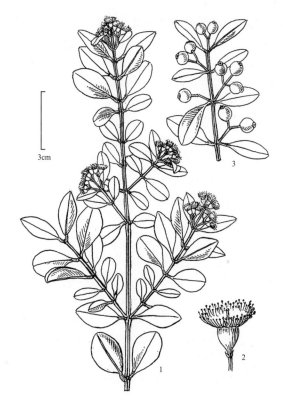

图 497 赤楠 Syzygium buxifolium
1.分枝的上段、叶及聚伞花序;2.花;3.果序。(余汉平绘)

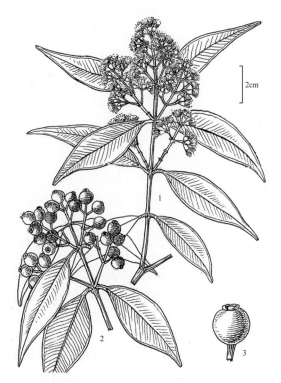

图 498 香蒲桃 Syzygium odoratum
1.分枝的一段、叶及聚伞圆锥花序;2.果序;3.果。(余汉平绘)

腺点，侧脉多而密，彼此相隔约 2mm，在背面稍突
起，斜向上，在近边缘 1mm 处结合成边脉。聚伞圆
锥花序顶生或近顶生，长 2-5cm，具多数花；花梗长
2-3mm，被白粉；花蕾长梨形或倒卵球形，下部渐狭；
被丝托倒圆锥形，长约 3mm，被白粉；萼片 4-5，短
而阔，近圆形，长约 1mm；花瓣白色，合生成帽状
体，直径 2-2.5mm；雄蕊长 3-5mm；花柱与雄蕊等长。
果球形，直径 6-7mm，顶端有宿存的萼片，稍被白粉。
花期：4-7 月，果期：6-10 月。

　　产地：西涌（王国栋等 6029）、南澳（张寿洲
6118）、小梅沙（陈谭清 3228）。生于海边平地疏林中，
海拔 0-50m。各公园常有栽培。

　　分布：广东、香港、澳门、海南和广西。越南。

　　用途：树形优美，适作园林观赏树。

7. 山蒲桃 白车 Wild Syzygium 　　　图 499
Syzygium levinei（Merr.）Merr. & L. M. Perry in
J. Arnold Arbor. **19**：110. 1938.

Eugenia levinei Merr. in Lingnan Sci. J. **13**：39.
1934.

　　常绿灌木或乔木，高 8-15m。嫩枝圆柱形，有糠
秕状短毛，干后灰白色。叶柄长约 6mm；叶片革质，
椭圆形或卵状椭圆形，长 4-9cm，宽 1.5-2.5cm，基
部楔形或渐狭，边缘全缘，先端渐尖，两面有小腺点，
无毛，侧脉 12-15 对，斜向上，脉间相隔约 2-3mm，
在距叶缘约 0.5-1mm 处结成一边脉。聚伞圆锥花序
顶生和生于上部叶腋，长 4-6cm，多花；花序轴和
花梗均有糠秕状短毛；花梗长 1-2mm；花蕾倒卵形，
长 4-5mm；花小；被丝托陀螺状，长约 3mm；萼片短，
近圆形，长约 1mm；花瓣 4 枚，白色，近圆形，长
2.5-3mm，分离，有斑点；雄蕊多数，长约 5mm；
子房顶端凹下，花柱略短于雄蕊。果近球形，直径
约 7mm，光滑，顶端有宿存的花萼，具一粒种子。
花期：7-9 月，果期：8-11 月。

　　产地：七娘山（张寿洲等 0310）、南澳、笔架山、
盐田（李沛琼 012879）、梧桐山（王国栋等 6253）、内
伶仃岛。生于疏林中，海拔 100-500m。

　　分布：广东、香港、澳门、海南和广西。越南。

8. 乌墨 海南蒲桃 Duhat
　　　　　　　　　　　图 500　彩片 496 497
Syzygium cumini（L.）Skeels in U. S. D. A. Bur.
Pl. Industr. Bull. **248**：25. 1912.

Myrtus cumini L. Sp. Pl. **1**：474. 1753.

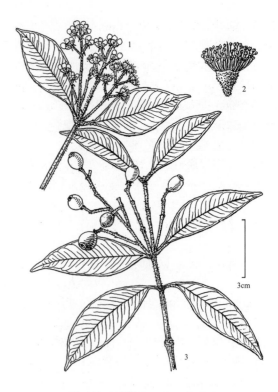

图 499 山蒲桃 Syzygium levinei
1. 分枝的一段、叶及聚伞圆锥花序；2. 花；3. 果序。（余
汉平绘）

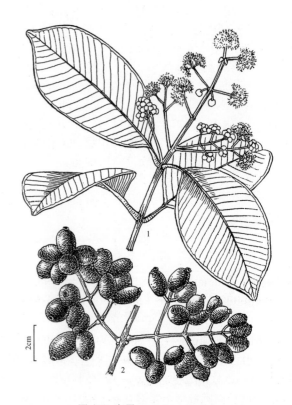

图 500 乌墨 Syzygium cumini
1. 分枝的上段、叶及聚伞圆锥花序；2. 果序。（余汉平绘）

乔木，高 5-15m。嫩枝圆柱形，干后灰白色，小枝圆柱形或稍压扁。叶柄长 1-2cm；叶片革质，阔椭圆形至狭椭圆形，长 5-13cm，宽 3-7cm，基部楔形，边缘全缘，先端圆钝或具短尖，无毛，下面浅灰色，上面光亮，两面密生小腺点，侧脉多而密，纤细，两面明显，脉间相距 1-1.2mm，在距叶边缘 1-2mm 处汇合成一边脉。花序为聚伞圆锥花序，腋生或生于老枝上，有时顶生，长 7-11cm，多花；花蕾倒卵形；花有短梗，芳香；被丝托倒圆锥形，长约 5mm，顶端截平或有不明显的 4 萼片；花瓣分离，白色，圆形，光滑，直径约 2.5mm；雄蕊多数，长 4-5mm。果卵球形、橄榄形至球形，长 1-2cm，宽 0.5-1cm，无毛，熟时紫红色至黑色，顶端有宿存的花萼。种子 1 颗。花期：3-5 月。

产地：仙湖植物园（李沛琼 90660）、莲塘（李沛琼 3155）、东湖公园（王定跃 89541），本市各地普遍栽培。

分布：福建、台湾、广东、香港、澳门、海南、广西和云南。栽培或野生。印度、斯里兰卡、不丹、尼泊尔、泰国、越南、马来西亚、印度尼西亚和澳大利亚。

用途：常用作行道树和园林绿化树；果实可食。

9. 卫矛叶蒲桃 Euonymus-leaved Syzygium

图 501　彩片 498

Syzygium euonymifolium（F. P. Metcalf）Merr. & L. M. Perry in J. Arnold Arbor. **19**：242. 1938.

Eugenia euonymifolia F. P. Metcalf in Lingnan Sci. J. **11**：22. 1932.

乔木，高 8-12m。嫩枝圆柱形或压扁，有微柔毛，老枝灰白色。叶柄长 0.8-1cm；叶片薄革质，阔椭圆形，长 4-7cm，宽 2-3cm，基部楔形，下延，先端尾状或渐尖，两面多小腺点，无毛，侧脉平行，脉间相距 3-5mm，在上面明显，在下面稍突起，斜向上，靠近边缘 1mm 处结合成边脉。复二歧聚伞花序腋生，长约 1cm，有花 5-11 朵；花蕾长约 2.5mm；花梗长 1-1.5mm；被丝托倒圆锥形，长 1.5-2.5mm；萼片 4，短而钝，长约 1mm；花瓣圆形，分离，长约 2mm；雄蕊长约 3mm；花柱与雄蕊等长。果球形，直径 6-7mm，光滑，先端有宿存的花萼。花期：5-8 月，果期：7-10 月。

产地：七娘山（邢福武等 12233，IBSC）、南澳、内伶仃岛（张寿洲等 3776）。生于常绿阔叶林中，海拔 250-300m。

分布：福建、广东、香港、海南和广西。

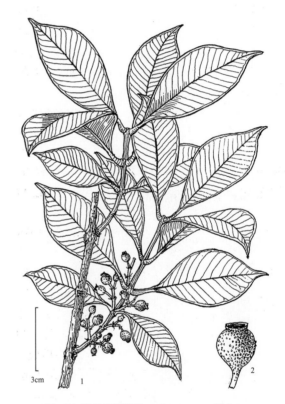

图 501 卫矛叶蒲桃 Syzygium euonymifolium
1. 分枝的一段、叶及果序；2. 果。（余汉平绘）

10. 红鳞蒲桃 红车木 Hance's Syzygium

图 502　彩片 499 500

Syzygium hancei Merr. & L. M. Perry in J. Arnold Arbor. **19**：242. 1938.

灌木或小乔木，高 5-15m，全株无毛。嫩枝圆柱形，红褐色，干后变黑褐色。叶柄长 2-4mm；叶片革质，椭圆形、狭长圆形或倒卵形，长 2.5-8cm，宽 1.5-3.8cm，基部楔形或阔楔形，边缘全缘，略背卷，先端渐尖或骤尖，有时微凹，干时暗褐色或黄褐色，上面有多数小而下陷的腺点，侧脉斜向上，脉间相聚 2-3mm，不明显或在下面稍明显，边脉距边缘 0.5mm。聚伞圆锥花序腋生或顶生，少花，长 1-2cm；花近无梗；花蕾倒卵球形，长约 2mm；被丝托倒圆锥形，常有棱角，长不及 2mm；无明显的萼片；花瓣圆形，分离，白色，长约 1mm；花柱不伸出或稍伸出。果椭圆体形或近球形，长约 1cm，成熟时紫黑色。花期：6-9 月，果期：7-11 月。

产地：西涌（王国栋等 6030）、仙湖植物园（王定跃 89287）、田心山（华农仙湖采集队 SCAUF510），本市各地常见。生于疏林中或灌丛中，海拔 0-450m。

分布：福建、广东、香港和广西。越南。

8. 肖蒲桃属 Acmena DC.

乔木或灌木。叶对生；叶片具羽状脉，边缘全缘，有油腺点。花小，两性，排成聚伞花序或聚伞圆锥花序；苞片小，花后脱落；被丝托陀螺形、半球形或杯形；萼片 4-5 枚，短小或不明显，在花蕾时内卷；花瓣极微小，5 片，分离或合生成一脱落的帽状体；雄蕊极多数，分离，排成数轮，生于花盘上，花丝短，花药小，2 室，分叉，药室球形，顶孔开裂；子房下位，与被丝托贴生，2-3 室；胚珠少数，弯生，花柱短，下部稍粗厚。果近球形，顶端有环状的萼檐，有种子 1 颗。种皮与果皮粘合，胚不弯曲，不分裂。

约 11 种，分布于印度、马来西亚、印度尼西亚至澳大利亚。我国产 1 种。深圳亦产。

肖蒲桃 Sharp-leaved Acmena　　图 503

Acmena acuminatissima（Blume）Merr. & L. M. Perry in J. Arnold Arbor. **19**：205. 1938.

Myrtus acuminatissima Blume, Bijdr. **2**：1088. 1826.

乔木，高 5-16m。小枝圆柱形或有钝棱，无毛。叶柄长 5-8mm；叶片薄革质，卵状披针形或狭披针形，长 5-12cm，宽 1-4cm，基部阔楔形，先端渐尖，上面干后暗色，多油腺点，两面无毛，侧脉多而密，斜向上，在下面可见，在上面不明显，彼此连结而成一边脉，边脉离叶缘约 1.5mm。聚伞圆锥花序长 3-7cm，顶生和生于枝上部叶腋，疏散；花序梗和花序轴均无毛，花序分枝有棱；花蕾倒卵球形，长 3-4mm；花梗甚短；花小，直径约 3mm；被丝托小，杯状，长约 1mm，顶端近截平，边缘内卷；萼片不明显；花瓣近圆形，白色，长约 1mm，分离；雄蕊极短，短于花瓣。果球形，直径 1-1.5cm，熟时黑紫色。花期 7-10 月，果期 10-12 月。

产地：七娘山（邢福武等 无号，IBSC）、南澳、梧桐山（李沛琼 3215）。生于林中，海拔 50-150m。

分布：台湾、广东、香港、海南和广西。印度、缅甸、泰国、菲律宾、马来西亚、印度尼西亚、巴布亚新几内亚和太平洋岛屿。

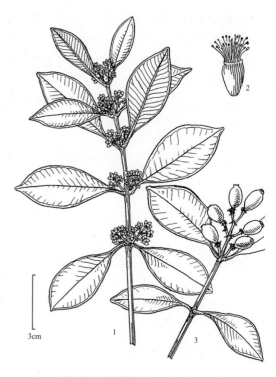

图 502 红鳞蒲桃 Syzygium hancei
1. 分枝的上段、叶及聚伞圆锥花序；2. 花；3. 果序。（余汉平绘）

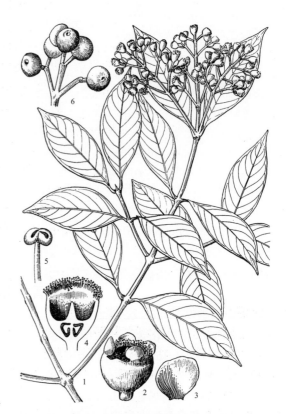

图 503 肖蒲桃 Acmena acuminatissima
1. 分枝的一段、叶及聚伞圆锥花序；2. 花；3. 花瓣；4. 花的纵切面，示被丝托、雄蕊和雌蕊；5. 雄蕊；6. 果序。（崔丁汉绘）

9. 番石榴属 Psidium L.

乔木或灌木。树皮平滑；嫩枝有毛。叶对生；叶片全缘，具羽状脉。花较大，单生或 2-3 朵排成聚伞花序，腋生，4-5 基数；苞片 2；被丝托钟形或梨形；萼片 4-5，在花蕾时连结而闭合，开花时开展并分离，宿存；花瓣 4-5 枚，白色；雄蕊多数，离生，排成多轮，着生于花盘上，花药椭圆状，基部着生，药室平行，纵裂；子房下位，与被丝托贴生，4-5 室，每室有胚珠多颗，花柱线形，柱头扩大。果为球形或梨形的肉质浆果，顶端有宿存萼片，胎座发达，肉质。种子多数，种皮坚硬，胚弯曲，胚轴长，子叶短。

约 150 种，产于美洲热带。我国引入栽培 2 种。深圳有栽培的 1 种。

番石榴 Common Guava

图 504　彩片 501 502

Psidium guajava L. Sp. Pl. **1**: 470. 1753.

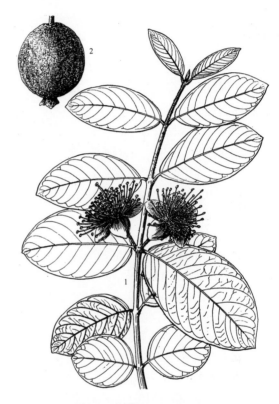

灌木或小乔木，高 6-12m。树皮片状脱落，红褐色；幼枝具四棱，被柔毛。叶柄甚短，长 4-5mm，被微柔毛；叶片革质，长圆形至椭圆形，长 5-12cm，宽 2.5-6cm，基部圆或钝，边缘全缘，先端急尖或钝，下面密被微柔毛，上面疏被微柔毛或无毛，侧脉 12-15 对，上面凹入，下面凸起，网脉明显。花芳香，直径约 2.5cm，单生或 2-3 朵排成聚伞花序，腋生；花序梗长 1-2.5cm，与花萼同被灰色的短柔毛；被丝托钟形，长约 5mm，被短柔毛；萼片绿色，厚，近圆形，长 7-8mm；花瓣白色，长圆形或倒卵形，长 1.5-2cm，宽约 1.2cm；雄蕊多数，花丝与花瓣等长；子房下位，与被丝托贴生，花柱与雄蕊等长。浆果球形、卵球形或梨形，长 2.5-8cm，顶端有宿存的萼片，果肉白色、黄色或胭脂红色，胎座白色或淡红色。种子多数。花期 4-6 月，果期：8-10 月。

产地：七娘山（邢福武等 12401，IBSC）、葵涌（张寿洲等 0743）、内伶仃岛（张寿洲等 3764）。本市各地也常有栽培或逸生，海拔 0-600m。

图 504 番石榴 Psidium guajava
1. 分枝的上段、叶及花；2. 浆果。（崔丁汉绘）

分布：原产南美洲，现广布于各热带地区。台湾、福建、广东、香港、澳门、海南、广西、贵州、四川和云南均有栽培或逸生。

10. 番樱桃属 Eugenia L.

常绿乔木或灌木。叶对生，具柄；叶片边缘全缘，具羽状脉。花具短梗，两性，单生或数朵簇生于叶腋，4 基数；被丝托短钟形；萼片 4；花瓣 4；雄蕊多数，于花蕾时弯曲，药室平行，纵裂；子房 2-3 室，每室有多数胚珠。果为浆果，顶部有宿存萼片，果皮薄，与种子分离。种子常 1 枚；种皮平滑而亮，有时骨质；胚直生，肉质，子叶不分裂。

约 100 种，主要产于美洲热带，非洲、马达加斯加、马斯克林群岛、亚洲南部和东南部、太平洋岛屿、新喀里多尼亚及澳大利亚。我国引种栽培 2 种。深圳栽培 1 种。

红果仔 棱果蒲桃 毕当茄 Pitanga

图 505 彩片 503

Eugenia uniflora L. Sp. Pl. **1**：470. 1753.

灌木或小乔木，高 2-5m。全株无毛。叶柄甚短，长约 1.5mm；叶片纸质，卵形至卵状披针形，长 3-4cm，宽 1.5-3cm，基部圆形或微心形，先端渐尖，钝头，下面有透明的腺点，上面绿色，有光泽，侧脉每边 4-5 条，稍明显，斜出，离边缘约 2mm 处汇成边脉。花微芳香，单生或数朵簇生于叶腋，短于叶；被丝托甚短；萼片 4 枚，长椭圆形，长 4-5mm，外面有腺点，与花瓣的边缘均被柔毛，向外反折；花瓣白色，长 6-7mm。浆果扁球形，直径 1-2cm，有 8 个棱，熟时深红色，有种子 1-2 颗。花期：4-6 月，果期：6-8 月。

产地：仙湖植物园（王定跃 2867）、莲花山公园（曾春晓 010220），本市各公园及公共绿地均有栽培。

分布：原产于巴西。台湾、福建、广东、香港、澳门、广西、四川及云南有栽培。

用途：为优良的观果植物；果味甜，可食。

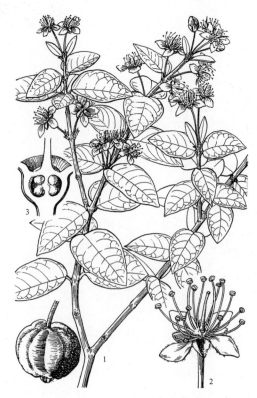

图 505 红果仔 Eugenia uniflora
1. 分枝的一部分、叶及花；2. 花；3. 被丝托及子房的纵切面；4. 浆果。（崔丁汉绘）

195. 石榴科 PUNICACEAE

王　晖

落叶灌木或小乔木。分枝顶端常尖锐成长刺。单叶对生或近对生，有时簇生于侧枝顶端，无托叶；叶片边缘全缘。花顶生，单生或 2-5 朵组成聚伞花序；花两性，辐射对称；花萼厚革质，萼筒近钟形，与子房贴生并长于子房，裂片 5-9 枚，镊合状排列，宿存；花瓣 5-9 枚，多皱褶，红色或白色，覆瓦状排列；雄蕊多数，花丝分离，着生于萼筒边缘到子房顶部的萼筒内壁上，花药背着，2 室，药室纵裂；雌蕊由 7-9(-15)心皮组成，子房下位，胚珠多数，下面一层为中轴胎座，上面的为侧膜胎座，花柱长于雄蕊，柱头头状。果为浆果，球形，顶端具宿存萼裂片，果皮厚革质。种子多数，外种皮肉质，半透明，内种皮骨质。

1 属，2 种，分布于印度洋索科特拉岛、地中海地区和亚洲中部至东南部。我国引入栽培 1 种。深圳亦有栽培。

石榴属 Punica L.

属的形态特征和地理分布与科同。

石榴 安石榴 Pomegranate

图 506　彩片 504 505

Punica granatum L. Sp. Pl. **1**：472. 1753.

灌木或小乔木，高 2-3m，全株无毛。老枝圆柱状，枝和小枝具 4 棱，枝顶成尖锐的长刺。叶对生，近对生或在侧枝顶端簇生；叶柄长 0.2-1cm；叶片披针形、椭圆状倒披针形或长圆形，长 2-9cm，宽 1-2cm，上面光亮，基部楔形或宽楔形，边缘全缘，先端微凹、钝或具短尖。花萼厚革质，红色、橙色或浅黄色，萼筒长 2-3cm，裂片 5-9 枚，三角形，长 0.5-1cm，略外展；花瓣 5-9 枚，多皱褶，红色、橙色或白色，倒卵形，长 1.5-3cm，宽 1-2cm，先端圆或钝；雄蕊长 0.5-1.3cm，伸出或不伸出萼筒之外；子房 8-13 室，分为 2-3 层。浆果球形，直径 5-12cm，果皮革质，红色、红棕色或黄绿色，顶端具宿存萼裂片。种子多数，外种皮肉质，红色、粉红色或黄白色，半透明，内种皮骨质。花期：4-6 月，果期：5-10 月。

产地：仙湖植物园（李沛琼 3478）、东湖公园（徐有才 807428）、荔枝公园（李沛琼 2482），本市各公园普遍栽培。

分布：原产中亚。我国南北各地广泛栽培。世界各地亦广泛栽培。

用途：为常见的果树和花木，在我国栽培历史悠久，有若干栽培品种。在深圳常见的栽培品种有：

四季石榴 Punica granatum 'Nana'，植株矮小，高 30-50cm；叶片小，长 1-3cm；花、果均较小。全年开花结果。

白石榴 Punica granatum 'Albescens'，花单瓣，白色。

重瓣白石榴 Punica granatum 'Multiplex' 花重瓣，白色。

玛瑙石榴 Punica granatum 'Legrellei' 花重瓣，红色、粉红色，有白色条纹。

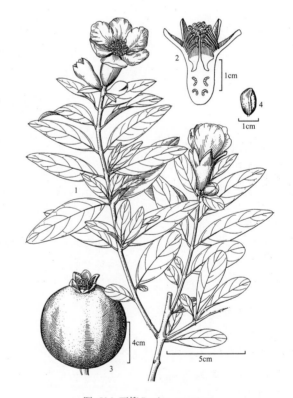

图 506 石榴 Punica granatum
1. 分枝的一段、叶、聚伞花序及小枝顶端的尖刺；2. 花纵剖面，除去花瓣，示花萼裂片、雄蕊及雌蕊；3. 浆果；4. 种子。（李志民绘）

196. 柳叶菜科 ONAGRACEAE

李良千　杜玉芬

一年生或多年生草本或半灌木，稀乔木，通常有表皮油细胞。单叶，螺旋状排列或对生，偶有轮生；托叶通常早落或不存在；叶片边缘全缘、有锯齿至羽状浅裂。花两性，偶有单性，辐射对称或两侧对称，通常 4 基数，少有 2 或 5 基数，腋生，排成穗状花序、总状花序或单生，稀为圆锥花序，除丁香蓼属（Ludwigia）外，均有明显的被丝托（hypanthium 是由花托、花被基部和雄蕊群基部愈合而成的结构）；萼片绿色或其他颜色，镊合状排列；花瓣与萼片同数，覆瓦状排列或旋转状排列，有的具瓣柄，稀无花瓣；雄蕊与萼片同数，排成一轮，或为萼片数的 2 倍，排成 2 轮，花药丁字着生或基部着生，2 室，纵裂；子房下位，室数与萼片同数，中轴胎座或侧膜胎座，每室有 1 至多颗胚珠，花柱 1，柱头头状、棍棒状或浅裂，裂数与萼片同数。果为蒴果、坚果或浆果。种子小，光滑或有各种纹饰，胚直，油质，无胚乳。

17 属，约 650 种，广布于温带和亚热带地区，尤以北美洲西部为多。我国有 6 属，64 种，其中 2 属为归化植物。深圳有 2 属，6 种。

1. 萼片花后宿存；被丝托不延长，故长度不超过子房；花（3-）4 或 5（-7）基数；蒴果不规则开裂、室背开裂、顶孔开裂或自顶端瓣状开裂 ……………………………………………………………… 1. **丁香蓼属 Ludwigia**
1. 萼片花后脱落；被丝托明显延长，故长度超过子房；花（3-）4 基数；蒴果室背开裂 …… 2. **月见草属 Oenothera**

1. 丁香蓼属 Ludwigia L.

柔弱草本，直立或匍匐，在节上生根，或为灌木，稀为小乔木，水生植物的茎常膨胀成海绵质或有白色海绵质的通气根。叶互生或对生；托叶细小，早落或无托叶；叶片边缘全缘。花两性，辐射对称，单生于上部叶腋或排成穗状花序、总状花序或簇生；小苞片 2 或无；被丝托不延伸，长度不超过子房；萼片（3-）4 或 5（-7），绿色，花后宿存；花瓣与萼片同数，黄色或白色，脱落或无花瓣；雄蕊与萼片同数或为其 2 倍，花药丁字着生，有时基部着生；花粉单体、四合或多合；子房室数与萼片相同，很少较多，先端扁平或锥状；在每一雄蕊着生的基部有 1 枚下陷的密腺，花柱单一，柱头头状或半球形，不裂或浅裂。果为一倒卵球形或圆筒形的蒴果，不规则室背开裂、顶孔开裂或自顶端瓣状开裂。种子多数，每室有 1 至数列，与内果皮分离或嵌入木质或海绵质的内果皮中；种脊小，明显，有的与种子的大小相等。

82 种，分布于全球热带，尤以美洲热带为多，少数至温带。我国产 9 种。深圳有 5 种。

1. 雄蕊与萼片同数。
　　2. 花瓣椭圆形或倒卵状长圆形；蒴果长圆状圆柱形，具 4 条纵棱，长 0.8-1.5cm；种子每室多列 …………………………………………………………………………………………………… 1. **细花丁香蓼 L. perennis**
　　2. 花瓣狭匙形；蒴果四棱柱状，长 1.5-2.3cm；种子每室 1 列 ……………… 2. **丁香蓼 L. prostrata**
1. 雄蕊数为萼片数的 2 倍。
　　3. 叶片先端钝；花梗长 3-4cm；萼片和花瓣均为 5；种子每室 1 列并嵌入硬的呈立方体状的内果皮里 ……………………………………………………………………………………………………… 3. **水龙 L. adscendens**
　　3. 叶片先端急尖；花梗短，长不超过 5mm；萼片和花瓣均为 4；种子每室多列或在果上部的每室多列，在果下部的 1 列。
　　　　4. 植株疏被硬毛；花梗长 2-5mm；萼片长 6-9mm；种子每室多列，种脊膨胀，与种子近等大 …………………………………………………………………………………………………… 4. **毛草龙 L. octovalvis**
　　　　4. 植株近无毛；花梗长 0.3-0.5mm；萼片长 2-4mm；种子在果上部的每室多列，在下部的一列并嵌入海绵质呈立方体状的内果皮里，种脊狭窄，宽为种子的 1/3 ……………… 5. **草龙 L. hyssopifolia**

1. 细花丁香蓼 Pink-leaved Seedbox　　　图 507

Ludwigia perennis L. Sp. Pl. **1**: 119. 1753.

Ludwigia caryophylla(Lam.)Merr. & F. P. Metcalf in Lingnan Sci. J. **16**: 396. 1937; 广州植物志 163. 1956; 海南植物志 **1**: 428, 图 234. 1964.

一年生草本; 有直根。茎多分枝, 高 0.2-1m, 近无毛或幼嫩部分疏被微柔毛。叶柄长 0.3-1.5cm, 具狭翅, 无毛; 叶片椭圆形或狭椭圆形, 稀披针形或条形, 长 1.7-11cm, 宽 0.2-2.5cm, 幼时沿下面中脉及边缘疏被短柔毛, 旋即变无毛, 侧脉每边 8-12 条, 基部狭楔形, 下延, 先端急尖。花单生于茎上部叶腋; 花梗甚短, 长不及 1mm(果时略延长); 萼片 4, 稀 5, 卵状披针形, 长 2-3.5mm, 宽 1-1.2mm, 无毛; 花瓣黄色, 椭圆形或倒卵状长圆形, 长 4-5mm, 宽 1.5-2.5mm; 雄蕊与萼片同数, 稀较多, 花丝长不及 1mm; 花盘顶端疏被短柔毛; 子房无毛, 花柱长 1-1.5mm, 柱头球形, 中间微凹。蒴果通常下垂, 长圆状圆柱形, 具 4 条纵脊, 长 0.8-1.5cm, 直径 3-5mm, 绿色带紫红色, 最后为淡褐色, 无毛或近无毛, 果皮薄, 成熟时不规则室背开裂, 顶端有宿存萼片。种子每室 2 至多列, 褐色, 有淡褐色的细纹, 种脊狭窄或不明显。花期: 4-6 月, 果期: 7-10 月。

产地: 南澳、葵涌、三洲田(张寿洲等 2712)、梅沙尖(深圳考察队 503)、梧桐山(深圳考察队 1948)。生于水旁、湿地或旷野, 海拔 50-150m。

分布: 江西、福建、台湾、广东、香港、海南、广西和云南南部。日本、印度、斯里兰卡、尼泊尔、不丹、孟加拉国、缅甸、菲律宾、马来西亚、印度尼西亚、非洲、马达加斯加、澳大利亚和新喀里多尼亚。

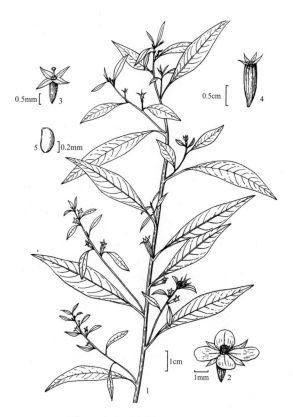

图 507 细花丁香蓼 Ludwigia perennis
1. 植株的一部分、叶及花; 2. 花; 3. 除去花瓣, 示被丝托、萼片、花柱和柱头; 4. 蒴果。(刘平绘)

2. 丁香蓼 Climbing Seedbox　　　图 508

Ludwigia prostrata Roxb. Fl. Ind. **1**: 441. 1820.

一年生草本, 高 25-60cm。茎直立或下部伏地而后上举, 多分枝, 具纵棱, 略带红紫色, 无毛或稍被微柔毛。叶柄长 0.5-2.5cm, 疏被微柔毛; 叶片椭圆形或狭椭圆形, 长 3-9cm, 宽 1.2-2.8cm, 两面近无毛或脉上疏被微柔毛, 侧脉每边 5-12 条, 基部楔形, 下延, 先端急尖。花单生于叶腋; 花梗甚短, 长约 0.5mm; 萼片 4, 卵状披针形或卵形, 长 1.5-3mm, 宽 0.8-1.2mm, 疏被微柔毛, 或无毛; 花瓣黄色, 狭匙形, 长 1.2-2.5mm, 宽 0.4-0.8mm; 雄蕊与萼片同数, 花丝长 0.5-0.6mm; 花柱长约 1mm, 柱头球形。蒴果四棱柱形, 长 1.5-2.3cm, 直径 1.5-2mm, 绿色稍带紫色, 成熟时淡褐色, 疏被微柔毛, 果皮薄, 成熟时不规则室背开裂, 顶端有宿存萼

图 508 丁香蓼 Ludwigia prostrata
1. 植株的一部分、叶及花; 2. 花; 3. 蒴果。(刘平绘)

片。种子多数，每室 1 列，褐色，有深褐色的纵和横的细纹，种脊狭，不明显。花期：7-8 月，果期：9-11 月。

产地：梧桐山、宝安（陈跃东等 5199，PE）。生于湿地、山谷和山坡湿润草地、田边或溪边，海拔 50-450m。

分布：广东、香港、海南、广西和云南。印度北部、不丹、尼泊尔、斯里兰卡、菲律宾和印度尼西亚。

3. 水龙 Water-dragon   图 509 彩片 506
Ludwigia adscendens（L.）H. Hara in J. Jap. Bot. **28**：290. 1953.

Jusseaea adscendens L. Mant. Pl. **1**：69. 1767.

Jusseaea repens L. Sp. Pl. **1**：388. 1753；广州植物志 164. 1956；海南植物志 **1**：430. 1964, non *Ludwigia repens* Forster 1771.

多年生草本。茎匍匐、斜升或浮水，在节上生根，在浮水茎的节上有簇生、直立的、圆柱形或纺锤形的浮水通气根。陆生茎长60-90cm，浮水茎长可达3m，多分枝，无毛或疏被长柔毛。托叶宽卵形，长 1.5-2mm，迟落；叶柄长 0.5-2cm，与叶片的两面均疏被长柔毛或近无毛；叶片长圆形、狭长圆形或倒卵状披针形，长 2-6cm，宽 1-2.5cm，侧脉每边 6-13 条，基部渐狭或楔形，边缘有疏的缘毛，先端钝，少有急尖。花单生于分枝上部叶腋；花梗长 3-4cm（果期略延长），疏被长柔毛；萼片 5，披针形，长 0.8-1.1cm，下面疏被短硬毛，上面无毛；花瓣 5，倒卵形，略长于萼片，乳白色，基部淡黄色；雄蕊 10，花丝白色，对萼片的长 5-6mm，对花瓣的长 3-4mm；花盘边缘密被长柔毛；子房疏被短硬毛，花柱 6-8mm，下部疏被短柔毛，柱头盘状，5 浅裂。蒴果圆柱状，长 1.5-2.5cm，粗 3-4mm，淡褐色，有 10 条深褐色的纵棱，无毛或疏被短硬毛，成熟时不规则室背开裂。种子每室 1 列，嵌入一硬的、呈立方体形并与蒴果壁相连的内果皮内，椭圆体形或长圆体形，长 1-1.3mm，淡褐色，种脊狭窄呈条形。花期：4-8 月，果期：7-11 月。

产地：南澳、深圳水库（王国栋 5851）。生于沼泽中、水田中、水沟边或湿地，海拔 50-100m。

分布：浙江、江西、台湾、福建、湖南、广东、香港、澳门、海南、广西及云南。巴基斯坦、印度、尼泊尔、斯里兰卡、泰国、马来西亚、印度尼西亚和日本以及非洲和澳大利亚。

用途：全草入药，有清热解毒之效。

4. 毛草龙 Primrose Willow   图 510 彩片 507
Ludwigia octovalvis（Jacq.）P. H. Raven in Kew Bull. **15**：476, figs. 6 d-e, 8h. 1962.

图 509 水龙 Ludwigia adscendens
1. 植株、叶及花；2. 花；3. 蒴果。（刘平绘）

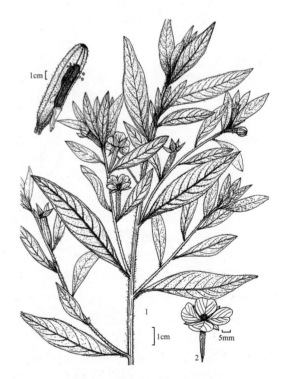

图 510 毛草龙 Ludwigia octovalvis
1. 植株的一部分、叶及花；2. 花；3. 蒴果。（刘平绘）

Oenothera octovalvis Jacq. Enum. Syst. Pl. Carrib. 19. 1760.

Jussiaea suffruticosa L. Sp. Pl. 1: 388. 1753; 广州植物志 163. 1956; 海南植物志 1: 430. 1964. non *Ludwigia suffruticosa* Walt. 1788.

多年生直立草本。茎粗壮，基部木质化或呈半灌木状，高 0.4-1.5m，多分枝，幼时密被长硬毛，后毛渐变疏至近无毛。托叶细小，卵形，长约 1mm，迟落；叶柄长 0.2-1cm 或近无柄，密被长硬毛；叶片披针形、椭圆形、条状椭圆形、长圆形、条状长圆形或条形，长 1-14cm，宽 0.5-4cm，两面均被长硬毛，侧脉每边 9-20 条，基部渐狭，下延，边缘密被短的缘毛，先端急尖。花单生于上部叶腋；花梗长 2-5mm（果期延长）；萼片 4，卵形，长 6-9mm，宽 3-5mm，下面疏被长硬毛，上面近无毛；花瓣黄色，宽倒卵形，长 0.7-1.7cm；雄蕊 8，长 3-3.5mm；子房圆柱形，密被短硬毛，花盘基部有一圈白色的绢状毛，花柱与雄蕊近等长，柱头近球形，4 浅裂。蒴果圆柱形，长 2-4.5cm，粗 3-8mm，具 8 条纵棱，疏被长硬毛，成熟时淡褐色，不规则室背开裂，每室具多列种子。种子近球形，直径 6-7mm，褐色，有纵和横的条纹，种脊明显，膨胀，与种子近等大，表面有横条纹。花期：4-8 月，果期：5-10 月。

产地：排牙山（王国栋等 6802）、仙湖植物园（李沛琼等 89100）、羊台山（深圳植物志采集队 013679），本市各地常见。生于湿地、沟边和山坡潮湿处，海拔 50-400m。

分布：浙江、台湾、江西、福建、广东、香港、澳门、海南、广西、贵州、云南、四川和西藏东部。日本、印度、缅甸、泰国、越南、新加坡、马来西亚、欧洲、非洲、太平洋岛屿以及北美洲和南美洲。

5. 草龙 Seedbox

图 511 彩片 508

Ludwigia hyssopifolia（G. Don）Exell，Garcia de Orta 5: 471. 1957.

Jussiaea hyssopifolia G. Don, Gen. Hist. 2: 693. 1832.

Jussiaea linifolia Vahl, Eclog. Amer. 2: 31. 1798; 广州植物志 163. 1956; 海南植物志 1: 430. 1964, non *Ludwigia linifilia* Poir. 1813.

一年生直立草本或基部木质化而为多年生，如生于水中，在茎的沉水部分生出长的浮水通气根。茎高 0.3-2m，多分枝，三或四棱形，棱上有狭翅，通常无毛。托叶细小，长约 0.3mm，早落；叶柄长 0.3-1cm，无毛；叶片披针形、狭椭圆形，在分枝上部的有时为条形，长 2-8cm，宽 0.2-2cm，两面近无毛，侧脉每边 7-15 条，基部渐狭，边缘被短的缘毛，先端急尖。花单生于叶腋；花梗长 0.3-0.5mm；萼片 4，披针形，长 2-4mm，无毛；花瓣 4，黄色，椭圆形，与萼片近等长或微短；雄蕊 8，不等长，对萼片的长 1-2mm，对花瓣的长 0.5-1mm；花盘基部无毛；子房圆柱形，疏被短柔毛，花柱与对花瓣的雄蕊近等长，柱头近球形，4 浅裂。

图 511 草龙 Ludwigia hyssopifolia
1. 植株的一部分、叶及花；2. 花；3. 蒴果。（刘平绘）

蒴果幼时四棱形，成熟时圆柱形，长 1.5-2.5cm，粗 2-2.5mm，无毛，成熟时不规则室背开裂。种子在室的上部排成多列，在下部排成 1 列并嵌入一海绵质、呈立方体状的内果皮里，椭圆体形，长 0.8-1mm，成熟时黄褐色，有纵和横的纹，种脊狭窄，宽为种子的 1/3。花果期：几全年。

产地：笔架山（华农仙湖采集队 SCAUF 634）、莲塘（李沛琼 1162）、龙岗（陈景方等 5773）。本市各地常见，生于水沟、田边、河滩地、池塘边及山坡潮湿地，海拔 10-400m。

分布：台湾、福建、广东、香港、澳门、海南、广西和云南。印度、不丹、尼泊尔、孟加拉国、斯里兰卡、缅甸、泰国、越南、菲律宾、马来西亚、新加坡、澳大利亚、太平洋岛屿和南美洲。

用途：全草入药，有清热解毒之效。

2. 月见草属 Oenothera L.

一年生、二年生或多年生草本。具主根或具须根；有明显的茎或无茎，如有茎则茎直立、上升或匍匐。叶互生，但在未成熟的植株上常基生呈莲座状；无托叶；叶柄存在或无；叶片边缘全缘、有齿或羽状裂。花大，4基数，辐射对称，在茎枝上部叶腋排成穗状花序、总状花序或伞房花序，常傍晚开放，至次日日出时凋萎；被丝托发达（指子房顶端至花冠喉部紧缩成筒状的部分，由花托、花萼和花冠的基部及花丝的基部愈合而成的结构），圆筒状，近喉部多少呈喇叭状；萼片4，反折，绿或呈淡黄色，通常带淡紫或淡红色条纹，花后脱落；花瓣4，黄、紫、粉红或白色，常倒心形或倒卵形，花后凋落；雄蕊8，近等长或对花瓣的较短，花药丁字着生；子房4室，胚珠多数，柱头深裂成4枚条形裂片。果为蒴果，圆柱状，常具4棱或翅，室背开裂，稀不裂。种子多数，在每室排成2行（具1或3行的种在中国不产）。

121种，产北美洲、南美洲及中美洲温带至亚热带地区。我国引入栽培作花卉园艺及药用植物并逸生的有10种。深圳有1种。

滨海月见草 海边月见草 Beach Evening Primrose
图 512　彩片 509
Oenothera drummondii Hook. in Bot. Mag. 61：t. 3361. 1834.

直立或平铺一年生至多年生草本。茎长20-50cm，不分枝或少分枝，密被长硬毛和曲柔毛。叶柄长0.2-1.2cm；基生叶的叶片窄倒披针形或椭圆形，长5-14cm，宽1-2cm，茎生叶叶片窄椭圆形或窄倒披针形，长1-8cm，宽0.5-2.5cm，基部渐狭，下延，边缘有疏浅齿或近全缘，少有浅裂，先端急尖，两面密被长柔毛和曲柔毛。花少数，排成疏的穗状花序，生于茎上部叶腋，通常每天傍晚只开一朵花；苞片叶状，与茎上部叶近相似；被丝托长2.5-5cm；萼片窄披针形，长3-4cm，下面密被长柔毛，先端2浅裂；花瓣黄色，宽倒卵形，长2.5-4cm；雄蕊短于花瓣，花药条形，长0.5-1cm；子房长1-2cm，密被长柔毛和曲柔毛，有时有腺毛，花柱长3-5cm，柱头开花时高过雄蕊。蒴果圆柱形，长2.5-5.5cm，粗3-4mm，密被长硬毛和曲柔毛。种子每室2列，椭圆体形至近球形，长1.1-1.7mm，褐色，表面具整齐硅点。花期：4-8月，果期：6-11月。

产地：西涌（张寿洲等 0007）、南澳（邢福武等 12438 ISBC）。生于海边沙滩，海拔10-50m。

分布：原产美国东南部和墨西哥东北部海岸。亚洲西南部、澳大利亚、欧洲、非洲及南美洲有栽培和逸生。我国福建、广东和香港有归化。

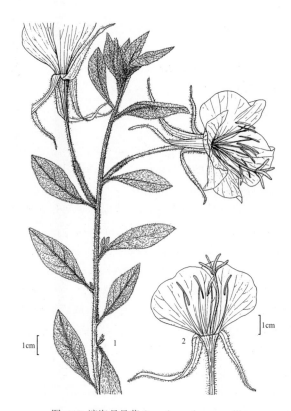

图 512 滨海月见草 Oenothera drummondii
1. 茎的上段、叶及花；2. 花的纵剖面，示被丝托、雄蕊、花柱和柱头。（刘平绘）

198. 野牡丹科 MELASTOMATACEAE

王国栋

草本，灌木或小乔木，稀为藤本，地生，少数附生。枝条对生。单叶对生或交互对生，稀轮生或互生；无托叶；具叶柄或无；叶片边缘全缘或具锯齿，基出脉3-5，稀7或9，侧脉平行，稀为羽状脉。花两性，辐射对称，但雄蕊略为两侧对称，4-5基数，稀3或6基数，排列成聚伞花序、伞形花序或伞房花序，或由上述花序组成圆锥花序或蝎尾状聚伞花序，稀单生、簇生或为穗状花序；具苞片或无；小苞片对生，常早落；被丝托（hypanthium 是由花托、花被基部和雄蕊群基部愈合而成的结构）钟形、漏斗形、杯形、圆筒形或坛状，常具4棱，与子房基部贴生，稀分离；萼片4-5，稀3或6，镊合状排列，有时无萼片；花瓣与萼片同数，分离，常具鲜艳的颜色，着生于被丝托喉部，与萼片互生，螺旋状排列或覆瓦状排列，常偏斜；雄蕊数为花瓣数的2倍，排成2轮，稀同数而排成1轮，异形（形状和大小不同）或同形（形状和大小相同），着生于被丝托喉部，花丝分离，花药基部着生，2室，稀4室，顶孔开裂，稀2孔裂或纵裂，药隔常膨大，下延成长柄或短距，或各式形状，基部具小瘤或附属体或无；子房下位或半下位，稀上位，2至多室，很少1室，顶端具冠或无，花柱1，柱头点尖；胚珠多数，中轴胎座或特立中央胎座，稀侧膜胎座。蒴果或浆果，包藏于宿存的被丝托内，蒴果通常顶孔开裂或室背开裂，浆果不开裂。种子小，近马蹄形、螺旋形、半圈弯曲或楔形，无胚孔，胚小而劲直，常与种子同形，或种子1枚，胚弯曲。

约150-160属，4140多种，分布于热带和亚热带地区，以美洲最多。我国有21属，114种。深圳有7属，13种。

1. 叶片具羽状脉；子房1室；种子1，直径4mm以上 ·················· 1. **谷木属 Memecylon**
1. 叶片具基出脉；子房(2-)4-5(-6)室；种子多数，长约1mm。
 2. 雄蕊同形。
  3. 叶片下面及花萼通常被黄色透明腺点；花序通常为聚伞圆锥花序；雄蕊4；种子劲直而不弯曲，长圆形、倒卵形，楔形或倒三角形 ·················· 2. **柏拉木属 Blastus**
  3. 叶片下面及花萼无腺点；花序为总状花序或圆锥花序；雄蕊8-10；种子非劲直。
   4. 种子半圈弯曲，雄蕊8 ·················· 3. **金锦香属 Osbeckia**
   4. 种子螺旋形，雄蕊10 ·················· 4. **蒂牡丹属 Tibouchina**
 2. 雄蕊异形。
  5. 雄蕊8；包被果的宿存被丝托具4棱 ·················· 5. **棱果花属 Barthea**
  5. 雄蕊10；包被果的宿存被丝托无棱。
   6. 植物体除被毛外，通常被鳞片；子房与被丝托贴生 ·················· 6. **野牡丹属 Melastoma**
   6. 植物体被毛，但无鳞片；子房与被丝托分离。
    7. 多年生草本；茎甚短；叶基生；叶片大型，近圆形或心形，长和宽均为16-35cm；花序为聚伞花序 ·················· 7. **虎颜花属 Tigridiopalma**
    7. 灌木；茎直立，明显；叶茎生；叶片非上述形状，长和宽均在16cm以下；花序为总状花序或圆锥花序，有时为单花 ·················· 4. **蒂牡丹属 Tibouchina**

1. 谷木属 Memecylon L.

灌木或小乔木，植株通常无毛。小枝圆柱形或四棱柱形。叶对生；具短柄或无柄；叶片革质，边缘全缘，叶脉羽状。聚伞花序或伞形花序，腋生，稀顶生。花小，4基数；被丝托杯状、钟状、漏斗状或半球形；萼片不明显或甚短；花瓣圆形、长圆形或卵形，通常偏斜；雄蕊8，等长，同形，花丝与花药等长；花药椭圆形，纵裂，药隔圆锥形，膨大，长为花药的2-3倍，脊上常有一环状腺体；子房下位，半球形，1室，顶端平截，具8条放射状的槽，槽边缘隆起成狭翅，胚珠 6-12 颗，生于一短的特立中央胎座上。果为浆果状核果，常球形，顶端具被丝托形成的环，外果皮肉质，有种子 1 颗。种子球形，无毛，直径 4mm 以上，种皮骨质，子叶折皱，胚弯曲。

约 300 种，分布于亚洲、澳大利亚和非洲的热带地区以及马达加斯加和太平洋岛屿，其中以亚洲东南部和太平洋诸岛最多。我国产 11 种，1 变种。深圳有 2 种。

1. 花 3-5 朵，组成聚伞花序，花序梗明显；叶片干后呈黄绿色 ·················· **1. 谷木 M. ligustrifolium**
1. 花 10 余朵，密集成一束，组成簇聚伞花序；花序梗不明显；叶片干后呈黑褐色 ·······················
·····································**2. 黑叶谷木 M. nigrescens**

1. 谷木 Privet leaved Memecylon

图 513　彩片 510

Memecylon ligustrifolium Champ. ex Benth. in J. Bot. Kew Misc. **4**: 117. 1852.

灌木或小乔木，高 1.5-5m。茎多分枝；枝条灰色，圆柱形或有不明显四钝棱。叶柄短，长 2-5mm；叶片椭圆形至长椭圆形，革质，干后呈绿色，长 4-8cm，宽 2-3.5cm，两面无毛，粗糙，基部楔形，先端渐尖、急尖或尾状渐尖，干后黄绿色。聚伞花序腋生或生于已落叶的叶腋，长 1-1.5cm，有花 3-5 朵；疏被短柔毛；花序梗长 3-4mm，花梗长约 2mm；被丝托半球形，长 1.5-3mm；萼片甚短，三角形，长约 0.5mm；花瓣 4，白色或淡黄绿色，稀蓝紫色，阔圆形，长约 3mm，宽约 4mm；雄蕊 8，蓝色，长约 4mm，花药连膨大的圆锥形药隔共长 2mm；药隔脊上具环状腺体；子房卵球形，顶端平截，花柱蓝色，长 3mm。果球形，直径 0.8-1cm，干后呈黄绿色，具小的瘤状突起。花期：4-8 月，果期：7 月至翌年 3 月。

产地：七娘山（王国栋等 7411）、三洲田（王国栋等 6503）、梅沙尖（王定跃 1453）。各山地密林下常见，海拔 50-600m。

分布：福建南部、广东南部、香港、海南、广西及云南南部。

2. 黑叶谷木 Black-leaved Memecylon

图 514　彩片 511

Memecylon nigrescens Hook. & Arn. Bot. Beechey Voy. 186. 1833.

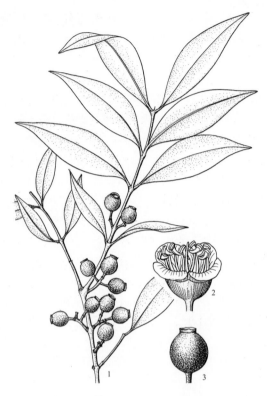

图 513 谷木 Memecylon ligustrifolium
1. 分枝的一段、叶及果序；2. 花；3. 果。（李志民绘）

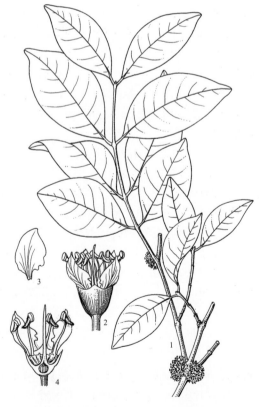

图 514 黑叶谷木 Memecylon nigrescens
1. 枝的一段、叶及呈头状的聚伞花序；2. 花；3. 花瓣；4. 花纵剖面，示雄蕊及雌蕊的下位子房。（李志民绘）

灌木或小乔木，高 2-8m。茎多分枝；小枝纤细，近圆柱形，无毛。叶柄短，长 2-3mm；叶片椭圆形，稀卵状长圆形或近圆形，硬纸质，长 3-5.5cm，宽 2-2.5cm，干后呈黑褐色，两面无毛，基部楔形，顶端钝、急尖或微凹。簇聚伞花序（数枚聚伞花序密集在一起成一束），腋生，长约 7mm，有花 10 余朵；花序梗甚短，苞片极小，三角状，长约 1mm，早落；花梗长不及 1mm；被丝托浅杯状，长约 1.5mm，无毛；萼片三角形，长约 0.5mm；花瓣 4，蓝色或白色，卵状披针形，长约 2mm，宽 1-1.5mm，边缘有不整齐的 1-2 小齿，顶端渐尖；雄蕊 8，长约 1.5mm，药室连膨大的圆锥状药隔共长约 1mm，药隔脊上无环状腺体；子房卵球形，花柱长约 1.5mm。果球形，平滑，直径 6-7mm，干后变黑色。花期：5-6 月，果期：12 月至翌年 2 月。

产地：大鹏（张寿洲等 1684）。生于低海拔或山坡疏、密林或灌丛中，不常见。

分布：广东、香港和海南。越南。

2. 柏拉木属 Blastus Lour.

灌木。分枝圆柱形，常被腺毛。叶对生；具柄或近无柄；叶片膜质，边缘全缘或具细浅齿，下面常具腺点，基出脉 3-5(-7) 条，侧脉互相平行。聚伞圆锥花序顶生，或呈伞形花序或伞形聚伞花序则腋生；苞片小，早落；花较小，4 基数；被丝托漏斗形、钟形或圆筒形，具四棱，极少具 3 或 5 棱，常被小腺点；萼片 4，短小；花瓣常为白色，稀粉红色或浅紫色，卵形或长圆形，顶端通常渐尖，稀圆形；雄蕊 4，同形且等长，花丝丝状，花药钻形，稀披针形，单孔开裂，微弯或呈曲膝状，药隔微膨大，常下延至花药基部，基部通常无附属体；子房下位或半下位，4 室，中轴胎座，顶端具 4 个突起或钝齿，常被小腺点；花柱丝状，长于雄蕊。蒴果椭圆体形或倒卵球形，微具 4 棱，顶端 4 孔开裂，最后纵裂为 4 瓣，与宿存被丝托贴生。种子多数，常为楔形。

约 12 种，分布于日本、印度东部、缅甸、泰国、柬埔寨、老挝、越南和印度尼西亚。我国产 9 种，3 变种。深圳有 1 种。

柏拉木 Cochinchina Blastus

图 515　彩片 512　513

Blastus cochinchinensis Lour. Fl. Cochinch. 2: 526. 1790.

灌木，高 1-3m。枝条圆柱形，幼枝密被黄褐色鳞秕，无毛，与叶柄、叶片两面、花序梗、花梗、被丝托、萼片及子房均被小腺点。叶柄长 1-2cm；叶片狭椭圆形或椭圆状披针形，薄纸质，长 7-12cm，宽 2-4.5cm，基部楔形至宽楔形，边缘全缘或具不明显浅波状齿，先端渐尖，具 5 基出脉，最外两条脉纤细而紧靠叶缘，侧脉平行。伞形聚伞花序腋生；花序梗短，长约 2mm 或近无花序梗；花梗长 1-3mm；被丝托钟状漏斗形，长 3-4mm，具钝 4 棱；萼片 4，宽卵形，长约 1mm；花瓣 4(-5)，白色或粉红色，阔卵形，长约 4mm，宽约 3.5mm，先端渐尖或近急尖；雄蕊 4(-5)；花丝长约 4mm，花药粉红色，长 3mm，弯曲，基部稍大，先端渐尖；子房下位，坛状，顶端具 4 小突起，花柱 6-7mm，柱头头状。蒴果椭圆体形至卵球形，长约 3mm，直径 2-3mm，为宿存被丝托所包，4 裂。种子长圆形，长约 1mm。花期：6-8 月，果期：10-12 月。

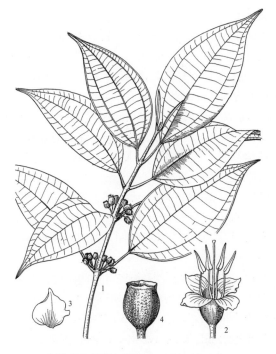

图 515 柏拉木 Blastus cochinchinensis
1.分枝的上段、叶及果序；2.花；3.花瓣；4.果。(李志民绘)

产地：排牙山（王国栋等 7015）、田心山（张寿洲等 4665）。生于山地密林中的水沟边，海拔 50-400m。

分布：福建、台湾、广东、香港、海南、广西、湖南、贵州及云南。印度、缅甸、柬埔寨、老挝及越南。

用途：全株药用，有拔毒生肌的功效，可用于治疗痛疖；根可作止血药。

3. 金锦香属 Osbeckia L.

草本、半灌木或灌木。茎直立，（3-）4 棱柱形，通常被毛。叶对生或有时 3 片轮生，具柄或近无柄；叶片边缘全缘，常被糙伏毛或具缘毛，基出脉 3-7 条，侧脉多数，平行。花序顶生，为总状花序或圆锥花序；花 4-5 基数；被丝托坛状、杯状或长坛状，常具刺毛状突起或星状附属物、篦状刺毛突起（或篦状鳞片）或多轮刺毛状有柄的星状毛；萼片条形、披针形或卵状披针形，边缘具缘毛；花瓣具缘毛或无；雄蕊数为花瓣的 2 倍，同形，等长或微不等长，常偏向 1 侧，花丝短于花药，花药顶孔开裂，有喙，药隔微下延成短柄，向前延伸成 2 小疣，向后微膨大成短距，距端有时具 1-2 刺毛；子房半下位，4-5 室，顶端常具 1 圈刚毛。蒴果顶孔开裂，最后 4-5 纵裂，包于宿存被丝托内；宿存被丝托坛状或瓶状，顶端平截，中部以上常缢缩成颈，具纵肋。种子小，半圈弯曲，具密小突起。

约 50 种，分布于非洲热带地区和亚洲热带及亚热带地区。我国产 5 种。深圳有 1 种。

金锦香 Chinese Osbeckia

图 516 彩片 514

Osbeckia chinensis L. Sp. Pl. **1**: 345. 1753.

直立草本或亚灌木，高 20-60cm。茎 4 棱柱形，与叶柄和叶片两面均被紧贴的糙伏毛。叶柄甚短，长 1-2mm 或几无柄；叶片条形或条状披针形，坚纸质，长 2-4.5cm，宽 0.4-0.8cm，基部近圆形或近心形，先端急尖，基出脉 3-5 条。花序为紧密的短总状花序，有花 2-8 朵；叶状总苞 2-6 片；苞片卵形，两面疏被短柔毛；花梗甚短，长约 5mm；被丝托坛状，长 5-6mm，红色，无毛或具少数刺毛状突起；萼片 4(-5)，三角状披针形，长 4-5mm，具缘毛，萼片之间具一刺毛状突起；花瓣 4(-5)，紫红或粉红色，倒卵形，长 1-1.2cm；雄蕊 8，常偏向一侧，花丝长 4mm，花药与花丝近等长，顶部具喙，药隔基部膨大呈盘状；子房近球形，顶部有刚毛 16 条，花柱长约 1cm，稍弯。蒴果卵球形，紫红色，先顶孔开裂，后 4 纵裂；宿存被丝托坛状，长约 6mm，直径约 4mm，顶端平截，外面无毛或具少数刺毛状突起。种子半圈弯曲，表面有小疣状体。花期：7-10 月，果期：9-11 月。

产地：七娘山（张寿洲等 3594）、梅沙尖（张寿洲等 4039）、梧桐山（王国栋 6178）。各地荒山、草坡及疏林灌丛的向阳处常见，海拔 50-700m。

分布：广东、香港、海南、广西、湖南、江西、福建、台湾、浙江、江苏、安徽、湖北、四川、贵州及云南。日本、印度、尼泊尔、缅甸、泰国、柬埔寨、越南、菲律宾、马来西亚、印度尼西亚和澳大利亚北部。

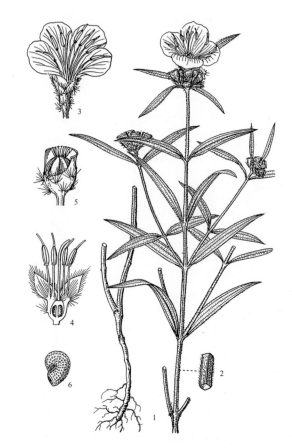

图 516 金锦香 Osbeckia chinensis
1. 植株；2. 茎的一段，示毛被；3. 花；4. 花的纵剖面，示被丝托、萼片、雄蕊和雌蕊；5. 蒴果；6. 种子。（李志民绘）

用途：全草入药，能清热解毒、收敛止血，治痢疾和止泻，又能治蛇咬伤。鲜草捣碎外敷，治痈疮肿毒及外伤止血。

4. 蒂牡丹属 Tibouchina Aubl.

灌木或草本，稀为乔木。枝条微四棱柱形。叶对生；叶柄短；叶片被毛，边缘全缘，具基出脉 3、5 或 7 条。花 5 基数，少花，排成顶生的圆锥花序或总状花序，或单花生于上部叶腋，被两个总苞片所包；被丝托圆筒形、杯形或坛状；萼片宿存或脱落；花瓣 5，倒卵形；雄蕊 10，花药异形或同形，无毛，顶孔开裂，药隔在药室以下延伸，腹面 2 裂，背面无附属物；子房 5 室，与被丝托分离，顶端被毛，花柱无毛，柱头不扩大。果为蒴果。种子多数，螺旋形，表面具小瘤。

约 350 多种，主产热带美洲。我国引进栽培 31 种。深圳引进栽培 2 种。

1. 叶片长椭圆形，基部楔形；花大，直径 6-7cm ·················· 1. **巴西蒂牡丹 T. semidecandra**
1. 叶片宽卵形，基部浅心形；花小，直径 2-3cm ·················· 2. **银毛蒂牡丹 T. grandifolia**

1. **巴西蒂牡丹** 巴西野牡丹 Glory Bush

图 517 彩片 515

Tibouchina semidecandra(Schrank & Mart. ex DC.)Cogn. in Martius, Fl. Bras. **14**(3): 309. 1885.

Lasiandra semidecandra Schrank & Mart. ex DC. Prodr. **3**: 129. 1828.

常绿灌木，高达 1m。茎近圆柱形；小枝四棱柱形，密被茸毛和糙伏毛。叶柄长 0.7-1cm，密被紧贴的糙伏毛；叶片长椭圆形，纸质，长 4.5-6cm，宽 0.9-1.7cm，下面密被糙伏毛，上面密被短硬毛，毛的 2/3 以下隐藏于表皮下，仅尖端露出，基部楔形，先端渐尖，具基出脉 3 条。总状花序生于枝顶，长 8-12cm，有少数花；花序梗、花序轴和花梗均近四棱柱形，密被糙伏毛；花在花序轴上对生；花梗长约 6mm，淡红褐色；被丝托坛状，长 7-8mm，直径 5-6mm，红褐色，密被茸毛，在基部缢缩成长约 2mm 的短柄；萼片与被丝托同色，狭长圆形，长 6-7mm，外面密被糙伏毛，内面无毛，边具缘毛；花瓣 5，深蓝紫色，倒卵形，长约 3.5cm，宽 2.5cm，基部渐狭，先端截形；雄蕊 10，白色，5 长 5 短，长的雄蕊长约 3.5cm，短的雄蕊长约 2cm，花丝初白色，后变紫色，幼时疏被腺毛，花药内折，线状

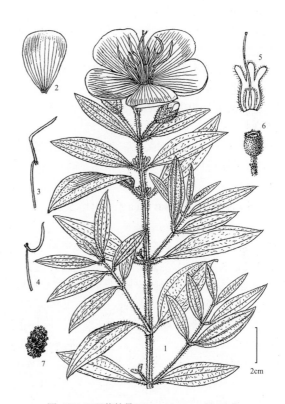

图 517 巴西蒂牡丹 Tibouchina semidecandra
1. 分枝的一段、叶及总状花序；2. 花瓣；3-4. 雄蕊；5. 花纵剖面，示被丝托、萼片和雄蕊；6. 蒴果；7. 种子。(余汉平绘)

圆柱形，长约 1.2cm，先端喙状，药隔基部弯曲并延伸成长柄，柄长约 7mm，基部具 2 小瘤；子房密被茸毛，花柱弯曲，长约 2.5cm。蒴果近球形，直径约 1cm，上部密被糙伏毛，顶端截平，密被直立的刚毛，包被于宿存的被丝托内。花果期：几乎全年。

产地：仙湖植物园（王国栋 W070250），本市各公园和绿地常见栽培。

分布：原产巴西南部。热带、亚热带地区广泛栽培。我国南方常有栽培。

用途：枝叶婀娜，花色艳丽，为优良的园林观赏植物。

2. 银毛蒂牡丹 银毛丹 Large-flowered Tibouchina

图 518　彩片 516

Tibouchina grandifolia Cogn. in Martius, Fl. Bras. **14**（3）: 335. 1885.

常绿灌木，高 1.5-3m。茎四棱柱形，具狭翅，密被绢状毛。叶柄长 0.5-1cm，与叶片的两面均密被银白色的绢状毛；叶片宽卵形，纸质，长 8-14cm，宽 7.5-11cm，基部浅心形，边缘全缘，先端急尖，基出脉 7 条。聚伞圆锥花序顶生，长 15-20cm；花序梗和花序轴均四棱柱形，与苞片的外面和被丝托均密被绢状毛；苞片卵状披针形，长约 7mm，宽约 4mm；花梗甚短，长仅 1mm，或几不明显；被丝托坛状，长 6-7mm，直径约 4mm；萼片长卵形，长 3-3.5mm，宽约 2mm，外面密被绢状毛，内面无毛；花瓣 5，淡紫色，倒卵形，长和宽均约 1cm，基部渐狭，先端截形；雄蕊 10，等长，花丝长 4-5mm，淡紫色，具腺毛，花药细圆柱形，内折，长 7-8mm，先端喙状，药隔下延成长约 1mm 的短柄，基部具 2 小瘤；子房顶端密被直立的刚毛，花柱长约 7mm，柱头头状。蒴果球形，直径约 5mm，包被于宿存的被丝托内。花期：夏季。

产地：仙湖植物园（李沛琼 2379）、洪湖公园（李沛琼 3581），本市公园和绿地时见栽培。

分布：原产中美洲至南美洲，我国南方常有栽培。

用途：园林观赏植物。

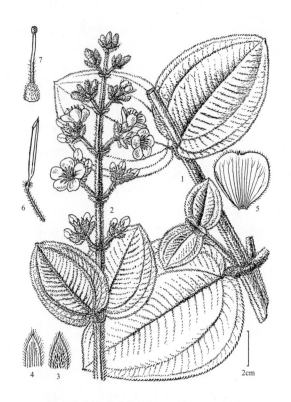

图 518 银毛丹蒂牡丹 Tibouchina grandifolia
1. 分枝的一段及叶；2. 聚伞圆锥花序；3. 萼片的下面；4. 萼片的上面；5. 花瓣；6. 雄蕊；7. 雌蕊。（余汉平绘）

5. 棱果花属 Barthea J. D. Hook.

灌木。小枝呈四棱柱形。叶对生；具叶柄；叶片边缘全缘，被糠秕或无，基出脉 3 条，两侧的边脉不明显。简单二歧聚伞花序顶生，具（1-）3 花；花 4 基数；被丝托钟状，具 4 棱，常被糠秕；萼片短三角形或披针形；花瓣长圆状椭圆形或宽卵形，无毛；雄蕊 8，异形，不等长，长者花药披针形，先端具喙，基部具 2 刺毛，药隔延长成短距，短者花药长圆形，先端无喙，基部具 2 刺毛，药隔略膨大，有时呈不明显的距；子房半上位，梨形，四棱状，4 室，无毛，花柱丝状，柱头点尖。蒴果长圆体形或球形，成熟时 4 瓣裂，顶端平截，为宿存被丝托所包；宿存被丝托具钝四棱，棱上具窄翅。种子多数，较小，楔形。

1 种。分布于我国东南部和南部。深圳亦有分布。

棱果花 South China Barthea

图 519　彩片 517

Barthea barthei（Hance ex Benth.）Krass. in Engl. & Prantl, Nat. Pflanzenfam. **3**（7）: 175, f. 768. 1893.

图 519 棱果花 Barthea barthei
1. 分枝的上段、叶及简单二歧聚伞花序；2. 花瓣；3. 花的纵剖面，示被丝托、萼片、雄蕊和雌蕊；4. 蒴果；5. 种子。（李志民绘）

Dissochaeta barthei Hance ex Benth. Fl. Hongk. 115. 1861.

灌木,高可达2m。茎圆柱形,树皮灰白色;分枝多,小枝微呈四棱柱形,被微柔毛及腺状糠秕。叶柄长1-1.5cm,密被黑色糠秕;叶片椭圆形、卵形、卵状披针形或近圆形,纸质,长5-11cm,宽2.5-5cm,两面无毛,下面密被淡黄色糠秕,上面无毛,疏被糠秕或无,基部楔形或近圆形,边缘全缘,先端长渐尖,基出脉3,外侧2条,边脉不甚明显。简单二歧聚伞花序顶生,具(1-)3花,但常仅1花发育;花梗四棱柱形,被糠秕,长0.5-1cm;被丝托钟状,长1-1.4cm,具4棱,被糠秕,棱上常具狭翅;萼片三角状披针形,长5-6mm;花瓣4,白色至粉红色,长圆状椭圆形至近倒卵形,长1.7-2.5cm,宽1.2-1.7cm;雄蕊8,4长4短,长者花丝长1-1.4cm,花药箭形,长约1cm,上弯,距长约2mm,基部刺毛长约3mm,短者花丝长约6-8mm,花药长3-4mm,距不甚明显,基部刺毛长约2mm;子房梨形,具四棱,无毛,花柱长1-1.5cm,柱头点尖。蒴果长圆体形,长1-1.5cm,直径约1cm,顶端平截,为宿存被丝托所包;宿存被丝托四棱形,棱上具窄翅,翅宽1-2mm;果梗四棱柱形,长1-1.5cm。种子多数,楔形,长约2mm。花期:11月至翌年4月,果期:4-11月。

产地:七娘山(张寿洲等0159)、田心山、三洲田(王国栋等6498)、梅沙尖、梧桐山(王国栋等6270)。生于山谷、密林中水沟边,海拔200-700m。

分布:福建、台湾、广东、香港、广西和湖南南部。

6. 野牡丹属 Melastoma L.

灌木或小乔木。茎四棱柱形或近圆柱形,通常被糙伏毛或鳞片。叶对生;具叶柄;叶片两面被毛,边缘全缘,基出脉5或7条,稀9条。花单生、簇生或组成聚伞花序、伞房花序或圆锥花序,顶生或生于分枝顶端;花5基数;被丝托坛状,被毛或鳞片状糙伏毛;萼片披针形至卵形,萼片间有或无小裂片;花瓣淡红色至红色或紫红色,通常为倒卵形,常偏斜;雄蕊10,5长5短,长雄蕊花药紫色,披针形,弯曲,基部无瘤,药隔基部伸长呈柄,弯曲,末端2裂,短雄蕊花药较小,黄色,基部前方具1对小瘤,药隔不伸长;子房半下位,卵球形,5室,顶端常密被毛,胚珠多数,着生于中轴胎座上,有时果期胎座呈肉质,花柱与花冠等长,柱头点尖。蒴果,有时浆果状,卵球形,顶孔开裂、被丝托中部横裂或不裂,被毛或鳞片,被宿存的被丝托所包,顶端平截。种子小,近马蹄形,常密布小突起。

约22种,分布于亚洲东南部至澳大利亚北部以及太平洋诸岛。我国有9种。深圳有5种。

1. 直立或匍匐小灌木;叶片长1-4.5cm,宽0.8-2.8cm。
   2. 匍匐小灌木,长10-30cm,茎下部节上生根;叶片仅边缘被糙伏毛 ······················ 1. 地菍 M. dodecandrum
   2. 直立或匍匐小灌木,高达60cm,节上不生根;叶片上面密被糙伏毛 ········ 2. 细叶野牡丹 M. intermedium
1. 直立灌木;叶片长6cm以上,宽2.5cm以上。
   3. 茎、叶柄、花序梗、花序轴及被丝托密被开展长硬毛 ······················· 3. 毛菍 M. sanguineum
   3. 茎、叶柄、花序梗、花序轴及被丝托密被鳞片。
      4. 叶片披针形、卵状披针形或近椭圆形,两面疏被糙伏毛,毛体大部分藏于叶片表皮下,仅上部或尖端露出;茎、叶柄、花序梗、花序轴及被丝托外面的鳞片边缘仅有少数缘毛 ······4. 多花野牡丹 M. affine
      4. 叶片卵形、长卵形,稀卵状披针形,下面密被开展的丝质曲柔毛,上面密被绢状毛,毛体仅基部藏于叶片表皮下,大部分露出;茎、叶柄、花序梗、花序轴及被丝托外面的鳞片边缘密生长的缘毛 ········
      ·· 5. 野牡丹 M. malabathricum

1. 地菍 Twelve Stamen Melastoma   图520 彩片518

Melastoma dodecandrum Lour. Fl. Cochinch. **1**:274. 1790.

小灌木。茎匍匐上升,长10-30cm,分枝多,披散,下部节上生不定根,幼时疏被糙伏毛,以后无毛。叶柄长3-7mm,被糙伏毛;叶片卵形、卵圆形或椭圆形,坚纸质,长1-3cm,宽0.8-2cm,下面基出脉上被疏糙伏毛,上面近边缘疏被糙伏毛，毛隐藏于表皮下，仅尖端露出，基部宽楔形或近圆形，边缘全缘或具疏浅齿，先端急尖或近圆，基出脉3或5。花序为简单二歧聚伞花序，顶生，具1-3花；叶状总苞2，较叶片小；花梗长0.5-1.5cm；苞片2，长圆形或卵形，长4-5mm；被丝托坛状，长6-7mm，宽5-6mm，密被糙伏毛，毛体基部膨大；萼片5，披针形，长2-3mm，疏被糙伏毛，边缘具刺毛状缘毛，萼片之间有1小而短的小裂片；花瓣5，淡紫色至紫红色，宽倒卵形，长1-1.3cm，宽0.9-1cm，上部略偏斜，顶端具一束刺毛，被疏缘毛；雄蕊10，5长5短，长雄蕊药隔基部延伸，弯曲，长约5mm，顶端有2小瘤，短雄蕊药隔不延伸，基部具等大的2小瘤；子房顶端具刺毛。果浆果状，坛状球形，长7-9mm，宽6-7mm，近顶端略缢缩，平截，肉质，不开裂，宿存被丝托上有疏糙伏毛。花果期：5-11月。

产地：南澳（张寿洲等 2813）、梅沙尖（深圳考察队 279）、仙湖植物园（李沛琼 680），深圳各地常见。生于平地及山坡灌草丛，为酸性土壤常见植物，海拔20-940m。

分布：安徽、浙江、江西、福建、广东、香港、澳门、广西、湖南、湖北、四川和贵州。越南。

用途：果可食；全株供药用，有润肠止痢，舒筋活血，清热祛湿等作用；捣碎外敷可治疮、痈、疽、疖；根可解木薯中毒。

2. 细叶野牡丹 Intermediate Melastoma

图 521

Melastoma intermedium Dunn in J. Linn. Soc., Bot. **38**：360. 1908.

小灌木，直立或匍匐上升，高20-30cm，最高达60cm。茎分枝多，披散，疏被糙伏毛，幼时毛较密。叶柄长0.5-1cm，被糙伏毛；叶片椭圆形，纸质，长3-4.5cm，宽1.4-2.8cm，下面仅脉上疏被糙伏毛，上面亦被糙伏毛，毛隐藏于表皮下，仅尖端露出，基部宽楔形或近圆形，边缘全缘，具缘毛，先端渐尖或急尖，基出脉5。花序为简单二歧聚伞花序顶生或近顶生，具(1-)3-5花；叶状总苞2，常较叶小；花梗被糙伏毛，长约5mm；苞片2，披针形，被糙伏毛，长6-7mm；被丝托坛状，长7-8mm，宽5-6mm，密被略扁的糙伏毛，毛体有时具少数分枝；萼片披针形，长7-8mm，外面及里面顶端被糙伏毛，具缘毛，萼片间具1小而短、呈棒状的小裂片；花瓣5，粉红或紫红色，菱状倒卵形，长2-2.5cm，宽约1.5cm，上部略偏斜，先端具1束刺

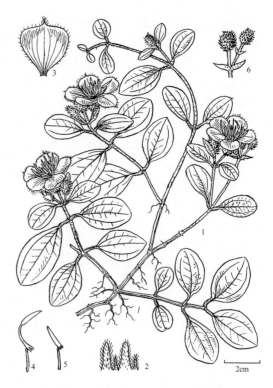

图 520 地菍 Melastoma dodecandrum
1. 植株，示叶，简单二歧聚伞花序和枝下部节上生的不定根；2.萼片和萼片之间的小裂片；3.花瓣；4.长雄蕊；5.短雄蕊；6.果。（余汉平绘）

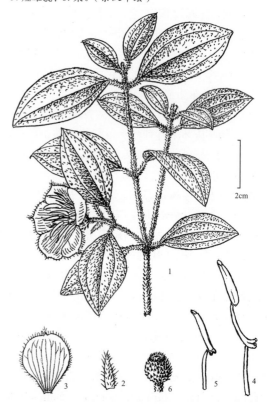

图 521 细叶野牡丹 Melastoma intermedium
1. 分枝的一段、叶及花；2.苞片；3.花瓣；4.长雄蕊；5.短雄蕊；6.蒴果。（余汉平绘）

毛；雄蕊 10，5 长 5 短，长雄蕊长约 1.5cm，花丝长约 7mm，药隔基部伸长，弯曲，末端具 2 小瘤，短雄蕊长约 8mm，药隔不延伸，花药基部具 2 小瘤；子房顶端被刚毛。果浆果状，坛状球形，顶端略缢缩，平截，直径和长均约 7mm，肉质，不开裂，宿存被丝托密被糙伏毛。花果期：5-10 月。

产地：七娘山（张寿洲等 1925）。不常见，生于海拔 800m 以下的山坡或旷野。

分布：广东、香港、海南、广西、福建、台湾及贵州南部。

3. 毛菍 Blood-red Melastoma

图 522 彩片 519

Melastoma sanguineum Sims in Bot. Mag. **48**: t. 2241. 1821.

大灌木，高达 1.5-3m。茎、小枝、叶柄、花梗、花序轴及被丝托均被开展的长硬毛，毛体长 5-8mm，基部膨大。叶柄长 1.5-3cm；叶片卵状披针形或披针形，纸质，长 9-17cm，宽 2.5-5cm，基部钝或圆，边缘全缘，先端长渐尖或渐尖，基出脉 5，两面均疏被糙伏毛，毛体大部分隐藏于叶表皮下，仅尖端露出。伞房花序顶生，常具 1 花，稀具 3-5 花；总苞片戟形，膜质，先端渐尖，与苞片的下面均被短糙伏毛，具缘毛；苞片宽卵形，长 5-6mm，宽 4-5mm；花梗长 0.6-1cm；被丝托坛状，长 1-2cm，直径 1-1.5cm；萼片 5(-7)，三角形至三角状披针形，长 0.8-1.2cm，宽 3-4mm，脊上被短糙伏毛，萼片间具 1 条形或条状披针形的小裂片；花瓣 5(-7)，粉红色或紫红色，宽倒卵形，长约 4cm，宽约 2cm，上部略偏斜，先端圆或有时微凹；雄蕊 10(-14)，长雄蕊花药长 1-1.3cm，花丝短于药隔，药隔长约 1cm，基部延伸，弯曲，末端 2 裂，短雄蕊花药长约 9mm，花丝与花药近等长，药隔基部不延伸；子房密被刚毛。蒴果杯状球形，长 1.5-2cm，直径 1.4-1.8cm，为宿存被丝托所包，宿存被丝托密被红色长硬毛。花果期：几乎全年，主要在 8-10 月。

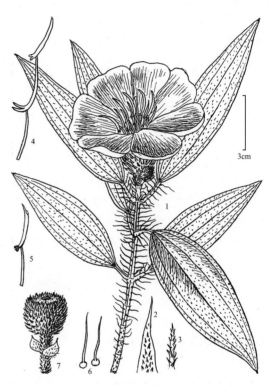

图 522 毛菍 Melastoma sanguineum
1. 分枝的上段、叶及花；2. 萼片；3. 萼片之间的小裂片；4. 长雄蕊；5. 短雄蕊；6. 基部膨大的长硬毛；7. 蒴果。（余汉平绘）

产地：南澳（王国栋等 7787）、梅沙尖、梧桐山（王国栋等 6176）、羊台山（张寿洲等 5464）。生于山地疏林、林缘或山顶，海拔 100-400m。

分布：福建、广东、香港、澳门、海南和广西。印度、缅甸、泰国、柬埔寨、越南、马来西亚及印度尼西亚。

用途：果可食；根、叶供药用，根有收敛止血、消食止痢的作用，叶捣烂外敷有拔毒生肌止血的作用。

4. 多花野牡丹 Many-flowered Melastoma　　　　图 523 彩片 520 521

Melastoma affine D. Don in Mem. Wern. Soc. **4**: 288.1823; X. Y. Wen in Q. M. Hu & D. L. Wu, Fl. Hong Kong. **2**: 154. 2008, pro syn. sub *Melastomate malabathrico* L.

灌木，高约1m。茎钝四棱柱形或近圆柱形，与叶柄、花序梗、花序轴、总苞和苞片的下面、花梗、被丝托和萼片均密被紧贴的鳞片，鳞片长3-5mm，边缘有少数短的缘毛。叶柄长1.5-2cm；叶片披针形、卵状披针形或近椭圆形，纸质，长6-13cm，宽2.5-5cm，基部圆或近楔形，边缘全缘，先端渐尖，基出脉5，两面疏被糙伏毛，毛体下半部或大部隐藏于叶表皮下，仅上部或尖端露出。伞房花序生于枝顶，具花3-10朵；总苞2片，叶状，狭椭圆形，长2-2.5cm，宽1-1.2cm；苞片卵形至卵状披针形，长1-1.2cm，宽5-6mm；花梗长约5mm；

被丝托坛状，长1.5-1.6cm；萼片披针形，与被丝托近等长，宽4-5mm，萼片间常具1条形、长3-4mm的小裂片；花瓣粉红或红色，稀紫红色，倒卵形，长3-3.5cm，宽2-2.5cm，顶端圆，上部具缘毛；雄蕊10，5长5短，长雄蕊连花丝长3.5-3.8cm，药隔基部伸长，弯曲，末端2裂，短雄蕊连花丝长2cm，药隔不延伸，花药基部具2小瘤；子房密被糙伏毛，顶端具1圈密的刚毛，花柱弯曲，长约3cm。蒴果坛状，长1.5-1.8cm，直径1-1.5cm，顶端平截，被宿存被丝托所包。种子镶于肉质胎座内。花期：2-7月，果期：8-12月。

产地：南澳（张寿洲等 2799）、梅沙尖（王定跃1538）、梧桐山（张寿洲等 2755），本市各地常见。生于海拔 500m 以下的山坡疏林、林缘或平地灌丛中。

分布：台湾、福建、广东、香港、澳门、海南、广西、湖南、贵州、云南和四川。缅甸、泰国、越南、菲律宾至澳大利亚。

用途：果可食。全草消积滞、收敛止血、散瘀消肿，治消化不良、肠炎腹泻、痢疾；捣烂外敷或研粉撒布，治外伤出血，刀枪伤。又用根煮水内服，以胡椒作引子，可催生。

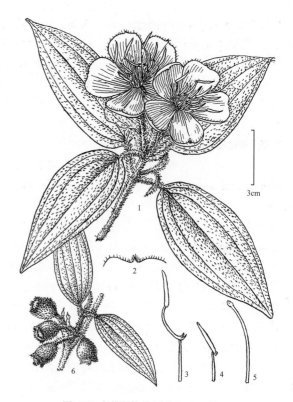

图 523 多花野牡丹 Melastoma affine
1. 分枝的上段、叶及伞房花序；2. 花瓣上部边缘的缘毛；3. 长雄蕊；4. 短雄蕊；5. 花柱；6. 果序。（余汉平绘）

5. 野牡丹 Common Melastoma

图 524　彩片 522 523

Melastoma malabathricum L. Sp. Pl. 1：390. 1753.

Melastoma candidum D. Don in Mem. Werm. Nat. Hist. Soc. 4：288. 1832；广州植物志 222. 1956；海南植物志 2：27. 1965；澳门植物志 2：87. 2006.

灌木，高 0.5-1.5m。茎钝四棱柱形或近圆柱形，多分枝，密被紧贴的鳞片，与叶柄、叶片、总苞和苞片下面的脉上、花序梗、花序轴、被丝托和萼片均密被紧贴的鳞片，鳞片长约 5mm，边缘密生长的缘毛。叶柄长 1.5-2cm；叶片卵形、长卵形，稀卵状披针形，纸质，长 7-10cm，宽 3.5-6cm，基部浅心形或近圆，边全缘，具缘毛，先端急尖，基出脉 7，下面密被开展的丝质的曲柔毛，上面密被绢状毛，毛体的基部均藏于叶表皮下，大部分露出。伞房花序顶生，具（1-）3-5 花；叶状总苞 2，椭圆形，长4-4.2cm，宽约 1cm，与苞片两面的毛被均与叶片相同；苞片长卵形，长 1.5-1.8cm，宽 0.8-1cm；花梗长 0.5-1cm；被丝托坛状，长 1.2-1.5cm；萼片狭椭圆形，长 1.8-2cm，宽 5-6mm，上面密被绢毛，萼

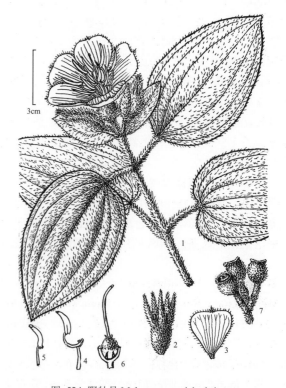

图 524 野牡丹 Melastoma malabathricum
1. 分枝的上段、叶及伞房花序；2. 被丝托及萼片；3. 花瓣；4. 长雄蕊；5. 短雄蕊；6. 被丝托纵切，示雌蕊；7. 蒴果。（余汉平绘）

片之间有 1 条形、长 4-5mm 的小裂片；花瓣 5，粉红色或紫红色，倒卵形，长 3-3.5cm，宽约 2cm，先端具 1 束刺毛；雄蕊 10，5 长 5 短，长雄蕊连花丝长 3.5-3.8cm，药隔基部伸长，弯曲，末端 2 裂，短雄蕊连花丝长 1.5-2cm，药隔不延伸，花药基部具 2 小瘤；子房密被糙伏毛，顶端具 1 圈刚毛。蒴果坛状，被宿存被丝托所包，长 1.2-1.3cm，直径约 1cm。种子镶于肉质胎座内。花期：5-8 月，果期：9-12 月。

产地：南澳（张寿洲等 4197）、梅沙尖（深圳考察队 465）、仙湖植物园（李沛琼 89200），本市各地常见。生于向阳山坡或平地灌丛中，是酸性土壤常见的植物，海拔 500m 以下。

分布：浙江、台湾、江西、福建、湖南、广东、香港、澳门、海南、广西、贵州、四川和云南。印度、尼泊尔、缅甸、泰国、老挝、柬埔寨、越南、菲律宾及太平洋岛屿，日本。

用途：根、叶药用，可消积滞，收敛止血，治消化不良、肠炎腹泻、痢疾便血等症；叶捣烂外敷或用干粉，作外伤止血药。

7. 虎颜花属 Tigridiopalma C. Chen

草本。茎匍匐，稍木质；直立茎甚短。叶基生，具柄；叶片纸质，边缘有细锯齿，基出脉 9 条，侧脉平行。聚伞花序腋生，具长的花序梗；苞片早落；花 5 基数；被丝托漏斗形或杯形，具 5 棱，棱上有狭翅，先端截形；花萼裂片甚短，先端具小短尖；花瓣倒卵形或倒卵状长圆形，偏斜，先端有小短尖；雄蕊 10，5 长 5 短，内弯，花丝丝状，花药圆柱形，单孔开裂，药隔微膨大，长雄蕊的花药药隔下延成短距，末端前方具 2 小瘤，后方微隆起，短雄蕊的花药基部具 2 小瘤，药隔下延成短距；子房上位，与被丝托分离，顶端具 5 裂的膜质冠，冠宿存，果期木质化，胚珠多数，排成纵向的 5 束，特立中央胎座。蒴果漏斗形或杯形，先端截形，具 5 裂的冠，冠木质化，伸出萼外；宿存的被丝托与蒴果同形，具 5 棱，棱上具狭翅。种子小，楔形，表面密布小瘤状突起。

1 种，分布于广东而西南部和南部。

虎颜花 熊掌 Magnific Tigridiopalma

图 525　彩片 524

Tigridiopalma magnifica C. Chen in Act. Bot. Yunnan **1**: 107. 1979.

多年生草本。匍匐茎粗壮，长 6-10cm；稍木质，直立茎甚短，与叶柄均疏被红褐色的长硬毛。叶基生；叶柄长 10-20cm；叶片心形或近圆形，长宽均为 16-35cm，基部心形、浅心形或近圆形，边缘有三角形、不规则的疏细齿，齿间有红褐色的缘毛，先端圆，下面密被糠粃，沿脉疏红褐色的长柔毛及微柔毛，上面无毛，基出脉 9 条，侧脉多数，近平行。聚伞花序腋生；花序梗长 25-30cm，钝四棱形，与花梗均无毛；花梗长 0.5-1.5cm，具 4 棱，棱上有狭翅，有的被鳞粃；被丝托漏斗形或杯形，长 8-9mm，无毛，具 5 棱，棱上有皱波状狭翅，先端截形；花萼裂片甚短，三角形，长约 1mm；花瓣深紫色，倒卵状长圆形，长 1.1-1.2cm，宽 4-5mm，两侧略不对称，先端偏斜，有小短尖；长雄蕊长约 1.8cm，花药圆柱形，长约 1cm，药隔下延，后方三角形、长约 1mm 的短距，前方具 2 小瘤，短雄蕊长 1.2-1.4cm，花药长 7-8mm，基部具 2 小瘤，

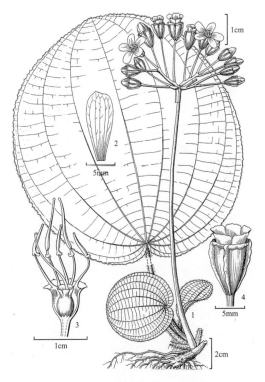

图 525 虎颜花 Tigridiopalma magnifica
1. 植株及花序；2. 花瓣；3. 被丝托纵剖面，示部分雄蕊和雌蕊；4. 蒴果。（李志民绘）

药隔下延成一短距；子房卵形，先端具冠，冠膜质（果期木质化），5 裂，裂片边缘有纤毛和细齿。蒴果包于宿存的被丝托内并与之同形，孔裂，先端具宿存的冠，冠木质化，5 裂，伸出被丝托外约 2mm，边缘具细齿；宿存被丝托长约 1cm。花期：2-3 月；果期：3-6 月。

产地：仙湖植物园（科技部 2862）、梧桐山。生于山坡林下阴湿处，海拔约 300m。

分布：广东南部至西南部。

用途：叶巨大，形状奇特，花色艳丽，有较高的观赏价值。

199. 使君子科 COMBRETACEAE

李　楠　曾娟婧

常绿或落叶乔木、灌木或木质藤本，偶有枝刺或叶柄刺。叶、花、果常有腺体、鳞片或乳突。单叶，对生或互生，稀假轮生，无托叶，具叶柄；叶片边缘全缘或波状，有时有疏锯齿，基部齿间和叶柄顶端具腺体。花序顶生、腋生或腋外生，为穗状花序、总状花序或圆锥花序，有时为头状花序，有苞片；花辐射对称，稀两侧对称，通常两性，稀杂性（花序具两性花及雄花）；被丝托（hypanthium 是由花托、花被基部和雄蕊群基部愈合而成的结构）围绕子房并与之贴生在子房以上延伸成一或长或短的、末端膨大的萼筒；花萼裂片 4-5，镊合状排列，宿存或脱落，有时无裂片；花瓣 4-5，生于萼筒的口部，覆瓦状或镊合状排列，有时花瓣不明显至无花瓣；雄蕊数为萼裂片数的 2 倍，排成 2 轮，伸出或不伸出，花药丁字着生，药室纵裂；花盘位于雄蕊内侧或无花盘，有毛或无毛；子房下位，1 室，胚珠 2，倒生于子房室的顶端，通常仅 1 枚发育，花柱 1，锥状或丝状，柱头头状或不明显。果为假果（不是单由子房本身形成，而是由包围着下位子房的被丝托参与形成），形状和大小多样，肉质、革质或木栓质，不裂，通常有 2-5 条纵向的翅、脊或棱，内果皮无或有厚壁组织。种子子叶内卷、褶叠或扭曲，无胚乳。

约 20 属，500 余种，分布于世界热带和亚热带地区。我国有 6 属，25 种。深圳有 3 属，8 种。

1. 乔木或灌木；叶互生，常聚生枝顶呈假轮生；无花瓣 ·· 1. **榄仁属 Terminalia**
1. 木质藤本；叶对生；有花瓣。
  2. 落叶藤本；叶片薄纸质；叶柄宿存成刺状；花大，长 11-14cm，初开时白色，后为粉红色；花柱大部分与萼筒内壁贴生 ·· 2. **使君子属 Quisqualis**
  2. 常绿藤本；叶片厚纸质或近革质；叶柄不成刺状；花小，长不及 1cm，白色或黄白色；花柱与萼筒内壁分离 ··· 3. **风车子属 Combretum**

1. 榄仁属 Terminalia L.

乔木，有板状根，或为灌木。叶互生，常聚生枝顶呈假轮生，稀对生或近对生；叶片长圆形、椭圆形、倒卵形或圆形，边缘全缘或有疏锯齿，通常有瘤点、透明腺点或管状黏液腔；叶柄顶端或叶基部边缘常有腺体。花序为总状花序、穗状花序，有时再组成圆锥花序，腋生或顶生；花小，(4-)5 基数，两性或杂性，如为杂性，通常两性花生于花序的下部，雄花生于花序的上部，无花梗或因雄花被丝托细长并与退化子房贴生而形似花梗；苞片早落；花萼筒部管状或杯状，裂片 4-5，三角形或卵形，花蕾时镊合状排列，花后常脱落；无花瓣；雄蕊 8-10，排成 2 轮，花丝伸出萼筒外；花盘有髯毛或长柔毛；子房下位，1 室，胚珠 2 枚，稀 3-4 枚，花柱单一，细长，不分枝，伸出萼筒外甚长。假果为核果状，形状大小变化大，通常纺锤形、卵球形或椭圆体形，肉质，有时革质或木质，具 2-5 纵棱或革质宽翅，稀无棱无翅。种子 1 枚。

约 150 种，分布于世界热带地区。我国产 8 种。深圳引入栽培 6 种。

1. 叶柄顶端或叶片中脉基部两侧无腺体。
  2. 枝条在主干上近轮生；叶在长枝上互生，在短枝上 3-7 片聚生；叶片小，长 7cm 以下 ··· 1. **小叶榄仁 T. mantaly**
  2. 枝条在主干上互生；叶螺旋状互生于枝条上部；叶片较大，长 7cm 以上 ············ 2. **澳洲榄仁 T. muelleri**
1. 叶柄顶端或叶片中脉基部两侧具腺体。
  3. 叶片倒卵形，基部两侧对称，不偏斜；果具 2 纵棱，棱上有狭翅 ············· 3. **榄仁 T. catappa**
  3. 叶片非上述形状，基部两侧不对称，偏斜；果具 3 或 5 棱或翅。

4. 叶柄顶端或叶片中脉基部两侧腺体具柄；叶片先端有一短而偏斜的尖头·········4. **千果榄仁 T. myriocarpa**

4. 叶柄顶端或叶片中脉基部两侧腺体无柄；叶片先端圆、钝或不偏斜的短尖头。

  5. 叶片基部圆或心形，先端钝或圆，侧脉15-22 对；果倒卵球形或椭圆体形，具 5 翅·······························5. **阿江榄仁 T. arjuna**

  5. 叶片基部钝圆或楔形，先端短渐尖，侧脉6-10 对；果卵球形或椭圆体形，具 5 条钝棱·······················6. **诃子 T. chebula**

1.　小叶榄仁 非洲榄仁 细叶榄仁 Madagascar Almond

图 526　彩片 525

Terminalia mantaly H. Perrier in Ann. Inst. Bot. -Geol. Colon. Marseille，ser. 7，**1**: 24，t. 5. 1953.

落叶乔木，高 5-15m。树皮灰绿褐色，光滑；分枝近平展，在主干上近轮生而形成分层的树冠，有短枝。叶在长枝上互生，在短枝上 3-7 片聚生；叶柄短；叶片纸质，倒卵形，长 3.5-7cm，宽 1.2-3.2cm，基部楔形，顶端圆形或微凹，全缘或具疏齿，两面无毛，中脉在叶面上平，在叶背上凸起，侧脉 5-7 对，不明显。穗状花序腋生，长 8-10cm；花序梗长 1-1.5cm，与花序轴均密被褐色短柔毛；花小，淡绿色。果椭圆体形，长 3-3.5cm，直径 1.5-2cm，无毛，无棱，无翅。花期：3-6 月，果期：4-9 月。

产地：园博园（王帅 0905001），本市各地普遍栽培。

分布：原产非洲马达加斯加。华南地区常见栽培。

用途：本植物层状的树冠奇特且优美，为优良的行道和庭园风景树。种仁可食。

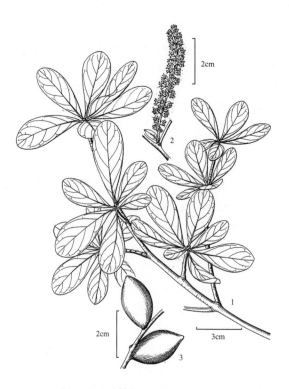

图 526 小叶榄仁 Terminalia mantaly
1. 枝的一段和叶；2. 穗状花序；3. 果。（李志民绘）

2.　澳洲榄仁 美洲榄仁 Australian Almond

图 527

Terminalia muelleri Benth. Fl. Austral. **2**: 500. 1864.

落叶乔木，高约 5m。树干通直；分枝斜展。叶柄长 1-1.5cm；叶片革质，倒卵形，长 7-13cm，宽 3-6.5cm，基部楔形，边缘全缘，先端圆或钝；黄绿色，落叶前转红红色，两面无毛，侧脉 5-7 对。穗状花序顶生和腋生，长达 14cm；花小，两性，白色带红；花梗长 1-1.5mm；被丝托包围子房，在子房之上延伸成杯状的萼筒；花萼裂片 5 或 4，三角形；无花瓣；雄蕊 10，或 8，排成 2 轮，着生于萼筒上，花药背着；子房下位，1 室，花柱长，单一，伸出；胚珠 2，稀 3-4，悬垂。果卵球形，长 1.6-1.9cm，直径 1-1.5cm，未熟时黄绿色，熟时暗紫红色。花期：5-9 月，果期：7-10 月。

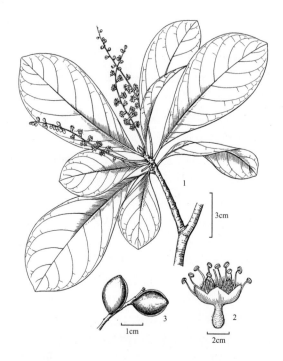

图 527 澳洲榄仁 Terminalia muelleri
1. 分枝的一段、叶及穗状花序；2. 花；3. 果。（李志民绘）

产地：福田（王勇进 006498）、仙湖植物园（刘小琴 008068）、园林科研所（陈景方 2432）、洪湖公园（科技部 2602），本市各公园和公共绿地常有栽培。

分布：间断分布于澳大利亚和美洲的巴拿马。热带地区普遍栽培。

用途：为良好的庭园观赏树。

3. 榄仁 大叶榄仁 Indian Almond

图 528　彩片 526

Terminalia catappa L. Mant. Pl. **1**：128. 1767.

大乔木，高可达 20m 以上。树皮黑褐色；分枝平展，幼时密被棕黄色茸毛，具明显的叶痕。叶互生，常密集于枝端，呈假轮生；叶柄粗壮，长 1-1.5cm，幼时被锈色柔毛；叶片倒卵形或倒卵状披针形，长 12-25cm，宽 8-15cm，中部以下渐狭，基部浅心形、截形或圆，边缘全缘或略呈波状，近基部边缘处有一对腺体，先端钝或有短尖，幼时背面疏被柔毛，后毛脱落，侧脉 10-12 对，网脉明显。穗状花序单生于叶腋，细长，长 15-20cm，有多数花；花序梗和花序轴被白色的茸毛；花芳香，杂性，两性花生于花序下部，雄花生于上部；花萼杯状，长 7-8mm，外面被白色茸毛，裂片 5，与筒部近等长；雄蕊 10，伸出萼筒之外；花盘由 5 枚腺体组成，被白色短髯毛；包围子房的被丝托圆锥形，密被茸毛。果纺锤形或椭圆体形，稍压扁，长 3-5cm，直径 2-3.5cm，具明显的 2 棱，棱上有狭翅，翅宽约 3mm，果皮坚硬，木质，无毛，成熟时青黑色。花期：4-6 月，果期：6-9 月。

产地：东湖公园（李沛琼 007285），本市各公园和公共绿地有栽培。

分布：台湾、福建、广东、香港、澳门、海南、广西和云南。孟加拉国、印度、缅甸、泰国、越南、柬埔寨、菲律宾、马来西亚、印度尼西亚、新几内亚、太平洋岛屿、印度洋岛屿、澳大利亚北部和马达加斯加。栽培或野生。

用途：适作行道树和庭园绿化树。

4. 千果榄仁 Bayberry Waxmyrtle-fruit Terminalia

图 529

Terminalia myriocarpa Van Heurck & Müll. Arg. in Retz. Obs. Bot. 215. 1870.

常绿乔木，高 25-35m，具板状根。小枝被褐色短茸毛，老渐变无毛。叶对生；叶柄长 5-15mm，顶端或叶片中脉基部两侧具 2 枚有柄的杯状腺体；叶片厚纸质，长椭圆形，长 10-18cm，宽 5-8cm，基部近圆形，边缘全缘或微波状，稀有粗齿，先端有一短而偏斜的尖头，除中脉两侧被黄褐色茸毛外，其余无毛或近无毛，侧脉 15-25 对，两面明显，平行伸出。圆

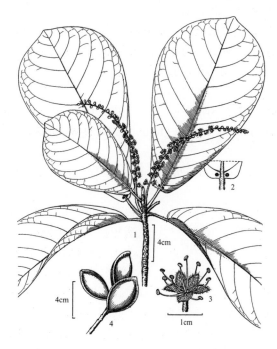

图 528 榄仁 Terminalia catappa
1. 分枝的上段、叶及穗状花序；2. 叶片上面基部边缘的腺体；3. 雄花；4. 果。（李志民绘）

图 529 千果榄仁 Terminalia myriocarpa
1. 分枝的一段、叶及圆锥花序；2. 花；3. 果。（李志民绘）

锥花序腋生或顶生，长18-25cm；花序梗和花序轴密被黄色茸毛；花小，多数，两性，红色，长约4mm；小苞片三角形，宿存；花萼筒杯状，长约2mm，顶端具5齿；雄蕊10枚，伸出萼筒之外；花盘生于雄蕊内侧；包围子房的被丝托无毛，花柱细长。果小，长约3mm，宽（连翅）约1.2cm，具3翅，翅膜质，其中2翅大，1翅甚小。花期：8-9月，果期：10月至翌年1月。

产地：儿童公园（仙湖植物园科技部2621），本市公园及道路有栽培。

分布：广西、云南、中部和南部、西藏东南部。印度东北部、缅甸、泰国、老挝、越南和马来西亚。

用途：宜栽培作行道树供观赏。

5. 阿江榄仁 Arjuna　　　图530　彩片527 528

Terminalia arjuna（Robx. ex DC.）Wight & Arn. Prodr. 314. 1834.

Pentaptera arjuna Robx. ex DC. Prodr. **3**：14. 1828.

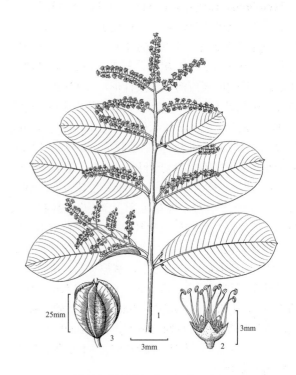

图 530 阿江榄仁 Terminalia arjuna
1. 分枝的上段、叶及穗状花序；2. 花；3. 果。（李志民绘）

大乔木，高15-20m。分枝近平展，后下垂，具明显的叶痕。叶近对生；叶柄短，长约1.2cm，无毛，顶端具1-2腺体；叶片纸质，长椭圆形或长圆形，长9-22cm，宽5-10cm，基部圆形或浅心形，两侧略不相等，边缘近全缘，顶端钝或圆形，下面淡绿色，干后黄褐色，疏被短柔毛，上面深绿色，无毛，侧脉15-22对，两面明显。穗状花序单1或数枚排成圆锥花序，腋生和顶生，长（2-）3-5cm，具多数花；花序梗、花序轴均密被褐色茸毛；花萼杯状，筒部长0.6-0.8mm，裂片5，三角形，长1.2-1.4mm，外面密被短柔毛，内面密被褐色长柔毛；雄蕊10，长为花萼的2倍；花盘腺体5枚，密被褐色曲柔毛；包围子房的被丝托外面密被褐色曲柔毛。果卵球形或椭圆体形，长4-4.5cm，直径（连翅）3.5-4cm，无毛，果皮坚硬，有5棱翅，翅革质，宽0.8-1.5cm。花期：5-7月，果期：7-9月。

产地：罗湖区（李沛琼999）、儿童公园（陈景方等1877）、南山大道（李沛琼3200），本市各公园和公共绿地常有栽培。

分布：原产印度和斯里兰卡。台湾、福建、广东、香港、澳门、广西和云南有栽培。

用途：适作行道树、庭园绿化及用材树。树皮和枝干药用，可用于治疗心脏病和高血压等，在印度是使用数千年的传统药。

6. 诃子 Medicine Terminalia　　　　　　　　　　　　图531

Terminalia chebula Retz. Obs. Bot. **5**：31. 1789.

乔木，高达30m，胸径达1m。幼枝被绒毛，老渐变无毛，具皮孔。叶近对生或互生；叶柄粗壮，长1.8-2.3（-3）cm，顶端有2枚腺体；叶片近革质或厚纸质，卵形或卵状椭圆形至长椭圆形，长7-14cm，宽4.5-8.5cm，基部圆或楔形，稍偏斜，先端短尖，边缘全缘或微波状，两面密被细瘤点，侧脉6-10对。穗状花序腋生或顶生，有时数枚排成圆锥花序，长5.5-10cm；花两性，长约8mm；花萼杯状，长约3.5mm，顶端具5齿，外无毛，内面被柔毛；雄蕊10枚，伸出花萼之外，花药小，椭圆体形；包被子房的被丝托圆柱状，长约1mm，被短柔毛，花柱细长，胚珠2颗。果为假核果，卵球形或椭圆体形，长2.4-4.5cm，直径1.9-2.3cm，果皮坚硬，熟时青色，具5条钝棱。花期：3-6月，果期：7-12月。

产地：深圳仙湖植物园栽培。

分布：原产于我国云南西部和西南部、印度、尼泊尔、缅甸、泰国、老挝、越南、柬埔寨和马来西亚。福建、台湾、广东和广西有栽培。

用途：果供药用，为治疗慢性痢疾的良药。

2. 使君子属 Quisqualis L.

木质藤本。叶对生或近对生；叶柄在落叶后宿存并变成刺状；叶片边缘全缘，具羽状脉。穗状花序顶生或腋生，通常单生，有时有少数分枝而排成圆锥花序；花大，两性；被丝托在子房以上微缢缩再延长成长管状的萼筒，萼筒顶部扩大成漏斗状，裂片5，三角形或三角状披针形，结果时脱落；花瓣5，远大于萼片，覆瓦状排列，白色或红色；雄蕊10，排成2轮，生于萼筒的中上部及喉部，不伸出萼筒之外；花药丁字着生；花盘狭管状或无花盘；雌蕊由5枚心皮组成，子房1室，胚珠2-4枚，倒悬于子房室的顶端，珠柄有乳突，花柱长丝状，大部分与萼筒内壁贴生。假果核果状或为顶部开裂的蒴果状，具5棱或狭翅。种子1枚。

约17种，产亚洲南部及热带非洲。我国产2种。深圳有1种。

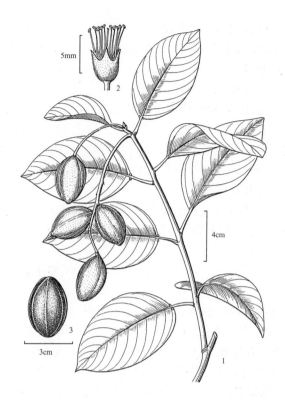

图 531 诃子 Terminalia chebula
1. 分枝的一段、叶及果序；2. 花；3. 果。（李志民绘）

使君子 Rangoon Creeper 图 532 彩片 529 530 531
Quisqualis indica L. Sp. Pl. ed. 2，**1**：556. 1762.
Quisqualis sinensis Lindl. in Edwards's Bot. Reg.
30：t. 15. 1844；广东植物志 3：200. 1995.

木质藤本，长6-8m。小枝被浅棕黄色短柔毛。叶柄长5-8mm，近基部无关节，幼时有锈色柔毛，在叶片脱落后，叶柄残部坚硬呈刺状；叶片薄纸质、卵形、长圆形或椭圆形，长5-18cm，宽2.5-7cm，基部圆，边缘全缘或微波状，先端渐尖至短尾尖，下面有时疏被锈色短柔毛，上面除中脉疏被短柔毛外，其余无毛，侧脉7-8对。花序为顶生的伞房状穗状花序，通常单生，稀具少数分枝，有10余朵疏生的花；苞片条形，长0.8-1cm，脱落；花芳香；花萼筒部呈细长的管状，长5-10cm，外面疏被黄褐色短柔毛，裂片三角形，长3-4mm，先端渐尖；花瓣初开时白色，后上面渐变为淡红色，倒卵状披针形、

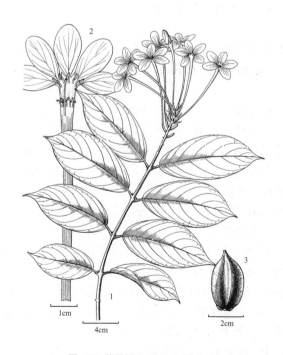

图 532 使君子 Quisqualis indica
1. 分枝的上段、叶及伞房状穗状花序；2. 萼筒展开，示雄蕊和花柱，上方为生于萼筒口部的5枚花瓣；3. 果。（李志民绘）

倒卵形或长圆形，比萼裂片大得多，长 2-2.5cm，宽 1.2-1.6cm，先端圆；雄蕊 10，排成 2 轮，下轮生于萼筒的上部，上轮生于萼筒近喉部，花丝甚短，长约 4mm，不伸出萼筒之外；子房 1 室，有 3 个胚珠。果纺锤形或狭卵球形，长 2.5-4cm，直径 1.2-2.5cm，初时绿色，熟时黑褐色，无毛，具 5 棱，先端有短尖。花期：5-11 月，果期：6-12 月。

产地：仙湖植物园（陈真传 0111），本市各公园有栽培。

分布：江西、福建、台湾、广东、香港、澳门、海南、广西、湖南、贵州、四川和云南。孟加拉国、巴基斯坦、尼泊尔、印度、斯里兰卡、老挝、柬埔寨、越南、缅甸、泰国、马来西亚、新加坡、菲律宾、印度尼西亚、巴布亚新几内亚、太平洋岛屿和非洲东部。世界热带及亚热带地区除有野外，普遍有栽培；在我国常栽培供药用。

用途：种子含使君子酸钾，为驱蛔虫良药之一，并有除虚热、健胃之效，也治小儿疥癣、痢疾等；花甚美丽，在园林中适宜植于棚架供观赏。

3. 风车子属 Combretum Loefl.

木质藤本，稀为直立灌木、小乔木或草本。叶对生或轮生，稀互生；叶柄短，有时宿存呈刺状；叶片通常具鳞片、乳突或腺体，边缘全缘，具羽状脉。花序顶生、腋生或腋外生，为穗状花序、总状花序或圆锥花序；花序梗、花序轴、花梗及花萼均密被鳞片、乳突或腺体；花两性，4 或 5 基数；苞片小，早落；被丝托在子房以上微缢缩，再延伸呈短的管状的萼筒，萼筒上部再扩大呈漏斗状、杯状或钟状，花萼裂片 4 或 5，稀更多，三角形或钻形，有时无裂片；花瓣 4 或 5，与萼裂片互生；雄蕊数为萼片数的 2 倍，排成 2 轮，如为同数则排成 1 轮，通常伸出萼筒之外；花盘与花萼筒分离或贴生，有粗毛环；雌蕊由 4-5 枚心皮组成，子房 1 室，胚珠 2-6，花柱 1，与萼筒内壁分离。假果核果状，具短柄，有 4-5 棱或翅，顶端有时有宿存的花柱基部。种子 1 颗。

约 250 种，主产热带亚洲、美洲非洲和马达加斯加。我国产 8 种。深圳 1 种。

风车子 华风车子 Alfred's Combretum   图 533
Combretum alfredii Hance in J. Bot. 9：131. 1871.

木质藤本，长 5-6m。树皮浅灰色，分枝多，灰褐色，幼枝、叶柄、叶下面、花序梗、花序轴、花萼及果密被橙黄色鳞片及短柔毛，老时毛渐脱落。叶对生或近对生；叶柄长 1-1.5cm；叶片厚纸质，长椭圆形、椭圆形、宽倒披针形，稀倒卵形或长卵形，长 10-20(-25)cm，宽 4-11cm，基部楔形或圆，边缘全缘，先端渐尖，两面有乳突，下面有橙色鳞片，侧脉 6-10 对，脉上与脉腋通常有淡黄色短硬毛，网脉稀疏。穗状花序腋生，在枝顶则组成圆锥花序，长 5-15cm；苞片条形，长约 1mm，宿存；被丝托长 4-5mm，在子房以上微收窄呈短的管状，上部扩大呈漏斗状的萼筒，花萼裂片 4，直立，三角形，长约 2mm，先端渐尖；花瓣 4，白色或黄白色，瓣片长圆状或倒卵状长圆形，长约 1.5mm，基部具 0.5mm 长的短瓣柄，先端圆或微凹；花盘环状，高约 0.2mm，密被黄褐色

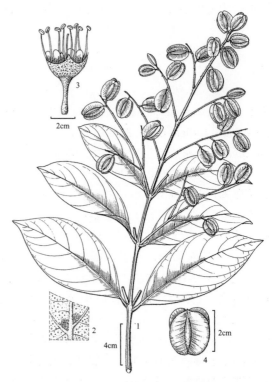

图 533 风车子 Combretum alfredii
1.分枝的上段、叶及果序；2.叶片的一部分，示下面脉腋间的短硬毛；3.花；4.果。（李志民绘）

的长硬毛;雄蕊 8,排成 2 轮,长 4-4.5mm,伸出花萼之外。果椭圆体形,具 4 翅,长 2-2.5cm,连翅直径 2-2.5cm,翅纸质,宽 1-1.2cm,成熟时红色或紫红色。花期:5-9 月,果期:7-12 月。

　　产地:南澳(邢福武 12017,IBSC)、仙湖植物园(李沛琼 007248)。生于疏林下或灌丛中,间或有栽培。

　　分布:广东、香港、广西、湖南和江西。

　　用途:药用,有健胃和驱虫之效。

200. 红树科 RHIZOPHORACEAE

廖文波 罗 连

常绿乔木或灌木,具各种类型的根。小枝对生,常有膨大的节。单叶,交互对生或排成二列;托叶生于叶柄间,早落;叶片革质,边缘全缘或有锯齿。花两性,稀单性或杂性同株,4-5 基数,辐射对称,单生或簇生于叶腋或排成聚伞花序;被丝托(hypanthium 是花托与花被基部和雄蕊群基部愈合而成的结构)存在或无;萼片 4-16,分离或近基部合生,镊合状排列,宿存;花瓣与萼片同数,分离,边缘全缘、2 裂、撕裂状或流苏状,有的顶部有刚毛状附属体条裂(裂片先端分离为数枚细条形的小裂片),具瓣柄,早落或花后脱落;雄蕊与花瓣同数或为其 2 倍或无定数,成对或单个与萼片或花瓣对生,有的为花瓣所抱持,花丝分离或基部合生,花药 4 室至多室,纵裂成瓣裂;花盘环状,有钝齿,稀无花盘;子房下位或半下位,稀上位,与被丝托贴生或分离,2-6(-8)室,有时因隔膜缢缩而成 1 室,每室有 2 至多颗下垂的胚珠,花柱不分枝或分枝,柱头头状或盘状。果为核果或浆果,稀为蒴果,果皮革质或肉质,1 室,稀 2 室,具种子 1 至数颗。种子有或无胚乳。

约 16 属,120 多种,分布于全世界热带和亚热带地区。我国产 6 属,13 种。深圳有 3 属,3 种。

本科大部分种类为海边红树林的主要植物,有防风、防浪和护堤的功效。

1. 果为浆果;种子在果实离开母树前不发芽 ·· 1. **竹节树属 Carallia**
1. 果为蒴果;种子在果实离开母树前发芽(胎生);海滨红树林植物。
  2. 花萼裂片 7-14(-16);萼管基部无小苞片;花瓣 2 裂或微凹,裂片顶端有刚毛状附属体;胚轴有棱········
    ··· 2. **木榄属 Bruguiera**
  2. 花萼裂片 5 或 6;萼管基部为一杯状小苞片所包围;花瓣 2 裂,裂片先端条裂;胚轴平滑 ··············
    ··· 3. **秋茄树属 Kandelia**

1. 竹节树属 Carallia Roxb.

乔木或灌木;茎基部有板状根。叶交互对生;托叶披针形,革质,边缘内卷,其中 1 枚将相对的另一枚大部分包围,早落;叶片卵形、卵状长圆形或椭圆形,下面通常具黑色或紫红色小斑点。花簇生或组成 2-3 歧短聚伞花序,腋生;苞片宿存;花近无梗;4-8 基数;被丝托漏斗状钟形;萼片 5-8,三角形,直立;花瓣与萼片同数,着生于花盘边缘,与萼片互生,有明显的瓣柄,稀近无瓣柄,先端 2 裂、全缘或撕裂状;花盘环形,8-16 裂,肉质;雄蕊为花瓣数的 2 倍,分离,或基部合生成管,着生于花盘的边缘,不等长,其中长的与萼片对生,短的与花瓣对生,宿存;花药 4 室,纵裂;子房下位,3-5(-8)室,每室有胚珠 2 枚,通常仅有 1 室中的 1 枚胚珠发育,胚珠下垂,生于中轴之顶,花柱不分枝,柱头盘状、头状或分裂。浆果,球形或近椭圆体形,肉质,1 室;有种子 1 颗。种子在果实离开母体前不发芽,具假种皮,有胚乳;胚直立或弯曲。

约 10 种,分布于东半球热带地区。我国产 4 种。深圳有 1 种。

竹节树 鹅山木 气管木 Indian Carallia   图 534　彩片 532
Carallia brachiata(Lour.)Merr. in Philipp. J. Sci. **15**:249. 1920.
Diatoma brachiata Lour. Fl. Cochinch. **1**:296. 1790.

常绿乔木,高达 10cm。树皮有瘤状皮孔,有时形成脊状横纹。托叶长 1.2-1.8cm;叶柄长 0.6-1cm;叶片倒披针形、倒卵状长圆形至椭圆形,稀近圆形,纸质或薄革质,长 3.5-11.5cm,宽 1.2-4.8cm,基部楔形,下延,边缘全缘或中部以上具不明显的细齿,齿尖常具骨质小硬尖,先端急尖或短渐尖,两面无毛。花序为 2-3 歧的短聚伞花序,长 1-6cm;花序梗长 0.8-1.3cm,粗 1.5-2mm,每分枝上有花 2-5 朵;小苞片 2-3,基部合生成浅的钟形,裂片三角形或阔卵状三角形,边缘有浅齿;花梗甚短或几无花梗;被丝托漏斗状钟形,长 3-4mm,萼片6或7,三角形,不反卷,与被丝托等长或稍短,内面有1纵脊;花瓣白色,扇形,长约2mm,瓣柄长约0.5mm,边缘皱缩,具不整齐的小齿;雄蕊花丝长约2mm;柱头盘状,2或3浅裂,每裂再2浅裂,高于雄蕊。浆果近球形,直径4-6mm,顶端有三角形宿存萼裂片,1室,有种子1颗。种子肾形。花期:9月至翌年3月,果期:11月至翌年3月。

产地:西涌(张寿洲等 SCAUF997)、七娘山、南澳、笔架山(华农仙湖采集队 SCAUF745)、葵涌、盐田、梅沙尖(深圳考察队 580)、梧桐山、仙湖植物园、南山。常生于山谷溪边、林缘或疏林中。海拔 50-400m。

分布:福建、广东、香港、澳门、海南、广西和云南。印度、斯里兰卡、不丹、尼泊尔、缅甸、泰国、越南、老挝、柬埔寨、菲律宾、马来西亚、印度尼西亚、巴布亚新几内亚、太平洋岛屿、澳大利亚和马达加斯加。

用途:为良好的园林绿化树种。

2. 木榄属 **Bruguiera** Savigny

乔木或灌木;常有曲膝状呼吸根突出于淤泥之上。树干基部常有板状根。叶交互对生;叶柄有3条维管束;叶片革质,两面无毛,边缘全缘。聚伞花序有1-5朵花;花梗基部具关节;被丝托膨大,倒圆锥形,延伸至子房以上,并与子房贴生;萼片8-14(-16),钻形至披针形,革质;花瓣与萼片同数,2裂,裂片间常具1刺毛,裂片顶端常有数枚刚毛状附属体,雄蕊数为花瓣数的2倍,每2枚为1花瓣所抱持,花药内向,4室,纵裂;子房下位,2-4室,每室有胚珠2个,花柱丝状,柱头2-4裂。蒴果钟状,被宿存的被丝托所包,1室,有种子1颗。种子无胚乳,在果实离开母树之前发芽(胎生);胚轴伸长呈圆柱形或纺锤形。有棱。

约7种,广布于东半球热带滨海。中国产3种。深圳有1种。

木榄 Many-petaled Mangrove

图 535 彩片 533 534 535

Bruguiera gymnorrhiza(L.)Savigny in Desr. & al. Encycl. **4**:696. 1798.

Rhizophora gymnorrhiza L. Sp. Pl. **1**:443. 1753.

乔木或灌木,高 3-4m,有时可达 6m。树皮灰黑色,叶痕、枝痕及果柄脱落后的痕迹均明显;幼枝及幼叶柄基部暗红色。托叶生于叶柄之间,基部暗红色,长圆状披针形,长 3.5-5.2cm,宽 1-1.5cm,早落;叶柄长 3.5-5cm;叶片椭圆状长圆形,革质,长 8-17cm,

图 534 竹节树 *Carallia brachiata*
1. 枝的一段、叶及果序;2. 叶片的一部分,示下面黑色的小斑点;3. 花,下部为基部合生的小苞片;4. 花瓣;5. 雄蕊;6. 浆果。(余汉平绘)

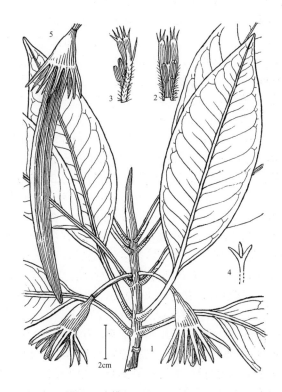

图 535 木榄 *Bruguiera gymnorrhiza*
1. 枝的上段、叶及花;2. 花瓣内面观,示雄蕊;3. 花瓣侧面观;4. 柱头;5. 被丝托、萼片和胚轴。(余汉平绘)

宽 4.5-6.8cm，基部楔形，边缘全缘，稍外卷，先端渐尖。花单生于上部叶腋，红色或粉红色；花梗长 2.2-3cm；被丝托无棱，暗红色，长 1.5-1.8cm；萼片 10-14，条形，无毛，长 2.2-2.5cm，外面黄色；花瓣与萼片同数，长 1.2-1.4cm，边缘密被白色绢状毛，自基部向上毛渐疏，瓣片中部以上 2 裂，裂缝间有 1 刺毛，刺毛长约 5mm，每裂片先端有 2-3 条刚毛状附属体；雄蕊长达花瓣的 1/2 或以上，花丝长约 6mm，弯曲，花药条形至披针形，长 4-5mm；花柱长约 2cm，柱头杯形，3-4 裂。果与宿存被丝托贴生成钟状，直径约 2.5mm，宿存被丝托仅先端有棱；胚轴纺锤形，逐渐长大呈圆柱形，粗壮，有棱，先端钝。花果期：几全年。

产地：葵涌（邢福武 19564，IBSC）、福田红树林（李沛琼 3513）。生于滨海泥滩。

分布：台湾、福建南部、广东、香港、广西南部、海南及其沿海岛屿。印度、斯里兰卡、缅甸、泰国、越南、柬埔寨、菲律宾、印度尼西亚、巴布亚新几内亚、太平洋群岛、澳大利亚、东非和马达加斯加。

3. 秋茄树属 **Kandelia**（DC.）Wight & Arn.

灌木或小乔木，生于滨海泥滩上。具支柱根。叶交互对生，革质。花组成腋生的复二歧聚伞花序，两性；被丝托基部与子房贴生并为一杯状小苞片包围；萼片 5，条状；花瓣与萼片同数，狭窄，2 深裂，每一裂片先端条裂，小裂片数枚，细条形；雄蕊多数，不等长，花药 4 室，纵裂；子房下位，1 室，有胚珠 6 颗；花柱线形，柱头 3 裂。果为蒴果，倒卵球形，为宿存的被丝托及外反的萼片围绕，1 室，有种子 1 颗，种子无胚乳，在果实离开母体前发芽（胎生），胚轴伸长呈圆柱形、纺锤形或棍棒状，平滑无棱，先端尖。

2 种，分布于亚洲东南部至东部。我国产 1 种。深圳也有分布。

秋茄树 Kandelia

图 536　彩片 536 537

Kandelia obovata Sheue & J. Yong in Taxon **52**: 291. 2003.

Kandelia candel auct. non（L.）Druce: 海南植物志 **2**: 51, 图 317. 1965; 广东植物志 **1**: 111. 1987.

乔木，高 3-5(-8)m；全体无毛；树皮平滑，灰色或红褐色。托叶条形，长 2-3cm，早落；叶柄略粗，长 1-1.8cm；叶片长椭圆形至倒卵状长椭圆形，长 4-12cm，宽 2-5cm，基部阔楔形，有时下延，边缘全缘，稍外卷，先端钝或圆，或有微缺。复二歧聚伞花序有花 4-9(-13) 朵；花序梗长 2-4cm；小苞片 2-4 枚，基部合生成杯状，长约 2mm，边缘有浅裂，每一裂片基部约有 30 条黏液毛；花梗长 3-5mm；花长 1-2cm，直径 2-2.5cm；被丝托淡黄色，无毛；萼片 5 或 6，条形，长 1.2-1.5cm，开展，与花梗约成 90°，果时反折；花瓣早落，与花萼裂片互生，白色，膜质，长 1-1.5cm，2 深裂，裂缝处有 1 长刺毛或无，每一裂片先端条裂，有 (6-)8-12(-14) 条细条形的小裂片；雄蕊多数，30-40 枚，不等长，长 0.6-1.2cm，花丝淡红色；花盘杯状；子房下位，1 室，有 6 颗胚珠，花柱长 1-1.2cm，柱头 3 裂。果卵球形，长 1.5-2.5cm，有宿存花萼；胚轴瘦长，圆柱形，长 12-20cm，先端渐尖，平滑，下垂。花果期几全年。

产地：南澳、葵涌（张寿洲等 2572）、福田红树林（李沛琼 2129）、内伶仃岛（张寿洲等 3830）。生于滨海泥滩。

分布：福建、台湾、广东、香港、澳门、广西和海南及南部沿海岛屿。日本。

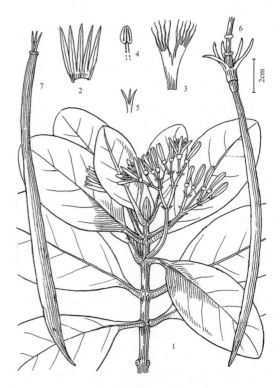

图 536 秋茄树 Kandelia obovata
1. 分枝上段、叶及复二歧聚伞花序；2. 花萼展开；3. 花瓣；4. 雄蕊；5. 柱头；6. 被丝托、萼片和胚轴；7. 幼苗。（余汉平绘）

201. 八角枫科 ALANGIACEAE

李　楠　罗香英

落叶乔木或灌木，稀攀援状。枝圆柱形，小枝有时略呈"之"字形弯曲，有时具刺。单叶，互生，无托叶，有叶柄；叶片掌状分裂或不裂，边缘全缘或微波状，基部通常偏斜，具羽状脉或 3-5(-7) 掌状脉。花序腋生，为二歧聚伞花序，稀为伞形花序或花单生；苞叶早落；花梗具关节；花两性，辐射对称，白色或淡黄色，微具香味；花萼钟状，与子房贴生，裂片 4-10，通常齿状或不明显；花瓣与萼裂片同数，条形或带形，镊合状排列，有时基部合生，开花时常外卷；雄蕊与花瓣同数或为其 2-4 倍，与花瓣互生，花丝微扁，条形，分离，有时基部与花瓣贴生，内侧被微柔毛，花药 2 室，条形，纵裂；花盘肉质；子房下位，1(2) 室，胚珠下垂，单生；花柱位于花盘中央，柱头头状或棒状，不裂或 2-4 裂。果为核果，椭圆体形，卵球形或近球形，顶端具宿存萼齿及花盘。种子 1，具大型的胚和丰富的胚乳，子叶长椭圆形或近圆形。

1 属，约 20 余种，分布于亚洲、大洋洲及非洲。我国产 9 种。深圳有 2 种。

八角枫属 Alangium Lam.

形态特征和地理分布与科同。

1. 叶柄及叶片均无毛；核果长不过 1cm ···1. 八角枫 A. chinense
1. 叶柄及叶片均密被茸毛；核果长 1.1-1.5cm ···2. 毛八角枫 A. kurzii

1.　八角枫 木八角 Chinese Alangium

图 537　彩片 538

Alangium chinense（Lour.）Harms in Ber. Deutsch. Bot. Ges. **15**：24. 1897.

Stylidium chinense Lour. Fl. Cochinch. **1**：220. 1790.

落叶乔木或灌木，高 3-5(-15)m。小枝微呈"之"字形弯曲，幼时密被短柔毛，后变无毛。叶柄长 2.5-3.5cm，无毛；正常叶叶片近宽卵形、卵形或卵状披针形，长 6-16(-19)cm，宽 3-7cm，基部偏斜的圆形或浅心形，边缘全缘或微波状，先端渐尖、短尾状或急尖，基出脉 3-5(-7) 条，侧脉 3-4 对，下面脉腋间有簇毛，上面无毛。不定芽发出的叶叶片轮廓近圆形或心形，边缘 5(-7) 浅裂，基部不对称的心形，裂片先端渐尖。二歧聚伞花序腋生，具 7-15 朵花；花序梗、花序分枝及花梗均无毛；花梗长 0.5-1.5mm；小苞片条形或披针形，长约 3mm；花初开时白色，后变黄色；花萼长 2.5-3mm，与花瓣的外面均密被短柔毛，裂片 6-8，呈齿状；花瓣与萼裂片同数，条形，长 1-1.5cm，基部合生；雄蕊与花瓣同数而近等长，花丝稍扁，长 2-3mm，密被短柔毛，花药长 1.5-1.7cm，药隔无毛；花盘近球形；子房 2 室，

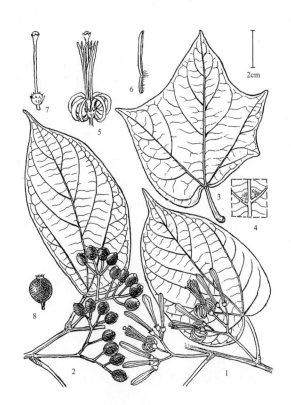

图 537 八角枫 Alangium chinense
1. 分枝的一段、正常叶及聚伞花序；2. 果枝；3. 不定芽发出的叶；4. 叶片一部分，示下面脉腋间的簇毛；5. 花；6. 雄蕊；7. 雌蕊；8. 核果。（余汉平绘）

花柱无毛或疏生短柔毛，柱头头状，常 2-4 裂。核果卵球形或椭圆体形，长 6-9mm，宽 5-8mm，顶端具宿存萼齿及花盘，成熟时黑色，无毛。花期：4-5 月，果期：6-7 月。

产地：西涌（张寿洲等 0957）、七娘山（曾治华 007240）、梧桐山（华农仙湖考察队 007162）。本市各地常见。生于山地林中和林缘，海拔 50-600m。

分布：广东、香港、海南、广西、湖南、江西、福建、台湾、浙江、江苏、安徽、山东、河南、湖北、四川、贵州、云南、西藏南部、甘肃及陕西。亚洲南部和东南部及非洲东部。

用途：根、茎、叶均可药用，根称白龙须，茎名为白龙条，有祛风除湿舒筋活洛、散瘀痛的功能。

2. 毛八角枫 长毛八角枫 Kurz Alangium

图 538　彩片 539

Alangium kurzii Craib in Kew Bull. **1911**: 60. 1911.

落叶乔木，稀灌木，高 5-10m。小枝被淡黄色茸毛及短柔毛。叶柄长 2.5-4mm，被黄褐色茸毛；叶片宽卵形或近卵形，长 1.2-1.4cm，宽 7-9mm，基部近心形，偏斜，稀近圆形，边缘全缘，先端渐尖，下面密被黄褐色茸毛，脉上毛较密，上面沿脉被微柔毛，基出脉 3-5 条，侧脉 3-4 对。二歧聚伞花序具 5-7 朵花；花序梗长 3-5cm，微扁，与花梗均被疏柔毛；花梗长 5-8mm；花芳香，初开时白色，后变黄色；花萼漏斗形，长 3-4mm，与花瓣的外面均密被短柔毛，裂片 6-8，呈齿状；花瓣 6-8，条形，长 2-2.5cm，基部合生；雄蕊与花瓣同数，略长于花瓣，花丝扁，长 4-5mm，疏被短柔毛；花药长 1.2-1.5cm，药隔有长柔毛；花盘近球形，被微柔毛；子房 2 室，每室 1 胚珠；花柱棍棒状，柱头头状，微 4 裂。核果长椭圆体形或卵球形，长 1.1-1.5mm，直径约 8mm，成熟时紫褐色或黑色，无毛。花期：夏初，果期：秋季。

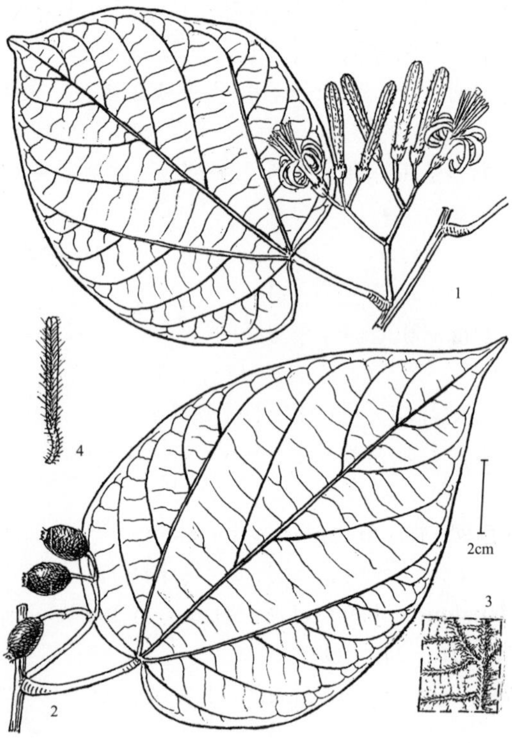

产地：沙头角（高蕴章 381，IBSC）、梧桐山（张寿洲等 2510）。生于疏林中，海拔 400-500m。

分布：河南、安徽、江苏、浙江、江西、福建、广东、海南、广西、湖南、湖北、贵州、云南南部和西藏南部。缅甸、泰国、越南、老挝、马来西亚、菲律宾及印度尼西亚。

图 538 毛八角枫 Alangium kurzii
1. 分枝的一段、叶及聚伞花序；2. 果枝；3. 叶片的一部分，示下面的毛被；4. 雄蕊。（余汉平绘）

203. 山茱萸科 CORNACEAE

邓云飞

乔木或灌木，落叶或常绿，稀多年生草本。单叶对生，稀互生或轮生，叶脉通常羽状，稀掌状，常被分枝的毛；无托叶或托叶纤毛状。花两性或单性异株，排成顶生或腋生的聚伞花序、圆锥花序、伞形花序或头状花序；花 3-5 基数；苞片小，早落，或 4-6，明显或为花瓣状；花萼管状，与子房贴生，具 3-5 齿裂或平截；花瓣 3-5，离生，在花芽中镊合状或覆瓦状排列；雄蕊与花瓣同数而与之互生，生于花盘的基部；花药纵裂；子房下位，1-5 室，每室具 1 颗下垂的倒生胚珠，花柱单一，圆柱状或棒状，柱头头状、盘状、点状或平截，有时 2-5 裂。果为核果、浆果状核果或为肉质聚花果，核骨质，稀木质。种子 1-5，种皮膜质或薄革质，胚小，胚乳丰富，光滑，子叶 2，叶状。

15 属，约 120 种，分布于北半球温带地区，少数种类分布于热带高山。我国有 9 属，约 60 种。深圳有 2 属，2 种。

关于山茱萸科的范围有许多不同见解，一般将桃叶珊瑚属、青荚叶属、单室茱萸属、鞘柄木属等从山茱萸科中分出分别成立独立的科，详见《Flora of China》第十四卷该科下的讨论。本志因采用 Cronquist 系统，仍采用广义的概念。

1. 花单性异株，排列成圆锥花序，无花瓣状苞片；子房 1 室；果为核果 ⋯⋯⋯⋯⋯⋯⋯⋯ 1. **桃叶珊瑚属 Aucuba**
1. 花两性，排列成顶生头状花序，有 4 枚白色花瓣状苞片；子房 2 室；果为聚花果 ⋯⋯⋯⋯⋯⋯⋯⋯⋯⋯⋯⋯⋯⋯⋯⋯⋯⋯⋯⋯⋯⋯⋯⋯⋯⋯⋯⋯⋯⋯⋯⋯⋯⋯ 2. **四照花属 Dendrobenthamia**

1. 桃叶珊瑚属 Aucuba Thunb.

常绿小乔木或灌木。分枝对生。冬芽圆锥形，生于枝顶。叶对生，无托叶，具叶柄；叶片革质或厚纸质，边缘具锯齿，稀全缘，具羽状脉。花序为顶生的圆锥花序；花单性，雌雄异株，4 基数，辐射对称；花梗具关节；苞片，小苞片 1 或 2；花萼管状，具 4 裂片或平截；花瓣在花芽中镊合状排列，先端常具短尖头或尾状；雄花：雄蕊 4，与花瓣互生，花药 2 室，稀 1 室，背部着生，稀丁字着生，花丝钻形；雌花：子房下位，1 室，常与花萼管贴生，每室具 1 颗倒生胚珠，花柱粗短，柱头头状，微 2-4 裂。核果肉质，椭圆体形至卵球形，幼时绿色，成熟时红色，干时黑色，顶端具宿存萼齿、花柱及柱头。种子 1，长圆体形，种皮膜质，白色。

约 10 种，分布于日本、朝鲜、印度北部、不丹、缅甸和越南。我国 10 种均产。深圳有 1 种。

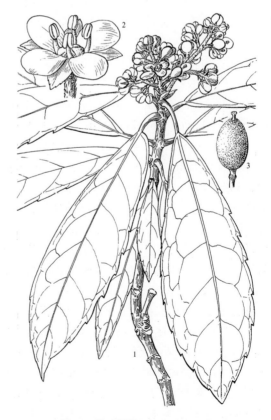

图 539 桃叶珊瑚 Aucuba chinensis
1. 分枝的上段、叶及雄花序；2. 雄花；3. 核果。（崔丁汉绘）

桃叶珊瑚 Chinese Aucuba   图 539   彩片 540 541
Aucuba chinensis Benth. Fl. Hongk. 138. 1861.

小乔木或灌木，高 3-6m。小枝二歧分枝，无毛，具白色的皮孔。叶柄长 1-3cm，与叶片的两面均无毛；叶片革质，披针形或倒披针形，长 8-22cm，宽 2-5.5cm，基部楔形，稀不对称，边缘具 5-8 对疏锯齿或腺状齿，稀近全缘，先端渐尖、急尖或钝。圆锥花序顶生；花序梗、花序轴及花梗均密被短柔毛；雄花序长 7-15cm；雌花序较短，长 4-5cm；雄花：花梗长约 4mm；苞片长圆状披针形，长约 3mm，外面被柔毛，早落；花萼具 4 齿裂，无毛或疏被柔毛；花瓣 4，绿色或紫红色，长圆形或卵形，长 3-4mm，宽 2-2.5mm，外面被疏柔毛或无毛，先端渐尖；雄蕊 4，长约 3mm，着生于花盘外侧，花药黄色，2 室；花盘肉质，微 4 裂；雌花：花梗长 1-4mm；苞片披针形，长 5-6mm；小苞片 2，生于花梗上，条状披针形，长 4-6mm，边缘具睫毛；花萼、花瓣及花盘与雄花的近相似；子房圆柱形，花柱粗壮，柱头头状，微偏斜。核果成熟时鲜红色，椭圆体形或长卵球形，长 1.5-2cm，直径 0.8-1cm；果梗长 2-5mm。花期：2-6 月，果期：5-12 月。

产地：东涌（王国栋等 7715）、七娘山（张寿洲等 2103）、南澳、梅沙尖、梧桐山（张寿洲等 SCAUF1221）。生于山谷密林或混交林中，海拔 250-600m。

分布：台湾、福建、台湾、广东、香港、海南、广西、湖南、贵州、四川和云南。缅甸和越南北部。

2. 四照花属 Dendrobenthamia Hutch.

小乔木或灌木，常绿或落叶。叶对生；叶片革质或近革质，稀纸质，卵形、椭圆形或长圆披针形，侧脉 3-6(-7) 对。头状花序顶生，有 4 枚白色花瓣状的苞片；花小，两性；花萼管状，裂片 4，钝圆形、三角形或不明显；花瓣 4，离生，稀基部合生，白色或淡黄色；雄蕊 4，花丝纤细，花药黄色，椭圆形，2 室；花盘环状或垫状；子房下位，2 室，每室 1 胚珠，花柱圆柱形，具脊，被柔毛，柱头截形至头状。果为聚花果，球形或扁球形，橘红色至红色。种子 1。

约 10 种，分布于东亚至喜玛拉雅地区。我国 10 种均产。深圳有 1 种。

《Flora of China》Vol. 14. 206-221. 2005. 中采用广义山茱萸属（Cornus L.）的概念，将各狭义的属分别处理为亚属。因狭义各属之间的区别特征非常明显，而狭义的概念在国内已经得到广泛的应用，本志仍采用狭义的概念，将四照花属处理为独立的属。

香港四照花 Hong Kong Dogwood   图 540

Dendrobenthamia hongkongensis（Hemsl.）Hutch. in Ann. Bot.（London）n. s. **4**（21）：93. 1942.

Cornus hongkongensis Hemsl. in J. Linn. Soc., Bot. **23**：345. 1888.

常绿乔木，高 5-10m。树皮深灰色或黑褐色，平滑；幼枝疏被褐色贴生短柔毛，后变无毛；冬芽圆锥形，被褐色微柔毛。叶柄长 0.5-1.2cm，幼时被褐色短柔毛，后渐变无毛；叶片椭圆形或倒卵状长圆形，长 4-13cm，宽 2-6cm，基部楔形，边缘全缘，先端急尖或钝，两面均被贴伏的棕褐色丁字毛，背面沿中脉的毛尤密，在背面脉腋具簇毛，侧脉 3-4 对。头状花序顶生，球形，由 50-70 朵花聚集而成，直径约 0.8-1cm；花序梗长 5-7cm，密被棕褐色短柔毛，果期伸长可达 10cm，近无毛；苞片 4，花瓣状，白色，宽椭圆形至倒卵状宽椭圆形，长 3-4cm，宽 1.5-3.5cm，密被淡褐色贴伏的短柔毛；花小，有香味；花萼管状，绿色，

图 540 香港四照花 Dendrobenthamia hongkongensis
1. 分枝的一段、叶及聚花果；2. 叶片的一部分，示下面的丁字毛；3. 头状花序及花瓣状苞片；4. 花瓣状苞片；5. 雌蕊。
（崔丁汉绘）

长约 1mm，基部被褐色柔毛，裂片 4，不明显，外面被白色柔毛，内面近边缘处被褐色柔毛；花瓣 4，淡黄色，长椭圆形，长约 2mm，宽约 1mm，基部渐狭，先端钝尖；雄蕊 4，花丝长约 2mm，被柔毛，花药椭圆形，深褐色；花盘盘状；子房下位，花柱圆柱形，长约 1mm，被白色微柔毛，柱头小。聚花果球形，直径 2-2.5cm，被白色柔毛，成熟时黄色或红色。花期：5-7 月，果期：7-10 月。

产地：笔架山（华农仙湖采集队 SCAUF676）、葵涌、梧桐山（张寿洲等 3006）。生于山谷密林或混交林中，海拔 400-500m。

分布：浙江、江西、福建、广东、香港、广西、湖南、贵州、四川及云南。老挝和越南。

用途：果可食。

207. 铁青树科 OLACACEAE

王　晖

乔木、灌木或藤本,有时为半寄生植物,全株无毛。侧枝基部有时具宿存的芽鳞。单叶互生,稀对生;无托叶;具叶柄;叶片边缘全缘,叶脉通常为羽状脉,稀为 3-5 出掌状脉。花序为简单二歧聚伞花序, 单生, 或为各式聚伞圆锥花序, 腋生, 稀顶生;苞片小, 不明显;花小, 通常两性, 辐射对称, 3-7 基数, 有时花柱异长;花萼筒小, 杯状或盘状, 有时与子房贴生(青皮木属 Schoepfia), 边缘有时具浅裂, 花后膨大或不膨大;花瓣分离、基部合生或大部分合生成筒状, 镊合状排列;雄蕊 3-15 枚, 着生于花冠筒上部, 有时部分雄蕊退化, 花药基着或背着, 通常 2 室, 纵裂;花盘杯状或环状, 少数形成分离的腺体, 有时花后膨大而覆盖果实先端(青皮木属 Schoepfia);子房通常上位, 少数半下位, 有时与萼筒贴生而呈下位, 1-5 室或下部 2-5 半室, 上部 1 室, 每室具 1 颗胚珠, 胚珠悬垂于胎座或子房顶端, 通常倒生, 具 1-2 层珠被, 花柱 1, 柱头 2-5 裂。果为核果, 有时被增大的宿存花萼所包被。种子 1 枚, 种皮薄, 胚乳丰富, 胚小, 子叶 2-4 枚。

约 26 属, 180-250 种, 分布于世界热带和温带地区。我国有 5 属, 10 种。深圳有 1 属, 1 种。

青皮木属 Schoepfia Schreb.

乔木或灌木。小枝自老枝的顶端或短枝的顶芽发出, 无刺。叶互生, 具羽状脉。简单二歧聚伞花序单生或数枚排成聚伞圆锥花序, 腋生, 稀顶生;花序梗基部有时具宿存的芽鳞, 花序轴微呈 "之" 字形弯曲;花近对生, 有香气;苞片宿存;花萼筒与子房贴生, 先端平或有 4-5(-6) 个细齿, 花后膨大;花冠筒状、钟状或坛状, 在内壁上雄蕊着生处有一簇毛, 裂片 4-6 片;雄蕊 4-5(-6), 着生于花冠筒上, 与花冠裂片对生, 花丝短, 花药 2 室;花盘环状, 肉质;子房半下位, 下部 3 室, 上部 1 室, 特立中央胎座, 有胚珠 3 颗, 花柱纤细, 柱头 3 裂。果为核果, 被膨大的花萼筒包围, 先端具宿存的萼齿和花盘。种子 1 颗, 胚乳丰富。

约 30 种, 分布于亚洲和美洲的热带亚热带地区。我国有 4 种。深圳有 1 种。

华南青皮木 碎骨仔树 Chinese Schoepfia

图 541　彩片 542 543

Schoepfia chinensis Gardner & Champ. in J. Bot. Kew Gard. Misc **1**: 308-309. 1849.

落叶乔木或灌木, 高 1-6m, 全体无毛。老枝棕灰色, 略具条纹, 小枝紫褐色, 有白色皮孔, 基部常具宿存鳞片, 在落叶时常与叶同时脱落。叶柄红色, 长 3-7mm;叶片长披针形至椭圆形, 长 5-9cm, 宽 2-4cm, 纸质至薄革质, 基部楔形, 略不对称, 边缘全缘, 先端渐尖, 叶脉红色, 侧脉每边 3-5 条。简单二歧聚伞花序腋生, 下垂, 长 1-3.5cm, 有花 2-4 朵, 稀花单生;花序梗长 1-1.5cm;花梗不明显;小苞片 1, 生于花萼的基部;花萼钟形, 大部分与子房贴生, 先端有 4-5 小齿;花冠粉红色, 坛状, 花冠筒长 0.6-1cm, 裂片卵形, 长 2-4mm, 先端急尖;雄蕊 4-5, 花丝与花冠筒贴生, 花药略伸出花冠筒外;花盘盘状, 围绕

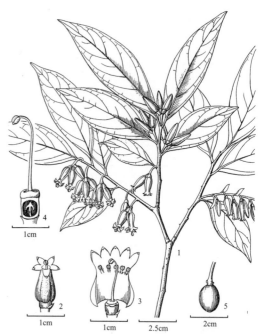

图 541 华南青皮木 Schoepfia chinensis
1. 分枝的一段、叶及聚伞花序; 2. 花及其基部的小苞片; 3. 花冠展开, 示花盘、雄蕊、花柱和柱头; 4. 子房纵切, 示特立中央胎座; 5. 核果。(李志民绘)

子房上部；花柱长 5-9mm，略伸出。核果椭圆体形，长 1-1.5cm，宽 5-6mm，成熟后几全为膨大的宿存花萼筒所包，紫黑色。花期：2-4 月，果期：3-7 月。

产地：西涌、七娘山（张寿洲等 0326），三洲田（张寿洲等 106）。生于水边草地及山地林中，海拔 250-600m。

分布：江西、福建、台湾、广东、香港、海南、广西、湖南南部、贵州、四川和云南。

208. 山柚子科 OPILIACEAE

李　楠　曾娟婧

常绿乔木、灌木或木质藤本。根寄生。单叶互生，无托叶；叶片边缘全缘，具羽状脉。花序腋生或生于老茎上，为穗状花序、总状花序或圆锥花序；苞片狭卵形或鳞片状；花小，辐射对称，两性或单性，雌雄异株或雌性与两性异株；单被或两被（有花萼和花冠），镊合状排列；花萼钟形，具（5-）6-7(-8) 裂片；花被片（单被花）或花瓣 4 或 5 基数，排成 1 轮或 2 轮，分离或合生；雄蕊与花被片或花瓣同数并与之对生，与花被片或花瓣分离或生于其基部，花药 2 室，内向，纵裂；花盘位于雄蕊内，环状、杯状或分裂为鳞片或腺体；子房上位，下半部陷入花盘内，1 室，具 1 颗下垂的胚珠；花柱短或无，柱头不裂或浅裂。果为一核果。种子皮薄，胚乳油质，胚圆柱形，具 3 或 4 枚条形的子叶。

10 属，33 种，广布于世界热带和亚热带地区。我国产 5 属，5 种。深圳有 1 属，1 种。

山柑藤属 Cansjera Juss.

木质藤本或直立灌木，有时具腋生刺。叶互生，具短叶柄。穗状花序腋生；每花具 1 枚小苞片；花两性，单花被；花被坛状或钟状，具 4-5 裂片，被柔毛，花蕾时镊合状排列；雄蕊 4-5 枚，与花被片对生，花丝丝状，基部与花盘鳞片贴生，如分离则与花盘鳞片互生，花药椭圆体形，2 室，纵裂；花盘鳞片 4-5 枚，卵形或三角形，肉质；子房上位，1 室，每室具 1 胚珠，花柱短，柱头头状，4 浅裂。核果椭圆体形，中果皮肉质，内果皮薄。种子 1 颗，胚小，子叶 3-4。

有 3 种，产亚洲南部及东南部、澳大利亚和太平洋岛屿。我国产 1 种。深圳有分布。

山柑藤 Rheed's Cansjera　　　　图 542　彩片 544

Cansjera rheedei J. F. Gmel, Syst. Nat. **2**: 280. 1791.

攀援木质藤本或直立灌木，高 2-6m。小枝开展，常具刺；小枝、叶柄、花序梗和花序轴均被淡黄色茸毛。叶柄短，长 2-4mm；叶片薄革质，卵形、椭圆形、长圆状披针形，长 4-10cm，宽 2.5-5cm，两面近无毛，基部宽楔形或圆，有时稍偏斜，先端渐尖，侧脉 4-6 对，两面隆起。穗状花序状直立，单生或 2-3 个簇生于叶腋；小苞片小，三角形，长约 1mm；花被坛状，长约 3mm，直径约 2mm，黄色，外面密被短柔毛，裂片 4，卵状三角形，长约 0.5mm，外弯；雄蕊与花被筒近等长，花丝约 2mm，花药卵形；花盘鳞片 4，卵形；子房圆柱状，花柱长约 1mm，宿存，柱头头状，4 浅裂。果椭圆体形，长 1.2-1.5cm，直径 0.8-1cm，顶端具小尖头，无毛，熟时橙红色。花期：10 月至翌年 1 月，果期：1-4 月。

产地：西涌（王国栋 7734）、南澳、大鹏（张寿洲等 SCAUF1044）、梧桐山、罗湖区林果场、皇岗公园、赤尾村、羊台山、大南山（深圳植物志采集队 013098）、小南山、内伶仃岛。生于山地疏林或灌丛，海拔 50-150m。

分布：广东、香港、澳门、海南、广西和云南。印度、尼泊尔、斯里兰卡、缅甸、泰国、老挝、越南、菲律宾、马来西亚、印度尼西亚、澳大利亚和太平洋岛屿。

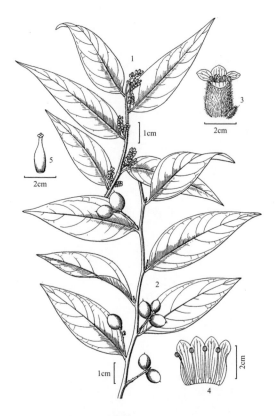

图 542　山柑藤 Cansjera rheedei
1. 分枝的一段、叶及穗状花序；2. 果枝；3. 花及小苞片；4. 花被展开，示雄蕊及花盘鳞片；5. 雌蕊。（李志民绘）

209. 檀香科 SANTALACEAE

李　楠　曾娟婧

草本或灌木，稀小乔木，常为寄生或半寄生，稀重寄生（一种寄生植物寄生在另外一种寄生的植物上）。叶为单叶，互生或对生，有时退化呈鳞片状，无托叶；叶柄不明显；叶片边缘全缘，通常具羽状脉，有时具3-9条掌状脉。花序腋生，稀为顶生，为总状花序、穗状花序、圆锥花序或聚伞花序，有时单花腋生；苞片鳞片状，多少与花梗贴生；小苞片单生或成对，有时与苞片贴生呈总苞状；花小，通常绿色，辐射对称，两性或单性，雌雄异株或杂性同株，稀雌雄同株，3-6(-8)基数；花被管短，裂片3-6(-8)，近肉质；雄花：花被裂片在芽时镊合状或覆瓦状排列，开花时开展或内弯，在雄蕊着生处疏被短柔毛或有舌状附属物；花盘上位或周位，边缘深波状或浅裂，有时分裂为腺体或鳞片；雄蕊与花被裂片同数并与之对生，生于花被裂片的基部，花丝短，丝状，花药基部着生或近基部的背部着生，2室，平行或叉开，斜裂或纵裂；雌花或两性花：花被筒长于雄花；子房下位或半下位，1或5-12室，每室有1-3(-5)胚珠，胚珠倒生或半倒生，无珠被，花柱1，柱头小，头状、截形或浅裂。果为一核果或坚果，外果皮通常肉质，内果皮脆壳质或骨质。种子1，无种皮，胚乳丰富，白色，通常分裂，胚圆筒状，直，平滑、有皱或有多条脊。

约36属，500种，广布于世界热带至温带地区。我国产7属，约33种。深圳有1属，1种。

寄生藤属 Dendrotrophe Miq.

常绿半寄生木质藤本或披散灌木。茎圆柱形，幼时有棱。叶互生，有柄或无柄；叶片厚纸质至革质，边缘全缘，有掌状脉3-9(-11)条。花单生或数花簇生，或为聚伞花序或伞形花序；花小，单性，雌雄同株或异株，稀两性；小苞片3-8枚，衬托在每一朵花之下；花被裂片5或6，三角形，与花盘分离；花盘上位；雄花：排成伞状花序或聚伞花序；花被裂片在雄蕊花丝的着生处有一丛毛或舌状附属物；雄蕊与花被裂片同数，生于花被裂片近基部，花丝甚短，花药小，药室叉开，斜裂；雌花：稍大于雄花，通常无花梗；花被筒与子房贴生；花被裂片与雄花相似，有退化雄蕊；花盘覆盖子房；子房下位，胚珠3，自胎座顶端下垂，通常无花柱，柱头头状或浅裂。果为一核果，顶端有宿存的花被裂片，外果皮肉质，内果皮坚硬，外面具皱纹或疣状突起，较大的疣状突起常排成8-10条纵列，内壁嵌入种子内，种子有纵槽，横切面可见8-10条呈星形的芒状射线，胚直而短，子叶微小。

约10种，分布于喜马拉雅山区、东南部至澳大利亚南部。我国产6种，分布于西南和华南地区。深圳有1种。

寄生藤 Shrubby Dendrotrophe　　图 543　彩片 545
Dendrotrophe varians（Blume）Miq. Fl. Ned. Ind.
1（1）：780. 1856.

Henslowia varians Blume, Mus. Bot. **1**：244. 1851.

Dendrotrophe frutescens（Champ. ex Benth.）
Danser in Nova Guinea, n. s., **4**：148. 1940; 广东植物志 **3**：259. 1995.

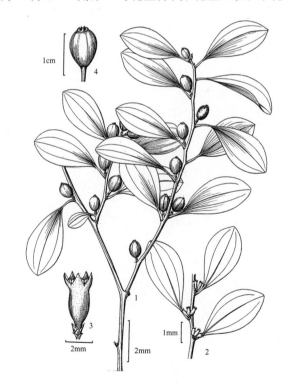

图 543 寄生藤 Dendrotrophe varians
1. 分枝的一段、叶及核果；2. 雄花枝；3. 雄花；4. 核果，顶端为宿存的花被裂片。（李志民绘）

Henslowia frutescens Champ. ex Benth. in J. Bot. Kew Misc. **5**：194. 1853；广州植物志 413，图 216. 1956；海南植物志 **2**：467, 图 . 524. 1965.

半寄生性本质藤本，通常呈灌木状，长 1-8m。茎黑色，幼枝黄绿色，三棱柱形，扭曲，近光滑，有时有红褐色的斑点。叶柄扁，长 0.5-1cm；叶片厚，近革质，倒卵形至宽椭圆形，长 3-7cm，宽 2-4.5cm，基部渐狭并下延，很少圆形，先端钝或急尖，基出脉 3 条，弧形，两面均无毛。花单性，雌雄异株，稀两性；雄花序为腋生伞形或聚伞花序，具 3-6 花；花序梗长约 2mm；雌花为单花；花梗长 3-4mm；雄花：花梗长约 1.5mm；小苞片 7-8，三角状卵形，长约 1mm；花被筒长圆形，长约 2mm，裂片三角形，长约 1mm；雄蕊长 0.5mm，花药圆形；花盘呈环状，5 浅裂；雌花：小苞片 3-5；花被筒短圆柱形，长 2.5-3mm，花被裂片卵状三角形，长约 1mm；有退化雄蕊；花柱短，柱头锥形，不裂；两性花：卵球形。核果卵球状，黄褐色或红褐色，长 1-1.3cm，具不明显 5 棱；宿存的花被裂片内弯。花期：12 月至翌年 3 月，果期：6-8 月。

产地：西涌（张寿州 0781）、排牙山（张寿州 5659）、三洲田（张寿州 5301），本市各地均有分布。山地灌丛中，生于海拔 100-300m。

分布：广东、香港、澳门、海南、广西、福建和云南。缅甸、泰国、越南、菲律宾、马来西亚和印度尼西亚。

用途：全株供药用，有散血、消肿、止痛之效，外敷治跌打刀伤。

211. 桑寄生科 LORANTHACEAE

邢福武　王发国

灌木，通常寄生或半寄生于其他木本植物的茎或枝上，稀寄生于根部而为地生灌木或小乔木。单叶对生或互生；无托叶；叶柄不明显；叶片边缘全缘，具羽状脉，有的退化呈鳞片状。花序顶生或腋生，为总状花序、穗状花序或伞形花序（有时紧缩呈头状）；苞片有或无，有的形成总苞，有时具小苞片；花通常两性，稀单性而雌雄异株，4-6 基数，辐射对称或两侧对称，明显；花萼与子房贴生，檐部环状或钟状，全缘或有短齿，宿存；花瓣通常 4-6，分离或合生，螺旋状排列；花盘不明显或无；雄蕊与花瓣同数，对生并与之贴生，花丝极细或不存在，花药通常基部着生，有时背部着生，2-4 室或多室，纵裂；子房下位，基部贴生于花托上，1 室或 3-4 室，特立中央胎座或基生胎座，胚珠不发育，仅具 1 至数个胚囊细胞，花柱 1 枚，条状、柱状或短至几无花柱，柱头小，头状。果为浆果，稀核果或蒴果，外果皮革质或肉质，中果皮具黏胶质，具种子 1 颗，稀 2-3 颗。种子贴生于内果皮上，无种皮，胚乳丰富，胚 1，圆柱状，有时具 2-3 胚，子叶 2 枚，稀 3-4 枚。

约 65 属，700-950 种，主产世界热带和亚热带地区。我国有 8 属，51 种，10 变种。深圳产 5 属，6 种。

1. 每朵花具 1 枚苞片和 2-3 枚小苞片；子房 1 至多室 ⋯⋯⋯⋯⋯⋯⋯⋯⋯⋯⋯⋯⋯⋯⋯⋯⋯⋯1. **鞘花属 Macrosolen**
1. 每朵花仅具 1 枚小苞片，无苞片；子房 1 室。
  2. 花瓣分离；花柱柱状 ⋯⋯⋯⋯⋯⋯⋯⋯⋯⋯⋯⋯⋯⋯⋯⋯⋯⋯⋯ 2. **离瓣寄生属 Helixanthera**
  2. 花瓣下部合生呈管状；花柱线状。
    3. 花 5 基数，花冠辐射对称 ⋯⋯⋯⋯⋯⋯⋯⋯⋯⋯⋯⋯⋯⋯ 3. **五蕊寄生属 Dendrophthoe**
    3. 花 4 基数，花冠两侧对称。
      4. 花托或浆果的下半部或基部明显地变狭；果棒状或梨形 ⋯⋯⋯⋯⋯⋯ 4. **梨果寄生属 Scurrula**
      4. 花托或浆果的基部圆钝，不变狭；果椭圆体状或卵球形 ⋯⋯⋯⋯⋯ 5. **钝果寄生属 Taxillus**

1. 鞘花属 Macrosolen（Blume）Reichb.

寄生灌木；全体无毛。叶对生；叶片具羽状脉。花序腋生，为总状花序或穗状花序，稀伞形花序；苞片 1，小，短于花萼；小苞片 2-3 枚，通常基部合生，宿存；花两性，6 基数，辐射对称，有时两侧对称；花萼卵球形或椭圆体形，檐部环状或杯状，宿存；花冠管状，管部膨胀，中部具 6 棱，并缢缩成一颈，至顶端扩大呈棒状，有6 枚裂片，开花时裂片反折；雄蕊 6，花丝甚短，化药基部着生，4 室，有的多室；子房初时 3 室，后变为 1 室，特立中央胎座，胎座分离，花柱线形，近基部具关节，柱头头状。浆果卵球形或椭圆体形，具宿存的花萼檐部和花柱。种子 1 颗，椭圆体形。

约 40 种，分布于亚洲东部和东南部。我国产 5 种。深圳有 1 种。

鞘花寄生 鞘花 枫木寄生 Sheath-flower　　　　　　　　　　图 544　彩片 546
Macrosolen cochinchinensis（Lour.）Tiegh. in Bull. Soc. Bot. France **41**：122. 1894.
Loranthus cochinchinensis Lour. Fl. Cochinch. **1**：195. 1790.
Elytranthe cochinchinensis（Lour.）G. Don. Gen Hist. **3**：426. 1834；海南植物志 **2**：463. 1965.
Elytranthe fordii（Hance）Merr. in Philipp. J. Sci. **15**（3）：234. 1919；海南植物志 **2**：464. 1965.

灌木，高 0.5-1.2m，全株无毛。分枝多，灰色，散生皮孔，节膨大，在幼枝上的节略扁。叶对生；叶柄长5-8mm；叶片革质，阔椭圆形、披针形或卵形，长 4-10cm，宽 2-6cm，基部楔形或圆形，先端急尖或短渐尖，侧脉 4 或 5 对，网脉不明显。总状花序 1 或 2-3 个簇生于叶腋，有时生在无叶老茎的节上，具花 4-8 朵；花序梗长 1.5-2cm；苞片 1 枚，卵形，长约 0.6mm，脱落；花梗长 4-6mm；小苞片 2-3 枚，卵形，长 0.7-0.9mm，宿存；

花萼椭圆体形，长 2-2.5mm，檐部环状，长约 0.5mm，有 6 枚裂片或无裂片；花冠橙色，筒部长 5.5-6mm，直，中部略膨胀，具 6 棱，裂片 6，披针形，长约 4mm，开花时反折；花丝长约 2mm。浆果橙色，近球形，直径约 7mm。花期：3-4 月，果期：5-7 月。

产地：七娘山（张寿洲等 1616）、南澳（张寿洲等 2059）、梧桐山（张寿洲 2961）。生于山地常绿阔叶林中，海拔 50-200m。寄生于樟属、山茶属或山矾属等植物上。

分布：福建、广东、香港、海南、广西、湖南、贵州、云南、四川和西藏东南部。印度、不丹、尼泊尔、缅甸、泰国、柬埔寨、越南、菲律宾、马来西亚、印度尼西亚和新几内亚。

2. 离瓣寄生属 Helixanthera Lour.

寄生灌木，植株无毛或被星状毛。叶对生或互生，稀近轮生；叶片侧脉羽状。总状花序或穗状花序，腋生，稀顶生；花两性，4-6 基数，辐射对称；无苞片；有或无花梗；小苞片 1 枚，宿存；花萼椭圆体形，檐部全缘或有 4-6 裂片，宿存；花冠在花蕾时下半部通常膨胀并具棱，上半部棒状，开花时花瓣分离；雄蕊着生于花瓣中部，花丝短，花药椭圆形，2-4 室，有时多室，药室具横隔或无；子房 1 室，基生胎座，花柱柱状，具 4-6 棱，柱头头状或钝。浆果卵球形或椭圆体形，顶端具宿存的花萼檐部，外果皮革质，中果皮具黏液，具种子 1 颗。

约 50 种，分布于非洲和亚洲热带和亚热带地区。我国产 7 种。深圳有 2 种。

1. 嫩枝和叶无毛；花序具 30-60 朵花；花 5 基数；花冠被乳头状突起；果皮亦被乳头状突起⋯⋯⋯⋯⋯⋯⋯⋯⋯⋯⋯⋯⋯⋯⋯⋯⋯⋯ **1. 离瓣寄生 H. parasitica**
1. 嫩枝和叶有星状毛；花序具 1-5 朵花；花 4 基数；花冠被星状毛；果皮平滑 ⋯⋯⋯⋯⋯⋯⋯⋯⋯⋯⋯⋯⋯⋯⋯⋯⋯⋯⋯⋯⋯⋯ **2. 油茶离瓣寄生 H. sampsonii**

1. 离瓣寄生 五瓣桑寄生 Five-petaled Helixanthera
图 545 彩片 547 548

Helixanthera parasitica Lour. Fl. Cochinch. **1**: 142. 1790.

Loranthus pentapetalus Roxb. Fl. Ind. **2**: 211. 1824; 海南植物志 **2**: 462. 1965.

图 544 鞘花寄生 Macrosolen cochinchinensis
1. 分枝的上部、叶及总状花序；2. 苞片、花梗、小苞片及花；3. 小苞片；4. 果期的分枝；5. 浆果。（余汉平绘）

图 545 离瓣寄生 Helixanthera parasitica
1. 分枝的上部、叶及总状花序；2. 小苞片；3. 花蕾；4. 花；5. 除去花冠及雄蕊，示小苞片、花萼及雌蕊；6. 花瓣与雄蕊；7. 浆果，基部具宿存小苞片。（余汉平绘）

灌木，高 1-1.5m；全株无毛；小枝披散状。叶对生或近对生；叶柄长 5-15mm；叶片纸质或薄革质，卵状披针形或卵形，长 5-9cm，宽 2-3cm，基部阔楔形至近圆形，先端急尖至渐尖，干后常暗黑色，侧脉两面明显。总状花序单 1 或成对，腋生或生于无叶枝条的节上，长 5-12cm，具花 30-60 朵；花梗长 1-2mm；小苞片宽卵形或近三角形，长 1-1.5mm；花 5 基数；花萼椭圆体形，长 1.5-2mm，檐部环状，长约 0.5mm，全缘或具 5 浅齿；花冠红色、淡红色或淡黄色，被灰色或暗褐色乳头状突起，花蕾时下半部膨胀，具 5 条拱起的棱，棍棒状；花瓣 5 枚，长 6-8mm，上半部反折；花丝长 1-2.5mm，花药 4 室，长 1-1.5mm；花柱柱状，具 5 棱，柱头头状。浆果椭圆体形，熟时红色，长约 6mm，直径约 4mm，表面被乳头状突起。花期：2-5 月，果期：5-8 月。

产地：七娘山（王国栋等 7472）、南澳（张寿洲等 0870）、葵涌（王国栋 7168）、田心山。生于常绿阔叶林或杂木林中，海拔 100-350m。寄主有樟树及壳斗科等植物。

分布：福建、广东、香港、海南、广西、贵州、云南和西藏东南部。印度、缅甸、泰国、老挝、越南、柬埔寨、菲律宾、马来西亚和印度尼西亚。

2. 油茶离瓣寄生 Sampson's Helixanthera　　图 546
Helixanthera sampsonii（Hance）Danser in Bull.
Jard. Bot. Buitenzorg, ser. 3, **10**：318. 1929.

Loranthus sampsonii Hance in J. Bot. **9**：133.
1871.

Loranthus ligustrinus auct. non Wall.：海南植物志 **2**：461. 1965.

灌木，高 0.5-1m。嫩枝和叶幼时密被锈色星状短毛，成长后毛脱落；小枝灰色，密生皮孔。叶对生；叶柄长 2-6mm；叶片纸质或薄革质，黄绿色，干后变黑色，卵形、椭圆形或卵状披针形，长 1.5-2.5cm，宽 1-2cm，基部阔楔形，稍下延，先端急尖或渐尖，侧脉 3-4 对，在上面略明显。总状花序 1-2 个腋生，有时 3 个，生于短枝的顶端，具花 1-5 朵；花序梗长 0.8-1.4cm，被星状毛；花梗长约 2mm；与小苞片、花萼和花冠均密被锈色星状毛；小苞片宽卵形，长 1.5-2mm；花 4 基数；花萼椭圆体形，长 1.5-2mm，檐部近全缘或浅波状；花冠在花蕾时柱状，近基部稍膨胀，具 4 钝棱，被星状毛；花瓣 4 枚，红色，披针形，长约 8mm，上半部反折；花丝长约 2.5mm，花药 2 室；花柱四棱柱形，长 6-7mm，柱头头状。浆果卵球形，熟时红色或橙色，长约 6mm，直径约 4mm，顶端变狭，基部圆钝，果皮平滑，无毛。花期：4-6 月，果期：7-10 月。

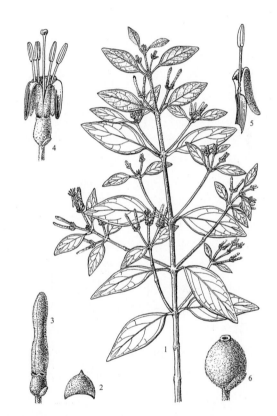

图 546 油茶离瓣寄生 Helixanthera sampsonii
1. 分枝上部、叶及总状花序；2. 小苞片；3. 花蕾；4. 花；5. 花瓣及雄蕊；6. 浆果，基部为宿存小苞片。（崔丁汉绘）

产地：七娘山（张寿洲等 0169）。生于山地疏林中或油茶林中，海拔 50-100m。寄生于油茶或樟科等植物上。

分布：福建、广东、海南、广西和云南南部。越南北部。

3. 五蕊寄生属 Dendrophthoe Mart.

寄生灌木。叶通常互生，或在短枝上近对生，具叶柄；叶片侧脉羽状。总状花序或穗状花序，腋生或生于无叶枝的节上；花两性，5 基数，辐射对称或稍两侧对称；无苞片；小苞片 1 枚，宿存；花萼卵球形或坛状，檐部环状或杯状，宿存；花冠在成长的花蕾时管状，冠管膨胀，上部椭圆体形，裂片 5 枚，开花时反折，有时稍扭转；雄蕊着生于花冠裂片的基部，花丝短，扁平，花药 4 室；子房 1 室，基生胎座，花柱条形，约与花冠等长，具五棱，柱头头状。浆果常卵球形，外果皮革质，中果皮具黏液，具种子 1 颗。

约 30 种，分布于非洲、亚洲的热带地区和澳大利亚。我国产 1 种。深圳亦产。

五蕊寄生 Five-stamened Dendrophthoe

图 547　彩片 549

Dendrophthoe pentandra（L.）Miq. Fl. Ned. Ind. **1**：818. 1856.

Loranthus pentandrus L. Mant. Pl. **1**：63. 1767；海南植物志 **2**：462. 1965.

灌木，高 0.8-2m。芽和嫩枝均被灰色星状毛，成长枝无毛；小枝灰色，具散生皮孔。叶互生或在短枝上近对生；叶柄长 0.5-2cm；叶片厚革质，绿色，通常为椭圆形、披针形至近圆形，长 5-9cm，宽 2.5-8cm，基部楔形至钝，稍下延，先端急尖或圆钝，两面无毛，侧脉 2-4 对，两面明显。总状花序 1 至 3 个腋生或簇生于小枝已落叶的腋部，具花 3-10 朵；花序梗长 0.8-2cm，与花梗、小苞片、花萼和花冠均被灰色或白色的星状毛；花梗长约 2mm；小苞片宽卵形，长约 2mm；花萼杯状，长约 2-2.5mm，檐部长 1-1.5mm，具不规则 5 钝齿；成熟花蕾长 1.5-2cm，下半部圆柱形，稍膨胀，宽约 5mm，裂片 5，条状披针形，长约 1.2cm，开花时反折；花丝长 3-4mm；花柱线形，柱头头状。浆果卵球形，长 0.8-1cm，直径 5-6mm，红色，果皮疏被微柔毛或无毛。花果期：12 月至翌年 5 月。

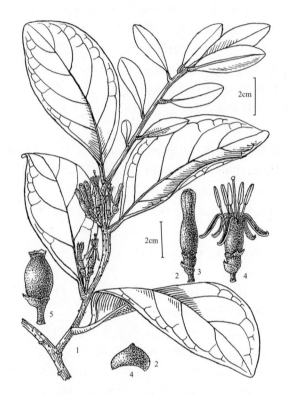

图 547 蕊寄生 Dendrophthoe pentandra
1. 分枝的一段、叶及总状花序；2. 小苞片；3. 花蕾；4. 花，花萼下部为小苞片；5. 浆果，基部为宿存小苞片，顶端为宿存的花萼檐部。（余汉平绘）

产地：七娘山（张寿洲等 0131）、南澳（张寿洲等 1571）。生于村旁疏林中或沟边，海拔 100-400m。

分布：广东、香港、海南、广西和云南。印度、缅甸、泰国、老挝、柬埔寨、越南、菲律宾、马来西亚和印度尼西亚。

4. 梨果寄生属 Scurrula L.

寄生灌木，幼嫩部分通常被星状毛。叶对生或近对生，具羽状脉。花排成总状花序或少花的伞形花序，腋生或生于无叶枝的节上；无苞片；小苞片 1 枚，通常鳞片状，宿存；花两性，4 基数，两侧对称；花萼梨形或陀螺形，基部渐狭，檐部环状，全缘或具 4 齿，宿存；花冠在成熟的花蕾时呈管状，稍弯，下半部多少膨胀，顶部椭圆体形或卵球形，开花时沿一侧开裂，具 4 裂片，下面一裂较深，向开裂的一侧反折；雄蕊着生于花冠裂片的基部，花丝短，花药 4 室，有时多室，药室具横隔或无；子房 1 室，基生胎座，花柱线状，具四棱，与花冠近等长，柱头头状。浆果陀螺形、棒状或梨形，下半部收缩成柄或近基部渐狭，被毛或无毛，外果皮革质，中果皮具黏胶质，具 1 粒种子。

约 50 种，分布于亚洲东南部和南部。我国产 10 种。深圳有 1 种。

红花寄生 Red-flowered Scurrula　　图 548　彩片 550

Scurrula parasitica L. Sp. Pl. **1**: 110. 1753.

Loranthus gracilifolius auct. non Schult.: 海南植物志 **2**: 459, 图 523. 1965.

灌木，高 0.6-1m。嫩枝和叶片均密被锈色稀为白色星状毛，后变无毛。叶对生或近对生；叶柄长 5-6mm；叶片厚纸质，黄绿色，卵形至长卵形，长 5-7cm，宽 2-4cm，两面于幼时均被锈色星状毛，基部阔楔形，先端钝，侧脉 5-6 对，两面均明显。总状花序单 1 或 2-3 个簇生于叶腋处，或生于小枝已落叶的叶腋处；花序梗和花序轴短，共长 3-5mm，密生 3-7 朵花，各部均被褐色星状毛；花梗长 2-3mm；苞片三角形，长约 1mm；花萼陀螺形，长 2-2.5mm，檐部环状，全缘；花冠红色，蕾时管状，顶部椭圆体形，长 1.5-2.5cm，裂片 4，披针形，长 5-8mm，开花时反折，疏生星状毛；花丝短，长 2-3mm；花柱深红色，柱头头状。果梨形，长 0.8-1cm，下半部骤狭呈长柄状，顶部直径3mm，熟时红黄色，果皮平滑。花期：10-12 月，果期：11 月至翌年 1 月。

产地：葵涌（王国栋等 7171）、盐田、沙头角、梧桐山（深圳考察队 1842）、仙湖植物园（曾春晓等 010165）。生于村庄果树或村旁杂木林中，海拔约 150m。常寄生于柚树、橘树、梨树、桃树、李树或其他树木上。

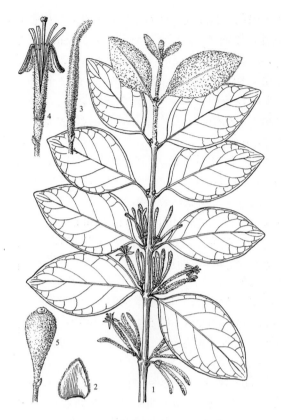

图 548 红花寄生 Scurrula parasitica
1. 分枝的上部、叶及总状花序；2. 小苞片；3. 花蕾；4. 花；
5. 浆果，基部具宿存的小苞片。（崔丁汉绘）

分布：江西、福建、台湾、广东、香港、海南、广西、湖南、贵州、四川、云南和西藏东南部。印度、不丹、尼泊尔、孟加拉国、缅甸、泰国、菲律宾、马来西亚和印度尼西亚。

用途：全株药用，民间作"桑寄生"入药。

5. 钝果寄生属 Taxillus Tiegh.

寄生灌木，幼嫩部分通常密被星状毛或叠生的星状毛。叶对生或互生；叶片具羽状脉。伞形花序，稀为总状花序，腋生，具花 2-5 朵；无苞片；小苞片 1 枚，通常鳞片状，宿存；花 4-5 基数，两侧对称：花萼椭圆体形或卵球形，基部圆钝，檐部环状，全缘或具齿；花冠花蕾时管状，稍弯，下半部多少膨胀，上部椭圆体形或卵球形，开花时顶部沿一侧开裂，具 4-5 裂片，下面一裂缺较深，裂片向开裂的一侧反折；雄蕊着生于花冠裂片基部，花丝短至几无花丝，花药 4 室；子房 1 室，基生胎座，花柱线状，具 4-5 棱，与花冠近等长，柱头通常头状。浆果椭圆体形或卵球形，稀球形，基部圆钝，顶端具宿存花萼的檐部，外果皮被毛或无毛，革质，具颗粒状体或疣状突起，中果皮具黏胶质。种子 1。

约 25 种，分布于亚洲东南部和南部。我国产 18 种。深圳有 1 种。

广寄生 桑寄生 Chinese Taxillus　　　　　　　　　　　　图 549　彩片 551 552

Taxillus chinensis（DC.）Danser in Bull. Jard. Bot. Buitenzorg ser. 3, **16**: 40. 1938.

Loranthus chinensis DC. Coll. Mem. **6**: 28, pl. 7. 1830.

Loranthus parasiticus auct. non Merr.: 广州植物志 411, 图 215. 1956; 海南植物志 **2**: 461. 1965.

灌木，高 0.5-1m。嫩枝和幼叶密被锈色星状毛和叠生的星状毛，稍后毛呈粉状脱落，枝和叶均变无毛，小枝灰褐色，具皮孔。叶对生或近对生；叶柄长 0.8-1cm；叶片厚纸质，卵形至长卵形，长 3-6cm，宽 2.5-4cm，基部楔形或阔楔形，先端圆或钝，深绿色，两面无毛，侧脉 3-4 对。伞形花序单 1 或 2 个生于叶腋或无叶枝条的节上，具（1-）2（-4）朵花；花序梗长 2-4mm，与花梗、小苞片、花萼和花冠均密被锈色的星状毛；花梗长 6-7mm；小苞片鳞片状，三角形，长约 0.5mm；花萼倒卵状、椭圆体形或卵球形，长约 2mm，檐部环状；花冠褐色，花蕾时管状，长约 2.5cm，稍弯，冠管下部膨胀，裂片 4，匙形，长约 6mm，开花时反折；花丝长约 1mm；花药长约 3mm；花柱线状，红色，柱头头状。浆果椭圆体形或近球形，长 0.8-1cm，直径 5-6mm，幼时密生疣状突起，被锈色星状毛，成熟后浅黄色，果皮变平滑，毛变疏。花果期：几全年。

产地：排牙山（王国栋等 6983）、田心山（仙湖、华农学生采集队 SCAUF511）、梧桐山（王国栋等 6364），本市各地均有分布。寄生于榕树、龙眼、荔枝、油茶等树上，海拔 50-500m。

分布：福建、广东、香港、澳门、海南和广西。泰国、老挝、柬埔寨、越南、马来西亚、印度尼西亚和菲律宾。

用途：全株入药，为目前中药材"桑寄生"的主要药源。

图 549 广寄生 Taxillus chinensis
1. 分枝一部分、叶、伞形花序及果序；2. 花蕾；3. 花；4. 雄蕊；
5. 幼果，示表面的疣状突起；6. 浆果，基部为宿存小苞片；
7. 幼枝及幼叶上的星状毛。（余汉平绘）

212. 槲寄生科 VISCACEAE

邢福武　王发国

寄生，有时半寄生，灌木、半灌木或草本。叶对生，稀轮生；无托叶；几无叶柄；叶片通常退化呈鳞片状，如具正常叶，则边叶片全缘，具 3-5 基出脉。聚伞花序或穗状花序，有时为单花；苞片存在或不明显；花单性，雌雄同株或异株，(2-)3-4 基数，辐射对称，小；花被片（无花萼和花冠之分的花，属单被花，其花被的每一片称花被片）镊合状排列，分离；无花盘；雄花：雄蕊与花被片等数并对生，花丝与花被片贴生或分离，花药 1 至多室，有时聚药，横裂、纵裂或孔裂；雌花：子房下位，1 室，无胚珠，花柱单一或无花柱，柱头小。果为浆果，外果皮革质，中果皮具黏质胶层。种子 1，与内果皮贴生，无种皮，胚乳丰富，肉质。胚大，有 1 或 2-3 胚。

约 7 属，350 种，主要分布在热带和亚热带地区。我国有 3 属，18 种。深圳有 1 属，2 种。

槲寄生属 Viscum L.

寄生灌木、半灌木或草本。茎和分枝具明显的节和节间，二歧或三歧分枝，相邻节间相互垂直。叶明显或退化呈鳞片状。聚伞花序顶生或腋生，具 1-7 花；花序梗短或无花序梗；苞片 1 或 2 枚，合生成舟形的总苞；无花梗；花小，通常 4 基数；雄花：成熟的花蕾为卵球形或椭圆体形；花被片 4；雄蕊贴生于花被片上，无花丝，花药圆形或椭圆形，稀聚药，多室，药室大小不等，孔裂；雌花：成熟的花蕾为卵球形至椭圆体形；花被片 4，花后脱落；子房 1 室，基生胎座，花柱短或无，柱头乳头状或垫状。浆果近球形、卵球形或椭圆体形，具宿存花柱，外果皮平滑或具小瘤体，中果皮具黏胶质。种子 1 颗，胚乳肉质，胚 1-3 个。

约 70 种，分布于东半球热带和亚热带地区，少数分布至温带地区。我国有 12 种，1 变种。深圳有 2 种。

1. 植株具正常叶 ………… 1. **瘤果槲寄生 V. ovalifolium**
1. 除幼苗期具 2-3 对正常叶外，成长植株的叶均呈鳞
   片状 ……………… 2. **棱枝槲寄生 V. diospyrosicolum**

1. 瘤果槲寄生 Tumor-fruited Mistletoe

图 550　彩片 553 554

Viscum ovalifolium DC. Prodr. **4**: 278. 1830.

Viscum orientale auct. non Willd.: 海南植物志 **2**: 466. 1965.

小灌木，高 0.4-0.5m。茎和枝圆柱状，枝交互对生或二歧分枝，节间长 1.5-3cm，干后具细纵纹，节稍膨大。叶对生；叶柄长 2-4mm；叶片革质，草绿色，倒卵形或长椭圆形，稍肉质，长 3-6cm，宽 1-3cm，基部渐狭，下延，先端钝，基出脉 3-5 条。聚伞花序 1 个或多个簇生于叶腋；花序梗长约 1.5mm；总苞舟形，长约 2mm，内着生 3 朵花，中央 1 朵为雌花，侧生的 2 朵为雄花，有时雄花不发育；雄花：成熟的花蕾卵球形，长约 1.5mm；花被片 4，三角形；花药椭圆形，贴生于花被片中部；雌花：成熟的花蕾椭圆体形，长约 3mm；花被片 4，三角形，长约 1mm；柱头乳头状。果近球形，嫩时青绿色，表面具小瘤体，成熟时淡黄色，光滑，直径约 5mm，基部

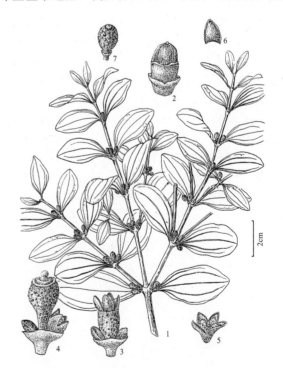

图 550 瘤果槲寄生 Viscum ovalifolium
1. 植株的一部分、叶及果序；2. 雌花花蕾；3. 聚伞花序，中间的花为雌花，两侧为雄花（花未开），下部为舟状总苞；4. 聚伞花序，中间的雌花除去花被片，示子房及柱头，右下方为发育的雄花，左下方为不发育的雄花；5. 雄花；6. 花被片；7. 幼果。(肖胜武绘)

骤狭呈长约 1mm 的短柄。花果期: 3-11 月。

产地: 七娘山(王国栋等 7360)、南澳、排牙山、笔架山、葵涌、田心山(仙湖华农学生采集队 SCAUF525)、盐田、梧桐山(王定跃 1779)、仙湖植物园、羊台山。生于山地林中, 常寄生于柿树或柚树等植物上, 海拔 50-350m。

分布: 广东、香港、澳门、海南、广西和云南。不丹、印度、缅甸、泰国、越南、柬埔寨、老挝、菲律宾、马来西亚和印度尼西亚。

2. 棱枝檞寄生 柿寄生 Ebony-shoot Mistletoe

图 551

Viscum diospyrosicolum Hayata, Icon. Pl. Formos. **5**: 192, fig. 67-68. 1915.

Viscum angulatum auct. non Heyne ex DC.: 海南植物志 **2**: 465. 1965.

半灌木, 高 30-50cm。枝条直立或披散下垂, 黄绿色, 常二或三歧分枝; 茎基部或中部的节间近圆柱形, 上部的稍扁平, 每节间长 1.5-3cm, 宽 2-2.5mm, 干后具明显的纵肋 2-3 条。幼苗期具叶 2-3 对; 叶片薄革质, 椭圆形或长卵形, 长 1-2cm, 宽 4-6mm, 基部狭楔形, 先端钝, 基出脉 3 条; 成长植株的叶小, 鳞片状, 长约 0.5mm。聚伞花序单一或数个簇生于分枝的节上, 近无花序梗; 总苞舟形, 长 1-1.5mm; 中央为雌花, 先发育, 两侧的为雄花, 通常仅 1 朵发育; 雄花: 成熟的花蕾卵球形, 长 1-1.5mm, 花被片 4 枚; 雌花: 成熟的花蕾椭圆体形, 长 1.5-2mm, 基部具环状苞片或无; 花被片 4 枚, 小, 长约 0.5mm。果卵球形或椭圆体形, 长 4-5mm, 宽 3-4mm, 成熟时黄色或橙色, 果皮平滑。花果期 5-12 月。

产地: 东涌(张寿洲等 2369)、大鹏(张寿洲等 SCAUF1002)、沙头角(李沛琼 3189)、仙湖植物园。常寄生于柿树、樟树或壳斗科等植物上, 较常见。

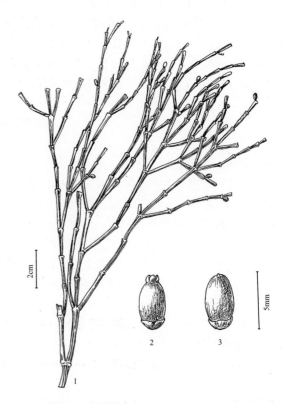

图 551 棱枝檞寄生 Viscum diospyrosicolum
1. 植株的一部分; 2. 雌花, 基部为舟状总苞; 3. 浆果。
(肖胜武绘)

分布: 江西、台湾、福建、广东、海南、广西、湖南、湖北、陕西、甘肃南部、四川、贵州、云南和西藏东南部。

用途: 全株供药用, 草药名"桐木寄生", 有化痰、止咳之效。

214. 蛇菰科 BALANOPHORACEAE

欧阳婵娟　王瑞江

一年生或多年生肉质寄生草本,无正常根,靠根状茎上的吸盘寄生在寄主植物的根上或根状茎上,无叶绿素。根状茎常有分枝,表面常具疣瘤或星芒状皮孔。花茎(又称花序梗)圆柱状,出自根状茎顶端,不分枝,有或无叶;叶鳞片状,常互生、2列或近对生,有时轮生或旋生,很少簇生,无气孔。花序顶生,肉穗花序或头状花序;花单性,雌雄同株(序)或异株(序),有花梗或无;雄花:比雌花大,与雌花同序时,常混杂于雌花丛中或着生于花序顶部、中部或较多地在基部,花被存在时,有 3-6(8-14)裂,裂片在芽期呈镊合状排列;雄蕊在无花被的花中 1-2 枚,在具花被的花中常与花被裂片同数且对生,很少多数;花丝分离或合生,花药分离或合生,2至多室,药室短裂、斜裂、纵裂或横裂;雌花:微小,与附属体混生或生于附属体基部,无被或花被与子房贴生;子房上位,1-3 室,花柱 1-2,柱头不开叉或呈头状,很少呈盘状,胚珠每室 1 颗。坚果小,外果皮脆骨质或革质,1 室,有 1 种子。种子球形,通常与果皮贴生,种皮薄或不存在,很少质厚,胚乳丰富,颗粒状,通常油质,很少粉质,胚通常微小。

18 属,约 50 种,分布于全世界热带至亚热带地区。我国产 2 属,13 种。深圳有 1 属,2 种。

蛇菰属 Balanophora J. R. Forster & G. Forster

肉质草本,多年生或一次性结果。根状茎分枝或不分枝,表面常具疣瘤、星芒状皮孔和方格状突起、皱褶或皱缩,很少平滑或仅有小凸体。叶无柄,肉质或鳞片状,互生、旋生、交互对生、近对生或近二列,少轮生。肉穗花序,雌雄同株(序)或异株(序);花茎直立,圆柱状;花序轴卵圆形、球形、穗状或圆柱状,常具颜色,雌雄花同株(序)时,雌雄花混生,但常见雄花位于花序轴基部;雄花较大,下部常有"U"形或各式形状的苞片;花被管圆筒状,坚实,花被裂片 3-6,卵形至披针形或近圆形,内凹,同形,偶异形,芽时镊合状排列,花期开展或外折;雄蕊常与花被裂片同数且对生,通常聚集成聚药雄蕊,花丝分离或合生呈短柱状,花药 3-6 或更多;雌花集中于花序轴上部无花被,子房 1 室,圆形或纺锤形,压扁,有时具短柄,花柱细长,宿存,附属体远大于子房,棍棒状或钻状,很少呈条形而顶端略大,与子房混生或基部与子房柄贴生。果坚果状,外果皮脆骨质。

约 19 种,主要分布于非洲、大洋洲、亚洲热带地区和太平洋岛屿。我国产 12 种。深圳有 2 种。

1. 鳞片状叶交互对生、近对生或螺旋状着生;雄花梗长达 5mm;花药 3 枚;花被裂片 3 ·····················1. 红冬蛇菰 **B. harlandii**
1. 鳞片状叶互生;雄花近无梗;花药 5 至多枚;花被裂片 4-6 ················· 2. 疏花蛇菰 **B. laxiflora**

1. 红冬蛇菰 葛菌 Harland's Balanophora

图 552　彩片 555

Balanophora harlandii J. D. Hook. in Trans. Linn. Soc. London Bot. 22: 426. t. 75. 1859.

寄生草本,高 3-9cm。根状茎黄色或褐色,不规则球形或扁球形,直径 2.5-5cm,分枝或不分枝,表

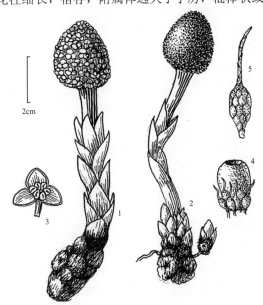

图 552 红冬蛇菰 Balanophora harlandii
1. 雄株; 2. 雌株; 3. 雄花; 4. 雌花群和附属体; 5. 雌花。
(余汉平绘)

面粗糙，密被小斑点，呈脑状褶皱。花茎长 1-5.5cm，红色（雌株）至红黄色。叶 6-12 枚，黄色或淡红色，鳞片状，长圆状卵形，长 2-3.5cm，宽约 1.5-2cm，聚生于花茎基部，交互对生、近对生或螺旋着生于花茎上。花雌雄异株（序）；雄花序球形或卵圆状椭圆形，长 1.5-2.5cm，直径约 2cm；花序轴有凹陷的蜂巢状洼穴；雄花 3 数，直径 1.5-3cm；花梗初时很短，后渐伸长达约 5mm，自洼穴伸出；花被裂片 3，阔三角形；聚药雄蕊有 3 枚花药，横向开裂；雌花序卵球形或椭圆体形；雌花的子房卵形，黄色，通常无柄，着生于附属体基部或花序轴表面，花柱丝状；附属体暗褐色，倒卵球形或倒圆锥形，顶端截形或中部凸起，柄极短或无柄。种子球形，胚乳丰富，颗粒状。花果期：9-11 月。

产地：七娘山、南澳（邢福武 12153，IBSC）、梧桐山（深圳考察队 2021）、仙湖植物园（余怀山 89162），本市各地有分布。生于荫蔽林中的较湿润的腐殖质土壤处，海拔 200-650m。

分布：陕西、河南、安徽、江西、浙江、福建、台湾、广东、香港、海南、广西、湖南、湖北、四川、贵州和云南。印度和泰国。

用途：药用，有止血和补血的功效。

2. 疏花蛇菰 香港蛇菰 Lax-flowered Balanophora
图 553

Balanophora laxiflora Hemsl. in J. Linn. Soc. Bot. **26**: 410. 1894.

Balanophora hongkongensis K. M. Lau, N. H. Li & S. Y. Hu in Harvard Pap. Bot. **7**(2): 437. 2003; N. H. Xia in Q. M. Hu & D. L. Wu, Fl. Hong Kong **2**: 176. 2008.

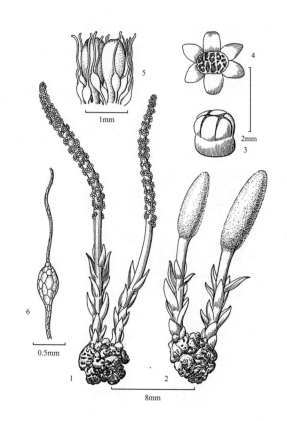

图 553 疏花蛇菰 Balanophora laxiflora
1. 雄株；2. 雌株；3. 雄花；4. 雄花展开；5. 雌花群和附属体；6. 雌花。（李志民根据 Harvard Papers in Botany 7（2）：440, fig. 1. 2003. 仿绘）

草本，高 3-20cm；全株红色至暗红色，有时紫红色；根状茎有分枝，分枝近球形，长 1-3cm，宽 1-2.5cm，表面密被粗糙小斑点和明显的淡黄白色星状瘤体。叶 8-14 枚，互生，叶片鳞片状，椭圆状长圆形，长 1.5-2.5cm，宽 1-1.5cm，基部几乎全包着花茎，先端钝。花雌雄异株；花茎长 2-11cm，橙红色；雄花序圆柱状，长 2-18cm，宽 0.5-2cm，顶端渐变细；雄花：近无梗；花被裂片 4-6，近圆形至卵圆形，长 2-3mm，先端急尖至钝；聚药雄蕊近盘状，直径 3-6mm；花药 5 至多枚，分裂为多数小药室；雌花序卵状球形至长圆状椭圆体形，长 1.5-8cm，宽 0.8-3cm，先端圆；附属体近棍棒状，长达 1.5mm；雌花：子房纺锤形或卵圆形，长和宽约 0.5mm，具短柄。花果期：9-11 月。

产地：七娘山。生于山地密林中。

分布：浙江、江西、台湾、福建、广东、香港、广西、湖南、湖北、四川、贵州、云南和西藏。泰国、老挝和越南也有。

用途：全株入药，治痔疮、虚劳出血和腰痛等。

根据文献（邢福武等，深圳植物物种多样性及其保育 179. 2002.）记载，深圳七娘山有香港蛇菰 Balanophora hongkongensis 分布。经研究，该种的形态特征包含在疏花蛇菰 B. laxiflora 特征之内，故本志采纳了《Flora of China》**5**：275.2003. 将香港蛇菰并入疏花蛇菰的意见。

219. 卫矛科 CELASTRACEAE

邢福武

常绿或落叶乔木、灌木、木质藤本或匍匐小灌木。单叶对生或互生，稀为三叶轮生；托叶小，早落或无，稀明显且与叶俱存；叶片具羽状脉，边缘全缘或有各式锯齿；花序腋生或顶生，少至多花组成聚伞花序、聚伞圆锥花序、总状花序、簇聚伞花序（数个聚伞花序密集成一束）或单生，稀为圆锥花序；具苞片和小苞片；花两性或单性，杂性同株，较少异株，辐射对称，（3-)4-5(-6)基数；萼片与花瓣分化明显，极少萼片和花瓣相似或花瓣退化；萼片 4-5，基部合生并常与花盘贴生；花瓣 4-5，分离，少为基部合生；花盘肥厚，环状、边缘扭转、枕状或杯状，稀不明显，全缘、分裂或有棱；雄蕊与花瓣同数并互生，着生在花盘之上或花盘之外或内，花药 2 室或 1 室，基着或背着；心皮 3-5，合生，子房下部常陷入花盘而与之贴生或与之融合而无明显界线，或仅基部与花盘贴生，上部分离，子房上位或半下位，完全或不完全 2-5 室，室有胚珠(1-)2(-3 至多数)，中轴胎座，胚珠倒生，轴生、室顶垂生，较少基生。果实多为蒴果，亦有核果、翅果或浆果。种子多少被肉质假种皮（种皮的肉质加厚部分）包围或全包围，稀无假种皮，胚乳肉质，丰富。

约 97 属，1194 种，主要分布于热带、亚热带及温带地区，少数分布至寒温带地区。我国产 14 属，192 种。深圳有 3 属，10 种。

1. 叶互生；花单性；蒴果开裂后有宿存中轴；假种皮全包种子 ·· 1. **南蛇藤属 Celastrus**
1. 叶对生；花两性；蒴果开裂后无宿存中轴；假种皮有或无。
　2. 花瓣分离；蒴果 4-5 裂；种子有假种皮 ··· 2. **卫矛属 Euonymus**
　2. 花瓣基部合生；蒴果 2 裂；种子无假种皮 ·· 3. **假卫矛属 Microtropis**

1. 南蛇藤属 Celastrus L.

落叶或常绿木质藤本，长 1-10m 或以上。小枝圆柱形，稀具纵棱，通常无毛，具多数明显长椭圆形或圆形灰白色皮孔。单叶互生；托叶小，条形，常早落；叶片边缘具锯齿或近全缘，侧脉羽状，具网脉。花单生或多数组成聚伞花序或聚伞圆锥花序，腋生或顶生，或顶生与腋生并存；花单性，稀两性，雌雄异株，稀杂性；花梗具关节；花 5 基数；花萼钟形，裂片三角形、半圆形或长圆形；花瓣椭圆形或长圆形，边缘具腺状缘毛或无，有的为啮蚀状；花盘膜质或肉质，环状或浅杯状，边缘全缘或 5 浅裂；在雄花中雄蕊 2-3 枚着生花盘之外，花丝丝状或锥状，有退化雌蕊；在雌花中具退化雄蕊；子房上位，与花盘离生，稀基部与花盘贴生，通常 3 室稀 1 室，每室 2 胚珠或 1 胚珠，胚珠着生于子房基部，基部具杯状假种皮，柱头 3 裂，每裂常又 2 裂。果为蒴果，球形，常黄色，顶端常具宿存花柱，基部有宿存花萼，熟时室背开裂为 3 瓣，中轴宿存。种子 1-6 个，椭圆体形或新月形至半圆形；假种皮肉质，红色或橙红色，全包种子，胚直立，胚乳丰富。

约 30 种，分布于亚洲、澳大利亚、南、北美洲及马达加斯加等地的热带、亚热带至温带地区。我国约有 25 种和 2 变种。深圳有 5 种。

1. 蒴果具种子 1 颗，稀 2 颗。
　2. 叶片有侧脉 5-7 对；蒴果近球形或椭圆体形，长 0.8-1cm，直径 7-9mm，开裂后果皮不外反 ··············
　·· 1. **青江藤 C. hindsii**
　2. 叶片有侧脉 7-10 对；蒴果较大，宽椭圆体形，长 1-1.8cm，直径 0.9-1.2cm，开裂后果皮外反 ··········
　··· 2. **独子藤 C. monospermus**
1. 蒴果具种子 3-6 颗。
　3. 全株无毛；种子椭圆体形 ··· 3. **南蛇藤 C. orbiculatus**
　3. 幼枝、花序梗和花梗均被短硬毛；种子新月形。
　　4. 花序梗长 2-5mm；花梗长 2-3mm，关节在上部 ································· 4. **过山枫 C. aculeatus**
　　4. 花序梗长 0.7-2cm；花梗长 5-7mm，关节在中部或中部偏下 ·············· 5. **显柱南蛇藤 C. stylosus**

1. 青江藤 Hinds Bitter-sweet   图 554 彩片 556
Celastrus hindsii Benth. in J. Bot. Kew Gard. Misc. **3**: 334. 1851.

常绿木质藤本，全体无毛。幼枝淡绿色，后变为红褐色，皮孔稀少。叶柄长 0.6-1cm；叶片近革质，椭圆形、长椭圆形或倒披针形，长 7-14cm，宽 3-6cm，基部楔形，稀近圆形，边缘具疏锯齿，先端渐尖、骤尖或短尾状，侧脉 5-7 对。花序腋生和顶生，顶生者具多花，为聚伞圆锥花序，腋生者通常具 3 花，稀具单花，为简单二歧聚伞花序；花序梗长 3-5mm；花梗与花序梗近等长，关节位于上部；花萼长约 2mm，裂片半圆形；花瓣浅绿色，长圆形，长约 2.5mm，边缘有细短的缘毛；花盘杯状，厚膜质，浅裂，裂片三角形；雄花：雄蕊着生在花盘边缘，花丝锥形，花药卵圆形；具退化雌蕊；雌花：退化雄蕊的花药箭形；子房近球形，花柱长约 1mm，柱头不明显 3 裂。蒴果近球形或椭圆体形，长 0.8-1cm，直径 7-8mm，无毛，有横皱纹，含 1 粒种子。种子宽椭圆体形至近球形，长 6-8mm，假种皮橙红色。花期：3-6 月；果期：6-12 月。

产地：南澳（王国栋等 7808）、排牙山（王国栋等 6618）、梧桐山（陈珍传等 011208），本市各地均有分布。生于山地密林或疏林中，水旁或海边灌丛中，海拔 50-480m。

分布：江西、福建、台湾、广东、香港、澳门、海南、广西、湖南、湖北、贵州、四川、云南和西藏东部。印度、缅甸、越南和马来西亚。

2. 独子藤 单子南蛇藤 Single-seeded Bitter-sweet
图 555   彩片 557 558
Celastrus monospermus Roxb. Fl. Ind. **2**: 394. 1824.

常绿木质藤本，长达 10m，全株无毛。小枝有细纵棱，干时紫褐色，皮孔较稀疏。叶柄长 1-2cm；叶片近革质，椭圆形、宽椭圆形或长圆形，稀倒卵状椭圆形，长 5-17cm，宽 3-9cm，基部楔形，稀阔楔形，边缘具细锯齿，先端短渐尖或骤尖，侧脉 5-7 对。聚伞花序单一或多枚排成聚伞圆锥花序，或二者兼有，腋生或顶生；雄花序为复二歧聚伞花序，具 10 多朵花；花序梗长 3-4cm；花梗长 3-5mm，关节在近基部；雄花：花萼长约 1.5mm，裂片半圆形；花瓣黄绿色或黄白色，长圆形，长约 2.5mm；花盘肥厚，肉质，5 浅裂；雄蕊 5，花丝锥形，长 2.5-3mm；退化雌蕊长约 1mm；雌花序亦为简单二歧或复二歧聚伞花序，通常具 3 至

图 554 青江藤 Celastrus hindsii
1. 分枝的一段、叶及果序；2. 雄花序；3. 花萼展开；4. 花盘展开，示退化雄蕊及雌蕊。（崔丁汉绘）

图 555 独子藤 Celastrus monospermus
1. 分枝的一段、叶和雌花序；2. 雌花；3. 蒴果。（崔丁汉绘）

7 朵花；花序梗长 1-2cm；花梗长 3-5mm；雌花：花萼
与花瓣同雄花；子房近瓶状；退化雄蕊长约 1mm。蒴
果宽椭圆体形，长 1-1.8cm，直径 0.9-1.4cm，果皮厚
革质，有横皱纹，完全开裂后外反，1 室，含 1 种子，
稀有 2 种子。种子宽椭圆体形或近球形，长 1-1.5cm，
宽 6-9mm，假种皮橙红色。花期：4-5 月，果期：6-12 月。

产地：七娘山（张寿洲等 4622）、南澳、葵涌、田
心山（华农仙湖采集队 SCAUF606）、三洲田、梅沙尖、
梧桐山（王定跃 1780）。生于山沟、山地疏林或山地
路旁，海拔 100-550m。

分布：福建、广东、香港、海南、广西、贵州和云南。
巴基斯坦、印度、不丹、孟加拉国、缅甸和越南。

3. 南蛇藤 Bitter-sweet   图 556 彩片 559
Celastrus orbiculatus Thunb. in Murray, Syst.
Veg. ed. 14, 237. 1784.

落叶木质藤本，全株无毛。小枝灰褐色或褐色，具
有稀疏的白色皮孔。叶柄长 1-2cm；叶片宽卵形，近圆
形或椭圆形，长 6-13cm，宽 3-9cm，两面无毛或仅背面
脉上被疏柔毛，基部阔楔形或近圆形，边缘具疏的浅齿，
先端骤尖或短渐尖，侧脉 3-5 对。简单或复二歧聚伞
花序腋生兼有顶生，长 1-3cm，具花 1-7 朵；花序梗长
0.5-1cm，与花梗和花萼均无毛；花梗长 2-4mm，中部或
中部以下有关节；雄花：花萼长约 1.5mm，裂片三角形，
长约 1mm；花瓣倒卵形或长圆形，长 3-4cm，宽 2-2.5mm；
花盘浅杯状，有浅裂，裂片顶端圆钝；雄蕊长 2-3mm，
花丝下部有乳头状短毛；退化雌蕊不明显；雌花：花瓣较
雄花窄小；花盘稍深厚，肉质；退化雄蕊极短小；子房近
球形，花柱长约 1.5mm，柱头 3 深裂，先端再 2 浅裂。
蒴果近球状，直径 0.8-1.3cm，黄色，有横皱纹，3 瓣裂。
种子 3-6 颗，椭圆体状，稍扁，长 4-5mm，直径 2.5-3mm，
淡红褐色。花期：5-6 月，果期：7-10 月。

产地：三洲田（深圳考察队 324）、梧桐山（深圳考
察队 758）。生于山谷林中及山坡，海拔 100-450m。

分布：黑龙江、吉林、辽宁、内蒙古、陕西、山西、
山东、河北、河南、安徽、江苏、浙江、江西、广东、
湖南、湖北、四川和甘肃。朝鲜和日本。

用途：树皮可制优质纤维，种子含油量达 50%。

4. 过山枫 Aculeate Bitter-sweet   图 557
Celastrus aculeatus Merr. in Lingnan Sci. J. **13**
（1）：37. 1934.

木质藤本。小枝幼时疏被棕褐色短硬毛，后变无

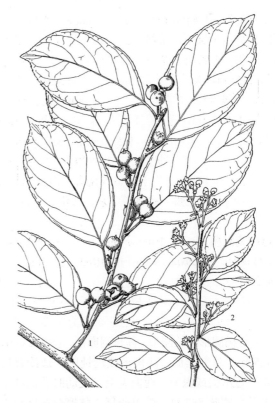

图 556 南蛇藤 Celastrus orbiculatus
1. 分枝的一段、叶及果序；2. 雄花序。（崔丁汉绘）

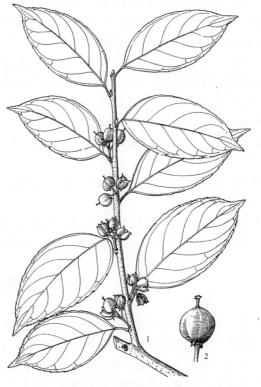

图 557 过山枫 Celastrus aculeatus
1. 分枝的一段、叶及果序；2. 蒴果。（崔丁汉绘）

毛，疏生皮孔。叶柄长 1-1.8cm；叶片椭圆形或长圆形，长 5-10cm，宽 3-6cm，两面无毛，或脉上被棕色短硬毛，基部阔楔形或近圆形，边缘上部具疏浅齿，下部多为全缘，先端渐尖或骤尖，侧脉多为 5 对。简单二歧聚伞花序短，腋生，通常具 3 朵花，有时具 7 朵花，而为复二歧聚伞花序；花序梗长 2-5mm，与花梗均被棕色短硬毛；花梗长 2-3mm，关节在上部；花萼长 2.5-3mm，无毛，裂片三角状卵形；花瓣长圆状披针形，长约 4mm；花盘稍肉质，边缘全缘；雄花：雄蕊长 3-4mm，花丝有乳头状突起；有退化雌蕊；雌花：退化雄蕊长约 1.5mm；子房球形，长不及 2mm，无毛。蒴果近球形，直径 8-10mm，基部的宿存花萼略增大，无毛，表面有横皱纹。种子 3-6 颗，新月形或呈半环状，长约 5mm，表面密布呈纵列的小疣状突起。花期：2-4 月，果期：7-9 月。

产地：七娘山（张寿洲等 SCAUF829）、南澳、马峦山、三洲田（张寿洲等 75）、梅沙尖、梧桐山、羊台山、观澜（张寿洲等 1306）。生于林下或路旁，海拔 50-400m。

分布：浙江、江西、福建、广东、香港、湖南、广西和云南。

5. 显柱南蛇藤 Styled Bitter-sweet 图 558
Celastrus stylosus Wall. in Roxb. Fl. Ind. **2**: 401-402. 1824.

木质藤本，长 3-5m。小枝通常无毛，稀具短硬毛。叶柄粗壮，长 1-1.8cm；叶片在花期常为膜质，果期近革质，长椭圆形或长圆形，稀长倒卵形，长 7-13cm，宽 3-6.5cm，基部楔形、阔楔形或近钝圆，边缘具钝齿，先端短渐尖或骤尖，两面无毛，仅幼时背面脉上被短柔毛，侧脉 5-7 对。简单或复二歧聚伞花序腋生或侧生，有花 3-7 朵；花序梗长 0.7-2cm，与花梗均被白色短硬毛；花梗长 5-7mm，关节位于中部或中部偏下；花萼长约 2mm，裂片近卵形或近椭圆形，长 1-2mm，边缘稍啮蚀状；花瓣长倒卵形，长 3.5-4mm，宽约 2mm，边缘啮蚀状；花盘浅杯状，裂片半圆形或近钝三角形；雄花：雄蕊稍短于花瓣，花丝光滑或具乳头状突起；有退化雌蕊；雌花：退化雄蕊长约 1mm；子房瓶状，长约 3mm，柱头反曲。蒴果球形，直径 6.5-8mm，无毛，有横皱纹。种子 3-6 颗，稍呈新月形，长 4.5-5.5mm，直径 1.5-2mm。花期：3-5 月，果期：8-10 月。

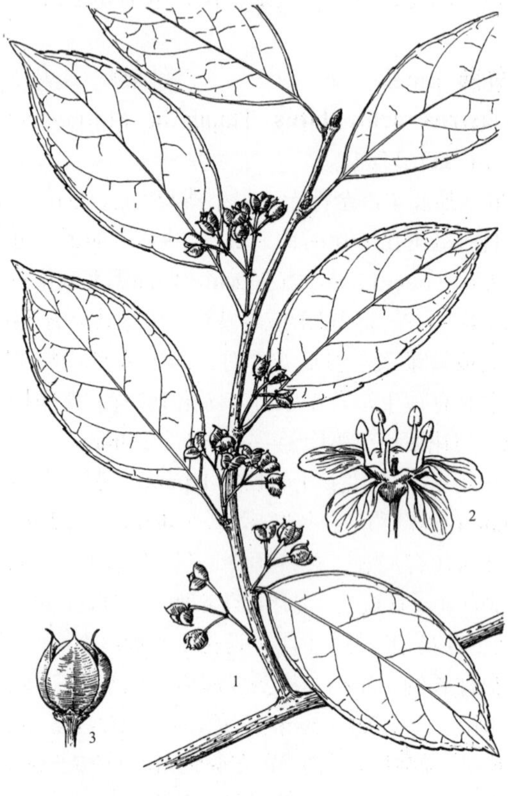

产地：梧桐山（王国栋等 6082）。生于山地路旁，海拔 400-450m。

图 558 显柱南蛇藤 Celastrus stylosus
1. 分枝的一段、叶及果序；2. 雄花；3. 蒴果。（崔丁汉绘）

分布：安徽、江苏、浙江、江西、广东、香港、广西、湖南、湖北、四川、贵州、云南和西藏东部。印度、不丹、尼泊尔、缅甸和泰国。

2. 卫矛属 Euonymus L.

常绿、半常绿或落叶灌木、小乔木或木质藤本。叶对生，稀互生或 3 叶轮生；有托叶；叶片边缘全缘，有锯齿或圆齿。聚伞花序腋生，有时顶生；花两性，4-5 基数，较小；花萼绿色，为宽短的半圆形；花冠较花萼长而大，通常白绿色或黄绿色，偶为紫红色；花盘发达，肥厚，环状，有时 4-5 浅裂；雄蕊着生花盘上或花盘外，少有生在靠近子房处，花丝细长或短或仅呈突起状，花药“个”字着生或基部着生，2 室或 1 室，纵裂或斜裂内向；药隔发达；子房半藏于花盘内，4-5 室，每室有 2-12 枚胚珠，胚珠轴生或室顶角垂生，花柱单一，明显或极短，柱头小或呈小圆头状。果为蒴果，近球形或倒圆锥形，不分裂或 4-5 浅裂，也有 4-5 深裂至近基部，果皮平滑或被刺状突起或瘤状突起，心皮背部有的延长外伸呈扁翅状，果皮完全开裂或内层不裂而与外层分离在果内突起呈假轴状。种子每室多为 1-2 个，外被红色或黄色的肉质假种皮；假种皮包围种子全部或仅包围一部而成杯状、舟状或盔状。

约有 130 种，分布于亚洲、欧洲、大洋洲、马达加斯加和北美洲。我国产 90 种。深圳有 4 种。

1. 复二歧聚伞花序有 4-5 次分枝；蒴果有长而宽扁的刺 ………………………………… 1. **星刺卫矛 E. actinocarpus**
1. 复二歧聚伞花序有 1-3 次分枝；蒴果无刺。
  2. 小枝有气生根，表面有细疣状突起；蒴果圆球形，无棱 ………………… 2. **常春卫矛 E. hederaceus**
  2. 小枝无气生根，表面平滑；蒴果倒圆锥形或倒卵球形，具棱。
    3. 花 4 基数，白色或黄绿色；蒴果有 4 棱 ……………………………… 3. **中华卫矛 E. nitidus**
    3. 花 5 基数，紫红色；蒴果有 5 棱 ……………………………………… 4. **疏花卫矛 E. laxiflorus**

1. 星刺卫矛 紫刺卫矛 Purple-spined Euonymus

图 559 彩片 560

Euonymus actinocarpus Loes. in Bot. Juhrb. Syst. 30: 459. 1902.

Euonymus angustatus Sprague in Bull. Misc. Inform. Kew **1908**: 35. 1908; 澳门植物志 **2**: 97. 2006.

落叶藤状灌木，长达 4m，全株无毛。小枝 4 棱柱形，表面有细疣状突起。叶柄粗壮，长 0.6-1.2cm；叶片近革质，卵形、卵状椭圆形或椭圆形，长 7-10cm，宽 2-5cm，基部楔形或阔楔形，边缘有疏的小圆锯齿，先端急尖，侧脉明显，每边约 8 对。复二歧歧聚伞花序顶生及侧生，多花，直径 0.7-1cm，有 4-5 次分枝；花序梗长 6-10cm，与其分枝均粗壮，有棱，棱上有狭翅；花梗长约 5mm，有时具 4 棱；花 4 基数，直径 0.7-1cm；花萼长 2-2.5mm，裂片 4，近圆形；花瓣 4，淡黄绿色，倒卵形，长 4-5mm；花盘圆形，4 浅裂；雄蕊着生花盘近缘处，无花丝；子房三角状卵形，密生长刺，花柱不明显，柱头短。蒴果紫褐带红色，近球形，直径（连刺）2-2.5cm，成熟体 4 浅裂，密生长而扁宽的刺，刺长 1-1.5cm，刺基部宽 2-2.5mm。种子每室 1-2 颗，长椭圆体形，长 7-8mm，直径 3-4mm，紫棕色，假种皮淡黄色。花期：4-5 月，果期：5-10 月。

图 559 星刺卫矛 Euonymus actinocarpus
1. 分枝的一段、叶及多歧聚伞花序；2. 花；3. 蒴果（密生长而扁的刺）。（余汉平绘）

产地：七娘山、内伶仃岛（张寿洲等 3800）。生于灌丛中，海拔 200-300m。

分布：广东、香港、澳门、广西、湖南、湖北、贵州、云南、四川、甘肃和陕西。

2. 常春卫矛 Ivy-like Euonymus

图 560 彩片 561

Euonymus hederaceus Champ. ex Benth. in J. Bot. Kew Gard. Misc. **3**: 333. 1851.

常绿攀援半灌木，长达 10m，全株无毛。小枝常有气生根，攀附于它物上，表面有细疣状突起。叶柄细长，长 0.6-1.2cm，稀近无柄；叶片革质或薄革质，卵形、阔卵形或窄卵形，有时为椭圆形，长 3-7cm，宽 2-4.5cm，基部近圆形或阔楔形，边缘近全缘或疏生钝齿或锯齿，先端急尖、短渐尖或钝，侧脉 4-6 对，细而明显。复二歧聚伞花序通常有 1-2 次分枝；花序梗长 1-2cm，花梗长 4-5mm；花 4 基数；花萼长约 1.5mm，裂片 4，半圆形；花冠淡白带绿，直径 0.8-1cm，花瓣 4，近圆形，长约 3.5mm；花盘近方形；雄蕊着生花盘边缘，花丝长约 2mm；子房稍扁。蒴果熟时紫红色，圆球状，直径 0.8-1cm，无棱；果序梗细，长 1-2cm；果梗长 1cm；红色假种皮全包种子。花期：5-6 月，果期 7-11 月。

产地：七娘山（张寿洲等 5137）、梅沙尖（陈景方 1509）、梧桐山（深圳考察队 1041）、田心山。生于山坡灌丛、林下，海拔 400-680m。

分布：台湾、福建、广东、香港、海南、广西、湖南、贵州和云南。

3. 中华卫矛 Chinese Euonymus

图 561　彩片 562 563

Euonymus nitidus Benth. in London J. Bot. **1**: 483. 1842.

Euonymus chinensis Lindl. in Trans. Hort. Soc. London. **6**: 74. 1826, non Lour. 1790；广州植物志 409. 1956；海南植物志 **2**: 437. 1965.

常绿灌木或小乔木，高 1-5m，全株无毛。小枝四棱柱形，平滑。叶柄较粗壮，长 0.6-1cm；叶片革质至厚纸质，倒卵形、长椭圆形或倒卵状披针形，长 6-10cm，宽 3-4cm，基部楔形，边缘近全缘或有疏圆齿，先端渐尖或短尾状，侧脉每边 7-9 条。复二歧聚伞花序 1-3 次分枝，有 3-15 朵花；花序梗及其分枝均较细长，前者长 3-5cm，后者长 0.5-1cm；花 4 基数，直径 5-8mm；花萼长约 2mm，裂片宽卵形；花瓣白色或黄绿色，圆形至倒卵形，长约 3-5mm，基部窄缩成短瓣柄；花盘较小，4 浅裂；雄蕊无花丝。蒴果倒卵球形，长 0.8-1.4cm，直径 0.8-1.7cm，具 4 棱，成熟时 4 瓣裂至基部；果序梗长 1-3cm；果梗长约 1cm。种子阔椭圆体形，长 6-8mm，棕红色。花期：4-5 月，果期：6-10 月。

产地：马峦山（李勇 009646）、梧桐山（深圳考察队 1356）、内伶仃岛（陈景方 1964），本市各地均有分布。生于山地疏林、密林、山谷和海边灌丛中，海拔 10-600m。

分布：浙江、江西、福建、广东、香港、澳门、广西、湖南、湖北和贵州。日本、孟加拉国、柬埔寨和越南。

4. 疏花卫矛 Poor-flowered Euonymus

图 562　彩片 564 565

Euonymus laxiflorus Champ. ex Benth. in J. Bot. Kew Gard. Misc. **3**: 333. 1851.

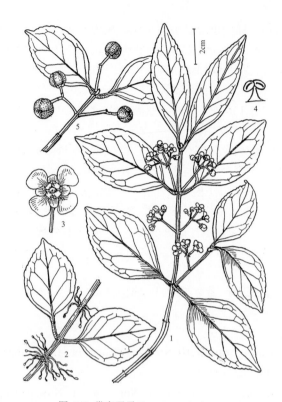

图 560 常春卫矛 Euonymus hederaceus
1. 分枝的一段、叶及聚伞花序；2. 小枝上的气生根；3. 花；4. 雄蕊；5. 蒴果。（余汉平绘）

图 561 中华卫矛 Euonymus nitidus
1. 枝的一段、叶及聚伞花序；2. 花；3. 花瓣；4. 蒴果；5. 种子。（余汉平绘）

落叶灌木或小乔木，高 2-4m，全株无毛。枝四棱柱形，光滑。叶柄长 3-5mm，或近无柄；叶片纸质或近革质，椭圆形、长圆形或窄椭圆形，长 5-12cm，宽 2-6cm，基部楔形，边缘有疏的浅圆齿或近全缘，先端渐尖或尾状，侧脉不明显。复二歧聚伞花序有 1-3 次分枝，有 5-9 花；花序梗长 1-3.5（5）cm；花梗长 5-6mm；花 5 基数，直径约 8mm；花萼长约 2mm，裂片 5，半圆形，边缘通常具紫色短缘毛；花瓣紫红色，近圆形，长 3-4mm，基部收窄；花盘 5 浅裂，裂片钝；雄蕊无花丝；子房无花柱，柱头头状。蒴果紫红色，倒卵球形，长 0.7-1cm，直径约 9mm，具 5 棱，成熟时 5 瓣裂至基部。种子卵圆形，长 5-6mm，直径 3-4mm，种皮枣红色，假种皮橙红色，长约 3mm，成浅杯状包围种子基部。花期：3-6 月，果期：6-10 月。

产地：七娘山（张寿洲等 0141）、南澳、排牙山、笔架山（张寿洲等 SCAUF789）、田心山、三洲田、梧桐山（深圳考察队 833）。生于山谷林中及山地密林中，海拔 100-600m。

分布：江苏、浙江、江西、福建、台湾、广东、香港、海南、广西、湖南、湖北、贵州、四川、云南和西藏。印度、缅甸、柬埔寨和越南。

3. 假卫矛属 Microtropis Wall. ex Meisn.

灌木或小乔木，常绿或落叶。小枝圆柱形或四棱柱形，通常无毛，极少被毛。叶对生，无托叶；叶片边缘全缘，常稍外卷。花序为聚伞花序、簇聚伞花序（数枚聚伞花序密集在一起成一束）或聚伞圆锥花序，腋生，腋外生或顶生；花两性，稀单性，雌雄异株，多为 5 基数，罕有 4 或 6 基数；萼片基部合生，覆瓦状排列，边缘具不整齐细齿或缘毛，果期宿存，略增大；花瓣多为白色或黄白色，通常覆瓦状排列，基部合生；花盘浅杯状至环状或近无；雄蕊着生花盘边缘，常较短小，长不超过雌蕊；雌蕊通常由 2 心皮构成，子房 2-3 室，每室 2 胚珠，花柱短粗，稀不明显，柱头 2-4 浅裂或不裂。果为蒴果，多为椭圆体形，果皮革质，成熟时沿位于一侧的缝线开裂。种子通常 1 个，卵球形，直生于稍突起增大的胎座上，无假种皮，种皮常稍肉质呈假种皮状，具胚乳。

约 60 余种，分布于非洲、美洲、亚洲东部和东南部的热带和亚热带地区。我国产 27 种。深圳有 1 种。

网脉假卫矛 Net-veined Microtropis 图 563

Microtropis reticulata Dunn in J. Bot. **47**: 375. 1909.

小灌木，高 1-2m，全株近无毛。小枝圆柱形。

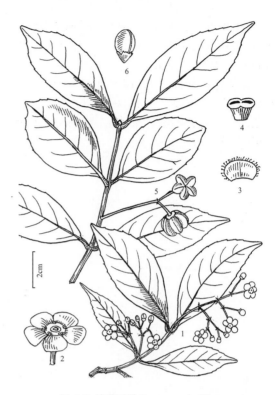

图 562 疏花卫矛 Euonymus laxiflorus
1. 分枝的一段、叶及聚伞花序；2. 花；3. 萼片；4. 雄蕊；5. 果枝；6. 种子，下部为杯状假种皮。（余汉平绘）

图 563 网脉假卫矛 Microtropis reticulata
1. 分枝的一段、叶及果序；2. 除去花萼和花冠，示花盘、雄蕊和雌蕊。（崔丁汉绘）

叶柄长 3-6mm；叶片长椭圆形、窄椭圆形或卵状窄椭圆形，厚纸质，长 5-10cm，宽 2-4cm，基部楔形或阔楔形，边缘外卷，先端渐尖或急尖，侧脉 5-7 对。簇聚伞花序腋生或顶生，近球形，有 3 至多数密生的花；花序梗粗短，长约 2mm；花梗极短或无花梗；花 5 基数；萼片近半圆形，长 1-1.5mm；花瓣长圆形，长约 2.5-3mm；花盘环状；雄蕊短，花丝花约 1mm 略成锥状；子房近卵形，花柱粗壮，柱头 2-4 浅裂。蒴果椭圆体形，长 1.2-1.5cm，直径 7-8mm，有细的纵纹。花期：3-11 月，果期：10 月至翌年 2 月。

产地：梧桐山（张寿洲等 5643）。生于山谷密林中，海拔 350-750m。

分布：广东、香港及海南。

220. 翅子藤科 HIPPOCRATEACEAE

文香英

藤本、灌木或小乔木。单叶对生或近对生；托叶小或无。花两性，辐射对称，通常较小，排成复二歧聚伞花序或簇生；萼片 5，稀 2 或 3，覆瓦状排列，基部合生或合生至中部。花瓣 5，分离，覆瓦状或镊合状排列；花盘圆垫状或杯状，有的不明显；雄蕊 3，稀 2、4 或 5，着生于花盘边缘，与花瓣互生，花丝扁平，花药基着，药室分离或汇合成 1 室；子房上位，多少与花盘贴生，3 室，每室有胚珠 2-12 颗，胚珠着生于中轴胎座上，排成 1-2 列，花柱钻状，通常 3 裂或顶端截形。果为蒴果或浆果。种子压扁，具翅或无翅，种皮革质，纤维质或纸质，无胚乳；子叶大而厚，合生。

约有 13 属，250 种，分布于热带、亚热带地区。我国产 3 属，19 种。深圳有 1 属，1 种。

翅子藤属 Loeseneriella A. C. Sm.

木质藤本，稀为直立灌木。枝和小枝对生或近对生，节稍粗大。叶对生或近对生，具叶柄。花序为复二歧聚伞花序，腋生或生于小枝顶端，具花序梗；具花梗及小苞片；萼片 5，覆瓦状排列；花瓣 5，覆瓦状排列，通常较厚，边缘全缘；花盘肉质，杯状，有时基部具 1 垫状体；雄蕊 3，广展或者反折，花丝舌状，着生于花盘边缘，花药基着，外向，下垂；子房呈不明显的三角形，大部或全部藏于花盘内，3 室，每室有胚珠 4-8 颗，胚珠排成 2 列，花柱狭圆锥形，柱头不明显。蒴果通常 3 个聚生于膨大的花托上，或因有的不育而较少，广展，压扁，室背开裂，果皮薄，具纵纹。种子 4-8 颗，胚珠基部具膜质翅。

约 20 种，分布于亚洲、非洲和澳大利亚的热带和亚热带地区。我国产 4 种。深圳有 1 种。

程香仔树 希藤 Fairy Loeseneriella

图 564 彩片 566

Loeseneriella concinna A. C. Sm. in J. Arnold Arbor. **26**（2）：170, fig. l. 1945.

木质藤本。小枝斜展，圆柱形，具粗糙的皮孔，暗灰黑色。叶对生；叶柄长 3-5mm；叶片薄革质，长圆状椭圆形或椭圆形，长 3-7(-9)cm，宽 1.5-4cm，基部楔形或近圆形，边缘具疏钝齿，先端渐尖，少急尖，钝圆，稀微凹，两面无毛，侧脉每边 4-6 条，近边缘彼此弯弓连结，和网脉在两面均隆起。复二歧聚伞花序两次分枝，生于小枝上部叶腋，长 3-5cm；花序梗长 2-3cm，与花梗、苞片、小苞片和萼片均密被粉状微柔毛；苞片和小苞片三角形，边缘有短缘毛；花梗长 5-7mm；花萼浅钟形，长 1.2-1.5mm，裂片三角形，长为萼全长的 1/2，无毛，边缘具纤毛；花瓣 5，黄绿色，长圆状披针形，长约 4mm，宽约 2mm，顶端具小凸尖并呈钩状内弯，背面顶端具 1 附属体，边缘具纤毛；花盘肉质，杯状，高约 1.5mm，呈不明显五棱形；雄蕊 3，花丝扁平，舌状，开花时长约 1.3mm，反折；子房大部分藏于花盘内，3 室，每室有胚珠 4 颗；花柱圆柱状，长约 1mm，顶端截形。蒴

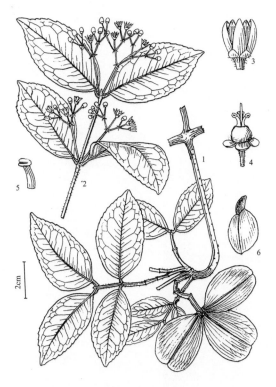

图 564 程香仔树 Loeseneriella concinna
1. 分枝的一段、叶及蒴果；2. 二歧聚伞花序；3. 花；4. 除去花瓣，示花萼、花盘、雄蕊和花柱；5. 雄蕊；6. 种子。（余汉平绘）

果扁，倒卵状椭圆体形，长 3.5-6cm，宽 1.5-3.5cm，顶端圆而微缺，具纵线条。种子基部具膜质翅，连翅长 2.5-3cm，翅中间有 1 条明显的纵脉。花期：5-7 月，果期：9 月至次年 3 月。

　　产地：南澳（王国栋 7599）、盐田（陈景方 1371）、七娘山（王国栋 7310），本市各地有分布。生于山地密林中水沟旁，海拔 150-650m。

　　分布：福建、广东、香港、澳门和广西。

223. 冬青科 AQUIFOLIACEAE

邢福武　王发国

乔木或灌木，常绿或落叶。单叶，互生，稀对生或假轮生，具柄，稀无柄；叶片边缘有锯齿、腺状锯齿、刺齿或全缘；托叶小，宿存或早落。花小，辐射对称，单性，雌雄异株，稀两性或杂性，排列成腋生、腋外生或近顶生的聚伞花序、伞形花序、总状花序、圆锥花序或数花簇生，稀单花；萼片4-8，覆瓦状排列，分离或基部合生，宿存或早落；花瓣4-8，分离或基部合生，常圆形，覆瓦状排列，稀镊合状排列；雄花：雄蕊与花瓣同数并与花瓣互生，花药长圆体形，内向，2室，纵裂；退化雌蕊近球形，具喙；雌花：退化雄蕊箭头形或心形，与花瓣同数并与花瓣互生；子房上位，卵球形，4-8(-10)室，每室具1稀2颗胚珠，花柱甚短或近无花柱，柱头头状、盘状或柱状。果通常为浆果状核果，具2至4枚稀1枚或多枚分核，每分核具1粒种子。种子含丰富的胚乳，胚小，直立。

4属，约500-600种，分布于全球的热带、亚热带至温带地区，主要分布于亚洲和美洲的热带。我国产1属，204种。深圳有1属，14种。

冬青属 Ilex L.

常绿或落叶乔木或灌木。单叶互生，稀对生，有柄或近无柄；托叶小，宿存或早落；叶片革质、纸质或膜质，长圆形、椭圆形或披针形，全缘或具锯齿，有时具刺。花序为简单二歧或复二歧聚伞花序或为伞形花序，单生于当年生枝的叶腋或簇生于2年生枝的叶腋，稀单花腋生；花小，白色、粉红色或红色，辐射对称，单性，雌雄异株，稀杂性；雄花：花萼盘状，4-8裂，裂片覆瓦状排列，宿存；花瓣4-8，基部合生；雄蕊与花瓣同数并与之互生，花丝短，花药长圆状卵形，内向，纵裂；退化子房近球形或枕状，具喙；雌花：萼片4-8，覆瓦状排列；花瓣4-8，基部合生；退化雄蕊箭头形或心形；子房上位，卵球形，1-10室，通常4-8室，花柱不明显，柱头头状、盘状或柱状，宿存。果为浆果状核果，通常球形，成熟时红色，稀黑色，外果皮膜质或坚纸质，中果皮肉质或革质，内果皮木质，分核(1-)4-6(-23)个，背面平滑、具条纹、棱及沟槽或多皱及具洼穴，每分核内有1粒种子。

400多种，分布于全球的热带、亚热带至温带地区，主产于中、南美洲和亚洲热带地区。我国产204种。深圳有14种。

1. 枝具长枝和短枝；长枝条具明显的皮孔；落叶乔木或灌木。
　2. 果直径5-7mm；柱头头状；分核4-6枚 ·························· 1. **梅叶冬青 I. asprella**
　2. 果直径1-1.5cm；柱头圆柱形；分核7-9枚 ·················· 2. **大果冬青 I. macrocarpa**
1. 枝全为长枝，无短枝；长枝常无皮孔（广东冬青 I. kwangtungensis 的枝上有小的凸起的皮孔）；常绿乔木或灌木。
　3. 叶片边缘具刺齿 ·· 3. **枸骨 I. cornuta**
　3. 叶片边缘无刺齿。
　　4. 雌花序或雌花均单生于叶腋（三花冬青除外）；雄花序亦单生叶腋。
　　　5. 分核背部具3纵棱及2沟或具1"U"字深沟。
　　　　6. 小枝无毛；叶片边缘全缘；分核背部具3纵棱及2沟 ·········· 4. **铁冬青 I. rotunda**
　　　　6. 小枝被柔毛；叶片边缘具小锯齿或近全缘；分核背部具1"U"形深沟 ·················
　　　　··· 5. **广东冬青 I. kwangtungensis**
　　　5. 分核背部无沟。
　　　　7. 叶片椭圆形、长圆形或卵状椭圆形；雄花序的花序梗与花梗近等长；雌花1-5朵簇生；分核背部具条纹 ································· 6. **三花冬青 I. triflora**

7. 叶片倒卵形、倒卵状椭圆形或阔椭圆形；雄花序的花序梗长于花梗；雌花单生于当年生枝的叶腋；分核背部多皱纹 ·· **7. 亮叶冬青 I. viridis**

4. 雌花序和雄花序均簇生于二年生或老枝的叶腋。

  8. 雌花序的每个分枝具单花（毛冬青有时具 1-3 花）。

    9. 叶片两面均被长硬毛 ···································· **8. 毛冬青 I. pubescens**

    9. 叶片两面均无毛。

      10. 花 4-6 基数 ································· **9. 谷木叶冬青 I. memecylifolia**

      10. 花 4 基数。

        11. 叶片先端尾状渐尖，侧脉每边 9-10 条；果梗长 3-4mm ········· **10. 榕叶冬青 I. ficoidea**

        11. 叶片先端钝，微凹，稀急尖，侧脉每边 5-7 条；果梗长约 6mm ··· **11. 细花冬青 I. graciliflora**

  8. 雌花序的每个分枝具花 1-3 朵。

    12. 叶片大，长 8-20（-28）cm ···························· **12. 大叶冬青 I. latifolia**

    12. 叶片较小，长 1-4cm。

      13. 小枝密被短柔毛；叶片两面沿主脉被短柔毛，背面无腺点，基部楔形 ··· **13. 罗浮冬青 I. lohfauensis**

      13. 小枝被微柔毛，二年生枝变无毛；叶片两面无毛，背面具深色腺点，基部近圆形，稀宽楔形 ································ **14. 凹叶冬青 I. championii**

---

1. 梅叶冬青 秤星树 Rough-haired Holly   图 565   彩片 567 568 569

Ilex asprella（Hook. & Arn.）Champ. ex Benth. in J. Bot. Kew Gard. Misc. **4**：329. 1852.

Prinos asprellus Hook. & Arn. Bot. Beechey Voy. 176-177, pl. 36, fig. 1-2. 1833.

落叶灌木，高 1-3m，具长枝和短枝；长枝栗褐色，具淡色的皮孔，短枝具宿存的鳞片和叶痕。托叶小，三角形，长约 0.5mm，宿存；叶柄长 3-7mm，无毛；叶片膜质，在长枝上互生，在缩短枝上 1-4 枚簇生枝顶，卵形或卵状椭圆形，长 4-7cm，宽 2-3.5cm，基部钝至近圆形，边缘具疏浅齿，先端渐尖，侧脉 5-6 对。雄花序：2 或 3 花呈束状或单生于叶腋或鳞片腋内；花梗长 4-7mm；花 4 或 5 基数；花萼盘状，直径约 3mm，裂片 4-5，阔三角形或圆形，无毛；花冠白色，辐状，直径约 6mm，花瓣 4-5，近圆形，直径约 2mm，基部合生；雄蕊 4 或 5 枚，花丝长约 1.5mm，花药长圆形；退化子房枕状，中央具喙；雌花序：单生于叶腋或鳞片腋内；花梗长 1-2cm，无毛，花 4-6 基数；花萼和花冠与雄花相似；退化雄蕊长约 1mm，败育花药箭头状；子房卵形状，直径约 1.5mm，花柱明显，柱头头状，宿存。果球形，直径 5-7mm，熟时为黑色，基部具宿存花萼，顶端具宿存柱头；分核 4-6 枚，倒卵状椭圆体形，长 5mm，背面具 3 条脊和沟。花期 3-4 月，果期 5-10 月。

产地：仙湖植物园（曾春晓等 0125）、羊台山（深圳植物志采集队 013684）、塘朗山（深圳植物志采集

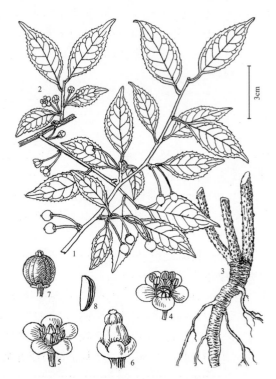

图 565 梅叶冬青 Ilex asprella
1.分枝的一段、叶及果序；2.雄花枝；3.根；4.雄花，示花冠、雄蕊及退化雌蕊；5.雌花，示花冠、退化雄蕊及雌蕊；6.除去花冠及退化雄蕊，示花萼和雌蕊；7.核果；8.分核。（余汉平绘）

队 013744），本市各地常见。生于海边山坡及杂木林中和林缘，海拔 0-300m。

分布：浙江、江西、福建、台湾、广东、香港、澳门、广西和湖南。菲律宾。

用途：根和叶可入药，有清热解毒、生津止渴、消肿散瘀之效；叶对心绞痛有一定疗效。

2. 大果冬青 Large-fruited Holly 图 566

Ilex macrocarpa Oliv. in Hook. Icon. Pl. **18**（4）: pl. 1787. 1888.

落叶乔木，高 4-12m。小枝栗褐色或灰褐色，具长枝和短枝，长枝具圆形皮孔，无毛。叶在长枝上互生，在短枝上为 1-4 片簇生；托叶不明显；叶柄长约 1cm，疏被微柔毛；叶片纸质至坚纸质，卵形或卵状椭圆形，长 4-12cm，宽 4-5cm，基部圆形或钝，边缘具细锯齿，先端渐尖，两面无毛，或上面幼时疏被微柔毛，侧脉 8-10 对。雄花：单花或 3-5 朵花组成简单二歧或复二歧聚伞花序；花序梗长 2-3mm；花梗长 3-7mm，均无毛；花白色，5-6 基数；花萼盘状，长约 1.5mm，5-6 浅裂，裂片三角状卵形，具缘毛；花冠辐状，直径约 7mm，花瓣倒卵状长圆形，长约 3mm，基部稍合生；雄蕊与花瓣近等长，花药长圆形；退化子房垫状，顶端稍凹；雌花：单生于叶腋或鳞片腋内；花梗长 5-16mm，无毛，基部具 2 枚卵状小苞片；花 7-9 基数；花萼盘状，直径约 5mm，7-9 浅裂，裂片卵状三角形，具缘毛；花冠辐状，直径约 1cm，花瓣长约 5mm，基部合生；退化雄蕊与花瓣互生，败育花药箭头形；子房圆锥状卵形，花柱明显，柱头圆柱形，宿存。果球形，直径 1-1.5cm，熟时黑色，基部具宿存花萼，顶端具宿存柱头；分核 7-9 枚，长圆体形，背面具网状棱和沟。花期：4-5 月，果期：10-11 月。

产地：西涌（张寿洲等 1116），少见。生于林中，海拔约 30m。

分布：河南、安徽、江苏、浙江、福建、广东、广西、湖南、湖北、贵州、云南、四川和陕西。

用途：根药用，用于眼翳。

3. 枸骨 Horny Holly 图 567 彩片 570 571

Ilex cornuta Lindl. & Paxt. Flow. Gard. **1**：43, f. 38. 1850.

常绿灌木或小乔木，高 0.8-2.5m。幼枝具纵脊及沟，二年生枝褐色，三年生枝灰白色，均具纵裂缝及隆起的叶痕，无皮孔。托叶宽三角形；叶柄长 4-7mm，被微柔毛；叶片厚革质，二型，四角状长圆形或卵形，

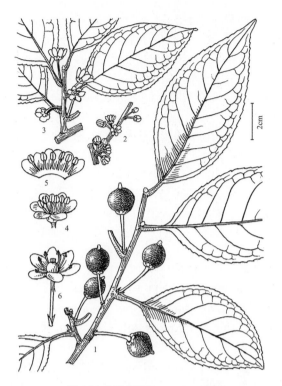

图 566 大果冬青 Ilex macrocarpa
1. 分枝的一段，叶及果；2. 雄花序；3. 雌花花枝；4. 雄花；5. 雄花花冠展开，示雄蕊；6. 雌花，示花冠、退化雄蕊及雌蕊。（余汉平绘）

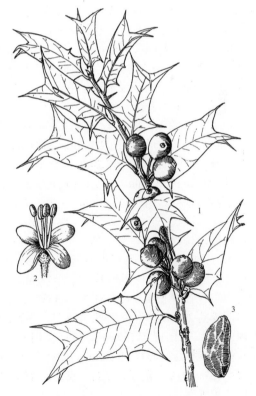

图 567 枸骨 Ilex cornuta
1. 分枝的上段、叶及序；2. 雄花；3. 分核。（崔丁汉绘）

四角状长圆形叶长 4-8cm，宽 2-4cm，基部圆形或近截形，两侧各具 1-2 刺齿，先端具 3 枚尖硬刺齿，中央 1 刺齿向后反折，卵形叶则叶片边缘全缘，两面无毛，侧脉 5-6 对。简单二歧或复二歧聚伞花序簇生于二年生枝的叶腋，基部的宿存鳞片近圆形，与苞片均被短柔毛；苞片卵形；花淡黄色，4 基数；雄花：花梗长约 5mm，无毛，基部具 1-2 枚阔三角形的小苞片；花萼盘状，直径约 2.5mm，裂片三角形，长约 0.7mm，被微柔毛；花冠辐状，直径约 6mm，花瓣长圆状卵形，长 3-4mm，反折，基部合生；雄蕊与花瓣等长，花药长圆状卵形，长约 1mm；退化子房近球形，先端圆，有不明显的 4 裂；雌花：花梗长 8-13mm，无毛；花萼与花瓣似雄花；退化雄蕊略长于子房，败育花药箭头形；子房长圆状卵球形，长 3-4mm，柱头盘状，4 浅裂，宿存。果球形，直径 0.7-1cm，熟时鲜红色，基部具宿存花萼，顶端具宿存柱头；果梗长 7-13mm；分核 4 枚，椭圆体形，长 7-8mm，密布皱纹和皱纹状皮孔，背部中央具 1 纵沟。花期 4-5 月，果期 9-12 月。

产地：仙湖植物园（李沛琼 010287），本市各公园时有栽培。

分布：安徽、江苏、浙江、江西、湖南和湖北。广东、香港及海南有栽培。

用途：树形优美，果色鲜艳，为秋冬季的观果植物；其根、枝叶和果均入药。

4. 铁冬青 Iron Holly   图 568 彩片 572 573

Ilex rotunda Thunb. Fl. Jap. 77. 1784.

Ilex rotunda Thunb. var *microcarpa*（Lindl. & Paxt.）S. Y. Hu in J. Arnold Arbor. **30**：310, 1949；海南植物志 **2**：428. 1965.

常绿灌木或乔木，高 4-15m。树皮灰色至灰黑色；小枝红褐色，圆柱形，当年生枝具纵棱，无毛，无皮孔。叶仅见于当年生枝上；托叶钻状条形，长 1-1.5mm，早落；叶柄长 1-2cm，多少被微柔毛，顶端具叶片基部下延而成的狭翅；叶片薄革质或纸质，卵形、倒卵形或椭圆形，长 4-8cm，宽 1.7-3.5cm，基部楔形或钝，边缘全缘，先端短渐尖，两面无毛，侧脉 6-9 对。简单二歧或复二歧聚伞花序或伞形花序，单生于当年生枝的叶腋，具 2-8 朵花；雄花序：花序梗长 0.3-1cm，无毛；花梗长 3-5mm，无毛或被微柔毛，基部具 1-2 枚卵状三角形的小苞片；花白色，4 基数；花萼盘状，直径约 2mm，被微柔毛，裂片 4，三角形；花冠辐状，直径约 5mm，花瓣长圆形，长约 2.5mm，开放后反折；雄蕊长于花瓣，花药卵状椭圆形，纵裂；退化子房垫状；雌花序：花序梗长约 5-12mm，无毛；花白色，5 基数，稀 7 基数；花萼浅杯状，直径约 2mm，无毛，裂片 5，三角形，边缘啮蚀状；花冠辐状，直径约 4mm，花瓣倒卵状长圆形，长约 2mm，基部稍合生；退化雄蕊长为花瓣的 1/2，败育花药卵形；子房卵形，长约 1.5mm，柱头头状。果近球形或稀椭圆体形，直径约 5mm，成熟时红色，宿存花萼平展，宿存柱头厚盘状，凸起，5-6 浅裂；分核 5-7，椭圆体形，长约 5mm，背面具 3 纵棱及 2 沟，稀具 2 棱及单沟。花期：4-5 月，果期：8-12 月。

图 568 铁冬青 Ilex rotunda
1. 分枝的一部分、叶及果序；2. 雄花，示花冠、雄蕊和退化雌蕊；3. 雌花，示花冠、退化雄蕊及雌蕊。（崔丁汉绘）

产地：葵涌（王国栋 7125）、三洲田（深圳考察队 400）、仙湖植物园（王定跃 90-620），本市各地常见。生于山坡疏林中或林缘，海拔 60-500m。园林中常有栽培。

分布：安徽、江苏、浙江、江西、福建、台湾、广东、香港、澳门、海南、广西、湖南、湖北、贵州和云南。朝鲜、日本和越南。

用途：果色鲜艳，果期长，为秋冬季优良的观果植物；叶入药，有清热利湿、消炎解毒、消肿镇痛等功效。

5. 广东冬青 Guangdong Holly

图 569　彩片 574 575

Ilex kwangtungensis Merr. in J. Arnold Arbor. **8**: 8. 1927.

常绿灌木或小乔木，高 4-9m。树皮灰褐色；小枝圆柱形，被短柔毛，后变无毛，具小的稍凸起的皮孔。叶生于 1-3 年生枝上；无托叶；叶柄长 0.6-1.6cm，被微柔毛，叶片近革质，卵状椭圆形或披针形，长 7-15cm，宽 3-6cm，基部钝至圆形，边缘具小锯齿或近全缘，先端渐尖，幼时两面均疏被短微柔毛，后近无毛，侧脉 9-11 对。复二歧聚伞花序单生于当年生的叶腋；雄花序：为具 2-4 次分枝的复二歧聚伞花序，具 12-20 朵花；花序梗长 8-12mm，密被微柔毛；雄花：花梗和花萼均密被微柔毛；苞片条状披针形，长 5-7mm；花梗长 1-2mm，基部具 2 枚三角形的小苞片；花紫色或粉红色，4 或 5 基数；花萼盘状，直径约 2.5mm，裂片圆形，长不及 1mm；花冠辐状，直径约 7mm，花瓣长圆形，长约 1.5mm；雄蕊短于花瓣；退化子房圆锥状，具短喙；雌花序：为具 1-2 回分枝的复二歧聚伞花序，具花 4-7 朵；苞片披针形，生于花序二级分枝的中部；雌花：花梗长约 5mm，基部有小苞片；花 4 基数，淡紫色或淡红色；花萼同雄花；花瓣卵形，长约 2.5mm；退化雄蕊略短于花瓣，败育花药心形；子房卵球形，柱头乳头状，4 浅裂，宿存。果椭圆体形，直径约 8mm，熟时红色，干时黑褐色，光滑，有光泽，宿存花萼开展，被微柔毛，宿存柱头凸起，4 裂；分核 4，椭圆体形，长约 6mm，背部中央具 1 宽而深的"U"形沟，两侧平滑。花期：5-6 月，果期：9-11 月。

产地：排牙山（张寿洲等 2344）。生于山顶林中，海拔 600-700m。

分布：浙江、江西、福建、广东、香港、海南、广西、湖南、贵州和云南。

图 569 广东冬青 Ilex kwangtungensis
1. 分枝的一段、叶和雄花序；2. 雄花，示花冠、雄蕊和退化雌蕊；3. 果；4. 分核。（崔丁汉绘）

6. 三花冬青 Three-flowered Holly

图 570 彩片 576

Ilex triflora Blume, Bijdr. **2**：1150. 1826.

常绿灌木或乔木，高 2-9m。树皮灰白色；幼枝近四棱形，具纵棱及沟，密被短柔毛，具半圆形叶痕，无皮孔。叶生于 1-3 年生枝上；叶柄长 3-5mm，密被短柔毛；叶片近革质，长圆形、椭圆形或卵状椭圆形，长 2.5-10cm，宽 1.5-4cm，基部圆形或钝，边缘具波状浅齿，先端急尖至渐尖，下面具腺点，疏被短柔毛，

图 570 三花冬青 Ilex triflora
1. 分枝的一段、叶及果序；2. 雄花序；3. 雄花，示雄蕊和退化雌蕊；4. 雌花，示退化雄蕊和雌蕊；5. 部分花冠展开，示雄蕊；6. 除去花冠及退化雄蕊，示花萼及雌蕊。（余汉平绘）

上面幼时被微柔毛，后渐变无毛，侧脉 7-10 对。雄花：1-3 朵排成简单二歧聚伞花序，1-5 个花序簇生于当年生或二三年生枝的叶腋；花序梗和花梗长约 2mm，均被短柔毛；花梗基部或近中部具小苞片 1-2 枚；花 4 基数，白色或淡红色；花萼盘状，直径约 3mm，裂片 4，近圆形，被微柔毛和缘毛；花冠直径约 5mm，花瓣阔卵形，基部稍合生；雄蕊短于花瓣，花药椭圆形；退化子房金字塔形，顶端具短喙；雌花：1-5 朵簇生于当年生或二年生的叶腋；花序梗几不明显；花梗粗壮，被微柔毛，近中部具 2 枚卵形小苞片；花萼同雄花；花瓣阔卵形至近圆形，基部稍合生；退化雄蕊长为花瓣的 1/3，败育花药心状箭形；子房卵球形，柱头厚盘状，4 浅裂。果球形，直径约 6mm，熟时黑色；果梗长 12-17mm，近无毛；宿存花萼直径约 4mm，宿存柱头厚盘状；分核 4，卵状椭圆体形，背部无沟，具 3 条纵纹。花期：5-7 月，果期：8-12 月。

产地：盐田（深圳考察队 1117）、梅沙尖（王定跃 1422）、梧桐山（陈真传等 007120），本市各地常见。生于山地阔叶林、杂木林或灌丛中，海拔 100-700m。

分布：安徽、浙江、江西、福建、广东、香港、海南、广西、湖南、湖北、四川、贵州和云南。印度、孟加拉国、越南、马来西亚至印度尼西亚。

7. 亮叶冬青 绿冬青 Green Holly

图 571　彩片 577　578

Ilex viridis Champ. ex Benth. in J. Bot. Kew Gard. Misc. **4**：329. 1852.

Ilex triflora Blume var. *viridis*（Champ. ex Benth.）Loes. in Nova Acta Acad. Caes. Leop.-Carol. German. Nat. Cur. **78**：345. 1901；广 州 植 物 志 408. 1956；海南植物志 **2**：432. 1965.

常绿灌木或小乔木，高 1-5m。幼枝近四棱柱形，具纵棱及沟，沟内被短柔毛，棱上无毛，无皮孔。叶生于 1-2 年生枝上；叶柄长约 5mm，被微柔或无毛，两侧具狭翅；叶片革质，倒卵形、倒卵状椭圆形或阔椭圆形，长 2.5-5.5cm，宽 1.5-3cm，基部钝或楔形，边缘具细圆齿齿，先端钝、急尖或短渐尖，下面具小腺点，无毛，上面光亮，沿主脉疏被短柔毛，侧脉 5-8 对。雄花：1-5 朵排成简单或复二歧聚伞花序，生于当年生枝的鳞片内或叶腋，或簇生于二年生枝的叶腋；花序梗长 3-5mm；花梗长约 2mm，基部或近中部具 1-2 枚钻形的小苞片；花白色，4 基数；花萼盘状，直径 2-3mm，裂片阔三角形，边缘啮蚀状；花冠辐状，直径约 7mm，花瓣倒卵形或圆形，长约 2.5mm，基部稍合生；雄蕊 4 枚，长为花瓣 1/2，花药长圆形；退

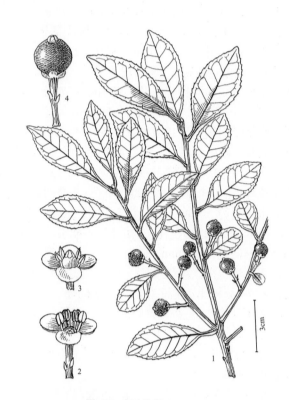

图 571 亮叶冬青 Ilex viridis
1.分枝的一段、叶及果；2.雄蕊，示雄蕊和退化雌蕊；3.雌花，示退化雄蕊和雌蕊；4.果（余汉平绘）。

化子房狭圆锥形；雌花：花白色，4 基数，单生于当年生枝的叶腋；花梗长 1.2-1.4cm，无毛，近中部具 2 枚钻形小苞片；花萼直径 4-5mm，无毛，裂片近圆形；花瓣卵形，长约 2.5mm，基部稍合生；退化雄蕊长仅为花瓣的 1/3，不育花药箭头形；子房卵球形，柱头盘状突起，宿存。果球形或扁球形，直径约 1cm，成熟时黑色；果梗长 1.2-1.5cm，宿存萼片平展，直径约 5mm，宿存柱头盘状乳头形；分核 4，椭圆体形，背部无沟，具稍隆起的皱纹。花期：5-6 月，果期：9-11 月。

产地：七娘山（王国栋等 7518）、三洲田（王国栋等 6493）、梅沙尖（深圳植物志采集队 013171），本市各地有分布。生于密林下、林缘或灌丛中，海拔 100-500m。

分布：安徽、浙江、江西、福建、广东、香港、海南、广西、贵州和湖北。

8. 毛冬青 密毛冬青 茶叶冬青 Pubescent Holly

图 572 彩片 579 580

Ilex pubescens Hook. & Arn. Bot. Beechey Voy. 167, pl. 35. 1833.

Ilex pubescens var. *glabra* H. T. Chang in Acta Sci. Nat. Univ. Sunyatseni. **2**：40. 1959；广东植物志 **5**：402. 2003.

常绿灌木或小乔木，高 2-4m。小枝近四棱柱形，与叶柄和叶片的两面均密被长硬毛，稀无毛，具纵棱，无皮孔，具半月形的叶痕。叶生于 1-2 年生枝上；叶柄长 2.5-5mm；叶片纸质或膜质，椭圆形或长卵形，长 2-5cm，宽 1-2.5cm，基部钝，边缘具疏而尖的细锯齿或近全缘，先端急尖或短渐尖，侧脉 4-5 对。花序簇生于 1-2 年生枝的叶腋；花序梗、花序轴和花梗均密被长硬毛；雄花序：花序的每个分枝上具 1 枚有 1 或 3 花的简单二歧聚伞花序；花梗长约 2mm，基部具 2 枚小苞片；花 4 或 5 基数；花萼盘状，直径 2mm，被长柔毛，裂片 5-6，卵状三角形，具缘毛；花冠辐状，花瓣 4-6，粉红色，卵状长圆形，长约 2mm，基部稍合生；雄蕊长约 1.5mm，花药长圆形；退化雌蕊垫状，顶端具短喙；雌花序：簇生；花序分枝具单花，稀具 3 花；花梗长约 2-3mm，基部具小苞片；花 6-8 基数；花萼盘状，直径约 2.5mm，6 或 7 深裂，被长硬毛，急尖；花冠辐状，花瓣 5-8 枚，长圆形，长约 2mm，先端圆形；退化雄蕊长为花瓣的 1/2，败育花药箭头形；子房卵球形，无毛。果球形，直径约 4mm，熟后红色；果梗长约 4mm，密被长硬毛；宿存花萼平展，直径约 3mm，裂片卵形，宿存柱头头状；分核 6，偶有 5 或 7，椭圆体形，长约 3mm，背面具单沟及条纹。花期：4-5 月，果期：8-11 月。

产地：排牙山（王国栋等 7112）、三洲田（深圳考察队 45）、仙湖植物园（王定跃 89392），本市各地常见。生于沟谷林中、海边疏林中、林缘和灌丛中，海拔 50-800m。

分布：安徽、浙江、江西、福建、台湾、广东、香港、澳门、海南、广西、湖南和贵州。

9. 谷木叶冬青 谷木冬青 Memecylon-leaved Holly

图 573 彩片 581

Ilex memecylifolia Champ ex Benth. in J. Bot. Kew Gard. Misc. **4**：328. 1852.

常绿乔木，高 10-15m，稀灌木，高仅 2m。幼枝具纵棱，被短的微柔毛，三年生枝灰色，平滑，无皮孔，

图 572 毛冬青 Ilex pubescens
1. 分枝的一部分、叶及果；2. 枝的一段，示毛被；3. 雄花，示花冠、雄蕊及退化雌蕊；4. 雌花，示花冠、退化雄蕊及雌蕊；5. 雌花花萼；6. 核果。（李志民绘）

图 573 谷木叶冬青 Ilex memecylifolia
1. 分枝的一段、叶及序序；2. 部分雄花冠展开，示雄蕊。（余汉平绘）

叶痕半圆形。叶生于 1-2 年枝上；托叶三角形，长约 0.5mm，被微柔毛；叶柄长约 6mm，被微柔毛；叶片革质至厚革质，卵状长圆形或倒卵形，长 4-8cm，宽 1-3cm，基部楔形或钝，边缘全缘，先端渐尖或钝，两面无毛，仅上面主脉被微柔毛，侧脉 5-6 对。花序簇生于叶腋；花 4-6 基数，白色，芳香；雄花序：花序的每个分枝为具 1-3 花的复二歧聚伞花序；花序梗长 1-3mm；苞片三角形，被微柔毛；花梗长 3-5mm，基部具 2 小苞片或无；花萼盘状，直径约 2mm，具三角形裂片 5 或 6 枚，边缘啮蚀状，具缘毛；花冠辐状，直径约 5mm，花瓣长圆形，基部稍合生；雄蕊与花瓣等长，花药卵球形；退化子房近球形；雌花序：花序的每个分枝为具 1 花的简单二歧聚伞；花梗长约 6-8mm，被微柔毛；小苞片 1-2 枚；花萼与花冠同雄花；退化雄蕊长为花瓣的 3/4，败育花药被微柔毛；子房近卵球形，花柱长约 1mm，柱头头状。果球形，直径约 5mm，熟时红色；果梗长 6-9mm，被微柔毛；宿存花萼平展，直径约 3mm，宿存柱头头状；分核 4-5 枚，背面及侧面均具网状条纹。花期：3-4 月，果期：6-11 月。

　　产地：七娘山（张寿洲等 1660）、南澳（邢福武等 10302，IBSC）、排牙山。生于山坡灌丛中，海拔 100-200m。

　　分布：江西、福建、广东、香港、澳门、广西和贵州。越南。

10. 榕叶冬青 仿腊树 Fig-leaved Holly

图 574　彩片 582

Ilex ficoidea Hemsl. in J. Linn. Soc., Bot. **23**: 116. 1886.

　　常绿乔木，高 7-10m。幼枝具纵棱，无毛，二年生以上的枝具半圆形较平坦的叶痕，无皮孔。叶生于 1-2 年生枝上；叶柄长 0.6-1cm，具横皱纹；叶片革质，狭长圆形、狭椭圆形或卵状椭圆形，稀倒卵状椭圆形，长 4-9cm，宽 1.5-3.5cm，基部宽楔形或近圆形，边缘具不规则的细圆齿，先端尾状渐尖，尖头长可达 1.5cm，两面无毛，侧脉 8-10 对。花序为简单二歧聚伞花序或 1-3 花簇生于当年生枝的叶腋；花 4 基数，白色或黄绿色，芳香；雄花序：每个聚伞花序具 1-3 朵花；花序梗长约 2mm，与花梗均密被微柔毛；苞片卵形，长约 1mm，基部具附属物，先端急尖，具缘毛；花梗长约 1-3mm，基部具 2 枚小苞片；花萼盘状，直径约 2mm，裂片三角形，急尖，具缘毛；花冠直径约 6mm，花瓣卵状长圆形，长约 3mm，基部稍合生；雄蕊伸出花冠外，花药长圆状卵球形；退化子房圆锥状卵球形，直径约 1mm，4 裂；雌花序：每个花序具单花，簇生于当年生枝的叶腋，花梗长 2-3mm；小苞片 2，生于花梗基部，具缘毛；花萼被微柔毛或无毛；花冠

图 574 榕叶冬青 Ilex ficoidea
1. 分枝的上段、叶及果序；2. 雄花，示花冠、雄蕊及退化雌蕊；3. 核果。（余汉平绘）

直立，直径 3-4mm，花瓣卵形，分离，长约 2.5mm；退化雄蕊与花瓣等长，不育花药卵形；子房卵球形，长约 2mm，柱头盘状。果球形或近球形，直径约 5-7mm，熟后红色，无毛；果梗长 3-5mm，密被微柔毛；宿存花萼平展，四边形，直径约 2mm，宿存柱头薄盘状或脐状；分核 4，卵形，背部具掌状脉纹，中央具 1 纵槽。花期：3-5 月，果期：8-11 月。

　　产地：东涌、七娘山（王国栋等 7499）、南澳、笔架山（华农仙湖采集队 637）、盐田（王定跃 1630）。生于山坡林下、林缘或山地水旁，海拔 100-400m。

　　分布：安徽、浙江、江西、台湾、福建、广东、香港、海南、广西、湖南、湖北、贵州、四川和云南。日本。

11. 细花冬青 纤花冬青 Small-flowerd Holly

图 575　彩片 583 584

Ilex graciliflora Champ. ex Benth. in J. Bot. Kew Gard. Misc **4**: 328. 1852.

常绿乔木，高 5-9m。幼枝近圆柱形，具纵棱，疏被短柔毛，二年生枝无毛，无皮孔。叶生于 1-3 年生枝上；叶柄长 1-1.5cm，无毛，顶部具叶片基部下延而成的狭翅；叶片厚革质，倒卵状椭圆形或长圆状椭圆形，长 2-7.5cm，宽 1.5-3.5cm，基部钝，稀近圆形，近缘具疏细锯齿，先端钝，微凹，稀急尖，两面无毛，侧脉 5-7 对。简单二歧聚伞花序数个簇生于当年生枝的叶腋；苞片卵状三角形，被微柔毛；花白色，4 基数；雄花序：花序的每个分枝具 3 花；花序梗长约 1-2mm，与花梗均密被微柔毛；花梗长 3-6mm，基部具 1 或 2 枚小苞片；花萼小，盘状，直径约 2mm，裂片 4，三角形，具缘毛；花瓣 4，长圆形，长约 2.5mm，反折，基部合生，具缘毛；雄蕊 4，短于花瓣，花药长圆状卵形；退化子房近球状卵形，具不明显的 4 浅裂；雌花序：花序的每个分枝具单花；苞片小，卵形；花梗长约 4mm，基部具 2 小苞片；花萼似雄花；花瓣长圆状倒卵形，长约 2.5mm，分离；退化雄蕊长为花瓣的 2/3，败育花药箭头形；子房卵球形，柱状盘状。果球形，直径 4-6mm，熟时红色，宿存柱头盘状，宿存花萼平展，近圆形，直径约 2mm；果梗长约 6mm；分核 4，近圆形，长约 4mm，两端圆，背面具皱纹及不规则的条状沟。花期：3-4 月，果期：6 月至翌年 2 月。

产地：西涌、七娘山、南澳（王国栋 7598）、排牙山、笔架山、葵涌（王国栋 7279）、梅沙尖（陈珍传等 5751）。生于山地林中或水旁，海拔 100-450m。

分布：广东、香港及其附近岛屿。

图 575 细花冬青 Ilex graciliflora
1. 分枝的一段、叶及雄花序；2. 雄花，示雄蕊及退化雌蕊；3. 核果。（崔丁汉绘）

12. 大叶冬青 阔叶冬青 大苦酊 Broad-leaved Holly

图 576

Ilex latifolia Thunb. Fl. Jap. 79. 1784.

常绿大乔木，高 10-20m，全体无毛。树皮灰黑色；分枝具纵棱，黄褐色或褐色，具隆起的叶痕，无皮孔。托叶极小，宽三角形，长约 2mm，；叶柄粗壮，长 1.5-2.5cm，背面具皱纹；叶片厚革质，长圆形或卵状长圆形，长 8-20cm，宽 4.5-8cm，基部圆形或阔楔形，边缘具疏锯齿，齿尖黑色，先端钝或短渐尖，侧脉每边 12-17 条。花序为聚伞圆锥花序，簇生于二年生枝的叶腋；花序梗甚短；花序轴长 1-2cm；花淡黄绿色，4 基数；雄花序：花序的每个分枝具 3-9 花；花序梗长 2mm；苞片卵形或披针形，长 5-7mm；花梗长 6-8mm；

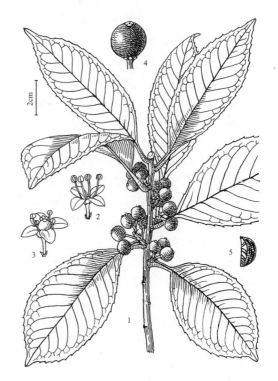

图 576 大叶冬青 Ilex latifolia
1. 分枝一段、叶及序；2. 雄花，示花冠、雄蕊及退化雌蕊；3. 雌蕊，示花冠、退化雄蕊及雌蕊；4. 核果；5. 分核。（余汉平绘）

小苞片 1-2，三角形；花萼近杯状，直径约 3.5mm，裂片 4，圆形；花冠辐状，直径约 0.9-1cm，花瓣卵状长圆形，长 3.5-4mm，基部合生；雄蕊略长于花瓣，花药卵状长圆形；不育子房近球形，柱头稍 4 裂；雌花序：花序的每个分枝具 1-3 花；花序梗长约 2mm；花梗长 5-8mm；具 1-2 枚小苞片；花萼盘状，直径约 3mm，裂片 4；花冠直径约 5mm，花瓣 4，卵形，长约 3mm；退化雄蕊长为花瓣的 1/3，败育花药小，卵形；子房卵球形，柱头盘状，4 裂。果球形，直径约 7mm，成熟时红色，宿存花萼盘状；宿存柱头薄盘状；分核 4，长圆状椭圆体形，长约 5mm，宽 2.5mm，具不规则的皱纹和洼点，背面具纵脊。花期：4-5 月，果期：9-10 月。

产地：仙湖植物园。栽培。

分布：江苏、安徽、浙江、江西、福建、河南、湖北、广东、广西和云南。日本。香港有栽培。

用途：叶和果可入药，有清热解毒之功效；株形优美，可作庭园绿化。

13. 罗浮冬青 矮冬青 Luofu Holly

图 577　彩片 585

Ilex lohfauensis Merr. in Philipp. J. Sci. **13**：144. 1918.

常绿灌木或小乔木，高 2-5m。小枝纤细，圆柱形，密被短柔毛，灰黑色，老枝具凸起的半圆形叶痕，无皮孔。叶生于 1-3 年生枝上；托叶狭三角形，长约 1mm，密被短柔毛，宿存；叶柄长 1-2mm，密被短柔毛，上端具叶片基部下延而成的狭翅；叶片薄革质或纸质，长圆形或椭圆形，稀倒卵形或菱形，长 1-2.5cm，宽 0.5-1cm，基部楔形，边缘全缘，先端微凹，两面仅沿主脉被短柔毛，侧脉 7-9 对。花序簇生于二年生枝的叶腋；苞片三角形，被短柔毛；雄花序：聚伞花序簇生，每一花序具 1-3 花；花序梗长约 1mm，被短柔毛；雄花：花梗长约 1mm，被短柔毛；花 4(-5)基数，粉红色；花萼盘状，直径约 1.5mm，被短柔毛，裂片 4，圆形，边缘啮蚀状，具缘毛；花冠辐状，直径 4-5mm，花瓣椭圆形，基部稍合生；雄蕊长为花瓣的 1/2，花药长圆形；不育子房具短喙；雌花序：花序为具 2-3 朵花的简单二歧聚伞花序；花序梗不明显；花梗长约 1mm，中部以上具 2 枚小苞片；花萼与花冠同雄花；退化雄蕊短于花瓣，败育花药心形；子房卵球形，花柱明显，柱头盘状，凸起。果球形，直径约

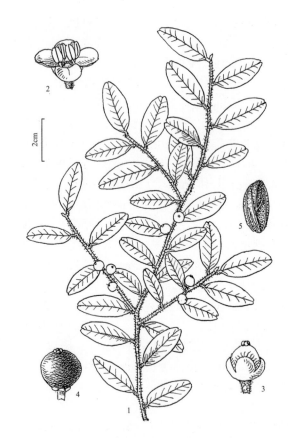

图 577 罗浮冬青 Ilex lohfauensis
1. 分枝的一部分、叶及果；2. 雄花，示花冠、雄蕊和退化雌蕊；3. 雌花，除去花冠和退化雄蕊，示花萼和雌蕊；4. 核果；5. 分核。
（余汉平绘）

4mm，成熟后红色；果梗长约 1mm，被短柔毛；宿存花萼杯状，被短柔毛及缘毛，宿存柱头厚盘状，常 4 裂；分核 4，阔椭圆体形，长约 3mm，两端急尖，背面具条纹，无沟。花期：6-7 月，果期：8-12 月。

产地：梧桐山（王定跃 1066），少见。生于山谷林中，海拔 500m。

分布：安徽、浙江、江西、福建、广东、香港、海南、广西、湖南和贵州。

14. 凹叶冬青 Emarginate Holly 　图 578　彩片 586

Ilex championii Loes. in Nova Acta Acad. Caes. Leop.-Carol. Nat. Cur. **78**：349 1901.

常绿灌木或乔木，高 8-12m。当年生枝具纵棱，被微柔毛，紫褐色，二年生枝变无毛，具隆起的叶痕，无皮孔。

叶生于 1-2 年生枝上；托叶三角形，长约 1mm，宿存；叶柄长约 4-5mm，疏被微柔毛，上部具叶片基部下延而成的狭翅；叶片近革质，卵形或倒卵形，稀倒卵状椭圆形，长 2-4.5cm，宽 1.5-2.5cm，基部近圆形，少有宽楔形，边缘全缘，先端圆而微凹或骤尖，背面具深色腺点，侧脉 8-10 对。雄聚伞花序数个簇生于二年生枝叶腋，每一花序为有 1-3 朵花组成的简单二歧聚伞花序；花序梗、花序轴和花梗均被微柔毛；苞片三角形；花序梗长约 2.5mm；花梗长不及 1mm，基部有 1 枚小苞片或无；花 4 基数，白色；花萼盘状，直径约 2mm，被短柔毛，裂片 4，圆形，具缘毛；花冠辐状，直径约 4mm，花瓣长圆状卵形，基部稍合生；雄蕊短于花瓣，花药长圆形；退化子房垫状，具短喙；雌花序 2-3 枚簇生于当年生叶腋，每一花序为 1-3 花组成的简单二歧聚伞花序；花序梗长 3-4mm；花梗长 2-3mm，中部或近基部有 2 枚小苞片；花萼与花冠同雄花；败育花药心形；子房卵球形，柱头盘状，凸起。果序簇生于当年生枝的叶腋，每一分枝具 1-3 果；果梗长约 2mm，被微柔毛；果扁球形，直径约 3.5mm，成熟后红色，宿存花萼平展，近四角形，4 裂；宿存柱头盘状，突起；分核 4，椭圆状倒卵形，背部具 3 条稍凸起的条纹，无沟。花期：6 月，果期：8-11 月。

图 578 凹叶冬青 Ilex championii
1. 分枝的一段、叶及雄花序；2. 雄花；3. 雌花，示花冠、退化雄蕊及雌蕊。（崔丁汉绘）

产地：七娘山（张寿洲等 1919）、盐田梅沙尖（张寿洲等 3125）、梧桐山（张寿洲等 3159）。生于山谷常绿阔叶林中或灌丛中，海拔 200-350m。

分布：江西、福建、广东、香港、广西、湖南和贵州。

224. 茶茱萸科 ICACINACEAE

文香英

乔木、灌木或藤本，有的具卷须或白色乳汁。单叶互生，稀对生，无托叶；叶片边缘全缘，稀分裂或有锯齿，叶脉羽状，稀掌状。花两性，有时为单性，雌雄异株，或杂性异株，具短梗或无梗，辐射对称，组成穗状花序、总状花序、圆锥花序或聚伞花序，腋生或顶生，稀与叶对生，有或无苞片；花萼裂片 4-5，覆瓦状排列，稀镊合状排列，宿存；花瓣 4-5，极少无花瓣，分离或合生，镊合状排列，稀覆瓦状排列，先端常内折；雄蕊与花瓣同数且与其对生或互生，花药 2 室，通常内向，花丝丝状，在花药下部有毛，分离；花盘通常不存在，如存在则呈杯状或分裂或在一侧呈鳞片状；雌蕊由（2-）3 心皮合而成，子房上位，1 室，稀 3-5 室，无花柱或 2-3 枚合生成 1 个花柱，柱头 2-3 裂或合生成头状或盾状，胚珠每室 2 颗，倒生，由室顶悬垂。果为核果状，有时为翅果，1 室，1 种子，极少 2 种子。种子通常有胚乳，种皮薄，无假种皮，胚小，多少直立。

约 57 属，400 种，广布于热带地区，以南半球较多。我国有 12 属，24 种。深圳有 1 属，1 种。

定心藤属 Mappianthus Hand. -Mazz.

木质藤本。茎无乳状汁液，有时枝条不生叶而变成粗壮的卷须。叶对生或近对生，具叶柄；叶片革质，边缘全缘，具羽状叶脉。花单性，雌雄异株，组成复二歧聚伞花序，通常交替生于叶腋，稀顶生或腋上生，雌花序常较雄花序粗状及具较少的花；雄花：花萼小，杯状，裂片 5；花冠钟状，漏斗形，肉质，裂片 5，镊合状排列，被毛，无花盘；雄蕊 5，离生，较花冠短，与花冠裂片互生，花丝扁平，基部稍细，向上渐扩大，花药内向，背部着生；具退化雌蕊；雌花：花萼与雄花相似，果时宿存并增大；花冠裂片 5，基部稍合生，顶端内弯，子房被硬毛，1 室，具胚珠 2 颗，花柱极短或近于无，柱头盘状，5 裂；退化雄蕊的花药卵状三角形。核果椭圆体形，具凹陷的网纹及皱纹。种子 1 颗。

约 2 种，分布于亚洲热带地区。我国 1 种。深圳亦有分布。

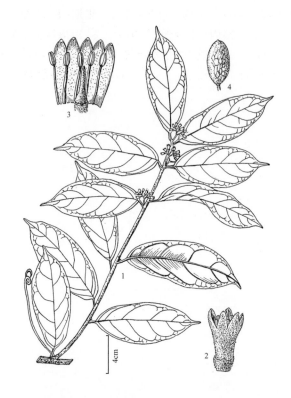

定心藤 甜果藤 Common Mappianthus　　图 579
Mappianthus iodoides Hand. -Mazz. in Anz. Akad.
Wiss. Wien, Math. -Naturwiss. Kl. **58**: 150. 1921.

木质藤本。幼枝被黄褐色糙伏毛，老枝无毛；卷须粗壮，与花序梗均被或疏或密的黄褐色糙伏毛。叶柄长 0.6-1.4cm，无毛或疏被糙伏毛；叶片长圆形或长椭圆形，长 8-17cm，宽 3-7cm，基部圆形或阔楔形，先端渐尖至尾尖，两面近无毛或下面疏被糙伏毛，侧脉每边 3-5 条。聚伞花序交替腋生；雄花序长 1-2.5cm；花序梗长约 1cm；雄花：花蕾球形至长圆体形；花梗长 1-2cm；花萼杯状，长约 2mm，裂片 5，先端急尖，密被糙伏毛；花冠黄色，长 4-6mm，裂片卵形，内弯，外面密被糙伏毛，里面被短茸毛；雄蕊稍短于花冠，花丝由下向上渐宽；退化子房圆锥形，长约 2mm，密

图 579 定心藤 Mappianthus iodoides
1. 分枝的一部分、叶及聚伞花序（雄花），花序交替腋生；
2. 雄花；3. 雄花花冠展开，示雄蕊及退化雌蕊；4. 核果。（肖胜式绘）

被毛；雌花序长 1-1.5cm，粗壮，花较雄花序少；花序梗长不及 1cm；雌花：花蕾长圆体形；花萼与雄花相似；花瓣长圆形，长 3-4mm，先端急尖，内弯，外面密被黄褐色糙伏毛，里面被茸毛；退化雄蕊长约 2mm，花丝扁；子房近球形，长约 2mm，花柱极短或近无，柱头盘状，5 圆裂。核果椭圆体形，长 2-3.5cm，宽 1-1.5cm，熟时橙红色，味甜，果肉薄，干时具下陷的网纹及纵皱纹，有略增大宿存花萼。种子 1 颗。花期：4-8 月，果期：6-12 月。

　　产地：七娘山、葵涌（王国栋等 7243）、南澳（王国栋等 7619）、笔架山、田心山（邢福武等 12083, IBSC）、梧桐山。生于山地密林中和水旁，海拔 50-350m。

　　分布：福建、广东、香港、海南、广西、湖南、贵州和云南。越南北部。

　　用途：果味甜可食。

229. 黄杨科 BUXACEAE

李　楠　罗香英

常绿灌木或小乔木，稀半灌木或多年生草本。单叶互生或对生；无托叶；叶片边缘全缘或有锯齿，具羽状脉或离基三出脉。花序总状、穗状或花排列紧密而呈头状，腋生或顶生；有苞片，宿存；花小，辐射对称，单性，雌雄同株或异株，稀两性；雄花：花被片（无花萼和花冠之分的花，属单被花，其花被的每一片称花被片）4-6，覆瓦状排列成 2 轮，稀无花被片；雄蕊 4、6-8 或多数，花丝分离，略扁，花药 2 室，纵裂；退化雌蕊有或无；雌花：花被片 5 或 6，稀 4；雌蕊由 2-3 心皮组成；子房上位，2 或 3 室，每室有 2 枚并生下垂的倒生胚珠，花柱 2 或 3，分离，宿存，柱头下延至花柱，花柱间有或无腺体。果为室背开裂的蒴果或肉质的浆果。种子黑色，有光泽，胚乳肉质，胚直，子叶薄或肥厚。

4 或 5 属，约 70 种，广布于亚洲、欧洲、非洲和美洲。我国 3 属，28 种。深圳 1 属，4 种。

黄杨属 Buxus L.

常绿灌木或小乔木。小枝四棱柱形。叶对生；叶柄甚短；叶片革质或半革质，有光泽，边缘全缘，具羽状脉。花序腋生或顶生，总状、穗状或密集呈头状；花小，单性，雌雄同株，雌花单朵生于花序顶端，雄花多朵生于花序下部或围绕雌花；雄花：花被片 4，排成两轮；雄蕊与花被片同数并与其对生，退化雌蕊 1。雌花：花被片 6，排成 2 轮；退化雄蕊小；雌蕊由 3 心皮组成，子房 3 室，花柱 3，分离，柱头常下延，花柱间有腺体。蒴果球形或卵球形，成熟时沿室背开裂为 3 果瓣，果瓣上有宿存呈角状的花柱，内果皮与外果皮彼此分离，每室有种子 2 颗。种子长圆体形，黑色，有光泽，种皮脆壳质，有肉质胚乳；子叶长圆形。

约 100 种，分布于亚洲、欧洲、非洲及美洲。我国产 17 种。深圳有 4 种。

1. 叶片窄卵形、椭圆形、卵状椭圆形，稀披针形，长 4-8cm，先端渐尖或稍钝；花序为短穗状花序 ……………………………………… 1. **大叶黄杨 B. megistophylla**
1. 叶片非上述形状，长不超过 4cm，先端明显钝，常微缺；总状花序的花密集呈头状。
　　2. 叶片宽倒卵形至宽椭圆形，长近等于或稍长于宽 ……………………… 2. **黄杨 B. sinica**
　　2. 叶片倒披针形、椭圆状倒披针形或长倒卵形，长为宽的 2-3 倍。
　　　　3. 雄花具短梗；退化雌蕊长约为花被片的 1/2 ………………………… 3. **匙叶黄杨 B. harlandii**
　　　　3. 雄花几无梗；退化雌蕊与花被片近等长或稍长 ………… 4. **雀舌黄杨 B. bodinieri**

1.　大叶黄杨 Big-leaved Box　　　　图 580
Buxus megistophylla H. Lév. Fl. Kouy-Tchéou. 160. 1914.

灌木或小乔木，高达 1-3m。小枝无毛，圆柱形，

图 580 大叶黄杨 Buxus megistophylla
1. 分枝的一段、叶及蒴果；2-3. 花序下部为雄花，顶端 1 朵为雌花；4. 雄花；5. 雌花；6. 蒴果，顶端为宿存花柱及柱头；7. 蒴果开裂为 3 瓣。（李志民绘）

节间长 2.5-3mm,幼枝四棱柱形或近圆柱形,具钝棱和纵沟。叶柄长 2-3mm,被微柔毛;叶片革质或薄革质,窄卵形、椭圆形、卵状椭圆形或长圆披针形,稀披针形,长 4-6cm,宽 1-2.5cm,基部楔形或宽楔形,先端渐尖,钝或有小短尖,下面无毛,上面有光泽,仅沿中脉基部被微柔毛,其余无毛,中脉在两面均凸起,侧脉多而密,两面明显。总状花序的花排列紧密而呈头状,长 5-9mm,腋生;花序梗和花序轴均疏被短柔毛或近无毛;苞片宽卵形或近圆形,长约 2mm,边缘干膜质,两面近无毛;雄花:8-10 朵,密生;花梗长约 1mm,无毛;外轮花被片宽卵形,长约 2mm,内轮花被片近圆形,长约 2.5mm,均无毛;雄蕊长约 6mm;退化雌蕊高约 1mm;雌花:单朵,生于花序顶端;花被片卵状椭圆形,长约 3mm,无毛;子房长约 2mm,无毛,花柱直立,扁,与子房近等长,顶端略弯,柱头倒心形,下延至花柱的 1/3 处。蒴果近球形,直径 6-7mm,宿存的花柱长约 5mm,斜向托出。角状宿存花柱较果短。花期:3-4 月,果期:6-7 月。

产地:七娘山(林大利等 007079)。生于山地灌丛中,海拔 300-700m。

分布:江西、广东、广西、湖南和贵州。

2. 黄杨 Chinese Box   图 581 彩片 587

Buxus sinica(Rehd. & E. H. Wilson)M. Cheng in Fl. Reip. Pop. Sin. **45**(1):37. 1980.

Buxus microphylla Siebold. & Zucc. var. *sinica* Rehd. & E. H. Wilson in Sarg. Pl. Wils. **2**:626. 1914;海南植物志 **2**:339. 1965.

常绿灌木或小乔木,高 1-6m。枝条圆柱形,灰白色,具纵棱;嫩枝四棱柱形,密被短柔毛,节间长 0.5-2cm。叶柄长 1-2mm,上面被短柔毛;叶片大小和形状有变异,宽倒卵形、宽椭圆形、近圆形、倒卵形、倒卵状长圆形,稀披针形,长 1-3.5cm,宽 0.8-2cm,基部圆或宽楔形,先端圆或钝,微凹,稀急尖,两面无毛,或上面沿中脉的下部疏被短柔毛,下面中脉平或稍凹出,侧脉不明显,上面有光泽,中脉凸出,侧脉明显。总状花序的花排列紧密而呈头状,腋生;花序轴长 3-4mm,与苞片的下面均疏被短柔毛;苞片宽卵形,长约 2mm;雄花:约 10 朵,无花梗;外轮花被片卵状椭圆形,内轮花被片近圆形,长 2.5-3mm,无毛;雄蕊长约 4mm;退化雌蕊长约 2mm,有棒状的雌蕊柄,顶端略膨大;雌花:单朵,生于花序顶端;花被片近卵形,长约 3mm;子房无毛,花柱直立,略扁,下部较宽,

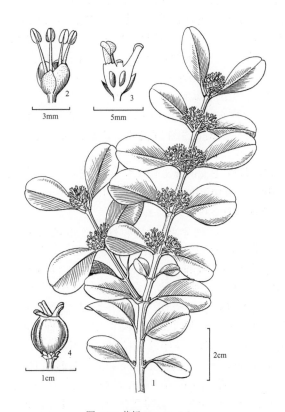

图 581 黄杨 Buxus sinica
1. 分枝的一段、叶及花序;2. 雄花;3. 雌花纵切面,示花柱、柱头及花柱间腺体;4. 蒴果,基部是宿存的苞片,上部是宿存的花柱和柱头。(李志民绘)

柱头倒心形,下延至花柱长度的 1/4 处。蒴果近球形,长约 7mm,光滑,宿存花柱长约 3mm,微外弯。花期:3-4 月,果期:5-6 月。

产地:南澳(邢福武 11033,IBSC)、七娘山(邢福武 10242,IBSC)、仙湖植物园。生于林下或栽培。

分布:广东、香港、海南、广西、湖南、江西、福建、台湾、浙江、江苏、安徽、山东、河南、湖北、四川、贵州、云南、甘肃、陕西、河北和辽宁。野生或栽培。

用途:可作庭园绿化观赏植物或用于制作盆景。

3. 匙叶黄杨 细叶黄杨 Harland's Box　　图582

Buxus harlandii Hance in J. Linn. Soc., Bot. **13**: 123. 1873.

常绿小灌木，高0.5-1m。枝近圆柱形，灰白色；嫩枝近四棱柱形，纤细，被微柔毛，老时渐变无毛，节间长1-2cm。叶无明显的叶柄；叶片薄革质，匙形，稀狭长圆形，长2-4cm，宽5-9mm，基部楔形，先端圆或钝，微凹，中脉两面均凸出、侧脉在上面明显，下面不明显，除上面沿中脉下部被微柔毛外，其余无毛。总状花序的花排列紧密而呈头状，腋生和顶生；花序轴长3-4mm；苞片卵形，先端具短尖；雄花：8-10朵，密生；花梗长约1mm；花被片宽卵形或宽椭圆形，长约2mm；雄蕊长约4mm；退化雌蕊长约1mm，具短的雌蕊柄，末端膨大；雌花：单朵，生于花序顶端；花被片宽卵形，长约2mm，边缘干膜质；子房无毛，花柱长于子房，柱头倒心形，下延至花柱1/4处。蒴果近球形，长约7mm，无毛，宿存花柱长约3mm，稍外弯。花期：夏初，果期：秋季。

产地：深圳有栽培。

分布：广东、香港和海南。生于溪边和疏林中。

用途：适在庭园中作绿篱或在花坛边缘种植。

图582 匙叶黄杨 Buxus harlandii
1. 分枝的一段、叶及花序；2. 叶片的一部分，示叶脉；3. 蒴果，先端为宿存花柱及柱头。（李志民绘）

4. 雀舌黄杨 Bodinier's Box　　图583　彩片588

Buxus bodinieri H. Lév. in Repert. Spec. Nov. Regni Veg. **11**: 549. 1913.

常绿灌木，高2-4m。枝圆柱形，嫩枝有4棱，被短柔毛，后变无毛。叶柄长1-2mm；叶片薄革质，通常匙形、稀狭卵形或倒卵形，长2-4cm，宽0.8-1.8cm，基部楔形，先端圆或钝，微凹，具小短尖，下面灰绿色，无毛，上面深绿色，有光泽，除沿中脉下部被微柔毛外，其余无毛，中脉两面凸起，侧脉多而密，两面均明显或仅上面明显。总状花序的花排列紧密而呈头状，腋生，长5-6mm；花序轴长2-3mm；苞片卵形，下面疏被短柔毛；雄花：约10朵；花梗甚短，长约0.5mm或不明显；花被片卵形，长约2.5mm；雄蕊长约6mm；退化雌蕊长约2.5mm，具短的雌蕊柄，顶端膨大；雌花：单朵，生于花序的顶端；花被片卵形，外轮花被片长约2mm，内轮花被片长约2.5mm；子房无毛，长约2mm，花柱略短于子房，略扁，柱头倒心形，下延至花柱的1/3-1/2处。蒴果卵球形，直径约5mm，宿存花柱直立，长约3-4mm。花期：2-3月，果期：5-8月。

产地：深圳有栽培。

分布：广东、香港、海南、广西、湖南、江西、福建、浙江、安徽、河南、湖北、四川、贵州、云南及陕西。栽培或野生。

用途：适栽作绿篱或制作盆景。

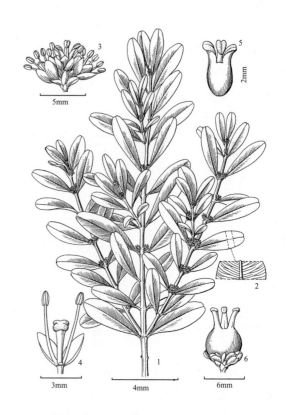

图583 雀舌黄杨 Buxus bodinieri
1. 分枝的一段、叶及花序；2. 叶片的一部分，示叶脉；3. 花序；4. 雄花纵切，示花被片、雄蕊和退化雌蕊；5. 雌蕊；6. 蒴果，先端为宿存花柱及柱头。（李志民绘）

231. 小盘木科（攀打科）PANDACEAE

李秉滔

乔木或灌木。通常腋芽明显。单叶互生；托叶小；具叶柄；叶片边缘有细锯齿或全缘，具羽状脉。花小，单性，雌雄异株，单生或簇生于叶腋，或组成腋生的聚伞花序，少数为顶生或茎生的圆锥花序；萼片5，在花芽时覆瓦状排列，以后张开；花瓣5，覆瓦状或镊合状排列；雄蕊5、10或15枚，排成1-2轮，着生在花托上，外轮的与花瓣互生，内轮的有时不育或退化成退化雄蕊，花丝离生，花药内向，2室，药室纵裂；花盘小或无，稀大型；子房上位，2-5室，每室有胚珠1-2颗，胚直立或倒生，无珠孔塞，花柱2-5(-10)裂。果为核果，稀蒴果；内果皮近骨质或骨质。种子无种阜；子叶2，宽而扁，胚乳丰富。

约3属，约18种，分布于热带非洲和亚洲。我国产1属，1种。深圳也有分布。

小盘木属 Microdesmis J. D. Hook.ex Hook.

灌木或小乔木。单叶互生；托叶小；叶柄短；叶片边缘全缘或有锯齿，具羽状脉；花单性，雌雄异株，常多花簇生于叶腋，雄花有时单生；花梗短；雄花：萼片5，覆瓦状排列；花瓣5枚，长过萼片；雄蕊5-10枚，组成1轮或2轮，外轮的与花瓣互生，内轮的与花瓣对生（亚洲种）或有时不育，或退化成退化雄蕊；花丝离生，花药2室，纵裂；雌花：花萼、花瓣同雄花；子房2-5室，每室有1胚珠；胚珠倒生；花柱短，2叉裂。果为核果，通常球形，内果皮骨质。种子具肉质胚乳，种皮膜质；子叶2，宽而扁。

约11种，9种分布于热带非洲，2种产于亚洲热带及亚热带地区。我国产1种。深圳有1种。

小盘木 Casearia-leaved Microdesmis 图 584

Microdesmis caseariifolia Planch. ex J. D. Hook. in Hook. Icon. Pl. **8**: pl. 758. 1848.

灌木或小乔木，高 3-8m。茎皮粗糙；小枝细长，被柔毛，后变无毛。托叶小，狭三角形，长约 1.2mm；叶柄长 3-7mm，被短柔毛，后变无毛；叶片纸质或薄革质，长圆形、长圆状披针形或椭圆形，长 3.5-16cm，宽 1.5-5cm，基部楔形或阔楔形，边缘具细锯齿或近全缘，先端渐尖或尾状渐尖，两面无毛或嫩叶片下面中脉被微毛，侧脉每边 4-6 条。花小，黄色，簇生于叶腋。雄花：花梗长 2-3mm，被疏柔毛；萼片三角形，长约 1mm，外面被柔毛；花瓣椭圆形，长 1.5-2mm，两面均被柔毛；雄蕊 10 枚，2 轮，外轮 5 枚较长，花丝扁平，药隔三角形，顶端尾状渐尖，突出于药室之外，内轮 5 枚则退化成肉质退化雄蕊；雌花：花萼和花瓣同雄花，但略长于雄花；子房球形，2 室，无毛；花柱 2，顶端 2 裂。核果球形，直径约 5mm，成熟时红色，具宿存花萼。种子 2 个。花期：3-9 月，果期：7-11 月。

产地：仙湖植物园（李沛琼 70679）。生于山谷林中，海拔 200-500m。

分布：广东、香港、海南、广西和云南。缅甸、泰国、越南、马来西亚、印度尼西亚和菲律宾。

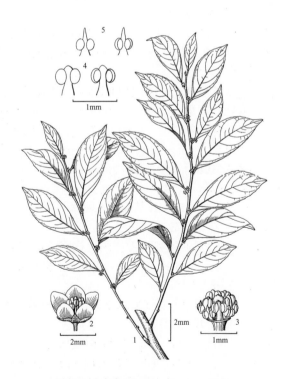

图 584 小盘木 Microdesmis caseariifolia
1. 分枝的一段、叶及花（簇生于叶腋）；2. 雄花；3. 除去花萼片和花瓣，示排成两轮的雄蕊群；4. 外轮雄蕊正面观和背面观；5. 内轮雄蕊正面观和背面观。（李志民绘）

232. 大戟科 EUPHORBIACEAE

李秉滔　冯志坚

乔木、灌木或草木，少数木质或草质藤本。木质根，少数为肉质块根。茎或枝通常无刺；有或无白色乳汁或水液，稀具淡红色汁液。叶为单叶，稀为复叶或叶退化呈鳞片状，互生，少数为对生或轮生；叶片边缘全缘或有锯齿，稀为掌状深裂，具羽状脉，稀掌状脉；托叶 2 枚，着生于叶柄基部两侧，早落或宿存，稀托叶鞘状，脱落后成环状托叶痕；叶柄长至极短，基部或顶部有时具有 1-2 枚腺体。花单性，雌雄同株或异株，单花或组成各式花序，通常为聚伞花序、总状花序或穗状花序，顶生、腋生、侧生或与叶对生，在大戟属（*Euphorbia*）中花序为特化的杯状花序（由一朵雌花居中，周围环绕以数朵或多朵仅有 1 枚雄蕊的雄花所组成）；萼片 2-7 (-8)，分离或基部合生，覆瓦状或镊合状排列，在杯状花序中有时萼片极度退化或无；花瓣有或无；花盘环状或分裂成为腺体状，稀无花盘；雄蕊 1 枚至多数，花丝分离或合生成柱状，在花芽时内弯或直立，花药外向或内向，基生或背部着生，药室 2，稀 3-4，纵裂，稀顶孔开裂或横裂，药隔截形或突起；雄花常有退化雌蕊；子房上位，3 室，稀 2 或 4 室或更多或更少，每室有 1-2 颗胚珠着生于中轴胎座上，花柱与子房室同数，分离或基部合生，顶端通常 2 至多裂，裂片直立、平展或卷曲，柱头形状多变，常呈头状、条状、流苏状、折扇形或羽状分裂，表面平滑或有小颗粒状凸起，稀被毛或具皮刺。蒴果，常从宿存的中轴分离成分果瓣，或为浆果状或核果状。种子常有种阜，胚乳丰富，肉质或油质，胚大而直或弯曲，子叶通常扁而宽，稀卷叠式。

约 334 属，8000 多种，广布于全球，主产于热带和亚热带地区。我国连引入栽培共有 70 多属，约 480 多种，分布于全国各地，主产在西南至台湾。深圳有 34 属，96 种，21 个栽培品种。

1. 叶为三出（稀五出）复叶；植株汁液呈红色或淡红色 ·· 1. 秋枫属 Bischofia
1. 叶为单叶；植株有白色乳汁或水液，或无乳汁或水液。
　2. 叶片常掌状分裂；叶柄中空。
　　3. 草本或半灌木；叶柄顶端和基部具腺体；花无花瓣和花盘；蒴果具软刺；种子具斑纹 ········ 2. 蓖麻属 Ricinus
　　3. 小乔木或灌木；叶柄顶端和基部均无腺体或仅顶端具腺体；花具花瓣和花盘或仅具花盘；蒴果无软刺；
　　　种子无斑纹。
　　　4. 植株具肉质块根；茎和枝条常具明显叶痕；叶柄淡红色；叶片掌状分裂至近基部；花无花瓣；花萼钟
　　　　状，下垂 ··· 3. 木薯属 Manihot
　　　4. 植株具木质根；茎和枝无叶痕；叶柄绿色；叶片不分裂、浅裂至掌状分裂；花具花瓣；花萼非钟状，
　　　　直立 ·· 4. 麻风树属 Jatropha
　2. 叶片不分裂或具浅裂；叶柄实心。
　　5. 植株无乳汁。
　　　6. 叶柄顶端或叶片基部均无腺体。
　　　　7. 花具花瓣。
　　　　　8. 叶片的侧脉通常平行或近平行，常直出近边缘；子房和果均为 2-1 室 ········ 5. 土蜜树属 Bridelia
　　　　　8. 叶片的侧脉斜伸，弯拱；子房和果均为 3 室 ······························ 6. 闭花木属 Cleistanthus
　　　　7. 花无花瓣。
　　　　　9. 叶在枝条上排成 2 列，叶片边缘全缘。
　　　　　　10. 萼片离生。
　　　　　　　11. 果形状相似算盘珠子，边缘具多条明显的纵沟 ················· 7. 算盘子属 Glochidion
　　　　　　　11. 果圆球形或扁球形，边缘无纵沟。
　　　　　　　　12. 雄花具退化雌蕊 ································· 8. 白饭树属 Flueggea
　　　　　　　　12. 雄花无退化雌蕊 ······························ 9. 叶下珠属 Phyllanthus
　　　　　　10. 雄花花萼盘状、杯状或陀螺状。

13. 雄花花盘 6-12 裂，雌花萼片 6；蒴果开裂 ·········· 10. **守宫木属 Sauropus**

13. 雄花无花盘；雌花花萼陀螺状、钟状或辐状；蒴果浆果状，不开裂 ·········· 11. **黑面神属 Breynia**

9. 叶在枝条上不排成 2 列，叶片边缘全缘或具锯齿。

  14. 核果，不分裂；子房每室有 2 个胚珠。

    15. 萼片离生；花柱极短，柱头常扩大成盾状或肾状；果直径 1-1.5cm ·········· 12. **核果木属 Drypetes**

    15. 萼片合生成杯状或盘状；花柱顶生或侧生，柱头不扩大；果直径在 8mm 以下 ··········

      ·········· 13. **五月茶属 Antidesma**

  14. 蒴果，开裂成 3 个分果瓣；子房每室有 1 个胚珠。

    16. 雄蕊 35-80 枚，花药 4 室；果皮无软刺，果柄棒状 ·········· 14. **棒柄花属 Cleidion**

    16. 雄蕊通常 8 枚，花药 2 室；果皮具软刺或被毛 ·········· 15. **铁苋菜属 Acalypha**

6. 叶柄顶端或叶片基部均具腺体。

  17. 叶背具颗粒状腺体。

    18. 花序顶生，稀腋生；花药 2 室 ·········· 16. **野桐属 Mallotus**

    18. 花序腋生；花药 3-4 室 ·········· 17. **血桐属 Macaranga**

  17. 叶背无颗粒状腺体。

    19. 叶柄两端膨大呈枕状；花药背部着生；核果，基部急狭呈柄状 ·········· 18. **蝴蝶果属 Cleidiocarpon**

    19. 叶柄两端不膨大；花药基部着生；蒴果，基部不呈柄状。

      20. 叶片基部具 2 枚钻状托叶；叶脉基部脉腋内具斑状腺体 ·········· 19. **山麻杆属 Alchornea**

      20. 叶片基部无托叶；叶脉基部脉腋内无斑状腺体。

        21. 植株通常具星状毛；叶互生或对生；蒴果通常具软刺或颗粒 ·········· 16. **野桐属 Mallotus**

        21. 植株被短柔毛或无毛；叶互生；蒴果无软刺或颗粒状腺体。

          22. 叶片革质，椭圆形至倒披针形；叶柄短，长达 1.5cm；萼片覆瓦状排列；雄蕊 2-4 枚；胚珠每室 2 颗 ·········· 20. **银柴属 Aporosa**

          22. 叶片纸质，卵形；叶柄长 5-15cm；萼片镊合状排列；雄蕊 15-25 枚；胚珠每室 1 颗 ·········· 21. **白桐树属 Claoxylon**

5. 植株具白色乳汁或水液。

  23. 叶片基部或叶柄顶端具腺体。

    24. 枝条、叶、花序均具星状毛或星状鳞片。

      25. 枝条具明显叶痕；叶片边缘全缘；托叶被毛；花萼杯状或钟状。

        26. 脉腋内无簇生柔毛；花无花瓣；浆果 ·········· 22. **黄桐属 Endospermum**

        26. 脉腋内具簇生柔毛；花有花瓣；核果 ·········· 23. **东京桐属 Dcutzianthus**

      25. 枝条无叶痕；叶片边缘具钝锯齿或分裂；托叶无毛，早落；花萼 2-5 裂；花具花瓣。

        27. 叶互生，叶片边缘全缘或有齿，锯齿顶端或凹缺处无腺体。

          28. 嫩叶和叶背被星状柔毛；雄蕊 15-20 枚；核果 ·········· 24. **石栗属 Aleurites**

          28. 嫩叶和叶背被短柔毛；雄蕊 2-5 枚；蒴果。

            29. 叶互生；花无花瓣和花盘；雄花萼片镊合状排列；果皮密生三棱状瘤状刺 ··········

            ·········· 25. **肥牛树属 Cephalomappa**

            29. 叶互生、近对生或近轮生；花有花瓣和花盘；雄花萼片覆瓦状排列；果皮无毛，无瘤状刺 ·········· 26. **三宝木属 Trigonostemon**

        27. 叶互生、近对生或近轮生，叶片边缘锯齿顶端或凹缺处具腺体；花萼 5 裂；蒴果 ··········

        ·········· 27. **巴豆属 Croton**

    24. 枝条、叶、花序均无毛或被短柔毛。

      30. 叶片边缘通常分裂，裂片凹缺处具腺体；叶片具脉掌状，基出脉 3-7 条 ·········· 28. **油桐属 Vernicia**

30. 叶片边缘不分裂，无腺体；叶片具脉羽状。

 31. 草本或亚灌木；叶片条形或条状披针形；侧脉不明显；蒴果具皮刺 ·············· 29. **地杨桃属 Microstachys**

 31. 乔木或灌木；叶片非条形或条状披针形；侧脉明显；蒴果不具皮刺。

  32. 叶幼时叶片边缘具齿腺；花序腋生；雄花萼片 2-3，离生， ·············· 30. **海漆属 Excoecaria**

  32. 叶幼时叶片边缘无齿腺；花序顶生；雄花花萼杯状，顶端具 2-3 裂片或 2-3 小齿 ·············

  ··· 31. **乌桕属 Triadica**

23. 叶片基部或叶柄顶端无腺体。

 33. 枝条具叶痕；总状花序；花雌雄异序；花具萼片；雄花具花瓣和花盘 ·············· 32. **变叶木属 Codiaeum**

 33. 枝条无叶痕；杯状聚伞花序；花雌雄同序；花无萼片，也无花瓣和花盘。

  34. 茎和枝条不扭曲；花序杯状，总苞呈辐射对称，不偏斜 ·············· 33. **大戟属 Euphorbia**

  34. 茎和枝条扭曲，呈"之"字形；花序舟状或鞋状，总苞呈左右对称 ·············

  ··· 34. **红雀珊瑚属 Pedilanthus**

1. 秋枫属 Bischofia Blume

 乔木，有乳管组织，汁液呈红色或淡红色。叶互生，具 3 小叶，稀 5 小叶；托叶小，早落；叶柄长；小叶片边缘具细锯齿。花单性，雌雄异株，稀同株，多朵组成腋生圆锥状或总状花序，花序通常下垂；无花瓣及花盘；萼片 5 枚，离生；雄花：萼片覆瓦状排列；雄蕊 5 枚，与萼片对生，花丝短，花药 2 室，内向，纵裂；不育雌蕊盾状，具短柄；雌花：萼片 5，覆瓦状排列，形状和大小与雄花的相同；子房 3-4 室，每室有胚珠 2 颗，花柱 2-4 枚，条状钻形，基部彼此合生，顶部张开或外弯。核果圆球状，不开裂，通常 3 室，外果皮薄，中果皮肉质，内果皮薄壳质。种子长圆形，无种阜，种皮脆壳质，具光泽；胚乳肉质，胚直立；子叶宽而扁平。

 2 种，分布于亚洲、大洋洲热带及亚热带地区。我国产 2 种。深圳栽培 2 种。

1. 落叶乔木；小叶片基部圆或浅心形，边缘锯齿较密，每 1cm 长有细锯齿 4-5 个；总状花序 ·············

 ··· 1. **重阳木 B. polycarpa**

1. 常绿或半常绿乔木；小叶片基部阔楔形或钝，边缘

 锯齿较疏，每 1cm 长有细锯齿 2-3 个；圆锥花序

 ························· 2. **秋枫 B. javanica**

1.　重阳木 Chinese Bischofia　　　　图 585

Bischofia polycarpa（H. Lev.）Airy Shaw in Kew Bull. **27**（2）：271. 1972.

Celtis polycarpa H. Lev. in Rep. Sp. Nov. Regni Veg. **2**：296. 1912.

Bischofia racemosa Cheng & C. D. Chu in Scientia Sylvae **8**（1）：13. 1963.

 落叶乔木，高达 20m。树皮褐色，纵裂，含红色或淡红色汁液。全株无毛。叶为三出复叶；托叶小，早落；叶柄长 9-14cm；小叶片纸质，卵圆形、近圆形或卵状椭圆形、长 5-11cm，宽 3.5-9cm，基部圆钝、截形或浅心形，边缘具细锯齿，每 1cm 长有细锯齿 4-5 个，先端急尖至长渐尖；总状花序生于当年小枝的叶腋，花序轴细而下垂；雄花序长 8-13cm；雌花序

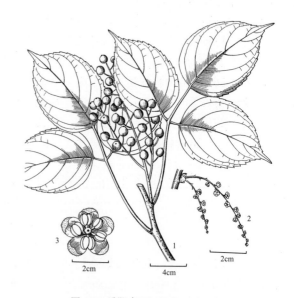

图 585 重阳木 Bischofia polycarpa
1. 枝上部一段、三出复叶和果序；2. 雄花组成总状花序；
3. 雄花，小花萼、雄蕊和呈筒状的不育雌蕊。（李志民绘）

长 3-12cm；雄花：萼片 5；雄蕊 5 枚；退化雌蕊盾状；雌花：萼片 5，披针形，长 2mm；无退化雄蕊；子房长圆形，3-4 室，每室有 2 胚珠，花柱 2-3 枚，长约 2.5mm，开展，反折。核果浆果状，圆球形或近球形，直径 5-7mm；果梗长约 1cm。种子近圆形，长约 4mm，黑色。花期：4-5 月，果期：9-11 月。

产地：深圳园林科研所栽培。

分布：陕西、安徽、江苏、浙江、江西、福建、广东北部、广西、湖南、贵州和云南。

用途：建筑用材树种，又可作行道树及庭园观赏树。

2. 秋枫 Autumn Maple 图 586 彩片 589 590
Bischofia javanica Blume, Bijdr. 1168. 1825.

常绿乔木，高达 40 m。树皮灰褐色至棕褐色，老树皮粗糙，砍伤树皮后流出汁液呈红色或淡红色，干后变瘀血状；小枝无毛。托叶膜质，披针形，长 0.8-1.8cm；叶柄长 8-20cm；小叶柄顶生的长 2-5cm，侧生的长 0.5-2cm；小叶片纸质或薄革质，卵形、椭圆形或长圆形，长 7-15cm，宽 4-8cm，基部宽楔形至钝，边缘有浅圆锯齿，每 1cm 长边缘具有 2-3 个浅圆锯齿，先端急尖或短尾渐尖，幼叶仅叶脉上被疏短柔毛，老渐无毛。花小，雌雄异株，多朵组成腋生圆锥花序；雄花序长 6-13cm，被微柔毛至无毛；雌花序长 15-27cm，下垂；雄：直径达 2.5mm，萼片膜质，半圆形，内面凹成勺状，外面被疏微柔毛；雄蕊 5 枚；不育雌蕊盾状，被短柔毛；雌花：萼片长卵形，长约 1.5mm，内面凹成勺状，外面被疏微柔毛；子房平滑，3-4 室，无毛，花柱 3-4 枚，条形；核果浆果状，球形或近球形，直径 0.6-1.3cm。种子长圆形，长约 5mm。花期：4-6 月，果期：7-12 月。

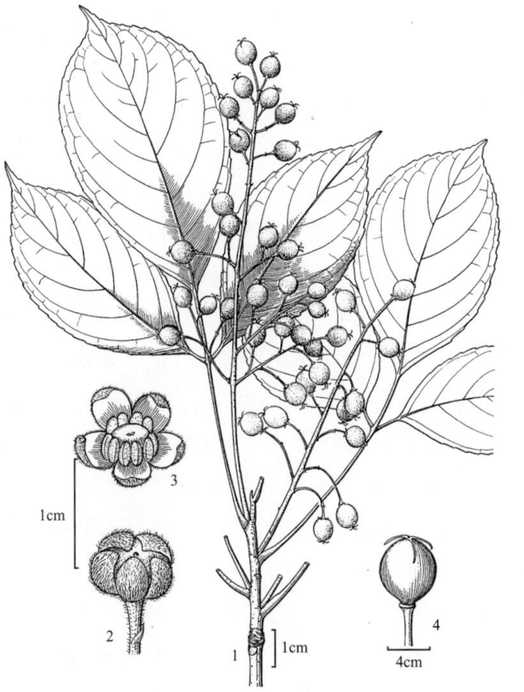

产地：七娘山（仙湖华农学生采集队 12401）、南澳、梧桐山（仙湖华农学生采集队 112476）、仙湖植物园（王定跃 1023、558）、福田、内伶仃岛。生于平原地区或低山山谷林中，海拔 50-300m。在园林中、公共绿地或村落中多有栽培，常被植作行道树。

图 586 秋枫 Bischofia javanica
1. 分枝的上部一段、三出复叶和果序；2. 雄花蕾；3. 雄花，小花萼、雄蕊和呈筒状的不育雌蕊；4. 核果及宿存花柱。
（李志民绘）

分布：河南、安徽、江苏、浙江、江西、台湾、福建、广东、香港、澳门、海南、广西、湖南、陕西、湖北、四川、贵州和云南。日本、印度、缅甸、泰国、老挝、柬埔寨、越南、马来西亚、印度尼西亚、菲律宾、澳大利亚和波利尼西亚等。

用途：为优良的园林树种。

2. 蓖麻属 Ricinus L.

草本或半灌木。叶互生；托叶合生，早落；叶柄长，盾状着生，基部和顶端均具腺体；叶片掌状分裂，边缘具锯齿，具掌状脉。花雌雄同株，无花瓣和花盘，组成圆锥花序；雄花生于花序下部，雌花生于花序上部，均多朵簇生于苞腋；雄花：花梗细长；萼片 3-5，镊合状排列；雄蕊极多，多达 1000 枚，花丝合生成数目众多的雄蕊束，花药 2 室，花药近球形，分离；雌花：萼片 5，镊合状排列；子房 3 室，具软刺或无刺，每室具胚珠 1 颗，花柱 3 枚，基部稍合生，顶端 2 裂，具乳头状突起。蒴果具 3 个分果瓣，具软刺或平滑。种子椭圆状，光滑，种皮硬壳质，具斑纹，胚乳肉质；子叶宽，扁平；种阜大。

单种属，原产于非洲东北部和东部热带地区及中东，现广泛栽培和归化于世界热带至温带地区。我国大部分省区均有栽培和归化。深圳有栽培的 1 种和 1 栽培品种。

蓖麻 Castor-oil Plant　　　图 587　彩片 591

Ricinus communis L. Sp. Pl. **2**：1007. 1753.

一年生粗壮草本或半灌木，高达 5m。全株被白霜，具丰富乳汁。托叶长三角形，长 2-3cm，早落；叶柄粗壮，中空，长达 40cm，顶端和基部均具盘状腺体；叶片轮廓近圆形，长和宽均达 40cm 或更大，掌状 7-11 裂，裂缺几达中部，裂片卵状长圆形或披针形，边缘具锯齿，先端急尖或渐尖，掌状脉 7-11 条，网脉明显。总状花序或圆锥花序，长 15-30cm 或更长；苞片阔三角形，膜质，早落；雄花：萼片卵状三角形，长 0.7-1cm；雄蕊束多数；雌花：萼片卵状披针形，长 5-8mm，早落；子房卵球状，直径约 5mm，密生软刺或无刺；花柱红色，顶端 2 裂，密生乳头状突起。蒴果卵球形或近球形，长 1.5-2.5cm，具软刺或瘤。种子椭圆体形，微扁平，长 0.8-1.8cm，具淡褐色或灰白色斑纹。花果期：几乎全年。

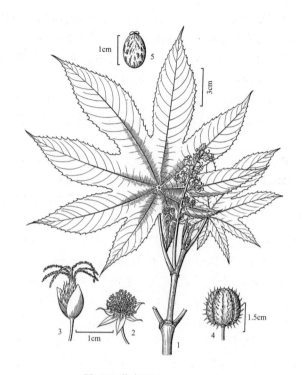

图 587 蓖麻 Ricinus communis
1. 枝上部一段、叶和圆锥花序；2. 雄花；3. 雌花；4. 蒴果；
5. 种子。（李志民绘）

产地：东涌（张寿洲等 1796）、莲塘（王定跃 89203）、内伶仃岛（陈景方 2026）、本市各地有栽培和归化。

分布：原产地为非洲东北部的肯尼亚和索马里；现广泛栽培和归化于世界热带、亚热带和温带地区。我国除高寒地区及沙漠地区外，各省区均有栽培和归化。

用途：种子含脂肪油 40%-50%，在工业上有广泛用途，在医药上作缓泻剂。种子含蓖麻毒蛋白和蓖麻碱，误食种子过量（小孩 2-7 粒，成人约 20 粒）后，将导致中毒死亡。

蓖麻栽培品种众多，在深圳常见的有：红蓖麻 Ricinus communis 'Sanguineus'，茎、小枝、叶、叶柄和花序均红色。栽培于公园及庭园供观赏。

3. 木薯属 Manihot Mill.

乔木或灌木，稀草本。具丰富乳汁，通常具肉质块根。茎、枝常有明显的叶痕。单叶互生；托叶小，早落；叶具长叶柄，稀无柄；叶片掌状分裂或浅裂，通常盾状着生，掌状脉明显。花单性，雌雄同株，组成总状花序或圆锥花序，顶生或生于小枝上部叶腋；雌花通常 1-5 朵生于花序下部；雄花多朵生于花序上部；无花瓣；花萼通常钟状，花萼裂片 5，覆瓦状排列；雄花：花盘 10 裂；雄蕊 10 枚，2 轮，花丝分离，着生于花盘裂片之间，花药背部着生，2 室，纵裂，药隔顶端有时被毛；不育雌蕊很小或缺；雌花：花梗通常较长；花萼裂片 5，覆瓦状排列，通常早落；花盘环状，全缘或分裂；子房 3 室，每室具 1 颗胚珠，花柱 3 枚，短，基部合生，顶端膨大或多裂。蒴果近圆球状，平滑或具 6 条纵翅，成熟时室间开裂成 3 个 2 裂果瓣。种子具种阜，种皮硬壳质；胚乳丰富，子叶扁而宽。

约 60 种，产于美洲，主产于巴西。我国引进栽培 2 种。深圳栽培 1 种。

木薯 Cassava   图 588　彩片 592

Manihot esculenta Crantz, Inst. **1**: 167. 1766.

　　直立灌木，高达 3m。块根圆柱状，肉质。托叶阔披针形，长 5-7mm；叶柄长 8-22cm，通常浅红色；叶片纸质，轮廓近圆形，长 10-20cm，浅盾状着生，掌状分裂至近基部，裂片 3-7(-11) 枚，倒披针形或长椭圆形，长 7-18cm，宽 1.5-4cm，全缘，先端渐尖，叶背苍白色，掌状脉 3-7(-11) 条。圆锥花序顶生或腋生，长达 15cm；苞片披针形；花梗细长；雄花：花萼浅红色，长约 7mm，裂片长卵形，长 3-4mm，宽约 2.5mm，内面疏被柔毛；雄蕊 10 枚，长 6-7mm；雌花：花萼同雄花，长约 1cm，无毛；子房卵形，具 6 条纵棱，花柱 3 枚，基部合生，上部外弯，边缘浅裂。蒴果椭圆球形，长 1.5-1.8cm，直径 1-1.5cm，表面粗糙，沿分果瓣脊具 6 条狭而波状纵翅。种子稍三棱状，长约 1cm，种皮硬壳质，具黑色斑点。花期：9-12 月。

　　产地：本地各地低山坡及农家常有栽培。

　　分布：原产巴西。现世界热带和亚热带地区广为栽培。我国热带、亚热带地区也有栽培。

　　用途：块根肉质，通常称木薯，含有对人体有毒的氢氰酸，需剥除皮层，经水漂浸后，方可食用，可制淀粉，是工业淀粉原料。

　　栽培品种有：花叶木薯 Manihot esculenta 'Variegata'，叶有黄白色斑纹。供观赏。

图 588 木薯 Manihot esculenta
1. 枝上部一段、叶和圆锥花序；2. 雄花纵切面，示花萼、雄蕊和退化雌蕊；3. 雌花纵切面，示花萼、花盘和雌蕊；4. 蒴果。（李志民绘）

4. 麻风树属 Jatropha L.

　　乔木，灌木，半灌木或多年生草本。单叶互生；具叶柄或无柄；叶片宽大，不分裂、掌状浅裂至掌状深裂，裂片全缘、波状或羽状分裂，具掌状脉或羽状脉；托叶小或刚毛状。花雌雄同株，稀异株，组成顶生或腋生的聚伞花序或多歧的聚伞圆锥花序，在花序中，二歧分枝的中央为雌花，其余的为雄花；雄花：萼片 5，分离或基部合生，覆瓦状排列；花瓣 5，离生或基部合生；花盘环状或成 5 个腺体；雄蕊 8-12 枚，排成 1 至 2 轮，花丝多少合生，有时内轮花丝合生成柱状，花药 2 室；无不育雌蕊；雌花：花萼片、花冠、花盘同雄花；子房 (1)3(5) 室，每室有胚珠 1 颗，花柱 3 枚，基部合生，直立或展开，上部 2 叉裂。蒴果卵球形或近球形，成熟时开裂成 3 个 2 瓣裂的分果瓣。种子具种阜，胚乳肉质；子叶宽而扁。

　　约 175 种，主要分布于美洲热带、亚热带地区，少数产于非洲。我国常见栽培或逸为野生的有 7 种。深圳栽培 4 种。

1. 叶片盾状着生；茎基部膨大呈瓶状 ································· 1. 佛肚树 **J. podagrica**
1. 叶片非盾状着生；茎圆柱状，基部不膨大。
　　2. 叶片基部心形；花黄绿色 ································· 2. 麻风树 **J. curcas**
　　2. 叶片基部阔楔形至钝圆；花红色和紫红色。
　　　　3. 茎红色；叶柄长 5-10cm；叶片阔卵形或近圆形，3-5 掌状浅裂或 3-5 掌状深裂，裂片倒卵状椭圆形，边缘具腺齿 ································· 3. 棉叶麻风树 **J. gossypiifolia**

3. 茎绿色；叶柄长 2-3cm；叶片形状多样，卵形、
　 倒卵形、倒卵状披针形或提琴形，全缘或稀 3 裂，
　 叶片近基部边缘两侧有小尖齿或小 2 裂片，裂
　 片顶端具 1 枚小腺体 ·····························
　 ························· **4. 琴叶珊瑚花 J. integerrima**

1. 佛肚树 Gout Stalk　　　图 589　彩片 593
Jatropha podagrica Hook. in Bot. Mag. **74**: t.
4376. 1848.

　　直立灌木，高 0.5-5m。茎肉质，基部膨大呈瓶状，
多液汁；枝粗壮，具明显的叶痕，肉质，具散生凸起的
皮孔。托叶分裂呈刺状，长 1-2mm，宿存；叶柄长 8-16cm，
无毛，顶端具腺体；叶片盾状着生，轮廓近圆形至阔椭
圆形，长 8-18cm，宽 6-16cm，边缘全缘或 2-6 浅裂，
裂片卵形，边缘皱波状，先端急尖，背面灰绿色，上
面绿色，无毛，掌状脉 6-8 条，其中上部 3 条直伸至叶缘。
伞房状聚伞圆锥花序顶生，具长花序梗，花序分枝短，
红色；雄花：花萼浅钟形，长约 2.5mm，裂片 5，近圆
形，长约 1mm；花瓣倒卵状长圆形，长 6-7mm，红色；
花盘杯状；雄蕊 6-8 枚，花丝近基部合生，花药与花丝
近等长；雌花：生于二岐分枝的中央，较雄花稍小；花
萼和花冠同雄花；子房无毛，3 室；花柱 3 枚，基部合生，
顶端 2 裂。蒴果椭圆体形，长 1.3-1.8cm，直径约 1.5cm，
具 3 纵沟。种子褐色，平滑。花期：几乎全年。

　　产地：仙湖植物园（刘小琴等 50），深圳各公园
及庭园均常见栽培。

　　分布：原产中美洲荒芜地区。现世界热带地区有
栽培。我国各省区植物园及公园常均有栽培。

　　用途：为优良的观赏植物，可盆栽或露地种植。
我国北方种植需温室越冬。

2. 麻风树 Physic Nut　　图 590　彩片 594 595
Jatropha curcas L. Sp. Pl. **2**: 1006. 1753.

　　小乔木或灌木，高 2-5m，全株含水样液汁。枝条
粗壮，苍灰色，疏生凸起皮孔，无毛，髓部大。托叶小；
叶柄长 7-18cm；叶片纸质，卵圆形或近圆形，长 7-18cm，
宽 6-16cm，基部心形，边缘全缘或 3-5 浅裂，先端短
尖，叶背灰绿色，嫩叶的叶脉上被短柔毛，老叶无毛，
叶面亮绿色，无毛，掌状脉 5-7 条。聚伞圆锥花序腋生，
长 6-10cm；苞片披针形，长 4-8mm；雄花：萼片 5 枚，
狭椭圆形，长约 4mm，基部合生；花瓣长圆形，黄绿色，
长约 6mm，合生至中部，内面被短柔毛；花盘腺体状，
5 枚；雄蕊 10 枚，2 轮，外轮 5 枚离生，内轮 5 枚花丝
合生至中部；雌花：花萼裂片卵状披针形，稍不等大，

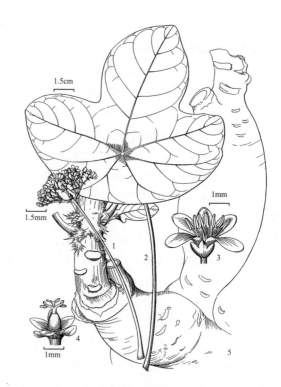

图 589 佛肚树 Jatropha podagrica
1. 伞房状聚伞圆锥花序；2. 叶；3. 雄花；4. 雌花；5. 茎基
部膨大呈瓶状。（李志民绘）

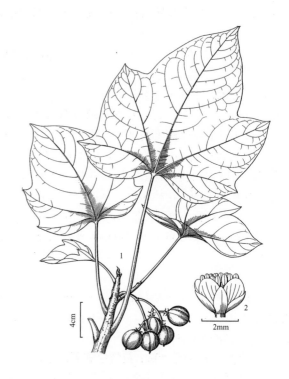

图 590 麻风树 Jatropha curcas
1. 枝上部一段、叶和果序；2. 雄花。（李志民绘）

花后长约 6mm；花瓣和花盘腺体与雄花同；子房 3 室，无毛，花柱短，顶端 2 裂。蒴果椭圆体形，长 2.5-3cm，黄色，具 2-3 个分果瓣。种子椭圆状，长 1.5-2cm，黑色；胚乳肉质。花期：5-11 月，果期：7-12 月。

产地：深圳仙湖植物园（李沛琼 7243）、南澳，各公园有栽培。

分布：原产热带美洲，现广布于世界热带地区栽培。台湾、福建、广东、香港、澳门、海南、广西、贵州及云南有栽培或逸生。

用途：种子油可作工业用油或药用。

3. 棉叶麻风树 子弹枫 Cotton-leaved Jatropha

图 591　彩片 596 597

Jatropha gossypiifolia L. Sp. Pl. **2**: 1006. 1753.

灌木，高 1-2m。茎红色。托叶长 3-5mm，分裂呈刚状毛；叶柄长 5-10cm，疏生腺状分枝刚毛；叶片嫩时红色，老渐变深绿色或亮绿色，轮廓阔卵形或近圆形，长和宽 5-10cm，3-5 掌状深裂，裂片倒卵状椭圆形，边缘具腺齿，先端急尖。聚伞圆锥花序顶生，长 5-15cm；苞片条状披针形，边缘具腺毛；雄花：花萼裂片披针形，长约 3mm，红色；花冠裂片倒卵圆形，紫红色，长约 4mm，离生或基部合生；花盘腺体 5 枚；雄蕊 10-12 枚，花丝下半部合生；雌花：花萼裂片披针形至卵形，被缘毛，长约 5mm，宿存；花冠同雄花；花盘环状，具裂片；子房被毛，花柱 3，离生，顶端 2 裂。蒴果椭圆体形，直径约 1cm，具 3 圆棱，无毛。种子有灰褐色斑纹。花期：6-10 月。

产地：仙湖植物园（李沛琼 W06106），各公园或绿地常见栽培。

分布：原产巴西，现世界各热带地区有栽培。广东、香港、海南、广西和云南有栽培。

用途：观赏植物。民间有用叶捣烂外用，治跌打。

4. 琴叶珊瑚花 卵叶珊瑚花 Peregrina

图 592　彩片 598 599

Jatropha integerrima Jacq. Enum. Pl. Carib. 32. 1760.

灌木，高 1-3m。具白色乳汁。托叶小，早落；叶柄长 2-3cm，被疏柔毛；叶片革质，基部着生，形状多样，卵形、长圆形、倒卵形、倒卵状披针形或提琴形，边缘全缘，稀 3 裂，长 4-11cm，宽 2-4.5cm，基部阔楔形至钝圆，近基部两侧叶缘小 2 裂或有小尖齿，裂片顶端具 1 枚小腺体，边缘全缘，先端急尖、渐尖或尾尖，基生脉 3 条，侧脉 5-6 对，仅中脉被疏柔毛。花单性，雌雄同株，组成腋生、腋外生或顶生

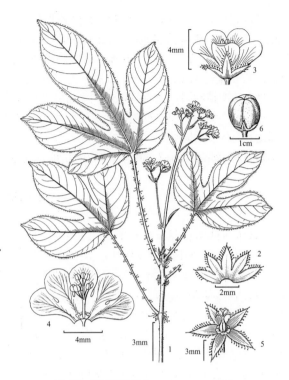

图 591 棉叶麻风树 Jatropha gossypiifolia
1. 枝上部一段、叶和聚伞圆锥花序；2. 花萼展开；3. 雄花；4. 雄花花冠展开，示花盘和雄蕊；5. 雌花除去花冠，示花萼、花盘和雌蕊；6. 蒴果。（李志民绘）

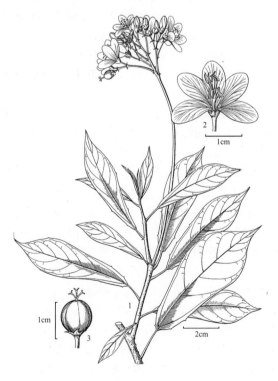

图 592 琴叶珊瑚花 Jatropha integerrima
1. 枝上部一段、叶和花序；2. 雄花；3. 蒴果，顶端为宿存花柱。（李志民绘）

的聚伞圆锥花序，长达 18cm，红色；花序梗长约 3.5cm，无毛；苞片披针形，长 0.5-1cm；雄花：多朵，花萼长约 3mm，裂片 5；花瓣长倒卵形，长约 1cm，红色；花盘腺体 5 枚；雄蕊 10 枚，外轮花丝稍合生，内轮花丝合生至中部；雌花：单朵，花萼、花瓣和盘腺同雄花；子房无毛，花柱 3 枚，基部合生，顶端 2 裂，裂片条形。蒴果球状，长和宽约 1cm，具 3 棱，6 裂。花果期：5-12 月。

产地：仙湖植物园（金红 14365），本市各公园均有栽培。

分布：原产美洲西印度群岛，现广泛栽培于各热带地区。广东、香港、澳门、海南和台湾有栽培。

用途：为优良的园林观赏植物。

本市常见栽培的还有花粉红色的栽培品种粉花琴叶珊瑚 Jatropha integerrima 'Rosea'.

5. 土蜜树属 Bridelia Willd.

乔木、灌木或木质藤本。单叶互生；托叶小，早落；具叶柄；叶片边缘全缘，具羽状脉，侧脉通常较密，近平行，网脉明显。花小，雌雄同株或异株，多朵密生呈腋生的簇聚伞花序（数枚聚伞花序密集在一起成一束）穗状花序或圆锥花序；花 5 基数，有梗或无梗；萼片 5，镊合状排列，结果时宿存；花瓣小，鳞片状；雄花：花盘杯状或盘状；花药阔卵形，背部着生，内向，药室 2，平行，纵裂，花丝下部合生成柱状；不育雌蕊柱状，小，顶端 2-4 裂或不分裂；雌花：花盘杯状或坛状，包围着子房；子房 2-3 室，每室有胚珠 2 颗，花柱 2-3 枚，离生或基部短合生，顶端 2 裂或全缘。核果或浆果，卵状或近圆球状，通常不开裂，具肉质外果皮，1-2 室，每室有 2-1 颗种子。种子腹部常具浅纵沟，种皮平滑，胚弯曲，胚乳丰富，子叶阔而薄。

约 60 种，分布于东半球热带及亚热带地区。我国产 7 种。深圳有 3 种。

1. 木质藤本或攀援灌木；花直径约 1cm ·················· **1. 土蜜藤 B. stipularis**
1. 乔木或灌木；花直径约 8mm 以下。
  2. 叶片先端钝或圆，嫩枝和叶背密被柔毛；雌花的花瓣无毛；核果 2 室 ··················
  ·················· **2. 土蜜树 B. tomentosa**
  2. 叶片先端渐尖或尾状渐尖，嫩枝和叶背无毛或
    仅叶背被短柔毛；雌花的花瓣被柔毛；核果 1 室
    ·················· **3. 禾串树 B. balansae**

1.   **土蜜藤** Stipulate Bridelia   图 593
Bridelia stipularis（L.）Blume, Bijdr. 597. 1825.
Clutia stipularis L. Ment. Pl. 127. 1767.

木质藤本或攀援灌木，长达 15m。小枝蜿蜒状。除枝条下部、花瓣、子房和核果均无毛外，其余均被黄褐色柔毛。托叶卵状三角形，长约 9mm，宽约 3mm，先端长渐尖，早落；叶柄长 0.5-1.5cm；叶片近革质，椭圆形，卵圆形或长圆形，长 6-15cm，宽 2-9cm，基部钝至圆楔形，先端急尖或钝，边缘干后背卷；侧脉每边 10-15 条。花直径约 1cm，雌雄同株，通常 2-4 朵着生于小枝的叶腋内，有时多朵在小枝上部排成穗状花序式；雄花：花枝极短；萼片 5，卵状三角形，长约 4mm，宽约 2.5mm，外面被毛；花瓣匙形，长约 2mm，顶端其 3-5 齿；花盘浅杯状；退化雌蕊圆柱状，顶端 2 深裂；雌花：花梗短；萼片卵状披针形，长约 4mm，宽约 3mm；花瓣顶端 2 裂，裂片条形。核果卵

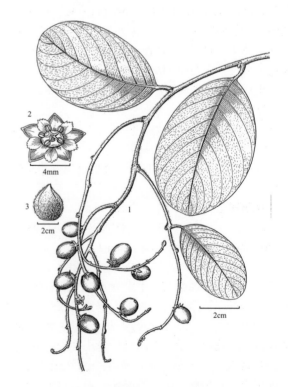

图 593 土蜜藤 Bridelia stipularis
1. 果序；2. 雄花；3. 花蕾。（李志民绘）

球形，长 1-1.5cm，直径约 8mm。花果期：几乎全年。

产地：梧桐山（王学文 550，IBSC）。生于山地疏林中或溪边灌丛中，海拔 100-400m。

分布：台湾、广东、海南、广西和云南。不丹、尼泊尔、印度、斯里兰卡、缅甸、泰国、老挝、越南、柬埔寨、菲律宾、马来西亚、新加坡和印度尼西亚。

用途：根民间有用作消炎、止泻等药用。

2. 土蜜树 逼迫仔 Popgum Seed

图 594 彩片 600 601

Bridelia tomentosa Blume，Bijdr. 597. 1825.

Bridelia henryana Jabl. in Engl. Pflanzenr. **65**（Ⅳ. 147.Ⅷ）: 62. 1915；海南植物志 **2**: 143. 1965.

Bridelia monoica Merr. in Philipp. J. Sci. **13**: 142. 1918；广州植物志 263，图 132. 1956；海南植物志 2: 142，图 365. 1965.

乔木或灌木，通常高 2-10m，稀达 12m。树皮深灰色；枝条细长，被黄褐色柔毛。托叶条状被针形，长 3-7mm，早落；叶柄长 3-5mm，被柔毛；叶片纸质或薄革质，长圆形、长椭圆形或倒卵状长圆形，长 3-10cm，宽 1.5-5cm，基部宽楔形或钝圆，先端钝或圆，仅背面被柔毛；侧脉 8-10 条。花雌雄同株，多朵组成腋生的簇聚伞花序；雄花：花梗极短；萼片三角形，长约 1.5mm，宽约 1mm，无毛；花瓣倒卵形，膜质，长约 1mm，顶端具 3-5 齿；花盘浅杯状或垫状；雄蕊 5 枚，花丝下部合生，上部外展；不育雌蕊柱状；雌花几无梗；萼片同雄花；花瓣倒卵形或匙形，顶端齿裂或全缘，比萼片短，无毛；花盘坛状，包围着子房；子房 2 室，无毛，花柱 2 深裂，裂片线形。核果近球状，直径 4-7mm，2 室，成熟后黑色。种子褐红色，长卵形，3.5-4mm，宽约 3mm，腹面压扁状，有纵槽，背面稍凸起，有纵条纹。花期和果期：几乎全年。

产地：盐田（王定跃 1654）、梧桐山（深圳考察队 1334）、仙湖植物园（王定跃 234）。生于平原、低山疏林、村旁或林缘，海拔 50-400m。

分布：福建、台湾、广东、香港、澳门、海南、广西、贵州和云南。不丹、尼泊尔、印度东部、孟加拉国、缅甸、越南、泰国、老挝、柬埔寨、菲律宾、马来西亚、新加坡、印度尼西亚、巴布亚新几内亚和澳大利亚北部。

用途：蜜源植物，故有土蜜树之称，可发展养蜂业。根和叶为民间草药，可治感冒及跌打损伤。

3. 禾串树 大叶逼迫仔 Prickly Bridelia 图 595

Bridelia balansae Tutch. in J. Linn. Soc.，Bot. **37**: 66. 1905.

图 594 土蜜树 Bridelia tomentosa
1. 枝上部一段、叶和果序；2. 花蕾；3. 雄花；4. 核果。（李志民绘）

图 595 禾串树 Bridelia balansae
1. 枝上部一段、叶和果；2. 花蕾，下部为苞片；3. 雄花；4. 雌花。（李志民绘）

乔木，高达 17m。树干通直，树皮黄褐色，内皮褐红色；枝条具凸起皮孔，无毛。叶柄长 3-10mm；叶片近革质或纸质，椭圆形，长椭圆形或长卵形，5-25cm，宽 1.5-7.5cm，基部楔形或钝，先端渐尖或尾状渐尖，无毛或背面被疏生柔毛，老渐无毛，侧脉 5-8 对。花雌雄同株，数朵或多朵密集成簇聚伞花序；苞片三角形，长约 1mm，被柔毛；雄花：花梗长约 2mm，被柔毛；萼片三角形，长约 2mm，外面被柔毛；花瓣匙形或倒卵形，长约 1mm，顶端具小齿；雄蕊 5 枚，花丝下部合生，上部外展，花药阔卵形，2 室，纵裂；花盘垫状；不育雌蕊柱状；雌花：花梗长约 1mm；萼片同雄花；花瓣倒卵形或匙形，长约 1.2mm，顶端全缘，外面被柔毛；花盘坛状或钟状，全包子房；子房无毛，卵圆形，2 室，花柱 2 枚，离生，长约 1.5mm，顶端 2 裂，裂片线形。核果长卵球形或椭圆体形，长 1-1.2cm，直径 0.8-1cm，1 室，成熟时紫黑色，无毛。花期：3-8 月；果期：9-12 月。

产地：西涌、七娘山（陈真传等 8266）、田心山、（王国栋 7873）、梧桐山（李沛琼 2305）。生于山地疏林中或密林以及山顶灌丛中，海拔 100-700m。

分布：福建、台湾、广东、香港、海南、广西、四川、贵州和云南。日本（琉球）、老挝和越南。

6. 闭花木属 Cleistanthus J. D. Hook. ex Planch.

乔木或灌木。单叶互生；托叶早落；叶柄短；叶片边缘全缘，具羽状脉，侧脉通常疏生，斜伸。花雌雄同株，稀异株，组成腋生的簇聚伞花序，稀穗状花序；雄花：萼片 4-6，镊合状排列；花瓣小，鳞片状，与萼片同数；雄蕊 5 枚，花丝中部以下合生并与退化雌蕊合生成柱状，花药背部着生，内向，纵裂；退化雌蕊小，顶端 3 裂；花盘杯状或垫状；雌花：萼片和花瓣与雄花相同；花盘环状、杯状或坛状，围绕子房基部或到达顶部；子房 3(-4) 室，每室 2 个胚珠，花柱 3 枚，顶端 2 裂。蒴果圆球形或近球形，成熟后开裂成 2-3 个分果瓣，无梗或有梗，外果皮较薄，内果皮角质，中柱宿存。种子卵状三角形，胚乳丰富或近膜质，子叶宽而薄或厚肉质。

约 141 种，分布于亚洲、澳洲和非洲的热带和亚热带地区。我国产 7 种。深圳有 1 种。

闭花木 Common Cleistanthus 图 596

Cleistanthus sumatranus（Miq.）Müll. Arg. in DC. Prodr. **15**（2）：504. 1866.

Leiopyxis sumatrana Miq. Fl. Ned. Ind. 446. 1861.

Cleistanthus saichikii Merr. in Philipp. J. Sci. **23**：248. 1923；海南植物志 **2**：141. 1965.

常绿乔木或灌木，高约 8m；除幼枝、幼果被疏短柔毛和子房密被长硬毛外，其余均无毛。托叶卵状三角形，长约 0.5mm，常早落；叶柄长 2-7mm，具横皱纹；叶片纸质或薄革质，卵形或椭圆形，长 3-10cm，宽 2-5cm，基部钝或圆，先端尾状渐尖，侧脉每边 4-6 条，斜伸，背面略明显。花雌雄同株，通常数朵簇生于叶腋；小苞片三角形；雄花：萼片 5，卵状披针形，长约 2mm；花瓣 5 枚，倒卵形，长约 0.8mm，宽约 0.4mm；花盘环状；退化雌蕊三棱形；雌花：萼片 5，卵状披针形，长 2-3mm；花瓣 5 枚，倒卵形，长约 1mm；花盘圆筒状，近包围子房；子房卵球形或球形，花柱 3 枚，顶端 2 裂。蒴果卵球状三棱形，红色，长和宽约 1cm，近无梗，果皮薄而脆，成熟后分裂成 3 个分果瓣，每个果瓣内通常具 1 个种子。种子近球形，直径约 6mm。花期：3-8 月，果期：4-10 月。

产地：梧桐山（张寿洲等 0934）。生于山地疏林中，海拔 100-400m。

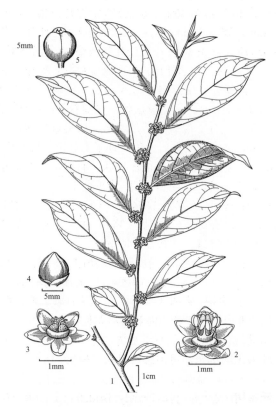

图 596 闭花木 Cleistanthus sumatranus
1. 分枝的一段、叶和花簇；2. 雄花；3. 雌花；4. 雄花蕾，下部为小苞片；5. 蒴果。（李志民绘）

分布：广东、海南、广西和云南。柬埔寨、泰国、马来西亚、新加坡、菲律宾和印度尼西亚。

7. 算盘子属 Glochidion J. R. Forst. & G. Forst.

乔木或灌木，植株无乳汁。单叶互生，具短柄，叶在小枝上排成 2 列；叶片边缘全缘，具羽状脉。花单性，雌雄同株，稀异株，簇生或排成短小的聚伞花序；雌花序常生于雄花序的上部或雌雄花序分别生于不同的小枝叶腋内；无花瓣，无花盘；雄花：花梗通常纤细；萼片 5-6，离生，覆瓦状排列；雄蕊 3-8 枚，花丝合生呈圆柱状，花药 2 室，药室外向，纵裂，药隔突起呈圆锥状；雌花：花梗粗壮或几无梗；萼片同雄花；子房球状，3-15 室，每室有 2 颗胚珠，花柱合生成圆柱状或圆锥状，顶端小齿裂。蒴果球形或扁球形，顶部中央内凹，具多条纵沟，成熟时开裂为 3-15 个 2 瓣裂的分果瓣，果瓣的背部的纵沟通常明显，花柱宿存。种子半球状或扁椭圆体形，无种阜。

约 200 种，主要产于亚洲和大洋洲热带地区，少数种分布于热带美洲和马达加斯加。我国产 28 种。深圳有 7 种。

1. 小枝和叶均被长柔毛或短柔毛。
  2. 叶片基部偏斜；花序腋上生；雄蕊 5-8 枚 ·································· 1. 厚叶算盘子 G. hirsutum
  2. 叶片基部不偏斜；花序腋生；雄蕊 3 枚。
    3. 小枝、叶片、子房和蒴果均被短柔毛；叶片基部楔形；托叶三角形·············· 2. 算盘子 G. puberum
    3. 小枝、叶片、子房和蒴果均被长柔毛；叶片基部钝圆或截形；托叶钻形 ······· 3. 毛果算盘子 G. eriocarpum
1. 小枝和叶均无毛。
  4. 叶片基部两侧对称，不偏斜 ·····················
    ···················· 4. 大叶算盘子 G. lanceolarium
  4. 叶片基部两侧不对称，偏斜或稍偏斜。
    5. 叶鲜时深绿色，干后褐色或深褐色；子房和蒴果均被短柔毛 ·····················
      ···············5. 菲岛算盘子 G. philippicum
    5. 叶鲜时绿色或深绿色，干后粉绿色，浅灰色或浅褐色；子房和蒴果均无毛。
      6. 叶片基部楔形或急尖，叶背粉绿色，干后浅灰色；花序腋生；雄蕊 3 枚 ··············
        ···············6. 白背算盘子 G. wrightii
      6. 叶片基部浅心形、截形和圆形，叶背绿色，干后淡褐色；花序腋上生或腋外生；雄蕊 5-6 枚 ········ 7. 香港算盘子 G. zeylanicum

1. **厚叶算盘子** Thick-leaved Abacus Plant

图 597　彩片 602 603

Glochidion hirsutum（Roxb.）Voigt, Hort. Suburb. Calcutt. 153. 1845.

Bradleia hirsuta Roxb. Fl. Ind. **3**: 699. 1832.

Glochidion dasyphyllum K. Koch, Hort. Dendr. 85. 1853; 广州植物志 267. 1956; 海南植物志 **2**: 124. 1965.

灌木或小乔木，高 1-8m。小枝密被长柔毛。托叶披针形，长 3-5mm；叶柄长 5-7mm，被柔毛；叶片

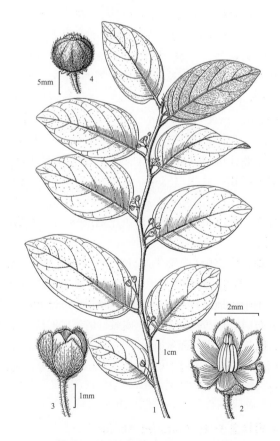

图 597 厚叶算盘子 Glochidion hirsutum
1. 枝上部一段、叶和聚伞花序；2. 雄花，花萼展开，示雄蕊；3. 雌花；4. 蒴果。（李志民绘）

革质，卵形、阔卵形或长圆形，长 7-15cm，宽 4-7cm，基部浅心形、截形或钝圆，偏斜，先端钝或急尖，叶背密被柔毛，叶面被疏柔毛，脉上被毛较密，老渐近无毛，侧脉 6-10 对。聚伞花序腋上生；花序梗长 5-7mm，稀较短；雄花：花梗细长，长 1-1.5cm，被柔毛；萼片 6，长圆形或倒卵形，长 3-5mm，外面被柔毛；雄蕊 5-8 枚；雌花：花梗长 2-3mm，被柔毛；萼片 6，卵形或阔卵形，长 2.5-3mm，外面被柔毛；子房球状，直径约 2mm，被柔毛，5-7 室，花柱圆锥状。蒴果扁球状，直径 1-1.2cm，被柔毛，具 5-7 条纵沟，花柱宿存。花果期：3-12 月。

产地：南澳、梅沙尖（深圳考察队 556）、梧桐山（深圳考察队 1814）、梅林、塘朗山。生于低山山地林下或水沟边和沼池边灌丛中，海拔 150-300m。

分布：台湾、福建、广东、香港、澳门、海南、广西、云南和西藏。印度、泰国和越南。

用途：根、叶作草药，有祛风、清肿功效。

2. 算盘子 Abacus Plant   图 598   彩片 604 605

Glochidion puberum（L.）Hutch. in Sarg. P1. Wilson. **2**：518. 1916.

Agyneia pubera L. Mant. Pl. **2**：296. 1771.

灌木，高 1-4m。茎多分枝；小枝密被灰褐色短柔毛。托叶三角形，长约 1mm；叶柄长 1-3mm；叶片纸质或近革质，长圆形、倒卵形或披针形，长 3-10cm，宽 1-2.5cm，基部楔形，先端急尖至钝圆，叶背密被短柔毛，叶面被疏柔毛，侧脉 5-7 对。花小，雌雄同株或异株，2-5 朵簇生于叶腋，雄花束常生于小枝下部，雌花束则生于小枝上部，或有时雌花和雄花同生于叶腋；雄花：花梗长 4-15mm；萼片 6，长圆形，长 2-3.5mm，外面被短柔毛；雄蕊 3，花丝合生呈圆柱状；雌花：花梗长 1-2mm；萼片 6，与雄花的萼片相似；子房球状，直径约 1mm，被短柔毛，5-10 室，每室有 2 颗胚珠；花柱合生呈柱状或环状，顶部浅裂，与子房近等粗。蒴果扁球状，直径 0.8-1.5cm，被短柔毛，具 8-10 条纵沟，成熟时红色，花柱宿存。种子近肾形，长约 4mm，朱红色。花期：4-8 月，果期：7-12 月。

产地：马峦山（张寿洲等 1505）、盐田（李沛琼 1580）、三洲田（深圳考察队 154），本市各地普遍有分布。生于山地疏林或灌木丛中，海拔 100-500m。

分布：甘肃、陕西、河南、安徽、江苏、浙江、江西、台湾、福建、广东、香港、澳门、广西、湖南、湖北、贵州、四川、云南和西藏。

用途：本种在华南荒山灌木丛中或路旁极为常见，为酸性土壤的指示植物。全株可药用，有活血散瘀、消肿解毒之效。

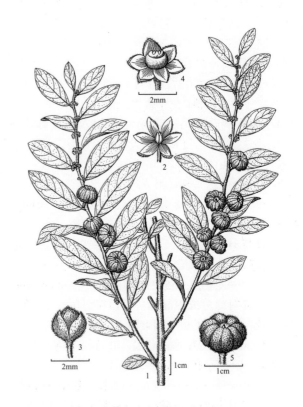

图 598 算盘子 Glochidion puberum
1. 枝上部一段、小枝、叶、花和果；2. 雄花；3. 雌花；4. 雌花，花萼展开，示雌蕊；5. 蒴果。（李志民绘）

3. 毛果算盘子 Hairy-fruited Abacus Plant   图 599   彩片 606 607

Glochidion eriocarpum Champ. ex Benth. in J. Bot. Kew Gard. Misc. **6**：6. 1854.

灌木，高 0.5-5m。小枝密被淡黄色长柔毛。托叶钻状，长 3-5mm；叶柄长 1-2mm；叶片纸质，卵形或长卵形，长 4-8cm，宽 1.5-3.5cm，基部钝圆或截形，先端急尖或渐尖，两面被长柔毛，侧脉 4-5 对。花通常 2-4 朵簇生于叶腋，雌花生于小枝上部，雄花生于小枝下部；雄花：花梗长 4-6mm；萼片 6，长倒卵形，长 2.5-4mm，外面被柔毛；雄蕊 3；雌花：几无花梗；萼片 6，长圆形，长 2.5-3mm，其中 3 片较狭，两面均被长柔毛；子房扁球状，密被柔毛，4-5 室，花柱合生成圆柱状，直立，长约 1.5mm，顶端 4-5 裂。蒴果扁球状，直径约 1cm，具 4-5 条纵沟，密被长柔毛，花柱宿存。花果期：几乎全年。

产地：七娘山（曾治华等 10926）、梅沙尖（深圳植物志采集队 13200）、梧桐山（李沛琼 1787），本市各山地林缘及路旁均常见，海拔 100-300m。

分布：江苏、台湾、福建、广东、香港、澳门、海南、广西、湖南、贵州和云南。越南和泰国。

4. 大叶算盘子 艾胶算盘子 Large-leaved Abacus Plant
图 600 彩片 608 609

Glochidion lanceolarium（Roxb.）Voigt, Hort. Suburb. Calcutt. 153. 1845.

Bradleia lanceolaria Roxb. Fl. Ind. **3**：697. 1832.

Glochidion macrophyllum Benth. in J. Bot. Kew Gard. Misc. **1**：491. 1842；广州植物志 268. 1956；海南植物志 **2**：241. 1965.

灌木或乔木，通常高 1-3m，稀 7-12m，除子房及蒴果被短柔毛外，全株均无毛。托叶三角状披针形，长 1.5-3mm；叶柄长 3-5mm；叶片革质，椭圆形或长圆形，长 5-16cm，宽 2-6.5cm，基部楔形或钝圆，叶背多少灰白色或浅绿色，叶面绿色，先端急尖或渐尖，侧脉 5-7 对。花多朵簇生于叶腋，雌花和雄花通常着生于不同的小枝上；雄花：花梗长 8-10mm；萼片 6，倒卵形或长倒卵形，长约 3mm，淡黄色；雄蕊 5-6 枚；雌花：花梗长 5-6mm；萼片 6，卵形，长 2.5-3mm；子房圆球状，6-8 室，密被短柔毛，花柱合生，长约 1mm。蒴果扁球形，直径约 1.5-2cm，边缘具 6-8 条纵沟，果皮薄革质，被短柔毛。花期：4-9 月，果期：7 月至翌年 3 月。

产地：笔架山、盐田、沙头角（张寿洲等 5496）、梧桐山（深圳志采集队 13384）、仙湖植物园（王定跃 89437）、鸡公山、羊台山、石岩、小南山。生于山坡灌丛或平原旷野沟旁，海拔 50-300m。

分布：福建、广东、香港、澳门、海南、广西和云南。印度、泰国、老挝、柬埔寨和越南。

图 599 毛果算盘子 Glochidion eriocarpum
1. 枝上部一段、小枝、叶和果；2. 雄花；3. 雄蕊；4. 蒴果。
（李志民绘）

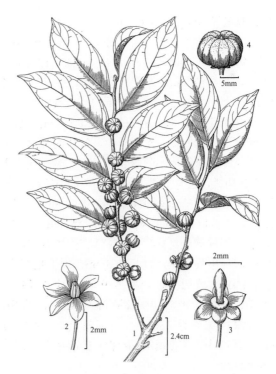

图 600 大叶算盘子 Glochidion lanceolarium
1. 枝上部一段、小枝、叶和果；2. 雄花；3. 除去果瓣示中轴及宿存萼片；4. 蒴果。（李志民绘）

5. 菲岛算盘子 甜叶算盘子 Philippine Abacus Plant

图 601 彩片 610

Glochidion philippicum（Cav.）C. B. Rob. in Philipp. J. Sci. **4**: 103. 1909.

Bradleia philippica Cav. Icon. **3**: 48, t. 371. 1797.

Bradleia philippensis Willd. Sp. Pl. **4**: 592. 1805; 海南植物志 **2**: 125. 1965.

乔木，高达 12m，植株无乳汁。小枝幼时被短柔毛，老渐无毛。托叶卵状三角形，长 1-1.5mm；叶柄长 4-6mm；叶片纸质或近革质，卵状披针形或长圆形，长 5-15cm，宽 1.5-5.5cm，基部急尖或宽楔形，通常偏斜，两面无毛，鲜时绿色或深绿色，干后褐色或深褐色，先端渐尖或钝尖，侧脉每边 6-8 条。雄花和雌花同簇生于叶腋；雄花：花梗长 6-7mm；萼片 6，长圆形或到卵状长圆形，长 1.5-2.5mm，无毛；雄蕊 3 枚，花丝合生成圆柱状；雌花：花梗长 2-4mm；萼片与雄花的相同；子房扁球状，直径 0.8-1.2mm，被疏短柔毛，边缘具 8-16 条纵沟；果梗长 3-8mm。花期：4-8 月，果期：7-12 月。

产地：南澳（邢福武 SF10，IBSC）。生于山坡林下。

分布：台湾、福建、广东、香港、海南、广西、四川和云南。马来西亚、菲律宾和印度尼西亚。

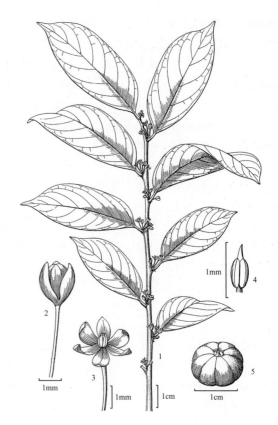

图 601 菲岛算盘子 Glochidion philippicum
1. 枝上部一段、叶和花序；2. 雌花；3. 雄花，花萼展开，示雄蕊；4. 雄蕊；5. 蒴果。（李志民绘）

6. 白背算盘子 Wright's Abacus Plant

图 602 彩片 611 612

Glochidion wrightii Benth. Fl. Hongk. 313. 1861.

小乔木，高达 8m，全株无毛。托叶三角形，长 1-1.5mm；叶柄长 3-5mm；叶片纸质，长圆形或披针形，有时呈镰刀状弯斜，长 2.5-7cm，宽 1.5-3cm，基部宽楔形或楔形，稍偏斜，先端渐尖，叶背粉绿色，干后变浅灰色，叶面绿色，侧脉 5-6 对。花多朵簇生于叶腋；雌花和雄花通常生于不同的小枝上；雄花：花梗长 2-4mm；萼片 6，长圆状披针形，长约 2mm，黄色；雄蕊 3，合生；雌花：花梗约 0.5mm；萼片 6，卵形，长约 1mm；子房球状，3-4 室，花柱合生成柱状，长约 0.5mm。蒴果扁球状，直径 6-8mm，顶端稍凹陷，花柱宿存；果梗长约 2mm。花期：5-9 月，果期：7-12 月。

产地：南澳、田心山（张寿洲等 437）、盐田、梧桐山（深圳考察队 1364）、仙湖植物园（李沛琼 89195）、塘朗山。生于山坡疏林或灌木丛中，海拔 100-300m。

分布：广东、香港、海南、广西、贵州和云南。越南。

用途：园林优良观赏树木。

图 602 白背算盘子 Glochidion wrightii
1. 枝上部一段、小枝、叶和果；2. 雌花；3. 雄花展示，示萼片和雄蕊；4. 蒴果。（李志民绘）

7. 香港算盘子 Hong Kong Abacus Plant   图 603

Glochidion zeylanicum（Gaertn.）A. Juss. Tent. Euphorb. 107. 1824.

Bradleia zeylanica Gaertn. Fruct. **2**：128. 1791.

Glochidion hongkongense Müll. Arg. in Linnaea，**32**：60，1863；广州植物志 268. 1956；海南植物志 **2**：124. 1965；广东植物志 **5**：58. 2003.

灌木或小乔木，高 1-6m，全株无毛。托叶卵状三角形，长约 2.5mm；叶柄长 5-7mm；叶片革质，长圆形、卵状长圆形或卵形，长 6-18cm，宽 4-8cm，基部浅心形、截形或圆形，两侧稍偏斜，先端急尖或钝尖，叶背绿色，干后淡褐色，侧脉 5-7 对。花多朵组成腋上生的复二歧聚伞花序，通常雄花序和雌花序生于不同的小枝上；花序梗长约 5mm；雄花：花梗长约 1cm；萼片 6，卵形，长约 2.5-3mm；雄蕊 5-6，合生，药隔突出；雌花：花梗长约 5mm；萼片同雄花；子房球状，5-6 室，花柱合生呈圆锥状。蒴果扁球状，直径约 1cm，果皮革质，具 8-12 条纵沟。花期：3-8 月，果期：7-12 月。

产地：七娘山、南澳、大鹏、盐田、三洲田（深圳考察队 15）、梅沙尖、沙头角、梧桐山（深圳考察队 1844）、深圳植物园（王定跃 1001）。生于疏林中、旷野灌木丛或山坡灌木丛中，海拔 100-350m。

图 603 香港算盘子 Glochidion zeylanicum
1. 枝上部、叶、复二歧聚伞花序和果；2. 雄花；3. 雌花；4. 蒴果。（李志民绘）

分布：台湾、福建、广东、香港、澳门、海南、广西和云南。日本、印度、斯里兰卡、越南、泰国和印度尼西亚。

用途：茎、叶民间作草药，治跌打损伤等。

8. 白饭树属 **Flueggea** Willd.

直立灌木或小乔木，无乳汁。单叶互生，常排列成 2 列；托叶小；叶柄短；叶片边缘全缘或具细钝齿，具羽状脉。花雌雄异株，稀同株，单生、簇生或组成密集、腋生的簇聚伞花序（花序轴及分枝强烈短缩，所有的花密集在一起成一束），无花瓣；苞片小；雄花：花梗纤细；萼片（4-）5（-7），覆瓦状排列，近花瓣状或鳞片状，边缘全缘或具细锯齿；雄蕊（4-）5（-7），伸出萼片之外，花丝离生，花药直立，背部着生，外向，花药 2 室，纵裂；花盘 4-7 裂，裂片分离或靠合，稀合生；退化雌蕊通常 2-3 浅裂至深裂；雌花：花梗圆柱状或具棱；萼片与雄花相同；花盘碟状或盘状，全缘或分裂；子房（2-）3（-4）室，胚珠每室 2 颗，花柱 3 枚，离生，顶端 2 裂，外弯，紧贴子房。蒴果球状或三棱形，基部通常有宿存的萼片，果皮革质或肉质，成熟后 3 瓣裂或不裂而呈浆果状，中轴宿存。种子通常三棱形，种皮脆壳质，平滑或有疣状凸起，胚乳丰富，胚直或弯曲，子叶扁而宽，长于胚根。

约 13 种，分布于亚洲、美洲、欧洲及非洲热带至温带地区。我国产 4 种。深圳有 1 种。

白饭树 Snow Berry   图 604　彩片 613

Flueggea virosa（Roxb. ex Willd.）Voigt，Hort. Suburb. Calcut. 152. 1845.

Phyllanthus virosus Roxb. ex Willd. Sp. Pl. **4**：578. 1805.

Securinega virosa（Roxb. ex Willd.）Baill. in Adansonia **6**：334. 1866；广东植物志 **5**：42. 2003.

灌木，高 1-6m，全株无毛。小枝具纵棱槽，红褐色，有皮孔。托叶披针形，长 1.5-3mm；叶柄长 2-9mm；叶片纸质，椭圆形、倒卵形或卵圆形，长 2-5cm，宽 1-3cm，基部钝至楔形，边缘全缘，叶背白绿色，先端圆至急尖，侧脉 5-8 对。花小，淡黄色，雌雄异株，多朵排成腋生的簇聚伞花序；苞片鳞片状，长不及 1mm；雄花长 3-6mm；萼片 5，卵形，长 0.8-1.5mm；雄蕊 5，花丝长 1-3mm，花药伸出萼片之外；花盘 5 裂，裂片与雄蕊互生；不育雌蕊 3 裂。雌花 3-10 朵簇生于叶腋；花梗长 1.5-5mm；萼片 5，长约 1mm；花盘环状；子房卵球状，3 室，花柱 3 枚，长约 1mm，基部合生，顶部 2 裂，向外展。蒴果浆果状，近球形，直径 3-5mm，成熟时淡白色，不开裂。种子褐色。花期：3-8 月，果期：7-12 月。

产地：排牙山（王国栋 6603）、梧桐山、仙湖植物园（王定跃等 12026）、内伶仃岛（张寿洲等 3758）。生于海边及山地灌木丛中海拔 10-300m。

分布：山东、河北、河南、台湾、福建、广东、广西、湖南、贵州和云南。广布于亚洲东部和东南部、非洲和大洋洲。

用途：全株药用，为民间作草药，治湿疹、风湿关节炎等。

图 604 白饭树 Flueggea virosa
1. 枝上部一段、小枝、叶和簇聚伞花序；2. 雄花，示萼片、花盘、雄蕊和退化雌蕊；3. 蒴果，下部为宿存花萼，上部为宿存柱头。（李志民绘）

9. 叶下珠属 Phyllanthus L.

乔木、灌木或草本，无乳汁。单叶互生，通常在小枝上排成 2 列，呈羽状复叶状；托叶 2 枚，着生于叶柄基部两侧，通常早落；叶枝短；叶片边缘全缘，具羽状脉。花小，单性，雌雄同株，稀异株，单生、簇生或组成聚伞花序、簇聚伞花序、总状花序或圆锥花序；无花瓣；花梗纤细；雄花：萼片 3-6，排成 1-2 轮，离生，覆瓦状排列；花盘分裂成 3-6 枚腺体，且与萼片互生；雄蕊 2-6 枚，花丝分离或合生，花药基部着生，2 室，外向；无退化雌蕊；雌花：萼片同雄花；花盘腺体小，通常离生，有时合生呈环状或坛状并围绕子房，顶端有时撕裂状；子房通常 3 室，每室有胚珠 2 颗，花柱与子房室同数，分离或基部合生，顶端 2 裂或不裂，直立、伸展或外弯。蒴果，稀核果状或浆果，成熟后通常开裂为 3 个 2 裂的分果瓣，中轴通常宿存。种子三棱形，种皮平滑或具网纹，无假种皮和种阜。

约 750-800 种，主要分布世界热带及亚热带地区，少数为温带地区。我国产 32 种。深圳有 9 种。

1. 多年生或一年生草本。
　　2. 多年生草本；茎基部木质化；叶片侧脉每边约 3 条；雄蕊 3 枚·················· **1. 沙地叶下珠 P. arenarius**
　　2. 一年生草本；茎基部非木质化；叶片侧脉每边 4-7 条；雄蕊 2 或 5 枚。
　　　3. 子房和果实均平滑。
　　　　4. 茎中上部分枝；小枝圆柱形；叶片长椭圆形；花丝合生 ·················· **2. 珠子草 P. niruri**

4. 茎基部分枝；小枝具纵棱；叶片椭圆形、阔椭圆形、长圆形或倒卵形；花丝离生。

    5. 叶片基部两侧对称，不偏斜；萼片和花盘腺体均为5；雄蕊5 ·············· **3. 纤梗叶下珠 P. tenellus**

    5. 叶片基部两侧不对称，稍偏斜；雄花萼片和花盘腺体均为4，雌花萼片和花盘腺体均为6；雄蕊

      2 ·· **4. 蜜甘草 P. ussuriensis**

  3. 子房和果实均具鳞片状突起

    6. 小枝被柔毛；叶片边缘或近边缘有1-3列短粗毛；侧脉明显 ·············· **5. 叶下珠 P. urinaria**

    6. 小枝无毛；叶片边缘或近边缘无毛；侧脉不明显 ·············· **6. 黄珠子草 P. virgatus**

1. 灌木或乔木。

  7. 叶片基部浅心形而偏斜；雌花花盘边缘撕裂状；核果 ····························· **7. 余甘子 P. emblica**

  7. 叶片基部楔形或钝圆，不偏斜；雌花花盘边缘全缘；浆果或蒴果。

    8. 托叶常变为硬刺，无毛；叶片和花梗被短柔毛或柔毛；雄蕊5枚；浆果 ·············· **8. 小果叶下珠 P. reticulatus**

    8. 托叶刺状，边缘被缘毛；叶片和花梗均无毛；雄蕊3枚；蒴果 ·············· **9. 越南叶下珠 P. cochinchinensis**

1. 沙地叶下珠 Sand Leaf-flower   图 605

Phyllanthus arenarius Beille in Lecomte, Fl. Gén. Indo-Chine **5**：587. 1927.

    多年生草本，高达30cm，全株无毛。茎直立或稍倾卧而后上升，基部木质化，带紫红色。托叶窄三角形，长不及1mm；叶片近革质，椭圆形或倒卵形，长3-9mm，宽2.5-5mm，基部阔楔形至钝，有时稍偏斜，干后边缘稍背卷，先端钝或圆，侧脉每边约3条。花雌雄同株；雄花1-2朵生于小枝上部叶腋：花梗短；萼片6，长圆形或倒卵形，长约0.5mm，边缘膜质；雄蕊3枚，花丝合生，药室纵裂；花盘腺体6枚，与萼片互生；雌花单生于小枝中上部叶腋内：花梗极短；萼片长圆形，长约1mm；花盘盘状，全缘；子房球状，3室，花柱3枚，短，柱头2裂，裂片向外弯卷。蒴果近球形，具3圆棱，直径2.5-3mm，果皮平滑。种子棕色，背面具小颗粒状排成的纵条纹。花期：5-7月，果期：7-10月。

    产地：沙头角、盐田（邢福武 G777，IBSC），生于近海边沙质地上，海拔50m。

    分布：广东和海南。越南。

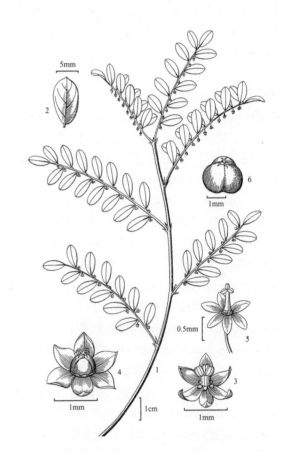

图 605 沙地叶下珠 Phyllanthus arenarius
1. 枝上部的一段、叶及花；2. 叶；3. 雄花，示花萼、花盘腺体及雄蕊；4. 雌花，示花萼、花盘（环状）及雌蕊；5. 除去果瓣，示宿存花萼及中轴；6. 蒴果。（李志民绘）

2. 珠子草 Necklace Plant   图 606

Phyllanthus niruri L. Sp. Pl. **2**：981. 1753.

    一年生草本，高10-50cm，全株无毛。茎稍褐红色，通常中上部分枝；小枝圆柱形。托叶披针形，长1-2mm，膜质，透明；叶柄极短，长约0.5mm；叶片纸质，长椭圆形，长0.5-1cm，宽2-5mm，基部阔楔形，先端钝圆、近截形或急尖，侧脉4-7对，不明显。通常1朵雄花和1朵雌花同生于叶腋内，有时只有1朵雌花腋生；雄花：花梗长1-1.5mm；萼片5，倒

卵形或宽卵形，长和宽均为 1-1.5mm，中部黄绿色，基部有时淡红色，边缘膜质；花盘腺体 5 枚，倒卵形；雄蕊 5 枚，花丝合生，花药近球形，药室纵裂；雌花：花梗长约 1.5mm；萼片 5，不等大，倒卵形或阔卵形，中部绿色，边缘稍黄白色，膜质；花盘盘状；子房球状或近球状，平滑，3 室，花柱 3 枚，分离，顶端 2 裂，裂片外弯。蒴果扁球状，直径约 3mm，褐红色，平滑，成熟时开裂为 3 个 2 瓣裂的分果瓣。种子三棱形，背面具 5-7 条平行的由小颗粒排成的纵肋状突起。花果期：几乎全年。

产地：南澳（张寿洲等 1998 5380）、龙岗（张寿洲等 3624），生于旷野草地、山坡路旁草地或水沟旁，海拔 50-200m

分布：台湾、广东、香港、澳门、海南、广西和云南。亚洲热带和亚热带地区、非洲和热带美洲部分地区。

用途：全草可药用，有祛痰止咳功效。

3.　纤梗叶下珠 Slender Leaf-flower　　图 607
Phyllanthus tenellus Roxb. Fl. Ind. **3**: 668. 1932.

直立一年生草本，高达 1m，全株无毛。茎圆柱状，上部具纵棱；小枝长 5-15cm。托叶披针形，长 0.7-1cm；叶柄 0.5-0.8mm；叶片膜质，排成 2 列，阔椭圆形至倒卵形，长 0.2-2cm，宽 0.4-1.1cm，基部阔楔形至圆，叶背灰绿色，叶面深绿色，先端急尖至钝，侧脉 5-8 对，不明显。花雌雄同株，1-2 朵雄花和雌花同生于小枝叶腋内；雄花：花梗纤细，长 0.5-1.5mm；萼片 5，阔卵圆形或倒卵形，长 0.6-1mm，宽 0.3-0.5mm；花盘腺体 5 枚，倒卵形；雄蕊 5，与花盘腺体互生，花丝离生，花药肾形；雌花：花梗长 3-7mm，丝状；萼片 5，卵形，长 0.6-0.8mm，宽 0.3-0.8mm，中肋绿色，具黄白色膜质边缘；花盘浅碟状；子房扁球形，3 室，平滑，花柱 3，分离，平贴于子房顶部，柱头 2 裂。蒴果扁球状，高约 1mm，直径 1.5-2mm，平滑。种子三棱形，长约 0.9mm，宽约 0.7mm，背面和侧面具纵肋突起。花期和果期：3-12 月。

产地：仙湖植物园（刘小琴等 10121）。生于路边，海拔 50m。

分布：原产马斯克林群岛，现广泛分布于世界热带和亚热带地区，而成为广布的杂草。我国广东和香港已有入侵。

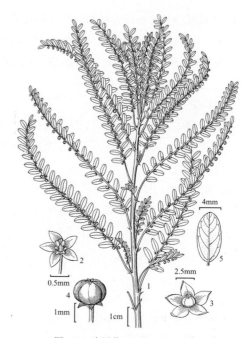

图 606　珠子草 Phyllanthus niruri
1. 枝上部、小枝、叶和果；2. 雄花，示花萼、花盘和雄蕊；
3. 雌花示花萼、花盘和雌蕊；4. 蒴果；5. 叶。（李志民绘）

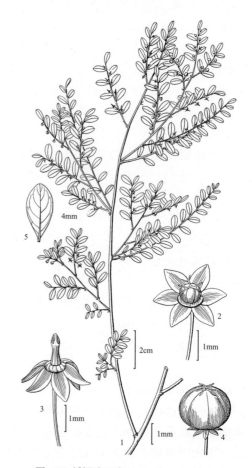

图 607　纤梗叶下珠 Phyllanthus tenellus
1. 枝上部一段、小枝、叶、花和果；2. 雌花，示花萼、花盘和雌蕊；
3. 除去果瓣，示宿存花萼及中轴；4. 蒴果；5. 叶。（李志民绘）

4. 蜜甘草 Ussur Leaf-flower 图 608

Phyllanthus ussuriensis Rupr. & Maxim. in Bull. Cl. Phyl. Math. Acad. Imp. Sci. St. -Pet. Ser. 3, **15**: 222. 1856.

一年生草本，高达 60cm，全株无毛。茎直立，基部长分枝；枝条细长，小枝具棱。托叶卵状披针形；叶柄极短或无；叶片纸质，椭圆形至长圆形，长 5-15mm，宽 3-6mm，基部近圆，两侧稍偏斜，先端急尖至钝；侧脉 5-6 对。花雌雄同株，单生或数朵簇生于叶腋；花梗长约 2mm，丝状，基部有数枚苞片；雄花：萼片 4，宽卵形；花盘腺体 4 枚，分离，与萼片互生；雄蕊 2 枚，花丝分离，药室纵裂；雌花：萼片 6，长椭圆形，果时反折；花盘腺体 6 枚，长圆形；子房卵形，3 室，花柱 3 枚，顶端 2 裂。蒴果扁球状，直径约 2.5mm，果皮平滑。果梗短。种子长约 1.2mm，黄褐色，具有褐色疣点。花期：4-7 月，果期：7-10 月。

产地：南澳（邢福武 10976，IBSC），生于草地。

分布：黑龙江、吉林、辽宁、山东、安徽、江苏、浙江、江西、福建、台湾、广东、香港、广西、湖南和湖北。俄罗斯（乌苏里地区）、蒙古、朝鲜和日本。

用途：全草科药用，有消食、止泻之效。

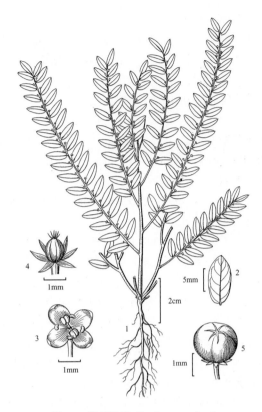

图 608：蜜甘草 Phyllanthus ussuriensis
1. 植株、小枝、叶和花；2. 叶；3. 雄花，示花萼、花盘腺体和雄蕊；4. 雌花，示花萼和雌蕊；5. 蒴果。（李志民绘）

5. 叶下珠 Common Leaf-flower

图 609 彩片 614 615

Phyllanthus urinaria L. Sp. Pl. **2**: 982. 1753.

一年生草本，高 10-60cm。茎直立，基部多分枝，侧枝具纵棱；小枝被微毛。托叶卵状披针形，长 1-2mm；叶柄极短；叶片纸质，在小枝上排成 2 列，长圆形或倒卵形，长 5-15mm，宽 2-6mm，基部稍偏斜，先端钝、圆或急尖，叶背灰绿色，近边缘或边缘有 1-3 列短粗毛，侧脉 4-5 对，明显。花雌雄同株；雄花 2-4 朵簇生于叶腋，通常仅 1 朵开花，下面的花很小；花梗长约 0.5mm，基部有苞片 1-2 枚；萼片 6，倒卵形，白色；雄蕊 3，花丝合生；花盘腺体 6 枚，分离，与萼片互生；雌花单生于小枝中下部叶腋内；花梗长约 0.5mm；萼片 6，卵状披针形，长约 1mm，边缘膜质，黄白色；花盘圆盘状，边全缘；子房卵状，3 室，有鳞片状突起，花柱 3 枚，分离，顶端 2 裂，裂片外弯。蒴果球状，直径 2-2.5mm，红色或浅红色，果皮具鳞片状突起。种子三棱状，橙黄色，背面和侧面具横棱脊。花期和果期：4-12 月。

产地：三洲田（深圳考察队 818）、梧桐山（深圳考察队 1390）、仙湖植物园（李沛琼等 89077），本市各地普遍有分布。生于旷野平地、旱田、荒地、山地

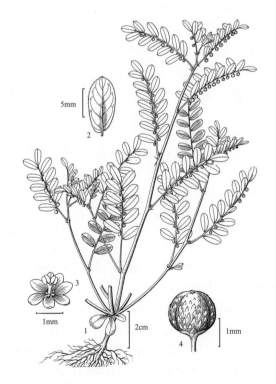

图 609 叶下珠 Phyllanthus urinaria
1. 植株、叶和果；2. 叶；3. 雄花，示花萼、花盘腺体和雄蕊；4. 蒴果。（李志民绘）

路旁或屋旁。海拔 50-300m。

分布：陕西、山东、安徽、江苏、浙江、江西、台湾、福建、广东、香港、澳门、海南、广西、湖南、湖北、贵州、四川、云南和西藏。日本、印度、斯里兰卡、不丹、尼泊尔、泰国、缅甸、越南、老挝、马来西亚、印度尼西亚至南美洲。

用途：全草可药用，治肝炎、腹泻等。

6. 黄珠子草 Virgate Leaf-flower　　图 610
Phyllanthus virgatus G. Forst. F1. Ins. Austr. Prodr. 65. 1786.

Phyllanthus simplex Retz. Obs. Bot. **5**：29. 1789；海南植物志 **2**：129. 1965.

一年生草本，高 15-60cm，全株无毛。茎通常直立，主干有时不明显；枝条上部稍扁平，具纵棱。托叶膜质，卵状三角形，长约 1mm，褐红色；叶柄短，长约 1mm；叶片在小枝上稀疏地排成 2 列，纸质或近革质，卵状长圆形、狭长圆形或条状披针形，长 1-3cm，宽 2-7mm，基部圆而稍偏斜，先端急尖，有尖头，侧脉通常不明显。花单生于叶腋，有时 2-3 雄花和 1 朵雌花簇生于叶腋；雄花：花梗长约 2mm；萼片 6，宽卵形，长约 0.5mm；雄蕊 3 枚，花丝离生，花药近球形；花盘腺体 6 枚，长圆形；雌花：花梗长 5-10mm；萼片 6，长圆形，长约 1mm，紫红色，外折，边缘稍膜质；花盘盘状，不分裂；子房球形，3 室，具鳞片状突起；花柱 3 枚，分离，顶端 2 裂，外折。蒴果扁球形，直径 2-3mm，紫红色，具鳞片状突起；果梗长 0.5-1.2cm。种子三棱形，褐色，具纵列的细疣点。花期：4-5 月，果期：5-10 月。

产地：仙湖植物园（王定跃 12020）。生山地路旁。

分布：陕西、山西、河北、河南、浙江、台湾、广东、香港、海南、广西、贵州、四川和云南。印度、斯里兰卡、尼泊尔、不丹、老挝、越南、泰国、柬埔寨、马来西亚、印度尼西亚和波利尼西亚。

用途：全株入药，有清热解毒之效。

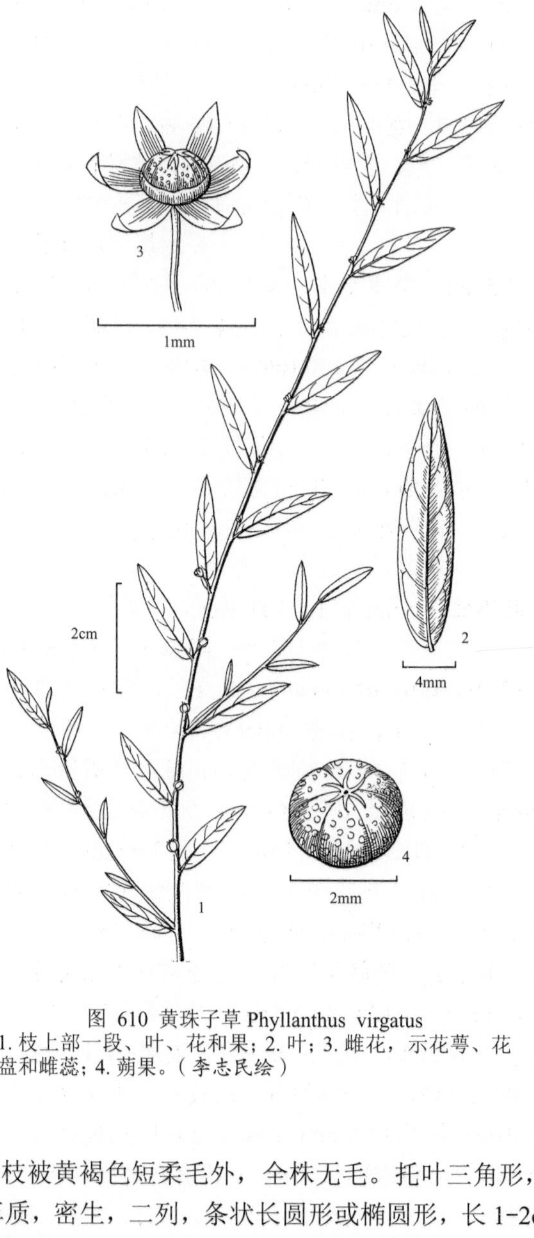

图 610 黄珠子草 Phyllanthus virgatus
1. 枝上部一段、叶、花和果；2. 叶；3. 雌花，示花萼、花盘和雌蕊；4. 蒴果。（李志民绘）

7. 余甘子 Myrobalan　　图 611　彩片 616 617 618
Phyllanthus emblica L. Sp. P1. **2**：982. 1753.

落叶乔木或灌木，高 1-10(-23)m。树皮浅褐色，除小枝被黄褐色短柔毛外，全株无毛。托叶三角形，长 0.8-1.5mm，褐红色；叶柄极短，长 0.3-0.7mm；叶片纸质至革质，密生，二列，条状长圆形或椭圆形，长 1-2cm，宽 2-7mm，基部浅心形而偏斜，先端锐尖、钝圆或截平，叶面绿色，叶背浅绿色，干后带红色或褐色，侧脉 4-7 对，不明显。多朵雄花和 1 朵雌花或全为雄花组成腋生的聚伞花序；雄花：花梗长 1-2.5mm；萼片 6，膜质，黄色，长倒卵形或匙形，长 1.2-2.5mm，先端圆或钝，边缘全缘或有浅齿；雄蕊 3 枚，花丝合生，花药直立，长圆形，药室纵裂；花盘腺体 6 枚；雌花：花梗短；萼片同雄花；花盘杯状或环状，包藏子房一半以上，边缘撕裂状；子房卵球形，3 室，花柱 3 枚，基部合生，上部 2 裂，裂片顶端再 2 裂。核果球状，直径 1-2cm，成熟时淡青黄色，外果皮肉质，绿白色或淡黄白色，内果皮硬壳质。种子略带红色，长 5-6mm，宽 2-3mm。花期：3-6 月，果期：

5-12 月。

产地：梧桐山（深圳植物志采集队 13584）、深圳仙湖植物园（李沛琼 90634）、塘郎山（深圳植物志采集队 13756），本市各地普遍有分布。生于山地疏林或灌丛中，海拔 200-800m。

分布：江西、台湾、福建、广东、香港、澳门、海南、广西、四川、贵州和云南。印度、斯里兰卡、越南、柬埔寨、老挝、菲律宾、马来西亚和印度尼西亚。现在世界热带地区常有栽培。

用途：根、叶、果可药用；果可生食或制成蜜饯食用。木材红褐色，坚硬可作材用；树姿优美，可作园林观赏。

8. 小果叶下珠 烂头钵 Reticulated Leaf-flower

图 612　彩片 619

Phyllanthus reticulatus Poir. in Lam. Encycl. **5**: 298. 1804.

灌木，高 1.5-5m。枝条顶部常攀援；小枝细长，幼枝、叶和花梗均被短柔毛或微柔毛。托叶钻状三角形，长达 2mm，常变为硬刺，无毛；叶柄长 2-5mm；叶片纸质或膜质，椭圆形、卵形或卵状椭圆形，稀圆形，长 1-6cm，宽 1-3cm，基部圆钝，先端急尖或钝圆，叶背有时苍白色，侧脉 5-7 条，两面明显。花雌雄同序，通常 2-10 朵雄花和 1 朵雌花簇生于叶腋，或组成聚伞花序；雄花：花梗纤细，长 5-10mm；萼片 5-6，卵形或倒卵形，长约 2mm，宽约 1mm，全缘；雄蕊 5 枚，直立，其中 3 枚较长，花丝合生，其余 2 枚较短而花丝离生，药室纵裂；花盘腺体 5 枚，鳞片状；雌花：花梗纤细，长 4-8mm；萼片 5-6，宽卵形，不等大，长 1-1.5mm，外面被微柔毛；花盘腺体 5-6 枚，长圆形或倒卵形；子房球状，3-12 室；花柱短。浆果球形或近球形，直径 0.6-1cm，红色，干后灰黑色。种子三棱形，长约 2mm。花期：3-6 月，果期：5-11 月。

产地：梅沙尖（深圳考察队 548）、仙湖植物园（王定跃 1004）、内伶仃岛（李沛琼 2064），本市各地均有分布。生于旷野草地、低山林下、林缘或灌丛中，海拔 100-400m。

分布：广东、香港、澳门、海南、广西、湖南、江西、福建、台湾、四川、贵州和云南等。不丹、尼泊尔、印度、斯里兰卡、泰国、越南、老挝、柬埔寨、马来西亚、菲律宾、印度尼西亚、非洲西部和澳大利亚东北部。

用途：根、叶为民间草药，用于治跌打损伤。

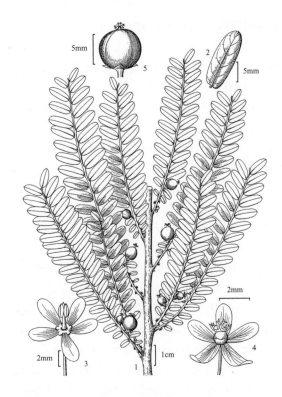

图 611 余甘子 Phyllanthus emblica
1. 枝上部一段、小枝、叶和果；2. 叶；3. 雄花，示花萼、花盘腺体和雄蕊；4. 雌花，示花萼、花盘和雌蕊；5. 核果。（李志民绘）

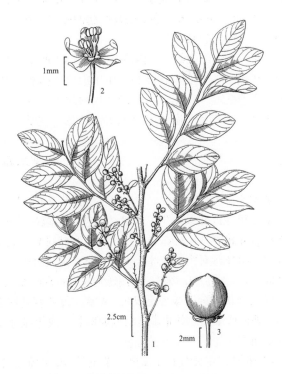

图 612 小果叶下珠 Phyllanthus reticulatus
1. 枝上部一段、小枝、叶和果序；2. 雄花，示花萼、花盘腺体和雄蕊；3. 果。（李志民绘）

9. 越南叶下株 Vietnam Leaf-flower

图 613　彩片 620 621

Phyllanthus cochinchinensis（Lour.）Spreng. Syst. Veg. **3**：21.1826.

Cathetus cochinchinensis Lour. Fl. Cochinch. **2**：608.1790.

灌木，高 0.5-3m。茎灰黄褐色或灰褐色；小枝细长，长达 30cm，具棱，幼时被黄褐色短柔毛，老渐无毛。托叶卵状三角形，长约 2mm，具缘毛；叶柄短，长 1-2mm；叶片革质，长圆形、倒卵形或匙形，互生，在小枝上排成 2 列或在短枝上密生，长 1-2cm，宽 0.5-1.3cm，基部楔形或钝，先端钝或圆，有时凹缺，无毛，中脉两面稍凸起，侧脉不明显。花雌雄异株；雄花：1-5 朵生于叶腋垫状凸起处，凸起处基部具有多数苞片；苞片膜质，黄褐色，边缘撕裂状；花梗长 3-4mm，无毛；萼片 6，倒卵形或匙形，长约 1.3mm，宽 1-1.2mm，边缘膜质；花盘腺体状，6 枚；雄蕊 3 枚，花丝合生，花药 2 室，纵裂；雌花：1-2 朵生于叶腋；花梗长 3-5mm；萼片 6，卵形或卵状菱形，长 1.5-2mm；花盘近坛状或环状，包围子房 2/3；子房球状，直径约 1.2mm，3 室，花柱 3 枚，长约 1mm，基部合生，上部分离，外弯，顶端 2 裂。蒴果球状，直径约 5mm，具 3 纵沟，成熟后开裂成 3 个 2 瓣裂的分果瓣。种子球状，直径约 2mm，橙红色，密被凸起的腺点。花期：5-10 月，果期：7-12 月。

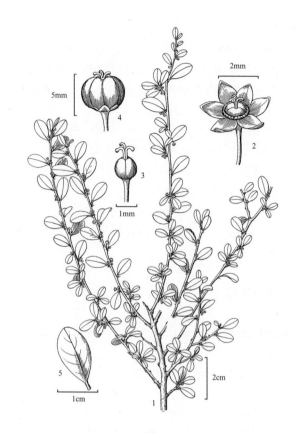

图 613 越南叶下株 Phyllanthus cochinchinensis
1. 茎上部一段、枝、小枝、叶和花簇；2. 雌花，示花萼、花盘和雌蕊；3. 除去花萼和花盘，示雌蕊；4. 蒴果；5. 叶。
（李志民绘）

产地：西涌、七娘山、南澳、大鹏，钓神山、盐田（王定跃 1388）、梧桐山（深圳考察队 1779）、南山（深圳仙湖华农学生采集队 10652）。生于山地疏林下、灌丛中或林缘，海拔 100-200m。

分布：福建、广东、香港、澳门、海南、广西、云南、四川和西藏。印度、越南、柬埔寨和老挝。

用途：全株可药用；植株美观，可作盆景观赏。

10. 守宫木属 Sauropus Blume

灌木或草本，无乳汁。单叶互生；托叶 2 枚；具叶柄；叶片边缘全缘，通常具羽状脉。花雌雄同株或异株，无花瓣，单生或几朵簇生于叶腋，或在密生苞片的短枝上排成总状花序，或为茎花；雄花：花萼盘状、陀螺状或壶状有 6 枚裂片，稀无裂片，裂片覆瓦状排列，直立或外展，有时内折；通常无花盘，稀有花盘；雄蕊 3 枚，与外轮花萼裂片对生，花丝合生成短柱，通常柱部呈三棱状，花药无柄或近无柄，横生或垂直生于棱脊上，花药外向，2 室，纵裂；雌花：花梗通常较长；萼片 6，2 轮，基部合生，比雄花萼片大，花后增大；无花盘；子房卵状或扁球状，顶端截平或微凹，3 室，每室有胚珠 2 颗，花柱 3 枚，短，分离或基部合生，顶端 2 裂，裂片线形，外展或下弯。蒴果扁球状或卵球状，成熟时分裂为 3 个 2 裂的分果瓣。种子具 3 棱，无种阜，胚乳肉质，子叶扁而宽。

约 56 种，主要分布于印度、斯里兰卡、缅甸、菲律宾、马来西亚、印度尼西亚、巴布亚新几内亚、澳大利亚和马达加斯加。我国产 14 种。深圳有 3 种。

1. 草本；茎匍匐状或斜升；叶片较小，长 1-2.5cm，宽 0.2-1.2cm，侧脉不明显；萼片内面有腺槽 ……………… …………………………………………………………………………………… 1. 艾堇 S. bacciformis
1. 灌木；茎直立；叶片较大，长 3-17cm，宽 1.5-8cm，侧脉明显；萼片内面无腺槽。
　2. 叶片在小枝上排成 2 列，长卵形、长椭圆形或卵状披针形，先端急尖至渐尖，叶面无白色脉纹；花或花序生于叶腋 …………………………………………………………………… 2. 守宫木 S. androgynus
　2. 叶片在小枝上不排成 2 列，通常聚生于枝条上部，常向下弯垂，匙形或倒卵状长圆形，先端钝圆，叶面具白色脉纹；花序生于茎上或已落叶的腋部 …………………………… 3. 龙脷叶 S. spatulifolius

1. 艾堇 Berry-shaped Sauropus

图 614　彩片 622 623

Sauropus bacciformis（L.）Airy Shaw in Kew Bull. **35**：685. 1980.

Phyllanthus bacciformis L. Mant. Pl. **2**：294. 1771.

Agyneia bacciformis（L.）A. Juss. Euphoirb. Gen. Tent. 24，tab. 6. 1824；海南植物志 2：135，fig. 361. 1965.

一年生或多年生草本，高 10-60cm，全株无毛。茎匍匐状或斜升，单生或自基部有多条斜升或平展的分枝；小枝具锐棱或具狭的膜质翅。托叶狭三角形，长 1-2mm，先端具芒尖，着生于叶柄基部两侧；叶柄长约 1mm；叶片鲜时近肉质，干后膜质或纸质，长圆形或长椭圆形，长 1-2.5cm，宽 0.2-1.2cm，基部钝或圆，有时楔形，先端急尖或钝，具小尖头，侧脉不明显。花雌雄同株；雄花 1- 几朵簇生于叶腋；花梗长 1-1.5mm；花萼裂片 6，宽卵形或倒卵形，内面有腺槽，顶端具有不规则的圆齿；花盘腺体 6 枚，肉质，与花萼裂片对生，黄绿色；雄蕊 3，长 3-4mm，花丝合生，

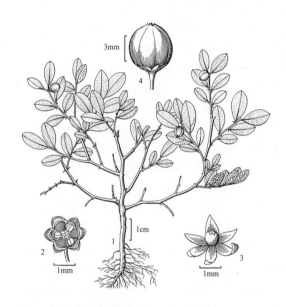

图 614 艾堇 Sauropus bacciformis
1. 植株，示茎、枝、小枝、叶和果；2. 雄花，示花萼和雄蕊；3. 雌花，示花萼和雌蕊；4. 蒴果。（李志民绘）

花药外向；雌花单生于叶腋；花梗长 1-1.5mm；花萼裂片 6，长圆状披针形，长 2-2.5mm，内面具腺槽；无花盘；子房卵球形，3 室，花柱 3 枚，分离，顶端 2 裂。蒴果卵球形，直径 4-4.5mm，高约 6mm，幼时红色，成熟时开裂为 3 个 2 裂的分果瓣。种子近三棱状，长 3.5mm，宽 2mm，浅黄色，无种阜。花期：4-12 月，果期：5 月至翌年 2 月。

产地：七娘山（邢福武 11831，IBSC）、南澳（张寿洲等 4415）、大鹏（张寿洲等 4360）。生于海边沙滩或滨海沙土上，海拔 30-100m。

分布：台湾、广东、香港、澳门、海南和广西。印度、孟加拉国、斯里兰卡、泰国、越南、菲律宾、马来西亚、印度尼西亚和印度洋岛屿（毛里求斯、留尼旺）。

用途：可作盆景观赏植物。

2. 守宫木 树仔菜 Common Sauropus

图 615

Sauropus androgynus（L.）Merr. in Forest. Bur. Philipp. Bull. **1**：30. 1903.

Clutia androgyna L. Mant. Pl. **1**：128. 1767.

灌木，高 1-3m，全株无毛。小枝绿色，长而细，幼时上部具棱，老渐呈圆柱状。托叶长三角形或披针形，长 1.5-3mm，着生叶柄基部两侧；叶柄长 2-5mm；叶片在小枝上排成 2 列，纸质，长卵形、长椭圆形或卵状披针形，长 3-10cm，宽 1.5-4cm，基部阔楔形至截形，先端急尖至渐尖，侧脉 5-7 对。雄花：1-2 朵腋生，或几朵与雌花簇生于叶腋；花梗纤细，长 5-8mm；花萼盘状，直径 5-12mm，裂片 6，倒卵形；雄蕊 3 枚，花丝合生呈短柱状，花药外向，2 室，纵裂；花盘腺体 6 枚，与萼片对生，上部向内弯而将花药包围；雌花：

通常单生叶腋；花梗长 6-8mm；花萼裂片 6，倒卵形或近圆形，长 5-6mm，宽 3-5.5mm，红色，无花盘；子房扁球状，直径 1.5mm，高 1mm，3 室，花柱 3 枚，顶端 2 裂，外弯而扭转。蒴果扁球状或球状，直径 1.5-1.7cm，高 1-1.2cm，乳白色，宿存花萼红色。种子三棱状，长约 7mm，宽约 5mm，黑色。花期：4-7 月，果期：7-12 月。

产地：深圳市郊区农村有作蔬菜栽培。

分布：广东、香港、海南、广西和云南有栽培。分布于印度、孟加拉国、斯里兰卡、缅甸、泰国、老挝、越南、柬埔寨、马来西亚、菲律宾和印度尼西亚。

用途：嫩枝、叶可作蔬菜食用。民间作药用，有清热之效。

3. 龙脷叶 Spatulate-leaved Sauropus 图 616

Sauropus spatulifolius Beille in Lecomte, Fl. Gen. Indo-Chine **5**: 652. 1927.

Sauropus rostratus auct. non Migo: 广州植物志 269, fig. 134. 1956.

小灌木，高 10-40cm。茎粗糙；枝圆柱状，直径 2-5mm，蜿蜒状弯曲，多皱纹，初时被短柔毛，老渐无毛。托叶三角状耳形，着生于叶柄基部两侧，长 4-8mm，宿存；叶柄长 2-5mm，初时被短柔毛，老渐无毛；叶通常聚生于小枝上部，常向下弯垂；叶片鲜时近肉质，干后厚纸质，匙形或倒卵状长圆形，稀长圆形或卵形，长 4.5-17cm，宽 2.5-7cm，基部楔形，先端钝圆，具小凸尖或凹缺，叶背淡绿色，基部有时被短柔毛，老渐无毛，叶面深绿色，沿中脉和侧脉呈灰白色，侧脉 6-9 对。总状花序腋生或生于已落叶腋部，花序长达 15mm；苞片三角形或披针形，长 1.5-2mm；花红色或紫红色，2-5 朵密生；雄花：花梗丝状，长 3-5mm；花萼盘状，顶端裂片 6，倒卵形，长 2-3mm，宽约 1.5mm；花盘腺状，6 裂，裂片与花萼裂片对生；雄蕊 3 枚，花丝合生成柱状，柱顶部三棱状，花药生于柱顶棱脊上，药室纵裂；雌花：花梗长 2-3mm；花萼裂片 6，长倒卵形，比雄花的大，长约 3mm；子房近球形，直径约 1mm，花柱 3 枚，顶端 2 裂，裂片外弯。花期：2-10 月。

产地：本市各公园及药圃常见栽培。

分布：原产于越南北部。在福建、广东、香港、澳门和广西等省区药圃及农家常有栽培。

用途：叶可药用，干叶治咳嗽、支气管炎等；鲜叶有润肺除痰、明目之效。

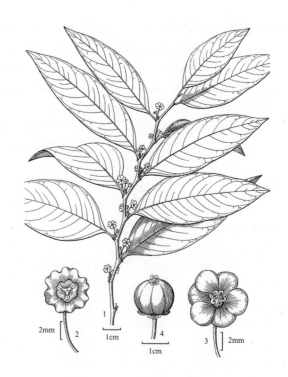

图 615 守宫木 Sauropus androgynus
1. 枝上部一段、叶和花序；2. 雄花，示花萼、花盘腺体和雄蕊；3. 雌花，示花萼与雌蕊；4. 蒴果。（李志民绘）

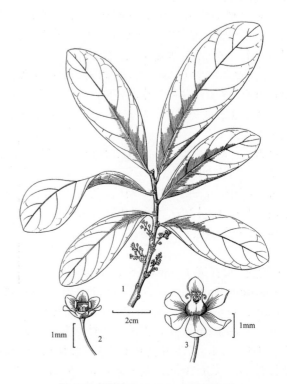

图 616 龙脷叶 Sauropus spathulifolius
1. 枝上部一段、叶和总状花序；2. 雄花，示花萼与雄蕊；3. 雌花，示花萼与雌蕊。（李志民绘）

11. 黑面神属 Breynia J. R. Forst. & G. Forst.

灌木或小乔木。单叶互生；托叶小；叶柄短；叶片边缘全缘，干后常变淡黑色，具羽状脉。花雌雄同株，单生或数朵簇生于叶腋，具花梗；无花瓣，也无花盘；雄花：花萼陀螺状、半球形或漏斗状，裂片6，覆瓦状排列，内折；雄蕊3枚，花丝合生成短柱状，花药无柄，外向，伸长，2室，纵裂；雌花：花萼陀螺状、钟状或辐状，有时在结果时花萼扩大而扁平呈盘状，裂片6，覆瓦状排列；子房3室，每室有胚珠2颗，花柱3枚，离生，顶端通常2裂，裂片直立或外弯。蒴果球状或近球状，果皮稍肉质，干后变壳质；通常花萼宿存。种子三棱状，种皮薄，无种阜；子叶宽而扁，胚根长。

约26-35种。分布于亚洲东南部和南部、太平洋岛屿和大洋洲热带地区。我国产5种。深圳有3种。

1. 枝条深红色或红色，之字形曲折；叶多种颜色，常见有白色、红色和紫红色，具缘毛⋯⋯1. **雪花木 B. nivosa**
1. 枝条非深红色或红色、非之字形曲折；叶绿色，无缘毛。
　2. 小枝圆柱状；叶片膜质；雌花花萼花后不增大 ⋯⋯⋯⋯⋯⋯⋯⋯⋯⋯⋯⋯⋯2. **小叶黑面神 B. vitis-idaea**
　2. 小枝上部通常压扁状；叶片革质；雌花花萼花后增大 ⋯⋯⋯⋯⋯⋯⋯⋯⋯3. **黑面神 B. fruticosa**

1. 雪花木 Snow-bush　　　　图617　彩片624

Breynia nivosa(W. G. Sm.)J. K. Small in Bull. Torrey Bot. Club. **37**: 516. 1910.

Phyllanthus nivosa W. G. Sm., Flor. Mag. N. S. tab. 120. 1874.

常绿灌木，高0.5-1.5m。枝条通常之字形，红色或深红色。托叶小，早落；叶柄短；叶互生，排成2列；叶片薄纸质或纸质，长2-2.5cm，宽0.8-2cm，两端钝至圆，嫩时白色，成熟时绿色带白斑，（栽培品种的叶片有红色或紫红色），老叶全绿色，无毛，侧脉不明显。花雌雄同株，单生或几朵腋生；陀螺形，淡绿色至黄色，无花瓣和花盘；雄花：花梗长0.5-1cm；花萼裂片6，宽卵形；雄蕊3枚，花丝合生；雌花：花梗长约1cm；花萼陀螺状，筒部长2mm，裂片6，覆瓦状排列，宽倒卵形，长4-4.5mm，顶端微凹，具小短尖；子房球形，3室，每室2胚珠，花柱3枚，短。蒴果呈浆果状，直径1-1.2cm，花期：4-9月，果期：6-11月。

产地：仙湖植物园（王晖0903016），本市各公园均有栽培。

分布：原产波利尼西亚。世界热带地区有栽培。福建南部、广东南部和香港有栽培。

用途：树形美观，是园林优良观叶植物。

在深圳常见栽培的还有：彩叶雪花木（彩叶山漆茎）Breynia nivosa 'Roseo-picta'，是雪花木的栽培品种，为常绿松散灌木，其叶片颜色多变，嫩叶红色或淡红色，成熟叶绿色带白色斑或全为绿色（彩片625）。

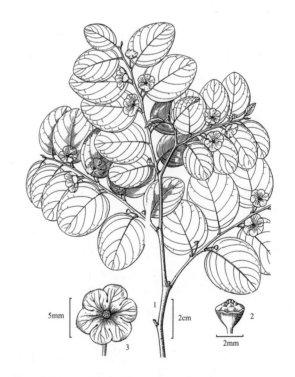

图 617 雪花木 Breynia nivosa
1. 枝上部一段、小枝、叶、雄花和雌花；2. 雄花，示花萼和雄蕊；3. 雌花，示花萼和雌蕊。（李志民绘）

2. 小叶黑面神 膜叶黑面神 Small-leaved Breynia

图 618

Breynia vitis-idaea(N. L. Burm.)C. E. C. Fisch. in Bull. Misc. Inform. Kew **1932**: 65. 1932.

Rhamnus vitis-idaea N. L. Burm. Fl. Ind. 61. 1768.

灌木，高达 3m，全株无毛。小枝圆柱状，细长，多分枝。托叶卵状三角形，长约 1.5mm；叶柄长 2-3mm；叶片膜质，卵形、阔卵形或椭圆形，长 2-3.5cm，宽 0.8-2cm，基部钝，先端钝至圆，叶背粉绿色或苍白色，叶面绿色，侧脉 3-5 对，在叶背凸起。花小，绿色，单生或几朵簇生于叶腋；雄花：花梗长 0.4-1cm；花萼裂片 6，阔卵形，长约 2mm；雄蕊 3 枚，花丝合生呈柱状；雌花：花梗长 3-4mm；花萼裂片 6，阔卵形，长 1-2mm，结果时不增大；子房卵状，花柱短，2 裂，裂片外弯。蒴果卵球状，直径约 5mm，顶端压扁状，基部有宿存的花萼；果梗长 3-4mm。种子三棱状。花期：3-9 月，果期：5 月至翌年 2 月。

产地：七娘山（王国栋 8296）、仙湖植物园（李沛琼 2861）、梧桐山、光明新区。生于山地灌木丛中，海拔 50-150m。

分布：广东、广西、贵州和云南。巴基斯坦、印度、尼泊尔、孟加拉国、斯里兰卡、缅甸、泰国、老挝、越南、柬埔寨、马来西亚、菲律宾和印度尼西亚。

用途：全株可药用，有消炎、平喘之效。

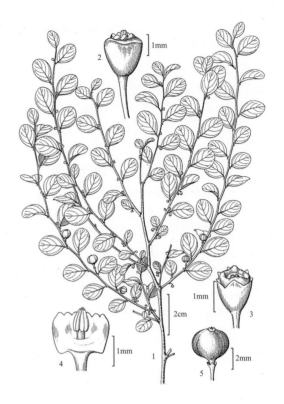

图 618 小叶黑面神 Breynia vitis-idaea
1. 枝上部、小枝、叶、花和果；2. 雄花，示花萼和雄蕊；3. 雌花，示花萼和花盘；4. 雄花花萼展开，示雄蕊；5. 蒴果。（李志民绘）

3. 黑面神 Waxy Leaves   图 619   彩片 626 627 628

Breynia fruticosa（L.）J. D. Hook. Fl. Brit. Ind. **5**: 331. 1887.

Andrachne fruticosa L. Sp. Pl. **2**: 1014. 1753.

灌木，高 0.5-3m，全株无毛。茎皮灰褐色；枝条上部常呈扁压状，紫红色；小枝绿色。托叶三角形，长约 2mm；叶柄长 2-4mm；叶片革质，卵形、阔卵形或菱状卵形，长 3-7cm，宽 2-3.5cm，两端钝或急尖，叶背粉绿色，干后变淡黑色，具小斑点，叶面深绿色，侧脉 3-5 对。花小，单生或 2-4 朵簇生于叶腋内，雄花生于小枝下部，雌花生于小枝上部；雄花：花梗长 2-3mm；花萼陀螺状，长约 2mm，裂片 6；雄蕊 3 枚，合生呈柱状；雌花：花梗长约 2mm；花萼钟状，直径约 4mm，裂片 6，近等长，顶端近截形或急尖，有短尖，结果时增大呈盘状；子房圆球状，直径 6-7mm，有宿存的花萼。种子三棱状，长约 5mm；种皮红色。花期和果期：几乎全年。

产地：七娘山（曾治华 10900）、梅沙尖（深圳植

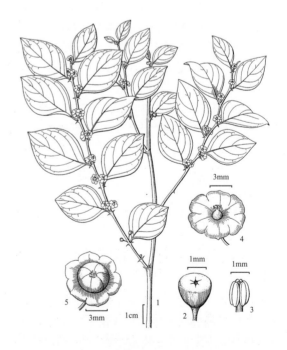

图 619 黑面神 Breynia fruticosa
1. 枝上部、小枝、叶、雄花和雌花；2. 雄花；3. 雄蕊；4. 雌花，示花萼和雌蕊；5. 蒴果，下部为宿存花萼。（李志民绘）

物志采集队 13312）、梧桐山（深圳考察队 1503），本市各地普遍有分布。生于平地、旷野、山坡灌丛或林缘，海拔 50-400m。

分布：浙江、福建、广东、香港、澳门、海南、广西、贵州、四川和云南。越南、老挝和泰国。

用途：根、茎、叶为生草药，治感冒发热、皮肤湿疹、皮炎等。

12. 核果木属 Drypetes Vahl

乔木或灌木，全株无乳汁。单叶互生；托叶 2 枚；叶柄短；叶片基部两侧通常不相等，边缘全缘或有锯齿，具羽状脉。花雌雄异株，通常有短梗，无花瓣；雄花：簇生或组成簇聚伞花序（花序轴及其分枝强烈短缩，所有的花密集在一起成一束）、总状花序或圆锥花序，具花梗或无梗；萼片 4-6 枚，分离，覆瓦状排列，通常不等长；雄蕊 1-25 枚，排成 1 至多轮，围绕花盘着生或外轮的生于花盘的边缘或凹缺处，内轮的生于花盘上，花丝分离，花药 2 室，通常内向，稀外向，纵裂；花盘扁平或中间稍凹陷，边缘浅至深裂；退化雌蕊极小或无；雌花：单生于叶腋内或侧生老枝上；萼片与雄花相同；花盘环状；子房 1-2 室（稀 3 室），每室有 2 胚珠；花柱短，柱头状，柱头 1-2 枚，稀 3 枚，通常扩大呈盾状或肾状。核果，近球状或卵球状，1-2(-3)室，每室有 1 个种子。种子无种阜，胚乳肉质，子叶大而扁平。

约 200 种，分布于亚洲，非洲和美洲的热带及亚热带地区。我国产 12 种。深圳有 1 种。

钝叶核果木 Obtuse-leaved Drypetes   图 620
Drypetes obtusa Merr. & Chun in Sunyatsenia **5**: 96. 1940.

乔木，高达 9m。枝条灰白色，干后具皱缩而粗糙；小枝圆柱状或有时稍扁，具不明显的沟纹和皮孔，幼时略被短柔毛。托叶 2 枚，常早落；叶柄长 3-8mm，嫩时被微柔毛，后渐无毛；叶片纸质或近革质，长圆形，长椭圆形或椭圆形，长 3-8cm，宽 1.5-3.5cm，基部楔形或阔楔形，全缘，先端通常钝，有时急尖或微凹，叶面嫩时被短柔毛，后渐无毛，干后橄榄绿色，叶背颜色较深，侧脉 7-10 对，通常不很明显。花未见。核果单生于叶腋，近椭圆体形或近倒卵球形，长 1.5-2.3cm，宽 1-1.5m，常有皱纹，被短柔毛，1 室，内有 1 种子，宿存的花柱短，柱头 2 裂，反折，扇形。果期：6-8 月，

产地：龙岗、南澳（邢福武等 10858，IBSC）。生于山地疏林中，海拔 100m。

分布：广东、海南、广西和云南。越南。

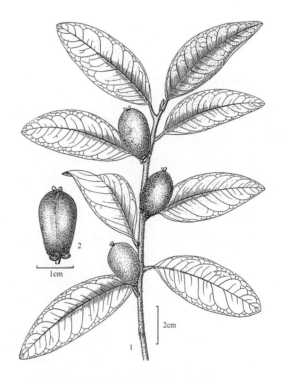

图 620 钝叶核果木 Drypetes obtusa
1. 枝上部一段、叶和核果；2. 核果。（李志民绘）

13. 五月茶属 Antidesma L.

乔木或灌木，无乳汁。单叶互生；托叶小，宿存或凋落；叶柄短；叶片边缘全缘，具羽状脉。花小，雌雄异株，组成顶生或腋生的穗状花序或总状花序，稀圆锥花序，无花瓣；雄花：花萼杯状，裂片 3-7(-8)，覆瓦状排列；花盘环状或垫状；雄蕊 3-5 枚，少数 1-2 或 6 枚，花丝常长过萼片，基部着生在花盘内面或花盘裂片之间，花药 2 室，花隔厚；退化雌蕊小；雌花：花萼和花盘与雄花的相同；子房比花萼长，1 室，室内有胚珠 2 颗，花柱 2-4 枚，短，顶生或侧生，顶端通常 2 裂。核果，通常卵球形，干后有网状小窝穴，内有种子通常 1 颗。种子小，胚乳

肉质，子叶扁而宽。

约100种，广布于东半球热带及亚热带地区。我国有17种。深圳有6种。

1. 叶片条形或条状披针形，无毛，侧脉近平行 ·· 1. 小叶五月茶 A. microphyllum
1. 叶片非条形或条状披针形，被毛或叶背被短柔毛，侧脉弯拱上升。
  2. 叶片顶端急尖、钝圆或截形，有短尖或微凹。
    3. 除叶片外，全株密被黄色柔毛；叶片通常呈长圆形，先端圆钝或截形，有小尖头或微凹，基部通常浅心形、楔形或圆；花萼和子房及果被柔毛 ·· 2. 方叶五月茶 A. ghaesembilla
    3. 除花萼外，全株近无毛；叶片通常长倒卵形，先端急尖、圆或钝，基部宽楔形或楔形，萼片和子房及果均无毛 ·· 3. 五月茶 A. buninus
  2. 叶片顶端长或短的尾状渐尖。
    4. 叶背密被柔毛；托叶卵形或卵状披针形，长达1.5cm；花萼和子房密被柔毛 ······ 4. 黄毛五月茶 A. fordii
    4. 叶背仅脉上被短柔毛；托叶条形或狭披针形，长达1cm；花萼和子房无毛。
      5. 托叶宿存；叶片纸质，通常长椭圆形；花序较粗壮；花萼裂片边缘具不规则齿状 ·································· ·· 5. 山地五月茶 A. montanum
      5. 托叶早落；叶片薄纸质或膜质，通常长圆形或披针形；花序柔细；花萼裂片边缘全缘·· ·· 6. 日本五月茶 A. japonicum

1. 小叶五月茶 Small-leaved Chinese Laurei

图621 彩片629

Antidesma microphyllum Hemsl. in J. Linn. Soc., Bot. **26**：432. 1894.

Antidesma pseudomicrophyllum Croizat in J. Arnold Arbor. **21**：496.1940.

Antidesma neriifolium Pax & K. Hoffm. var. *pseudomicrophyllum*（Croizat）H. S. Kiu in Fl. Guangdong **5**：42. 2003，nom. illeg.

乔木或灌木，高2-12m。嫩枝与叶柄、花序轴及花梗均被短柔毛。托叶披针形，早落；叶柄长2-5mm；叶片条形或条状披针形，长6-12cm，宽0.6-1.2cm，基部近圆形，先端具小尖头，两面无毛，侧脉6-12条，纤细，近平行，在叶缘前网结。总状花序腋生和顶生，长1-3cm；雄花：花梗长约1mm；花萼裂片4，宽卵形，长约1mm，无毛；花盘盘状；雄蕊3-4枚，伸出花萼之外，花丝长约0.7mm，花药宽约0.5mm；雌花：花梗长约1mm；花萼杯状，裂片4-6，三角形，长约0.5mm；花盘盘状；子房椭圆体形，长约1mm，花柱顶生，2-3裂。核果椭圆体形，长约5mm，直径3-4mm，成熟时深红色。花期：4-6月，果期：6-11月。

产地：七娘山（张寿洲等931）、南澳（张寿洲等863）、笔架山（张寿洲等794）。生于山地疏林中，海拔300-500m。

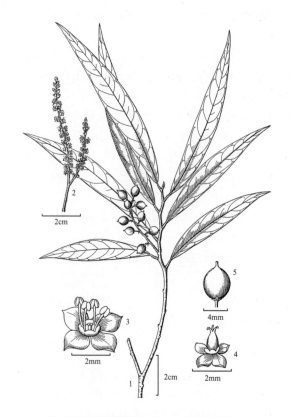

图 621 小叶五月茶 Antidesma microphyllum
1. 枝上部一段、叶和果序；2. 总状花序；3. 雄花，示花萼、花盘和雄蕊；4. 雌花，示花萼、花盘和雌蕊；5. 核果。（李志民绘）

分布：广东、海南、广西和湖南。

本种异名：*A. neriifolium* var. *pseudomicrophyllcm*（Croizat）H. S. Kiu 作新组合名称发表在广东植物志第 5 卷时，仅列出基本异名名称，未引出基本异名的原始文献或出版物，不符合国际植物命名法规第 46 条（规则 46）规定，因此，该新组合名称是不合法名称。

2. 方叶五月茶 Sguare-leaved Chinese Laurei

图 622　彩片 630 631

Antidesma ghaesembilla Gaertn. Fruct. 1：89, tab. 39. 1788.

乔木，高达 10m，除叶片上面脉上疏被短柔毛外，全株各部均密被黄色长柔毛或短柔毛。托叶条形，长约 5mm，早落；叶柄长 5-20mm；叶片纸质，长圆形、卵形、倒卵形或近圆形，长 3-10cm，宽 2-5cm，基部浅心形、截形或圆，先端圆钝或急尖，有小尖头或微凹。花黄绿色，多朵组成分枝的穗状花序或总状花序，无花梗或花梗极短；花萼裂片 5，有时 6 或 7，倒卵形；雄花：雄蕊 4-7 枚，长 2-2.5mm，着生在花盘裂片之间；花盘 4-6 裂；不育雌蕊柱状，长约 0.7mm；雌花：花盘环状；子房卵圆形，长约 1mm，被短柔毛，花柱 3 枚，顶生。核果近球状，直径约 4.5mm，被短柔毛；果梗极短或无果梗。花期：3-9 月，果期：6-10 月。

产地：南澳、迭福山、大鹏、盐田、梧桐山、深圳仙湖植物园、莲塘（深圳考察队 1460）、羊台山、打马坜水库、锦锈中华景区（李进 2651）。生于山地疏林中，海拔 50-300m。

分布：广东、香港、海南、广西和云南。印度、斯里兰卡、孟加拉国、不丹、缅甸、越南、马来西亚、菲律宾、印度尼西亚、巴布亚新几内亚和澳大利亚。

用途：优良园林观赏树种。

3. 五月茶 Chinese Laurei　图 623　彩片 632

Antidesma bunius（L.）Spreng. Syst. Veg. 1：826. 1825.

Stilago bunius L. Mant. Pl. 122. 1767.

乔木，高达 15m。小枝具皮孔，无毛。托叶条形，长 3-4mm，被微柔毛，早落；叶柄长 3-10mm，被微柔毛，后渐无毛；叶片纸质，通常长倒卵形，长 8-23cm，宽 3-10cm，基部楔形或宽楔形，两面无毛，先端急尖、

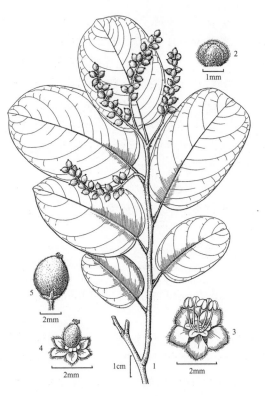

图 622 方叶五月茶 Antidesma ghaesembilla
1. 枝上部一段、小枝、叶和果序；2. 雄花蕾；3. 雄花，示花萼、花盘和雄蕊；4. 雌花，示花萼、花盘和雌蕊；5. 核果。（李志民绘）

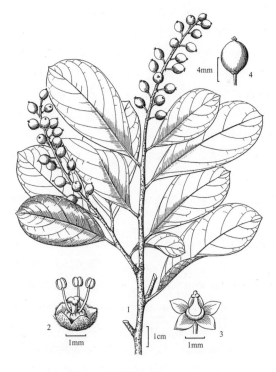

图 623 五月茶 Antidesma bunius
1. 枝上部、小枝、叶和序；2. 雄花，示花萼、花盘、雄蕊和退化雌蕊；3. 雌花，示花萼、花盘和雌蕊；4. 核果。（李志民绘）

圆或钝，有短尖头，侧脉 7-11 对。雄花序为顶生的穗状花序，长 6-17cm，有时有分枝；花序轴粗壮，无毛；苞片卵形，长约 1mm；雄花：花萼杯状，裂片 3-4，卵状三角形，内面常被柔毛；雄蕊 3-4 枚，着生在花盘内面；花盘杯状，全缘或不规则分裂，退化雌蕊柱状；雌花序为总状花序，长 5-18cm；花序轴粗壮；苞片长卵形；花梗长 1.5-2mm；雌花：花萼和花盘与雄花相同；子房卵圆形，无毛，花柱 3 枚，顶生。核果近球形，直径约 8mm，成熟时红色；果梗长约 3-5mm。花期：3-5 月，果期：6-11 月。

产地：南澳（张寿洲等 4140）、梧桐山（深圳考察队 1321，)、仙湖植物园（李沛琼 3321），本市各地均有分布。生于山地疏林中，海拔 100-300m。园林中有栽培。

分布：江西、福建、广东、香港、澳门、海南、广西、湖南、贵州、云南和西藏。印度、斯里兰卡、缅甸、越南、马来西亚、印度尼西亚、巴布亚新几内亚和澳大利亚（昆士兰）。

用途：果可食用，红色和叶深绿，是优良园林观赏树种。

4. 黄毛五月茶 Ralamandei Tree

图 624　彩片 633

Antidesma fordii Hemsl. in J. Linn. Soc., Bot. 26：430. 1894.

小乔木或灌木，高 2-7m。小枝、托叶、叶柄、叶背、花萼和子房均密被黄色柔毛或茸毛。托叶卵形或卵状披针形，长达 1.5cm；叶柄长 1-3cm；叶片纸质，长圆形、椭圆形或倒卵形，长 7-25cm，宽 3-11cm，基部近圆或钝，先端短尾状渐尖，侧脉 7-11 条，在叶背凸起。花序顶生或腋生，长 8-13cm；苞片条形，长约 1mm；雄花：多朵组成穗状花序；花萼裂片 5，宽卵形，长和宽均约 1mm；花盘 5 裂；雄蕊 5 枚，着生于花盘内面；退化雌蕊柱状，被柔毛；雌花：多朵组成总状花序；花梗长 1-5mm；花萼裂片 5，披针形；花盘杯状；子房椭圆体形，长约 5mm，花柱 3 枚，顶生。核果椭圆体形，长约 7mm，直径约 4mm，被疏柔毛。花期：3-7 月，果期：7-12 月。

产地：田心山（张寿洲等 550）。生于山地疏林中，海拔 300m。

分布：广东、香港、海南、广西和云南。越南和老挝。

图 624 黄毛五月茶 Antidesma fordii
1. 小枝上部一段、托叶、叶和总状花序；2. 雄花；3. 雄花，花萼展开，示花盘、雄蕊和退化雌蕊；4. 雌花，示花萼和雌蕊；5. 核果。（李志民绘）

5. 山地五月茶 Montane Chinese Laurei

图 625　彩片 634

Antidesma montanum Blume, Bijdr. 1124. 1825.

Antidesma apiculatum Hemsl. in J. Linn. Soc., Bot. 26：430. 1894；广东植物志 5：40. 2003.

乔木，高达 10m。小枝被短柔毛，老渐无毛。托叶条形，长 4-10mm，被微毛；叶柄长达 1cm，被短柔毛；叶片纸质，长椭圆形或长圆状披针形，稀倒卵状长圆形，长 7-25cm，宽 2-10cm，基部急尖或钝，先端长或短的尾状渐尖，仅叶背脉上被疏短柔毛，侧脉 7-9 对，明显。总状花序顶生或腋生，长 5-16cm；花序轴被短柔毛；苞片披针形，长约 1mm；雄花：花梗长 0.5-1mm；花萼浅杯状，裂片 3-5，宽卵形，顶端钝，边缘具有不规则牙齿，外面被短柔毛；雄蕊 3-5 枚，着生于花盘裂片之间；花盘 3-5 裂；退化雌蕊柱状；雌花：花梗长

1mm；花萼杯状，裂片 3-5，宽卵形，边缘具不规则牙齿，外面被短柔毛；子房卵圆形，无毛，花柱顶生。核果卵球形，长 5-8mm，无毛；果梗长 3-4mm。花期：4-7 月，果期：7-12 月。

产地：西涌（张寿洲等 949）、南澳、大鹏（张寿洲等 11240）、排牙山、梧桐山（王定跃等 1782）。生于山地密林中，海拔 50-600m。

分布：广东、香港、海南、广西、贵州和云南。缅甸、越南、老挝、柬埔寨、马来西亚和印度尼西亚。

6. 日本五月茶 酸味子 Dense-flowered Chinese Laurei 图 626 彩片 635 636

Antidesma japonicum Siebold & Zucc. in Abh. Math.-Phys. Cl. Konigl. Bayer. Akad. Wiss. **4**（3）：212. 1846.

Antidesma filipes Hand. -Mazz. Symb. Sin. **7**：218. 1931；广东植物志 **5**：40. 2003.

灌木或乔木，高 2-8m。小枝初时被短柔毛，后渐无毛。托叶条形，长 3-5mm，早落；叶柄长 5-10mm；叶片薄纸质或膜质，通常长圆形或披针形，稀倒卵形，长 3.5-14cm，宽 1.5-4cm，基部楔形或圆钝，先端尾状渐尖，有小尖头，无毛或仅叶背沿脉上被短柔毛，侧脉 5-10 对。总状花序顶生，长达 10cm，花序轴细长，被疏疏柔毛；雄花：花梗 0.5-1.5mm，被疏微毛至无毛，基部有披针形小苞片；花萼钟状，长约 1mm，裂片 3-5，卵状三角形，外面被疏短柔毛，后渐无毛；雄蕊 2-5 枚，伸出花萼之外，着生在花盘之内；花盘垫状；退化雌蕊小柱状；雌花：花梗、花萼与雄花相似，但较小；花盘垫状，内面有时有 1-2 枚退化雄蕊；子房卵圆形，长 1-1.5mm，无毛，花柱顶生，2-3 裂。核果椭圆体形，长 5-6mm，稍扁，干后有网状小窝穴。花期：4-6 月，果期：6-12 月。

产地：东涌（张寿洲等 2375）、七娘山、南澳、大鹏、田心山、盐田、梅沙尖（深圳考察队 561）、梧桐山等。生于山地疏林中或山谷密林中，海拔 300-600m。

分布：浙江、江西、台湾、福建、广东、香港、澳门、海南、广西、湖南、贵州和云南。日本、越南、泰国和马来西亚。

用途：种子含丰富的油脂。

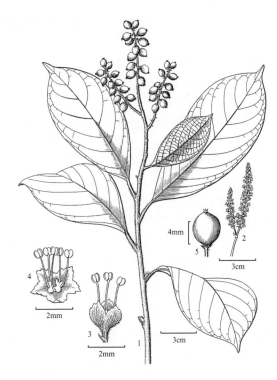

图 625 山地五月茶 Antidesma montanum
1. 小枝上部一段、叶和果序；2. 总状花序；3-4. 雄花，示花萼、花盘、雄蕊和退化雌蕊；5. 蒴果。（李志民绘）

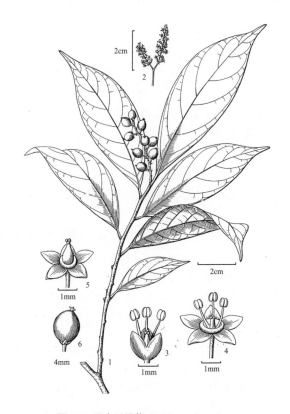

图 626 日本五月茶 Antidesma japonicum
1. 枝上部一段、小枝、叶和果序；2. 雄花序；3. 雄花，花萼展开，示花盘、雄蕊和退化雌蕊；5. 雌花，示花萼、花盘和雌蕊；6. 核果。（李志民绘）

14. 棒柄花属 Cleidion Blume

乔木或灌木,全株无白色乳汁。单叶互生;托叶小,早落;具柄;叶片边缘通常具锯齿,具羽状脉。花雌雄异株,稀同株,无花瓣和花盘;雄花序通常穗状,腋生;雄花:多朵簇生于苞腋,稀单朵生于苞腋,花蕾圆球形;萼片3-4,镊合状排列;雄蕊35-80枚,稀更多,花丝离生,花药背部着生,内向,4室,药隔钻状;雌花:单生于叶腋;花梗长,棒状,花后增粗;萼片3-5,覆瓦状排列,花后增大;子房2-3室,每室1胚珠,花柱3,细长,线状,2深裂,柱头具小乳状突起。蒴果具2-3个分果瓣,果皮平滑,果梗长,棒状。种子近球形,具斑纹,无种阜。

约25种,分布于世界热带、亚热带地区。我国产3种。深圳有1种。

棒柄花 Cleidion 图 627

Cleidion brevipetiolatum Pax & K. Hoffm. in Engl. Pflanzenr. **63**(IV.147.VII):292. 1914.

小乔木,高5-12m。小枝无毛。叶互生,常3-5片密生于小枝顶部;托叶披针形,长约3mm,早落;叶柄通常长1-3cm,短的长3-8mm;叶片薄革质,倒卵形、倒卵状披针形或披针形,长7-21cm,宽3.5-7cm,基部钝,边缘上半部边缘具疏锯齿,先端短渐尖,叶背面侧脉腋具髯毛,侧脉每边5-9条。花雌雄同株;雄花序腋生,长5-9(20)cm;花序轴细长,被微柔毛;苞片阔三角形,长约1.5mm;小苞片小,长约0.5mm;雄花:花梗长1-1.5mm,3-7朵簇生于苞腋;萼片3枚,椭圆形,长2-2.5mm;雄蕊40-65枚;雌花:腋生;花梗细长,基部具2-3枚苞片;萼片5,不等大,3枚披针形,长0.6-2cm,2枚三角形,长2-4mm,花后增大;子房球形,密被黄色柔毛,花柱3枚,长约1cm,2浅裂,裂片条形。蒴果扁球形,直径约1.5cm,果皮被疏毛;果梗棒状,长3-7cm。种子近球形,直径6-7mm,具褐色斑纹。花、果期:3-10月。

产地:七娘山、大鹏、排牙山(邢福武 11010,IBSC)。生于低山常绿林中,海拔100-200m。

分布:广东、香港、海南、广西、贵州和云南。越南。

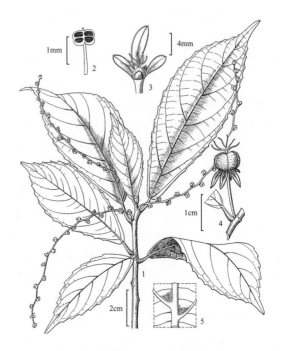

图 627 棒柄花 Cleidion brevipetiolatum
1. 枝上部一段、叶和花序;2. 雄蕊;3. 雌花,示萼片和雌蕊;4. 幼果;5. 叶背面部分示侧脉腋间髯毛。(李志民绘)

15. 铁苋菜属 Acalypha L.

一年生或多年生草本、灌木或小乔木。单叶互生;托叶披针形或钻状,早落;叶柄长或短;叶片通常膜质或纸质,边缘具齿或近全缘,具基出脉3-5条或具羽状脉。花雌雄同株,稀异株,同序或异序,腋生或顶生;雄花序穗状,雄花多朵簇生于苞腋或在苞腋排成簇聚伞花序(花序轴及其分枝强烈短缩,所有的花密集在一起成一束);雌花序总状或穗状花序,通常每苞腋具雌花1-3朵;苞片具齿或裂片,花后通常膨大;雌花和雄花同序时,通常雄花生于花序的上部,呈穗状;雌花1-3朵,位于花序下部;花无花瓣,无花盘;雄花:萼片4,镊合状排列;雄蕊通常8枚,花丝离生,花药2室,药室叉开或悬垂,细长、扭转、蠕虫状;不育雌蕊缺;雌花:萼片3-5,覆瓦状排列,近基部合生;子房3或2室,每室具胚珠1颗,花柱离生或基部合生,撕裂呈多条线状的花柱枝。蒴果小,通常具3个分果瓣,果皮具毛或软刺。种子近球形或卵球形,种皮壳质,有时具明显种脐或种阜,胚乳肉质,子叶阔,扁平。

约450种,广布于世界热带、亚热带地区。我国约18种。深圳有5种和4个栽培品种。

1. 草本；叶片膜质。

 2. 多年生草本；茎柔软匍匐状；叶片基部宽楔形、截形或浅心形，基出脉 5 条，两面被短柔毛 ……………… **1. 红尾铁苋菜 A. pendula**

 2. 一年生草本；茎直立；叶片基部楔形或圆钝，基出脉 3 条，仅叶背中脉被短柔毛 …………………………………… **2. 铁苋菜 A. australis**

1. 灌木；叶片纸质。

 3. 植株丛生；叶片边缘全缘或有波状缺刻，有乳黄色镶边；花序黄绿色 …………… **3. 变叶铁苋菜 A. hamiltoniana**

 3. 植株非丛生；叶片边缘具圆齿或粗尖锯齿，无乳黄色镶边；花序紫红色或淡紫色。

  4. 叶片古铜绿色或浅红色，常有不规则的红色或紫色斑块，叶缘具粗圆齿；雌雄同株，异序，花序直立；雌花苞片阔卵形，长约 5mm，宽约 8mm，边缘具齿 ………………… **4. 红桑 A. wilkesiana**

  4. 叶片深绿色或暗绿色，无斑块，叶缘具粗尖锯齿；雌雄异株，花序下垂；雌花苞片卵状菱形，长约 1mm，边缘全缘 ………………………………………… **5. 红穗铁苋菜 A. hispida**

1. 红尾铁苋菜 Hanging Coppan Leaves

图 628　彩片 637

Acalypha pendula Wight ex Griseb. in Geett. Nachr. 176. 1865.

多年生草本。茎柔软匍匐状，长 15-25cm。小枝细长，被短柔毛。托叶披针形，被疏柔毛；叶柄长 1-2cm，被短柔毛；叶互生；叶片膜质，卵形至阔卵形，长 1.5-4.5cm，宽 1-2.5cm，基部宽楔形、截形或浅心形，先端急尖，两面被短柔毛，边缘具圆锯齿，基出脉 5 条。花雌雄异株，雄花序未见；雌花序为顶生的穗状花序，直立或下垂，花序长 3-5cm，直径 1-1.5cm，具多数花，亦有单花生于上部叶腋；雌花：花萼裂片 3，卵形，微小，花约 0.1mm，边缘全缘，无毛；子房近球形，花柱 3 枚，长 3-5mm，紫红色，上部撕裂状，裂片 8 条，每条又有分枝。花期：7-8 月。

产地：深圳仙湖植物园（李沛琼 0807137）。深圳普遍栽培。

分布：原产西印度洋群岛。现华南地区有栽培。

用途：植株和花序美观，是园林优良观赏植物。

2. 铁苋菜 海蚌含珠 Common Acalypha

图 629　彩片 638

Acalypha australis L. Sp. Pl. **2**：1004. 1753.

一年生草本，直立，高 20-50cm。小枝细长，被短柔毛。托叶披针形，长 1.5-2mm，被短柔毛；叶柄长 2-6cm，被短柔毛；叶片膜质，长卵形，近菱状卵形或阔披针形，长 3-9cm，宽 1-5cm，基部楔形，有时圆钝，边缘具圆锯齿，先端短渐尖，叶背仅中脉被短柔毛，叶面无毛，基出脉 3 条，侧脉 3 对。穗状花序腋生，稀顶生，雌雄同序，花序长 1.5-5cm；雄花：生于花序上部，5-7 朵簇生在苞腋内；萼片 4，卵形，长约 0.5mm，雄蕊 7-8 枚；雌花：生于花序上部，1-3 朵生在苞腋内而着生在花序下部，苞片 1-4 枚，卵状心形，花后增大，长 1.4-2.5cm，宽 1-2cm，边缘具三角形齿，外面沿掌状脉具疏柔毛；花萼裂片 3，卵圆形，长 0.5-1mm；子房具疏毛，花柱 3 枚，长 2mm，顶端撕裂。蒴果球状，直径约 4mm，具 3 个分果瓣，果皮被疏毛，毛的基部膨大成小瘤体。种子近卵形，长 1.5-2mm，种皮平滑。花期：4-9 月，果期：6-12 月。

产地：南澳（张寿洲等 4599）、笔架山（华农仙湖采集队 669）、葵涌、梧桐山（深圳考察队 1721）。生于空

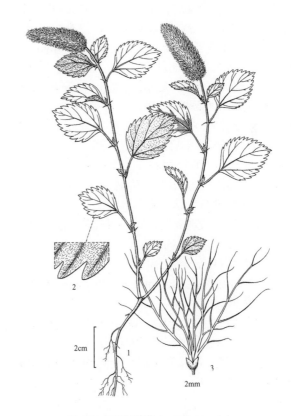

图 628 红尾铁苋菜 Acalypha pendula
1. 植株、叶和雌花序；2. 叶背面部分放大示毛；3. 雌花，示花萼和花柱。（李志民绘）

旷草地或山坡杂草丛中，海拔 30-100m。

分布：除内蒙古和新疆外全国各地广泛栽培。俄罗斯东部、日本、朝鲜、越南、老挝和菲律宾，印度东部和澳大利亚北部有归化。

3. 变叶铁苋菜 Variegated-leaved Acalypha

图 630

Acalypha hamiltoniana Bruant in Kew Bull. **1896**：2. 1896.

常绿小灌木，高 2-3m，植株丛生。叶互生，有大小叶之分，绿色；托叶披针形，早落；叶柄长 2-3cm，被疏柔毛；大叶片披针形或卵状披针形，长 7-10cm，宽 4-7cm，基部圆或钝，边缘全缘或具波状缺刻，有乳黄色镶边，仅背面被疏柔毛，先端渐尖，基出脉 3 条，稀 5 条；小叶叶片披针形，长 2-4cm，宽 1.5-2cm，基部楔形，先端渐尖。花雌雄同株异序，淡黄绿色；雄花序长 10-15cm，腋生，被微柔毛；苞片卵形；雄花：数朵生于苞腋内，组成簇聚伞花序；雌花序较短，长 7-8cm；苞片阔卵形；雌花：花萼裂片披针形，具缘毛；子房被柔毛，花柱 3 枚，顶端撕裂状。蒴果球形，直径约 5mm，果皮被短柔毛。种子球状，无毛，平滑。花果期春夏秋三季。

产地：深圳市各公园常见栽培。

分布：原产印度和新几内亚。我国南方普遍栽培。

用途：园林优良观叶植物。

本市常见有 4 个栽培品种：

（1）金边铁苋菜 Acalypha hamiltoniana 'Marginata'，叶片卵状披针形，翠绿色，边缘具黄色缺刻。

（2）洒金铁苋菜 Acalypha hamiltoniana 'Variegata'，叶片卵状披针形，翠绿色，有乳黄色斑纹。

（3）乳斑旋叶铁苋菜 Acalypha hamiltoniana 'Mustrata Variegata'，叶片近心形，旋扭，翠绿色，具乳黄色斑纹。

（4）镶边旋叶铁苋菜 Acalypha hamiltoniana 'Mustrata Marginata'，叶片阔卵形，旋扭，翠绿色，边缘有乳白色缺刻。

4. 红桑 Coppen Leaves 图 631 彩片 639

Acalypha wilkesiana Müll. Arg. in DC. Prodr. **15**（2）：817. 1866.

直立灌木，高达 4m。嫩枝被短柔毛，老渐无毛。托叶狭三角形，长约 8mm，基部宽 2-3cm，被微柔毛；叶柄长 2-3cm，具疏柔毛；叶片纸质、阔卵形，长 10-18cm，宽 6-12cm，基部圆或钝，边缘具粗圆

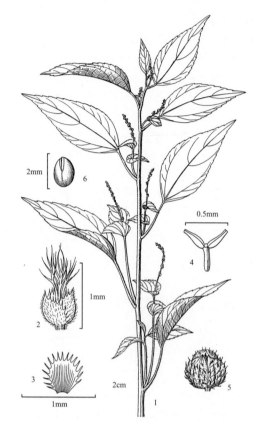

图 629 铁苋菜 Acalypha australis
1. 枝上部、叶和花序；2. 雌花，示花萼和花柱；3. 雌花的萼片；4. 雄蕊；5. 蒴果；6. 种子。（李志民绘）

图 630 变叶铁苋菜 Acalypha hamiltoniana
1. 植株上部，示不同大小的叶和雌花序；2. 雌花苞片；3. 雌花，示苞片、花萼、子房和花柱。（李志民绘）

齿，先端渐尖，常有不规则红色或紫色斑块，仅叶背脉上被疏柔毛，基出脉 3-5 条。花雌雄同株异序，淡紫红色；雄花序为穗状的聚伞圆锥花序，长 10-20cm，1-2 个腋生，除花冠外，各部均被微柔毛；苞片卵形，长约 1mm，雄花：9-17 朵生于苞腋内，组成簇聚伞花序；萼片 4，长卵形，长约 0.7mm；雌花序为穗状花序，长 6-10cm；花序梗长 2-3cm；苞片阔卵形，长约 5mm，宽约 8mm，具 7-11 个粗齿，苞腋内具雌花 1-2 朵；雌花：花萼裂片 3-4 枚，长卵形或三角状卵形，长 0.5-1mm，具缘毛；子房密被短柔毛，花柱 3 枚，长 6-7mm，撕裂成 9-15 条。蒴果球状，直径约 4mm，具 3 个分果瓣，果皮被毛。种子球状，直径约 2mm，平滑。花期：2-10 月，果期：4-12 月。

产地：仙湖植物园（王定跃等 849）、莲花山公园（科技部 2629），本市各地普遍栽培。

分布：原产马来西亚。福建、台湾、广东、香港、澳门、海南、广西和云南等地公园和庭园有栽培。

用途：为热带及亚热带地区优良的观赏植物。

栽培品种很多，下列 4 个品种在本市栽培十分普遍：

（1）金边红桑 Acalypha wilkesiana 'Marginata'，叶褐绿色，边缘红色或淡红色。

（2）乳叶红桑 Acalypha wilkesiana 'Java White'，叶绿色，有白色或黄色斑，或叶黄色，有绿色斑。

（3）彩叶红桑 Acalypha wilkesiana 'Musaica'，叶褐绿色，有粉红色和绿色斑。

（4）线叶红桑 Acalypha wilkesiana 'Heterophylla'，叶条形。

图 631 红桑 Acalypha wilkesiana
1. 分枝的上部、叶和旋扭的幼叶、雄花序（基部带少数雌花）和雌花序；2. 雌花，示苞片、子房和花柱；3. 雄花。（李志民绘）

5. 红穗铁苋菜 狗尾红 Red-hot Cat-tail

图 632 彩片 640

Acalypha hispida N. L. Burm. Fl. Ind. 303，t. 61，fig. 1. 1768.

直立灌木，高达 3m。嫩枝被灰色短茸毛，老渐无毛。托叶狭三角形，长达 1cm，被疏柔毛；叶柄长 4-8cm，被短柔毛；叶片纸质，阔卵形或卵形，长 8-20cm，宽 5-14cm，基部阔楔形、圆钝或微心形，边缘具粗尖锯齿，先端渐尖，叶背脉上被疏柔毛，叶面近无毛，基出脉 3-5 条。花雌雄异株，穗状花序腋生，紫红色；雄花生于苞腋内；花萼 4 裂；无花瓣；雄蕊 8 枚；雌花序长 15-30cm，下垂，红色，花序轴被柔毛；雌花苞片卵状菱形，长约 1mm，全缘，外面被短柔毛，苞腋内具雌花 3-7 朵，簇生；雌花：花萼裂片 3-4，近卵形，顶端急尖，被微毛；子房近球形，密生灰黄色粗毛，花柱 3 枚，长 6-7mm，撕裂 5-7 条。花期：2-11 月。

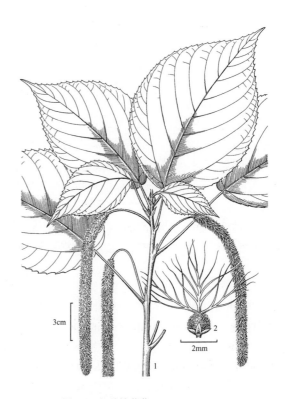

图 632 红穗铁苋菜 Acalypha hispida
1. 枝上部一段、托叶、叶和雌花序；2. 雌花，示花萼、子房和花柱。（李志民绘）

产地：南山（王国栋 6145），本市各公园和绿地普遍栽培。

分布：原产俾斯麦群岛。现世界热带及亚热带地区广泛栽培。江西、台湾、广东、香港、澳门、海南、广西和云南等地公园或庭园广泛栽培。

用途：植株及花序美观，是园林优良观赏植物。

16. 野桐属 Mallotus Lour.

灌木或乔木，通常被星状毛。单叶互生或对生；托叶通常存在；叶柄在叶片基底着生或盾状着生；叶片边缘全缘或有齿，有时具裂片，叶背通常有颗粒状腺体，具掌状脉或羽状脉，在最下部 1 对侧脉的基部具 2 至数个斑状腺体，花单性，雌雄异株或同株，无花瓣，也无花盘，组成总状花序、穗状花序或圆锥花序，顶生、腋生或与叶对生；雄花在每一苞片内多朵；花萼在花蕾时球形或卵形，花萼裂片(2-)3-4(-5)，镊合状排列；雄蕊多数，着生在花托上，花丝离生，花药 2 室，近基部着生，纵裂，药隔截平、突出或 2 裂；无不育雌蕊；雌花在每一苞片内 1 朵；花萼佛焰苞状或有 3-5 裂片，裂片镊合状排列；子房(2-)3(-4)室，每室有胚珠 1 颗，花柱(2-)3(-4)枚，离生或基部合生。蒴果圆球状，开裂为(2-)3(-4)个分果瓣，果皮常随果瓣开裂，中轴宿存。种子每分果瓣 1 颗，种皮脆壳质，胚乳肉质；子叶宽而扁。

约 150 种，主要分布于亚洲热带和亚热带地区，少数分布于热带非洲。我国产 28 种。深圳有 6 种。

1. 植物体干后有香气；雌花花萼佛焰苞状，顶端具 3 齿 ·················· 1. 山苦茶 M. peltatus
1. 植物体干后无香气；雌花花萼非佛焰苞状，具裂片 3-5。
　2. 叶片具脉羽状；叶柄长 1-1.5cm；叶对生，同一对生叶中有两叶的形状和大小极不相等，小型叶退化成托叶状，钻形，大型叶为长圆状披针形 ·················· 2. 粗毛野桐 M. hookerianus
　2. 叶片具基出脉 3-5 条；叶柄长 2-15cm；叶互生，稀有时在小枝上部有对生，无两型叶。
　　3. 蒴果无软刺；叶片基出脉 3 条。
　　　4. 攀缘灌木；叶背疏生黄色腺点；雄蕊 40-75 枚；蒴果密被黄色粉末状毛 ·················· 3. 石岩枫 M. repandus
　　　4. 乔木或直立灌木；叶背疏生红色腺点；雄蕊 15-30 枚；蒴果密被红色腺点和星状毛 ·················· 4. 粗糠柴 M. philippensis
　　3. 蒴果具软刺；叶片基出脉 5 条。
　　　5. 叶稍盾状着生，叶片先端长渐尖，侧脉 3-4 对 ·················· 5. 白楸 M. paniculatus
　　　5. 叶非盾状着生，叶片先端急尖或渐尖，侧脉 6-7 对 ·················· 6. 白背叶 M. apelta

1. 山苦茶 Peltate Mallotus 图 633

Mallotus peltatus（Geisel.）Müll. Arg. in Linnaea **34**：186.1865.

Aleurites peltata Geisel. Croton. Monogr. 81. 1807.

Rottlera oblongifolia Miq. Fl. Ind. Bat. **1**（2）：396. 1859.

Mallotus oblongifolia（Miq.）Müll. Arg. in Linnaea **34**：192. 1865；广东植物志 **5**：73. 2003.

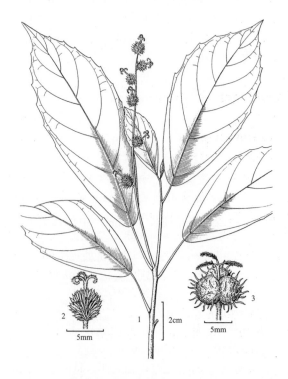

图 633 山苦茶 Mollotus peltatus
1. 枝上部一段、叶和雌花序；2. 雌花；3. 果。（李志民绘）

灌木或小乔木，高 2-12m，植物体干后有香气。小枝被星状短柔毛和颗粒状腺体。叶互生或上部的近对生；托叶卵状披针形，被星状短柔毛，早落；叶柄长 0.5-4.5cm；叶片纸质，长圆状倒卵形或椭圆形，长 5-18cm，宽 2-6cm，基部钝或浅心形，全缘或上部边缘波状，先端渐尖或尾状渐尖，背面除中脉和侧脉外无毛，具稀疏橙色腺点，侧脉每边 8-10 条，被星状短柔毛，在最下部 1 对侧脉的基部有褐色腺体 4-6 枚。花雌雄异株；雄花序总状，顶生，长 4-12cm；苞片卵状披针形，长 2-3mm；雄花：2-5 朵簇生苞腋，花蕾卵形，长约 1.5mm，顶端突尖；花梗长约 3mm；花萼裂片 3，阔卵形，长约 1.5mm，不等大，无毛；雄蕊 25-45 枚，花药具宽药隔；雌花序总状，顶生，长 7-10cm；苞片钻形，长约 2.5mm；雌花：花萼佛焰苞状，长约 4.5mm，顶端具 3 齿裂，外面被毛和腺点；子房球形，密生皮刺和柔毛，皮刺顶端有刺毛，花柱 3 枚，中部以下合生，柱头长 0.5-1cm，羽毛状。蒴果扁球形，直径 1.4cm，被柔毛和橙色腺点，疏生弯曲皮刺。种子球形，直径约 5mm，具斑纹。花期：2-6 月，果期：6-11 月。

产地：羊台山、塘朗山、南山（邢福武 12869，IBSC）。生于山谷中，海拔 200m。

分布：广东、香港和海南。印度、缅甸、马来西亚、印度尼西亚、泰国、越南、菲律宾和新几内亚。

2. 粗毛野桐 Hooker's Mallotus

图 634　彩片 641 642

Mallotus hookerianus（Seem.）Müll. Arg. in Linnaea **34**：193. 1865.

Hancea hookeriana Seem. in Bot. Voy. Herald. 409，t. 96. 1857.

Cordemoya hookerianus（Seem.）Müll. Arg. in Linnaea **34**：193. 1865.

灌木或小乔木，高 1.5-6m。嫩枝和叶柄被黄色长粗毛。托叶条状披针形，长约 1cm，疏被长粗毛，宿存；叶柄长 1-1.5cm，两端稍厚。叶对生，同一对生叶中两叶的形状和大小极不相等，小型叶退化成托叶状，钻形，长 1-1.2cm，疏被长粗毛，大型叶叶片近革质，长圆状披针形，长 8-12cm，宽 2-5cm，基部钝或圆形，边缘全缘或波状，先端渐尖，叶背中脉近基部被长粗毛，侧脉腋内被短柔毛，其余无毛，叶面无毛，侧脉8-9 对，在最下部 1 对侧脉的基部具不明显的褐色腺体。花雌雄异株；雄花序总状，生于小型叶叶腋，长4-10cm；苞片披针形或钻形，长约 1-5mm，被毛；雄花：每苞内有 1-2 朵花；花梗长 3-4mm，中部具关节；花萼裂片 4，披针形，长约 5mm，被粗毛；雄蕊 60 多枚，

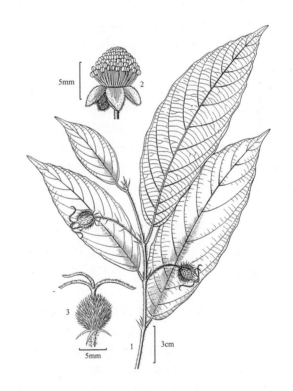

图 634 粗毛野桐 Mallotus hookerianus
1. 小枝上部一段、托叶、叶和雌花；2. 雄花示花萼和雄蕊；
3. 雌花示花萼和雌蕊。（李志民绘）

花丝红色；雌花：单朵或 2-3 朵组成总状花序；花梗长 3-4mm；花萼裂片 5，披针形，长约 5mm，被粗毛；子房球状，具皮刺；花柱 3 枚，基部合生，外展，密生羽毛状突起。蒴果三棱状球形，直径 1-1.5cm，密被灰黄色星状短柔毛和软刺。种子球形，褐色，平滑。花期：3-5 月，果期：5-10 月。

产地：南澳、盐田（王定跃 1674）、梧桐山（陈景方 2310）、龙岗（深圳仙湖华农采集队 619）。生于山地疏林中或灌木丛中，海拔 300-500m。

分布：广东、香港、海南和广西。越南。

3. 石岩枫 Creepy Mallotus 图 635 彩片 643 644

Mallotus repandus（Willd.）Müll. Arg. in Linnaea **34**：197. 1865.

Croton reparndus Willd. in Ges. Naturf. Freunde Berlin Neue Schriften. **4**：206. 1803.

攀缘状灌木。嫩枝、叶柄、花序均密被黄色星状柔毛，老枝无毛。叶互生；叶柄长 2-7cm；叶片纸质或膜质，卵形或椭圆状卵形，长 3.5-8cm，宽 2.5-5cm，基部楔形或近圆形，边全缘或波状，先端急尖或渐尖，嫩叶两面被星状柔毛，成长叶仅叶背脉腋内被毛和疏生黄色透明腺点，基出脉 3 条，有时稍离基升出，侧脉 4-5 对。花雌雄异株；雄花序总状，下部有时多分枝，顶生或腋生，长 5-15cm；苞片钻形，长约 2mm，密被星状毛；雄花：2-3 朵生于苞腋内；花梗长约 4mm；花萼裂片 3-4，卵状长圆形，长约 3mm，外面密被茸毛；雄蕊 40-75 枚，花丝长约 2mm，花药长圆形，药隔稍狭；雌花序总状，有时基部有分枝，顶生，长 5-8cm；雌花：1 朵生于苞腋内；花梗长约 3mm；花萼裂片 5，卵状披针形，长约 3.5mm，外面被茸毛和颗粒状腺点；子房卵形，密被星状毛和腺点，2-3 室，花柱 2-3 枚，长约 3mm，被星状毛，柱头密生羽毛状突起。蒴果扁球形，直径 5-10mm，具 2-3 分果瓣，密被黄色粉末状毛和腺体。种子卵形，直径约 5mm，黑色。花期：3-5 月；果期：5-9 月。

产地：西涌（张寿洲等 1091）、羊台山（深圳植物志采集队 13666）、塘朗山（深圳植物志采集队 13746），本市各地均有分布。生于山地疏林中或林缘，海拔 300-500m。

分布：山西南部、河北、河南、安徽、浙江、江西南部、福建、台湾、广东、香港、海南、广西、湖南、贵州、云南、四川和甘肃南部。不丹、尼泊尔、印度、孟加拉国、斯里兰卡、缅甸、泰国、老挝、越南、柬埔寨、马来西亚、菲律宾、印度尼西亚、巴布亚新几内亚、澳大利亚北部和新喀里多尼亚。

4. 粗糠柴 Kamalat-tree 图 636

Mallotus philippensis（Lam.）Müll. Arg. in Linnaea **34**：196. 1865.

Croton philippensis Lam. Encycl. **2**：206. 1786.

乔木或灌木，高 2-18m。树皮深灰褐色，平滑；小枝、嫩叶和花序均密被黄褐色星状柔毛。叶柄长 2-9cm，被褐色鳞片状毛或星状毛；叶互生或有时在小枝上部有对生；叶片近革质，卵形、长圆形或卵状

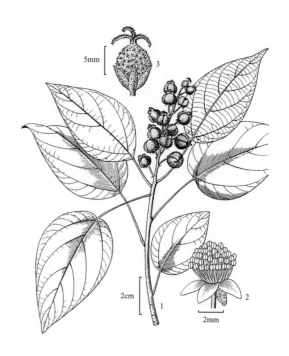

图 635 石岩枫 Mallotus repandus
1. 枝上部一段、叶和果序；2. 雄花；3. 雌花。（李志民绘）

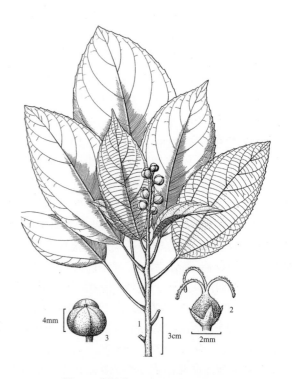

图 636 粗糠柴 Mallotus philippensis
1. 枝上部一段、叶和果序；2. 雌花；3. 蒴果。（李志民绘）

披针形，长 5-22cm，宽 3-6cm，基部圆形或楔形，边缘近全缘，先端渐尖，叶背沿叶脉被长柔毛，其余密被浅灰色或灰黄色星状短茸毛，生红色腺点，叶面无毛，基出脉 3 条，侧脉 4-6 对，近基部有褐色腺体 2-4 枚。花雌雄异株；花序总状，顶生或腋生，单生或数个簇生；雄花序长 5-10cm；苞片卵形，长约 1mm，被毛；雄花：1-5 朵生于苞腋；花梗长 1-2mm；花萼裂片 3-4，长圆形，长约 2mm，密被星状毛和红色腺点；雄蕊 15-30 枚；雌花序长 3-8cm，有时长达 16cm；雌花：1 朵生于苞腋内；花梗长 1-2mm；花萼裂片 3-5，卵状披针形，长约 3mm，外面密被星状茸毛和红色腺点；子房近球形，直径 6-8mm；花柱 2-3 枚，长 3-4mm，外向裂，柱头羽毛状。蒴果钝三棱状扁球形，直径 6-8mm，果皮密被红色腺点和星状毛。种子卵球形或球形，黑色，光滑。花期：4-5 月，果期：5-11 月。

产地：七娘山、盐田（张寿洲等 3889）、三洲田（深圳考察队 694）、梧桐山（张寿洲等 11295）、塘朗山。生于山地林中或林缘，海拔 200-500m。

分布：广东、香港、海南、广西、湖南、江西、福建、台湾、浙江、江苏、安徽、湖北、四川、贵州和云南。巴基斯坦、不丹、尼泊尔、印度、孟加拉国、斯里兰卡、缅甸、泰国、老挝、越南、马来西亚、菲律宾、新几内亚和澳大利亚北部。

5. 白楸 Panicled Mallotus 图 637 彩片 645 646
Mallotus paniculatus（Lam.）Müll. Arg. in Linnaea **34**：189.1865.

Croton paniculatus Lam. Encycl. **2**：207.1786.

乔木或灌木，高 3-15m。树皮灰褐色，近平滑；小枝、叶柄和花序均密被褐色或黄褐色星状茸毛。叶互生，生于花序下部的叶常密生；叶片卵形、卵状三角形或菱形，长 5-15cm，宽 3-10cm，基部楔形或阔楔形，边缘近全缘或波状，先端长渐尖，上部边缘有时具 2 裂片或粗齿，嫩叶两面均被灰黄褐色或灰白色星状茸毛，成长叶片上面无毛，基出脉 5 条，侧脉 3-4 对；托叶早落；叶柄长 2-15cm，稍盾状着生。花雌雄异株，总状花序或圆锥花序顶生，分枝广展；雄花序长 10-20cm；苞片卵状披针形，长约 2mm，苞腋内有雄花 2-6 朵；花萼裂片 4-5，卵形，长 2-2.5mm，外面密被星状毛；雄蕊 50-60 枚；雌花序长 5-35cm；雌花在每苞腋内 1-2 朵；花萼裂片 4-5，长卵形，长 2-3mm，不等大，外面密被星状毛；子房球形，被星状毛和皮刺（由表皮细胞形成），花柱 3 枚，基部稍合生，上部外展，柱头羽毛状或乳头状突起。蒴果扁球形，具钝三棱，直径 1-1.5cm，密被褐色星状茸毛和疏生钻状软刺，刺长 4-6mm，被毛。种子近球形，深褐色，常有皱纹。花期：6-10 月，果期：10-12 月。

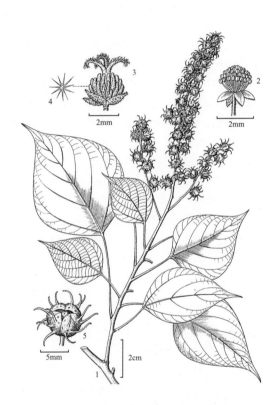

图 637 白楸 Mallotus paniculatus
1. 枝上部一段、小枝、叶和果序；2. 雄花（子房外面有星状毛和皮刺）；3. 雌花；4. 雌花外面的星状毛；5. 蒴果。（李志民绘）

产地：大雁顶（张寿洲等 17765）、七娘山、南澳（张寿洲等 4079）、大鹏、马峦山、龙岗、盐田、梧桐山（深圳考察队 2483）、福田、羊台山。生于山地林缘或灌木丛中，海拔 100-400m。

分布：福建、台湾、广东、香港、澳门、海南、广西、贵州和云南。印度、孟加拉国、缅甸、老挝、越南、柬埔寨、马来西亚、菲律宾、巴布亚新几内亚和澳大利亚东北部。

6. 白背叶 White-backed-leaved Mallotus

图 638 彩片 647 648

Mallotus apelta（Lour.）Müll. Arg. in Linnaea **34**: 189. 1865.

Ricinus apelta Lour. Fl. Cochinch. **2**: 589. 1790.

灌木或小乔木，高 1-5m。小枝、叶柄和花序均密被淡黄色星状毛和疏生黄色颗粒状腺体。叶互生；托叶早落；叶柄长 5-15cm；叶片纸质，阔卵形或卵形，稀心形，长和宽均 6-25cm，基部楔形截平或浅心形，稀圆形，边缘波状，每边常具 1-2 个粗齿或裂片，先端急尖或渐尖，叶背被灰白色星状毛和散生橙黄色腺点，叶面绿色，干后黄绿色，疏被蛛丝状毛，后变无毛，基出脉 5 条，下部 2 条常不明显，侧脉 6-7 对。花雌雄异株，花序总状，下部常多分枝；雄花序长 15-30cm；苞片卵形，长约 1.5mm；雄花：2-8 朵簇生于苞腋；花梗 1-2.5mm；花蕾球形，直径约 2.5mm；花萼裂片 4，卵形或卵状三角形，长约 3mm，外面密被淡黄色绵毛，内面常有红色腺点；雄蕊 50-75 枚，花丝长约 3mm；雌花序长 5-30cm；雌花：1 朵生于苞腋内；花梗长约 2mm；花萼裂片 3-5，卵形或卵状三角形，长约 2mm，下部合生，外面密被绵毛和腺点；子房球形，被星状毛和皮刺，花柱 3 枚，基部合生，上部外弯，

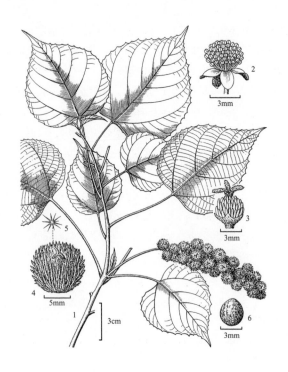

图 638 白背叶 Mallotus apelta
1. 枝上部一段、叶和果序；2. 雄花，示花萼和雄蕊；3. 雌花，示花萼、子房和花柱；4. 果；5. 果外面的星状毛；6. 种子。（李志民绘）

柱头密生羽毛状突起。果序长圆柱状，长达 30cm，果序梗长达 15cm；蒴果近球形，直径 1-1.3cm，外面密被星状毛和软刺，软刺条形，长 0.5-1cm，黄褐色或麦秆黄色。种子近球球，直径约 3.5mm，褐色或黑色，具皱纹。花期：5-10 月；果期：7-11 月。

产地：梧桐山（深圳考察队 2478）、仙湖植物园（王定跃等 89153）、龙岗区（华农仙湖采集队 532）。本市各山地山坡疏林或灌丛中常见，海拔 100-300m。

分布：江西、福建、广东、香港、澳门、海南、广西、湖南和云南。越南。

17. 血桐属 Macaranga Thouars

乔木或灌木。嫩枝和叶通常被柔毛。单叶互生；托叶离生或合生，早落；叶柄长，盾状或非盾状着生；叶片近基部中脉两侧具斑状腺体 1-2 个，叶背具颗粒腺体，具掌状脉或羽状脉。花单性，雌雄异株，稀同株，总状或圆锥花序，腋生或生于落叶腋部；苞片通常叶状；无花瓣及花盘；雄花：多朵簇生或组成簇聚伞花序（花序轴及其分枝强烈短缩，所有的花密集在一起成一束），着生于苞腋内；花梗短；花萼在花蕾时球形，萼片 2-4（5），镊合状排列；雄蕊（1）2-5 枚或 10-20（50）枚，花丝短，离生或基部合生，约与花萼等长，花药 2-4 室，2-4 瓣横裂或十字开裂。雌花：通常 1 朵生于苞腋内，具短花梗或无花梗；花萼杯状或酒瓶状，顶端截形或具裂片 2-4；子房（1）2- 或 3（6）室，每室有 1 个胚珠；花柱 1-3（6）枚，离生，稀基部合生成粗的柱或合生成球状。蒴果具 1-3（6）分果瓣，被颗粒状腺体，有时具软刺或瘤体。种子近球状，种皮脆壳质，常具有斑纹。

约 260 种，分布于亚洲、非洲和大洋洲的热带地区。我国产 16 种。深圳有 4 种。

1. 托叶钻状；叶柄生于叶片基部；花序为总状花序 ⋯⋯⋯⋯⋯⋯⋯⋯⋯⋯⋯⋯ **1. 刺果血桐 M. lowii**
1. 托叶非钻状；叶柄盾状或浅盾状着生；花序为圆锥花序。
　2. 托叶三角形，长 1.5-3cm；叶片先端渐尖；雄花苞片边缘流苏状；雌花苞片边缘具篦齿状条裂；子房和蒴果具数枚软刺 ⋯⋯⋯⋯⋯⋯⋯⋯⋯⋯⋯ **2. 血桐 M. tanarius** var. **tomentosa**

2. 托叶披针形，长1cm以下；叶片先端长渐尖；雄
花苞片边缘不呈流苏状；雌花苞片边缘不具篦
齿状条裂；子房和蒴果无软刺。

   3. 叶柄浅盾状着生；叶片背面被颗粒状腺体；
苞片卵状披针形，边缘具长齿1-3枚；雄
蕊3-5枚 ………… **3. 鼎湖血桐 M. sampsonii**

   3. 叶柄盾状着生；叶片背面无颗粒状腺体；苞
片长圆形，边缘具腺体2-4个；雄蕊9-21枚
…………………… **4. 中平树 M. denticulata**

1. 刺果血桐 Spine-fruited Macaranga   图639

Macaranga lowii King & J. D. Hook. Fl. Brit.
Ind. **5**：453. 1887.

Macaranga auriculata（Merr.）Airy Shaw in Kew
Bull. **19**：325. 1965；广东植物志 **5**：84. 2003.

乔木，高5-15m。小枝初被柔毛，后变无毛。托
叶钻状，长2.5-3mm，早落；叶柄长2-3.5cm，生于叶
片基部，疏生长柔毛；叶片纸质，椭圆形至阔披针形，
长8-16cm，宽3-6cm，基部微耳状心形，两侧各具斑
状腺体1-2个，边缘全缘或波状具疏生腺齿，先端长
渐尖，叶背具颗粒状腺体，中脉在叶背被疏柔毛。雄
花序为总状花序或有少数分枝而为圆锥花序，长6-9cm，
花序轴被疏柔毛；苞片长卵形，长2-3mm，偶有数枚
披针形，长1-2cm；雄花：5-7朵花生于苞片腋内；花
梗长1.5mm，被短柔毛；萼片3-4，长卵形，被疏柔毛；
雄蕊12-16枚，花药4室；雌花序为总状花序，长4-6cm；
花序轴疏被柔毛；苞片4-7枚，其中2-3枚叶状，披针
形，长1-1.2cm，宽3-4mm，边缘具细齿，无毛，其
余为卵状三角形，长约1mm，被柔毛；雌花：花萼裂片
3-4，披针形，长约2mm，被毛；子房2室，具软刺，
长1-2mm，花柱2枚，条形，长0.7-1.2cm，近基部合生，
具乳头状突起。蒴果双球形，长6mm，宽1.2cm，具
软刺和颗粒状腺体；果梗长3-7mm。种子近球形，直
径约5mm，黑褐色，具斑纹。花期：1-5月，果期：5-6月。

产地：南澳（邢福武11084，IBSC）。生于密林中，
海拔100m。

分布：福建、广东、香港、海南和广西。越南、泰国、
马来西亚、菲律宾和印度尼西亚。

2. 血桐 Elephant's Ear   图640   彩片649 650

Macaranga tanarius（L.）Müll. Arg. var. **tomentosa**
（Blume）Müll. Arg. in DC. Prod. **15**（2）：997. 1866.

Mappa tomentosa Blume，Bijdr. 264. 1826.

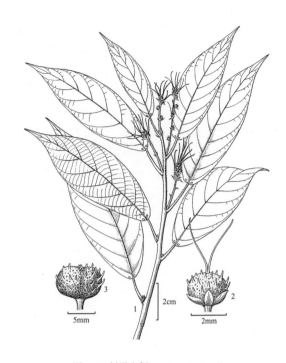

图639 刺果血桐 Macaranga lowii
1. 小枝上部一段、叶（叶片基部具2腺体）和雌花序；2. 雌
花；3. 果。（李志民绘）

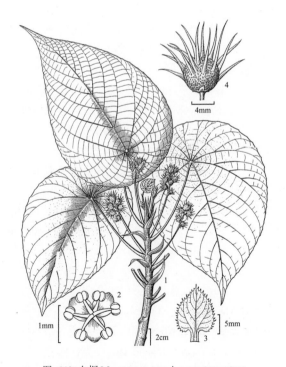

图640 血桐 Macaranga tanarius var. tomentosa
1. 枝上部一段、叶和果序；2. 雄花；3. 雌花的苞片；4. 蒴果。
（李志民绘）

乔木，高达 10m。嫩枝被柔毛；小枝粗壮，被白霜。托叶膜质，三角形，长 1.5-3cm，宽 0.7-2cm；叶柄长 14-30cm，盾状着生，叶片纸质或薄纸质，近圆形或卵圆形，长达 30cm，宽达 24cm，基部钝圆，全缘或边缘具浅状小齿，先端渐尖，叶背密被颗粒状腺体，沿脉上被柔毛，叶面无毛，掌状脉 7-9 条，侧脉 7-9 对。雄花序为圆锥花序，长 5-14cm；花序轴被柔毛至无毛；苞片卵圆形，长 3-5mm，宽 3-4.5mm，基部兜状，边缘流苏状，被柔毛；雄花：通常约 11 朵花簇生于苞片腋内；萼片 3，长约 1mm，被疏柔毛；雄蕊 4-10 枚，花药 4 室；雌花序圆为锥花序，长 5-15cm；花序轴被疏柔毛；苞片卵形，长 1-1.5cm，基部呈柄状，边缘篦齿状条裂，被柔毛；雌花：通常 1 朵生于苞片腋内；花萼长约 2mm，裂片 2-3，被短柔毛；子房 2-3 室，近脊部具软刺，花柱 2-3 枚，长约 6mm，近舌状。蒴果扁球状，长约 8mm，宽约 1.2cm，密被颗粒状腺体和具数枚长约 8mm 的软刺，成熟时分裂为 2-3 个分果瓣。种子近球形，直径约 5mm。花期：4-5 月，果期：6 月。

产地：南澳（张寿洲等 1749）、仙湖植物园（李沛琼 2518）、葵涌（张寿洲等 727）。本市各地海边及低山山地疏林或灌木林中均有分布，海拔 100-300m，园林中常有栽培。

分布：台湾、广东、香港和澳门。日本、印度、越南、泰国、缅甸、马来西亚、菲律宾、印度尼西亚和澳大利亚北部。

用途：速生树种，木材可供建筑和家具用材。枝叶浓绿，可作行道树和观赏树木。

3. 鼎湖血桐 Sampson's Macaranga

图 641　彩片 651

Macaranga sampsonii Hance in J. Bot. **9**：134. 1871.

灌木或小乔木，高达 7m。嫩枝和花序均被黄褐色茸毛。托叶披针形，长 0.7-1cm，被柔毛，早落；叶柄长 5-13cm，浅盾状着生，疏被柔毛至近无毛；叶片薄革质，三角状卵形或卵圆形，长 12-17cm，宽 11-15cm，基部近截平或阔楔形，有时具斑状腺体 2 个，边缘波状或具粗锯齿，先端骤长尾尖，叶背被柔毛和颗粒状腺体，掌状脉 7-9 条，侧脉约 7 对。雄花序为圆锥花序，长 8-12cm；苞片卵状披针形，长 0.5-1.2cm，先端尾状，两侧具 1-3 枚齿；雄花：5-6 朵簇生于苞片腋内；萼片 3，长约 1mm；雄蕊 3-5 枚，花药 4 室。雌花序为圆锥花序，长 7-11cm；苞片同雄花，但略小；雌花：通常 1 朵生于苞片腋内；花萼裂片 3-4，卵形，长约 1.5mm；子房 2 室，花柱 2 枚，长约 2mm。蒴果双球形，高约 5mm，宽约 8mm，具颗粒状腺体；果梗长 2-4mm。花期：5-6 月，果期：7-8 月。

产地：七娘山、南澳（张寿洲等 2022）、梧桐山（张寿洲等 3008，仙湖华农学生采集队 10600）。生于山地林中，海拔 200-300m。

分布：福建、广东、香港和广西。越南。

图 641 鼎湖血桐 Macaranga sampsonii
1. 枝上部一段、叶和雄花序；2. 苞片；3. 雄花；4. 果；
5. 叶背面的腺点。（李志民绘）

4. 中平树 Denticulate Macaranga

图 642

Macaranga denticulata（Blume）Müll. Arg. in DC. Prodr. **15**（2）：1000. 1866.

Mappa denticulata Blume，Bijdr. 625. 1825.

乔木，高达 15m。嫩枝、花序和花均被锈色或黄褐色茸毛；小枝粗壮，具纵棱，茸毛呈粉状脱落。托叶披针形，长 7-8mm，被茸毛，早落；叶柄长 5-20cm，盾状着生，疏被柔毛；叶片近革质，三角状卵形或卵圆形，长 12-

30cm，宽 11-28cm，基部钝圆或近截平，稀浅心形，两侧通常各具斑状腺体 1-2 个，边缘近全缘或微波状，先端长渐尖，叶背密被柔毛，无颗粒腺体，掌状脉 7-9 条，侧脉 8-9 对。雄花序为圆锥花序；苞片近长圆形，长 2-3mm，具 2-4 个腺体；雄花：3-7 朵簇生于苞片腋内；萼片 2-3，长约 1mm；雄蕊 9-21 枚，花药 4 室。雌花序为圆锥花序；苞片长圆形或卵形，长 5-7mm，具 2-6 个腺体；雌花：通常 1 朵生于苞片腋内；花萼裂片 2，长约 1.5mm；子房 2-3 室，花柱 2-3 枚，长约 1mm。蒴果双球形，宽 5-6mm，高约 3mm，具颗粒状腺体；宿萼 3-4 裂。花期：4-7 月，果期：5-8 月。

产地：莲塘（王定跃 90646）、福田（李沛琼 2552）。生于低山疏林中，海拔 30-100m。

分布：广东、海南、广西、贵州、云南和西藏。印度、尼泊尔、缅甸、泰国、老挝、越南、马来西亚和印度尼西亚。

用途：本种生长快，可作先锋绿化树种。

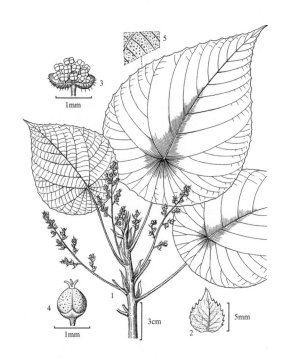

图 642 中平树 Macaranga denticulata
1. 枝上部一段、托叶、叶和雄花序；2. 苞片；3. 雄花；4. 雌花；5. 叶背面腺点。（李志民绘）

18. 蝴蝶果属 Cleidiocarpon Airy Shaw

乔木。嫩枝和幼叶被微星状毛。单叶互生；叶片边缘全缘，基部具 2 个腺体，具羽状脉；叶柄具叶枕；托叶小。圆锥状花序顶生；花雌雄同株，无花瓣，花盘缺；雄花多朵生在苞腋而集成团伞花序，稀疏地排列在花序轴上；雌花 1-6 朵，着生在花序轴下部或中部；雄花：花萼在花蕾时呈近球状，萼片 3-5，镊合状排列；雄蕊 3-5 枚，花丝离生，花药背部着生，4 室，药隔不突出；不育雌蕊小，柱状，无毛；雌花：副萼苞片 5-8，小，与萼片互生，早落；萼片 5-8，覆瓦状排列，宿存；子房 2 室，每室有胚珠 1 颗，花柱下部合生，上部 3-5 裂，裂片顶端具 3-5 分裂。果为核果，近球形或双球形，基部急狭呈柄状，顶端具宿存花柱基，外果皮壳质，具微皱纹，密被微星状毛。种子近球形，胚乳丰富，子叶扁平。

2 种，分布于缅甸、泰国和越南。我国产 1 种。深圳栽培 1 种。

蝴蝶果 Cavalerie's Cleidiocarpon

图 643 彩片 652 653

Cleidiocarpon cavaleriei（H. Lév.）Airy Shaw in Kew Bull. **19**: 314. 1965.

Baccaurea cavaleriei H. Lév. Fl. Koug-Tchéou 159. 1914.

常绿乔木，高达 25m。托叶钻状，长 1.5-2.5mm

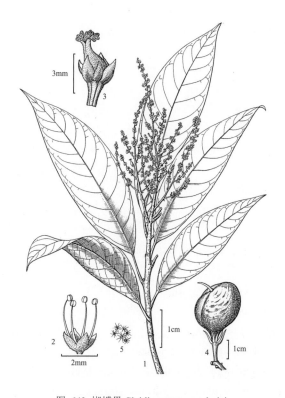

图 643 蝴蝶果 Cleidiocarpon cavaleriei
1. 枝上部一段、叶和圆锥花序；2. 雄花；3. 雌花示萼片、子房和花柱；4. 核果，基部为宿存萼片。5. 花萼外面的星状毛。（李志民绘）

早落；叶柄长 1-4cm，基部具叶枕，顶端膨大呈枕状；叶片纸质，椭圆形，长圆状椭圆形或披针形，长 6-22cm，宽 1.5-6cm，基部楔形，具 2 个腺体，先端渐尖，稀急尖，嫩叶被疏星状毛，老渐无毛。圆锥花序顶生，长 10-15cm，除花冠外，各部均密被灰黄色微星状毛；雄花 3-13 朵密集成团伞花序，疏生在花序轴上部；雌花 1-6 朵，生于花序轴的基部或中部；苞片披针形，长 2-8mm；小苞片钻状，长约 1mm；雄花：萼片 3-5，长卵形，长 1.5-2mm；雄蕊 3-5 枚，花丝长 3-5mm，花药长约 0.5mm；不育雌蕊柱状，长约 1mm；雌花：副萼苞片 5-8，披针形或鳞片状，长 1-4mm，早落；萼片 5-8，卵状椭圆形或阔披针形，长 3-5mm，两面被茸毛；子房 2 室，通常 1 室不发育，稀 2 室均发育，花柱长 4-7mm，柱头 3-5 裂，长约 3mm，向一侧平展，裂片再分裂为 2-3 枚短裂片，密生小乳头。果单生或稀双生，斜卵球形或双球状，直径 3-5cm，被微毛，基部缩呈柄，柄长 0.5-1.5cm，外果皮壳质，中果皮薄壳质；宿萼片长 1-1.5cm。果梗长 1-1.5cm。种子近球形，直径 2.5-3cm，种皮厚约 1mm，骨质。花期：4-6 月，果期：6-11 月。

产地：仙湖植物园（李沛琼 3139），本市各公园和绿地常有栽培。

分布：广西、贵州和云南。越南。在广东、香港、澳门和海南有栽培。

用途：园林绿化优良树种。

19. 山麻杆属 Alchornea Sw.

乔木或灌木。枝条无毛或被单毛或星状毛。单叶互生；叶片边缘具腺齿，基部具斑状腺体，在叶片和叶柄相接处具 2 枚小托叶或无，具羽状脉或掌状脉；叶柄通常较长，基部两侧通常具 2 枚托叶。穗状、总状或圆锥状花序，顶生、腋生或茎生；花雌雄同株或异株，无花瓣；雄花：多朵簇生于苞腋内；花芽时花萼萼片闭合，开花时展开，萼片 2-5，镊合状排列；雄蕊 4-8 枚，花丝基部合生成盘状，花药长圆状，基着，2 室，纵裂；雌花：1 朵生于苞腋内；萼片 4-8，有时基部具腺体；子房 2-3 室，每室有胚珠 1 颗，花柱 2-3 枚，分离或基部合生，条形，顶端全缘，稀 2 裂。蒴果具 2-3 个分果瓣，果皮平滑或具小瘤或小疣。种子无种阜，种皮壳质，胚乳肉质，子叶阔，扁平。

约 50 种，分布于世界热带、亚热带地区。我国有 8 种。深圳有 2 种。

1. 叶片长倒卵形、倒卵形或阔披针形，背面非浅红色，基部无小托叶，具羽状脉 ……………………
…………………… 1. 羽脉山麻杆 A. rugosa
1. 叶片阔卵形，背面浅红色，基部具 2 枚小托叶，具基出脉 3 条…………… 2. 红背山麻杆 A. trewioides

1. 羽脉山麻杆 Pinnate-veined Christmas Bush

图 644

Alchornea rugosa（Lour.）Müll. Arg. in Linnaea **34**：170. 1865.

Cladoles rugosa Lour. Fl. Cochinch. **2**：574. 1790.

灌木或小乔木，高 1.5-5m。小枝无毛。托叶钻状，长 5-7mm；叶柄长 0.5-3cm；无小托叶；叶片纸质，长倒卵形、倒卵形至阔披针形，长 10-21cm，宽 4-10cm，基部略钝或浅心形，基部具斑状腺体 2 枚，边缘具细锯齿，先端渐尖，叶背仅脉上和脉间被柔毛，叶面无毛，

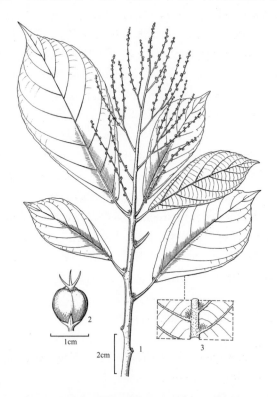

图 644 羽脉山麻杆 Alchornea rugosa
1. 枝上部一段、叶（叶片基部具 2 枚腺体）和圆锥花序；
2. 果；3. 叶片的一部分，示背面脉上和脉腋间的柔毛。（李志民绘）

侧脉每边 8-12 条。花雌雄异株；雄花序圆锥状，顶生，长 8-25cm；苞片三角形，长约 1mm；雄花：5-11 朵簇生于苞腋；花梗长 0.5mm；萼片 2 或 4；雄蕊 4-8 枚；雌花序总状或圆锥状，顶生，长 7-16cm；苞片三角形，长 1.5mm；雌花：花梗长约 1mm；萼片 5，三角形，长约 1mm；子房球形，被微柔毛，花柱 3 枚，条形，长 6-7mm，近基部合生。蒴果近球形，直径约 8mm，具 3 圆棱，近无毛，果梗长约 2mm。种子卵球形，长约 5mm，种皮浅褐色，具小瘤状突起。花果期：几乎全年。

产地：深圳园林科研所栽培

分布：广东、海南、广西和云南。印度（尼科巴群岛）、缅甸、泰国、马来西亚、菲律宾、印度尼西亚、新几内亚和澳大利亚北部。

2. 红背山麻杆 红背叶 Christmas Bush

图 645　彩片 654 655

Alchornea trewioides（Benth.）Müll. Arg. in Linnaea **34**：168. 1865.

Stipellaria trewioides Benth. in J. Bot. Kew Gard. Misc. **6**：3. 1854.

直立灌木，高达 2m。小枝被灰色微柔毛，后变无毛。托叶钻形，长 3-5mm，被微毛，凋落；叶柄长 7-12cm；小托叶披针形，长 2-3.5mm；叶片薄纸质，阔卵形，长 8-15cm，宽 7-13cm，基部浅心形或近截形，边缘疏生腺小齿，先端急尖或渐尖，叶背浅红色，仅脉上被微柔毛，叶面无毛，基出脉 3 条，脉腋间具腺体 4 个。花雌雄异株，偶见同株；雄花序穗状，腋生，长 7-15cm，具微柔毛；苞片三角形，长约 1mm；雄花多朵簇生于苞腋；花梗长约 2mm，无毛，中部具关节；雌花序总状，顶生，长 5-6cm，着花 5-12 朵，被微柔毛；苞片狭三角形，长约 4mm，基部具 2 个腺体；小苞片披针形，长约 3mm；花梗长 1mm；雄花：花萼在花芽时球形，直径约 1.5mm，无毛，萼片 4，长圆形；雄蕊 7-8 枚；雌花：萼片 5-6，披针形，长 3-4mm，被短柔毛，其中 1 枚萼片基部具 1 个腺体；子房球形，被短茸毛，花柱 3 枚，条形，长达 1.5cm，基部合生。蒴果球形，直径 0.8-1cm，具 3 圆棱，果皮被微柔毛。种子扁卵形，长约 6mm，种皮浅褐色，具瘤状凸起。花期：3-6 月，果期：4-8 月。

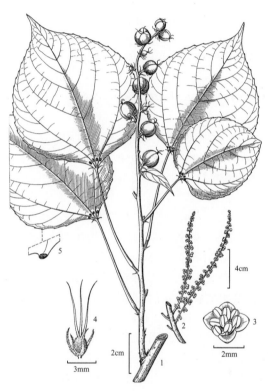

图 645 红背山麻杆 Alchornea trewioides
1. 茎上部一段、枝、叶和果序；2. 雄花序；3. 雄花；4. 雌花；
5. 叶片边缘腺小齿。（李志民绘）

产地：西涌、七娘山、南澳、大鹏、排牙山、笔架山、田心山、马峦山（李勇等 9653）、羊台山（深圳植物志采集队 13670）、南山（李沛琼 25727）。生于平原或低山地矮灌丛中或疏林下，海拔 50-300m。

分布：江西、福建、广东、香港、澳门、海南、广西和湖南。日本和越南。

用途：枝、叶可药用，煎水外用治风疹。

20. 银柴属 Aporosa Blume

乔木或灌木，全株无乳汁。单叶互生；托叶 2 枚，早落；具叶柄，叶柄顶端通常具有 2 枚小腺体；叶片边缘全缘或具疏齿。花单性，雌雄异株，稀同株，无花瓣，也无花盘，多朵组成腋生穗状花序；花序单生或数枝簇生；雄花序比雌花序长，具苞片；花梗短；无花瓣及花盘；雄花：萼片 3-6，覆瓦状排列；雄蕊 2-5 枚，花丝分离，与萼片等长或长过萼片，花药小，2室，近球形；退化雌蕊小或无；雌花：萼片3-6，比雄花萼片大，宿存；子房2-4室，每室有胚珠2颗，花柱短，2裂，柱头顶端2裂或全缘，具小颗粒状凸起或呈流苏状或条裂。蒴果核果状，成熟时呈不规则开裂，内有种子1-2颗。种子无种阜，胚乳肉质，子叶扁平而宽。

约80种，分布于亚洲南部及东南部热带地区，从印度和斯里兰卡至印度尼西亚和马来西亚。我国产4种。深圳产1种。

银柴 大沙叶 Common Aporosa

图646 彩片656 657

Aporosa dioica(Roxb.)Müll. Arg. in DC. Prodr. **15**(2)：472. 1866.

Alnus clioica Roxb. F1. Ind. **3**：580. 1832.

Aporosa chinensis(Champ. ex Benth.)Merr. in Lingnan Sci. J. **13**：34. 1934；海南植物志 2：117，图353. 1965.

乔木，高达9m，在次生林中常呈灌木状，高约2m。小枝被稀疏柔毛，老渐无毛。托叶卵状披针形，长4-6mm；叶柄长0.5-1.5cm，疏生短柔毛至无毛，顶端具2个小腺体；叶片纸质至革质，椭圆形，长椭圆形，倒卵形或倒披针形，长6-12cm，宽2-6cm，基部钝或楔形，边缘全缘或具疏离的浅锯齿，先端急尖或钝，叶背初时仅叶脉上被疏短柔毛，后变无毛，叶面无毛而有光泽，侧脉5-7对。雄穗状花序长1.5-2.5cm，苞片密生，卵状三角形，外面被短柔毛，苞腋内具3-5朵花；雄花：萼片3-5；雄蕊2-4枚，长过萼片；雌穗状花序长4-12mm；雌花：单生于苞腋内；萼片4-6，卵状三角形，长约1mm，边缘被缘毛；子房卵圆形，被短柔毛，2室，每室有胚珠2颗，花柱2枚，顶端2浅裂，具流苏状突起。蒴果椭圆体形，长1-1.5cm，被短柔毛，具2颗种子。种子近卵球形，长约9mm，宽约5.5mm。花期：1-5月，果期：4-10月。

产地：七娘山（林大利等7107）、梧桐山（仙湖华农学生采集队10605）、仙湖植物园（王定跃90623），本市各地普遍有分布。生于山地疏林或密林中，海拔200-600m。

分布：广东、香港、澳门、海南、广西和云南。印度、缅甸、越南和马来西亚。

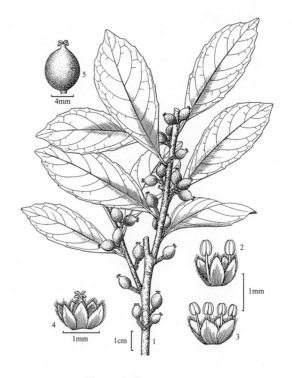

图646 银柴 Aporosa dioica
1. 枝上部一段、小枝、叶和果；2-3. 雄花；4. 雌花；5. 蒴果。
（李志民绘）

21. 白桐树属 Claoxylon A. Juss.

乔木或灌木。单叶互生，通常具长柄；叶片边缘近全缘或具锯，具羽状脉；托叶小，早落。花雌雄异株或稀同株，无花瓣，多朵组成腋生或顶生总状花序；花序轴长或短，不分枝枝或稀分枝；雄花1- 多朵簇生在苞腋内；雌花通常仅1朵生于苞腋内；雄花：花萼在花蕾时闭合，萼片2-4，镊合状排列；雄蕊多达100-200枚，通常20-30枚，花丝离生，花药2室，基部着生，直立，外向，几乎近离生；花盘腺体状，多数，直立，顶端具毛或无毛，着生于雄蕊基部；无不育雌蕊；雌花：萼片2-4；花盘腺体状，2-4枚，离生或呈坛状而顶端2-4分裂；子房2-4室，每室有1胚珠，花柱短，2-4裂，离生或基部合生，外弯，具颗粒状凸起，稀平滑。果为蒴果，具2-4分果瓣。种子近球状，无种阜，外种皮肉质，内种皮革质，中轴宿存，具孔穴或网状；胚乳肉质；子叶宽而扁。

约75种，分布于东半球热带地区，主产马达加斯加。我国产5种。深圳有1种。

白桐树 丢了棒 Common Claoxylon

图 647　彩片 658

Claoxylon indicum（Reinw. ex Blume）Hassk. Cat. Pl. Hort. Bogor. Alter. 235. 1844.

Erytrochiilus indicus Reinw. ex Blume, Bijdr. 615. 1825.

Claoxylon polot（N. L. Burm.）Merr. Interpr. Rumph. Herb. Ambein. 200. 1917；广州植物志 279，图 142. 1956；海南植物志 **2**：151，图 369. 1965.

乔木，高达 12m，生长在河旁或山沟旁的植株常呈灌木状，高 3-5m。嫩枝被灰色短柔毛，后渐无毛，小枝较粗壮，灰白色，具疏生皮孔。叶柄长 5-15cm，顶端具 2 个小腺体；叶片纸质，干后有时呈淡紫色或淡绿色，通常卵形或阔卵形，长 10-22cm，宽 6-13cm，两面被疏短柔毛，基部楔形或圆形，有的略偏斜，边缘具波状腺齿或锯齿，先端急尖或钝，侧脉约 6-7 条。雄花序腋生，长 10-32cm，被短茸毛；苞片三角形，长约 2mm；雄花：3-7 朵簇生于苞腋内；花梗长约 4mm；萼片 3-4，长圆形或长卵形，长约 3mm，两面被短柔毛；雄蕊 15-25 枚，花丝长约 2mm，着生在花盘腺体间；花盘腺体长卵形，长约 0.5mm，顶端具柔毛；

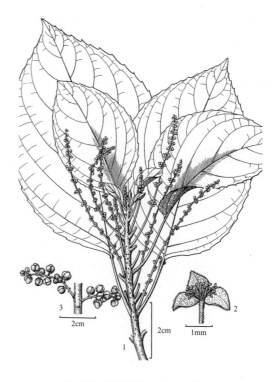

图 647 白桐树 Claoxylon indicum
1. 枝上部一段、叶和花序；2. 雄花；3. 枝一段示果序。（李志民绘）

雌花序长 5-20cm，被短茸毛；雌花：单朵生于苞腋内；花梗短；萼片 3，近三角形，长 1.5mm；花盘波状或 3 浅裂；子房被茸毛，花柱 3 枚，长约 2mm，具羽毛状突起。蒴果直径约 8mm，被短茸毛。种子近球形，外种皮肉质，红色。花期：3-10 月，果期：6-12 月。

产地：南澳、大鹏、盐田、沙头角、梧桐山（王勇进 2254）、仙湖植物园（王勇进 1318）、梅林（张寿洲等 579）和内伶仃岛。生于山坡疏林或山沟旁，海拔 50-400m。

分布：广东、香港、澳门、海南、广西和云南。印度、泰国、越南、马来西亚、印度尼西亚和新几内亚。

用途：根和枝可药用，治风湿痛。

22. 黄桐属 Endospermum Benth.

乔木。嫩枝、叶被星状毛或近无毛。单叶互生；托叶小，早落；叶柄顶端具 2 个腺体；叶片边缘全缘，具羽状脉；花雌雄异株，稀同株，无花瓣；雄花花序为圆锥花序，腋生或侧生，多花；苞片三角形，花萼浅杯状，顶端具 3-4 齿，稍覆瓦状排列或镊合状排列；花盘着生于雄蕊外面，4-5 浅裂；雄蕊 5-10 枚，花丝短，多少合生，花药背部着生，外向，2 室；雌花组成总状花序或圆锥花序，顶生或侧生；雌花近无梗；花萼具 5 齿；花盘环状；子房球状，（1）2-6（7）室，每室有胚珠 1 颗，花柱极短，（1）2-6（7）浅裂合生成一无柄的盘状体。果为浆果，（1）2-6（7）室，果皮多少肉质。种子近球形或扁球形，无种阜。

约 12 种，分布于亚洲东南部、太平洋岛屿和大洋洲。我国产 1 种。深圳亦有分布。

黄桐 Common Endospermum　　　　　　　　　　　　　　　　　　　　　　图 648

Endospermum chinense Benth. Fl. Hongk. 304. 1861.

乔木，高达 25m。树皮灰褐色；嫩枝、花序和果均被浅黄色星状毛。托叶三角状卵形，长 3-4mm，被毛；叶柄长 4-9cm，顶端具 2 个球形腺体；叶片薄革质，常密生于小枝顶部，近圆形、阔卵形至椭圆形，长 8-15cm，宽 5-14cm，基部钝圆、阔楔形或截平至浅心形，先端急尖至短渐尖，两面近无毛或叶背被疏微星状毛，侧脉 5-7 对，有时侧脉近叶缘分叉处有腺体。花雌雄异株；雄花序圆锥状，腋生，长 7-15cm；花梗极短；苞片阔三角形，长 1-2mm；雄花：单生于苞腋；花萼杯状，长 1-1.5mm，顶端具 4-5 浅圆齿；雄蕊 5-10 枚，2 轮，花丝柱状，长约 1mm；雌花序狭圆锥状，腋生，长 6-14cm；苞片阔三角形，长 1.5-2mm；雌花：单生于苞腋；花梗长约 5mm；花萼杯状，长约 2mm，具 3-5 波状齿，被毛，宿存；子房近球形，被黄色茸毛，2-3 室；花柱 3 浅裂合生成一无柄的盘状体。浆果近球形，直径约 1cm，果皮稍肉质，被浅黄色星状毛。种子 2-3 颗，浅褐色，长约 7mm。花期：4-8 月，果期：6-11 月。

产地：七娘山（仙湖华农学生采集队 12386）。生于山地常绿林中，海拔，300-500m。

分布：福建、广东、香港、海南、广西和云南。印度、缅甸、越南和泰国。

用途：为速生树种，树干通直，木材可作板材木料。根、树皮和叶可作草药。

23. 东京桐属 **Deutzianthus** Gagnep.

乔木。小枝具叶痕。单叶互生，具长柄；叶柄顶端具 2 枚腺体；叶片边缘全缘，基出脉 3 条，侧脉明显。花雌雄异株，组成顶生伞房状圆锥花序；雄花：花萼钟状，裂片 5；花瓣 5 枚，与花萼裂片互生，镊合状排列；花盘 5 深裂；雄蕊 7 枚，2 轮，外轮 5 枚离生，内轮 2 枚通常合生达中部；无不育雄蕊；雌花：花萼钟状，裂片 5，三角形；花瓣与雄花的相同；花盘杯状，5 裂；子房球状，被绢毛，3 室，每室 1 胚珠，花柱 3 枚，基部合生，顶端 2 裂。核果近球状，外果皮壳质，内果皮木质。种子椭圆体形，种皮硬壳质，胚乳海绵质。

1 种，分布于越南和我国南部。深圳有引种栽培。

东京桐 Common Deutzianthus　　　图 649

Deutzianthus tonkinensis Gagnep. in Bull. Soc. Bot. France **71**：39. 1924.

乔木，高达 12m，胸径达 30cm。嫩枝密被星状毛，后变无毛，枝条有明显叶痕。托叶小，早落；叶柄长 5-15(-20)cm，无毛，顶端有 2 枚圆形腺体；叶片纸质，卵状椭圆形至椭圆状菱形，长 10-15cm，宽 6-11cm，基部楔形、阔楔形至近圆形，边缘全缘，先端短尖至渐尖，背面苍灰色，仅脉腋内具簇生柔毛，叶面无毛，

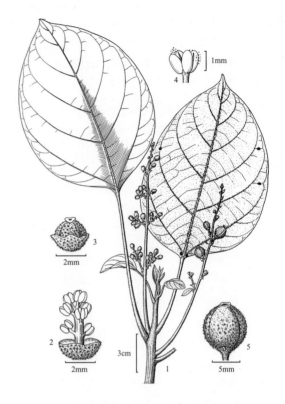

图 648 黄桐 Endospermum chinense
1. 小枝上部一段、叶和果序；2. 雄花；3. 雌花；4. 雄蕊；5. 果。（李志民绘）

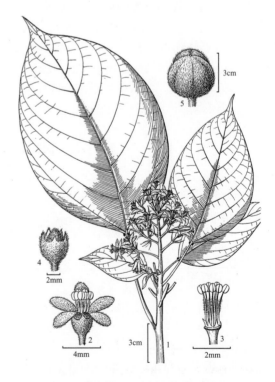

图 649 东京桐 Deutzianthus tonkinensis
1. 小枝上部一段、叶和雌花序；2. 雄花；3. 雄花除去花萼和花瓣，示花盘和雄蕊群；4. 花蕾；5. 蒴果。（李志民绘）

侧脉每边 5-7 条。花序密被灰色柔毛;雄花序长约 15cm,宽约 20cm;雄花:花萼裂片三角形,长约 1mm;花瓣长圆形,舌状,两面被柔毛;花盘 5 裂;雄蕊 7 枚,花药伸出,花丝丝状,被柔毛;雌花序长约 10cm,宽 6-12cm;花萼、花瓣与雄花的相同,但花萼裂片较长,长 2-5mm,花盘 5 裂;子房球状,被绢毛,花柱 3 枚,基部合生,顶端 2 裂。核果近球状,直径约 4cm,被灰色短柔毛,外果皮壳质,内果皮木质。种子椭圆体形,长约 2.5cm,宽约 1.8cm,种皮硬壳质,平滑,有光泽。花期:4-6 月,果期:7-9 月。

产地:仙湖植物园(李沛琼 26112)。栽培。

分布:广西和云南。越南。

24. 石栗属 Aleurites J. R. Forst. & G. Forst.

常绿乔木。嫩枝密被星状柔毛。单叶互生;叶片边缘全缘或 3-5 裂;叶柄长,顶端具 2 枚腺体。花雌雄同株,多朵组成顶生的聚伞圆锥花序;雄花:花蕾近球形,裂片 2-3;花瓣 5 枚,离生,覆瓦状排列,长过花萼;花盘腺体 5 枚,与花瓣互生;雄蕊 15-20 枚,排成 3-4 轮,着生在突起的花托上;无不育雌蕊;雌花:具短花梗,花萼帽状,裂片 2-3;花瓣与雄花的相同;子房 2 室,每室有 1 胚珠,花柱 2 枚,直立,2 深裂。核果近球状,外果皮肉质,内果皮壳质,有种子 1-2 颗。种子扁球形,无种阜。

2 种,分布于亚洲和大洋洲热带和亚热带地区。我国产 1 种。深圳亦有。

石栗 Candlenut Tree   图 650 彩片 659

Aleurites moluccana(L.)Willd. Sp. Pl. **4**: 590. 1805.

Jatropha moluccana L. Sp. Pl. **2**: 1006. 1753.

常绿乔木,高达 18m。树皮暗灰色,浅裂至近光滑;嫩枝密被灰褐色星状微柔毛,老渐近无毛。叶柄长 6-12cm,密被星状微柔毛,顶端具 2 枚扁圆形腺体;叶片厚纸质,卵形至椭圆状披针形,长 14-20cm,宽 7-17cm,基部阔楔形或钝,稀浅心形,边缘全缘或 3-5 浅裂,先端短尖至渐尖,嫩叶两面被星状微柔毛,老渐无毛或仅叶背疏被星状柔毛,基出脉 3-5 条。花雌雄同株,同序或异序,花序长 15-20cm;花萼密被微柔毛;花瓣长圆形,长 6-7mm,乳白色或乳黄色;雄花:花萼长约 3mm,裂片 2-3,外面被星状微柔毛;雌花:花萼长约 6mm,裂片 2-3;子房密被星状微柔毛,2-3 室,花柱短,2 深裂。核果近球状或稍偏斜球状,长约 5cm,直径 5-6cm,具 1-2 颗种子。种子球状,侧扁,种皮坚硬,有纵肋。花期:4-10 月,果期:8-12 月。

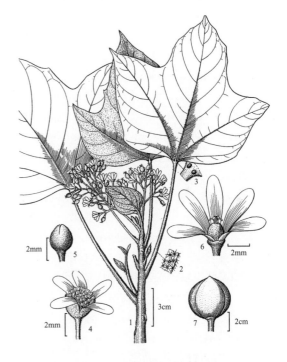

图 650 石栗 Aleurites moluccana
1. 小枝上部一段、叶和雌花序;2. 叶柄上的星状毛;3. 叶柄顶端的扁平腺体;4. 雄花;5. 雄花蕾;6. 雌花;7. 蒴果。(李志民绘)

产地:仙湖植物园(王定跃 1104)、东湖公园(王定跃 89542),本市各公园,绿地和村落常有栽培。

分布:台湾、福建、广东、香港、澳门、海南、广西和云南。印度、斯里兰卡、泰国、越南、柬埔寨、菲律宾、印度尼西亚、波利尼西亚和新西兰,在热带地区广泛栽培。

用途:优良园林绿化树种。我国南方的一些城镇和乡村常有栽培做园林绿化树和行道树。

25. 肥牛树属 Cephalomappa Baillon

乔木，全株无白色乳汁。单叶互生，托叶小，早落；具短柄；叶片边缘全缘或具细齿，具羽状脉。花序总状，腋生，不分枝或有短分枝；花雌雄同序，无花瓣和花盘；雄花：多朵密集成簇聚伞花序（花序轴和分枝强烈短缩，所有的花密集在一起成一束），生于花序上部或花序短分枝的顶部；花梗极短；花萼在花蕾时呈陀螺状或近球形，裂片 2-5，镊合状排列；雄蕊 2-4 枚，花丝基部合生，花药背部着生，纵裂；不育雌蕊小，柱状；雌花：1- 数朵生于花序下部；花梗极短；花萼裂片 5-6，覆瓦状排列；子房 3 室，每室具胚珠 1 颗，花柱 3 枚，下半部合生呈柱状，上半部分生部分向外弯，顶端 2 浅裂。蒴果近球状，成熟后分裂成 3 个分果瓣，果皮具小瘤状突起或短刺。种子近球形，种皮具斑纹。

约 5 种，分布于马来西亚和印度尼西亚。我国产 1 种。深圳有栽培。

肥牛树 Chinese Cephalomappa 图 651

Cephalomappa sinensis（Chun & How）Kosterm. in Reinwardtia **5**：413. 1961.

Muricococcum sinensis Chun & How in Acta Phytotax. Sin. **5**：15, pl. 6. 1956.

乔木，高达 25m。嫩枝被短柔毛，后变无毛。托叶披针形，长 1-2mm，早落；叶柄长 3-5mm，被微柔毛；叶片革质，长椭圆形或长倒卵形，长 6-15cm，宽 3-9cm，基部阔楔形，具 2 个小斑状腺体，叶缘淡紫色，浅波状或疏生细齿，先端渐尖或长渐尖，侧脉 5-6 对，网脉明显。花序长 1.5-2.5cm，无分枝或有 1-2 个短分枝，被短柔毛；9-13 朵雄花密生成簇聚伞花序排列在花序轴上；苞片长卵形，长 1-1.5mm；雄花：花梗极短；花萼裂片 3-4 枚；雄蕊 4 枚，稀 3 或 8 枚，花丝长约 3mm，基部合生，花药长约 2.5mm，药隔短突出；不育雌蕊柱状，顶端 2 裂；雌花：1-3 朵生于总状花序轴下部；花萼长约 2.5mm，裂片 5，三角形；子房球形，密生小瘤状凸起，花柱 3 枚，长约 7mm，下半部合生，每条花柱的顶端 2 裂，密生小乳凸。果为蒴果，近球状，直径约 1.5cm，密生三棱状的瘤状刺；果梗长 2-3mm。种子近球形，直径约 8mm，具浅褐色斑纹。花期：3-4 月，果期：5-7 月。

产地：深圳园林科研所有栽培。

分布：原产广西南部和西部。

用途：嫩枝和叶可作牛、马、羊饲料。

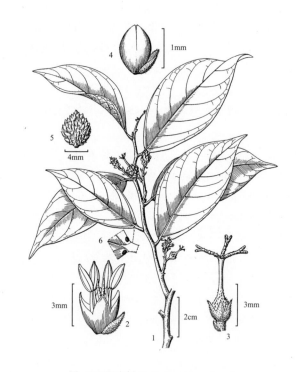

图 651 肥牛树 Cephalomappa sinensis
1. 枝上部一段、小枝、叶和花序；2. 雄花；3. 雌花；4. 雄花蕾；5. 蒴果；6. 叶片基部的腺体。（李志民绘）

26. 三宝木属 Trigonostemon Blume

乔木或灌木，植株无乳液。单叶互生或近对生，稀近轮生；托叶小，通常呈钻状或不明显；叶片边缘全缘或有疏细齿，通常具基出脉 3 条。花雌雄同株，同序或异序；花序总状、聚伞状或圆锥状，顶生或腋生，稀生茎上；雄花：萼片 5，覆瓦状排列，基部稍连合；花瓣 5 枚，较萼片长；花盘腺体合生呈杯状或环状；雄蕊 3-5 枚，花丝合生成柱状或上半部分裂，开展，花药 2 室，外向，药隔阔，有时药隔顶端突起成角状；无退化雌蕊；雌花：

萼片 5，有时边缘具腺毛，覆瓦状排列；花瓣 5 枚；花盘腺体离生或合生为环状；子房 3 室，每室胚珠 1 颗，花柱 3 枚，离生或近基部合生，顶部 2 叉状分裂。蒴果具 3 个分果瓣，果皮平滑或具小瘤；果梗棒状。种子稍具 3 棱，无种阜，胚乳肉质，子叶阔而扁平。

约 50 种，分布于亚洲南部和东南部热带及亚热带地区。我国有 10 种。深圳有 1 种。

三宝木 Trigonostemon　　　　　　　图 652

Trigonostemon chinensis Merr. in Philipp. J. Sci. **21**: 498.1922.

灌木，高 2-4m。嫩枝密被黄棕色短柔毛，老枝近无毛。托叶钻状；叶柄长 1-5cm，初被短硬毛，后几无毛，顶端有 2 枚锥状腺体；叶片纸质，长椭圆形、椭圆形或卵状长圆形，长 6-21cm，宽 2-8cm，基部阔楔形或钝，边缘全缘或上部有不明显的疏细齿，先端渐尖或短渐尖，嫩叶两面被柔毛，老叶近无毛或无毛，侧脉 5-8 对。圆锥花序顶生或腋生，长 9-18cm，分枝 2-5 条，细长，开展，被疏柔毛至近无毛；苞片长卵形或披针形，长约 1mm，被疏柔毛；花瓣黄色或浅黄色；雄花：花梗纤细，长 0.5-1cm；萼片 5，长圆形，长 1.5mm；花瓣 5 枚，倒卵形，长 5-7mm；花盘腺体合生呈环状；雄蕊 3 枚，花丝合生，顶部分离；雌花：花梗棒状，长 0.8-1.5cm；萼片 5，披针形或长卵形，长 2-6mm，花瓣 5 枚，倒卵形，长 0.7-1.2cm；子房无毛，花柱 3，长约 1.5mm，柱头近头状。蒴果近球状，直径 1-1.5cm，略具 3 圆棱，无毛。种子褐色，长 7mm，具斑纹。花期：4-9 月，果期：6-12 月。

产地：梅林（邢福武 SF274，IBSC）、大南山。生于山地密林中，海拔 400-600m。

分布：广东、香港、海南和广西。越南。

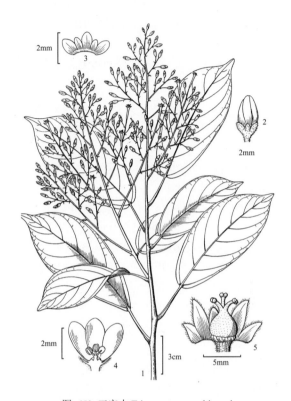

图 652 三宝木 Trigonostemon chinensis
1. 枝上部、叶和圆锥花序；2. 雄花蕾；3. 雄花展示；4. 雄花纵切面，示萼片、花瓣、花盘腺体和雄蕊；5. 雌花花萼展开，除去花冠，示花盘和雌蕊。（李志民绘）

27. 巴豆属 Croton L.

乔木或灌木，稀草本或藤本，通常植物体各部均被星状毛或鳞秕，稀近无毛，具乳汁。单叶互生，稀对生或假轮生；托叶小，条形或钻状，早落；叶片边缘全缘或具齿，有时具裂片，具羽状脉或具基出脉，叶片基部或叶柄顶端有 2 枚具柄或无柄的腺体，有时叶缘齿端或齿间有腺体。花雌雄同株，稀异株，排成总状或穗状花序，顶生或腋生；单性花，雌雄花同序，则雌花位于花序下部；雄花：簇生在花轴上；花梗短；萼片 4-6，镊合状或覆瓦状排列；花瓣与萼片同数，较小或近等大；花盘呈腺体状，与萼片同数且对生；雄蕊 5-30 枚，离生，花丝在花蕾时顶部内折，开花时直立，花药基部着生；无不育雌蕊；雌花：花梗短，结果时延长；花萼同雄花；花瓣比雄花的花瓣小，有时退化或缺；花盘环状或分裂成小鳞片；子房 2-4 室，每室有 1 个胚珠；花柱 2-4 枚，通常离生，上部 2 裂或多裂，有时呈扇状分裂。蒴果球状或近球状，具 3 个分果瓣。种子卵形或椭圆形，种皮平滑，有时有疏生鳞片，种阜小，胚乳肉质，子叶阔，扁平。

约 1300 种，广布于全球热带和亚热带地区。我国产 24 种。深圳有 3 种。

1. 成长叶或老叶两面无毛，叶片中脉基部的叶缘两侧各具 1 枚无柄的杯状腺体 ················ 1. 巴豆 **C. tiglium**

1. 成长叶或老叶叶背被星状茸毛或星状柔毛，叶片中脉基部两侧或叶柄顶端具 2 枚有柄的杯状腺体。

   2. 灌木高 1-3m；叶片边缘细齿间弯缺处具 1 个有柄的腺体；苞片钻形，无毛，边缘无流苏状长齿 ·························· **2. 毛果巴豆 C. lachnocarpus**

   2. 矮灌木，高 10-50cm；叶片边缘细齿间无腺体；苞片披针形，外面被星状毛，边缘具流苏状长齿，齿端具小头状腺体 ······ **3. 鸡骨香 C. crassifolius**

1. 巴豆 Pruging Croton   图 653

Croton tiglium L. Sp. Pl. **2**: 1004.1753.

Croton xiaopadou（Y. T. Chang & S. Z. Huang）H. S. Kiu in J. Trop. Subtrop. Bot. 6（2）: 103. 1998; 广东植物志 **5**: 102.2003.

小乔木或灌木，高 3-10m。嫩枝、嫩叶被星状毛。托叶条形，长 2-4mm；叶柄长 2-6cm；叶片纸质或近膜质，卵形、长卵形或椭圆形，长 7-14cm，宽 3-8cm，基部阔楔形、钝圆或浅心形，干后通常淡黄色，成长叶无毛，边缘具细锯齿，有时近全缘，先端急尖至长渐尖或尾状渐尖，基出脉 3-5 条，侧脉 3-4 对，中脉基部两侧的叶缘各具 1 个无柄的杯状腺体。总状花序顶生，长 5-20cm；花序轴被星状毛；苞片披针形或钻状，长 1.5mm；雄花：1 至几朵簇生于苞腋内；花梗细长，长 5-9mm；萼片卵状三角形，长 2-3mm；花瓣长圆形，稍长过萼片，边缘及内面被绵毛；雄蕊 16-17 枚，花丝长约 4mm，下部被疏毛；雌花：5-20 朵生于花序下部；花梗长约 3-4mm，被微毛；萼片长圆状三角形，长 2-3mm，几无毛；子房密被浅黄色星状毛，花柱长约 4mm，深 2 叉裂，裂片线形。蒴果椭圆体形或近球状，长和宽均 1-2cm；果皮粗糙或被星状毛，干后浅黄色。种子椭圆形，长 0.8-1.2cm，褐色。花期：4-6 月，果期：6-8 月。

产地：七娘山、梧桐山（仙湖华农大学生采集队 10562）。散生于低山疏林中或灌木林中，海拔 100-200m。

分布：广布于长江以南各省区。亚洲南部各东南部各国均有分布。

用途：种子有毒，为中药材，称巴豆，可作泻药或配伍用于治疗寒结便秘等。民间有用根治跌打损伤。全株可作农药，毒杀害虫等。

2. 毛果巴豆 Hairy-fruited Croton   图 654   彩片 660 661

Croton lachnocarpus Benth. in J. Bot. Kew Gard. Misc. **6**: 5. 1854.

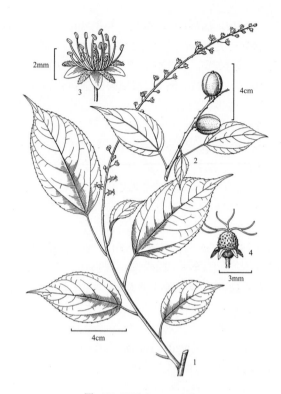

图 653 巴豆 Croton tiglium
1. 枝上部一段、小枝、叶和总状花序；2. 果枝；3. 雄花；4. 雌花。（李志民绘）

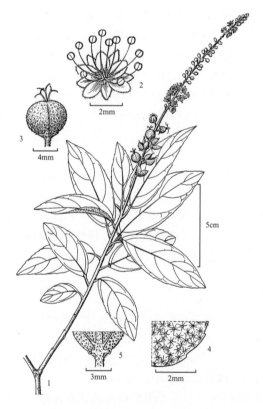

图 654 毛果巴豆 Croton lachnocarpus
1. 枝上部一段、小枝、叶和花序（下部为果）；2. 雄花；3. 蒴果；4. 叶背面的星状毛；5. 叶柄顶端背面的腺体。（李志民绘）

Croton kwangsiensis Croizat in J. Arnold Arbot **23**：42. 1942.

Croton lachnocarpus Benth. var. *kwangsiensis*（Croizat）H. S. Kiu in Fl. Guangdong. **5**：102. 2003.

灌木，高 1-3m。一年生枝条、嫩叶、花序和果均密被星状毛。托叶条形，长 3-5mm，被柔毛；叶柄长 1-5cm，顶端或叶片中脉基部两侧具 2 枚有柄的浅杯状腺体；叶片纸质，椭圆形、长椭圆形或近卵状椭圆形，长 4-13cm，宽 1.5-5cm，基部钝圆形或微心形，边缘具细齿或细锯齿，二齿间弯缺处具 1 个有柄的腺体，先端钝、急尖至渐尖，叶背密被星状柔毛，叶面仅沿脉上被星状柔毛，基出脉 3 条，侧脉 4-6 对。总状花序顶生，长 6-15cm；苞片钻形，长 1-3mm；雄花：花梗长 2-3mm；萼片卵状三角形，长约 2mm，被星状毛；花瓣长圆形，长 2mm，顶端被绵毛；雄蕊 10-12 枚，花丝无毛；雌花：萼片披针形，长 2.5-3mm，被星状毛；花瓣小，卵形；子房被茸毛，花柱 3 枚，长约 4mm，2 深裂，裂片条形。蒴果近球形，直径 0.6-1cm。种子卵形，暗褐色，平滑。花期：4-6 月，果期：7-9 月。

产地：南澳、大鹏、排牙山、葵涌、马峦山、盐田、梅沙尖（深圳考察队，1150）、三洲田、梧桐山（王国栋 6093）、仙湖植物园（陈珍传等 129）、羊台山、南山区。生于山地灌木丛中或林缘，海拔 100-600m。

分布：江西、广东、香港、澳门、广西、湖南和贵州。

用途：植株有毒，一般外用，根可散瘀活血，治跌打肿痛；叶治带状疱疹。

上列变种的组合名发表时未清楚地引出原始文献（出版物包括页码）是不合格发表的名称，违反《国际植物命名法规》第 33.3 条规定，同时，该变种不能成立，故予归并。

3. 鸡骨香 Thick-leaved Croton　图 655　彩片 662

Croton crassifolius Geiseler, Croton. Monogr. 19. 1807.

矮灌木，高 10-50cm。根粗壮，具芳香气味。一年生小枝，叶和花序各部和果均密被星状茸毛，老枝近无毛。托叶钻状，长 2-4mm；叶柄长 1-5cm；叶片厚纸质，卵形、卵状椭圆形至长圆形，长 3-10cm，宽 1.5-6cm，基部钝圆至微心形，边缘具细齿，先端急尖或钝；基出脉 3-5 条，侧脉 3-5 对，中脉基部两侧或叶柄顶端具 2 枚有柄的腺体。总状花序顶生，长 3-10cm；苞片披针形，长 2-5mm，边缘具流苏状长齿，齿端有小的头状腺体；雄花：通常单生于苞腋内；花梗长 2-5mm；萼片卵状三角形，长约 3mm；花瓣长圆形，长约 3mm，边缘被绵毛；雄蕊 14-20 枚，花丝基部被绵毛；雌花：着生于花序基部，几无花梗；萼片椭圆形或披针形，长 3-4mm，外面被星状茸毛；花瓣缺，如存在则为条形；子房密被茸毛，花柱长约 4mm，分枝条形，有时分枝具 2 浅裂。蒴果近球形，直径约 1cm。种子椭圆形，褐色，长约 5mm。花期：3-7 月，果期：5-12 月。

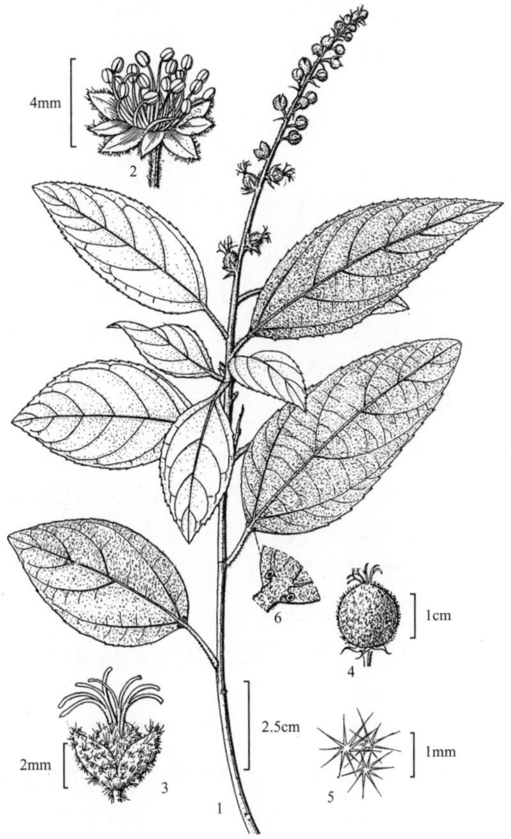

产地：西涌（深圳植物志采集队 13418）、南澳、梧桐山、仙湖植物园（王定跃 916）、羊台山、大南山（深圳植物志采集队 13091）、小南山。生于低山灌丛中或路旁，海拔 20-200m。

分布：福建、广东、香港、澳门、海南和广西。越南、老挝和泰国。

用途：民间以根入药，有祛风消肿等功效，植株能耐干旱，为酸性土指示植物。

图 655 鸡骨香 Croton crassifolius
1. 枝上部、叶和果序；2. 雄花；3. 雌花；4. 蒴果；5. 花萼背面星状毛；6. 叶片基部背面的腺体。（李志民绘）

28. 油桐属 Vernicia Lour.

乔木。嫩枝被短柔毛。单叶互生；叶片宽大，边缘全缘或 3-5 裂，具掌状脉 5-7 条；叶柄长，顶端具 2 枚腺体；托叶早落。花大，雌雄同株或异株，排成顶生或腋生的聚伞圆锥花序；雄花：花萼在花蕾时闭合，开花时佛焰苞状，裂片 2-3；花瓣 5 枚，在花芽时旋转状或覆瓦状排列，基部具爪，具多条脉纹；花盘腺体 5 个，与花瓣互生；雄蕊 7-12 枚，2 轮，外轮的花丝离生，内轮的花丝较长且基部合生；无不育雌蕊；雌花：花萼和花瓣同雄花；子房 3-8 室，每室具胚珠 1 颗，花柱 3-8 枚，基部合生，上部 2 裂。果大，核果状，不开裂或基部开裂。种子近球形，种皮厚壳质，胚乳丰富，无种阜。

约 3 种，分布于亚洲东部地区。我国有 2 种。深圳有 1 种，并有 1 引进栽培种。

本属植物是我过重要的工业油料植物。种子油即为桐油，在工业上有多种用途，曾是我国主要的外贸商品之一。

1. 叶片边缘通常全缘，稀 1-3 浅裂；叶柄顶端腺体扁球形；果无棱，平滑 ………………………… 1. 油桐 V. fordii
1. 叶片边缘通常 2-5 浅裂，稀全缘；叶柄顶端腺体呈高脚杯状；果具 3 棱，有皱纹 ………… 2. 木油桐 V. montana

1. 油桐 三年桐 Tong-oil Tree　图 656　彩片 663

Vernicia fordii（Hemsl.）Airy Shaw in Kew Bull.
20：394. 1966.

Aleurites fordii Hemsl. in Icon. Pl. **29**：pl. 2801，2802. 1906；广州植物志 274，图 139.1956；海南植物志 **2**：149.1965.

落叶乔木，高达 10m。嫩枝和叶被黄褐色短柔毛，老渐无毛。托叶长椭圆形至披针形，长 3-8mm；叶柄与叶片近等长，顶端具 2 枚扁球形腺体；叶片卵形至卵状圆形，长 8-18cm，宽 6-15cm，基部钝圆至浅心形，边缘通常全缘，稀 1-3 浅裂，先端急尖，掌状脉 5-7 条。花雌雄同株，先叶或与叶同时开放，组成长 6-12cm 的聚伞圆锥花序；雄花：花萼佛焰苞状，长约 1.2cm，被短柔毛，裂片 2-3；花瓣倒卵形，长 2-3cm，宽 1-1.5cm，顶端圆，基部具爪，白色，有淡红色脉纹；雄蕊 8-12 枚，2 轮，外轮花丝离生，内轮花丝合生至中部以上；不育雄蕊 5 枚，条形，长约 5mm，位于发育雄蕊之外侧；雌花：花萼长 0.8-1cm，被毛，裂片 2-3，凋落；花瓣同雄花；花盘腺体 5 枚，条形；子房 3-8 室，被毛，花柱与子房室同数，长约 2.5mm，顶端 2 浅裂。核果近球形，直径 4-8cm，果皮厚革质，平滑。种子近球形，种皮厚壳质。花期：3-4 月，果期：8-11 月。

产地：仙湖植物园（张寿洲 11471），本市公园或苗圃有栽培。

分布：陕西、河南、安徽、江苏、浙江、江西、福建、广东（栽培）、香港（栽培）、广西、海南（栽培）、贵州、湖南、湖北、四川和云南。越南。世界各地广泛栽培。

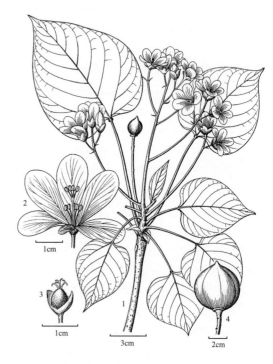

图 656 油桐 Vernicia fordii
1.小枝上部一段、叶和聚伞圆锥花序；2.雄花，3.雌花；4.核果。（李志民绘）

2. 木油桐 千年桐 Mo-oil Tree　　　图 657　彩片 664

Vernicia montana Lour. Fl. Cochinch. **2**：586. 1790.

Aleurites montana（Lour.）E. H. Wilson in Bull. Imp. Inst. **11**：460. 1913；广州植物志 274，图 140.1956；海南植物志 **2**：149，图 367.1965.

落叶乔木，高达20m。嫩枝、叶被浅黄色短柔毛，老渐无毛。托叶披针形，长2-4mm；叶柄长7-17cm，顶端具2枚高脚碟状腺体；叶片阔卵形或阔心形，长8-20cm，宽6-18cm，基部心形至截形，边缘2-5裂或不分裂，裂片弯缺处常有柄的杯状腺体，先端短渐尖，掌状脉5条。花雌雄异株，或有时同株异序，排成圆锥花序；雄花：花萼佛焰苞状，长1-1.5cm，裂片2-3，无毛；花瓣倒卵形，长2-2.5cm，基部通常淡红色，脉纹明显；雄蕊8-10枚，2轮，外轮花丝离生，内轮花丝下半部合生，被柔毛；雌花：花萼佛焰苞状，长1.4-1.7cm，常凋落；花瓣同雄花；子房3室，密被褐色柔毛，花柱3枚，长1.2cm，基部合生，上部2深裂，裂片条形。核果卵球形，直径3-5cm，具3棱，顶端具喙，果皮厚革质，具皱纹，不开裂或近基部室间裂缝开裂。种子扁球形，种皮厚，具瘤体或疣突。花期：4-5月，果期：8-10月。

产地：宝安（张寿洲等675）、光明新区、南澳、笔架山、梧桐山。生于疏林或林缘。在公园或村落偶见栽培。

分布：安徽、浙江、江西、台湾、福建、广东、香港（栽培）、澳门（栽培）、海南、广西、湖南、湖北、贵州和云南。越南、泰国和缅甸。在日本有栽培。

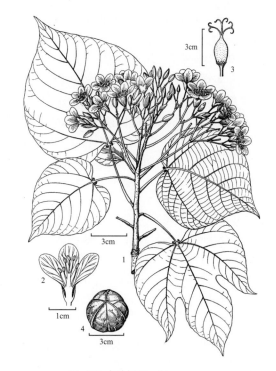

图 657 木油桐 Vernicia montana
1. 小枝上部一段、叶和雄花序；2. 雄花纵剖面，示花萼、花瓣和雄蕊；3. 雌蕊；4. 核果。（李志民绘）

29. 地杨桃属 Microstachys A. Juss.

草本或半灌木，植株具乳液。单叶互生，具短柄；叶片边缘全缘或具锯齿，具羽状脉；托叶小，着生于叶柄基部两侧，通常宿存。花雌雄同序，雌花生于花序轴基部；雄花生于花序轴上部，聚集成顶生、腋生、腋外生或与叶对生的总状花序或穗状花序，无花瓣或花盘；苞片基部有2腺体；雄花：1-3朵生于苞腋内；萼片3，离生或基部合生；雄蕊3枚，花丝离生，花药纵裂；无退化雌蕊；雌花：花梗短或无；萼片3，分离，比雄花的大；子房3室，每室有1胚珠，花柱3枚，开展或外卷，分离或基部合生。蒴果近球形，平滑或具刺，成熟后开裂成3个分果瓣。种子球形或长圆形，具种阜，胚珠肉质；子叶宽而扁。

约17种，分布于热带地区，多数产于非洲、亚洲和大洋洲，少数产美洲热带地区。我国产1种。深圳亦有。

地杨桃 Creeping Microstachys 图 658

Microstachys chamaelea(L.)Müll. Arg. in Linnaea 32：95. 1863.

Tragia chamaelea L. Sp. Pl. **2**：981. 1753.

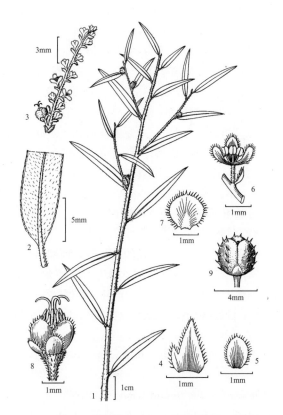

图 658 地杨桃 Microstachys chamaelea
1. 植株上部、叶和果；2. 叶一部分示背面毛；3. 穗状花序一段；4. 雄花苞片；5. 雄花萼片；6. 雄花；7. 雌花萼片；8. 雌花；9. 果。（李志民绘）

Sebastiania chamaelea(L.)Müll. Arg. in DC. Prodr. **15**(2)：1175. 1866；海南植物志 **2**：179，图 393. 1965；广东植物志 **5**：124，图 76. 2003；澳门植物志 **2**：147. 2006；P. T. Li in Q. M. Hu & D. L. Wu，Fl. Hong Kong **2**：233，fig. 191. 2008.

多年生草本至半灌木，高 20-60cm。主根粗直而长，直径达 5mm；侧根纤细，丝状。茎基部多少木质化，多分枝，分枝常呈 2 歧式，纤细，具锐纵棱，无毛或嫩时被短柔毛。托叶宿存，卵形，长约 1mm，顶端渐尖，具缘毛；叶片厚纸质，条形或条状披针形，长 20-55mm，宽 2-10mm，基部渐狭，具 1 对中央凹陷的小腺体，叶缘具贴生、钻状的密细齿，叶背被短柔毛，先端钝，中脉两面均凸起，侧脉不明显。花序长 5-12mm；雄花多朵生于花序轴上部，聚集成纤弱的穗状花序；苞片卵形，长 0.5-1mm，顶端尖，边缘具细齿，基部两侧各具一个近匙形的腺体，每苞片内有 1-2 朵花；萼片 3，卵形，长约 1mm，顶端尖，边缘具细齿；雄蕊 3 枚，花药球形，花丝远短于花药；雌花：1 朵或数朵生于花序轴下部或有时单独侧生；苞片披针形，长 1mm，边缘具细齿，两侧腺体长圆形；萼片 3，比雄花的大，阔卵形，边缘具撕裂状小齿，基部具 2 个小腺体；子房三棱状球形，3 室，无毛，有皮刺，花柱 3 枚，分离。蒴果棱状球形，直径 3-4.5mm，分果瓣背部具 2 纵列的皮刺。种子近圆柱形，光滑，长 2.5-3mm。花果期：3-11 月。

产地：上铲岛（邢福武 11499，IBSC）。生于山坡、草地、溪边。

分布：广东、香港、广西和海南。印度、斯里兰卡、缅甸、泰国、越南、柬埔寨、马来西亚、新加坡、印度尼西亚、菲律宾和非洲。

30. 海漆属 Excoecaria L.

乔木或灌木，植株具白色乳汁。单叶互生或对生，具柄；叶片边缘全缘或有锯齿，具羽状脉；托叶小。花单性，雌雄异株或同株异序，无花瓣和花盘，聚集成腋生或顶生的总状花序或穗状花序；苞片基部具 2 枚腺体；雄花：1-2 朵簇生于苞腋；萼片 3，稀 2，小，覆瓦状排列；雄蕊 3 枚，离生，花药 2 室，纵裂；雌花：萼片 3；子房 3 室，每室具 1 颗胚珠，花柱基部合生，上部外卷或直立。蒴果近球状，具三圆棱，自中轴开裂而成具 2 瓣裂的分果瓣，分果瓣通常坚硬而稍扭曲，中轴宿存，具翅。种子球形，种皮脆；无种阜，胚乳肉质；子叶宽而扁平。

约 35 种，分布于亚洲、非洲和大洋洲热带地区。我国有 6 种和 1 变种。深圳有 2 种。

1. 叶对生或轮生，稀互生；叶片背面紫红色或深红色，边缘有疏细齿；叶柄顶端无腺体；雄花序总状；雌花序具 2-5 朵花 …… **1. 红背桂 E. cochinchinensis**
1. 叶互生；叶片背面淡绿色，边缘全缘或具不明显的小圆细齿；叶柄顶端有 2 枚腺体；雄花序穗状；雌花序有花 10 朵以上 …………… **2. 海漆 E. agallocha**

1. 红背桂 红背桂花 Cochinchinense Excoecaria

图 659 彩片 665 666

Excoecaria cochinchinensis Lour. Fl. Cochinch. **2**：612. 1790.

常绿灌木，高 1-2m，全株无毛。枝条细长，平滑。叶对生或 3 枚轮生，稀互生；托叶卵形，长约 1mm；

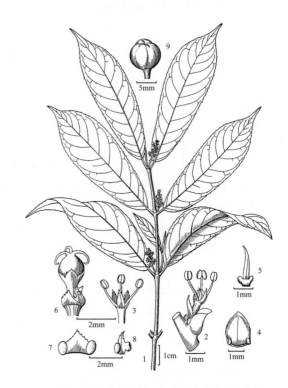

图 659 红背桂 Excoecaria cochinchinensis
1. 枝上部、叶和雌花序；2. 雄花序的一段；3. 雄花；4. 雄花序苞片；5. 雄花小苞片；6. 雌花序的一段；7. 雌花序苞片；8. 雌花小苞片；9. 蒴果。（李志民绘）

叶柄长 0.3-1cm，顶端无腺体；叶片纸质，长圆形、狭椭圆形或披针形，长 6-15cm，宽 1-5cm，基部阔楔形，边缘具疏细齿，叶背深红色或紫红色，叶面绿色，先端长渐尖，侧脉 8-12 对。花雌雄异株，雄花序总状，长 1-2cm，腋生，稀顶生；苞片阔卵形，长约 1.5mm，内面基部两侧各具 1 个腺体；小苞片条形，长约 1.5mm。基部两侧亦具 1 枚腺体；雄花：单生于苞腋；花梗长 1.5mm；萼片 3，披针形，长约 1mm，边缘具撕裂状小齿；雄蕊 3 枚，花丝细长，花药球形；雌花序总状，具 2-5 朵花；苞片和小苞片同雄花序；雌花：单生于苞腋；花梗粗壮，长 1.5-2mm；萼片 3，卵形，长约 1.5mm；子房球状，花柱 3 枚，长约 2mm，离生或基部稍合生，外卷。蒴果球形，直径约 8mm，具 3 圆棱，紫红色，基部截平，顶端凹陷。种子近球形，直径约 2.5mm。花期：几乎全年。

产地：深圳仙湖植物园（李沛琼 17239），本市各公园、绿地及住宅区均常见栽培。

分布：广西西部有野生。福建、台湾、广东、香港、澳门、海南、广西和云南等省区均有栽培。缅甸、越南、泰国、老挝和马来西亚。世界广泛栽培。

用途：为优良的观赏植物。

2. 海漆 Blind-your-eye 图 660 彩片 667
Excoecaria agallocha L. Syst. ed. 10, 1288. 1759.

常绿乔木，高达 5m。小枝粗壮，无毛。叶互生；托叶卵形，长 1.5-2mm；叶柄长 1.5-3cm，顶端具 2 枚腺体；叶片近革质，椭圆形或卵状长圆形，长 6-8cm，宽 3-4.5cm，基部阔楔形或钝圆，边缘全缘或具浅小圆齿，两面无毛，背淡绿色，先端急尖，侧脉约 10 对。花雌雄异株；雄花序穗状，长 3-4.5cm，1-2 枚生于叶腋；苞片紧密覆瓦状排列，阔卵形，长约 2mm，肉质，全缘，基部的腹面具 2 个腺体；小苞片披针形，长约 2mm，基部两侧各具 1 个腺体；雄花：单生于苞腋；萼片 3，披针形，长约 1mm；雄蕊 3 枚，花丝比萼片长，长约 2mm，花药球形；雌花序总状，长 2-3cm，有花 10 朵以上；苞片和小苞片与雄花序相同；雌花：单生于苞腋；花梗比雄花的长；萼片 3，阔卵形或三角形，长约 1.5mm；子房卵形，花柱 3 枚，离生。蒴果球形，直径约 1cm，具 3 浅沟。种子球形，长 4mm。花果期：1-9 月。

产地：南澳（张寿洲等 1739）、福田（张寿洲等 459）。生于海岸疏林中或红树林内缘。为红树林植物之一。

分布：台湾、广东、香港、海南和广西。印度、斯里兰卡、泰国、柬埔寨、越南、菲律宾及大洋洲。

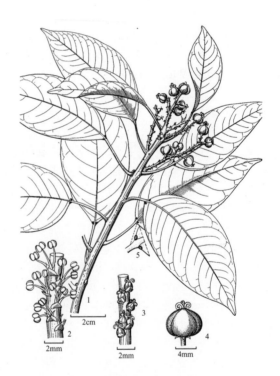

图 660 海漆 Excoecaria agallocha
1. 枝上部一段、叶和果序；2. 雄花序一段；3. 雌花序一段；
4. 蒴果；5. 叶柄顶端的腺体。（李志民绘）

31. 乌桕属 Triadica Lour.

乔木或灌木，植株具白色乳汁。单叶互生；叶片边缘全缘或有锯齿，具羽状脉，叶柄通常较长，顶端具 2 个腺体，稀无；托叶小，早落。花雌雄同株或异株，排成总状花序、圆锥花序或穗状花序；若雌雄花同序，则雌花生于花序下部，雄花生于花序上部；苞片基部具 2 个腺体；雄花：数朵簇生于苞腋；花梗纤细；花萼膜质，杯状，裂片 2-3 或具 2-3 小齿；无花瓣及花盘；雄蕊 2-3 枚，花丝分离，花药 2 室；雌花：单生于苞腋；花萼杯状，具 3 裂片或管状而具 3 齿；子房 2-3 室，每室有胚珠 1 颗，花柱分离或合生，外卷或外展。蒴果球形、梨形或为 3 个分果瓣，果皮木质，开裂，或果皮稍肉质，呈浆果状。种子近球形，种皮脆壳质，被蜡质层或无；胚乳肉质；子叶宽而扁平。

约 120 种，分布于世界热带、亚热带地区。我国有 9 种。深圳有 2 种。

1. 叶片椭圆形或长卵形,长约为宽的2倍;种子长3-4mm,
   被薄蜡质层·················· 1. 山乌桕 **T. cochinchinensis**
1. 叶片菱形,菱状卵形、菱状倒卵形或阔卵形,长
   与宽近相等;种子长0.8-1cm,被白色厚蜡质层
   ·················· 2. 乌桕 **T. sebifera**

1. 山乌桕 Mountain Tallow Tree

图 661　彩片 668 669

Triadica cochinchinensis Lour. Fl. Cochinch. ed. 1,
2: 610. 1790.

Stillingia discolor Champ. ex Benth. in J. Bot.
Kew Gard. Misc. **6**: 1. 1854.

Sapium discolor（Champ. ex Benth.）Müll. Arg. in
Linnaea **32**: 121. 1863;海南植物志 **3**: 182. 1965;广东
植物志 **5**: 128. 2003;澳门植物志 **2**: 144. 2006; P. T. Li
in Q. M. Hu & D. L. Wu, Fl. Hong Kong **2**: 237. 2008.

乔木,高达12m,全株无毛。托叶小,近卵形,
长约1mm;叶柄长2-7cm,顶端具2个腺体;叶片纸
质,椭圆形或长卵形,长5-10cm,宽3-5cm,基部楔
形,边缘全缘,先端钝或渐尖,冬季叶片常变为淡红
色,侧脉8-12对。花单性,雌雄同株,密集成长4-9cm
的顶生总状花序,雌花生于花序下部,雄花生于花序
上部或有时整个花序全为雄花;苞片长卵形,长1.5mm,
基部具2个肾形腺体;雄花:5-7朵簇生于苞腋;花梗
纤细,长1-3mm;花萼杯状,有3裂片,裂片边缘具
不整齐的小齿;雄蕊2枚,稀3枚,花丝短,花药球形;
雌花:单生于苞腋;花梗长约5mm;花萼裂片3,裂片
三角形,长约2mm;子房卵形,3室,花柱基部合生,
上部外卷。蒴果球形,直径约1.2cm。种子近球形,
直径3-4mm,被薄蜡质层。花期:4-6月,果期:7-11月。

产地:七娘山(曾治华等,11694)、三洲田(深圳
考察队,700)、仙湖植物园(王定跃,89204),本市
各地均有分布。生于山地疏林中,海拔50-500m。

分布:安徽、浙江、江西、台湾、福建、广东、香港、
澳门、海南、广西、湖南、湖北、贵州、四川和云南。
印度、缅甸、柬埔寨、泰国、老挝、越南、菲律宾、
马来西亚及印度尼西亚。

用途:叶、根皮可药用,治跌打扭伤、痈疮等;
为蜜源植物。

2. 乌桕 Chinese Tallow Tree

图 662　彩片 670 671

Triadica sebifera（L.）Small, Florida Trees 59. 1913.

Croton sebiferum L. Sp. Pl. **2**: 1004. 1753.

Sapium sebiferum（L.）Roxb. Fl. Ind. **3**: 693. 1832;

图 661 山乌桕 Triadica cochinchinensis
1. 小枝上部一段、叶和果序;2. 雄花序一段;3. 雄花;4. 雌
花;5. 蒴果;6. 叶柄顶端的腺体。(李志民绘)

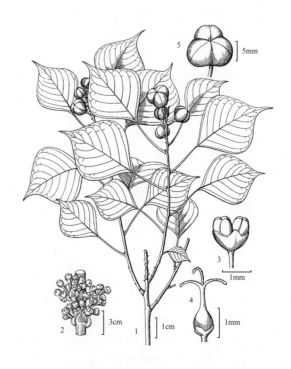

图 662 乌桕 Triadica sebifera
1. 小枝上部、叶和果序;2. 雄花序一段;3. 雄花;4. 雌花;
5. 蒴果。(李志民绘)

海南植物志 2：182，fig. 395. 1965；广东植物志 5：128. 2003；澳门植物志，2：145. 2006；P. T. Li in Q. M. Hu & D. L. Wu, Fl. Hong Kong 2：237，fig. 194. 2008.

乔木，高达 15m，具白色乳汁，全株无毛。托叶长约 1mm；叶柄长 2.5-6cm，顶端具 2 个腺体；叶片纸质，菱形、菱状卵形、菱状倒卵形或阔卵形，长 3-13cm，宽 3-9cm，基部阔楔形或钝，边缘全缘，先端急尖，中脉两面稍突起，侧脉 6-10 对。花雌雄同株，多朵组成顶生的总状花序，花序长 6-35cm，通常下垂，雌花生于花序下部，雄花生于花序上部，有时花序全为雄花；苞片阔卵形，长约 2mm，基部具 2 个肾形腺体；雄花：10-15 朵簇生于苞腋；花梗纤细，长 1-3mm；花萼杯状，裂片 3，裂片卵状三角形；雄蕊 2 枚，稀 3 枚，花丝细长，花药球形；雌花：花梗长 3-4mm；花萼裂片 3，裂片卵形；子房卵球形，3 室，花柱 3 枚，基部合生，上部外卷。蒴果梨状球形或卵球形，直径 1-1.5cm；果序长达 35cm，下垂。种子扁球形，长 8-10mm，被厚白色蜡质层。花期：4-6 月，果期：9-11 月。

产地：西涌（张寿洲等 968）、南澳、梧桐山（深圳考察队 1442）、仙湖植物园（王定跃 90664），本市各地均有分布。生于低山疏林、平原和村旁，海拔 50-400m。

分布：山东、安徽、江苏、浙江、江西、台湾、福建、广东、香港、澳门、海南、广西、贵州、云南、四川、湖北、陕西和甘肃。日本、越南。在印度、欧洲、美洲及非洲有栽培。

用途：为重要的油脂植物，从种子蜡质层中提取的固定脂肪称皮油，为工业原料。种子油为干性油，为涂料原料。本种适应性强，适于荒山造林或园林观赏。

32. 变叶木属 Codiaeum Rumph. ex A. Juss.

灌木或小乔木，具透明水液。托叶小或不明显。单叶互生，具叶柄；叶片边缘全缘或分裂，常彩色或有彩色斑点，无毛，具羽状脉。花雌雄同株，异序，排成总状花序，腋生或近顶生；雄花：通常数朵簇生于苞腋；花梗细长；萼片 3-6，覆瓦状排列；花瓣小，5-6 枚，多少膜质，稀缺；花盘分裂为 5-15 个离生的小腺体；雄蕊 15-100 枚，花丝离生，花药 2 室；无不育雌蕊；雌花：单生于苞腋；萼片同雄花，但较小；无花瓣；花盘杯状或分裂；子房 3 室，每室有 1 个胚珠，无毛或具茸毛，花柱 3 枚，长柱形，外弯，不分裂。蒴果平滑。种子具斑纹，有光泽，具种阜；子叶阔而扁平。

约 15 种，分布于亚洲东南部至太平洋岛屿和澳大利亚西南部。我国栽培 1 种。深圳也有栽培。

变叶木 洒金榕 Garden Croton
图 663　彩片 672 673 674 675

Codiaeum variegatum（L.）A. Juss. Euphorb. Gen. Tent. 80，111，pl，9，fig. 30. 1824.

Croton variegatum L. Sp. Pl. ed. 3，1424. 1764.

Codiaeum variegatum（L.）Blume，Bijdr. 606. 1825；海南植物志 2：168，图 382. 1965.

Codiaeum variegatum（L.）Blume var. *pictum*（Lodd.）Müll. Arg. in DC. Prodr. 15（2）：1119. 1866；广州植物志 275. 1956.

直立灌木，高达 4m，具透明水液，全株无毛。托叶小或不明显；叶柄长 0.2-2.5cm；叶片形状和大小变异很大，通常椭圆形、倒卵形至披针形、带形，稀匙形或琴形，有时中脉把叶片间断成上下两片，长 5-30cm，宽 0.3-8cm，基部楔形至钝，边缘全缘或浅裂至深裂，先端渐尖至圆钝，绿色或具各种颜色，有时具黄色斑点或红色斑块等。总状花序腋生，雌雄同株异序，长 8-30cm；雄花：白色；花梗细长；萼片 5，长约 3mm；花瓣 5 枚，

图 663 变叶木 Codiaeum variegatum
1. 枝上部、叶和雌花序；2. 雄花除去花萼，示花盘和雌蕊；
3. 雌花；4. 异形叶。（李志民绘）

远较萼片小；花盘分裂成 5 个离生腺体；雄蕊 20-30 枚；雌花：淡黄色；花梗较雄花的粗壮而略短；萼片卵状三角形，长约 1mm；无花瓣；花盘杯状；先端浅裂；子房近球状，3 室，无毛，花柱 3 枚，长约 3mm，外弯，不分裂。蒴果近球状，直径 7-9mm，具 3 浅圆棱，红色变暗褐色。种子长约 6mm。花期：几乎全年。

产地：笔架山（徐有才等 1811）、仙湖植物园（曾春晓等 23）、深圳园林科研所（李沛琼 3271），本市各公园及绿地均有栽培。

分布：原产于太平洋群岛及澳大利亚热带地区。现广栽培于世界热带地区。我国热带及亚热带地区常见栽培。

用途：为优良的园林观赏植物。

变叶木在园林栽培中，约有 120 多个栽培品种，大都是用杂交培育出来的。在深圳地区各公园中常见的栽培品种有：

（1）细叶变叶木 Codiaeum variegatum 'Taeniosum' 叶条形，细而长。

（2）阔叶变叶木 Codiaeum variegatum 'Platyphyllum' 叶卵形，倒卵形或椭圆形。

（3）戟叶变叶木 Codiaeum variegatum 'Lobatum' 叶宽，有 3 裂片。

（4）旋叶变叶木 Codiaeum variegatum 'Crispum' 叶带形，不规则地螺旋扭曲。

（5）蜂腰变叶木 Codiaeum variegatum 'Appendiculatum' 叶带形，分成两段，中间以中脉相连，形似黄蜂细腰。

（6）长叶变叶木 Codiaeum variegatum 'Ambiguum' 叶片带形。

33. 大戟属 Euphorbia L.

草本、灌木或乔木，有时呈仙人掌状肉质植物，具丰富的白色乳汁。根圆柱状或纤维状，或具不规则肉质块根。茎和枝条草质、肉质或半肉质，圆柱形或具棱，有刺或无刺。叶互生、对生或轮生；叶片纸质或肉质，边缘全缘或具齿，稀分裂，通常具叶柄或无柄；托叶形状多样，有时呈刺状或钻状，稀无托叶。花雌雄同序，为杯状聚伞花序，单生或组成复花序，如为复花序则呈二歧或多歧分枝，顶生或生于分枝上部，少有腋生；每个杯状聚伞花序由 1 枚位于中央的雌花和多枚位于周围的雄花共生于 1 个杯状总苞内；杯状总苞基部通常具 1 枚苞片，苞片形状多样，有的有颜色；雄花：无花被，雄蕊 1 枚，花丝短，通常红色，花药 2 室，双球形，花丝与花梗之间有关节，花梗基部通常有苞片 1 枚；雌花：花梗长；通常无花被，少数具小的退化花被；子房伸出总苞之外，3 室，每室有胚珠 1 颗，花柱 3 枚，离生或基部合生，柱头 2 裂，稀不裂。蒴果具 3 个分果瓣，果皮平滑，或被毛。种子形状和颜色多样；种皮平滑或具雕纹，通常具种阜；胚乳丰富；子叶肥大。

约 2000 多种，遍布于世界各地，主产非洲和中南美洲。我国约产 80 多种。深圳有 16 种。

1. 乔木或灌木。
　2. 植株具刺
　　3. 披散灌木；茎黑褐色或浅黑色，密被皮刺，刺锥状，长达 2cm；托叶刺单生，锥状 ……　**1. 铁海棠 E. milii**
　　3. 小乔木，通常呈直立灌木状；茎绿色，不具皮刺；托叶刺双生，针状。
　　　4. 茎圆柱状；小枝具 5 条旋转排列的棱脊 ……………………………　**2. 金刚纂 E. antiquorum**
　　　4. 茎三棱状，有时四棱状；小枝具 3-5 条纵翅状锐棱，棱脊薄而隆起 …………　**3. 火殃勒 E. neriifolia**
　2. 植株无刺。
　　5. 小枝肉质或稍肉质；叶片肉质，条形，早落，故通常呈无叶状态；茎和枝条绿色 …　**4. 绿玉树 E. tirucalli**
　　5. 小枝非肉质；叶片纸质，卵圆形或椭圆形，宿存，茎和枝条非绿色。
　　　6. 小乔木；叶轮生或对生，红色或紫红色；复聚伞花序二歧分枝；苞叶淡黄色；总苞具 5 枚腺体 ……
　　　　……………………………………………………………………………　**5. 紫锦木 E. cotinifolia**
　　　6. 灌木；叶互生，绿色；复聚伞花序三歧分枝；苞叶鲜红色；总苞具 1 枚腺体 ……　**6. 一品红 E. pulcherrima**
1. 一年生草本、多年生草本或半灌木。
　7. 多年生草本或半灌木，茎基部木质化；叶片多为肉质 ………………………………　**7. 海滨大戟 E. atoto**
　7. 一年生草本，茎基部不木质化；叶片非肉质。
　　8. 叶通常互生，有时枝条上部的叶为轮生或对生，叶片基部两侧对称。

9. 叶片阔卵形或提琴形，边缘具细齿或深波状分裂；苞叶下半部或全部鲜红色；总苞具腺体 1 枚，横椭圆形；子房和蒴果均无毛 ·· 8. **猩猩草 E. cyathophora**

9. 叶片椭圆形或长圆形，边缘全缘；苞叶绿色，入夏后苞叶边缘变为白色或全为白色；总苞的腺体 4 枚，半圆形；子房和蒴果均被柔毛 ··· 9. **银边翠 E. marginata**

8. 叶对生，叶片基部偏斜，两侧不对称。

  10. 直立草本。

    11. 植物被长粗毛；花序多个密生并排成球状或近球状的复合聚伞花序；子房和蒴果均被毛 ··· 10. **飞扬草 E. hirta**

    11. 植株疏被柔毛或近无毛；花序多个排成三歧复合聚伞花序；子房和蒴果均无毛 ··· 11. **通奶草 E. hypericifolia**

  10. 匍匐状或披散状草本。

    12. 托叶披针形或长三角形；子房和蒴果均被毛。

      13. 托叶被微毛，边缘不撕裂；小枝辐射状伸展；子房伸出总苞之外 ······ 12. **匍匐大戟 E. prostrata**

      13. 托叶无毛，边缘撕裂状；小枝不辐射状伸展而呈匍匐状或外倾，节不明显；子房一半露出总苞外 ··· 13. **千根草 E. thymifolia**

    12. 托叶唇齿状或条形；子房和蒴果均无毛。

      14. 叶面中脉两侧具许多紫色斑点 ·································· 14. **紫斑大戟 E. hyssopifolia**

      14. 叶面中脉两侧无紫色斑点。

        15. 托叶唇齿状；叶片边缘全缘或近全缘；总苞裂片被短柔毛 ····· 15. **小叶大戟 E. makinoi**

        15. 托叶条形；叶片边缘具细齿；总苞裂片无毛 ··············· 16. **地锦 E. humifusa**

1. 铁海棠 虎刺梅 Crown-of-thorns

图 664 彩片 676

Euphorbia milii Des Moul. in Bull. Hist. Nat. Soc. Linn. Bordeaux **1**：27，pl. l. 1826.

披散灌木，高达 1m，具丰富乳汁。茎圆柱状，粗 0.7-1cm，稍肉质，浅黑色或黑褐色，具纵棱，密生硬而尖的锥状皮刺（由茎的表皮细胞形成），刺长 1-2cm，直径 0.5-1mm，通常 3-5 列旋转排列于棱脊上。叶互生；托叶刺单生，锥状，长 3-4mm，早落；叶柄极短或不存在；叶片肉质，倒卵形或近匙形，长 2.5-7cm，宽 1.5-2.5cm，基部楔形，边缘全缘，先端钝，具尖头，无毛。杯状聚伞花序具 2、4 或 8 个生于呈二歧分枝的花序轴顶端，生于分枝上部叶腋；花序梗长 3-5mm；苞叶 2 枚，宽卵形或肾形，长和宽均 1-1.2cm，鲜红色，花瓣状；总苞杯状，长约 3mm，顶端 5 裂，裂片琴形，上部流苏状，且内弯；腺体 5 或 6 枚，肾形，长约 1mm，宽约 2mm，红色，无附属体；雄花：多朵；苞片条形，顶端撕裂；雌花：1 朵，通常不伸出总苞外；子房光滑，无毛，常藏在总苞内，花柱 3 枚，中部以下合生，柱头 2 浅裂。蒴果三棱状卵球形，长约 3.5mm，直径约 4mm，平滑，无毛，成熟后分裂为 3 个分果瓣。种子卵柱状，长约 2.5mm，直径约 2mm，灰褐色，具微小的疣点，无种阜。花果期：几乎全年。

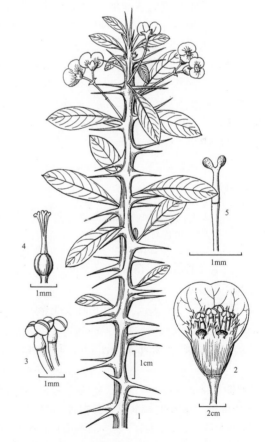

图 664 铁海棠 Euphorbia milii
1. 枝上部、皮刺、叶和花序；2. 杯状聚伞花序（去掉一片苞叶后）；3. 雄花；4. 雌蕊；5. 花柱的分枝及柱头。（李志民绘）

产地:东湖公园(王定跃等 89435),本市各公园城、乡居民庭院均有栽培。

分布:原产马达加斯加,现世界各地广泛栽培。我国山西、陕西、山东、河南、安徽、江苏、浙江、江西、台湾、福建、广东、香港、澳门、海南、广西、贵州、湖南、湖北、四川和云南有栽培或逸生。

用途:为优良的园林花卉植物。植物体的乳汁有毒,接触后可引起皮肤红肿奇痒。

本种栽培品甚多,在本市常见栽培的有下列三个栽培品种:

(1)大叶铁海棠 Euphorbia milii 'Splendens' 植株矮小,叶较大,长 6-15cm。杯状聚伞花序的苞叶红色。

(2)黄苞铁海棠 Euphorbia milii 'Tananarivae Leandri' 植株及叶与大叶铁海棠相同,但杯状聚伞花序的苞叶黄色。在深圳园林中有栽培。

(3)白苞铁海棠 Euphorbia milii 'Albida' 植株及叶与大叶铁海棠相同,但杯状聚伞花序的苞叶白色。

2.　金刚纂 霸王鞭 Nerium-leaved Euphorbia

图 665　彩片 677

Euphorbia neriifolia L. Sp. Pl. **1**: 451. 1753.

小乔木,通常灌木状,高 3-5(-8)m,直径 6-15cm,全株具丰富乳汁。茎圆柱状,上部多分枝;小枝绿色,具 5 条钝的、呈螺旋状旋转的棱脊。叶生于小枝上端的棱脊上;托叶刺成对,长 2-3mm;叶柄长 2-4mm;叶片肉质,倒卵状长圆形或倒卵状匙形,长 4.5-13cm,宽 1.3-5cm,基部渐狭而成短柄,边缘全缘,先端钝圆,具小凸尖,叶脉不明显。杯状聚伞花序具短梗,通常 3 个排成简单二歧聚伞花序,生于已落叶的叶腋内;总苞阔钟状,高约 4mm,直径 5-6mm,裂片 5 枚,撕裂;腺体 5 枚,紫红色,肉质,边缘厚,全缘;雄花:多朵;苞片近匙形,上部撕裂;雌花:1 朵,子房无毛,花柱长约 2mm,下半部合生,柱头不分裂。花期:10 月至翌年 4 月。

产地:仙湖植物园(王国栋 08008),本市各公园及庭园均有栽培。

分布:原产印度。现在亚洲热带地区有栽培。我国南北方均有栽培。

用途:观赏植物,可盆栽或作盆景,也可栽作绿篱。

本种栽培品种较多。在深圳市园林中常见栽培的有下列 2 个栽培品种:

(1)麒麟箭 Euphorbia neriifolia 'Cristata' 其主要特征是分枝的上端扁平,形呈鸡冠状。

(2)三角麒麟 Euphorbia neriifolia 'Trigona' 其主要特征为分枝三棱状。

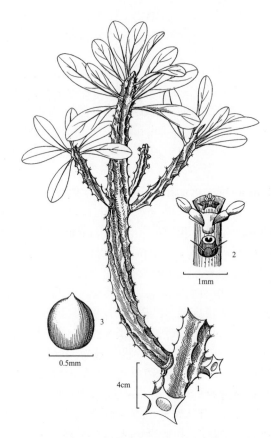

图 665 金刚纂 Euphorbia neriifolia
1. 植株上部;2. 花序(幼时);3. 种子。(李志民绘)

3.　火殃勒 Fleshy Spurge

图 666

Euphorbia antiquorum L. Sp. Pl. **1**: 450. 1753.

小乔木,通常呈灌木状,具丰富乳汁,全株肉质。茎多分枝,高 1-5(-8)m,直径 5-7cm.,通常三棱状,有时有四棱状并存;枝粗壮,具 5 锐棱;小枝具 3-5 纵翅状锐棱,绿色,棱脊薄而隆起,高 1-2cm,厚 3-5mm,边缘具三角状齿,齿间距离约 1cm。叶互生,疏生于嫩枝的棱上;托叶刺成对,长 2-5mm,宿存;无叶柄;叶片肉质,倒卵状椭圆形或倒卵形,长 2-5cm,宽 1-2cm,基部渐狭,边缘全缘,无毛,先端圆,叶脉不明显。苞叶 2 枚,下部合生,紧贴花序,膜质,与花序近等大;杯状聚伞花序单生于落叶的叶腋,基部具 2-3mm 的短梗;总苞阔钟状,高约 3mm,直径约 5mm,边缘 5 裂,裂片半圆形,具小齿;腺体 5 枚,全缘,黄色;无附属体;雄花:多数;苞片丝状;雌花:1 朵;花梗长,常伸出总苞之外;子房柄基部具 3 枚退化的花被片;子房三棱状扁球形,无毛;花柱 3 枚,分离,柱头浅 2 裂。蒴果三棱状扁球形,长 3.4-4mm,直径 4-5mm。种子近球状,长和宽均约 2mm,褐黄色,平滑;无种阜。花果期:几乎全年。

产地:仙湖植物园(王国栋 W08007),本市各公园和村落常有栽培。

分布:原产于印度,现在亚洲南部和东南部各国有栽培。我国南部各省区有栽培,北方多栽培于温室。

用途:观赏植物。全株入药,具散瘀消炎、清热解毒之效。乡村人们常栽作绿篱。

4. 绿玉树 光棍树 Milk-bush　　图 667　　彩片 678

Euphorbia tirucalli L. Sp. Pl. **1**: 452. 1753.

灌木,高 1-3m。茎直立,直径 10-25cm;小枝互生、对生或轮生,圆柱状,直径约 6mm,肉质或稍肉质,平滑,绿色,具丰富乳汁。叶互生,肉质,散生于嫩枝顶部,无柄或近无柄;叶片长圆状条形,长 1-1.5cm,宽 0.7-1.5mm,基部渐狭,先端钝,早凋落,由茎和枝条行使光合功能。杯状聚伞花序簇生于叉状分枝处或小枝顶端;花序梗短,总苞陀螺状,长约 2mm,直径约 1.5mm,内侧被短柔毛;腺体 5,椭圆形,黄色,无附属体;雄花:多朵,伸出总苞之外;苞片边缘撕裂;雌花:1 朵;子房柄伸出总苞边缘,子房被微毛至无毛,花柱 3 枚,基部合生,柱头 2 裂。蒴果棱状三角形,长和宽约 6-8mm,略被微毛至无毛。种子卵球状,长和宽约 4mm,平滑。花期和果期:几全年。

产地:南澳(张寿洲等 4479)、仙湖植物园(王国栋 W08014),本市各公园常有栽培,在海边偶见逸生。

分布:原产于非洲东部(安哥拉)。现在亚洲和非洲热带地区有栽培。台湾、福建、广东、香港、澳门、海南、广西和云南等省区有栽培,在北方常栽培于温室。

用途:观赏植物,适植于海滨地区、石灰岩山地和海岛绿化树种。

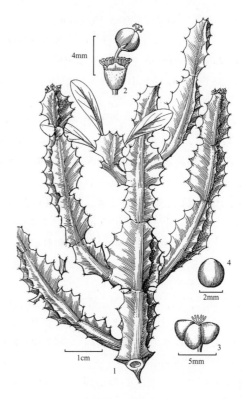

图 666 火殃勒 Euphorbia antiquorum
1. 植株上部;2. 杯状聚伞花序;3. 蒴果;4. 种子。(李志民绘)

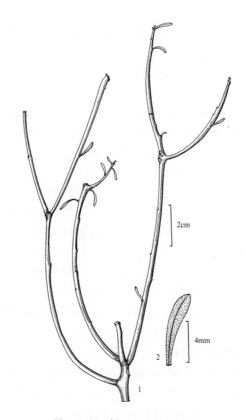

图 667 绿玉树 Euphorbia tirucalli
1. 植株上部;2. 叶。(李志民绘)

5. 紫锦木 红美人 肖黄栌 Red Euphobia

图 668 彩片 679 680

Euphorbia cotinifolia L. Sp. Pl. **1**：453. 1753.

乔木，高 5-15m。一年生枝紫红色，无毛。叶 3 枚轮生，有时对生；托叶刺状，成对地生于基座上，近圆锥形，长约 1mm，后呈小瘤状；叶柄长 2-8cm，浅红色；叶片纸质，卵圆形，长 5-6.5cm，宽 4.5-6cm，基部钝圆或近截平，边缘全缘，先端圆钝，叶背红色带粉绿色，叶面红色至紫红色，主脉两面明显，侧脉 5-6 对，近平行，未达叶缘而网结。杯状聚伞花序排成 3 个二歧式复聚伞花序，腋生或顶生；苞叶淡黄色，阔钟状，高 2-3mm，直径约 4mm，边缘 4-6 裂，裂片三角形，边缘有毛；腺体 5 枚，横椭圆形，浅黄色，附属体近肾形，白色，宽约 2mm，边缘分裂。雄花多数；苞片倒披针形，上部撕裂；雌花：1 朵；雌蕊柄长，将子房伸出总苞之外；子房三棱状，纵沟明显，无毛，花柱 3 枚，柱头 2 浅裂。蒴果三棱状卵球形，高约 5mm，直径约 6mm，光滑，无毛。种子近球形，直径约 3mm，褐色，腹面具暗色沟纹；无种阜。花期：4-8 月，果期：5-10 月。

产地：仙湖植物园（王定跃 723）、深圳园林科研所（李沛琼 3274），本市各公园和绿地均有栽培。

分布：原产于美洲热带和西印度群岛。现世界热带各国有栽培。福建、台湾、广东、香港和澳门有栽培。

用途：为优良观赏植物。

6. 一品红 圣诞树 Poinsettia　图 669　彩片 681 682

Euphorbia pulcherrima Willd. ex Klotzsch in Otto & F. Dietr. Allgem. Gartenz. **2**：27. 1834.

灌木，高可达 3m，全株含丰富白色乳汁。茎直立，无毛。叶互生；托叶阔三角形，长约 1.5mm，通常早落；叶柄长 3-7cm，无毛；叶片纸质，卵状椭圆形或椭圆形，长 9-20cm，宽 3-10cm，基部楔形或渐狭，边缘全缘或波状，或有 1-2 波状浅裂，先端渐尖或急尖，两面被短柔毛或仅叶背被微毛。杯状聚伞花序集生于茎或枝的顶部有三歧分枝的花枝上；花枝长可达 8cm，每个杯状聚伞花序有 1 枚与其对生的叶状苞叶；苞叶鲜红色，长圆形至披针形，长达 15cm，通常全缘，稀边缘浅波状分裂；总苞杯状，长约 1cm，直径约 8mm，顶端边缘 5 浅裂，裂片披针形，无毛；具 1 枚大腺体，其裂口横生，呈两唇形，长 4-5mm，宽约 3mm，橙黄色；雄花：多朵，常伸出总苞之外，花丝红色；苞片膜质，撕裂。雌花：1 朵；雌蕊柄长，将

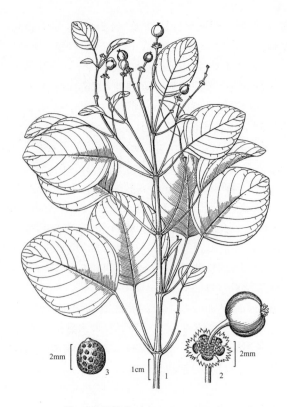

图 668 紫锦木 Euphorbia cotinifolia
1. 枝上部、叶和果序；2. 杯状聚伞花序；3. 种子。（李志民绘）

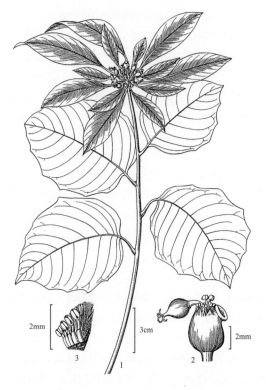

图 669 一品红 Euphorbia pulcherrima
1. 植株上部、叶、苞片和杯状聚伞花序；2. 杯状聚伞花序；3. 雄花（一束）。（李志民绘）

子房伸出总苞之外，子房无毛，花柱 3 枚，中部以下合生，柱头 2 深裂。蒴果三棱状球形，长 1. 5-2m，直径约 1.5cm。种子卵球形，长约 1cm，直径 8-9mm，灰色或淡灰色，平滑。花果期：10 月至翌年 4 月。

产地：仙湖植物园（王定跃等 89138），本市各公园、绿地、居民住宅区等地均常见栽培。

分布：原产于墨西哥和中美洲，现广泛栽培于世界热带及亚热带地区。我国南部各省区均有栽培。

用途：为优良的园林观赏植物。

栽培品种较多，常以株形高矮和苞叶颜色不同而异。在深圳常见的栽培品种如下：

（1）绣球一品红 Euphorbia pulcherrima 'Ecke's Flaming Sphere' 植株高 30-40cm；杯状聚伞花序密生于枝顶，其苞叶外弯，密集呈球状，鲜红色。

（2）一品白 Euphorbia pulcherrima 'Albida' 植株高 1-4m；杯状聚伞花序的苞叶白色。

（3）矮一品白 Euphorbia pulcherrima 'Regina' 植株高约 30cm；杯状聚伞花序的苞叶白色。

（4）一品粉 Euphorbia pulcherrima 'Rosea' 植株高约 30cm；杯状聚伞花序的苞叶粉红色。

（5）红白一品红 Euphorbia pulcherrima 'Eokes White' 植株高约 30cm；杯状聚伞花序的苞叶红白色。

7. 海滨大戟 Littoral Euphorbia　　　图 670　彩片 683

Euphorbia atoto G. Forst. Fl. Ins. Austr. Prodr. 36. 1786.

多年生草本或半灌木。茎平卧或斜升，长 10-50cm，具明显而膨大的节；全株均无毛。托叶宽三角形，长约 1.5mm，上部 2 裂，边缘撕裂呈流苏状。叶对生；叶柄长 1-3mm；叶片薄革质，长椭圆形或卵状长椭圆形，长 1-3cm，宽 0.4-1.5cm，基部偏斜不对称，近圆形、浅心形，稀截形，边缘全缘，先端钝，常有小尖头，侧脉少数，羽状。杯状聚伞花序排成稀疏的复二歧聚伞花序，顶生或腋生；总苞钟状，长约 1. 5-2mm，具 5 裂片，裂片卵状三角形，先端急尖，撕裂状；腺体 4，浅盘状，有白色小附属体；雄花：多朵；苞片披针形，边缘撕裂；雌花：雌蕊 1 枚，花梗长 2-4mm，明显地将子房伸出总苞之外；子房无毛，花柱 3，分离，柱头 2 浅裂。蒴果 3 棱状，直径约 3mm，无毛，成熟后分裂成 3 个分果瓣。种子卵球状，直径约 1.5mm，平滑，腹面具不明显的淡褐色条纹。花果期 4-12 月。

产地：梧桐山（李沛琼 0906010）、仙湖植物园（李振宇等 0906002）。生于海滨或近海滨沙地上，海拔 0-50m。

分布：台湾、广东、香港和海南。日本、印度、斯里兰卡、缅甸、老挝、越南、泰国、柬埔寨、马来西亚、菲律宾、印度尼西亚、澳大利亚和太平洋岛屿。

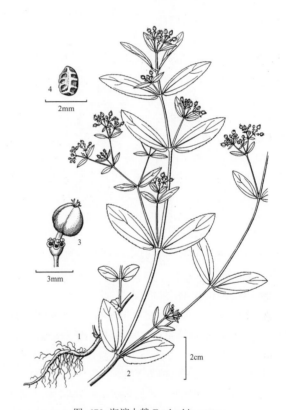

图 670 海滨大戟 Euphorbia atoto
1. 植株基部及根；2. 植株上部、枝、叶和复二歧聚伞花序；3. 杯状聚伞花序；4. 种子。（李志民绘）

8. 猩猩草 草本一品红 Red-involucred Euphorbia　　　图 671　彩片 684

Euphorbia cyathophora Murr. in Comment. Soc. Regiae Sci. Gott. 7：81. 1786.

Euphorbia heterophylla auct. non L.：广州植物志 261. 1956；海南植物志 **2**：186. 1965；澳门植物志 **2**：122. 2006.

一年生草本，高达 1m。根圆柱状，长 30-50cm，直径 2-7mm。茎直立，中空，上部多分枝；小枝互生，稀对生，通常被疏柔毛。叶互生；托叶阔三角形，膜质；叶柄长 0.5-3cm；叶片阔卵形或提琴形，长 3-10cm，宽 2.5-5cm，基部渐狭，边缘具细齿，有时深波状分裂，先端尖或圆，两面被柔毛，后变无毛。总苞叶与茎生叶同形，较小，长 2-5cm，宽 1-2cm，淡红色或仅基部红色；杯状聚伞花序单生，具短梗，数个密集生于茎或枝的顶部有 3-4 个分叉的花枝上；花枝长 0.5-1.5cm，花枝基部的苞叶叶状，其下半部或几全部鲜红色，其余苞叶阔三角形，膜质；总苞钟状，高 3-4mm，顶端 5 浅裂，裂片流苏状；腺体 1 枚，稀 2 枚，横椭圆形、黄色，裂口唇形；雄花：多朵；长伸出总苞之外，苞片膜质，顶端撕裂；雌花：1 朵；子房柄明显伸出总苞外，子房三棱状球形，光滑，无毛，花柱 3 枚，分离，柱头 2 裂。蒴果三棱状球形，直径约 5mm，无毛。种子卵圆形，长约 3mm，褐色至黑色，具小瘤，无种阜。花期和果期：4-12 月。

产地：仙湖植物园（王定跃 505），本市各公园常有栽培。

分布：原产于墨西哥和古巴。现广布于世界热带及亚热带地区。我国南部各省区均有栽培，常见公园、植物园；北方常栽培于温室。

用途：为优良观赏植物。

9. 银边翠 Snow-on-the-mountatain 图 672
Euphorbia marginata Pursh, Fl. Amer. Sept. 2: 607. 1814.

一年生草本，高 50-80m。根纤细，多分枝，长可达 20cm，直径 3-5mm。茎直立，单一，自基部向上叉状分枝，具丰富乳汁，通常无毛。叶在枝条下部互生，在枝条上部为轮生或对生，无柄或近无柄；叶片绿色，椭圆形或长圆形，长 3-7cm，宽约 3cm，基部圆形或近截形，边缘全缘，先端钝，具小尖头。总苞叶 2-3 枚，椭圆形，长 3-4cm，宽 1-2cm，基部渐狭，全缘，绿色，入夏后总苞叶边缘变为白色或全为白色；苞叶椭圆形，长 1-2cm，宽 5-7mm，基部渐狭，先端圆，近无柄，与总苞叶同色。杯状聚伞花序单个或数个簇生在苞叶内，着生在枝上部叶腋内；花序梗长 3-5mm，密被柔毛；总苞钟状，高 5-6mm，直径约 4mm，外面被柔毛，顶端 5 裂，裂片三角形至圆形，顶端尖至微凹，边缘与内侧均被柔毛；腺体 4，半圆形，边缘具宽大的白色附属物，其长与宽均超过腺体；雄花：多朵，伸出总苞外；苞片丝状；雌花：1 朵；子房柄长 3-5mm，伸出总苞之外，被柔毛；子房近球形，密被柔毛，花柱 3 枚，分离，柱头 2 浅裂。蒴果近球形，长和直径约 6mm，被柔毛，具长柄，柄长 3-7mm，花柱宿存。种子圆柱状，长 3.5-4mm，直径 2.8-3mm，淡黄色至灰褐色，具小瘤或短刺。无种阜。花果期：6-10 月。

产地：深圳各公园或庭园有栽培。

分布：原产北美洲。现广泛栽培世界热带地区。我国南北各地有均栽培。

用途：为优良的观叶植物，宜植于花坛，也可地栽或盆栽。

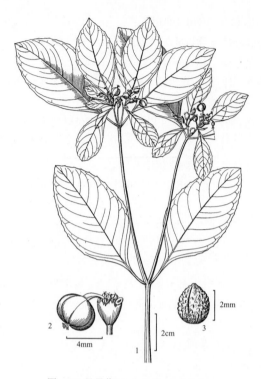

图 671 猩猩草 Euphorbia cyathophora
1. 植株上部、叶和密生于枝顶的杯状聚伞花序；2. 杯状聚伞花序；3. 种子。（李志民绘）

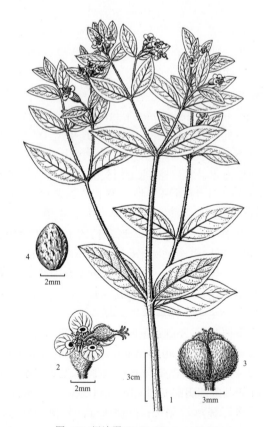

图 672 银边翠 Euphorbia marginata
1. 植株上部、叶和杯状聚伞花序（单生或簇生）；2. 杯状聚伞花序；3. 蒴果；4. 种子。（李志民绘）

10. 飞扬草 Garden Spurge 　　　图 673　彩片 685

Euphorbia hirta L. Sp. Pl. **1**：453. 1753.

一年生草本，高 10-50cm。根纤细，长 5-11cm，直径 3-5mm，常不分枝。茎直立，不分枝或有少数分枝，被黄色多细胞长粗毛。叶对生；托叶披针形或条形，长 1.5-2mm，边缘撕裂；叶柄长 1-2mm；叶片菱状椭圆形或卵状披针形，长 1-3cm，宽 0.5-1.7cm，基部偏斜，叶缘疏生锯齿或中部以上有细锯齿，有时全缘，先端急尖或钝，叶背灰绿色，有时具紫色斑，两面均被粗毛，叶背脉上的毛较密，叶面绿色。杯状聚伞花序具短梗，多个密集成球状或近球状的多歧聚伞花序，腋生；总苞钟状，高与直径均约 1mm，被柔毛，顶端 5 裂，裂片三角形；腺体 4，紫红色，边缘具白色附属体。雄花多朵，微达总苞边缘；雌花 1 朵，具短梗，伸出总苞之外；子房三棱状，被微毛，花柱 3 枚，分离，柱头 2浅裂。蒴果三棱状，直径约 1.5mm，被短柔毛。种子卵形，稍具四棱，淡红色，有横皱纹。花果期：5-12 月。

产地：梧桐山（仙湖华农学生采集队 10573）、罗湖（李沛琼等 5631）、东湖公园（徐有才 89534），本市各地普遍有分布。生于空旷草地或山脚路旁，海拔 50-300m。

分布：江西、福建、台湾、湖南、广东、香港、澳门、海南、广西、贵州、云南和四川等。广布于世界热带及亚热带地区。

用途：全草可药用，治湿疹、皮炎及肠炎等。

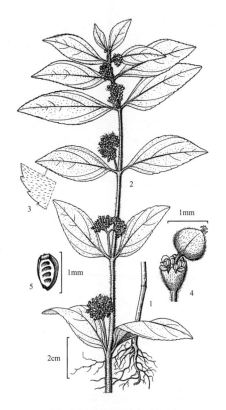

图 673 飞扬草 Euphorbia hirta
1. 植株的下部及根；2. 植株的上段、叶及多歧聚伞花序；3. 叶片的一部分，示毛被；4. 杯状聚伞花序；5. 种子。（李志民绘）

11. 通奶草 Hypericum-leaved Euphorbia 　　　图 674

Euphorbia hypericifolia L. Sp. Pl. **1**：454. 1753.

Euphorbia indica Lam. Encycl. **2**：423. 1788；广东植物志 262. 1956；海南植物志，**2**：185. 1965.

一年生草本。根纤细，长达 15cm，直径 2-3.5mm，通常不分枝，少数顶端分枝。茎直立，高达 30cm，直径 2-3.5mm，自基部分枝或不分枝，被疏柔毛或近无毛。叶对生；托叶长三角形，长约 1mm；叶柄长 1-2mm；叶片椭圆形至长圆形，长 1-3cm，宽 5-12mm，基部偏斜，一侧楔形，一侧钝圆，边缘全缘或基部以上具细齿，先端钝或圆，两面疏生柔毛或无毛。杯状聚伞花序数个至多个排成腋生、复二歧或多歧的聚伞花序；花序梗长约 5mm；苞叶 2 枚，与茎生叶同形；总苞钟状，长和直径均约 1mm，边缘 5 裂，裂片卵状三角形；腺体 4 枚，附属体扁椭圆形，白色或粉红色；雄花：数朵，微伸出总苞外；雌花：1 朵，子房柄长于总苞；子房三棱形，无毛；花柱 3 枚，分离，柱头 2裂。蒴果三棱球形，长约 1mm，直径约 2mm，无毛。种子椭圆形，稍具 4 棱，长 1.2-1.5mm，被白色蜡粉，

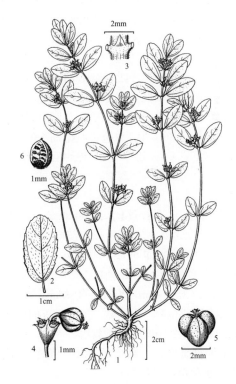

图 674 通奶草 Euphorbia hypericifolia
1. 植株叶及聚伞花序；2. 叶；3. 枝的一段，示节上的托叶；4. 杯状聚伞花序；5. 蒴果；6. 种子。（李志民绘）

近平滑或内侧 2 棱面具不明显横纹。花果期：6-12 月。

产地：仙湖植物园（王定跃 90737）、东湖公园（深圳考察队 1757），本市各地均有分布。生于空旷草地及低山脚路边，海拔 30-150m。

分布：江苏、浙江、江西、福建、台湾、广东、香港、澳门、海南、广西、贵州和云南。南亚半岛、印度尼西亚至澳大利亚。

12. 匍匐大戟 铺地草 Prostrate Euphorbia

图 675　彩片 686

Euphorbia prostrata Ait. Hort. Kew **2**: 139. 1789.

一年生草本。根纤细，长 7-9cm。茎匍匐状，自基部多分枝，辐射状伸展，长 15-20cm；枝细长，浅红色或红色，少有绿色，节稍明显，被短柔毛至无毛。叶对生；托叶长三角形，被微毛；叶柄长 0.5-1mm；叶片椭圆形，长 4-8mm，宽 2-5mm，基部偏斜，不对称，叶背通常浅红色，边缘具微齿或全缘，先端钝圆。杯状聚伞花序 1-3 个生于叶腋，花序梗长 2-3mm；总苞钟状，高约 1mm，直径近 1mm，顶端 5 裂，裂片钝三角形，边缘具缘毛；腺体 4 枚，红色，具狭窄的附属物；雄花：3-5 朵，常不伸出总苞外；雌花：1 朵；子房柄较长，常伸出总苞之外，子房三棱状球形，3 室，室背被短柔毛，花柱 3 枚，离生，柱头 2 深裂。蒴果三棱状，长约 1.5mm，直径约 1.4mm，沿棱脊被疏柔毛。种子近柱状四棱形，长约 1mm，棱面具 5-7 条横沟，无种阜。花果期：4-12 月。

产地：仙湖植物园（深圳考察队 974），本市各地有分布。生于旷野或居民区宅旁草地，海拔 50-400m。

分布：原产美洲热带和亚热带、现归化于东半球热带及亚热带地区。江苏、台湾、福建、广东、香港、澳门、海南、广西、湖北和云南等地也有归化。

用途：观赏、药用。

13. 千根草 小飞扬 Thyme-leaved Spurge

图 676　彩片 687

Euphorbia thymifolia L. Sp. Pl. **1**: 454. 1753.

匍匐状一年生草本。根纤细，长约 10cm，具多数不定根。茎细长，长 10-20cm；直径 1-2mm，被疏柔毛，常呈匍匐状或外倾，浅红色，自基部多分枝，小枝被疏柔毛。叶对生；托叶披针形，长约 1mm，边缘撕裂状；叶柄极短，长约 1mm；叶片椭圆形、长圆形或斜卵状长圆形，长 4-8mm，宽 2-5mm，基部偏斜，圆形或近心形，边缘具细齿或近全缘，先端钝圆，两面被疏柔毛或无毛。杯状聚伞花序单个或数个簇生于

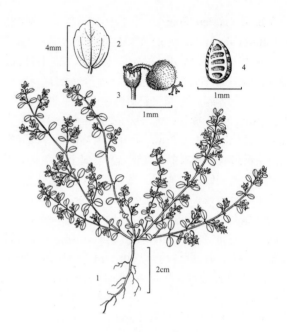

图 675 匍匐大戟 Euphorbia prostrata
1. 植株；2. 叶；3. 杯状聚伞花序；4. 种子。（李志民绘）

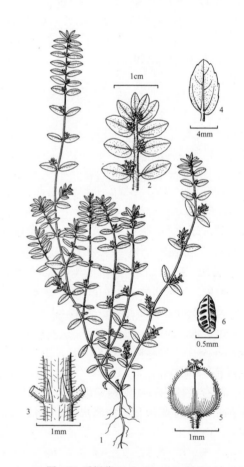

图 676 千根草 Euphorbia thymifolia
1. 植株；2. 枝上部一段、叶和杯状聚伞花序；3. 枝一段，示节上的托叶；4. 叶；5. 蒴果；6. 种子。（李志民绘）

叶腋，具长 1-2mm 的花序梗；总苞狭钟状至陀螺状，高约 1mm，直径约 1mm，外面被稀疏短柔毛，顶端 5 裂，裂片卵形；腺体 4，附属体小，白色，不等大；雄花 3-4 朵，略伸出总苞边缘；雌花 1 朵；子房柄极短，子房一半露出总苞之外，被疏茸毛，花柱 3 枚，离生，柱头 2 裂。蒴果卵状三棱形，长和宽约 1.5mm，贴生疏柔毛；果梗长约 1mm。种子长圆形，具 4 棱，长约 1mm，每棱面具 4-5 条横沟；无种阜。花果期：4-12 月。

产地：仙湖植物园（王定跃等 89109）、东湖公园（李沛琼 2405），本市各地有分布。生于空旷地、路旁裸地、旱地耕地及海滨沙地等，海拔 15-550m。

分布：江苏、浙江、江西、台湾、福建、广东、香港、澳门、海南、广西、湖南和云南。广布于世界热带及亚热带地区。

用途：全草可药用。有清热利湿、止痒之功效，民间用于治肠炎、痢疾、皮炎等。

14. 紫斑大戟 Hyssop spurge　　图 677　彩片 688
Euphorbia hyssopifolia L. Syst. Nat. ed. 10, **2**: 1048. 1759.

一年生草本。根纤细，长约 6cm，直径 0.8-1mm。茎斜展或直立，极少匍匐状，长约 15cm，直径约 1mm，无毛。托叶平截状，极短，先端唇齿状；叶对生；叶柄长约 1.5mm；叶片椭圆形，长 1-2cm，宽 3-5mm，基部偏斜，两侧不对称，边缘紫红色，具稀疏钝锯齿，先端急尖或渐尖，叶面中脉两侧具许多紫红色斑点，两面无毛，侧脉纤细，约 3 对。杯状聚伞花序聚生或单生于叶腋，单生时具花序梗；总苞狭钟状，高约 8mm，直径 4-5mm，边缘 5 裂，裂片三角形；腺体 4，黄绿色，边缘具有比腺体宽的白色或粉色附属体；雄花 5-15 枚；雌花 1 枚，具较长的子房柄；子房光滑，无毛，花柱 3，分离；柱头 2 浅裂。蒴果三角状卵形，长和直径约 2.5mm，无毛，光滑；果柄长达 2mm。种子卵状 4 棱形，长约 1.1mm，直径约 0.8mm，每面具 3-4 横沟，无种阜。花果期 4-10 月。

产地：清水河（李沛琼等 0906101）。生于路边草丛中，海拔 70-80m。

分布：原产美洲热带和亚热带地区，并归化于亚洲和非洲热带地区。我国台湾和海南也有归化。深圳首次发现。

15. 小叶大戟 Small-leaved Euphorbia　　图 678
Euphorbia makinoi Hayata in J. Coll. Sci. Imp.

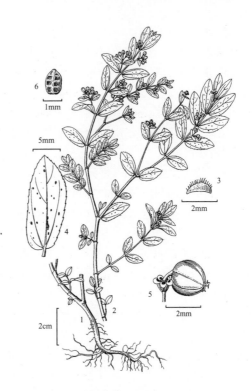

图 677 紫斑大戟 Euphorbia hyssopifolia
1. 根；2. 植株上部、枝、小枝、叶和杯状聚伞花序；3. 托叶；4. 叶片放大示斑点；5. 杯状聚伞花序；6. 种子。（李志民绘）

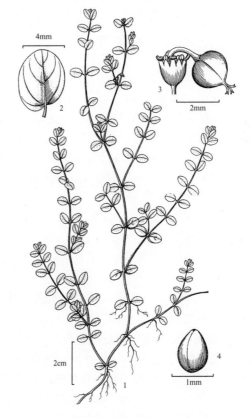

图 678 小叶大戟 Euphorbia makinoi
1. 植株；2. 叶；3. 杯状聚伞花序；4. 种子。（李志民绘）

Univ. Tokyo **30**（1）：262. 1911.

一年生草本。根纤细，单一不分枝，长 6-8cm，粗 2-3mm。茎匍匐状，自基部多分枝，长 8-10cm，略呈淡红色，节间常具多数分枝的不定根。叶对生；托叶唇齿状，顶端近截平；叶柄长 1-3mm；叶片卵圆形或卵状椭圆形，长 3-5mm，宽 2-3.5mm，基部偏斜，不对称，边缘全缘或近全缘，无毛，先端圆。杯状聚伞花序单生，腋生或顶生；花序梗长约 1mm；总苞钟状，高和直径均为 0.4-0.6mm，顶端 5 裂，裂片三角状披针形，边缘撕裂，被短柔毛；腺体 4 枚，近椭圆形，具较窄的白色附属体；雄花 3-4 朵，生于总苞近边缘；雌花：1 朵；子房柄长，伸出总苞之外；子房无毛，花柱 3 枚，分离，柱头 2 裂。蒴果三棱状球形，长 1-1.3mm，直径 1.3-1.5mm，无毛。种子卵状四棱形，长约 0.8mm，直径 0.5mm，黄色或淡褐色，无种阜。花期和果期：5-10 月。

产地：仙湖植物园（李沛琼 90738）。生于低海拔草地，海拔 50-100m。

分布：浙江、江苏、台湾、福建、广东和香港。日本和菲律宾。

16. 地锦 Humifuse Euphorbia 图 679

Euphorbia humifusa Willd. ex Schltdl. Enum. P1. Hort. Berol. Supp1. 27. 1814.

一年生草本。根纤细，长 10-18cm，直径 2-3mm，常不分枝。茎匍匐状或披散状，近基部多分枝，长达 20（30）cm，直径 1-3mm，浅红色，被疏柔毛，老渐无毛，近基部分枝。叶对生；托叶条形，长约 1mm；叶柄长 1-2mm；叶片斜长圆形或椭圆形，长 5-10mm，宽 3-6mm，基部偏斜，略渐狭，边缘具细齿，叶面绿色，叶背淡绿色，有时淡红色，两面被疏柔毛，老渐无毛，先端钝圆。杯状聚伞花序单生叶腋；花序梗长 1-3mm；总苞钟状，高和直径均约 1mm，顶端 5 裂，裂片长三角形，无毛；腺体 4 枚，长圆形，浅红色，边缘具白色附属体；雄花：多朵，近与总苞边缘等长；雌花：1 朵；子房柄伸出至总苞边缘；子房三棱状卵球形，光滑，无毛；花柱 3 枚，分离，柱头 2 裂。蒴果三棱状球形，直径约 2mm，无毛。种子卵形，长约 1.3mm，直径 0.9mm，近平滑，被白色蜡被。花果期：6-12 月。

产地：南澳（张寿洲等 14581）、大鹏（张寿洲等 11025）。生于路旁或旷野荒地。

分布：我国除海南外，广布全国，尤其在华中、华东、华北地区较常见。广布于亚洲和非洲的温带地区和欧洲。

用途：全草可入药，有清热解毒、利尿、通乳等功效。

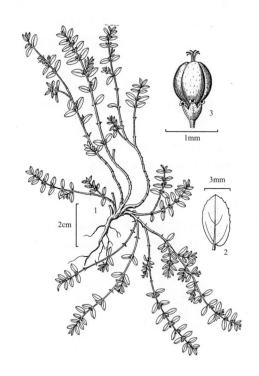

图 679 地锦 Euphorbia humifusa
1. 植株；2. 叶；3. 蒴果。（李志民绘）

34. 红雀珊瑚属 **Pedilanthus** Neck. ex Poit.

灌木或半灌木，植株各部具白色乳汁。茎和枝稍肉质。单叶互生，排成 2 列；叶片边缘全缘，具羽状脉；托叶呈小腺体状。花单性，无花被；雌雄同序，花序为顶生或腋生的聚伞花序；数朵雄花和 1 朵雌花着生在 1 个歪斜而两侧对称呈鞋状或舟状的总苞内，总苞基部具长短不等的柄，中央缝裂，沿缝缘内侧有 4 枚裂片，裂缝下端有囊状体，其内有 2-6 个腺体；雄花仅具 1 枚雄蕊；花丝与花梗之间具关节，花药 2 室，双球形，药室内向，纵裂；雌花单生于总苞中央，倾斜，具长梗；子房 3 室，每室有 1 胚珠，花柱合生成柱状，顶端 3 裂。蒴果干后具 3 个分果瓣。种子无种阜。

约 15 种，分布于美洲。我国栽培 2 种。深圳栽培 1 种和 2 个栽培品种。

红雀珊瑚 Redbird Cactus　　　图 680　彩片 689 690
Pedilanthus tithymaloides（L.）Poit. in Ann. Mus. Natl. Hist. Nat. **19**：390，t. 19. 1812.

Euphorbia tithymaloides L. Sp. Pl. **1**：453. 1753.

亚灌木，草本状，高达 70cm。茎、枝绿色，稍肉质，呈之字形弯曲，嫩茎和叶被微毛。叶排成 2 列；托叶三角形；叶柄短；叶片卵形至卵状长圆形，长 5-10cm，宽 3-5cm，基部楔形至截形，先端钝尖，两面被短柔毛，老渐无毛，中脉在背面凸起。聚伞花序丛生在枝顶或上部叶腋内；花序梗粗壮，肉质；总苞鞋状或舟状，红色或紫红色，长约 1cm，中央裂开；雄花和雌花均伸出总苞外；雌花：子房纺锤形或卵球形，花柱合生成柱状，上部分生的部分顶端再 2 浅裂。蒴果长约 6mm。花期：1-6 月，果期：10-12 月。

产地：仙湖植物园（王晖 0903015），本市各公园及庭园均常有栽培。

分布：原产中美洲。我国南部及世界热带地区均有栽培。

用途：是优良的园林观赏植物。

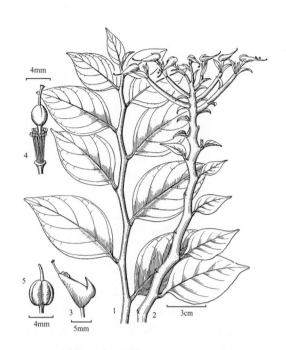

图 680 红雀珊瑚 Pedilanthus tithymaloides
1. 叶枝；2. 植株上部、叶和聚伞花序；3. 聚伞花序包在鞋状的总苞内；4. 聚伞花序除去总苞，示一朵雌花和多朵雄花；5. 蒴果。（李志民绘）

本市各公园常有 2 个栽培品种：

（1）蜈蚣珊瑚 Pedilanthus tithymaloides 'Nana'植株高 10-30cm。叶密生，叶片披针形，暗绿色。

（2）斑叶红雀珊瑚 Pedilanthus tithymaloides 'Variegatus'叶具有白斑，成熟叶有鲜红色晕。

233. 鼠李科 RHAMNACEAE

邢福武　王发国

灌木、木质藤本或乔木，稀草本，具刺或无刺。单叶互生或对生；叶片边缘全缘或具齿，具羽状脉或 3-5 基出脉；托叶小，早落或宿存，或变为刺状。花小，两性或单性，雌雄异株，稀杂性，常排成聚伞花序、穗状花序或圆锥花序，稀排成总状花序，有时单生或数花簇生，5 基数，稀 4 基数；被丝托（hypanthium 是由花托与花被基部和雄蕊基部共同愈合而成的结构）常钟状或筒状，淡黄绿色；萼片 4-5，镊合状排列；花瓣较萼片小，5 片，稀 4 片，贴生于被丝托上，匙形或兜状，基部常具瓣柄，有时无花瓣；雄蕊与花瓣同数且对生，与花瓣等长或略短，花药 2 室，纵裂；花盘发达，盘状或杯状；子房与花盘分离或藏于花盘内，上位、半下位或下位，1-4 室，每室有 1 基生直立的胚珠，花柱不分裂或上部 3 裂。果为核果、坚果或蒴果，无翅或具翅，基部为宿存的被丝托所包围。种子每室 1 颗，背部无沟或具沟，具薄胚乳或无胚乳。

约 50 属，900 多种。全世界均有分布，但主要分布于热带和亚热带地区。我国产 13 属，137 种。深圳有 5 属，9 种。

1. 叶片具 3 条基出脉；具托叶刺；果具木栓质的环状的狭翅 ·· 1. 马甲子属 Paliurus
1. 叶片具羽状脉；无刺或具枝顶变成的刺；果无翅或顶端具革质、长圆形的翅。
　2. 短枝或枝顶常变成刺。
　　3. 花具梗，单生或组成腋生的聚伞花序或聚伞圆锥花序；直立灌木或乔木 ·············· 2. 鼠李属 Rhamnus
　　3. 花无梗，组成顶生或兼有腋生的穗状花序或圆锥花序；木质藤本 ·················· 3. 雀梅藤属 Sageretia
　2. 枝不变成刺。
　　4. 核果球形，顶部具长圆形、长达 5cm 的翅 ··· 4. 翼核果属 Ventilago
　　4. 核果柱状卵形至柱状长圆球形，无翅 ··· 5. 勾儿茶属 Berchemia

1. 马甲子属 Paliurus Mill.

落叶乔木或灌木。单叶互生；托叶变为 1-2 枚直或下弯的木质刺；叶片边缘近全缘或具小锯齿，具基生三出脉。花两性，5 基数，周位，少花至多花，排成聚伞花序或聚伞圆锥花序，腋生或顶生；花梗短，结果时增长；被丝托有明显的网状脉；萼片 5，内面中脉凸起；花瓣匙形或扇形，两侧常内卷；雄蕊分离，花丝钻形，基部与花瓣的瓣片离生，略比花瓣长；花盘肉质，与被丝托贴生，五边形或圆形，中央下陷，与子房上部分离，无毛，边缘具 5 或 10 齿裂或浅裂；子房半下位，大部分藏于花盘内，基部与花盘贴生，常 3 室，稀 2 室，每室具 1 胚珠，花柱圆柱状或扁平，常 3 深裂。核果杯状或半球状，具 1 圈木栓质或革质的翅，基部具宿存的被丝托，3 室，每室含 1 粒种子。

约 5 种，分布于亚洲东部和东南部及欧洲南部。我国产 5 种。深圳有 1 种。

马甲子 Branched Coin-tree　　图 681　彩片 691 962
Paliurus ramosissimus（Lour.）Poir. Encycl. Suppl.
4（1）：262-263. 1816.

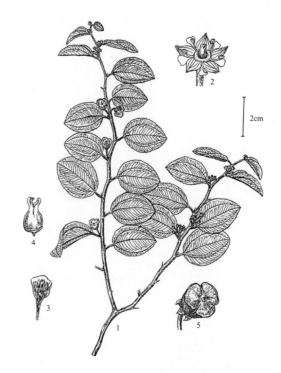

图 681 马甲子 Paliurus ramosissimus
1. 分枝的一段、叶、聚伞花序及核果；2. 花；3. 花瓣；4. 雌蕊；5. 核果。（肖胜武绘）

Aubletia ramosissima Lour. Fl. Cochinch. **1**: 283. 1790.

落叶灌木或小乔木，高 4-6m。嫩枝褐色或深褐色，被短柔毛，稀无毛。叶互生；叶柄长 0.5-1cm，被毛，基部两侧各具 1 枚针刺，刺长 0.4-1.7cm；叶片纸质，近圆形、宽卵形或卵状椭圆形，长 3-6.5cm，宽 2.5-5cm，基部楔形、宽楔形至近圆形，边缘具细锯齿，先端圆或钝，幼叶下面密生黄褐色短柔毛，后毛渐脱落，仅沿脉被短柔毛或无毛，上面沿脉被黄褐色短柔毛，基出脉 3 条。聚伞花序腋生，长 1.2-1.4cm，具花数朵至 10 余朵；花序梗、花序轴和花梗均被黄色茸毛；花梗长 3-4mm；花黄色；被丝托浅浅状；萼片宽卵形，长约 2mm，宽 1.6-1.8mm；花瓣倒卵状匙形，长 1-1.5mm，宽约 1mm；雄蕊与花瓣等长或略长；花盘圆形，边缘具 5 或 10 浅裂；子房椭圆体形，下部藏于花盘内，花柱 3 深裂至基部。核果杯状，直径 1-1.5cm，密生棕色短柔毛，顶端被木栓质、3 浅裂的窄翅所环绕，翅宽 7-8mm；果梗被棕褐色茸毛。种子紫红色或红褐色，扁球形。花期：5-8 月，果期：9-10 月。

产地：西涌、七娘山、南澳、大鹏、葵涌、沙头角、仙湖植物园、东湖公园、福田红树林（陈景方 2136）、沙井（王国栋等 6041）、内伶仃岛（徐有财 2005）。生于海边灌丛中、林下或林缘，海拔 20-100m。

分布：安徽、江苏、浙江、江西、台湾、广东、香港、澳门、广西、湖南、湖北、贵州、四川和云南。朝鲜和日本。

2. 鼠李属 Rhamnus L.

灌木或小乔木，稀为木质藤本。分枝对生或互生，无刺或小枝顶端常变为针刺。芽裸露或有鳞片。叶互生或对生，稀簇生于短枝上；托叶小，钻形，早落，稀宿存；叶片具羽状脉，边缘有锯齿，稀全缘。花具花梗，两性或单性，稀杂性，单生或簇生于叶腋或组成聚伞花序或聚伞圆锥花序；被丝托钟状至杯状；萼片 4-5，内面有龙骨状凸起；花瓣 4-5 片，稀无花瓣，短于萼片，黄绿色，兜状或盔状，基部具短瓣柄，顶端常 2 浅裂；雄蕊 4-5 枚，为花瓣抱持，花丝短，花药背部着生；花盘薄，杯状；子房上位，球形，着生于花盘上，2-4 室，每室具 1 胚珠，花柱 2-4 裂。核果浆果状，基部为宿存被丝托所包围，内有分核 2-4 枚，分核骨质或软骨质，开裂或不开裂，各有 1 枚种子。种子倒卵形或长圆状倒卵形，无沟槽或在背面或侧面具沟槽，胚乳肉质。

约 150 种，分布于温带至热带地区，主要产于亚洲东部和北美洲，少数分布于欧洲和非洲。我国产 57 种；深圳有 3 种。

1. 枝顶变为针刺状；花 4 基数，单朵、成对或数朵簇生于叶腋 ·················· **1. 山绿柴 R. brachypoda**
1. 枝顶不变为针刺状；花 5 基数。
  2. 叶有大小型之分，大型叶与小型叶交替互生；干后变黑色，花单性，雌雄异株，3-10 朵排成聚伞圆锥花序，花序长 8-12cm ·············· **2. 尼泊尔鼠李 R. napalensis**
  2. 叶无大小型之分，干后不变黑色，花两性，3 至 10 数朵排成复二歧或多歧聚伞花序，花序长 1-3cm ·······
  ·················· **3. 长叶冻绿 R. crenata**

1. 山绿柴 Shortstalk Buckthorn
图 682 彩片 693

Rhamnus brachypoda C. Y. Wu ex Y. L. Chen & P. K. Chou in Bull. Bot. Lab. N. -E. Forest. Inst, Harbin **5**: 85. 1979. ["brachpoda"].

Rhamnus virgatus auct. non Roxb.：广东植物志 **4**：251. 2000.

落叶灌木，高 1.5-4m。枝条顶端变为针刺状，小枝红褐色或灰褐色，稍光滑，初时密被淡黄色短柔毛，后渐变无毛。叶互生或在短枝上簇生；托叶条状披针形，长为叶柄的 1/2，脱落；叶柄长 0.4-1cm，被疏柔毛；叶片纸质或薄革质，长圆形、卵状长圆形或倒卵形，稀椭圆形或近圆形，长 3-10cm，宽 1.5-4cm，基部楔形或近圆形，边缘有钩状内弯的锯齿，先端渐尖、急尖，具短尖或圆，下面干时常变淡红色或黄绿色，无毛，常有疣状突起，上面绿色黄绿色，疏被微柔毛或沿脉疏被毛，稀近无毛，侧脉每边 3-5 条。花生于叶腋或短枝顶端，单朵、成对或数朵簇生，单性，雌雄异株，4 基数，黄绿色；雄花：花梗长 2-6mm，疏被短柔毛；被丝托钟形，长约 3mm；萼片 4，与被丝托近等长，外面被短柔毛；花瓣兜状匙形，长约 2mm；雄蕊与花瓣对生，花丝长约 2mm；雌花：花梗长 3-5mm；花萼钟状，长约 5mm，4 中裂，裂片披针形，背面疏被短柔毛；子房近球形，花柱上部 3 裂，柱头外弯。核果倒卵球形，长 5-7mm，宽 4-5mm，成熟时黑色，具 3 枚稀 2 枚分核，基部有浅杯状的宿存被托丝；果梗长 3-6mm。种子褐色，背面具长纵沟。花期：5-6 月，果期：8-11 月。

产地：七娘山（邢福武等 10866，IBSC）、盐田（王定跃 1555）。生于山谷林中，海拔 650m。

分布：浙江、江西、福建、广东、香港、澳门、广西、湖南和贵州。

2. 尼泊尔鼠李 Nepal Buckthorn 图 683
Rhamnus napalensis(Wall.)M. A. Lawson in J. D. Hook. Fl. Brit. India 1（3）：640. 1875，[*"nipalensis"*].

Ceanothus napalensis Wall. in Roxb. Fl. Ind. 2：375. 1824，[*"napalansis"*].

Rhamnus tonkinensis auct. non Pit.：海南植物志 3：10. 1974.

落叶直立或藤状灌木，高 2-3m。枝顶不为针刺状，嫩枝被短柔毛，后变无毛，枝具多数明显的皮孔。叶柄长 1-2cm，有微毛或变无毛；叶片纸质或近革质，干后变黑色，有大型叶和小型叶之分，并交替互生，小型叶近圆形，长 2-5cm，宽 1.5-2.5cm，大型叶长圆形，长 5-18cm，宽 3-8.5cm，基部楔形，边缘反卷，具疏锯齿，先端圆或具小短尖，下面沿脉腋被柔毛，上面无毛，侧脉每边 5-9 条，两面凸起。聚伞圆锥花序腋生或顶生，长 4-5cm，花梗长 2-3mm，花单性，雌雄异株，5 基数；雄花：被丝托长约 1.5mm，外面被微柔毛；萼片 5，三角形，与被丝托近等长，被微柔毛，先端急尖；花瓣匙形，有瓣柄，生于被丝托的顶端；雄蕊与花瓣近等长或略短；雌花：被丝托长约 1mm；萼片与雄花的相似；花瓣卵形，长约 1mm，早落；退化雄蕊 5；子房球形，3 室，每室 1 胚珠，花柱 3 浅裂至全长的一半。核果倒卵球形，直径 5-6mm，成熟时由红色变为紫黑色，基部具宿存的被丝托，有 3 个分核。种子 3，背面有 1 纵沟。花期：5-8 月，果期：8-11 月。

产地：梅沙尖（深圳考察队 607）。生于山谷中，海拔 500m。

分布：浙江、江西、台湾、福建、广东、香港、海南、广西、湖南、湖北、贵州、云南和西藏。印度、尼泊尔、不丹、孟加拉国、缅甸、泰国和马来西亚。

图 682 山绿柴 Rhamnus brachypoda
1. 分枝的一段、叶及核果；2. 种子背面观，示长的纵沟。（肖胜武绘）

图 683 尼泊尔鼠李 Rhamnus napalensis
1. 分枝的一段、叶及果序；2. 被丝托展开，示花萼、花瓣、雄蕊和雌蕊；3. 核果；4. 种子背面观，示背面 1 条纵沟。（肖胜武绘）

3. 长叶冻绿 Oriental Buckthorn　图 684　彩片 694
Rhamnus crenata Siebold & Zucc. in Abh. Math. -Phys. Cl. Konigl. Bayer. Akad. Wiss. **4**(2)：146. 1845.

落叶灌木或小乔木；高 1-2m。嫩枝带红色，密被锈色短柔毛，老枝疏被毛。托叶钻形，早落；叶柄长 4-8mm，密被锈色短柔毛；叶片纸质，倒卵状椭圆形、椭圆形或倒卵形，稀倒披针状椭圆形或长圆形，长 4-8cm，宽 2-4cm，基部楔形或钝，边缘具圆齿状或细锯齿，先端渐尖、尾状渐尖或骤急尖，下面疏被短柔毛或沿脉毛较密，上面无毛，侧脉每边 7-11 条。复二歧或多歧聚伞花序腋生，长 1-3cm，具花 3-10 数朵；花序梗长 4-9mm，密被微柔毛；花两性，5 基数；花梗短，长 3-4mm，被微柔毛；被丝托阔钟状，绿白色，长 1-1.5mm，外面被微柔毛；萼片 5，卵状三角形，与被丝托近等长；花瓣白色，近圆形，长约 0.5mm，顶端 2 裂；雄蕊与花瓣近等长；子房球形，3 室，每室具 1 胚珠，花柱棒状，不分裂。核果球形或倒卵球形，长 6-7mm，直径 5-6mm，熟时黑色，具分核 3，每分核有种子 1 个。种子背面无沟。花期：5-8 月，果期：7-10 月。

产地：七娘山、马峦山（张寿洲等 1388）、盐田、仙湖植物园（王定跃等 89001）、沙头角、梧桐山（深圳考察队 1047）、塘朗山、小南山。生于山地林下或灌丛中，海拔 50-600m。

分布：河南、安徽、江苏、浙江、江西、台湾、福建、广东、香港、海南、广西、湖南、湖北、贵州、云南、四川和陕西。朝鲜、日本、越南、老挝、柬埔寨和泰国。

用途：民间常用根、皮煎水或醋浸洗治顽癣或疥疮。

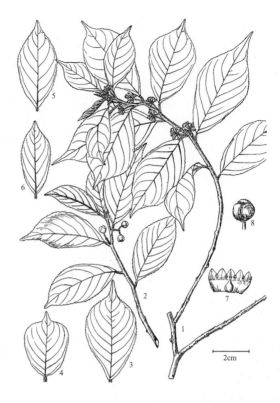

图 684 长叶冻绿 Rhamnus crenata
1. 分枝的一段、叶及伞形花序；2. 果枝；3-6. 叶片，示叶形变化；7. 被丝托展开，示花萼、雄蕊和雌蕊；8. 核果。（肖胜武绘）

3. 雀梅藤属 Sageretia Brongn.

直立或藤状灌木，稀小乔木。枝有刺或无刺；小枝互生、对生或近对生，通常顶端变为针刺状。叶互生或近对生；叶片纸质至革质，边缘具锯齿，稀全缘，叶脉羽状，侧脉弯拱；托叶小，早落。穗状花序或圆锥花序，稀总状花序，腋生或顶生；花小，5 基数，直径 1-2mm，两性，无梗或近无梗，稀有花梗；被丝托半球形或钟状；萼片 5，三角形，顶端尖，内面有龙骨状凸起；花瓣匙形或兜状，具短柄瓣，顶端 2 裂；雄蕊与花瓣对生，近等长，花药背着；花盘厚，肉质，杯状，全缘或 5 裂，外侧边缘与萼分离；子房上位，下部被花盘所包围，仅上部和柱头露出花盘之外，基部与花盘贴生，2-3 室，每室具 1 胚珠，花柱短，柱头头状，不分裂或 2-3 裂。核果具肉质的外果皮，基部为宿存的被丝托包围或承托，内有 2-3 颗含 1 粒种子的分核。种子侧扁，稍不对称，两端凹。

约 35 种，主要分布于亚洲东南部。少数分布于北美洲和非洲。我国有 19 种，3 变种。深圳有 2 种。

1. 叶片长 5.5-12cm，下面仅脉腋具柔毛，侧脉每边 5-7 条 ·········· 1. **亮叶雀梅藤 S. lucida**
1. 叶片长 1-3cm，下面初时被疏或密的短柔毛，侧脉每边 3-4 条 ·········· 2. **雀梅藤 S. thea**

1. 亮叶雀梅藤 Shiny-leaved Sageretia　　　　　　　　　　　　　　　　图 685
Sageretia lucida Merr. in Lingnan Sci. J. **7**: 314. 1931.
Sageretia hamosa auct. non（Wall.）Brongn.：海南植物志 **3**：10，图 584. 1974.

藤状灌木。枝纤细，广展，无刺或有刺，无毛。叶互生或近对生；叶柄长 0.8-1.2cm，无毛；叶片薄革质，长圆形、卵状长圆形或椭圆形，长 6.5-12cm，宽 2.5-4.5cm，或在花枝上的叶较小，长3.5-5cm，宽1.8-2.5cm，基部圆形，常不对称，边缘具圆齿或浅锯齿，先端钝，渐尖或短渐尖，下面仅脉腋具髯毛，上面无毛，有光泽，侧脉每边5-7条。穗状花序腋生或顶生，不分枝或有时分枝呈圆锥花序状，长 2-3cm；花序轴无毛；小苞片2-3，卵状三角形，下部合生；被丝托钟状，长 1.5mm，淡绿色，萼片 5，卵状三角形，长 1.3-1.5mm；花瓣兜状，白色，短于萼片；雄蕊与花瓣对生，等长，花丝长约1mm，花药三角形；花盘厚，包围雌蕊；子房2-3室，每室1胚珠；花柱短于雄蕊，粗壮，顶部不裂或2浅裂。核果椭圆状卵球形，长 1-1.2cm，直径 5-7mm，熟时紫红色。花期：4-7月，果期：9-12月。

产地：七娘山（邢福武等 12360，IBSC）、笔架山、盐田（王定跃 1470）、梅沙尖（陈珍传等 5748）、梧桐山。生于山谷沟边、林中或林缘，海拔200-350m。

分布：浙江、江西、福建、广东、海南、广西和云南。尼泊尔、印度、斯里兰卡、越南和印度尼西亚。

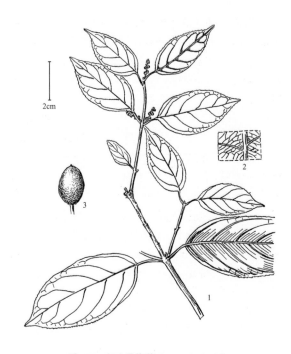

图 685 亮叶雀梅藤 Sageretia lucida
1. 分枝的一段、叶及穗状花序；2. 叶片一小段，示背面脉腋内具髯毛；3. 核果。（肖胜武绘）

2. 雀梅藤 Hedge Sageretia　　图 686　彩片 695
Sageretia thea（Osbeck）M. C. Johnst. in J. Arnold Arbor. **49**（3）：378. 1968.

Rhamnus thea Osbeck, Dagb. Ostind. Resa 232. 1757.
Sageretia theezans（L.）Brongn. in Ann. Sci. Nat.（Paris）**10**：360. 1826；广州植物志 417. 1955.

藤状或直立灌木，高达3m。小枝有刺，嫩枝密被锈色或淡黄色茸毛，后渐变无毛。叶互生或近对生；叶柄长 2-6mm，被微柔毛；叶片近圆形、椭圆形、卵状椭圆形或长圆形，长 1-4cm，宽 0.7-2.2cm，基部圆或近心形，边缘具细锯齿，先端急尖，钝或圆形，下面初时被疏或密的短柔毛，后变几无毛，上面无毛，侧脉每边 3-4条。穗状花序或圆锥花序，顶生或腋生，长 2-7(-9)cm，花序梗、花序轴均密被长柔毛；花常2至数朵簇生，于花序轴的每节上，疏生，有芳香；被丝托阔钟形，长约 1mm，外面疏被长柔毛；萼片三角形或三角状卵形，长约 1mm；花瓣匙形，短于萼片，白色，顶端 2 浅裂，常内卷；雄蕊与花瓣近等长；子房 3 室，每室具 1 胚珠，花柱极短，柱头不裂或 3 浅裂。核果近球形，直径约 5mm，熟时紫黑色，有 1-3 分核。种子扁，两端微凹。花期：10-11月，果期：翌年 3-5月。

产地：西涌（深圳植物志采集队 013421）、大鹏（张寿洲等 4387）、内伶仃岛（徐有财 1930）、本市各地

图 686 雀梅藤 Sageretia thea
1. 分枝的一段、叶及穗状花序和圆锥花序；2. 果序一段；3. 花；4. 花瓣包围雄蕊；5. 核果；6. 种子。（肖胜武绘）

常见。生于山坡丛林、灌丛或海边，海拔 0-450m。

分布：安徽、江苏、浙江、江西、台湾、福建、广东、香港、澳门、海南、广西、湖南、湖北、贵州、四川和云南。印度、越南、泰国、朝鲜和日本。

用途：果可食，味酸甜；叶可代茶，也可供药用，治疮疡肿毒；植株可作绿篱。

4. 翼核果属 Ventilago Gaertn.

藤状灌木或木质藤本，稀小乔木。叶互生，排成二列；叶片革质或近革质，稀纸质，全缘或具齿，基部常不对称，在羽状侧脉之间有明显的横脉。花小，两性，5 基数，通常数朵簇生或组成腋生或顶生的聚伞花序或聚伞圆锥花序，具短花序梗；被丝托倒圆锥状；萼片 5，广展，三角形，内面中央有龙骨状突起；花瓣 5 枚，倒卵形或倒心形，顶端凹缺，稀无花瓣；花盘厚，肉质，五边形；雄蕊 5，与花瓣基部贴生，子房藏于花盘内，2 室，每室 1 胚珠，花柱极短，2 裂。核果球形，具种子 1 颗，上端由外果皮和内果皮纵向延成长圆形、革质、扁平的翅，翅长可达 5cm，基部为宿存的被丝托所包围，顶端有宿存花柱，内果皮薄，木质。种子球形，无胚乳。

约 40 种，分布于亚洲、非洲和大洋洲热带地区。我国有 6 种。深圳有 1 种。

翼核果 青筋藤 扁果藤 Wing-drupe

图 687　彩片 696

Ventilago leiocarpa Benth. in J. Linn. Soc.，Bot. 5：77. 1861.

藤状灌木，幼枝被短柔毛。小枝褐色，有条纹。叶柄长 3-5mm，上面被疏柔毛；叶片薄革质，卵形至卵状长圆形，长 3-8.5cm，宽 1.5-4cm，基部钝或阔楔形，全缘有或有浅波状的小锯齿，先端短渐尖或急尖，两面近无毛或下面被或疏或密的短柔毛，上面有光泽，侧脉每边 4-6 条，横脉密而平行。花小，单生或 2 至数朵簇生于叶腋，上部的有时组成聚伞圆锥花序；花梗长约 1-2mm，与被丝托和萼片均无毛或疏被短柔毛；长 1.5-2mm；萼片三角形，长约 1.5mm；花瓣绿白色，倒心形，长约 1mm，2 浅裂；雄蕊与花瓣等长或较短；花盘厚，五边形；子房球形，全部藏于花盘内，花柱长约 1mm，2 裂。核果扁球状，长 3-5mm，直径 4-6mm，无毛，中部以下为倒圆锥状的宿存被丝托所包藏，顶部的翅狭长圆形，长 2-2.8cm，宽 5-9mm，先端钝或圆，有光泽，成熟时褐色，具 1 明显凸起的中脉。花期：3-5 月，果期：4-6 月。

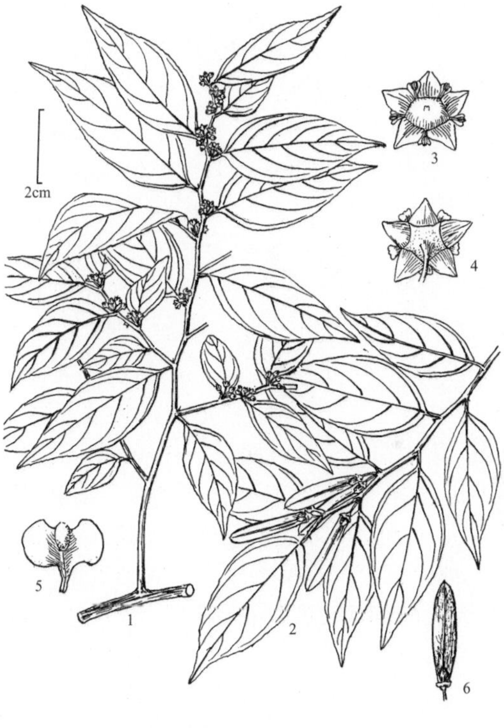

产地：七娘山（张寿洲等 0136）、南澳、笔架山（仙湖华农采集队 SCAUF659）、盐田、梧桐山、羊台山（深圳植物志采集队 013709）。生于山谷林中或灌丛中，海拔 50-350m。

图 687 翼核果 Ventilago leiocarpa
1. 分枝的一段、叶及花簇；2. 果枝；3. 花上面观；4. 花下面观；5. 花瓣；6. 核果。（肖胜武绘）

分布：台湾、福建、广东、香港、澳门、海南、广西、湖南、贵州和云南。印度、缅甸、泰国和越南。

用途：根入药，有补气血、舒筋活络之效。

5. 勾儿茶属 Berchemia Neck. ex DC.

常绿或落叶木质藤本或直立灌木，稀小乔木。枝无刺。叶互生；托叶钻状，基部合生，常宿存，稀早落；

叶片纸质或近革质，边缘全缘，具羽状平行脉，侧脉每边 4-18 条。花两性，具花梗，5 基数，数朵簇生或组成聚伞圆锥花序或伞房状聚伞花序，顶生或腋生，有或无花序梗，稀 1-3 花腋生；被丝托半球形；萼片 5，三角形，稀狭披针形或条形，内面有脊；花瓣 5 枚，匙形或兜状，两侧内卷，与萼片近等长或略短，基部具短瓣柄；雄蕊与花瓣等长或稍短，花药背部着生，花盘厚，具 10 枚不等大的裂片；子房上位，中部以下藏于花盘内，仅基部与花盘贴生，2 室，每室有 1 胚珠，花柱短，柱头头状，不分裂，微凹或 2-3 浅裂。核果浆果状，长圆形或圆柱形，紫红色或紫黑色，基部为宿存的被丝托和残存的花盘所包围，顶端有宿存的花柱，内果皮硬骨质，具 1 核，2 室，每室具有 1 颗条状长圆形的种子。

　　约 32 种，分布于亚洲、东部及东南部的温带至热带地区、非洲东部及美洲热带地区。我国产 19 种。深圳有 2 种。

1. 小枝密被短柔毛；叶小，长 0.5-2cm，侧脉每边 4-5 条 ·· 1. **铁包金 B. lineata**
1. 小枝无毛；叶较大，长 4-11cm，侧脉每边 9-11 ·· 2. **多花勾儿茶 B. floribunda**

1.　**铁包金** 老鼠耳 Lineate Hooktea

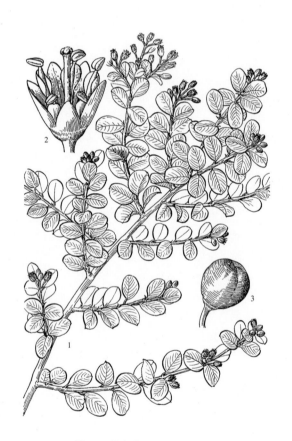

图 688　彩片 697

Berchemia lineata（L.）DC. Prodr. **2**: 23. 1825.

Rhamnus lineata L. Cent. Pl. II, **2**: 11. 1756.

　　披散或攀援灌木，高达 2m，多分枝。小枝圆柱形，黄绿色，密被短柔毛，后变无毛。叶排成二列；托叶披针形，带红色，长约 2mm，基部合生，宿存；叶柄长 1-3mm，上面被短柔毛；叶片纸质，椭圆形至长圆形，长 0.5-2cm，宽 0.4-1.2cm，基部圆，先端圆或钝，两面无毛，侧脉每边 4-5 条。聚伞圆锥花序顶生，长 2-4cm，或有时数花簇生于花序下部叶腋；花序梗甚短，与花梗均无毛；花梗长 3-4mm；被丝托钟状，长 1-1.5mm；萼片 5，三角状披针形或条状披针形，长 2.5-3mm；花瓣白色，披针形，长 3-4mm，先端钝；雄蕊略伸出花瓣外，花丝扁；花柱棒状，与花瓣等长。核果卵球形或椭圆体形，长 5-6mm，直径约 3mm，熟时黑色或紫黑色，基部为宿存的被丝托和花盘所托；果梗长 4-6mm，被短柔毛。花期：7-10 月，果期：10-11 月。

　　产地：东涌、西涌（张寿洲等 4238）、七娘山（王国栋等 7516）、南澳、排牙山、葵涌、仙湖植物园（王定跃等 011984）、南山。生于山野、路旁或海边沙地，海拔 50-200m。

　　分布：福建、台湾、广东、香港、澳门、广西和海南。日本、印度和越南。

　　用途：根、叶药用，有化瘀止血、止咳祛痰之效。

图 688　铁包金 Berchemia lineata
1. 分枝的一部分、叶、花簇（腋生）及聚伞圆锥花序（顶生）；2. 花；3. 核果。（崔丁汉绘）

2.　**多花勾儿茶** Many-flowered Hooktea　　　　　图 689　彩片 698 699

Berchemia floribunda（Wall.）Brongn. Mem. Fam. Rhamnees，50. 1826.

Zizyphus floribunda Wall. in Roxb. Fl. Ind. **2**: 368. 1824.

Berchemia giraldiana C. K. Schneid. Ill. Handb. Laubholzk. **2**：263，f. 182 m-n，183 k. 1909；广州植物志 418. 1956.

攀援或直立灌木，高 1-5m。小枝黄绿色或棕色，无毛。托叶宿存，卵状披针形，长约 1-2mm，2/3 下合生，合生的部分绿色，分离的部分褐色，膜质；叶柄长 1-2cm，无毛；叶片纸质，卵形、卵状椭圆形或椭圆形，长 4-7cm，宽 1.5-3cm，基部圆或略呈心形，先端急尖或渐尖，有小短尖，两面无毛，或下面脉上疏被短柔毛，侧脉每边 9-12 条。花序为顶生或腋生的聚伞圆锥花序，长 8-15cm；花序的分枝长 5-8cm，具多数花；花序梗、花序轴、花序的分枝和花梗均无毛；花在花序的分枝上单生或 2-3 朵簇生；花梗长 1-2mm；被丝托阔钟形，长 2-3mm，无毛，萼片三角状披针形，与被丝托近等长；花瓣倒卵形，长约 1.5mm，侧向内卷或舟状包围雄蕊；雄蕊与花瓣等长；花盘肉质，中心凹；子房藏于花盘内，花柱不裂，柱头 2-3 裂。核果椭圆体形至长圆体形，长 0.7-1cm，宽 4-5mm，基部为宿存的被丝托和花盘所托；果梗长 2-3mm，无毛。花期：7-10 月，果期：翌年 3-6 月。

产地：盐田（深圳考察队 708）、梅沙尖（李沛琼 1582）、内伶仃岛（徐有财 1944），本市各地均有分布。生于山地疏林中、林边、沟边、路旁，海拔 50-700m。

分布：甘肃、陕西、山西、河南、安徽、江苏、江西、福建、广东、香港、广西、湖南、湖北、贵州、四川、云南和西藏。日本、印度、不丹、尼泊尔、泰国和越南。

用途：根入药，有化瘀止血、镇咳止痛的功效。

图 689 多花勾儿茶 Berchemia floribunda
1. 分枝的一段、叶及果序；2. 花。（崔丁汉绘）

234. 火筒树科 LEEACEAE

张寿洲　王　晖

灌木、小乔木或攀援藤本，稀大型多年生草本。茎无刺或有数列皮刺，无卷须。叶互生，为 1-4 回奇数羽状复叶至三小叶，有时为单叶；托叶与叶柄贴生成鞘状，宿存或早落；小叶对生；小叶片边缘具锯齿或圆齿，齿端具小腺体，背面具特有的多细胞、星状或球形易落的珍珠状腺体。花排列成顶生或腋生的伞房状多歧聚伞花序或伞房状聚伞圆锥花序，直立或下垂；花两性，4 或 5 基数；花萼钟状，裂片三角形，顶端具腺体；花瓣基部合生，与退化雄蕊和花盘贴生，镊合状排列，顶端匙形，花期反折；花盘管状；退化雄蕊合生成顶端浅裂的管；能育雄蕊 4 或 5，与花盘裂片互生，花药在退化雄蕊管裂片之间的凹处伸出，2 室，内向或有时外向；子房上位，但有时藏于花盘内，具 2-3(-5)心皮但每心皮均具假隔膜而为 4-6(-10)室；胚珠每室 1 颗，倒生，双珠被，厚珠心，花柱伸长，柱头扁平状或头状。果实为浆果，扁球形，紫色，黑色或桔黄色。种子具内种皮，胚乳呈嚼烂状，具 5 条棱，胚条形。

1 属，约 34 种，主要分布于亚洲热带和亚热带地区及澳大利亚，少数种类分布于非洲和马达加斯加。我国有 10 种。深圳常见栽培 1 种。

火筒树属 Leea D. Royen ex L.

属的形态特征、地理分布等与科同。

台湾火筒树 Manila Leea　　图 690　彩片 700 701 702
Leea guineensis G. Don, Gen. Hist. **1**: 712. 1831.

小乔木，高 2-3m。小枝圆柱形，近无毛。叶为 2-3 回奇数羽状复叶，长 40-50cm；叶柄长 6-13cm，无毛或疏被柔毛；叶轴在羽片着生处具红色增大的小瘤；托叶长 2-4cm，宽 1-3cm，早落；羽片 5 对，每一羽片有小叶 3-5(-7)片；小叶对生；顶生小叶柄长 1.5-3cm，侧生小叶柄 0.5-1cm，无毛；小叶片卵形、卵状椭圆形或披针形，长 6-25cm，宽 3-10cm，基部阔楔形、近圆形或浅心形，边缘具钝锯齿，先端渐尖或尾尖，两面无毛或有时下面沿脉疏被柔毛，侧脉 7-11 对，网脉在背面凸起。花序为大型伞房状多歧聚伞花序，直径 20-50cm；花序梗、花序轴、花序的分枝和花梗均为红色，无毛或被柔毛；苞片和小苞片均为三角形，长约 0.5mm，宽约 0.5mm，无毛，早落；花梗长 1-4mm，疏被乳头状毛或无毛；花蕾球形，直径 2-5mm，外面红色，内面橘黄色或淡黄色；花萼杯状，长 3-3.5mm，红色，裂片 5，三角形，长约 1mm，无毛；花瓣 5，红色，狭三角形，长约 5mm，宽约 2mm，开花后反折；退化雄蕊管淡黄色，高约 1.5mm，裂片 5，稍反折；能育雄蕊 5，花丝长约 1.5mm，花药黄色；子房长 4-6mm，卵球形，4-6 室，无毛，花柱长约 2mm，无毛，柱头头状。浆果扁球形，红色，成熟时变黑色，直径 7-9mm，无毛，具宿存花萼。种子半球形，直径约 3mm，淡褐色，

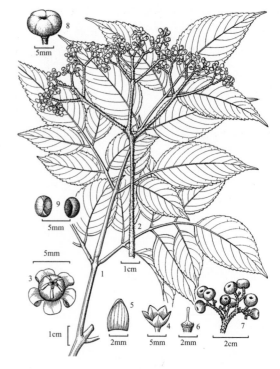

图 690 台湾火筒树 Leea guineensis
1. 三回羽状复叶中基部的一枚羽片；2. 伞房状聚伞圆锥花序；3. 花；4. 花萼；5. 花瓣；6. 雌蕊；7. 果序；8. 浆果；9. 种子。（李志民绘）

表面光滑。花期：6-8 月，果期：9-11 月。

　　产地：仙湖植物园（李沛琼 23102、23512）。本市各公园时有栽培。

　　分布：台湾。不丹、尼泊尔、印度、孟加拉国、斯里兰卡、越南、泰国、老挝、柬埔寨、菲律宾、马来西亚、印度尼西亚、巴布亚新几内亚、非洲以及马达加斯加。

　　用途：宜做观赏植物。

　　在深圳栽培的还有火筒树 Leea indica（N. L. Burm.）Merr.，与台湾火筒树的区别在于：叶为 2 回羽状复叶；小叶片较大，长 13-32cm；花序梗、花序轴及其分枝和花梗均为绿色；花白色带绿色。分布于广东、广西、海南、贵州和云南。

植物学名索引

A

Abelmoschus   30   **41**

Abelmoschus moschatus   **41**

Abrus   278   **293**

Abrus cantoniensis   **293**

Abrus mollis   293   **294**

Abrus precatorius   293   **294**

Abutilon   30   **35**

Abutilon indicum   35   **36**

Abutilon pictum   **35**

Abutilon striatum   35

Abutilon theophrasti   35   **36**

Acacia   232   **238**

Acacia auriculiformis   238   **240**

Acacia bimucronata   237

Acacia concinna   238

Acacia confusa   238   **240**

Acacia farnesiana   238   **239**

Acacia mangium   238   **241**

Acacia sinuata   **238**

Acalypha   505   **536**

Acalypha australis   **537**

Acalypha hamiltoniana   537   **538**

Acalypha hamiltoniana '**Marginata**'   538

Acalypha hamiltoniana '**Mustrata Marginata**'   538

Acalypha hamiltoniana '**Mustrata Variegata**'   538

Acalypha hamiltoniana '**Variegata**'   538

Acalypha hispida   537   **539**

Acalypha pandula   **537**

Acalypha wilkesiana   537   **538**

Acalypha wilkesiana '**Heterophylla**'   539

Acalypha wilkesiana '**Java White**'   539

Acalypha wilkesiana '**Marginata**'   539

Acalypha wilkesiana '**Musaica**'   539

Achras zapota   138

Acmena   412   **426**

Acmena acuminatissima   **426**

Acmena championii   422

Adenanthera   232   **233**

Adenanthera microsperma   **233**

Adenanthera pavonina   233

Adenanthera pavonina var. *microsperma*   233

Adenodus sylvestris   7

Aegiceras   **161**

Aegiceras corniculatum   **161**

Aegiceras minus   178

Aeschynomene   279   **314**

Aeschynomene bispinosa   365

Aeschynomene cannabina   364

Aeschynomene indica   **314**

Agati grandiflora   363

Agrimonia   198   **208**

Agrimonia nepalensis   209

Agrimonia pilosa   **208**

Agrimonia pilosa var. nepalensis   **209**

Agyneia bacciformis   527

Agyneia pubera   516

ALANGIACEAE   **457**

Alangium   **457**

Alangium chinense   **457**

Alangium kurzii   457   **458**

Albizia   232   **245**

Albizia chinensis   245   **246**

Albizia corniculata   **245**

Albizia falcata   242

Albizia falcataria   242

Albizia lebbeck   245   **246**

Albizia moluccana   242

Alcea   30   **33**

Alcea rosea   **34**

Alchornea   505   **548**

E

植物英文名称索引

植物汉语名称索引

根

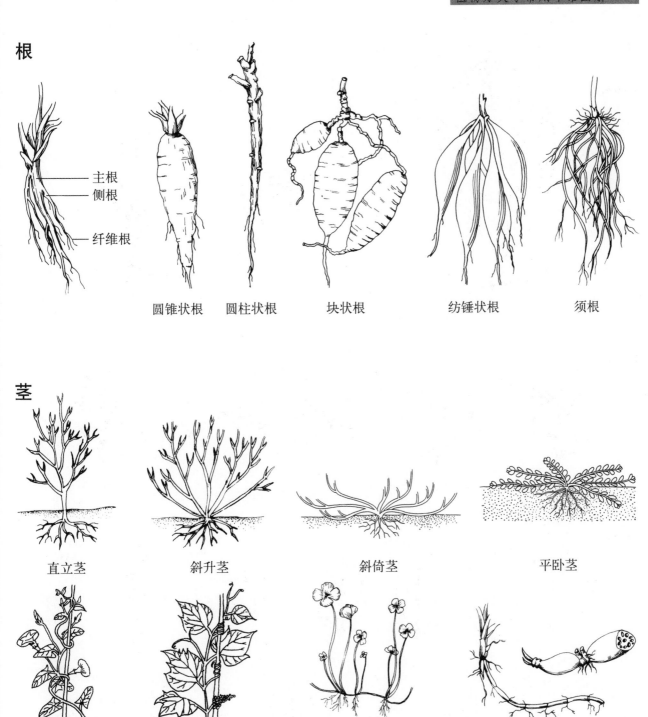

主根
侧根
纤维根

圆锥状根　　圆柱状根　　块状根　　纺锤状根　　须根

茎

直立茎　　　斜升茎　　　斜倚茎　　　平卧茎

缠绕茎　　　攀援茎　　　匍匐茎　　　根状茎

球茎

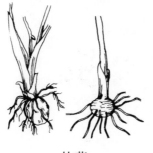

块茎

鳞茎

叶

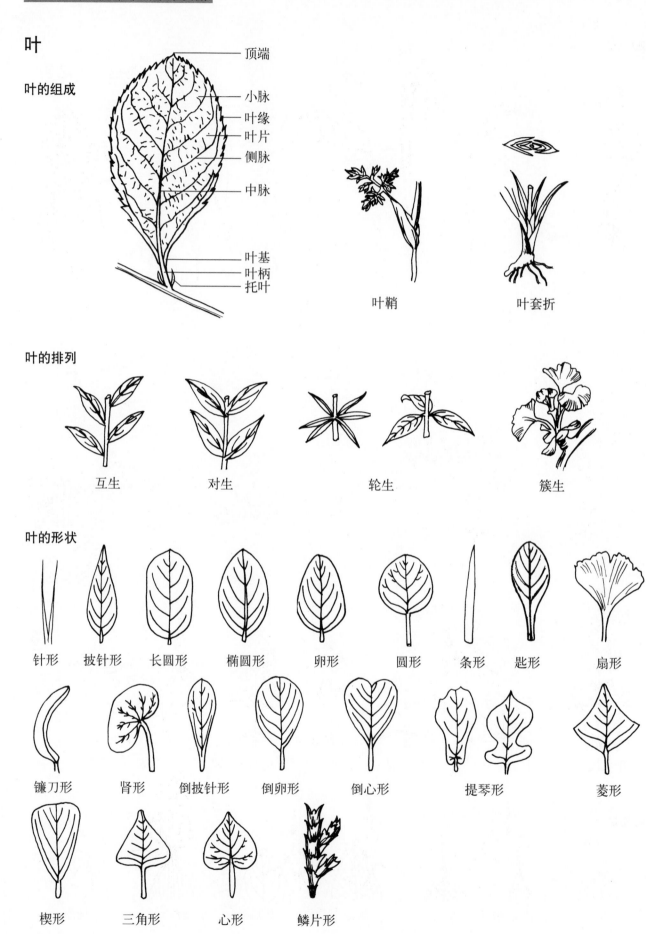

叶的组成

顶端
小脉
叶缘
叶片
侧脉
中脉
叶基
叶柄
托叶

叶鞘　　叶套折

叶的排列

互生　　对生　　轮生　　簇生

叶的形状

针形　披针形　长圆形　椭圆形　卵形　圆形　条形　匙形　扇形

镰刀形　肾形　倒披针形　倒卵形　倒心形　提琴形　菱形

楔形　三角形　心形　鳞片形

叶基部

心形　　　耳垂形　　　箭形　　　楔形　　　戟形　　　盾形　　　歪斜

截形　　　渐狭　　　穿茎　　　抱茎　　　合生穿茎

叶边缘

全缘　　　浅波状　　　深波状　　　皱波状　　　钝齿状　　　锯齿状　　　细锯齿状

牙齿状　　　具睫毛　　　重锯齿状　　　缺刻的　　　条裂的　　　浅裂的　　　深裂的

羽状浅裂　　　羽状深裂　　　羽状全裂　　　倒向羽裂　　　大头羽状分裂　　　掌状半裂

叶先端

卷须状　　　芒尖　　　尾状　　　渐尖　　　锐尖　　　骤凸　　　钝形

叶先端

凸尖　　　　微凸　　　　尖凹　　　　凹缺　　　　倒心形

叶脉

掌状脉　　　掌状三出脉　　离基三出脉　　羽状脉　　　平行脉　　　射出脉

复叶

单数羽　　双数羽　　掌状　　二回羽　　羽状三　　掌状三　　单叶
状复叶　　状复叶　　复叶　　状复叶　　出复叶　　出复叶　　复叶

花

完全花的组成

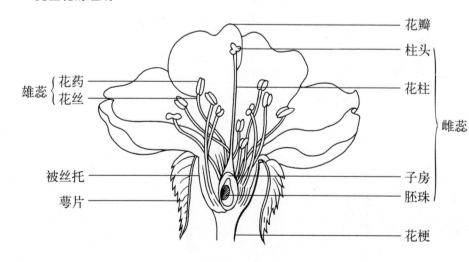

花瓣
柱头
花柱
雌蕊
子房
胚珠
花梗
雄蕊 { 花药 花丝 }
被丝托
萼片

副萼

副萼

裸花（没有花萼和花冠的花）

雄花　　　雌花

单被花和两被花

单被花　　　两被花

花各部分的着生方式

下位花　　周位花　　周位花　　上位花
（子房上位）（子房上位）（子房半下位）（子房下位）

各种花冠的形态

舌状　　筒状　　漏斗状　　钟状　　高脚碟状

萼片和花瓣的排列方式

镊合状　　内向镊合状　　外向镊合状

辐状　　坛状　　蝶形　　唇形

旋转　　覆瓦状　　重覆瓦状

雄蕊

二强雄蕊　　四强雄蕊　　单体雄蕊　　二体雄蕊　　冠生雄蕊　　聚药雄蕊

花药的开裂方式及着生方式

纵裂　　瓣裂　　孔裂　　丁字着药　　个字药　　广歧药　　全着药　　基着药　　背着药

雌蕊

离生心皮 　　　　 合生心皮

胎座

侧膜胎座 　　　　 中轴胎座 　　　 特立中央胎座 　 边缘胎座 　 顶生胎座 　 基生胎座

胚珠

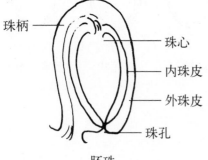

珠柄 　　　 珠心 　　 内珠皮 　　 外珠皮 　　 珠孔

胚珠 　　　　 直生胚珠 　　 弯生胚珠 　　 半倒生胚珠 　　 倒生胚珠

花序

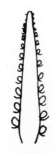

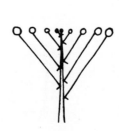

总状花序 　 穗状花序 　　 肉穗花序 　　 葇荑花序 　　　 伞房花序 　　　　 圆锥花序

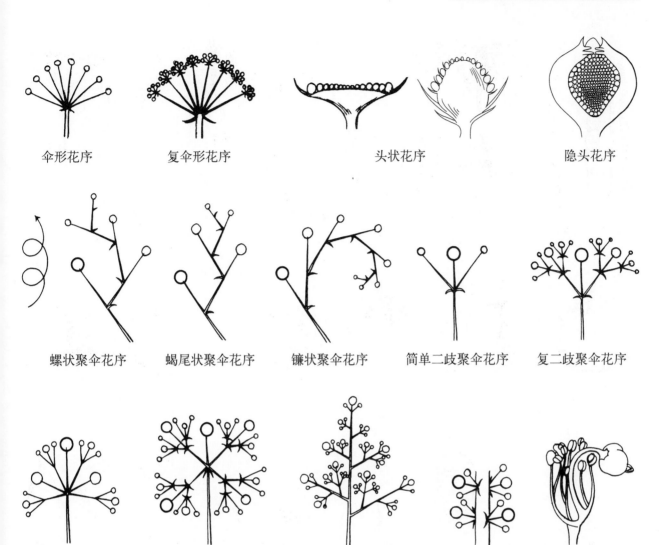

伞形花序　　　复伞形花序　　　　头状花序　　　　隐头花序

螺状聚伞花序　蝎尾状聚伞花序　镰状聚伞花序　简单二歧聚伞花序　复二歧聚伞花序

聚伞花序　　　多歧聚伞花序　　　聚伞圆锥花序　　轮伞花序　　　杯状聚伞花序

果实

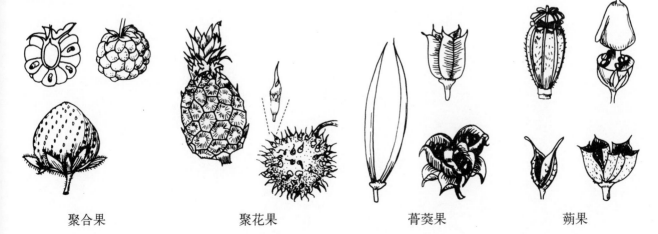

聚合果　　　　　　聚花果　　　　　　蓇葖果　　　　　蒴果

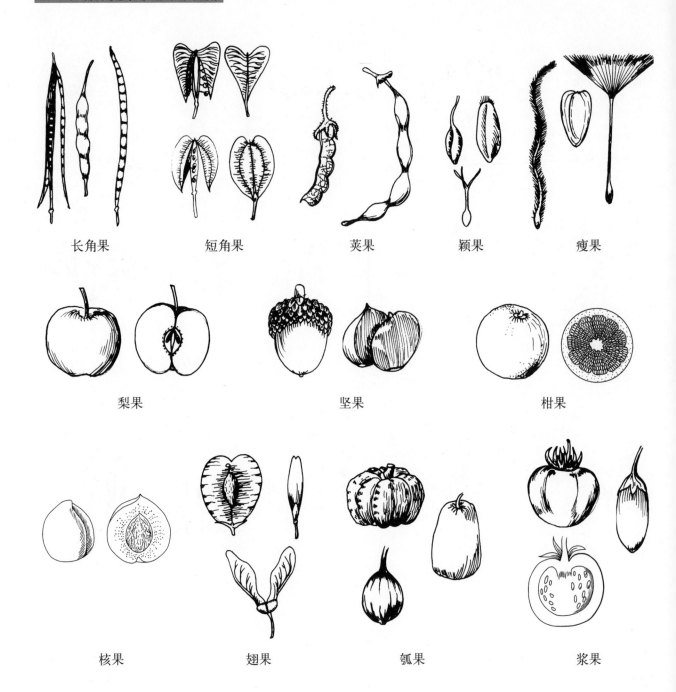

长角果　　　　短角果　　　　荚果　　　颖果　　　瘦果

梨果　　　　　坚果　　　　　柑果

核果　　　　　翅果　　　　瓠果　　　　　浆果

彩片 1 猴欢喜 Sloanea sinensis 文1页

彩片 2 水石榕 Elaeocarpus hainanensis 文3页

彩片 3 水石榕 Elaeocarpus hainanensis 文3页

彩片 4 毛果杜英 Elaeocarpus rugosus 文3页

彩片 5 斯里兰卡杜英 Elaeocarpus serratus 文4页

彩片 6 日本杜英 Elacecarpus japonicus 文4页

彩片 7 华杜英 Elaeocarpus chinensis 文5页

彩片 8　山杜英 Elaeocarpus sylvestris　文7页

彩片 9　杜英 Elaeocarpus decipiens　文8页

彩片 10　毛刺蒴麻 Triumfetta cana　文11页

彩片 11　刺蒴麻 Triumfetta rhomboides　文9页

彩片 12　甜麻 Corchorus aestuans　文11页

彩片 13　文定果 Muntingia calabura　文13页

彩片 14　文定果 Muntingia calabura　文13页

彩片 15　破布叶 Microcos paniculata　文13页

彩片 16　破布叶 Microcos paniculata　文13页

彩片 17　扁担杆 Grewia biloba　文15页

彩片 18　银叶树 Heritiera littoralis　文17页

彩片 19　银叶树 Heritiera littoralis　文17页

彩片 20　苹婆 Sterculia monsoperma　文17页

彩片 22　假苹婆 Sterculia lanceolata　文18页

彩片 21　假苹婆 Sterculia lanceolata　文18页

彩片 23　两广梭罗 Reevesia thyrsoidea　文20页

彩片 24　两广梭罗 Reevesia thyrsoidea　文20页

彩片 25　山芝麻 Helicteres angustifolia　文21页

彩片 26　山芝麻 Helicteres angustifolia　文21页

彩片 27　马松子 Melochia corchorifolia　文22页

彩片 28　马松子 Melochia corchorifolia　文22页

彩片 29　蛇婆子 Walthesia indica　文22页

彩片 30　刺果藤 Byttneria grandifolia　文23页

彩片 31　刺果藤 Byttneria grandifolia　文23页

彩片 32　昂天莲 Ambroma augustatum　文25页

彩片 33　瓜栗 Pachira aquatica　文26页

彩片 34　木棉 Bombax ceiba　文27页

彩片 35　美丽异木棉 Chorisia speciosa　文28页

彩片 36　小悬铃花 Malvaviscus arboreus　文31页

彩片 37　垂花悬铃花 Malvaviscus penduliflorus
文31页

彩片 38　肖梵天花 Urena lobata　文32页

彩片 39　肖梵天花 Urena lobata　文32页

彩片 40　梵天花 Urena procumbens　文33页

彩片 41　蜀葵 Alcea rosea　文34页

彩片 42　赛葵 Malvastrum coromandelianum
文34页

彩片 43　金铃花 Abutilon pictum　文35页

彩片 44　磨盘草 Abutilon indicum　文36页

彩片 45　苘麻 Abutilon theophrast　文36页

彩片 46　长梗黄花稔 Sida cordata　文38页

彩片 47　心叶黄花稔 Sida cordifolia　文38页

彩片 48　白背黄花稔 Sida rhombifolia　文39页

彩片 49　桐棉 Thespesia populnea　文41页

彩片 50　桐棉 Thespesia populnea　文41页

彩片 51　黄葵 Abelmoschus moschatus　文41页

彩片 52　黄槿 Hibiscus tiliaceus　文42页

彩片 53　黄槿 Hibiscus tiliaceus　文42页

彩片 54 吊灯花 Hibiscus schizopetalus
文43页

彩片 56 木芙蓉 Hibiscus mutabilis 文44页

彩片 58 猪笼草 Nepenthes mirabilis 文46页

彩片 55 朱槿 Hibiscus rosa-sinensis 文44页

彩片 57 木槿 Hibiscus syriacus 文45页

彩片 59 猪笼草 Nepenthes mirabilis 文46页

彩片 60　锦地罗 Drosera burmannii　文49页

彩片 61　匙叶茅膏菜 Drosera spathulata　文50页

彩片 62　箣柊 Scolopia chinensis　文52页

彩片 63　箣柊 Scolopia chinensis　文52页

彩片 64　广东箣柊　Scolopia saeva　文53页

彩片 65　广东箣柊　Scolopia saeva　文53页

彩片 66　长叶柞木　Xylosma longifolium　文54页

彩片 67　天料木　Homalium cochinchinense　文56页

彩片 68　天料木　Homalium cochinchinense　文56页

彩片 69　斯里兰卡天料木　Homalium ceylanicum　文56页

彩片 70　斯里兰卡天料木　Homalium ceylanicum
文56页

彩片 71　球花脚骨脆　Casearia glomerata　文58页

彩片 72　红木　Bixa orellana　文59页

彩片 73　红木　Bixa orellana　文59页

彩片 74　堇菜　Viola arcuata　文61页

彩片 75　三色堇　Viola tricolor　文61页

彩片 76　三色堇 Viola tricolor　文61页

彩片 77　戟叶堇菜 Viola betonicifolia　文62页

彩片 78　长萼堇菜 Viola inconspicua　文62页

彩片 79　柔毛堇菜 Viola fargesii　文63页

彩片 80　七星莲 Viola diffusa　文64页

彩片 80a　南岭堇菜 Viola nanlingensis　文64页

彩片 81　柽柳 Tamarix chinensis　文66页

彩片 82　柽柳 Tamarix chinensis　文66页

彩片 83　翅茎西番莲 passiflora alata × quadrangulari
文69页

彩片 84　蝙蝠西番莲 Passiflora capsularis　文70页

彩片 85　龙珠果 Passiflora foetida　文70页

彩片 86　西番莲 Passiflora caerulea　文71页

彩片 87　鸡蛋果 Passiflora edulis　文72页

彩片 88　鸡蛋果 Passiflora edulis　文72页

彩片 89　黄果西番莲 Passiflora edulis f. flavicarpa
文72页

彩片 91　绞股蓝 Gynostemma pentaphyllum　文77页

彩片 90　番木瓜 Carica papaya　文74页

彩片 92　老鼠拉冬瓜 Zehneria japonica　文79页

彩片 93　钮子瓜 Zehneria maysorensis　文80页

彩片 94　茅瓜 Solena amplexicaulis　文80页

彩片 95　南瓜 Cucurbita moschata　文81页

彩片 96　蛇瓜 Trichosanthes anguina　文84页

彩片 97　王瓜 Trichosanthes cucumeroides　文84页

彩片 98　王瓜 Trichosanthes cucumeroides　文84页

彩片 99　苦瓜 Momordica charantia　文88页

彩片 100　木鳖子 Momordica cochinchinensis　文89页

彩片 101　木鳖子 Momordica cochinchinensis　文89页

彩片 102　水瓜 Luffa cylindrica　文90页

彩片 103　广东丝瓜 Luffa acutangula　文90页　　彩片 104　冬瓜 Benincasa hispida　文91页

彩片 105　节瓜 Benincasa hispida var. chieh-qua　文92页　　彩片 106　西瓜 Citrullus lanatus　文92页

彩片 107　西瓜 Citrullus lanatus　文92页　　　　彩片 108　黄瓜 Cucumis sativus　文93页

彩片 109　黄瓜 Cucumis sativus　文93页

彩片 110　紫背天葵 Begonia fimbristipula
文96页

彩片 111　四季秋海棠 Begonia cucullata var. hookeri
文97页

彩片 112　红孩儿 Begonia palmata var. bowringiana
文97页

彩片 113　粗喙秋海棠 Begonia crassirostris　文98页

彩片 114　红花竹节秋海棠 Begonia coccinea
文99页

彩片 115　竹节秋海棠 Begonia maculata　文99页

彩片 116　皱子白花菜 Cleome rutidosperma
文101页

彩片 117　黄花草 Cleome viscosa　文102页

彩片 118　醉蝶花 Cleome hassleriana　文103页

彩片 119　荠 Capsella bursa-pastoris　文109页

彩片 120　焊菜 Rorippa indica　文112页

彩片 121　紫罗兰 Matthiola incana　文115页　　　彩片 122　弯曲碎米荠 Cardamine flexuosa　文117页

彩片 123　羽衣甘蓝 Brassica oleracea var. acephala
文121页

彩片 125　象腿树 Moringa drouhardii　文125页　　　彩片 124　象腿树 Moringa drouhardii　文125页

彩片 126　南烛 Vaccinium bracteatum　文127页

彩片 127　南烛 Vaccinium bracteatum　文127页

彩片 128　羊踯躅 Rhododendron molle　文129页

彩片 129　白化杜鹃花 Rhododendron mucronatum
文130页

彩片 130　香港杜鹃花 Rhododendron hongkongense
文130页

彩片 131　刺毛杜鹃花 Rhododendron championiae
文131页

彩片 132　毛棉杜鹃花 Rhododendron moulmainense
文131页

彩片 133　皋月杜鹃花 Rhododendron indicum
文133页

彩片 134　锦绣杜鹃花 Rhododendron × pulchrum
文134页

彩片 135　杜鹃花 Rhododendron simsii　文134页

彩片 136　杜鹃花 Rhododendron simsii　文134页

彩片 137　吊钟花 Enkianthus quinqueflorus　文135页

彩片 138　吊钟花 Enkianthus quinqueflorus　文135页

彩片 139　齿缘吊钟花 Enkianthus serrulatus　文136页

彩片 140　齿缘吊钟花 Enkianthus serrulatus　文136页

彩片 141　人心果 Manilkara zapota　文138页

彩片 142　香榄 Mimusops elengi　文139页

彩片 143　香榄 Mimusops elengi　文139页

彩片 144　蛋黄果 Pouteria campechiana　文141页

彩片 145　神秘果 Synsepalum dulcificum　文142页

彩片 146　革叶铁榄 Sinosideroxylon wightianum
文143页

彩片 147　革叶铁榄 Sinosideroxylon wightianum
文143页

彩片 148　肉实树 Sarcospema laurinum　文138页

彩片 149　小果柿 Diospyros vaccinioides
文145页

彩片 150　小果柿 Diospyros vaccinioides　文145页

彩片 151　罗浮柿 Diospyros morrisiana　文146页

彩片 152　罗浮柿 Diospyros morrisiana　文146页

彩片 153　岭南柿 Diospyros tutcherii　文147页

彩片 154　柿 Diospyros kaki　文148页

彩片 155　柿 Diospyros kaki　文148页

彩片 156 乌材 Diospyros eriantha 文149页

彩片 157 栓叶安息香 Styrax suberifolius 文150页

彩片 158 赛山梅 Styrax confusus 文151页

彩片 159 赛山梅 Styrax confusus 文151页

彩片 160 白花龙 Styrax faberi 文152页

彩片 161 芬芳安息香 Styrax odoratissimus 文152页

彩片 162　芬芳安息香 Styrax odoratissimus　文152页

彩片 163　野茉莉 Styrax japonicus　文153页

彩片 164　野茉莉 Styrax japonicus　文153页

彩片 165　大花安息香 Styrax grandiflorus　文153页

彩片 166　密花山矾 Symplocos congesta　文156页

彩片 167　黄牛奶树 Symplocos cochinchinensis
文157页

彩片 168　黄牛奶树 Symplocos cochinchinensis
文157页

彩片 169　光叶山矾 Symplocos lancifolia　文157页

彩片 170　光叶山矾 Symplocos lancifolia　文157页

彩片 171　白檀 Symplocos paniculata　文158页

彩片 172　山矾 Symplocos sumuntia　文159页

彩片 173　山矾 Symplocos sumuntia　文159页

彩片 174　蜡烛果 Aegiceras corniculatum　文161页

彩片 175　鲫鱼胆 Maesa perlarius　文162页

彩片 176　杜茎山 Maesa japonica　文163页

彩片 177　白花酸藤子 Embelia ribes　文164页

彩片 178　白花酸藤子 Embelia ribes　文164页

彩片 179　酸藤子 Embelia laeta　文166页

彩片 180　罗伞树 Ardisia quinquegona　文168页

彩片 181　东方紫金牛 Ardisia elliptica　文169页

彩片 182　莲座紫金牛 Ardisia primulifolia　文170页

彩片 183　虎舌红 Ardisia mamillata　文171页

彩片 184　山血丹 Ardisia lindleyana　文172页

彩片 185　山血丹 Ardisia lindleyana　文172页

彩片 186　朱砂根 Ardisia crenata　文173页

彩片 187　大罗伞树 rdisia hanceana　文173页

彩片 188　密花树 Myrsine seguinii　文175页

彩片 189　密花树 Myrsine seguinii　文175页

彩片 190　小叶红叶藤 Rourea microphylla　文177页

彩片 191　小叶红叶藤 Rourea microphylla　文177页　　　彩片 192　红叶藤 Rourea minor　文178页

彩片 193　光叶海桐 Pittosporum glabratum　文179页　　　彩片 194　海桐 Pittosporum tobira　文180页

彩片 195　海桐 Pittosporum tobira　文180页　　　彩片 196　常山 Dichroa febrifuga　文182页

彩片 197　常山 Dichroa febrifuga　文182页

彩片 198　绣球 Hydrangea macrophylla　文183页

彩片 199　洋绣球 Hydrangea macrophylla 'Otaksa'
文183页

彩片 200　鼠刺 Itea chinensis　文184页

彩片 201　鼠刺 Itea chinensis
文184页

彩片 202　玉树 Crassula arborescens　文186页

彩片 203　洋吊钟 Kalanchoe tubiflora　文187页

彩片 204　洋吊钟 Kalanchoe tubiflora　文187页

彩片 205　趣蝶莲 Kalanchoe synsepala　文188页

彩片 206　伽蓝菜 Kalanchoe ceratophylla
文189页

彩片 207　长寿花 Kalanchoe blossfeldiana　文189页

彩片 208　长寿花 Kalanchoe blossfeldiana　文189页

彩片 209　落地生根 Kalanchoe pinnata　文190页

彩片 210　大叶落地生根 Kalanchoe gastonis-bonnieri
文190页

彩片 211　佛甲草 Sedum lineare　文192页

彩片 212　东南景天 Sedum alfredii　文192页

彩片 213　虎耳草 Saxifraga stolonifera　文195页

彩片 214　闽粤石楠 Photinia benthamiana　文201页

彩片 215　闽粤石楠 Photinia benthamiana　文201页

彩片 216　饶平石楠 Photinia raupingensis　文202页

彩片 217　饶平石楠 Photinia raupingensis　文202页

彩片 218　枇杷 Eriobotrya japonica　文203页

彩片 219　枇杷 Eriobotrya japonica　文203页

彩片 220　香花枇杷 Eriobotrya fragrans　文204页

彩片 221　香花枇杷 Eriobotrya fragrans　文204页

彩片 223　石斑木 Rhaphiolepis indica　文205页

彩片 222　石斑木 Rhaphiolepis indica　文205页

彩片 224　柳叶石斑木 Rhaphiolepis salicifolia　文206页

彩片 225　麻梨 Pyrus serrulata　文207页

彩片 227　豆梨 Pyrus calleryana　文207页

彩片 226　麻梨 Pyrus serrulata　文207页

彩片 228　豆梨 Pyrus calleryana　文207页

彩片 229　蛇含委陵菜 Potentilla kleiniana　文210页

彩片 230　草莓 Fragaris × ananassa　文211页

彩片 231　草莓 Fragaris × cananassa　文211页

彩片 232　蛇莓 Duchesnea indica　文211页

彩片 233　蛇莓 Duchesnea indica　文211页

彩片 234　空心泡 Rubus rosifolius　文213页

彩片 235　白花悬钩子 Rubus leucanthus　文214页

彩片 236　白花悬钩子 Rubus leucanthus　文214页

彩片 237　茅莓 Rubus parvifolius
文215页

彩片 238　锈毛莓 Rubus reflexus　文216页

彩片 239　木莓 Rubus swinhoei　文218页

彩片 240　金樱子 Rosa laevigata　文220页

彩片 241　金樱子 Rosa laevigata　文220页

彩片 242　月季花 Rosa chinensis　文220页

彩片 243　月季花 Rosa chinensis　文220页

彩片 244　月季花 Rosa chinensis　文220页

彩片 245　广东蔷薇 Rosa kwangtungensis　文222页

彩片 246　臀果木 Pygeum topengii　文223页

彩片 247　桃 Amygdalus persica　文224页

彩片 248　钟花樱桃 Cerasus campanulata　文227页

彩片 249　钟花樱桃 Cerasus campanulata
文227页

彩片 250　郁李 Cerasus japonica　文228页

彩片 251　腺叶桂樱 Laurocerasus phaeosticta
文229页

彩片 252　腺叶桂樱 Laurocerasus phaeosticta
文229页

彩片 253　海红豆 Adenanthera microsperma　文233页

彩片 254　海红豆 Adenanthera microsperma　文233页

彩片 255　榼藤 Entada phaseoloides　文234页

彩片 257　含羞草 Mimosa pudica　文235页

彩片 256　榼藤 Entada phaseoloides　文234页

彩片 258　含羞草 Mimosa pudica　文235页

彩片 259　巴西含羞草 Mimosa invisa　文236页

彩片 260　光荚含羞草 Mimosa bimucronata　文236页

彩片 261　光荚含羞草 Mimosa bimucronata　文236页

彩片 262　银合欢 Leucaena leucocephala　文237页

彩片 263　银合欢 Leucaena leucocephala　文237页

彩片 264　金合欢 Acacia farnesiana　文239页

彩片 265　台湾相思　Acacia confusa　文240页

彩片 266　耳叶相思　Acacia auriculiformis　文240页

彩片 267　马占相思　Acacia mangium　文241页

彩片 268　马占相思　Acacia mangium　文241页

彩片 269　南洋楹　Falcataria moluccan　文242页

彩片 270　朱缨花　Calliandra haematocephala
文243页

彩片 271　小朱缨花 Calliandra riparia　文243页

彩片 272　雨树 Samanea saman　文244页

彩片 273　天香藤 Albizia corniculata　文245页

彩片 275　薄叶猴耳环 Archidendron utile　文248页

彩片 274　楹树 Albizia chinensis　文246页

彩片 276　猴耳环 Archidendron clypearia　文249页

彩片 277　猴耳环 Archidendron clypearia　文249页

彩片 278　宫粉羊蹄甲 Bauhinia variegata　文251页

彩片 279　羊蹄甲 Bauhinia purpurea　文252页

彩片 280　羊蹄甲 Bauhinia purpurea　文252页

彩片 281　红花羊蹄甲 Bauhinia × blakeana　文253页

彩片 282　龙须藤 Bauhinia championii　文254页

彩片 283　首冠藤 Bauhinia corymbosa　文255页

彩片 284　粉叶羊蹄甲 Bauhinia glauca　文255页

彩片 285　粉叶羊蹄甲 Bauhinia glauca　文255页

彩片 286　苏木 Caesalpinia sappan　文259页

彩片 287　苏木 Caesalpinia sappan　文259页

彩片 288　金凤花 Caesalpinia pulcherrima　文260页

彩片 289　金凤花 Caesalpinia pulcherrima　文260页

彩片 290　华南云实 Caesalpinia crista　文261页

彩片 291　华南云实 Caesalpinia crista　文261页

彩片 292　春云实 Caesalpinia vernalis　文262页

彩片 293　刺果苏木 Caesalpinia bonduc　文262页

彩片 294　格木 Erythrophleum fordii　文264页

彩片 295　盾柱木 Peltophorum pterocarpum
文265页

彩片 296　盾柱木 Peltophorum pterocarpum　文265页

彩片 297　凤凰木 Delonix regia　文265页

彩片 298　中国无忧花 Saraca dives
文266页

彩片 299　中国无忧花 Saraca dives　文266页

彩片 300　越南油楠 Sindora tonkinensis
文267页

彩片 301　仪花 Lysidice rhodostegia　文268页

彩片 303　酸豆 Tamarindus indica　文269页

彩片 302　仪花 Lysidice rhodostegia
文268页

彩片 304　腊肠树 Cassia fistula
文270页

彩片 305　腊肠树 Cassia fistula
文270页

彩片 306　翅荚决明 Senna alata　文271页

彩片 307　铁刀木 Senna siamea　文272页

彩片 308　望江南 Senna occidentalis　文272页

彩片 309　黄槐决明 Sanna surattensis　文273页

彩片 310　双荚决明 Senna bicarpsularis　文274页

彩片 311　双荚决明 Senna bicarpsularis　文274页

彩片 312　决明 Senna tora　文274页

彩片 313　光叶决明 Senna × floribunda　文275页

彩片 314　含羞草决明 Chamaecrista mimosoides
文276页

彩片 315　藤槐 Bowringia callicarpa　文281页

彩片 316　槐 Sophora japonica　文282页

彩片 317　槐 Sophora japonica　文282页

彩片 318　凹叶红豆 Ormosia emarginata　文283页

彩片 319　韧荚红豆 Ormosia indurataa　文284页

彩片 320　海南红豆 Ormosia pinnata　文284页

彩片 321　海南红豆 Ormosia pinnata　文284页

彩片 322　软荚红豆 Ormosia semicastrata　文285页

彩片 323　软荚红豆 Ormosia semicastrata　文285页

彩片 324　华南马鞍树 Maackia australis　文286页

彩片 325　白车轴草 Trifolium repens　文288页

彩片 326　穗序木蓝 Indigofera spicata　文289页

彩片 327　穗序木蓝 Indigofera spicata　文289页

彩片 328　穗序木蓝 Indigofera spicata　文289页

彩片 329　硬毛木蓝 Indigofera hirsuta　文289页

彩片 330　野青树 Indigofera suffruticosa　文291页

彩片 331　野青树 Indigofera suffruticosa　文291页

彩片 332　尖叶木蓝 Indigofera zollingeriana
文292页

彩片 333　相思子 Abrus precatorius　文294页

彩片 334　相思子 Abrus mollis　文294页

彩片 335　毛相思子 Abrus mollis　文294页

彩片 336　链荚豆 Alysicarpus vaginalis　文295页

彩片 337 链荚豆 Alysicarpus vaginalis
文295页

彩片 338 排钱树 Phyllodium pulchellum 文296页

彩片 339 毛排钱树 Phyllodium elegans
文297页

彩片 340 细长柄山蚂蝗 Hylodesmum leptopus 文298页

彩片 341 蝙蝠草 Christia vespertilionis
文300页

彩片 342 铺地蝙蝠草 Christia obcordata 文301页

彩片 343　狸尾豆 Uraria lagopodioides
文302页

彩片 346　大叶山蚂蝗 Desmodium gangeticum　文308页

彩片 344　猫尾草 Uraria crinita
文303页

彩片 347　三点金 Desmodium triflorum　文310页

彩片 345　葫芦茶 Tadehagi triquetrum
文304页

彩片 348　三点金 Desmodium triflorum　文310页

彩片 349　小槐花 Desmodium caudatum　文310页　　　彩片 350　南美山蚂蝗 Desmodium tortuosum
　　　　　　　　　　　　　　　　　　　　　　　　　　文311页

彩片 351　南美山蚂蝗 Desmodium tortuosum　文311页　　彩片 352　假地豆 Desmodium heterocarpon
　　　　　　　　　　　　　　　　　　　　　　　　　　文312页

彩片 353　显脉山蚂蝗 Desmodium　　　彩片 354　圭亚那笔花豆 Stylosanthes guianensis　文313页
reticulatum　文312页

彩片 355　合萌 Aeschynomene indica　文314页

彩片 356　丁癸草 Zornia diphylla　文316页

彩片 357　球果猪屎豆 Crotalaria uncinella　文318页

彩片 358　猪屎豆 Crotalaria pallida　文318页

彩片 359　猪屎豆 Crotalaria pallida　文318页

彩片 360　吊裙草 Crotalaria retusa　文319页

彩片 361 响铃豆 Crotalaria albidaa 文321页

彩片 362 野百合 Crotalaria sessiliflora 文322页

彩片 363 长萼猪屎豆 Crotalaria calycina 文322页

彩片 364 鸡头薯 Eriosema chinense 文323页

彩片 366 大叶千斤拔 Flemingia macrophylla 文325页

彩片 365 鸡头薯 Eriosema chinense 文323页

彩片 367　大叶千斤拔
Flemingia macrophylla　文325页

彩片 368　千斤拔
Flemingia prostrata　文326页

彩片 369　美丽胡枝子 Lespedeza
formosa　文328页

彩片 370　中华胡枝子
Lespedeza chinensis　文328页

彩片 371　截叶胡枝子 Lespedeza cuneata
文329页

彩片 372　截叶胡枝子
Lespedeza cuneata　文329页

彩片 373　鹿藿 Rhynchosia volubilis　文330页

彩片 374　木豆 Cajanus cajan　文331页

彩片 375 蔓草虫豆 Cajanus scarabaeoides 文331页

彩片 376 圆叶野扁豆 Dunbaria rotundifolia 文333页

彩片 377 紫花大翼豆 Macroptilium atropurpurcum
文335页

彩片 378 长豇豆 Vigna unguiculata subsp. sesquipedalis
文339页

彩片 379 山绿豆 Vigna minima 文340页

彩片 380 山绿豆 Vigna minima 文340页

彩片 381　扁豆 Lablab purpurea　文342页

彩片 382　扁豆 Lablab purpurea　文342页

彩片 383　重瓣蝶豆 Clitoria ternatea 'Pleniflora'
文343页

彩片 384　刺桐 Erythrina variegata　文344页

彩片 385　龙芽花 Erythrina corallodendron　文344页

彩片 386　龙芽花 Erythrina corallodendron　文344页

彩片 387 鸡冠刺桐 Erythrina crista-galli 文345页

彩片 388 鸡冠刺桐 Erythrina crista-galli 文345页

彩片 389 黧豆 Mucuna pruriens var. utilis 文346页

彩片 391 香港油麻藤 Mucuna championii 文347页

彩片 390 黧豆 Mucuna pruriens var. utilis 文346页

彩片 392 香港油麻藤 Mucuna championii 文347页

彩片 393 白花油麻藤 Mucuna birdwoodiana 文347页

彩片 394　白花油麻藤 Mucuna birdwoodian
文347页

彩片 395　豆薯 Pachyrhizus erosus　文348页

彩片 396　豆薯 Pachyrhizus erosus　文348页

彩片 397　乳豆 Galactia tenuiflora　文349页

彩片 398　海刀豆 Canavalia maritima
文350页

彩片 399　狭刀豆 Canavalia lineata　文351页

彩片 400　小刀豆 Canavalia cathartica　文351页

彩片 401　小刀豆 Canavalia cathartica　文351页

彩片 402　三裂叶野葛 Pueraria phaseoloides　文354页

彩片 403　山野葛 Pueraria montana　文355页

彩片 404　山野葛 Pueraria montana　文355页

彩片 405　降香 Dalbergia odorifera　文357页

彩片 406　降香 Dalbergia odorifera　文357页　　　彩片 407　香港黄檀 Dalbergia millettii　文358页

彩片 408　香港黄檀 Dalbergia millettii　文358页　　　彩片 409　两广黄檀 Dalbergia benthamii　文359页

彩片 410　两广黄檀 Dalbergia benthamii　文359页　　　彩片 411　藤黄檀 Dalbergia hancei　文360页

彩片 412　紫檀 Pterocarpus indicus　文361页

彩片 413　落花生 Arachis hypogaea　文362页

彩片 414　落花生 Arachis hypogaea
文362页

彩片 415　蔓花生 Arachis pintoi
文362页

彩片 416　蔓花生 Arachis
pintoi　文362页

彩片 417　大花田菁 Sesbania grandiflora　文363页

彩片 418　大花田菁 Sesbania grandiflora　文363页

彩片 419　大花田菁 Sesbania grandiflora　　彩片 420　　田菁 Sesbania cannabina　　文364页
文363页

彩片 421　　田菁 Sesbania cannabina　　文364页　　彩片 422　　刺田菁 Sesbania bispinosa　　文365页

彩片 423　　刺田菁 Sesbania bispinosa　　文365页　　彩片 424　　白灰毛豆 Tephrosia candida　　文366页

彩片 425　　白灰毛豆 Tephrosia candida　　文366页　　彩片 426　　毛鱼藤 Derris elliptica　　文368页

彩片 427　鱼藤　Derris trifoliata　文369页

彩片 428　中南鱼藤　Derris fordii　文370页

彩片 429　水黄皮　Pongamia pinnata　文371页

彩片 431　厚果鸡血藤　Millettia pachycarpa　文373页

彩片 430　紫藤　Wisteria sinensis　文371页

彩片 432　厚果鸡血藤　Millettia pachycarpa　文373页

彩片 433　印度鸡血藤 Millettia pulchra　文373页

彩片 434　印度鸡血藤 Millettia pulchra　文373页

彩片 435　美丽崖豆藤 Callerya speciosa　文375页

彩片 436　美丽崖豆藤 Callerya speciosa　文375页

彩片 437　绿花崖豆藤 Callerya championii　文376页

彩片 438　网脉崖豆藤 Callerya reticulata　文376页

彩片 439 网脉崖豆藤 Callerya reticulata 文376页

彩片 440 网脉崖豆藤 Callerya reticulata 文376页

彩片 441 香花崖豆藤 Callerya dielsiana 文378页

彩片 442 香港胡颓子 Elaeagnus tutcheri 文381页

彩片 443 香港胡颓子 Elaeagnus tutcheri 文381页

彩片 444 密花胡颓子 Elaeagnus conferta 文381页

彩片 445　鸡柏胡颓子 Elaeagnus loureirii　文382页

彩片 446　鸡柏胡颓子 Elaeagnus loureirii　文382页

彩片 447　银桦 Grevillea robusta　文384页

彩片 449　网脉山龙眼 Helicia reticulata　文386页

彩片 448　网脉山龙眼 Helicia reticulata　文386页

彩片 450　黄花小二仙草 Gonocarpus chinensis
文388页

彩片 451　小二仙草 Gonocarpus micranthus
文389页

彩片 452　无瓣海桑 Sonneratia apetala　文390页

彩片 454　圆叶节节菜 Rotala rotundifolia　文396页

彩片 453　海桑 Sonneratia caseolaris　文391页

彩片 455　香膏萼距花 Cuphea balsamona　文397页

彩片 456 细叶萼距花 Cuphea hyssopifolia 文398页

彩片 457 紫萼距花 Cupea hyssopifolia 'Allyson'
文398页

彩片 458 千屈菜 Lythrum salicaria 文399页

彩片 460 大花紫薇 Lagerstroemia speciosa 文402页

彩片 459 虾子花 Woodfordia fruticosa 文399页

彩片 461 大花紫薇 Lagerstroemia speciosa 文402页

彩片 462　紫薇 Lagerstroemia indica　文402页

彩片 463　紫薇 Lagerstroemia indica　文402页

彩片 464　紫薇 Lagerstroemia indica　文402页

彩片 465　土沉香 Aquilaria sinensis　文404页

彩片 466　土沉香 Aquilaria sinensis　文404页

彩片 467　白瑞香 Daphne cannabina　文406页

彩片 468　北江荛花 Wikstroemia monnula　文407页

彩片 469　细轴荛花 Wikstroemia nutans　文407页

彩片 470　了哥王 Wikstroemia indica　文408页

彩片 471　菱角 Trapa natans　文410页

彩片 472　岗松 Baeckea frutescens　文413页

彩片 473　岗松 Baeckea frutescens　文413页

彩片 474　红千层 Callistemon rigidus
文413页

彩片 475　红千层 Callistemon rigidus　文413页

彩片 476　红千层 Callistemon rigidus　文413页

彩片 477　串钱柳 Callistemon viminalis　文414页

彩片 478　串钱柳 Callistemon viminalis　文414页

彩片 479　白千层 Melaleuca cajuputi subsp. cumingiana
文415页

彩片 481　金叶白千层 Melaleuca bracteata 'Revolution Gold'
文415页

彩片 480　白千层 Melaleuca cajuputi subsp. cumingiana
文415页

彩片 482　金叶白千层 Melaleuca bracteata 'Revolution Gold'
文415页

彩片 483 柠檬桉 Eucalyptus citriodora 文417页

彩片 484 桃金娘 Rhodomyrtus tomentosa 文418页

彩片 485 桃金娘 Rhodomyrtus tomentosa 文418页

彩片 486 水翁 Cleistocalyx nervosum 文419页

彩片 487 水翁 Cleistocalyx nervosum 文419页

彩片 488 洋蒲桃 Syzygium samarangense 文421页

彩片 489　洋蒲桃 Syzygium samarangense　文421页

彩片 490　蒲桃 Syzygium jambos　文421页

彩片 491　蒲桃 Syzygium jambos　文421页

彩片 492　子凌蒲桃 Syzygium championii　文422页

彩片 493　赤楠 Syzygium buxifolium　文423页

彩片 494　赤楠 Syzygium buxifolium　文423页

彩片 495　香蒲桃 Syzygium odoratum　文423页

彩片 496　乌墨 Syzygium cumini　文424页

彩片 497　乌墨 Syzygium cumini　文424页

彩片 499　红鳞蒲桃 Syzygium hancei　文425页

彩片 498　卫矛叶蒲桃 Syzygium euonymifolium
文425页

彩片 500　红鳞蒲桃 Syzygium hancei　文425页

彩片 501　番石榴 Psidium guajava　文427页

彩片 502　番石榴 Psidium guajava　文427页

彩片 503　红果仔 Eugenia uniflora　文428页

彩片 504　石榴 Punica granatum　文429页

彩片 505　石榴 Punica granatum　文429页

彩片 506 水龙 Ludwigia adscendens 文432页

彩片 507 毛草龙 Ludwigia octovalvis
文432页

彩片 508 草龙 Ludwigia hyssopifolia 文433页

彩片 509 滨海月见草 Oenothera drummondii
文434页

彩片 510 谷木 Memecylon ligustrifolium 文436页

彩片 511　黑叶谷木　Memecylon nigrescens　文436页

彩片 512　柏拉木　Blastus cochinchinensis　文437页

彩片 513　柏拉木　Blastus cochinchinensis　文437页

彩片 514　金锦香 Osbeckia chinensis　文438页

彩片 515　巴西蒂牡丹 Tibouchina semidecandra　文439页

彩片 516　银毛蒂牡丹 Tibouchina grandifolia
文440页

彩片 517　棱果花　Barthea barthei (右下为果)
文440页

彩片 518　地菍　Melastoma dodecandrum　文441页

彩片 519　毛菍 Melastoma sanguineum　文443页

彩片 520　多花野牡丹 Melastoma affine　文443页

彩片 521　多花野牡丹　Melastoma affine　文443页

彩片 522　野牡丹　Melastoma malabathricum　文444页

彩片 523　野牡丹 Melastoma malabathricum　文444页

彩片 524　虎颜花 Tigridiopalma magnifica　文445页

彩片 525　小叶榄仁 Terminalia mantaly　文448页

彩片 526　榄仁 Terminalia catappa　文449页

彩片 527　阿江榄仁 Terminalia arjuna　文450页

彩片 528　阿江榄仁 Terminalia arjuna　文450页

彩片 529　使君子 Quisqualis indica　文451页

彩片 530　使君子 Quisqualis indica　文451页

彩片 531　使君子 Quisqualis indica　文451页

彩片 532　竹节树 Carallia brachiata　文454页

彩片 533　木榄 Bruguiera gymnorrhiza　文455页

彩片 534　木榄 Bruguiera gymnorrhiza　文455页

彩片 535　木榄 Bruguiera gymnorrhiza　彩片 536　秋茄树 Kandelia obovata　文456页
文455页

彩片 538　八角枫 Alangium chinense　彩片 537　秋茄树 Kandelia obovata　文456页
文457页

彩片 539　毛八角枫 Alangium kurzii　文458页　　彩片 540　桃叶珊瑚 Aucuba chinensis　文459页

彩片 541 桃叶珊瑚 Aucuba chinensis
文459页

彩片 542 华南青皮木 Schoepfia chinensis 文462页

彩片 543 华南青皮木 Schoepfia chinensis
文462页

彩片 544 山柑藤 Cansjera rheedei 文464页

彩片 545 寄生藤 Dendrotrophe varians
文465页

彩片 546 鞘花寄生 Macrosolen cochinchinensi 文467页

彩片 547　离瓣寄生 Helixanthera parasitica　文468页　　　彩片 548　离瓣寄生 Helixanthera parasitica　文468页

彩片 549　五蕊寄生 Dendrophthoe pentandra　文470页　　　彩片 550　红花寄生 Scurrula parasitica
　　　　　　　　　　　　　　　　　　　　　　　　　　　　　　文471页

彩片 551　广寄生 Taxillus chinensis　文471页　　　　　彩片 552　广寄生 Taxillus chinensis　文471页

彩片 553　瘤果槲寄生 Viscum ovalifolium　文473页

彩片 554　瘤果槲寄生 Viscum ovalifolium　文473页

彩片 555　红冬蛇菰 Balanophora harlandii　文475页

彩片 556　青江藤 Celastrus hindsii　文478页

彩片 557　独子藤 Celastrus monospermus　文478页

彩片 558　独子藤 Celastrus monospermus　文478页

彩片 559　南蛇藤 Celastrus orbiculatus　文479页

彩片 560　星刺卫矛 Euonymus actinocarpus　文481页

彩片 561　常春卫矛 Euonymus hederaceus　文481页

彩片 562　中华卫矛 Euonymus nitidus　文482页

彩片 563　中华卫矛 Euonymus nitidus　文482页

彩片 564　疏花卫矛 Euonymus laxiflorus　文482页

彩片 565　疏花卫矛 Euonymus laxiflorus　文482页

彩片 566　程香仔树 Loeseneriella concinna　文485页

彩片 567　梅叶冬青 Ilex asprella　文488页

彩片 568　梅叶冬青 Ilex asprella　文488页

彩片 569　梅叶冬青 Ilex asprella　文488页

彩片 570　枸骨 Ilex cornuta　文489页

彩片 571　枸骨 Ilex cornuta　文489页

彩片 572　铁冬青 Ilex rotunda　文490页

彩片 573　铁冬青 Ilex rotunda　文490页

彩片 574　广东冬青 Ilex kwangtungensis　文491页

彩片 575　广东冬青 Ilex kwangtungensis　文491页

彩片 576　三花冬青 Ilex triflora　文491页

彩片 577　亮叶冬青 Ilex viridis　文492页

彩片 578　亮叶冬青 Ilex viridis　文492页

彩片 579　毛冬青 Ilex pubescens　文493页

彩片 580　毛冬青 Ilex pubescens　文493页

彩片 581　谷木叶冬青 Ilex memecylifolia　文493页

彩片 582　榕叶冬青 Ilex ficoidea　文493页

彩片 583　细花冬青 Ilex graciliflora　文495页

彩片 584　细花冬青 Ilex graciliflora　文495页

彩片 585　罗浮冬青 Ilex lohfauensis　文496页

彩片 586　凹叶冬青 Ilex championii
文496页

彩片 587　黄杨 Buxus sinica　文501页

彩片 588　雀舌黄杨 Buxus bodinieri　文502页

彩片 589　秋枫 Bischofia javanica　文507页

彩片 590　秋枫 Bischofia javanica　文507页

彩片 591　蓖麻 Ricinus communis　文508页

彩片 592　木薯 Manihot esculenta　文509页

彩片 593　佛肚树 Jatropha podagrica
文510页

彩片 594　麻风树 Jatropha curcas　文510页

彩片 595　麻风树 Jatropha curcas　文510页

彩片 596　棉叶麻风树 Jatropha gossypiifolia　文511页

彩片 597　棉叶麻风树 Jatropha gossypiifolia　文511页

彩片 598　琴叶珊瑚花 Jatropha integerrima　文511页

彩片 599　琴叶珊瑚花 Jatropha integerrima　文511页

彩片 600　土蜜树 Bridelia tomentosa　文513页

彩片 601　土蜜树 Bridelia tomentosa　文513页

彩片 602　厚叶算盘子 Glochidion hirsutum　文515页

彩片 603　厚叶算盘子 Glochidion hirsutum　文515页

彩片 604　算盘子 Glochidion puberum　文516页

彩片 605　算盘子 Glochidion puberum　文516页

彩片 606　毛果算盘子 Glochidion eriocarpum　文516页

彩片 607　毛果算盘子 Glochidion eriocarpum
文516页

彩片 608　大叶算盘子 Glochidion lanceolarium
文517页

彩片 609　大叶算盘子 Glochidion lanceolarium
文517页

彩片 610　菲岛算盘子 Glochidion philippicum
文518页

彩片 611　白背算盘子 Glochidion wrightii　文518页

彩片 612　白背算盘子 Glochidion wrightii　文518页

彩片 613　白饭树 Flueggea virosa　文519页

彩片 614　叶下珠 Phyllanthus urinaria　文523页

彩片 615　叶下珠 Phyllanthus urinaria　文523页

彩片 616　余甘子 Phyllanthus emblica　文524页

彩片 617　余甘子 Phyllanthus emblica　文524页

彩片 618　余甘子 Phyllanthus emblica　文524页

彩片 619　小果叶下珠 Phyllanthus reticulatus　文525页

彩片 621　越南叶下株 Phyllanthus cochinchinensis
文526页

彩片 620　越南叶下株 Phyllanthus cochinchinensis
文526页

彩片 622　艾堇 Sauropus bacciformis　文527页

彩片 623　艾堇 Sauropus bacciformis　文527页

彩片 624　雪花木 Breynia nivosa　文529页

彩片 625　彩叶雪花木 Breynia nivosa 'Roseo-picta'
文529页

彩片 628　黑面神 Breynia fruticosa　文530页

彩片 626　黑面神 Breynia fruticosa　文530页

彩片 629　小叶五月茶 Antidesma microphyllum
文532页

彩片 627　黑面神 Breynia fruticosa　文530页

彩片 630　方叶五月茶 Antidesma ghaesembilla　文533页

彩片 631　方叶五月茶 Antidesma ghaesembilla
文533页

彩片 632　五月茶 Antidesma bunius　文533页

彩片 633　黄毛五月茶 Antidesma fordii　文534页

彩片 634　山地五月茶 Antidesma montanum　文534页

彩片 635　日本五月茶 Antidesma japonicum　文535页

彩片 636　日本五月茶 Antidesma japonicum　文535页

彩片 637　红尾铁苋菜 Acalypha pandula　文537页

彩片 638　铁苋菜 Acalypha australis
文537页

彩片 639　红桑 Acalypha wilkesiana　文538页

彩片 640　红穗铁苋菜 Acalypha hispida　文539页

彩片 641　粗毛野桐 Mallotus hookerianus　文541页

彩片 643　石岩枫 Mallotus repandus　文542页

彩片 642　粗毛野桐 Mallotus hookerianus　文541页

彩片 644　石岩枫 Mallotus repandus　文542页

彩片 645　白楸 Mallotus paniculatus　文543页

彩片 646　白楸 Mallotus paniculatus　文543页

彩片 647　白背叶 Mallotus apelta　文544页

彩片 648　白背叶 Mallotus apelta　文544页

彩片 649　血桐 Macaranga tanarius　文545页

彩片 651　鼎湖血桐 Macaranga sampsonii　文546页

彩片 650　血桐 Macaranga tanarius　文545页

彩片 652　蝴蝶果 Cleidiocarpon cavaleriei　文547页

彩片 653　蝴蝶果 Cleidiocarpon cavaleriei　文547页

彩片 654　红背山麻杆 Alchornea trewioides　文549页

彩片 655　红背山麻杆 Alchornea trewioides　文549页

彩片 656　银柴 Aporosa dioica　文550页

彩片 657　银柴 Aporosa dioica　文550页

彩片 658　白桐树 Claoxylon indicum　文551页

彩片 659　石栗 Aleurites moluccana　文553页

彩片 660　毛果巴豆 Croton lachnocarpus　文556页

彩片 661　毛果巴豆 Croton lachnocarpus　文556页

彩片 662　鸡骨香 Croton crassifolius　文557页

彩片 663　油桐 Vernicia fordii　文558页

彩片 664 木油桐 Vernicia montan 文558页

彩片 665 红背桂 Excoecaria cochinchinensis
文560页

彩片 666 红背桂 Excoecaria cochinchinensis
文560页

彩片 667 海漆 Excoecaria agallocha 文561页

彩片 668 山乌桕 Triadica cochinchinensis 文562页

彩片 669 山乌桕 Triadica cochinchinensis 文562页

彩片 670　乌桕 Triadica sebifera　文562页

彩片 671　乌桕 Triadica sebifera　文562页

彩片 672　变叶木 Codiaeum variegatum　文563页

彩片 673　变叶木 Codiaeum variegatum　文563页

彩片 674　变叶木 Codiaeum variegatum　文563页

彩片 675　变叶木 Codiaeum variegatum　文563页

彩片 676　铁海棠 Euphorbia milii　文565页

彩片 677　金刚纂 Euphorbia neriifolia
文566页

彩片 678　绿玉树 Euphorbia tirucalli　文567页

彩片 679　紫锦木 Euphorbia cotinifolia　文568页

彩片 680　紫锦木 Euphorbia cotinifolia　文568页

彩片 681　一品红 Euphorbia pulcherrima
文568页

彩片 682　一品红 Euphorbia pulcherrima　文568页

彩片 684　猩猩草 Euphorbia cyathophora　文569页

彩片 683　海滨大戟 Euphorbia atoto　文569页

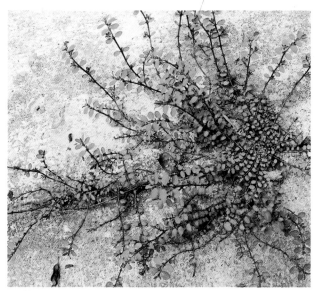

彩片 686　匍匐大戟 Euphorbia prostrata　文572页

彩片 685　飞扬草 Euphorbia hirta　文571页

彩片 687　千根草 Euphorbia thymifolia　文572页

彩片 688　紫斑大戟 Euphorbia hyssopifolia
文573页

彩片 689　红雀珊瑚 Pedilanthus tithymaloides　文575页

彩片 690　红雀珊瑚 Pedilanthus tithymaloides　文575页

彩片 691　马甲子 Paliurus ramosissimus
文576页

彩片 692　马甲子 Paliurus ramosissimus　文576页

彩片 693　山绿柴 Rhamnus brachypoda　文577页

彩片 694　长叶冻绿 Rhamnus crenata　文579页

彩片 695　雀梅藤 Sageretia thea　文580页

彩片 696　翼核果 Ventilago leiocarpa　文581页

彩片 697　铁包金 Berchemia lineata　文582页

彩片 698　多花勾儿茶 Berchemia floribunda　文582页

彩片 699　多花勾儿茶 Berchemia floribunda　文582页

彩片 700　台湾火筒树 Leea guineensis　文584页

彩片 701　台湾火筒树 Leea guineensis
文584页

彩片 702　台湾火筒树 Leea guineensis
文584页

深圳市行政区划图

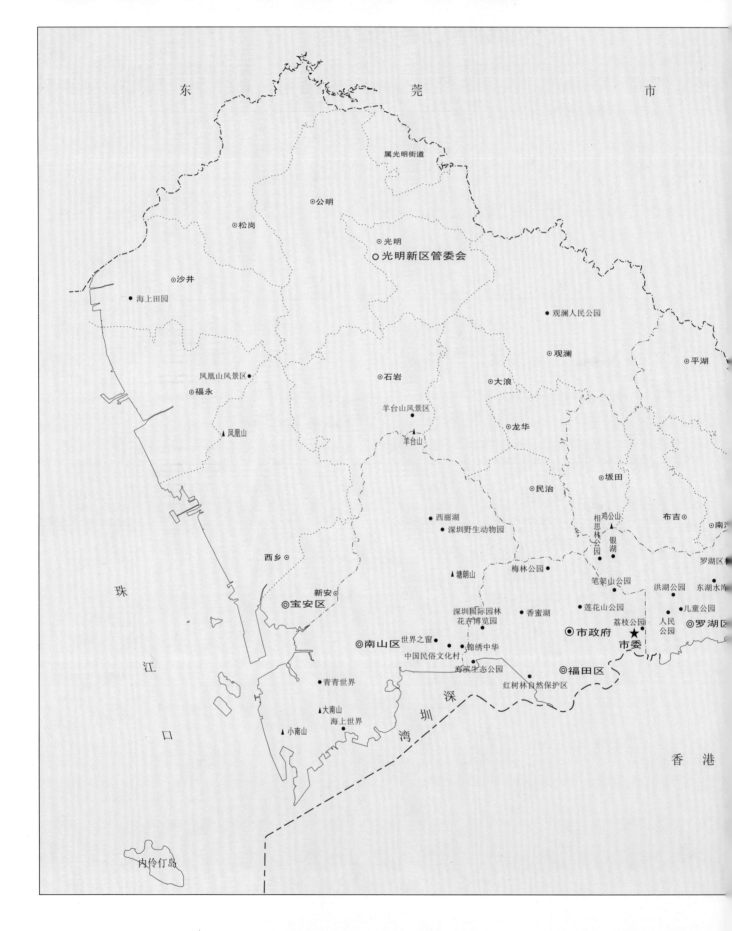